教育部高等学校电子信息类专业教学指导委员会规划教材
高等学校电子信息类专业系列教材

Analog Circuit Analysis and Design, Third Edition

模拟电路分析与设计

（第3版）

王骥 Wang Ji　**宋方** Song Fang　**林景东** Lin Jingdong　**巫钊** Wu Zhao　**编著**

清華大學出版社
北京

内 容 简 介

本书系统论述了模拟电路的基本原理和设计方法。全书包括12章：半导体基础知识、半导体晶体管及其基本电路、场效应管与特殊三极管基本应用电路、集成运算放大器、放大电路的频率响应、负反馈放大器、集成运算放大器组成的运算电路、低频功率放大器、信号检测与处理电路、波形发生电路、直流电源、模拟电子线路读图与设计方法。全书各章均提供了丰富的习题，这些习题多改编自高校研究生入学考试题，针对性极强；全书配有精心制作的教学课件，便于教师参考使用。

本书适合作为普通高等院校电子信息类与电气信息类的本科生教学用书，也可作为相关工程技术人员的参考图书。

图书在版编目(CIP)数据

模拟电路分析与设计/王骥等编著. —3版. —北京：清华大学出版社，2020.7(2024.8重印)
高等学校电子信息类专业系列教材
ISBN 978-7-302-55291-8

Ⅰ. ①模… Ⅱ. ①王… Ⅲ. ①模拟电路－电路分析－高等学校－教材 ②模拟电路－电路设计－高等学校－教材 Ⅳ. ①TN710

中国版本图书馆CIP数据核字(2020)第056220号

责任编辑：盛东亮
封面设计：李召霞
责任校对：时翠兰
责任印制：沈　露

出版发行：清华大学出版社
网　　址：https://www.tup.com.cn，https://www.wqxuetang.com
地　　址：北京清华大学学研大厦A座　　**邮　　编**：100084
社 总 机：010-83470000　　**邮　　购**：010-62786544
投稿与读者服务：010-62776969，c-service@tup.tsinghua.edu.cn
质量反馈：010-62772015，zhiliang@tup.tsinghua.edu.cn
课件下载：https://www.tup.com.cn，010-83470236
印 装 者：三河市天利华印刷装订有限公司
经　　销：全国新华书店
开　　本：185mm×260mm　　**印　　张**：32.5　　**字　　数**：790千字
版　　次：2012年9月第1版　2020年9月第3版　　**印　　次**：2024年8月第6次印刷
定　　价：89.00元

产品编号：084946-01

高等学校电子信息类专业系列教材

序

FOREWORD

我国电子信息产业销售收入总规模在2013年已经突破12万亿元，行业收入占工业总体比重已经超过9%。电子信息产业在工业经济中的支撑作用凸显，更加促进了信息化和工业化的高层次深度融合。随着移动互联网、云计算、物联网、大数据和石墨烯等新兴产业的爆发式增长，电子信息产业的发展呈现了新的特点，电子信息产业的人才培养面临着新的挑战。

（1）随着控制、通信、人机交互和网络互联等新兴电子信息技术的不断发展，传统工业设备融合了大量最新的电子信息技术，它们一起构成了庞大而复杂的系统，派生出大量新兴的电子信息技术应用需求。这些“系统级”的应用需求，迫切要求具有系统级设计能力的电子信息技术人才。

（2）电子信息系统设备的功能越来越复杂，系统的集成度越来越高。因此，要求未来的设计者应该具备更扎实的理论基础知识和更宽广的专业视野。未来电子信息系统的设计越来越要求软件和硬件的协同规划、协同设计和协同调试。

（3）新兴电子信息技术的发展依赖于半导体产业的不断推动，半导体厂商为设计者提供了越来越丰富的生态资源，系统集成厂商的全方位配合又加速了这种生态资源的进一步完善。半导体厂商和系统集成厂商所建立的这种生态系统，为未来的设计者提供了更加便捷却又必须依赖的设计资源。

教育部2012年颁布了新版《高等学校本科专业目录》，将电子信息类专业进行了整合，为各高校建立系统化的人才培养体系，培养具有扎实理论基础和宽广专业技能的、兼顾“基础”和“系统”的高层次电子信息人才给出了指引。

传统的电子信息学科专业课程体系呈现“自底向上”的特点，这种课程体系偏重对底层元器件的分析与设计，较少涉及系统级的集成与设计。近年来，国内很多高校对电子信息类专业课程体系进行了大力度的改革，这些改革顺应时代潮流，从系统集成的角度，更加科学合理地构建了课程体系。

为了进一步提高普通高校电子信息类专业教育与教学质量，贯彻落实《国家中长期教育改革和发展规划纲要（2010—2020年）》和《教育部关于全面提高高等教育质量若干意见》（教高【2012】4号）的精神，教育部高等学校电子信息类专业教学指导委员会开展了“高等学校电子信息类专业课程体系”的立项研究工作，并于2014年5月启动了《高等学校电子信息类专业系列教材》（教育部高等学校电子信息类专业教学指导委员会规划教材）的建设工作。其目的是为推进高等教育内涵式发展，提高教学水平，满足高等学校对电子信息类专业人才培养、教学改革与课程改革的需要。

本系列教材定位于高等学校电子信息类专业的专业课程，适用于电子信息类的电子信息工程、电子科学与技术、通信工程、微电子科学与工程、光电信息科学与工程、信息工程及其相近专业。经过编审委员会与众多高校多次沟通，初步拟定分批次(2014—2017年)建设约100门课程教材。本系列教材将力求在保证基础的前提下，突出技术的先进性和科学的前沿性，体现创新教学和工程实践教学；将重视系统集成思想在教学中的体现，鼓励推陈出新，采用"自顶向下"的方法编写教材；将注重反映优秀的教学改革成果，推广优秀的教学经验与理念。

为了保证本系列教材的科学性、系统性及编写质量，本系列教材设立顾问委员会及编审委员会。顾问委员会由教指委高级顾问、特约高级顾问和国家级教学名师担任，编审委员会由教育部高等学校电子信息类专业教学指导委员会委员和一线教学名师组成。同时，清华大学出版社为本系列教材配置优秀的编辑团队，力求高水准出版。本系列教材的建设，不仅有众多高校教师参与，也有大量知名的电子信息类企业支持。在此，谨向参与本系列教材策划、组织、编写与出版的广大教师、企业代表及出版人员致以诚挚的感谢，并殷切希望本系列教材在我国高等学校电子信息类专业人才培养与课程体系建设中发挥切实的作用。

吕志伟 教授

前言
PREFACE

2020年，注定是不平凡的一年。新年伊始，突如其来的“新型冠状病毒”疫情席卷全球，在这次全民紧急行动战役中，以5G、人工智能、虚拟现实等为代表的前沿性电子信息技术(Electronic Information Technology，EIT)催生下的智能化呼吸机、监护仪、制氧机、负压救护车等医疗设备都在危重病人抢救及抑制病毒扩散方面发挥了重大作用。若干年后，人们仍可能会惊讶于在没有对抗“新型冠状病毒”的医学技术危机时刻，是信息技术挽救了世界。而开发这些挽救人类的EIT设备，所依赖的最基本的技术就是本书介绍的模拟电子技术。

人类发展史上的科技革命，无不带来生产效率的提升和生活方式的改变，从而极大地推动了人类文明的进程。随着电子信息科技的不断进步，当今社会已**进入“物联网+”与“人工智能+”时代**。**可以说，新工科特色的**EIT已然拉开了认知计算时代的大幕。而“硬件搭台软件唱戏”是这两种技术产品的核心设计理念，硬件平台的设计离不开模拟电子技术——模拟电子技术是这个时代的启蒙科技。

本书作者基于课程思政的育人大格局下以培养学生自主学习能力、实践能力、创新能力及立德树人为编著目标，在内容安排上凸显“理论知识脉络清晰，工程与科学思维并重，创新设计理念突出”的特色。本书结合中国工程教育专业认证标准，学习目标建议如下：

1. 素质目标

思政目标是立德树人，培养学生严谨求实、团队协作、民族自豪感与自信心等综合素质。中国制造成就中国道路，中国智造蕴含中国智慧。要培养“中国制造2025”急需的“新工科”人才，首先要引领广大学生对中国智慧和中国道路真听、真懂、真信，只有对中国道路有充分信心，对中国制造业转型发展有准确把握，才能将中国智慧转化为鼓舞自己立足行业主动进步的不竭动力。

2. 知识目标

掌握半导体器件(二极管、三极管与集成电路)及其基本电路工作原理、基本分析方法(小信号模型、负反馈)等基础知识；系统地掌握模拟电子电路的基本器件的基本结构、工作原理、计算方法等。

3. 能力目标

(1) 会定性和定量分析二极管、三极管(MOSFET和BJT)基本工程应用电路，以及由运算放大器构成的各种线性和非线性应用电路。

(2) 会选用合适的三极管设计简单的三极管电路，会选用合适的运算放大器设计满足需要的放大电路(同相、反相、仪用等)、基本运算电路(求差、求和、积分、微分等)和信号变换电路(V/V、V/I、I/V、I/I等)。

(3) 理论与实践相结合，能分析一般电子电路的工作原理，具备一定的电子器件的选择能力及电子电路设计能力。

(4) 能够针对工程需要,运用放大电路基本知识和单元电路,选择合适的半导体模拟器件,设计具有特定功能的模拟电路(滤波器、比较器、振荡器、直流稳压电源等)。

(5) 能初步分析和解决放大器失真、自激振荡、精度、噪声等相关复杂工程问题。

本书的特色如下:

(1) 立体性:本书将模拟电路基本概念、基础理论与基本方法完美融合。注重经典知识,突出数学逻辑思维,引导创新设计方法。

(2) 工程性:实际工程需要证明其可行性,故本书强调定性分析;实际工程在满足基本性能指标时容许一定误差,因此本书定量分析通常为"估算";在近似分析过程中抓主要矛盾,即"合理"性原则;突出软件工具,将EDA软件辅助应用于电子电路的分析、设计方法。

(3) 科技思政:坚持立德树人教育理念,将课程思政思想融入理论知识体系中。每章均有将教学内容进行升华的科技前沿知识,用科技思政方法贯彻唯物辩证的科学思维。

需要说明的是,本书中的电路仿真采用了Multisim与PSpice软件,这两款软件中的电子元器件符号为美国标准符号。

经受2020年的风雨,无论是疫情的洗礼还是课程思政的要求,《模拟电路分析与设计》(第3版)如期完成修订。本书第1~4章由林景东修订,第5~8章由宋方修订,第9~11章由王骥修订,第12章与附录部分由巫钊修订,王骥负责本书最后的统稿工作。虽然我们怀着对信息科学的敬仰之情虔诚地工作,但由于能力所限,难免有疏漏之处,特别是本书的课程思政与工程教育专业认证思想都是萌芽阶段,希望这次修订能起到推动作用,促成这两项事业日益繁荣。

编　者

2020年4月

编者寄语

AUTHOR'S WORDS

本书是为高等院校电类及其相近专业所开设的“模拟电子技术”课程而编著的教材，编写过程严格按照教育部高等学校电子电气基础课程教学指导分委会发布的《电子电气基础课程教学基本要求》，在内容选材方面考虑了高等院校信息类学科的教育改革要求。

模拟电子技术在学科领域的地位

电子信息工程是一门应用现代化电子科技与网络技术进行电子信息控制和处理的学科，主要研究信息的获取与处理方法以及电子系统与设备的设计、开发、应用和集成的通用技术。现在，电子信息工程已经涵盖了社会的诸多方面，像电视机怎么处理各种电视音视频信号，手机是怎样传递声音甚至图像的，互联网络怎样传递数据，甚至信息化时代军队信息传递中如何保密等，都要涉及电子信息工程的应用技术。可以说，电子信息工程专业是集现代电子技术、信息技术、通信技术于一体的专业。本书主要通过一些电子技术知识的学习引导读者分析电子信息系统，使读者能够应用先进的电子系统设计技术进行新产品研究和开发。

本书主要讲述模拟电子系统处理信息的方法与知识。因此，课程的学习首先要有扎实的数学基础；对物理学的要求也很高，并且主要是电学理论方面；同时，更主要的是要学习许多电路、信号与系统的基本知识。学习过程中学生自己还要动手设计、连接一些电路并结合计算机进行实验。同时，对动手操作和使用工具也有非常高的要求。例如自己设计传感器信息处理与获取的电路；用计算机软件仿真分析语音通信系统线路；参观一些大公司的电子和信息处理设备，理解手机信号、网络信号是如何传输的，并能有机会在老师指导下参与接近工程实际的课程设计，等等。学习模拟电子线路理论，要喜欢钻研思考，并善于开动脑筋发现新问题。

随着社会信息化的深入，各行业大都需要电子信息工程专业人才，而且薪金很高。学生毕业后可以从事电子设备和信息系统的设计、应用开发以及技术管理等相关工作。例如，做电子工程师，设计开发一些电子、通信设备；做软件工程师，设计开发与硬件相关的各种软件；做项目主管，策划一些大的系统，这些对经验、知识要求很高；还可以继续进修成为教师，从事科研工作……这一切都要从本课程开始。

本书主要研究现代模拟电子技术理论、探讨电子系统设计原理与方法，为培养面向电子技术、自动控制和智能控制、计算机与网络技术等电子、信息、通信领域的宽口径、高素质、德智体全面发展的具有创新能力的工程技术人才打下扎实的专业知识基础。

本书内容简介

模拟电子线路包括“线性”和“非线性”(“低频”和“高频”)两部分内容，一般分为两门课程讲授。本书研究低频电路的分析与设计方法。

本书在阐述模拟电子线路基本理论和技术的基础上,融入了大量当代模拟集成电子学的研究新成果。全书分为12章,内容包括:半导体基础知识,半导体晶体管及其基本电路,场效应管与特殊三极管基本应用电路,集成运算放大器,放大电路的频率响应,负反馈放大器,集成运算放大器组成的运算电路,低频功率放大器,信号检测与处理电路,波形发生电路,直流电源,模拟电子线路读图与设计方法。

本书通过对各种半导体分立器件、集成组件特性及其电路的分析,阐述了模拟电子技术的基本概念与基本原理;研究了模拟电子线路基本形式、分析与应用方法;同时介绍了VMOSFET、IGBT等新功率器件及其应用电路;探讨了集成开关电容电路、集成开关稳压电路等新理论、新技术、新集成组件及其应用新方法。

本书理论教学建议安排60学时,实验教学建议安排10学时。各专业可以参照这个建议根据教学要求微调。

本书许多习题改编自部分高校研究生试题,数量少但有代表性,建议读者全部完成。

教材编写特点

本课程是电类专业学生接触实际电路工程的第一门专业基础课程,内容抽象,教学任务重,而且又有其本身不同于先修课程的特点和规律。因此,在教学实践中反映出的问题是教师"难教",学生"难学"。问题的关键还是对这门课"教学内容"和"教学方法"认识不足。对于一门课程的教学内容应满足两方面:一要反映科学的基本事实与规律,体现本学科最新成就并密切联系实际;二要符合培养目标和符合教学计划对本课程的基本要求,能体现本课程在教学体系中的地位和作用。为配合教与学的关系,本书编写过程注意加强了以下方面的分析。

分立元器件与集成的关系

一般来说,作为专业基础课,本课程教学内容应相对稳定,但这门课的特点注定它要加快新陈代谢。因为器件是电子线路的基石,从电子管到晶体管,再到集成电路的电子器件发展过程代表了电子技术的发展和几次大的变革,同时也说明了半导体器件制造核心技术发展日新月异。由于IC产业特别是EDA技术的长足进展,现在已经彻底打破了器件、电路和系统的界限,从根本上改变了电子技术和信息科学的领域传统思维。同时也对电子线路的教学提出更新更高的要求。为了避免与工程实践脱节,本书教学内容选材以当代电子技术发展水平为背景,以器件为主线加速由"分立"向"集成"转化的原则。

在教学实践中,虽然"重在集成"的观点已经被大家所接受,但集成电路的内部单元实际上是由分立元件构成的。如果忽视内部单元电路的原理,只掌握外部特性和工作参数,但是这种教法的结果势必造成学生只知IC的引脚排列与外围连接,而对集成电路的内部结构以及工作原理完全不理解。从而导致课程知识结构的"分立",使学生"知其然而不知其所以然",难以使学生达到知识结构的"集成"。为了解决这个矛盾,在教学中要坚持"强调集成电路外特性和应用,兼顾内部单元电路原理分析"的内外兼修原则。终极目标是使传教者感到"言之有物",受教者感到"学有所获"。

本书教学上明确要求学生过好"器件关",对典型电子器件(有源器件)的掌握要求做到"分析、选择、应用"一体化,关键是要掌握这些器件的外部特性,时刻注意"器件为路用"的教学原则。特别是通过分析元器件及其系统特性曲线往往有利于掌握器件与系统的模型、参数和工作原理。要懂得学习器件的目的"重在应用"。要熟悉和掌握各种模拟集成电路的应用，诸如集成运放、集成功放、集成稳压器以及锁相环、乘法器等，才不至于与当代科技脱轨。实际集成电路可以宏观上把握“掌握两种集成电路”的教学理念，即线性电路——重点掌握运算放大器；非线性电路——重点掌握模拟乘法器与集成比较器。这两类芯片都属于通用型 IC，几乎可以实现线性和非线性领域的绝大部分应用电路的设计。在教学实践中对于这两种芯片要讲深讲透，要详细分析其电路结构、工作原理、参数特征以及典型应用。教师如果把握了教材处理方法和教材内容“粗讲、细讲”的分寸，可大大便于学生对于这门课程的学习。

“工程”思维与“理论”思维的关系

就分析方法而言，从过去的理想数学模型精密计算转换到本课程采用电子线路近似工程分析是本课程的核心思路与课程思维。本课程教与学中遇到的困难，究其原因往往是没有正确把握这门课的性质和分析方法。

本书强调模拟电子技术是一门“工程应用性”课程。因此，其教学重点是掌握电子线路工程分析的方法，即“近似估算法”。实践证明，学生对于从基础课到专业基础课的过渡往往不适应。合理估算与恰当近似是要重点解决的问题。过去其他课程计算时可能得到唯一的正确答案，而在本课程只能计算某个值，其理论计算结果以及该结果相近的值都算正确。也就是近似结果的标准是“一个数量级”而不是“一个值”。

先修课“电路分析”与本课程虽然同为专业基础课，但在采用的数学模型和分析方法上都有所不同。“电路分析”采用理想模型和严格计算的方法，而本课程采用近似模型和工程估算的方法。在“电路分析”教材中，可以出现像“法拉级”量纲的脱离现实的电容元件数值，而模拟电子技术课程中电路元件要采用与实际标称值相符的结果。在“电路分析”课上学生用计算器得出一个值可以有任意多位小数，而本课程的计算结果却要结合实际仪表量程与误差要求对结果进行取舍。从实际电子测量和误差分析的角度看，电子元件和测量仪器都是有误差的，保留如此多的有效数字仅仅说明是“算”出来的数，完全脱离实际。通过以上分析可以看出，“电路分析”偏重理论，而“模拟电路”更偏重实际应用，所以只有正确把握“模拟电路”的课程性质才能掌握正确的分析方法。基于此，本书从数学模型建立到分析计算充满了“近似和估算”；从分立放大器晶体管 h 参数模型的建立与简化过程到运算放大器两条基本运算法则“虚短、虚断”的应用等都反映了这一思维。可以说，“近似估算法是本书的灵魂”。

实践与理论关系的合理化思维方法

本书的鲜明特点是强调实践性教学，注重工程素质培养和专业基本训练。因此加强实践环节改革，是课程建设的重要任务之一。实践环节就本课程而言包括课程设计与实验课环节。实验课程应该贯穿与配合理论教学全过程。实验是对理论学习的强化和补充。国外许多学校电子线路的教学重点在实验室而不在教室，国内许多学校加强实验而采取实验单独开课，如果合理设计，这些做法都是有益的。

检验学校培养学生质量的唯一标准是社会实践。电子线路课程的基本要求是培养“硬件能力”。硬件是电子线路的基础，硬件能力是电子工程师的基本能力。从产业界反馈的需求信息来看，硬件工程师严重缺乏；当前学校对学生硬件能力的培养普遍不足，所谓“硬件不硬”，这个问题已经引起了学校和产业界的普遍重视。课程实践教学加强对学生硬件能力的培养可以分为“基本能力”和“工程能力”两个阶段和要求。“基本能力”是对基本电路的分析和应用能力，归结为“懂、算、选、用”。“懂”指能读懂电路图，能够看懂电路图是工程技术人员的一项基本功。“算”指能够计算电路设计时所需的元件参数。“选”指在实际应用中能够根据设计需要正确选用元器件(首先是有源器件)和相关的电路形式,要会查阅和借助技术手册和工具书进行工作。“用”可以泛指会“应用”,包括使用各种电子设备和仪器,具备安装、焊接、调整、测试、修理这些基本实验技能。

电子设计的工程能力是电子工程师的高级能力。具有电子设计和产品开发能力的工程师受到社会的欢迎和产业界的青睐。因此加强电子设计工程级能力的培养也成为本课程教学的高级要求。完成这个教学环节往往需要循序渐进,从“模拟电路”起打好基础,通过“实验课—课程设计—毕业设计”顺延配合实现。

本书注重电子线路设计分析的数学过程,提出了与传统教材互补的新的分析方法,如负反馈、集成运放分析方法等。可以说,本书是一本具有专著特色的教材。

综上所述,当前深化教学改革和课程建设必须做到联系实际和注重实效。教材改革也要紧跟这个方向。学生毕业后面对社会现实,起码要具备“专业素质”和“综合素质”两个方面。综合素质是多方面的,而一个人的“核心竞争力”往往是其“专业素质”,用人单位首先考虑的也是学生的专业素质。本书核心思想是提高学生的“专业素质”,它也是我们教学改革和课程建设的指导思想。这个问题实际上就是“学以致用”。希望本书能够在培养学生专业素质方面起到启蒙的作用。

由于模拟电路知识面广,新器件、新技术不断涌现,加上编者水平所限,书中定有疏漏,望广大读者不吝赐教。

编　者

符号说明

SYMBOLS CONVENTION

使用原则：小写字母(u、i、r)带小写下标表示交流动态量；大写字母带大(小)写角标表示直流量或有效值(平均值)；小写字母带大写下标表示含有直流、交流成分的全量；两个下标一般第一个为输出量(反馈量)，第二个为输入量。

1. 电流

I、i——直、交流电流通用符号

i_D——PN结或二极管电流，交、直流混合量

I_S——PN结或二极管反向饱和电流

I_{DM}——最大整流电流

I_{DQ}、I_D——二极管静态电流或电流有效值

I_z——稳压管稳定电流

I_{EN}——晶体三极管发射极电子电流

I_{EP}——晶体三极管发射极空穴电流

I_B、i_b——晶体三极管基极静态、动态电流

i_B——晶体三极管基极静态、动态混合电流

I_{BN}——基极电子电流

I_{CN}——集电极电子电流

I_{CBO}——集电区与基区反向饱和电流

I_C、i_c——集电极静态、动态电流

i_C——集电极静态、动态混合电流

Δi_i、Δi_o——动态输入、输出电流变化量

I_{CEO}——晶体三极管C-E极间穿透电流

I_{CM}——晶体三极管最大集电极电流

I_R——PN结或二极管反向电流

i_i、$\dot{I}_i$——输入电流及其对应相量

i_o、$\dot{I}_o$——输出电流及其对应相量

I_D——场效应管漏极静态电流

i_D——场效应管漏极全电流

I_{DO}——$U_{GS}=2U_T$ 时的 I_D

I_{DSS}——漏极饱和电流

I_{REF}——基准电流

i_C、i_L、i_R——电容、电感、电阻电流

i_+、i_-——运放同相端与反相端电流

$I_{D(AV)}$——整流二极管平均整流电流

I_{AV}——平均电流

I_H——维持电流

2. 电压

U、u——直、交流电压通用符号

u_D——二极管端电压，交直流混合量

U_T——温度电压当量

U_{BR}——反向击穿电压

U_{RM}——二极管最大反向电压

U_D——二极管正向压降

U_{DD}——场效应管漏极或二极管电源

U_z——稳压管击穿电压或稳定电压

U_{CM}——晶体三极管最大集电极电压

U_{BE}、u_{be}、u_{BE}——晶体三极管发射结静态、动态、混合电压

U_{CE}、u_{ce}、u_{CE}——晶体三极管集电结-发射结静态、动态、混合电压

$U_{(BR)CBO}$——e极开路时，c-b极间的反向击穿电压

$U_{(BR)CEO}$——b极开路时，c-e极间的反向击穿电压

$U_{(BR)EBO}$——c极开路时，e-b极间的反向击穿电压

u_s、$\dot{U}_s$——信号源电压及其对应相量

u_i、$\dot{U}_i$——输入电压及其对应相量

$u_{b'e}$、$\dot{U}_{b'e}$——晶体三极管发射结动态电压及其对应相量

u_o、$\dot{U}_o$——输出电压及其对应相量

u'_o、$\dot{U}'_o$——负载开路输出电压及其对应相量

U_{omax}、I_{omax}——放大电路的最大输出电压或电流

Δu_i、Δu_o——动态输入电压、输出电压变化量

U_{CC}、U_{BB}——集电极电源、基极电源

$U_{(BR)DS}$——场效应管漏源间击穿电压

$U_{(BR)GS}$——场效应管栅源间击穿电压

U_G、I_G——晶闸管触发电压和触发电流

U_{BO}——晶闸管阳极-阴极电压

U_{DRM}——晶闸管正向重复峰值电压

U_{RRM}——晶闸管反向重复峰值电压

U_{GS}——场效应管栅极和源极间的外加电压

U_{DS}——场效应管 D、S 间电压

u_{GS}、u_{gs}——场效应管栅源间全量电压、动态电压

u_{DS}、u_{ds}——场效应管漏极全量电压与动态电压

U_P、$U_{GS(off)}$——场效应管夹断电压

$U_{GS(th)}$、U_T——场效应管开启电压

$u_P(u_+)$、$u_N(u_-)$——运放同相端与反相端电位

U_{om}——电压信号幅值

U_{OM}——运放饱和输出电压

U_{REF}——参考电压

U_{TH}——比较器阈值电压

u_{OS}——比较器输入失调电压

ΔU_{TH}——门限宽度

$U_{o(av)}$——整流输出电压平均值

ΔU_{BE}——三极管基-射电压差

u_{id}、u_{ic}——差模电压信号、共模电压信号

U_N——等效输入噪声电压

3. 功率

P——功率通用符号

P_{zm}——稳压管最大额定功耗

P_{CM}——最大集电极耗散功率

P_{om}——放大器最大输出功率

P_T、P_D——晶体管与场效应管的功耗

P_S——直流电源提供的功率

P_{DM}——漏极最大允许耗散功率

4. 电阻、电导、阻抗

r、R——动态、静态电阻通用符号

r_d——PN 结或二极管动态电阻

r_z——稳压管动态电阻

R_D——PN 结或二极管静态电阻

R_S——放大器信号源内阻

R_L——放大器负载电阻

R_o——放大器输出电阻

R_i——放大器输入电阻

$r_{bb'}$——晶体三极管基区体电阻

$r_{b'e}$——晶体三极管发射区电阻

$r_{b'e'}$——晶体三极管发射结电阻

$r_{b'c}$——晶体三极管集电结电阻

r_{if}、r_{of}——反馈时的输入、输出电阻

r_o——输出电阻

r_{ce}——晶体三极管集电极-发射极动态电阻

r_e——晶体三极管发射结引线与封装电阻

R'_E——晶体三极管发射极外接等效负载电阻

R'_L——晶体三极管集电极外接等效负载电阻

R_{GS}——场效应管外接输入电阻

r_d——场效应管动态输出电阻

R_{G1}、R_{G2}、R_{G3}——场效应管栅极外接电阻

r_{gs}——场效应管动态输入结电阻

r_i、r_o——放大器动态输入、输出电阻

R_{CE}、r_{ce}——晶体三极管 C-E 极间静态、动态等效电阻

r_{id}、r_{ic}、r_{od}——差模输入电阻、共模输入电阻、差模输出电阻

g_m——场效应管低频跨导

R_+、R_-——运放同相端与反相端等效电阻

R_P——平衡电阻

R_G——增益控制电阻

r——线圈电阻

r_q——石英晶体动态电阻

R_t——温度系数热敏电阻

G_{ie}——晶体三极管输入电导

G_{oe}——晶体三极管输出电导

Z——动态元件阻抗通用符号

X——动态元件电抗通用符号

ρ——石英晶体特性阻抗

5．电容、电感

C——通用电容

C_B——PN 结势垒电容

C_D——PN 结扩散电容

C_j——PN 结耗尽层电容或变容二极管电容

C_E——旁路电容

$C_{b'e}$——晶体三极管发射结电容

$C_{b'c}$——晶体三极管集电结电容

$C'_{b'c}$、$C''_{b'c}$——$C_{b'c}$ 在晶体三极管微变等效模型中输入、输出侧等效电容

C_{GS}、C_{GD}、C_{DS}——场效应管栅-源极间、栅-漏极间、漏-源极间电容

C_A——传感器压电元件的电容

C_C——电缆电容

C_i——放大器输入电容

C_f——放大器反馈电容

C_o——石英晶体安装电容

C_q——石英晶体动态电容

L——电感通用符号

M——互感系数

L_q——石英晶体动态电感

6．频率(角频率)、周期(时间)

f、ω——信号频率、角频率

f_H——上限频率

f_L——下限频率

BW——放大器通频带、开环带宽

BWG——放大器单位增益带宽

f_β——共发射极截止频率

f_q——石英晶体串联谐振频率

f_p——石英晶体并联谐振频率

f_N——石英晶体标称频率

ω_0——中心角频率

τ_L、τ_H——低频、高频段时间常数

t_R——比较器响应时间

t_{Sr}——比较器选通脉冲释放时间

T——信号周期

7．放大倍数(增益)、反馈系数、传输函数

$\bar{\beta}$——晶体三极管共射直流电流放大系数

β——晶体三极管共射交流电流放大系数

$\bar{\alpha}$、α——晶体三极管共基直流电流放大系数和交流电流放大系数

A_{um}——放大器中频增益

A_{ii}、A_{uu}、A_{iu}、A_{ui}——放大器开环电流、电压、互导、互阻增益

$\dot{A}_{ii}$、$\dot{A}_{uu}$、$\dot{A}_{iu}$、$\dot{A}_{ui}$——放大器开环电流、电压、互导、互阻增益相量

A_u、A_{us}——放大器电压增益、源电压增益

A_i——放大器电流增益

CTR——光电耦合电流传输比

A_{ud}、A_{uc}——放大器差模电压放大倍数、共模电压放大倍数

$A(j\omega)$、$A(s)$——传输频率、复频域增益函数

A_{uH}——放大器高频区电压增益的幅值

A_{uL}——放大器低频区电压增益的幅值

A_f——放大电路的闭环放大倍数

A_{uuf}、A_{uif}、A_{iuf}、A_{iif}——放大器闭环电压增益、互阻增益、互导增益、电流增益

A_{uuo}——放大器去掉负载的电压增益

A_{od}——放大器差模开环放大倍数

A_{uP}——滤波器的中频传输增益

$|\dot{K}|$——晶体管 c-e 与 b-e 极间电压放大倍数

T，$\dot{T}$——环路增益及其相量

$H(z)$——系统函数

$H(e^{j\omega})$——频率响应

$H_d(e^{j\omega})$、$H_d(n)$——理想频率响应、单位脉冲响应

8. 器件相关名称符号

D——二极管

D_Z——稳压二极管

T——晶体三极管

b(B)、c(C)、e(E)——晶体管基极、集电极、发射极

Tr——耦合变压器

G(g)、S(s)、D(d)——场效应管栅极、源极、漏极

FET——场效应管

MOSFET——金属-氧化物-半导体场效应管

JFET——结型场效应管

IGBT——绝缘栅双极型晶体管

IOA——集成运放

PC——光电耦合

PGA——可编程增益放大器

LPF——低通滤波电路

HPF——高通滤波电路

BPF——带通滤波电路

BEF——带阻滤波电路

APF——全通滤波电路

K——开关

9. 其他物理量符号、名称

K——玻尔兹曼常数

T——热力学温度

W——耗尽层厚度、禁带宽度

n——杂质浓度

n——变压器的匝数比

x_i、$\dot{X}_i$——输入量及其对应相量

x_o、$\dot{X}_o$——输出量及其对应相量

x_i、x_f、x_{id}——输入信号、反馈信号、净输入信号

D——失真系数

η——电路能量转换效率

h_{11e}、h_{12e}、h_{21e}、h_{22e}——晶体管 h 参数

S_E——晶体三极管发射区面积

K_{CMRR}——差放共模抑制比

F——反馈系数通用符号

SR——电压转换率

φ_H——高频区相角

φ_L——低频区相角

q——压电传感器产生的电荷

Q——品质因数

p——折合接入系数

S——整流输出电压的脉动系数

S_γ——稳压系数

S_U——电压调整率

S_I——电流调整率

S_{rip}——纹波抑制比

S_T——输出电压的温度系数

目录
CONTENTS

第1章 半导体基础知识

CHAPTER 1

科技前沿——PN结在太阳能电池技术领域的应用

太阳能是可再生能源(包括生物质能、风能、海洋能、水能等)中最重要的基本能源。太阳能电池是利用光电转换原理使太阳的辐射光通过半导体材料转变为电能的新型电源器件。其核心是利用半导体的光伏效应原理进行光电转换的,因此又称太阳能光伏技术。

半导体科学领域将光电转换过程通常叫作"光生伏特效应",指光照使不均匀半导体或半导体与金属组合的不同部位之间产生电位差的现象。因此太阳能电池又称为"光伏电池"。

工程上将太阳能电池的半导体材料制成PN结。太阳能电池的产生机理就在这个"结",PN结就像一堵墙,阻碍着多子(电子或空穴)的移动。当太阳能电池受到阳光照射时,电子接受光能,产生定向移动,这种现象就是产生了"光生伏特效应"。由此,在PN结两端便产生了电动势。将这样大量的PN结电池元件串联、并联起来,就产生一定的电压、电流和功率输出。发电原理如图1-1所示。

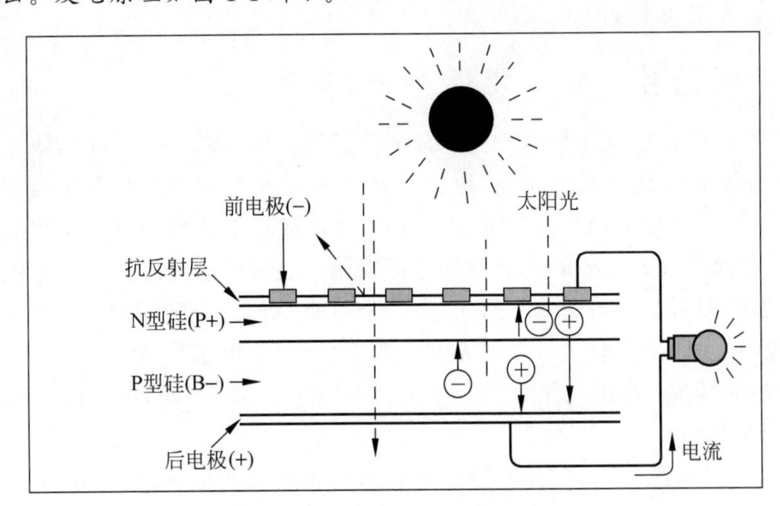

图1-1 太阳能电池结构与产生电流原理

单片太阳能电池是一个小的负温度系数PN结,除了当太阳光照射在上面时,它能够产生电能外,它还具有PN结的一切特性。在标准光照条件下,它的额定输出电压为0.48V。

工程上的太阳能电池是由多个PN结连接组成的将太阳能转换为电能的巨大PN结。

太阳能利用领域在20世纪50年代出现了两项重大技术突破：一是1954年美国贝尔实验室研制的实用型单晶硅电池；二是1955年以色列Tabor提出选择性吸收表面概念和理论并研制成功选择性太阳吸收涂层。这两项技术突破为太阳能技术进入现代发展时期奠定了理论基础，发展至今天已经成为人类最有前途的可再生能源。

本章首先介绍模拟电子技术中涉及的基本概念，接着阐述模拟电子技术在电子信息系统中的作用，最后重点介绍构成PN结的半导体材料、PN结的形成过程及其特点。本章重点掌握以下要点：

(1) 理解P型半导体和N型半导体形成的机理；

(2) 熟悉空间电荷区的形成过程；

(3) 掌握PN结的单向导电性。

半导体(semiconductor)，指常温下导电性能介于导体(conductor)与绝缘体(insulator)之间的材料。半导体材料在收音机、电视机、计算机以及测温等领域有着广泛的应用。

本章主要研究半导体五大特性：电阻率特性、导电特性、光电特性、负的电阻率温度特性和整流特性。

1.1 电子信息系统

电子信息系统是对各种输入其中的数据以电信号形式进行加工、处理，从而产生针对解决某些方面问题的数据和信息的程序决策支持系统。由于现代电子信息技术发展日新月异，电子信息系统已经是一个非常宏观的概念。结合实际工程，常见电子信息系统有通信电子信息系统、计算机及其网络信息系统、自动化控制系统等。

现代电子信息系统需要利用电信号的细微特征识别功能参数相同或相近的辐射源信号。下面介绍电信号及其相关概念。

1.1.1 电信号

电子信息系统中信息是以信号形式体现的。远古时代人们尝试过许多种方式传递信息的具体内容。最原始的信息媒介是光、声音。例如，追溯到我国西周时期烽火戏诸侯的历史故事，就是最早见于史书记载的光预警通信形式，又如战场上的鸣金收兵与擂鼓助战则是以声音信号形式传递进攻或休战的命令消息。可以说，远古时代电信号的概念是遥远而陌生的，人类表达思想借助于认知最普遍的光、声信号是必然的。但随着时代发展，二者在信息传播距离、可靠性、速度、有效性与管理等方面的弊端凸现，电信号逐渐代替光、声信号而成为信息媒介的主体，并一直沿用至今。

1. 信号与电信号

信号(signal)是反映信息的物理量，也是信息的表现形式。例如，工业过程控制中的温度、压力、流量，自然界的声音、图像等信号等都是信号的具体形式。而信息是指通过文字、图像、声音、符号、数据等信号形式为人类获知的知识，它带有具体内容和含义而加载于信号中，需要借助某些信号(如声、光、电)的变化规律来表示和传递，如广播和电视就是利用电磁波来传送声音和图像，移动通信技术(communication technology)则是利用电磁波

(electromagnetic wave)来传递语音与文字信息等。

电信号(electrical signal)是指随着时间而变化的电压或电流,在数学上是时间的函数。电子电路中的信号均为电信号,简称为信号。由于非电的物理量可以通过各种传感器较容易地转换成电信号,而电信号又容易传送和控制,所以其成为信息传递中应用最广的信号。人类的信息主要通过电信号进行传送、交换、存储、提取等过程进行交流的。

2. 电信号的分类

电信号的形式是多种多样的,可以从不同的角度进行分类。根据电信号的随机性可以分为确定信号和随机信号;根据信号的周期性可分为周期信号和非周期信号;根据电信号的连续性可以分为连续时间信号和离散信号;在电子线路中常将信号分为模拟信号和数字信号。模拟与数字的概念在电子信息科学中经常涉及。

1.1.2　模拟信号的概念

模拟与数字的概念在电子信息科学中的应用最为广泛,二者相互之间关系是既交叉又有分歧的矛盾统一体。但在通信领域的应用二者还是有明确分界线的。本节主要明确这两个在专业领域有争议概念的内涵与外延。

1. 模拟信号

模拟信号(analog signal)通常定义为在一段连续的时间间隔内,代表信息的特征量可以在任意瞬间呈现为任意数值的信号。人类所获取信息在研究范围内一般都表现为连续变化的信号。因此,模拟信号分布于自然界的各个角落,如每天温度的变化、广播的声音、图像信号等。电学上的模拟信号主要是指幅度和相位都连续的电信号,此信号可以被模拟电路进行各种运算(如放大、相加、相乘等)而保持不失真或微失真。图 1-2 所示心电信号就是典型的模拟信号。研究模拟信号的参数主要有幅度(amplitude)、频率(frequency)、相位(phase position)。自然,处理模拟信号的电路称为模拟电路(analog circuit)。

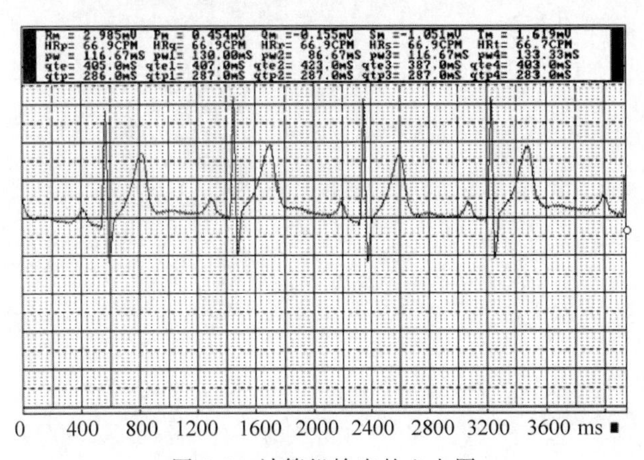

图 1-2　计算机输出的心电图

2. 数字信号

数字信号(digital signal)常指人为的抽象出来的在时间上不连续的脉冲信号。通常情况下数字信号幅度的取值是离散的,而且幅值被限制在有限个数值之内,如计时装置的时基信号、灯光闪烁等信号都属于数字信号。计算机科学中使用的二进码就是最常用的一种数字信号。传送和处理数字信号的电路称为数字电路。如图 1-3 所示的数字通信系统实验中用数学方法生成的基带信号就是标准的数字信号。图中揭示的实验原理是在无噪声干扰的情况下采用相干解调方法对 2PSK 信号进行解调所得到的输出信号与输入数字基带信号相一致,不产生误码。

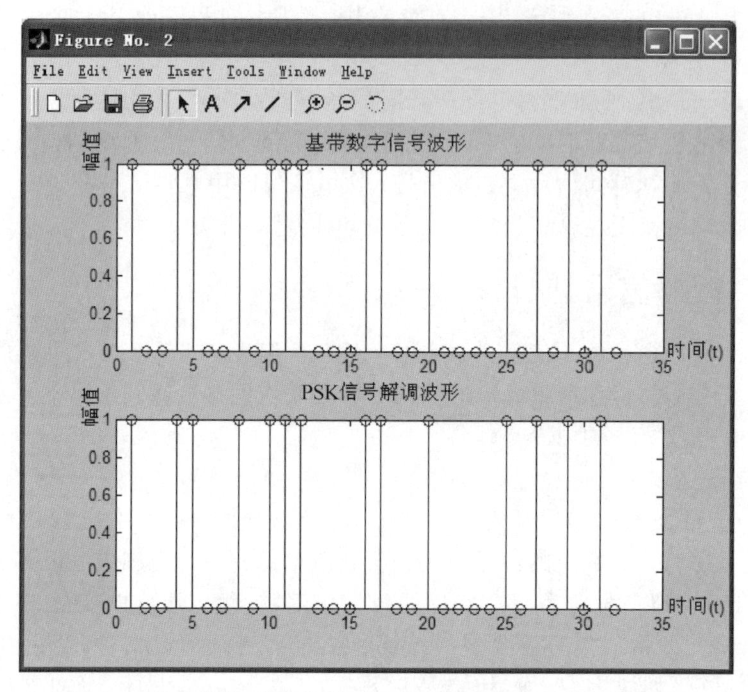

图 1-3　数字信号-基带信号 PSK 调制前与解调后的时域波形

具体是通过 MATLAB 6.5 集成环境下用 MATLAB 文件调用数字解调函数 ddemod 编制程序来实现 PSK 信号的解调。

首先是随机产生长度为 32 的二进制数字基带信号,在 MATLAB 6.5 下具体实现为

x=randint(32,1,M)(M=2 表示二进制)

然后是用调制函数 dmod 产生 PSK 信号,其中的参数 F_c,F_d,F_s 可以设置为

$F_c=10$;　　　　%载波频率
$F_d=20$;　　　　%数字基带信号与已调信号取样
$F_s=500$;　　　　%采样频率

F_c,F_d,F_s 之间的关系为 $F_c/F_d=1/2$(表示基带信号的一个码元对应的 PSK 信号波形有两个正弦载波),$F_s/F_c=50$(表示在一个正弦载波中采样 50 个点)。

再用解调函数 ddemod 对已调信号进行 PSK 解调,具体实现为

z=ddemod(y,F_c,F_d,F_s,"psk",M)(M=2 表示二进制)

用图形窗口分割函数 subplot[3]和绘制离散序列图函数 stem[3]对比绘制出调制前数字基带信号时域波形和解调后信号的时域波形,如图 1-3 所示。

由图 1-3 对比波形图进行分析:

输入的数字基带信号为 1001100101110001100100001010101 0

解调后的输出信号为 1001100101110001100100001010101 0

3. 模拟信号与数字信号的区别

电子信息系统中不同的数据必须转换为相应的信号才能进行传输：模拟数据一般采用模拟信号，即用一系列连续变化的电磁波（如无线电与电视广播中的电磁波）或电压信号（如电话传输中的音频电压信号）来表示数据；而数字数据既可以以模拟信号形式，也可以以数字信号形式传输。但模拟信号与数字信号二者还是有区别的。本节主要讨论这一问题。

1）模拟信号与数字信号

当模拟信号采用连续变化的电磁波来表示时，电磁波本身既是信号载体，又同时作为传输介质；而当模拟信号采用连续变化的信号电压来表示时，它一般通过传统的模拟信号传输线路（例如电话网、有线电视网）来传输；数字数据则采用离散的，幅度取值被限制在有限个数值之内的数字信号进行传输。二进制码就是一种被计算机技术广泛使用的数字信号，它用一系列断续变化的电压脉冲（如用恒定的正电压表示二进制数 1，用恒定的负电压表示二进制数 0）或光脉冲来表示数据。当数字信号采用断续变化的电压或光脉冲来表示时，一般就能在由双绞线、电缆或光纤介质连接的通信系统中不失真地进行传输了。通信电子信息系统数字信号与模拟信号对比见图 1-4。

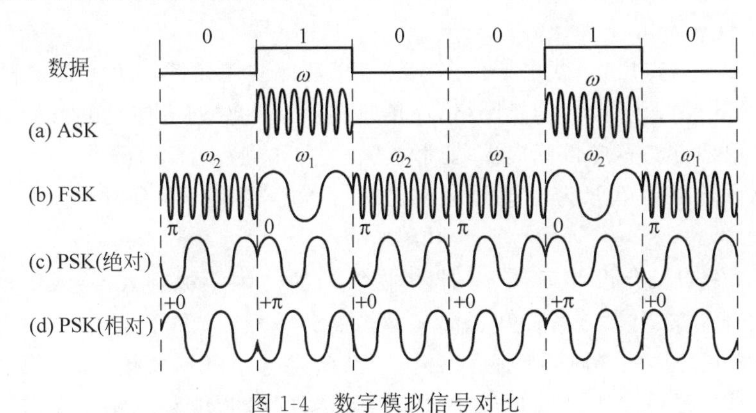

图 1-4　数字模拟信号对比

ASK—amplitude shift keying；FSK—frequency shift keying；PSK—phase shift keying

2）模拟信号与数字信号之间的相互转换

电子信息系统中模拟信号和数字信号之间需要相互转换：模拟信号一般通过脉冲编码调制 PCM（pulse code modulation）方法量化为数字信号，即让模拟信号的不同幅度分别对应不同的二进制值，如采用 8 位编码可将模拟信号量化为 $2^8=256$ 个量级，实用中常采取 24 位或 30 位编码；数字信号一般通过对载波进行移相（phase shift）的方法转换为模拟信号。计算机技术、计算机局域网与城域网中均使用二进制数字信号，目前在计算机广域网中实际传送的则既有二进制数字信号，也有由数字信号转换而得的模拟信号。

1.1.3　电子信息系统组成

电子信息系统（electronic information system）指含有计算机化的信息并能提供存取的自动化系统。电子信息系统种类万千，就基本用途来说，实际上都是完成信息传递与信息功能实现；其共性骨干结构，即基本结构又是相同的，一般可分为 4 个层次。

(1) 硬件、操作系统和网络层。是开发电子信息系统的支撑环境；

(2) 数据管理层。信息系统的基础层，包括数据的采集、传输、存取和管理；

(3) 应用层。它是与应用直接有关的一层，包括各种应用程序与功能等；

(4) 用户接口层。这是信息系统提供给用户人机交互系统的界面，信息服务的最高层。

1. 电子信息系统结构与作用

电子信息系统是利用电信号(电流或电波)为媒介来完成传递信息与处理信息所需的一切技术、设备、传输媒介等所形成的网络化总体结构。第一代电子信息系统的产生可以追溯到1907年德福雷斯特发现的真空管栅极小信号电流放大器以及马可尼研制的无放大作用的无线电试验装置。它历经了分立元件电子信息系统时代、集成电路电子信息系统时代、可信电子信息系统时代，发展到了今天的大规模分子电路综合信息集成系统时代。当代最有代表意义的电子综合信息集成系统应该是2001年美军方提出的C^4ISR(指挥、控制、通信、计算机、情报、杀伤、监视与侦察)系统。系统的开发与管理由美军方"信息开发办公室"专项负责，计划于2025年建成的最终实现"侦察预警—指挥决策—杀伤破坏"一体化军事指挥系统。系统雏形在2003年爆发的伊拉克战争中成功地扮演了重要角色，那次战争在军事意义上成为了人类历史上第一场初具信息化形态的战争，美军基本上实现了战场感知系统、指挥控制系统和作战行动系统之间的横向无缝连接，基本上实现了联合作战的一体化。

从技术角度可以得出，当代电子信息系统是多功能立体化的"GIC(全球信息栅格)"，即覆盖全球、遍及陆、海、空、天的信息网格，使信息在所有入网的实体之间安全、畅通地流动，从而为世界任何地方的客户目标提供端到端的信息互联能力的系统。

电子信息系统可简单分为模拟系统与数字系统。区别于数字系统，模拟系统有以下特点：

(1) 模拟系统自动化设计工具少，器件种类多，实际因素影响大，其人工设计成分比数字系统中的大得多，故对设计者的知识面和经验要求高。

(2) 由于客观环境的影响，特别是小信号、高精度电路以及高频、高速模拟电路的实现远不可能单由理论设计解决，它们与实际环境、元器件性能、电路结构等有着密切关系。因此在设计模拟系统时，不单单是设计电路，还要设计出实现电路功能指标的结构。

目前，最常见的模拟电子系统如图1-5所示的模拟通信系统。

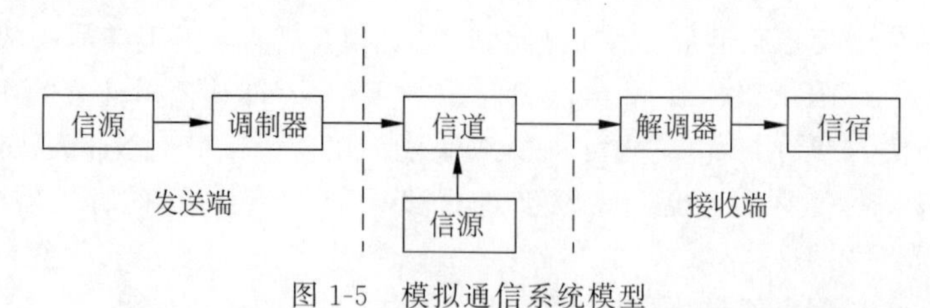

图1-5 模拟通信系统模型

模拟通信系统主要包含两种重要变换：首先把连续消息变换成电信号(发端信源完成)和把电信号恢复成最初的连续消息(收端信宿完成)。由信源输出的电信号(基带信号)具有频率较低的频谱分量，一般不能直接作为传输信号而送到信道中去。因此，模拟通信系统里常有第二种变换，即将基带信号转换成其适合信道传输的信号，这一变换由调制器完成；在收端同样需经相反的变换，它由解调器完成。经过调制后的信号通常称为已调信号。已调信号有三个基本特性：一是携带有消息，二是适合在信道中传输，三是频谱具有带通形式，且中心频率远离零频。因而已调信号又常称为频带信号。

必须指出，从消息的发送到消息的恢复，事实上并非仅有以上两种变换，通常在一个通信系统里可能还有滤波、放大、天线辐射与接收、控制等过程。对信号传输而言，由于上面两种变换对信号形式的变化起着决定性作用，它们是通信过程中的重要方面，而其他过程对信号变化来说，没有发生质的作用，只不过是对信号进行了放大和改善信号特性等，因此，这些过程我们认为都是理想的，而不去讨论它。以上谈到的电路形式大都是模拟电路。

一般有线通信系统模型中的发送设备和接收设备分别为调制器、解调器所代替。目前大的电子信息系统通常包含模拟子系统与数字子系统。常见典型数字模拟混合电子信息系统如图 1-6 所示采用电话线上网的公共交换电话网 PSTN(public switched telephone network)系统。

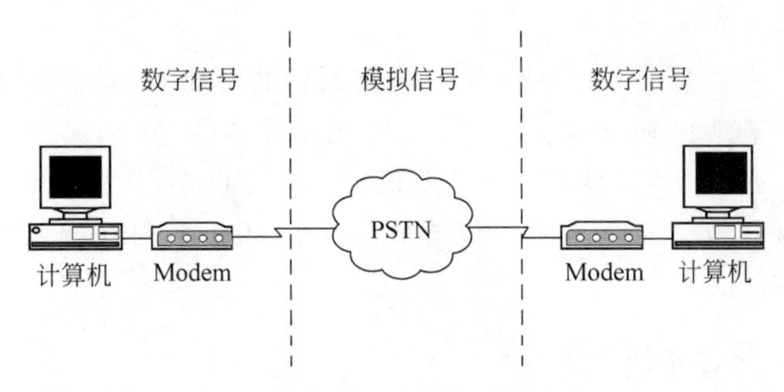

图 1-6　现代电子信息系统组成

2. 电子信息系统中的主要作用

需要强调指出的是，“数字化”成为当今时代流行语，以致人们产生了这样的误解，数字时代不需要模拟的概念了。如同说硅要被取代一样，人们一次次预言的摩尔定律将被打破直到今天也还没有实现。模拟概念是自然界信息起源的基础，也是电子学的基础。完全意义上的数字概念不存在，可以说数字电子技术是电子学的一个分支，而模拟电子技术是电子学的基础，位于电子学系统的底层。自然规律证明，最下层的系统不可能被替代。几乎所有的待测自然现象(压力、流速、气候温度等)都是模拟信源，因此根据不同场合需求，可采用数字或模拟的处理方式。目前几乎所有电子设备电源系统与高频通信系统(移动通信系统)都采用模拟电路，特别是在视听的高保真领域，数字没有替代模拟的可能，因为数字本身没有理想的全真再现能力。数字技术在不断发展，不断拓宽领域，模拟也是一样。数字电路只是在必须完成数学运算与抗干扰方面有绝对优越性。模拟与数字相辅相成，才会构成绚丽丰富的电子世界。

1.2　半导体的基础知识

半导体(semiconductor)，指常温下导电性能介于导体(conductor)与绝缘体(insulator)之间的电材料物质。衡量物质导电能力的物理参数是电阻率，半导体的电阻率室温时在 $10^{-5}\sim10^{7}\Omega\cdot m$，具有负阻温度系数，因此温度升高时指数有所减小，而且，不同材料指数减小程度有所区别。与金属和绝缘体相比,半导体材料的发现是最晚的,半导体的存在真正被学术界认可要追溯到20世纪30年代。

1833年,英国巴拉迪最先发现硫化银的电阻随着温度的变化情况不同于一般金属,一般情况下,金属的电阻随温度升高而增加,但巴拉迪发现硫化银材料的电阻是随着温度的上升而降低。这是首次发现的半导体现象。不久,1839年法国的贝克莱尔发现半导体和电解质接触形成的结,在光照下会产生一个电压,这就是后来人们熟知的"光生伏打"效应。这是被发现的半导体的第二个特征。

1873年,英国的史密斯发现硒晶体材料在光照下电导增加的光电导效应,这是半导体又一个特有的性质。

在1874年,德国的布劳恩观察到某些硫化物的电导与所加电场的方向有关,即它的导电有方向性,在它两端加一个正向电压,它是导通的;如果把电压极性反过来,它就不导电,这就是半导体的单向导电(整流)效应,同年,舒斯特又发现了铜与氧化铜的整流效应。这是半导体所特有的第四种特性。

半导体的这四个效应,早在1880年以前就先后被发现了,但半导体这个名词大概到1911年才被考尼白格和维斯首次使用。而总结出半导体的这四个特性一直到1947年12月才由贝尔实验室完成。半导体被认可需要很长的时期主要原因是当时材料不纯。没有好的材料,很多与材料相关的问题就难以说清楚。因此,1933年材料提纯技术达到一定要求后半导体才为学术界接受。

1.2.1 半导体材料分类

半导体材料很多,按化学成分可分为元素半导体和化合物半导体两大类。

(1) 元素半导体:常见的材料是锗(germanium-Ge)和硅(silicon-Si)。

(2) 化合物半导体:Ⅲ-Ⅴ族化合物(砷化镓、磷化镓等)、Ⅱ-Ⅵ族化合物(硫化镉、硫化锌等)、氧化物(锰、铬、铁、铜的氧化物)以及由Ⅲ-Ⅴ族化合物和Ⅱ-Ⅵ族化合物组成的固溶体(镓铝砷、镓砷磷等)。

1.2.2 本征半导体

本征半导体(intrinsic semiconductor)指没有掺杂且无晶格缺陷的纯净半导体。如纯净的硅或纯净的锗,都可以称为本征半导体。

1. 本征半导体的结构特点

以现代电子技术中应用最多的半导体材料硅、锗为例。硅和锗最外层电子(价电子valence electron)都是四个。二者的电子结构见图1-7。

硅和锗都是四价元素,如图1-7所示,在硅和锗晶体中,原子按照一定的顺序形成正四面体的晶体点阵,每个原子都处在正四面体的中心,原子间靠得很近,距离都相等,每个原子的四个价电子就和相邻原子的价电子联系起来,价电子为相邻的原子所共有,形成共价键结构。由于共价键有很强的结合力,使原子排列规则,形成晶体。每个硅原子通过四对共价键受到相邻四个硅原子的束缚。所以此结构是非常稳定的。$T=0$K(绝对零度)时,半导体等效于绝缘体。

如图1-8所示,共价键中的两个电子被紧紧束缚在共价键中,称为束缚电子,常温下束缚电子很难脱离共价键成为自由电子,因此本征半导体中的自由电子很少,所以本征半导体的导电能力很弱,近似为零。

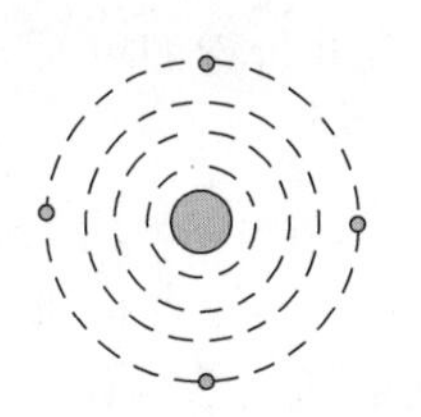
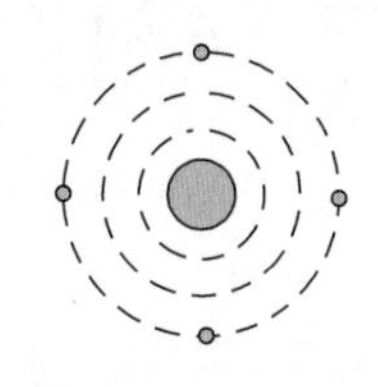

图 1-7 硅和锗的电子结构

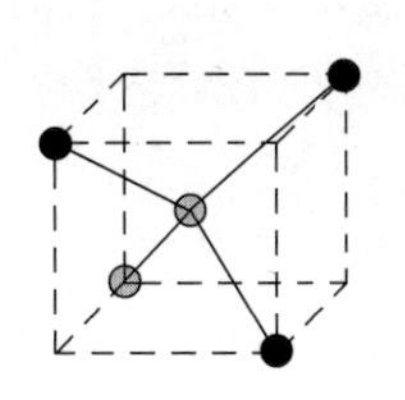
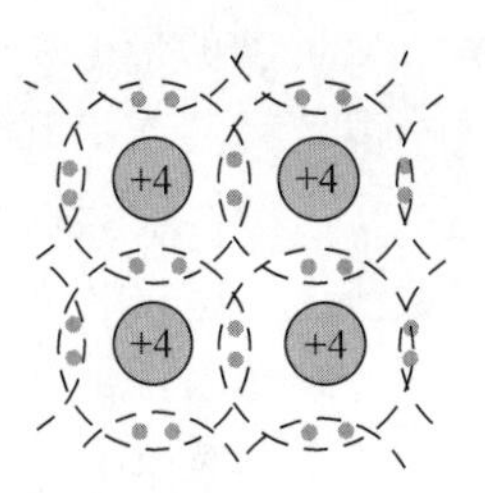

图 1-8 硅和锗的晶体结构

在绝对零度温度下,半导体的价带(valence band)是满带(见能带理论),受到光电注入或热激发后,价带中的部分电子会越过禁带(forbidden band/band gap)进入能量较高的空带,空带中存在电子后成为导带(conduction band),价带中缺少一个电子后形成一个带正电的空位,称为空穴(hole)。导带中的电子和价带中的空穴合称为电子-空穴对。上述产生的电子和空穴均能自由移动,成为自由载流子(free carrier),它们在外电场作用下产生定向运动而形成宏观电流,分别称为电子导电和空穴导电。这种由于电子-空穴对的产生而形成的混合型导电称为本征导电。导带中的电子会落入空穴,使电子-空穴对消失,称为复合(recombination)。复合时产生的能量以电磁辐射而发射光子(photon)或晶格热振动而发射声子(phonon)的形式释放。在一定温度下,电子-空穴对的产生和复合同时存在并达到动态平衡,此时本征半导体具有一定的载流子浓度,从而具有一定的电导率。加热或光照会使半导体发生热激发或光激发,从而产生更多的电子-空穴对,这时载流子浓度增加,电导率增加。半导体热敏电阻和光敏电阻等半导体器件就是根据此原理制成的。常温下本征半导体的电导率较小,载流子浓度对温度变化敏感,所以很难对半导体特性进行控制,因此实际应用不多。综上所述半导体的特点如下:

(1) 杂敏性。半导体对杂质很敏感。在半导体硅中只要掺入亿分之一的硼(B),电阻率就会下降到原来的几万分之一。因此,用控制掺杂的方法,可以人为地精确地控制半导体的导电能力,制造出各种不同性能、不同用途的半导体器件。如普通半导体二极管、三极管、晶闸管等。

(2) 热敏性。半导体对温度很敏感。研究发现,半导体温度每升高 10℃,半导体的电阻率减小为原来的二分之一。这种特性对半导体器件的工作性能有许多负面影响,但利用这一特性可制成自动控制中应用的热敏电阻,热敏电阻可以感知万分之一摄氏度的温度变化。

(3) 光敏性。半导体对光照很敏感。光照越强,等效电阻越小,导电能力越强。例如,一种硫化铬(CdS)的半导体材料,在一般灯光照射下,它的电阻率是移去灯光后的几十分之一或几百分之一。自动控制中用的光电二极管、光电三极管和光敏电阻等光控元件,都是利用这一特性制成的。

2. 本征半导体的导电机理分析

本征半导体是不带电的,但它具有导电倾向与微弱导电能力,而且其导电过程与其他导电性质有本质上的不同。

1) 半导体内导电粒子

在绝对零度($T=0$K)和没有外界激发时,价电子完全被共价键束缚着,本征半导体中没有可以运动的带电粒子(即载流子),它的导电能力为零,相当于绝缘体。

当温度升高或受到光照,价电子从外界获得能量,少数价电子会挣脱共价键的束缚成为自由电子,这种现象称为本征激发。同时共价键上留下一个空位,称为空穴。

载流子:运载电荷的粒子(物质的导电性就取决于它的多少)。在常温下,由于受到热激发便出现了自由电子载流子,同时也出现了空穴载流子,这是区别于导体的重要特征。

结论:半导体中有两种载流子——自由电子(-)和空穴(+),两种载流子成对出现。

2) 本征半导体的导电机理

自由电子和空穴是成对出现的,称为电子-空穴对。在本征半导体中,电子-空穴对的数量总是相等的。在外电场或其他能源的作用下,空穴吸引附近的电子来填补,这样的结果相当于空穴的迁移,可以认为空穴是一种带正电荷的载流子,所以空穴的迁移相当于正电荷的移动。因此,本征半导体中有两种载流子——电子和空穴。两种载流子运动方向相反,形成的电流方向相同。

总之,常温下,在本征半导体中出现了载流子,所以它可以导电;另一方面,载流子的浓度很低,其导电能力很弱,也不好控制;当本征半导体受到光和热作用时,由于外界能量的激发,就有较多的共价键破裂形成电子-空穴对,从而出现大量的载流子,使得半导体的导电能力明显提升,表现出半导体的光敏、热敏特性;在外加电场的作用下,本征半导体中电流由两部分组成:

(1) 自由电子移动产生的电流,自由电子向正极运动→电子电流;

(2) 空穴移动产生的电流,空穴向负极运动(实质是共有电子填补空穴)→空穴电流。

3) 半导体与金属导体导电原理的区别

半导体与导体在导电本质上是有严格区别的,主要在于:

(1) 导体只有一种载流子——自由电子。

(2) 半导体有两种载流子——自由电子和空穴。

1.2.3 杂质半导体

研究发现,半导体对掺入其中的杂质很敏感,也称杂敏性。也就是掺入某种微量的杂质后,半导体的某种载流子浓度大大增加,导电性能大大加强。半导体之所以能广泛应用在电子学科领域,究其原因就是其能在其晶格中植入杂质改变其电性,这个过程称为掺杂(doping)。掺杂进入本征半导体的杂质浓度与极性会对半导体的导电特性产生很大的影响。而掺杂过的半导体则称为杂质半导体(extrinsic semiconductor)。从某种意义说,纯净半导体在科学上的价值是非常有限的,掺杂特性才是半导体科技的灵魂所在。按照掺杂杂质类型,半导体可以分为N型半导体与P型半导体。

需要强调的是杂质半导体中的杂质对电导率的影响非常大。半导体中掺入微量杂质时,杂质原子附近的周期势场受到干扰并形成附加的束缚状态,在禁带中产生附加的杂质能级。

1. N型半导体

在硅或锗晶体中掺入少量的五价元素N(氮)、P(磷)、锑(Sb)、砷(As)、Bi(铋)后,杂质原子作为晶格的一分子，其五个价电子中有四个与周围的锗（或硅）原子形成共价键，多余的一个电子被束缚于杂质原子附近，呈游离状态。这个电子几乎不受束缚，很容易被激发而成为自由电子，产生施主能级（类氢浅能级）。施主能级上的电子跃迁到导带所需能量比从价带激发所需能量小得多，因此，游离状态电子很易激发到导带成为载流子，能提供电子载流子的杂质称为施主杂质（donor impurity），相应能级称为施主能级，位于禁带上方靠近导带底附近。电子载流子主要是被激发到导带中的电子，杂质半导体的自由电子浓度大大增加。将这种掺入施主杂质而导致导电的电子密度远远超过流动的空穴密度的半导体称为N型半导体（N-type semiconductor），也称电子型（negative）半导体。五价元素的最外层的五个价电子，其中四个与相邻的半导体原子形成共价键。因此，掺入五价元素原子数目就等于半导体中产生的自由电子数目。这种半导体中，按照载流子数目与浓度，多数载流子（简称多子）为自由电子（主要由掺杂形成）；少数载流子（简称少子）为空穴（本征激发形成）。N型半导体结构示意图如图1-9所示。

2. P型半导体

在硅或锗晶体中掺入少量的三价元素硼（B）、铟（In）或镓（Ga）等构成的半导体称为P型半导体。例如，在四价硅中掺入三价硼（B），晶体点阵中的半导体原子被硼原子取代。硼原子的最外层有三个价电子，与相邻的4个半导体原子形成共价键时，有一个键因缺少一个电子形成一个空穴。这样，这个空穴可能吸引束缚电子来填补，掺入多少个硼原子就能产生多少个空穴。因此，这种掺入硼原子使空穴浓度大大增加，导电主要靠空穴的杂质半导体也称为空穴型半导体。其结构如图1-10所示。相应地，能提供空穴载流子的杂质称为受主杂质（acceptor impurity），相应能级称为受主能级，位于禁带下方靠近价带顶附近。由于掺入的三价杂质原子，从半导体中得到一个电子构成共价键，故称为受主原子。

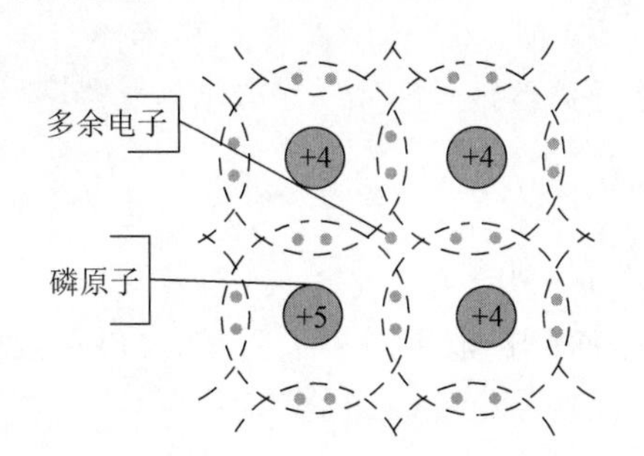

图1-9 掺杂半导体结构示意图之一——掺入磷原子

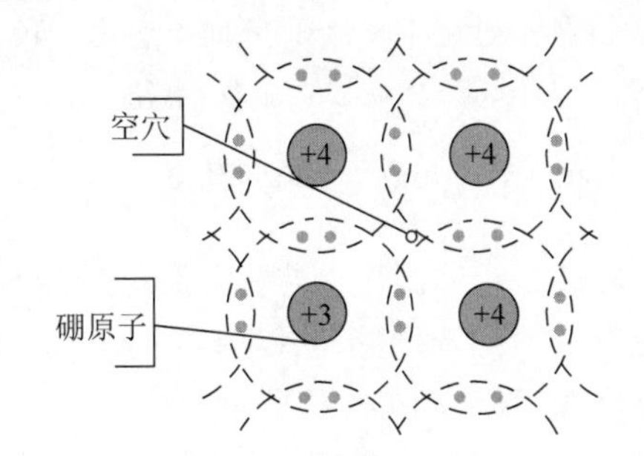

图1-10 掺杂半导体结构示意图之二——掺入硼原子

上面分析得知，在P型半导体中，空穴为多数载流子，自由电子为少数载流子。在半导体器件的各种效应中，虽然导电主要依赖多子，但少数载流子常扮演重要角色。特别是在影响半导体器件性能特性方面，少子很关键。

3. 杂质半导体的特性分析与总结

无论是N型或P型半导体，内部都有大量的载流子，导电能力都较强。但是，不管是有大量带负电自由电子的N型半导体或是有大量带正电空穴的P型半导体，由于半导体带有相反极性的杂质离子的平衡作用，从总体上看，半导体仍然保持着电中性，如图1-11所示。

另外需要指出的是,在杂质半导体中,多数载流子的浓度主要取决于掺入的杂质浓度;而少数载流子的浓度主要取决于温度。

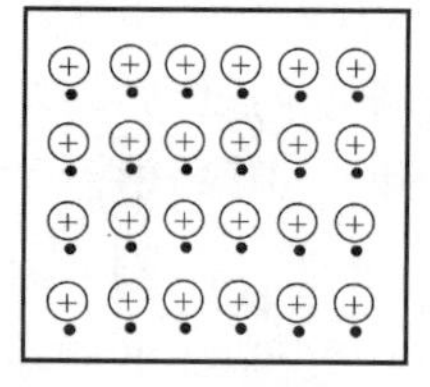
(a) N型半导体

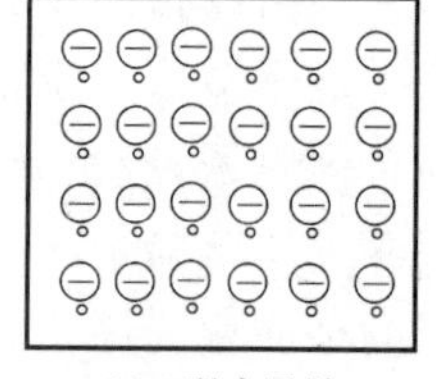
(b) P型半导体

图 1-11 半导体电中性示意图

4. 半导体应用

最早的实用“半导体”是电晶体(transistor)/二极体(diode)。可以说,所有涉及信号处理领域的器件,包括各种数字的、模拟的芯片多是由半导体材料制成,可以肯定地说,当代的电子科学领域,半导体无处不在,渗透到了每一个领域的每一个层次。归纳半导体在电子信息科学上的应用,主要有以下三点:

(1) 在无线电收音机(radio)及电视机(television)等设备中,作为“信号放大器/整流器”;在计算机科学中,作为信号处理与逻辑运算用(集成为芯片)。

(2) 近来发展应用在太阳能(solar power)发电系统(generating system)中,也用在光电池(solar cell)中。

(3) 半导体可以用来测量温度,测温范围可以达到生产、生活、医疗卫生、科研教学等应用的70%的领域,有较高的准确度和稳定性,分辨率可达0.1℃,甚至达到0.01℃也不是不可能,线性度0.2%,测温范围为−100~+300℃,是性价比极高的一种测温元件。

1.3 PN 结

P型半导体与N型半导体相互接触时,其交界区域称为PN结。半导体性质非常复杂,工程上主要研究PN结的单向导电性、光生伏打效应、电容性、温度性等主要特性。半导体三极管、晶闸管、PN结光敏器件和发光二极管等半导体器件均利用了PN结的特性。

1.3.1 PN 结形成过程

通过半导体制作工艺将两种杂质半导体制作在同一片(通常是硅或锗)基片上(采用不同的掺杂工艺,通过扩散作用,在一块本征半导体的两侧扩散不同的杂质,就可以在两侧分别形成N型半导体和P型半导体),由于载流子浓度差与电荷之间的相互作用而在它们的交界面就形成空间电荷区,这个空间电荷区就称PN结(positive-negative junction)。其中P是positive(带正电的)的缩写,N是negative(带负电的)的缩写,表明正荷子与负荷子起作用的特点。下面介绍一下PN结的形成过程。

在P型半导体和N型半导体结合后,由于N型区内自由电子数目远远高于空穴数目,而P型区恰好相反,导致在二者的交界面处就出现了电子和空穴的浓度差。这样,由于交界面处存在载流子浓度的差异,电子和空穴都要从浓度高的地方向浓度低的地方扩散。因此,有一些自由电子要从N型区向P型区扩散,也有一些空穴要从P型区向N型区扩散。它们扩散的结果使其中的载流子浓度发生了相对变化,即P区空穴数目减少,带负电的杂质离子浓度相对较大;相反,N区一侧失去电子而留下了带正电的杂质离子导致了带正电的杂质浓度大于自由电子。半导体中的离子不能任意移动,因此不参与导电。这些不能移动的带电粒子在P和N区交界面附近,形成了一个很薄的空间电荷区,就是所谓的PN结。

扩散作用越强,空间电荷区越宽。在空间电荷区,由于缺少多子,所以也称耗尽层。空间电荷区形成以后,由于正负电荷之间的相互作用,在空间电荷区中就形成了一个内电场,根据以上分析,其方向是从带正电的N区指向带负电的P区。显然,这个电场的方向与载流子扩散运动的方向相反,它是阻止多子扩散运动的。另一方面,这个电场将使N区的少数载流子空穴向P区漂移,使P区的少数载流子电子向N区漂移,漂移运动的方向正好与扩散运动的方向相反。从N区漂移到P区的空穴补充了原来交界面上P区所失去的空穴,从P区漂移到N区的电子补充了原来交界面上N区所失去的电子,这就使空间电荷减少,因此,漂移运动的结果是使空间电荷区变窄。当漂移运动达到和扩散运动相等时,PN结就处于动态平衡状态。PN结形成过程示意图如图1-12所示。

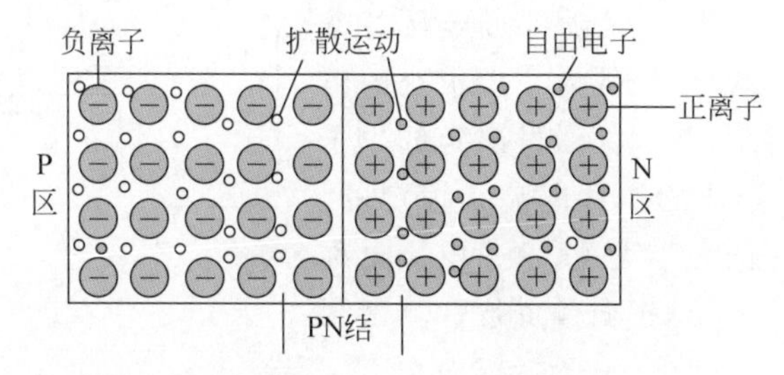

图1-12　PN结结构与形成过程示意图

由内电场形成过程机理得知,它促进少子漂移,阻止多子扩散。最终,由于浓度差与内电场作用达到平衡,多子的扩散和少子的漂移达到动态平衡。内电场强弱主要取决于半导体材料,研究发现在通常情况下硅约为0.4～0.6V,锗材料约为0.2～0.4V。

PN结形成定性概括为如下物理过程：因浓度差→多子的扩散运动→由杂质离子形成空间电荷区→空间电荷区形成内电场→内电场促使少子漂移,阻止多子扩散→最终载流子运动达到动态平衡→PN结。即：

(1) 多子向对方区域扩散形成空间电荷区——产生内电场。

(2) 内电场的作用——阻挡多数载流子的继续扩散,加强少数载流子漂移运动。

(3) 当扩散与漂移达到动态平衡时——PN结就形成了(平衡PN结)。

综上所述,PN结形成过程存在着两种载流子的运动。一种是多子克服电场的阻力的扩散运动；另一种是少子在内电场的作用下产生的漂移运动。因此,当扩散运动与漂移运动达到动态平衡时,空间电荷区的宽度和内建电场就呈相对稳定状态。由于两种运动产生的电流方向相反,因而在无外电场或其他因素激励时,PN结中无宏观电流。

1.3.2　PN结及其特性

PN结严格意义上说是典型非线性的电荷区域,因此性质非常复杂,研究难度很大。考虑实际情况,仅就其在实际工程中表现出来的最常见的性质加以介绍,即主要在构成半导体器件方面的宏观应用领域性质作研究。

PN结最典型的特征是具有单向导电性。按照其导电规律,分正向与反向特性论述。

1. 正向偏置

PN结外加电压使其P区的电位高于N区的现象称为正向电压偏置,简称正偏。在正向电压的作用下,PN结的平衡状态被打破,P区中的多子空穴和N区中的多子电子都要向

PN结移动，当P区空穴进入PN结后，就要和原来的一部分负离子中和，使P区的空间电荷量减少。同样，当N区电子进入PN结时，中和了部分正离子，使N区的空间电荷量减少，结果使PN结变窄，即耗尽区变薄。这时，由于耗尽区中载流子增加而导致电阻减小。结果导致势垒降低使P区和N区中越过这个势垒区的多子大大增加，就形成了扩散电流。在这种情况下，由少数载流子也形成了方向与扩散电流相反的漂移电流，与扩散电流相比非常小，可忽略不计，所以这时PN结内的电流由起支配地位的扩散电流所决定。

概括扩散电流形成过程，就是在外电路上形成一个流入P区的电流，称为正向平均电流(I_F)。当外加正向电压(U_F)稍有变化(如0.1V)，便能引起电流的显著变化，因此电流I_F是随外加电压急速上升的。这时，正向的PN结表现为一个很小的电阻。在一定的温度条件下，由本征激发决定的少子浓度是一定的，故少子形成的漂移电流是恒定的，基本上与所加反向电压的大小无关，这个电流也称为反向饱和电流(I_S)。PN结正向偏置特性测试图如图1-13所示。

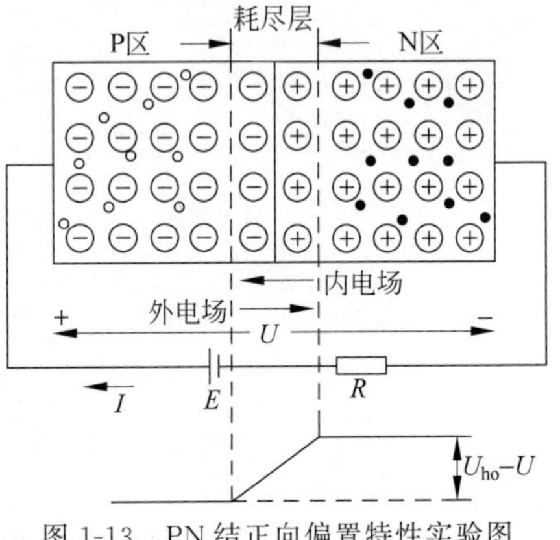

图1-13 PN结正向偏置特性实验图

概括PN结正向特性有：

P区电极接电源正极，N区电极接负极。外加的正向电压有一部分降落在PN结区，方向与PN结内电场方向相反，削弱了内电场。于是，内电场对多子扩散运动的阻碍减弱，扩散电流加大。扩散电流远大于漂移电流，可忽略漂移电流的影响，PN结呈现低阻性。若外加电压使电流从P区流到N区，PN结呈低阻性，所以电流大；反之是高阻性，电流小。外加正向电压结果使PN结宽度变窄，所呈现的电阻R_D很小，I_D很大，称PN结导通。

2. PN结反偏特性

如果PN结N区电极接电源正极，P区接负极，就是反向偏置。将图1-13电源改变方向就变成了反偏特性实验图。此时，在反向电压的作用下，P区中的空穴和N区中的电子都将进一步离开PN结，使耗尽区厚度加宽，PN结的内电场加强。最终结果，一方面使P区和N区中的多数载流子很难越过势垒，扩散电流趋近于零；另一方面，由于内电场的加强，使得N区和P区中的少数载流子更容易产生漂移运动。这样，此时流过PN结的电流由起支配地位的漂移电流所决定。漂移电流表现在外电路上有一个流入N区的反向电流(I_R)。由于少数载流子是由本征激发产生的，其浓度很小，所以I_R是很微弱的，实验测定一般为微安数量级。当PN结制成后，I_R数值决定于温度，而几乎与外加反偏电压(U_R)无关。在某些实际应用中，I_R温度的特性必须予以考虑，它直接关系到半导体器件的性能。

总之，PN结在反向偏置时，I_R很小，PN结呈现一个很大的电阻，可认为它基本上是不导电的。这时，反向的PN结表现为一个很大的电阻。

3. PN结伏-安特性表达式

用数学建模的方法可以推导出PN结伏-安(volt-ampere，V-A)特性数学关系。

$$i_D = I_S(e^{\frac{u_D}{U_T}} - 1) \tag{1-1}$$

其中，温度电压当量

$$U_{\mathrm{T}}=\frac{kT}{q} \tag{1-2}$$

k 为波尔兹曼常数，$k=8.63\times10^{-5}\mathrm{eV/K}$；$T$ 热力学温度，在常温下（$T=300\mathrm{K}$）；$U_{\mathrm{T}}=26\mathrm{mV}$；$u_{\mathrm{D}}$ 为 PN 结两端电压。用描点法做出 PN 结伏-安特性数学曲线如图 1-14 所示。

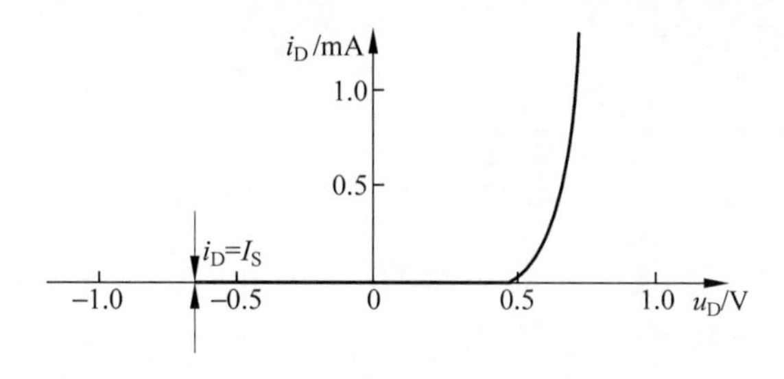

图 1-14　PN 结伏-安关系曲线

结论：PN 结伏-安特性定性分析结论为，PN 结加正向电压时，呈现低电阻，具有较大的正向扩散电流；PN 结加反向电压时，呈现高电阻，具有很小的反向漂移电流。由此可以得出 PN 结具有单向导电性的结论。单向导电性应用非常广泛，最典型的是电子设备电源中的整流器件就是根据这一特性制成的。

1.3.3 PN 结的电容效应

PN 结具有一定的电容效应，特别是在高频工作环境，这一特性更加突出。可以认为 PN 结电容特性由两方面的因素决定，一是势垒电容 C_{B}，二是扩散电容 C_{D}。

1. 势垒电容 C_{B}

势垒电容(carrier capacitance)是 PN 结所具有的一种电容，即是 PN 结空间电荷区（势垒区）的电容；由于势垒区中存在较强的电场，其中的载流子被电场耗尽，势垒区可近似为耗尽层，故势垒电容往往也称为耗尽层电容。

C_{B} 相当于极板间距为 PN 结耗尽层厚度(W)的平板电容，它与外加电压 u_{D} 有关（正向电压升高时，W 减薄，电容增大；反向电压升高时，W 增厚，电容减小）。

由于

$$\mathrm{d}u_{\mathrm{D}}\approx W\mathrm{d}E=W(\mathrm{d}Q/\varepsilon) \tag{1-3}$$

所以耗尽层电容为

$$C_{\mathrm{B}}=\mathrm{d}Q/\mathrm{d}u_{\mathrm{D}}=\varepsilon/W \tag{1-4}$$

势垒电容是受外加电压控制的非线性电容，其容量的大小与 PN 结面积、半导体介电常数和外加电压有关。PN 反偏时电容主要是势垒电容，当 PN 结正偏时，因有大量的载流子通过势垒区，耗尽层近似不再成立，则通常的计算公式也不再适用；这时一般可根据实践经验近似认为：正偏时的势垒电容等于零偏时的势垒电容的 4 倍。不过，实际上 PN 结在正偏时所表现出的较大电容，主要不是势垒电容，而往往是所谓扩散电容。势垒电容的示意图见图 1-15。

总之，势垒电容是相应于多数载流子电荷变化的一种电容效应，因此势垒电容不管是在低频、高频环境下都将起到很大的作用，扩散电容是相应于少数载流子电荷变化的一种电容

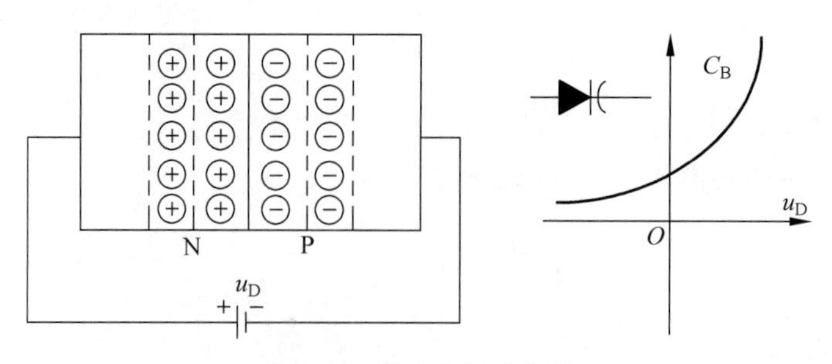

图 1-15　势垒电容示意图

效应,故在高频下不起作用。实际上,半导体器件的最高工作频率往往就决定于势垒电容。势垒电容是由空间电荷区的离子薄层形成的。当外加电压使 PN 结上压降发生变化时,离子薄层的厚度也相应地随之改变,这相当 PN 结中存储的电荷量也随之变化,犹如电容充放电。

2. 扩散电容 C_D

扩散电容(diffusion capacitance)是 PN 结在正偏时所表现出的一种微分效应电容。它来自于非平衡少数载流子在 PN 结两边的中性区内的电荷存储所造成的电容效应。扩散电容也与直流偏压有关(也是一种非线性电容),也将随着直流偏压的增大而指数式增大,故扩散电容在正向偏压下比较大。

另外,由于 PN 结扩散电容与少数载流子的积累有关,而少数载流子的产生与复合都需要一个时间(称为寿命 τ)过程,所以扩散电容在高频下基本上不起作用。这就是说,扩散电容还与外加结电压的信号频率 ω 有关,并常常用乘积($\omega\tau$)的大小来划分器件工作频率的高低：在低频($\omega\tau \ll 1$),即外加信号的变化周期远大于存储电荷再分布的时间时,少数载流子存储电荷的变化跟得上外加信号的变化,则扩散电容较大；在高频($\omega\tau \gg 1$),即存储电荷跟不上外加信号的变化时,扩散电容很小,故扩散电容在低频环境下作用明显。

扩散电容的形成示意图如图 1-16 所示。因为 PN 结的开关速度主要决定于在两边中性区内存储的少数载流子,所以,从本质上来说,也就是扩散电容对开关速度的影响。

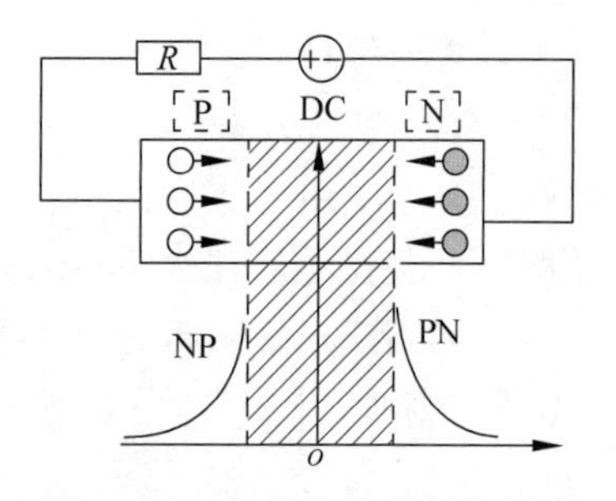

图 1-16　PN 结扩散电容示意图

总之,扩散电容是由多子扩散后,在 PN 结的另一侧面积累而形成的。因 PN 结正偏时,由 N 区扩散到 P 区的电子,与外电源提供的空穴相复合,形成正向电流。刚扩散过来的电子就堆积在 P 区内紧靠 PN 结的附近,形成一定的多子浓度梯度分布曲线。反之,由 P 区扩散到 N 区的空穴,在 N 区内也形成类似的浓度梯度分布曲线。PN 结的扩散电容与其势垒电容不同。前者是少数载流子引起的电容,对于 PN 结的开关速度有很大影响,在正偏下起很大作用、在反偏下可以忽略,在低频时很重要、在高频时可以忽略；后者是多数载流子引起的电容,在反偏和正偏时都起作用,并且在低频和高频下都很重要。

3. PN 结的高频等效电路

由于 PN 结结电容(C_B 和 C_D)的存在,使其在高频电路分析时,必须考虑结电容的影响。PN 结高频分析等效电路如图 1-17 所示，图中 r_d 表示结电阻，C 表示结电容，它包括势垒电容和扩散电容，其大小除了与本身结构和工艺有关外，还与外加电压有关。当 PN 结处于正向偏置时，r_d 为正向电阻，数值很小，而结电容较大（主要决定于扩散电容 C_D）。当 PN 结处于反向偏置时，r_d 为反向电阻，其数值较大，结电容较小（主要决定于势垒电容 C_B）。

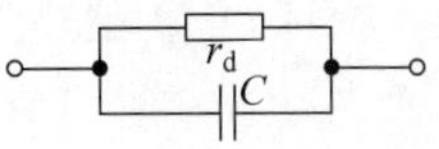

图 1-17　PN 结高频等效电路

1.3.4　PN 结的击穿特性

击穿（breakdown）特性指绝缘物质在电场的作用下发生剧烈放电或导电的现象叫击穿。它并不是 PN 结所独有的特性。例如，平常我们使用的验电笔中的氖管发光，就是氖管两端的电压超过 70V 而被击穿。击穿现象对于电子技术利弊都存在，我们研究 PN 结击穿现象，目的是通过掌握 PN 结击穿本质而在实际工程上应用。

1. 电击穿

当 PN 结上加的反向电压增大到一定数值时，反向电流突然剧增，这种现象称为 PN 结的反向击穿。PN 结出现击穿时的反向电压称为反向击穿电压，用 U_{BR} 表示。反向击穿可分为雪崩击穿和齐纳击穿两类。

（1）雪崩击穿。当反向电压较高时，结内电场很强，使得在结内作漂移运动的少数载流子获得很大的动能。当它与结内原子发生直接碰撞时，将原子电离，产生新的“电子-空穴对”。这些新的“电子-空穴对”，又被强电场加速再去碰撞其他原子，产生更多的“电子-空穴对”。如此连锁反应，使结内载流子数目剧增，并在反向电压作用下作漂移运动，形成很大的反向电流。这种击穿称为雪崩击穿。显然雪崩击穿的物理本质是碰撞电离。

（2）齐纳击穿。齐纳击穿通常发生在掺杂浓度很高的 PN 结内。由于掺杂浓度很高，PN 结很窄，这样即使施加较小的反向电压（5V 以下），结层中的电场却很强（可达 2.5×1V/m 左右）。在强电场作用下，会强行促使 PN 结内原子的价电子从共价键中拉出来，形成“电子-空穴对”，从而产生大量的载流子。它们在反向电压的作用下，形成很大的反向电流，出现了击穿。显然，齐纳击穿的物理本质是场致电离。

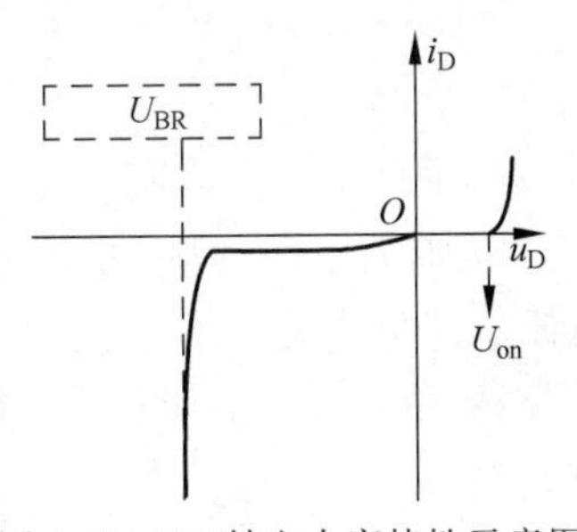

图 1-18　PN 结电击穿特性示意图

采取适当的掺杂工艺，将硅 PN 结的雪崩击穿电压可控制在 8～1000V。而齐纳击穿电压低于 5V。在 5～8V 两种击穿可能同时发生。

如图所示，当加在 PN 结上的反向电压增加到一定数值时，反向电流突然急剧增大，PN 结产生电击穿。这就是 PN 结的击穿特性。发生击穿时的反偏电压称为 PN 结的反向击穿电压 U_{BR}。PN 结电击穿特性如图 1-18 所示。

PN 结的电击穿是可逆击穿，及时把偏压调低，PN 结即恢复原来特性。电击穿特点可加以利用（如稳压管）。

2. 热击穿

反向电流和反向电压的乘积超过 PN 结容许的耗散功率，因热量散发不出去而导致 PN 结温度上升，直至过热而烧毁，这种现象称为热击穿。热击穿必须尽量避免。热击穿就是烧毁，是不可逆击穿，因此使用时尽量避免。热击穿的本质是处于电场中的介质，由于其中的介质损耗而产生热量,就是电势能转换为热量,当外加电压足够高时,就可能从散热与发热的热平衡状态转入不平衡状态,若发出的热量比散去的多,介质温度将愈来愈高,直至出现永久性损坏,这就是热击穿。

总之,PN 结被击穿后,PN 结上的压降高,电流大,功率大。当 PN 结上的功耗使 PN 结发热,并超过它的耗散功率时,PN 结将发生热击穿。这时 PN 结的电流和温度之间出现恶性循环,最终将导致 PN 结烧毁。

1.3.5 PN 结的应用

根据 PN 结的材料、掺杂分布、几何结构和偏置条件的不同,利用其基本特性可以制造多种功能的晶体二极管。如利用 PN 结单向导电性可以制作整流二极管、检波二极管和开关二极管;利用击穿特性制作稳压二极管和雪崩二极管;利用高掺杂 PN 结隧道效应制作隧道二极管;利用结电容随外电压变化效应制作变容二极管。使半导体的光电效应与 PN 结相结合还可以制作多种光电器件:如利用前向偏置异质结的载流子注入与复合可以制造半导体激光二极管与半导体发光二极管;利用光辐射对 PN 结反向电流的调制作用可以制成光电探测器;利用光生伏打效应可制成太阳能电池。此外,利用两个 PN 结之间的相互作用可以产生放大、振荡等多种电子功能。肯定地说,PN 结是构成双极型晶体管和场效应晶体管的核心,是现代电子技术的基础。

半导体应用领域非常广泛,科学家们在照明上预测,尽管半导体照明取代节能灯,走进人类生活可能还要经历一段时期,但大到景观照明、户外大屏幕,小到玩具、手电筒、圣诞灯,有理由相信,LED 将会照亮每个人的居室,从而改变我们的生活。

1.4 太阳能发电系统简介

太阳能电站是利用太阳能电池组件将光能转化为电能的装置,是地球的清洁和可再生能源。太阳能电池是光伏发电系统的核心。从产生技术成熟度来区分,太阳能电池经历以下阶段:

第一代太阳能电池——单晶硅高效电池与多晶硅高效电池。

第二代太阳能电池——各种薄膜电池。

第三代太阳能电池——各种超叠层太阳、热光伏(TPV)、中间带太阳能电池、上下转换太阳能电池、热载流子太阳能电池、碰撞离化太阳能电池等新概念太阳能电池。

第四代光合太阳能电池——使用植物材料、利用光合作用高效地将太阳能转化成电能、没有丝毫污染的绿色太阳能电池。

光伏发电系统利用光伏电池建成的规模化太阳能电力系统。自法国建立世界上第一个奥德约太阳能发电站开始,目前世界上已有近 200 家公司生产太阳能电池。如图 1-19 所示为太阳能电站。

光伏发电系统分为独立型与并网型。二者组成结构稍有不同,综合其共性,太阳能发电系统由太阳能电池板,控制器、蓄电池、逆变器等。各部分的作用为:

(1) 太阳能电池板——太阳能发电系统中的核心部分,也是太阳能发电系统中价值最高的部分。其作用是将太阳的辐射能在蓄电池中存储起来,再带动负载工作。

图 1-19　太阳能电站

(2) 太阳能控制器——作用是控制整个系统的工作状态,并对蓄电池起到过充电保护、过放电保护的作用。性能良好的充放电控制电路是延长电池的使用寿命、防止电池过充电及深度放电的有效途径,是设计光伏发电系统的必选项。

(3) 蓄电池——多为铅酸蓄电池(或胶体蓄电池),在功率较小的系统中,也可用镍氢、镍镉或锂电池等,其作用是将太阳能电池板所发出的电能存储起来,到需要的时候再释放出来。

(4) 逆变器——太阳能电池板输出的一般都是 12V DC、24V DC、48V DC。如需提供 220V 的交流电,需要使用 DC-AC 逆变器。主要作用是将从储能电池输入的直流电,转换为所需要的交流电,例如中国是 220V/50Hz,日本是 110V/50Hz。

(5) 配电箱及连接导线——用于连接系统设备和管理输出电力的设备。

早在 1980 年美国宇航局和能源部提出在空间建设 500 万千瓦电力太阳能发电站设想。准备在同步轨道上放一个长 10km、宽 5km 的上面布满太阳能电池平板。难点是需要解决向地面无线输电问题。现已提出用微波束、激光束等各种方案。目前已用模型飞机实现了短距离、短时间、小功率的微波无线输电,但离真正实用还有漫长路程。

太阳能发电更加激动人心的计划是日本提出的创世纪计划。准备利用地面上沙漠和海洋面积进行发电,并通过超导电缆将全球太阳能发电站联成统一电网以便向全球供电。据测算,到 2050 年、2100 年,即使全用太阳能发电供给全球能源,占地也不过为 186.79 万平方千米、829.19 万平方千米。829.19 万平方千米仅占全部海洋面积的 2.3%或全部沙漠的 51.4%。因此这一方案是有可能实现的。

本章小结

在一块本征半导体的两侧通过扩散不同的杂质,分别形成 N 型半导体和 P 型半导体;P 区和 N 区的载流子经过一系列的运动,在交界处形成一个很薄的空间电荷区,这就是所谓的 PN 结。本章主要介绍:

(1) 电子信息系统及其相关概念。

(2) 半导体及其 PN 结。PN 结的形成过程;PN 结的电容效应;PN 结的单向导电性;PN 结的击穿特性。

(3) 太阳能发电系统简介。

习题

1.1 选择题。

1. 在本征半导体中加入________元素可形成N型半导体,加入________元素可形成P型半导体。

A. 五价　　B. 四价　　C. 三价　　D. 二价

2. 在杂质半导体中,多子的浓度主要取决于________,而少子的浓度主要取决于________。

A. 温度　　B. 掺杂工艺　　C. 杂质浓度　　D. 晶体缺陷

3. 半导体PN结在外加反向电压时对其电流的形成无影响的是________。

A. 多子　　B. 少子　　C. 温度　　D. 漂移运动

4. PN结上加正向电压,易于进行________运动。

A. 多子漂移　　B. 多子扩散　　C. 少子漂移　　D. 少子扩散

5. PN结加正向电压,其内电场会________。

A. 被削弱　　B. 被加强　　C. 没变化　　D. 可能削弱,也可能加

6. 本征半导体中,电子浓度与空穴浓度关系为________。

A. 大于　　B. 小于

C. 相等　　D. 可能大,也可能小,与材料有关

1.2 判断题(请根据题目内容判断对错,正确的在括号中填T,错误的填F)。

1. 半导体受本征激发时,空穴和自由电子是成对产生的。　(　　)
2. 在N型半导体中如果掺入足够量的三价元素,可将其改型为P型半导体。　(　　)
3. 因为N型半导体的多子是自由电子,所以它带负电。　(　　)
4. PN结在无光照、无外加电压时,结电流为零。　(　　)
5. 由于PN结交界面两边存在电位差,所以当把PN结两端短路时就有电流流过。　(　　)
6. PN结方程可以描述PN结正反向特性,也可以描述PN结反向击穿特性。　(　　)
7. 漂移电流是由多子在内电场作用下形成的。　(　　)

1.3 填空题。

1. PN结少数载流子的浓度取决于________。

2. PN结外加电压与电流数学关系为________。

3. 漂移电流是________电流,它由________载流子形成,其大小与________有关,而与外加电压________。

4. 据击穿机理不同,PN结的反向击穿分为________和________,据击穿是否是破坏性的分为________和________。

5. P型半导体是在本征半导体中加入________价元素形成,多子为________。

6. N型半导体中自由电子是________(多子,少子),因此N型半导体带________(正电,负电,电中性)。

7. PN结的反向电阻比正向电阻________(大,小)得多。因此PN结的最大特性

是________。

8. 当PN结外加正向电压时，扩散电流________漂移电流，耗尽层________。

1.4　什么是模拟信号？什么是数字信号？二者有什么异同与特点？

1.5　电子信息系统基本组成部分一般有哪些？有什么特点？

1.6　分析PN结伏安特性。

1.7　PN结电容特性有哪些特点？

第2章 半导体晶体管及其基本电路

CHAPTER 2

科技前沿——三维晶体三极管制造技术延伸摩尔定律

摩尔定律像一盏明灯让信息产业界义无反顾地追随定律前行。每两年前进一个技术台阶，几乎无一失手，如2007年是45nm，2009年是32nm，2011年应该是22nm。

尽管摩尔定律总有一天会受限于器件尺寸缩小技术而止步不前，但是产业会通过晶体三极管材料的变化，以及晶体管结构变革等，仍在继续延伸摩尔定律寿命。因为按国际半导体技术发展路线图(ITRS)，在2007年45nm时，英特尔就发布了高k/金属栅技术，可以看作是晶体管组成材料的一次革新，用高k材料来替代传统SiO_2，让定律又延伸了10～15年。今天三维晶体三极管结构，使传统晶体三极管二维结构变成三维，是半导体工艺技术中又一次重大的革命。英特尔称之为三维晶体三极管，从技术上讲，应该是三个门晶体三极管。传统的二维门由较薄的三维硅鳍(fin)所取代，硅鳍由硅基垂直伸出。门包围着硅鳍。硅鳍的三个面都由门包围控制，上面的顶部包围一个门，侧面各包围一个门，共包围三个门。在传统的二维晶体三极管中只有顶部一个门包围控制。英特尔对此作了十分简单的解释："由于控制门的数量增加，晶体三极管处于'开'状态时，通过的电流会尽可能多；处于'关'状态时，电流会尽快转为零，由此导致能耗降至最低。而且晶体三极管在开与关两种状态之间迅速切换，能够显著提高电路性能。"

三维晶体三极管结构能够使芯片在电压较低、漏电流较少的环境下运行，较之前英特尔芯片性能更高、能效更好。据英特尔透露，它的22nm三维晶体三极管技术芯片从功能上相比32nm的二维晶体三极管结构提高37%，而在同性能下三维晶体三极管的能耗减少50%，适用于手持装置。

据英特尔Mark Bohr院士透露，三栅结构技术可缩小到14nm。因此三维晶体三极管结构具有划时代的革命性意义。英特尔的下一代处理器Ivy Bridge将独家采用该三维晶体三极管技术。也就是说英特尔在生产Ivy Bridge芯片时将退出二维晶体三极管制造业务，完全转向三维晶体三极管。

本章首先介绍半导体二极管的结构、工作原理、特性(曲线)、主要参数以及由二极管构成的基本电路，接着讨论晶体三极管的结构、工作原理、特性曲线和主要参数。然后，详细介绍晶体三极管的低频小信号微变等效模型，并根据该模型对放大电路进行分析，主要目的是求静态工作点和动态参数。最后，讨论了晶体三极管放大电路的三种组态，即共发射极、共集电极和共基极三种基本放大电路的分析方法。重点掌握以下要点：

掌握二极管和晶体三极管的结构、等效电路、主要参数与特性曲线、晶体三极管的电流放大原理以及基本共射放大电路的分析方法。

了解晶体三极管类型、放大电路的性能指标及其三种基本组态放大电路的分析方法。

2.1　半导体二极管

半导体晶体管是现代电子技术的基础和核心，它具有体积小、重量轻、功率转换效率高等优点。在现代电子技术中，各种应用电路都是建立在半导体晶体管所组成的电路基础上的。因此，掌握基本半导体器件的形成与工作原理是利用其分析和设计晶体管应用电路的基础。

半导体二极管是电子器件的基本元件之一，它广泛应用于各种电子电路中。本节将介绍半导体二极管的结构、工作原理、特性曲线、主要参数以及由二极管构成的基本电路的分析。

2.1.1　半导体二极管的结构和类型

半导体二极管是一种由 PN 结构成的半导体器件，将 PN 结加以封装并引出电极引线，就成为一个二极管。由 P 区引出的电极称为阳极（正极），由 N 区引出的电极称为阴极（负极），常见的外形如图 2-1 所示。

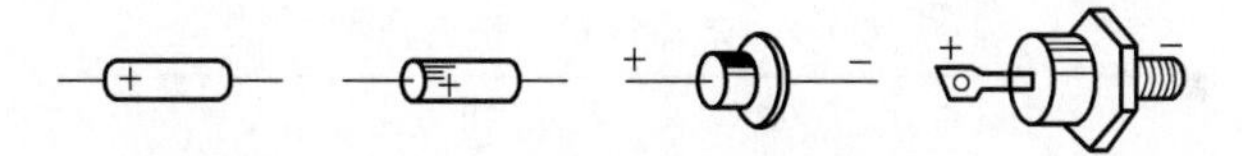

图 2-1　常见二极管外形图

半导体二极管按结构不同可分为点接触型、面接触型和平面型三大类，它们的结构示意图如图 2-2 所示。

（1）点接触型二极管。是由一根细金属丝通过特殊工艺与半导体表面相接触，形成 PN 结，如图 2-2(a)所示。由于点接触型二极管金属丝很细，因而 PN 结面积小，结电容小，一般在 1pF 以下，通过信号的频率高，工作频率可达 100MHz 以上。因此这类管子适用于检波、变频等高频电路和小电流整流。

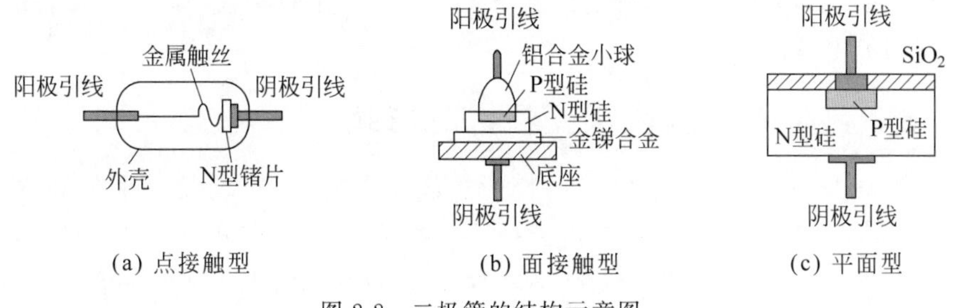

图 2-2　二极管的结构示意图

（2）面接触型二极管。PN 结用合金法工艺制成。PN 结面积大，能够流过较大的电流，只能在较低频率下工作，一般用于工频大电流整流电路。

(3) 平面型二极管。是通过扩散工艺法制成的,PN 结面积的大小可调,往往用于集成电路制造工艺中。结面积较大的可用于大功率整流,结面积小的可作为脉冲数字电路中的开关管。

阳极——▷|——阴极

图 2-3 二极管的符号

二极管的符号如图 2-3 所示。

2.1.2 半导体二极管的伏安特性

二极管是由 PN 结构成的,它具有单向导电性,它的所有特性都取决于 PN 结的特性。二极管的电流 i_D 与加于二极管两端的电压 u_D 之间的关系曲线数学关系式 $i_D=f(u_D)$,称为二极管的伏安特性,如图 2-4 所示。

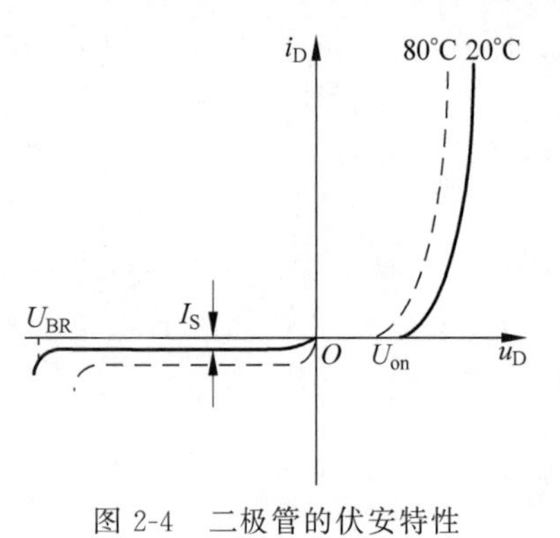

图 2-4 二极管的伏安特性

1. 正向特性

正向特性表现为图 2-4 中的右半部分。当正向电压较小,正向电流几乎为零。此工作区域称为死区。U_{on} 称为开启电压或死区电压。死区电压的大小与二极管的材料有关,一般情况下,硅管约为 0.5V,锗管约为 0.2V。当正向电压大于 U_{on} 时,随着电压的增加,电流迅速增长,呈现很小的正向电阻。

两种材料小功率二极管开启电压、正向导通电压范围以及反向饱和电流的数量级见表 2-1。

表 2-1 两种材料二极管比较

材　　料	开启电压 U_{on}/V	导通电压 U_D/V	反向饱和电流 I_S/μA
硅(Si)	≈0.5	0.6～0.8	<0.1
锗(Ge)	≈0.1	0.1～0.3	几十

2. 反向特性

反向特性表现为如图 2-4 中左半部分与横轴平行的曲线。由图可见,由于是少数载流子形成反向饱和电流,所以其数值很小,当温度升高时,反向电流将随之急剧增加。

3. 反向击穿特性

反向击穿特性对应于图 2-4 中反向电压超过 U_{BR} 以后的曲线,当反向电压超过 U_{BR} 时,反向电流剧增,二极管反向击穿,其原因和 PN 结反向击穿的原理相同。二极管击穿以后,不再具有单向导电性。

2.1.3 温度对二极管伏安特性的影响

当环境温度升高时,二极管的正向特性曲线将向左移,反向特性曲线将向下移(如图 2-4 虚线所示)。温度升高时,反向电流将呈指数规律增加,如硅二极管温度每增加 8℃,反向电流将约增加一倍;锗二极管温度每增加 12℃,反向电流大约增加一倍。另外,温度升高时,二极管的正向压降将减小,每增加 1℃,正向压降大约减小 2mV,即具有负的温度系数。在室温附近,通常温度每升高 1℃,正向压降减少 2～2.5mV;温度每升高 10℃,反向电流大约增加一倍。可见,二极管的特性对温度很灵敏。

2.1.4 半导体二极管的主要参数与型号

半导体二极管的参数是其特性的定量描述，可通过手册查到。二极管的参数包括最大整流电流 I_{DM}、反向击穿电压 U_{BR}、最大反向工作电压 U_{RM}、反向电流 I_R、最高工作频率 f_{max} 和结电容 C_j 等。几个主要的参数介绍如下。

1. 最大整流电流 I_{DM}

二极管长期连续工作时，允许通过二极管的最大整流电流的平均值称为最大整流电流，用 I_{DM} 表示。它与PN结面积及外部散热条件有关。因为当PN结有电流流过时，会引起管子发热，电流越大，管子越热。当发热超过极限时，PN结就会烧坏。实际应用时，流过二极管的平均电流不能超过此值，否则将因温升过高而烧坏。

2. 反向击穿电压 U_{BR} 和最大反向工作电压 U_{RM}

二极管反向电流急剧增加时对应的反向电压值称为反向击穿电压，用 U_{BR} 表示。二极管工作时允许外加的最大反向电压称为 U_{RM}。为安全考虑，在实际工作时，最大反向工作电压 U_{RM} 一般只按反向击穿电压 U_{BR} 的一半计算。

3. 反向电流 I_R

反向电流是在室温下，在规定的反向电压下，一般是最大反向工作电压下的反向电流值。硅二极管的反向电流一般在纳安(nA)级；锗二极管在微安(μA)级。

4. 正向压降 U_D

在规定的正向电流下，二极管的正向电压降称为正向压降，用 U_D 表示。小电流硅二极管的正向压降在中等电流水平下，约0.6～0.8V；锗二极管约0.2～0.3V。

5. 动态电阻 r_d

二极管在其工作点处的电压微变量与电流微变量之比，即

$$r_d=\frac{\Delta U}{\Delta I}\approx\frac{\mathrm{d}u}{\mathrm{d}i} \tag{2-1}$$

称为动态电阻，用 r_d 表示。r_d 的几何意义如图2-5所示，它反映了二极管正向特性曲线上Q点处切线斜率的倒数。

r_d 可以通过式(2-1)得出，即在工作点Q处，有

$$r_d=\left.\frac{\mathrm{d}u}{\mathrm{d}i}\right|_Q=\left.\frac{U_T}{I_S e^{\frac{u_D}{U_T}}}\right|_Q\approx\frac{U_T}{I_{DQ}} \tag{2-2}$$

由此可见，r_d 与工作电流 I_{DQ} 成反比关系，且与温度有关。在室温下($T=300$K)

$$r_d\approx\frac{26(\mathrm{mV})}{I_{DQ}(\mathrm{mA})} \tag{2-3}$$

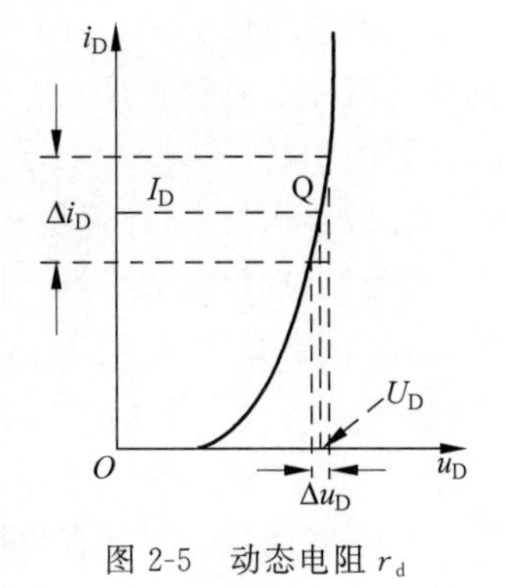

图2-5　动态电阻 r_d

通过对二极管动态电阻的分析可知，动态电阻是非线性电阻，在特性曲线上不同点处的动态电阻是不同的。

6. 二极管的型号

国家标准对半导体二极管型号的命名规则见图2-6。

1）发光二极管

60多年前人们已经了解半导体材料可产生光线的基本知识，第一个商用发光二极管

产生于1960年。LED是英文light emitting diode(发光二极管)的缩写,LED可以发出自然界大多数彩色光。以下是传统发光二极管所使用的无机半导体材料和所发光的颜色:

铝砷化镓(AlGaAs)——红色及红外线;

铝磷化镓(AlGaP)——绿色;

磷化铝铟镓(AlGaInP)——高亮度的橘红色,橙色,黄色,绿色;

磷砷化镓(GaAsP)——红色,橘红色,黄色;

磷化镓(GaP)——红色,黄色,绿色;

氮化镓(GaN)——绿色,翠绿色,蓝色;

铟氮化镓(InGaN)——近紫外线,蓝绿色,蓝色;

碳化硅(SiC)(用作衬底)——蓝色;

硅(Si)(用作衬底)——蓝色(开发中);

蓝宝石(Al_2O_3)(用作衬底)——蓝色;

zincselenide(ZnSe)——蓝色;

钻石(C)——紫外线;

氮化铝(aluminium gallium nitride)——波长为由大到小的紫外线。

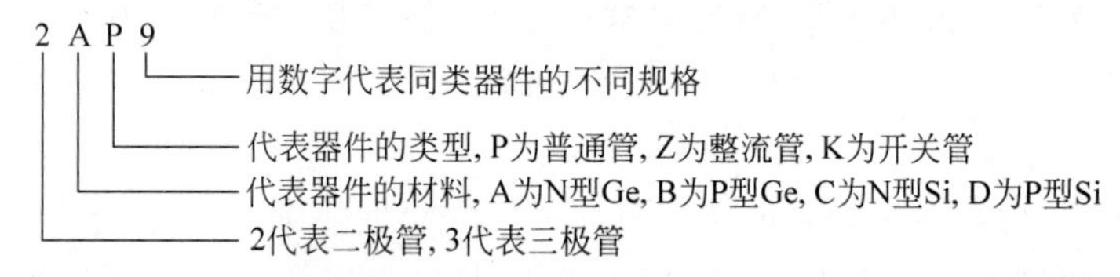

图2-6 半导体二极管型号命名规则

发光二极管和普通二极管一样是由一个PN结组成的,它具有单向导电的特性。最常见的发光二极管有砷化镓(GaAs)、磷化镓(GaP)和磷砷化镓(GaAsP)发光二极管,因它们耗电低,可直接用集成电路或双极型电路推动发光,可选用作为家用电器和其他电子设备的通断指示或数值显示。红外发光二极管可选用作光电控制电路的光源;另外还可把小功率的红外发光二极管和硅光电二极管组装在一起,制成光电开关器件,在自动控制电路中做隔离式开关用。

在数字化仪表、计算机和其他电子设备中的发光二极管,具有体积小、工作电压低、亮度高、寿命长、视角大的特点。比如BSR3161型发红光的磷化镓发光管的每段工作电压只有2.5V,发光强度大于0.35mcd;BSR4103G型发光二极管发光强度大于1.5mcd;BSR6103C型管的工作电压2.5V,发光强度大于10mcd。

2)稳压二极管

稳压二极管一般用在稳压电源中作为基准电压源或用在过电压保护电路中作为保护二极管。选用稳压二极管,应满足电路中主要参数的要求。稳压二极管的稳定电压值应与电路的基准电压值相同,稳压二极管的最大稳定电流要高于应用电路的最大负载电流50%左右。

在电气设备和其他无线电电子设备的稳压电路中可选用硅稳压二极管,如2CW100~2CW121型系列稳压二极管。在收录机、彩色电视机的稳压电路中,可以选用1N4370型、1N746~1N986型系列稳压二极管。比如1N966型管(2CW8)的稳定电压为16V,动态电阻为 17Ω，电压温度系数为 0.09。1N975 型(2CW71)稳定电压为 39V，动态电阻为 80Ω，反向测试电流为 3.0mA，反向电流为 5μA，功耗为 500mW。

3）整流二极管

在整流电路中，要选用整流二极管，一般为平面型硅二极管。在选用整流二极管时，主要应考虑最大整流电压、最大反向工作电压、截止频率以及反向恢复时间等参数。

在选用彩色电视机行扫描电路中的整流二极管时，要重点考虑二极管的开关时间，不能用普通整流二极管。一般可选用 FR-200、FR-206 以及 FR300～307 系列整流管，在电视机的稳压电源中，一般为开关型稳压电源，应选用反向恢复时间短的快速恢复整流二极管。可选用 PFR150～157 系列，其反向恢复时间为 0.85μs。在收音机、收录机的电源部分用于整流的二极管，可选用硅塑封的普通整流二极管，如 2CE 系列，1N4000 系列，1N5200 系列。1N4001 型(2CZ85B)整流二极管的额定正向整流电流为 1A。

4）开关二极管

开关二极管是利用 PN 结的单向导电性，使其成为一个较理想的电子开关，在电路中对电流进行控制，来实现对电路开和关的控制。开关二极管常用于开关电路、限幅电路、检波电路、高频脉冲整流电路等。开关二极管多以玻璃和陶瓷封装，硅开关二极管的开关时间比锗开关管短，只有几个 ns(纳秒)。

在收录机、电视机及其他电子设备的开关电路中，常选用 2CK、2AK 系列小功率开关二极管。2CK 系列为硅平面开关二极管(如 2CK70～2CK71 型)，常用于高速开关电路；2AK 系列为点接触锗开关二极管，常用于中速开关电路。新生产的整机配套用开关二极管也有用国外标准(国外型号)的开关二极管，比如 1N4148、1N4151、1N4152 等。在彩色电视机的高速开关电路中，可选用这类开关二极管。在录像机、彩色电视机的电子调谐器等开关电路中，可选用 MA165、MA166、MA167 型高速开关二极管。

5）检波二极管

检波二极管在电子电路中用来把调制在高频电磁波上的低频信号(如音频信号)检出来。一般高频检波电路选用锗点接触型检波二极管，它的结电容小，反向电流小，工作频率高。

选用检波二极管时，主要考虑的是工作频率。按频率的要求选用，2AP1 型～2AP8 型(包括 2AP8A 型、2AP8B 型)适用于 150MHz 以下；2AP9 型、2AP10 型适用于 100MHz 以下；2AP31A 型适用于 400MHz 以下；2AP32 型适用于 2000MHz 以下等。晶体管收音机的检波电路可选用 2AP9 型、2AP10 型管，它的工作频率可达 100MHz、结电容小于 1pF，适合作小信号检波。在收音机、录音机的检波电路中，可选用 2AP9、2AP10 等型号的二极管。自动音量控制电路中也可选用上述检波二极管。

6）变容二极管

变容二极管是专门作为“压控可变电容器”的特殊二极管，它有很宽的容量变化范围，很高的 Q 值。变容二极管多用面接触型和平面型结构，它适用于电视机等高频接收设备电子调谐电路以及调频收音机的 AFC 电路。常见的变容二极管的型号包括 1S2268、2CC1、MV201 等。

2.1.5 二极管电路的分析方法

二极管是一种非线性器件,这给二极管应用电路的分析带来了一定的困难。分析方法可以大致分为近似线性分析法与非线性分析法。近似线性法分析二极管电路时采用的是将非线性电路等效成线性电路的分析方法。实践中主要采用模型分析法,在动态情况时,根据输入信号的大小,选用不同的模型,只有当信号很微小时,才采用小信号模型;非线性分析法主要是指图解法。

1. 线性分析法

线性分析法是将二极管的正向 u-i 特性等效为能够应用电路理论进行分析的模型后再进行分析的方法。常见的二极管模型有三种,即理想模型、恒压源模型、折线模型。

(1) 理想模型。正偏导通,电压降为零,相当于开关闭合;反偏截止,电流为零,相当于开关断开。对应的物理模型为:二极管导通时等效模型为短路,二极管截止时等效模型为开路。此模型通常用于当电源电压远比二极管的管压降大的情况,将二极管伏安特性曲线用两段直线来逼近,称为二极管特性曲线折线近似。对应电路模型如图 2-7(a)所示。

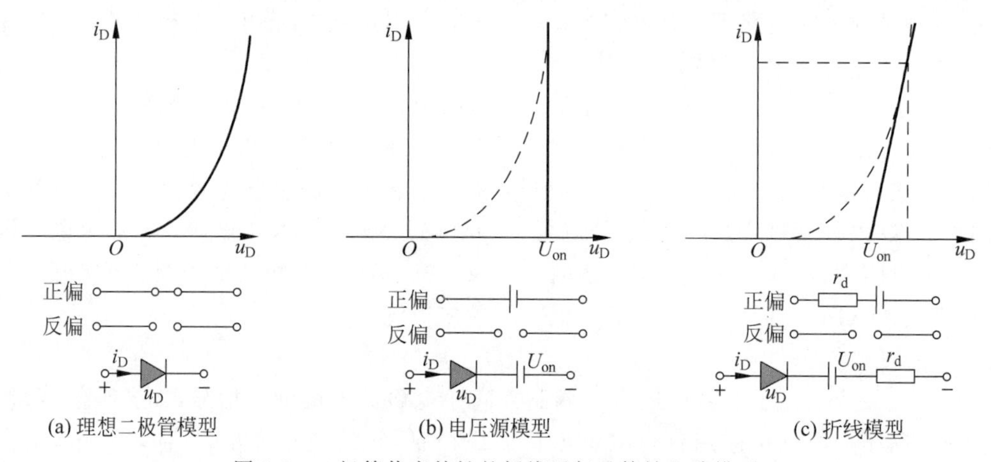

图 2-7 二极管伏安特性的折线近似及等效电路模型

(2) 恒压源模型。二极管导通后,其管压降是恒定的,且不随电流的变化而变化,其中 U_{on} 是二极管导通时的管压降,通常硅管约为 0.7V,锗管约为 0.3V。二极管截止时反向电流为零。忽略二极管的导通电阻后对应的物理模型为:正偏电压 $U_D > U_{D(on)}$ 时导通,等效为恒压源 $U_{D(on)}$;否则截止,相当于二极管支路断开。对应的电路模型如图 2-7(b)所示。

(3) 折线模型。外加电压远大于二极管的导通电压 $U_{D(on)}$ 时,忽略 $U_{D(on)}$ 的影响,将二极管的特性曲线用从坐标原点出发的两段折线逼近,称为二极管的折线模型。此时二极管的管压降随着通过二极管电流的增加而增加,电流 i_D 与电压 u_D 呈线性关系,直线的斜率为 $1/r_d$。二极管截止时反向电流为零。对应的物理模型为:二极管导通时等效模型为电压 U_{on} 和 r_d 串联,二极管截止时等效模型为开路,对应的电路模型如图 2-7(c)所示。

(4) 微变等效电路的分析方法。在电子电路分析中,经常遇到激励信号变化幅度很小的情况,这时可以围绕工作点建立一个局部的线性模型。对小信号来说,我们可以根据这种模型运用线性电路的分析方法进行研究,这就是非线性电路的小信号分析。

二极管加动态小信号时,按照叠加定理遵循直流与交流情况分开分析的原则,即分别作出电路直流通路分析直流情况，再按照交流通路分析交流情况，最后电路工作情况是二者叠加。直流通路作法是将电容开路，信号源置零；交流通路做法是直流电源置零，电容短路。

例 2-1 二极管电路如图 2-8 所示，分别求下面情况下电路的 I_D 和 U_D：（1）当 $U_{DD}=10V$，$R=10k\Omega$；（2）当 $U_{DD}=1V$ 时，$R=10k\Omega$。其中，恒压模型中 $U_{on}=0.7V$，折线模型中 $r_d=0.2k\Omega$。

解 将二极管在电源电压不同的情况下等效为其对应模型的等效电路如图 2-8 所示。

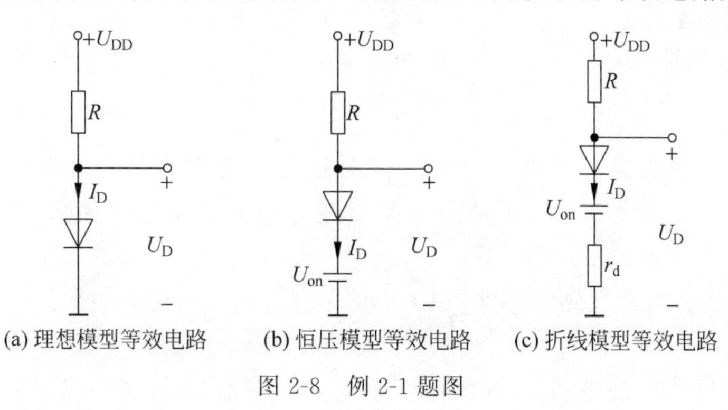

图 2-8 例 2-1 题图

（1）当电源电压 $U_{DD}=10V$ 时：

① 使用理想模型，$U_D=0$，则

$$I_D=\frac{U_{DD}}{R}=\frac{10}{10}mA=1mA$$

② 使用恒压降模型，$U_D=0.7V$，有

$$I_D=\frac{U_{DD}-U_D}{R}=\frac{10-0.7}{10}mA=0.93mA$$

③ 使用折线模型，$U_{on}=0.7V$，$r_d=0.2k\Omega$，有

$$I_D=\frac{U_{DD}-U_{on}}{R+r_d}=\frac{10-0.7}{10+0.2}mA=0.91mA$$

$$U_D=U_{on}+r_dI_D=0.88V$$

（2）$U_{DD}=1V$ 时，再按照本题(1)中等效方法重复计算：

① 使用理想模型，$U_D=0V$，有

$$I_D=\frac{U_{DD}}{R}=\frac{1}{10}mA=0.1mA$$

② 使用恒压降模型，$U_D=0.7V$，有

$$I_D=\frac{U_{DD}-U_D}{R}=\frac{1-0.7}{10}mA=0.03mA$$

③ 使用折线模型，得

$$I_D=\frac{U_{DD}-U_{on}}{R+r_d}=\frac{1-0.7}{10+0.2}mA=0.029mA$$

$$U_D=U_{on}+r_dI_D=(0.7+0.2\times 0.029)V=0.71V$$

解题结论 可以在不同的工作环境下将二极管等效为相应模型，各种模型下计算误差相对来说理想模型大。其他两种模型误差电压高时较大，误差与电压比值近似相等。

例 2-2 如图 2-9(a)所示电路,二极管正向压降 $U_D \approx 0.7V$,已知 $u_i = 5\sin\omega t$(mV),$U_{DD}=4V$,$R=1k\Omega$,求 i_D 和 u_D。

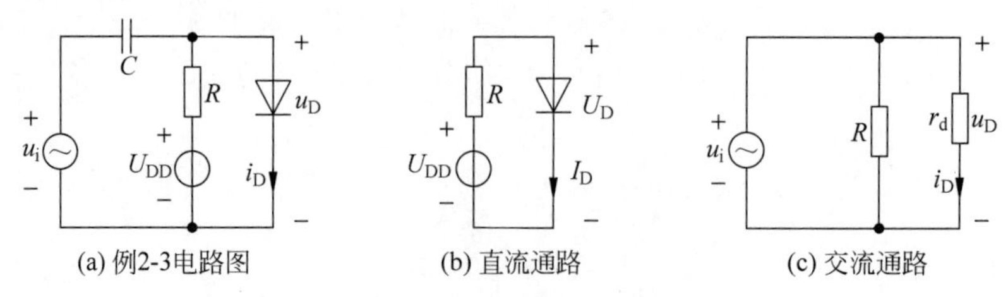

(a) 例2-3电路图　(b) 直流通路　(c) 交流通路

图 2-9 例 2-2 题用图

解 半导体二极管为有源器件,动态情况时是在直交流共同作用下工作。可以根据叠加定理思想分开分析。作出图 2-9 所示电路直流与交流通路分别如图 2-9(b)和图 2-9(c)所示。

(1) 静态分析。直流通路如图 2-9(b)所示,取 $U_Q = U_D \approx 0.7V$,有

$$I_D = I_Q = (U_{DD} - U_Q)/R = 3.3mA$$

(2) 动态分析。动态电阻 $r_d \approx 26(mV)/I_{DQ} = 26/3.3 \approx 8(\Omega)$;$I_{dm} = U_{dm}/r_d = 5/8 \approx 0.625(mA)$;$i_d = 0.625\sin\omega t$。

(3) 总电压、电流。$u_D = U_D + u_d = (0.7 + 0.005\sin\omega t)V$;$i_D = I_D + i_d = (3.3 + 0.625\sin\omega t)mA$。

2. 非线性方法——图解法

电路中含直流和小信号交流电源时,二极管中含交、直流成分。分析交、直流成分共存的电子电路,通常对直流状态和交流状态分别进行讨论(也称静态分析和动态分析),然后再进行综合。图解法对静态分析非常方便,这里只介绍图解法静态分析二极管电路。

二极管是非线性器件。在图 2-10(a)中,是含有一个非线性元件的电阻电路。可以把原电路看成是由两个单口网络组成的,一个单口为电路的线性部分,另一个则为非线性部分。线性部分可用戴维南等效电路或诺顿等效电路表示。

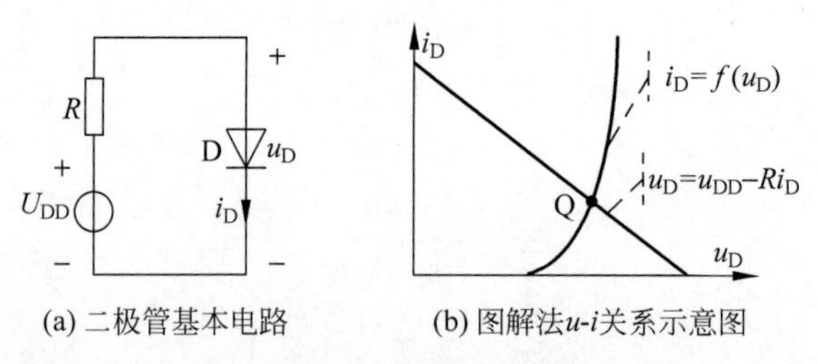

(a) 二极管基本电路　(b) 图解法u-i关系示意图

图 2-10 二极管图解分析法示意图

线性单口部分用戴维南等效电路表示后如图 2-10(a)所示。给定非线性电阻的 VAR 后,就可和线性部分的 VAR 联立,求得端口电压 u 和电流 i,亦即非线性元件两端的电压和流过的电流。设非线性电阻的 VAR 如图 2-10(b)所示,经常用 u-i 平面上的曲线表示。

$$i_D = f(u_D)$$

线性部分的 VAR 为

$$u_D = u_{DD} - Ri_D$$

用图解法求解 u 和 i。为此，在表明 $i=f(u)$ 的同一 u-i 平面上，绘出式 $u=u_{oc}-R_oi$ 的VAR曲线。在 u-i 平面上这是一条斜率为 $-1/R_o$ 的直线，纵轴截距为 u_{oc}/R_o，如图2-10(b)所示，两曲线的交点便是所求的解答。解答点 $Q(I_Q,U_Q)$ 称做工作点，图中的直线称为“负载线”。求得端口电压 $u=U_Q$ 和电流 $i=I_Q$ 后，就可用置换定理求得线性单口网络内部的电压和电流。上述方法通常称为“负载线法”。

2.1.6　半导体二极管的应用

在电子电路中，由于二极管内PN结具有单向导电性、电容特性等，所以二极管在通信、电源、逻辑电路等信息领域具有广泛的应用。概括二极管工程上的共性应用，主要有：

① 低频及脉冲电路中，做整流、限幅、钳位、稳压、波形变换等；

② 集成运放加二极管构成指数、对数、乘法、除法等运算电路；

③ 高频电路中做检波、调幅、混频等。

本节主要介绍限幅电路和开关电路。

1. 限幅电路

限幅电路也称为削波电路，它是用来限制输入信号电压变化范围的电路。限幅电路有双向限幅电路，单向限幅电路，幅度可调的双向限幅电路三种。在电子电路中，常用限幅电路对信号进行处理，下面举例说明。

例2-3　二极管组成的限幅电路如图2-11(a)所示，$R=1\text{k}\Omega$，$U_{DD}=2\text{V}$，二极管的导通电压 $U_{on}=0.7\text{V}$。(1)利用二极管的恒压模型分别求 $u_i=0\text{V}$，6V时，输出电压 u_o 的值；(2)当 $u_i=5\sin\omega t\,\text{V}$ 时，画出对应的输出电压 u_o 的波形。

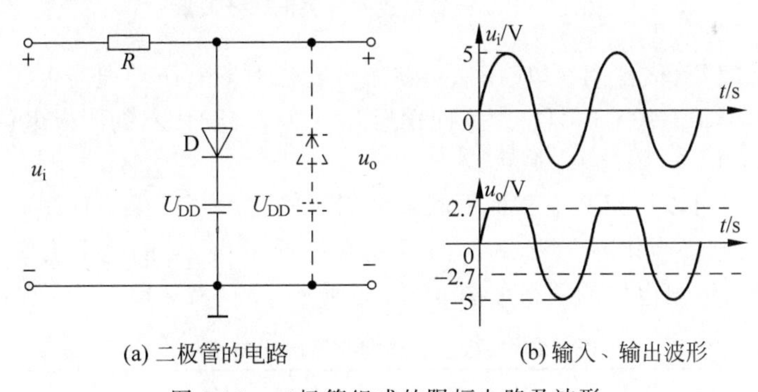

(a) 二极管的电路　　(b) 输入、输出波形

图2-11　二极管组成的限幅电路及波形

解　二极管限幅问题关键在于判断二极管导通状态问题。将二极管等效为理想模型或恒压源模型即可。

(1) 当 $u_i=0\text{V}$ 时，二极管截止，所以 $u_o=u_i=0\text{V}$；当 $u_i=6\text{V}$ 时，二极管导通，所以 $u_o=(2+0.7)\text{V}=2.7\text{V}$。

(2) 当 $u_i>(U_{DD}+U_{on})=2.7\text{V}$ 时，二极管导通，所以 $u_o=2.7\text{V}$；当 $u_i<(U_{DD}+U_{on})=2.7\text{V}$ 时，二极管截止，二极管支路开路，所以 $u_o=u_i=5\sin\omega t\,\text{V}$，该电路的输出波形如图2-11(b)所示，上限幅电路将输入信号中大于2.7V的部分给削平了。

解题结论　限幅电路可以将信号限制在某一范围内，本题加上虚线所示支路就构成双向限幅电路，可以将信号幅度限制在 $\pm(U_{DD}+U_{on})$。

2. 开关电路

开关电路是利用二极管的单向导电性接通或断开电路而将其作为电子开关，在数字电子技术中得到广泛的应用。在分析电路时，首先要判断二极管在电路中是处于导通状态还是截止状态，这类问题的有效方法是假定状态法。具体方法是首先假定二极管断开，计算管子两端承受的电压。如果计算所得电压大于导通电压，二极管处于正向偏置导通状态，两端电压等于二极管导通电压，反之，二极管反偏截止。如果电路中有多个二极管承受不等正向电压，则承受较大电压者导通，其端电压为二极管正向导通电压，然后再判断其余管子。假定状态法分析电路特别适合电路中含有多个二极管的电路分析。下面举例说明。

例 2-4 二极管组成的开关电路如图 2-12(a)所示。如果二极管是理想二极管，$R=4\text{k}\Omega$，$U_{DD}=3\text{V}$，求当 u_1 和 u_2 为 0V 或 3V 时，如图 2-12(b)所示，计算输出电压 u_o 的值。

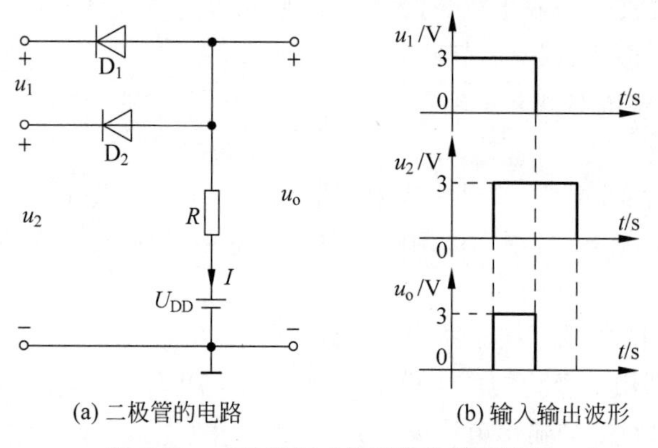

(a) 二极管的电路　　(b) 输入输出波形

图 2-12　二极管组成的开关电路及波形

解　此题是二极管嵌位问题，应用假定状态分析法判断管子导通与否。

(1) 当 $u_1=0\text{V}$、$u_2=3\text{V}$ 时，D_1 为正向偏置，$u_o=0\text{V}$，此时 D_2 的阴极电位为 3V，阳极电位为 0V，处于反向偏置，因此 D_2 截止。

(2) 以此类推，可以得出其他三种不同组合以及输出电压的值，将其列于表 2-2 中。如果把高于 2.3V 的电平当作高电平，并作为逻辑 1，把低于 0.7V 的电平当作低电平，作为逻辑 0，则输入电压与输出电压的关系如图 2-12(b)所示。

表 2-2　二极管工作状态及输出电压值

u_1	u_2	D_1 工作状态	D_2 工作状态	u_o
0V	0V	导通	导通	0V
0V	3V	导通	截止	0V
3V	0V	截止	导通	0V
3V	3V	截止	截止	3V

结论：假定状态分析法在分析多个二极管导通状态时非常有效；由表 2-2 可知，输入电压和输出电压只要有一个为 0V，则输出为 0V，只有当两输入电压均为 3V 时，输出才为 3V，所以输出和输入电压之间的关系是逻辑与的关系。

2.1.7 特殊二极管

除了前面所介绍的普通二极管外，还有许多特殊类型的二极管，如稳压二极管、发光二极管、光电二极管、变容二极管等，它们除具有二极管基本性质外，还有自己独特的特点，因此有独特的功能应用。

1. 稳压二极管

稳压二极管是一种利用特殊工艺制成的硅材料面接触型晶体二极管，简称稳压管。它利用PN结反向击穿后，在一定的电流变化范围内，端电压几乎不变，表现出稳压特性。稳压管广泛用于稳压电路与限幅电路中。

1）稳压管的伏安特性

稳压管的伏安特性与普通二极管类似，它的电路符号及特性曲线如图2-13(a)和图2-13(b)所示。

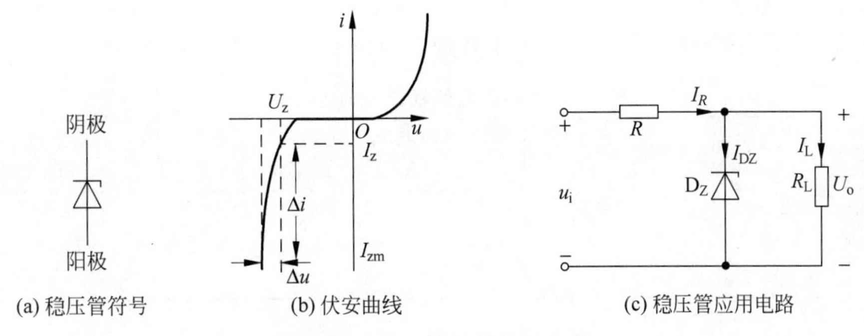

图2-13　稳压管及其稳压电路

稳压管的正向特性与普通二极管的正向特性相同，为指数规律曲线。反向特性与普通二极管的反向特性基本相同，区别在于击穿后，特性曲线要更加陡，即当电流有一个比较大的变化量ΔI时，稳压管两端电压的变化量ΔU却很小。这表明，稳压管在反向击穿后，可以通过调整自身的电流来实现稳压。稳压管实质上也是二极管的一种，不过它工作在反向击穿区。

2）稳压二极管的主要参数

稳压二极管的主要参数包括以下几项：

(1) 稳定电压U_z。U_z是指击穿后在规定电流下稳压管的反向击穿电压值。由于制作工艺的原因，同一型号稳压管的U_z也存在一定差别。例如型号2CW11的稳压管的稳定电压为3.2～4.5V，它表示型号同为2CW11的不同的稳压管，稳定电压值有的可能为3.2V，有的可能为4.5V，并不意味着一个稳压管的稳定电压值会有如此大的变化范围。但就某一只稳压管而言，U_z应为一个定值。

(2) 稳定电流I_z。I_z是稳压管工作在稳压状态时的参考电流。若工作电流低于此值时稳压效果差，甚至根本不稳压，故也常将I_z记做I_{zmin}。若工作电流高于此值时，只要不超过额定功率，稳压管就可以正常工作，稳压效果好。

(3) 最大额定功耗P_{zm}。P_{zm}等于稳压管的稳定电压U_z与最大稳定电流I_{zmax}的乘积。它决定稳压管允许的升温，由于稳压管两端电压为U_z，流过管子的电流为I_z，因此要消耗一定的功率。而这部分功率会转化为热能，使稳压管发热。当稳压管的功耗超过此值时，会因温升过高而损坏。对于一只具体的稳压管，可以通过其P_{zm}的值，求出I_{zmax}的值，即$I_{zmax}=P_{zm}/U_z$。

(4) 动态电阻r_z。r_z是稳压管工作在稳压区时，两端电压变化量与其电流变化量之比，即

$$r_z = \frac{\Delta U}{\Delta I} \tag{2-4}$$

r_z 反映在特性曲线上，是工作点处斜率的倒数。r_z 随工作电流的增大而减小。对于不同型号的管子，r_z 一般从几欧到几十欧。r_z 愈小，电流变化时 U_z 的变化愈小，即稳压管的稳压特性愈好。对于同一个稳压管，工作电流越大，r_z 值越小。

(5) 温度系数 α。α 反映当稳压管的电流保持不变时，环境温度每变化 1℃时所引起的稳定电压变化的百分比，即 $\alpha = \Delta U_z / \Delta T$。它是反映稳定电压值受温度影响的参数，通常稳压值 $U_z < 4\text{V}$ 的稳压管具有负温度系数(因属于齐纳击穿而具有负温度系数)，即温度升高时稳定电压值下降；$U_z > 7\text{V}$ 的稳压管具有正温度系数(因属于雪崩击穿而具有正温度系数)，即温度升高时稳定电压值上升；而稳定电压 $4\text{V} < U_z < 7\text{V}$ 的稳压管，温度系数非常小，近似为零(此时齐纳击穿和雪崩击穿均有)。表 2-3 列出了几种典型稳压管的主要参数。

表 2-3 几种典型的稳压管的主要参数

型号	稳定电压值 U_z/V	稳定电流值 I_z/mA	最大稳定电流 I_{zm}/ mA	耗散功率 P_m/W	动态电阻 r_z/Ω	温度系数/ (k%/℃)
2CW11	3.2～4.5	10	55	0.25	<70	−0.05～+0.03
2CW15	7～8.5	5		0.25	≤10	+0.01～+0.08
2DW7A*	5.8～6.6	10	30	0.20	≤25	0.05

* 2DW7 为具有温度补偿的稳压管。

使用稳压管组成的电路首先要使稳压管的 P 区接电源的负极，N 区接电源的正极，保证稳压管工作在反向击穿区。此外，由于稳压管的反向电流小于 I_{zmin} 时不稳定，大于 I_{zmax} 时会因超过额定功率而将管子烧坏，所以在稳压管电路中必须串联一个电阻 R 来限制电流，从而保证稳压管正常工作，这个电阻为限流电阻，如图 2-13(c)所示。只有在 R 取合适值时，稳压管才能安全地工作在稳压状态。

例 2-5 电路如图 2-14 所示，已知硅稳压管 D_{Z1}、D_{Z2} 的稳定电压值分别为 $U_{z1}=6\text{V}$、$U_{z2}=8\text{V}$，管子正向导通时的压降 $U_{DF1}=U_{DF2}=0.7\text{V}$，动态电阻忽略不计，直流输入电压 $U_i=20\text{V}$。求图 2-14(a)和图 2-14(b)电路输出电压 U_o 的值。

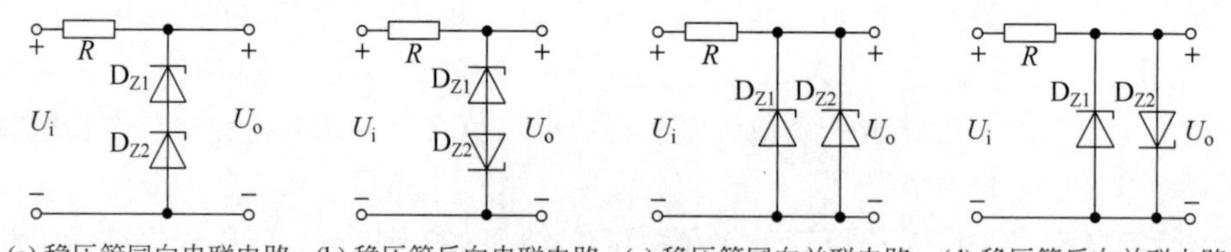

(a) 稳压管同向串联电路 (b) 稳压管反向串联电路 (c) 稳压管同向并联电路 (d) 稳压管反向并联电路

图 2-14 例 2-5 题图

解 稳压管稳压电路分析仍然用假定状态分析法。

图 2-14(a) 中由于 $U_i=20\text{V}$，所以稳压管 D_{Z1}、D_{Z2} 均处于反向偏置，而 $U_i>(U_{z1}+U_{z2})$，所以 D_{Z1}、D_{Z2} 均被反向击穿，故

$$U_o = U_{z1} + U_{z2} = (6+8)\text{V} = 14\text{V}$$

对于图 2-14(b) 中由于 $U_i=20\text{V}$，所以稳压管 D_{Z1} 处于反向偏置、D_{Z2} 处于正向偏置，而 $U_i>(U_{z1}+U_{z2})$，所以 D_{Z1} 反向击穿、D_{Z2} 正向导通，故

$$U_o = U_{z1} + U_{DF2} = (6 + 0.7)\text{V} = 6.7\text{V}$$

同理，对于如图 2-14(c)所示电路，$U_o = 6\text{V}$；对于如图 2-14(d)所示电路，$U_o = 0.7\text{V}$。

解题结论　稳压管可以串并联使用，稳压管正向特性完全等同于普通硅二极管。

例 2-6　电路如图 2-15 所示，(1)试近似计算稳压管的耗散功率 P_z，并说明在何种情况下，P_z 达到最大值；(2)计算负载所吸收的功率；(3)限流电阻 R 所消耗的功率。

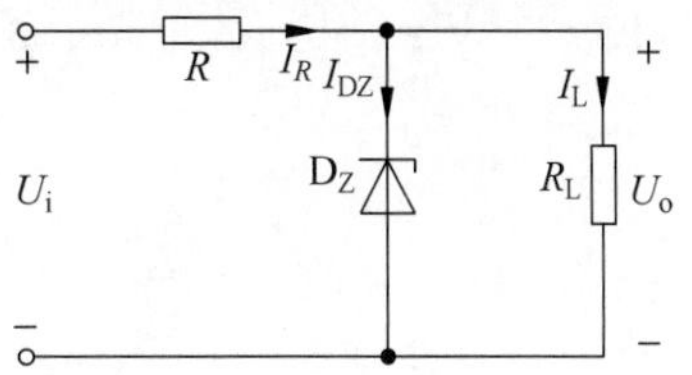

图 2-15　稳压管稳压电路

解　稳压管电路的计算是二极管电路分析难点。其工作于反向大电流击穿状态。

(1) 稳压管的耗散功率为

$$P_z = U_z I_z = U_z\left(\frac{U_i - U_z}{R} - \frac{U_z}{R_L}\right)$$

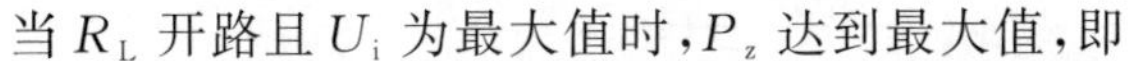

当 R_L 开路且 U_i 为最大值时，P_z 达到最大值，即

$$P_{zm} = U_z\frac{U_i - U_z}{R}$$

(2) 负载吸收功率为

$$P_L = U_z I_L = \frac{U_z^2}{R_L}$$

(3) R 所消耗的功率为

$$P_R = U_R I_R = \frac{U_R^2}{R} = \frac{(U_i - U_z)^2}{R}$$

解题结论　稳压管电路稳压主要依赖于限流电阻 R，相当于电压波动部分以热能形式被限流电阻消耗转换为热能消失。

2. 发光二极管

发光二极管(LED)是一种将电能转换为光能的半导体器件，它的结构与普通二极管的结构类似，具有单向导电性，工作在正偏区域，其电路符号如图 2-16 所示。

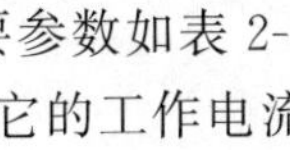

图 2-16　发光二极管符号

当发光二极管正偏时可以发出可见光和不可见光，发光二极管通常用元素周期表中Ⅲ、Ⅴ族元素的化合物，如砷化镓、磷化镓等制成。当这种管子通过电流时，将发出光来，这是由于电子与空穴直接复合而放出能量的结果。根据使用的材料不同，发出可见光的颜色有红、黄、绿、蓝、紫等。几种常见发光材料的主要参数如表 2-4 所示。发光二极管发光的亮度与正向电流成正比，正向电流越大，亮度越强，它的工作电流一般为几毫安到十几毫安。

表 2-4　发光二极管的主要参数

颜色	波长/nm	基本材料	正向电压 (10mA 时)/V	光强 (10mA 时，张角±45°)/mcd①	光功率/μW
红外	900	砷化镓	1.3～1.5		100～500
红	655	磷砷化镓	1.6～1.8	0.4～1	1～2
鲜红	635	磷砷化镓	2.0～2.2	2～4	5～10
黄	583	磷砷化镓	2.0～2.2	1～3	3～8
绿	565	磷化镓	2.2～2.4	0.5～3	1.5～8

注：① cd(坎德拉)发光强度的单位。

发光二极管是将电信号变为光信号的半导体器件，它的工作电压低、功耗小，可靠性高，所以广泛应用于各种显示设备中，如各种指示灯、七段数码显示器等。

3. 光电二极管

光电二极管是一种将光能转换为电能的半导体器件，它的结构与普通二极管的结构类似，由一个 PN 结构成，管壳上留有一个能入射光线的窗口，其电路符号如图 2-17(a)所示。

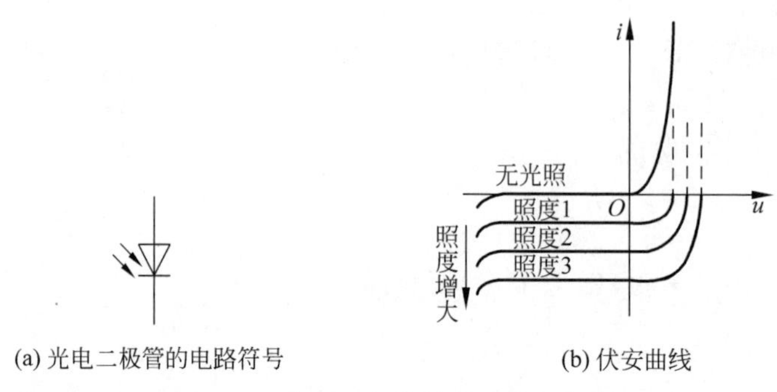

(a) 光电二极管的电路符号　　(b) 伏安曲线

图 2-17　光电二极管符号及伏安曲线

光电二极管的伏安特性如图 2-17(b)所示。在无光照时，光电二极管与普通二极管一样，具有单向导电性。当外加正向电压时，电流与端电压呈指数关系，如特性曲线的第一象限所示；在光照条件下，特性曲线下移，它们分布在第三、四象限内。耗尽层将激发出大量电子和空穴对。当外加反向电压时，PN 结处于反向偏置状态，这些激发的载流子通过外回路形成反向电流，该电流称为光电流，它随光照强度的增加而增加。照度愈大，光电流愈大，在光电流大于几十微安时，与照度呈线性关系。光电二极管的这种特性可广泛用于探测光的强度及光电传感器中。

4. 变容二极管

如前讲述，PN 结加反向电压时，PN 结上呈现势垒电容，它将随着反向电压的增加而减小，利用这一特性做成的二极管，称为变容二极管。它的电路符号如图 2-18(a)所示。变容二极管的结电容与外加反向电压的关系由式 (1-2)决定，特性曲线如图 2-18(b)所示。变容二极管的主要参数包括变容指数、结电容的电压控制范围及允许的最大反向电压等。

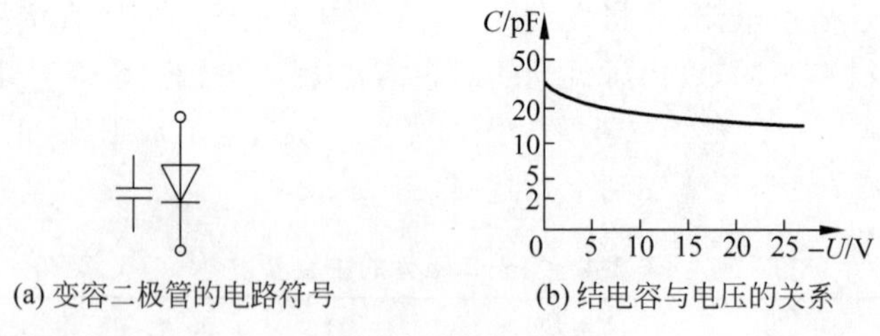

(a) 变容二极管的电路符号　　(b) 结电容与电压的关系

图 2-18　变容二极管

变容二极管主要应用于高频电子电路中，如电子调谐、频率调制等。它的结构与工作原理在高频电子技术课程介绍。

值得一提的是，二极管种类远不止上面介绍的这些，上面介绍的是工程上最常见的种类。随着信息科技进步，二极管种类还会越来越多。

2.2 晶体三极管及其基本放大电路

三极管分单极型(场效应管)与双极型(晶体三极管)两类,本节主要讨论后者的结构性质、工作特点。其主要是通过半导体制作工艺将两个PN结制作在一小块半导体芯片上,由于两PN结互相影响而形成放大作用的电子器件。晶体三极管又称为双极型晶体管(bipolar junction transistor,BJT)、半导体三极管或晶体管,简称为三极管。它的基本组成是由两个背靠背的PN结组成的,所以三极管有三个电极。三极管和二极管都属于非线性元件,但是它们的主要特性却完全不同。二极管的主要特性是单向导电性,而三极管属于有源器件,具有电流放大作用,是组成各种电子电路的核心器件。本节将讨论BJT的结构、参数和特性曲线。

2.2.1 晶体三极管的结构、类型与三种连接方式

晶体三极管的种类很多,按照功率可分为大、中、小功率管;按照频率可分为高频管、低频管;按照材料可分为硅管和锗管。晶体三极管的外形如图2-19所示。

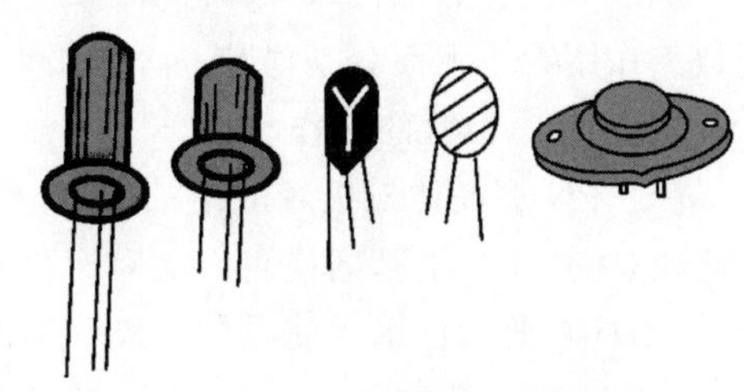

图2-19 晶体三极管的常见外形

晶体三极管的制造方法很多,常采用的方法是平面工艺,其中包括氧化、光刻、扩散等工序。首先在N型硅片上根据不同的掺杂方式制造出三个掺杂区域,形成两个PN结,就构成晶体三极管。NPN型晶体管的结构如图2-20(a)所示,位于中间的P区称为基区,引出的电极为基极b,它很薄且杂质浓度很低,只有几微米到几十微米;位于上层的N区是发射区,发射区与基区间的PN结称为发射结,引出的电极为发射极e,它的掺杂浓度很高;位于下层的N区是集电区,引出的电极为集电极c,基区与集电区的PN结称为集电结,集电结的面积比发射结面积大;从图2-20中可以看出两个N区是不对称的,不能够互换。NPN型管和PNP型管的符号也如图2-20所示。

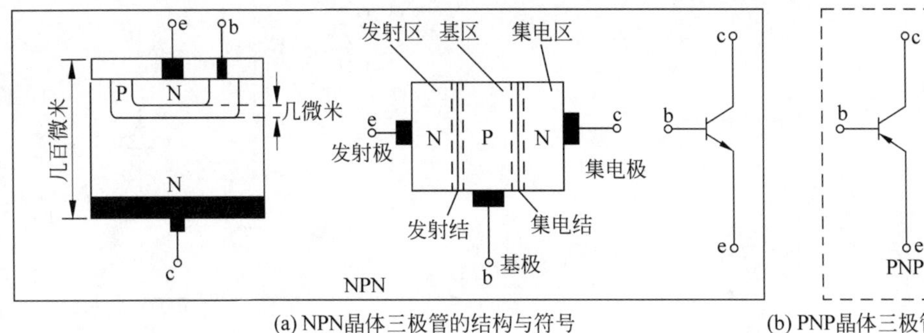

(a) NPN晶体三极管的结构与符号 (b) PNP晶体三极管的符号

图2-20 晶体三极管的结构示意图和符号

由于晶体三极管有三个电极,通常用其中的两个电极作输入、输出端,而第三个电极作为公共端,这样就构成输入和输出两个回路。如图2-21所示,晶体三极管在电路中有三种

基本连接方式：共发射极、共基极和共集电极接法。其中，最常用的是共发射极接法。

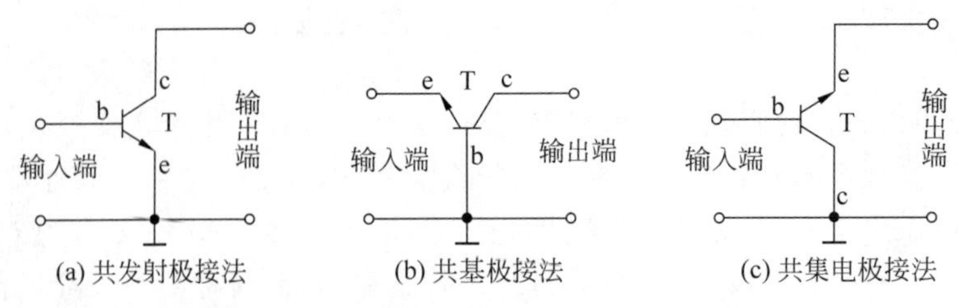

图 2-21 晶体三极管在电路中的三种基本连接方式

2.2.2 晶体三极管的工作状态及电流放大作用、伏安特性曲线

NPN 型与 PNP 型晶体三极管的工作原理类似，本节以 NPN 型硅管为例讲述晶体三极管共发射极接法的工作原理、特性曲线和主要参数。

1. 晶体三极管的工作状态及电流放大作用

晶体三极管有电流放大作用，是具有一定条件的，在什么情况下，晶体三极管才具有电流放大作用呢？下面分别讨论晶体三极管的电流放大作用及工作状态。

1）晶体三极管的工作状态

由 NPN 型晶体三极管的结构可知，晶体三极管的内部存在两个 PN 结，它们之间不是彼此独立的，而是由基区使它们之间产生耦合作用。将两个单独的 PN 结背靠背地连接起来，并不具有放大作用。使晶体三极管工作在放大状态的外部条件是发射结正向偏置且集电结反向偏置。如图 2-22 所示，Δu_i 为输入电压信号，Δu_i 分别接到晶体三极管的基极与发射极上，构成的回路称为输入回路；放大后的信号分别接到晶体三极管的集电极和发射极上，构成输出回路。由于发射极是两个回路的公共端，故称该电路为共射放大电路。

2）晶体三极管的电流放大作用

当晶体三极管的发射结正偏，集电结反偏的状态下，管内载流子的运动如图 2-23 所示。

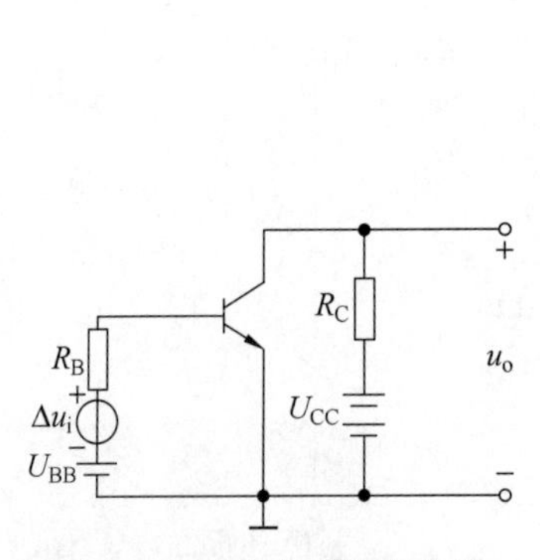

图 2-22 基本共射放大电路

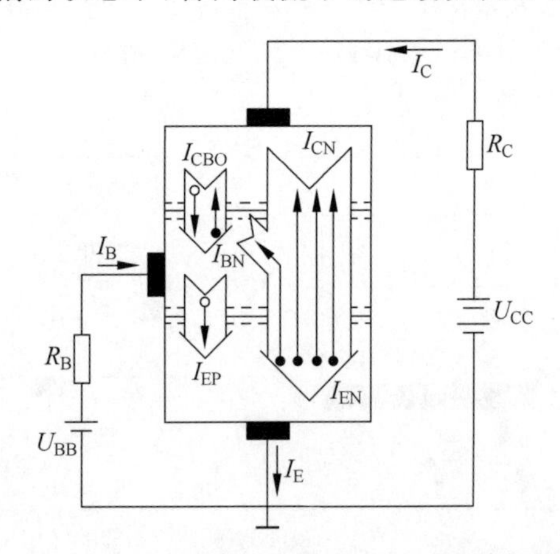

图 2-23 晶体三极管内部载流子运动与外部电流

(1) 发射结正向偏置，发射区电子的扩散运动形成发射极电流 I_E。由于发射结正向偏置，因此有利于发射结两侧多子的扩散运动，此时发射区的多子电子源源不断地越过发射结

到达基区，形成电子电流 I_{EN}。由于电子带负电，所以电流的方向与电子流动的方向相反，如图 2-23 所示。与此同时，基区的多子空穴也向发射区作扩散运动，形成空穴电流 I_{EP}。由于发射区的浓度高，而基区很薄且浓度低，所以空穴电流 I_{EP} 要远远小于电子电流 I_{EN}，因此，近似分析时可忽略不计。所以发射极电流主要是由发射区的电子电流所产生，其方向与电子运动的方向相反。

(2) 扩散到基区的自由电子与空穴的复合运动形成基极电流 I_B。从发射区扩散到基区的电子和基区的空穴产生复合，从而形成基极电子电流 I_{BN}，基区中与电子复合的空穴由基极电源 U_{BB} 提供。由于基区很薄且浓度低，所以扩散到基区的电子中只有极少部分与空穴复合，其余部分均作为基区的非平衡少子扩散到集电结边缘。因此，基极电流 I_{BN} 要比发射极电流 I_E 小得多。

(3) 集电结反向偏置，扩散到集电结电子的漂移运动形成集电极电流 I_C。由于集电结反向偏置，因此有利于少子的漂移运动，此时外电场的方向将阻止集电区中的多子电子向基区运动，而使扩散到基区的电子在该电场的作用下漂移到集电区，形成集电极电子电流 I_{CN}。此外，集电区与基区的少子也在集电结反向电压的作用下参与漂移运动，形成反向饱和电流 I_{CBO}，但它的数量很少，近似分析中可忽略不计。由图 2-23 可见，在集电极电源 U_{CC} 的作用下，漂移运动形成集电极电流 I_C。

经过上面的分析可知，晶体三极管三个电极与内部载流子运动形成的电流之间的关系为

$$I_E = I_{EN} + I_{EP} = I_{CN} + I_{BN} + I_{EP} \tag{2-5}$$

$$I_B = I_{BN} - I_{CBO} + I_{EP} \tag{2-6}$$

$$I_C = I_{CN} + I_{CBO} \tag{2-7}$$

式(2-5)～式(2-7)表明，晶体三体管在发射结正向偏置，集电结反向偏置的条件下，三个电极上的电流并不是孤立存在的，它们能够反映非平衡少子在基区扩散与复合的比例关系，这个比例关系在晶体三极管做好之后就基本确定了。

通常，将扩散到集电区的电流 I_{CN} 与基区复合电流($I_{BN}+I_{EP}$)之比定义为共发射极直流电流放大系数，再将式(2-6)、式(2-7)代入，可得

$$\bar{\beta} = \frac{I_{CN}}{I_{BN} + I_{EP}} = \frac{I_C - I_{CBO}}{I_B + I_{CBO}} \tag{2-8}$$

$\bar{\beta}$ 为直流电流放大系数，在其值确定之后，可以将式(2-8)变换为

$$I_C = \bar{\beta} I_B + (1+\bar{\beta}) I_{CBO} = \bar{\beta} I_B + I_{CEO} \tag{2-9}$$

式中

$$I_{CEO} = (1+\bar{\beta}) I_{CBO} \tag{2-10}$$

I_{CBO} 称为穿透电流。其数值很小，将其忽略不计，由式(2-9)，则有

$$I_C \approx \bar{\beta} I_B \tag{2-11}$$

将式(2-6)、式(2-8)代入式(2-5)可得

$$I_E = (1+\bar{\beta}) I_B + (1+\bar{\beta}) I_{CBO} = (1+\bar{\beta}) I_B + I_{CEO} \tag{2-12}$$

$$I_E \approx (1+\bar{\beta}) I_B \tag{2-13}$$

将式(2-6)、式(2-7)相加，并与式(2-5)对比，可得

$$I_E = I_C + I_B \tag{2-14}$$

$\bar{\beta}$ 值一般在 20～200。

2. 晶体三极管的伏安特性曲线

晶体三极管的伏安特性曲线是描述晶体三极管各极电流与电压之间关系的曲线，包括输入特性和输出特性曲线。由于晶体三极管是非线性元件，它的特性曲线呈非线性，本节以NPN 型晶体三极管共射接法为例，介绍晶体三极管的伏安特性曲线。

晶体三极管在电路中共发射极接法如图 2-24(a)所示。由于晶体三极管是一个三端器件，作为两端口网络，它的每个端口均有两个变量。

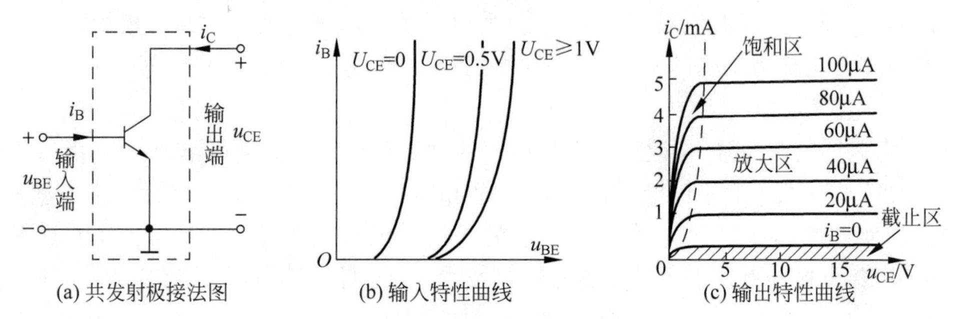

图 2-24 晶体三极管共发射极及其输入输出特性

要在平面坐标上表示晶体三极管的特性曲线，必须先固定一个参变量。输入特性曲线是以输出电压为参变量，描述输入电流与输入电压之间关系的特性曲线。输出特性曲线是以输入电流为参变量，描述输出电流与输出电压之间关系的特性曲线。由于参变量不同，对应的输入、输出特性曲线也不同，所以晶体三极管的输入、输出特性曲线都是曲线族。对应的输入特性曲线族和输出特性曲线族分别为

$$i_B = f(u_{BE})\big|_{u_{CE}=\text{常数}} \tag{2-15}$$

$$i_C = f(u_{CE})\big|_{i_B=\text{常数}} \tag{2-16}$$

1) 输入特性曲线

输入特性曲线是以 u_{CE} 为参变量，描述 i_B 与 u_{BE} 之间的关系曲线，函数关系可以表示为式(2-15)，特性曲线如图 2-24(b)所示。

在 u_{CE}=0V 时，晶体三极管相当于两个二极管并联。因此，当 b、e 之间加正向电压时，晶体三极管的输入特性曲线与 PN 结的伏安特性相类似，呈指数关系，如图 2-24(b)中左边那条曲线所示。

当 u_{CE} 增大时，特性曲线将右移，如图 2-24(b)的中间那条曲线所示。此时，集电极的反向电压有利于将发射区扩散到基区的电子收集到集电极，因此在相同的 u_{BE} 下，与基区空穴复合的电子变少，即基极电流要比 u_{CE}=0 时的电流小，所以曲线向右移动。

随着 u_{CE} 继续增大，集电结的电场已足够大，可以将发射区扩散到基区的绝大部分电子都收集到集电区，此后再增大 u_{CE}，i_C 也不再明显增大了，即 i_B 已基本不变。因此，u_{CE} 超过某一数值后，u_{CE} 在不同值时所对应的曲线基本重合。一般近似地认为与 $u_{CE}\geqslant$1V 时的曲线重合，所以，本书只给出 $u_{CE}>$1V 的实用曲线。

2) 输出特性曲线

输出特性曲线是以 i_B 为参变量，i_C 与 u_{CE} 之间的关系曲线，函数关系可以表示为式(2-16)，在不同 i_B 下，可得出不同的曲线，因此晶体三极管的输出特性曲线是一族曲线，

如图 2-24(c)所示。

由特性曲线可以看出，当 u_{CE} 从零逐渐增大时，集电结电场随之增强。收集由发射区扩散到基区的电子能力增强，所以 i_C 也就逐渐增大。当 u_{CE} 增大到一定数值时，集电结足以将发射区扩散到基区的绝大部分电子都收集到集电区，以后再增大 u_{CE}，i_C 也不再明显增大了，曲线几乎平行于横轴，此时 i_C 几乎仅仅决定于 i_B。

通常把晶体三极管的输出特性曲线簇分为三个工作区域，如图 2-24(c)所示，也就是晶体三极管的三种工作状态。下面结合图 2-24(c)讨论如下。

(1) 截止区。将 $i_B=0$ 的曲线以下的区域称为截止区，其特征是发射结电压小于开启电压且集电结反向偏置，对于共射电路，$u_{BE}\leqslant U_{on}$ 且 $u_{CE}>u_{BE}$。此时 $i_B=0$，集电极电流 i_C 有一个比较小的穿透电流 I_{CEO}，小功率硅管的 I_{CEO} 在 $1\mu A$ 以下，锗管的 I_{CEO} 小于几十微安。所以在近似分析中可以认为晶体三极管集电极电流 $i_C\approx0$，晶体三极管处于截止状态。

(2) 放大区。在放大区内，输出特性曲线近似为水平的直线，其特征是发射结正向偏置且集电结反向偏置，对于共射电路，$u_{BE}>U_{on}$ 且 $u_{CE}\geqslant u_{BE}$。放大区也称为线性区，晶体三极管具有恒流特性。此时，i_C 与 i_B 成正比关系，而与 u_{CE} 无关。当 i_B 有微小的变化量 Δi_B 时，i_C 就会有很大的变化量 Δi_C。将集电极电流与基极电流的变化量之比定义为晶体三极管的共射电流放大系数，用 β 来表示，则

$$\beta=\frac{\Delta i_C}{\Delta i_B} \tag{2-17}$$

β 反映在特性曲线上，是两条不同 i_B 曲线的间隔。如图 2-24(c)所示，当 $u_{CE}=10V$ 时，若 i_B 由 $60\mu A$ 增加到 $80\mu A$，相应地 i_C 由 3mA 增加到 4mA，可以求出

$$\beta=\frac{\Delta i_C}{\Delta i_B}=\frac{4-3}{(80-60)\times10^{-3}}=\frac{1}{0.02}=50$$

由此可见，晶体三极管具有电流放大作用。

(3) 饱和区。图 2-24(c)中虚线与纵坐标之间的曲线为饱和区，其特征是发射结与集电结均处于正向偏置，对于共射电路，$u_{BE}>U_{on}$ 且 $u_{CE}<u_{BE}$。在饱和区，i_B 的变化对 i_C 的影响较小，而 i_C 受 u_{CE} 的影响较大，且明显随 u_{CE} 增大而增大。在饱和区，由于 u_{CE} 的值很小，一般认为，当 $u_{CE}<u_{BE}$ 时，晶体三极管就进入了饱和区。晶体三极管饱和时的管压降用 $U_{CE(sat)}$ 表示，当深度饱和时，对小功率硅管约为 0.3V，晶体三极管饱和后，各电极的电位都很小。

2.2.3 晶体三极管的主要参数以及温度对晶体三极管参数的影响

晶体三极管的参数是电路设计和晶体三极管选择的主要依据，它体现了晶体三极管的性能和适用范围，本节介绍在近似分析中的主要参数，可以通过半导体器件手册查到。

1. 电流放大系数

电流放大系数是体现晶体三极管具有放大作用的主要参数，可以分为共射电流放大系数与共基电流放大系数。

1) 共射电流放大系数

晶体三极管在接成共发射极电路时的电流放大系数，根据工作状态不同，可分为直流电流放大系数 $\bar{\beta}$ 和交流电流放大系数 β。

在静态时，集电极电流与基极电流之比称为共射直流电流放大系数，用 $\bar{\beta}$ 来表示。有

$$\bar{\beta}=\frac{I_C}{I_B} \tag{2-18}$$

在动态时，当基极电流有微小的变化量 Δi_B 时，相应地集电极电流的变化量为 Δi_C。将 Δi_C 与 Δi_B 的比值定义为晶体三极管的共射交流电流放大系数，用 β 来表示，则

$$\beta=\frac{\Delta i_C}{\Delta i_B}$$

由于制作工艺的分散性，即使同型号的晶体三极管，它们的 β 值也有差别，常用的 β 值在 20～200，而一般放大电路取 $\beta=30\sim80$ 的晶体三极管比较合适。

2）共基电流放大系数

晶体三极管在接成共基极电路时的电流放大系数，根据工作状态不同，可分为直流电流放大系数 $\bar{\alpha}$ 和交流电流放大系数 α。

在静态时，集电极电流与发射极电流之比称为共基直流电流放大系数，用 $\bar{\alpha}$ 来表示。

$$\bar{\alpha}=\frac{I_C}{I_E} \tag{2-19}$$

在动态时，当发射极电流有微小的变化量 Δi_E 时，相应地集电极电流的变化量为 Δi_C。将 Δi_C 与 Δi_E 的比值定义为晶体三极管的共基交流电流放大系数，用 α 来表示，则

$$\alpha=\frac{\Delta i_C}{\Delta i_E} \tag{2-20}$$

在一般的工程估算中，在工作电流不是很大的情况下，$\bar{\beta}$ 与 β、$\bar{\alpha}$ 与 α 的数值相差不是很大，可以近似地认为 $\beta\approx\bar{\beta}$，$\alpha\approx\bar{\alpha}$，所以可以混用，在以后的应用中，不作严格地区分，都用符号 β 和 α 表示。

2. 反向饱和电流

反向饱和电流是衡量晶体三极管质量的重要参数，包括集电极-基极间的反向饱和电流、集电极-发射极间的穿透电流。

(1) 集电极-基极间反向饱和电流 I_{CBO}。集电极-基极间反向饱和电流是发射极开路时集电结上加反向电压时的反向电流，测量 I_{CBO} 的电路如图 2-25(a)所示。它的实质就是一个 PN 结的反向电流，所以 I_{CBO} 受温度的影响很大。一般情况下 I_{CBO} 的值很小，小功率锗管的 I_{CBO} 为几毫安到几十毫安，小功率硅管的 I_{CBO} 要小于 1μA，I_{CBO} 的值越小越好，而硅管的稳定性优于锗管，因此在温度变化较大的场合选用硅管比较合适。

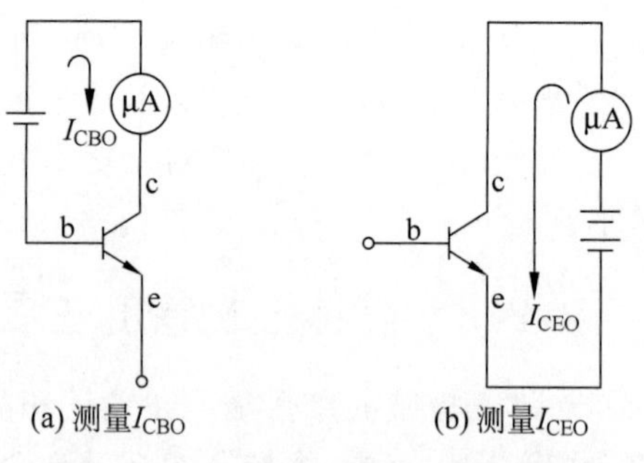

图 2-25 反向饱和电流的测量电路

(2) 集电极-发射极间的穿透电流 I_{CEO}。集电极-发射极间反向饱和电流是基极开路时集电极和发射极间加反向电压时的集电极电流，测量 I_{CEO} 的电路如图 2-25(b)所示。它好像从集电极穿过晶体三极管流至发射极，所以又叫作穿透电流。$I_{CEO}=(1+\bar{\beta})I_{CBO}$，$I_{CEO}$ 要比 I_{CBO} 大得多，通常，小功率硅管的 I_{CEO} 为几毫安，小功率锗管的 I_{CEO} 为几十毫安，I_{CEO} 的值越小越好。

3. 温度对晶体三极管特性及参数的影响

温度对晶体三极管的特性有着不容忽视的影响，特别是晶体三极管 PN 结对温度敏感，由于体电阻的存在，随工作时间的增长，晶体三极管温度上升对性能的影响直接关系到电路能否正常工作。受温度影响较大的参数有 U_{BE}、I_{CBO} 和 β。

(1) 温度对 U_{BE} 的影响。U_{BE} 随温度变化的规律与 PN 结相同，即温度每升高 1℃，U_{BE} 大约减小 2～2.5mV。输入特性曲线随温度升高向左移，这样在 I_B 不变时，U_{BE} 将减小。温度对晶体三极管输入特性曲线的影响如图 2-26(a)所示。

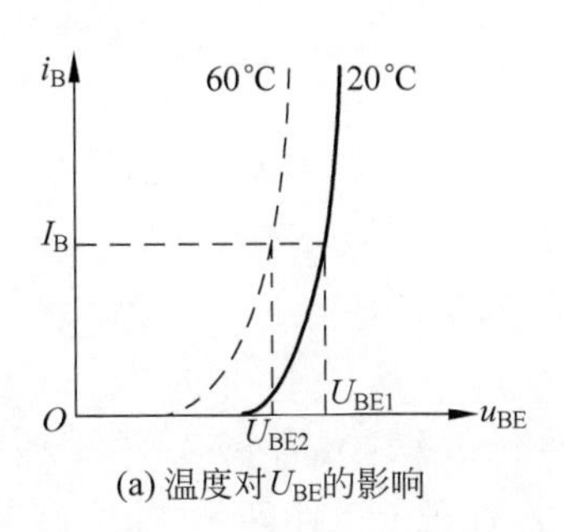

(a) 温度对U_{BE}的影响

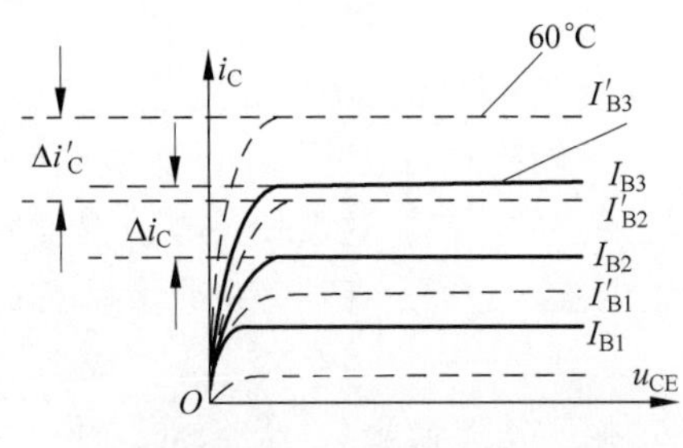

(b) 温度对晶体三极管输出特性的影响

图 2-26　温度对晶体三极管影响

(2) 温度对 I_{CBO} 的影响。I_{CBO} 是晶体三极管集电结的反向饱和电流，它主要取决于少子的浓度。当温度升高，热运动加剧，会有更多的价电子挣脱共价键的束缚，成为自由电子参与导电，这会使少子浓度明显增大。I_{CBO} 随温度变化的规律是温度每升高 10℃，I_{CBO} 约增大一倍。在数值上，硅管的 I_{CBO} 要比锗管的小，因此，硅管比锗管受温度的影响小。

(3) 温度对 β 的影响。晶体三极管的电流放大系数 β 随温度的升高而增大，这是因为当温度升高时，加快了基区注入载流子的扩散速度，这样在基区中电子与空穴的复合减少，电流放大系数 β 增加。温度对电流放大系数 β 的变化规律是：温度每升高 1℃，β 值增大(0.5～1)%。在输出特性曲线图上，曲线间的距离随温度升高而增大；温度对 U_{BE}、I_{CBO} 和 β 的影响反映在管子的集电极电流 I_C 上，它们都会使 I_C 随温度升高而增大。其造成的后果以及如何限制 I_C 的增加，将在以后的章节中讨论。图 2-26(b)所示为当晶体三极管温度变化时输出特性曲线变化的示意图。

4. 极限参数

晶体三极管的极限参数是指保证晶体三极管安全工作时对晶体三极管的电压、电流和功率损耗的限制。若超过极限参数，晶体三极管不能正常工作。

1) 最大集电极电流 I_{CM}

晶体三极管的最大集电极电流是指当晶体三极管电流放大系数 β 值下降到额定值的三分之二时的集电极电流。实际上，当 $I_C > I_{CM}$ 时，晶体三极管不一定损坏，但是放大系数 β 明显下降。

2) 极间反向击穿电压

极间反向击穿电压表示晶体三极管的三个电极之间所加的最大允许反向电压，若超过此值，管子会发生击穿现象。下面是几种击穿电压的定义。

① $U_{(BR)CBO}$：是发射极开路时，集电极-基极之间的反向击穿电压，这是集电结所允许加的最高反向电压，其数值较高。

② $U_{(BR)CEO}$：是基极开路时，集电极-发射极间的反向击穿电压，此时集电结承受反向电压。这个电压值与 I_{CEO} 有关，当晶体三极管的 $U_{CE}>U_{(BR)CEO}$ 时，I_{CEO} 会大幅度地增加，此时晶体三极管被击穿。

③ $U_{(BR)EBO}$：是集电极开路时，发射极-基极间的反向击穿电压。当晶体三极管工作在放大区时，发射结是正向偏置的，但在某些场合下，如作开关电路使用时，发射结就要加反向电压，这是发射结所允许加的最高反向电压。

当晶体三极管被击穿后，它在电路中就不能正常工作了，但是晶体三极管不一定会损坏。

3）最大集电极耗散功率 P_{CM}

晶体三极管工作在放大区时，集电结承受反向电压，并有集电极电流流过，所以集电结上会消耗一定的功率。这会使集电结温度升高，从而引起晶体三极管参数的变化。把晶体三极管集电结上允许消耗功率的最大值称为最大集电极耗散功率。

$$P_{CM}=i_C u_{CE} \tag{2-21}$$

在晶体三极管输出特性坐标平面中，可以画出晶体三极管允许的功率损耗线，如图 2-27 中的虚线所示。曲线下方的区域满足 $i_C u_{CE}<P_{CM}$，为安全工作区域，曲线右上方为过损耗区。因此，由极限参数 I_{CM}、$U_{(BR)CEO}$ 和 P_{CM} 所限定的区域为晶体三极管的安全区域。P_{CM} 决定于晶体三极管的温升，当硅管的温度大于 150℃，锗管的温度大于 70℃时，管子的性能变坏，甚至烧毁。对于大功率管的 P_{CM}，可以采用加散热装置的办法来提高 P_{CM}。

例 2-7 判断如图 2-28 所示电路中，开关分别接触点 1、2、3 时，判断管子工作状态。已知 $\beta=100$，$U_{BE}=0.7\text{V}$，$U_{CE(sat)}=0$。

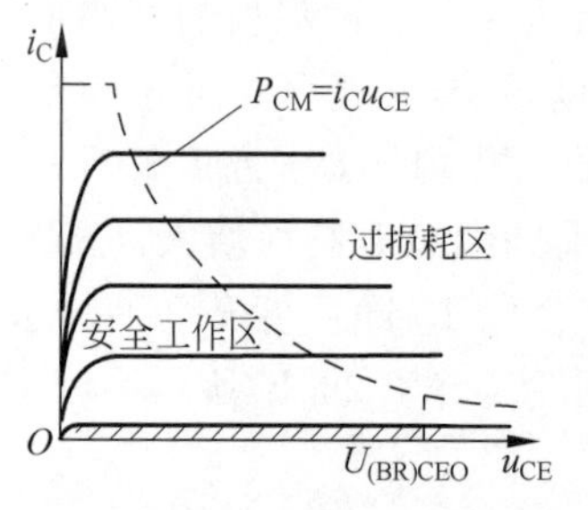

图 2-27 晶体三极管的安全工作区

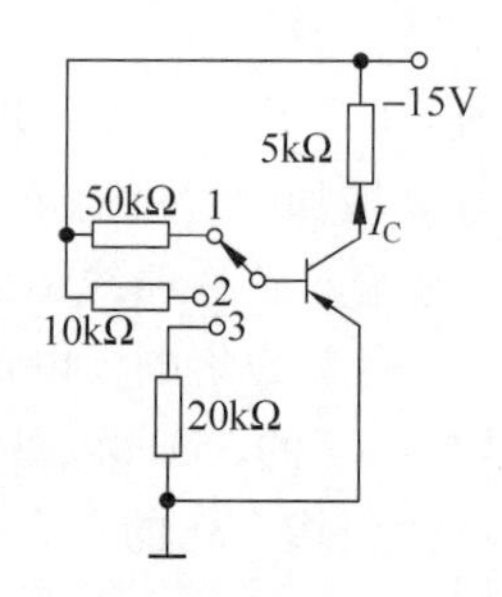

图 2-28 例 2-7 题图

解 晶体三极管有三种工作状态，即饱和、放大、截止。判断法是利用基极电流，准确地说是临界基极饱和电流 I_{BS}。当 $I_B>I_{BS}$，管子饱和；当 $0<I_B<I_{BS}$，管子工作在放大状态；当 $I_B\leqslant 0$，管子截止。晶体三极管临界饱和时，$\beta=100$，$U_{CE(sat)}=0$。

$$I_{CS}\approx\frac{0-U_{CC}}{R_C}=-\frac{U_{CC}}{R_C}=\frac{15\text{V}}{5\text{k}\Omega}=3\text{mA}$$

$$I_{BS}\approx\frac{U_{CC}}{\beta R_C}=30\mu\text{A}$$

(1) 开关接 1 时，假设管子的 $U_{BE}=0.7\text{V}$，则有

$$I_{BQ}\approx\frac{0-U_{BE}-U_{CC}}{R_{B1}}=\frac{(15-0.7)\text{V}}{50\text{k}\Omega}=28.6\mu\text{A}$$

$0 < I_B < I_{BS}$，所以，管子工作在放大区。

(2) 开关接 2 时，假设管子在放大区，$U_{BE}=0.7V$，则有

$$I_{BQ} \approx \frac{0 - U_{BE} - U_{CC}}{R_{B1}} = \frac{(15-0.7)\text{V}}{10\text{k}\Omega} = 143\mu\text{A}$$

$I_B > I_{BS}$，所以管子进入饱和区。

(3) 开关接 3 时，由于基极与发射极零偏，因此管子截止。

解题结论　根据给定放大电路判断管子工作状态，临界饱和电流的计算是关键。临界时既可以将电路看作是放大态，同时也可以看作是饱和态，因此可计算出 $I_{CS}(I_{BS})$，再根据实际电路计算 $I_{CQ}(I_{BQ})$ 并与之比较确定管子状态。

2.2.4　晶体三极管的型号与选用原则

晶体三极管的品种繁多，不同的电子设备与不同的电子电路，对晶体三极管各项性能指标的要求是不同的。所以，应根据应用电路的具体要求来选择不同用途、不同类型的晶体三极管。

(1) 高频晶体三极管。当处理一般小信号时，如图像中放、伴音中放、缓冲放大等，电路中使用高频晶体三极管，它的特性频率范围为 30～300MHz。例如 3DG6、3CG21、2SA1015、S9012、2N5551、BC337 等型号的小功率晶体三极管，可根据电路的要求选择晶体三极管的材料与极性，还要考虑被选晶体三极管的耗散功率、集电极最大电流、最大反向电压、电流放大系数等参数及外形尺寸等是否符合应用电路的要求。

(2) 开关晶体三极管。在小电流开关电路和驱动电路中使用的开关晶体三极管，其最高反向电压低于 100V，耗散功率低于 1W，最大集电极电流小于 1A，可选用 3CK3、3DK4、3DK9 等型号的小功率开关晶体三极管。在大电流开关电路和驱动电路中使用的开关晶体三极管，其最高反向电压大于 100V，耗散功率高于 30W，最大集电极电流大于或等于 5A，可选用 3DK200、DK55、DK56 等型号的大功率开关晶体三极管。开关电源等电路中使用的开关晶体三极管，其耗散功率大于或等于 50W，最大集电极电流大于或等于 3A，最高反向电压高于 800V。一般可选用 2SD820、2SD850、2SD1403、2SD1431、2SD1553、2SD1541 等型号的高反压大功率开关晶体三极管。

(3) 音频功率放大互补对管。在音频功率放大器的低放电路和功率输出电路，一般均采用互补推挽对管(通常由 1 只 NPN 型晶体三极管和 1 只 PNP 型晶体三极管组成)。选用时要求两管配对，即性能参数要一致。低放电路中采用的中、小功率互补推挽对管，其耗散功率小于或等于 1W，最大集电极电流小于或等于 1.5A，最高反向电压为 50～300V。常见的有 2SC945/2SA733、2SC1815/2SA1015、2N5401/2N5551、S8050/S8550 等型号，选用时应根据应用电路具体要求而定。后级功率放大电路中使用的互补推挽对管，应选用大电流、大功率、低噪声晶体三极管，其耗散功率为 100～200W，集电极最大电流为 10～30A，最高反向电压为 120～200V。常用的大功率互补对管有 2SC2922/2SA1216、2SC3280/2SA1301、2SC3281/2SA1302、2N3055/MJ2955 等型号。

(4) 带阻晶体三极管。带阻晶体三极管是录像机、影碟机、彩色电视机中常用的晶体三极管，其种类较多，但一般不能作为普通晶体三极管使用，只能“专管专用”。选用带阻晶体三极管时，应根据电路的要求(例如输入电压的高低、开关速度、饱和深度、功耗等)及其内部

电阻器的阻值搭配,来选择合适的管型。

(5) 光敏晶体三极管。光敏晶体三极管也不允许其参数超过最大值(例如最高工作电压、最大集电极电流和最大允许功耗等),否则会缩短光敏晶体三极管的使用寿命甚至烧毁晶体三极管。另外,所选光敏晶体三极管的光谱响应范围必须与入射光的光谱相互匹配,以获得最佳的响应特性。

2.3 放大的概念及放大电路的性能指标

放大电路是电子电路中应用最广泛的电路形式之一,它的基本功能是将输入信号不失真地进行放大。它的应用领域包括自动控制系统、电子测量系统、通信系统等。

2.3.1 放大的基本概念与放大电路的主要性能指标

放大电路是电子设备中最常见的一种基本单元。在日常生活和实际生产中,都会遇到放大的现象。例如,在自动控制机床上,将反映加工要求的控制信号放大,得到较大的输出功率来推动电磁铁或电动机进行工作。老年人用放大镜将报纸或书上的字进行放大,以便阅读。在收音机或电视机系统中,将天线收到的微弱信号进行放大,来推动扬声器或显像管进行工作。

1. 放大的基本概念

所谓"放大",是将电信号放大,即电压放大或电流放大。在电子技术中,"放大"的实质是能量的控制和转换,即在输入小信号作用下,通过放大电路将电源的能量转换成负载的能量,使输出端负载获得能量较大的信号。因此,电子电路的基本特征是功率放大。

为了对放大电路进行能量控制,实现放大作用,要采用具有放大作用的电子元器件,如晶体三极管、场效应管和集成运算放大器。能够控制能量的元件称为有源元件。通过前面的分析可知,晶体三极管的基极电流 i_B 可以对集电极电流 i_C 进行控制,从而实现放大作用,它是组成放大电路的核心元件。

放大的前提是不使放大的信号失真,这样放大的信号才是有意义的。信号的失真包括线性失真和非线性失真两种。非线性失真是指某一频率的信号经放大后波形发生畸变,出现了新的频率成分(如波形不完整的截止失真、饱和失真,波形正负半周交越处坡度变缓的交越失真,波形中心不对称的非线性失真等)。它产生的原因是由元件输入、输出函数关系的非线性所致。线性失真是指不同频率成分的输入信号,经过同一放大电路后,出现彼此放大幅度不一致的幅频失真和产生附加相移的相频失真,但各频率波形未产生非线性失真。它产生的原因是由线性电抗元件的频率效应引起的。

常见的扩音机就是一个把微弱的声音信号放大的例子。工作原理框图如图 2-29(a)所示。话筒(传感器)将声音信号转换成微弱的电信号,经放大电路,利用晶体三极管的控制作用,把电源提供的能量放大成足够强的电信号,然后经过扬声器(喇叭),使其发出比原来强得多的声音。

2. 放大电路的主要性能指标

可以用技术指标来衡量一个放大电路的性能。在放大电路的输入端加上一个正弦电压,然后测量电路中的其他相关电量,如图 2-29(b)所示。

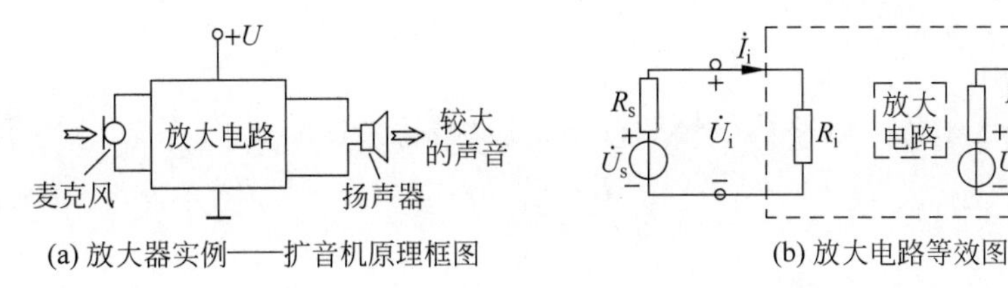

(a) 放大器实例——扩音机原理框图　　(b) 放大电路等效图

图 2-29　放大器实例以及框图

对于信号而言，任何一个放大电路都可以看成是一个二端口网络。左边为输入端口，正弦波电压源$\dot{U}_s$内阻为R_s，而放大电路的输入电压为$\dot{U}_i$，输入电流为$\dot{I}_i$；右边为输出端口，输出电压为$\dot{U}_o$，输出电流为$\dot{I}_o$，R_L为负载电阻。下面分别介绍放大电路的主要性能指标。

1）放大倍数

放大倍数是描述放大电路放大能力的重要指标，它表征放大电路对微弱信号的放大能力，其值为输出量$\dot{X}_o$($\dot{U}_o$或$\dot{I}_o$)与输入量$\dot{X}_i$($\dot{U}_i$或$\dot{I}_i$)的比值，又称为增益。对于小功率放大电路人们常常只关心电路单一指标的放大倍数，如电压放大倍数，而不研究其功率放大能力。

$$\dot{A}=\frac{\dot{X}_o}{\dot{X}_i} \tag{2-22}$$

根据输入量和输出量的不同，可以有以下四种增益的定义方法。

(1) 电压放大倍数。电压放大倍数是输出电压$\dot{U}_o$与输入电压$\dot{U}_i$之比(记作$\dot{A}_{uu}$)，即

$$\dot{A}_{uu}=\dot{A}_u=\frac{\dot{U}_o}{\dot{U}_i} \tag{2-23}$$

(2) 电流放大倍数。电流放大倍数是输出电流$\dot{I}_o$与输入电流$\dot{I}_i$之比，即

$$\dot{A}_{ii}=\frac{\dot{I}_o}{\dot{I}_i} \tag{2-24}$$

(3) 互阻放大倍数。互阻放大倍数是输出电压$\dot{U}_o$与输入电流$\dot{I}_i$之比，即

$$\dot{A}_{ui}=\frac{\dot{U}_o}{\dot{I}_i} \tag{2-25}$$

(4) 互导放大倍数。互导放大倍数是输出电流$\dot{I}_o$与输入电压$\dot{U}_i$之比，即

$$\dot{A}_{iu}=\frac{\dot{I}_o}{\dot{U}_i} \tag{2-26}$$

分析放大电路重点研究电压放大倍数A_u。必须注意，以上四个表达式，必须用示波器观察输出端的波形，只有在不失真的情况下，测试数据才有意义，其他指标也是如此。

2）输入电阻

从放大电路的输入端看进去的等效电阻称为放大电路的输入电阻，定义为输入电压有效值U_i和输入电流有效值I_i之比，即

$$R_i = \frac{U_i}{I_i} \tag{2-27}$$

输入电阻大小决定了放大电路从信号源得到的信号幅度的大小。如图 2-30 所示，可得

$$\dot{U}_i = \frac{R_i}{R_i + R_s}\dot{U}_s \tag{2-28}$$

在进行放大电路设计时，希望输入电阻越大越好，R_i 越大，说明放大电路从信号源索取的电流越小，放大电路所得到的输入电压 U_i 越接近信号源电压 U_s。

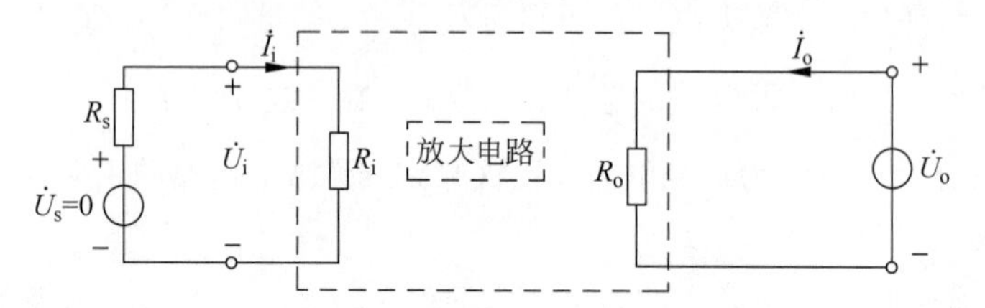

图 2-30 计算放大电路输出电阻等效图

3）输出电阻

从放大电路输出端看进去的等效内阻称为放大电路的输出电阻，定义为

$$R_o = \left.\frac{\dot{U}_o}{\dot{I}_o}\right|_{R_L=\infty,\dot{U}_s=0} \tag{2-29}$$

表示输出电阻被定义为在输入电压源短路（电流源开路）并保留内阻 R_s，负载开路（因为负载并不属于放大电路）的情况下，如图 2-30 所示，在输出端外加一个正弦输出电压$\dot{U}_o$ 相应地得到输出电流$\dot{I}_o$，两者之比就是输出电阻 R_o。

输出电阻的大小，决定了放大电路带负载的能力。在图 2-30 中，放大电路对输出信号相当于负载的信号源，放大电路的输出电阻相当于信号源内阻。可以看出，负载上得到的输出电压$\dot{U}_o$ 与放大电路开路输出电压$\dot{U}'_o$并不相等，它们之间符合这样的关系

$$\dot{U}_o = \frac{R_L}{R_L + R_o}\dot{U}'_o \tag{2-30}$$

实验分析时，在保持输入信号不变的前提下，分别测出放大电路输出端开路时的输出电压$\dot{U}'_o$和加负载之后的输出电压$\dot{U}_o$，由式(2-30)可得

$$R_o = \left(\frac{\dot{U}'_o}{\dot{U}_o} - 1\right)R_L \tag{2-31}$$

通常希望放大电路的输出电阻 R_o 越小越好，R_o 愈小，放大电路带负载的能力越强。

4）最大输出幅度

在输出波形不失真的情况下，放大电路的最大输出电压或电流的大小，用 U_{omax} 和 I_{omax} 表示。一般电压指有效值时，用 U_o 表示，正弦信号的峰-峰值等于其有效值的 $2\sqrt{2}$ 倍。

5）非线性失真系数

晶体三极管的输入、输出特性曲线是非线性的，即使在放大区也不是完全的线性。因此，输出波形不可避免地要发生失真。这种由于晶体三极管的非线性造成的输出信号失真

称为非线性失真。具体表现为：当输入某一频率的正弦交流信号时，输出波形中除了被放大的该频率的基波输出外，还含有一定数量的谐波。谐波的总量与基波成分的比值称为非线性失真系数，用 D 表示。设基波幅值为 A_1，谐波幅值为 A_2，A_3…则

$$D=\sqrt{\left(\frac{A_2}{A_1}\right)^2+\left(\frac{A_3}{A_1}\right)^2+\cdots} \tag{2-32}$$

6）通频带

由于放大电路存在电抗元件或等效电抗元件，而晶体三极管本身存在极间电容，当信号频率过高或过低，放大倍数都要明显地下降并产生相移。但是，在中间一段频率范围内，各种电抗的影响都可忽略，放大倍数基本不变，将此放大倍数称为中频放大倍数，记做 A_{um}。使放大倍数下降至 $0.707A_{um}$（$1/\sqrt{2}A_{um}$）时所对应的高、低频率，分别称为上限频率 f_H 及下限频率 f_L，如图 2-31 所示。

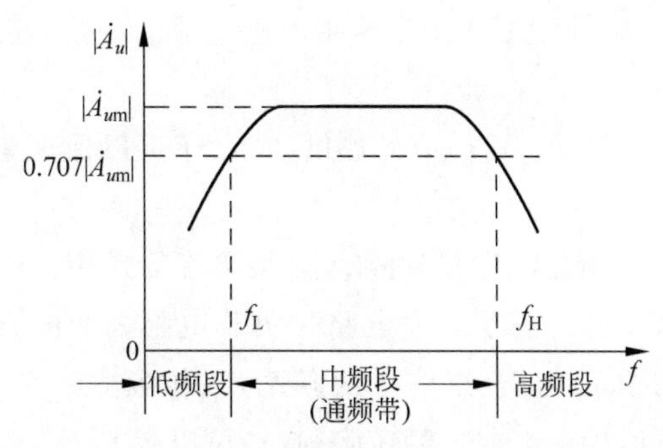

图 2-31　放大电路的通频带

在 f_L 与 f_H 之间形成的频带称为通频带，也称为放大电路的通频带 BW。通频带越宽，表明放大电路对不同频率信号的适应能力越强。

$$BW=f_H-f_L \tag{2-33}$$

7）最大输出功率与效率

晶体三极管是一个能量控制器件，它能通过晶体三极管的基极电流 i_B 对集电极电流 i_C 进行控制，从而把直流电源提供的能量转换成交流电能输出。所以，放大电路的最大输出功率，就是在输出信号不失真时，放大电路向负载提供的最大交流功率，用 P_{om} 来表示。

把放大电路的最大输出功率与直流电源提供的功率之比称为放大电路的效率，用 η 来表示。设直流电源提供的功率为 P_S，电路的最大输出功率为 P_{om}，则

$$\eta=\frac{P_{om}}{P_S} \tag{2-34}$$

效率越高，在交流输入信号的控制下，能量转换能力就越强。

以上介绍了放大电路的主要性能指标，在分析放大电路时，主要对 A_u、R_i 和 R_o 进行研究；在研究放大电路的频率响应时，主要分析 f_L、f_H 和 BW；在讨论功率放大电路的工作原理时，主要研究参数 U_{om}、P_{om} 和 η，这将会在以后的章节做详细地介绍。

2.3.2　共发射极放大电路的组成及工作原理

共射放大电路在集成芯片与分立元放大器中都是最常用的电路形式。本节以单管共射

放大电路为例,说明放大电路的组成原则、电路中各元器件的作用以及放大电路的工作原理。

1. 电路组成

下面以 NPN 型晶体三极管组成的单管共射放大电路为例,介绍放大电路的组成元件,如图 2-32(a)所示。输入端接交流信号源,电动势为 u_s,内阻为 R_s,放大电路的输入电压为 u_i,在输出端接负载电阻 R_L,输出电压为 u_o。

(1) 晶体三极管 T。它具有能量转换和控制的能力,是一个有源器件,是整个电路的核心,起放大作用。

(2) 基极电源 U_{BB} 和基极电阻 R_B。基极电源 U_{BB} 的作用是使发射结正偏,基极电源 U_{BB} 和基极电阻 R_B 共同为放大电路提供合适的静态工作点。基极电阻 R_B 同时可防止基极电源短路信号源。

(3) 集电极电阻 R_C。它的主要作用是将集电极电流的变化转变为集电极电压的变化,从而实现电压的放大。

(4) 集电极电源 U_{CC}。它可为输出信号提供能量,还可以保证集电结反向偏置,使晶体三极管处于放大区。

(5) 耦合电容 C_1、C_2。耦合电容起到隔直流通交流的作用。C_1 可以隔断放大电路与信号源之间的直流信号,C_2 可以隔断放大电路与负载电阻之间的直流信号,使信号源与放大电路、放大电路与负载之间没有直流信号的联系,互相独立。对于交流信号来说,C_1 和 C_2 保证它们无失真地通过,耦合电容上的压降很小,可以忽略不计。

通过上面分析可得放大电路的组成原则:

(1) 电源极性正确。外加直流电源的极性必须保证晶体三极管工作在放大区,即发射结正向偏置,集电结反向偏置。

(2) 合理的输入输出回路。输入回路的接法应保证信号能传送到晶体三极管的基极回路中,以实现当输入电压变化时,会产生基极电流的变化。输出回路的接法应保证将放大了的信号传送出来,以实现当集电极电流变化时,会产生集电极电压的变化。

(3) 合理的静态工作点。放大电路是否有一个合适的静态工作点,保证放大器工作在放大状态,且保证波形基本不失真。

这三点也是判断放大电路是否能正常放大的依据。

2. 工作原理

放大电路是利用晶体三极管的基极电流对集电极电流的控制作用来实现放大的,放大作用实质上是晶体三极管的控制作用,因此晶体三极管是一种能量控制器件。

1) 常见共射放大电路的画法

在实际电路中,常把放大电路中的输入信号、直流电源 U_{CC} 和 U_{BB} 以及输出信号接在一个公共端,把它称为"共地",用符号"⊥"表示。这样,可将图 2-32(a)所示电路中的基极电源与集电极电源合为一个电源,得到的共射放大电路如图 2-32(b)所示。

2) 静态工作点

当放大电路的输入信号为零时,仅在直流电源的作用下,晶体三极管的基极回路和集电

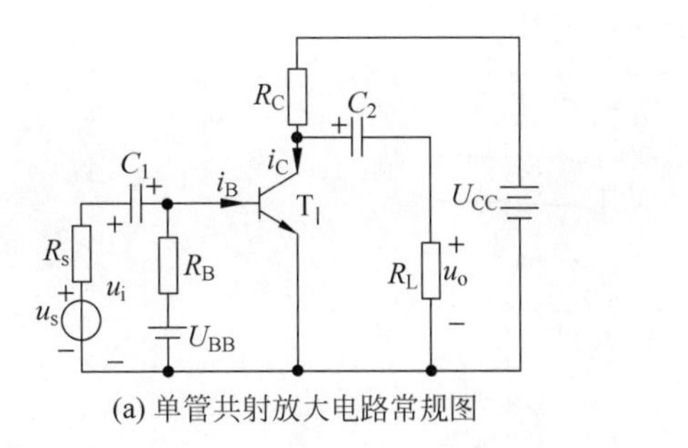

(a) 单管共射放大电路常规图

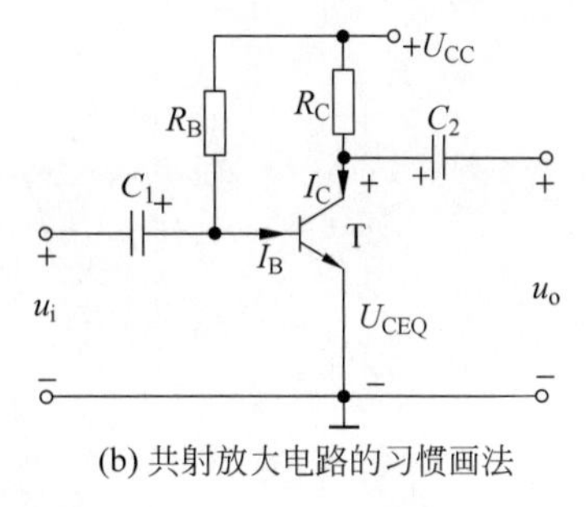

(b) 共射放大电路的习惯画法

图 2-32　单管共射放大器

极回路都存在直流电流和直流电压，即基极电流 I_B、集电极电流 I_C、b-e 间电压 U_{BE}、管压降 U_{CE}，这些电量(I_{BQ}，U_{BEQ})和(I_{CQ}，U_{CEQ})分别对应晶体三极管输入特性曲线和输出特性曲线上的一个点，称为放大电路的静态工作点 Q，如图 2-33 所示。

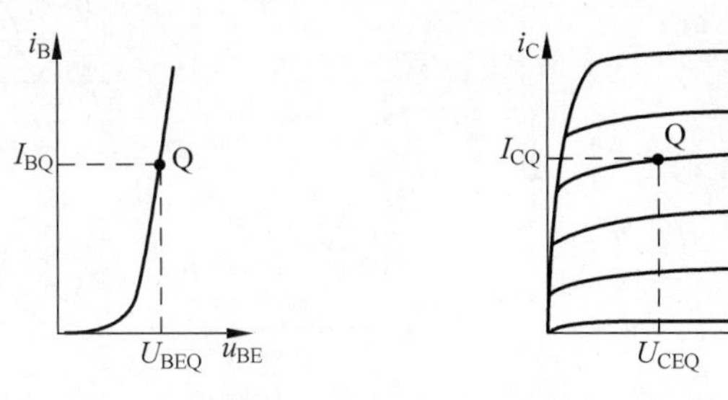

图 2-33　静态工作点

3）波形分析

在图 2-32 所示的放大电路中加一个正弦输入电压时，在晶体三极管基极与发射极之间的电压将会发生变化。那么当 u_{BE} 发生变化时，会使基极电流产生变化，如图 2-34(a)所示。当晶体三极管工作在放大区时，晶体管基极电流对集电极电流有控制作用，基极电流变化会导致集电极电流变化，如图 2-34(b)所示。那么，集电极电流的变化势必会导致集电极电阻 R_C 两端电压的变化，从而导致管压降 u_{CE} 的变化，变化规律是当 R_C 上的电压增大时，管压降 u_{CE} 必然减小；R_C 上的电压减小时，u_{CE} 必然增大，如图 2-35 所示。

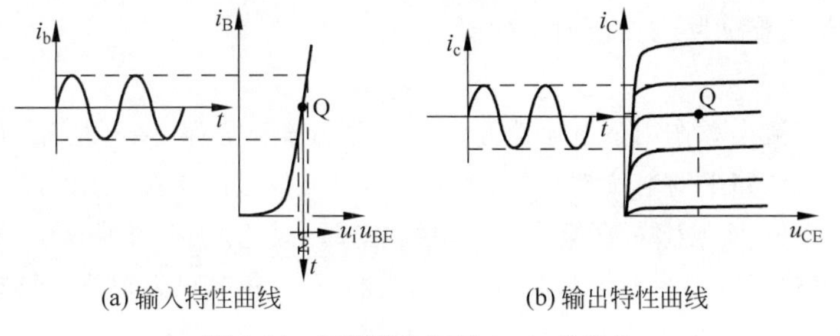

(a) 输入特性曲线　　(b) 输出特性曲线

图 2-34　加正弦电压时 i_b、i_c 的变化

图 2-36 所示为当放大电路加正弦电压时，放大电路中各点电量的变化曲线。放大电路只有合理地设置静态工作点，使交流信号在直流分量的基础上进行变化，来确保晶体三极管在输入信号的整个周期内都处于放大状态，输出电压波形才不会产生非线性失真。

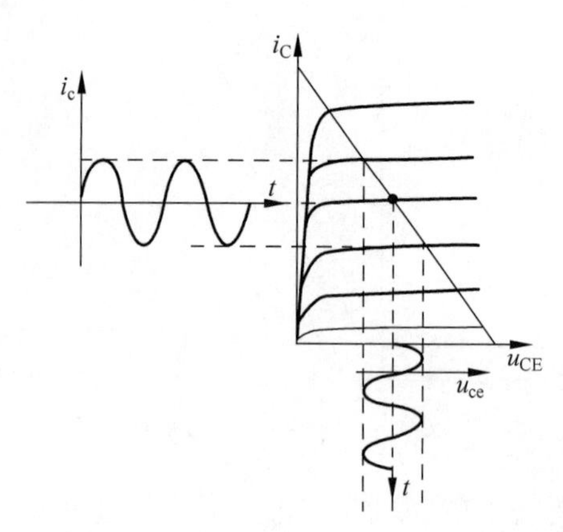

图 2-35　加正弦电压时 u_{CE} 的变化

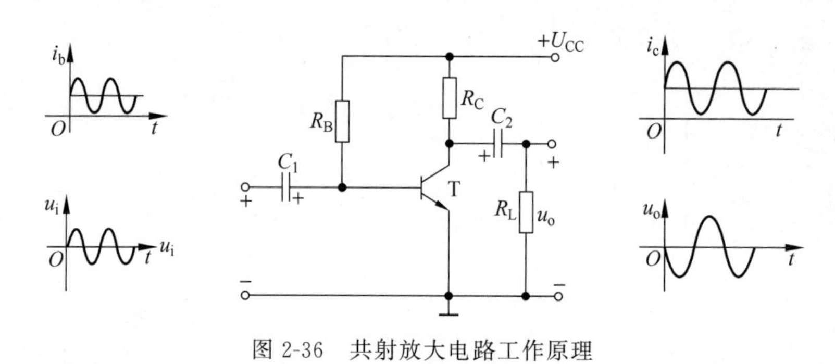

图 2-36　共射放大电路工作原理

2.3.3　放大电路的直交流通路与图解分析法

放大电路分析主要包括静态分析与动态分析，静态分析的目的是分析放大电路的直流工作环境条件，为放大电路设计合理的静态工作点提供理论支持。动态分析主要分析影响通过电路信号的电路结构因素以及信号通过放大电路的变化情况。静态分析的方法包括估算法和图解法，动态分析的方法包括微变等效电路法和图解法。对放大电路进行分析时，先进行静态分析，然后再进行动态分析，也就是说，只有在合理地设置了静态工作点后，放大交流信号才是有意义的。由于放大电路存在电抗性元件，所以直流量与交流量走的是不同的通路，下面来讨论直流通路与交流通路的画法。

1. 直流通路

放大电路中直流电源作用下电流流经的通路称为直流通路，主要用于研究放大电路的静态工作点。放大电路中的电抗性元件，如电容对直流信号的阻抗是无穷大，所以对直流信号而言，相当于开路；而电感对直流信号的阻抗为零。因此，在直流通路中，对于直流信号，电容视为开路，电感线圈视为短路(即忽略电感线圈)；信号源视为短路，但应保留其内阻。

根据上面讲述的原则，以图 2-37(a)为例，介绍放大电路直流通路的画法。画直流通路时，将耦合电容 C_1、C_2 开路，得到的直流通路如图 2-37(b)所示。

2. 交流通路

放大电路中的电抗性元件，如电容对交流信号的容抗为 $1/\omega C$，所以当电容的容量非常大时，对交流信号而言，相当于短路；电感对交流信号的感抗为 ωL。把在输入信号作用下

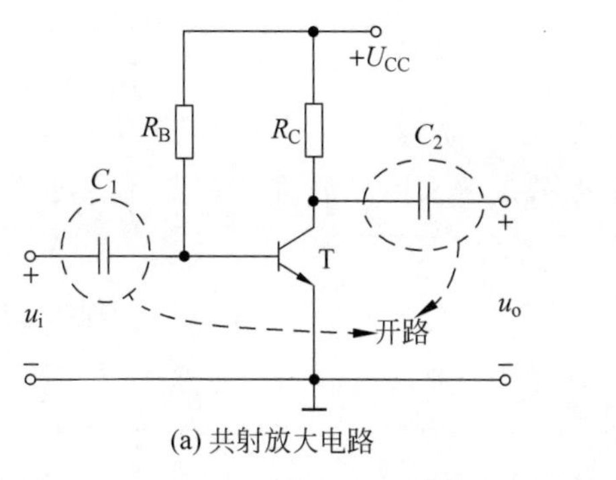

(a) 共射放大电路

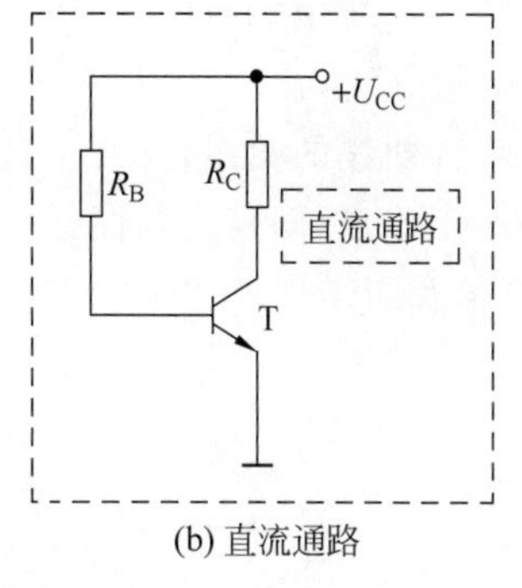

(b) 直流通路

图 2-37　共射放大电路及其直流通路

交流信号流经的通路称为交流通路。交流通路主要用于研究动态参数，对于交流信号，容量大的电容(如耦合电容)视为短路，无内阻的直流电源(如$+U_{CC}$)视为短路。

根据上面讲述的原则，画图 2-38 交流通路时，将耦合电容 C_1、C_2 短路，直流电源 U_{CC} 也短路，得到的交流通路如图 2-38(b)所示。

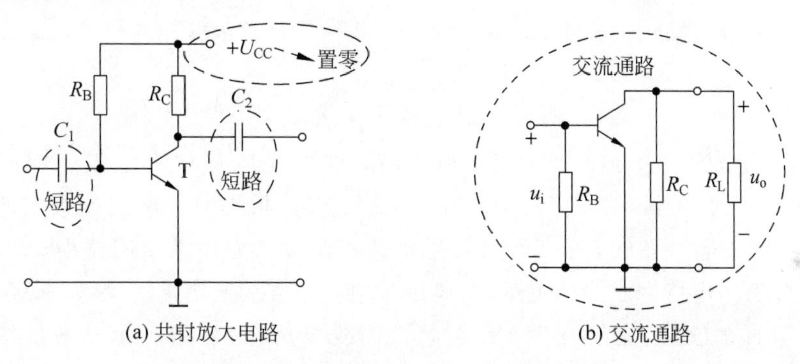

(a) 共射放大电路　　(b) 交流通路

图 2-38　共射放大电路及其交流通路

3. 放大电路的图解分析法

放大电路图解法是在晶体三极管特性曲线上直接通过作图的方法来确定工作点和信号源作用下的相对变化量，这种分析方法能够直观形象地反映晶体三极管的工作情况，多用于理解放大电路的工作原理、各点波形关系、分析 Q 点位置，最大不失真输出电压和失真情况。但是，由于对放大电路进行图解分析时，必须实测所用管的特性曲线。用图解法进行定量分析时误差较大。而且，在用图解法分析放大电路时，作图过程麻烦，容易产生误差，不适用于多级放大电路和带有反馈的放大电路等一些较复杂的电路。因此，此方法通常作为放大电路分析的辅助方法。下面以图 2-37 为例，介绍放大电路的图解分析法。

1) 静态分析

静态分析是在晶体三极管特性曲线上，用作图法确定放大电路的静态工作点，即求出 I_{BQ}、U_{BEQ}、I_{CQ}、U_{CEQ} 的值。

共射放大器直流通路如图 2-37(b)所示。当输入信号为零时，在晶体三极管的输入回路中，静态工作点在晶体三极管的输入特性曲线上，应满足外电路的回路方程

$$u_{BE}=U_{CC}-i_BR_B \tag{2-35}$$

在输入特性曲线坐标系中，画出式(2-35)所确定的直线，它与横轴的交点为(U_{CC},0)，与纵轴的交点为(0,U_{CC}/R_B)，斜率为$-1/R_B$。又因为在输入回路中，i_B 和 u_{BE} 既要符合晶体三极管输入特性曲线的关系，又要满足式(2-35)所描述的函数关系，所以两者的交点就是放大电路的静态工作点，即直线与曲线的交点就是放大电路的静态工作点Q，它的横坐标值为U_{BEQ}，纵坐标值为 I_{BQ}，如图 2-39(a)所示。

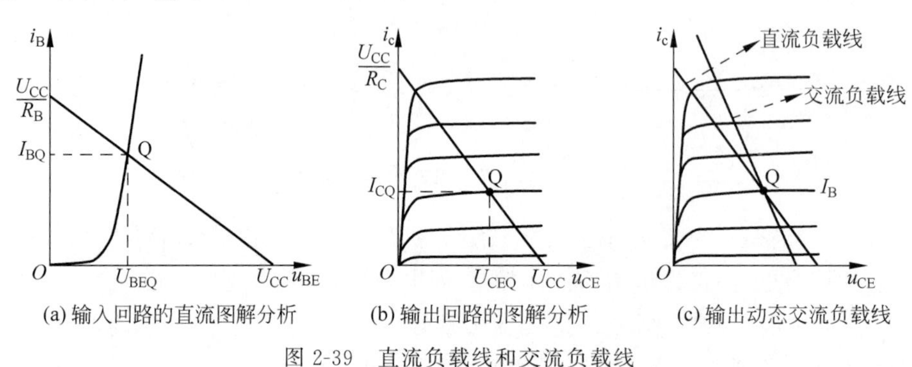

(a) 输入回路的直流图解分析　(b) 输出回路的图解分析　(c) 输出动态交流负载线

图 2-39　直流负载线和交流负载线

在晶体三极管的输出回路中，静态工作点在晶体三极管的输出特性曲线上，应满足外电路方程

$$u_{CE}=U_{CC}-i_CR_C \tag{2-36}$$

在输出特性坐标系中，画出式(2-36)所确定的直线，它与横轴的交点为(U_{CC},0)，与纵轴的交点为(0,U_{CC}/R_C)，斜率为$-1/R_C$。由于这条直线是根据放大电路的直流通路得到的，表示外电路的伏安特性曲线，所以称为直流负载线。又因为在输出回路中，i_C 和 u_{CE} 既要符合晶体三极管输出特性曲线的关系，又要满足直流负载线所描述的关系，所以两者的交点就是放大电路的静态工作点。然后在输出特性曲线中找到 $I_B=I_{BQ}$ 那条输出特性曲线，该曲线与式(2-36)所确定的直线的交点就是静态工作点Q，它的横轴坐标值为U_{CEQ}，纵坐标值为 I_{CQ}，如图 2-39(b)所示。

2) 动态分析

动态分析是在输入正弦信号时，通过作图来确定输出电压，从而得出输入电压与输出电压之间的电压放大倍数和相位关系，如图 2-38(b)所示为放大电路的交流通路。

由于放大电路工作时，在输出端总要接上一个负载，把反映动态时电流 i_C 和电压 u_{CE} 的变化关系曲线称为交流负载线。由图 2-38(b)可见，交流通路的外电路包括两个电阻 R_C 和 R_L 的并联。用 R'_L表示，$R'_L=R_C/\!/R_L$，交流负载线的斜率为$-(1/R'_L)$。由于 $R'_L<R_L$，所以交流负载线要比直流负载线陡。当输入信号为零时，即放大电路处于静态时，放大电路仍要在静态工作点Q工作，所以交流负载线一定要通过静态工作点。因此，交流负载线和直流负载线必然相交于Q点。那么，过Q点，作一条斜率为$-(1/R'_L)$的直线，就可得到交流负载线。将交流负载线与直流负载线画在同一个坐标系中，如图 2-39(c)所示。

由图 2-38(b)可知，由于输入电压加到晶体三极管的基极与发射极之间，所以在线性范围内，晶体三极管的瞬时工作点(u_{BE},i_B)将围绕Q点沿输入特性曲线上下移动，并按照正弦规律变化，如图 2-40(a)所示。由于基极电流 i_B 的变化，经过晶体三极管放大后，会产生集电极电流 i_C 和电压 u_{CE} 的变化。此时，在输出特性曲线上，(u_{CE},i_C)将沿着交流负载线，围绕 Q 点也按照正弦规律变化，如图 2-40(b)所示。

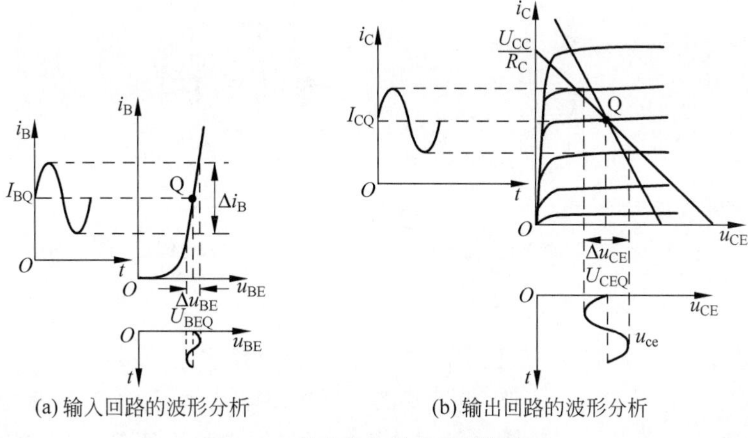

(a) 输入回路的波形分析　　(b) 输出回路的波形分析

图 2-40　放大电路的交流图解分析

利用图解法求放大电路的电压放大倍数，首先假定输入电压变化量为 u_i，即 $\Delta u_{BE}=u_i$。在 Δu_{BE} 作用下，在输入特性曲线上可得到基极电流为 i_B，如图 2-40(a)所示。从而在输出特性曲线中，找到相应的 u_{CE}，而滤除的直流成分就是输出电压 u_o，如图 2-40(b)所示。那么放大电路的电压放大倍数为

$$A_u=\frac{\Delta u_{CE}}{\Delta u_{BE}}=\frac{u_o}{u_i} \tag{2-37}$$

根据以上分析，可以得出在正弦输入信号下放大电路各电量的波形，如图 2-41 所示。

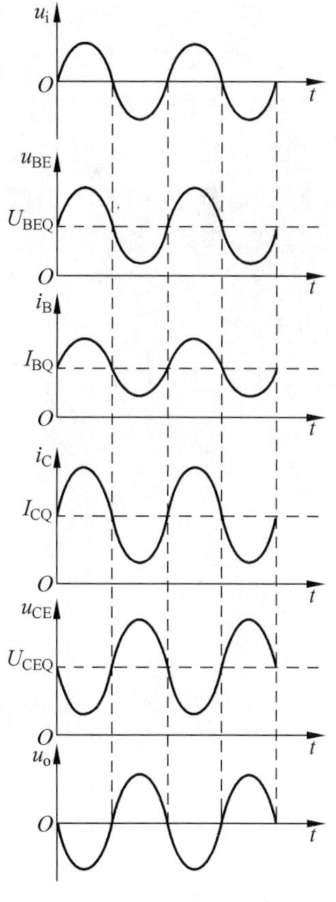

图 2-41　共射放大电路的电压电流波形

观察这些波形，可以得出下面几个重要结论：

(1) 当放大电路输入一个正弦交流电时，晶体三极管的各级电压和电流围绕着各自的静态值，按照正弦规律变化。也就是说，在原来直流量的基础上又叠加了一个正弦交流量，此时，放大电路中的信号是交直流共存的。在分析放大电路时，可以将静态工作点的计算和交流计算分开，使分析问题得到简化。

(2) 将放大电路的输出电压 u_o 与输入电压 u_i 相比，可知幅度被放大了，频率不变，但相位的变化规律正好相反，通常称这种波形关系为反相或倒相。

(3) 通过分析可知，动态变化是在设置了合适的静态工作点基础上进行变化的。因此，要保证晶体三极管在输入信号的整个周期内始终工作在放大状态，必须合理地设置静态工作点，这样输出电压波形才不会产生非线性失真。

例 2-8　判断如图 2-42 所示放大器能否正常工作，说明理由。已知晶体三极管 $\beta=50$。

解　判断晶体三极管状态问题分两类，其一没给出具体参数而在电路上直观定性判断是否满足放大条件；其二电路

从直观上看不出放大器不合理因素，根据电路参数定量计算得出结论。

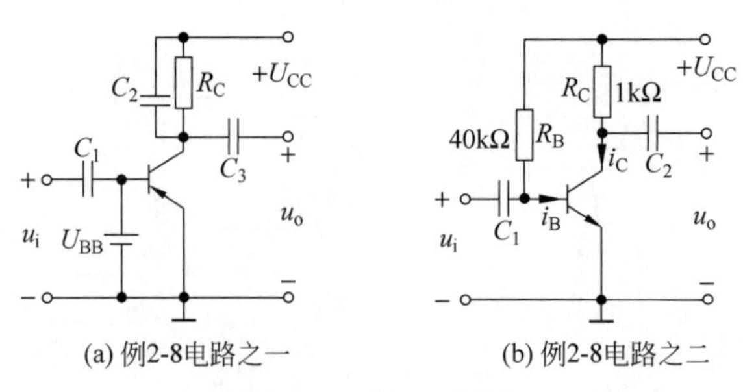

(a) 例2-8电路之一　　(b) 例2-8电路之二

图 2-42　例 2-8 题图

如图 2-42(a)所示电路，不能正常放大，首先直流通路中电源极性不合理；而交流通路中有两处错误。其一没有输入回路，由于基极电源短路了信号通路，其二没有输出回路，C_2 短路了输出回路；对图 2-42(b)，需要通过计算判断管子实际工作状态，直观上电路构成并无不合理，遵循放大器构成原则。仿照例 2-3 方法可以得出

$$I_B=\frac{U_{CC}-U_{BE}}{R_B}\approx 0.28\text{mA};\quad I_{BS}=\frac{I_{CS}}{\beta}\approx\frac{U_{CC}}{\beta R_C}=0.24\text{mA}$$

$I_B>I_{BS}$，管子工作在饱和区。

解题结论　判断放大器能否正常放大的步骤是首先看电源极性是否正确，其次检查输入输出回路是否正常，最后检查电路参数是否合理。

3）波形的非线性失真

放大电路放大的信号要求尽可能不失真，所以要选择一个合适的静态工作点。一般情况下，静态工作点 Q 要选在交流负载线的中间位置。当输入正弦电压时，静态工作点选择得比较合适且输入小信号，那么晶体三极管 b-e 间的动态电压为正弦波，基极电流也为正弦波，如图 2-43(a)所示。当晶体三极管工作在放大区内，集电极电流随基极电流按 β 倍数变化，即也按照正弦规律变化。而集电极电流 i_C 和电压 u_{CE} 会沿着负载线变化，即当 i_C 增大时，u_{CE} 减小。也就是说 i_C 与 u_{CE} 的变化正好相反。如图 2-43(b)所示，u_o 与 u_i 反向。

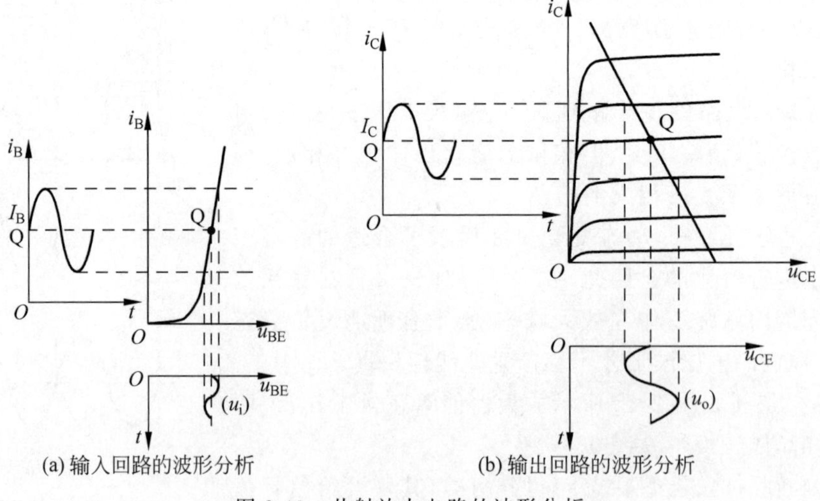

(a) 输入回路的波形分析　　(b) 输出回路的波形分析

图 2-43　共射放大电路的波形分析

放大电路的静态工作点选择不合适，使工作范围超出了晶体三极管特性曲线上的线性范围，就会使输出波形产生非线性失真。

当静态工作点 Q 设置过低，输入信号在正弦波的负半周，晶体三极管 b-e 间电压小于开启电压，晶体三极管进入了截止区，使 i_B、i_C 和 u_{CE} 都产生了严重失真。这种由于晶体三极管进入截止区而产生的失真称为截止失真。对于 NPN 型晶体三极管组成的共射放大电路，当产生截止失真时，基极电流 i_B 的底部产生失真，而集电极电流 i_C 的波形必然随 i_B 的变化，产生同样的失真。而由于输出电压 u_o 与 R_C 上电流的变化相位相反，从而导致输出电压 u_o 的波形产生顶部失真，如图 2-44 所示。为消除截止失真，可适当提高静态工作点 Q，可通过增大 U_{CC} 或减小 R_B 来实现。

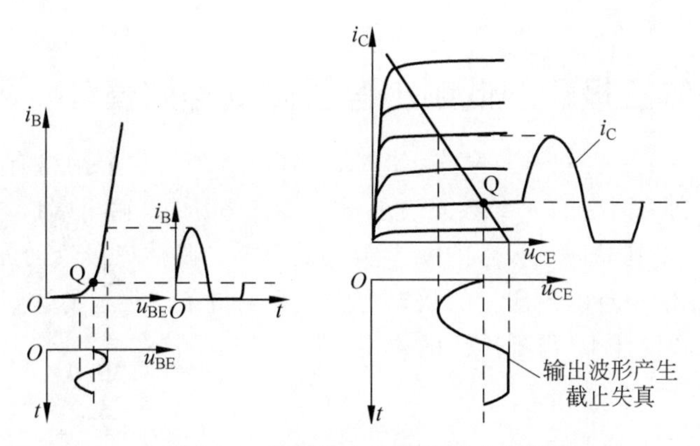

图 2-44　共射放大电路的截止失真

当静态工作点 Q 设置过高，输入信号在正弦波的正半周，晶体三极管进入饱和区，此时，i_B 可以不失真。但是当 i_B 增大时，i_C 不再随之增大，i_C 和 u_{CE} 都产生了严重的失真。这种由于晶体三极管进入饱和区而产生的失真称为饱和失真。对于 NPN 型晶体三极管组成的共射放大电路，当产生饱和失真时，集电极电流 i_C 的顶部产生失真，而由于输出电压 u_o 与 R_C 上电流的变化相位相反，从而导致输出电压 u_o 的波形产生底部失真，如图 2-45 所示。为了消除饱和失真，就要适当降低静态工作点 Q。因此，可增大基极电阻 R_B 来减小基极电流 i_B，达到减小集电极电流 i_C 的目的；可以换一只放大倍数较小的晶体三极管，在 I_{BQ} 相同的情况下减小 I_{CQ}。

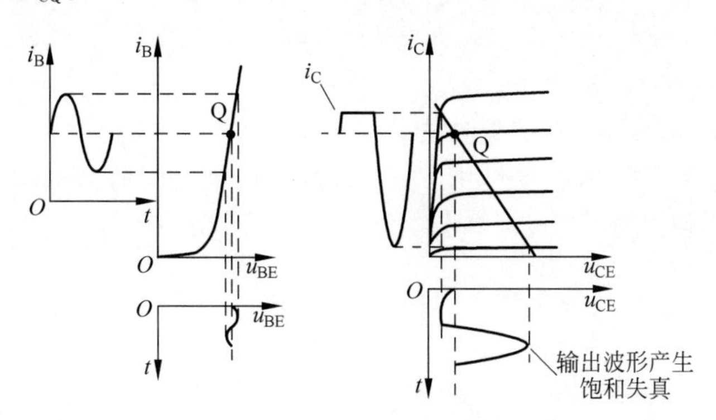

图 2-45　共射放大电路的饱和失真

2.4 放大电路的微变等效电路分析法

在前面分析二极管电路时,由于二极管的非线性,通过伏安特性的折线化,把非线性问题线性化,使分析问题得到简化。那么,在分析晶体三极管组成的放大电路时,可不可以将晶体三极管这个非线性元件线性化呢?一般情况下,当放大电路的输入电压很小,就可以把晶体三极管小范围的特性曲线近似地用直线来代替。但是,晶体三极管的小信号模型要比二极管模型复杂得多。用线性电路来等效非线性的晶体三极管,称为晶体三极管的微变等效电路。本节首先推导出静态小信号电路模型,然后以共射放大电路为例,介绍放大电路动态分析的微变等效模型法。

2.4.1 晶体三极管的低频小信号微变等效模型

晶体三极管是一个有源双端口网络,如图 2-46(a)所示。这个网络有两个端口,即输入端口和输出端口。利用网络的 h 参数来表示输入端口电压 u_i、输出端口电压 u_o 与电流 i_i、i_o 的相互关系,便可得到晶体三极管的 h 参数等效电路。晶体三极管的 h 参数等效模型具有物理意义明确、在低频范围内测量的数据为实数且测量条件很容易达到,所以在晶体三极管放大电路的分析和设计中,得到广泛的应用。

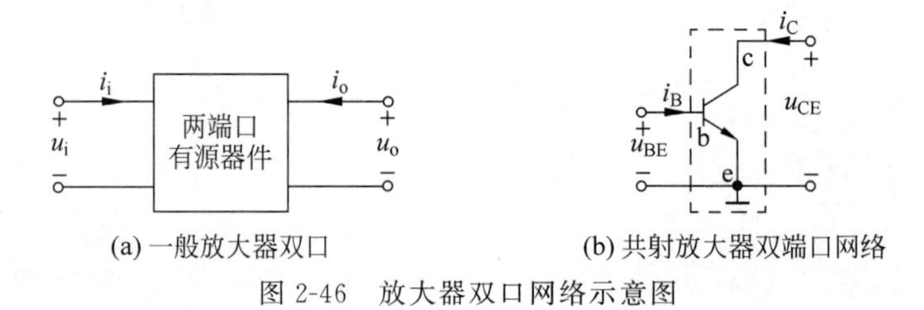

(a) 一般放大器双口　　(b) 共射放大器双端口网络

图 2-46 放大器双口网络示意图

1. 晶体三极管的 h 参数

晶体三极管在放大电路中共射接法时,可以看成一个双端口网络,它是以 b-e 作为输入端口,以 c-e 作为输出端口,如图 2-46(b)所示。

图 2-46(b)中输入回路和输出回路中的电压、电流关系可表示为如下关系式

$$u_{BE}=f(i_B,u_{CE}) \tag{2-38}$$

$$i_C=f(i_B,u_{CE}) \tag{2-39}$$

式中 u_{BE}、i_B、u_{CE}、i_C 均为各电量的瞬时总量。

当晶体三极管在低频小信号作用下,考虑各变化量之间的微变关系,对式(2-38)和式(2-39)求全微分,得出

$$\mathrm{d}u_{BE}=\frac{\partial u_{BE}}{\partial i_B}\Big|_{U_{CE}}\mathrm{d}i_B+\frac{\partial u_{BE}}{\partial u_{CE}}\Big|_{I_B}\mathrm{d}u_{CE} \tag{2-40}$$

$$\mathrm{d}i_C=\frac{\partial i_C}{\partial i_B}\Big|_{U_{CE}}\mathrm{d}i_B+\frac{\partial i_C}{\partial u_{CE}}\Big|_{I_B}\mathrm{d}u_{CE} \tag{2-41}$$

式中 $\mathrm{d}u_{BE}$、$\mathrm{d}i_B$、$\mathrm{d}u_{CE}$ 及 $\mathrm{d}i_C$ 均表示无穷小的信号增量。当放大电路在小信号作用下,各电压和电流的变化都在特性曲线的变化范围内,因此,无穷小的信号增量可以用有限增量

来代替。用$\dot{U}_{be}$代替 du_{BE},用$\dot{I}_b$代替 di_B,用$\dot{U}_{ce}$ 代替 du_{CE},用$\dot{I}_c$代替 di_C,这样可以把式(2-40)和式(2-41)表示为

$$\dot{U}_{be}=h_{11e}\dot{I}_b+h_{12e}\dot{U}_{ce} \tag{2-42}$$

$$\dot{I}_c=h_{21e}\dot{I}_b+h_{22e}\dot{U}_{ce} \tag{2-43}$$

或

$$\begin{bmatrix}\dot{U}_{be}\\ \dot{I}_c\end{bmatrix}=\begin{bmatrix}h_{11e} & h_{12e}\\ h_{21e} & h_{22e}\end{bmatrix}\begin{bmatrix}\dot{I}_b\\ \dot{U}_{ce}\end{bmatrix} \tag{2-44}$$

其中把 h_{11e}、h_{12e}、h_{21e}、h_{22e} 称为晶体三极管共射接法的 h 参数,下角标 e 表示晶体三极管在放大电路是共射接法。其中

$$h_{11e}=\left.\frac{\partial u_{BE}}{\partial i_B}\right|_{U_{CE}} \tag{2-45}$$

$$h_{12e}=\left.\frac{\partial u_{BE}}{\partial u_{CE}}\right|_{I_B} \tag{2-46}$$

$$h_{21e}=\left.\frac{\partial i_C}{\partial i_B}\right|_{U_{CE}} \tag{2-47}$$

$$h_{22e}=\left.\frac{\partial i_C}{\partial u_{CE}}\right|_{I_B} \tag{2-48}$$

2. *h* 参数的物理意义

晶体三极管在工作点处,当用变化量的比值近似偏导数时,通过特性曲线求出电路模型的参数,如图 2-47 所示。

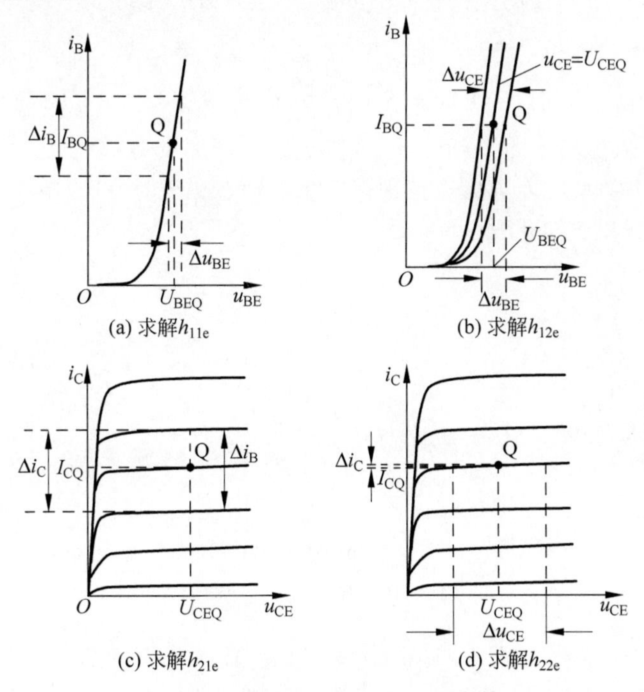

图 2-47 在特性曲线上求解 h 参数

$h_{11e}=\left.\dfrac{\partial u_{BE}}{\partial i_B}\right|_{U_{CE}}$ 是当 $u_{CE}=u_{CEQ}$ 时 u_{BE} 对 i_B 取偏导，而在小信号作用下，$\left.\dfrac{\partial u_{BE}}{\partial i_B}\right|_{U_{CE}}\approx\left.\dfrac{\Delta u_{BE}}{\Delta i_B}\right|_{U_{CE}}$。由图 2-47(a)可得，在静态工作点 Q 附近，输入特性曲线近似为一段直线，所以 $\Delta u_{BE}/\Delta i_B$ 可以看成是一个常数，用 r_{be} 表示，它反映了小信号作用下 b-e 间的动态电阻。

$h_{12e}=\left.\dfrac{\partial u_{BE}}{\partial u_{CE}}\right|_{I_B}$ 是当 $i_B=I_{BQ}$ 时 u_{BE} 对 u_{CE} 取偏导，在小信号作用下，$\left.\dfrac{\partial u_{BE}}{\partial u_{CE}}\right|_{I_B}\approx\left.\dfrac{\Delta u_{BE}}{\Delta u_{CE}}\right|_{I_B}$。由图 2-47(b)可得，用 $\Delta u_{BE}/\Delta u_{CE}$ 可以求出它的近似值。它表示在静态工作点 Q 附近，晶体三极管输出回路电压 u_{CE} 对输入回路电压 u_{BE} 的影响，又称为内反馈系数。

$h_{21e}=\left.\dfrac{\partial i_C}{\partial i_B}\right|_{U_{CE}}$ 是当 $u_{CE}=u_{CEQ}$ 时 i_C 对 i_B 取偏导，当小信号作用时，$\left.\dfrac{\partial i_C}{\partial i_B}\right|_{U_{CE}}\approx\left.\dfrac{\Delta i_C}{\Delta i_B}\right|_{U_{CE}}$。由图 2-47(c)可得，$h_{21e}$ 表示晶体三极管在静态工作点 Q 附近的电流放大系数 β。

$h_{22e}=\left.\dfrac{\partial i_C}{\partial u_{CE}}\right|_{I_B}$ 是当 $i_B=I_{BQ}$ 时 i_C 对 u_{CE} 取偏导，在小信号作用时，$\left.\dfrac{\partial i_C}{\partial u_{CE}}\right|_{I_B}\approx\left.\dfrac{\Delta i_C}{\Delta u_{CE}}\right|_{I_B}$。由图 2-47(d)可得，$h_{22e}$ 是在 $i_B=I_{BQ}$ 的那条输出特性曲线上静态工作点 Q 处的导数，它反映了晶体三极管 c-e 间的动态输出电导，且 $1/h_{22e}$ 等于 r_{ce}。

3. 晶体三极管的 h 参数小信号等效模型

式(2-42)表示输入回路方程，它说明输入电压 $\dot{U}_{be}$ 由两部分组成，其中，第一项 $h_{11e}\dot{I}_b$ 表示电阻 h_{11e} 上的压降，流经它的电流为 $\dot{I}_b$；第二项 $h_{12e}\dot{U}_{ce}$ 表示输出电压 $\dot{U}_{ce}$ 对输入回路的反作用，h_{12e} 无量纲；所以 b-e 间等效成一个电阻与一个电压控制的电压源相串联。式(2-43)表示输出回路方程，它说明输出电流 $\dot{I}_c$ 也由两部分组成，第一项 $h_{21e}\dot{I}_b$ 表示由基极电流 $\dot{I}_b$ 控制产生集电极电流 $\dot{I}_c$，h_{21e} 无量纲；第二项 $h_{22e}\dot{U}_{ce}$ 表示由电阻 $1/h_{22e}$ 产生的电流，它两端的电压为 $\dot{U}_{ce}$，h_{22e} 为电导；所以 c-e 间等效成一个电流控制的电流源和一个电阻并联。h 参数等效电路如图 2-48(a)所示右边输出回路的等效电路。这个模型是把晶体三极管线性化后的模型，在对放大电路进行定量的动态分析时，可以用这个模型来代替晶体三极管，使分析问题得到简化。

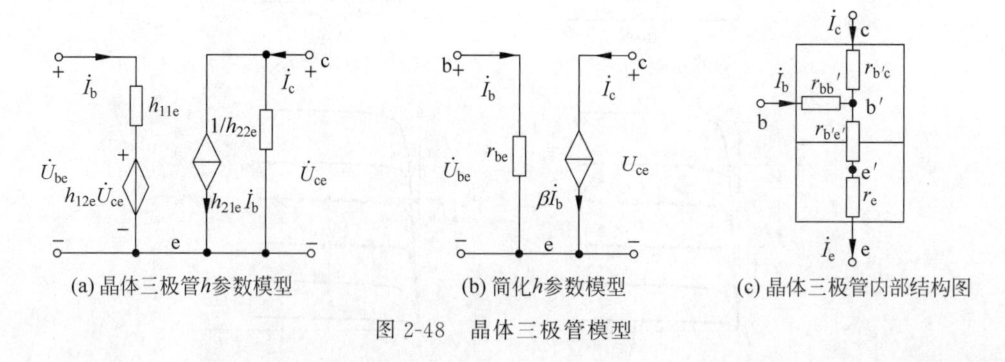

图 2-48　晶体三极管模型

通过进一步分析得知，在图 2-47(b)中，h_{12e} 内反馈系数等于 $\Delta u_{BE}/\Delta u_{CE}$，当 u_{CE} 足够大时，Δu_{BE} 与 Δu_{CE} 的比值很小，这说明内反馈很弱，那么在近似的计算中可以忽略不计。在输出回路中，如图 2-47(d)所示，由于晶体三极管工作在放大区的输出特性曲线几乎与横轴平行，所以 h_{22e} 很小，即 r_{ce} 很大。这说明在近似计算中该支路的电流可以忽略不计，电阻 r_{ce} 相当于开路。所以，简化的 h 参数等效模型如图 2-48(b)所示。

4. *h* 参数的确定

在应用晶体三极管的 h 参数等效模型分析电路时，必须要知道晶体三极管在静态工作点 Q 处的 h 参数。可以通过实测得到工作在 Q 点下的电流放大系数 β，而 r_{be} 值通过估算方法来计算。晶体三极管的结构示意图如图 2-48(c)所示。图中 b-e 之间的电阻由三部分组成：基区体电阻 $r_{bb'}$、发射结电阻 $r_{b'e'}$ 和发射区体电阻 r_e。其中，基区体电阻 $r_{bb'}$ 对于小功率管，约为几百欧，可通过手册查得。发射区体电阻 r_e 的数值很小，是因为发射区多数载流子的浓度很高，与发射结电阻 $r_{b'e'}$ 相比，可以忽略不计。所以主要是推导出发射结电阻 $r_{b'e'}$ 的估算公式。

在第 1 章介绍 PN 结时，流过 PN 结的电流 i_E 与 PN 结两端电压 u_{BE} 的关系为

$$i_E = I_S(e^{\frac{u_{BE}}{U_T}} - 1)$$

当常温时，$U_T \approx 26\text{mV}$，而发射结处于正偏时，$u_{BE} \gg U_T$，所以上式可化简为

$$i_E = I_S e^{\frac{u_{BE}}{U_T}}$$

下面对上式等式两端求导数，可得

$$\frac{1}{r_{b'e'}} = \frac{di_E}{du_{BE}} \approx \frac{I_S}{U_T} e^{\frac{u_{BE}}{U_T}} \approx \frac{i_E}{U_T}$$

当在静态工作点 Q 附近有一个比较小的变化范围时，近似地认为 $i_E \approx I_{EQ}$，则

$$r_{b'e'} = \frac{U_T}{I_{EQ}} \approx \frac{26}{I_{EQ}}$$

当 r_e 可以忽略时，基极与发射极之间的电压可以表示为

$$\dot{U}_{be} \approx \dot{I}_b r_{bb'} + \dot{I}_e r_{b'e'}$$

由 r_{be} 的定义可得

$$r_{be} = \frac{\dot{U}_{be}}{\dot{I}_b} \approx \frac{\dot{U}_{bb'} + \dot{U}_{b'e'}}{\dot{I}_b} = r_{bb'} + \frac{\dot{I}_e r_{b'e'}}{\dot{I}_b}$$

最后得出 r_{be} 的近似估算公式

$$r_{be} \approx r_{bb'} + (1+\beta)\frac{U_T}{I_{EQ}} \tag{2-49}$$

在常温下，U_T 取 26mV，对于低频、小功率晶体三极管，若没有特别说明，$r_{bb'}$ 取 200Ω 或 300Ω。

2.4.2 共发射极放大电路的分析

放大电路分析主要包括静态分析与动态分析，静态分析的目的是分析放大电路的直流工作情况，为放大电路设计合理的静态工作点提供理论支持。动态分析主要分析交流信号通过放大电路的变化情况。对放大电路分析，先静态，后动态。只有合理地设置静态工作点，放大动态的信号才是有意义的。

1. 静态分析

如图 2-49(a)所示电路,当外加输入信号为零时,放大电路在直流电源U_{CC}的作用下,输入回路和输出回路都存在着直流电流和直流电压。利用估算法求放大电路的静态工作点,就是求基极电流I_{BQ}、基极与发射极之间的电压U_{BEQ}、集电极电流I_{CQ}以及集电极与发射极之间的电压U_{CEQ},即 Q(I_{BQ},U_{BEQ})(I_{CQ},U_{CEQ})。下面以图 2-49 为例,介绍放大电路静态工作点求法。直流通路如图 2-49(a)中虚线方框内所示电路。

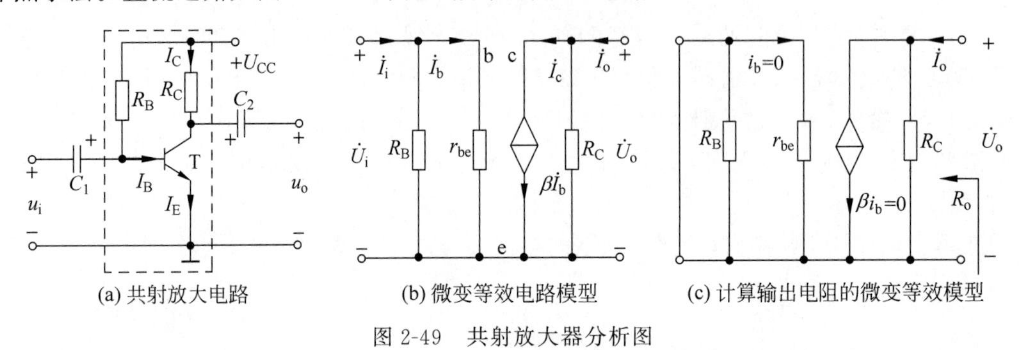

(a) 共射放大电路　(b) 微变等效电路模型　(c) 计算输出电阻的微变等效模型

图 2-49　共射放大器分析图

首先,可求出基极电流I_B为

$$I_{BQ}=\frac{U_{CC}-U_{BEQ}}{R_B} \tag{2-50}$$

由晶体三极管的输入特性曲线可知,U_{BEQ}的值很小,对于硅管$U_{BEQ}=(0.6\sim0.8)$V,对于锗管$U_{BEQ}=(0.1\sim0.3)$V。电路中若给出U_{CC}和R_B的值,就可以估算出I_{BQ}的值。然后,再根据直流通路计算出U_{CEQ}、I_{CQ}。

$$I_{CQ}\approx\beta I_{BQ} \tag{2-51}$$

$$U_{CEQ}=U_{CC}-I_{CQ}R_C \tag{2-52}$$

2. 动态分析

在一些实际应用电路中,不能用图解法进行定量的动态分析,但是可以用微变等效电路法来求解放大电路的电压放大倍数、输入电阻和输出电阻。分析放大电路的动态参数,是在放大电路的交流通路中进行的,用h参数等效模型代替放大电路中的晶体三极管便可得到放大电路的交流等效电路。

图 2-49(a)所示的放大电路的交流等效电路如图 2-49(b)所示。微变等效电路具体的画法是,首先在交流通路图上确定出晶体三极管的三个电极,b-e 之间用动态电阻r_{be}来表示,c-e 之间用受控电流源来表示,电流源的电流为βi_B。然后将其他元件按照原交流通路的位置画出。最后标出电路中的电压和电流,在交流小信号作用时,可采用相量的表示方法。

画完交流等效模型之后,就可以通过微变等效电路用线性分析的方法求解电路的电压放大倍数、输入电阻和输出电阻。

(1) 电压放大倍数$\dot{A}_u$。在输入回路中,根据电压放大倍数的定义以及晶体三极管基极电流$\dot{I}_b$对集电极电流$\dot{I}_c$的控制作用,可得$\dot{U}_i=\dot{I}_b r_{be}$,$\dot{U}_o=-\dot{I}_c R_C$,因此电压放大倍数的表达式为

$$\dot{A}_u=\frac{\dot{U}_o}{\dot{U}_i}=\frac{-\dot{I}_c R_C}{\dot{I}_b r_{be}}=-\beta\frac{R_C}{r_{be}} \tag{2-53}$$

(2) 输入电阻R_i。放大电路的输入电阻R_i是从输入端看进去的等效电阻。图 2-49 的

输入电阻为

$$R_{\mathrm{i}}=\frac{\dot{U}_{\mathrm{i}}}{\dot{I}_{\mathrm{i}}}=\frac{\dot{U}_{\mathrm{i}}}{\dfrac{\dot{U}_{\mathrm{i}}}{R_{\mathrm{B}}}+\dfrac{\dot{U}_{\mathrm{i}}}{r_{\mathrm{be}}}}=R_{\mathrm{B}} /\!/ r_{\mathrm{be}} \tag{2-54}$$

(3) 输出电阻 R_{o}。根据输出电阻的定义将图 2-49(b)的电路中将信号源短路，输出端加一电压$\dot{U}_{\mathrm{o}}$，由于此时$\dot{I}_{\mathrm{b}}=0$，那么受控电流源$\dot{I}_{\mathrm{c}}=\beta\dot{I}_{\mathrm{b}}=0$，如图 2-49(c)所示。此时从输出端看过去的等效电阻就是放大电路的输出电阻。即

$$R_{\mathrm{o}}=R_{\mathrm{C}} \tag{2-55}$$

例 2-9　在图 2-49(a)所示的放大电路中，已知：$U_{\mathrm{CC}}=12\mathrm{V}$，$R_{\mathrm{C}}=2\mathrm{k}\Omega$，$R_{\mathrm{B}}=300\mathrm{k}\Omega$，晶体三极管的电流放大倍数$\beta=100$。(1)试估算放大电路的静态工作点；(2)用微变等效电路法计算电路中的 A_u、R_{i} 和 R_{o}。已知 $r_{\mathrm{bb'}}=300\Omega$。

解　放大电路直交流性能计算分别根据直流通路与交流通路。

(1) 计算静态工作点 Q。其中直流通路如图中虚线框内所示电路，设晶体三极管的$U_{\mathrm{BEQ}}=0.7\mathrm{V}$，根据式(2-50)～式(2-52)可得

$$I_{\mathrm{BQ}}=\frac{U_{\mathrm{CC}}-U_{\mathrm{BEQ}}}{R_{\mathrm{B}}}=\frac{12-0.7}{300}\mathrm{mA}=0.038\mathrm{mA}=38\mu\mathrm{A}$$

$$I_{\mathrm{CQ}}\approx\beta I_{\mathrm{BQ}}=100\times0.038\mathrm{mA}=3.8\mathrm{mA}$$

$$U_{\mathrm{CEQ}}=U_{\mathrm{CC}}-I_{\mathrm{CQ}}R_{\mathrm{C}}=(12-3.8\times2)\mathrm{V}=4.4\mathrm{V}$$

请注意电路中 I_{B} 和 I_{C} 的数量级。

(2) 计算动态性能。放大电路的微变等效电路如图 2-49(b)所示，由于 $I_{\mathrm{EQ}}\approx I_{\mathrm{CQ}}=3.8\mathrm{mA}$，有

$$r_{\mathrm{be}}\approx r_{\mathrm{bb'}}+(1+\beta)\frac{U_{\mathrm{T}}}{I_{\mathrm{EQ}}}=\left(300+101\times\frac{26}{3.8}\right)\Omega\approx0.99\mathrm{k}\Omega$$

所以

$$\dot{A}_u=\frac{\dot{U}_{\mathrm{o}}}{\dot{U}_{\mathrm{i}}}=\frac{-\beta\dot{I}_{\mathrm{b}}R_{\mathrm{C}}}{\dot{I}_{\mathrm{b}}r_{\mathrm{be}}}=-\beta\frac{R_{\mathrm{C}}}{r_{\mathrm{be}}}=-\frac{100\times2}{0.99}\approx-202$$

$$R_{\mathrm{i}}=R_{\mathrm{B}} /\!/ r_{\mathrm{be}}\approx r_{\mathrm{be}}=0.99\mathrm{k}\Omega$$

$$R_{\mathrm{o}}=R_{\mathrm{C}}=2\mathrm{k}\Omega$$

解题结论　通过上面的分析，总结用微变等效电路法分析放大电路有如下的步骤：

(1) 画出放大电路的直流通路，用估算法求出放大电路的静态工作点 Q。

(2) 求出微变等效电路中静态工作点处的动态电阻 r_{be}。

(3) 画出放大电路的交流通路，再根据交流通路画出微变等效电路。

(4) 求放大电路的动态参数，即电压放大倍数、输入电阻和输出电阻。

2.5　分压式稳定静态工作点电路

通过前面的分析可知，静态工作点在放大电路的分析中占有十分重要的位置，静态工作点不但关系到电路是否会产生失真，还影响放大电路的动态参数，如电压放大倍数、输入电

阻等。因此，在设计一个放大电路时，要获得较好的性能，必须设置一个合适的静态工作点。

2.5.1 温度对静态工作点的影响

放大电路的静态工作点不稳定的原因很多，例如电源电压的波动、元件的老化以及电路参数的变化，都会造成静态工作点的不稳定，但主要是由于温度变化所引起晶体三极管参数的变化，有时电路甚至无法正常工作。在引起静态工作点Q不稳定的众多因素中，最为主要的是温度对晶体三极管参数的影响。

当温度变化时，会影响晶体三极管内部载流子的运动，这会使 I_{CBO}、U_{BE} 和 β 都发生变化。

1. 温度对 U_{BE} 的影响

在晶体三极管的输入特性曲线上，如图2-50所示，当温度升高时，在同样的 I_B 条件下，U_{BE} 的数值将减小。而在共射放大电路中，有

$$I_{BQ}=\frac{U_{CC}-U_{BEQ}}{R_B}$$

所以，当 U_{BEQ} 减小时，I_{BQ} 将增大，从而导致 I_{CQ} 也增大。通常，晶体三极管组成的放大电路 $U_{CC} \gg U_{BEQ}$，在一些近似计算中，U_{BEQ} 可以忽略不计。所以，由温度引起的 U_{BE} 的变化不太明显。大多数晶体三极管的 U_{BE} 的温度系数为−2mV/℃，也就是说，当温度每升高1℃时，U_{BE} 大约下降2mV。

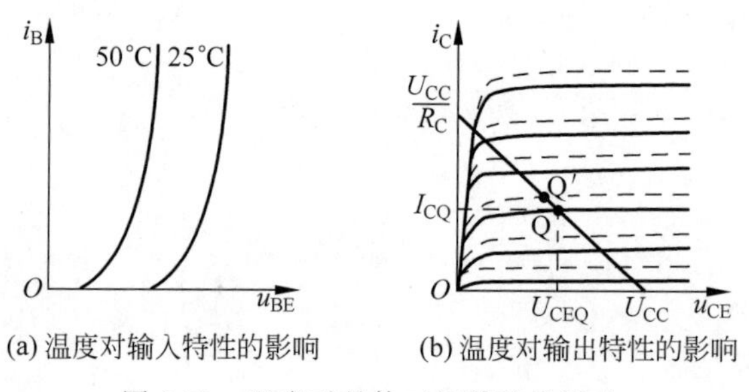

(a) 温度对输入特性的影响　(b) 温度对输出特性的影响

图2-50　温度对晶体三极管特性影响

2. 温度对 I_{CBO} 的影响

当温度升高时，可知 I_{CBO} 的值会迅速增加，所以 I_{CBO} 受温度的影响较大。一般情况下，温度每升高10℃时，I_{CBO} 的值会增大一倍。

3. 温度对 β 的影响

当温度升高时，加快了基区注入载流子的扩散速度，这使基区中的自由电子与空穴的复合数目减小，从而导致 β 增大。由实验可得，温度每升高1℃时，β 的值要增加0.5%～1%。当 β 增大时，输出特性曲线的间距也会变宽，使静态工作点Q上移，从而 I_C 也增加。

通过上面的分析，可以得出结论，晶体三极管参数 U_{BE}、β 和 I_{CBO} 随温度的变化，最终会导致晶体三极管集电极电流 I_C 的增加。在图2-50(b)中，实线为晶体三极管在20℃时的输出特性曲线，虚线为40℃时的输出特性曲线。由图可知，当环境温度升高时，静态工作点Q会上移到Q′点。那么，当温度升高时，晶体三极管可能会进入饱和区，使输出波形产生饱和失真。

2.5.2 分压式射极偏置稳定电路

稳定静态工作点Q,是指当环境温度变化时静态集电极电流 I_{CQ} 和管压降 U_{CEQ} 基本保持不变,即Q点在晶体三极管输出特性曲线中的位置基本不变。通常,采用 I_{BQ} 的变化来抵消集电极电流 I_{CQ} 和管压降 U_{CEQ} 的变化。比较常用的方法是引入直流负反馈,使当温度变化时, I_{CQ} 的变化与 I_{BQ} 的变化相反。

1. 电路的组成及工作原理

稳定静态工作点的电路如图2-51(a)所示,它是交流放大电路中最常用的一种电路。它与前面介绍的单管共射放大电路的区别是在晶体三极管的发射极接一个电阻 R_E,且在晶体三极管基极与地之间接有电阻 R_{B1}。这样,直流电源 U_{CC} 经电阻 R_{B1}、R_{B2} 进行分压后再送入晶体三极管的基极,因此这个稳定静态工作点的电路也称为分压式射极偏置稳定电路。

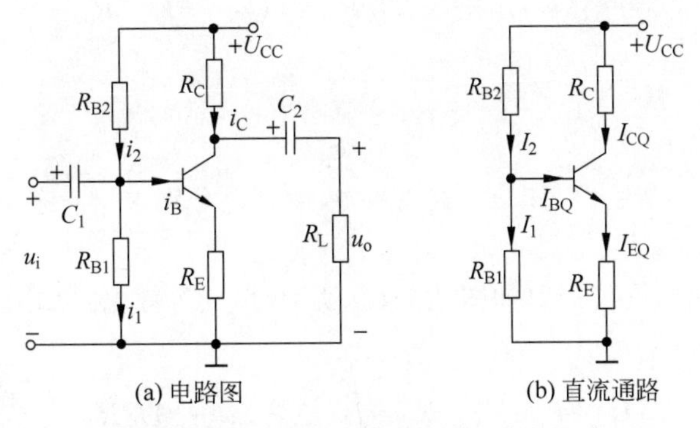

图2-51　分压式电路稳定静态工作点电路

为了稳定静态工作点,要求流过分压电阻 R_{B1} 的电流 $I_1 \gg I_{BQ}$,由于对节点B有电流方程

$$I_2 = I_{BQ} + I_1$$

当 $I_1 \gg I_{BQ}$ 时,$I_2 \approx I_1$。为了满足这个要求,通常取 $I_2=(5\sim10)I_{BQ}$,R_{B2} 取几十千欧,$U_{BQ}=(5\sim10)U_{BEQ}$。

由于 $I_2 \gg I_{BQ}$ 时,$I_2 \approx I_1$,所以晶体三极管基极这一点的电位等于电阻 R_{B1}、R_{B2} 对电源电压 U_{CC} 分压,由 R_{B1} 所分得的电压,即

$$U_{BQ} \approx \frac{R_{B1}}{R_{B1}+R_{B2}} \cdot U_{CC} \tag{2-56}$$

由式(2-56)可知基极电位是由分压电阻 R_{B1}、R_{B2} 和电源电压 U_{CC} 所决定的,基本上不受环境温度的影响,所以当温度变化时 U_{BQ} 基本保持不变。

当温度升高时,集电极电流 I_{CQ} 增大,发射极电流 I_{EQ} 也要相应地增大,I_{EQ} 流过电阻 R_E,因而发射极电阻 R_E 两端的电压随之增大;由于 U_{BQ} 基本不变,而发射结电压 $U_{BEQ}=U_{BQ}-U_{EQ}$,所以 U_{BEQ} 将减小。由晶体三极管的输入特性曲线可知,U_{BEQ} 减小,会导致基极电流 I_{BQ} 减小,于是 I_{CQ} 也随之相应减小。最后,使静态工作点Q在晶体三极管输出特性坐标平面上的位置基本保持不变。

通过分析可知,在稳定静态工作点的过程中,R_E 起着非常重要的作用。当温度升高使晶体三极管的输出回路电流 I_C 变化时,通过 R_E 上电压的变化,来牵制集电极电流 I_C 的变

化,来达到稳定静态工作点 Q 的目的,这也是电路的反馈控制作用。

2. 静态工作点的估算

对稳定静态工作点的电路进行静态分析,首先画出它的直流通路,将电容 C_1、C_2 开路,如图 2-51(b)所示。

因为 $I_1 \gg I_{BQ}$,基极电位

$$U_{BQ} \approx \frac{R_{B1}}{R_{B1}+R_{B2}} \cdot U_{CC}$$

而

$$I_{CQ} \approx I_{EQ} = \frac{U_{BQ}-U_{BEQ}}{R_E} \tag{2-57}$$

所以,晶体三极管 c、e 之间的管压降为

$$U_{CEQ} = U_{CC} - I_{CQ}R_C - I_{EQ}R_E \approx U_{CC} - I_{CQ}(R_C + R_E) \tag{2-58}$$

基极电流

$$I_{BQ} \approx \frac{I_{CQ}}{\beta} \tag{2-59}$$

电路的参数如果给出,利用式(2-57)~式(2-59),便可以分别求出静态工作点 Q 的值。

3. 动态分析

图 2-51 所示电路的交流通路如图 2-52(a)所示,微变等效电路如图 2-52(b)所示。由图可知,电路的输入电压为

$$\dot{U}_i = \dot{I}_b r_{be} + \dot{I}_e R_E = \dot{I}_b r_{be} + (1+\beta)\dot{I}_b R_E$$

输出电压为

$$\dot{U}_o = -\dot{I}_c R'_L = -\beta \dot{I}_b R'_L$$

其中 $R'_L = R_C /\!/ R_L$。所以,电压放大倍数为

$$\dot{A}_u = \frac{\dot{U}_o}{\dot{U}_i} = -\frac{\beta R'_L}{r_{be}+(1+\beta)R_E} \tag{2-60}$$

输入电阻

$$R_i = \frac{\dot{U}_i}{\dot{I}_i} = R_{B1} /\!/ R_{B2} /\!/ [r_{be}+(1+\beta)R_E] \tag{2-61}$$

输出电阻

$$R_o = R_C \tag{2-62}$$

2.5.3 带旁路电容的射极偏置稳定电路

1. 静态工作点的估算

带旁路电容的射极偏置稳定电路如图 2-53(a)所示,与图 2-51(a)相比较,在电阻 R_E 两端并联了一个电容 C_E。

对直流信号而言,电容 C_E 相当于开路,这样图 2-53(a)的直流通路与图 2-51(a)的直流通路完全相同,所以也起到稳定静态工作点的作用。静态分析也完全相同,此处就不再赘述。

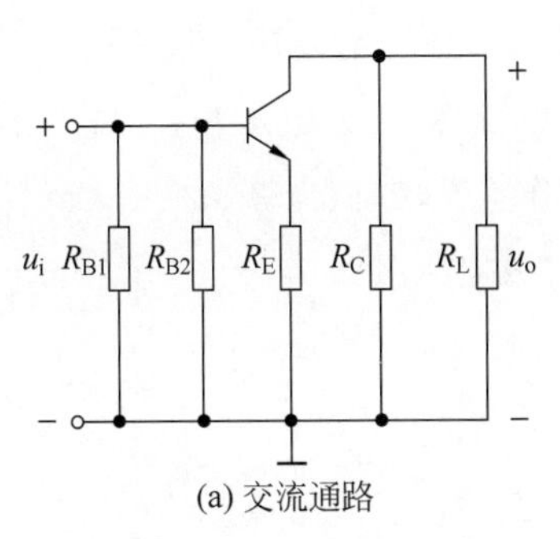

(a) 交流通路

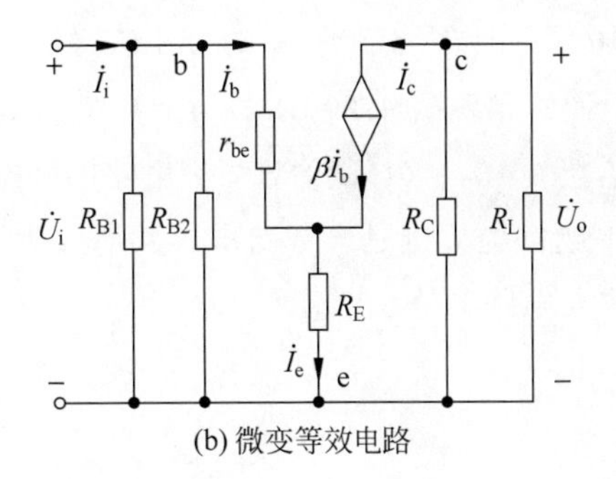

(b) 微变等效电路

图 2-52 分压式电路交流分析

2. 动态分析

如图 2-53(a)所示的交流通路与图 2-52(a)相比，射极电阻 R_E 被旁路电容短路，因此对交流信号，电容 C_1、C_2 短路，而旁路电容 C_E 的容量很大，对交流信号也可视为短路，直流电源 U_{CC} 接地。直接作出微变等效电路如图 2-53(b)所示。

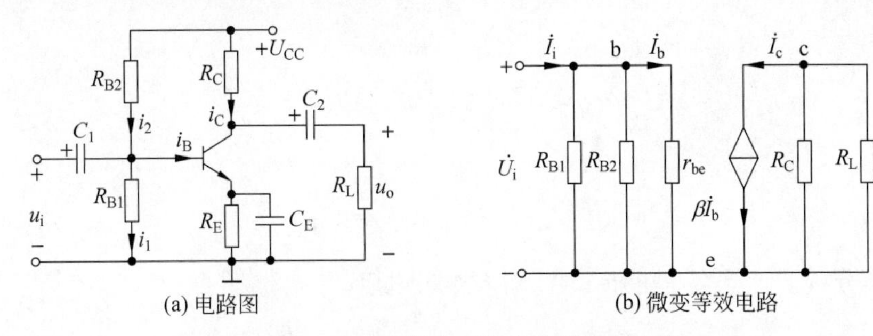

图 2-53 稳定静态工作点共射放大电路

由图可知，电路的输入电压为

$$\dot{U}_i = \dot{I}_b r_{be}$$

输出电压为

$$\dot{U}_o = -\dot{I}_c R'_L = -\beta \dot{I}_b R'_L$$

其中 $R'_L = R_C /\!/ R_L$，所以，电压放大倍数 $\dot{A}_u$

$$\dot{A}_u = \frac{\dot{U}_o}{\dot{U}_i} = -\frac{\beta R'_L}{r_{be}} \tag{2-63}$$

输入电阻 R_i

$$R_i = \frac{\dot{U}_i}{\dot{I}_i} = R_{B1} /\!/ R_{B2} /\!/ r_{be} \tag{2-64}$$

输出电阻 R_o

$$R_o = R_C \tag{2-65}$$

通过分析可知，电路加上旁路电容 C_E，它的电压放大倍数增大，输入电阻减小。可以看出，加上旁路电容后，虽然电压放大倍数增加了，但要以减小输入电阻为代价。

例 2-10 在图 2-53(a)所示的分压式稳定静态工作点的电路中,已知 $U_{CC}=12V$,$R_{B1}=2.5k\Omega$,$R_{B2}=10k\Omega$,$r_{bb'}=200\Omega$,$U_{BEQ}=0.7V$,$R_C=2k\Omega$,$R_E=750\Omega$,$R_L=3k\Omega$,晶体三极管的电流放大倍数 $\beta=50$。(1)试估算放大电路的静态工作点。(2)试计算 A_u、R_i、R_o。

解 本题解题关键是含旁路电容共射放大器射极电阻处理方法。

(1) 放大电路的静态工作点 Q。

基极电位为

$$U_{BQ}\approx\frac{R_{B1}}{R_{B1}+R_{B2}}\cdot U_{CC}=\frac{2.5}{2.5+10}\times 12V=2.4V$$

而

$$I_{CQ}\approx I_{EQ}=\frac{U_{BQ}-U_{BEQ}}{R_E}=\frac{2.4-0.7}{750}A=2.27mA$$

所以,晶体三极管 c、e 之间的管压降为

$$\begin{aligned}U_{CEQ}&=U_{CC}-I_{CQ}R_C-I_{EQ}R_E\\&\approx U_{CC}-I_{CQ}(R_C+R_E)\\&=[12-2.27\times(2+0.75)]V=5.76V\end{aligned}$$

基极电流

$$I_{BQ}\approx\frac{I_{CQ}}{\beta}=\frac{2.27}{50}mA=45\mu A$$

(2) 动态分析。计算交流电压增益、输入输出电阻。

$$r_{be}\approx r_{bb'}+(1+\beta)\frac{U_T}{I_{EQ}}=\left(200+51\times\frac{26}{2.27}\right)\Omega\approx 784\Omega$$

电压放大倍数 $\dot{A}_u$ 为

$$\dot{A}_u=\frac{\dot{U}_o}{\dot{U}_i}=-\frac{\beta R_C /\!/ R_L}{r_{be}}=-50\times\frac{2 /\!/ 3}{0.784}=-76.5$$

输入电阻 R_i

$$R_i=\frac{\dot{U}_i}{\dot{I}_i}=R_{B1} /\!/ R_{B2} /\!/ r_{be}=(2.5 /\!/ 10 /\!/ 0.784)k\Omega=563\Omega$$

输出电阻 R_o

$$R_o=R_C=2k\Omega$$

解题结论 含旁路电容共射放大器射极电阻引入直流反馈,不影响交流性能,但能稳定静态工作点。

2.6 共集电极放大电路

晶体三极管组成的放大电路,除了前面所述的共射放大电路外,还有输入和输出回路以集电极为公共端的共集放大电路。下面介绍基本共集放大电路的电路组成和分析方法。

2.6.1 基本共集电极放大电路分析

共集电极放大电路的组成如图 2-54(a)所示，它的交流通路如图 2-54(c)所示，从交流通路可以看出，输入回路和输出回路的公共端是晶体三极管的集电极，属于共集接法。由于输出信号是从发射极输出，所以这种电路又称为射极输出器。

据放大电路的组成原则，晶体三极管应工作在放大区，即发射结正偏，集电结反偏。所以 $u_{BE}>U_{on}$，$u_{CE}\geqslant u_{BE}$，在图 2-54(a)所示的共集放大电路中，电源 U_{CC} 与 R_B、R_E 共同确定合适的基极静态电流；在输出回路，电源 U_{CC} 可以提供集电极电流和输出电流。

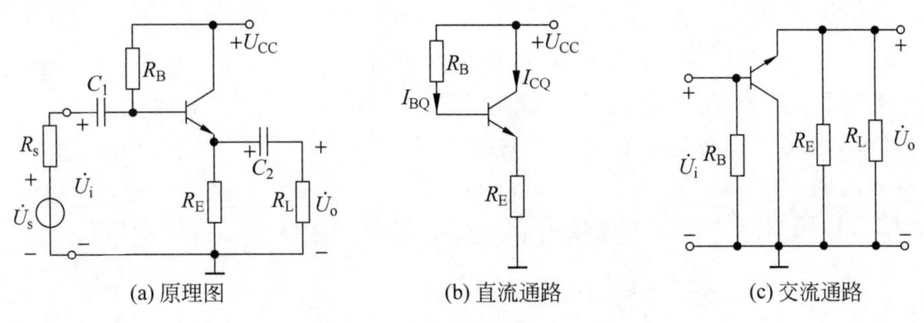

图 2-54　共集电极放大电路

1. 静态分析

共集电极放大电路的直流通路如图 2-54(b)所示，根据直流通路可以确定静态工作点。

首先列出输入回路的电压方程

$$U_{CC}-I_{BQ}\cdot R_B-U_{BEQ}-I_{EQ}\cdot R_E=0$$

便得到基极静态电流 I_{BQ}、集电极静态电流 I_{CQ} 和管压降 U_{CEQ}。

$$I_{BQ}=\frac{U_{CC}-U_{BEQ}}{R_B+(1+\beta)R_E} \tag{2-66}$$

$$I_{CQ}=\beta I_{BQ}\approx I_{EQ} \tag{2-67}$$

$$U_{CEQ}=U_{CC}-I_{EQ}\cdot R_E \tag{2-68}$$

2. 动态分析

共集电极放大电路的交流通路如图 2-54(c)所示，微变等效电路如图 2-55(a)所示。当放大电路有交流信号输入时，在晶体三极管的基极会产生一个动态电流 i_b，它是在静态电流 I_{BQ} 的基础上变化的，这个变化量通过晶体三极管进行放大，得到发射极电流 i_E，i_E 的交流分量 i_e 在发射极电阻 R_E 上产生的交流电压就是输出电压 u_o。

1) 电流放大倍数

在图 2-55(a)中，若忽略 R_B 的分流作用时，有

$$\dot{I}_i=\dot{I}_b$$

而忽略 R_E 分流作用，有

$$\dot{I}_o=-\dot{I}_e$$

所以

$$A_i=\frac{\dot{I}_o}{\dot{I}_i}=\frac{-\dot{I}_e}{\dot{I}_b}=-(1+\beta) \tag{2-69}$$

2）电压放大倍数

由图 2-55(a)，可得如下关系式

$$\dot{U}_{\mathrm{i}}=\dot{I}_{\mathrm{b}}r_{\mathrm{be}}+\dot{I}_{\mathrm{e}}R'_{\mathrm{E}}=\dot{I}_{\mathrm{b}}r_{\mathrm{be}}+(1+\beta)\dot{I}_{\mathrm{b}}R'_{\mathrm{E}}$$

$$\dot{U}_{\mathrm{o}}=\dot{I}_{\mathrm{e}}R'_{\mathrm{E}}=(1+\beta)\dot{I}_{\mathrm{b}}R'_{\mathrm{E}}$$

所以

$$\dot{A}_{u}=\frac{\dot{U}_{\mathrm{o}}}{\dot{U}_{\mathrm{i}}}=\frac{(1+\beta)I_{\mathrm{b}}R'_{\mathrm{E}}}{I_{\mathrm{b}}r_{\mathrm{be}}+(1+\beta)I_{\mathrm{b}}R'_{\mathrm{E}}}=\frac{(1+\beta)R'_{\mathrm{E}}}{r_{\mathrm{be}}+(1+\beta)R'_{\mathrm{E}}} \tag{2-70}$$

其中 $R'_{\mathrm{E}}=R_{\mathrm{E}}/\!/R_{\mathrm{L}}$。

由此可见，当 $r_{\mathrm{be}}\ll(1+\beta)R'_{\mathrm{E}}$时，$\dot{A}_{u}\approx1$，也就是说$\dot{U}_{\mathrm{o}}\approx\dot{U}_{\mathrm{i}}$。输入输出同相，输出电压跟随输入电压变化，故称电压跟随器。此时，放大电路失去了电压放大的能力，但是由式(2-69)得知，电路仍然有电流放大和功率放大的作用。

3）输入电阻

根据输入电阻 R_{i} 的定义，不考虑 R_{B} 的作用，可以得出输入电阻的表达式

$$R_{\mathrm{i}}=\frac{\dot{U}_{\mathrm{i}}}{\dot{I}_{\mathrm{i}}}=\frac{\dot{I}_{\mathrm{b}}r_{\mathrm{be}}+\dot{I}_{\mathrm{e}}R'_{\mathrm{E}}}{\dot{I}_{\mathrm{b}}}=r_{\mathrm{be}}+(1+\beta)R'_{\mathrm{E}}$$

由此可见，当将发射极回路的电阻 R'_{E}折合到基极回路中，要乘以$(1+\beta)$倍。

若把 R_{B} 考虑进去，可得出共集放大电路的输入电阻为

$$R_{\mathrm{i}}=R_{\mathrm{B}}\ /\!/\ [r_{\mathrm{be}}+(1+\beta)R'_{\mathrm{E}}] \tag{2-71}$$

可以得出结论，共集放大电路的输入电阻是由 R_{B} 和电阻$[r_{\mathrm{be}}+(1+\beta)R'_{\mathrm{E}}]$并联得到的，而一般情况下，$R_{\mathrm{B}}$ 的阻值很大且$[r_{\mathrm{be}}+(1+\beta)R'_{\mathrm{E}}]$也要比共射放大电路的输入电阻大得多。所以，共集放大电路的输入电阻很高，可达几十千欧到几百千欧。

4）输出电阻

在图 2-55(a)中，将信号源短路，即令$\dot{U}_{\mathrm{s}}=0$，但保留内阻 R_{s}，负载 R_{L} 开路，在输出端加一电压$\dot{U}_{\mathrm{o}}$，会产生电流$\dot{I}_{\mathrm{o}}$，如图 2-55(b)所示。电流$\dot{I}_{\mathrm{o}}$ 为

$$\dot{I}_{\mathrm{o}}=\dot{I}_{\mathrm{b}}+\beta\dot{I}_{\mathrm{b}}+\dot{I}_{R_{\mathrm{E}}}$$

令

$$R'_{\mathrm{s}}=R_{\mathrm{s}}/\!/R_{\mathrm{B}}$$

$$\dot{I}_{\mathrm{o}}=\frac{\dot{U}_{\mathrm{o}}}{r_{\mathrm{be}}+R'_{\mathrm{s}}}+\beta\cdot\frac{\dot{U}_{\mathrm{o}}}{r_{\mathrm{be}}+R'_{\mathrm{s}}}+\frac{\dot{U}_{\mathrm{o}}}{R_{\mathrm{E}}}$$

$$R_{\mathrm{o}}=\frac{\dot{U}_{\mathrm{o}}}{\dot{I}_{\mathrm{o}}}=\frac{1}{\dfrac{1+\beta}{r_{\mathrm{be}}+R'_{\mathrm{s}}}+\dfrac{1}{R_{\mathrm{E}}}}=\frac{R_{\mathrm{E}}(r_{\mathrm{be}}+R'_{\mathrm{s}})}{(1+\beta)R_{\mathrm{E}}+(r_{\mathrm{be}}+R'_{\mathrm{s}})}=R_{\mathrm{E}}\ /\!/\ \frac{r_{\mathrm{be}}+R'_{\mathrm{s}}}{1+\beta} \tag{2-72}$$

通过式(2-72)可知，当输入回路的电阻 r_{be} 和 R'_{s}折合到输出回路中，要除以$(1+\beta)$倍。一般情况下

$$R_{\mathrm{E}}\gg\frac{r_{\mathrm{be}}+R'_{\mathrm{s}}}{1+\beta}$$

所以

$$R_{\mathrm{o}}\approx\frac{r_{\mathrm{be}}+R'_{\mathrm{s}}}{1+\beta}$$

共集放大电路的输出电阻是由电阻 R_E 和$\frac{r_{be}+R'_s}{1+\beta}$并联得到的，它的特点是阻值低，因而带负载能力强。

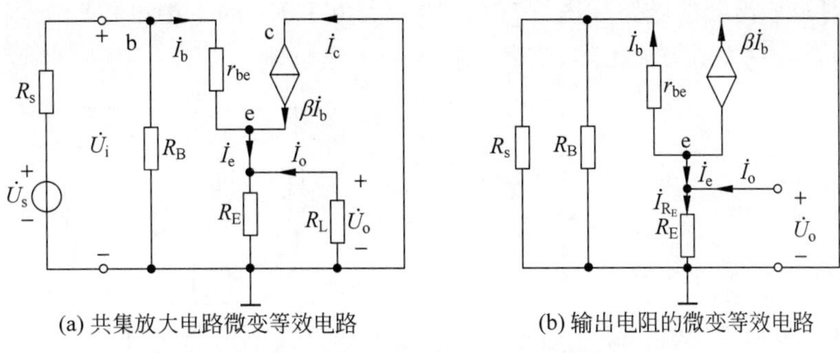

图 2-55　共集放大电路的微变等效电路

通过上面的分析可得共集放大电路的特点是输入电阻大、输出电阻小，电压放大倍数近似为 1。根据这些特点，它常作为多级放大电路的输入级，输入电阻大，它与信号源内阻对信号源电压分压，所分得的电压多，接近于信号源电压。输出电阻小，常作为多级放大电路的输出级，带负载能力强。它也可用于多级电路的中间级，可以起到电路的阻抗匹配作用，减少电路间直接相连所带来的影响，起缓冲作用。

例 2-11　在图 2-54(a)所示的共集放大电路中，已知 $U_{CC}=12V$，$R_B=200k\Omega$，$r_{bb'}=300\Omega$，$U_{BEQ}=0.7V$，$R_E=4k\Omega$，$R_L=4k\Omega$，内阻 $R_s=1k\Omega$，晶体三极管的电流放大倍数 $\beta=50$。(1)试估算放大电路的静态工作点。(2)试计算 A_u、R_i、R_o。

解　(1) 放大电路的静态工作点 Q。

$$I_{BQ}=\frac{U_{CC}-U_{BEQ}}{R_B+(1+\beta)R_E}=\frac{12-0.7}{200+51\times 4}mA=28\mu A$$

$$I_{EQ}\approx I_{CQ}=\beta I_{BQ}=50\times 28\mu A=1.4mA$$

$$U_{CEQ}=U_{CC}-I_{EQ}\cdot R_E=(12-1.4\times 4)V=6.4V$$

(2) 动态分析。

$$r_{be}\approx r_{bb'}+(1+\beta)\frac{U_T}{I_{EQ}}=\left(300+51\times\frac{26}{1.4}\right)\Omega\approx 1.25k\Omega$$

$$R'_E=R_E\ /\!/\ R_L=2k\Omega$$

$$R'_s=R_s\ /\!/\ R_B\approx 1k\Omega$$

电压放大倍数$\dot{A}_u$ 为

$$\dot{A}_u=\frac{\dot{U}_o}{\dot{U}_i}=\frac{(1+\beta)R'_E}{r_{be}+(1+\beta)R'_E}=\frac{51\times 2}{1.25+51\times 2}\approx 0.98$$

输入电阻 R_i 为

$$R_i=R_B\ /\!/\ [r_{be}+(1+\beta)R'_E]=[200\ /\!/\ (1.25+51\times 2)]k\Omega=68.1k\Omega$$

输出电阻 R_o 为

$$R_o=R_E\ /\!/\ \frac{r_{be}+R'_s}{1+\beta}=\left(4\ /\!/\ \frac{1.25+1}{51}\right)k\Omega=43.5\Omega$$

解题结论　共集放大器静态性能与其他组态基本一致；动态性能中，电压增益小于 1

(约等于1),输入电阻大而输出电阻小。

2.6.2 自举式射极输出器

自举式射极输出器的电路如图2-56(a)所示。由于R_Z的下端电位随上端电位升高而升高,所以称为自举式射极输出器,下面分析它的工作原理。

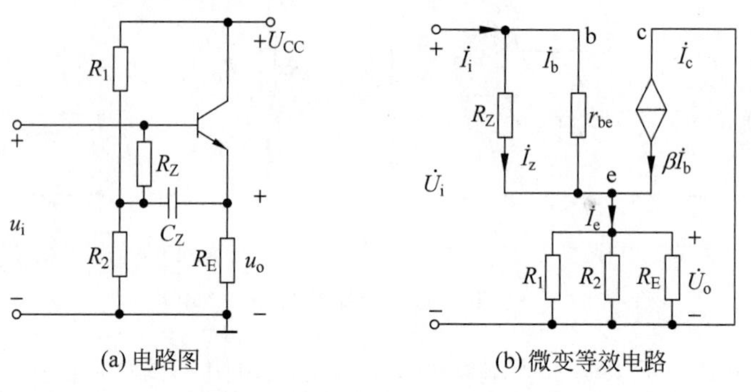

图2-56 自举式放大电路分析图

自举式射极输出器的微变等效电路如图2-56(b)所示。放大电路的输入电压为

$$\dot{U}_i = \dot{I}_b r_{be} + (1+\beta)\dot{I}_b R'_L$$

放大电路中的输出电压为

$$\dot{U}_o = \dot{I}_e R'_L = (1+\beta)\dot{I}_b R'_L$$

式中,$R'_L = R_1 /\!/ R_2 /\!/ R_E$是射极输出器的等效负载电阻。则电压放大倍数为

$$\dot{A}_u = \frac{\dot{U}_o}{\dot{U}_i} = \frac{(1+\beta)\dot{I}_b R'_L}{\dot{I}_b r_{be} + (1+\beta)\dot{I}_b R'_L} = \frac{(1+\beta)R'_L}{r_{be} + (1+\beta)R'_L} \approx 1 \tag{2-73}$$

流过自举电阻R_Z的电流为

$$\dot{I}_z = \frac{r_{be}}{R_Z}\dot{I}_b$$

放大电路中的输入电流为

$$\dot{I}_i = \left(1 + \frac{r_{be}}{R_Z}\right)\dot{I}_b$$

电路的输入电阻为

$$R_i = \frac{\dot{U}_i}{\dot{I}_i} = \frac{\dot{I}_b r_{be} + (1+\beta)\dot{I}_b R'_L}{\left(1 + \frac{r_{be}}{R_Z}\right)\dot{I}_b} = \frac{r_{be} + (1+\beta)R'_L}{1 + \frac{r_{be}}{R_Z}} \tag{2-74}$$

电路的输出电流为

$$\dot{I}_o = \dot{I}_b + \beta\dot{I}_b + \dot{I}_e$$

$$\dot{I}_o = \frac{\dot{U}_o}{r_{be}} + \beta \cdot \frac{\dot{U}_o}{r_{be}} + \frac{\dot{U}_o}{R'_L}$$

所以,输出电阻为

$$R_o = \frac{\dot{U}_o}{\dot{I}_o} = \frac{1}{\frac{1}{r_{be}} + \beta \cdot \frac{1}{r_{be}} + \frac{1}{R'_L}} = \frac{r_{be} \cdot R'_L}{(1+\beta)R'_L + r_{be}} \tag{2-75}$$

即输出电阻是 R_L' 和 $\frac{r_{be}}{1+\beta}$ 并联得到的。

自举式射极输出器的输入阻抗高于一般的射极输出器，输出阻抗小于一般的射极输出器，所以它的性能要优于一般的射极输出器。

2.7　共基极放大电路

下面介绍晶体三极管在放大电路中的另一种接法共基极放大电路，它的输入和输出回路是以基极为公共端，主要讨论基本共基极放大电路的电路组成和分析方法。

2.7.1　共基极放大电路分析

共基极放大电路的组成如图 2-57(a)所示。图中电源 U_{CC} 可以保证发射结正偏，集电结反偏。电阻 R_{B1}、R_{B2}、R_E 和 R_C 构成分压式偏置电路，可以保证晶体三极管有合适稳定的静态工作点。由图可见，信号由发射极输入，从集电极输出，共用晶体三极管的基极。下面分别介绍共基极放大电路的静态分析和动态分析。

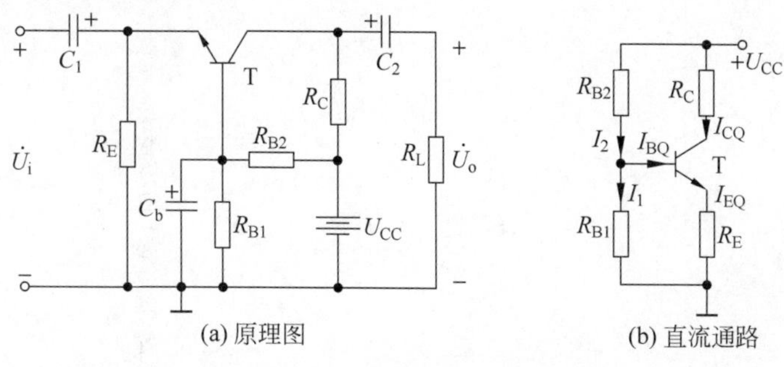

图 2-57　共基极放大电路

1. 静态分析

共基极放大电路的直流通路如图 2-57(b)所示，根据直流通路可以确定静态工作点。当基极的静态电流很小时，它对于 R_{B1}、R_{B2} 分压电路中的电流可以忽略不计，那么，静态工作点的计算方法和图 2-51 共射放大器静态工作点的计算方法一样，这里不再赘述。

2. 动态分析

共基极放大电路的交流通路如图 2-58(a)所示，微变等效电路如图 2-58(b)所示。下面分别定量地分析它的电流放大倍数、电压放大倍数、输入电阻和输出电阻。

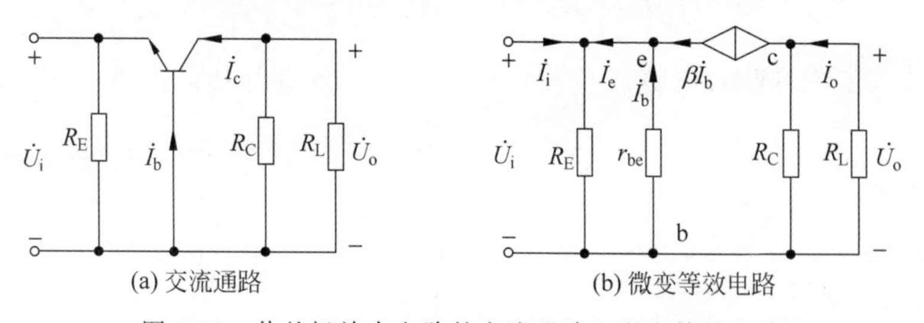

图 2-58　共基极放大电路的交流通路和微变等效电路

1）电流放大倍数

在图 2-58(b)中，输入电流

$$\dot{I}_{i}=-\dot{I}_{e}$$

而输出电流

$$\dot{I}_{o}=\dot{I}_{c}\frac{R_{C}}{R_{C}+R_{L}}$$

所以

$$\dot{A}_{i}=\frac{\dot{I}_{o}}{\dot{I}_{i}}=\frac{\dot{I}_{c}}{-\dot{I}_{e}}\cdot\frac{R_{C}}{R_{C}+R_{L}}=-\alpha\cdot\frac{R_{C}}{R_{C}+R_{L}} \tag{2-76}$$

当 $R_{C}\gg R_{L}$ 时，有

$$A_{i}=-\alpha$$

而 α 小于 1，且近似等于 1，所以共基极放大电路没有电流放大能力，但是有电压放大作用。

2）电压放大倍数

由图 2-58(b)，可得如下关系式

$$\dot{U}_{i}=-\dot{I}_{b}r_{be}$$

$$\dot{U}_{o}=-\beta\dot{I}_{b}R'_{L}$$

所以

$$\dot{A}_{u}=\frac{\dot{U}_{o}}{\dot{U}_{i}}=\frac{-\beta\dot{I}_{b}R'_{L}}{-r_{be}\dot{I}_{b}}=\beta\frac{R'_{L}}{r_{be}} \tag{2-77}$$

其中 $R'_{L}=R_{C}/\!/R_{L}$。

由此可见，共基极放大电路的电压放大倍数与共射放大电路的电压放大倍数在数值上是相等的，只是输出电压与输入电压的相位是同相的。

3）输入电阻

设由发射极看过去的电阻为 R'_{i}，则

$$R'_{i}=\frac{\dot{U}_{i}}{-\dot{I}_{e}}=\frac{-\dot{I}_{b}r_{be}}{-(1+\beta)\dot{I}_{b}}=\frac{r_{be}}{1+\beta}$$

由此可得共基极放大电路的输入电阻为

$$R_{i}=R_{E}\ /\!/\ R'_{i}=R_{E}\ /\!/\ \frac{r_{be}}{1+\beta} \tag{2-78}$$

共基极放大电路的输入电阻与共集电极放大电路的输出电阻相同，所以共基极放大电路的输入电阻小。

4）输出电阻

在图 2-58(b)中，将信号源短路，令$\dot{U}_{i}=0$，则$\dot{I}_{b}=0$，且$\beta\dot{I}_{b}=0$。所以

$$R_{o}=R_{C} \tag{2-79}$$

例 2-12 在图 2-57(a)所示的共基极放大电路中，已知 $U_{CC}=12\text{V}$，$R_{B1}=10\text{k}\Omega$，$R_{B2}=$

$20\text{k}\Omega$，$r_{bb'}=100\Omega$，$U_{BEQ}=0.7\text{V}$，$R_E=2\text{k}\Omega$，$R_C=3\text{k}\Omega$，$R_L=30\text{k}\Omega$，内阻 $R_s=10\Omega$，晶体三极管的电流放大倍数 $\beta=50$。(1)试估算放大电路的静态工作点。(2)试计算 A_u、R_i、R_o。

解　共基极放大器分析同样遵循先直流后交流的分析过程。

(1) 放大电路的静态工作点 Q。

基极电位为

$$U_{BQ}\approx\frac{R_{B1}}{R_{B1}+R_{B2}}\cdot U_{CC}=\frac{10}{10+20}\times 12\text{V}=4\text{V}$$

而

$$I_{CQ}\approx I_{EQ}=\frac{U_{BQ}-U_{BEQ}}{R_E}=\frac{(4-0.7)}{2}\text{mA}=1.65\text{mA}$$

所以，晶体三极管 c、e 之间的管压降为

$$\begin{aligned}U_{CEQ}&=U_{CC}-I_{CQ}R_C-I_{EQ}R_E\approx U_{CC}-I_{CQ}(R_C+R_E)\\&=[12-1.65\times(3+2)]\text{V}\\&=3.75\text{V}\end{aligned}$$

基极电流

$$I_{BQ}\approx\frac{I_{CQ}}{\beta}=\frac{1.65}{50}\text{mA}=33\mu\text{A}$$

(2) 动态分析。

画出交流通路和微变等效电路，如图 2-58(b)所示。

$$r_{be}\approx r_{bb'}+(1+\beta)\frac{U_T}{I_{EQ}}=\left(100+51\times\frac{26}{1.65}\right)\Omega\approx 904\Omega$$

$$R'_L=R_C\ /\!/\ R_L=3\ /\!/\ 30=2.73\text{k}\Omega$$

$$R'_i=\frac{r_{be}}{1+\beta}=\frac{904}{51}\Omega=17.7\Omega$$

电压放大倍数 $\dot{A}_u$ 为

$$\dot{A}_u=\frac{\dot{U}_o}{\dot{U}_i}=\beta\frac{R'_L}{r_{be}}=\frac{50\times 2.73}{0.904}\approx 151$$

输入电阻 R_i

$$R_i=R_E\ /\!/\ R'_i=(2\ /\!/\ 0.0177)\text{k}\Omega=17.5\ \Omega$$

输出电阻 R_o。

$$R_o=R_C=3\text{k}\Omega$$

解题结论　共基极放大器静态性能计算结果与其他组态相近；动态性能，放大增益与输出电阻与共射极放大电路相同，而输入电阻远小于其他组态放大器。

2.7.2 三种基本组态放大电路的比较

通过前面的介绍，了解了共射、共集、共基极放大电路的分析方法。为了便于比较，将晶体三极管单管放大电路的三种基本接法的性能特点列于表 2-5 中。

表 2-5 放大电路三种基本组态的比较

	共发射极电路	共集电极电路	共基极电路
电路结构	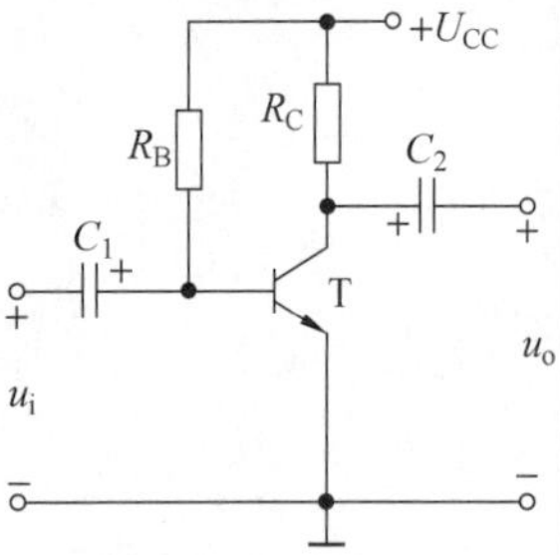	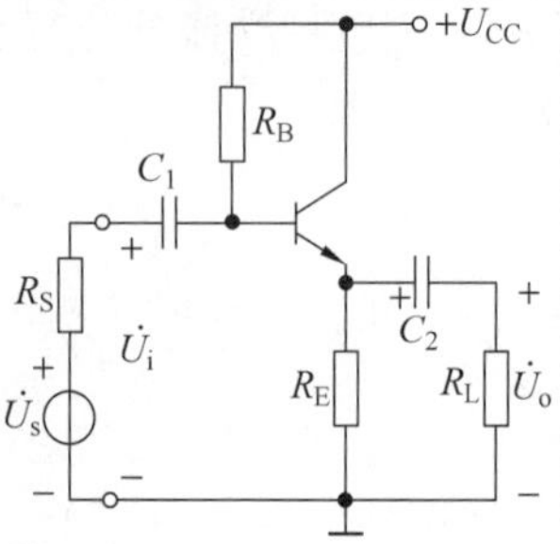	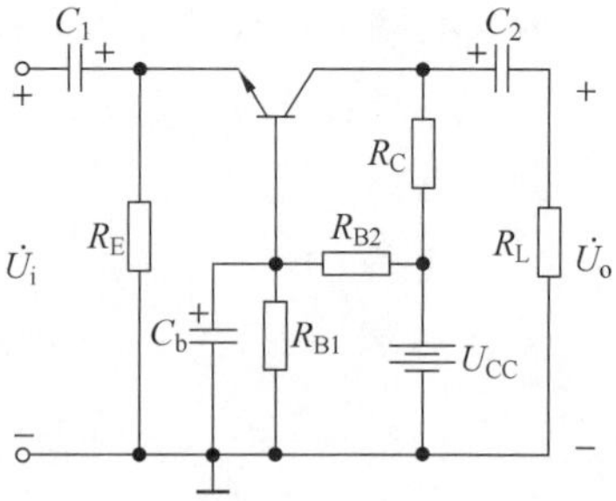
静态工作点	$I_{BQ}=\frac{U_{CC}-U_{BEQ}}{R_B}$ $I_{CQ}\approx\beta I_{BQ}$ $U_{CEQ}=U_{CC}-I_{CQ}R_C$	$I_{BQ}=\frac{U_{CC}-U_{BEQ}}{R_B+(1+\beta)R_E}$ $I_{CQ}=\beta I_{BQ}\approx I_{EQ}$ $U_{CEQ}=U_{CC}-I_{EQ}\cdot R_E$	$U_{BQ}\approx\frac{R_{B1}}{R_{B1}+R_{B2}}\cdot U_{CC}$ $I_{CQ}\approx I_{EQ}=\frac{U_{BQ}-U_{BEQ}}{R_E}$ $I_{BQ}\approx\frac{I_{CQ}}{\beta}$ $U_{CEQ}=U_{CC}-I_{CQ}(R_C+R_E)$
微变等效电路	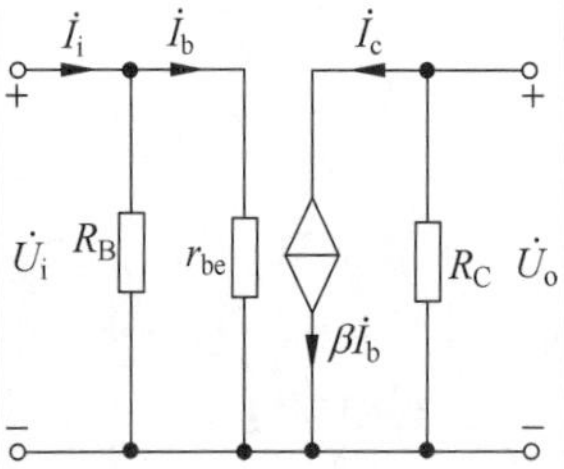	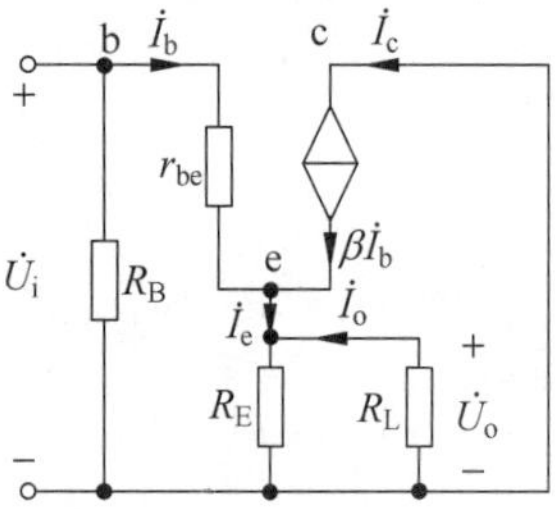	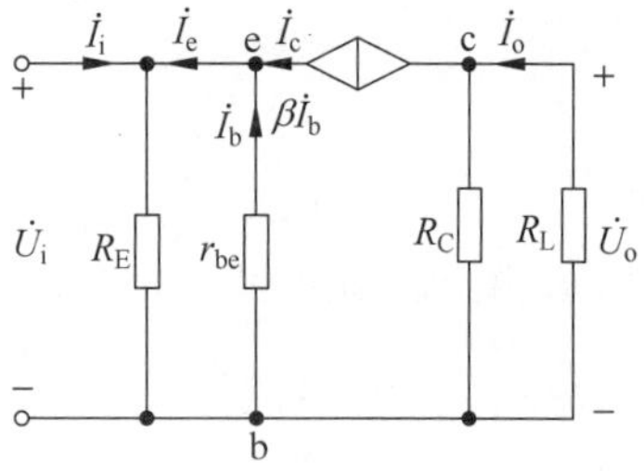
$\dot{A}_u$	$\dot{A}_u=-\beta\frac{R_C}{r_{be}}$ 大	$\dot{A}_u=\frac{(1+\beta)R_E'}{r_{be}+(1+\beta)R_E'}$ 小	$\dot{A}_u=\beta\frac{R_L'}{r_{be}}$ 大
R_i	$R_i=R_B//r_{be}$ 中	$R_i=R_B//[r_{be}+(1+\beta)R_E']$ 大	$R_i=R_E//\frac{r_{be}}{1+\beta}$ 小
R_o	$R_o=R_C$ 中	$R_E//\frac{r_{be}+R_s'}{1+\beta}$ 小	$R_o=R_C$ 大
频响	较差	好	最好

共发射极电路有较大的电压放大倍数和电流放大倍数，输出电压与输入电压反相，输入电阻介于共集极电路输入电阻与共基极电路输入电阻之间，输出电阻较大，频率响应差，频带较窄，在低频电压放大电路中广泛应用。

共集电极电路又称为电压跟随器，电压放大倍数接近 1，即不能放大电压只能放大电流。在三种电路中输入电阻最大，输出电阻最小，可用做多级放大电路的输入级、输出级或作为隔离用的中间级。

共基极电路只能放大电压不能放大电流，输入电阻低，电压放大倍数、输出电阻与共射极电路相当，频率响应好，常用于宽频带放大电路中，也可作为恒流源。

2.7.3　共射放大器仿真分析

本节主要仿真研究共射放大器的交流性能。电路如图 2-59 所示，已知 $u_s=14.414\sin 628t\,\text{mV}$。主要仿真分析下面三方面内容：①测量幅频特性 $A_u(f)$，求上、下限截止频率 f_H、f_L 和通频带 BW；②用示波器观察输入、输出电压波形；③观察截止失真和饱和失真。

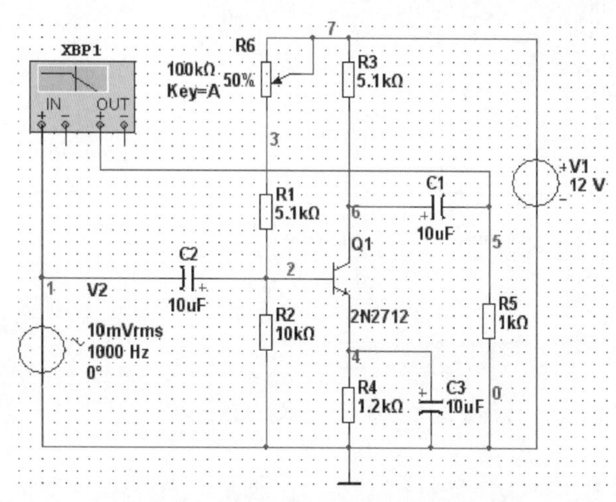

图 2-59　分压式共发射极放大电路原理图

1. 用伯德图仪测量电压放大倍数的幅频特性

伯德图仪输入端 in+接输入信号，输出端 out+接输出信号，测量电路如图 2-60 所示。双击伯德图仪图标，在弹出的伯德图仪控制面板上选择 Magnitude，设定垂直轴的终值 F 为 60dB，水平轴的终值 F 为 100GHz，初值 F 为 25MHz，且垂直轴和水平轴的坐标全为对数方式。仿真结果显示在伯德图仪的显示窗口。游标移到中频段，电压放大倍数约为 29.625dB；再左右移动游标至电压放大倍数下降 3dB 时所对应的两处频率，即下限截止频率 f_L 和上限截止频率 f_H，这里测得 $f_H=43.500\text{MHz}$，$f_L=584.2\text{Hz}$，两者之差就是电路的通频带 BW，$BW\approx f_H-f_L\approx f_H=43.5\text{MHz}$。仿真结果如图 2-60 所示，可见电路的通频带较宽。

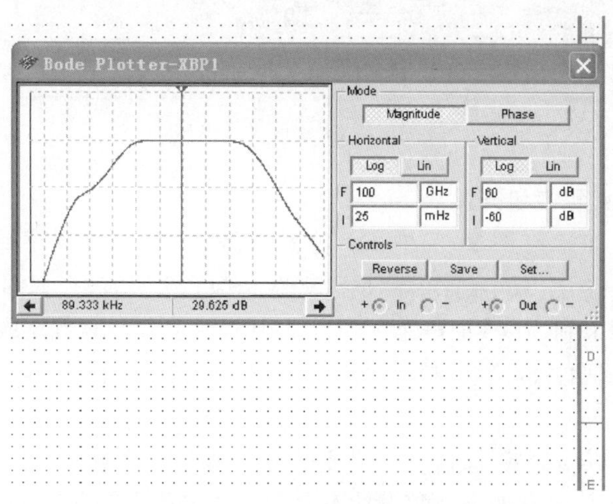

图 2-60　频率特性测试及其结果图

2. 观察输入、输出电压波形

将示波器的 A 通道接放大电路的输入端,B 通道接放大电路的输出端,仿真原理图如图 2-61 所示,调节面板参数,即可观察到清晰的输入、输出电压波形,仿真结果如图 2-62 所示,波形完整无失真,输出与输入电压相位相反。

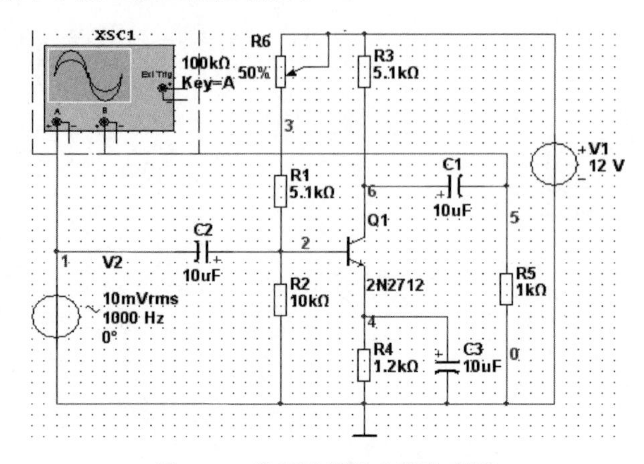

图 2-61 接示波器的电路仿真图

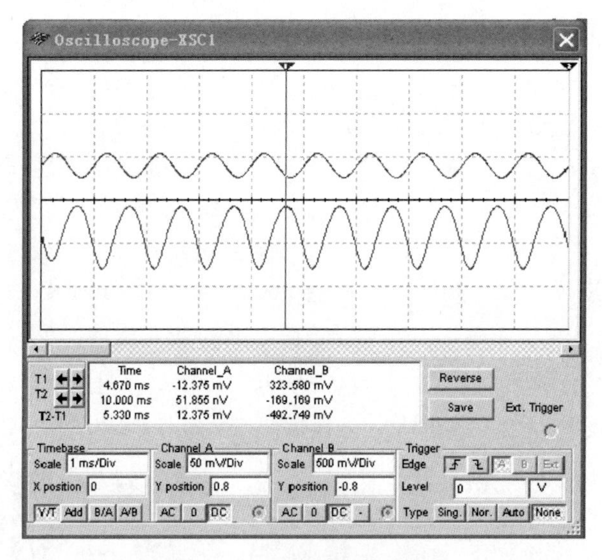

图 2-62 正常放大波形图

3. 观察截止失真和饱和失真

根据理论分析,如果将图 2-61 中 R_6 增大到最大值时,可观察到截止失真,波形如图 2-63(a)所示。当将 R_6 减小到 10%时,可观察到饱和失真,波形如图 2-63(b)所示。

将电位器 R_6 调节到 50%(即静态工作点适中),而信号增大到 100mV 时,可观察到两头都失真的波形图,即电路发生饱和与截止双向失真。波形如图 2-64 所示。

4. 仿真结论

放大器失真问题是放大器设计时必须考虑的因素。设计的电路参数合理与否,仿真是最直接的验证方法。放大器如果参数设计不合理会发生截止失真、饱和失真、截止与饱和双向失真三种情况。这三种失真属于非线性失真。

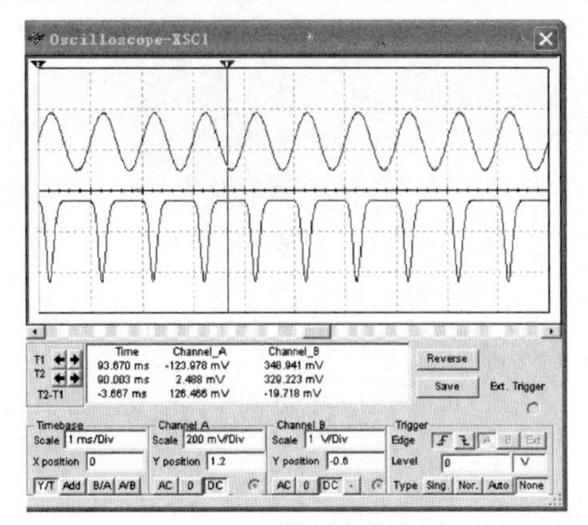

(a) 输出截止失真波形图

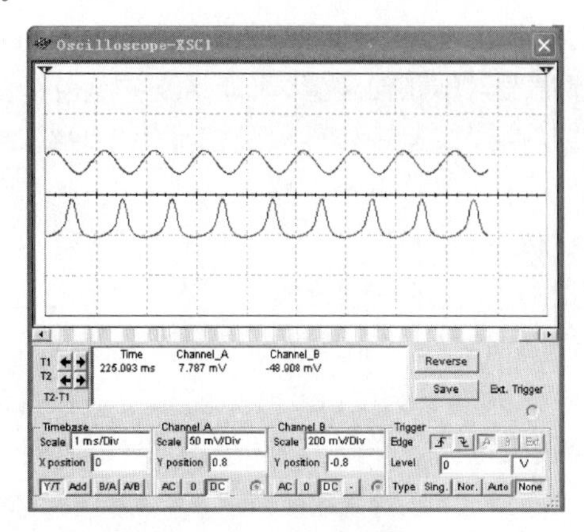

(b) 输出饱和失真波形图

图 2-63　放大器单向失真示意图

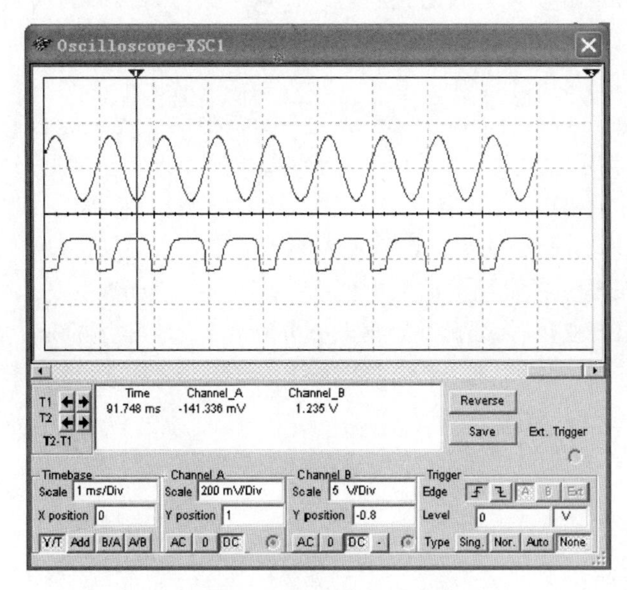

图 2-64　截止失真和饱和失真波形图

本章小结

本章首先介绍了半导体二极管和晶体三极管的工作原理、特性曲线和主要参数，然后详细地阐述了基本共射极放大电路的分析方法，最后又将晶体三极管在放大电路中的三种组态作比较，并指出优缺点。

(1) 半导体二极管。半导体二极管是由 PN 结构成的，它的特性与 PN 结的特性相同，二极管具有单向导电性，二极管的主要参数包括最大整流电流、反向击穿电压、反向电流、最高工作频率等。二极管电路的分析，主要是采用模型分析，将二极管等效成线性电路进行分析。

(2) 晶体三极管。有三个电极,即发射极 e、基极 b 和集电极 c;有两个 PN 结,分别是发射结和集电结;有两种类型,即 NPN 型和 PNP 型。晶体三极管要具有电流放大作用,必须保证发射结正向偏置,集电结反向偏置。晶体三极管的特性曲线分为输入特性曲线和输出特性曲线。每种特性曲线都是一族曲线,输出特性曲线可分三个区域,即截止区、饱和区和放大区。模拟电子电路中晶体三极管主要工作在放大区。晶体三极管的参数包括直流参数、交流参数和极限参数。其中,极限参数可以确定晶体三极管能够安全工作的区域。

(3) 放大的概念及放大电路的主要性能指标。放大的实质是有源元件对直流电源的能量控制和转换,特征是功率放大。放大电路的主要性能指标包括放大倍数、输入电阻、输出电阻、最大输出幅度以及最大输出功率和效率等。其中,电压放大倍数、输入电阻、输出电阻是对放大电路进行动态分析的主要性能指标。

(4) 放大电路的组成原则。要保证晶体三极管工作在放大区,即发射结要正向偏置,集电结要反向偏置。输入信号要有效地作用于晶体三极管输入回路,输出信号能从负载两端顺利地输出。

(5) 放大电路的图解分析。图解法可以对放大电路进行静态和动态的分析,但要画出晶体三极管的输入、输出特性曲线和负载线,此方法可以直观、形象地求得静态工作点和估算出电压放大倍数,但是不够精确。

(6) 放大电路的解析分析。解析法首先通过直流通路估算出静态工作点,然后将交流通路中的晶体三极管用它的微变等效模型来代替,再利用线性电路的定理列出方程,求出放大倍数、输入电阻和输出电阻;晶体三极管在放大电路中有三种接法,即共射、共集和共基。各种接法的电路结构、分析公式和特点见表 2-5。

(7) 稳定静态工作点的电路。放大电路静态工作点不稳定,主要是由于晶体三极管是温度敏感元件,当温度变化时,会影响到集电极电流的变化。常用的分压式稳定静态工作点的电路是利用反馈的原理来实现工作点稳定的。

习题

2.1 选择题。

1. 稳压二极管的稳压区是工作在________。

A. 正向导通　　B. 反向截止　　C. 反向击穿

2. 晶体三极管的集电极电流 I_C 略大于 I_{CM},则该晶体三极管________。

A. PN 结发热烧坏　　B. β 下降,失去放大能力　C. 烧断引线

3. 共射极放大电路发生饱和失真,若要使电路输出电压 u_o 的波形不产生失真,则________。

A. R_C 应增大　　B. R_B 应增大　　C. U_{CC} 应减小　　D. U_i 应增大

4. 在共射极放大射极偏置电路中,如果射极电阻并联旁路电容 C_E,若除去 C_E,该电路的放大倍数 A_u ________,输入电阻________,输出电阻 R_o ________。

A. 增大　　B. 减小

C. 不变(或基本不变)　　D. 变化不定

5. 既能放大电压,也能放大电流的是________组态放大电路;可以放大电压,但不能

放大电流的是________组态放大电路；只能放大电流，不能放大电压的是________组态放大电路。

A. 共射　　B. 共集　　C. 共基　　D. 不定

2.2　填空题。

1. 二极管的正向电流是由________载流子的________运动形成的；反向电流是由________载流子的________运动形成的。

2. 双极型晶体三极管从结构上可以分成________和________两种类型，它们工作时有________和________两种载流子参与导电，晶体三极管属于________控制型器件。

3. 晶体三极管的输出特性曲线有三个工作区，分别是________、________、________。

4. 温度升高时，晶体三极管的共射输入特性曲线将________，输出特性曲线将________，而且输出特性曲线之间的间隔将________。

5. 测得 PNP 型锗晶体三极管 $U_{BE}=-0.3V$，$U_{BC}=-10V$，可判定该晶体三极管工作在________区。

6. 放大电路中某晶体三极管的三个电极的电位分别为 $U_1=2V$，$U_2=1.7V$，$U_3=-2.5V$，可判定该晶体三极管“1”脚为________极，“2”脚为________极，“3”脚为________极，且属于________材料________型的晶体三极管。

7. 在共射、共集和共基极三种基本放大电路组态中，电压放大倍数小于 1 的是________组态；输入电阻最大的是________组态，最小的是________组态；输出电阻最大的是________组态，最小的是________组态。

2.3　理想二极管电路如图 2-65 所示，试判断图中二极管状态，并求输出端电压 u_o 与 I。

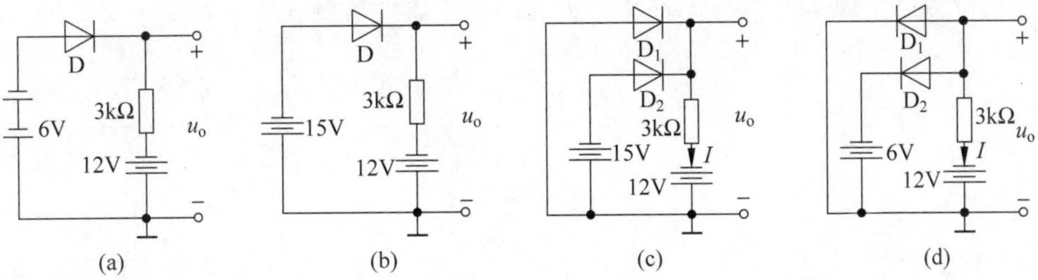

图 2-65　题 2.3 图

2.4　如图 2-66 所示的理想二极管电路中，输入电压 $u_i=10\sin\omega t$ V，$E=5V$。试画出输入、输出电压的波形。

2.5　如图 2-67 所示二极管电路，二极管导通压降 $U_D=0.7V$，$R=300\Omega$，$E=3V$，计算：(1) 二极管 D 直流等效电阻；(2) 在常温 300K 二极管对微变信号 u_i 所呈现的动态电阻 r_i。

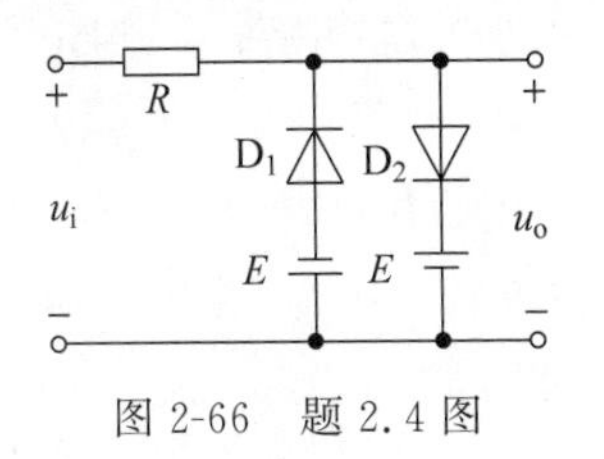

图 2-66　题 2.4 图

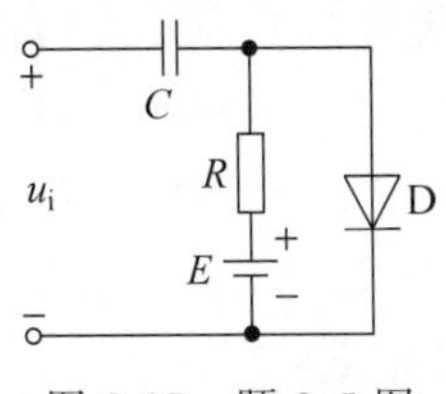

图 2-67　题 2.5 图

2.6 如图2-68所示硅稳压管稳压电路，D_{Z1}和D_{Z2}的稳定电压分别为5V和10V，求电路的输出电压U_o，已知稳压管的正向压降为0.7V。

2.7 如图2-69所示硅稳压管稳压电路，条件同题2.6，计算U_o。

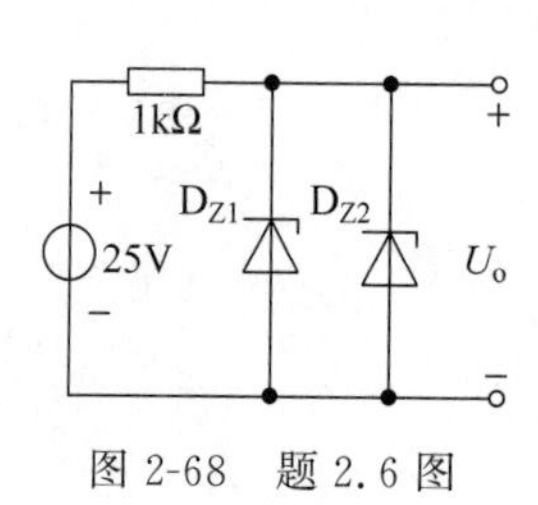

图2-68 题2.6图

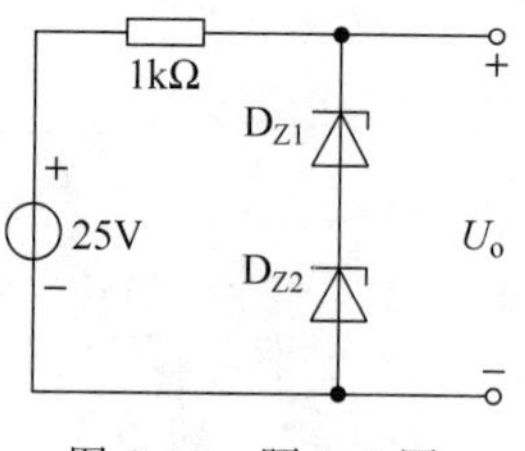

图2-69 题2.7图

2.8 某晶体三极管极限参数为$I_{CM}=20mA$，$U_{(BR)CEO}=20V$，$P_{CM}=100mW$。判定下列各情况中哪种情况工作正常。为什么？

(1)$U_{CE}=5V$，$I_C=8mA$；(2)$U_{CE}=2V$，$I_C=30mA$；(3)$U_{CE}=10V$，$I_C=12mA$；(4)$U_{CE}=25V$，$I_C=1\mu A$。

2.9 测量某电路中硅晶体三极管各电极对地的电压值如下，试判断管子的工作区域。(1)$U_C=6V$，$U_B=0.7V$，$U_E=0V$；(2)$U_C=6V$，$U_B=2V$，$U_E=1.3V$；(3)$U_C=6V$，$U_B=6V$，$U_E=5.4V$。

2.10 某放大电路中晶体三极管三个电极A、B、C的电流如图2-70所示，用万用表直流挡测得$I_A=-2mA$，$I_B=-0.04mA$，$I_C=2.04mA$，试分析A、B、C中哪个是基极、发射极、集电极，并说明此管是NPN管还是PNP管，它的$\beta=$？

2.11 在图2-71(a)所示的放大电路中，已知$U_{CC}=12V$，$R_C=2k\Omega$，$R_L=2k\Omega$，$R_B=100k\Omega$，电位器总电阻$R_P=1M\Omega$，晶体三极管的电流放大倍数$\beta=50$，$U_{BEQ}=0.6V$。试求：

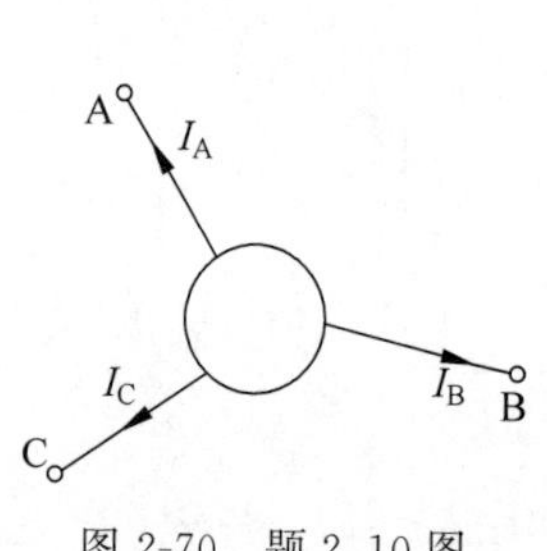

图2-70 题2.10图

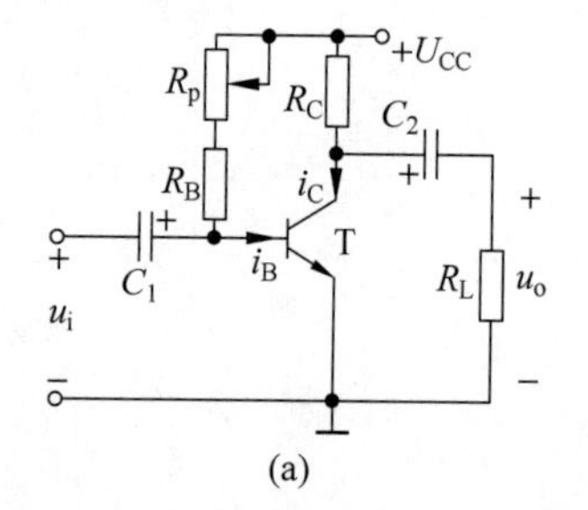

图2-71 题2.11图

(1) 当R_P调到0时静态工作点(I_B,I_C,U_{CE})，并判断晶体三极管工作在什么区；(2) 当R_P调到最大时静态工作点(I_B,I_C,U_{CE})，并判断晶体三极管工作在什么区；(3) 若使$U_{CE}=6V$，R_P应调到多大？(4) 若输入和输出信号波形如图2-71(b)所示，判定它产生了什么失真，说明应如何调节R_P以减小失真，为什么？

2.12 在图2-72所示的电路中，已知$U_{CC}=20V$，$R_{B2}=47k\Omega$，$R_{B1}=150k\Omega$，$r_{bb'}=300\Omega$，$U_{BEQ}=0.7V$，$R_C=R_L=3.3k\Omega$，$R_f=R_E=1.3k$，$\beta=100$。计算电路电压增益A_u，输出电阻R_o，输入电阻R_i。

2.13 在图2-73(a)所示放大电路中，已知$U_{CC}=12V$，$U_{BEQ}=0.6V$，$R_E=2k\Omega$，$R_L=$

2kΩ，晶体三极管的电流放大倍数 $\beta=50$。(1)若使 $U_{CE}=6V$，则 R_B 为多少？(2)若输入、输出信号波形如图 2-73(b)所示，电路产生了什么失真？如何调节 R_B 才能消除失真？

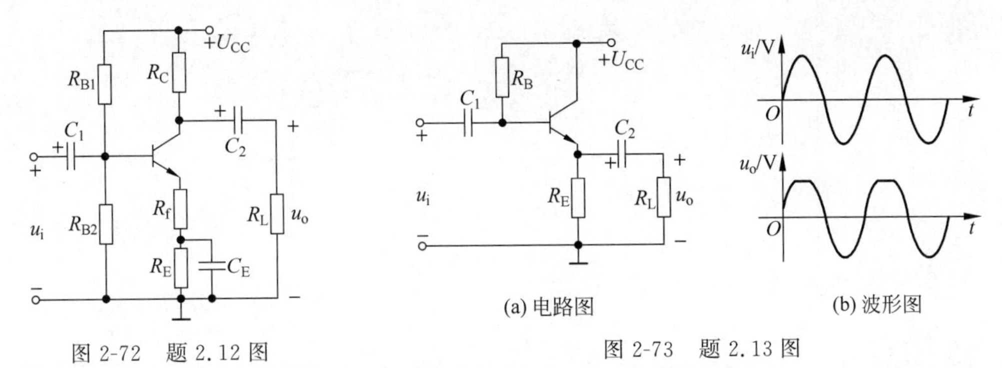

(a) 电路图　　(b) 波形图

图 2-72　题 2.12 图　　图 2-73　题 2.13 图

2.14　共集电极电路如图 2-74 所示。已知三极管 $\beta=100$，$r_{bb'}=300\Omega$，$U_{BEQ}=0.7V$，$R_B=430k\Omega$，$R_s=20k\Omega$，$U_{CC}=12V$，$R_E=7.5k\Omega$，$R_L=1.5k\Omega$。

(1) 画出电路的微变等效电路；

(2) 求电路的电压放大倍数 A_u 和 A_{us}；

(3) 求电路的输入电阻 R_i 和输出电阻 R_o。

2.15　在图 2-75 所示的放大电路中，已知三极管的 $U_{CC}=15V$，$\beta=50$，$U_{BEQ}=0.6V$，$r_{bb'}=300\Omega$，$R_{B1}=25k\Omega$，$R_{B2}=100k\Omega$，$R_C=R_L=3k\Omega$。

(1) 画出电路的直流通路和微变等效电路；

(2) 若要求静态时发射极电流 $I_{EQ}=2mA$，则发射极电阻 R_E 应选多大？

(3) 在所选的 R_E 之下，估算 I_{BQ} 和 U_{CEQ} 值；

(4) 估算电路的电压放大倍数 A_u、输入电阻 R_i 和输出电阻 R_o。

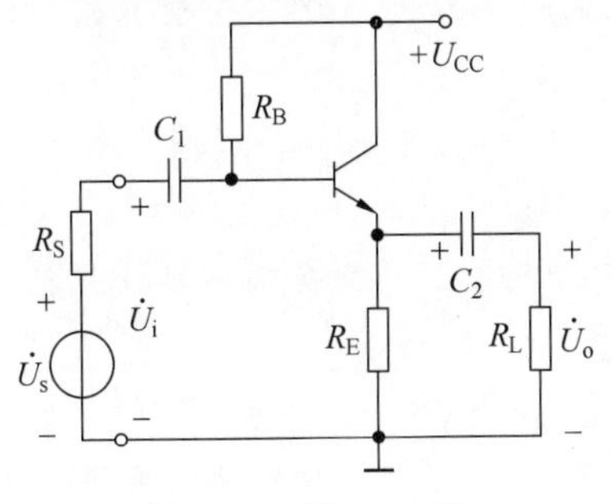

图 2-74　题 2.14 图

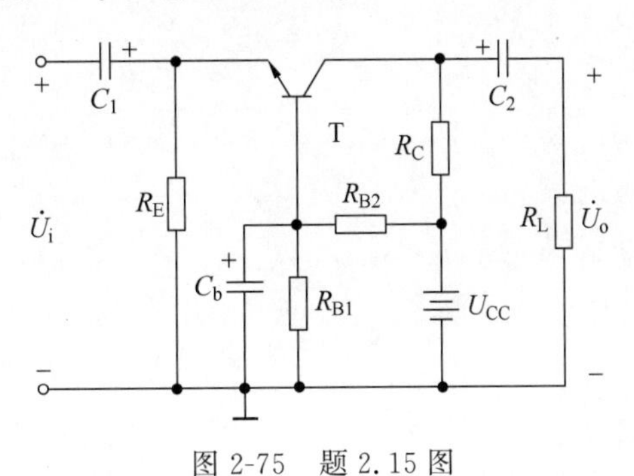

图 2-75　题 2.15 图

第3章 CHAPTER 3 场效应管与特殊三极管基本应用电路

科技前沿——功率模块与功率集成电路

自20世纪80年代以来，信息电子技术与电力电子技术在各自发展的基础上相结合而产生了高频化、全控型、采用集成电路制造工艺的新型电力电子器件，从而将电力电子技术又带入了一个崭新时代。从这一时期开始，电力系统核心电路模块化趋势占技术主导思想，具有代表意义的器件是功率模块(power module)与功率集成电路(power integrated circuit，PIC)。

将多个功放器件封装在一个模块中，称为功率模块。它可缩小装置体积，降低成本，提高可靠性，而对工作频率高的电路，可大大减小线路电感，从而简化对保护和缓冲电路的要求。

将器件与逻辑、控制、保护、传感、检测、自诊断等信息电子电路制作在同一芯片上，称为功率集成电路。类似功率集成电路的还有许多名称，可看成是功率集成电路的分类，如：

高压集成电路(high voltage IC，HVIC)一般指横向高压器件与逻辑或模拟控制电路的单片集成。

智能功率集成电路(smart power IC，SPIC)一般指纵向功率器件与逻辑或模拟控制电路的单片集成。

智能功率模块(intelligent power module，IPM)则专指IGBT及其辅助器件与其保护和驱动电路的单片集成，也称智能IGBT(intelligent IGBT)。

以前功率集成电路的开发和研究主要在中小功率应用场合。因为功率集成电路的主要技术难点为：高低压电路之间的绝缘问题以及温升和散热的处理。智能功率模块在一定程度上回避了上述两个难点，最近几年获得了迅速发展。

功率集成电路实现了电能和信息的集成，成为机电一体化的理想接口。

场效应管(field effect transistor，FET)是仅由多数载流子参与导电的半导体有源器件，它是一种由输入信号电压来控制其输出电流大小的半导体三极管，是电压控制器件。本章首先讨论场效应管分类、结构与工作原理，接着研究场效应管放大器的分析方法、设计应用方法及计算过程，最后探讨了特殊种类三极管的原理与使用方法。本章主要掌握：

① 了解半导体场效应管及其基本特性：场效应管结构与符号、场效应管的转移特性等；

② 了解场效应管的主要参数、分类及其选择使用方法。理解场效应管放大电路的电路构成、工作原理和电路中各元器件的作用；

③ 能判断放大电路中场效应管三种可能工作状态。能对场效应管放大电路进行分析和设计计算；

④ 能设计和装接场效应管基本放大电路，并能通过调试得到正确结果。能对电路中的故障现象进行分析判断并加以解决；

⑤ 理解特殊三极管工作原理与使用方法。

场效应管按照结构可以分为两大类：金属-氧化物-半导体 FET（metal-oxide-semiconductor FET，MOSFET）和结型 FET（junction FET，JFET）。

MOSFET 的发明早于双极型晶体管。1933 年美国博士 Julius Lilienfeld 获得了最早关于场效应管的三个专利，在这三个专利中指出了场效应管的物理结构，但是受当时制造实际半导体器件的技术条件制约，他没有制造出任何可实际工作的场效应管器件。直到 20 世纪 60 年代中期，才制造出世界上第一款取得工程上成功应用的场效应管器件。尽管当时它的运行速度比 BJT 要慢得多，但是它具有体积小和功耗低的特点，故易于大规模集成。微处理器和大容量存储器就是由它集成的。JFET 的开发先于 MOSFET，但是它的应用远不及 MOSFET，且只是应用于某些特殊场合，有逐渐被淘汰的趋势（原因之一是 JFET 的栅极电压和漏极电压的极性相反）。

3.1　结型场效应管

JFET 是利用半导体的电场效应进行工作的，也称为体内场效应器件。结型场效应管有两种结构形式，即 N 沟道结型场效应管和 P 沟道结型场效应管。

3.1.1　结型场效应管的结构及类型

JFET 的结构如图 3-1 所示。具体说来，是在一块 N 型半导体材料两边扩散高浓度的 P 型区（用 P^+ 表示），形成两个 PN 结。由两边高浓度 P 型区引出两个欧姆接触电极并连接在一起称为栅极 g(G)，在 N 型本体材料的两端各引出一个欧姆接触电极，分别称为源极 s(S)和漏极 d(D)。两个 PN 结中间的 N 型区域称为导电沟道。这种结构称为 N 型沟道 JFET。实际剖面图衬底和顶部都是 P^+ 型半导体，它们连接在一起（图中未画出），引出的电极称为栅极 g。其与源极 s 和漏极 d 相连的 N^+ 区，是通过光刻和扩散等工艺来完成的隐埋层，其作用是为漏极、源极提供低阻通路。三个电极 s、g、d 分别由不同的铝接触层引出。

同样道理，将 P 型半导体和 N 型半导体互换，可以构成另一种结型场效应管，即 P 沟道 JFET。所以，结型场效应管有两种结构形式：N 型沟道结型场效应管和 P 型沟道结型场效应管。为了便于分析结型场效应管工作原理，画出其结构示意图，如图 3-2(a)和图 3-2(b)。图 3-2(c)和图 3-2(d)是结型场效应管的电路符号。

3.1.2　结型场效应管的工作原理

JFET 的主要工作原理是，在 D、S 间加上电压 U_{DS}，则源极和漏极之间形成电流 I_D，通过改变栅极和源极的反向电压 U_{GS}，就可以改变两个 PN 结阻挡层（耗尽层）的宽度，这样就

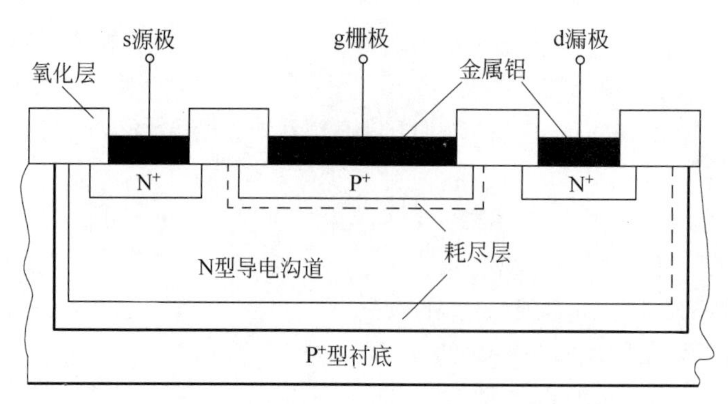

图 3-1 N 型沟道 JFET 实际剖面图

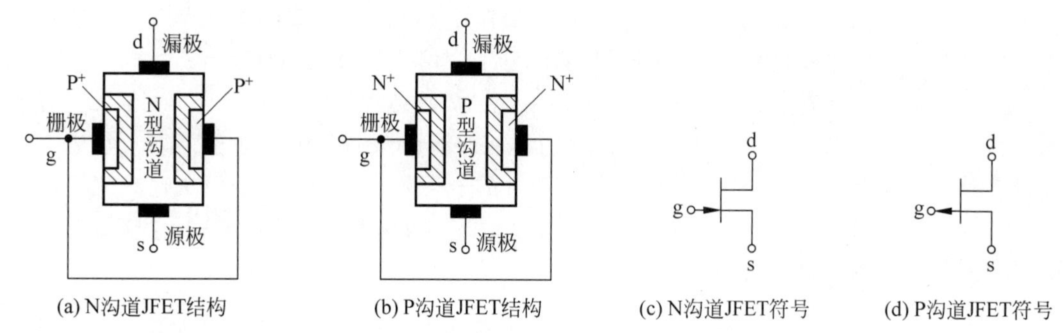

图 3-2 结型场效应管的结构示意图和符号

改变了沟道电阻,因此就改变了漏极电流 I_D。

1. U_{GS} 对导电沟道的影响

假设 $U_{DS}=0$,当 U_{GS} 由零向负值增大时,PN 结的阻挡层加厚,沟道变窄,电阻增大。如图 3-3(a)和图 3-3(b)所示。若 U_{GS} 的负值(绝对值)再进一步增大,当 $U_{GS}=U_P$ 时两个 PN 结的阻挡层相遇,沟道消失,我们称为沟道被"夹断"了,U_P 称为夹断电压,亦作 $U_{GS(off)}$,此时 $I_D=0$,如图 3-3(c)所示。

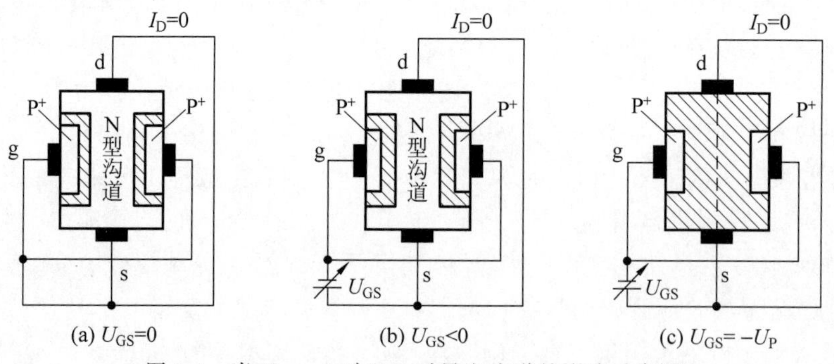

图 3-3 当 $U_{DS}=0$ 时 U_{GS} 对导电沟道的影响示意图

2. I_D 与 U_{DS}、U_{GS} 之间的关系

假定栅、源电压 $|U_{GS}|<|U_P|$,例如 $U_{GS}=-1\text{V}$,而 $U_P=-4\text{V}$,当漏、源之间加上电压 $U_{DS}=2\text{V}$ 时,沟道中将有电流 I_D 通过。此电流将沿着沟道的方向产生一个电压降,这样沟道上各点的电位就不同,因而沟道内各点的栅极之间的电位差也就各不相等。漏极顶端与

栅极之间的反向电压最高，如 $U_{DG}=U_{DS}-U_{GS}=2-(-1)=3V$，沿着沟道向下逐渐降低，使源极端沟道较宽，而靠近漏极端的沟道较窄，如图 3-4(a)所示。此时，若增大 U_{DS}，由于沟道电阻增大较慢，所以 I_D 随之增加。当 U_{DS} 进一步增加使栅、漏间电压 U_{GD} 等于 U_P 时，即 $U_{GD}=U_{GS}-U_{DS}=U_P$，则在漏极附近，两个 PN 结的阻挡层相遇，如图 3-4(b)所示，称为预夹断。如果继续升高 U_{DS}，就会使夹断区向源极端方向发展，沟道夹断区增加。由于沟道电阻的增长速率与 U_{DS} 的增加速率基本相同，故这一期间 I_D 趋于恒定值，不随 U_{DS} 的增大而增大，此时，漏极电流的大小仅取决于 U_{GS} 的大小。U_{GS} 越负，沟道电阻越大，I_D 便越小，直到 $U_{GS}=U_P$，沟道被完全夹断，$I_D\approx0$，如图 3-4(c)所示。

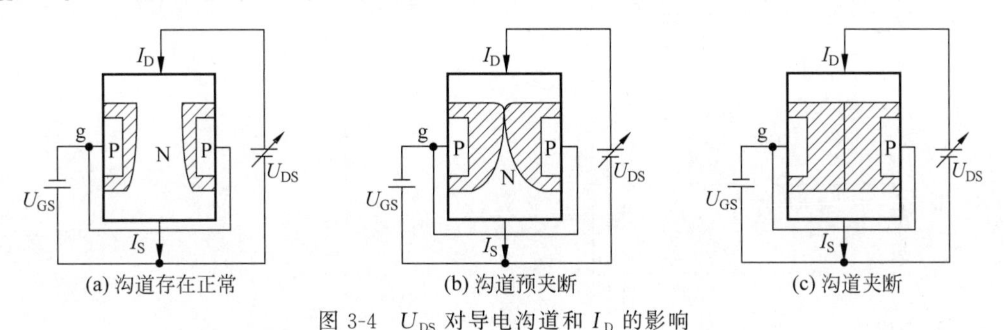

图 3-4　U_{DS} 对导电沟道和 I_D 的影响

3.1.3　结型场效应管的伏安特性

结型场效应管的伏安特性类似于晶体管伏安特性，研究 JFET 伏安特性也分输出特性与转移特性。

1. 输出特性曲线

输出特性是指栅源电压 u_{GS} 一定，漏极电流 i_D 与漏极电压 u_{DS} 之间的关系，即

$$i_D=f(u_{DS})\big|_{u_{GS}=\text{常数}} \tag{3-1}$$

根据工作情况，输出特性可划分为 4 个区域，即：可变电阻区、恒流区、击穿区和截止区，如图 3-5 所示。

在可变电阻区内，栅源电压越负，输出特性越倾斜，漏源间的等效电阻越大。因此，在可变电阻区中，FET 可看作一个受栅源电压控制的可变电阻。故得名为可变电阻区。

在恒流区(又称为饱和区)，其物理过程已经描述。FET 用作放大电路时，一般就工作在这个区域。因此，这个区又叫作线性放大区。

在击穿区的特点是，当漏源电压增至一定数值(例如图 3-5 中的 U_{DSS})后，由于加到沟道中耗尽层的电压太高，电场很强，致使栅漏间的 PN 结发生雪崩击穿，漏极电流迅速上升，故名击穿区。进入雪崩击穿后，管子不能正常工作，甚至很快烧毁。所以，FET 不允许在这个区域工作。

当 $u_{GS}<U_P$ 时，$i_D=0$。此区域为截止区。当管子做电子开关用时，相当于开关断开。

2. 转移特性

电流控制器件 BJT 的工作性能，是通过它的输入特性和输出特性及一些参数来反映的。FET 是电压控制器件，它除了用输出特性及一些参数来描述其性能外，由于栅极输入端基本上没有电流，故讨论它的输入特性是没有意义的。

所谓转移特性是在 u_{DS} 一定时，漏极电流 i_D 与栅源电压 u_{GS} 之间的关系。即

$$i_D = f(u_{GS})\big|_{u_{DS}=常数} \tag{3-2}$$

由于输出特性与转移特性都是反映 FET 工作的同一物理过程，所以转移特性可以直接从输出特性上用作图法求出。例如，在输出特性图 3-5 中，作 $u_{DS}=10\text{V}$ 的一条垂直线，此垂直线与各条输出特性曲线的交点分别为 A、B、C、D，将这四个点相应的 i_D 及 u_{GS} 值画在 i_D-u_{GS} 的直角坐标系中，就可以得到 $u_{DS}=10\text{V}$ 时的转移特性曲线。改变 u_{DS}，可以得到一族转移特性曲线。由于在饱和区漏极电流几乎不随着漏源电压而变化，所以当漏源电压大于一定值时，不同的漏源电压的转移特性很接近。在放大电路中，FET 一般工作在饱和区，而且漏源电压总有一定数值(例如图 3-6 中大于 4V)，这时可以认为转移特性重合为一条直线，使得分析简单化。

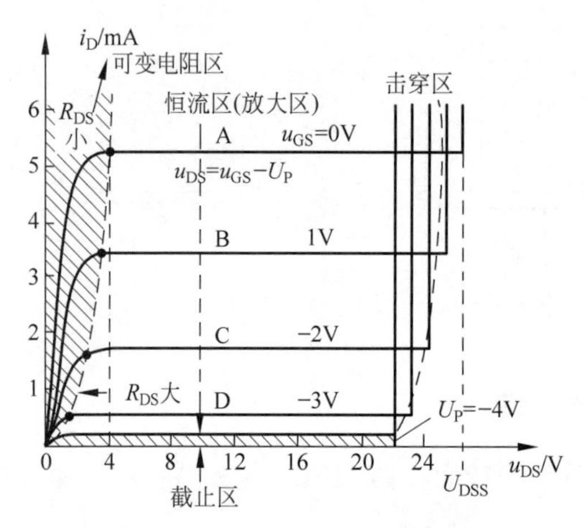

图 3-5 N 沟道 JFET 的输出特性

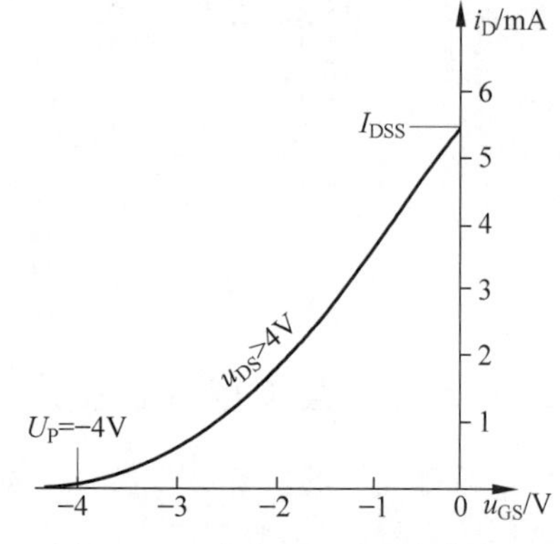

图 3-6 N 沟道 JFET 的转移特性

实验表明，在 $U_P \leqslant u_{GS} \leqslant 0$ 的范围内，漏极电流 i_D 与栅极电压 u_{GS} 的关系为

$$i_D = I_{DSS}\left(1-\frac{u_{GS}}{U_P}\right)^2 \quad (U_P \leqslant u_{GS} \leqslant 0) \tag{3-3}$$

式中，I_{DSS} 是漏极饱和电流，在 3.2.3 节具体介绍。

3.2 绝缘栅场效应管

JFET 的直流输入电阻虽然一般可以达到 $10^6 \sim 10^9\Omega$，由于这个电阻本质上来说是 PN 结的反向电阻，PN 结反向偏置时总有一点反向电流存在，这就限制了输入电阻的进一步提高。与 JFET 不同，金属氧化物半导体场效应管(metal-oxide-semiconductor type field effect transistor，MOSFET)是利用半导体表面的电场效应进行的，也称为表面场效应器件。由于它的栅极处于不导电(绝缘)状态，所以又称为绝缘栅场效应管，它的输入电阻大为提高，最高可达到 $10^{15}\Omega$。MOSFET 管是 FET 的一种(另一种是 JFET)，可以被制造成增强型或耗尽型，P 沟道或 N 沟道，因此 MOSFET 有 N 沟道和 P 沟道之分，而且每一类又分为增强型和耗尽型两种，共 4 种类型。增强型 MOSFET 在 $u_{GS}=0$ 时，没有导电沟道存在。而耗尽型 MOSFET 在 $u_{GS}=0$ 时，就有导电沟道存在。

但实际应用的只有增强型的 N 沟道 MOS 管和增强型的 P 沟道 MOS 管，所以通常提到 NMOS,或者 PMOS 指的就是这两种。

3.2.1　增强型 MOS 管

在一块掺杂浓度较低的 P 型硅衬底上,制作两个高掺杂浓度的 N^+ 区,并用金属铝引出两个电极,分别作漏极 d 和源极 s。然后在半导体表面覆盖一层很薄的二氧化硅(SiO_2)绝缘层,在漏-源极间的绝缘层上再装上一个铝电极,作为栅极 g。在衬底上也引出一个电极 B,这就构成了一个 N 沟道增强型 MOS 管。MOS 管的源极和衬底通常是接在一起的(大多数管子在出厂前已连接好)。它的栅极与其他电极间是绝缘的。图 3-7 和图 3-8(a)分别是它的结构示意图和代表符号。代表符号中的箭头方向表示由 P(衬底)指向 N(沟道)。P 沟道增强型 MOS 管的箭头方向与上述相反,如图 3-8(b)所示。

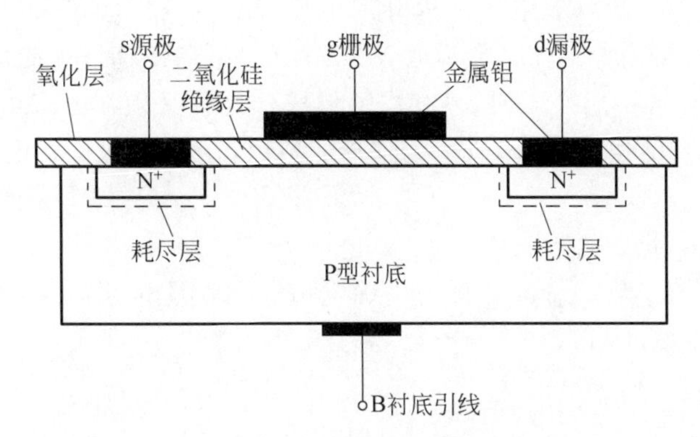

图 3-7　N 沟道增强型 MOS 管结构示意图

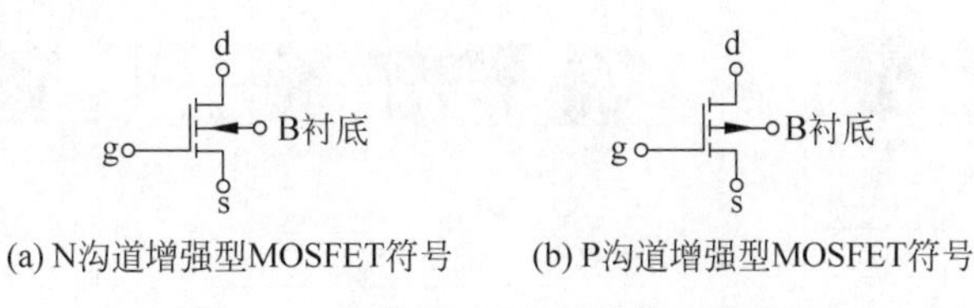

图 3-8　增强型 MOS 管结代表符号

(1) 接下来分析 N 沟道增强型 MOS 管的工作原理。首先讨论 u_{GS} 对 i_D 及沟道的控制作用。$u_{GS}=0$ 的情况。如图 3-9(a),增强型 MOS 管的漏极 d 和源极 s 之间有两个背靠背的 PN 结。当栅-源电压 $u_{GS}=0$ 时,即使加上漏-源电压 u_{DS},而且不论 u_{DS} 的极性如何,总有一个 PN 结处于反偏状态,漏-源极间没有导电沟道,所以这时漏极电流 $i_D\approx0$。

(2) $u_{GS}>0$ 的情况。若 $u_{GS}>0$,则栅极和衬底之间的 SiO_2 绝缘层中便产生一个电场。电场方向是垂直于半导体表面的由栅极指向衬底的电场,此电场能排斥空穴而吸引自由电子。排斥空穴使栅极附近的 P 型衬底中的空穴被排斥,剩下不能移动的受主离子(负离子)形成耗尽层。吸引电子将 P 型衬底中的电子(少子)吸引到衬底表面。当 u_{GS} 数值较小,吸引电子的能力不强时,漏-源极之间仍无导电沟道出现,如图 3-9(b)所示。但是,当 u_{GS} 增加时,吸引到 P 衬底表面层的电子就增多,当 u_{GS} 达到某一数值时,这些电子在栅极附近的 P 衬底表面便形成一个 N 型薄层,且与两个 N^+ 区相连通,在漏-源极间形成 N 型导电沟道,又因为其导电类型与 P 衬底相反,故又称为反型层,如图 3-9(c)所示。u_{GS} 越大,作用于半导

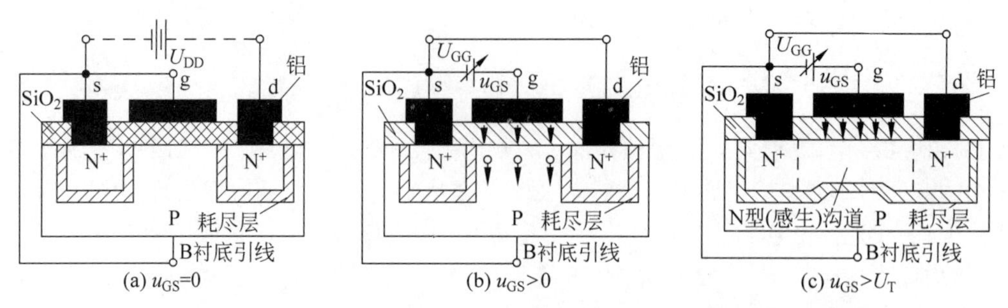

图 3-9 N 沟道增强型 MOS 管 u_{GS} 对 i_D 及沟道的控制作用原理图

体表面的电场就越强,吸引到 P 衬底表面的自由电子就越多,导电沟道越厚,沟道电阻越小。开始形成沟道时的栅-源极电压称为开启电压,用 U_T 表示,亦作 $U_{GS(th)}$。将 u_{GS} 对 i_D 及沟道的控制作用简要总结一下:N 沟道 MOS 管在 $u_{GS}<U_T$ 时,不能形成导电沟道,管子处于截止状态。只有当 $u_{GS}\geqslant U_T$ 时,才有沟道形成。这种必须在 $u_{GS}\geqslant U_T$ 时才能形成导电沟道的 MOS 管,称为增强型 MOS 管。沟道形成以后,在漏-源极间加上正向电压 u_{DS},就有漏极电流产生。

接下来分析 u_{DS} 对 i_D 的影响。

如图 3-10(a)所示,当 $u_{GS}>U_T$ 且为一确定值时,漏-源电压 u_{DS} 对导电沟道及电流 i_D 的影响与结型场效应管相似。

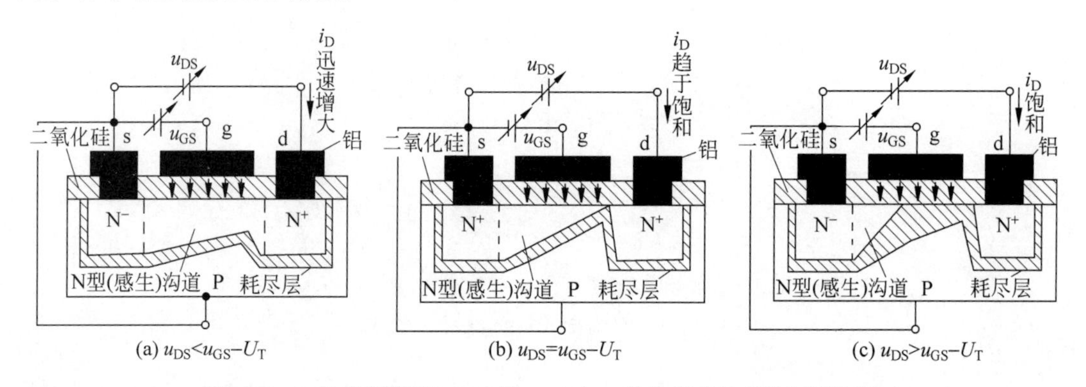

图 3-10 N 沟道增强型 MOS 管 u_{DS} 对 i_D 及沟道的控制作用原理图

漏极电流 i_D 沿沟道产生的电压降使沟道内各点与栅极间的电压不再相等,靠近源极一端的电压最大,这里沟道最厚,而漏极一端电压最小,其值为 $u_{GD}=u_{GS}-u_{DS}$,因而这里沟道最薄。但当 u_{DS} 较小($u_{DS}<u_{GS}-U_T$)时,它对沟道的影响不大,这时只要 u_{GS} 一定,沟道电阻几乎也是一定的,所以 i_D 随 u_{DS} 近似呈线性变化。随着 u_{DS} 的增大,靠近漏极的沟道越来越薄,当 u_{DS} 增加到使 $u_{GD}=u_{GS}-u_{DS}=U_T$(或 $u_{DS}=u_{GS}-U_T$)时,沟道在漏极一端出现预夹断,如图 3-10(b)所示。再继续增大 u_{DS},夹断点将向源极方向移动,如图 3-10(c)所示。由于 u_{DS} 的增加部分几乎全部降落在夹断区,故 i_D 几乎不随 u_{DS} 增大而增加,管子进入饱和区,i_D 几乎仅由 u_{GS} 决定。在饱和区内,增强型 MOS 管的电流方程如式(3-4)所示,其中 I_{DO} 为 $U_{GS}=2U_T$ 时的 I_D。

$$i_D=I_{DO}\left(1-\frac{u_{GS}}{U_T}\right)^2 \tag{3-4}$$

3.2.2 耗尽型 MOS 管

本节以 N 沟道耗尽型 MOS 管为例讲授耗尽型 MOS 管的结构特点。P 沟道耗尽型 MOS 管与其关系对称不再赘述。

N 沟道耗尽型 MOS 管结构如图 3-11 所示，N 沟道耗尽型 MOS 管与 N 沟道增强型 MOS 管基本相似。耗尽型 MOS 管在 $u_{GS}=0$ 时，漏-源极间已有导电沟道产生。增强型 MOS 管要在 $u_{GS}\geqslant U_T$ 时才出现导电沟道。具体的原因是制造 N 沟道耗尽型 MOS 管时，在 SiO_2 绝缘层中掺入了大量的碱金属正离子 Na^+ 或 K^+（制造 P 沟道耗尽型 MOS 管时掺入负离子），如图 3-11 所示，因此即使 $u_{GS}=0$ 时，在这些正离子产生的电场作用下，漏-源间的 P 型衬底表面也能感应生成 N 沟道（称为初始沟道），只要加上正向电压 u_{DS}，就有电流 i_D。

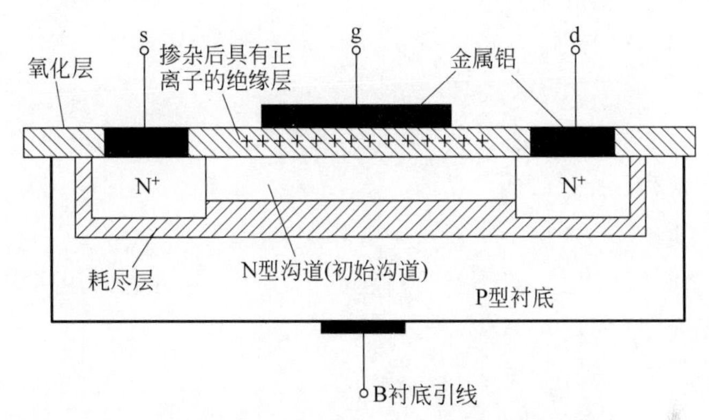

图 3-11　N 沟道耗尽型 MOS 管结构示意图

如果加上正的 u_{GS}，栅极与 N 沟道间的电场将在沟道中吸引来更多的电子，沟道加宽，沟道电阻变小，i_D 增大。反之 u_{GS} 为负时，沟道中感应的电子减少，沟道变窄，沟道电阻变大，i_D 减小。当 u_{GS} 负向增加到某一数值时，导电沟道消失，i_D 趋于零，管子截止，故称为耗尽型。沟道消失时的栅-源电压称为夹断电压，仍用 U_P 表示。与 N 沟道结型场效应管相同，N 沟道耗尽型 MOS 管的夹断电压 U_P 也为负值，但是，前者只能在 $u_{GS}<0$ 的情况下工作。而后者在 $u_{GS}=0$，$u_{GS}>0$，$U_P<u_{GS}<0$ 的情况下均能实现对 i_D 的控制，而且仍能保持栅-源极间有很大的绝缘电阻，使栅极电流为零。这是耗尽型 MOS 管的一个重要特点。图 3-12(a)、图 3-12(b)分别是 N 沟道和 P 沟道耗尽型 MOS 管的代表符号。

d　B衬底　g　s　　　d　B衬底　g　s

(a) N沟道耗尽型MOSFET符号　　(b) P沟道耗尽型MOSFET符号

图 3-12　耗尽型 MOS 管的代表符号

在饱和区内，耗尽型 MOS 管的电流方程与结型场效应管的电流方程相同，即

$$i_D=I_{DSS}\left(1-\frac{u_{GS}}{U_P}\right)^2 \quad 其中\ |u_{GS}|<|U_P| \tag{3-5}$$

3.2.3 场效应管的主要参数

场效应管的参数可以分成三部分：直流参数、交流参数和极限参数。

1. 直流参数

场效应管直流参数主要是保证其工作在合适的电路状态即可变电阻区、夹断区、恒流区。

1）漏极饱和电流 I_{DSS}

I_{DSS} 是耗尽型和结型场效应管的一个重要参数，它的定义是当栅、源之间的电压 U_{GS} 等于零，而漏、源之间的电压 U_{DS} 大于夹断电压 U_P 时对应的漏极电流。

2）夹断电压 U_P

U_P 是耗尽型和结型场效应管的重要参数，其定义为当 U_{DS} 一定时，使 I_D 减小到某一个微小电流（如 1μA，50μA）时所需的 U_{GS} 值。

3）开启电压 U_T

U_T 是增强型场效应管的重要参数，它的定义是当 U_{DS} 一定时，漏极电流 I_D 达到某一数值（例如 10μA）时所需加的 U_{GS} 值。

4）直流输入电阻 R_{GS}

R_{GS} 是栅、源之间所加电压与产生的栅极电流之比。由于栅极几乎不取电流，因此输入电阻很高。结型为 $10^6\Omega$ 以上，MOS 管可达 $10^{10}\Omega$ 以上。

2. 交流参数

场效应管交流参数也称为动态参数，主要是研究场效应管交流性能时涉及的性能参数。

1）低频跨导 g_m

g_m 是描述栅、源电压对漏极电流的控制作用。具体公式为

$$g_m = \frac{\partial i_D}{\partial u_{GS}}\Big|_{U_{DS}=\text{常数}} \tag{3-6}$$

跨导 g_m 的单位是 mA/V。跨导（又称为互导）反映了栅、源电压对漏极电流的控制能力，它相当于转移特性上工作点的斜率。一般常见的单位为 ms。它的值可由转移特性或输出特性求得，同时如图 3-13 所示，有

$$g_m = \frac{\partial i_D}{\partial u_{GS}} = -\frac{2I_{DSS}}{U_P}\left(1 - \frac{U_{GS}}{U_P}\right) \quad (\text{当 } U_P \leqslant u_{GS} \leqslant 0 \text{ 时})$$

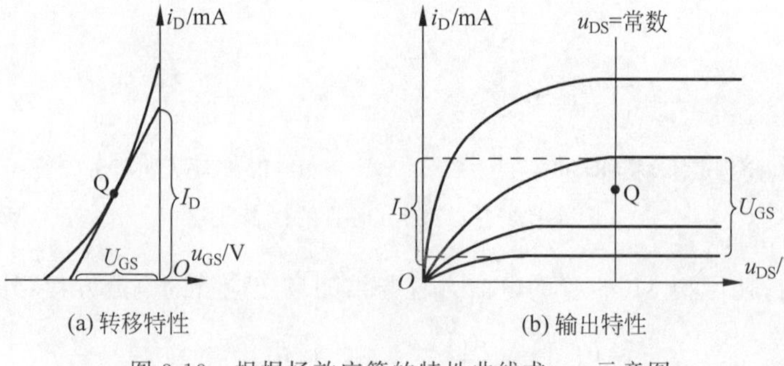

(a) 转移特性　　(b) 输出特性

图 3-13　根据场效应管的特性曲线求 g_m 示意图

2）极间电容

场效应管三个电极之间的电容，包括 C_{GS}、C_{GD} 和 C_{DS}。这些极间电容愈小，则管子的高频性能愈好。一般为几个皮法。

3）输出电阻

输出电阻 r_d 说明了 u_{DS} 对 i_D 的影响，是输出特性某一点上切线斜率的倒数。在饱和区（线性放大区），i_D 随 u_{DS} 改变很小，因此 r_d 的数值很大，一般在几十千欧到几百千欧。计算 r_d 表达式为

$$r_d = \left.\frac{\partial u_{DS}}{\partial i_D}\right|_{U_{GS}} \tag{3-7}$$

3. 极限参数

极限参数（the maximum parameter）是管子在工作状态不允许超过的参数。如果超越，就会损坏管子。

1）漏极最大允许耗散功率 P_{DM}

P_{DM} 与 I_D、U_{DS} 有如下关系

$$P_{DM} = I_D U_{DS} \tag{3-8}$$

这部分功率将转化为热能，使管子的温度升高。P_{DM} 受场效应管允许的最高温升限制。

2）漏-源间击穿电压 $U_{(BR)DS}$

在场效应管输出特性曲线上，当漏极电流 I_D 急剧上升产生雪崩击穿时的 U_{DS}。工作时加在漏-源之间的电压不得超过此值。

3）栅-源间击穿电压 $U_{(BR)GS}$

结型场效应管正常工作时，栅-源之间的 PN 结处于反向偏置状态，若 U_{GS} 超过栅-源间击穿电压 $U_{(BR)GS}$，PN 结将被击穿。

对于 MOS 场效应管，由于栅极与沟道之间有一层很薄的二氧化硅绝缘层，当 U_{GS} 过高时，可能将 SiO_2 绝缘层击穿，使栅极与衬底发生短路。这种击穿不同于 PN 结击穿，而是和电容器击穿的情况类似，属于破坏性击穿。

3.2.4 场效应管与晶体三极管的性能比较

场效应管与晶体三极管在不同应用场合性能有很大区别，具体而言有以下方面：

（1）场效应管的源极 s、栅极 g、漏极 d 分别对应于晶体三极管的发射极 e、基极 b、集电极 c，它们的作用相似。

（2）场效应管是电压控制电流器件，由 u_{GS} 控制 i_D，其放大系数 g_m 一般较小，因此场效应管的放大能力较差；晶体三极管是电流控制电流器件，由 i_B（或 i_E）控制 i_C。

（3）场效应管栅极几乎不取电流；而晶体三极管工作时基极总要吸取一定的电流。因此场效应管的输入电阻比晶体三极管的输入电阻高。所以在要求高输入电阻放大电路（例如电压表的输入级）情形下，常选用场效应管放大电路。

（4）场效应管只有多子参与导电；晶体三极管有多子和少子两种载流子参与导电，因少子浓度受温度、辐射等因素影响较大，所以场效应管比晶体三极管的温度稳定性好、抗辐射能力强。在环境条件（温度等）变化很大的情况下应选用场效应管。

（5）场效应管在源极未与衬底连在一起时，源极和漏极可以互换使用，且特性变化不

大；而晶体三极管的集电极与发射极互换使用时，其特性差异很大，β 值将减小很多。

(6) 场效应管的噪声系数很小，在低噪声放大电路的输入级及要求信噪比较高的电路中要选用场效应管。

(7) 场效应管和晶体三极管均可组成各种放大电路和开关电路，但由于前者制造工艺简单，且具有耗电少，热稳定性好，工作电源电压范围宽等优点，因而被广泛用于大规模和超大规模集成电路中。

3.2.5 MOS场效应晶体管使用注意事项

MOS场效应晶体管由于输入阻抗高(包括MOS集成电路)，极易被静电击穿，使用时应注意以下规则：

(1) 从场效应管的结构上看，其源极和漏极是对称的，因此源极和漏极可以互换。但有些场效应管在制造时已将衬底引线与源极连在一起，这种场效应管源极和漏极就不能互换。

(2) 场效应管各极间电压极性应正确接入，结型场效应管的栅-源电压 u_{GS} 极性不能接反。

(3) 当MOS管的衬底引线单独引出时，应将其接到电路中的电位最低点(对N沟道MOS管而言)或电位最高点(对P沟道MOS管而言)，以保证沟道与衬底间的PN结处于反向偏置，使衬底与沟道及各电极隔离。

(4) MOS管的栅极是绝缘的，感应电荷不易泄放，而且绝缘层很薄，极易击穿。所以栅极不能开路，MOS器件出厂时通常装在黑色的导电泡沫塑料袋中，也可用细铜线把各个引脚连接在一起，将各电极短路。或用锡纸包装。

(5) 焊接时，电烙铁必须可靠接地，或者断电利用烙铁余热焊接，并注意对交流电场的屏蔽。MOS器件焊接完成后再分开。

(6) 取出的MOS器件不能在塑料板上滑动，应用金属盘来盛放待用器件。

(7) MOS器件各引脚的焊接顺序是漏极、源极、栅极。拆机时顺序相反。

(8) MOS场效应晶体管的栅极在允许条件下，接入保护二极管。在检修电路时要注意检查保护二极管是否损坏。

3.3 场效应管放大电路

在由场效应管组成的放大电路中，场效应管必须工作在放大区，即必须采用合适的直流电流将其工作点(U_{DS},I_D)设置于输出特性曲线的放大区，且保持稳定。

与晶体管放大电路相类似，场效应管放大电路有共源、共漏、共栅三种接法，它们的交流通路如图3-14所示。本节主要阐述场效应管放大电路静态工作点的设置方法及共源电路、共漏电路的动态分析(共栅接法应用极少)。

3.3.1 场效应管放大电路的直流偏置与静态分析

场效应管放大电路的直流偏置主要研究两种，一种自偏压电路；另一种分压式偏压电路。

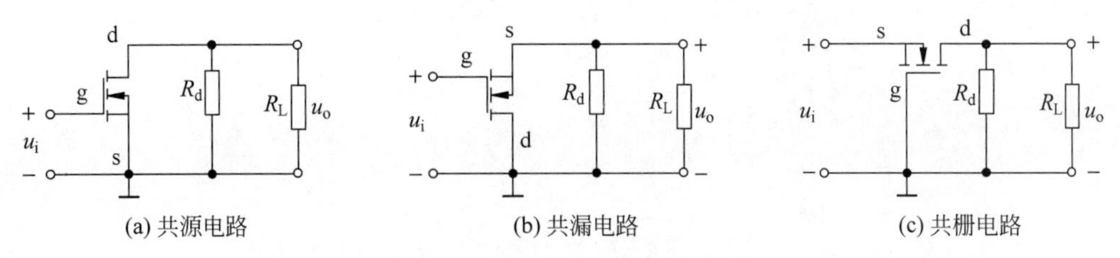

图 3-14　场效应管放大电路的三种接法

1. 自偏压电路

如图 3-15 所示，和 BJT 的射极偏置电路相似，图 3-15 中电容 C 对 R_s 起旁路作用，称为源极旁路电容。

通常在源极接入源极电阻，就可组成一个自偏压电路。考虑到如果采用耗尽型场效应管，即使在 $U_{GS}=0$ 时，也有漏极电流流过 R_s，而栅极是经过 R_G 接地的，所以在静态时栅-源之间将有负栅压，即

$$U_{GSQ}=U_{GQ}-U_{SQ}=0-I_{DQ}R_s=-I_{DQ}R_s \tag{3-9}$$

上式表明，在正的直流电源作用下，电路靠 R_s 上的电压使栅-源之间获得负电压，这种依靠自身获得负电压的方式成为自给偏压。再将式(3-9)代入结型场效应管电流方程，得到

$$I_{DQ}=I_{DSS}\left(1-\frac{U_{GSQ}}{U_P}\right)^2=I_{DSS}\left(1-\frac{-I_{DQ}R_s}{U_P}\right)^2 \tag{3-10}$$

由此求出 I_{DQ}，将其代入式(3-9)中，可得栅-源间静态电压 U_{GSQ}。根据电路的输出回路方程，可得到管压降

$$U_{DSQ}=U_{DD}-I_{DQ}(R_D+R_s) \tag{3-11}$$

增强型场效应管只有栅极、源极之间电压先达到某个开启电压 U_T 时才有漏极电流 I_D，因此这类管子不能用如图 3-15 所示的自偏压电路。

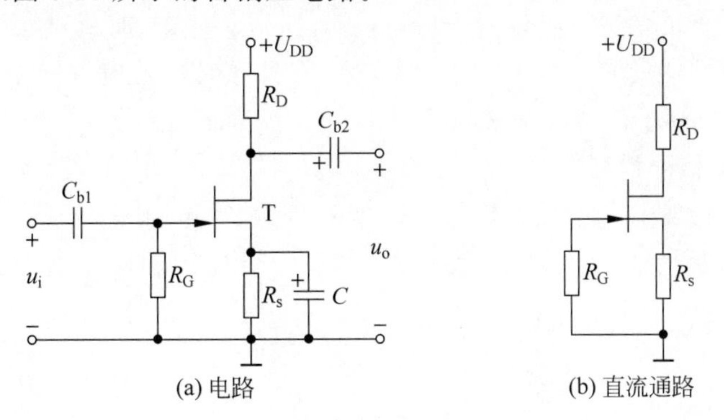

图 3-15　结型场效应管自偏压电路

2. 分压式偏压电路

虽然自偏压电路比较简单，但当静态工作点决定后，U_{GS} 和 I_D 就确定了，因而源极电阻选择的范围很小。分压式偏压电路是在图 3-15 的基础上加分压电阻后组成的，如图 3-16 所示。

漏极电源 U_{DD} 经过分压电阻 R_{G1} 和 R_{G2} 分压后，通过 R_{G3} 供给栅极

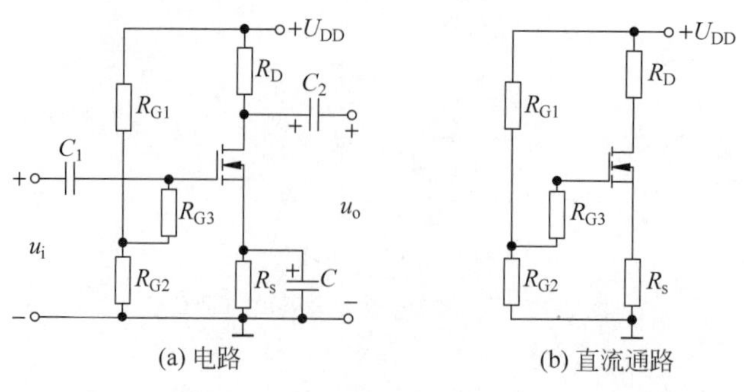

(a) 电路　　(b) 直流通路

图 3-16　分压式偏压电路

$$U_G = U_{DD}\frac{R_{G2}}{R_{G1}+R_{G2}}$$

同时漏极电流在源极电阻 R_s 上也产生压降 $U_s = I_D R_s$，因此静态时加在场效应管上的栅源电压为

$$U_{GS} = U_G - U_S = U_{DD}\frac{R_{G2}}{R_{G1}+R_{G2}} - I_D R_s = -\left(I_D R_s - U_{DD}\frac{R_{G2}}{R_{G1}+R_{G2}}\right) \tag{3-12}$$

这种偏压电路的另一个特点是适用于增强型场效应管电路。I_{DQ} 与 U_{GSQ} 应符合 MOS 管的电流方程式(3-4)，即

$$I_{DQ} = I_{DO}\left(1-\frac{U_{GSQ}}{U_T}\right)^2 \tag{3-13}$$

联立式(3-12)和式(3-13)，求解可得出 I_{DQ} 与 U_{GSQ}。进而可得到管压降

$$U_{DSQ} = U_{DD} - I_{DQ}(R_D + R_s) \tag{3-14}$$

3.3.2　场效应管放大电路的动态分析

当场效应管的直流偏置电路设置合适后，加入交流信号，此时就要进行场效应管的动态分析。通常需要放大的信号比较微弱，即小信号，并且此时场效应管工作在线性放大区，那么同 BJT 一样，可以用小信号模型来分析。

1. 场效应管小信号模型

在 3.3.1 节中，已经讨论了场效应管的跨导 g_m 和输出电阻 r_d。如果此时场效应管工作在线性放大区(也就是恒流区、饱和区)，那么场效应管的交流小信号线性模型如图 3-17 所示。

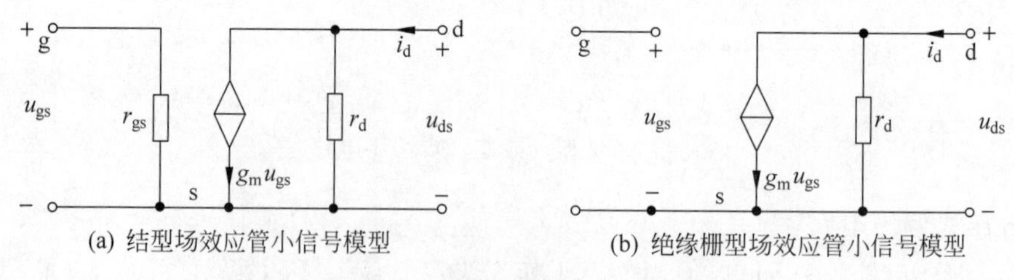

(a) 结型场效应管小信号模型　　(b) 绝缘栅型场效应管小信号模型

图 3-17　场效应管的小信号模型

由于结型场效应管的输入电阻比绝缘栅场效应管小，所以结型场效应管的小信号模型保留了电阻 r_{gs}，如图 3-17(a)，而绝缘栅场效应管输入电阻趋近于无穷大，所以小信号模型中不再画输入电阻，直接将栅-源之间开路处理，如图 3-17(b)所示。

根据场效应管的电流方程可以求出低频跨导 g_m。对于结型场效应管

$$
\begin{aligned}
g_m &= \frac{\partial i_D}{\partial u_{GS}}\bigg|_{U_{DS}} \\
&= \frac{2I_{DSS}}{-U_P}\left(1-\frac{u_{GS}}{U_P}\right)\bigg|_{U_{DS}} \\
&= \frac{2\sqrt{I_{DSS}^2\left(1-\frac{u_{GS}}{U_P}\right)^2\bigg|_{U_{DS}}}}{-U_P} \\
&= -\frac{2}{U_P}\sqrt{I_{DSS}i_D}
\end{aligned}
$$

当小信号作用时，可以用 I_{DQ} 来近似 i_D，所以

$$g_m \approx -\frac{2}{U_P}\sqrt{I_{DSS}I_{DQ}} \tag{3-15}$$

同理，对于增强型 MOS 管

$$g_m \approx \frac{2}{U_T}\sqrt{I_{DO}I_{DQ}} \tag{3-16}$$

当场效应管用在高频或脉冲电路时，极间电容的影响不能忽略，此时场效应管需用高频模型如图 3-18 所示。

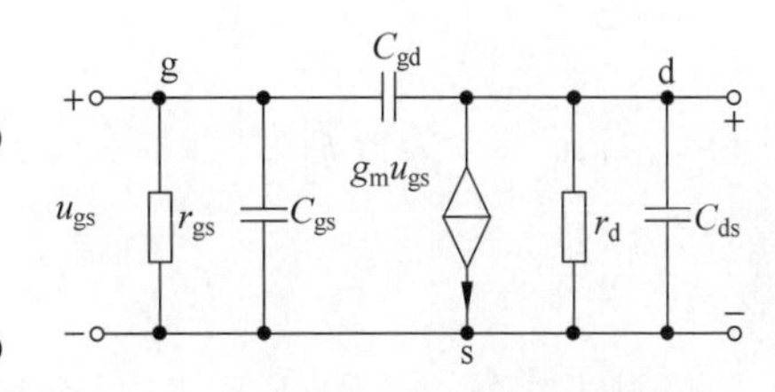

图 3-18　场效应管高频小信号模型

2. 应用小信号模型法分析场效应管放大电路

如图 3-19(a)所示的共源极电路，应用小信号模型进行分析，求出中频电压增益、输入电阻、输出电阻。中频小信号模型如图 3-17(b)所示，通常 r_d 的阻值在几百千欧姆的数量级，一般负载电阻比 r_d 小很多，故此时可以认为 r_d 开路。故最后画出共源放大电路的交流等效电路，如图 3-19(b)所示，此交流通路中的交流物理量用相量表示。

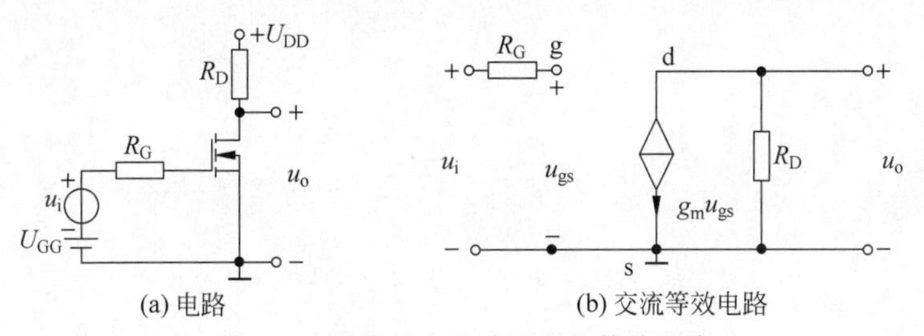

图 3-19　共源放大电路及交流等效电路

1) 中频电压增益

在图 3-19(b)中，可以分析出

$$u_i = u_{gs} \tag{3-17}$$

在图 3-19 中空载，所以输出电压等于场效应管压降，并且 R_D 的交流电流就是漏极交流电流，又因为交流通路中直流电源归零，所以 R_D 接地，根据以上分析可以得到

$$u_o = -i_d R_D = -g_m u_{gs} R_D \tag{3-18}$$

因此中频电压增益(放大倍数)

$$A_u = \frac{U_o}{U_i} = -g_m R_D \tag{3-19}$$

2）输入电阻、输出电阻

根据输入电阻、输出电阻的定义，它们分别为

$$R_{\mathrm{i}}=\infty \tag{3-20}$$

$$R_{\mathrm{o}}=R_{\mathrm{D}} \tag{3-21}$$

例 3-1 如图 3-16，已知 $U_{\mathrm{DD}}=15\mathrm{V}$，$R_{\mathrm{G1}}=150\mathrm{k\Omega}$，$R_{\mathrm{G2}}=300\mathrm{k\Omega}$，$R_{\mathrm{G3}}=2\mathrm{M\Omega}$，$R_{\mathrm{D}}=5\mathrm{k\Omega}$，$R_{\mathrm{s}}=500\Omega$，$R_{\mathrm{L}}=5\mathrm{k\Omega}$；MOS 管的 $U_{\mathrm{T}}=2\mathrm{V}$，$I_{\mathrm{DO}}=2\mathrm{mA}$。求解 Q 点、$\dot{A}_u$，$R_{\mathrm{i}}$、$R_{\mathrm{o}}$。

解 场效应管放大器的分析同样遵循先静态后动态的原则。首先求解 Q 点。

$$\begin{cases} U_{\mathrm{GSQ}}=\dfrac{R_{\mathrm{G2}}}{R_{\mathrm{G1}}+R_{\mathrm{G2}}}\times U_{\mathrm{DD}}-I_{\mathrm{DQ}}R_{\mathrm{s}}=\dfrac{150}{150+300}\times 15-I_{\mathrm{DQ}}\times 0.5=5-0.5I_{\mathrm{DQ}} \\ I_{\mathrm{DQ}}=I_{\mathrm{DO}}\left(\dfrac{U_{\mathrm{GSQ}}}{U_{\mathrm{T}}}-1\right)^2=2\left(\dfrac{U_{\mathrm{GSQ}}}{2}-1\right)^2 \end{cases}$$

解得 U_{GSQ} 的两个解分别为 $+4\mathrm{V}$ 和 $-4\mathrm{V}$，舍去负值，得出合理解为

$$U_{\mathrm{GSQ}}=4\mathrm{V},\quad I_{\mathrm{DQ}}=2\mathrm{mA}$$

$$U_{\mathrm{DSQ}}=U_{\mathrm{DD}}-I_{\mathrm{DQ}}(R_{\mathrm{D}}+R_{\mathrm{s}})=4\mathrm{V}$$

接下来求解 $\dot{A}_u$、R_{i}、R_{o}。画出图 3-16 的交流等效电路，如图 3-20 所示。为计算方便，电路物理量用相量表示。

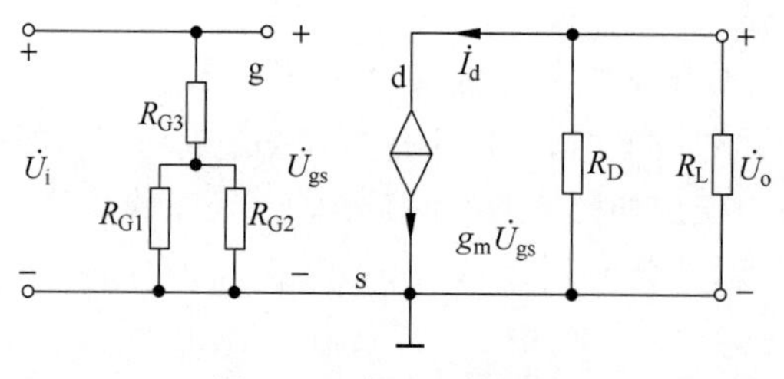

图 3-20 例 3-1 电路图

计算低频跨导，有

$$g_{\mathrm{m}}=\frac{2}{U_{\mathrm{T}}}\sqrt{I_{\mathrm{DO}}I_{\mathrm{DQ}}}=\frac{2}{2}\sqrt{2\times 2}\,\mathrm{mA/V}=2\mathrm{mS}$$

$$\dot{U}_{\mathrm{o}}=-\dot{I}_{\mathrm{d}}(R_{\mathrm{D}}\,/\!/\,R_{\mathrm{L}})=-g_{\mathrm{m}}\dot{U}_{\mathrm{gs}}(R_{\mathrm{D}}\,/\!/\,R_{\mathrm{L}})$$

由于

$$\dot{U}_{\mathrm{gs}}=\dot{U}_{\mathrm{i}}$$

根据电压放大倍数、输入电阻和输出电阻的定义，可得

$$\dot{A}_u=\frac{\dot{U}_{\mathrm{o}}}{\dot{U}_{\mathrm{i}}}=-g_{\mathrm{m}}(R_{\mathrm{D}}\,/\!/\,R_{\mathrm{L}})=-2\times\frac{1}{1/5+1/5}=-5$$

$$R_{\mathrm{i}}=R_{\mathrm{G3}}+R_{\mathrm{G1}}\,/\!/\,R_{\mathrm{G2}}=\left(2+\frac{1}{1/0.15+1/0.3}\right)\mathrm{M\Omega}=2.1\mathrm{M\Omega}$$

$$R_{\mathrm{o}}=R_{\mathrm{D}}=5\mathrm{k\Omega}$$

解题结论 从此例可以看出，场效应管共源极放大电路的输入电阻远大于共射极放大电路的输入电阻，但是它的电压放大能力不如共射放大电路。

从此例还可以看出电阻 R_{G3} 的作用是增大输入电阻。

3. 共漏放大电路的动态分析

共漏放大电路又称为场效应管源极跟随器。

图 3-21(a)所示为共漏放大电路,图 3-21(b)为它的交流等效电路。其静态工作点可用下式估算,即

$$\begin{cases} I_{DQ}=I_{DO}\left(\dfrac{U_{GSQ}}{U_T}-1\right)^2 \\ U_{GSQ}=U_{GG}-I_{DQ}R_s \\ U_{DSQ}=U_{DD}-I_{DQ}R_s \end{cases} \tag{3-22}$$

在图 3-21(b)所示电路中,当输入电压$\dot{U}_i$ 作用时,栅-源之间产生动态电压$\dot{U}_{gs}$,从而得到漏极电流$\dot{I}_d$,$\dot{I}_d=g_m\dot{U}_{gs}$;$\dot{I}_d$在源极电阻 R_s 的压降就是输出电压,即

$$\dot{U}_o=\dot{I}_dR_s=g_m\dot{U}_{gs}R_s \tag{3-23}$$

输入电压为

$$\dot{U}_i=\dot{U}_{gs}+\dot{U}_o=\dot{U}_{gs}+g_m\dot{U}_{gs}R_s \tag{3-24}$$

所以电压放大倍数

$$\dot{A}_u=\frac{\dot{U}_o}{\dot{U}_i}=\frac{g_mR_s}{1+g_mR_s} \tag{3-25}$$

根据输入电阻的定义

$$R_i=\infty \tag{3-26}$$

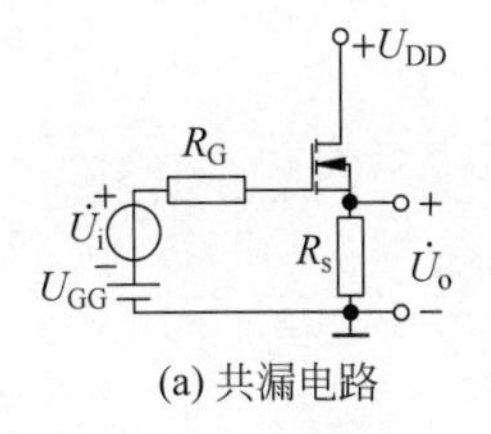

(a) 共漏电路

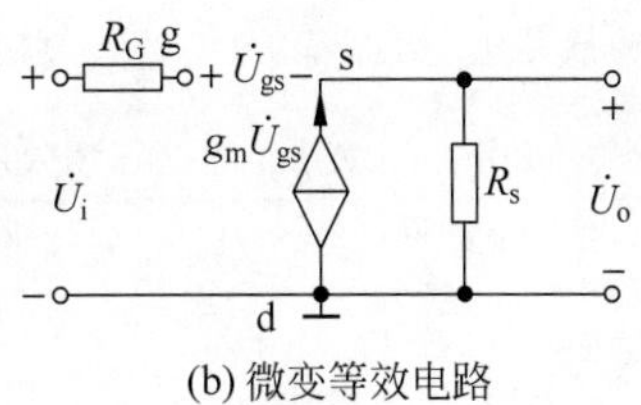

(b) 微变等效电路

图 3-21 共漏放大电路及其微变等效电路

下面求解输出电阻。将输入端的电压源短路,在输出端加交流电压 $\dot{U}_o$,必然产生电流 $\dot{I}_o$,如图 3-22 所示,求出 $\dot{I}_o$,根据输出电阻等于输出电压 $\dot{U}_o$ 除以输出电流 $\dot{I}_o$,可得输出电阻。由图 3-22 可知,$\dot{I}_o$分为两个支路,一路流经 R_s,其值是 $\dot{U}_o/R_s$;另一路是 $\dot{U}_o$ 通过 R_g 加在栅-源之间,从而产生从源极流向漏极的电流 $\dot{I}_s$,其值为 $g_m\dot{U}_o$。所以有

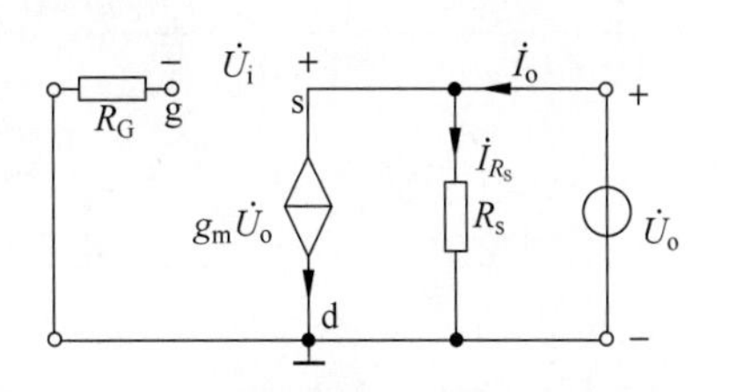

图 3-22 求解共漏放大电路的输出电阻

$$\dot{I}_o=\frac{\dot{U}_o}{R_s}+g_m\dot{U}_o$$

则输出电阻为

$$R_o=\frac{\dot{U}_o}{\dot{I}_o}=\frac{\dot{U}_o}{\frac{\dot{U}_o}{R_s}+g_m\dot{U}_o}=\frac{1}{\frac{1}{R_s}+g_m}=R_s\ /\!/\ \frac{1}{g_m} \tag{3-27}$$

例 3-2 在图 3-21(a)所示电路中，静态工作点合适，$I_{DQ}=1\text{mA}$，$R_G=2\text{M}\Omega$，$R_s=3\text{k}\Omega$；场效应管的开启电压 $U_T=4\text{V}$，$I_{DO}=1\text{mA}$。试求 A_u、R_i、R_o。

解 首先求解 g_m。

$$g_m=\frac{2}{U_T}\sqrt{I_{DO}I_{DQ}}=\frac{2}{4}\sqrt{4\times 1}\text{mA/V}=1\text{ms}$$

根据式(3-25)~式(3-27)分别求解$\dot{A}_u$、R_i、R_o。

$$\dot{A}_u=\frac{\dot{U}_o}{\dot{U}_i}=\frac{g_mR_s}{1+g_mR_s}=\frac{1\times 3}{1+1\times 3}\approx 0.75$$

$$R_i=\infty$$

$$R_o=R_s\ /\!/\ \frac{1}{g_m}=\frac{1}{1/3+1}\approx 0.75\text{k}\Omega$$

解题结论 从例 3-2 的分析可以看出，共漏放大电路的输入电阻远大于共集放大电路的输入电阻，其输出电阻也比共集电路的大，电压跟随器作用比共集电极电路差。

综上所述，场效应管放大电路的突出特点是输入电阻高，因此特别适用于对微弱信号处理的放大电路的输入级。

4. 场效应管三种基本放大电路组态的总结与比较

场效应管三种放大电路组态的特性的总结见表 3-1。

表 3-1 三种场效应管放大电路的特性

结 构	电压增益($\lvert A_{us}\rvert$)	电流增益(A_i)	输入电阻 R_i	输出电阻 R_o
共源极	>1	—	一般	一般
共漏极	≈1	—	一般	低
共栅极	>1	≈1	低	一般

注：表格中的“—”表示通常不研究。

共源极放大电路的输出电压与输入电压反相，共漏极和共栅极放大电路的输出电压与输入电压同相。在一般情况下，共源极和共栅极电路的电压增益远大于 1，而共漏极放大电路的电压增益近似为 1，所以共漏极放大电路又被称为源极跟随器。

输入信号的频率较低时，共源极电路和共漏极电路从栅极看进去的输入电阻几乎为无穷大。然而对于分立元件的放大电路，其输入电阻是偏置电路的戴维南等效电阻。共栅极电路的输入电阻一般为几百欧姆。共漏极输出电阻为几百欧姆或更小。

共源极和共栅极电路的输出电阻主要取决于 R_D。

场效应管的型号比较多，相应的转移特性曲线和输出特性曲线也各不相同，如表 3-2 所示。

表 3-2　各种场效应管的转移特性和输出特性曲线

分类			符号	转移特性曲线	输出特性曲线
结型场效应管	N沟道		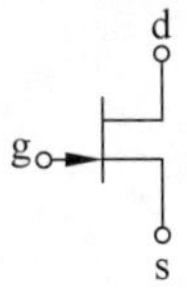 d g s	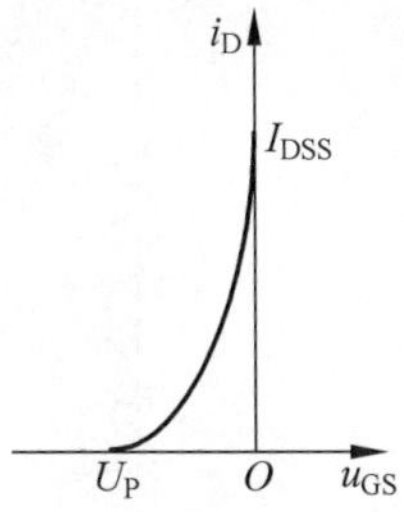 i_D I_{DSS} U_P O u_{GS}	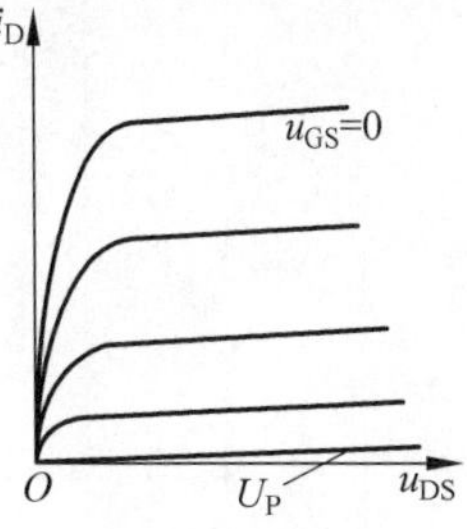 i_D u_{GS}=0 O U_P u_{DS}
	P沟道		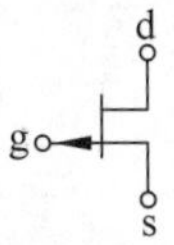 d g s	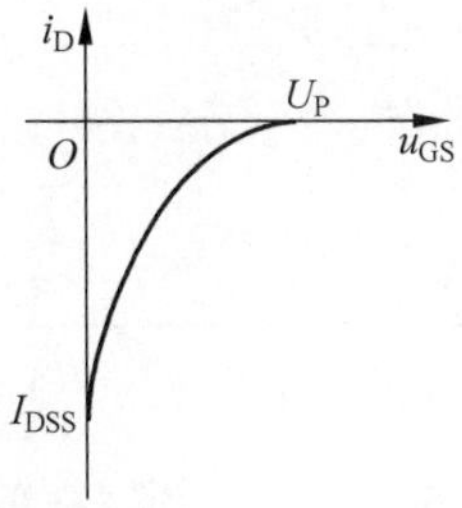 i_D U_P O u_{GS} I_{DSS}	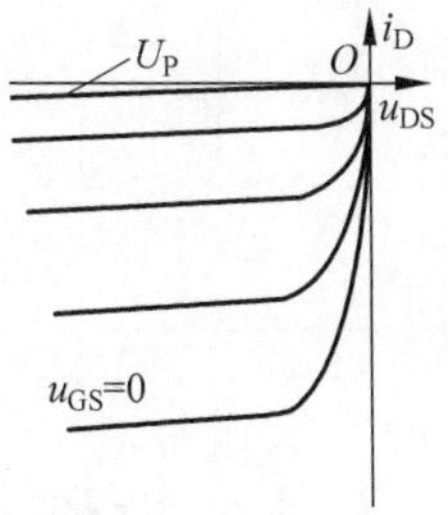 U_P O i_D u_{DS} u_{GS}=0
绝缘栅型场效应管	N沟道	增强型	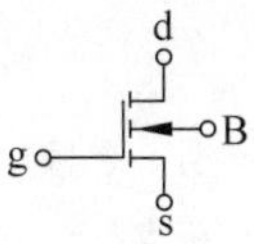 d B g s	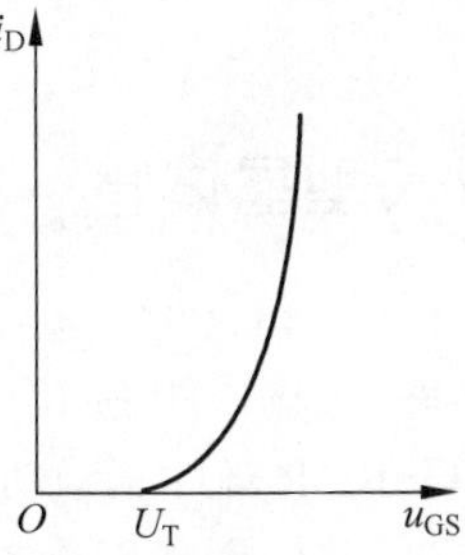 i_D O U_T u_{GS}	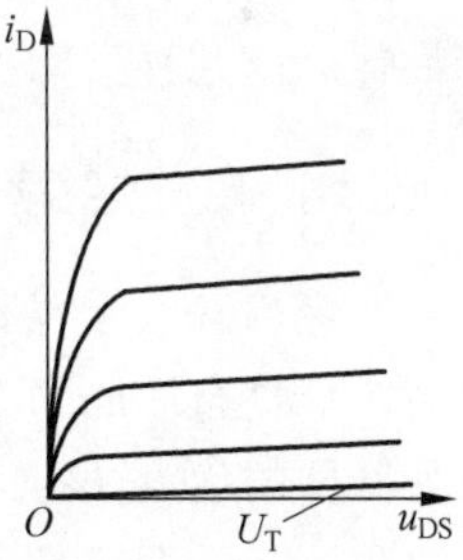 i_D O U_T u_{DS}
		耗尽型	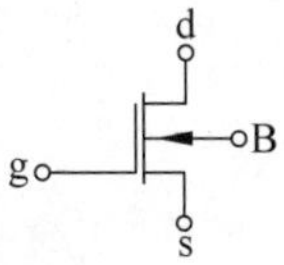 d B g s	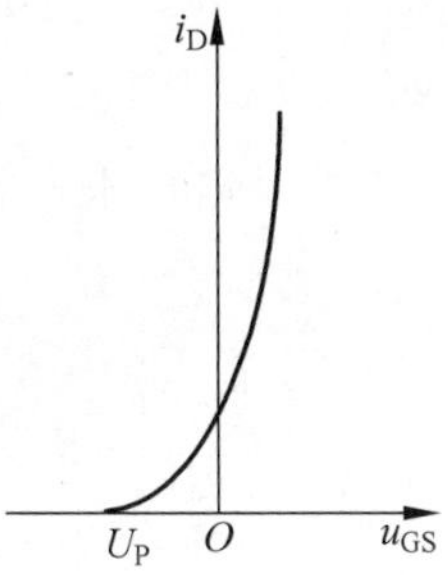 i_D U_P O u_{GS}	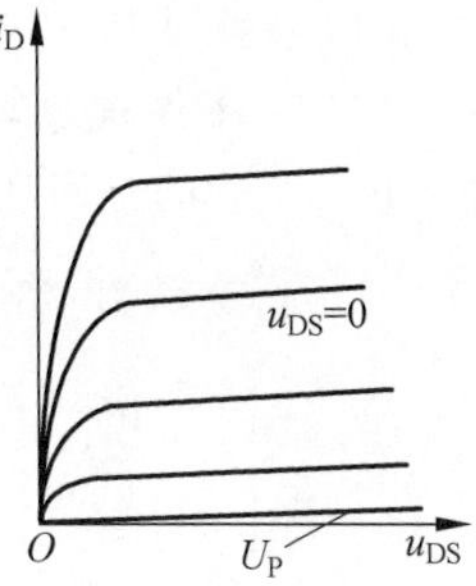 i_D u_{DS}=0 O U_P u_{DS}

续表

分类			符号	转移特性曲线	输出特性曲线
绝缘栅型场效应管	P沟道	增强型	d, g, B, s	i_D, U_T, O, u_{GS}	U_T, O, i_D, u_{DS}
		耗尽型	d, g, B, s	i_D, O, U_T, u_{GS}	U_P, O, i_D, u_{DS}, $u_{DS}=0$

3.4 特殊场效应三极管与应用电路

随着电子科技日新月异的发展,三极管的种类越来越丰富。本节只介绍电子设计工程中最常见的几种类别。

3.4.1 绝缘栅双极型晶体管

绝缘栅双极型晶体管(insulated gate bipolar transistor,IGBT)是由 MOSFET 和双极型晶体管复合而成的一种器件,其输入极为 MOSFET,输出极为 PNP 晶体管,它融合了这两种器件的优点,既具有 MOSFET 器件驱动功率小和开关速度快的优点,又具有双极型器件饱和压降低而容量大的优点,其频率特性介于 MOSFET 与功率晶体管之间,可正常工作于几十千赫的频率范围内,在现代电力电子技术中得到了越来越广泛的应用,在较高频率的大、中功率应用中占据了主导地位。

1. IGBT 原理及等效电路

IGBT 管的开通和关断是由栅极电压来控制的,IGBT 管的等效电路如图 3-23 所示。

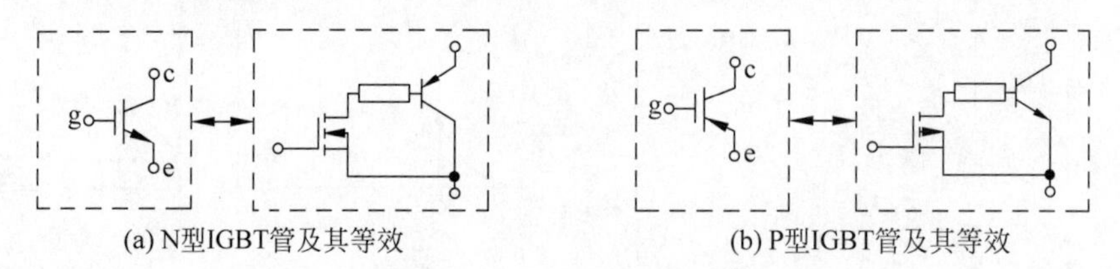

(a) N型IGBT管及其等效　　(b) P型IGBT管及其等效

图 3-23　IGBT 管的等效电路

由图 3-23 可知，当栅极加正电压时，MOSFET 内形成沟道，并为 PNP 晶体管提供基极电流，从而使 IGBT 管导通，此时高耐压的 IGBT 管也具有低的导通态压降。在栅极上加负电压时，MOSFET 内的沟道消失，PNP 晶体管的基极电流被切断，IGBT 管即关断。IGBT 管与 MOSFET 一样也是电压控制型器件，在它的栅极、发射极间施加十几伏的直流电压，只有微安级的漏电流，基本上不消耗功率，显示了输入阻抗大的优点。IGBT 的电路符号目前仍然没有统一的画法，图 3-23(a)和图 3-23(b)为 IGBT 管最常见的电路符号。

若在 IGBT 的栅极和发射极之间加上驱动正电压，则 MOSFET 导通，这样 PNP 晶体管的集电极与基极之间成低阻状态而使得晶体管导通；若 IGBT 的栅极和发射极之间电压为 0V，则 MOS 截止，切断 PNP 晶体管基极电流的供给，使得晶体管截止。IGBT 与 MOSFET 一样也是电压控制型器件，在它的栅极-发射极间施加十几伏的直流电压，只有 μA 级的漏电流流过，基本上不消耗功率。

2. IGBT 的擎住效应和安全工作区

以 N 型 IGBT 管为例研究其安全工作区，画出其内部结构与等效电路如图 3-24 所示。

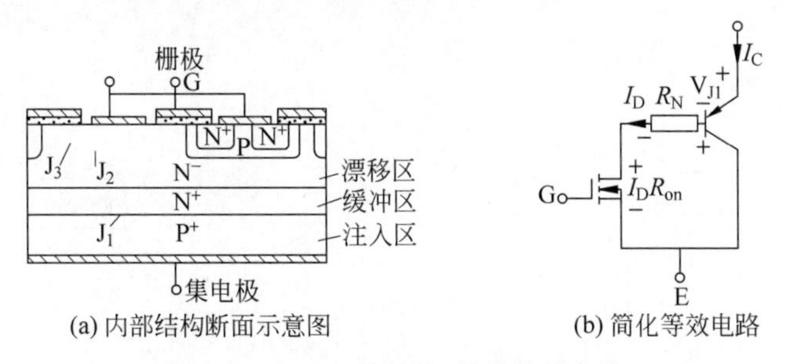

(a) 内部结构断面示意图　(b) 简化等效电路

图 3-24　IGBT 的结构、简化等效电路

1）结构特点

(1) 寄生晶闸管：由一个 N^-PN^+ 晶体管和作为主开关器件的 P^+N^-P 晶体管组成。

(2) 正偏安全工作区(FBSOA)：最大集电极电流、最大集射极间电压和最大集电极功耗确定。

(3) 反向偏置安全工作区(RBSOA)：最大集电极电流、最大集射极间电压和最大允许电压上升率 du_{CE}/dt 确定。

(4) 擎住效应或自锁效应：沟道电阻上产生的压降，相当于对 J_3 结施加正偏压，一旦 J_3 开通，栅极就会失去对集电极电流的控制作用。电流失控，动态擎住效应比静态擎住效应所允许的集电极电流小。擎住效应曾限制 IGBT 电流容量提高，20 世纪 90 年代中后期逐渐解决，即将 IGBT 与反并联的快速二极管封装在一起，制成模块，成为逆导器件。

2）使用注意事项

IGBT 管的栅极通过一层氧化膜与发射极实现电隔离。由于此氧化膜很薄，IGBT 管的 U_{GE}的耐压值为 20V，在 IGBT 管加超出耐压值的电压时，会导致损坏的危险。此外，在栅极-发射极间开路时，若在集电极与发射极间加上电压，则随着集电极电位的变化，由于集电极有漏电流流过，栅极电位升高，集电极则有电流流过，这时，如果集电极与发射极间存在高电压，则有可能使 IGBT 管发热乃至损坏。在应用中，有时虽然保证了栅极驱动电压没有超过栅极最大额定电压，但栅极连线的寄生电感和栅极与集电极间的电容耦合，也会产生使氧化层损坏的振荡电压,为此,通常采用双绞线来传送驱动信号,以减少寄生电感。在栅极连线中串联小电阻也可以抑制振荡电压。如果栅极回路不合适或者栅极回路完全不能工作时(栅极处于开路状态),若在主回路上加上电压,则 IGBT 管就会损坏,为防止这类损坏情况发生,应在栅极-发射极之间接一只 10kΩ 左右的电阻。

此外,由于 IGBT 管含有场效应管结构,对于静电就要十分注意。因此,在使用模块时,手持分装件时,请勿触摸驱动端子部分。当必须要触摸模块端子时,要先将人体或衣服上的静电放电后,再触摸。在用导电材料连接 IGBT 管的驱动端子时,在配线未接好之前请先不要接上模块;尽量在底板良好接地的情况下操作,如焊接时,电烙铁要可靠接地。

3. IGBT 的应用

通过检测 IGBT 饱和压降实现短路保护。

IGBT 通常工作在逆变桥上,并处于开关工作状态,若设计不当,易发生短路现象。对 IGBT 器件的短路保护,常用的方法是通过检测 IGBT 的饱和压降 $U_{CE(sat)}$,配合驱动电路来实现,如图 3-25 所示。

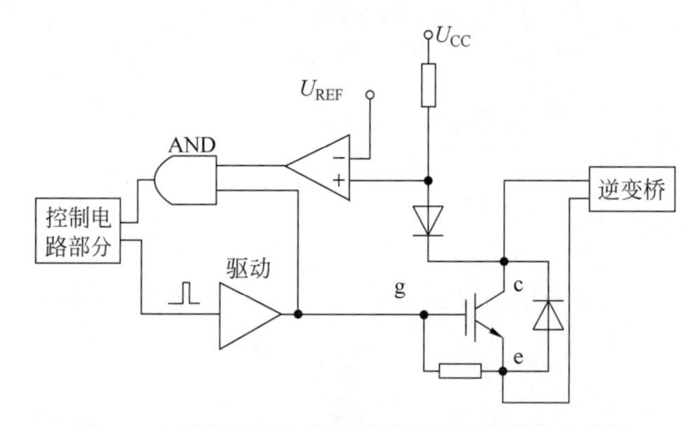

图 3-25 检测 IGBT 饱和压降实现短路保护电路图

其工作原理如下:当过电流或者短路发生时,$U_{CE(sat)}=I_CR_{CE(sat)}$,若 I_C 升高,则 $U_{CE(sat)}$ 升高。此时通过快恢复二极管检测的 $U_{CE(sat)}>U_{REF}$(在比较器输入端设定的电压值),比较器输出为高电平(输入 AND(与门)输入端的一侧);若 U_G 增大时,检测线路 $U_{CE(sat)}\geqslant U_{REF}$(有过电流时)情况发生,AND(与门)输出高电平,使保护电路动作,栅极驱动无驱动信号输出。通常保护电路必须在 10μs 内关断 IGBT。如果在保护电路中,采用先降低栅电压实现器件软关断,可以减少 IGBT 的关断应力,甚至延长保护电路动作时间。

3.4.2 光电三极管及其应用电路

光电三极管工作原理是根据光照强度来控制集电极电流的大小,其功能可以等效为一个光电二极管与一个 BJT 相连,如图 3-26 所示。

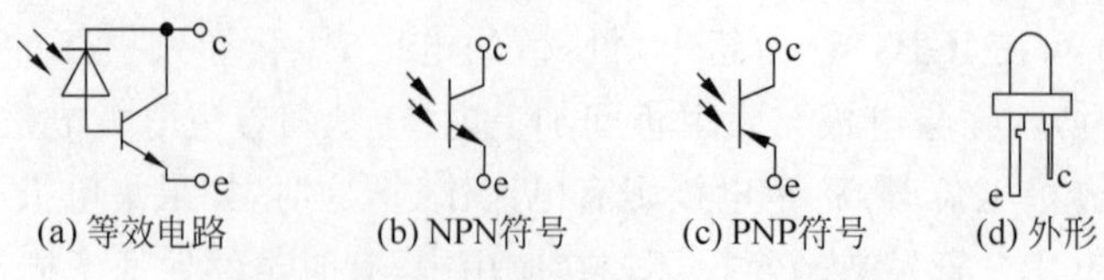

图 3-26 光电三极管等效电路、符号和外形

与晶体三极管相似，光电三极管也是具有两个 PN 结的半导体器件，所不同的是其基极受光信号的控制。由于光电三极管的基极即为光窗口，因此大多数光电三极管只有发射极 e 和集电极 c 两个管脚，基极无引出线。

光电三极管分为 NPN 型和 PNP 型两大类，如图 3-26(b)和图 3-26(c)所示。在有光照时，NPN 型光电三极管电流从集电极 c 流向发射极 e，PNP 型光电三极管电流从发射极 e 流向集电极 c。

光电三极管的特点是不仅能实现光电转换，而且同时还具有放大功能。光电三极管可以等效为光电二极管和普通三极管的组合元件，如图 3-26(a)所示。光电三极管基极与集电极间的 PN 结相当于一个光电二极管，在光照下产生的光电流又从基极进入三极管放大，因此光电三极管输出的光电流可达光电二极管的 β 倍。

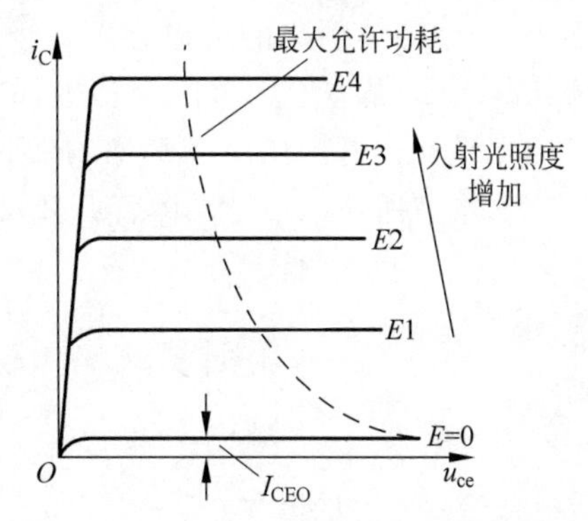

图 3-27　光电三极管的输出特性曲线

光电三极管与普通三极管的输出特性曲线相似，只是将参变量基极电流 I_B 用入射光照度 E 取代，如图 3-27 所示。无光照时的集电极电流称为暗电流 I_{CEO}，它比光电二极管的暗电流大两倍。暗电流受温度的影响很大，温度每上升 25℃，I_{CEO} 上升约 10 倍。有光照时的集电极电流称为光电流。当管压降 u_{ce} 足够大时，i_C 几乎仅仅决定于入射光照度 E。对于不同型号的光电三极管，当入射光照度 E 为 1000lx 时，光电流从小于 1mA 到几毫安不等。

使用光电三极管时，也应特别注意不同光电三极管给出的极限参数，不要超过极限参数。

如图 3-28 所示，是光电三极管在煤气熄火报警中的应用电路。T_1 是光电三极管，与 T_2、T_3 等组成开关电路，控制着由 IC555 等组成的多谐振荡器电路。煤气火焰正旺时，T_1 导通，T_2、T_3 截止，IC555 不振荡，喇叭无声音。当火苗被溢出的水或者风熄灭后，T_1 失去炉火的光照，T_2、T_3 导通，IC555 的地被接通，开始工作，喇叭发出声音提醒相关人员赶快关断煤气，避免发生煤气中毒的危险。其中 R_1、R_2、C 的具体取值，由下式确定

$$T=(R_1+2R_2)C\ln 2 \tag{3-28}$$

式中的 T 为输出振荡周期，其倒数为频率，把频率设置为人耳可以听见的范围。

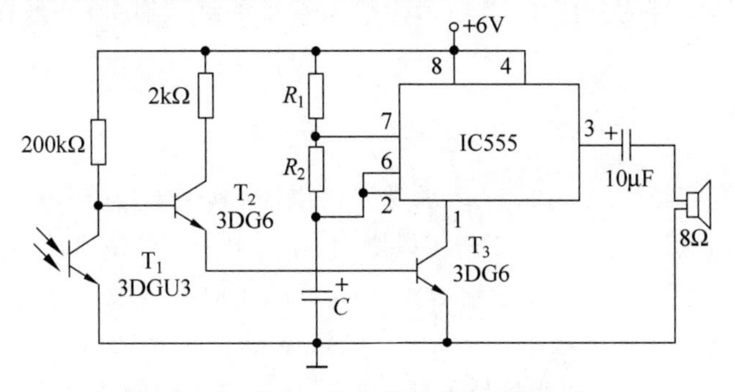

图 3-28　光电三极管煤气熄火报警电路

3.4.3 单结晶体管及其应用电路

根据 PN 结外加电压时的工作特点，还可以由 PN 结构成其他类型的三端器件。本节将介绍利用一个 PN 结构成的具有负阻特性的器件，即单结晶体管。

1. 单结晶体管的结构和等效电路

在一个低掺杂的 N 型硅棒上利用扩散工艺形成一个高掺杂 P 区，在 P 区与 N 区接触面形成 PN 结，就构成单结晶体管(unijunction transistor)。其结构示意图如图 3-29(a)所示，P 型半导体引出的电极为发射极 e；N 型半导体的两端引出两个电极，分别为基极 b_1 和 b_2。单结晶体管因有两个基极，故也称为双基极晶体管。其符号如图 3-29(b)所示，即 N 型单结晶体管。如果将 P 型 N 型两种材料互换，那么形成 P 型单结晶体管如图 3-29(c)所示。本节所述的单结晶体管原理及应用均以 N 型单结晶体管为例。

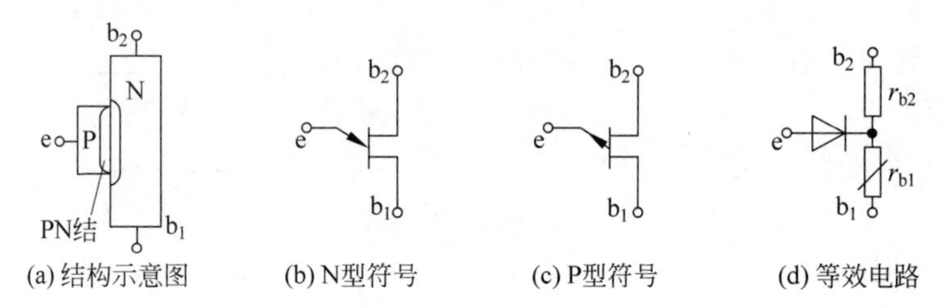

图 3-29　单结晶体管的结构示意图、符号和等效电路

单结晶体管的等效电路如图 3-29(d)所示，发射极所接 P 区与 N 区硅棒形成的 PN 结等效为二极管 D。N 型硅棒因掺杂浓度很低而呈现高电阻，二极管阴极与基极 b_1 之间的等效电阻为 r_{b1}，二极管与基极 b_2 之间的等效电阻为 r_{b2}。r_{b1} 的阻值受 e-b_1 间电压的控制，所以等效为可变电阻。

2. 工作原理和特性曲线

单结晶体管的发射极电流 I_E 与 e-b_1 间电压 U_{EB1} 的关系曲线称为特性曲线。特性曲线的测试电路如图 3-30(a)所示，虚线框内为单结晶体管的等效电路。

当 b_2-b_1 间加电源 U_{BB}，且发射极开路时，A 点电位为

$$U_A=\frac{r_{b1}}{r_{b1}+r_{b2}}\times U_{BB}=\eta U_{BB} \tag{3-29}$$

式中 η 称为单结晶体管的分压比，其数值主要与管子的结构有关，一般在 0.5～0.9。基极 b_2 的电流为

$$I_{B2}=\frac{U_{BB}}{r_{b1}+r_{b2}} \tag{3-30}$$

当 e-b_1 间电压 U_{EB1} 为零时，PN 结承受反向电压，其值 $U_{EA}=-\eta U_{BB}$。发射极的电流 I_E 为二极管的反向电流，记作 I_{EO}。若缓慢增大 U_{EB1}，则 PN 结端电压 U_{EA} 随之增大；并由反向电压变成正向电压。若 U_{EB1} 继续增大，使 PN 结正向电压大于开启电压时，则 I_E 变为正向电流，从发射极 e 流向基极 b_1。此时，空穴浓度很高的 P 区向电子浓度很低的硅棒的 A-b_1 区注入非平衡少子；由于半导体材料的电阻与其载流子的浓度紧密相关，注入的载流子使 r_{b1} 减小；而且 r_{b1} 的减小，会使其压降减小，导致 PN 结正向电压增加，I_E 必然随之增

大，注入的载流子将更多，于是 r_{b1} 进一步减小；当 I_E 增大到一定程度时，二极管的导通电压将变化更多，于是 r_{b1} 进一步减小；当 I_E 增大到一定程度时，二极管的导通电压将变化不大，此时 U_{EB1} 将因 r_{b1} 的减小而减小，表现负阻特性。

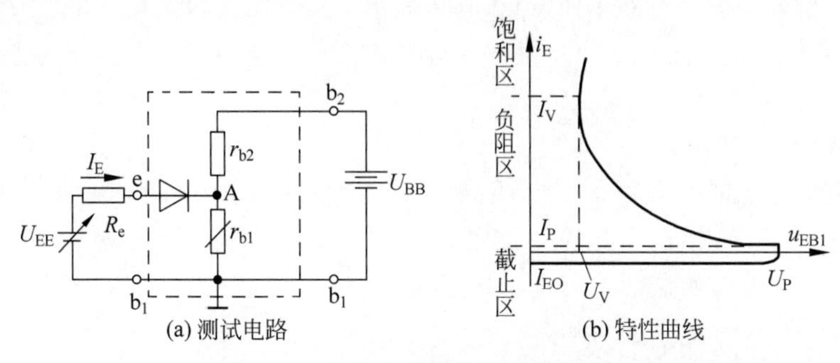

图 3-30 单结晶体管特性曲线的测试

所谓负阻特性，是指输入电压（即 U_{EB1}）增大到某一数值后，输入电流（即发射极电流 I_E）愈大，输入端的等效电阻愈小的特性。

一旦单结晶体管进入负阻工作区域，输入电流 I_E 的增加只受输入回路外部电阻的限制，除非将输入回路开路或者将 I_E 减小到很小的数值，否则管子将始终保持导通状态。

单结晶体管的特性曲线如图 3-30(b)所示，当 $U_{EB1}=0$ 时，$I_E=I_{EO}$；当 U_{EB1} 增大至 U_P（峰点电压）时，PN 结开始正向导通，$U_P=U_A+U_{on}$，U_A 如式(3-29)所示，U_{on} 为 PN 结开启电压，此时 $I_E=I_P$（峰点电流）；$U_{EB1}=U_V$（谷点电压），$I_E=I_V$（谷点电流），U_V 取决于 PN 结的导通电压和 r_{b1} 的饱和电阻 r_s；当 I_E 再增大，管子进入饱和区。单结晶体管的三个工作区域如图 3-30(b)所标注。

单结晶体管的负阻特性使其广泛应用于定时电路和振荡电路之中。

3. 应用举例

所谓振荡，是指在没有输入信号的情况下，电路输出一定频率、一定幅值的电压或者电流信号。图 3-31(a)所示为单结晶体管组成的振荡电路。

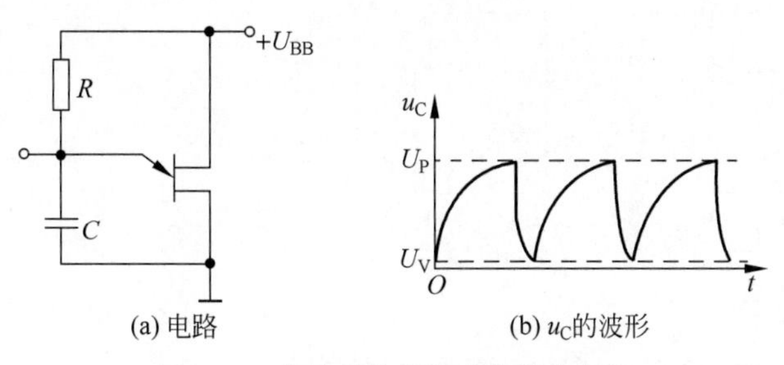

图 3-31 单结晶体管组成的振荡电路

在图 3-31(a)所示的电路中，当刚开始通电时，电容 C 上的电压为零，管子截止，电源 U_{BB} 通过电阻 R 对 C 充电，随时间增长电容电压 u_C（即 u_{EB1}）逐渐增大；一旦 u_{EB1} 增大到峰点电压 U_P 后，管子进入负阻区，输入端等效电阻急剧减小，使 C 通过管子的输入回路迅速放电，u_E 随之迅速减小，一旦 u_{EB1} 减小到谷点电压 U_V 后，管子截止；电容又开始充电。上述过程循环往返，只有当断电时才会停止，因而产生振荡。由于充电时间常数远大于放电时间常数,当稳定振荡时,电容上电压的波形如图3-31(b)所示。

3.4.4 晶闸管及其应用电路

根据PN结外加电压时的工作特点,利用三个PN结构成的大功率可控整流器件,即晶体闸流管,简称晶闸管(thyristor)。也称为硅可控元件。多用于可控整流、逆变、调压等电路,也可作为无触点开关。

1. 结构和等效模型

由于晶闸管是大功率器件,一般均用在较高电压和较大电流的情况,常常需要安装散热片,故其外形都制造得便于安装和散热。常见的晶闸管外形有螺栓形和平板形,如图3-32所示。此外,其封装形式有金属外壳和塑料外壳等。

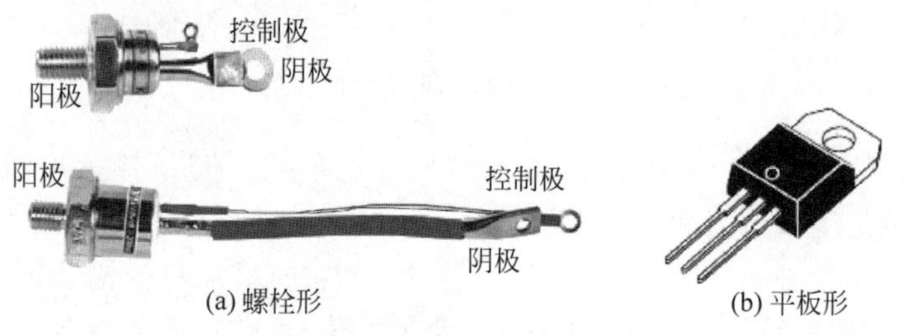

图3-32 晶闸管的外形

晶闸管的内部结构示意图如图3-33(a)所示,它由四层半导体材料组成,四层材料由P型半导体和N型半导体交替组成,分别为P_1、N_1、P_2和N_2,它们的接触面形成三个PN结,分别为J_1、J_2和J_3,故晶闸管也称为四层器件或PNPN器件。P_1区的引出线为阳极A,N_2区的引出线为阴极C,P_2区的引出线为控制极G。为了更好地理解晶闸管的工作原理,常将其N_1和P_2两个区域分解成两个部分,使得P_1-N_1-P_2构成一只PNP型管,N_1-P_2-N_2构成一只NPN型管,如图3-33(b)所示;用晶体管的符号表示等效电路,如图3-33(c)所示;晶闸管的符号如图3-33(d)所示。

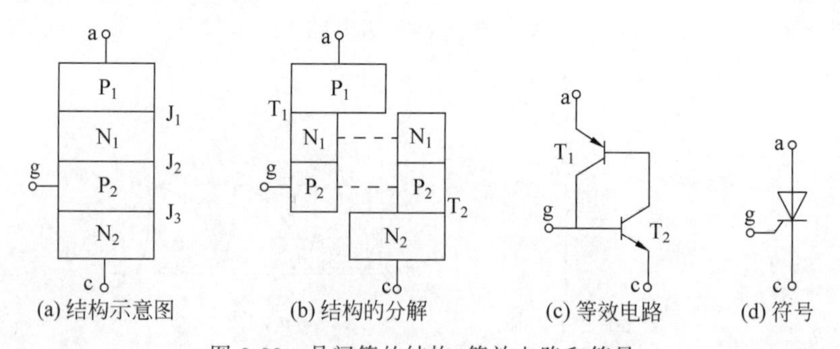

图3-33 晶闸管的结构、等效电路和符号

2. 工作原理

当晶闸管的阳极A和阴极C之间加正向电压而控制极不加电压时,J_2处于反向偏置,管子不导通,称为阻断状态。

当晶闸管的阳极A和阴极C之间加正向电压且控制极和阴极之间也加正向电压时,如图3-34所示,J_3处于导通状态。若T_2管的基极电流为I_{B2},则其集电极电流为$\beta_2 I_{B2}$;T_1管

的基极电流 I_{B1} 等于 T_2 管的集电极电流 $\beta_2 I_{B2}$，因而 T_1 管的集电极电流 I_{C1} 为 $\beta_1\beta_2 I_{B2}$；该电流又作为 T_2 管的基极电流，再一次进行上述放大过程，形成正反馈。在很短的时间内(一般不超过几微秒)，两只管子均进入饱和状态，使晶闸管完全导通，这个过程称为触发导通过程。晶闸管一旦导通后，阳极和阴极之间的电压一般为0.6～1.2V，电源电压几乎全部加在负载电阻 R 上；阳极电流 I_A 因型号不同变化范围为几十安至几千安。

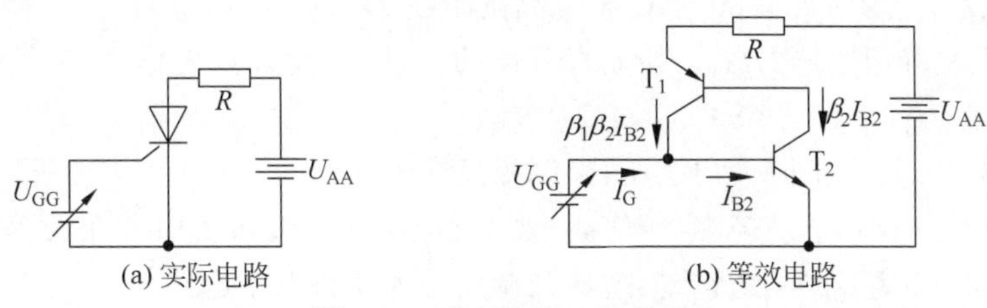

图 3-34　晶闸管的工作原理

晶闸管如何从导通变为阻断呢？如果能够使阳极电流 I_A 减小到小于一定数值 I_H，导致晶闸管不能维持正反馈过程，管子将关断，这种关断称为正向阻断，I_H 称为维持电流；如果在阳极和阴极之间加反向电压，晶闸管也将关断，这种关断称为反相阻断。因此，控制极只能通过加正向电压控制晶闸管从阻断状态变为导通状态；而要使晶闸管从导通状态变为阻断状态，则必须通过减小阳极电流或改变阳极-阴极电压极性的方法实现。

3. 晶闸管的伏安特性

以晶闸管的控制极电流 I_G 为参数变量，阳极电流 i 与 A-C 间电压 u 的关系称为晶闸管的伏安特性，即

$$i = f(u)\,|_{I_G} \tag{3-31}$$

图 3-35 所示为晶闸管的伏安特性曲线。

$u>0$ 时的伏安特性称为正向特性。从图 3-35 所示的伏安特性曲线可知，当 $I_G=0$ 时，u 逐渐增大，在一定限度内，由于 J_2 处于反向偏置，i 为很小的正向漏电流，曲线与二极管的反向特性类似；当 u 增大到一定数值后，晶闸管导通，i 骤然增大，u 迅速下降，曲线与二极管的方向特性类似；电流的急剧增大容易造成晶闸管损坏。晶闸管正向临界导通时阳极-阴极电压 u 称为转折电压 U_{BO}。正常工作时，应在控制极和阴极间加触发电压，因而 I_G 大于零；而且 I_G 愈大，转折电压愈小，如图 3-35 所示。

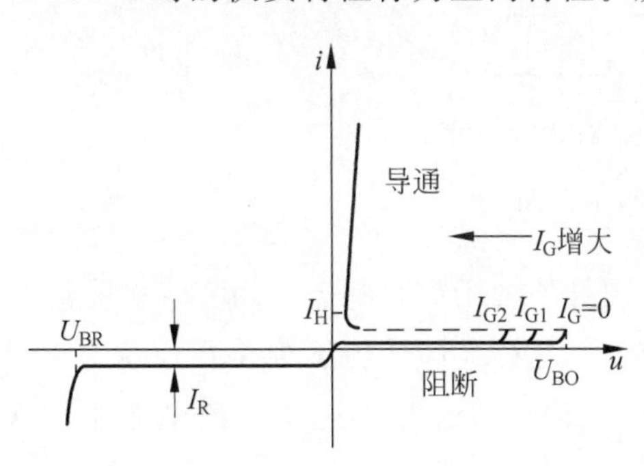

图 3-35　晶闸管的伏安特性曲线

$u<0$ 时的伏安特性称为反向特性。从图 3-35 所示的伏安特性曲线可知，晶闸管的反向特性与二极管的反向特性相似。当晶闸管的阳极和阴极之间加反向电压时，由于 J_1 和 J_3 均处于反向偏置，因而只有很小的反向电流 I_R；当反向电压增大到一定数值时，反向电流骤然增大，管子击穿。

4. 晶闸管的主要参数

(1) 额定正向平均电流 I_F：在环境温度小于40摄氏度和标准散热条件下，允许连续通过晶闸管阳极的工频(50Hz)正弦波半波电流的平均值。

(2) 维持电流 I_H：在控制极开路且规定的环境温度下，晶闸管维持导通时的最小阳极电流。正向电流小于 I_H 时，管子自动阻断。

(3) 触发电压 U_G 和触发电流 I_G：室温下，当 $u=6V$ 时使晶闸管从阻断到完全导通所需的最小控制极直流电压和电流。一般，U_G 为 1～5V，I_G 为几十至几百毫安。

(4) 正向重复峰值电压 U_{DRM}：控制极开路的条件下，允许重复作用在晶闸管上的最大正向电压。一般 $U_{DRM}=U_{BO}\times 80\%$，$U_{BO}$ 是晶闸管在 I_G 为零时的转折电压。

(5) 反向重复峰值电压 U_{RRM}：控制极开路的条件下，允许重复作用在晶闸管上的最大反向电压。一般 $U_{RRM}=U_{BO}\times 80\%$。

除以上参数外，还有正向平均电压、控制极反向电压等。

晶闸管具有体积小、重量轻、耐压值高、效率高、控制灵敏和使用寿命长等优点，半导体器件的应用从弱电领域，扩展到整流、逆变和调压等大功率电子电路中。

例 3-3 图 3-36(a)所示为可控半波整流电路，已知输入电压 u_i 和晶闸管控制极的电压 u_G 波形如图 3-36(b)所示；在阳极与阴极间电压适合的情况下，$u_G=U_H$ 时可以使管子导通；管子的导通管压降可以忽略不计。试定性画出负载电阻 R_L 上电压 u_o 的波形。

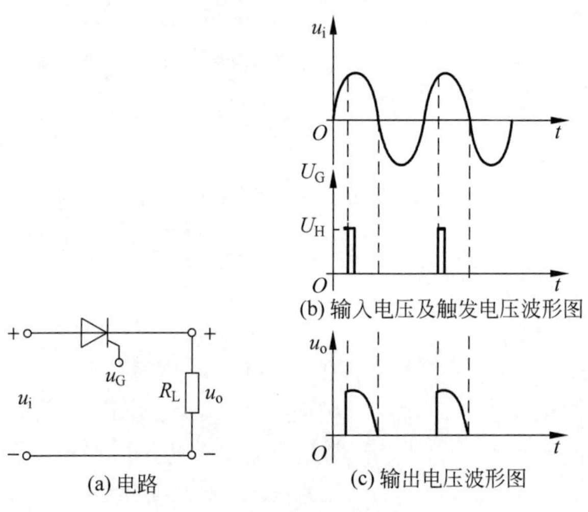

图 3-36 例 3-3 电路及波形图

解 当 $u_i<0$ 时，不管 u_G 为 U_H 还是为 U_L，晶闸管均处于截止状态。当 $u_i>0$ 且 $u_G=U_H$ 时，在 u_G 的触发下，晶闸管导通。此时，即使 u_G 变为 U_L，管子仍然维持导通状态。只有当 u_i 下降使阳极电流减小到很小时，管子才阻断；可以近似认为当 u_i 下降到零时，管子关断。若管子的导通管压降可忽略不计，在管子导通时，$u_o\approx u_i$。因此，u_o 的波形如图 3-36(c)所示。

解题结论 晶闸管导通需要两个条件：①有触发信号；②满足正向导通电压条件。

本章小结

场效应管是利用改变外加电压产生的电场强度来控制其导电能力的半导体器件。它具有双极型三极管的体积小、重量轻、耗电少、寿命长等优点，还具有输入电阻高、热稳定性好、抗辐射能力强、噪声低、制造工艺简单、便于集成等特点。在大规模及超大规模集成电路中得到了广泛的应用。

(1) 场效应管分类。按照结构的不同,场效应管分为结型和绝缘栅型两种类型,MOS管属于绝缘栅型。每一类型均有两种沟道,N沟道和P沟道,两者的主要区别在于电压的极性和电流的方向不同。MOS管又分为增强型和耗尽型两种形式。

(2) 场效应管工作原理。正确理解场效应管工作原理的关键在于掌握电压 u_{GS} 及 u_{DS} 对导电沟道和电流 i_D 的不同作用,并正确理解和掌握预夹断和夹断这两个状态的区别和条件。转移特性曲线和输出特性曲线描述了 u_{GS}、u_{DS} 和 i_D 三者之间的关系。与三极管相类似,场效应管有截止区(即夹断区)、恒流区(即放大区)和可变电阻区三个工作区域。在恒流区,可将 i_D 看成受电压 u_{DS} 控制的电流源。g_m、U_P(或 U_T)、I_{DSS}、I_{DM}、P_{DM}、$U_{(BR)DS}$ 和极间电容是场效应管的主要参数。

(3) 场效应管放大电路分析。在场效应管放大电路中,直流偏置电路常采用自偏压电路(仅适合于耗尽型场效应管)和分压式偏压电路。场效应管共源极及共漏极放大电路分别与晶体三极管共射极及共集电极放大电路相对应,但比晶体三极管放大电路输入电阻高、噪声系数低、电压放大倍数小。

(4) 特殊种类三极管原理与应用。特殊种类三极管主要指电力三极管 IGBT、晶闸管以及光电三极管。本章研究了它们的工作原理、应用场合。

习题

3.1　选择题。

1. 场效应管(单极型管)与晶体三极管(双极型管)相比,最突出的优点是可以组成________输入电阻的放大电路。此外它还有噪声________、温度稳定性________、抗辐射能力________等优于晶体三极管的特点。

A. 高　　B. 低　　C. 好　　D. 强

2. 不定项选择题:开启电压 U_T 是________的参数。夹断电压 U_P 是________的参数。

A. 增强型MOS管　B. 结型场效应管　C. 耗尽型MOS管

3.2　填空题。

1. 场效应管有________、________和________三个工作区。放大作用时,工作在________。

2. 单结晶体管有________个PN结,晶闸管有________个PN结。

3.3　判断下列说法的正误,在相应的括号内画T表示正确,画F表示错误。

1. 场效应管仅靠一种载流子导电。(　　)

2. 结型场效应管工作在恒流区时,其 u_{GS} 小于零。(　　)

3. 场效应管是由电压即电场来控制电流的器件。(　　)

4. 增强型MOS管工作在恒流区时,其 u_{GS} 大于零。(　　)

5. $u_{GS}=0$ 时,耗尽型MOS管能够工作在恒流区。(　　)

6. 低频跨导 g_m 是一个常数。(　　)

3.4　试判断题图3-37所示的场效应管放大电路能否进行正常放大,并说明理由。

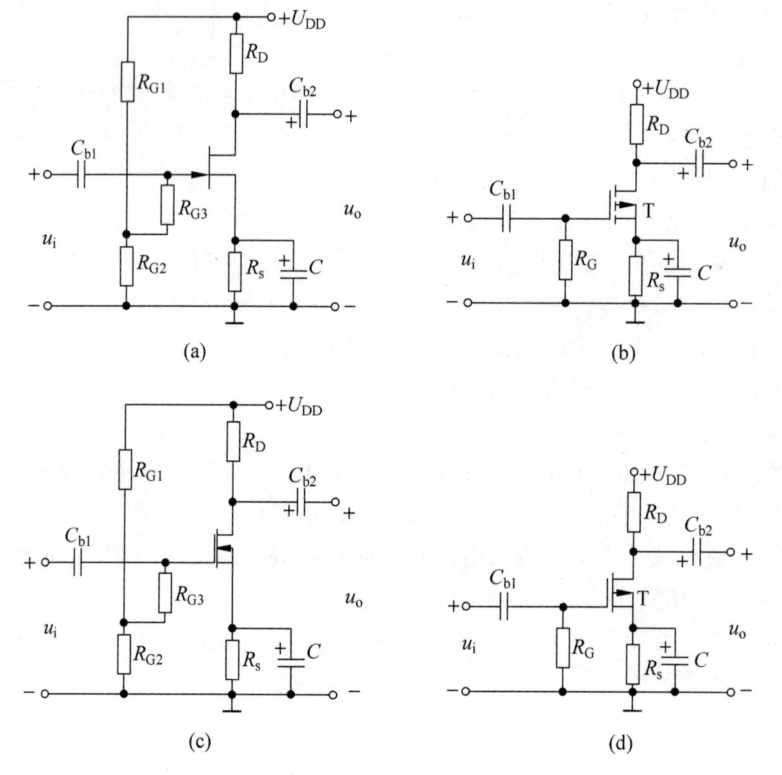

图 3-37　题 3.4 图

3.5　设图 3-38 中的 MOSFET 的 $|U_T|$、$|U_P|$ 均为 1V，问它们各工作在什么区？

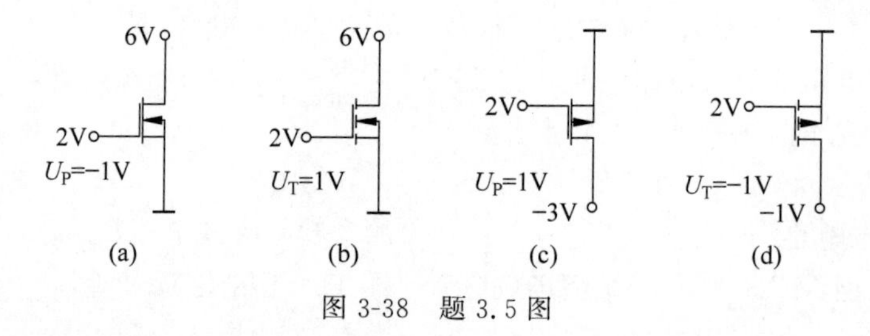

图 3-38　题 3.5 图

3.6　电路如图 3-39(a)所示，图 3-39(b)是器件转移特性曲线，求解电路的 Q 点、电压增益、输入电阻、输出电阻。

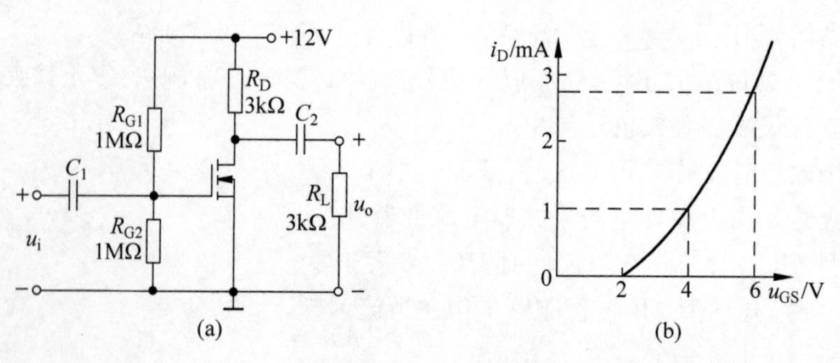

图 3-39　题 3.6 图

3.7　如图3-40所示，设场效应管的g_m、r_d很大；BJT的电流放大系数为β，输入电阻为r_{be}。试说明T_1、T_2各属什么组态，求电路的电压增益、输入电阻、输出电阻。

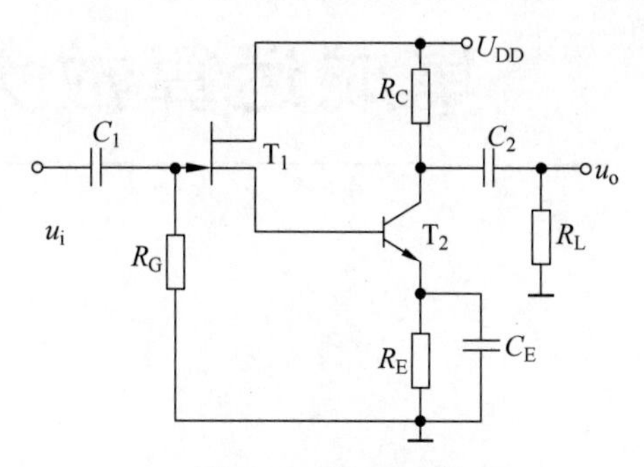

图3-40　题3.7图

3.8　在图3-41所示的四种电路中，R_G均为$100k\Omega$，R_D均为$3.3k\Omega$，$V_{DD}=10V$，$V_{GG}=2V$。又已知：T_1的$I_{DSS}=3mA$、$U_{GS(off)}=-5V$；T_2的$I_{DSS}=-6mA$、$U_{GS(off)}=4V$；T_3的$U_{GS(th)}=3V$；T_4的$I_{DSS}=-2mA$、$U_{GS(off)}=2V$。试分析各电路中的场效应管工作于放大区、截止区、可变电阻区中的哪一个工作区？

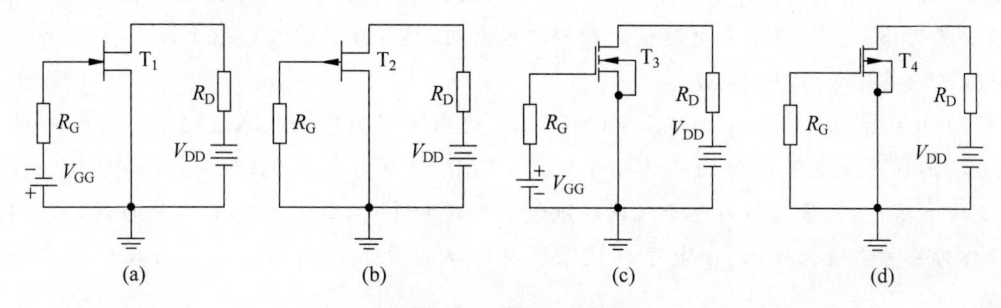

图3-41　题3.8图

3.9　电路如图3-42所示。已知$U_{DD}=30V$，$R_{G1}=R_{G2}=1M\Omega$，$R_D=10k\Omega$，管子的$U_{GS(th)}=3V$，且当$U_{GS}=5V$时I_D为$0.8mA$。试求管子的U_{GSQ}、I_{DQ}、U_{DSQ}。

3.10　电路如图3-43所示。设场效应管的跨导为g_m，r_{ds}的影响必须考虑，各电容器的电容量均足够大。试求该电路输出电阻R_o的表达式。

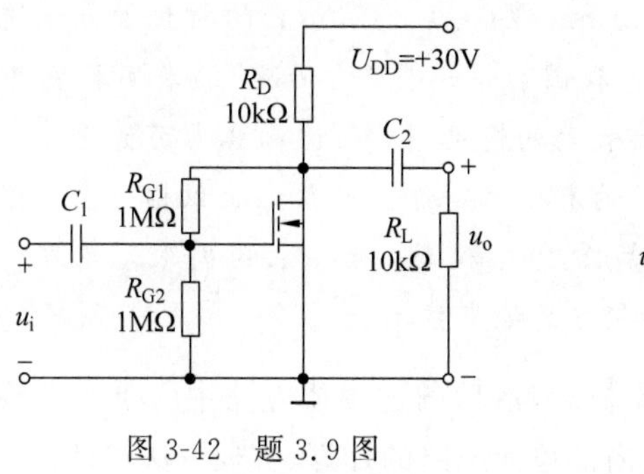

图3-42　题3.9图

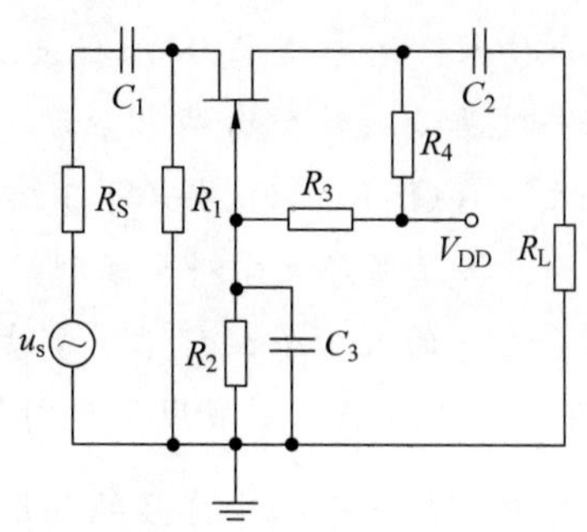

图3-43　题3.10图

第4章 集成运算放大器

CHAPTER 4

科技前沿——集成电路高新制造技术领域焦点

目前集成电路芯片高新前沿技术主要集中在以下几个方面：

(1) 电子芯片。1965年，戈登·摩尔预测，每18个月集成电路芯片上晶体管的数量就会翻番，这就是著名的摩尔定律。有专家称摩尔定律最终也会因物理法则阻挠使芯片技术高增长势头终结。根据集成电路最新制造技术表明，芯片体积将继续缩小，而且内部可植入更多数目的晶体管与单元电路。

(2) 片式系统。微电子机械系统(MEMS)，是指运用微制造技术在硅片基体上制造出集机械、传感器及电子元件的一体化系统。MEMS使得片式系统(SOC)现实可行。系统中，集成电路是"大脑"，而微电子机械则赋予它眼睛和手臂，让系统能够感知与调控周围环境。作为一种突破性技术，微电子机械系统将会运用更多的新的超越目前我们所认知的范畴。

(3) 生物芯片(biochip)。生物计算机的主要原材料是生物工程技术产生的蛋白质分子，目前主要用途有：生物电子芯片、生物分析芯片。生物芯片本身具有并行处理功能，因此生物计算机运算速度要比当今最新代计算机快10万倍，能量消耗仅为十亿分之一，存储信息空间仅占百亿亿分之一。而且生物计算机可植入生物体与脑神经系统结合拓展大脑的能力。

(4) 纳米技术。纳米技术(NT)指采用nm级(0.1～100nm)的材料设计制造产品的技术。下一轮科技革命相信会由纳米带动。我国台湾地区"国研院"纳米实验室开发的9nm功能性电阻式内存(R-RAM)，在几乎不需耗电的情况下，1cm^2面积内可储存1个图书馆的文字数据；英国格拉斯哥大学科学家利用纳米技术制作出世界上面积相当于一张平信邮票的大约八千分之一的最小圣诞贺卡。贺卡长290μm，宽200μm，用肉眼看不到。上绘有圣诞树，镶嵌在一小块玻璃上。展现了英国领先的纳米技术。

本章首先介绍集成电路中涉及的基本概念，然后阐述集成电路中各单元电路的实际模拟电路分析方法，重点介绍典型集成电路内部单元电路的计算、实现方法与理论。特别是详细分析了集成运放内部电路中的电流源与差放电路的工作原理及设计计算。最后介绍了集成电路使用注意事项与管脚功能等外部特性。本章重点内容有：

(1) 多级放大器分析方法与原理;

(2) 典型差动放大器基本理论与分析计算方法;

(3) 分析镜像电流源、比例电流源、微电流源等常见电流源电路原理与主要参数计算;

(4) 集成电路使用方法。

现代电子设备向微型化、多功能方向发展。自1904年在英国物理学家弗莱明发明真空电子管后,至今电子器件已经历了五代发展过程。集成电路(integrated circuit,IC)的诞生,使电子技术出现了划时代的革命,它是现代电子技术和半导体计算机发展的基础,也是微电子技术(micro electronic technique)发展的标志。因此,集成电路全部或部分取代分立元件设计电子信息系统已经成为设计的基本理念。最典型的集成电路就是运算放大器(简称为"运放")(operational amplifier,OP、OPA、OPAMP),它是具有很高放大倍数的电子器件。在实际电路应用中,通常结合反馈网络共同组成某种功能电路单元模块。由于早期应用于模拟计算机中,用以实现数学运算,故得名"运算放大器",此名称一直延续至今。

4.1 多级放大电路

集成电路主体电路实际上是直接耦合的多级放大电路(multistage amplification circuit)。因此,多级放大电路的原理分析以及主要性能指标的计算对集成电路设计至关重要。本节主要讲解多级放大电路的耦合方式和主要性能指标计算分析方法。难点是直接耦合电路的设计与计算。

4.1.1 多级放大电路级间耦合方式

多级放大电路的构成较为灵活,可以是不同组态的单元电路构成,而且各单元电路可由不同类型(不同种类、不同型号)的三极管作为核心放大器件。但需要注意,多个单元放大电路的连接,产生了单元电路间的级联(cascading)问题,即耦合问题。放大电路的级间耦合必须要保证信号的有效传输,且保证各级的静态工作点合理。常见耦合方式主要有:电容耦合(capacitive coupling)、变压器耦合(transformer coupling)、直接耦合(direct coupling)、光电耦合(photoelectrical coupling)。

1. 电容耦合

如图4-1所示同类三极管构成的两级电容耦合放大器,它通过电容 C_2 将第一级和第二级电路连接起来实现交流信号顺利传输。由于电容隔直作用,前后级静态工作点(Q)是独立的,即直流信号不能传送到下一级。静态分析相对容易,由于前后级Q互不影响,各级等同于分立的单级放大电路分析,沿用前面讲过的单管放大器静态分析方法。

2. 变压器耦合

如图4-2所示电路为变压器耦合放大器,第一级与第二级之间通过变压器传递交流信号。由于变压器隔直作用,前后级直流没有联系,因此变压器耦合放大器具有有效隔除直流、传递某一频率的交流信号的作用。因此各放大级的Q也相互独立。变压器耦合的主要优点是可以实现输出级阻抗与负载的阻抗匹配,以获得有效的功率传输。这种匹配方式在大功率放大场合例如分立元件扩音机,音响功放等系统中还有使用,但由于变压器本身特点的限制,不能在集成电路中应用。

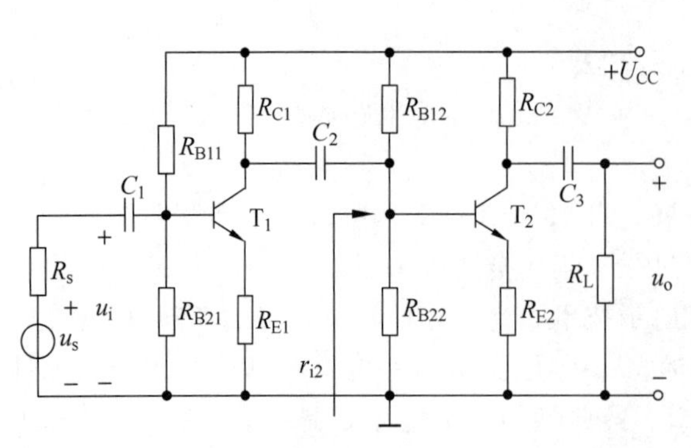

图 4-1 阻容耦合多级放大电路

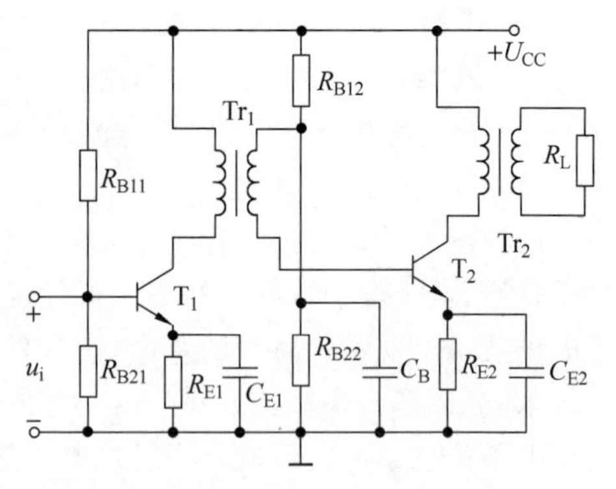

图 4-2 变压器耦合多级放大电路

3. 直接耦合

多级放大器直接耦合方式是指前一级的输出信号直接通过导线(或电阻)加到下一级输入端而实现信号顺利传递与放大的级联方式。实际电路如图 4-3 所示。

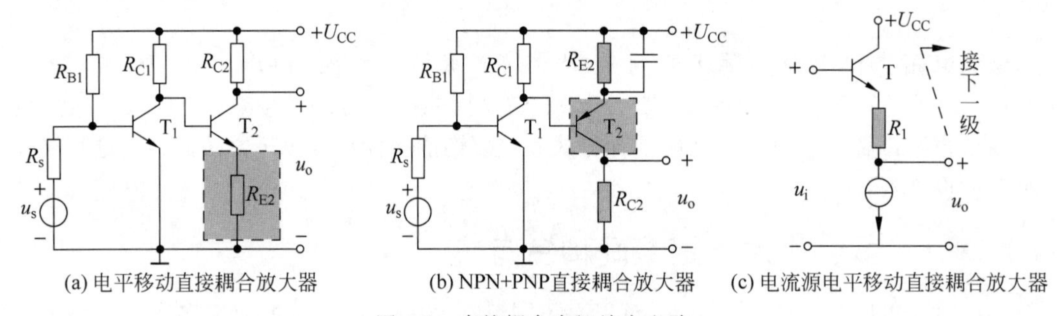

图 4-3 直接耦合多级放大电路

多级直接耦合(电阻耦合)放大器静态分析要特别注意前后级放大器的工作点互相影响,这是构成直接耦合多级放大电路时必须要解决的问题。特别是注意放大电路构成条件,由于直接耦合放大器前级的集电极电压等于下一级的基极电压。例如,如果将图 4-3(a)中的 R_{E2} 用短路线代替,则可能导致三极管 T_1 构成的前级放大器不能工作在放大状态。目前实际解决此类问题的方法有下面三种。

1) 电位移动直接耦合放大电路

如图 4-3(a)所示电路,R_{E2} 构成电平移动电路。由于,$U_{C1}=U_{B2}$,所以

$$U_{C2}=U_{B2}+U_{CB2}>U_{B2}(U_{C1})$$

这样,既满足了放大条件,多级放大电路又能够正常工作。但可以分析出,如果放大级数较多,集电极电位就要逐级提高,为此后面的放大级要加入较大的发射极电阻(电平移动关键器件),从而给电路设置正确的工作点与集成带来技术上的困难。因此,这种方式只适用于级数较少的多级放大电路。

2) NPN+PNP 组合多级放大器

组合电平移动直接耦合放大电路是为避免电位移动直接耦合多级放大电路的缺点,级间采用 NPN 管和 PNP 管搭配的方式构成的多级放大器,如图 4-3(b)所示。由于 NPN 管集电极电位高于基极电位,PNP 管集电极电位低于基极电位,因此,它们的组合使用可避免

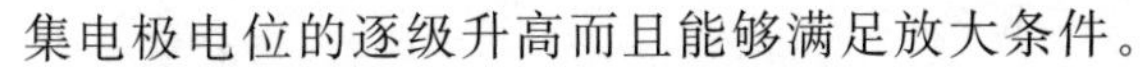

集电极电位的逐级升高而且能够满足放大条件。

3）电流源电平移动放大电路

在模拟集成电路(analogue integrated circuit)中常采用一种电流源电平移动电路，如图 4-3(c)所示。电流源在电路中的作用实际上是个有源负载，其上的直流压降小，通过 R_1 上的压降可实现直流电平移动。由于电流源交流电阻大，在 R_1 上的信号损失相对较小，从而保证信号的有效传递。同时，输出端的直流电平并不高。这样，就实现了直流电平的合理移动。

4. 光电耦合多级放大器

光电耦合是以光信号为媒介来实现电信号的耦合和传递的，因其抗干扰能力强而得到越来越广泛的应用。实现光电耦合的基本器件是光电耦合器(photoelectric coupler，PC)。

1）光电耦合器

光电耦合器将发光元件(发光二极管)与光敏元件(光电三极管)相互绝缘地组合在一起，如图 4-4(a)所示。发光元件为输入回路，它将电能转换成光能；光敏元件为输出回路，它将光能再转换成电能，实现了两部分电路的电气隔离，从而可有效地抑制电干扰。在输出回路常采用复合管(也称达林顿结构)形式以增大电流放大倍数。将发光器件和光敏器件封装在同一个管壳内组成电—光—电器件。

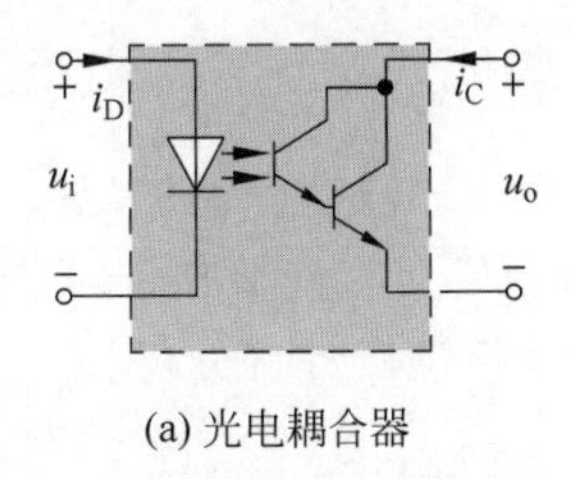

(a) 光电耦合器

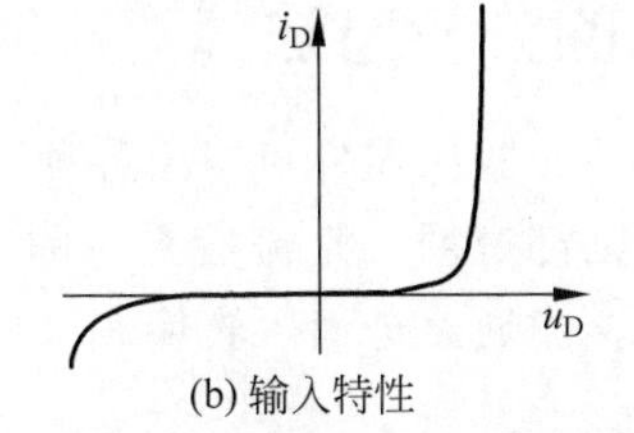

(b) 输入特性

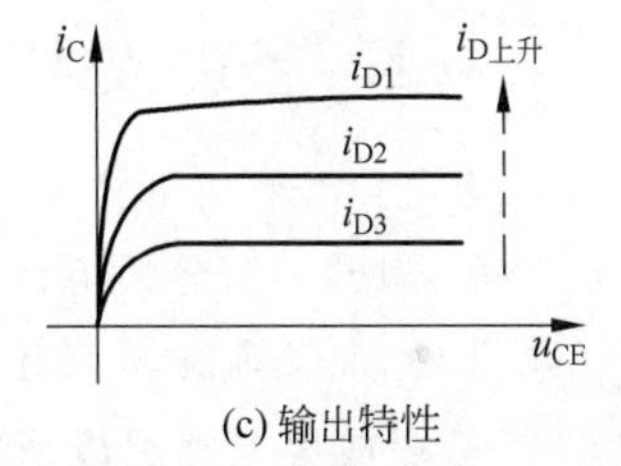

(c) 输出特性

图 4-4 光耦元件输入输出特性

由图 4-4(b)和图 4-4(c)可见，光电耦合器存在着非线性工作区域，如果直接用来传输模拟量时精度较差。光电耦合器的输入端是发光二极管，因此，它的输入特性可用发光二极管的伏安特性来表示，如图 4-4(b)所示；输出端是光敏三极管，因此光敏三极管的伏安特性就是它的输出特性，如图 4-4(c)所示。它的输出特性是描述当发光二极管的电流为一个常量 i_D 时，集电极电流 i_C 与管压降 u_{CE} 之间的函数关系，即

$$i_C = f(u_{CE})\big|_{I_D=常量} \tag{4-1}$$

在 c-e 之间电压一定的情况下，i_C 的变化量与 i_D 的变化量之比称为传输比 CTR(current transfer ratio)，即

$$\mathrm{CTR} = \frac{\Delta i_C}{\Delta i_D}\Big|_{u_{CE}=常量} \tag{4-2}$$

不过 CTR 的数值比 β 小得多，只有 0.1～0.5。

2）光电耦合放大电路

光电耦合放大电路如图 4-5 所示。图中信号源部分可以是真实的信号源，也可以是前级放大电路(输出端)。当动态信号为零时，输入回路有静态电流 I_D，输出回路有静态电流 I_C，从而确定出静态管压降 U_{CE}。当有动态信号时，随着 i_D 的变化，i_C 将产生线性变化，电阻 R_C 将电流的变化转换成电压的变化。当然，u_{CE} 也将产生相应的变化。由于传输比的数

值较小，所以一般情况下，输出电压还需进一步放大。实际上，目前已有具有较强的放大能力的集成光电耦合放大电路。

在图4-5所示电路中，若信号源部分与输出回路部分采用独立电源且分别接不同的"地"，则即使是远距离信号传输，也可以避免受到各种电干扰。

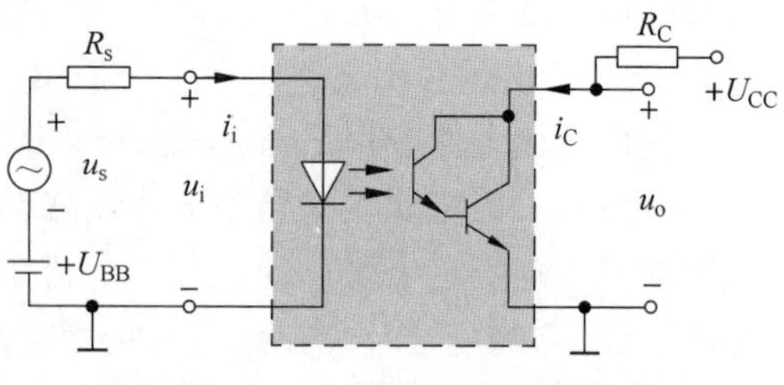

图4-5　光电耦合放大电路

光电耦合放大器特点是以光为媒介实现电信号的传输，能有效地抗干扰，隔噪声，响应快，寿命长。光耦取代变压器、电容，失真小，工作频率高；光耦还可以代替继电器，优点是无机械触点疲劳，可靠性高，还可实现电平转换、电位隔离等功能。

需要强调的是，集成运放主体电路结构就是多级放大电路的级联组合，而适合的多级放大耦合方式有直接耦合与光电耦合方式两种。由于电抗元件(电感、电容等)体积与重量的原因不适合集成芯片技术。光电耦合是近几年才出现的耦合形式，但在某些工程应用方面(如光纤技术)已经呈现了很大的技术价值，有可能成为未来通信技术集成芯片的主导形式。

4.1.2　多级放大电路的分析方法

多级放大器构成形式非常多，核心放大器件可以由各种三极管(场效应管，晶体三极管，复合管等)构成。但分析方法与原则都遵循先直流后交流的分析原则。直流分析要根据直流通路进行，而交流分析要先作出交流通路进而再转换成微变等效模型后进行分析。

1. 多级放大电路组成形式

多级放大电路框图如图4-6所示，其最终可以等效为增益很大的单级放大电路，因此，单级放大电路分析的性能指标都是多级放大要研究的内容，如直流分析(静态工作点计算)；动态分析，主要分析指标为电压放大倍数、输入电阻和输出电阻。需要指出的是各种耦合形式多级放大器交流形式相同，因此各种耦合方式的多级放大电路交流分析并无本质区别。

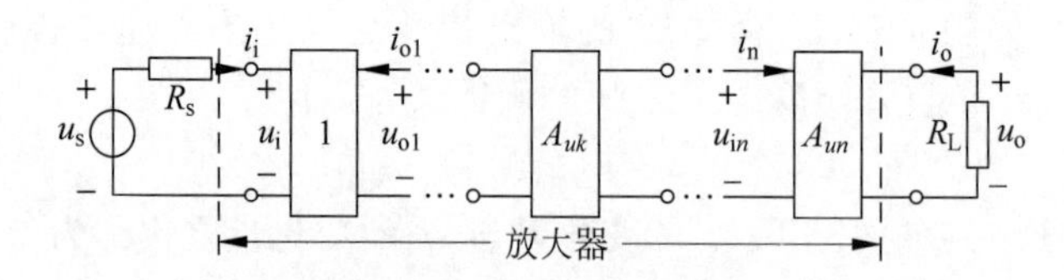

图4-6　多级放大电路框图

2. 多级放大电路的主要性能指标计算方法

分析如图4-7(a)所示由场效应管共源放大器与晶体管共射放大器组成的两级放大电路。

1) 估算各级静态工作点

前后级阻容耦合，由于电容隔直特点，各级工作点相互独立，各级独立计算，这里不再重复。

2) 动态分析

动态分析要利用微变等效电路分析，因此作出微变等效电路如图4-7(b)所示。

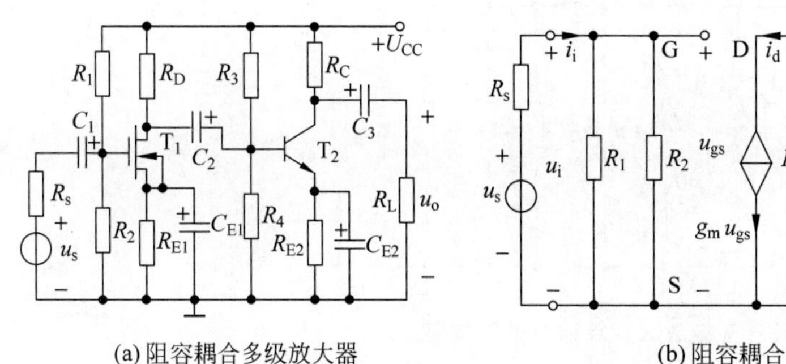

(a) 阻容耦合多级放大器　　(b) 阻容耦合多级放大器微变等效的电路

图 4-7　多级放大分析示意图

（1）计算第二级的输入电阻

由于

$$r_{i2}=\frac{u_{i2}}{i_{i2}}=\frac{u_{i2}}{\dfrac{u_{i2}}{R_3}+\dfrac{u_{i2}}{R_4}+\dfrac{u_{i2}}{r_{be}}}=\frac{1}{\dfrac{1}{R_3}+\dfrac{1}{R_4}+\dfrac{1}{r_{be}}}\tag{4-3}$$

则有

$$r_{i2}=R_3\ /\!/\ R_4\ /\!/\ r_{be}\tag{4-4}$$

（2）计算各级电压放大倍数

$$A_{u1}=\frac{u_{o1}}{u_i}=\frac{u_{i2}}{u_{GS}}=-g_m(R_D\ /\!/\ r_{i2})\tag{4-5}$$

$$A_{u2}=\frac{u_o}{u_{i2}}=\frac{-\beta i_b(R_C\ /\!/\ R_L)}{i_b r_{be}}=-\beta\frac{R_C\ /\!/\ R_L}{r_{be}}\tag{4-6}$$

（3）计算输入电阻、输出电阻

因为

$$r_{i1}=\frac{u_i}{i_i}=\frac{u_i}{\dfrac{u_i}{R_1}+\dfrac{u_i}{R_2}}=\frac{1}{\dfrac{1}{R_1}+\dfrac{1}{R_2}}$$

所以

$$r_i=r_{i1}=R_1\ /\!/\ R_2\tag{4-7}$$

计算输出电阻，将图 4-7(b)信号源置零得到计算输出电阻的等效图如图 4-8 所示。根据其计算 r_o 如下

$$r_o=u_o/i_o\approx R_C\tag{4-8}$$

（4）计算总电压放大倍数

因为

$$A_u=\frac{u_o}{u_i}=\frac{u_o}{u_{i2}}\times\frac{u_{o1}}{u_s}=A_{us1}\times A_{u2}\tag{4-9}$$

而源放大倍数为

$$A_{us}=A_u\times\frac{r_i}{R_s+r_i}\tag{4-10}$$

根据以上分析，多级放大分析过程计算步骤与方法如下：

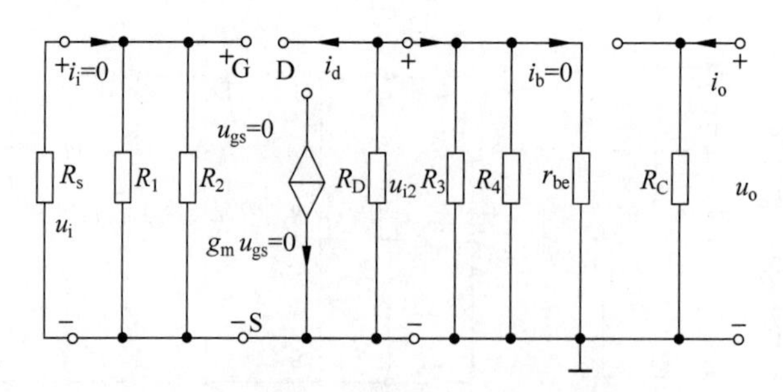

图 4-8　多级放大计算输出电阻微变等效图

① 首先计算出各级放大电路的直流工作电流 I_{EQ1}、I_{EQ2}、…、I_{EQn}。

② 再计算出各级放大电路的 r_{be1}、r_{be2}、…、r_{ben}。

③ 画出微变等效电路。

④ 从末级开始逐级向前推进，计算出各级的电压放大倍数 A_{u1}、A_{u2}、…、A_{un}。计算时应当注意，后级放大电路是前级的负载。

⑤ 计算总电压放大倍数 A_u。

$$A_u=\frac{u_o}{u_i}=\frac{u_o}{u_{i2}}\times\frac{u_{o1}}{u_{i1}}\times\cdots\times\frac{u_{on}}{u_{i(n-1)}}=A_{u1}\times A_{u2}\times\cdots\times A_{un} \tag{4-11}$$

或用分贝(dB)表示，有

$$20\lg|A_u|=20\lg|A_{u1}|+20\lg|A_{u2}|+\cdots+20\lg|A_{un}|\ (\text{dB}) \tag{4-12}$$

⑥ 计算输入电阻 r_i 和输出电阻 r_o。

一般情况下，多级放大电路的输入电阻等于第一级的输入电阻，输出电阻等于末级的输出电阻 r_{on}。即

$$r_i=r_{i1};\quad r_o=r_{on} \tag{4-13}$$

例 4-1　已知图 4-9 所示为两级放大电路，$U_{CC}=20\text{V}$，$\beta_1=\beta_2=\beta=100$，$R_s=1\text{k}\Omega$，$U_{BE1}=-U_{BE2}=0.7\text{V}$，$R_{B1}=51\text{k}\Omega$，$R_{B2}=20\text{k}\Omega$，$R_{C1}=5.1\text{k}\Omega$，$R_{E2}=3.9\text{k}\Omega$，$R_{C2}=4.3\text{k}\Omega$，$R_{E1}=2.7\text{k}\Omega$。计算放大器总电压放大倍数，以及输入、输出电阻。

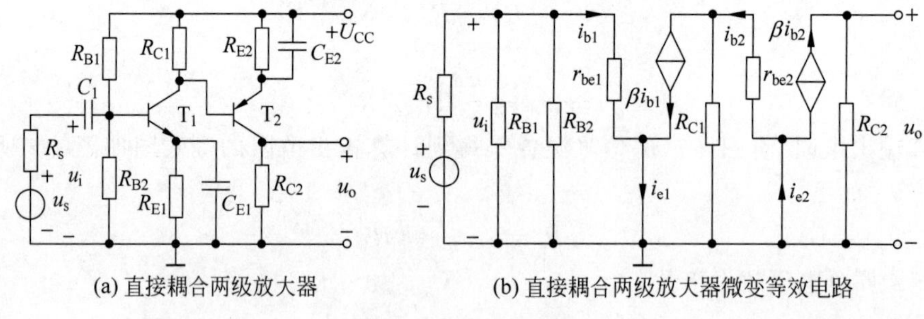

(a) 直接耦合两级放大器　　(b) 直接耦合两级放大器微变等效电路

图 4-9　例 4-1 题图

解　放大电路分析遵循先直流后交流的顺序。计算时要注意晶体三极管 r_{be} 与 I_{EQ} 有关。

(1) 求静态工作点。将图 4-9(a)电容开路，作出电路直流通路(略)。根据直流通路近似计算如下：

$$U_{BQ1}=U_{CC}\cdot\frac{R_{B2}}{R_{B1}+R_{B2}}=12\times\frac{20}{51+20}\text{V}=3.38\text{V}$$

$$I_{CQ1} \approx I_{EQ1} = \frac{U_{BQ1} - U_{BE1}}{R_{E1}} = \frac{3.38 - 0.7}{2.7}\text{mA} = 0.99\text{mA}$$

$$I_{BQ1} = \frac{I_{CQ1}}{\beta} = \frac{0.99}{100}\text{mA} = 0.0099\text{mA} = 9.9\mu\text{A}$$

$$U_{C1} = U_{B2} = U_{CC} - I_{CQ1}R_{C1} = 12 - 5.1 \times 0.99 \approx 7\text{V}$$

$$U_{CEQ1} = U_{CC} - I_{CQ1}R_{C1} - I_{EQ1}R_{E1} \approx U_{CC} - I_{CQ1}(R_{C1} + R_{E1})$$

$$= 12 - 0.99 \times (5.1 + 2.7) \approx 4.3\text{V}$$

$$U_{E2} = U_{C1} + U_{EB2} = 7 + 0.7 = 7.7\text{V}$$

$$I_{E2} = \frac{U_{CC} - U_{E2}}{R_{E2}} = \frac{12 - 7.7}{3.9}\text{mA} \approx 1.1\text{mA}$$

$$U_{CEQ2} = U_{CC} - I_{CQ2}R_{C2} - I_{EQ2}R_{E2} \approx U_{CC} - I_{CQ2}(R_{C2} + R_{E2}) = 3\text{V}$$

则有

$$Q_1(9.9\mu\text{A}, 3.38\text{V};\ 0.99\text{mA}, 7\text{V});\ Q_2(11\mu\text{A}, 7\text{V};\ 1.1\text{mA}, 3\text{V})$$

(2) 求电压放大倍数。先计算晶体三极管的输入电阻,有

$$r_{be1} = r_{bb'} + (1+\beta)\frac{26(\text{mV})}{I_{E1}(\text{mA})} = \left(300 + 101 \times \frac{26}{0.99}\right)\Omega = 3\text{k}\Omega$$

$$r_{be2} = r_{bb'} + (1+\beta)\frac{26(\text{mV})}{I_{E2}(\text{mA})} = \left(300 + 101 \times \frac{26}{1.1}\right)\Omega = 2.7\text{k}\Omega$$

则各级电压增益为

$$A_{u1} = -\frac{\beta(R_{C1} /\!/ r_{i2})}{r_{be1}} = -\frac{100 \times (5.1 /\!/ 2.7)}{3} = -60$$

$$A_{u2} = -\frac{\beta(R_{C2} /\!/ R_L)}{r_{be2}} = -\frac{100 \times 4.3}{2.7} = -159.3$$

$$A_u = A_{u1}A_{u2} = -60 \times (-159.3) = 9558$$

式中,$r_{i2} = r_{be2}$,$R_L = \infty$。

(3) 求输入电阻。$r_i = r_{i1} = r_{be1} /\!/ R_{B1} /\!/ R_{B2} = (3/\!/51/\!/20) = 3/\!/14.4 = 2.48\text{k}\Omega$。

(4) 求输出电阻。$r_o = R_{C2} = 4.3\text{k}\Omega$。

本题结论 利用NPN+PNP构成电平移动直接耦合共射放大电路,增益很高,通过合理设计选择参数可以得到很低的直流工作点。

4.1.3 组合多级放大电路

比较三种组态放大电路,各有优缺点。共射极(共源极)电路既有电压增益,又有电流增益,应用最广,常用作各种放大器的主放大级。但作为电压或电流放大器,它的输入和输出电阻并不理想——即在电压放大时,输入电阻不够大,且输出电阻又不够小;而在电流放大时,则输入电阻又不够小且输出电阻也不够大。为满足对输入、输出电阻及其他性能要求,结合三种基本放大电路的特性,将它们适当组合,取长补短,可获得性能优良的组合放大器(group amplifier)。特别是组合多级放大电路在芯片内部的电路结构形式中应用非常普遍。

1. 共集-共射和共射-共集组合放大电路

共集-共射(CC-CE)和共射-共集(CE-CC)组合放大器的交流通路分别如图4-10所示。

其直流工作点设置原则与其他多级放大器相同。利用共集放大器输入电阻大而输出电阻小的特点，将它作为输入级构成如图 4-10(a)所示的 CC-CE 组合放大电路时，具有很高的输入电阻，这时源电压几乎全部输送到共射电路的输入端。而如图 4-10(b)CE-CC 则具有很低的输出电阻与较大的放大倍数。

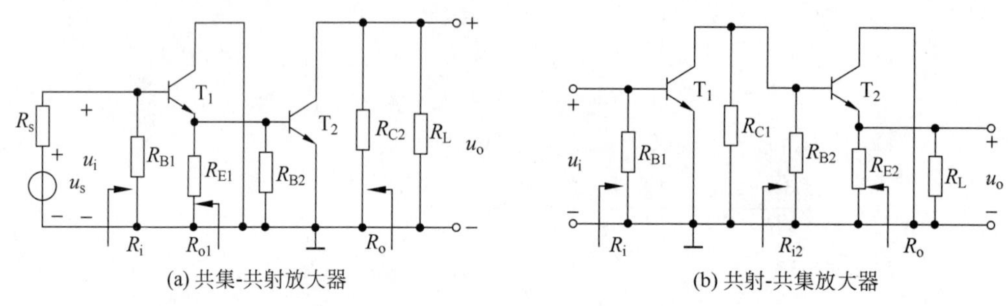

图 4-10 CC-CE 和 CE-CC 组合放大器的交流通路

2. 共射-共基组合放大器

共基放大器的输入电阻很小，将它作为负载接在共射电路之后，致使共射放大器只有电流增益而没有电压增益。而共基电路只是将共射电路的输出电流接续到输出负载上。因此，这种组合放大器的增益相当于负载为 $R'_L(=R_C /\!/ R_L)$ 的一级共射放大器的增益，二者有机结合可获得性能接近最佳的组合放大器，共射-共基(CE-CB)组合放大器及其交流通路分别如图 4-11 所示。

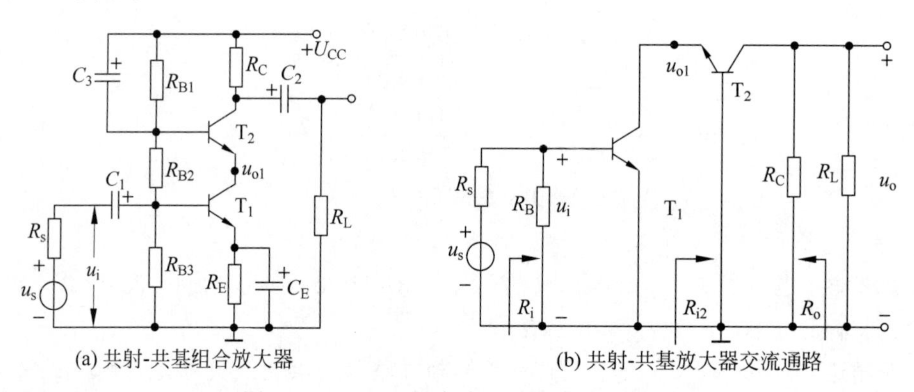

图 4-11 CE-CB 组合放大器及其交流通路

由图 4-11 有

$$A_u=\frac{u_o}{u_i}=-\frac{\beta_1 i_{b1}\alpha_2 R'_L}{r_{be1} i_{b1}}=-\frac{\beta_1\alpha_2 R'_L}{r_{be1}}\approx-\frac{\beta R'_L}{r_{be1}} \tag{4-14}$$

$$A_i=\frac{i_o}{i_i}\approx\frac{i_{c2}}{i_{b1}}\approx\frac{i_{c1}}{i_{b1}}\cdot\frac{i_{c2}}{i_{e2}}=\beta_1\alpha_2\approx\beta_1 \tag{4-15}$$

CE-CB 组合放大器接入低阻共基电路使得共射放大器电压增益减小的同时，也大大减弱了共射放大管内部的反向传输效应。一方面提高了电路高频工作时的稳定性，另一方面明显改善了放大器的频率特性。因此，该电路形式在高频电路中广泛应用。

例 4-2 电路如图 4-12(a)，已知 g_m、β、r_{be}，试求电路的中频增益、输入电阻和输出电阻。

解 由于 r_{be}、g_m 已知，不需通过分析直流计算。因此，直接进行动态分析即可。画中

频小信号等效电路如图 4-12(b),则电压增益计算过程为

$$g_m u_{gs}=(1+\beta)i_b \approx \beta i_b$$

$$u_o=-\beta i_b R_C \approx -g_m u_{gs} R_C$$

$$u_i=u_{gs}+g_m u_{gs} R_{s1}$$

$$A_u=\frac{u_o}{u_i}=-\frac{g_m R_C}{1+g_m R_{s1}}$$

$$A_{us}=\frac{R_i}{R_s+R_i}A_u \approx A_u$$

$$r_i=R_G$$

$$u_{gs+}\ g_m u_{gs} R_{s1}=0;\ u_{gs}=0$$

则有

$$R_o \approx R_C$$

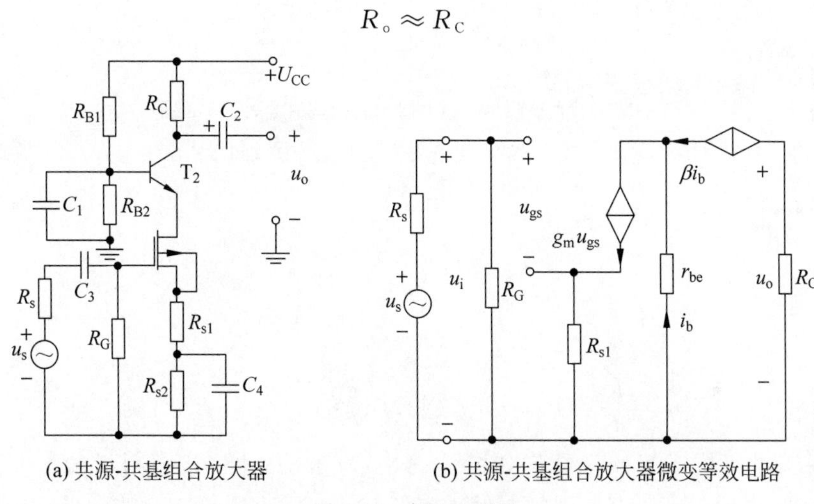

(a) 共源-共基组合放大器　(b) 共源-共基组合放大器微变等效电路

图 4-12 例 4-2 题图

解题结论 输入级采用 MOS 管,可以有效利用其输入电阻大、低功耗的优点,第二级采用晶体三极管利用其放大倍数高输出电阻低的特点组成综合性能好的两级放大器。

4.2 集成运放中的电流源

电流源(current source)电路在集成运算放大器中内部电路的使用非常广泛,主要作用是给各级放大单元提供静态偏置、作为放大器的有源负载、构成恒流源差放等。与电压源相对应,只要是使输出电流恒定的电源电路就称为电流源。在模拟集成电路中,常用的电流源电路有:镜像电流源、精密电流源、微电流源、多路输出电流源等。虽然电流源种类非常之多,但设计电流源的总原则必须遵循以下两条:①输出符合集成电路技术要求的稳定直流电流 I_o;②交流输出等效电阻尽可能大。

本节基本要求是正确理解电流源的定义及种类。难点是针对各类型电流源电路的原理进行计算分析。恒流源的计算是本节难点,要遵循的计算方法是:①确定恒流源电路中的基准晶体三极管或场效应管;②计算或确定基准电流;③根据半导体器件之间的一致性,计算输出恒流值;④绘制恒流部分的交流通路,确定恒流源内阻。

由于恒流源的内阻较大，计算恒流源内阻时不能忽略晶体三极管集电极与发射极之间或场应管漏极与源极之间的动态电阻。

4.2.1 镜像电流源

三极管电流源主要是利用三极管放大状态输出端恒流特性设计出来的。恒流源构成既有单极性的场效应管也有双极性的晶体三极管。

在分立元件电路中和某些模拟集成电路中，常用如图 4-13(a)所示耗尽型 MOS 管(或 JFET)工作于恒流区(放大状态)组成的单管电流源。

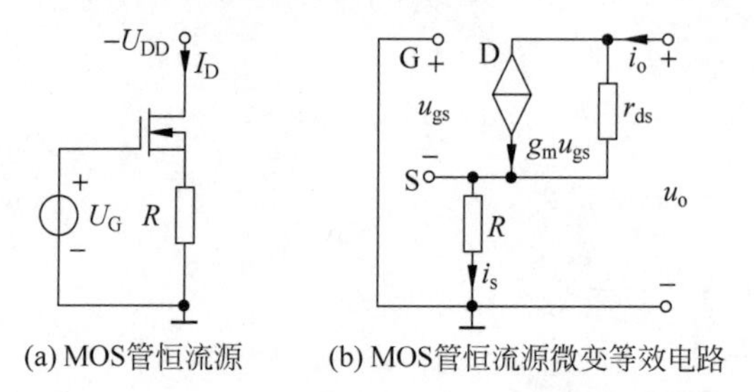

图 4-13 MOS 管恒流源及其微变等效电路

由交流等效电路图 4-13(b)，有

$$\begin{cases} i_s = i_o \\ u_{gs} = -i_s R \\ (i_s - g_m u_{gs}) r_{ds} + i_s R = u_o \end{cases}$$

$$r_o = \frac{u_o}{i_o} = R + (1 + g_m R) r_{ds} \approx (1 + g_m R) r_{ds} \tag{4-16}$$

用晶体三极管构成电流源结构如图 4-14(a)所示，晶体三极管射极偏置电路由 U_{CC}、R_{B1}、R_{B2} 和 R_E 组成，当它们确定之后，基极电位 U_B 固定(I_B 一定)，可以推知 I_C 基本恒定。另外，从三极管的输出特性(曲线)也可以得到结论：三极管工作在放大区时，I_C 具有近似恒流的性质。当 I_B 一定时，三极管的直流电阻

$$R_{CE} = \frac{U_{CEQ}}{I_{CQ}} \tag{4-17}$$

一般 U_{CEQ} 为几伏，所以 R_{CE} 不大。

交流电阻为

$$r_{ce} = \frac{u_{ce}}{i_c} \tag{4-18}$$

由图 4-14(b)等效电路，对输入回路，有

$$i_b[R_{B1} /\!/ R_{B2} + r_{be}] + (i_b + i_c) R_E = 0$$

则

$$i_b = \frac{-R_E}{r_{be} + (R_{B1} /\!/ R_{B2}) + R_E} i_c$$

对输出回路，有

$$u_c - (i_c - \beta i_b) r_{ce} - (i_b + i_c) R_E = 0$$

则

$$u_c = \left[r_{ce} + R_E + \frac{R_E}{r_{be} + (R_{B1} /\!/ R_{B2}) + R_E} (\beta r_{ce} - R_E) \right] i_c$$

所以

$$r_o = \frac{u_c}{i_c} = \left[r_{ce} + R_E + \frac{R_E}{r_{be} + (R_{B1} /\!/ R_{B2}) + R_E} (\beta r_{ce} - R_E) \right] \tag{4-19}$$

一般 $\beta r_{ce} \gg R_E$，故有

$$r_o = \frac{u_c}{i_c} \approx r_{ce} \left[1 + \frac{\beta R_E}{r_{be} + (R_{B1} /\!/ R_{B2}) + R_E} \right]$$

本节主要研究由双极性晶体管构成的稳定的电流源特性。

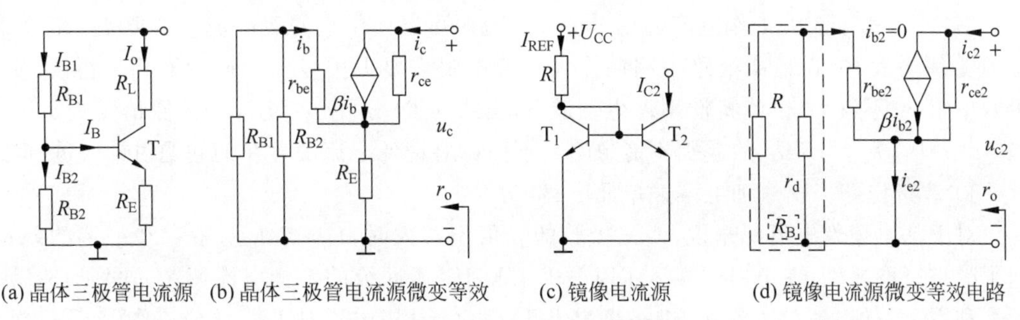

(a) 晶体三极管电流源　(b) 晶体三极管电流源微变等效　(c) 镜像电流源　(d) 镜像电流源微变等效电路

图 4-14　晶体三极管电流源与镜像电流源

1. 电路组成

基本镜像(mirror image)电流源主要是利用半导体三极管恒流特性制成的。镜像电流源是由图 4-14(a)的三极管电流源演变而来的最基本的且精度不高的电流源。如图 4-14(c)所示，电路结构主要由做在同一小块硅片上的两个相邻晶体三极管 T_1、T_2 构成。其中 T_1 管接成二极管。

2. 电流估算

基本镜像电流源电路如图 4-14(c)所示，其微变等效电路见图 4-14(d)。

由于三极管 T_1、T_2 制作工艺、结构及构成材料均相同，因此，两管的性能参数相同，则 $U_{BE1} = U_{BE2} = U_{BE}$，因此两管对应的电极电流也对称相等，即

$$I_{B1} = I_{B2} = I_B, \quad I_{C1} = I_{C2} = I_C$$

由图 4-14(c)可得流过电阻 R 的电流为

$$I_{REF} = \frac{U_{CC} - U_{BE}}{R}$$

根据分流关系，又可有

$$I_{REF} = I_{C1} + 2I_{B1} = I_{C1} + \frac{2I_{C1}}{\beta} = I_{C1}\left(1 + \frac{2}{\beta}\right) = I_{C2}\left(1 + \frac{2}{\beta}\right) \tag{4-20}$$

当 $\beta \gg 2$ 时，有

$$I_{C2} \approx I_{REF} = \frac{U_{CC} - U_{BE}}{R} \tag{4-21}$$

I_{REF} 称为基准电流，而将 I_{C2} 作为输出电流，供给其他单元电路。由式(4-21)可知，I_{C2} 等于 I_{REF}，一旦 I_{REF} 确定，I_{C2} 便随之确定，I_{REF} 稳定，I_{C2} 也随之稳定，I_{C2} 与 I_{REF} 成为一种镜像关系，故称其为镜像电流源。镜像电流源的输出电流 I_{C2} 只决定于基准电流 I_{REF}，而与 T_2

集电极负载大小及性质无关。同时，T_1 对 T_2 具有温度补偿作用，I_{C2} 温度稳定性能好（假设温度增加，使 I_{C2} 增大，则 I_{C1} 增大，而 I_{REF} 一定，因此 I_B 减少，所以 I_{C2} 减少）。当 R 和 U_{CC} 确定后，基准电流 I_{REF} 也就确定了，I_{C2} 也随之而定。

由图 4-14(d)计算出输出电阻 r_o，由于 $i_{b2}=0$，有

$$r_o \approx \frac{u_{c2}}{i_{c2}} = \frac{u_{c2}}{\dfrac{u_{c2}}{r_{ce2}} + \beta i_{b2}} = r_{ce2}$$

3. 提高镜像精度方法

镜像电流源有如下缺点：首先，I_{REF}（即 I_{C2}）受电源变化的影响大，故要求电源十分稳定。其次，适用于较大工作电流的场合。该电流源可以提供毫安级电流。若要 I_{C2} 下降，则 R 就必须增大，这在集成电路中因制作大阻值电阻需要占用较大的硅片面积。再次，交流等效电阻 r_o 不够大，恒流特性不理想。最后，由式(4-21)知，I_{C2} 与 I_{REF} 镜像精度决定于 β。当 β 较小时，I_{C2} 与 I_{REF} 的差别不能忽略。下面针对镜像电流源存在的问题讨论改进方法。

1）改进电路一——加上缓冲单元电路

对于基本镜像电流源来说，当三极管的 β 值不够大时，I_{C2} 与 I_{REF} 就存在一定的差别。为了减小镜像差别，在电路中接入 BJT—T_3，称为带缓冲级的镜像电流源。如图 4-15(a)所示。利用 T_3 的电流放大作用，进一步减小 T_1 和 T_2 基极电流对 I_{REF} 的分流作用，从而提高 I_{C2} 对 I_{REF} 的镜像程度。

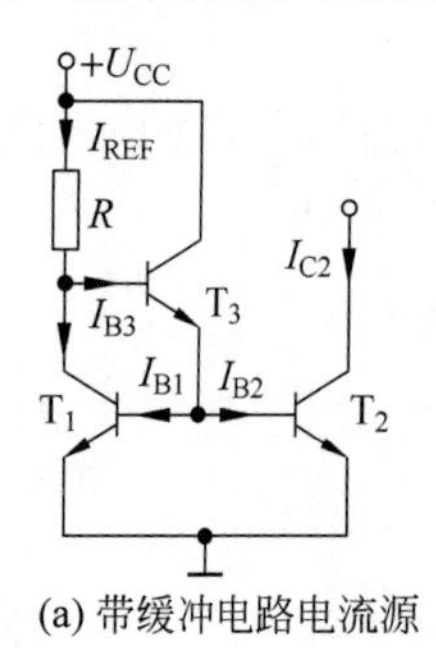

(a) 带缓冲电路电流源

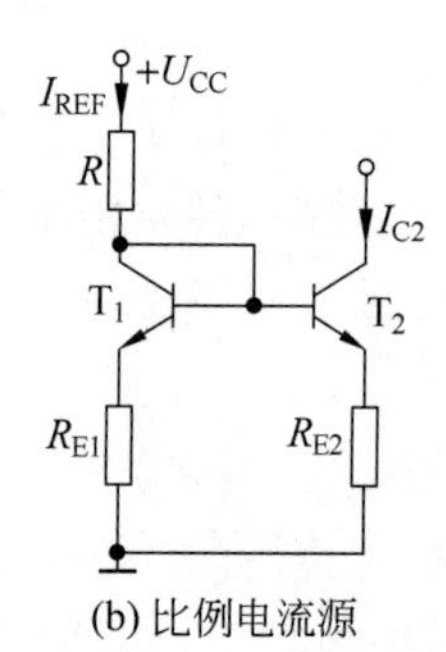

(b) 比例电流源

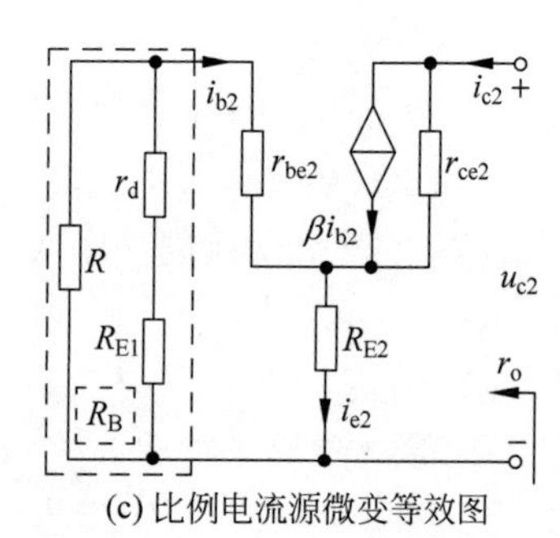

(c) 比例电流源微变等效图

图 4-15 电流源改进电路图之一

假设 $\beta_1=\beta_2=\beta_3=\beta$ 且 $\beta \gg 1$，而且管子对称性好，有 $I_{C1}=I_{C2}$。则有

$$I_{B1}=I_{B2}=\frac{I_{C2}}{\beta} \tag{4-22}$$

又由于 T_3 发射极电流 I_{E3} 为

$$I_{E3}=2I_{B2}$$

则有

$$I_{E3}=2I_{B2}=2\times\frac{I_{C2}}{\beta}$$

又由于

$$I_{E3}=I_{B3}(1+\beta)=(I_{REF}-I_{C1})(1+\beta)$$

所以

$$I_{C2} \approx \frac{(1+\beta)\beta I_{REF}}{2+\beta(1+\beta)} \approx \frac{I_{REF}}{1+2/\beta^2} \tag{4-23}$$

当$\beta^2 \gg 2$时，有$I_{C2} \approx I_{REF}$。比较基本镜像电流源条件，很易满足条件。也就是说，β值较低时镜像精度就能达到较大β值时的基本镜像电流源的镜像精度。

该电路利用T_3的电流放大作用，减小了I_B对I_{REF}的分流作用，从而提高了I_{C2}与I_{REF}镜像的精度。原镜像电流源电路中，对I_{REF}的分流为$2I_B$；带缓冲级的镜像电流源电路中，对I_{REF}的分流为$2I_B/\beta_3$，比原来小。

2）改进电路二——比例电流源

集成电路中需要微安级电流。如图4-15(b)所示带有发射极电阻的镜像电流源就可以提供。它是针对基本镜像电流源交流等效电阻r_o不够大，恒流特性不理想而在镜像电流源两个三极管发射极引入R_{E1}、R_{E2}构成比例电流源。

比例电流源设计时两管仍要有对称性，则有$R_{E1}=R_{E2}$。分析由T_1组成的回路，有

$$I_{REF}R + U_{BE} + I_{E1}R_{E1} = U_{CC}$$

$$I_{REF} \approx \frac{U_{CC} - U_{BE}}{R + R_{E1}} \tag{4-24}$$

由于

$$U_{BE1} + I_{E1}R_{E1} = U_{BE2} + I_{E2}R_{E2} \tag{4-25}$$

根据三极管发射极电流方程

$$I_E \approx I_{ES}e^{\frac{U_{BE}}{U_T}}$$

则有

$$U_{BE} \approx U_T \ln \frac{I_E}{I_{ES}} \tag{4-26}$$

根据T_1和T_2的对称性可得$I_{ES1}=I_{ES2}=I_{ES}$，则

$$U_{BE1} - U_{BE2} \approx U_T\left(\ln \frac{I_{E1}}{I_{ES}} - \ln \frac{I_{E2}}{I_{ES}}\right) = U_T \ln \frac{I_{E1}}{I_{E2}} \tag{4-27}$$

将式(4-27)代入式(4-25)中可得

$$I_{E2}R_{E2} \approx I_{E1}R_{E1} + U_T \ln \frac{I_{E1}}{I_{E2}} \tag{4-28}$$

当$\beta \gg 2$时，有$I_{C1} \approx I_{E1} \approx I_{REF}$，$I_{C2} \approx I_{E2}$，将这些关系代入式(4-28)可得

$$I_{C2} \approx \frac{R_{E1}}{R_{E2}}I_{REF} + \frac{U_T}{R_{E2}}\ln \frac{I_{REF}}{I_{C2}} \tag{4-29}$$

在一定的范围内，$I_{REF} \approx I_{C2}$，式(4-29)中的对数项可忽略，则

$$I_{C2} \approx \frac{R_{E1}}{R_{E2}}I_{REF} \tag{4-30}$$

将式(4-24)代入式(4-30)可得

$$I_{C2} \approx \frac{R_{E1}(U_{CC} - U_{BE})}{R_{E2}(R + R_{E1})} \tag{4-31}$$

与式(4-21)相比可得，在相同I_{C1}的情况下，可以用较大的R，以减少I_{REF}的值，降低R的功耗。同时R_{E1}和R_{E2}是两个三极管的发射极电阻，在电路中引入电流负反馈，使两个三极管的输出电流更加稳定。

由图4-15(c)计算T_2的输出电阻r_o，列出方程组如下：

$$\begin{cases} r_o = \dfrac{u_{c2}}{i_{c2}} \\ u_{c2} = (i_{c2} - \beta i_{b2}) r_{ce2} + i_{e2} R_{E2} \\ R_B = R \mathbin{/\!/} (R_{E1} + r_d) \approx R \mathbin{/\!/} R_{E1} \\ i_{b2}(R_B + r_{be2}) + i_{e2} R_{E2} = 0 \\ i_{e2} = i_{b2} + i_{c2} \end{cases}$$

解出 r_o 为

$$\begin{aligned} r_o &= r_{ce2} + R_{E2} + \frac{R_{E2}}{r_{be2} + R_B + R_{E2}}(\beta r_{ce2} - R_{E2}) \\ &= r_{ce2}\left(1 + \frac{\beta R_{E2}}{r_{be2} + R_B + R_{E2}}\right) + [R_{E2} \mathbin{/\!/} (r_{be2} + R_B)] \end{aligned}$$

$$r_o \approx r_{ce2}\left(1 + \frac{\beta R_{E2}}{r_{be2} + R_B + R_{E2}}\right) \tag{4-32}$$

由式(4-32)看出,输出阻值 r_o 较大,所以这种电流源具有很好的恒流特性。温度稳定性比基本电流源好得多。

若此电路不对称,R_{E1} 也不等于 R_{E2},则

$$U_{BE1} + I_{E1} R_{E1} = U_{BE2} + I_{E2} R_{E2}$$

式中,I_{E1} 近似为 I_{REF},I_{E2} 近似为 I_o。则

$$I_{C2} \approx \frac{(U_{BE1} - U_{BE2}) + I_{REF} R_{E1}}{R_{E2}} \tag{4-33}$$

参数对称的两管在 I_C 相差 10 倍以内时,$|U_{BE1} - U_{BE1}| < 60\text{mV}$。所以,如果 I_o 与 I_{REF} 接近或 I_{REF} 较大,则 ΔU_{BE} 可忽略。

$$I_{C2} \approx \frac{R_{E1}}{R_{E2}} I_{REF} \tag{4-34}$$

即只要合理选择 T_1 和 T_2 两管射极电阻的比例,可得合适的 I_{C2}、r_o。因此,此电流源又称为比例电流源。集成电路中实现比例电流源常通过改变两个三极管发射区面积比来实现。因为发射区电流与发射区面积成正比。即

$$I_E \approx I_{ES} e^{\frac{U_{BE}}{U_T}}, \quad I_{ES} \propto \frac{S_E}{Wn}$$

W 为禁区宽度,n 为杂质浓度,S_E 为发射区面积。若两管的 W、n 相等,而且管子 β 值较大,则有下式成立

$$\frac{I_{REF}}{I_{C2}} \approx \frac{I_{E1}}{I_{E2}} = \frac{I_{ES1}}{I_{ES2}} = \frac{S_{E1}}{S_{E2}} \tag{4-35}$$

若 T_2 用双发射极三极管,则 $2I_{E2} = I_{REF}$。采用此种设计方法,集成电路内部就不用设计较大的电阻 R_{E1}、R_{E2}。

3) 改进电路三——串接电流源

为获得更高的输出电阻,利用 T_3、T_4 组成的基本电流源代替 R_{E1}、R_{E2},主要是用 T_4 的输出电阻代替 R_{E4}。由图 4-16(a)得

$$I_{REF} = \frac{U_{CC} - 2U_{BE}}{R} \tag{4-36}$$

而

$$I_{REF}=I_{B1}+I_{B2}+I_{C1};\quad I_{C1}\approx I_{C2}=I_o$$

即

$$I_{REF}\approx(1+\beta)I_{B1}+\frac{I_o}{\beta}=2I_{B3}+I_{C3}+\frac{I_o}{\beta}=(2+\beta)I_{B3}+\frac{I_o}{\beta}$$

所以由于管子对称性 $I_{B3}\approx I_{B4}$，可以求得

$$I_{REF}=(2+\beta)I_{B4}+\frac{I_o}{\beta}=(2+\beta)\frac{I_{C4}}{\beta}+\frac{I_o}{\beta} \tag{4-37}$$

由图 4-16(a)得到 $I_{C4}=I_{E2}=(1+\beta)I_{B2}=(1+\beta)\frac{I_o}{\beta}$代入式(4-37)，所以

$$I_o=\frac{1}{1+\frac{4}{\beta}+\frac{2}{\beta^2}}I_{REF} \tag{4-38}$$

再由电路图 4-16(a)及其等效电路图 4-16(b)，输出电阻 r_o 为

$$r_o=r_{ce2}\left(1+\frac{\beta r_{ce4}}{r_{be2}+R_B+r_{ce4}}\right)\approx(1+\beta)r_{ce2} \tag{4-39}$$

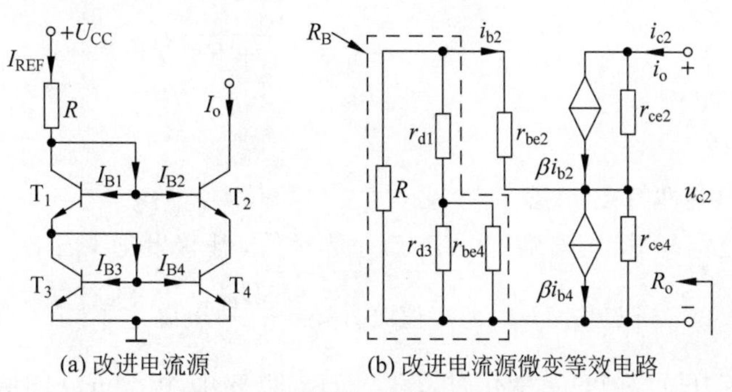

图 4-16 电流源改进电路之二

4.2.2 微电流源

镜像电流源电路适用于较大工作电流(毫安数量级)的场合，这在集成电路技术中是要避免的。若需要减小 I_{C2} 的值(例如达到微安级)，可采用微电流源电路。

1. 电路组成与原理

为了减小 I_{C2} 的值，可在镜像电流源电路中的 T_2 发射极串入一电阻 R_{E2}，便构成微电流源。如图 4-17(a)所示。电流估算过程如下，由图 4-17(a)可得

$$U_{BE1}-U_{BE2}=\Delta U_{BE}=I_{E2}R_{E2}$$

所以

$$I_{C2}\approx I_{E2}=\frac{U_{BE1}-U_{BE2}}{R_{E2}}=\frac{\Delta U_{BE}}{R_{E2}} \tag{4-40}$$

可见，利用两管基-射电压差 ΔU_{BE} 可以控制 I_o。由于 ΔU_{BE} 的数值小，用阻值不大的 R_{E2} 接入电路即可得微小的工作电流——微安级的电流源，称为微电流源。因 ΔU_{BE} 小，$I_o\ll I_{REF}$。同时 I_o 稳定性也比 I_{REF} 好。可见，用阻值不大的 R_{E2} 就可获得微小的工作电流。对照式(4-27)得到

$$I_o=\frac{\Delta U_{BE}}{R_{E2}}=\frac{U_T}{R_{E2}}\ln\frac{I_{REF}}{I_o}$$

$$\ln\frac{I_{REF}}{I_o}=\frac{I_oR_{E2}}{U_T} \tag{4-41}$$

方程为超越方程，可以利用解超越方程的图解法或凑试法解。其中 U_T 为温度电压当量。

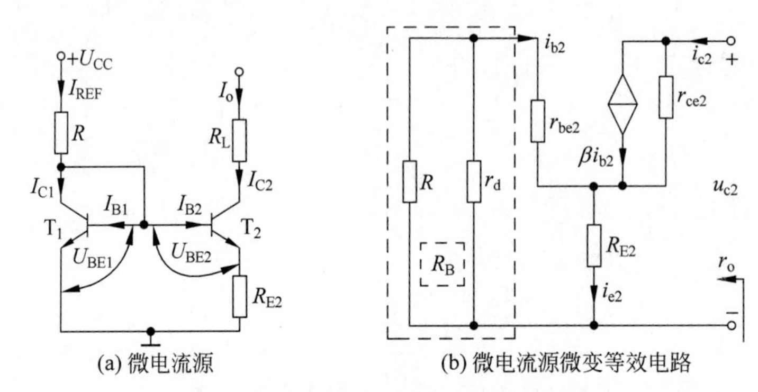

图 4-17 微电流源及其微变等效电路

利用图 4-17(b)可计算输出电阻 r_o，有

$$r_o\approx r_{ce}\left(1+\frac{\beta R_{E2}}{r_{be1}+R_B+R_{E2}}\right) \tag{4-42}$$

式(4-42)推导过程见例 4-3。

2. 微电流源特点

概括微电流源共性特点，主要有：

(1) 基准电流与输出电流确定。T_1、T_2 是对管，基极相连，当 U_{CC}、R、R_{E2} 已知时，$I_{REF}\approx\frac{U_{CC}}{R}$(略去 U_{BE})，当 U_{BE1}、U_{BE2} 为定值时，$i_{C2}=\frac{\Delta U_{BE}}{R_{E2}}$也确定了。

(2) 抗干扰能力强。当 U_{CC} 变化时，I_{REF}、ΔU_{BE} 也变化，由于 R_{E2} 的值一般为千欧级，变化部分主要降至 R_{E2} 上，即 $\Delta U_{BE2}\ll\Delta U_{BE1}$，则 I_{C2} 的变化远小于 I_{REF} 的变化。因此电源电压波动对工作电流 I_{C2} 影响不大。

(3) T_1 管对 T_2 管有温度补偿作用，I_{C2} 的温度稳定性好。总的来说，电流“小”而“稳”。小——R 不大时 I_{C2} 可以很小(微安量级)。稳——R_E(负反馈)使恒流特性好，温度特性好，受电源变化影响小。进一步举例分析电流的数学关系，有

$$I_oR_{E2}=U_{BE1}-U_{BE2}$$

而

$$I_C\approx I_Se^{U_{BE}/U_T}$$

$$U_{BE}=U_T\ln\frac{I_C}{I_S}$$

$$I_oR_{E2}=U_T\left(\ln\frac{I_{C1}}{I_S}-\ln\frac{I_{C2}}{I_S}\right)=26(\text{mV})\left(\ln\frac{I_{C1}}{I_S}-\ln\frac{I_{C2}}{I_S}\right)$$

$$I_o=\frac{26(\text{mV})}{R_{E2}}\ln\frac{I_{C1}}{I_{C2}}$$

若$\frac{I_{C1}}{I_{C2}}=10$ 则 $I_{C2}R_E=26\ln 10\approx 60\text{mV}$，即电流每增加 10 倍，$I_{C2}R_E$ 总是增加 60mV。因此

得到电流每增加 10 倍，R_{E2} 上的电压增加 60mV 的简单数学关系式，计算过程十分便捷。

4.2.3 多路输出电流源

在模拟集成电路中，经常用到多路电流源。其目的是用一个电流源对多个负载进行偏置。典型的多路电流源如图 4-18 所示。

如图 4-18 所示，T_1，T_2，…，T_n 的基极是并联在一起的。电路用一个基准电流 I_{REF} 获得了多个电流。设各管的参数值相同，则

$$I_C = I_{REF} - \frac{\sum I_B}{\beta}$$

当 β 较大时，有

$$I_C \approx I_{REF} \approx I_E$$

$$I_E R_E = I_{E1} R_{E1} = I_{E2} R_{E2} = \cdots = I_{En} R_{En} \tag{4-43}$$

所以

$$I_{C1} \approx I_{E1} = \frac{I_{REF} R_E}{R_{E1}}, \quad I_{C2} \approx I_{E2} = \frac{I_{REF} R_E}{R_{E2}}$$

$$I_{Cn} \approx I_{En} = \frac{I_{REF} R_E}{R_{En}} \tag{4-44}$$

所以在 I_{REF} 确定后，通过改变各个电流源的射极电阻值，即可获得各路不同的电流源。如果用在集成电路中，就能为各单元电路提供恒流偏置。

多路电流源电路也可以用 MOS 管来组成，电路如图 4-19 所示。

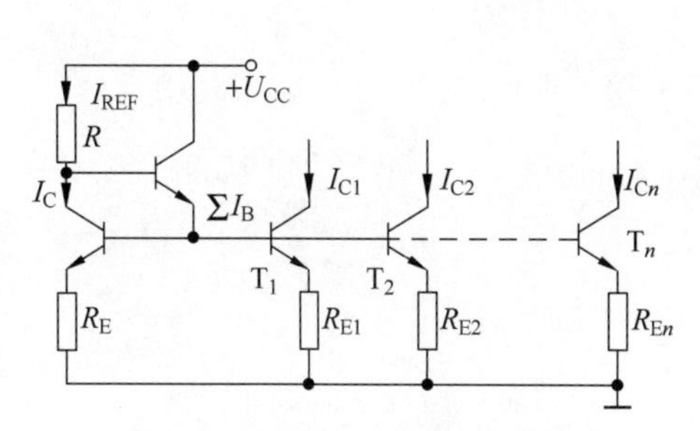

图 4-18 晶体管多路输出电流源

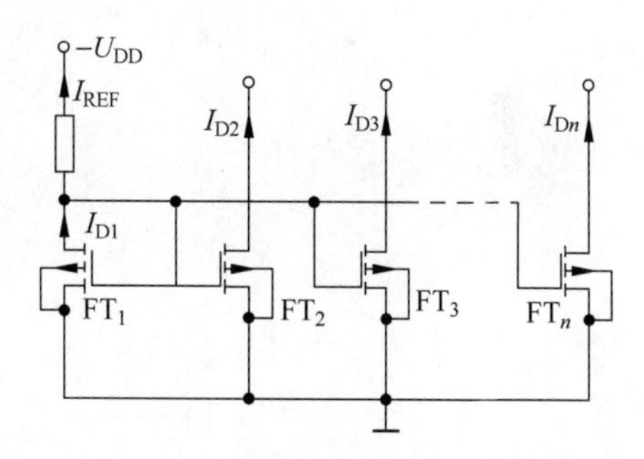

图 4-19 场效应管多路输出电流源

4.2.4 电流源用作有源负载

由于电流源具有交流电阻大的特点（理想电流源的内阻为无穷大），所以在模拟集成电路中被广泛用作放大电路的负载。这种由有源核心器件及其附属电路元件构成的放大电路的负载称为有源负载。共发射极有源负载放大电路如图 4-20 所示。

T_3 是共射极组态的放大管，信号由基极输入、集电极输出。T_1、T_2 和电阻 R 组成镜像电流源代替 R_C 作为 T_1 的集电极有源负载。电流 I_{C2} 等于基准电流 I_{REF}。

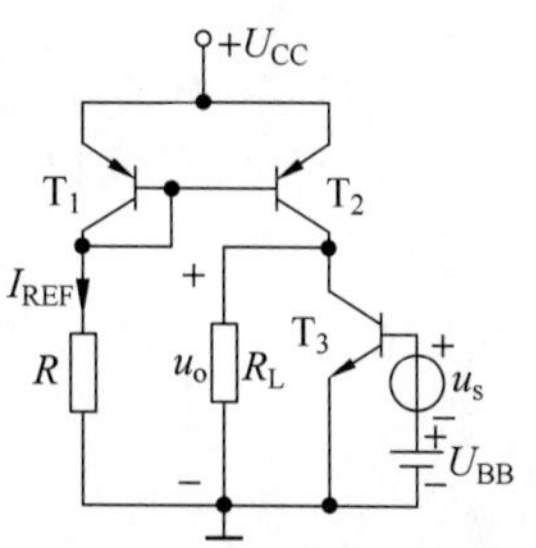

图 4-20 恒流源单级放大器

根据共射放大电路的电压增益可知，该电路电压增益表达式为

$$A_u = -\frac{\beta(r_o /\!/ R_L)}{r_{be}} \tag{4-45}$$

式(4-45)中 r_o 是电流源的内阻，即从集电极看进去的交流等效电阻。而用电阻 R_C 作负载时，电压增益表达式为将 r_o 换成 R_C 即可。由于 $r_o \gg R_C$，有源负载大大提高了放大电路的电压增益。

例 4-3 计算如图 4-21 所示晶体三极管电流源的等效动态电阻(输出电阻)。

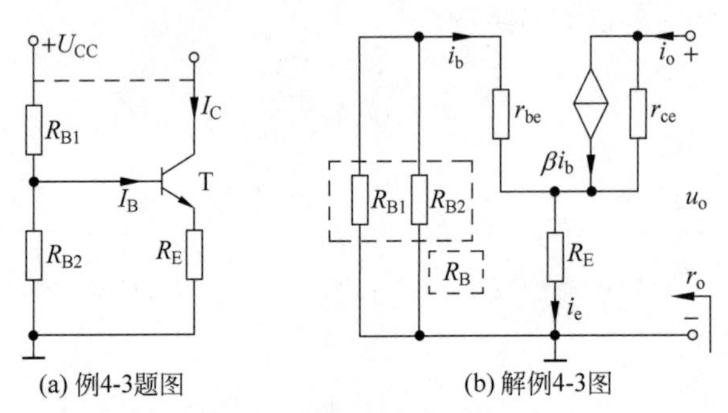

图 4-21 例题 4-3 图

解 (1) 计算三极管电流源输出电阻。晶体三极管组成的普通恒流源电路如图 4-21(a)所示。考虑管子本身的输出电阻 r_{ce} 时，恒流源的微变等效电路如图 4-21(b)。在输出端加交流电压 u_o 并求出 i_o 后，就可以求出恒流源的输出电阻 r_o。假设 $R_B = R_{B1} /\!/ R_{B2}$，由图 4-21(b)可写出下面两个方程

$$u_o = (i_o - \beta i_b) r_{ce} + (i_o + i_b) R_E$$
$$i_b (r_{be} + R_B) + (i_o + i_b) R_E = 0$$

又由上面第二式可以得到

$$i_b = -\frac{R_E}{r_{be} + R_B + R_E} i_o$$

代入上面第一式可推算出

$$r_o = \frac{u_o}{i_o} = \left(1 + \frac{\beta R_E}{r_{be} + R_B + R_E}\right) r_{ce} + R_E /\!/ (r_{be} + R_B)$$

交流电阻为

$$r_{ce} = \frac{\Delta U_{CE}}{\Delta I_C}$$

为几十千欧至几百千欧。根据实际工程情况把 r_o 进一步近似，得

$$r_o = \left(1 + \frac{\beta R_E}{r_{be} + R_B + R_E}\right) r_{ce}$$

(2) 微电流源的输出电阻。如图 4-17 所示，微电流源的微变等效电路与图 4-21(b)相似，只是 $r_{be} = r_{be2}$，$r_{ce} = r_{ce2}$，$R_{B1} = R$，$R_{B2} = r_d$，$R_{E2} = R_E$。由于 $i_{e2} \ll i_{e1}$，$r_{be1} \ll r_{be2}$，r_{be1} 可以认为是短路，设 $R_B = R /\!/ r_d$，所以微电流源的输出电阻

$$r_o = \left(1 + \frac{\beta R_{E2}}{r_{be2} + R /\!/ r_d + R_{E2}}\right) r_{ce2}$$

解题结论 由题中 r_o 结果可以看出，$r_o \gg r_{ce}$，即恒流源的输出电阻很大(理想值→∞)。

R_E 愈大，恒流源的输出电阻 r_o 愈大，愈接近于恒流。

4.3　差动放大电路

直接耦合多级放大器前后级工作点互相影响，同时又由于半导体放大器件本身某些参数因受温度影响而变化，所以温度漂移(简称温漂)现象在放大电路中的存在不可避免。多级放大器中第一级产生的温漂即使非常微小，但经过后续各级放大器放大后就会非常大，有时就会淹没输入信号。特别是设计集成运放内部单元电路，由于其为高增益器件，温漂现象的存在使设计技术上的难度变得非常之大。可以说，能否消除温漂关系到集成电路设计的成败。通常半导体制作技术消除温漂最有效的方法是在前级(第一级)放大电路采用差动放大电路。另外，差动放大电路也常用在诸如传感器信号放大电路等低频放大场合，所以，差动放大电路在电子信息处理系统与信号运算电路中的作用非常重要。

4.3.1　差分放大电路基本概念

差动放大电路又叫差分电路，不仅能有效地放大直流信号，而且在交流环境中也能有效地减小由于电源波动和晶体三极管随温度变化等原因引起的零点漂移，因而获得广泛的应用。本节主要研究差分放大器的分析过程中经常用到的概念，并讨论差动放大器工作原理和基本性能。

1. 零点漂移

如果将直接耦合放大电路的输入端信号源置零，输出端仍然会有一固定的直流电压输出，即静态输出电压。实际上静态输出电压随着时间的推移，偏离初始值而缓慢地随机波动，这种现象称为零点漂移，简称零漂。零漂实际上就是静态工作点的漂移。

对于差分电路，当输入端信号为零时(短路)，输出应为零。但实际上输出电压将随着时间的推移，偏离零电位。这种现象也是零漂。分析零漂产生的主要原因有：

(1) 温度的变化。引起集电极电流 I_C 等参数变化，静态工作点发生变化，输出漂移量；

(2) 电源电压波动。引起静态工作点的波动，产生零漂；

(3) 元器件(主要是晶体三极管)参数变化。元器件参数变化必然会导致原来设计的静态工作点过高或过低而产生漂移量。

抑制零漂一般有如下几个方法：

① 选用高质量的硅管；

② 采用补偿的方法，用一个热敏元件，抵消 I_C 受温度影响的变化；

③ 采用差动放大电路。

温漂对差分放大器的影响相当于在两个输入端加入了共模信号。

2. 差模信号和共模信号常用概念

差模信号(differential mode signal)：在差动放大电路两端加大小相同，方向相反的一对信号称差模信号，常用 u_{id} 表示。如果在两输入端加不对称的信号 u_{i1} 与 u_{i2}，则有

$$u_{id}=u_{i1}-u_{i2} \tag{4-46}$$

共模信号(common mode signal)：是指在两个输入端加上幅度相等，极性相同的一对信号。

通俗地说，两信号的算术平均值或大小相等，相位相同就可称为共模信号，常用 u_{ic} 表示。在两输入端加不对称的信号 u_{i1} 与 u_{i2}，则有

$$u_{ic}=\frac{1}{2}(u_{i1}+u_{i2}) \tag{4-47}$$

根据以上两式可以将两个输入端的信号均可分解为差模信号和共模信号两部分，即

$$u_{i1}=u_{ic}+\frac{1}{2}u_{id};\quad u_{i2}=u_{ic}-\frac{1}{2}u_{id} \tag{4-48}$$

共模与差模信号如图 4-22 所示。

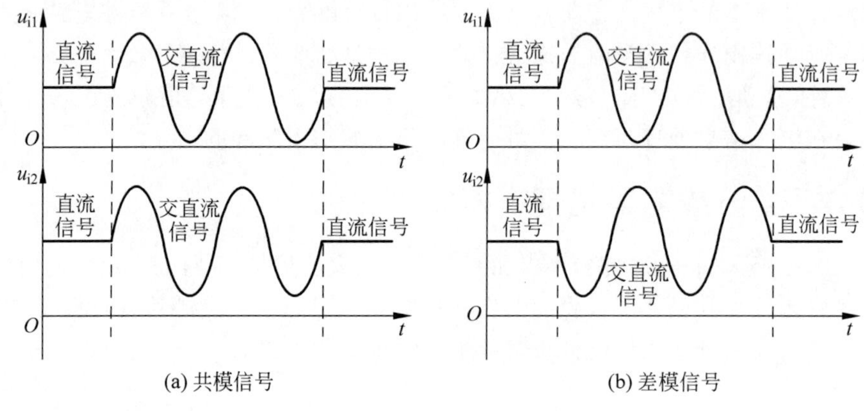

图 4-22　共模与差模信号比较示意图

3. 差动放大器主要性能指标

差动放大器指标除包括放大器的所有性能指标外，就其在电路中主要承担消除温漂的任务来说，需重点介绍与抑制温漂有关的性能指标。

(1) 放大电路对差模输入信号的放大倍数称为差模电压放大倍数 A_{ud}：

$$A_{ud}=\frac{u_{od}}{u_{sd}} \tag{4-49}$$

(2) 放大电路对共模输入信号的放大倍数称为共模电压放大倍数 A_{uc}：

$$A_{uc}=\frac{u_{oc}}{u_{sc}} \tag{4-50}$$

在差、共模信号同存情况下，线性工作情况中，可利用叠加原理求总的输出电压 u_o。

$$u_o=A_{ud}u_{sd}+A_{uc}u_{sc} \tag{4-51}$$

假设有一个理想差动放大器，已知 $u_{s1}=25\text{mV}$，$u_{s2}=10\text{mV}$，$A_{ud}=100$，$A_{uc}=0$。则有差模输入电压 $u_{sd}=u_{s1}-u_{s2}=15\text{mV}$；共模输入电压 $u_{sc}=(u_{s1}+u_{s2})/2=35/2=17.5\text{mV}$；输出电压 $u_o=A_{ud}u_{sd}+A_{uc}u_{sc}=100\times15+0\times17.5=1500\text{mV}$。

(3) 共模抑制比(common-mode rejection ratio，CMRR)，常用 K_{CMRR} 表示：

$$K_{CMRR}=\left|\frac{A_{ud}}{A_{uc}}\right| \tag{4-52}$$

$$K_{CMRR}=20\lg\left|\frac{A_{ud}}{A_{uc}}\right|(\text{dB}) \tag{4-53}$$

(4) 差模输入电阻 r_{id}:

$$r_{id}=\frac{u_{id}}{i_{id}} \tag{4-54}$$

(5) 差模输出电阻 r_{od}:

$$r_{od}=\frac{u_{od}}{i_{od}} \tag{4-55}$$

(6) 共模输入电阻 r_{ic}:

$$r_{ic}=\frac{u_{ic}}{i_{ic}} \tag{4-56}$$

4.3.2　基本差分放大电路

差分放大电路是一个双口网络,每个端口有两个端子,可以输入两个信号,输出两个信号。其端口结构示意图如图 4-23 所示。

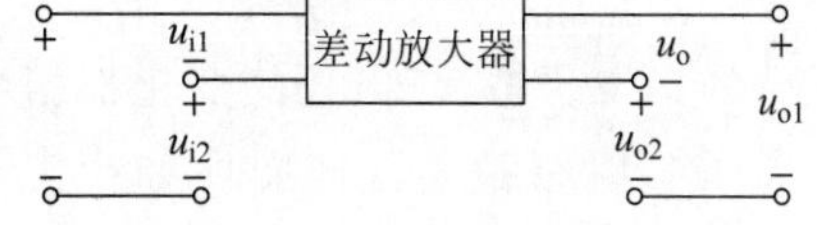

图 4-23　差动放大电路方框图

本节主要研究双口差放电路框图内部元件的组成与抑制温漂原理。

1. 电路组成及特点

基本的差动放大器组成如图 4-24 所示,由两个共射极放大器组成。其最重要的特点是电路对称,射极电阻共用,或射极电阻用电流源(电流源的作用和大电阻是一样的)代替;有两个输入端与两个输出端。为在设计时保证严格的对称性而在电路中静态工作点调节端附加了调零电位器 R_W,如图 4-24 所示。

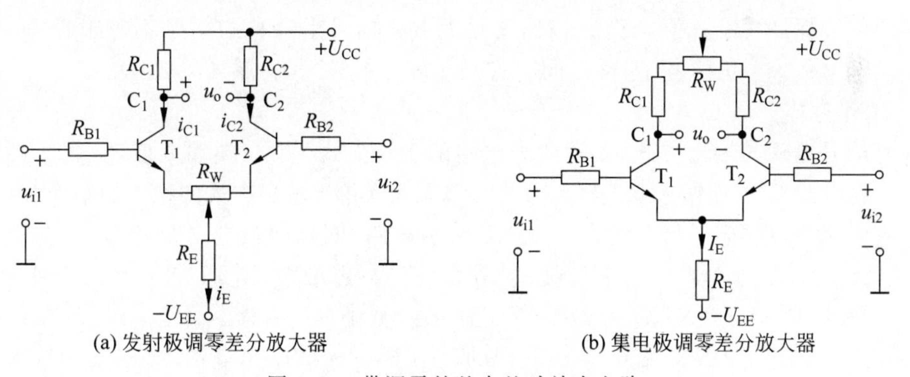

(a) 发射极调零差分放大器　　(b) 集电极调零差分放大器

图 4-24　带调零的基本差动放大电路

2. 差放工作原理分析

分析如图 4-24(a)所示电路,从动态、静态两个方面介绍其基本原理。

(1) 静态分析。因没有输入信号,即 $u_{i1}=u_{i2}=0$ 时,由于电路完全对称

$$I_{C1}=I_{C2}=0.5I_E$$

则有

$$R_{C1}I_{C1}=R_{C2}I_{C2},\quad U_{C1}=U_{CC}-R_{C1}I_{C1},\quad U_{C2}=U_{CC}-R_{C2}I_{C2}$$

则有

$$U_o=U_{C1}-U_{C2}=0$$

所以静态时,输入为零,输出也为零。

(2) 动态分析。加入差模信号时，即 $u_{i1}=-u_{i2}=0.5u_{id}$。从电路上看，u_{i1} 增大使得 i_{b1} 增大，使 i_{c1} 增大，同时使得 u_{c1} 减小。u_{i2} 减小使得 i_{b2} 减小，又使 i_{c2} 减小，使得 u_{c2} 增大。由此可推出：$u_o=u_{c1}-u_{c2}=2u_{c1}=-2u_{c2}$。

若在输入端加共模信号，即 $u_{i1}=u_{i2}$。由于电路的对称性和恒流源偏置，理想情况下，$u_o=u_{c1}-u_{c2}=0$，电路无输出。

这就是所谓"差动"的意思——两个输入端信号之间有差别，输出端才有变化信号输出。

晶体三极管随工作时间的持续温度就会上升，晶体三极管随温度变化明显的参数有 I_{CBO}、β、U_{BE}，变化规律为 I_{CBO}、β 两参数随温度上升而加大，而 U_{BE} 具有负温度系数。由于两个差动放大管工作环境相同，所以温漂的变化规律对于差动放大电路来讲是共模信号，根据这个特点，电路抑制温漂原理定性分析如下：

$$T\uparrow\rightarrow I_{C1}(I_{C2})\uparrow\rightarrow I_{E1}(I_{E2})\uparrow\rightarrow U_E\uparrow(U_{B1}、U_{B2}\text{不变})\rightarrow$$
$$U_{BE1}(U_{BE2})\downarrow\rightarrow I_{B1}(I_{B2})\downarrow\rightarrow I_{C1}(I_{C2})\downarrow$$

(3) 温漂特点。在差动式电路中，无论是温度的变化，还是其他原因引起的两个晶体三极管的集电极电流、电压的变化都相当于在两个输入端加入了共模信号。理想情况下，由于管子与电路参数对称而使输出电压不变，从而抑制了零漂。当然实际情况下，要做到两管以及电路参数完全对称是比较困难的，因此，差动电路会输出大为减小的漂移电压。

综上分析，放大差模信号，抑制共模信号是差放的基本特征。通常情况下，我们感兴趣的是差模输入信号，对于这部分信号，希望得到尽可能高的放大倍数；而共模输入信号可能反映由于温度变化而产生的漂移信号或随输入信号一起进入放大电路的某些干扰信号，对于这样的共模输入信号我们希望尽量地加以抑制，不予放大传送。凡是对差放两管基极作用相同的信号都是共模信号。经过统计，常见的共模信号来源有：①u_{i1} 不等于 $-u_{i2}$，信号中含有共模信号；②干扰信号(通常是同时作用于输入端)；③温漂。

3. 工作方式

按照信号输入与输出方式，差动放大电路的工作方式为：双端输入双端输出方式、双端输入单端输出方式、单端输入双端输出方式和单端输入单端输出方式四种。如图 4-25(a)所示单端输入电路可以很容易转化为图 4-25(b)所示电路，同样假设 T_1、T_2 各极对应动态电流为 i_{b1}、i_{c1}、i_{e1}，i_{b2}、i_{c2}、i_{e2}；若 $u_i>0$，则 i_{c1} 增大，使 i_{e1} 也增大，则 u_e 增大。由于 T_2 的 b 极通过 R_{B2} 接地，则 $u_{BE2}=0-u_e=-u_e$，所以有 u_{BE2} 减小，i_{c2} 也减小。整个过程，在单端输入 u_i 的作用下，两管的电流变化规律为 i_{c1} 增加，i_{c2} 减少。所以单端输入时，差动放大的 T_1、T_2 仍然工作在差动状态。

从另一方面理解，$u_{i1}=u_i$，$u_{i2}=0$ 将单端输入信号分解成为一个差模信号 u_{id} 和共模信号 u_{ic}

$$u_{id}=u_{i1}-u_{i2}=u_i$$
$$u_{ic}=\frac{u_{i1}+u_{i2}}{2}=\frac{u_i}{2}$$

将两个输入端的信号看作由共模信号和差模信号叠加而成，即

$$u_{i1}=\frac{u_{ic}+u_{id}}{2}=\frac{u_i}{2}+\frac{u_i}{2}$$
$$u_{i2}=\frac{u_{ic}-u_{id}}{2}=\frac{u_i}{2}-\frac{u_i}{2}$$

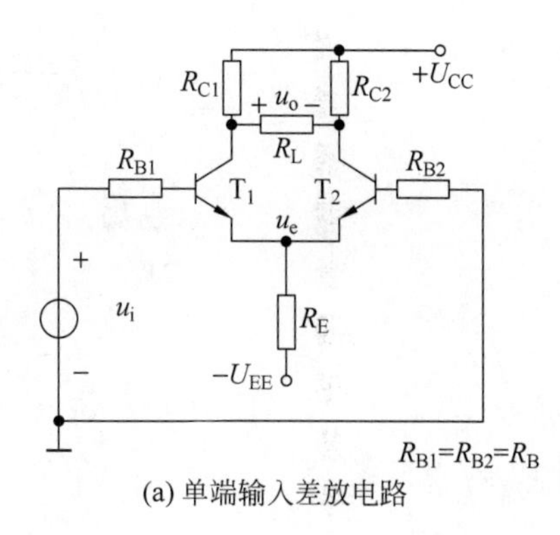

(a) 单端输入差放电路

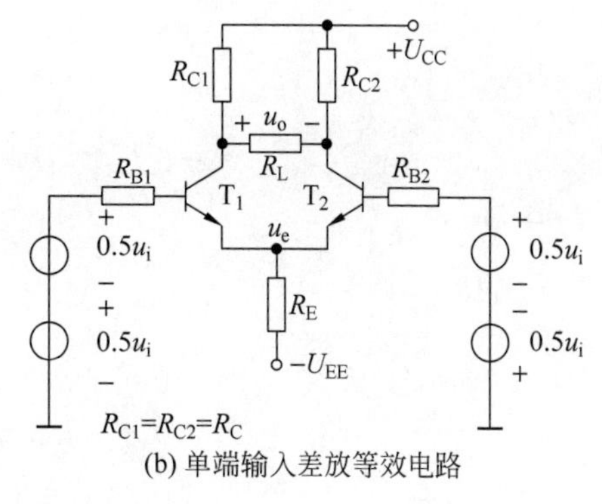

(b) 单端输入差放等效电路

图 4-25　单端输入等效示意图

电路输出端总电压为

$$u_o = A_{uc}u_{ic} + A_{ud}u_{id}$$

经过这样的变换后，电路便可按双入情况分析。可以看出，单端输入等效为同样输入电压的双端情况。因此，可以得出输入方式对差动放大器放大倍数不影响，因此分析时只要弄清输出方式对放大倍数影响即可了解差动放大电路的放大倍数情况。

4.3.3　射极耦合差动放大电路分析

长尾式差动放大电路是最典型的差动放大电路，如图 4-26 所示。其特点是在差放管的公共射极接入 R_E，主要用于提高抑制温度漂移能力，并引入电流负反馈，稳定静态工作点。根据后面共模抑制比分析得知，这个电阻越大温漂抑制效果越好，因此，通常该电阻值很大，故称长尾式差动放大电路。本章主要以长尾式差放为例分析差动放大器性能。R_E 在共模情况相当于在每一个管子下面接了 $2R_E$ 阻值的电阻（差模情况下该电阻不起作用，相当于短路），如图 4-27(b)所示，这在后面的章节有详细介绍。

1. 静态工作点 Q 的计算

如图 4-26 所示，由差动放大电路的对称性，可令 $R_{B1}=R_{B2}=R_B$；$I_{B1}=I_{B2}=I_B$；$I_{E1}=I_{E2}=I_E$；$I_{C1}=I_{C2}=I_C$。静态时将输入端短路，由于流过 R_{B1} 电流

$$I_{B1}=\frac{I_{E1}}{1+\beta} \tag{4-57}$$

可见 I_B 非常小，通常计算可以忽略，则 $I_BR_B\approx 0$，则 $U_E\approx -0.7\text{V}$。可以直接算得

$$I_E=\frac{U_{EE}-U_{BE}}{2R_E} \tag{4-58}$$

图 4-26　长尾式差动放大电路

当然，规范计算 I_B 方法是根据输入回路列写输入端回路方程求解。图 4-26 中电阻 R_E 的电流为两管发射极电流 I_{E1} 和 I_{E2} 之和，且电路对称，$I_{E1}=I_{E2}=I_E=(1+\beta)I_B$，故

$$U_{EE}-U_{BE}=2(1+\beta)I_{B1}R_E+I_{B1}R_{B1}$$

$$I_{B1}=I_{B2}=\frac{U_{EE}-U_{BE}}{2(1+\beta)R_E+R_B}\approx\frac{U_{EE}-U_{BE}}{2(1+\beta)R_E}\approx\frac{U_{EE}}{2(1+\beta)R_E} \tag{4-59}$$

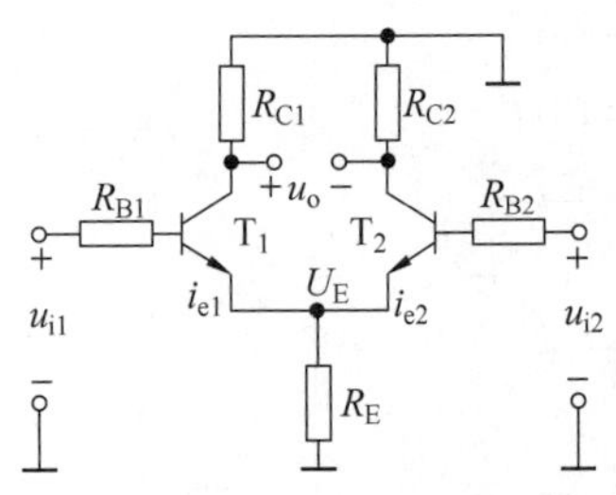

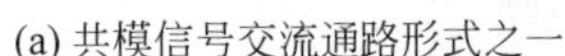
(a) 共模信号交流通路形式之一

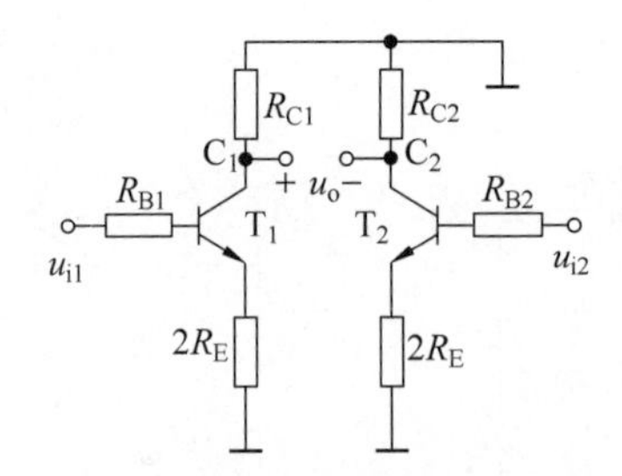

(b) 共模信号交流通路形式之二

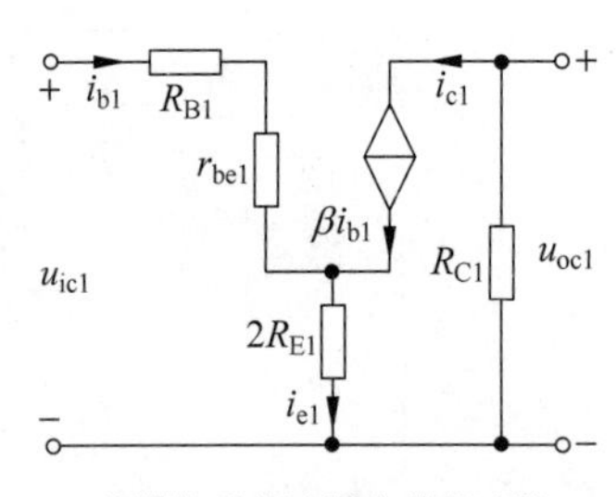

(c) 共模信号单边微变等效电路

图 4-27 共模放大电路交流通路与微变等效电路

$$I_{C1}=I_{C2}=I_C=\beta I_B \tag{4-60}$$

$$U_{C1}=U_{C2}=U_{CC}-I_CR_C \tag{4-61}$$

$$U_{CE1}=U_{CE2}=U_{C1}-U_E \tag{4-62}$$

2. 交流分析

同其他放大器分析一样,交流分析主要根据电路的交流小信号微变等效电路计算放大器的交流性能指标,实际上是研究电路在直交流信号共同作用下的工作状态情况。具体就是计算差模信号与共模信号作用时各种组态差动增益、输入输出电阻、共模抑制比等性能指标。

1) 对共模信号的抑制作用分析

作出图 4-26 所示电路的共模交流通路(不含负载 R_L)与微变等效电路如图 4-27 所示。

如图 4-27(c)所示,单端输出时共模增益为

$$A_{c1}=\frac{u_{oc1}}{u_{ic1}}=\frac{-\beta i_{b1}R_C}{i_{b1}R_{B1}+i_{b1}r_{be1}+2(1+\beta)i_{b1}R_E}$$

所以

$$A_{c1}=-\frac{\beta R_C}{R_{B1}+r_{be1}+2(1+\beta)R_E} \tag{4-63}$$

双端输出时的共模电压增益是指电路的双端输出电压与共模输入电压之比。在电路完全对称的情况下,由于

$$u_{o1}=A_{C1}u_{i1};\quad u_{o2}=A_{C1}u_{i1};\quad u_o=u_{o1}-u_{o2}=0$$

所以

$$A_{uc}\approx 0 \tag{4-64}$$

由于电路对称,共模信号是两管子输入完全相等,则输出电压相等,即两管共模输出之差为零值。因此理想情况下,共模信号完全被抑制了。对于双端输出放大器负载不影响共模放大倍数。实际上,电路完全对称是不容易的,但即使这样,A_{uc} 也很小,放大电路抑制共模的能力还是很强的。

共模情况下,由于两输入端是并联的,因此输入电阻

$$r_{ic}=0.5[r_{be}+2(1+\beta)R_E] \tag{4-65}$$

计算输出电阻时,将信号源置零后,图 4-27(c)单端输出电路中受控源开路,有

$$r_{oc}=R_C \tag{4-66}$$

双端输出时受控源开路后两端 R_C 并联,有

$$r_{oc}=0.5R_C \tag{4-67}$$

2）对差模信号的放大作用分析

作出图 4-26 所示电路的差模交流通路与微变等效电路如图 4-28 所示。电路对称，同样假设 $R_{B1}=R_{B2}=R_B$；$R_{C1}=R_{C2}=R_C$。

（1）放大增益计算。差模输入时，$u_{i1}=-u_{i2}=u_{id}/2$，当一管电流 i_{c1} 增加时，另一管的电流 i_{c2} 必然减小。由于电路对称，i_{c1} 的增加量必然等于 i_{c2} 的减少量。所以流过恒流源（或 R_E）的电流不变，$i_{e1}=-i_{e2}$；$i_{RE}=i_{e1}+i_{e2}=0$；$u_{RE}=0$。故交流通路中 R_E 不起作用（短路）。由于此时 $u_{i1}=-u_{i2}=u_{id}/2$，每一管上的电压仅为总的输入电压 u_{id} 的 1/2。

分析如图 4-28 所示电路半边微变等效电路，由式(4-49)有

$$A_{ud1}=\frac{u_{od1}}{u_{i1}}=\frac{-\beta i_{b1}R_{C1}}{i_{b1}(R_{B1}+r_{be1})}$$

根据差放的严格对称性，$R_{B1}=R_{B2}=R_B$；$R_{C1}=R_{C2}=R_C$；$r_{be1}=r_{be2}=r_{be}$，则

$$A_{ud1}=\frac{u_{od1}}{u_{i1}}=\frac{-\beta R_{C1}}{R_{B1}+r_{be1}}=\frac{-\beta R_C}{R_B+r_{be}} \tag{4-68}$$

如果在输出端（两管的 C 极间）接有负载电阻 R_L，由于负载两端的电位变化量相等，变化方向相反，故负载的中点处于交流地电位。因此，如图 4-28 所示的交流通路中每一管的负载等效为 $R_L/2$。

$$A_{ud1}=-\frac{\beta R_L'}{R_B+r_{be}} \tag{4-69}$$

其中，$R_L'=R_C/\!/(R_L/2)$。又因为

$$u_{id}=u_{i1}-u_{i2};\quad u_{i1}=-u_{i2};\quad A_{ud1}=A_{ud2}$$

所以总放大器增益为

$$A_{ud}=\frac{u_{od}}{u_{id}}=\frac{u_{od1}-u_{od2}}{u_{id}}=\frac{A_{ud1}u_{i1}-A_{ud2}u_{i2}}{u_{id}}=A_{ud1}=A_{ud2}$$

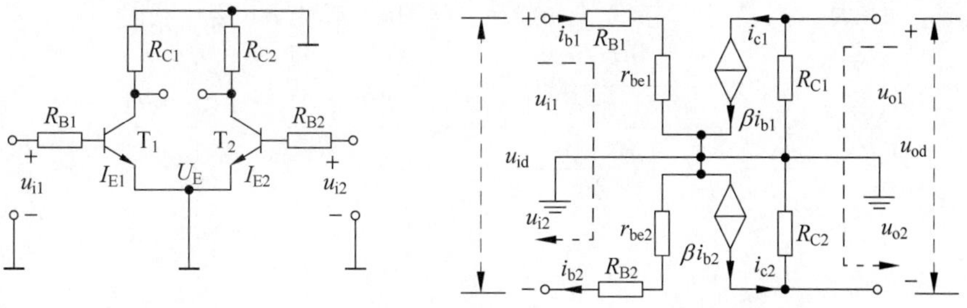

(a) 交流通路　　(b) 微变等效电路

图 4-28　差模放大电路交流通路与微变等效电路

故虽然电路由两个晶体管组成，但总的电压放大倍数仅与单管的相同。接入负载，有

$$A_{ud}=A_{ud1}=A_{ud2}=-\frac{\beta\left(R_C /\!/ R_L\times\frac{1}{2}\right)}{R_B+r_{be1}} \tag{4-70}$$

（2）输入输出电阻计算。如图 4-28(b)所示，由于电路采用双端输入，故输入电阻为两管输入电阻串联，不论是单端输入还是双端输入，差模输入电阻 r_{id} 都是基本放大电路的两倍。即

$$r_{id}=\frac{u_{id}}{i_{id}}=\frac{i_{b1}\times(R_{B1}+r_{be1})+i_{b2}\times(R_{B2}+r_{be2})}{i_{id}}=2(R_B+r_{be}) \tag{4-71}$$

由于采用双端输出,故输出电阻为两管输出电阻的串联,即 $r_o=2R_C$。

对于双入单出差模信号情况,如图4-29所示。由于另一晶体三极管的C极没有利用,因此输出电压 u_o 只有双端输出的一半。

$$A_{ud}=\frac{1}{2}A_{ud1}=-\frac{1}{2}\frac{\beta R_L'}{R_B+r_{be}} \tag{4-72}$$

式(4-72)中 $R_L'=R_C/\!/R_L$。

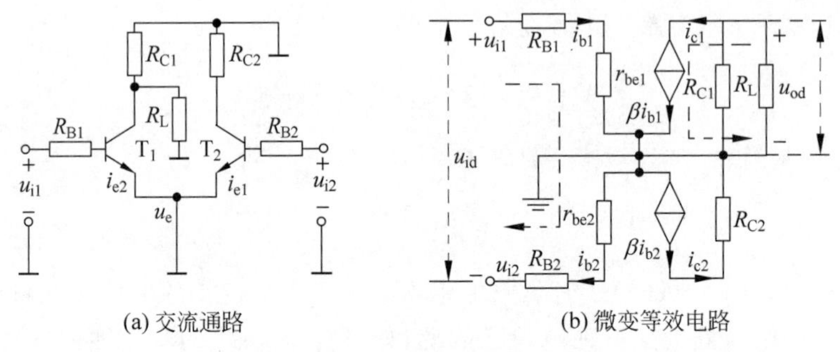

(a) 交流通路　　(b) 微变等效电路

图4-29　单端输出差模放大电路交流通路与微变等效电路

单端输出差模输入电阻,由于输入回路没变,$r_i=2(r_{be}+R_B)$;差模输出电阻 $r_o=R_{C1}$。

对于共模信号,因为两边电流同时增大或同时减小,因此在发射极处得到的是 $2i_e$。$u_e=2i_eR_E$,这相当于其交流通路中每个射极接 $2R_E$ 电阻(R_E—射极交流等效电阻)。单端输出并接入负载后,对照式(4-63),有

$$A_{uc}=\frac{u_{o1}}{u_{ic}}=-\frac{\beta R_L'}{R_B+r_{be}+(1+\beta)2R_E} \tag{4-73}$$

当 R_E 上升,即恒流源越接近理想的情况,A_{uc} 越小,抑制共模信号能力越强。

双端输出时,K_{CMRR} 趋于无穷($A_{uc}\to 0$),而对于单端输出,不接负载时,有

$$K_{CMRR}=\left|\frac{A_{ud}}{A_{uc}}\right|=\frac{-\dfrac{\beta R_C}{2(R_{B1}+r_{be1})}}{-\dfrac{\beta R_C}{R_{B1}+r_{be1}+2(1+\beta)R_E}}=\frac{R_{B1}+r_{be1}+2(1+\beta)R_E}{2(R_{B1}+r_{be1})}\approx\frac{\beta R_E}{R_{B1}+r_{be}} \tag{4-74}$$

如果接上负载,则 K_{CMRR} 为

$$K_{CMRR}=\frac{-\beta R_L'/2(R_B+r_{be})}{-R_L'/2R_E}\approx\frac{\beta R_E}{R_B+r_{be}} \tag{4-75}$$

由此可得,恒流源的交流电阻 R_E 越大,K 越大,抑制共模信号能力越强。通常情况一般差放输入既有共模信号也有差模信号,则有

$$u_o=A_{ud}u_{id}+A_{uc}u_{ic}=A_{ud}u_{id}+\frac{A_{ud}}{K}u_{ic}=A_{ud}u_{id}\left(1+\frac{u_{ic}/u_{id}}{K_{CMRR}}\right)$$

由此可知,设计放大器时,必须至少使 $K_{CMRR}>u_{ic}/u_{id}$。例如,设 $K_{CMRR}=1000$,$u_{ic}=1\text{mV}$,$u_{id}=1\mu\text{V}$,则$\dfrac{u_{ic}/u_{id}}{K_{CMRR}}=1$。

这就是说，当 $K_{CMRR}=1000$ 时，两端输入信号差为 $1\mu V$ 时所得输出 u_o 与两端加同极性信号 1mV 所得输出 u_o 相等。若 $K_{CMRR}=10000$，则后项只有前项的 1/10，再一次说明 K_{CMRR} 越大，抑制共模信号的能力越强。

3）长尾式差放的设计优化

长尾式差放提高共模抑制比应加大 R_E，但 R_E 加大后，为保证工作点不变，必须提高负电源。这在集成芯片技术上很难实现。因此，为避免 R_E 过大可用恒流源来代替 R_E。恒流源静态电阻大，可提高共模抑制比；同时恒流源的管压降只有几伏，可不必提高负电源。这种电路称为恒流源差分放大电路，电路如图 4-30 所示。根据 R_E 在差动放大电路中的作用推理知恒流源不影响差放交流性能，但它影响共模性能，如共模放大倍数，可以使共模放大倍数减小，从而增加共模抑制比，理想的恒流源相当于阻值为无穷大电阻，所以共模抑制比是无穷大。需要强调的是，恒流源差放静态分析一定要从恒流源入手，这样会使分析计算过程简化。

另外，由于恒流源差放在集成电路中常用在输入级，则其两个输入端分别对应运放的同相端与反相端。实际上对于单端输出的差放，同相端与反相端是一对相对于输出端的概念，如图 4-30 所示。如果从 3 端输出，则 1 为反相端，2 为同相端；如果从 4 端输出，则 2 为反相端，1 为同相端。特别是在单入单出差放电路中，同相端与反相端可以这样解释，如果从某个三极管的基极输入，然后从同一个管的集电极输出，则 u_o 和 u_i 反相，二者互为反相端；如果从另一个三极管的集电极输出，则 u_o 和 u_i 同相，二者互为同相端。需要指出，在单出的情况下，常将不输出的三极管的 R_C 省去，而将该管的集电极直接接到电源 U_{CC} 上。

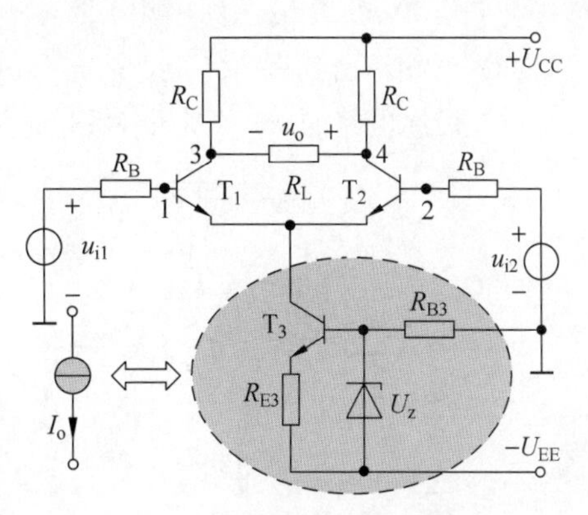

图 4-30 恒流源差动放大电路

差动放大电路另一个改进方向是增大放大器的增益。改进方法是利用恒流源取代输出端的等效输出电阻 R_C，如图 4-31 所示。根据放大倍数（A_{ud}）计算公式（4-70）可以得到，R_C 越大，增益越大。恒流源在电路中相当于阻值很大的电阻，可以大大提高电路增益。利用镜像电流源取代 R_C 后电路分析过程如下。

静态时 $u_{id}=0$，$I_{C1}=I_{C2}\approx I/2$，由于恒流源 $I_{C1}=I_{C4}$，$I_{C1}=I_{C2}\approx\Delta I_{C3}$，则 $I_o=I_{C4}-I_{C2}=0$。

输入 u_{id} 有 $i_{c2}=-i_{c1}$。$i_{C1}=I_{C1}+i_{c1}$，$i_{C2}=I_{C2}+i_{c2}$，$i_{C4}=i_{C1}$，$i_L=i_{C4}-i_{C2}=i_{c1}-i_{c2}=i_{c1}-(-i_{c1})=2i_{c1}$ 即输出电流比单端输出时大了一倍。

差放增益为

$$A_{ud}=\frac{u_{o1}-u_{o2}}{u_{id}}=\frac{-u_{o2}}{u_{id}}=\frac{(\beta i_{b4}+\beta i_{b2})r_{ce4}}{2i_{b1}r_{be1}}=\frac{\beta r_{ce4}}{r_{be}} \tag{4-76}$$

如果接上负载，则放大倍数变为

$$A_{ud}=\frac{\beta(r_{ce4}\,/\!/\,R_L)}{r_{be}}\approx\frac{\beta R_L}{r_{be}} \tag{4-77}$$

可使单端输出的差放增益近似提高一倍。

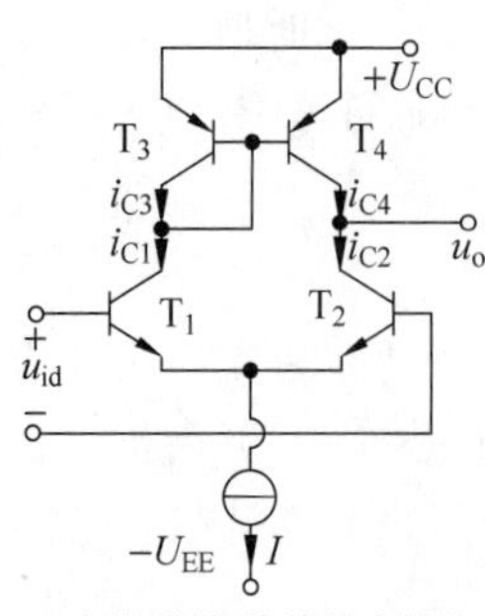

(a) 恒流源负载差放电路图

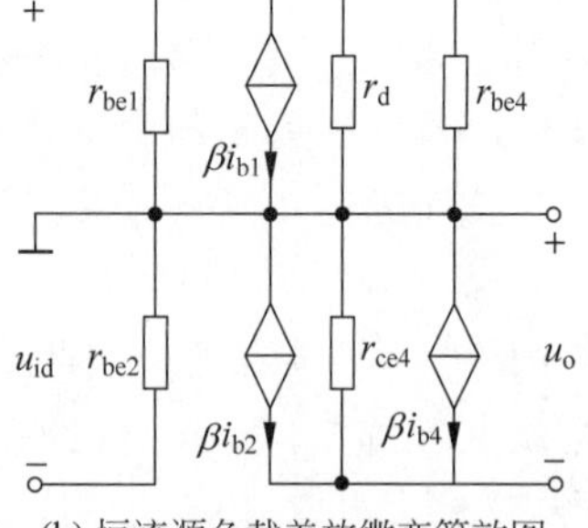

(b) 恒流源负载差放微变等效图

图 4-31 恒流源负载差放电路及其微变等效模型图

例 4-4 如图 4-32 所示电路。设长尾式差放电路中，$R_{C1}=R_{C2}=R_C=20\text{k}\Omega$，$R_{B1}=R_{B2}=R_B=4\text{k}\Omega$，$R_E=20\text{k}\Omega$，$U_{CC}=U_{EE}=12\text{V}$，$\beta=50$，$r_{be1}=r_{be2}=r_{be}=4\text{k}\Omega$。

(1) 求双端输出时的 A_{ud}；

(2) 从 T_1 的 C 极单端输出，求 A_{ud}、A_{uc}、K_{CMRR}；

(3) 单端输出的条件下，设 $u_{i1}=10\text{mV}$，$u_{i2}=15\text{mV}$，求 u_o；

(4) 设原电路的 R_C 不完全对称，而是 $R_{C1}=30\text{k}\Omega$，$R_{C2}=20\text{k}\Omega$，求双端输出时的 K_{CMRR}。

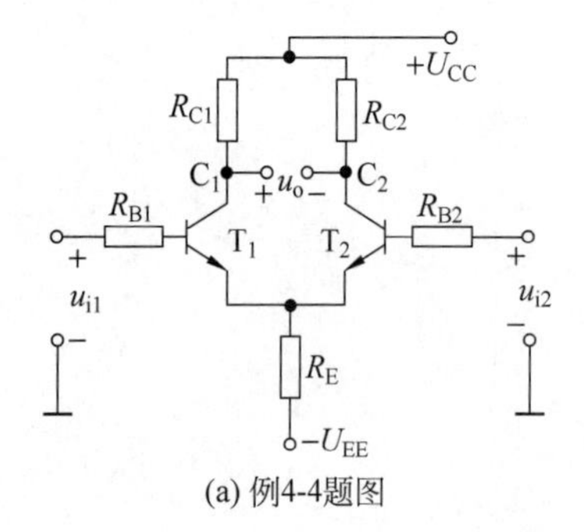

(a) 例4-4题图

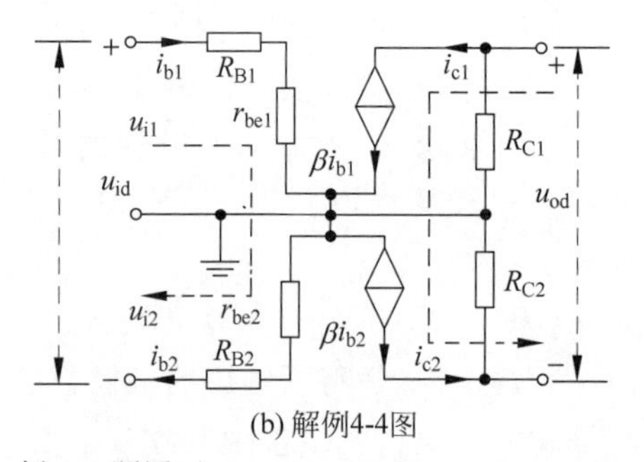

(b) 解例4-4图

图 4-32 例 4-4 题图

解 电路为长尾式差放，因此作出微变等效电路如图 4-32(b)所示。则有

(1) 双端输出时

$$A_{ud}=-\frac{\beta R_C}{R_B+r_{be}}=-\frac{50\times 20}{4+4}=-125$$

(2) 单端输出时，A_{ud} 为双端输出时的一半。即

$$A_{ud}=-\frac{1}{2}\times\frac{\beta R_C}{R_B+r_{be}}=-62.5$$

而共模增益 A_{uc} 为

$$A_{uc}=-\frac{\beta R_C}{R_B+r_{be}+2(1+\beta)R_E}=\frac{-50\times 20}{4+4+2\times 51\times 20}\approx -0.498$$

$$K_{CMRR}=\left|\frac{A_{ud}}{A_{uc}}\right|=125.5$$

(3) $u_{i1}=10\text{mV}$，$u_{i2}=15\text{mV}$，则

$$u_{id}=u_{i1}-u_{i2}=(10-15)\text{mV}=-5\text{mV}$$

$u_{ic}=0.5(u_{i1}+u_{i2})=0.5\times(10+15)\text{mV}=12.5\text{mV}$

$u_o=A_{ud}u_{id}+A_{uc}u_{ic}=(-62.5)\times(-5)\text{mV}+(0.498\times12.5)\text{mV}=-318.725\text{mV}$

(4) R_{C1} 不等于 R_{C2}，则

$$A_{ud}=-\frac{1}{2}\frac{\beta R_{C1}}{R_B+r_{be}}-\frac{1}{2}\frac{\beta R_{C2}}{R_B+r_{be}}=-\frac{25\times(30+20)}{4+4}=156.25$$

$$A_{uc}=\frac{u_{o1}}{u_{ic}}=-\frac{\beta R_{C1}}{R_B+r_{be}+(1+\beta)2R_E}+\frac{\beta R_{C2}}{R_B+r_{be}+(1+\beta)2R_E}=\frac{-50\times(30-20)}{4+4+2\times51\times20}$$
$$=-0.244$$

所以

$$\text{CMRR}=\left|\frac{A_{ud}}{A_{uc}}\right|=\left|\frac{156.25}{-0.244}\right|=640.37$$

解题结论　在双端输出时，若参数有差别，可以利用两个晶体三极管输出电压的互相抵消作用，仍能获得比单端输出时小得多的 $|A_{uc}|$；但此时 $|A_{ud}|$ 比单端输出大，所以 K_{CMRR} 比单端输出时高得多。

例 4-5　集成运放 BG305 的输入级如图 4-33 所示，各 T 的 $\beta_1=\beta_2=30$，$\beta_3=\beta_4=\beta_5=\beta_6=50$，各 T 的 $u_{BE}=0.7\text{V}$，$R_{B1}=R_{B2}=R_B=100\text{k}\Omega$，$R_{C1}=R_{C2}=R_C=50\text{k}\Omega$，$R_P=10\text{k}\Omega$(滑动端调至中点)，$R_{E1}=R_{E2}=R_E=1\text{k}\Omega$，$r_{be1}=r_{be2}=269\text{k}\Omega$。$R_L$ 为 $23.2\text{k}\Omega$，$U_{CC}=U_{EE}=15\text{V}$。求：(1) 该放大级的静态工作点；(2) 差动放大倍数 A_{ud}；(3) 差动输入电阻 r_i，差动输出电阻 r_o。

解　电路为双端输入双端输出差放，静态分析要从恒流源入手，动态分析时首先将电路简化后画出微变等效电路进行分析，这里微变等效电路不画。可以参考课本中相关内容。

(1) 当 T_5 的基极电流可忽略时，流过 R_B 的电流为

$$I=\frac{U_{CC}-(-U_{EE})-U_{BE6}}{R_B+R_{E2}}=\frac{15+15-0.7}{100+1}\text{mA}\approx0.3\text{mA}$$

则

$$I_{C5}\approx I_{E5}=\frac{U_{BE6}+IR_{E2}-U_{BE5}}{R_{E1}}=\frac{0.7+0.3-0.7}{1}\text{mA}=0.3\text{mA}$$

$$I_{C3}=I_{C4}\approx0.5I_{C5}=0.15\text{mA}=150\mu\text{A}$$

$$U_{C3}=U_{C4}=U_{CC}-I_{C3}(R_C+0.5R_P)=15-0.15\times55\text{V}\approx6.75\text{V}$$

$$I_{E1}=I_{E2}=I_{B3}=I_{B4}=\frac{I_{C3}}{\beta_3}=\frac{150}{50}\mu\text{A}=3\mu\text{A},\quad I_{B1}=I_{B2}\approx0.1\mu\text{A}$$

$$r_{be1}=r_{be2}=r_{bb'}+(1+\beta)\frac{U_T}{I_{EQ1}}=\left(200+31\times\frac{26}{3\times10^{-3}}\right)\Omega\approx269\text{k}\Omega$$

(2) 将复合管等效为单管，如图 4-33(b)所示。有

$$r_{be}=r_{be1}+(1+\beta)r_{be3}$$

由 $I_{E1}=3\mu\text{A}$，$I_{E3}=0.15\text{mA}$，有

$$r_{be3}=r_{be4}=200+(1+\beta_3)\frac{26}{I_{E3}}=\left(200+\frac{51\times26}{0.15}\right)\Omega=9.1\text{k}\Omega$$

则

$$r_{be}=r_{be2}+(1+\beta)r_{be4}=269+31\times9.1=551\text{k}\Omega$$

$$\beta = 30 \times 50 = 1500$$

$$A_{ud} = -\frac{\beta(R_C + 0.5R_p) \mathbin{/\!/} \frac{R_L}{2}}{r_{be}} = -\frac{1500 \times 9.6}{551} \approx -26$$

(3) 根据输入输出点自定义，有

$$r_i = 2r_{be} = 2 \times 551\text{k}\Omega = 1.1\text{M}\Omega$$

$$r_o = 2R_C + R_P = 110\text{k}\Omega$$

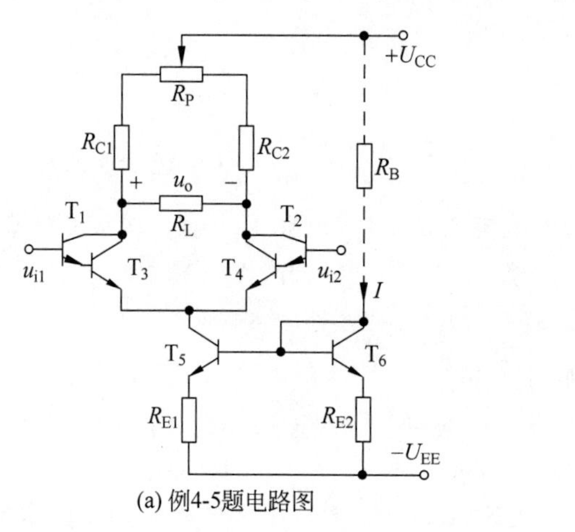

(a) 例4-5题电路图

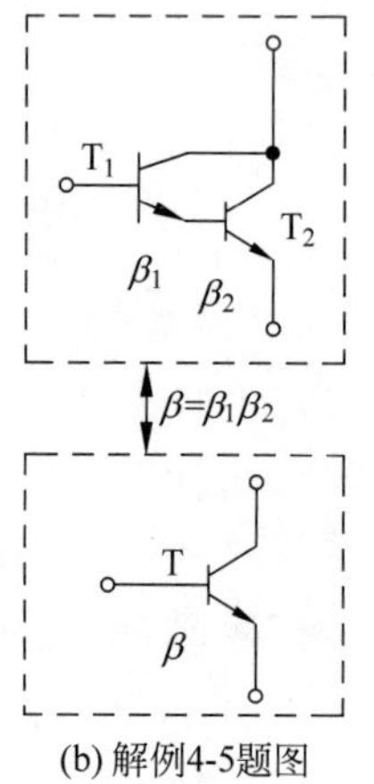

(b) 解例4-5题图

图 4-33 例 4-5 题用图

解题结论 恒流源差放具有很好的抑制共模信号的能力。采用复合管构成差动放大器，可以有效提高输入电阻，增大输出电流。

4.3.4 差分式放大电路的传输特性

差放传输特性就是放大电路输出信号(电流或电压)与输入信号之间的函数关系。可以证明，差放传输特性包括线性与非线性两个区域。

1. 传输特性理论分析

差放传输特性可以用晶体管(BJT)的 b-e 结电压 u_{BE} 与发射极电流 i_E 的基本关系求出。由 PN 结的伏安特性可知

$$i_{E1} \approx I_{ES} e^{\frac{u_{BE1}}{U_T}}$$

$$i_{E2} \approx I_{ES} e^{\frac{u_{BE2}}{U_T}}$$

又因为

$$u_{id} = u_{BE1} - u_{BE2}$$

$$I_o = i_{c1} + i_{c2} \approx i_{E1} + i_{E2}$$

由以上各式可解得

$$i_{c1} \approx i_{E1} \approx I_{ES} e^{\frac{u_{BE1}}{U_T}} = \frac{I_o}{1 + e^{-\frac{u_{id1}}{U_T}}} \tag{4-78}$$

$$i_{c2} \approx i_{E2} \approx I_{ES} e^{\frac{u_{BE2}}{U_T}} = \frac{I_o}{1 + e^{\frac{u_{id2}}{U_T}}} \quad (4\text{-}79)$$

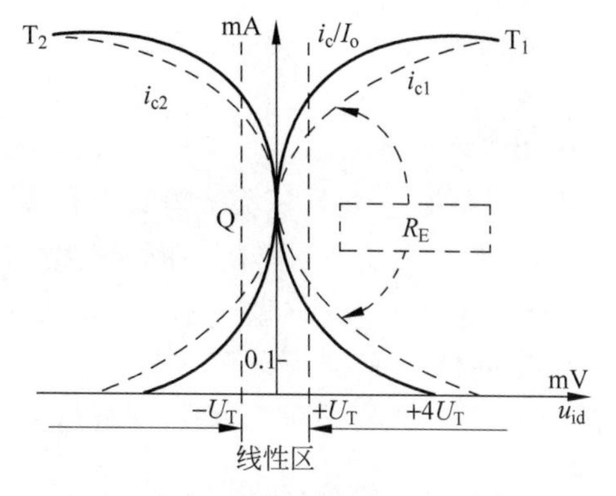

图 4-34　恒流源差放传输特性曲线

由式(4-78)、式(4-79)作出 i_{c1}、i_{c2} 与 u_{id} 的传输特性曲线如图 4-34 中实线所示。

2. 传输特性的分析结论

从传输特性曲线可以看出：

(1) 当 $u_{id}=u_{i1}-u_{i2}=0$ 时，$i_{c1}+i_{c2}=I_o$，$i_{c1}=i_{c2}=I_o/2$，即 $i_{c1}/I_o=i_{c2}/I_o=0.5$。电路工作在曲线的 Q 点，处于静态。

(2) 当 u_{id} 在 $0\sim\pm U_T$ 的范围内，u_{id} 增加时，i_{c1} 增加，i_{c2} 减小。且 i_{c1}、i_{c2} 与 u_{id} 呈线性关系。电路工作在放大区。如图中用竖虚线所示的区域。

(3) 当 $u_{id}\geqslant 4U_T$ 即超过 ± 100mV 时，曲线趋于平坦。当 u_{id} 继续增大时，T_1 管趋于饱和，T_2 管趋于截止。$i_{c1}-i_{c2}$ 几乎不变。这时电路工作在特性曲线的非线性区。差动放大电路呈现良好的限幅特性。

(4) 在两管的发射极上分别串接电阻 $R_1=R_2=R_E$，可以扩大传输特性的线性范围。曲线如图 4-34 中虚线所示。

4.4　集成运算放大器原理与应用分析

集成运算放大器(integrated operational amplifier，IOA)是应用非常广泛的近似线性集成电路，种类繁多，应用几乎遍布于模拟电路的每一个领域。IOA 不但可组成微弱信号放大器、反相器、电压跟随器等信号处理电路，而且能够组成电信号加减、乘除、微积分、对指数等数学运算电路，所以其被称为运算放大器。需要指出的是，它在音响方面使用得也较多，例如音响功放系统的前级放大、缓冲等单元电路，除了有部分使用分立元件晶体管、电子管外，绝大部分使用的都是 IOA。而且它还能用在稳压电路上，制作高精度的稳压电源电路。

4.4.1　集成运算放大器概述

IOA 是利用集成工艺，将组成运算放大器所需的所有分立元件集成制作在同一块硅片上，然后再封装在管壳内形成的 IC。其内部电路实际上就是一个高增益的多级直接耦合放大器。随着微电子技术的飞速发展，IOA 的各项性能不断提高，而且它只需另加少数几个外部元件，就可以方便地实现很多功能电路。因此，它的应用领域已大大超出了数学运算的范畴。可以说，集成运放已经成为模拟电子技术领域中的核心器件之一。IOA 主要特点如下：

(1) 所有 IOA 芯片都是在相同的条件下，采用相同的工艺流程，将所有元件制作在同一硅片上而形成。因而各元件参数具有同向偏差，性能比较一致。这是集成电路特有的优点，利用其优点恰恰可以制造像差动放大器那样的对称性很高的电路。实际上，集成电路的输入级几乎都毫无例外地采用差动电路，以便充分利用电路对称性去抑制温漂。

(2) 由于电阻元件是由硅半导体的体电阻构成的，高阻值电阻在硅片上占用面积很大，难以制造，而在硅片上制作晶体管所占面积就较小。例如，一个 5kΩ 电阻所占用硅片的面积约为一个三极管所占面积的三倍。所以,常采用三极管恒流源代替所需要的高值电阻。

(3) 集成电路工艺不宜制造几十微微法以上的电容,更难以制造电感元件。为此,若电路确实需要大电容或电感,只能靠外接来解决。由于直接耦合与光电耦合可以减少或避免使用大电容及电感,所以集成电路中基本上都采用这种耦合方式。

(4) 集成电路中需用的二极管也常用三极管的发射结来代替,只要将三极管的集电极与基极短接即可。这样做的原因主要是这样制作的"二极管"的正向压降的温度系数与同类型三极管的 U_{BE} 的温度系数非常接近,提高了温度补偿性能。由此可见,集成电路在设计上与分立元件电路有很大差别,这在分析集成电路的结构和功能时应当予以注意。

4.4.2 IOA 典型结构的内部电路

IOA 型号多,性能各异,内部电路各不相同,但其内部电路的基本结构却大致相同。本节主要从使用的角度来介绍典型 IOA 芯片内部电路的组成、工作原理和性能,从而对 IOA 有全面而深入的了解。

1. IOA 的内部电路结构

IOA 的内部电路可分为输入级、偏置电路、中间级及输出级四个部分。下面以国产第二代通用型集成运放 F007(5G24、μA741)为例,对各部分电路的功用进行分析。

F007 作为通用Ⅲ型芯片,与 SG741 的电路形式一样,是目前国内应用极为广泛的一种高增益运算放大器。其主要特点是输入级采用了 NPN 和 PNP 两种极性晶体管构成的共集—共基互补差动电路,具有很宽的共模及差模电压范围。同时该放大器的各级均采用有源负载,所以虽然只有两个增益级,却可获得高达 5 万倍至 10 万倍的电压增益;F007 内部还设有输出短路保护电路,输入级也有保护措施,应用中不堵塞。该电路采用内补偿方式,并设有外接调零端。

如图 4-35 所示,F007 内芯片电路封装后对外共有八个引线端:②、③为信号输入端,⑥为信号输出端,在单端输入时,②和⑥相位相反,③和⑥相位相同,故称②为反相输入端,③为同相输入端;⑦和④为正、负电源端;①和⑤为调零端;⑧为(消除寄生自激振荡的)补偿端。

1) 输入级

输入级由差动放大器组成,它是决定整个集成运放性能的最关键一级,不仅要求其零漂小,还要求其输入电阻高,输入电压范围大,并有较高的增益等。输入级的性能好坏对提高集成运放的整体性能起着决定性作用。很多性能指标,如输入电阻、输入电压(包括差模电压、共模电压)范围、共模抑制比等,主要由输入级的性能来决定。

在图 4-35 中,$T_1 \sim T_7$ 以及 R_1、R_2、R_3 组成 F007 的输入级。其中,$T_1 \sim T_4$ 组成共集—共基复合差动放大器(T_1、T_2 为共集电路,T_3、T_4 为共基电路),构成整个运放输入电路。差模信号由 T_1、T_2 的基极(②、③端)输入,经放大后由 T_4、T_6 的集电极以单端形式输出到中间级 T_{16} 的基极。T_5、T_6、T_7 构成 T_3、T_4 的有源负载。由 T_1、T_2 组成的共集电路输入电阻已经很高,它们的发射极又串有 T_3、T_4 共基电路的输入阻抗,使输入端②、③之间的差模输入阻抗比一般差动电路提高一倍,可高达 1MΩ。

2) 偏置电路

在集成运放中,偏置电路用来向各放大级提供合适的静态工作电流,决定各级静态工作点。为了减少静耗、限制温升,必须降低各管的静态电流。而集成工艺本身又限制了大阻值

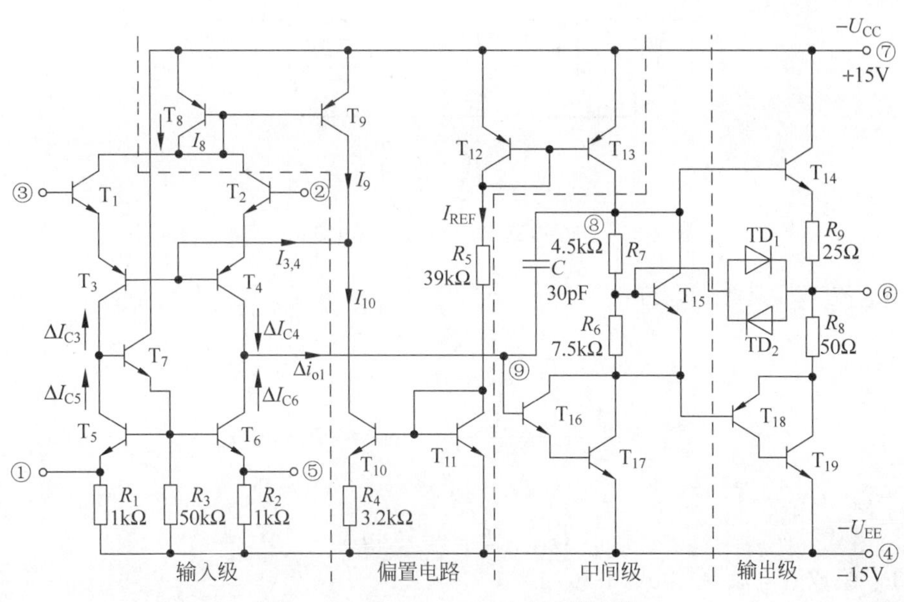

图 4-35　F007(μA741)内部电路结构

偏置电阻的制作，因此，在集成电路中，广泛采用镜像电流源电路作为各级的恒流偏置。这样既可使各级工作电流降低，又可使各级静态电流稳定。

F007 中采用的恒流源电路是“镜像电流源”及“微电流源”电路。F007 偏置电路如图 4-35 所示，由 T_8～T_{13} 以及 R_4、R_5 组成。图中共三对镜像电流源，它们是 T_8 与 T_9、T_{10} 与 T_{11}、T_{12} 与 T_{13}（其中 T_{10} 与 T_{11} 是微电流源）。流过 R_5 的电流 I_{REF} 是 T_{12} 与 T_{13}、T_{10} 与 T_{11} 这两对电流源的基准电流。

3）中间级

中间级主要是提供足够的电压放大倍数，同时承担将输入级的双端输出在本级变为单端输出，以及实现电位移动等任务。

中间级是由 T_{16}、T_{17} 组成的复合管共射放大电路，其输入电阻大，对输入级的影响小；其集电极负载为有源负载（由恒流源 T_{13} 组成），而 T_{13} 的动态电阻很大，加之放大管的 β 很大，因此中间级的放大倍数很高。此外，在 T_{16}、T_{17} 的集电极与基极之间还加接了一只约 30pF 的补偿电容，用以消除自激。有的型号补偿电容外接在集成电路引脚⑧与⑨之间。

4）输出级

输出级的作用主要是输出较大的电压和电流，同时起到将放大级与负载隔离的作用。常用的输出级电路形式是射极输出器和互补对称电路，有些还附加有过载保护电路。过载保护电路是为防止功放管电流过大造成损坏而设置的。

F007 的输出级主要由三部分电路组成：由 T_{14}、T_{18}、T_{19} 组成的互补对称电路；由 T_{15}、R_7、R_6 组成的 U_{BE} 扩大电路；由 T_{D1}、T_{D2}、R_9、R_8 组成的过载保护电路。信号从中间级的 T_{13}、T_{16}（T_{17}）的集电极加至互补对称电路两管基极，放大后从引脚⑥输出。

根据图 4-35 绘出 F007 内部电路原理框图，如图 4-36 所示。

2. 各级电路性能参数计算

（1）偏置电路参数。计算 F007（图 4-35）的偏置电路由电阻 R_5 和晶体管 T_9～T_{12}。流

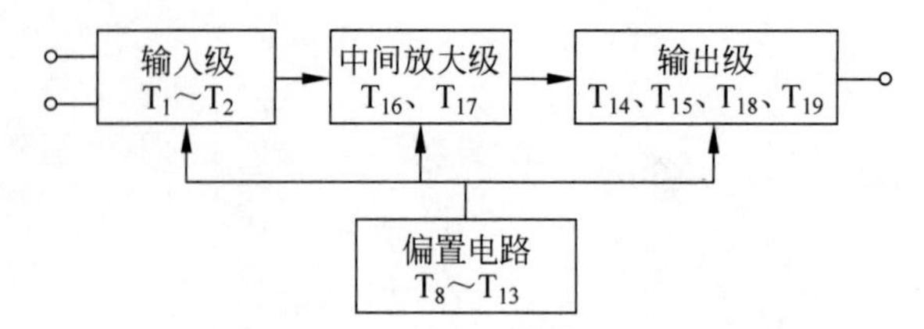

图 4-36 集成电路 F007(μA741)内部结构框图

过 R_5 的电流 I_{REF} 是参考电流

$$I_{REF} \approx \frac{U_{CC}-(-U_{EE})-U_{BE12}-U_{BE11}}{R_5}$$

$$=\frac{15+15-2\times 0.7}{39}\text{mA} \approx 733.33\mu\text{A} \tag{4-80}$$

取 $I_{REF}=740\mu A$,则有

$$I_{C11}=I_{REF}=740\mu A$$

T_{11} 和 T_{10} 组成微电流源,由式(4-36)

$$I_{C10}R_4=U_T \ln \frac{I_{C11}}{I_{C10}} \tag{4-81}$$

$R_4=3k\Omega, U_T=26mV$,则 $I_{C11}/I_{C10}=39$,所以 $I_{C10}=19\mu A$。

$$I_{C10}=I_{C9}+2I_{3,4}=I_{C9}+2I_{B3} \tag{4-82}$$

$$I_{C1} \approx I_{E1}=I_{E3}=(1+\beta)I_{B3} \tag{4-83}$$

T_8 和 T_9,T_{12} 和 T_{13} 分别构成另外两个电流源,所以有

$$I_{C8}=I_{C9}, \quad I_{C12}=I_{C13} \tag{4-84}$$

而输入级的静态工作电流由式(4-82)和式(4-84)提供,可以画出表示 I_{C10}、I_{C9}、$2I_{C1}$ 这些电流之间关系的方框图(图 4-37)。这说明 F007 的偏置电路中具有负反馈,能自动稳定偏置电流。例如,当环境温度或其他因素变化引起输入级的静态电流 I_{C10},则 $2I_{B3}$ 减小,从而 $2I_{C1}$ 稳定。从而稳定中间级的静态工作电流。

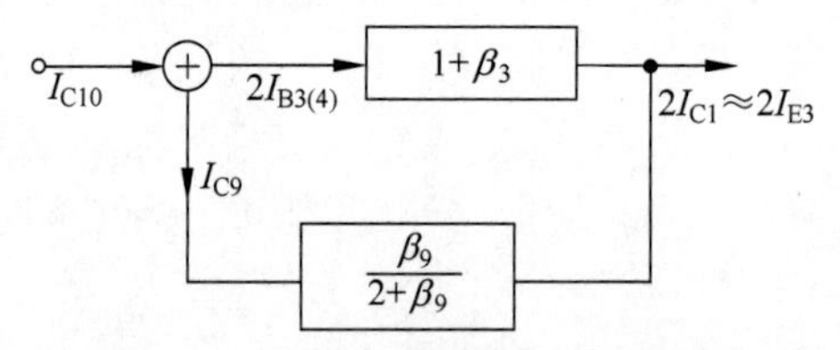

图 4-37 中间级的静态工作电流关系

(2) 静态电流的计算。设晶体管 T_{12} 的 $\beta_{12}=\beta_P=2$,有

$$I_{C17} \approx I_{C13}=\frac{I_{REF}}{1+\frac{2}{\beta_{12}}} \tag{4-85}$$

已求得 $I_{REF} \approx 733\mu A$。在 $I_{REF} \approx I_{C11} \approx 733\mu A$, $R_4=3k\Omega$ 时,利用式(4-81),所以 $I_{C10} \approx 19\mu A$。利用图 4-36 可以得到

$$I_{C10}=I_{C9}+2I_{B3}=2I_{C1}=\left(\frac{\beta_9}{\beta_9+2}+\frac{1}{\beta_3+1}\right)$$

也就是

$$2I_{C1}=I_{C10}\frac{\beta_3+1}{1+(\beta_3+1)\left(\dfrac{\beta_9}{\beta_9+2}\right)} \tag{4-86}$$

设横向 PNP 管 T_3 和 T_9 的 $\beta_{3,9}=10$，则有 $2I_{C1}=1.1I_{C10}$，$I_{C1}=1\mu A$，$I_{C10}=(20/11)=1.818\mu A$。可见输入级的静态工作电流是很小的。其他各管的静态工作电流为

$$I_{E4}=I_{E3}=I_{C1}=1\mu A$$

$$I_{C3}=I_{C4}=\left(\frac{\beta_{3,9}}{\beta_{3,9}+1}\right)I_{E3}\approx\left(\frac{\beta_{3,9}}{\beta_{3,9}+1}\right)I_{C1}=\frac{10}{11}\mu A \tag{4-87}$$

$$I_{B3}=I_{B4}=I_{C3}/\beta_{3,9}=(1/11)\mu A$$

$$I_{C9}=I_{C10}-2I_{B3}=(20/11)\mu A-(2\times10/11\times1/10)\mu A=1.63\mu A$$

如果 $\beta_{1,2}=\beta_{3,9}$，则中间级的静态工作电流为

$$I_{C17}=I_{C13}=\frac{I_{REF}}{1+\dfrac{2}{\beta_{12}}}=611\mu A \tag{4-88}$$

（3）性能参数的估算。设所有横向 PNP 管的 $\beta_P=2$，$U_{CEP}=50V$；纵向 NPN 管的 $\beta_N=150$，$U_{CEN}=100V$；忽略 $T_4(T_3)$ $r_{bb'}$，输入级跨导为

$$g_1=\frac{\Delta i_{o1}}{\Delta u_i}=\frac{\beta_p}{r_{bb'}+2\times(1+\beta_p)\dfrac{U_T}{I_{E1}}}\approx\frac{\beta_p}{2\times(1+\beta_p)\dfrac{26mV}{I_{E1}}}\approx146\mu s \tag{4-89}$$

近似认为输入级的 Δi_{o1} 全部流入中间级 T_{16} 的基极，则 $\Delta i_{c17}\approx\beta_{16}\beta_{17}i_{o1}=g_1\beta_{16}\beta_{17}\Delta u_i$，有

$$i_{c17}\approx g_1\beta_{16}\beta_{17}\Delta u_i\approx g_1\beta_N^2\Delta u_i \tag{4-90}$$

T_{17} 的集电极等效交流负载电阻包括三部分：r_{ce13}、r_{ce17} 以及 R'_L 折合到 T_{17} 集电极的阻值。折合到 T_{17} 集电极的等效交流负载电阻为

$$R'_{L17}\approx\frac{r_{ce13}\,/\!/\,r_{ce17}}{\beta_{14}}\approx600\Omega \tag{4-91}$$

$$I_{C17}=I_{C13}=\frac{I_{REF}}{1+\dfrac{2}{\beta_{12}}}\approx366\mu A$$

$$r_{ce13}=\frac{U_{CEP}}{I_{C13}}\approx137k\Omega \tag{4-92}$$

$$r_{ce17}=\frac{U_{CEN}}{I_{C17}}\approx274k\Omega \tag{4-93}$$

设负载电阻 $R_L=2k\Omega$，则

$$R'_L=\beta_{14}R_L=150\times2k\Omega=300k\Omega \tag{4-94}$$

所以折合 R'_L 后的集电极等效负载电阻为

$$R'_{L17}\approx r_{ce13}\,/\!/\,r_{ce17}\,/\!/\,R'_L\approx69k\Omega \tag{4-95}$$

F007 的总开环差模电压增益为

$$A_{od}\approx\frac{\Delta u_o}{\Delta u_i}=\frac{\Delta i_{c17}R'_{L17}}{u_i}=g_1\beta_N^2R'_{L17}\approx2.27\Omega \tag{4-96}$$

差模输入电阻为

$$r_{\mathrm{id}}=4\times\frac{U_{\mathrm{T}}}{\dfrac{I_{\mathrm{c1}}}{\beta_{\mathrm{N}}}}=4\times150\times\frac{26}{0.0114}\Omega=1.37\times10^{2}\Omega \tag{4-97}$$

输出电阻为

$$r_{\mathrm{o}}\approx\frac{r_{\mathrm{ce13}}\ /\!/\ r_{\mathrm{ce17}}}{\beta_{14}}\approx600\Omega \tag{4-98}$$

3. F007 内部电路原理仿真分析

采用 LTspice 仿真环境，绘出原理电路图如图 4-38 所示。

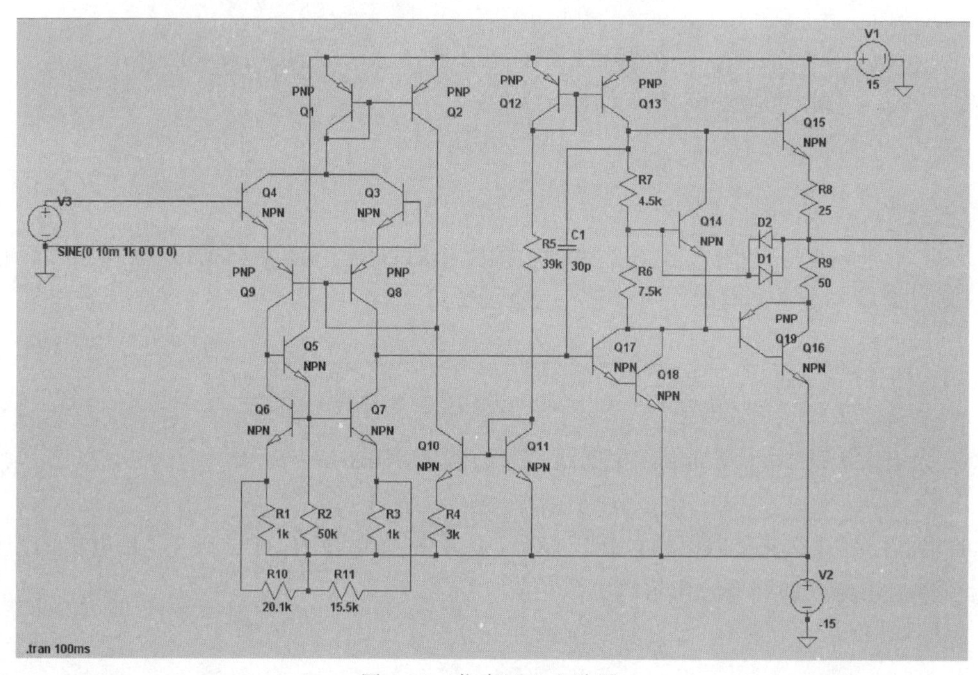

图 4-38 仿真原理电路图

仿真波形图如图 4-39 所示。

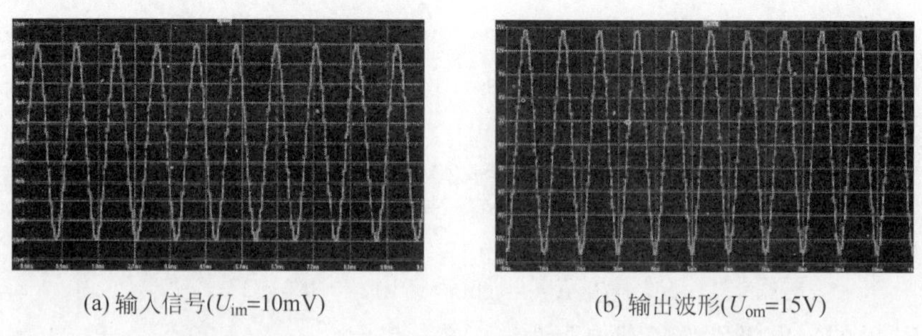

(a) 输入信号(U_{im}=10mV)　　(b) 输出波形(U_{om}=15V)

图 4-39 F007 内部模拟电路仿真波形图

仿真结论：F007 是通用性运放，带宽较低，1kHz 附近波形较好。提高输入频率，输出波形整体往下搬移；降低输入频率，电路趋于饱和，整体波形趋于方波。仿真得到放大倍数约为 1400～1500。提高输入电压，电路趋于饱和，整体波形趋于方波；降低输入电压，输出波形整体往下搬移。仿真效果在输入 1kHz,10mV 信号时较好。

F007(5G24、μA741)属于第二代运放,根据以上性能分析,它的电路特点是:采用了有源集电极负载、高输入电阻、高增益、共模电压范围大、校正方便、有过流保护等特点。多用于军事、工业和商业应用。这类单片硅集成电路器件设计时提供输出短路保护和闭锁自由运作。

4. 集成运算放大器的参数

为了表征集成运算放大器在使用时的各种性能,定出了很多特性参数,主要分为静态参数和动态参数,也分别称为直流参数和交流参数。

1) 直流参数

(1) 输入失调电压 U_{IO}:输入失调电压定义为集成运放输出端电压为零时,两个输入端之间所加的补偿电压。输入失调电压实际上反映了运放内部的电路对称性,对称性越好,输入失调电压越小。输入失调电压是运放的一个十分重要的指标,特别是精密运放或是用于直流放大环境中的运放显得更加突出。输入失调电压与制造工艺有一定关系,其中双极型工艺(即上述的标准硅工艺)的输入失调电压在±1~10mV;采用场效应管做输入级的,输入失调电压会更大一些。对于精密运放,输入失调电压一般在 1mV 以下。输入失调电压越小,直流放大时中间零点偏移越小,越容易处理。所以对于精密运放是一个极为重要的指标。

(2) 输入失调电压的温度漂移(简称输入失调电压温漂)αU_{IO}:输入失调电压的温度漂移定义为在给定的温度范围内,输入失调电压的变化与温度变化的比值。该参数实际是输入失调电压的补充,便于计算在给定的工作范围内,放大电路由于温度变化造成的漂移大小。一般运放的输入失调电压温漂在±10~20μV/℃,精密运放的输入失调电压温漂小于±1μV/℃。

(3) 输入偏置电流 I_{IB}:输入偏置电流定义为运放的输出直流电压为零时,其两输入端的偏置电流平均值。输入偏置电流对进行高输入阻抗的信号放大、积分等对输入阻抗有要求的电路影响较大。输入偏置电流与制造工艺有一定关系,其中双极型工艺(即上述的标准硅工艺)的输入偏置电流在±10nA~1μA;采用场效应管做输入级的,输入偏置电流一般低于 1nA。

(4) 输入失调电流 I_{IO}:输入失调电流定义为当运放的输出直流电压为零时,其两输入端偏置电流的差值。输入失调电流同样反映了运放内部的电路对称性,对称性越好,输入失调电流越小。输入失调电流是运放的一个十分重要的指标,特别是精密运放或是用于直流放大时。输入失调电流大约是输入偏置电流的百分之一到十分之一。输入失调电流对于小信号精密放大或是直流放大有重要影响,特别是运放外部采用较大的电阻(如 10kΩ),输入失调电流对精度的影响可能超过输入失调电压对精度的影响。输入失调电流越小,直流放大时中间零点偏移越小,越容易处理。所以对于精密运放是一个极为重要的指标。

(5) 输入失调电流的温度漂移(简称输入失调电流温漂):输入偏置电流的温度漂移定义为在给定的温度范围内,输入失调电流的变化与温度变化的比值。这个参数实际是输入失调电流的补充,便于计算在给定的工作范围内,放大电路由于温度变化造成的漂移大小。输入失调电流温漂一般只是在精密运放参数中给出,而且是在用于直流信号处理或是小信号处理时才需要关注。

(6) 差模开环直流电压增益：差模开环直流电压增益定义为当运放工作于线性区时，运放输出电压与差模输入电压的比值。由于差模开环直流电压增益很大，大多数运放一般在数万倍或更多，用数值直接表示不方便比较，所以一般采用分贝式记录和比较。一般运放的差模开环直流电压增益在 80～120dB。实际该增益是频率的函数，为了便于比较，一般采用差模开环直流电压增益。

(7) 共模抑制比：共模抑制比定义为当运放工作于线性区时，运放差模增益与共模增益的比值。共模抑制比是一个极为重要的指标，它能够抑制差模输入的干扰信号。由于共模抑制比很大，大多数运放的共模抑制比一般在数万倍或更多，同样用数值直接表示不方便，所以也采用分贝方式记录和比较。一般运放的共模抑制比也在 80～120dB。

(8) 电源电压抑制比：电源电压抑制比定义为当运放工作于线性区时，运放输入失调电压随电源电压变化的比值，其反映了电源变化对运放输出的影响。目前电源电压抑制比只能做到 80dB 左右，所以用作直流信号或是小信号处理电路的模拟放大时，运放的电源需要作认真细致的处理。当然，共模抑制比高的运放，能够补偿一部分电源电压抑制比，另外双电源供电时，正负电源的电源电压抑制比可能不相同。

(9) 输出峰-峰值电压：当运放工作于线性区时，在指定的负载下，运放在当前大电源电压供电时，能够输出的最大电压幅度。除低压运放外，一般运放的输出峰-峰值电压大于±10V。一般运放的输出峰-峰值电压不能达到电源电压，这是由于输出级设计造成的，现代部分低压运放的输出级做了特殊处理，使得在 10kΩ 负载时，其输出峰-峰值电压接近到其电源电压的 50mV 以内，所以称为满幅输出运放。需要注意的是，运放的输出峰-峰值电压与负载有关，负载不同，输出峰-峰值电压也不同；运放的正负输出电压摆幅不一定相同。对于实际应用，输出峰-峰值电压越接近电源电压越好，这样可以简化电源设计。但是现在的满幅输出运放只能工作在低压，而且成本较高。

(10) 最大共模输入电压：当运放工作于线性区时，在运放的共模抑制比特性显著变坏时的共模输入电压。一般定义为当共模抑制比下降 6dB 时对应的共模输入电压作为最大共模输入电压。最大共模输入电压限制了输入信号中的最大共模输入电压范围，在有干扰的情况下，需要在电路设计中注意这个问题。

(11) 最大差模输入电压：运放两输入端允许加的最大输入电压差。当运放两输入端允许加的输入电压差超过最大差模输入电压时，可能造成运放输入级损坏。

2) 交流参数

(1) 开环带宽 BW：工作频率增加时，集成运算放大器开环电压增益从直流增益下降 3dB 时所对应的信号频率范围称为开环带宽。由于开环增益测量比较困难，常采用单位增益带宽。

(2) 单位增益带宽 BWG：单位增益带宽是指运算放大器闭环增益为 1 倍的条件下，用正弦小信号驱动时，其闭环增益下降至 0.707 倍时的频率范围。

(3) 电压转换率 SR：在额定的负载条件下，当输入阶跃大信号时，集成运算放大器输出电压的最大变换效率即为电压转换率，专业上也称压摆率。

(4) 等效输入噪声 U_N：等效输入噪声是指当运算放大器的输入端短路时，产生于输出端的噪声折算到输入端的等效电压值。

4.4.3 IOA使用注意事项

IOA是模拟集成电路中应用最广泛的一种器件。在由其组成的不同系统中，应用要求不一样，因此对运算放大器的性能要求也稍有不同。本节主要研究电子信息系统中对运放使用的共性要求。

1. IOA的封装符号与引脚功能

运算放大器属于使用反馈电路进行运算的高增益型放大器，其放大增益可以完全由外界组件所控制，透过外接电路或电阻的搭配，即可决定增益(即放大倍率)大小。从运放的结构可看出其包含两个输入端，其中(＋)端为非反相(non-inverting)端，而(－)端称为反相(inverting)端，运算放大器的输入取决于此二输入端差值，此差值称为差动输入。这里同相和反相只是输入电压和输出电压之间的关系，即若正极性电压从同相端输入，则输出端输出正的输出电压；若正极性电压从反相端输入，则输出端输出负的输出电压。

运算放大器常用符号如图4-40所示。通常放大器理想增益为无穷大，实际使用时亦往往相当高(可放大至10^5或10^6倍)，故差动输入与经运放放大后的输出比较起来几乎等于零。

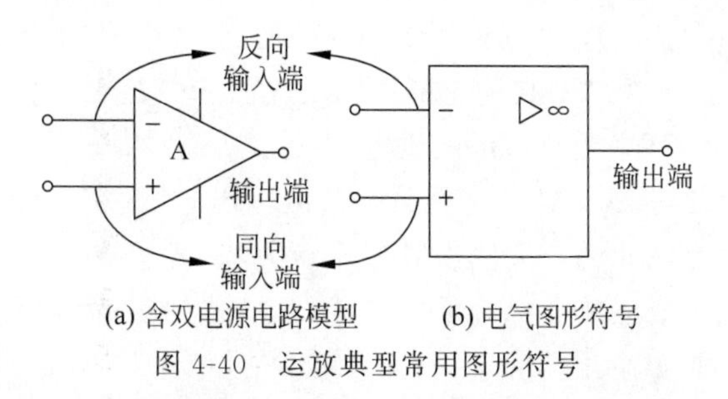

(a) 含双电源电路模型 (b) 电气图形符号

图4-40 运放典型常用图形符号

通用型运放μA741(F007)是一种八脚双列直插式器件，引脚排列如图4-41所示。

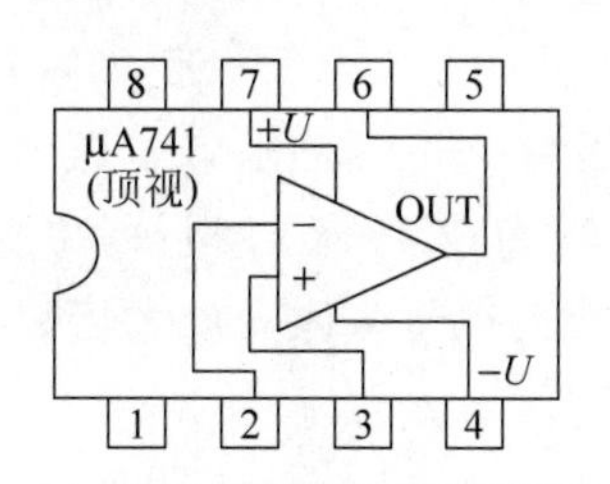

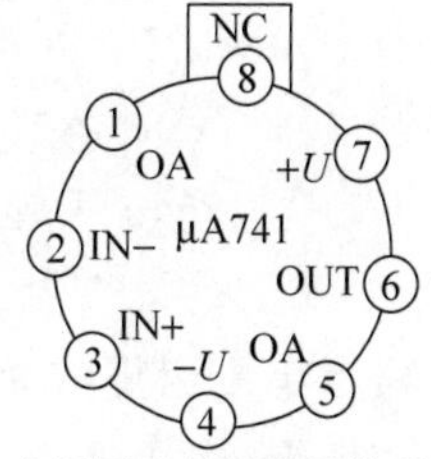

(a) 741运算放大器外型图 (b) 双列直插式封装管脚排列图 (c) 金属圆壳封装管脚排列图

图4-41 典型运放外形与封装图

2. 集成运算放大器的分类

按照集成运算放大器的参数来分，集成运算放大器可分为如下几类。

(1) 通用型运算放大器。通用型运算放大器就是以通用为目的而设计的。这类器件的主要特点是价格低廉、产品量大面广，其性能指标能适合于一般性使用。如μA741(单运放)、LM358(双运放)、LM324(四运放)及以场效应管为输入级的LF356都属于此种。它们是目前应用最为广泛的集成运算放大器。

(2) 高阻型运算放大器。这类集成运算放大器特点是差模输入阻抗非常高，输入偏置

电流 I_{IB} 非常小，一般 $r_{id}>(10^9\sim10^{12})$，I_{IB} 为几皮安到几十皮安。实现这些指标主要措施是利用场效应管高输入阻抗特点，用其组成运算放大器差分输入级。用场效应管作输入级，不仅输入阻抗高，输入偏置电流低，而且具有高速、宽带和低噪声等优点；缺点是输入失调电压较大。常见集成器件有 LF356、LF355、LF347（四运放）及具有更高输入阻抗的 CA3130、CA3140 等。

(3) 低温漂型运算放大器。在精密仪器、弱信号检测等自动控制仪表中，总是希望运算放大器的失调电压要小且不随温度的变化而变化。低温漂型运算放大器就是为此而设计的。目前常用的高精度、低温漂运算放大器有 OP-07、OP-27、AD508 及由 MOSFET 组成的斩波稳零型低漂移器件 ICL7650 等。

(4) 高速型运算放大器。在快速 A/D 和 D/A 转换器、视频放大器中，要求集成运算放大器的转换速率 SR 一定要高，单位增益带宽 BWG 一定要足够大，像通用型集成运放是不能适合于高速应用场合的。高速型运算放大器主要特点是具有高的转换速率和宽的频率响应。常见的运放有 LM318、μA715 等，其 $SR=50\sim70\text{V/S}$，$BWG>20\text{MHz}$。

(5) 低功耗型运算放大器。由于电子电路集成化的最大优点是能使复杂电路小型轻便化，所以随着便携式仪器应用范围的扩大，使得低电源电压供电、低功率消耗的运算放大器的应用变得流行。常用的该类运算放大器有 TL-022C、TL-060C 等，其工作电压为 ±2～±18V，消耗电流为 50～250μA。目前有的产品功耗已达微瓦级，例如 ICL7600 的供电电源为 1.5V，功耗为 10mW，可采用单节电池供电。

(6) 高压大功率型运算放大器。运算放大器的输出电压主要受供电电源的限制。在普通的运算放大器中，输出电压的最大值一般仅几十伏，输出电流仅几十毫安。若要提高输出电压或增大输出电流，集成运放外部必须要加辅助电路。高压大电流集成运算放大器外部不需附加任何电路，即可输出高电压和大电流。例如 D41 集成运放的电源电压可达 ±150V，μA791 集成运放的输出电流可达 1A。

(7) 可编程控制运放。运放在仪器仪表使用过程中都会涉及量程的问题。为了得到固定电压输出，就必须改变运算放大器的放大倍数。例如：有一运算放大器的放大倍数为 10 倍，输入信号为 1mV 时，输出电压为 10mV，当输入电压为 0.1mV 时，输出就只有 1mV，为了得到 10mV 就必须改变放大倍数为 100。程控运放就是为了解决这一问题而产生的。例如 PGA103A 就是通过控制 1、2 脚的电平来改变放大倍数的。

3. 工程上集成运算放大器选择

工程上选用运放并不是选择最好，而是结合工程任务要求与集成运放性能达到理想匹配效果，从而使电路工程性能与成本尽量靠近最优性价比。

1) 选用原则

在没有特殊要求的工程设计场合，尽量选用通用型集成运放，这样既可降低成本，又容易保证货源。当一个系统中使用多个运放时，尽可能选用多运放集成电路，例如 LM324、LF347 等都是将四个运放封装在一起的集成电路。

评价集成运放性能的优劣，应看其综合性能。一般用优值系数 K 来衡量集成运放的优良程度，其定义为

$$K=\frac{SR}{I_{IB}U_{OS}} \tag{4-99}$$

式中，SR 为转换率，单位为 V/S，其值越大，表明运放的交流特性越好；I_{IB} 为运放的输入偏置电流，是 nA；U_{OS} 为输入失调电压，单位是 mV。I_{IB} 和 U_{OS} 值越小，表明运放的直流特性越好。所以，对于放大音频、视频等交流信号的电路，选 SR（转换速率）大的运放比较合适；对于处理微弱的直流信号的电路，选用精度比较高的运放比较合适（即失调电流、失调电压及温漂均比较小）。

实际选择集成运放时，除优值系数要考虑之外，还应考虑其他因素。例如信号源的性质，是电压源还是电流源；负载的性质，集成运放输出的电压和电流是否满足要求；环境条件，集成运放允许工作范围、工作电压范围、功耗与体积等因素是否满足要求。

2）集成运放芯片主要供应商

目前我国可以生产很多型号的集成运放，可以满足大部分的芯片需求，除了我国之外，世界上还有很多知名公司生产运放，常见的公司见表 4-1。

表 4-1　集成芯片制造公司列表

公司名称	缩　写	商标符号	首　标	举　例
美国仙童公司	FSC	FAIRCHILD	混合电路首标：SH 模拟电路首标：μA	μA741
日本日立公司	HITJ	Hitachi	模拟电路首标：HA 数字电路首标：HD	HA741
日本松下公司	MATJ		模拟 IC：AN 双极数字 IC：DN MOS IC：MN	DN74LS00
美国摩托罗拉公司	MOTA		有封装 IC：MC	MC1503
美国微功耗公司	MPS	Micro Power System	器件首标：MP	MP4346
日本电气公司	NECJ	NEC	NEC 首标：μP 混合元件：A 双极数字：B 双极模拟：C MOS 数字：D	μPD7220
美国国家半导体公司	NSC		模拟/数字：AD 模拟混合：AH 模拟单片：AM CMOS 数字：CD 数字/模拟：DA 数字单片：DM 线性 FET：LF 线性混合：LH 线性单片：LM MOS 单片：MM	LM101
美国无线电公司	RCA	RCA	线性电路：CA CMOS 数字：CD 线性电路：LM	CD4060
日本东芝公司	TOSJ	TOSHBA	双极线性：TA CMOS 数字：TC 双极数字：TD	TA7173

一般情况下，无论哪个公司的产品，除了首标不同外，只要编号相同，功能基本上是相同的。例如，CA741、LM741、MC741、PM741、SG741、CF741、μA741、μPC741等芯片具有相同的功能。

4. 集成运算放大器的使用要点

由于电子元器件参数的离散性及装配工艺等因素的影响，实际工程中运放外围元器件参数需在调试中根据需要做进一步的调整。使用过程特别要注意集成运放调零、相位补偿、保护电路设计、自激振荡消除等实际问题。

1）集成运放的电源供给方式

集成运放有两个电源接线端$+U_{CC}$和$-U_{EE}$，但有不同的电源供给方式。对于不同的电源供给方式，对输入信号的要求是不同的。

（1）对称双电源供电方式。运算放大器多采用这种方式供电。相对于公共端（地）的正电源（$+E$）与负电源（$-E$）分别接于运放的$+U_{CC}$和$-U_{EE}$管脚上。在这种方式下，可把信号源直接接到运放的输入脚上，而输出电压的振幅理论上接近正负对称电源电压。

（2）单电源供电方式。单电源供电是将运放的$-U_{EE}$管脚连接到地上，如图4-42所示。此时运放的输出是在某一直流电位基础上随输入信号变化。对于图4-42(a)交流放大器，静态时，运算放大器的输出电压近似为$U_{CC}/2$，为了隔离掉输出中的直流成分接入电容C_3。为了保证运放内部单元电路具有合适的静态工作点，在运放输入端一定要加入一直流电位，如图4-42(b)所示。

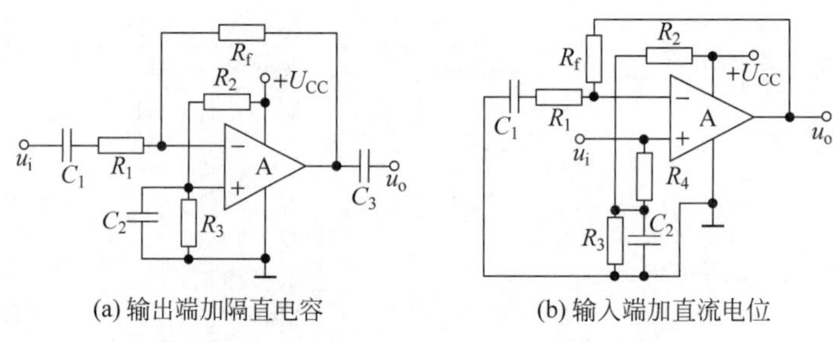

图4-42 运算放大器单电源供电电路

2）集成运放的调零问题

由于集成运放的输入失调电压和输入失调电流的影响，当运算放大器组成的线性电路输入信号为零时，输出往往不等于零。为了提高电路的运算精度，要求对失调电压和失调电流造成的误差进行补偿，这就是运算放大器的调零。常用的调零方法有内部调零和外部调零，而对于没有内部调零端子的集成运放，要采用外部调零方法。当运放有外接调零端子时（如μA741的①、⑤脚），可按组件要求接入调零电位器R_w，调零时，将运放输入端接地，用直流电压表测量输出电压U_o，细心调节R_w，使U_o为零（即失调电压为零）。如运放没有调零端子，可按图4-43所示电路设置调零电路。

一个运放如不能调零，大致有如下原因：①组件正常，接线有错误；②组件正常，但负反馈不够强（R_F/R_1太大），为此可将R_F短路，观察是否能调零；③组件正常，但由于它所允许的共模输入电压太低，可能出现自锁现象，因而不能调零。为此可将电源断开后，再重新接通，如能恢复正常，则属于这种情况；④组件正常，但电路有自激现象，应进行消振；

⑤组件内部损坏，应更换新的集成块。

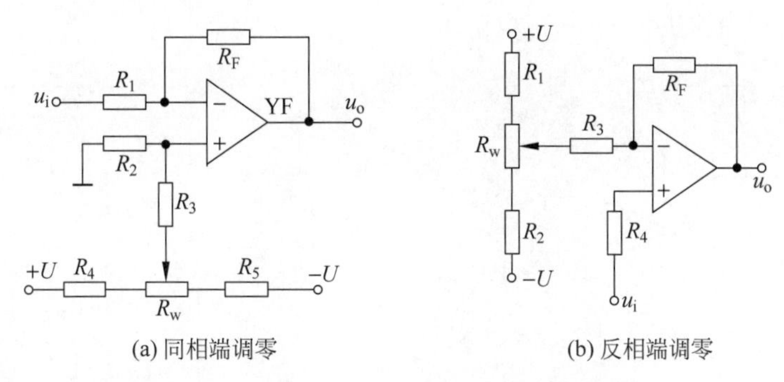

(a) 同相端调零　　(b) 反相端调零

图 4-43　运算放大器 μA741 的常用调零电路

3）集成运放的保护问题

集成运放的安全保护有三个方面：电源保护、输入保护和输出保护。

（1）电源保护。电源的常见故障是电源极性接反和电压突变。电源反接保护和电源电压突变保护电路如图 4-44(a)、图 4-44(b)所示。对于性能较差的电源，在电源接通和断开瞬间，往往出现电压过冲。图 4-44(b)中采用 FET 电流源和稳压管钳位保护，稳压管的稳压值大于集成运放的正常工作电压而小于集成运放的最大允许工作电压。FET 管的电流应大于集成运放的正常工作电流。

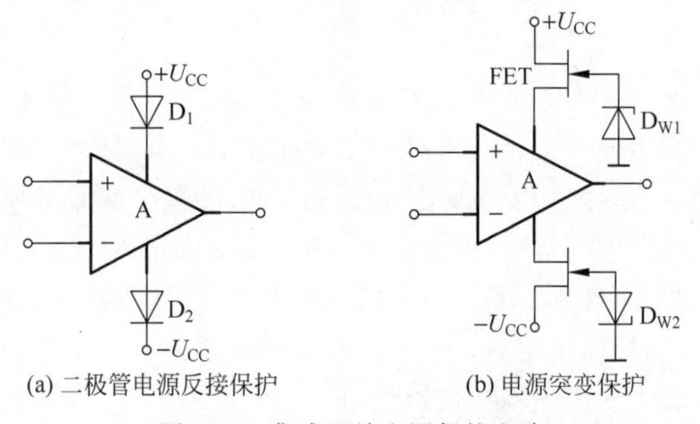

(a) 二极管电源反接保护　　(b) 电源突变保护

图 4-44　集成运放电源保护电路

（2）输入保护。如图 4-45 所示是集成运放的典型输入保护电路。如图 4-45(a)所示输入差模电压过高或者如图 4-45(b)所示输入共模电压过高(超出该集成运放的极限参数范围)，集成运放也会损坏。

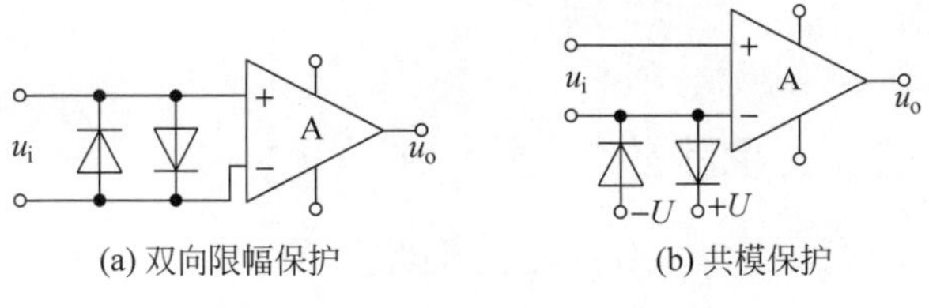

(a) 双向限幅保护　　(b) 共模保护

图 4-45　集成运放输入保护电路

（3）输出保护。当集成运放过载或输出端短路时，若没有保护电路，该运放就会损坏。但有些集成运放内部设置了限流保护或短路保护电路，使用这些器件就不需再加输出保护。

对于内部没有限流或短路保护的集成运放，可以采用如图 4-46(a)所示的接有输出保护电路的运放应用电路。当输出保护时，由电阻 R_2 起限流保护作用。

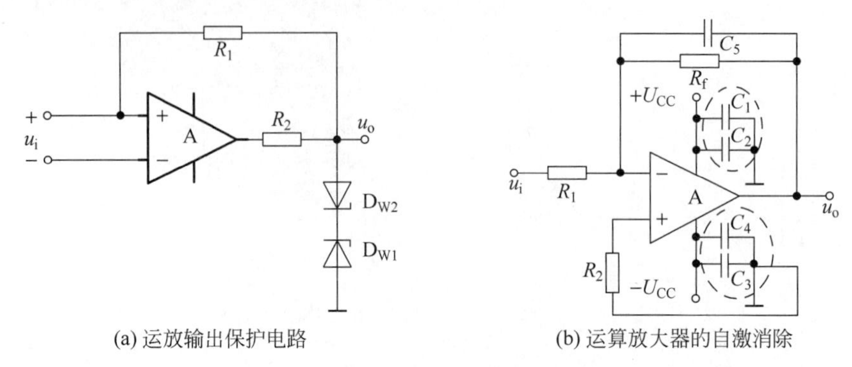

图 4-46 运放输出保护与自激消除

4）集成运放的自激振荡问题

运算放大器是一个高放大倍数的放大器件，在接成深度负反馈条件下，很容易产生自激振荡。为使放大器能稳定的工作，就需外加一定的频率补偿网络，以消除自激振荡。图 4-46(b)是相位补偿最常使用的电路。

另外，防止通过电源内阻造成低频振荡或高频振荡的措施是在集成运放的正、负供电电源的输入端对地一定要分别加入一电解电容(10μF)和一高频滤波电容(0.01～0.1μF)，如图 4-46(b)所示。

总结：随着电子技术飞跃发展，运放将继续成为模拟设计中一个不可或缺的元件，因为它是一个非常基本的实用元件。每一代电子设备都会把更多的功能集成到硅片上，同时也把更多的模拟电路做入 IC 中。我们不必担心，数字化进程会削弱集成模拟电路的应用领域，相反，随着数字电路应用的增加，也会扩展模拟电路的应用领域，因为主要的数据来源和接口应用都在现实世界，而现实世界是一个模拟的世界。因此，每一代新的电子设备都会对模拟电路提出新的需求，因而也就需要新一代的运放来满足这些需求。使用运放进行模拟设计是一种将延续到遥远未来的基本技能。

4.5 长尾式差分放大电路仿真分析

差动放大器仿真主要研究差放静态、动态性能，并与对应单管放大器的性能进行比较来研究差放抑制温漂能力。本节主要以差放最典型的电路——长尾式差放为例进行仿真分析。

4.5.1 静态工作点仿真

长尾式差分放大电路如图 4-47 所示，晶体管型号为 2N2712，$\beta=50$，通过仿真测量其静态工作点，并求单端输出差模放大倍数、共模放大倍数以及共模抑制比。

测量静态工作点。测量静态工作点时需要将输入信号短路或设置为零，如图 4-48 所示。读出静态工作点。$U_{B1}=U_{B2}=-26.193\text{mV}$，$U_{C1}=U_{C2}=6.212\text{V}$，$I_E=2.368\text{mA}$。

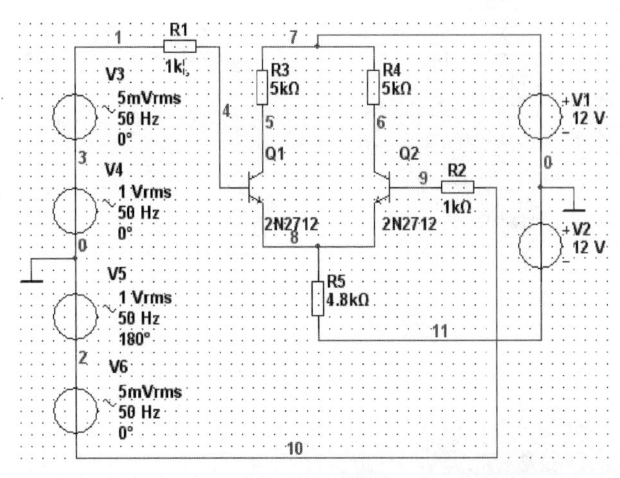

图 4-47　长尾式差分放大电路

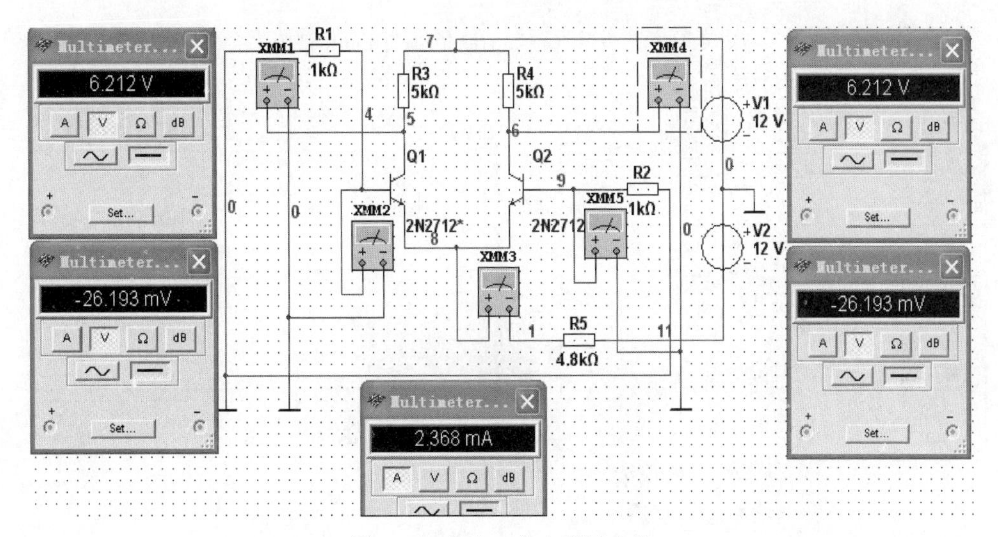

图 4-48　静态工作点测量电路

4.5.2　动态性能仿真

(1) 测量差模放大倍数。测量电路以及输入、输出电压波形如图 4-49 所示，由测量结果可知，单端输出时差模放大倍数为

$$A_{od}=751.822\text{mV}/10\text{mV}=75.2$$

这里输出电压与输入电压同相位，若输出电压从 Q1 管的集电极取出，则输出电压与输入电压反相位。

(2) 测量共模放大倍数，求共模抑制比。测量电路以及输入、输出电压波形如图 4-50 所示，双击电源 V5 将 Value 选项卡的 Phase 值改为 180。

由测量结果可知共模放大倍数为

$$A_{oc}=513.583\text{mV}/1\text{V}=0.514$$

共模抑制比为

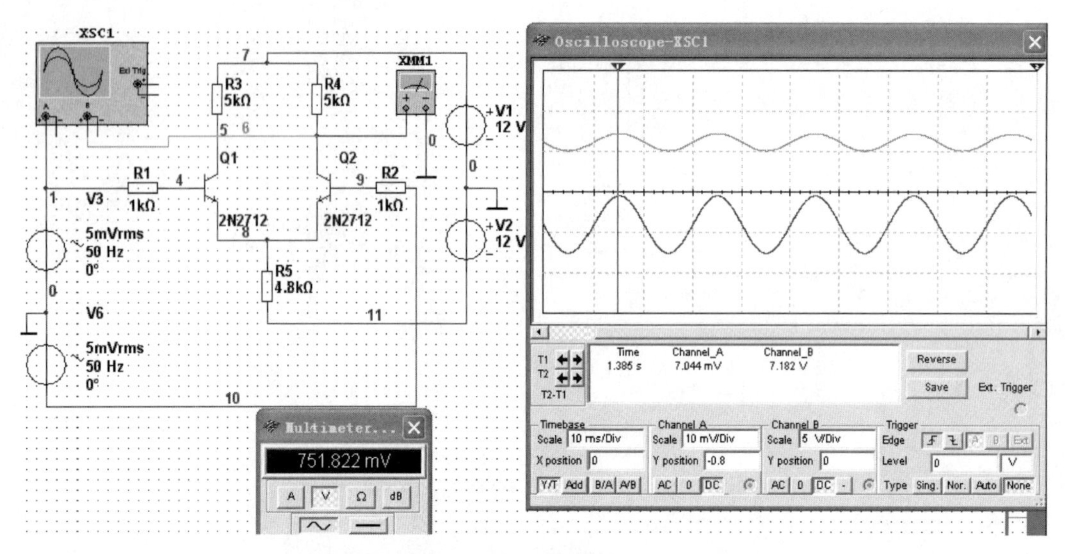

图 4-49　差模放大倍数的测量电路及电压波形

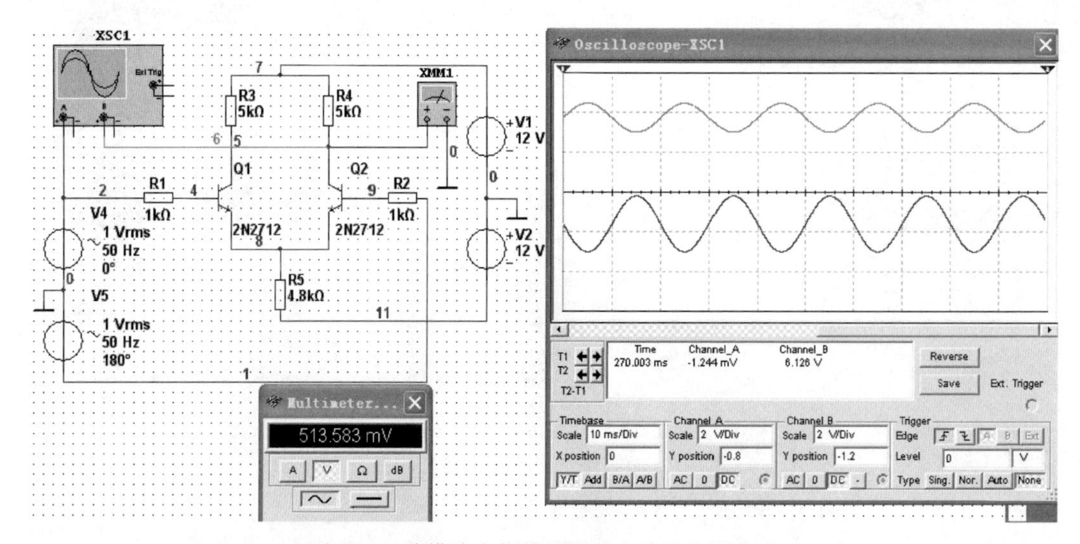

图 4-50　共模放大倍数的测量电路及电压波形

$$K_{\mathrm{CMRR}}=\frac{A_{\mathrm{od}}}{A_{\mathrm{oc}}}=\frac{75.2}{0.514}=146.3$$

仿真结论：静态工作点由于负电源的存在使基极电位为负值，而且接近 0V；动态性能增益与长尾电阻 R_{E} 无关，共模增益远小于差模增益。

本章小结

本章主要讲述集成运算放大器的重要组成部分——多级放大电路、电流源电路和差动放大电路三个单元电路。

(1) 集成运放信号通路主体电路多是直接耦合多级放大电路。若干级放大电路级联成多级放大器时应该注意：后级的输入阻抗作为前级的负载，会使前级放大增益发生变化（一般减小）；前级的开路电压作为后级的信号源电压，前级的输出阻抗作为后级的信号源阻抗；前级输出端直流电位与后级输入端直流电位不等时，应避免其相互影响；多级放大电路总增益等于各级增益值之积，输入电阻取第一级输入电阻，输出电阻取最后一级输出电阻。

（2）对电流源的主要要求是输出端等效的微变电阻要大，温度变化稳定度要好，器件参数变化时电流稳定性要高，并在特殊场合下要求电流值可以控制。它常用来作为放大电路的有源负载和决定放大电路各级Q点的偏置电路。本章对MOS管构成的电流源、基本镜像电流源、比例电流源、微电流源等工作原理和设计过程作了较为深入地探讨。

（3）对差动放大电路，主要探讨了差动放大电路在各种情况下的放大倍数，输入输出电阻等交流性能的计算。主要是围绕抑制零漂展开的。所谓零漂，是指 $u_s=0$ 时无交流输入，而放大器输出端出现静态电压的波动，差动放大为此而生，其主要利用两管特性的对称和共模负反馈来抑制。差分式放大电路是集成电路运算放大器的重要组成单元，它既能放大直流信号，又能放大交流信号；它对差模信号具有很强的放大能力，而对共模信号却具有很强的抑制能力。由于电路输入、输出方式的不同组合，共有四种典型电路。分析这些电路时，要着重分析两边电路输入信号分量的不同，至于具体指标的计算与共射（或共源）的单级电路基本一致。按输入输出方式如表4-2所示。A_{u1} 为单边放大倍数，即单管放大倍数。共模输入时，可用 K_{CMRR} 来衡量电路性能，要求越大越好。

表4-2 差放主要指标

类　型	A_{ud}	R_{id}	R_{od}
双入双出	A_{u1}	$2(r_{be}+R_B)$	$2R_C$
单入双出	A_{u1}	$2(r_{be}+R_B)$	$2R_C$
双入单出	$A_{u1}/2$	$2(r_{be}+R_B)$	$2R_C$
单入单出	$A_{u1}/2$	$2(r_{be}+R_B)$	$2R_C$

习题

4.1 选择题。

1. 完全相同的单级放大器构成阻容耦合与直接耦合多级放大器之间主要区别在于________。

A. 所放大信号不同　　B. 交流通路不同

C. 直流通路不同　　D. 放大总增益不同

2. 已知两共射极放大电路空载时电压放大倍数绝对值分别为 A_{u1} 和 A_{u2}，若将它们接成两级放大电路，则其放大倍数绝对值________。

A. $A_{u1}A_{u2}$　　B. $A_{u1}+A_{u1}$

C. 大于 $A_{u1}A_{u2}$　　D. 小于 $A_{u1}A_{u2}$

3. 放大电路产生零漂的主要原因是________。

A. 温度变化引起参数变化　　B. 采用直接耦合方式
C. 晶体管噪声太大　　D. 外界存在干扰源

4. 电流源常用于放大电路，作为________(A. 有源负载，B. 电源，C. 信号源)，使得放大倍数________(A. 提高，B. 稳定)。

5. 设计一个两级放大电路，要求电压放大倍数的数值大于10，输入电阻大于10MΩ，输出电阻小于100Ω，第一级和第二级应分别采用________。

A. 共漏电路、共射电路　　B. 共源电路、共集电路
C. 共基电路、共漏电路　　D. 共源电路、共射电路

6. 对恒压源电路的基本要求是________。

A. 电压放大倍数大　　B. 输出电阻低
C. 对器件参数变化不敏感　　D. 输出电压对温度变化不敏感

7. 采用差动放大电路的优点是________。

A. 电压放大倍数大　　B. 稳定直流工作点
C. 克服温漂　　D. 扩展频带宽度

8. 威尔逊电流镜的恒流效果比基本电流镜的恒流效果好，是因为________。

A. 电压放大倍数大　　B. 具有电流深负反馈
C. 输出电阻大　　D. 具有电压深负反馈

9. 为放大变化缓慢的微弱信号，放大电路应采用________耦合方式。

A. 直接耦合　　B. 电阻耦合　　C. 电容耦合　　D. 变压器耦合

10. 在差放电路中，用恒流源代替 R_E 是为了________。

A. 提高差模放大倍数　　B. 提高共模放大倍数
C. 提高共模抑制比　　D. 提高差模输出电阻

4.2 填空题。

1. 设差放电路的两个输入端对地的电压分别为 u_{i1} 和 u_{i2}，差模输入电压为 u_{id}，共模输入电压为 u_{ic}，则当 $u_{i1}=50\text{mV}$，$u_{i2}=50\text{mV}$ 时，$u_{id}=$________，$u_{ic}=$________；当 $u_{i1}=50\text{mV}$，$u_{i2}=-50\text{mV}$ 时，$u_{id}=$________，$u_{ic}=$________；当 $u_{i1}=50\text{mV}$，$u_{i2}=0\text{V}$ 时，$u_{id}=$________，$u_{ic}=$________。

2. 三级放大电路中 $A_{u1}=20\text{dB}$，$A_{u2}=A_{u3}=30\text{dB}$，则总电压增益 A_u 为________。该三级放大器电路能将其输入信号放大________倍。

4.3 如图4-51所示两级放大电路的交流通路中已知 $g_{m1}=1\text{ms}$，$r_{be}=1\text{k}\Omega$，晶体管 $\beta=100$。其余参数如图，放大电路的 A_u，R_o，R_i 为多少？

4.4 三级级联的放大器交流放大器如图4-52所示，已知 T_1 管 $g_m=1\text{ms}$，T_2、T_3 管的 $r_{be}=2\text{k}\Omega$，$\beta=100$，$R_1=1\text{M}\Omega$，放大电路的 A_u，R_o，R_i 为多少？

4.5 如图4-53所示，已知：$g_m=0.8\text{ms}$，$r_d=200\text{k}\Omega$，$\beta=40$，$R_D=1\text{k}\Omega$，$R=2\text{k}\Omega$，$R_E=180\text{k}\Omega$，$U_{DD}=18\text{V}$，$R_G=5.1\text{M}\Omega$，$R_{G1}=47\text{k}\Omega$，$R_{G2}=43\text{k}\Omega$，$r_{be}=1\text{k}\Omega$。A_u，r_i，r_o 怎样分析？

4.6 如图4-54所示差动放大电路，已知参数如下，$U_{CC}=U_{EE}=12\text{V}$，$I=1\text{mA}$，$R_C=10\text{k}\Omega$，$U_{BEQ}=0.6\text{V}$，$r_{be}=3\text{k}\Omega$，$\beta_1=\beta_2=50$，恒流源动态电阻 $r_{OA}=10\text{M}\Omega$，解答问题：

(1) 计算静态 U_{C1} 电位(图中所标)。

（2）画出电路的差模与共模等效电路，已知输入信号为 u_{i1}、u_{i2}，写出共模（u_{ic}）与差模信号（u_{id}）表达式。

（3）计算共模抑制比 K_{CMRR}。

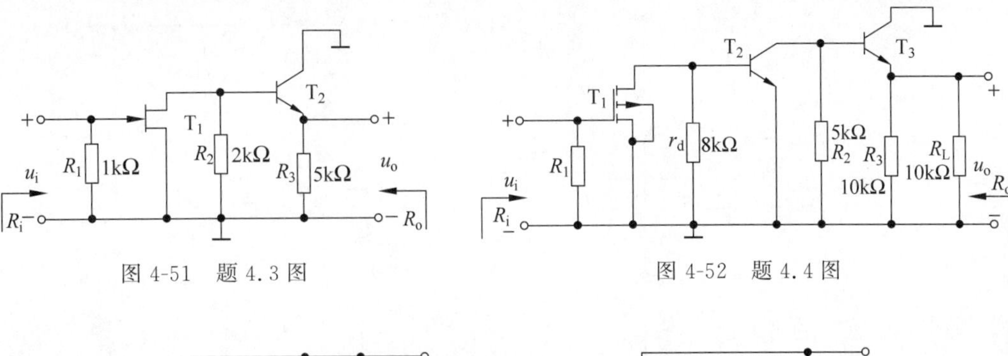

图 4-51　题 4.3 图　　图 4-52　题 4.4 图

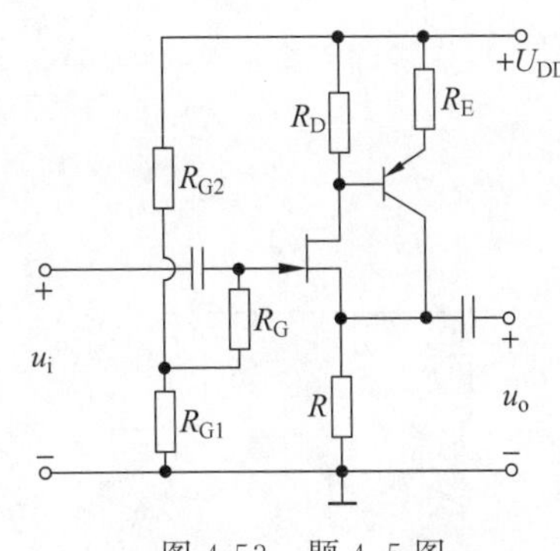

图 4-53　题 4.5 图

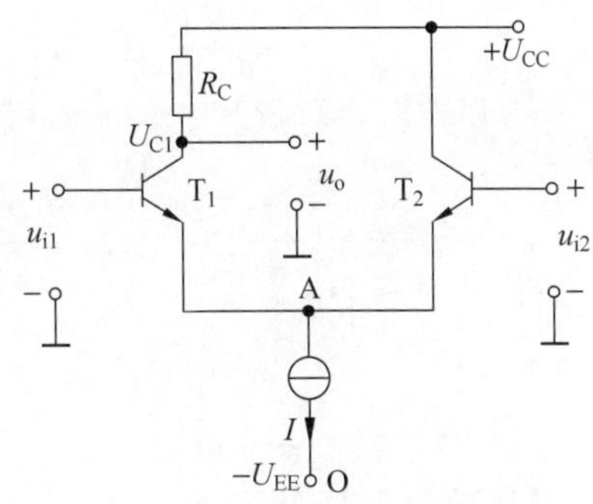

图 4-54　题 4.6 图

4.7　差动放大电路如图 4-55 所示，设晶体管的参数为 $U_{CC}=U_{EE}=12V$，$\beta_1=\beta_2=50$，各管子 $r_{be1}=r_{be2}=1.5k\Omega$，$U_{BEQ1}=U_{BEQ2}=U_{BEQ3}=0.6V$，稳压二极管稳定电压 $U_z=8V$，R_P 的滑动端位于中点，$R_C=5k\Omega$，$R=5k\Omega$，$R_B=1k\Omega$，$R_P=0.1k\Omega$，$R_{E3}=3.7k\Omega$，$R_L=10k\Omega$。试估算：

（1）计算静态工作点 I_{CQ1}、I_{CQ2}、U_{CQ1}、U_{CQ2}。

（2）差模电压放大倍数 A_{ud}。

（3）差模输入电阻 R_{id} 和输出电阻 R_o。

4.8　如图 4-56 所示差分放大器中，已知 $T_1 \sim T_4$ 管子 $\beta=50$，$r_{be}=2k\Omega$，$U_{CC}=U_{EE}=12V$，$R_C=R_L=5k\Omega$，$R_{C4}=5k\Omega$，$R_{E3}=R_{E4}=7k\Omega$，所有管子 U_{BE} 不计。完成下列问题：

（1）各管静态电流 $I_{CQ1} \sim I_{CQ4}$ 分别等于多少。

（2）计算输入差模输入电阻 r_{id} 与输出电阻 r_{od}。

（3）差模放大增益 A_{ud}。

（4）若已知 A-O 端口看入 T_3 管的交流等效电阻 $r_{od3}=1M\Omega$，计算共模抑制比 K_{CMRR}。

4.9　如图 4-57 为一场效应管放大器，已知 T_1 管的跨导 $g_m=1ms$，$R_1=22k\Omega$，$R_2=2k\Omega$，$R_3=1k\Omega$，$R_L=5k\Omega$，$R_G=10M\Omega$，$U_{CC}=12V$。T_2、T_3 管 $\beta \gg 1$，U_{BE} 忽略不计。

（1）分析各电路元件作用。

（2）估算静态电流 I_{REF}、I_{DQ}、电压放大倍数 A_{ud} 与输入电阻 r_i。

4.10 在图 4-58 所示两级差动放大电路中，设晶体管的参数均为 β、r_{be}、U_{BEQ}，且 $\beta \gg 1$。

(1) 静态 U_{CQ4} 的值为多少。

(2) 差模电压放大倍数 A_{ud} 怎样计算？

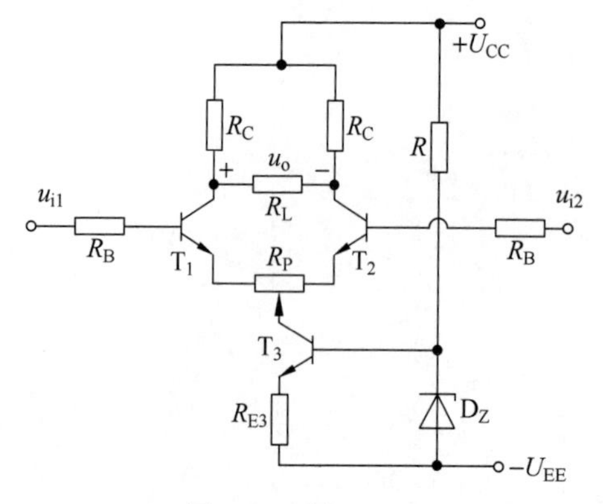

图 4-55 题 4.7 图

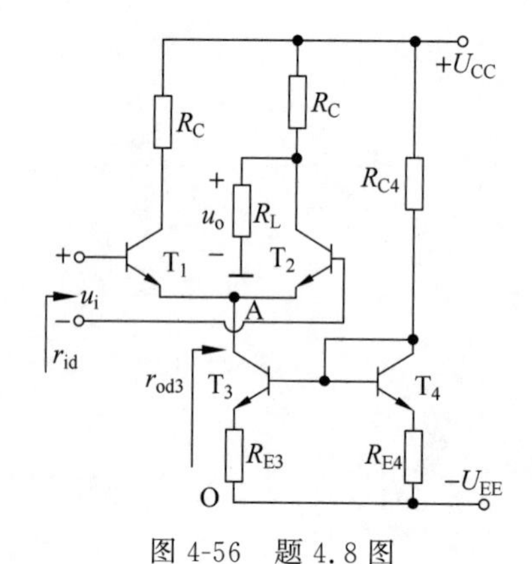

图 4-56 题 4.8 图

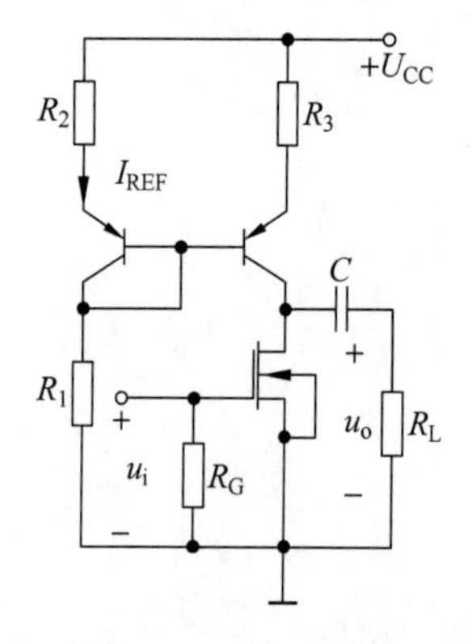

图 4-57 题 4.9 图

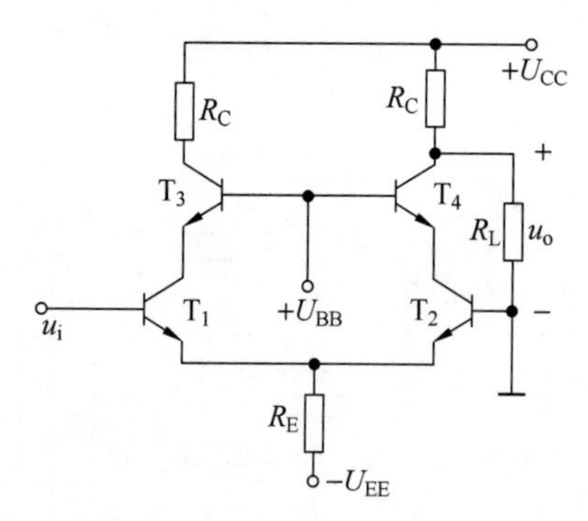

图 4-58 题 4.10 图

4.11 如图 4-59 所示某集成运放输入级的电路原理图，已知三极管的 β 均为 100，三极管的 U_{BE} 和二极管的管压降均为 0.7V。(设流过电阻 R_{B1} 电流远大于恒流管 T_3 的基极电流)

(1) 估算静态工作点。

(2) 差模电压放大倍数 A_{ud}。

(3) 差模输入电阻 r_{id} 和输出电阻 r_o。

4.12 如图 4-60 所示多级放大器，$T_1 \sim T_5$ 的电流放大系数分别为 β，b-e 间动态电阻分别为 r_{be} 解答下列问题：

(1) 画出电路的交流通路。

(2) 说明图中虚线所示电路名称与作用。

(3) 计算 A_u、R_i 和 R_o。

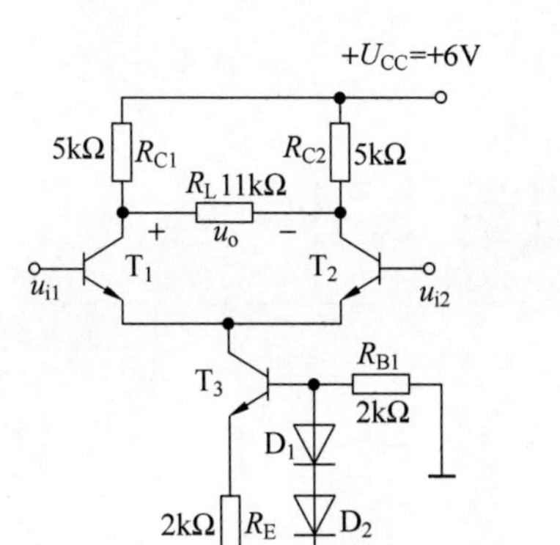

图 4-59 题 4.11 图

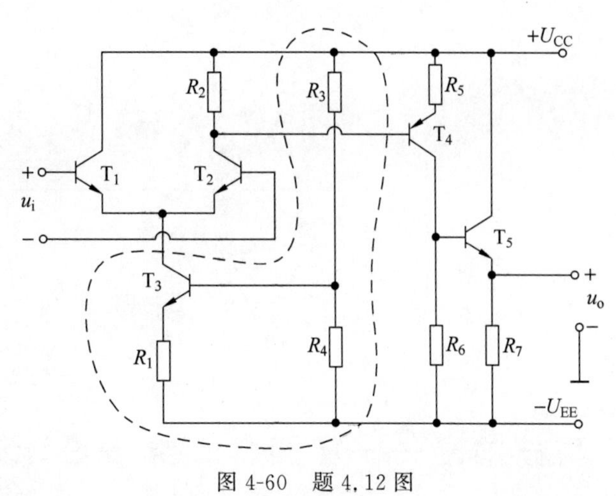

图 4-60 题 4.12 图

第5章 放大电路的频率响应

CHAPTER 5

科技前沿——窗函数频响法设计FIR滤波器

FIR(finite impulse response)滤波器在尖端电子科技系统中十分重要,它可以保证系统严格的线性幅频与相频特性,而其单位抽样响应是有限长的,能在整个频带上获得常数群时延,从而得到零失真输出信号。因此,在通信、图像处理、模式识别等领域都有广泛的应用。

FIR 滤波器的设计问题在于寻求一系统函数 $h(\mathrm{z})$,使其频率响应 $h(\mathrm{e}^{\mathrm{j}\omega})$逼近滤波器要求的理想频率响应 $h_{\mathrm{d}}(\mathrm{e}^{\mathrm{j}\omega})$,其对应的单位脉冲响应为 $h_{\mathrm{d}}(n)$。

$$h_{\mathrm{d}}(\mathrm{e}^{\mathrm{j}\omega})=\sum_{n=-\infty}^{\infty}h_{\mathrm{d}}(n)\mathrm{e}^{-\mathrm{j}n\omega};\ h_{\mathrm{d}}(n)=\frac{1}{2\pi}\int_{-\pi}^{\pi}h_{\mathrm{d}}(\mathrm{e}^{\mathrm{j}\omega})\mathrm{e}^{\mathrm{j}n\omega}\mathrm{d}\omega$$

式中,$h_{\mathrm{d}}(n)$一般是无限长的,且是非因果的,不能直接作为 FIR 滤波器的单位脉冲响应。要想得到一个因果的有限长的滤波器 $h(n)$,最直接的方法是截断 $h(n)=h_{\mathrm{d}}(n)w(n)$,即截取为有限长因果序列,并用合适的窗函数进行加权作为 FIR 滤波器的单位脉冲响应。按照线性相位滤波器的要求,$h(n)$必须是偶对称的。对称中心必须等于滤波器的延时常数。

用矩形窗设计的 FIR 低通滤波器,所设计滤波器的幅度函数呈现出振荡现象,且最大波形大约为幅度的 9%,这个现象称为吉布斯(Gibbs)效应。为了消除吉布斯效应,于是提出了海明窗、汉宁窗、布莱克曼窗、凯塞窗、切比雪夫窗等窗函数。

利用窗函数设计 FIR 滤波器的具体步骤如下:

① 按过渡带宽及由窗函数类型决定阻带衰减 A_{S},选择合适的窗函数,并估计节数 N。

② 由给定滤波器的幅频响应参数求出理想的单位脉冲响应 $h_{\mathrm{d}}(n)$。

③ 确定延时值。

④ 计算滤波器的单位取样响应 $h(n)$,$h(n)=h_{\mathrm{d}}(n)w(n)$。

⑤ 验算技术指标是否满足要求。

单级放大器的分析中只考虑了低频特性,而忽略了器件分布电容(distributed capacitance)的影响,但在大多数模拟电路中工作速度与其他参量如增益、功耗、噪声等之间要进行折中,因此对每一种电路的频率响应的理解是非常必要的。

本章首先介绍频率响应的一般概念,接着介绍三极管与频率相关的参数以及单管共射放大电路的频率响应(frequency response),在用物理概念阐明单管共射放大电路频率特性的基础上,利用混合 π 模型等效电路分析系统下限频率 f_{L}、上限频率 f_{H} 和电路元件参数的关系，并画出伯德图。然后，简要地介绍了增益带宽积和多级放大电路的频率响应。最后，通过推导得出场效应管的高频等效模型，对单管共源放大电路的频率响应进行分析，并简单地阐述了集成运放的频率响应。

重点掌握以下要点：

① 掌握 RC 高通电路和低通电路的频率响应的分析方法，放大电路频率响应的分析方法以及频率响应分析中伯德图的画法。

② 了解晶体三极管高频等效模型及其简化、β 的频率响应、多级放大电路的频率响应以及场效应管的高频等效模型。

在放大电路中，由于电抗元件（reactance component）（如电容、电感线圈等）及半导体管极间分布电容的存在，当输入信号的频率过低或过高时，不但放大倍数的数值会变小，而且还将产生超前或滞后的相移。因此放大电路对通过的非单频信号会引起失真，而在实际应用中，电子电路所处理的信号，如语音、视频等信号都不是简单的单一频率信号，它们都是与幅度及相位成固定比例关系的多频率分量组合而成的复杂信号，即具有一定的频谱。如音频信号的频率范围为从 20Hz 到 20kHz，而视频信号从直流到几十兆赫。所以，频率响应是衡量放大电路对不同频率信号适应能力的一项技术指标。为实现放大电路能够不失真地放大输入信号，我们要研究频率响应。本章将介绍有关放大电路频率响应方面的知识。

5.1　频率特性概述

本节介绍放大电路的研究方法、频率特性的基本概念、放大电路频率响应的分析方法以及伯德图的画法等问题。

5.1.1　放大电路的基本概念与研究方法

画出不同频率时放大电路的交流通路，画出交流通路的线性化等效电路或相量模型，利用电路分析的方法求电压增益。如图 5-1 所示是频率为 ω 时放大电路交流通路的线性化双口网络，其电压增益

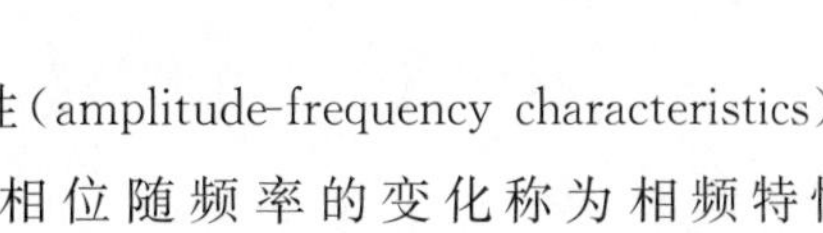

$+$ $\dot{U}_{i(j\omega)}$ $-$ 　频率为 ω 时交流放大电路模型　$+$ $\dot{U}_{o(j\omega)}$ $-$

图 5-1　频率为 ω 时放大电路交流通路的线性化双口网络

$$\dot{A}_u(j\omega)=\frac{\dot{U}_o(j\omega)}{\dot{U}_i(j\omega)}=|\dot{A}_u(\omega)|\angle\phi(\omega) \quad (5\text{-}1)$$

式中，$|\dot{A}_u(\omega)|$ 反映幅值随频率的变化称为幅频特性（amplitude-frequency characteristics）；$\angle\phi(\omega)$ 反映相位随频率的变化称为相频特性（phase frequency characteristics）。

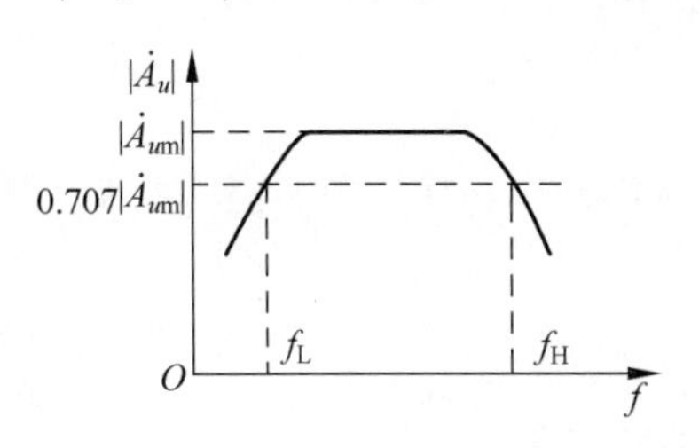

图 5-2　共射组态放大电路的幅频特性

电压增益幅频特性和相频特性统称为频率响应。如图 5-2 所示是共射组态放大电路的幅频特性曲线。图中很直观地看出不同频率的信号经过放大器后的电压放大倍数的变化情况。

1. 基本概念

研究频响需要用到下面几个概念：

(1) 中频区：在一个较宽的频率范围内，曲线是平坦的。即放大倍数不随信号频率而变。

(2) 高频区(高于 f_H 的频率范围)：当信号频率升高时，放大倍数随频率的升高而减少。

(3) 低频区(低于 f_L 的频率范围)：当信号频率降低时，放大倍数随频率的降低而减少。

(4) 通频带(transmission bands)(BW)：当 A_{um} 下降到 $0.707A_{um}$ 时所确定的两个频率 f_H 和 f_L 的频率范围：$BW=f_H-f_L$。

(5) 伯德图：在研究放大电路的频率响应时，由于信号的频率范围很宽（从几赫到几百兆赫以上），放大电路的放大倍数也很大（可达百万倍），为压缩坐标，扩大视野，在画频率特性曲线时，频率坐标采用对数刻度，而幅值（用 dB 表示）或相角采用线性刻度。这种半对数坐标特性曲线称为对数频率特性或伯德图。

2. 频率失真

频率失真是指多个不同频率信号通过系统时，由于受通频带 BW 的影响，系统对不同频率的增益幅度和相移的改变不同的现象。因此，当输入信号包含多次谐波时，放大电路输出波形会产生频率失真。

频率失真包含幅频失真、相频失真。幅频失真指放大电路对不同频率的输入信号的放大倍数不同所引起的失真；相频失真指放大电路对不同频率的输入信号的相移不同所引起的失真。像这样由于线性电抗元件引起的频率失真又称为线性失真。注：由于非线性元件(三极管等)特性曲线的非线性所引起的失真，称为非线性失真。

假设某系统传输函数为 $H(j\omega)$，它规定了不同频率信号经过此系统时产生的不同幅度和相位变化。信号传输应用中，线路发送侧发出某一频率的信号，而这个信号的传输信道在此时就等价于一个传输系统（因为事实上的传输包括复用、解复用和各种转换；线路传输中会有衰减、回波损耗等），这导致在接收端收到的信号与原信号在相位和幅值上有差别，且这种差别因频率的变化而变化，这就叫频率失真。频率失真如图 5-3 所示。

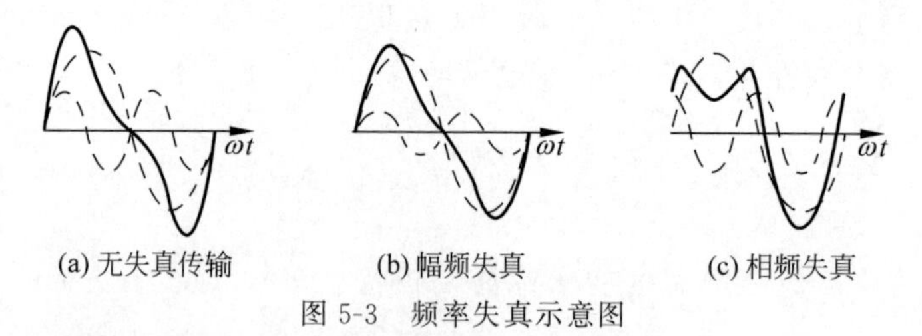

图 5-3 频率失真示意图

3. 幅频特性曲线

共射组态放大电路的幅频特性曲线如图 5-2 所示，它分为三个区域：中频区、高频区、低频区。下面定性分析放大电路的幅频特性曲线。

(1) 中频区：由于放大电路中耦合电容、旁路电容和三极管的结电容的影响很小（在此频率范围内，耦合电容、射极旁路电容视为短路，极间电容视为开路），三极管的交流线性化小信号模型是 H 参数模型，所以中频段有相同的电压放大倍数。

(2) 高频区(高于 f_H 的频率范围)：三极管的结电容的影响不容忽略。由三极管的混

合 π 型高频小信号模型得知，发射结的总阻抗（发射结的电阻与电抗并联）减小，信号在发射结上的分压减小，所以增益减小。

(3) 低频区（低于 f_L 的频率范围）：耦合电容和旁路电容的容抗不能忽略。由于耦合电容的分压作用，使得信号在发射结电阻上的分压减小，所以增益减小。图 5-2 中 f_L 称为下限截止频率，f_H 称为上限截止频率。

5.1.2　单时间常数 *RC* 电路的频率特性

针对放大电路中存在的 *RC* 电路特性，电路同样可以分为低频、高频、中频三段频率特性研究其频率响应。为了扩大研究范围，引入对数分析的方法进行频率响应分析。

1. 低通电路

在放大电路的高频区内，影响频率响应的主要因素是三极管的极间电容，其对高频响应的影响，可用如图 5-4 所示的 *RC* 低通电路来模拟。利用复变量 s，由图 5-4 可得

$$\dot{A}_u(s)=\frac{\dot{U}_o(s)}{\dot{U}_i(s)}=\frac{\dfrac{1}{sC_1}}{R_1+1/sC_1}=\frac{1}{1+sR_1C_1} \tag{5-2}$$

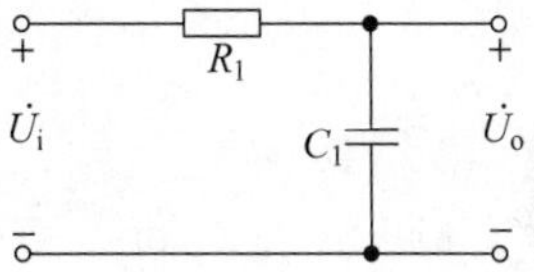

图 5-4　*RC* 低通电路

令

$$f_H=\frac{1}{2\pi R_1C_1} \tag{5-3}$$

可得高频区的电压增益

$$\dot{A}_{uH}=\frac{\dot{U}_o}{\dot{U}_i}=\frac{1}{1+j(f/f_H)} \tag{5-4}$$

由式(5-4)可得高频区电压增益的幅值 A_{uH} 和相角 φ_H 分别为

$$A_{uH}=\frac{1}{\sqrt{1+(f/f_H)^2}} \tag{5-5}$$

$$\varphi_H=-\arctan(f/f_H) \tag{5-6}$$

1) 对数幅频响应

将幅频响应式(5-5)取对数，可得

$$20\lg|\dot{A}_{uH}|=-20\lg\sqrt{1+\left(\frac{f}{f_H}\right)^2} \tag{5-7}$$

由式(5-7)可得：当 $f\ll f_H$ 时，$20\lg|\dot{A}_{uH}|\approx 0\text{dB}$；当 $f\gg f_H$ 时，$20\lg|\dot{A}_{uH}|\approx -20\lg\dfrac{f}{f_H}$；当 $f=f_H$ 时，$20\lg|\dot{A}_{uH}|\approx -20\lg\sqrt{2}=-3\text{dB}$。

由上可知，*RC* 低通电路的对数幅频特性，可以近似用两条直线构成的折线表示：当 $f<f_H$ 时，用零分贝线即横坐标表示；当 $f>f_H$ 时，用一条斜率等于 -20dB/dec 的直线表示，即每当频率增加十倍，$20\lg|\dot{A}_u|$ 下降 20dB。上述两条直线交于横坐标上 $f=f_H$ 的一点，如图 5-5(a)所示。f_H 对应于两条直线的交点，当 $f=f_H$ 时，$A_u=1/\sqrt{2}=0.707$，即在 f_H 时，电压增益下降到中频值的 0.707 倍。

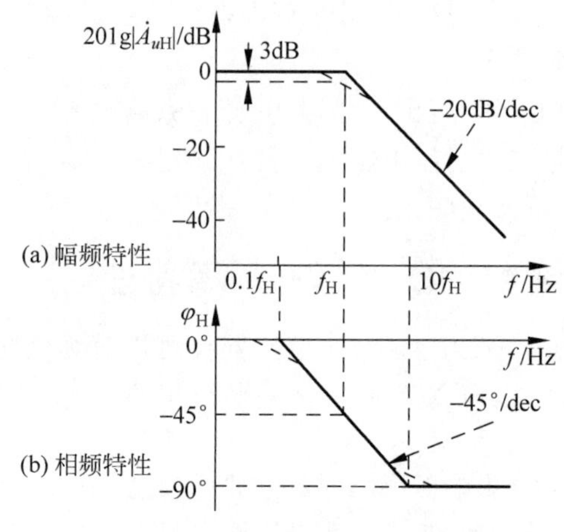

图 5-5　低通电路的伯德图

2）相频响应

根据式(5-6)可以画出 RC 低通电路的对数相频特性。

当 $f \ll f_H$ 时，$\varphi_H \approx 0°$；当 $f \gg f_H$ 时，$\varphi_H \approx -90°$；当 $f = f_H$ 时，$\varphi_H = -45°$。

由上可知，RC 低通电路的对数相频特性可用三条直线构成的折线来近似：当 $f < 0.1f_H$ 时，用 $\varphi_H = 0°$的直线即横坐标轴表示；当 $f > 10f_H$ 时，用 $\varphi_H = -90°$的一条水平线表示；$0.1f_H < f < 10f_H$ 时，用一条斜率等于 $-45°$/dec 的直线表示。当 $f = f_H$ 时，$\varphi_H = -45°$。相频特性曲线如图 5-5(b)所示。

由图 5-5 中的伯德图可以明显地看出，当频率较低时，$|\dot{A}_{uH}| \approx 1$，输出与输入电压之间的相位差等于 0，即低频信号能够通过本电路。随着频率的升高，$|\dot{A}_{uH}|$下降，频率越高，$|\dot{A}_{uH}|$值越小，而相位差越大，且输出电压是滞后于输入电压的，最大滞后 90°。由于高频信号不能通过本电路，故称为低通电路。其中，f_H 是一个重要的频率点，称为上限截止频率。

2. 高通电路

在放大电路的低频区内，耦合电容(coupling capacitance)和旁路电容(bypass capacitance)对低频响应的影响，可用如图 5-6 所示的 RC 高通电路来模拟。利用复变量 s，由图可得

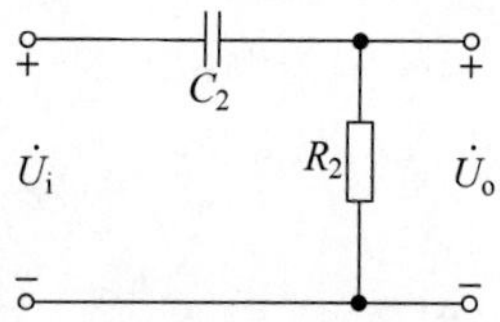

$$\dot{A}_{uL}(s) = \frac{\dot{U}_o(s)}{\dot{U}_i(s)} = \frac{R_2}{R_2 + 1/sC_2} = \frac{s}{s + \dfrac{1}{R_2C_2}} \tag{5-8}$$

图 5-6　RC 高通电路

令

$$f_L = \frac{1}{2\pi R_2 C_2} \tag{5-9}$$

可得低频区的电压增益

$$\dot{A}_{uL} = \frac{\dot{U}_o}{\dot{U}_i} = \frac{1}{1 - j(f_L/f)} \tag{5-10}$$

由式(5-10)可得低频区电压增益的幅值 A_{uL} 和相角 φ_L 分别为

$$A_{uL}=\frac{1}{\sqrt{1+(f_L/f)^2}} \tag{5-11}$$

$$\varphi_L=\arctan(f_L/f) \tag{5-12}$$

采用与低通电路同样的折线近似方法,可画出高通电路的幅频和相频响应曲线。首先将式(5-11)取对数,可得

$$20\lg|\dot{A}_{uL}|=-20\lg\sqrt{1+\left(\frac{f_L}{f}\right)^2} \tag{5-13}$$

由式 (5-13)分析,可得

当 $f\gg f_L$ 时,$20\lg|\dot{A}_{uL}|\approx 0\text{dB}$;当 $f\ll f_L$ 时,$20\lg|\dot{A}_{uL}|\approx -20\lg\frac{f_L}{f}=20\lg\frac{f}{f_L}$;当 $f=f_L$ 时,$20\lg|\dot{A}_{uL}|\approx -20\lg\sqrt{2}\,\text{dB}=-3\text{dB}$。

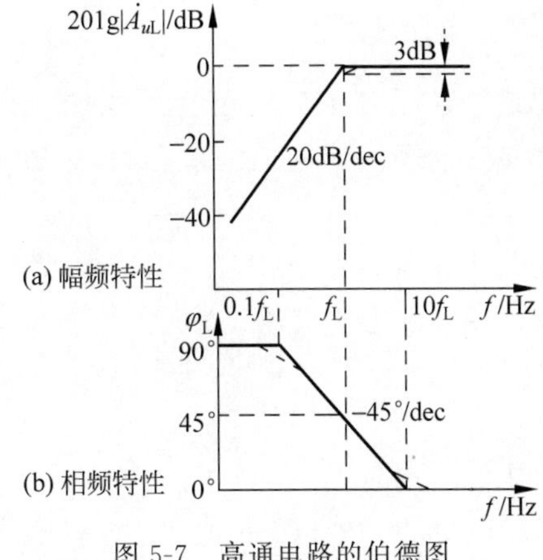

图 5-7　高通电路的伯德图

由上可知,RC 高通电路的对数幅频特性,可以近似用两条直线构成的折线表示:当 $f>f_L$ 时,用零分贝线即横坐标表示;当 $f<f_L$ 时,用一条斜率等于 20dB/dec 的直线表示,即每当频率增加十倍,$20\lg|\dot{A}_{uL}|$增加 20dB。上述两条直线交于横坐标上 $f=f_L$ 的一点,如图 5-7(a)所示。f_L 对应于两条直线的交点,当 $f=f_L$ 时,$A_{uL}=1/\sqrt{2}=0.707$,即在 f_L 时,电压增益下降到中频值的 0.707 倍。

根据式 (5-12) 可以画出 RC 高通电路的对数相频特性。讨论如下:

当 $f\gg f_L$ 时,$\varphi_L\approx 0°$;当 $f\ll f_L$ 时,$\varphi_L\approx 90°$;当 $f=f_L$ 时,$\varphi_L=45°$。

由上可知,RC 高通电路的对数相频特性可用三条直线构成的折线来近似:当 $f>10f_L$ 时,用 $\varphi_L=0°$的直线即横坐标轴表示;当 $f<0.1f_L$ 时,用 $\varphi_L\approx 90°$的一条水平线表示;$0.1f_L<f<10f_L$ 时,用一条斜率等于$-45°$/dec 的直线表示。当 $f=f_L$ 时,$\varphi_L=45°$。相频特性曲线如图 5-7(b)所示。

由图 5-7 中的伯德图可以明显地看出,当频率较高时,$|\dot{A}_{uL}|\approx 1$,输出与输入电压之间的相位差等于 0,即高频信号能够通过本电路。随着频率的降低,$|\dot{A}_{uL}|$下降,频率越低,$|\dot{A}_{uL}|$值越小,而相位差越大,且输出电压是超前于输入电压的,最大超前 90°。由于低频信号不能通过本电路,故称为高通电路。其中,f_L 是一个重要的频率点,称为下限截止频率。

5.2　三极管的高频小信号等效电路

研究高频放大电路的性能,无论对模拟集成电路或分立元件电路都是必需的。下面从三极管的物理结构出发,考虑三极管发射结和集电结电容的影响,讨论三极管的高频小信号模型。

5.2.1 三极管混合Π型等效电路与其参数

在2.4.1节中根据三极管的特征方程,推导出了h参数低频小信号模型。但在高频的情况下,由于物理过程的差异,主要表现在三极管的发射结电容和集电结电容不可忽略,得出三极管的高频小信号模型,如图5-8所示。下面就此模型的各个元件参数作一说明。

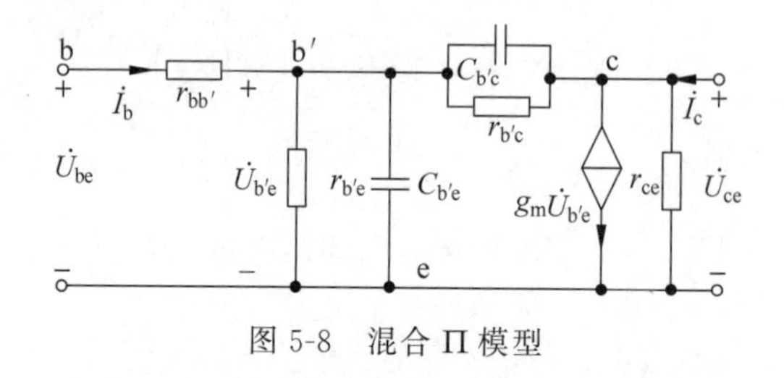

图5-8 混合Π模型

(1) 基区电阻$r_{bb'}$:注意图中的b′是基区内的等效基极,是为了分析方便而虚拟的,与基极引出端是不同的。$r_{bb'}$表示基区体电阻,不同类型的三极管,$r_{bb'}$的值相差很大,一般手册常给出$r_{bb'}$的值约在50~300Ω。

(2) 发射结电阻$r_{b'e}$:$r_{b'e}$是发射结的小信号电阻。由于发射结工作时处于正向偏置,故$r_{b'e}$很小,对于小功率管,$r_{b'e}$的实际数值约为几十欧。$r_{b'e}$的近似表达式为

$$r_{b'e}=(1+\beta_0)\frac{U_T}{I_{EQ}} \tag{5-14}$$

(3) 发射结电容$C_{b'e}$:对于小功率管,约在几十~几百皮法。

(4) 集电结电阻$r_{b'c}$:由于集电结工作时处于反向偏置,故$r_{b'c}$的值很大,一般在100kΩ~10MΩ。

(5) 集电结电容$C_{b'c}$:集电结电容$C_{b'c}$约在2~10pF。

(6) 受控电流源$g_m\dot{U}_{b'e}$:由于结电容的影响,$\dot{I}_c$和$\dot{I}_b$不能保持正比关系,因而用$g_m\dot{U}_{b'e}$表示受控电流源,它是受直接加于基极b′和发射极之间的电压$\dot{U}_{b'e}$所控制的。

5.2.2 三极管混合Π型等效电路的简化

由上述各元件的参数可知,在高频情况下,$r_{b'c}$的数值很大,与$C_{b'c}$并联可以忽略不计;而电流源电阻r_{ce}的值较大,约为100kΩ,且与负载R_L并联,一般$r_{ce}\gg R_L$,因此r_{ce}也可以略去,如图5-9所示。由于图5-9所示的模型像Π,而且各元件参数具有不同的量纲,因而称之为混合Π型高频小信号模型。

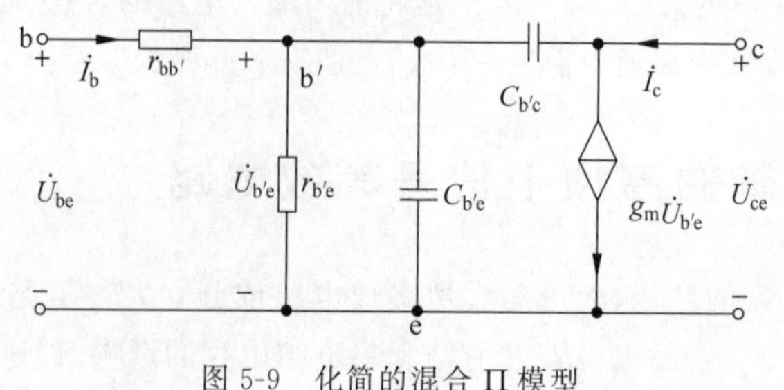

图5-9 化简的混合Π模型

在Π型小信号模型中，因存在$C_{b'c}$和$r_{b'c}$，它们跨接在输入回路和输出回路之间，将输入回路和输出回路直接联系起来，对求解不便，可通过单向化处理加以变换。首先因$r_{b'c}$很大，可以忽略，只剩下$C_{b'c}$。将$C_{b'c}$用两个电容来等效代替，使它们分别接在b′、e之间和c、e之间，输入侧用$C'_{b'c}$表示，输出侧用$C''_{b'c}$表示，这两个电容分别代替$C_{b'c}$，要求变换前后要保证对应支路电流不变，如图5-10(a)所示。

输入侧

$$\dot{I}_{b'1}=\dot{I}_{b'2}+\dot{I}_{b'3}$$

在图5-9中，从b′看过去，流过$C_{b'c}$的电流为

$$\dot{I}_{b'3}=(\dot{U}_{b'e}-\dot{U}_{ce})j\omega C_{b'c}=\dot{U}_{b'e}\left(1-\frac{\dot{U}_{ce}}{\dot{U}_{b'e}}\right)j\omega C_{b'c}$$

等于图5-10(a)中$C_{b'c}$中的电流。

$$\dot{U}_{ce}=-g_m\dot{U}_{b'e}R'_c$$

$$\dot{I}_{b'3}=\dot{U}_{b'e}(1+g_mR'_c)j\omega C_{b'c}$$

令放大倍数$|\dot{K}|=\dfrac{\dot{U}_{ce}}{\dot{U}_{be}}=g_mR'_C$，则定义

$$C'_{b'c}=(1+|\dot{K}|)C_{b'c} \tag{5-15}$$

输出侧，在图5-9中，从c看过去，流过$C_{b'c}$的电流为

$$\dot{I}''_{b'c}=(\dot{U}_{ce}-\dot{U}_{b'e})j\omega C_{b'c}=\dot{U}_{ce}\left(1+\frac{1}{|\dot{K}|}\right)j\omega C_{b'c}$$

所以

$$C''_{b'c}=\frac{1+|\dot{K}|}{|\dot{K}|}C_{b'c} \tag{5-16}$$

在近似计算中，输入信号处于中频段时，有$|\dot{K}|=-\dot{K}$，所以PN结等效电容$C_{b'c}$和$C''_{b'c}$的容量分别为$(1-\dot{K})C_{b'c}$和$\dfrac{(\dot{K}-1)}{\dot{K}}C_{b'c}$。将$C_{b'c}$化简后，如图5-10(b)所示，图中$C'_{b'e}=C_{b'e}+(1-\dot{K})C_{b'c}$。另外，$C''_{b'c}\ll C'_{b'c}$，$C''_{b'c}$也可忽略，即从电路中断开。化简后的混合Π型，输入回路和输出回路分离，为电路的分析带来了极大的方便。

5.2.3　三极管混合Π型的简化电路

由于高频小信号模型中的元件参数，在很宽的频率范围内与频率无关，所以模型中的电阻参数和互导参数g_m都可以通过低频小信号模型参数得到。在低频区，如果忽略$C_{b'c}$和$C_{b'e}$影响时，图5-9可变为如图5-11(a)所示的低频小信号模型，在输入回路有如下的关系

$$r_{be}=r_{bb'}+r_{b'e} \tag{5-17}$$

则得到

$$r_{bb'}=r_{be}-r_{b'e} \tag{5-18}$$

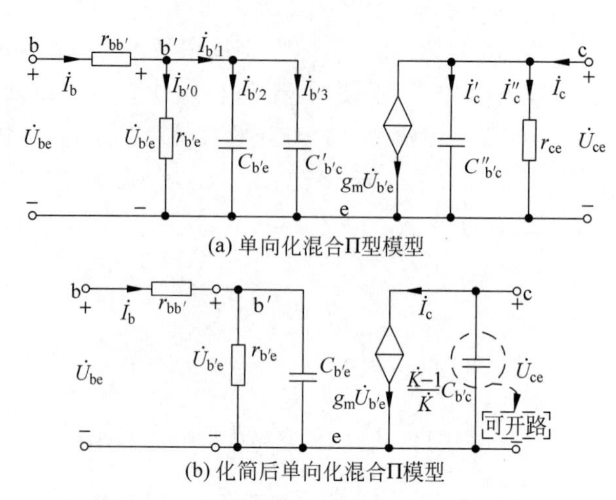

(a) 单向化混合Π型模型

(b) 化简后单向化混合Π模型

图 5-10 晶体管高频单向化混合 Π 型模型

而

$$r_{b'e}=(1+\beta_0)\frac{U_T}{I_{EQ}} \tag{5-19}$$

再从图 5-11(a)和图 5-11(b)的输出回路比较可得如下的关系

$$g_m\dot{U}_{b'e}=\beta_0\dot{I}_b \tag{5-20}$$

由于

$$\dot{U}_{b'e}=\dot{I}_b r_{b'e} \tag{5-21}$$

故有

$$g_m=\frac{\beta_0}{r_{b'e}}=\frac{\beta_0}{(1+\beta_0)\dfrac{U_T}{I_{EQ}}}\approx\frac{I_{EQ}}{U_T} \tag{5-22}$$

高频小信号模型中还包括两个电容 $C_{b'c}$ 和 $C_{b'e}$；在半导体器件手册中可以查得参数 C_{ob}，该电容是晶体管为共基接法且发射极开路时 c-b 间的电容，$C_{b'c}$ 近似为 C_{ob}。$C_{b'e}$ 的值可通过手册中给出的特征频率 f_T 和放大电路的静态工作点求解。即

$$C_{b'e}=\frac{g_m}{2\pi f_T} \tag{5-23}$$

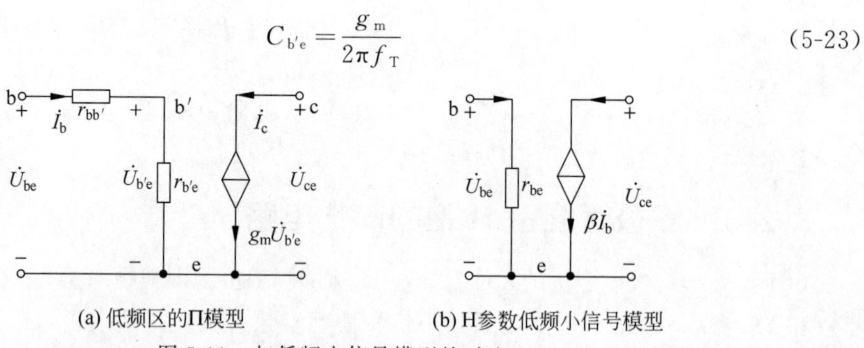

(a) 低频区的Π模型

(b) H参数低频小信号模型

图 5-11 与低频小信号模型的对比

5.2.4 三极管频率特性

三极管的频率参数是描述三极管的电流放大系数对高频信号的适应能力，是三极管的

重要参数。因此,三极管的频率参数是选择三极管的重要依据之一。通常,在要求通频带比较宽的放大电路中,应选用高频管,即频率参数值较高的三极管。如对通频带没有特殊要求,可选用低频管。

1. 共发射极截止频率 f_β

由 2.4 节可知

$$\dot{\beta}=\left.\frac{\dot{I}_c}{\dot{I}_b}\right|_{\dot{U}_{ce}} \tag{5-24}$$

根据式(5-24),将混合 Π 型模型中的 c、e 输出端短路,则如图 5-12(a)所示。由图可见

$$\dot{I}_{b'c}=j\omega\dot{C}_{b'c}U_{b'e}$$

则集电极短路电流为

$$\dot{I}_c=(g_m-j\omega C_{b'c})\dot{U}_{b'e} \tag{5-25}$$

基极电流 $\dot{I}_b$ 与 $\dot{U}_{b'e}$ 之间的关系可以用 $\dot{I}_b$ 去乘 b′、e 之间的阻抗来获得

$$\dot{U}_{b'e}=\dot{I}_b(r_{b'e}\ /\!/\ (1/j\omega C_{b'e})\ /\!/\ 1/j\omega C_{b'c}) \tag{5-26}$$

由式(5-25)和式(5-26)可得 $\dot{\beta}$ 的表达式

$$\dot{\beta}=\frac{\dot{I}_c}{\dot{I}_b}=\frac{g_m-j\omega C_{b'c}}{1/r_{b'e}+j\omega(C_{b'e}+C_{b'c})} \tag{5-27}$$

在图 5-12(a)所示模型的有效频率范围内,$g_m\gg\omega C_{b'c}$,因而有

$$\dot{\beta}\approx\frac{g_m r_{b'e}}{1+j\omega(C_{b'e}+C_{b'c})r_{b'e}} \tag{5-28}$$

由式(5-22)的关系,可得

$$\dot{\beta}=\frac{\beta_0}{1+j\omega(C_{b'e}+C_{b'c})r_{b'e}} \tag{5-29}$$

所以

$$|\dot{\beta}|=\frac{\beta_0}{\sqrt{1+\left(\frac{f}{f_\beta}\right)^2}} \tag{5-30}$$

式中

$$f_\beta=\frac{1}{2\pi r_{b'e}(C_{b'e}+C_{b'c})} \tag{5-31}$$

由此可得其幅频特性曲线,如图 5-12(b)所示。

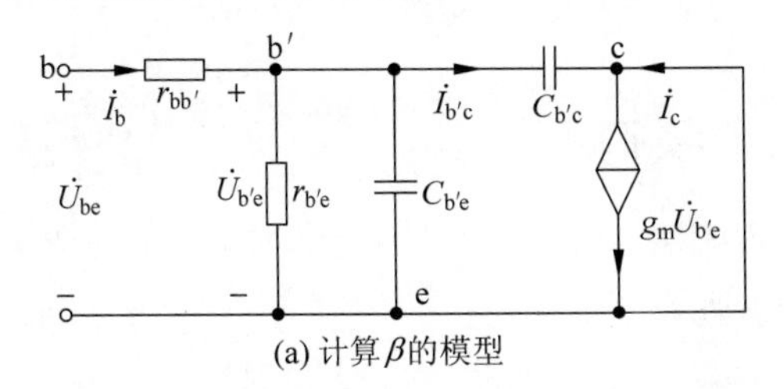

(a) 计算β的模型

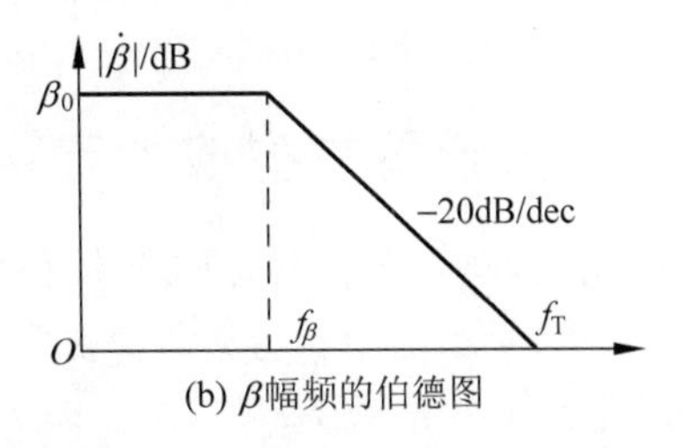

(b) β幅频的伯德图

图 5-12　三极管 β 频响分析图

2. 特征频率 f_T

当 β 的频率响应曲线以 -20dB/dec 的斜率下降，直至增益为 0dB 时的频率称为特征频率，用 f_T 来表示。在图 5-12(b)中 β 的对数幅频特性与横坐标交点处的频率即是 f_T。

特征频率是三极管的一个重要参数，常在手册中给出。f_T 的典型数据在 100～1000MHz。当 $f>f_T$ 时，β 值将小于 1，表示此时三极管已失去放大作用，所以不允许三极管工作在如此高的频率范围。将 $f=f_\beta$ 和 $\beta=1$ 代入式(5-30)，可得

$$1=\frac{\beta_0}{\sqrt{1+\left(\frac{f_T}{f_\beta}\right)^2}} \tag{5-32}$$

由于通常 $\frac{f_T}{f_\beta}\gg 1$，所以可将式(5-32)分母根号中的"1"忽略，则可得

$$f_T\approx\beta_0 f_\beta \tag{5-33}$$

式(5-33)表明，一个三极管的特征频率 f_T 与其共射截止频率 f_β 二者之间是互相关联的，而且 f_T 比 f_β 高得多，大约是 f_β 的 β_0 倍。

考虑式(5-22)和式(5-31)的关系，式(5-33)可表示为

$$f_T=\frac{g_m}{2\pi\ (C_{b'e}+C_{b'c})} \tag{5-34}$$

一般情况下，$C_{b'e}\gg C_{b'c}$，故

$$f_T=\frac{g_m}{2\pi C_{b'e}} \tag{5-35}$$

5.3 单管共射放大电路的频率特性

利用三极管的高频等效模型，可以分析放大电路的频率响应。本节通过单管共射放大电路来介绍频率响应的一般分析方法，图 5-13(a)为共射放大电路，它的等效电路如图 5-13(b)所示。

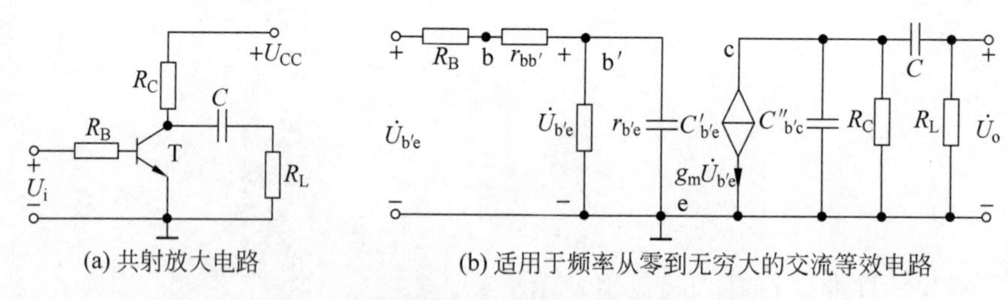

(a) 共射放大电路　　(b) 适用于频率从零到无穷大的交流等效电路

图 5-13　单管共射放大电路及其等效电路

5.3.1 单管共射放大电路的中频响应

在中频段，耦合电容的容抗非常小可视为短路，极间电容的容抗非常大可视为开路。因此，图 5-13(a)所示的中频等效电路如图 5-14 所示。

中频电压放大倍数为

$$\dot{A}_{um}=\frac{\dot{U}_o}{\dot{U}_i}=-\frac{g_m R'_L}{1+\dfrac{R_B+r_{bb'}}{r_{b'e}}}=-\frac{g_m R'_L r_{b'e}}{R_B+r_{bb'}+r_{b'e}} \tag{5-36}$$

式中，$R'_L=R_C/\!/R_L$。

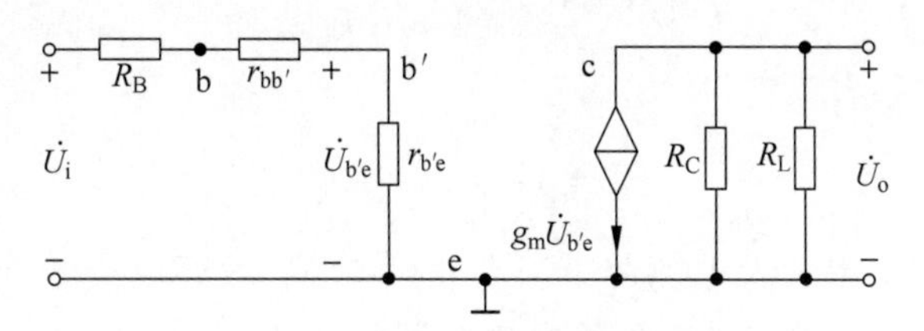

图 5-14　单管共射放大电路的中频等效电路

5.3.2　单管共射放大电路的低频响应

通过前面的定性分析可知，在低频段，由于隔直电容或耦合电容的容抗不可忽略，将使电压放大倍数降低，所以放大电路的低频响应主要取决于外接的电容器，如隔直电容或耦合电容。而三极管的极间电容并联在电路中，容抗非常大此时可认为交流开路。

1. 低频等效电路

为了分析它的低频响应，首先画出它的低频小信号等效电路，在低频段应将 $C'_{b'e}$ 和 $C''_{b'c}$ 开路，注意这里的隔直电容 C 保留在电路中，如图 5-15(a)所示。

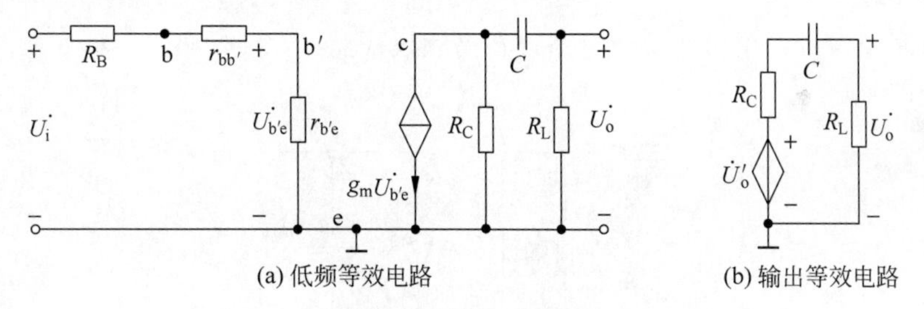

图 5-15　单管共射放大电路的低频等效电路

2. 响应分析

将图 5-15(a)$g_m\dot{U}_{b'e}$ 与 R_C 受控电流源模型等效变换如图 5-15(b)所示的受控电压源模型，$\dot{U}'_o$ 是将图 5-15(a)中负载(R_L)开路时的输出端电压(戴维南等效电路开路电压)，$\dot{U}'_o=-g_m\dot{U}_{b'e}R_C$。$\dot{U}'_o$、电容 C 与负载电阻组成了如图 5-15(b)所示的高通电路。

低频电压放大倍数为

$$\dot{A}_{uL}=\frac{\dot{U}_o}{\dot{U}_i}=\frac{\dot{U}_o}{\dot{U}'_o}\cdot\frac{\dot{U}'_o}{\dot{U}_i}=\frac{R_L}{R_C+\dfrac{1}{j\omega C}+R_L}\cdot\frac{-g_m R_C}{1+\dfrac{R_B+r_{bb'}}{r_{b'e}}} \tag{5-37}$$

将式(5-37)的分子分母同时除以(R_C+R_L)可得

$$\dot{A}_{uL}=\frac{\dot{U}_o}{\dot{U}_i}=\frac{\dot{U}_o}{\dot{U}'_o}\cdot\frac{\dot{U}'_o}{\dot{U}_i}=-\frac{g_m R'_L r_{b'e}}{R_B+r_{bb'}+r_{b'e}}\cdot\frac{j\omega C(R_C+R_L)}{1+j\omega C(R_C+R_L)} \tag{5-38}$$

将式(5-36)代入式(5-38)，便得到

$$\dot{A}_{uL}=\dot{A}_{um}\cdot\frac{\mathrm{j}\omega C(R_C+R_L)}{1+\mathrm{j}\omega C(R_C+R_L)} \tag{5-39}$$

与式(5-10)对比,可得

$$\dot{A}_{uL}=\dot{A}_{um}\cdot\frac{1}{1-\mathrm{j}(f_L/f)} \tag{5-40}$$

其中 f_L 为下限频率,其表达式为

$$f_L=\frac{1}{2\pi(R_C+R_L)C} \tag{5-41}$$

由式(5-41)可知,单管共射放大电路的下限截止频率 f_L 主要取决于低频时间常数 $(R_L+R_C)C$,它等于从电容 C 两端向外看的等效总电阻乘以 C。

根据式(5-40)可得单管共射放大电路的对数幅频特性及相频特性的表达式为

$$\begin{cases}20\lg|\dot{A}_{uL}|=20\lg|\dot{A}_{um}|+20\lg\dfrac{1}{\sqrt{1+(f_L/f)^2}}\\ \phi=-180^\circ+\arctan(f_L/f)\end{cases} \tag{5-42}$$

5.3.3 单管共射放大电路的高频响应

在高频段,隔直电容的容抗非常小,则 C 上的压降可以忽略不计,但此时并联在电路中的三极管的极间电容的影响必须考虑。

1. 高频等效电路

先画出高频信号作用时的等效电路。在高频段应将 C 短路,将 $C'_{b'e}$ 和 $C''_{b'c}$ 保留在电路中,如图 5-16 所示。

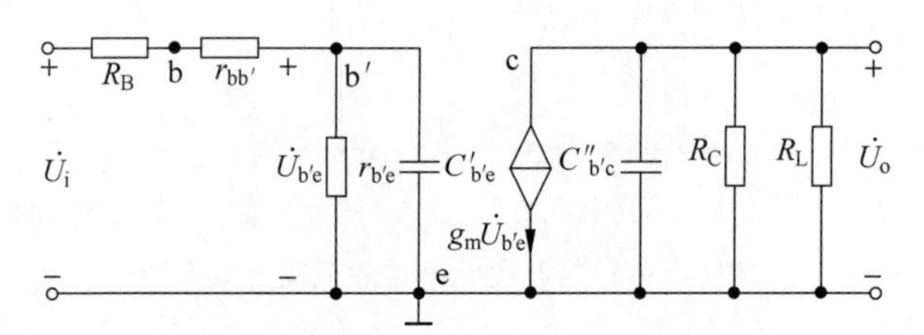

图 5-16 单管共射放大电路的高频等效电路

一般情况下,输出回路的时间常数要比输入回路的时间常数小得多,所以可以将输出回路的电容 $C''_{b'c}$ 忽略,得到高频等效电路,如图 5-17(a)所示。

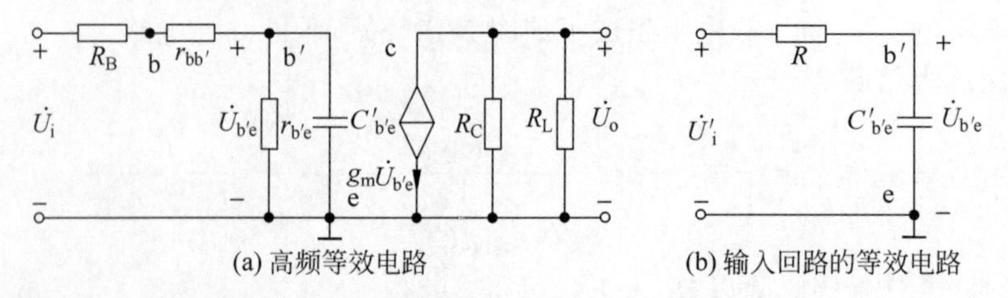

(a) 高频等效电路　　(b) 输入回路的等效电路

图 5-17 单管共射放大电路的高频等效电路

2. 响应分析

利用戴维南定理,从 $C'_{b'e}$ 两端看过去,电路可等效成图 5-17(b)所示的电路,图中

$$\dot{U}_{i}'=\frac{r_{b'e}}{R_{B}+r_{bb'}+r_{b'e}}\dot{U}_{i}$$

$$R=(R_{B}+r_{bb'})\ /\!/\ r_{b'e}$$

此时输入回路中含有电容元件,R 和 $C_{b'e}'$ 组成了如图 5-4 所示低通电路。由此可得

$$\dot{U}_{b'e}'=\frac{1}{1+\mathrm{j}\omega RC_{b'e}'}\dot{U}_{i}'$$

$$\dot{U}_{o}=-g_{m}R_{L}'\dot{U}_{b'e}'$$

由上二式可得高频电压放大倍数为

$$\dot{A}_{uH}=\frac{\dot{U}_{o}}{\dot{U}_{i}}=\frac{\dot{U}_{i}'}{\dot{U}_{i}}\cdot\frac{\dot{U}_{b'e}}{\dot{U}_{i}'}\cdot\frac{\dot{U}_{o}}{\dot{U}_{b'e}}=-\frac{g_{m}R_{L}'r_{b'e}}{R_{B}+r_{bb'}+r_{b'e}}\cdot\frac{1}{1+\mathrm{j}\omega RC_{b'e}'}\tag{5-43}$$

将式(5-36)代入式(5-43),便得到

$$\dot{A}_{uH}=A_{um}\cdot\frac{1}{1+\mathrm{j}\omega RC_{b'e}'}\tag{5-44}$$

与式(5-4)比较,可得

$$\dot{A}_{uH}=A_{um}\cdot\frac{1}{1+\mathrm{j}(f/f_{H})}\tag{5-45}$$

其中 f_{H} 为上限频率,$RC_{b'e}'$是 $C_{b'e}'$所在回路的时间常数,其表达式为

$$f_{H}=\frac{1}{2\pi RC_{b'e}'}\tag{5-46}$$

根据式(5-45)可得单管共射放大电路的对数幅频特性及相频特性的表达式为

$$\begin{cases}20\lg|\dot{A}_{uH}|=20\lg|\dot{A}_{um}|-20\lg\sqrt{1+(f/f_{H})^{2}} & \text{(5-47a)}\\ \phi_{H}=-180^{\circ}-\arctan(f/f_{H}) & \text{(5-47b)}\end{cases}$$

5.3.4 单管共射放大电路的全频域响应

前面已分别讨论了电压放大倍数在中频段、低频段和高频段的频率响应,实际上一个放大器包含了三段频率响应过程,把它们加以综合,就可得到完整的单管共射放大电路电压放大倍数的全频域响应。

将放大倍数的三个频区的频率响应表达式融合,可写出放大倍数的近似式

$$\dot{A}_{u}=\frac{\dot{A}_{um}}{\left(1-\mathrm{j}\frac{f_{L}}{f}\right)\left(1+\mathrm{j}\frac{f}{f_{H}}\right)}\tag{5-48}$$

实际增益曲线应该是式(5-48)描点作出的数学曲线,非常复杂很难绘制,通常用折线作出能近似反映式(5-48)数学关系的曲线,这条曲线称为伯德图。根据以上在中频、低频和高频时的分析结果,并利用 5.1.2 节介绍的高通和低通电路的伯德图的画法,即可画出单管共射放大电路完整的伯德图。

1. 幅频响应

要想正确画出幅频伯德图,首先计算 f_{L}、f_{H}、$20\lg|\dot{A}_{um}|$,然后分三段近似绘出。

(1) 中频区：从 f_L 至 f_H，作一条高度为 $20\lg|\dot{A}_{um}|$ 的水平直线；

(2) 低频区：从 f_L 开始，向左下方作一条斜率为 20dB/dec 的直线；

(3) 高频区：从 f_H 开始，向右下方作一条斜率为 −20dB/dec 的直线。

2. 相频响应

按照相频特性曲线规律，相频伯德图共分 5 段近似。最后得到的伯德图如图 5-18 所示。

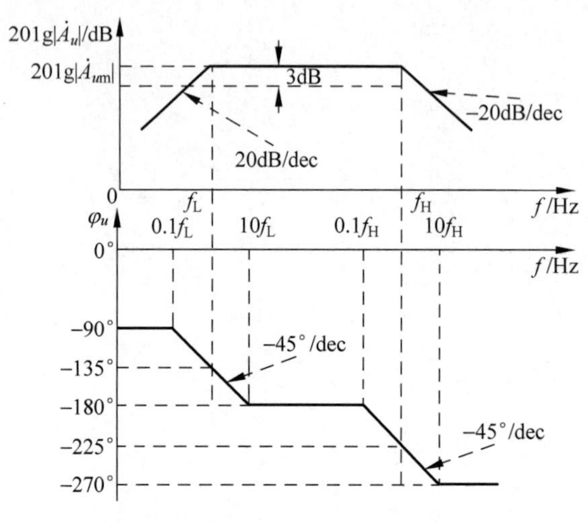

图 5-18 单管共射放大电路的伯德图

(1) 中频区：从 $10f_L$ 至 $0.1f_H$，作一条 $\varphi=-180°$ 的水平直线。

(2) 低频区：当 $f<0.1f_L$ 时，$\varphi=-180°+90°=-90°$；在 $0.1f_L$ 至 $10f_L$，作一条斜率为 −45°/dec 的直线。

(3) 高频区：当 $f>10f_H$ 时，$\varphi=-180°-90°=-270°$；在 $0.1f_H$ 至 $10f_H$，作一条斜率为 −45°/dec 的直线。

例 5-1 电路如图 5-19 所示。已知：三极管的 $C_{b'c}=4\text{pF}$，$f_T=50\text{MHz}$，$r_{bb'}=100\Omega$，$\beta_0=80$，试估算中频电压放大倍数 $\dot{A}_{usm}$，电路的截止频率 f_L 和 f_H，并画出伯德图。

解 本题属于晶体三极管放大器频响分析。

(1) 求解静态工作点 Q

$$I_{BQ}=\frac{U_{CC}-U_{BEQ}}{R_B}=\frac{12-0.7}{500}\text{mA}=22.6\mu\text{A}$$

$$I_{CQ}=\beta I_{BQ}=80\times 22.6\mu\text{A}=1.8\text{mA}$$

$$U_{CEQ}=U_{CC}-I_{CQ}R_C=(12-1.8\times 5)\text{V}=3\text{V}$$

(2) 计算动态参数。画出混合 Π 模型如图 5-20 所示，并计算其中的参数。有

$$r_{b'e}=(1+\beta_0)\frac{U_T}{I_{EQ}}=81\times\frac{26}{1.8}\Omega=1.17\text{k}\Omega$$

$$r_{be}=r_{bb'}+r_{b'e}=(100+1170)\Omega=1.27\text{k}\Omega$$

$$R_i=R_B\,/\!/\,r_{be}\approx r_{be}=1.27\text{k}\Omega$$

$$g_m\approx\frac{I_{EQ}}{U_T}=\frac{1.8}{26}\text{s}=69\text{ms}$$

根据式(5-33)有

$$f_\beta=\frac{f_T}{\beta_0}=\frac{50}{80}\text{MHz}=0.625\text{MHz}$$

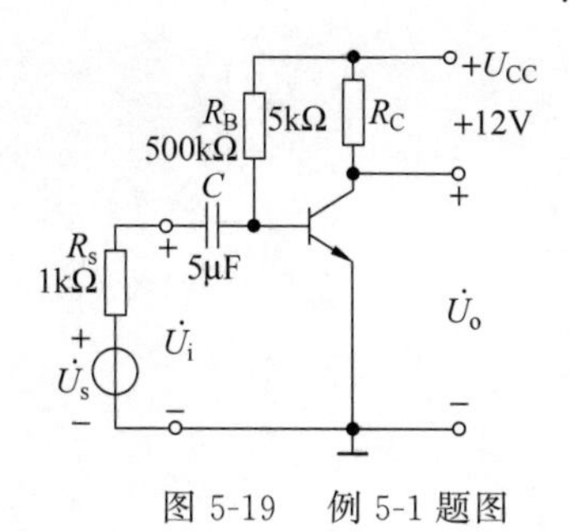

图 5-19 例 5-1 题图

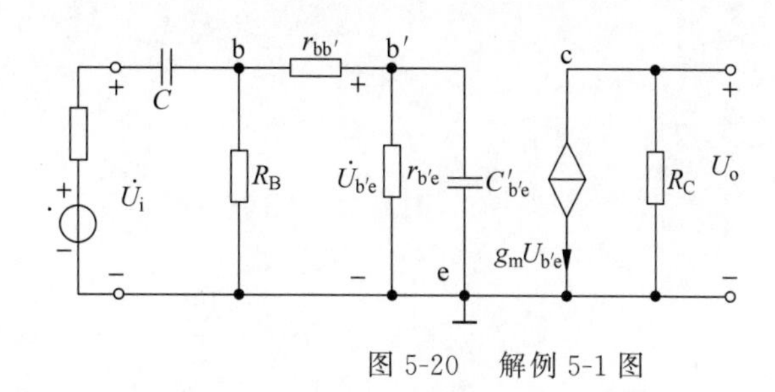

图 5-20 解例 5-1 图

$$C_{b'e}=\frac{1}{2\pi r_{b'e}f_\beta}=\frac{1}{2\pi\times1.17\times10^3\times0.625\times10^6}\text{F}=218\text{pF}$$

$$C'_{b'e}=C_{b'e}+(1+g_mR_C)\,C'_{b'c}=[218+(1+69\times5)\times4]\text{pF}=1602\text{pF}$$

(3) 计算中频电压放大倍数,得

$$\dot{A}_{um}=\frac{\dot{U}_o}{\dot{U}_i}=-\frac{R_i}{R_s+R_i}\cdot\frac{g_mR_Cr_{b'e}}{r_{be}}=-\frac{1.27}{2.27}\times\frac{69\times5\times1.17}{1.27}=-178$$

(4) 计算下限频率

$$f_L=\frac{1}{2\pi(R_s+R_i)C}=\frac{1}{2\pi\times(1+1.27)\times10^3\times5\times10^{-6}}\text{Hz}=14\text{Hz}$$

(5) 计算上限频率

$$R'_s=R_s\,/\!/\,R_B\approx R_s=1\text{k}\Omega$$

$$R'=r_{b'e}\,/\!/\,[r_{bb'}+(R_s\,/\!/\,R_B)]=\frac{1.17\times(0.1+1)}{1.17+(0.1+1)}\text{k}\Omega=567\Omega$$

$$f_H=\frac{1}{2\pi R'C'_{b'e}}=\frac{1}{2\pi\times567\times1602\times10^{-12}}\text{Hz}=175\text{kHz}$$

(6) 画伯德图

$$20\lg|\dot{A}_{usm}|=20\lg178=45\text{dB}$$

已算得

$$f_L=0.014\text{kHz}$$

$$f_H=175\text{kHz}$$

根据伯德图的做法,可画出对数幅频特性和相频特性曲线,如图 5-21 所示。

5.3.5 放大电路的增益带宽积

通常情况下,希望一个放大电路既要有较高的中频电压放大倍数,同时又要有较宽的通频带。因此,常用增益带宽积作为评价一个放大电路综合性能的参数。

将中频电压放大倍数与通频带的乘积称为增益带宽积。由于一般放大电路中 $f_H\gg f_L$,所以可认为 $BW=f_H-f_L\approx f_H$,因此增益带宽积可以表示为

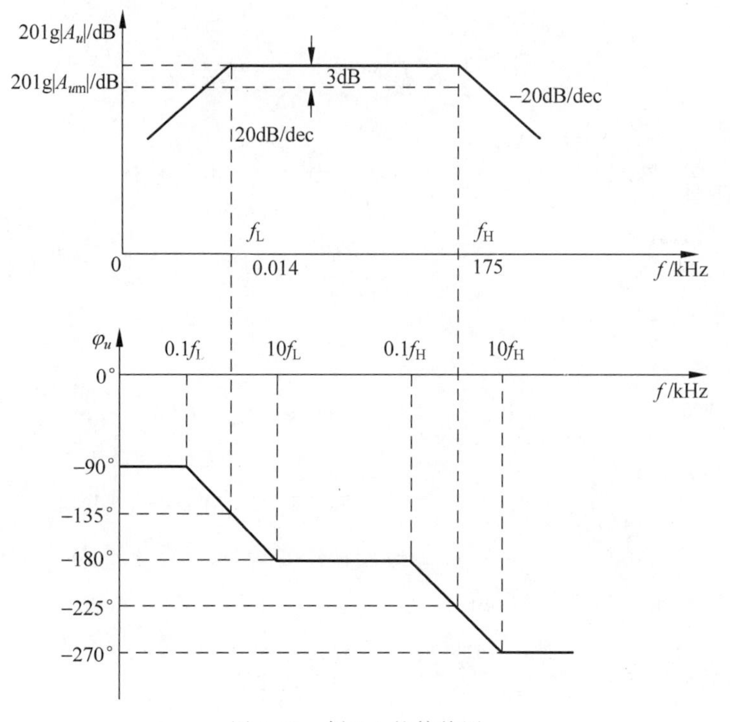

图 5-21 例 5-1 的伯德图

$$|A_{um} \cdot BW| \approx |A_{um} \cdot f_H| \tag{5-49}$$

而由式(5-36)和式(5-46)可知,单管共射放大电路的 $\dot{A}_{um}$ 和 f_H 可分别表示为

$$\dot{A}_{um} = \frac{\dot{U}_o}{\dot{U}_i} = -\frac{g_m R'_L r_{b'e}}{R_B + r'_{bb} + r_{b'e}}$$

$$f_H = \frac{1}{2\pi RC}$$

式中

$$R = (R_B + r_{bb'}) \mathbin{/\!/} r_{b'e}, \quad R'_L = R_C \mathbin{/\!/} R_L$$

由上式可见,当电路参数及三极管确定后,$|A_{um} \cdot f_H|$基本上是一个常数。这时,要提高中频电压放大倍数 A_{um},可增加 $g_m R_C$;要提高 f_H,应减小高频等效电路的电容 $C'_{b'e}$,为此要求减小 $g_m R_C$。因此,要提高中频电压放大倍数与扩宽通频带的要求是相互矛盾的。

一般情况下,选定电路参数及三极管后,增益带宽积也就基本上确定了,也就是说增益带宽积是一个定值。此时,如果将电压放大倍数提高若干倍,则通频带也将相应地变窄几乎同样的倍数。

5.4 多级放大电路的频率特性

在多级放大电路中,要包含多个放大元件,这一节就要讨论多级放大电路的频率响应、截止频率和通频带解法。

5.4.1 多级放大电路频率特性的表达式

在前面已经知道多级放大电路总的电压放大倍数是各级电压放大倍数的乘积。设 N 级放大电路各级的电压放大倍数分别为 $\dot{A}_{u1},\dot{A}_{u2},\cdots,\dot{A}_{uN}$，则该放大电路总的电压放大倍数可表示为

$$\dot{A}_u=\prod_{k=1}^{N}A_{uk}=\dot{A}_{u1}\cdot\dot{A}_{u2}\cdot\cdots\cdot\dot{A}_{uN}\tag{5-50}$$

将式(5-50)取绝对值后再求对数，可得到多级放大电路的对数幅频特性表达式为

$$20\lg|\dot{A}_u|=\sum_{k=1}^{N}20\lg|\dot{A}_{uk}|=20\lg|\dot{A}_{u1}|+20\lg|\dot{A}_{u2}|+\cdots+20\lg|\dot{A}_{uN}|\tag{5-51}$$

多级放大电路的相位移为

$$\varphi=\varphi_1+\varphi_2+\cdots+\varphi_N\tag{5-52}$$

式(5-51)和式(5-52)表明，多级放大电路的对数幅频特性等于各级放大电路对数幅频特性的和，相频特性等于各级放大电路相位移之和。因此，要画多级放大电路的幅频特性和相频特性的伯德图，只要把各级放大电路对数增益和相位在同一坐标系下分别叠加即可。

下面来分析如图 5-22 所示两级放大电路频率响应与单级放大电路频率响应关系。

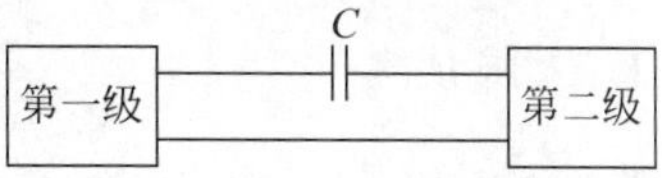

图 5-22　两级放大电路的结构示意图

设组成两级放大电路的两个单管共射放大电路完全相同，它们的频响也应相同，有 $\dot{A}_{u1}=\dot{A}_{u2}$，所以它们的中频电压放大倍数 A_{um1}、A_{um2}，那么整个电路的幅频响应为

$$20\lg|\dot{A}_u|=20\lg|\dot{A}_{u1}\cdot\dot{A}_{u2}|=20\lg|\dot{A}_{u1}|+20\lg|\dot{A}_{u2}|=40\lg|\dot{A}_{u1}|$$

当 $f_L=f_{L1}$ 时，有

$$|\dot{A}_{uL1}|=|\dot{A}_{uL2}|=\frac{|\dot{A}_{um1}|}{\sqrt{2}}$$

所以

$$20\lg|\dot{A}_u|=40\lg|\dot{A}_{um1}|-40\lg\sqrt{2}$$

它说明单级放大电路经过叠加以后，两级放大电路的对数幅频特性在 $f_L=f_{L1}$ 处下降 6dB，而且产生 $+90°$ 相移。

根据同样的分析可得，$f=f_{H1}$ 时，对数幅频特性也下降 6dB，但所产生的相移为 $-90°$。而整个放大电路的 f_L 和 f_H，根据定义是增益下降 3dB 时的频率，因此，两级放大电路的下限频率 f_L 和上限频率 f_H，分别与单级放大电路的 f_{L1} 和 f_{H1} 相比较，显然 $f_L>f_{L1}$，$f_H<f_{H1}$，如图 5-23 所示。由此得出结论，多级放大电路通频带总是比组成它的单级放大电路通频带窄。

5.4.2 多级放大电路的截止频率

多级放大电路的截止频率包括上限截止频率和下限截止频率，它的截止频率与各级截止频率有什么关系？下面作定量的分析。

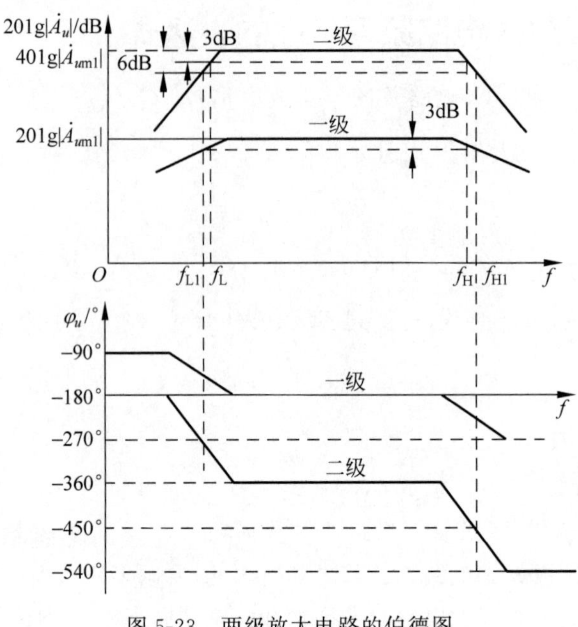

图 5-23　两级放大电路的伯德图

1. 上限频率

把式(5-50)中的 $\dot{A}_{uk}$ 用高频电压放大倍数 $\dot{A}_{ukH}$ 的表达式代入并取模,可得出多级放大电路高频电压放大倍数

$$|\dot{A}_{ukH}|=\prod_{k=1}^{N}\frac{A_{ukm}}{\sqrt{1+\left(\frac{f_H}{f_{Hk}}\right)^2}}$$

由 f_H 的定义可得,当 $f_H=f_{Hk}$ 时

$$|\dot{A}_{ukH}|=\frac{\prod_{k=1}^{N}A_{ukm}}{\sqrt{2}}$$

也就是说

$$\prod_{k=1}^{N}\sqrt{1+\left(\frac{f_H}{f_{Hk}}\right)^2}=\sqrt{2}$$

将等式两端取平方,有

$$\prod_{k=1}^{N}\left[1+\left(\frac{f_H}{f_{Hk}}\right)^2\right]=2$$

将等式展开,可得

$$1+\sum_{k=1}^{N}\left(\frac{f_H}{f_{Hk}}\right)^2+\text{高次项}=2$$

当忽略高次项时,有 f_H 的近似表达式

$$\frac{1}{f_H}\approx\sqrt{\sum_{k=1}^{N}\frac{1}{f_{Hk}^2}}$$

为了减小忽略高次项时引起的误差，通常加上修正系数，可得

$$\frac{1}{f_{\mathrm{H}}} \approx 1.1\sqrt{\sum_{k=1}^{N}\frac{1}{f_{\mathrm{H}k}^{2}}} \tag{5-53}$$

2. 下限频率

把式(5-50)中的 $\dot{A}_{uk}$ 用低频电压放大倍数 $\dot{A}_{uk\mathrm{L}}$ 的表达式代入并取模，可得多级放大电路低频电压放大倍数

$$|\dot{A}_{uk\mathrm{L}}| = \prod_{k=1}^{N}\frac{A_{uk\mathrm{m}}}{\sqrt{1+\left(\frac{f_{\mathrm{L}k}}{f}\right)^{2}}}$$

由 f_{L} 的定义可得，当 $f=f_{\mathrm{L}}$ 时

$$|\dot{A}_{u\mathrm{L}}| = \frac{\prod_{k=1}^{N}A_{uk\mathrm{m}}}{\sqrt{2}}$$

也就是说

$$\prod_{k=1}^{N}\sqrt{1+\left(\frac{f_{\mathrm{L}k}}{f_{\mathrm{L}}}\right)^{2}} = \sqrt{2}$$

将等式两端取平方，得

$$\prod_{k=1}^{N}\left[1+\left(\frac{f_{\mathrm{L}k}}{f_{\mathrm{L}}}\right)^{2}\right] = 2$$

将等式展开，得

$$1+\sum_{k=1}^{N}\left(\frac{f_{\mathrm{L}k}}{f_{\mathrm{L}}}\right)^{2} + \text{高次项} = 2$$

当忽略高次项时，有 f_{L} 的近似表达式

$$f_{\mathrm{L}} \approx \sqrt{\sum_{k=1}^{N}(f_{\mathrm{L}k})^{2}} \tag{5-54}$$

为了减小忽略高次项时引起的误差，通常加上修正系数[①]，可得

$$f_{\mathrm{L}} \approx 1.1\sqrt{\sum_{k=1}^{N}(f_{\mathrm{L}k})^{2}} \tag{5-55}$$

通过以上分析可知，若两级放大电路是由两个具有相同频率特性的单管放大电路组成，则上、下限频率分别为

$$\begin{cases} f_{\mathrm{H}} \approx \dfrac{f_{\mathrm{H1}}}{1.1\sqrt{2}} \approx 0.643 f_{\mathrm{H1}} & \text{(5-56a)} \\ f_{\mathrm{L}} \approx 1.1\sqrt{2} f_{\mathrm{L1}} \approx 1.56 f_{\mathrm{L1}} & \text{(5-56b)} \end{cases}$$

若将三个频率特性相同的放大电路组成三级放大电路，其中每一级的上限频率为 f_{H1}，下限频率为 f_{L1}，则三级放大电路总的上限频率和下限频率分别为

---

① 参阅 J. 米尔曼著，清华大学电子学教研组译：《微电子学：数字和模拟电路与系统》(中册)，111～112 页，人民教育出版社，1981 年。

$$\begin{cases} f_{\rm H} \approx \dfrac{f_{\rm H1}}{1.1\sqrt{3}} \approx 0.52 f_{\rm H1} & \text{(5-57a)} \\ f_{\rm L} \approx 1.1\sqrt{3} f_{\rm L1} \approx 1.91 f_{\rm L1} & \text{(5-57b)} \end{cases}$$

5.5 场效应管放大电路的频率响应

场效应管极间电容指场效应管三个电极之间的电容，会在高频信号作用时影响频率特性，因此，它的值越小表示管子的性能越好。研究场效应管放大器的频率响应同样根据管子的高频等效模型作出小信号微变等效模型，再根据高频模型计算交流增益，最后由交流增益画出伯德图，研究其高频工作情况下的频率特性。

5.5.1 场效应管的高频等效模型

场效应三极管的高频小信号模型如图 5-24(a)所示。它是在低频模型的基础上增加了三个极间电容而构成的，其中 $C_{\rm GS}$、$C_{\rm GD}$ 一般在 10pF 以内，$C_{\rm DS}$ 一般不到 1pF。为了分析方便，用密勒定理将 $C_{\rm GD}$ 折算到输入和输出侧。

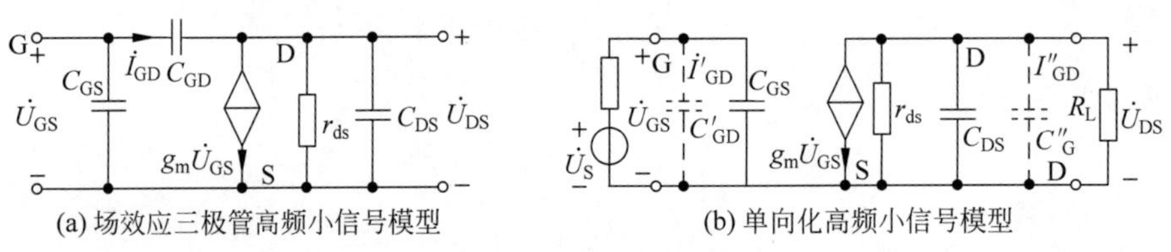

图 5-24 场效应三极管高频小信号模型

只要保证折算前后的电流相等即可，如图 5-24(b)所示。于是从输入侧有

$$\dot{I}_{\rm GD} = \frac{\dot{U}_{\rm GS} - \dot{U}_{\rm DS}}{1/(\mathrm{j}\omega C_{\rm GD})} = \mathrm{j}\omega(1-\dot{K}_u)C_{\rm GD}\dot{U}_{\rm GS}$$

式中 $\dot{K}_u = \dot{U}_{\rm DS}/\dot{U}_{\rm GS}$ 为电压放大倍数，一般 $|\dot{K}_u| \gg 1$，而

$$\dot{I}'_{\rm GD} = \frac{\dot{U}_{\rm GS}}{1/(\mathrm{j}\omega C'_{\rm GD})} = \mathrm{j}\omega C'_{\rm GD}\dot{U}_{\rm GS}$$

根据 $\dot{I}'_{\rm GD} = \dot{I}_{\rm GD}$ 可得出

$$C'_{\rm GD} = (1-\dot{K}_u)C_{\rm GD} \approx \dot{K}_u C_{\rm GD} \tag{5-58}$$

从输出侧有

$$\dot{I}_{\rm GD} = \frac{\dot{U}_{\rm DS} - \dot{U}_{\rm GS}}{1/(\mathrm{j}\omega C_{\rm GD})} = \mathrm{j}\omega\left(1 - \frac{1}{\dot{K}_u}\right)C_{\rm GD}\dot{U}_{\rm DS}$$

而

$$\dot{I}''_{\rm GD} = \mathrm{j}\omega C''_{\rm GD}\dot{U}_{\rm DS}$$

根据 $\dot{I}''_{\rm GD} = \dot{I}_{\rm GD}$ 可得出

$$C''_{GD}=\frac{\dot{K}_u-1}{\dot{K}_u}C_{GD}\approx C_{GD} \tag{5-59}$$

对共源(CS)放大电路，因 $R'_L \ll r_{ds}$，所以输出回路的高频时间常数为

$$\tau_{H2}\approx(C_{DS}+C''_{GD})(r_{ds}\ /\!/\ R'_L)\approx C_{DS}R'_L \tag{5-60}$$

而输入回路的高频时间常数为

$$\tau_{H1}\approx R_s(C_{GS}+C'_{GD})=R_sC'_{GS} \tag{5-61}$$

式中 $(C_{GS}+C'_{GD})=C'_{GS}\gg C_{DS}$，$R_s$ 为信号源内阻所以 $\tau_{H2}\ll\tau_{H1}$，于是可得场效应三极管的简化高频小信号模型，如图 5-25 所示。

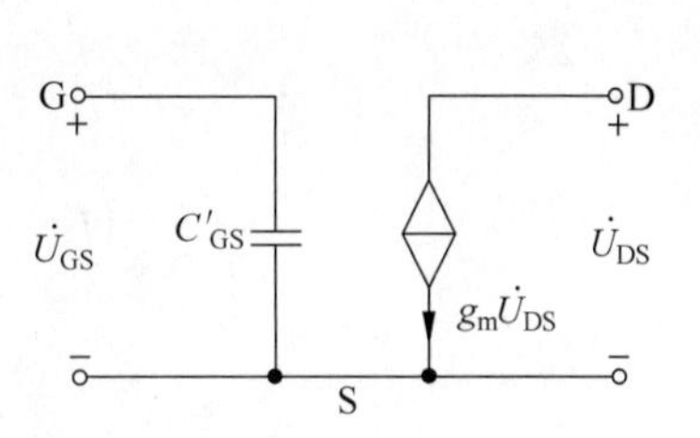

图 5-25　简化场效应三极管高频小信号模型

5.5.2　单管共源放大电路的频率响应

常见场效应管共源放大器以及高频等效模型如图 5-26 所示。

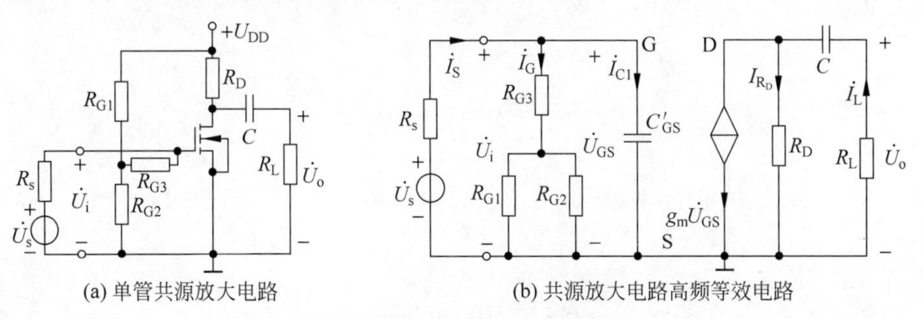

图 5-26　单管共源放大电路及其高频等效电路

在中频段 C'_{GS} 开路，C 短路，中频电压放大倍数为

$$\dot{A}_{um}=\frac{\dot{U}_o}{\dot{U}_i}=\frac{-g_m\dot{U}_{GS}(R_D\ /\!/\ R_L)}{\dot{U}_{GS}}=-g_mR'_L \tag{5-62}$$

下面计算一般情况下电路增益，设 $C'_{GS}=C_1$，$R_G=R_{G3}+(R_{G1}/\!/R_{G2})$。

在输入回路，利用节点电流法有

$$\dot{I}_S=\dot{I}_G+\dot{I}_{C1}$$

所以

$$\left(\frac{1}{R_s}+\frac{1}{R_G}+\mathrm{j}\omega C_1\right)\dot{U}_{GS}-\frac{1}{R_s}\dot{U}_S=0$$

$$\dot{U}_{GS}=\frac{\frac{1}{R_s}}{\frac{1}{R_s}+\frac{1}{R_G}+\mathrm{j}\omega C_1}\dot{U}_S \tag{5-63}$$

在输出回路，用网孔法可得

$$\left(R_L+R_D+\frac{1}{\mathrm{j}\omega C}\right)\dot{I}_L-R_Dg_m\dot{U}_{GS}=0 \tag{5-64}$$

$$\dot{U}_o = -\dot{I}_L R_L \tag{5-65}$$

联立方程式(5-63)～式(5-65)得

$$\begin{cases} \dot{U}_o = -\dot{I}_L R_L \\ \left(R_L + R_D + \dfrac{1}{j\omega C_2}\right)\dot{I}_L - R_D g_m \dot{U}_{GS} = 0 \\ \dot{U}_{GS} = \dfrac{\dfrac{1}{R_s}}{\dfrac{1}{R_s} + \dfrac{1}{R_G} + j\omega C}\dot{U}_S \end{cases}$$

可以解得

$$\dot{U}_o = -\frac{\dfrac{1}{R_s}}{\dfrac{1}{R_s} + \dfrac{1}{R_G} + j\omega C_1} \cdot \frac{R_L R_D g_m}{R_L + R_D + \dfrac{1}{j\omega C}}\dot{U}_S$$

$$\dot{A}_{us} = \frac{\dot{U}_o}{\dot{U}_S} = -\frac{\dfrac{1}{R_s}}{\dfrac{1}{R_s} + \dfrac{1}{R_G} + j\omega C_1} \cdot \frac{R_L R_D g_m}{R_L + R_D + \dfrac{1}{j\omega C}} \tag{5-66}$$

在输入端，C'_{GS}(或 C_1)的时间常数，$\tau_H = (R_G /\!/ R_s)C'_{GS}$(或 C_1)；在输出端，$\tau_L = (R_L + R_D)C$，则有

$$\omega_H = \frac{1}{(R_G /\!/ R_s)C_1} \tag{5-67}$$

$$\omega_L = \frac{1}{(R_D + R_L)C} \tag{5-68}$$

将式(5-67)和式(5-68)代入式(5-66)，可得

$$\dot{A}_{us} = \dot{A}_{um}\frac{R_G}{R_G + R_s} \cdot \frac{1}{\left(1 + \dfrac{\omega_L}{j\omega}\right)\left(1 + \dfrac{j\omega}{\omega_H}\right)} \tag{5-69}$$

由于 $\omega = 2\pi f$，所以

$$\begin{aligned} \dot{A}_{us} &= \dot{A}_{um}\frac{R_G}{R_G + R_s} \cdot \frac{1}{\left(1 + \dfrac{f_L}{jf}\right)\left(1 + \dfrac{jf}{f_H}\right)} \\ &= \dot{A}_{um}\frac{R_G}{R_G + R_s} \cdot \frac{j\dfrac{f}{f_L}}{\left(1 + j\dfrac{f}{f_L}\right)\left(1 + j\dfrac{f}{f_H}\right)} \end{aligned} \tag{5-70}$$

与式(5-48)形式相同，因此，场效应管频率特性与晶体三极管形式上相同。按照同样方法可得伯德图如图 5-27 所示。

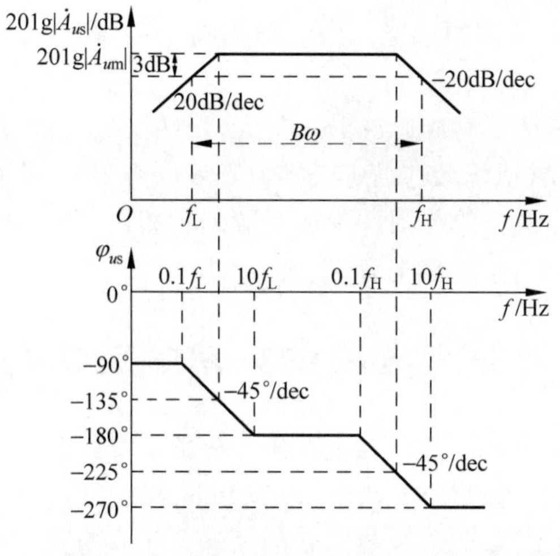

图 5-27 单管共源放大电路的伯德图

5.6 集成运放的频率响应

集成运放是直接耦合的多级放大电路，因此，集成运放有很好的低频特性，相当于耦合电容短路，则 $f_L=0$，集成运放频响是多级低频响应的叠加。假定某运放内部电路由三级放大器组成，则增益表达式为

$$\dot{A}_{uH}=\frac{A_{um}}{\left(1+j\frac{f}{f_{H1}}\right)\left(1+j\frac{f}{f_{H2}}\right)\left(1+j\frac{f}{f_{H3}}\right)} \tag{5-71}$$

未加频率补偿集成运放的频率响应如图 5-28 所示。

如果各级相同，式(5-71)变成

$$\dot{A}_{uH}=\frac{A_{um}}{\left(1+j\frac{f}{f_{H1}}\right)^{3}} \tag{5-72}$$

根据式(5-71)作出伯德图，如图 5-29 所示。

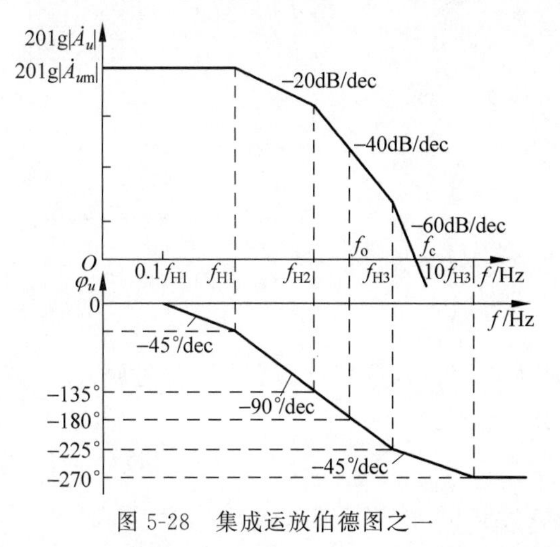

图 5-28 集成运放伯德图之一

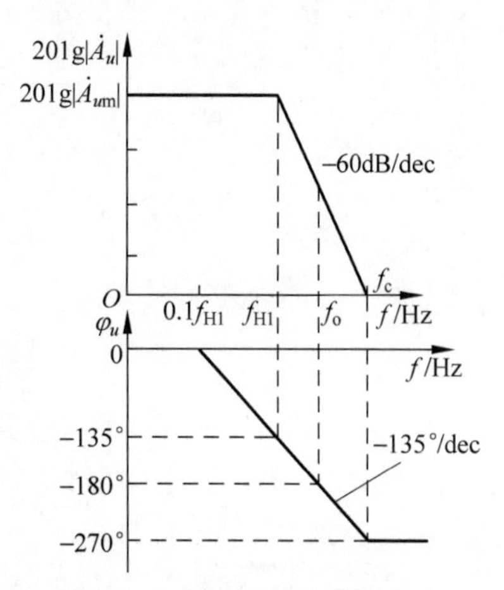

图 5-29 集成运放伯德图之二

图 5-29 中，f_c 为幅频伯德图中增益为 0dB 对应的频率；f_o 为附加相移为±180°对应的频率。

集成运放高频特性较差：集成运放 A_{od} 很大，影响集成运放频响主要是各级三极管级间等效电容。其中发射结(或场效应管 G-S 结)等效电容很大，使得上限频率很低，通用型运放－3dB 带宽只有几十赫兹的范围。集成运放增益很高，外围电路引入负反馈常会引起自激振荡，因此，外部电路需接补偿电容。

5.7 单管共射放大电路的频率响应仿真

单管共射放大电路的频率响应仿真主要研究分析单管共发射极放大电路中电压放大倍数与电路各频率的关系，并通过使用 Multisim(PSpice)软件进行电路仿真，直观具体地展示放大作用与频率参数、动态范围、失真等因素的关系。仿真有助于理解电路原理，有助于电路的合理分析和设计。

1. 仿真电路

在 Multisim 中构建单管共射放大电路如图 5-30 所示。为了测量电路的幅频特性，在电路中接入一个虚拟仪器伯德图示仪。电路中，交流电压源的频率为 1kHz，幅值为 14.4mV。

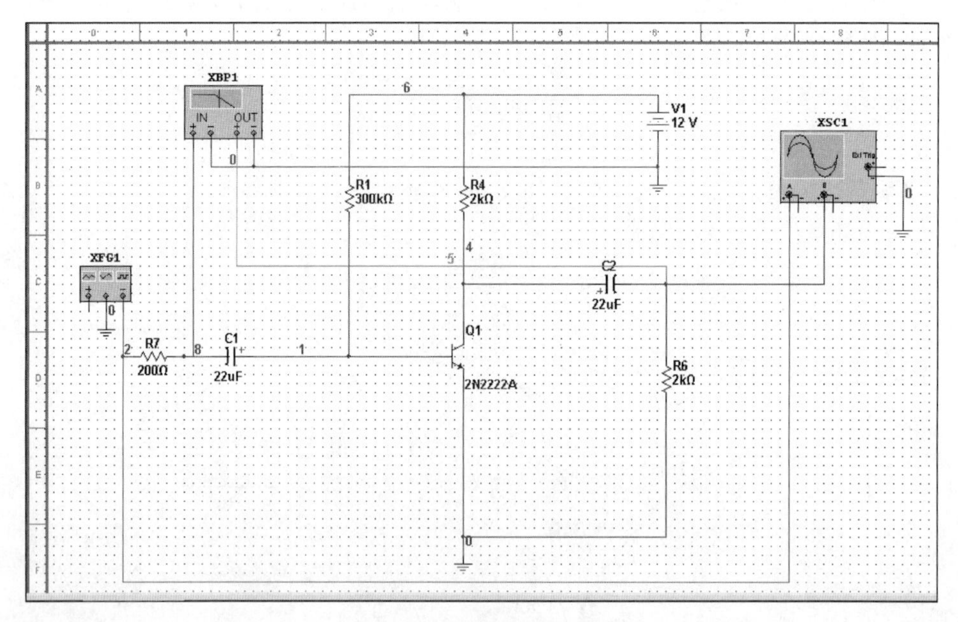

图 5-30 单管共射放大电路

2. 仿真内容

仿真内容包括三方面，即①单管共射放大电路的幅频特性；②单管共射放大电路的相频特性；③单管共射放大电路的频率响应分析。

3. 仿真结果

利用伯德图示仪测量放大电路的幅频特性和相频特性，结果如图 5-31～图 5-33 所示。

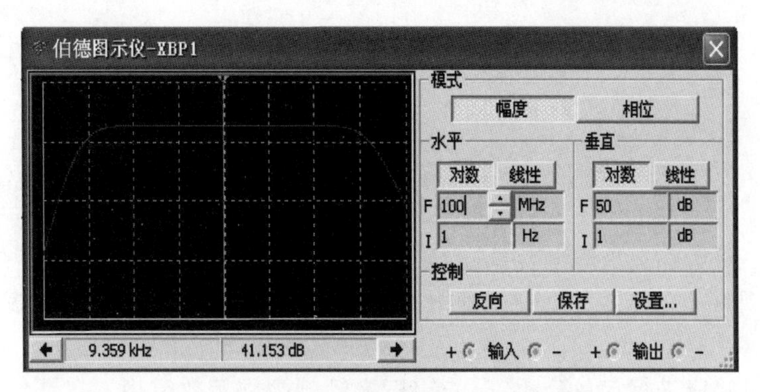

图 5-31　单管共射放大电路幅频特性

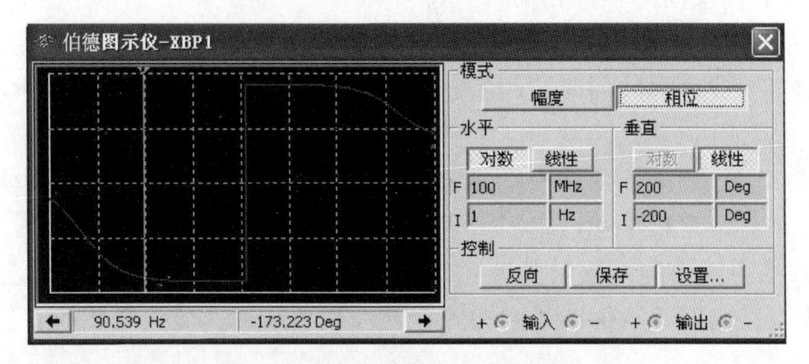

图 5-32　单管共射放大电路相频特性

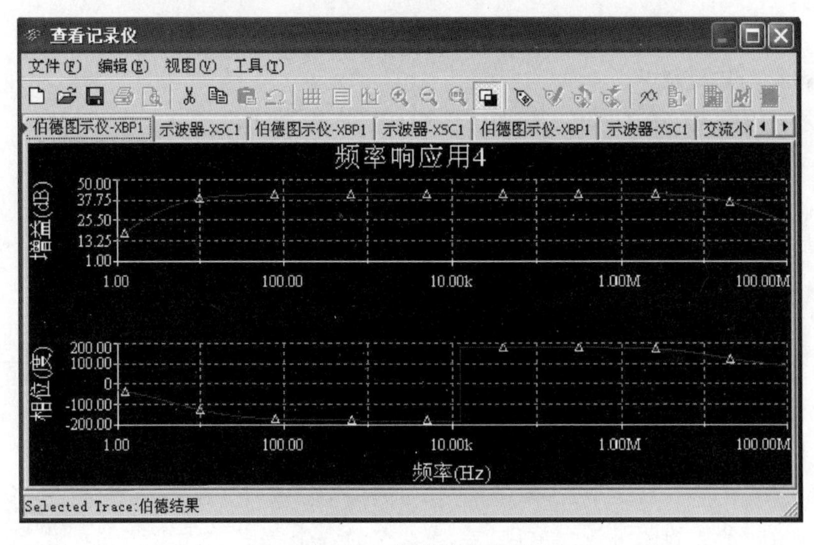

图 5-33　交流频率分析

4. 结论

单管共射放大电路 Multisim 仿真的幅频特性和相频特性和理论相符。由图 5-30 和图 5-31 可知中频对数增益、上限频率以及下限频率，读者可将仿真结果与本章 5.3 节的内容相结合，对估算结果进行对比。

本章小结

本章主要介绍有关频率响应的基本概念，三极管的高频等效模型以及放大电路频率响应的分析方法。

(1) 由于三极管存在极间电容，以及放大电路中耦合电容和旁路电容存在，放大电路的电压放大倍数是频率的函数。通过低通电路和高通电路，说明了放大电路频率响应曲线的画法。

(2) 对频率响应进行定量分析，应采用三极管的高频等效模型。它是根据三极管的结构并考虑到三极管的极间电容得到的。

(3) 对于单管共射放大电路，低频段电压放大倍数下降的主要原因是输出信号在耦合电容或旁路电容上产生压降，同时还产生超前相移。高频段电压放大倍数下降的主要原因是三极管极间电容所引起的，同时还产生滞后相移。

(4) 一般情况下，增益带宽是一个常数，$|A_{um}\cdot BW|\approx|A_{um}\cdot f_H|$，如果电路参数和三极管选定后，增益带宽积也就确定了。

(5) 多级放大电路总的对数增益等于各级对数增益之和，总的相位等于各级相位之和。所以，多级放大电路的幅频特性曲线和相频特性曲线可以通过各级曲线的叠加来得到。

习题

5.1 选择与填空题。

1. 在考虑放大电路的频率失真时，若 U_i 为正弦波，则 U_o ________。

A. 会产生线性失真　　B. 会产生非线性失真

C. 为正弦波　　D. 不会产生失真

2. 放大电路在高频信号作用时放大倍数数值下降的原因为________，在低频信号作用时放大倍数数值下降的原因为________。

A. 耦合电容和旁路电容的影响　　B. 半导体极间电容和分布电容的影响

C. 半导体管的非线性特性　　D. 放大电路的静态工作点不合适

3. 多级放大电路与单级放大电路相比，总的通频带一定比它的任何一级都________。级数越多则上限频率 f_H 越________，高频附加相移________。

A. 大　　B. 小　　C. 宽　　D. 窄

4. 具有相同参数的两级放大电路，在组成它的各个单级放大电路的截止频率处，总的电压放大倍数将下降________。

A. 3dB　　B. 6dB　　C. 20dB　　D. 9dB

5. 直接耦合多级放大器与阻容耦合多级放大器相比，低频响应________(填“好”或“差”)。

6. 频率响应是指在输入正弦信号的情况下，________。

7. 某一放大器通频带为0～20kHz，$A_{um}=200$，若输入信号 $u_i=20\sin(2\pi\times20\times10^3t)$mV，实际电路增益为 A_u ________，输出电压峰值 $U_{om}=$ ________ V。

8. 在阻容耦合多级放大电路中，影响低频信号放大的是________电容，影响高频信号放大的是________电容。

5.2　放大电路如图 5-34 所示。已知 $R_B=470\text{k}\Omega$，$R_s=500\Omega$，$R_L=\infty$，三极管的 $\beta=50$，$r_{be}=2\text{k}\Omega$，电路中频区电压增益 $20\lg|A_u|=40\text{dB}$，通频带范围为 10Hz～100kHz。

(1) 确定 R_C 的数值；

(2) 计算电容 C_1 的大小。

5.3　放大电路及元件参数如图 5-35 所示。已知三极管的特征频率 $f_T=150\text{MHz}$，$C_{b'c}=5\text{pF}$，$r_{bb'}=100\Omega$，$r_{b'e}=1.2\text{k}\Omega$，$r_{ce}=120\text{k}\Omega$。求电路的上限截止频率 f_H。

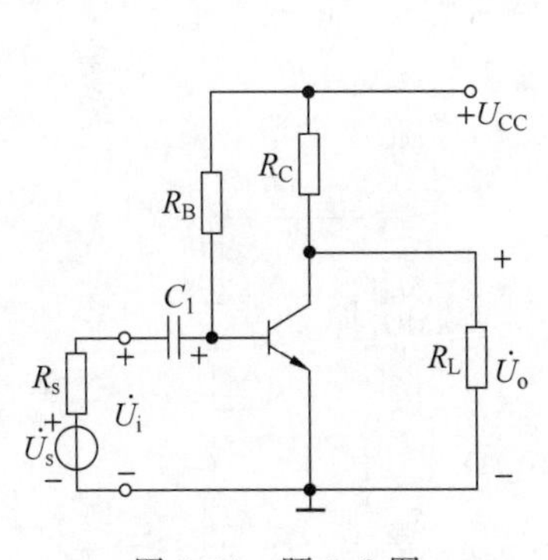

图 5-34　题 5.2 图

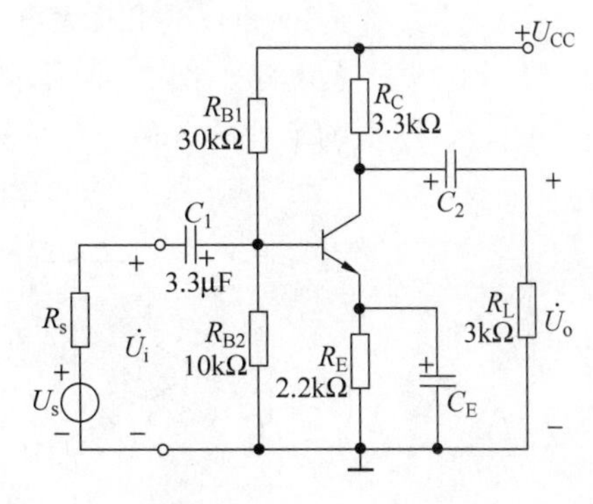

图 5-35　题 5.3 图

5.4　共射放大电路如图 5-36 所示。已知三极管的 $r_{bb'}=100\Omega$，$r_{b'e}=900\Omega$，$g_m=0.04\text{s}$，$C'_{b'e}=500\text{pF}$。

(1) 计算中频电压放大倍数 A_{us}；

(2) 计算上下限截止频率 f_H、f_L；

(3) 画出幅频、相频特性曲线。

5.5　已知某放大电路的对数幅频特性曲线如图 5-37 所示。

(1) 该电路由几级阻容耦合电路构成？

(2) 每级的下限和上限截止频率各是多少？

(3) 总的电压放大倍数、下限和上限截止频率各是多少？

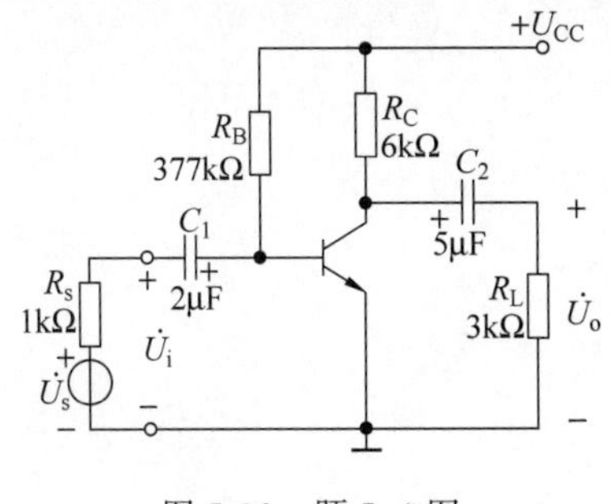

图 5-36　题 5.4 图

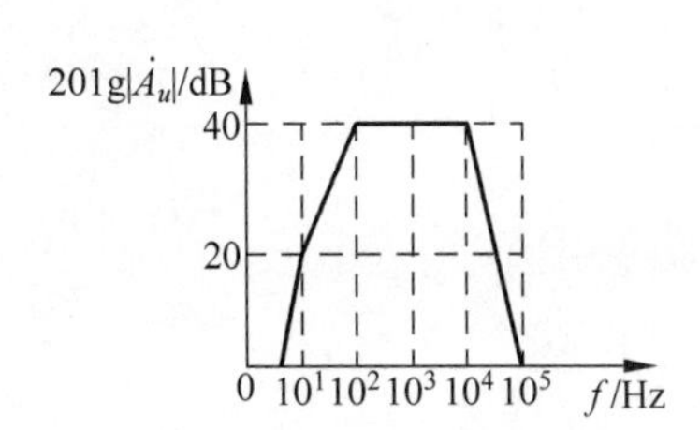

图 5-37　题 5.5 图

5.6 已知某放大电路电压增益的复数表达式如下，其中 f 的单位为 Hz。即

$$\dot{A}_u=\frac{0.5f^2}{\left(1+\mathrm{j}\,\frac{f}{2}\right)\left(1+\mathrm{j}\,\frac{f}{10^2}\right)\left(1+\mathrm{j}\,\frac{f}{10^5}\right)}$$

(1) 求中频电压放大倍数$\dot{A}_{um}$；

(2) 求下限和上限截止频率。

5.7 两级放大电路的交流通路如图 5-38 所示，已知 $R_s=100\Omega$，$r_{bb'1}=r_{bb'2}=50\Omega$，$C_{b'e1}=50\text{pF}$，$C_{b'e2}=75\text{pF}$，$C_{b'c1}=C_{b'c2}=3\text{pF}$，$r_{b'e1}=500\Omega$，$r_{b'e2}=250\Omega$，$R_{L1}=5\text{k}\Omega$，$R_{L2}=5\text{k}\Omega$，$g_{m1}=100\text{ms}$，$g_{m2}=800\text{ms}$，试求放大电路的上限截止频率 f_H。

5.8 单管共源放大电路如图 5-39 所示。已知 $C_{gs}=C_{gd}=1\text{pF}$，$U_{GS(off)}=-2\text{V}$，$I_{DSS}=8\text{mA}$，$r_{ds}=\infty$。试用密勒定理的近似方法估算放大电路的增益带宽积。

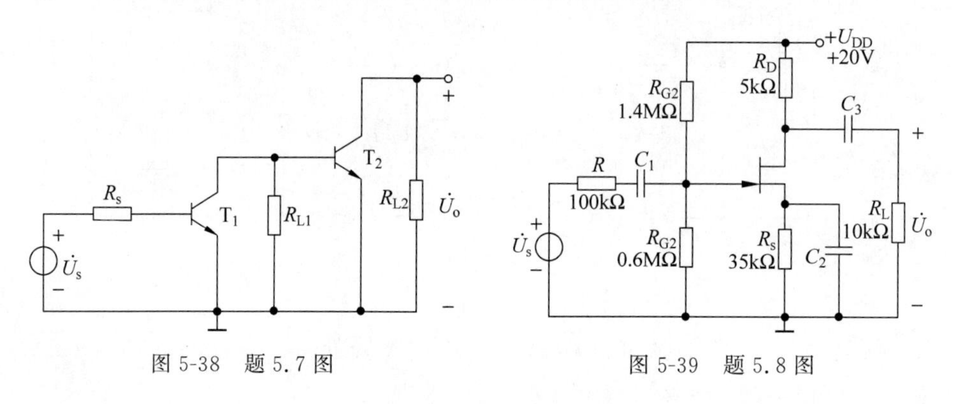

图 5-38 题 5.7 图　　图 5-39 题 5.8 图

第6章 负反馈放大器

CHAPTER 6

科技前沿——反馈在高科技领域的重要应用

反馈是现代科学技术的基本概念之一,产生于无线电工程技术。1927年负责改善放大器性能工作的电子工程师Harold Black出差到Lackawanna码头,将一个突发的灵感绘在一张纽约时报上,这个灵感就是利用放大器输出反相反馈回输入端抵消一部分增益,如今称为负反馈。反馈后来演变为研究生物、社会等领域的自动调节现象的重要原理。所谓反馈,就是系统的输出变成了决定系统未来功能的输入。分为正反馈和负反馈,负反馈控制可使系统保持稳定,正反馈使偏离加剧。

反馈首先被用于通信系统中远距离电话系统。目前在许多高科技领域,如生物力学、数字计算机、生物工程学等反馈都有应用。根据欧洲、北美生物反馈协会等专业学术组织的研究,生物反馈在11个领域,如医疗、教育、军事等有着广泛的应用。生物反馈是神经科学领域不可或缺的治疗与恢复手段,特别是脑电生物反馈系统采用科学的信号提取技术,具备科学评估体系和详细训练过程,并可扩展IQ测试等多种测试功能,日益成为精神、神经、心理等63种疾病科学治疗不可或缺的诊疗技术。

反馈另一个高科技应用是生态系统的反馈调节和生态平衡。生态系统就像弹簧,它能忍受一定的外来压力,压力一旦解除就又恢复原初的稳定状态,这实质上就是生态系统的反馈调节。但生态系统承受外来干扰因素(如火山爆发、地震、泥石流、雷击火烧、人类修建大型工程、排放有毒物质、喷洒大量农药、人为引入或消灭某些生物等)超过一定限度的时候,生态系统会引起生态失调,导致生态危机。生态危机是指由于人类盲目活动而导致局部甚至整个生物圈结构和功能的失衡,从而威胁到人类的生存。保持自然界和生物圈生态系统结构和功能的稳定是人类生存和发展的基础。

负反馈以自然形式存在的另一个科学领域是化学,著名的LeChatelier's定理说明某些化学反应随温度、压力或浓度而变化,可以用来预测建立与原来变化相反的新平衡态系统条件——负反馈。

本章首先介绍反馈的概念、反馈放大电路中的信号分类与反馈的基本方程式,接着研究了反馈的判断方法与各种组态的反馈放大电路特点,探讨了深度负反馈条件下的各组态增益等性能指标计算方法,阐述不同组态的反馈对放大电路性能的影响以及引入反馈原则方法,最后介绍负反馈放大器产生自激振荡的原因与消振措施。学习要求如下:

① 熟练掌握反馈放大器反馈类型的判别；

② 熟练掌握深度负反馈条件下的反馈放大器放大倍数的计算；

③ 熟悉反馈放大器的一般方框图及一般表达式；

④ 熟练掌握引入负反馈后对放大器性能的改善；

⑤ 了解反馈放大器产生自激振荡的条件及消振的措施。

本章基本技能概括为：

① 判断——在掌握反馈的基本概念和类型的基础上，判断反馈组态及其作用；

② 引入——在熟悉各种反馈对放大电路性能影响的基础上，按要求引入适当的负反馈；

③ 计算——掌握深度负反馈电路交流性能指标的估算。

学习难点是反馈组态的判别和性能指标的准确估算分析。

6.1 反馈系统的基本形式与概念

反馈(feedback)又称回馈，是控制理论的基本概念，指将系统的输出返回到输入端并以某种方式改变输入，即将输出量通过恰当的检测装置返回到输入端并与输入量进行比较进而影响系统功能的过程。在放大器中，反馈是为改善放大电路的性能而引入的一项技术措施，需要强调指出的是反馈概念不仅仅限于放大电路，它是现代科学技术的基本概念之一，它产生于无线电工程技术，后来演变为研究生物、社会和生产技术等领域自动调节现象的重要原理。

6.1.1 反馈放大电路方框图形式及其相关概念

将放大电路输出量(电压或电流)的一部分或全部反向送回到输入端的网络称为反馈网络。反馈系统的示意图见图 6-1。可以看出放大电路和反馈网络正好构成一个环路，因此，放大电路无反馈称为开环(open loop)，放大电路有反馈称为闭环(closed loop)。有反馈的放大电路称为反馈放大电路(feedback amplifier)。

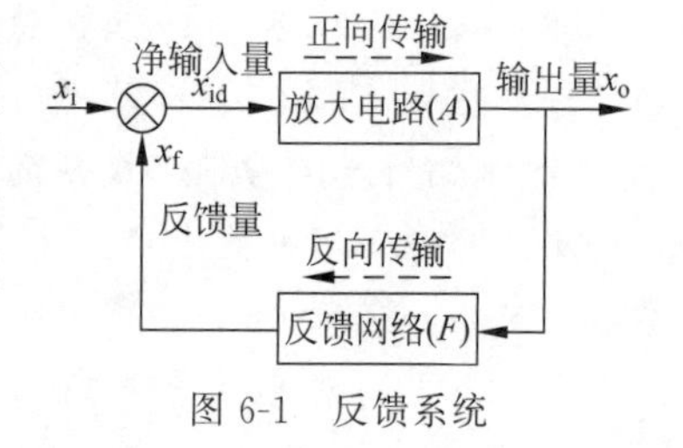

图 6-1 反馈系统

图 6-1 中 x_i 是输入信号，x_f 是反馈信号，x_{id} 称为净输入信号。所以有

$$x_{id}=x_i \pm x_f \tag{6-1}$$

由图 6-1 还可以看出在系统中信号的传输方向有两种，从输入端到输出端方向的传输是正向传输，从输出端向输入端方向的传输是反向传输。正向传输通道主要有三极管和集成电路等具有放大功能的电子器件。实际上，放大电路输入端的部分信号也经反馈网络向输出端传输，因为它一般不经过放大，因此这部分信号与正向传输信号相比是微弱的，给予忽略；反向传输是输出端的信号经反馈网络向输入端方向传输。在放大电路中正向通道同样有信号的反向传输，同样给予忽略。所以，本章讨论的反馈放大电路是在理想的条件下进行的，即忽略了输入的部分信号经反馈网络的正向传输与输出的一部分信号经正向传输通道的反向传输。本书主要研究信号经电子器件的正向传输和输出信号经反馈网络的反向传输过程

理论。这种理想化的研究方式与条件，一般在实际电路中都可近似满足，不会引起太大的误差。

6.1.2 反馈放大电路增益的一般表达式

根据图 6-1 可以推导出反馈放大电路的基本方程。

(1) 放大电路的开环放大倍数(open-loop magnification)。将电路中的开环放大倍数 A 表示成相量形式为

$$\dot{A}=\frac{\dot{X}_o}{\dot{X}_{id}} \tag{6-2}$$

(2) 反馈网络的反馈系数(feedback factor)。反馈系数用 F 表示，相量形式定义为

$$\dot{F}=\frac{\dot{X}_f}{\dot{X}_o} \tag{6-3}$$

(3) 放大电路的闭环放大倍数(closed-loop magnification)。用 A_f 表示，相量形式定义为

$$\dot{A}_f=\frac{\dot{X}_o}{\dot{X}_i} \tag{6-4}$$

以上几个量都采用了复数表示，因为要考虑实际电路的相移。由于

$$\dot{X}_{id}=\dot{X}_i-\dot{X}_f$$

$$\dot{A}_f=\frac{\dot{X}_o}{\dot{X}_i}=\dot{A}\dot{X}_{id}/(\dot{X}_{id}+\dot{X}_f)=\frac{\dot{A}}{1+\dot{A}\dot{F}} \tag{6-5}$$

由式(6-2)和式(6-3)可得

$$\frac{\dot{X}_f}{\dot{X}_{id}}=\frac{\dot{X}_o}{\dot{X}_{id}}\frac{\dot{X}_f}{\dot{X}_o}=\dot{A}\dot{F} \tag{6-6}$$

其中，$\dot{A}\dot{F}$ 称为环路增益(loop gain)。

(4) 反馈深度(feedback degree)。$1+\dot{A}\dot{F}$ 描述了引入反馈后对放大电路增益的影响程度，称为反馈深度。根据式(6-5)，可以得到

$$1+\dot{A}\dot{F}=\frac{\dot{A}}{\dot{A}_f} \tag{6-7}$$

即反馈深度反映了反馈对放大电路影响的程度。可分为下列三种情况：

① 当$|1+\dot{A}\dot{F}|>1$ 时，$|\dot{A}_f|<|\dot{A}|$，引入反馈削弱了电路放大能力，定义为负反馈(negative feedback)。

② 当$|1+\dot{A}\dot{F}|<1$ 时，$|\dot{A}_f|>|\dot{A}|$，引入反馈增强了电路放大能力，定义为正反馈(positive feedback)。

③ 当$|1+\dot{A}\dot{F}|=0$ 时，$|\dot{A}_f|=\infty$，相当于输入为零时仍有输出，故称为“自激状态”。

环路增益$|\dot{A}\dot{F}|$是指放大电路和反馈网络所形成环路的增益，当$|\dot{A}\dot{F}|\gg 1$时称为深度负反馈，与$|1+\dot{A}\dot{F}|\gg 1$相当。关于深度负反馈，在6.2节将详细分析。

6.1.3 反馈放大电路的分类组态及判别

一个系统有无反馈，主要是判断系统电路是否存在信号的逆向通路——反馈通路，如图6-2所示。

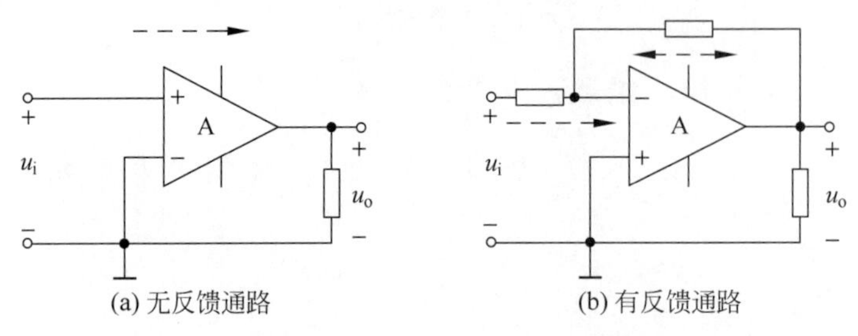

图6-2 反馈通路有无示意图

系统引入反馈的方式种类很多，因此分类方法也较复杂。最常见的分类方式概括为四种：按照反馈对放大能力影响即极性分类；按照输入端反馈信号与输入信号比较方式分类；按照输出端取样信号是电流与电压形式分类；按照反馈信号是直流与交流分类。本章主要研究各种反馈分类方式中反馈的特性。

1. 负反馈和正反馈

根据6.1.2节反馈深度的分析，按照反馈极性可将系统引入的反馈大体上分为负反馈与正反馈。负反馈，加入反馈后，净输入信号$x_{id}<x_i$，输出幅度下降；正反馈，加入反馈后，净输入信号$x_{id}>x_i$，输出幅度增加。如图6-3所示反馈系统框图，如果x_{id}与x_i同极性，在叠加环节如果取"+"，则为正反馈。否则为负反馈。

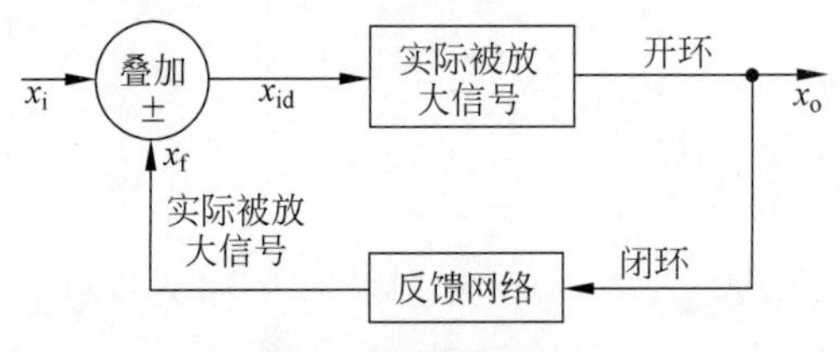

图6-3 反馈极性判断框图

反馈极性判断(feedback polarity examination)是本章难点。基本的方法是瞬时极性法，具体描述为在放大电路的输入端，假设输入信号的电压极性，可用"+""−"或"↑""↓"表示。先断开反馈支路按正向信号传输方向(基本放大电路通道)依次判断并标明相关点的瞬时极性至输出端，然后接上反馈支路判断出反馈到输入端比较环节的反馈信号的瞬时极性。如果在输入端反馈信号的瞬时极性使净输入信号减小，则为负反馈；反之则为正反馈。

综上所述，判断反馈极性步骤概括为：

① 假设输入信号某一时刻对地电压的瞬时极性(可"+"可"−"，一般为"+")；

② 沿信号正向传输路径，依次推导出电路中相关点的瞬时极性，用"+"或"−"标清；

③ 根据输出信号极性沿反馈网络判断出反馈回输入端参与比较的反馈信号极性并用“+”或“-”标清；

④ 按照反馈信号与输入信号极性关系叠加确定反馈的极性。

依据瞬时极性判别方法，从放大电路的输入端开始，沿放大电路、反馈回路再回到输入端标识瞬时极性。再依据负反馈总是减弱净输入信号，正反馈总是增强净输入信号的原则判断出反馈的正负。

如图 6-4 所示包含反馈的两级直接耦合放大电路，断开 K_4、假定输入端极性为“+”，沿放大电路判断 T_2 发射极极性为“-”，集电极极性为“+”。当 K_2 接 4、K_1 接 2 时，反馈信号与输入信号加到同一点叠加，且极性相反，反馈信号削弱了输入信号，故为负反馈；当 K_2 不变、K_1 接 1 时，输入的正极性信号加到 T_1 管基极，而负极性反馈信号加到输入回路中 T_1 管发射极，二者叠加后，反馈信号增强了输入信号，故为正反馈。

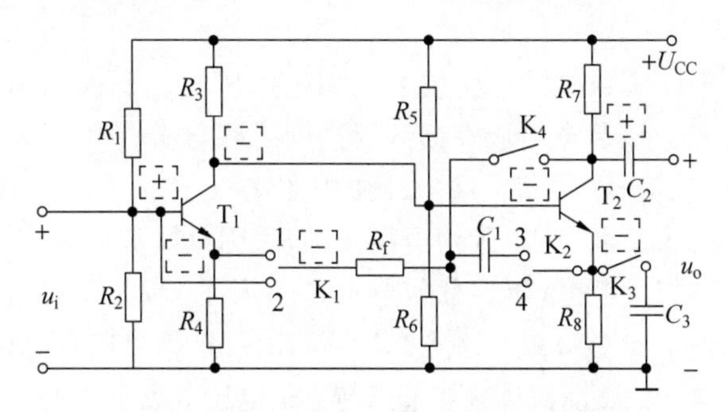

图 6-4　瞬时极性法判断反馈极性示意图

需要指出的是，对于晶体三极管分立元件放大器中，在共射极电路中，基极电位和集电极电位的瞬时极性相反，当有射极电阻并且没有旁路电容时，基极电位和发射极电位瞬时极性相同；在共基极电路中，输出电压与输入电压相位相同。因此，射极电位的瞬时极性与集电极相同，当有基极电阻无旁路电容时，射极电位与基极相反；同理在共集电极电路中，因为输出电压与输入电压同相，基极电位与射极电位相同，与集电极电位相反。

而对于集成运放组成的放大器，输入输出各点电位极性按照反相端输入还是同相端输入判断即可，也就是同相端入为正，反相端入为负的原则，相对容易些。

2. 交直流反馈

反馈到输入端的信号可能是直流量、交流量或者直交流成分都有。因此，反馈信号可能影响系统交流性能、直流性能，也可能影响到交直流两方面性能。为研究方便定义：

(1) 直流反馈(DC feedback)——反馈信号为直流量的反馈。

(2) 交流反馈(AC feedback)——反馈信号为交流量的反馈。

(3) 交、直流反馈——反馈信号既有直流量又有交流量的反馈。

判断交直流反馈时，一般根据反馈网络上有无串并联的电抗性元件。如果有串联的电容元件，如图 6-4 中，在断开 K_4、K_3 情况下，如果 K_2 接 3 触点，由于电容隔直作用，不论 K_1 接哪个触点，肯定为交流反馈；如果 K_2 接 4 触点，不论 K_1 接哪个触点，则都为直交流反馈；如果 K_3 闭合，K_2 接 4，不论 K_1 接哪个触点，则肯定为直流反馈。

3. 电压反馈和电流反馈

按照在输出端反馈取样信号是电流还是电压信号，将反馈定义为电压反馈(voltage

feedback)与电流反馈(current feedback)。

如果反馈信号是输出电压的一部分或全部,即反馈信号的大小与输出电压相等或成比例的反馈称为电压反馈;如果反馈信号是输出电流的一部分或全部,即反馈信号的大小与输出电流成比例的反馈称为电流反馈。电压反馈与电流反馈的判断方法主要有以下两种:

(1) 经典法。也称负载短路法,将输出端短路(输出电压置零),若反馈回来的反馈信号为零,则为电压反馈;反之为电流反馈。具体说,就是假设负载短路($R_L=0$),使输出电压$u_o=0$,看反馈信号是否还存在。若不存在,则说明反馈信号与输出电压成比例,是电压反馈;若反馈信号存在了,则说明反馈信号与输出电压没有直接决定关系,肯定是取自输出电流,是电流反馈。如图6-4所示,如果K_2完全断开(既不接3也不接4),K_4闭合,如果短路输出端,则不会有信号反馈回输入端,所以不论其他开关如何接法,则都为电压反馈。如果K_4断开,不论K_2接触点3或4,如果此时短路输出端,仍然会有反馈信号反馈回输入端,故为电流反馈。

(2) 关联节点法。按信号取样与比较方式判定电压电流反馈或串并联反馈的方法,输出电压的关联节点定义为该节点电压在断开反馈网络后与输出电压呈线性关系的节点。在交流通路输出回路,反馈信号取样端与放大器的输出端处在同一个三极管的同一个电极上(或运放的同一输入端)为关联节点,则为电压反馈,否则是电流反馈。

如图6-4所示,如果K_2断开(不接任何节点),K_4闭合,反馈信号直接取自输出节点,则为电压反馈。如果K_2闭合(接3或4触点),K_4断开,反馈信号取自三极管T_2发射极,输出电压信号节点在T_2集电极,反馈信号取样节点与输出电压节点不是关联节点,故为电流反馈。

关联节点有两种情况,其一反馈信号直接取自交流通路中输出电压节点,如图6-4所示K_2完全断开,K_4闭合反馈取样情况;其二反馈的取样网络与负载并联,如图6-5所示情况。在图(a)取样信号与电压节点并无关系,R_f引入反馈为电流反馈。而图(b)取样点信号虽不是电压节点,但取样值与输出电压节点近似线性关系,也称为关联节点,因此为R_f引入电压反馈。

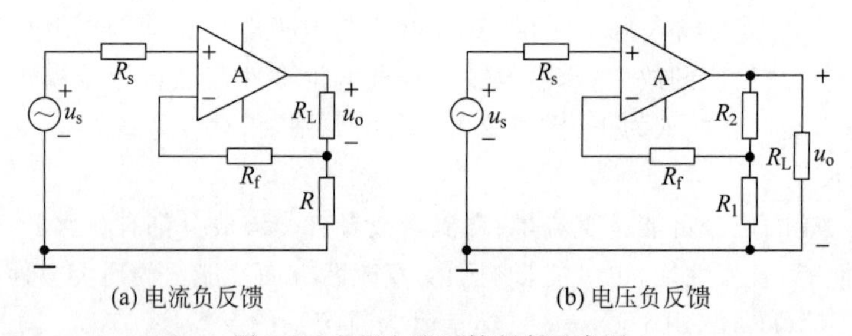

图6-5 电压电流反馈判断示意图

4. 串联反馈和并联反馈

在放大电路输入端,按照反馈信号与输入信号的连接(比较)方式来分,有串联反馈(series feedback)与并联反馈(shunt feedback)。

对交流信号而言,信号源、基本放大电路、反馈网络三者在比较端是串联连接,即反馈信号和输入信号是在输入端以电压方式求和的,则称为串联反馈。

对交流信号而言,信号源、基本放大器、反馈网络三者在比较端是并联连接,反馈信号和输入信号是在输入端以电流方式求和的,则称为并联反馈。

如图 6-6(a)所示为串联反馈，图 6-6(b)所示为并联反馈。按参考方向信号比较方式对图(a)为

$$u_{id}=u_i-u_f \tag{6-8}$$

而对于图(b)，按参考方向信号比较方式为

$$i_{id}=i_i+i_f \tag{6-9}$$

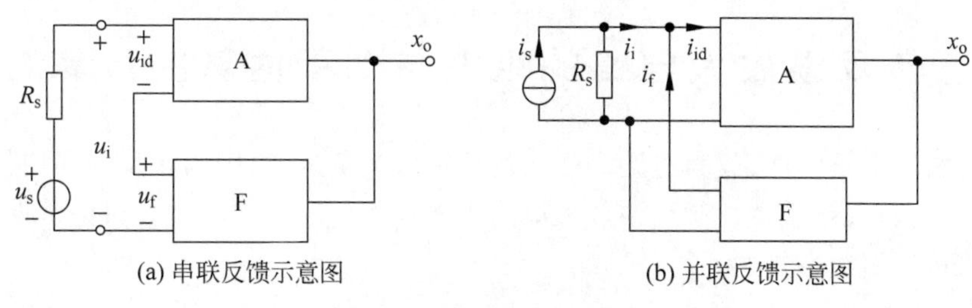

(a) 串联反馈示意图　　(b) 并联反馈示意图

图 6-6　串并联反馈示意图

串联反馈和并联反馈的判定方法关联节点定义仍然适用，对交变分量而言，若信号源的输出端和反馈网络的反馈信号的比较端接于输入端关联节点(或相关节点，即同一个放大器件的同一个电极上)，则为并联反馈；否则为串联反馈。根据定义，由于反馈量与输入量接到同一节点，电压相同(或近似线性关系)，只能以电流形式比较，故为并联反馈，反之则为串联反馈。如图 6-4 所示，只要 K_4 闭合或 K_2 闭合(K_2 接 3 或触点 4)，则 K_1 接触点 1 为串联反馈，接触点 2 则为并联反馈。

例 6-1　判断图 6-7 所示电路引入反馈的极性与输入输出端反馈类别。

解　根据瞬时极性法，见图中的"＋""－"号所标。

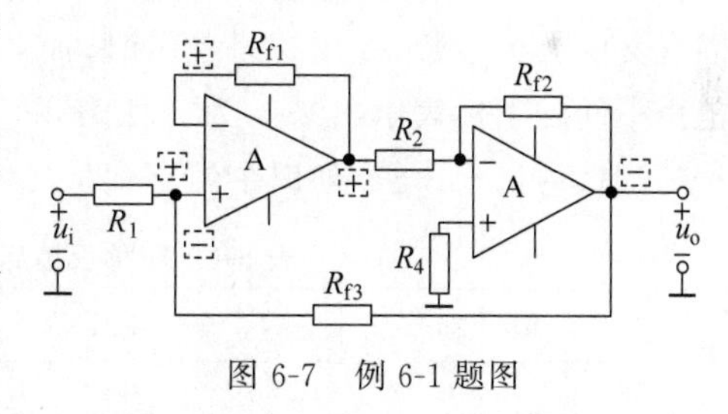

图 6-7　例 6-1 题图

(1) 级间反馈——可知 R_{f3} 引入的是负反馈。因反馈信号和输入信号同加在运放同相端，为关联节点情况，故为并联反馈。同时因反馈信号取样点与输出电压成关联节点，故为电压反馈。因此，R_{f3} 引入了交、直流并联电压负反馈。

(2) 本级反馈——R_{f1}、R_{f2} 引入了本级反馈，本级反馈定义为只存在于一级放大器的反馈形式，按照反馈极性判断方法与关联节点判断反馈组态，则 R_{f1} 引入的是电压串联负反馈，而 R_{f2} 引入的是电压并联负反馈。

解题结论　本题结论如下：①由于级间反馈信号强，级间反馈大大强于本级反馈，在分析时可以忽略本级反馈；②本级反馈可概括为反馈信号引回反相端，则为负反馈。反之为正反馈。

5. 反馈极性综合判断法

反馈极性判断是难点，合理判断方法是瞬时极性法结合串并联反馈进行。经过前面分析，可以概括出新的结合组态的判断方法。步骤如下：

(1) 首先按照瞬时极性法判断出反馈信号 x_f 极性，方法步骤与前述瞬时极性法完全相同。

(2) 判断输入端串、并联反馈形式。如果串联反馈，反馈信号与输入信号按照电压参考方向与形式比较，即 $u_{id}=u_i-u_f$，则 x_i、x_f 极性相同为负反馈，反之为正反馈；如果并联反馈，反馈信号与输入信号按照电流参考方向与形式比较，即 $i_{id}=i_i+i_f$，则 x_i、x_f 极性相反为负反馈，反之为正反馈。

以上两个步骤先后进行对结果并无影响，具有通用性。按照此法判断，瞬时极性法变得直观、简洁，而且不容易出错。

6.2 负反馈放大电路的组态与工程估算的计算方法

为改善放大电路性能，放大电路中引入的反馈多为负反馈，因为正反馈即使信号非常微弱也会形成振荡，最终产生自激而使放大电路不能工作。所以本章主要讨论负反馈，而引入负反馈形式可以用组态描述。

6.2.1 负反馈组态概述

负反馈电路的组态(configuration of the negative feedback circuit)指反馈信号按照在输出端取样方式与输入端比较方式构成的反馈形式。因此，反馈网络在放大电路输出端有电压和电流两种取样方式，在放大电路输入端有串联和并联两种求和方式，因此可以构成四种组态(或称类型)的负反馈放大电路，即串联电压(voltage-series)负反馈、串联电流负反馈(current-series)、并联电压(voltage-parallel)负反馈和并联电流(current-parallel)负反馈。四种不同组态的反馈电路，其放大倍数具有不同的量纲，有电压放大倍数，电流放大倍数，也有互阻放大倍数和互导放大倍数。绝不能都认为是电压放大倍数，为了严格区分这四种不同含义的放大倍数，在用符号表示时，加上了不同的脚注，相应地，四种不同组态的反馈系数也用不同的下标表示出来。为方便表示，不涉及相移问题，各物理量统一用瞬时值形式表示，同时，为便于比较，列出个组态变量之间的关系见表 6-1。

表 6-1 四种反馈组态下 A、F 和 A_f 的不同含义

反 馈 方 式	串联电压型	并联电压型	串联电流型	并联电流型
输出量 x_o	u_o	u_o	i_o	i_o
输入量 x_i、x_f、x_{id}	u_i、u_f、u_{id}	i_i、i_f、i_{id}	u_i、u_f、u_{id}	i_i、i_f、i_{id}
开环放大倍数 $A=\frac{x_o}{x_i}$	$A_{uu}=\frac{u_o}{u_i}$	$A_{ui}=\frac{u_o}{i_{id}}$	$A_{iu}=\frac{i_o}{u_{id}}$	$A_{ii}=\frac{i_o}{i_{id}}$
反馈系数 $F=\frac{x_f}{x_o}$	$F_{uu}=\frac{u_f}{u_o}$	$F_{iu}=\frac{i_f}{u_o}$	$F_{ui}=\frac{u_f}{i_o}$	$F_{ii}=\frac{i_f}{i_o}$
闭环放大倍数 $A_f=\frac{A}{1+AF}$	$A_{uuf}=\frac{A_u}{1+F_uA_u}$	$A_{uif}=\frac{A_{ui}}{1+F_{iu}A_{ui}}$	$A_{iuf}=\frac{A_{iu}}{1+F_{ui}A_{iu}}$	$A_{iif}=\frac{A_{ii}}{1+F_{ii}A_{ii}}$

6.2.2 工程计算法概述

要分析反馈的属性，首先判断清楚反馈极性与组态，这样可以定性了解引入反馈后对系统的影响，但要定性分析，在得知反馈极性(一般为负反馈)组态后，还要计算引入反馈后放大倍数、输入输出电阻等动态参数。根据引入反馈特点，反馈深度越大，放大器性能越好，因此工程近似方法是基于深度负反馈基础上的工程近似计算法。

1. 工程近似计算法

如果电路满足深度负反馈条件，就可以认为是深度负反馈放大器。在实际的反馈放大电路中，工程近似计算法是基于深度负反馈条件下衍生出的算法。深度负反馈界定并无严格定义。一般情况，深度负反馈条件是$|1+AF|\gg 1$。但实际计算中，通常当$|1+AF|\geqslant 10$时，便可认为是深度负反馈。

1）公式近似法

公式近似计算法主要是利用公式(6-5)近似以后得出的实用计算方法，即

$$\dot{A}_{\mathrm{f}}=\frac{\dot{A}}{1+\dot{A}\dot{F}}\approx\frac{1}{\dot{F}} \tag{6-10}$$

也就是说，在深度负反馈条件下，闭环放大倍数近似等于反馈系数的倒数，与有源器件的参数基本无关。一般反馈网络多是无源元件构成的，其稳定性优于有源器件，因此深度负反馈时的放大倍数比较稳定。

在此还要注意的是$\dot{X}_{\mathrm{i}}$、$\dot{X}_{\mathrm{f}}$和$\dot{X}_{\mathrm{o}}$可以是电压信号，也可以是电流信号。

① 当它们都是电压信号时，$\dot{A}$、$\dot{A}_{\mathrm{f}}$、$\dot{F}$无量纲，$\dot{A}$和$\dot{A}_{\mathrm{f}}$是电压放大倍数。

② 当它们都是电流信号时，$\dot{A}$、$\dot{A}_{\mathrm{f}}$、$\dot{F}$无量纲，$\dot{A}$和$\dot{A}_{\mathrm{f}}$是电流放大倍数。

③ 当它们既有电压信号也有电流信号时，$\dot{A}$、$\dot{A}_{\mathrm{f}}$、$\dot{F}$有量纲。

因此，只要根据反馈类型求出相应的反馈系数F(F_{uu}、F_{iu}、F_{ui}、F_{ii})，再应用公式(6-10)，就可求出相应的A_{f}($A_{uu\mathrm{f}}$、$A_{ui\mathrm{f}}$、$A_{iu\mathrm{f}}$、A_{iif})。如果反馈组态不属于电压串联负反馈，而要计算电压放大倍数时，还需经过一定转换才能求得。

反馈系数确定是难点，可以分两种情况论述：

① 并联反馈，将输入端短路计算F；

② 串联反馈，将输入端开路计算F。

如何根据电路求得F呢？其方法之一是将反馈网络从电路输出端中分离出来，分离时，对电压反馈，反馈网络与基本放大电路相连端用恒压源U_{o}代替；对电流反馈，则用恒流源I_{o}代替(图6-8虚线所示)，如图6-8所示。由于基本放大电路中已经考虑了反馈网络的负载效应，故这种等效代替是可行的。

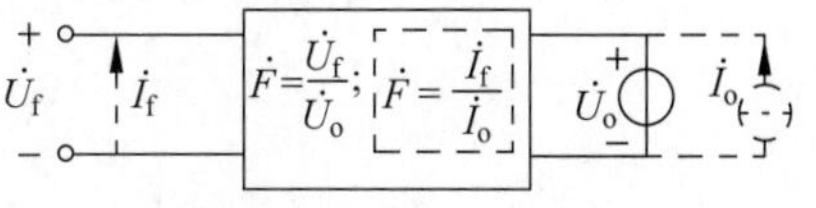

图6-8　负反馈放大器反馈网络等效电路

根据这个等效的有源网络，反馈电压U_{f}(串联反馈)就是反馈输入端的开路电压，而反馈电流i_{f}(并联反馈)就是输入端的短路电流。列出关系式即可求得相应的反馈系数F。在深度负反馈情况下，因$x_{\mathrm{f}}\approx x_{\mathrm{i}}$，所以，反馈环内的基本放大电路可以看作理想放大电路，则反馈放大电路的输入、输出电阻情况按照反馈组态有以下几种：

①电压串联负反馈——$r_{\mathrm{if}}\approx\infty$；$r_{\mathrm{of}}\approx 0$；②电压并联负反馈——$r_{\mathrm{if}}\approx 0$；$r_{\mathrm{of}}\approx 0$；③电流串联负反馈——$r_{\mathrm{if}}\approx\infty$；$r_{\mathrm{of}}\approx\infty$；④电流并联负反馈——$r_{\mathrm{if}}\approx 0$；$r_{\mathrm{of}}\approx\infty$。

2）虚短虚断估算法

公式近似方法计算要根据组态进行，因此计算过程较为烦琐，概念也不是很清晰，因此，负反馈放大电路的小信号动态分析，常用深度负反馈条件下的虚短虚断的近似计算法。相

应的闭环放大倍数近似为

$$\dot{A}_{\mathrm{f}}=\frac{\dot{A}}{1+\dot{A}\dot{F}}\approx\frac{1}{\dot{F}}$$

$$\dot{F}\dot{X}_{\mathrm{o}}\approx\dot{X}_{\mathrm{i}},\quad \dot{X}_{\mathrm{f}}\approx\dot{X}_{\mathrm{i}} \tag{6-11}$$

即

$$\dot{X}_{\mathrm{id}}\approx 0$$

对于串联反馈,$\dot{U}_{\mathrm{f}}\approx\dot{U}_{\mathrm{i}}$,相当于 $\dot{U}_{\mathrm{id}}$ 近似等于零,这一特性称为“虚短”特性;对于并联反馈,$\dot{I}_{\mathrm{f}}\approx\dot{I}_{\mathrm{i}}$,相当于 $\dot{I}_{\mathrm{id}}$ 近似等于零,这一特性称为“虚断”特性。

利用“虚短” 和“虚断”的特性方便地求解电路输入输出关系,近似计算闭环增益。

一般来说,工程设计分析上最感兴趣的还是电压放大倍数 A_u 或源电压放大倍数 A_{us},一般参考资料近似计算方法的步骤为:

(1) 判别反馈类型,正确识别并画出反馈网络。注意电压取样时不要把直接并在输出口的电阻计入反馈网络;电流求和时不要把并在输入口的电阻计入反馈网络。

(2) 在反馈网络输入口标出反馈信号。反馈信号可以是电流或电压。电压求和为开路电压 u_{f},电流求和时为短路电流 i_{f},确定反馈信号后再由反馈网络求出反馈系数 F。要注意标 u_{f} 时在反馈网络入口标上正下负;标 i_{f} 时必须在反馈网络入口处以上端流入为参考方向。

(3) 求闭环增益。$A_{\mathrm{f}}\approx\dfrac{1}{F}$,注意不同的反馈类型反馈系数 F 含义不同,则 A_{f} 的量纲不同。

(4) 由 A_{f} 求闭环源电压增益 $A_{us\mathrm{f}}$。

电压取样电压求和时

$$A_{us\mathrm{f}}=A_{\mathrm{f}}=\frac{u_{\mathrm{o}}}{u_{\mathrm{s}}} \tag{6-12}$$

电压取样电流求和时

$$A_{us\mathrm{f}}\approx\frac{u_{\mathrm{o}}}{u_{\mathrm{s}}}=\frac{u_{\mathrm{o}}}{i_{\mathrm{s}}R_{\mathrm{s}}}=\frac{A_{\mathrm{f}}}{R_{\mathrm{s}}} \tag{6-13}$$

电流取样电压求和时

$$A_{us\mathrm{f}}\approx\frac{u_{\mathrm{o}}}{u_{\mathrm{s}}}=\frac{i'_{\mathrm{o}}R'_{\mathrm{L}}}{u_{\mathrm{s}}}=A_{\mathrm{f}}R'_{\mathrm{L}} \tag{6-14}$$

电流取样电流求和时

$$A_{us\mathrm{f}}\approx\frac{u_{\mathrm{o}}}{u_{\mathrm{s}}}=\frac{i'_{\mathrm{o}}R'_{\mathrm{L}}}{i_{\mathrm{s}}R_{\mathrm{s}}}=A_{\mathrm{f}}\frac{R'_{\mathrm{L}}}{R_{\mathrm{s}}} \tag{6-15}$$

其中 i'_{o}是输出管的管端输出电流,即取样电流。R'_{L}是取样电流 i'_{o}的输出负载电阻。

例 6-2 反馈放大电路如图 6-9 所示。已知 $U_{\mathrm{CC}}=12\mathrm{V}$,$R_1=30\mathrm{k\Omega}$,$R_2=20\mathrm{k\Omega}$,$R_3=360\mathrm{k\Omega}$,$R_4=3\mathrm{k\Omega}$,$R_5=1\mathrm{k\Omega}$,$R_6=20\mathrm{k\Omega}$,$R_7=1\mathrm{k\Omega}$。

(1) 指出电路中存在的反馈的类型,计算反馈系数;

(2) 计算闭环电压放大倍数 $A_{u\mathrm{f}}$;计算输入电阻 R_{if} 和输出电阻及 R_{of}。

解 反馈放大电路计算一定按照先判断清楚反馈组态再计算的原则。

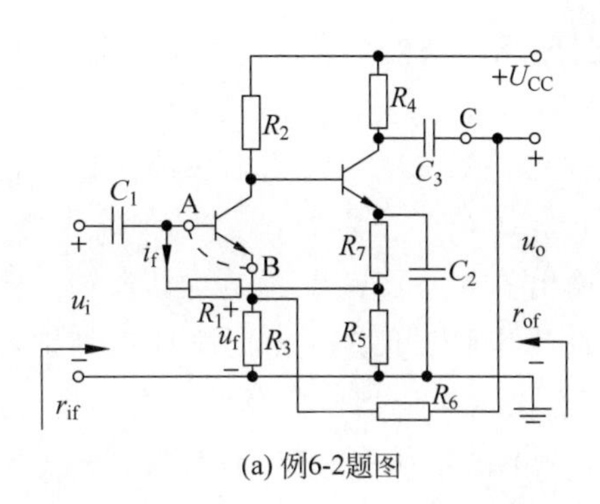

(a) 例6-2题图

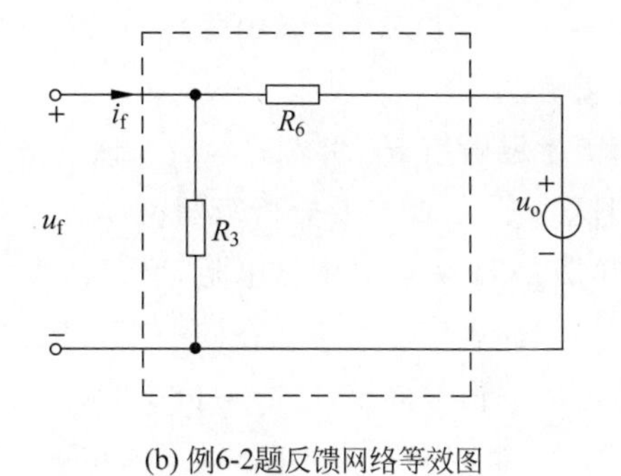

(b) 例6-2题反馈网络等效图

图 6-9　例 6-2 图

(1) 电路中存在两组反馈。R_1、R_5、R_7、C_2 构成直流负反馈，它能够稳定静态工作点，但不会影响电路的交流性能。R_3、R_6 构成交直流电压串联负反馈，此反馈既可稳定静态工作点，又可改善交流性能、决定电路的交流指标。

(2) 用以上两种方法计算反馈系数。

方法一　反馈网络等效电路图如图 6-9(b)，反馈系数

$$F_{uu}=\frac{u_f}{u_o}=\frac{R_3}{R_3+R_6}=\frac{0.36}{0.36+20}\approx 0.018$$

方法二　利用虚断虚短原则解题。虚断虚短点分立元件在三极管的基极与发射极，如图 6-9(a)A、B 点所示。由于虚短，$u_i\approx u_f$；又由于虚断，$i_i\approx i_f$，所以

$$F_{uu}=\frac{u_f}{u_o}=\frac{i_fR_3}{i_f(R_3+R_6)}=\frac{0.36}{0.36+20}\approx 0.018$$

(3) 闭环电压放大倍数。

方法一　公式近似法

$$A_{uf}=\frac{u_o}{u_i}\approx\frac{1}{F_{uu}}=\frac{R_3+R_6}{R_3}=\frac{0.36+20}{0.36}\approx 56.6$$

方法二　利用虚断虚短原则解题。$u_i\approx u_f$(虚短)；又由于，$i_i\approx i_f$(虚断)，所以

$$A_{uf}=\frac{u_o}{u_i}=\frac{i_f(R_3+R_6)}{i_fR_3}=\frac{0.36+20}{0.36}\approx 56.6$$

(4) 计算输入电阻 r_{if}。由于是串联负反馈，所以有

$$r'_{if}\approx\infty$$

并联负反馈

$$r_{if}=[R_1+(R_5//R_7)]\ //\ r'_{if}\approx R_1+(R_5//R_7)=30.5\text{k}\Omega$$

由于是电压负反馈，所以有：$r_{of}\approx 0$。

实际上综合以上方法，可以得出实用的简化算法步骤为：

① 判别反馈类型，正确画出反馈网络，标清反馈量，注意负反馈反馈量 x_f 方向削弱 x_i。

② 利用虚断虚短原则由输出端经过反馈网络至输入端分析 u_o 与 u_i 关系，即 $u_i\rightarrow x_o\rightarrow x_f\rightarrow x_i\rightarrow u_i$ 顺序寻找 u_o 与 u_i 联系而近似计算 A_{uf}。结果几乎与开环增益 A 无关，避开烦琐的正向通路增益计算过程。

③ 本级反馈与级间反馈并存情况，忽略本级反馈，以级间反馈计算为主。

例 6-3 如图 6-10 所示由理想运放组成的电路，请判断电路中存在的反馈组态，并导出电压增益表达式。

解 本题含有 R_7 引入的本级反馈，同时 A_3 与 R_4、R_6、R_8、R_9 引入级间反馈。这里由于级间反馈强，因此主要分析级间反馈。

(1) R_8、R_9 为取样网络电阻，反馈信号取自输出节点关联节点，故为电压反馈。输入端反馈信号与输入信号没有加在同一节点比较，因此为串联反馈。用瞬时极性法判别可知输入信号与反馈信号同极性，故为负反馈，因此级间反馈为电压串联负反馈。由图中可知，运放 A_1 和 A_2 组成基本放大电路，输入电压为 u_i，输出电压为 u_o。反馈网络由分压器(R_8、R_9)、运放 A_3 和(R_4、R_6)组成的同相放大电路以及第二分压电路(R_3、R_4)所组成，属有源反馈网络。

(2) 求闭环增益 A_{uf}：由题意知，各运放都是理想的，由运放组成的电路均处于深度负反馈的情况，级间反馈也处于深度负反馈的状态；将运放输入端电位用 U_p 与 U_n 表示。根据虚短和虚断的概念有

$$\begin{cases} u_i = u_{n1} \approx u_{p1} \\ u_{p1} \approx u_f \\ u_f \approx \dfrac{R_2}{R_2 + R_3} u_{o3} \\ u_{o3} \approx \dfrac{R_4 + R_6}{R_6} u_{n3} \\ u_{p3} \approx u_{n3} \\ u_{p3} \approx \dfrac{R_9}{R_8 + R_9} u_o \end{cases}$$

$$u_o = \frac{R_9 + R_8}{R_9} \cdot \frac{R_6}{R_4 + R_6} \cdot \frac{R_2 + R_3}{R_2} u_i$$

$$A_{uf} = \frac{u_o}{u_i} = \frac{R_9 + R_8}{R_9} \cdot \frac{R_6}{R_4 + R_6} \cdot \frac{R_2 + R_3}{R_2}$$

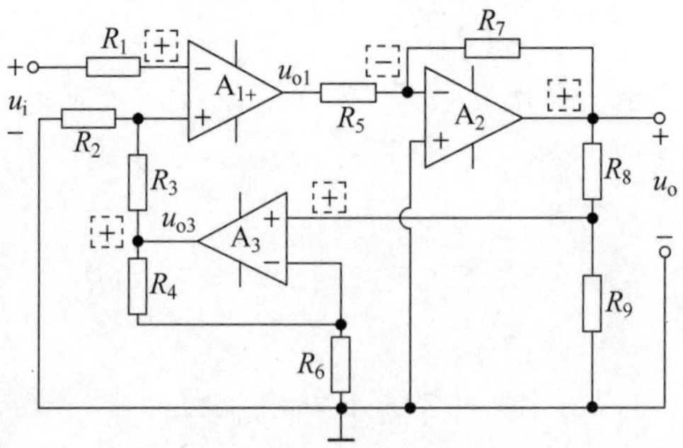

图 6-10 例 6-3 题图

解题结论 以上两种近似方法中，利用虚短虚断概念和公式，可以大大简化对深度负反馈放大电路电压放大倍数、输入输出电阻等参数的计算过程，并能得到工程上允许的近似结果。在计算机辅助计算法中，该方法仍然有生命力，若想得到理想计算结果，可以通过这种

近似计算方法得到近似结果，然后再通过数学方法经计算机进行合理修正也能得到准确结果。因此这种方法在实际中应用最广泛。

2. 小信号模型分析法

负反馈放大电路可以通过作出负反馈放大电路的交流小信号线性模型，利用线性电路定理、定律和分析方法，列出相关点电流电压关系方程求解。一般而言，负反馈放大电路均可用此方法求解，而且近似过程较少，可以称为最通用的精确分析方法。特别是分析分立元件负反馈放大电路，更具有误差小、结果接近客观数值的特点。因此，在计算机技术高度发达的时代，其优越性更加明显。

分析如图 6-11(a)所示电压负反馈电路动态性能。电路参数如图中所标，做出小信号微变等效模型如图 6-11(b)所示，其中，$R_{B1}=R_1/\!/R_2=24.3\text{k}\Omega$，$R_{B2}=R_3/\!/R_6/\!/R_7=4.6\text{k}\Omega$，$R_L'=R_9/\!/R_{10}=4.7\text{k}\Omega$，各物理量用瞬时值表示。

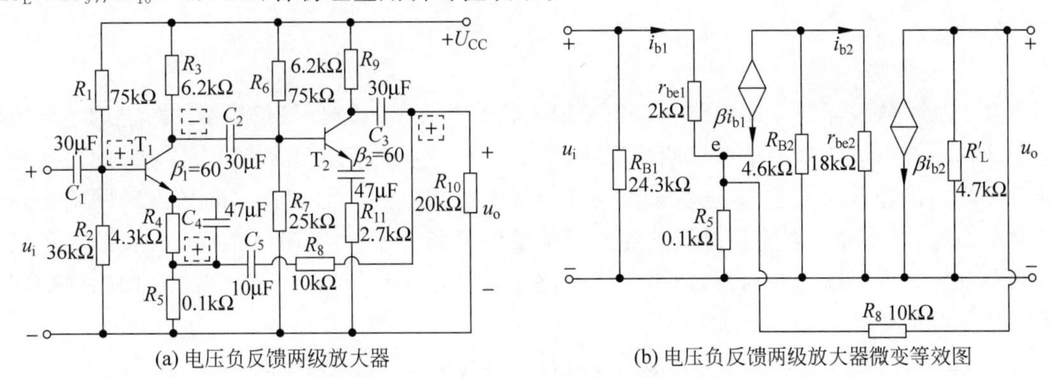

(a) 电压负反馈两级放大器　　(b) 电压负反馈两级放大器微变等效图

图 6-11　电压负反馈两级放大器分析图

根据节点法，有

$$
\begin{cases}
\left(\dfrac{1}{R_{B1}}+\dfrac{1}{r_{be1}}\right)u_i-\dfrac{1}{r_{be1}}u_e=0 \\
-\dfrac{1}{r_{be1}}u_i+\left(\dfrac{1}{R_5}+\dfrac{1}{r_{be1}}+\dfrac{1}{R_8}\right)u_e-\dfrac{1}{R_8}u_o=\beta i_{b1} \\
-\dfrac{1}{R_8}u_e+\left(\dfrac{1}{R_8}+\dfrac{1}{R_L'}\right)u_o=-\beta i_{b2} \\
i_{b1}=\dfrac{u_i-u_e}{r_{be1}} \\
i_{b2}=-\beta i_{b1}\times\dfrac{R_{B2}}{R_{B2}+r_{be2}}
\end{cases}
$$

代入数值计算得

$$A_{uuf}\approx 92;\quad F_{uu}=\frac{u_e}{u_o}\approx\frac{1}{101}$$

因此，虚断虚短原则近似计算法得到 $A_{uuf}\approx 101$，与 $A_{uuf}\approx 92$ 误差相差不到 10%，工程上也是允许的。而解析法直接从放大器件简化模型导出，结果精确，但运算复杂，须解多元方程组，在计算机辅助分析法中应用有很大的优越性。该方法缺点是反馈领域概念缺乏明确定义，对于指导处理具体的负反馈组态详细分析问题有一定局限性。

3. 方框图法

前面讨论了深度负反馈条件下的近似计算法与一般负反馈微变等效分析法。前者分析问题简单易学,但适用范围小,而后者对于网孔数、节点数较多情况的复杂负反馈电路,计算相对较难。基于此,针对定量复杂负反馈电路分析动态性能详细的方法提出了方框图法,有些文献资料也称作 A/B 网络法或拆环法。它同样是一种经典的分析负反馈电路的方法。

1) 方框图法原理

这种方法先是将负反馈放大器分成两个传输双口网络——正向放大网络 A 与反向传输网络 F。A、F 网络间关系视反馈形式确定,再根据网络参数(一般为 h 参数)规律进行近似化简,最终实现两网络单向化研究。网络分析简化过程原理参见参考文献[2]。然后分别计算正向基本放大器网络增益 A 与反馈网络反馈系数 F,再根据基本反馈方程即式(6-5)计算闭环增益 A_f,同时利用等效电路计算其他性能指标参数,如输入电阻 R_{if}、输出电阻 R_{of} 等。

2) 分析方法

由于基本放大器与反馈网络在输出端取样信号与在输入端比较信号形式可能为电流或电压,因此,方框图法来源于双口网络规律,因此分析过程与反馈组态密切相关。此法是分析负反馈的最经典的方法,难点在于准确画出基本放大电路。需要指出的是由于网络进行了分离处理,基本放大器除信号源外各物理量发生了变化,但为了简便,不冲突情况下,仍沿用原来符号。依旧以图 6-11(a)作为分析电路。将其按照反馈规律等效为图 6-12(a)(b)图示电路。

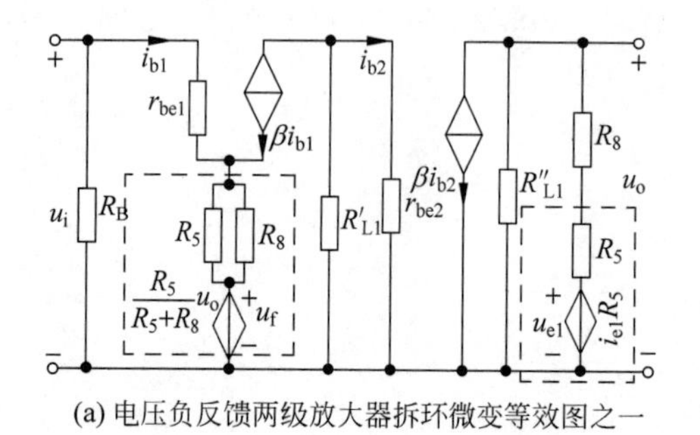

(a) 电压负反馈两级放大器拆环微变等效图之一

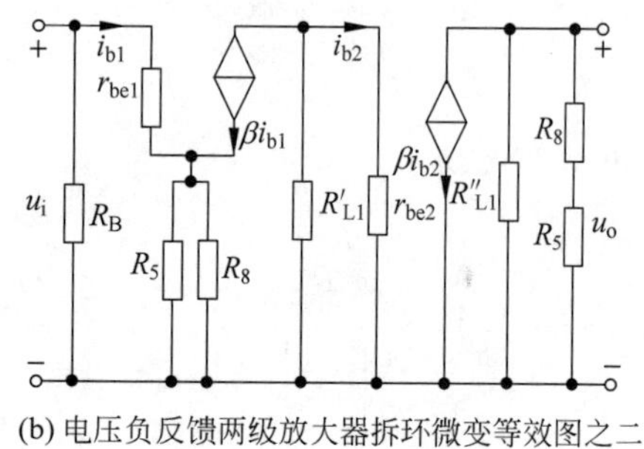

(b) 电压负反馈两级放大器拆环微变等效图之二

图 6-12 电压负反馈两级放大器分析图

分析步骤如下:

(1) 判断反馈组态。确定反馈网络,明确 A、F、A_f 量纲与含义。

(2) 画出去掉反馈的等效电路。等效电路将负载网络作为负载考虑,其中参数如图 6-11(a)中所标。u_o 通过反馈网络对输入端影响等效为 $u_{oc}=u_oR_5/(R_5+R_8)$,内电阻为 $R_o=R_5/\!/R_8\approx 99\Omega$ 的戴维南等效电路;同样输入端对输出端影响也等效为 $u_{oc}=i_{e1}R_5$,内电阻 $R_o=R_5=100\Omega$ 的戴维南等效电路。如图 6-12(a)虚线框内所示。基本放大器既要求去掉负反馈作用,又要保留反馈网络对基本放大器的负载效应,可以通过将输出电压节点置零实现 $u_f=0$;同时 $i_{e1}=0$ 实现输入端对输出端影响置零,即 $i_{e1}R_e=0$。概括来说就是令输出端短路与输入端开路获得基本放大器。实质是令反馈网络不起作用。

(3) 在输入端如果是串联反馈,信号源等效为电压源模型(u_s 与电阻 R_s 串联形式);并联反馈要将信号源等效为电流源模型(i_s 与电阻 R_s 并联形式)。

(4) 计算 A、F、R_i、R_o 等参数。图 6-12(b)中可以计算出：

① 负反馈放大器增益为

$$A_{u1}=\frac{-\beta_1(r_{be2}\ /\!/\ R'_{L1})}{r_{be1}+(1+\beta_1)(R_5\ /\!/\ R_8)};\quad A_{u2}=\frac{-\beta_2(R_5+R_8)\ /\!/\ R''_{L1}}{r_{be2}} \tag{6-16}$$

$$A_u=A_{u2}A_{u2}=\frac{-\beta_1(r_{be2}\ /\!/\ R'_{L1})}{r_{be1}+(1+\beta_1)(R_5\ /\!/\ R_8)}\cdot\frac{-\beta_2(R_5+R_8)\ /\!/\ R''_{L1}}{r_{be2}} \tag{6-17}$$

在图 6-12(a)中可以看出计算出 R_5 R_8 构成反馈网络，反馈系数为

$$F=\frac{R_5}{R_5+R_8} \tag{6-18}$$

$$A_{uuf}=\frac{A_{uu}}{1+A_{uu}F} \tag{6-19}$$

代入数值，$A_{uu}\approx1038$，$F\approx0.01$，则 $A_{uuf}\approx92$。结果与小信号微变等效电路基本一致，该方法计算结果具有很高的准确度。

② 计算输入电阻 R_{if}：首先计算基本放大器输入电阻，有

$$R_i=r_{be1}+(1+\beta)(R_8\ /\!/\ R_5)\approx8.04\text{k}\Omega$$

有反馈时，$1+A_{uu}F\approx11.28$

$$R_{if}=(1+A_{uu}F)R_i \tag{6-20}$$

代入数值，不考虑 R_B 时 $R_{if}\approx8.04\times11.28\approx90.7\text{k}\Omega$；考虑 R_B 时，$R_{if}\approx R_B/\!/R_{if}\approx19.2\text{k}\Omega$。

③ 计算输出电阻：计算输出电阻时，首先计算负载开路增益。负载开路时，则

$$A_{uof}=\frac{R_9\ /\!/\ (R_8+R_9)}{R''_{L1}\ /\!/\ (R_8+R_9)}A_{uu}\approx1242$$

$$R_o=R_9\ /\!/\ (R_8\ /\!/\ R_5)\approx3.84\text{k}\Omega$$

$$R_{of}=\frac{R_o}{1+A_{uuo}F} \tag{6-21}$$

代入数值，$R_{of}\approx0.29\text{k}\Omega$。其中 A_{uuo} 为去掉负载的增益，稍大于 A_{uuf}。

如果不是电压串联负反馈，即对于不同的负反馈组态形式，A 的含义是不同的。这与本节公式近似法中的概念是相同的。

4. 回路增益法

一般而言，反馈深度 $1+AF$ 反映负反馈对放大电路性能的影响。利用回路增益直接求出 A 和 F 的乘积(回路增益)，进而由公式 $A_f=A/(1+AF)$来研究负反馈放大电路增益。

1) 分立元件负反馈放大器

计算分立元件负反馈回路增益的方法如图 6-13 所示，通常是在反馈引入的地方，将反馈回路断开，并将断开处的输入阻抗 Z_i 作为反馈网络的负载。在断开处加电压或电流 x_f，同时令 $x_i=0$，这一开环通路的增益为 $-AF$，由此可得 AF。

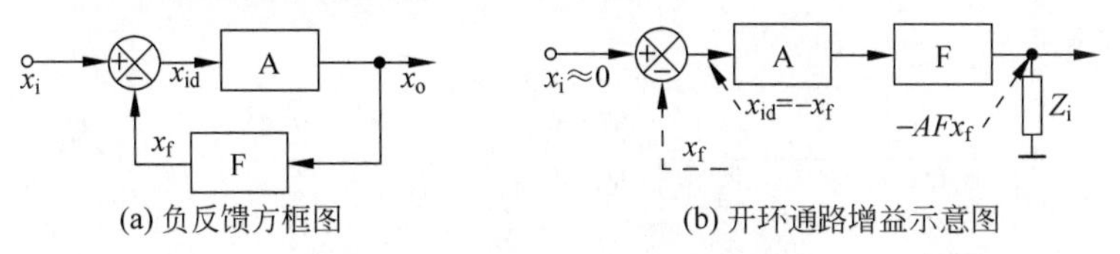

图 6-13　回路增益法示意图

以图 6-11(a)为例，在 T_1 发射极断开反馈网络，作出等效图如图 6-14 所示。假设

$$r_i \approx \frac{r_{be1}}{1+\beta} \tag{6-22}$$

则断开处的输入电阻为

$$Z_i \approx \left(\frac{r_{be1}}{1+\beta} /\!/ R_5\right) + R_8 \tag{6-23}$$

$$A_{uu}F_{uu} = \frac{\beta_1\beta_2}{r_{be1}} \times \frac{R_{B2}}{R_{B2}+r_{be2}} \times \frac{R'_L(R_5 /\!/ r_i)}{R'_L + R_8 + (R_5 /\!/ r_i)} \tag{6-24}$$

代入数值计算，可得

$$A_{uu}F_{uu} \approx 10.35$$

$$F_{uu} = \frac{(R_5 /\!/ r_i)}{R_8 + (R_5 /\!/ r_i)} \approx \frac{1}{101}$$

$$A_{uuf} = \frac{A_{uu}}{1+A_{uu}F_{uu}} \approx 91.19$$

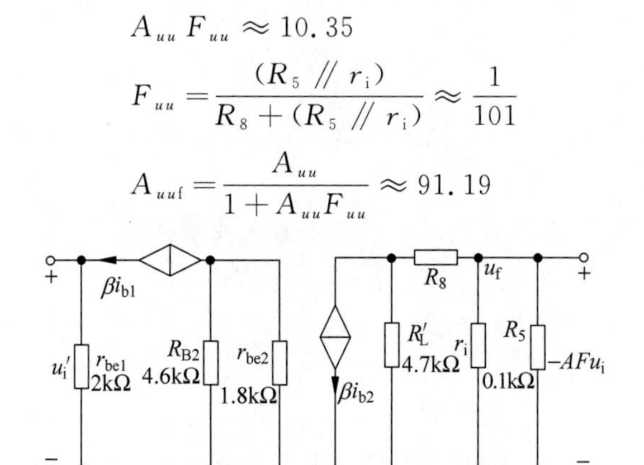

图 6-14　电压负反馈两级放大器增益法计算微变等效图

2）集成运放组成负反馈放大

以电压串联负反馈为例分析，如图 6-15(a)所示。

$$\frac{u_o}{u_{id}} = -A \times \frac{[(R_1 /\!/ Z_i)+R_f] /\!/ R_L}{[(R_1 /\!/ Z_i)+R_f] /\!/ R_L + r_{od}} \times \frac{R_1 /\!/ Z_i}{(R_1 /\!/ Z_i)+R_f} \tag{6-25}$$

$$-A_{uuf}F = \frac{u_o}{u'_i} = \frac{u_o}{\dfrac{R_2+r_{id}}{r_{id}}u_{id}} = \frac{r_{id}}{R_2+r_{id}} \times \frac{u_o}{u_{id}} \tag{6-26}$$

将式(6-25)代入式(6-26)，则有

$$-A_{uuf}F = -A \times \frac{(R_1 /\!/ Z_i + R_f) /\!/ R_L}{(R_1 /\!/ Z_i + R_f) /\!/ R_L + r_{od}} \times \frac{R_1 /\!/ Z_i}{R_1 /\!/ Z_i + R_f} \times \frac{r_{id}}{R_2+r_{id}} \tag{6-27}$$

由图 6-15 可得

$$F_{uu} = \frac{R_1}{R_1+R_f} \tag{6-28}$$

将式(6-28)代入式(6-27)，计算 A_{uuf}，则有

$$\begin{aligned} A_{uuf} &= \frac{-A_{uuf}F}{F} \\ &= A \times \frac{(R_1 /\!/ Z_i + R_f) /\!/ R_L}{(R_1 /\!/ Z_i + R_f) /\!/ R_L + r_{od}} \times \frac{R_1 /\!/ Z_i}{R_1 /\!/ Z_i + R_f} \times \frac{R_1}{R_1+R_f} \times \\ &\quad \frac{r_{id}}{R_2+r_{id}} \times \frac{R_1}{R_1+R_f} \end{aligned} \tag{6-29}$$

根据图 6-15，有 $Z_i=R_2+r_{id}$。

再利用输入电阻计算公式(6-20)与输出电阻的计算公式(6-21)计算输入输出电阻。

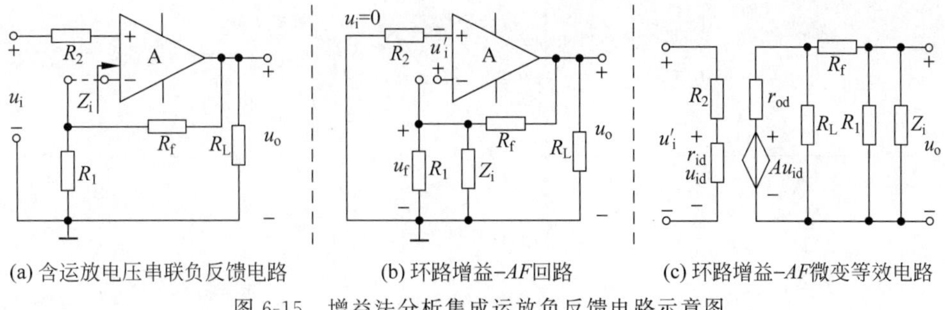

图 6-15　增益法分析集成运放负反馈电路示意图

由运放组成的其他组态负反馈电路利用回路增益法分析这里不做研究，概括以上分析过程，此方法优点有：

① 分析负反馈放大电路时，直接计算出反馈深度$|1+AF|$，不用分别计算 A 和 F 再估计反馈对放大电路的影响程度；

② 可以用来判断电路是否属于深度负反馈。若已知 AF 便可判断电路是否属于深度反馈。若为深度负反馈则各种指标的计算就可以按深反馈方法加以分析，使问题得到简化。

6.2.3　负反馈放大电路的组态分析

负反馈放大电路工程近似分析方法是非常有效的基于深度负反馈基础上的工程计算实用方法。本节主要研究虚断虚短原则在深度负反馈分析计算上的应用，主要研究深度负反馈中四组态电路性能指标的计算方法以及电路特点。需要注意的是，放大电路近似计算前应首先判断组态与极性。同时也要注意电路虚断虚短的节点位置，如图 6-16 所示。

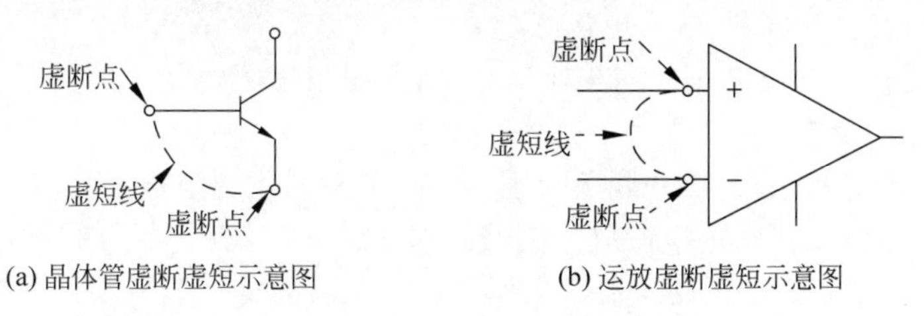

图 6-16　虚断虚短关键点示意图

1. 电压串联负反馈

对图 6-17(a)所示电路，根据瞬时极性法判断，经 R_f 加在发射极 E_1 上的反馈电压为“+”，与输入电压极性相同，且加在输入回路的两节点，故为串联负反馈。反馈信号与输出电压成比例，是电压反馈。后级对前级的这一反馈是交流反馈，同时 R_1 上还有第一级本身的负反馈。对图(b)，因输入信号和反馈信号加在运放的两个输入端，故为串联反馈，根据瞬时极性判断是负反馈，且为电压负反馈。结论两个电路都是交流串联电压负反馈组态。

对于串联电压负反馈，在输入端是输入电压和反馈电压同极性相减，按照虚断虚短原则，有

$$u_i\approx u_f;\quad i_{id}\approx 0$$

对于图 6-17(a)，有

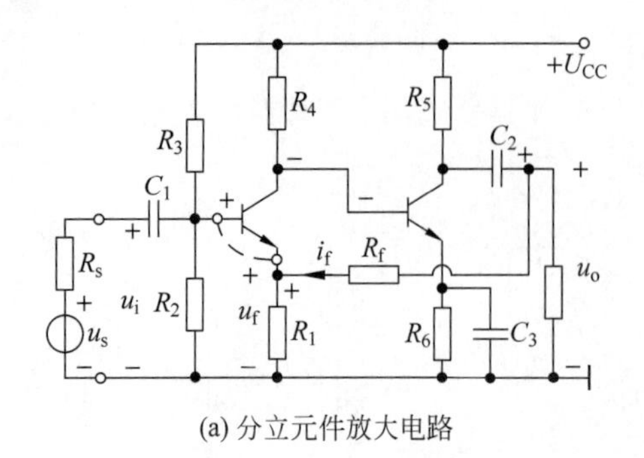

(a) 分立元件放大电路

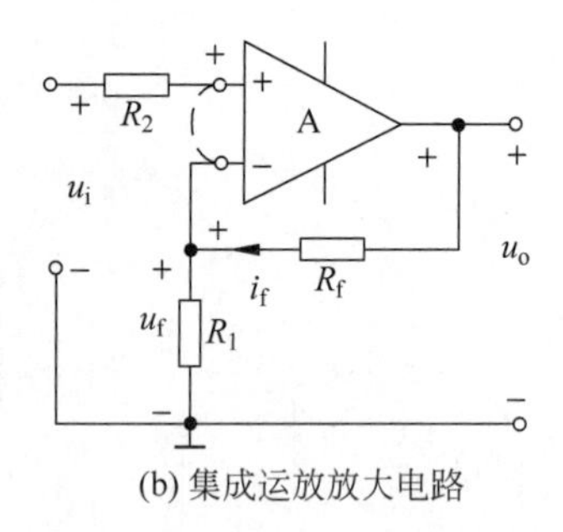

(b) 集成运放放大电路

图 6-17 电压串联负反馈电路

$$\dot{A}_{uuf}=\frac{\dot{X}_o}{\dot{X}_i}=\frac{\dot{U}_o}{\dot{U}_i}=\frac{i_f(R_f+R_1)}{i_fR_1}=1+\frac{R_f}{R_1} \tag{6-30}$$

反馈系数

$$F_{uu}=\frac{x_f}{x_o}\approx\frac{u_f}{u_o}=\frac{R_1}{R_1+R_f} \tag{6-31}$$

对于图 6-17(b),按照虚断虚短原则,同样有

$$F_{uu}\approx\frac{u_f}{u_o}\approx\frac{R_1}{R_f+R_1}$$

$$A_{uuf}=1+\frac{R_f}{R_1}$$

概括电压串联负反馈的特点,有以下方面:

① 反馈电压与输出电压成比例;

② 稳定输出电压,降低输出电阻;

③ $u_{id}=u_i-u_f$ 要求 R_s 小,反馈效果明显;

④ A_f 指的是输出电压与输入电压之比;

⑤ 该电路输入与输出电压成同相比例关系,称同相比例放大电路。

2. 电压并联负反馈

为增强负反馈的效果,电压并联负反馈放大电路宜采用内阻很大的信号源,即电流源或近似电流源。综合电压并联负反馈放大电路的输入恒流与输出恒压的特性,可将其称为电流控制的电压源,或电流-电压变换器。电压并联负反馈的电路如图 6-18 所示。

输出端反馈信号取自输出电压节点,因此为电压反馈;输入端反馈信号与输入信号加到三极管 T_1 基极(或运放 A 反相端)同一节点比较,所以有 $i_{id}=i_i+i_f$,故为并联反馈。再根据瞬时极性法判断 i_i 与 i_f 极性相反,因此同时为负反馈。因此如图 6-18 所示电路的反馈组态均为电压并联负反馈。

对于如图 6-18(a)(b)所示的深度电压并联负反馈电路,对晶体三极管基极与射极(运放同相端与反相端)虚断虚短,基极(反相端)虚地,则互导反馈系数为

$$F_{iu}=\frac{i_f}{u_o}=\frac{-u_o/R_f}{u_o}=-\frac{1}{R_f} \tag{6-32}$$

其引入反馈稳定的增益为互阻增益 A_{uif},则有

$$A_{uif}=\frac{1}{F_{iu}}=-R_f \tag{6-33}$$

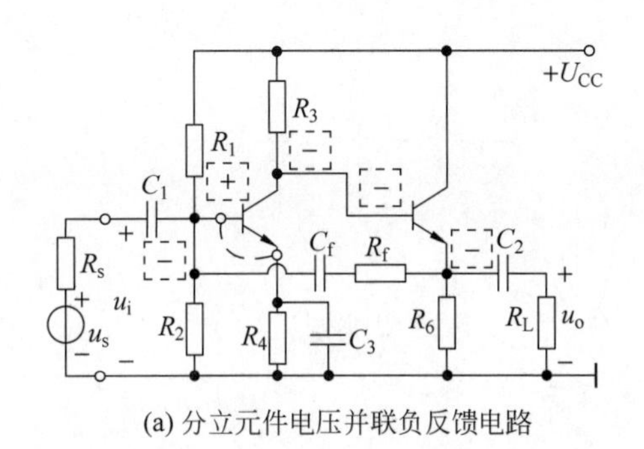

(a) 分立元件电压并联负反馈电路

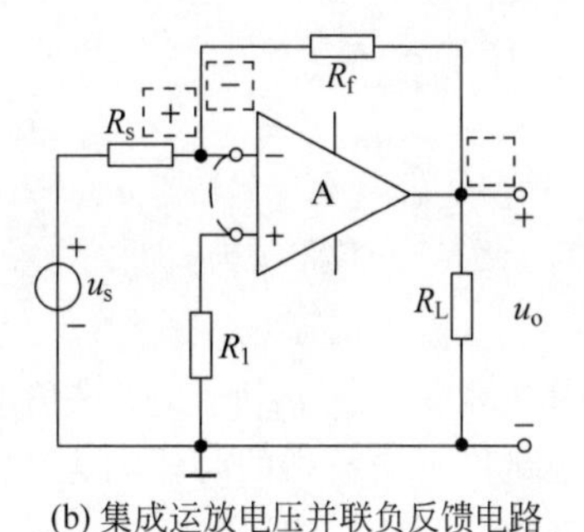

(b) 集成运放电压并联负反馈电路

图 6-18　电压并联负反馈电路

由式(6-32)和式(6-33)得知，环路增益 $A_{uif}F_{iu}$ 无量纲。而电压增益为

$$A_{uuf}=\frac{u_o}{u_i}=-\frac{u_o}{i_iR_s}=-\frac{i_fR_f}{i_iR_s}\approx-\frac{R_f}{R_s} \tag{6-34}$$

综上所述，电压并联负反馈特点概括为：

① 输出电压趋向于恒定；

② 因为 $i_i=i_{id}+i_f$，R_s 大，反馈效果明显；

③ A_f 指的是输出电压与输入电流之比；

④ 输入输出电压间成反相比例关系，又称反比例放大电路。

3. 电流串联负反馈

如图 6-19 所示电路，输出端反馈信号 x_f 取自输出节点的非关联节点，是电流反馈；输入端反馈信号与输入信号同样没有加在同一节点(相关节点)，为串联反馈。根据瞬时极性判断反馈信号与输入信号同极性，因此为负反馈，因此，如图 6-19 所示电路引入电流串联负反馈。

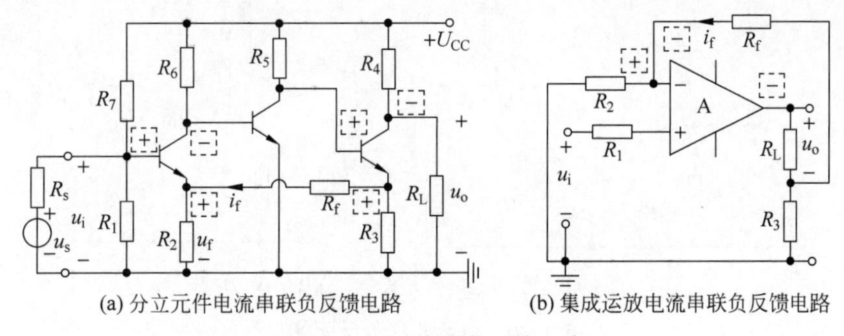

(a) 分立元件电流串联负反馈电路　　(b) 集成运放电流串联负反馈电路

图 6-19　电流串联负反馈电路

(1) 反馈系数 F_{ui}

$$i_o[R_3//(R_2+R_f)]=i_f(R_2+R_f)\Rightarrow i_0\approx\frac{R_2+R_3+R_f}{R_3}i_f$$

$$F_{ui}=\frac{i_fR_2}{i_o}=\frac{R_2R_3}{R_2+R_3+R_f} \tag{6-35}$$

(2) 电路稳定互导增益

$$A_{iuf}\approx\frac{1}{F_{ui}}=\frac{R_2+R_3+R_f}{R_2R_3} \tag{6-36}$$

这里忽略了 R_3 的分流作用。

(3) 电压增益 A_{uuf}

$$A_{uuf}=\frac{u_o}{u_i}=\frac{i_o}{i_f R_2}R_L\approx\frac{R_2+R_3+R_f}{R_3}\cdot\frac{R_L}{R_2} \tag{6-37}$$

电流串联负反馈特点为：

① 输出电流趋向于恒定；

② 因为 $u_{id}=u_i-u_f$,所以要求信号源 R_s 小,反馈效果明显；

③ 电路稳定增益指的是输出电流与输入电压之比。

4. 电流并联负反馈

电流并联负反馈的电路如图 6-20(a)和图 6-20(b)所示,反馈信号输入节点与输入信号节点相同,所以是电流并联负反馈。

(1) 电流反馈系数。如图 6-20(a)和图 6-20(b)电路 F 是电流反馈系数是 F_{ii},有 $-i_f R_f=i_o(R_f/\!/R_2)$,则

$$F_{ii}=\frac{i_f}{i_o}\approx-\frac{R_2}{R_f+R_2} \tag{6-38}$$

(2) 电流放大倍数。电路稳定的增益是 A_{iif}

$$A_{iif}\approx\frac{1}{F_{ii}}=-\left(1+\frac{R_f}{R_2}\right) \tag{6-39}$$

显然,电流放大倍数基本上只与外电路的参数有关,与运放内部参数无关。

(3) 电压放大倍数。对如图 6-20(a)(b)所示电路,由虚断虚短原则,有

$$A_{uuf}=\frac{u_o}{u_s}=\frac{i_o R_L}{i_i R_s}\approx\frac{i_o R_L}{i_f R_s}=-\frac{(R_2+R_f)R_L}{R_s R_2} \tag{6-40}$$

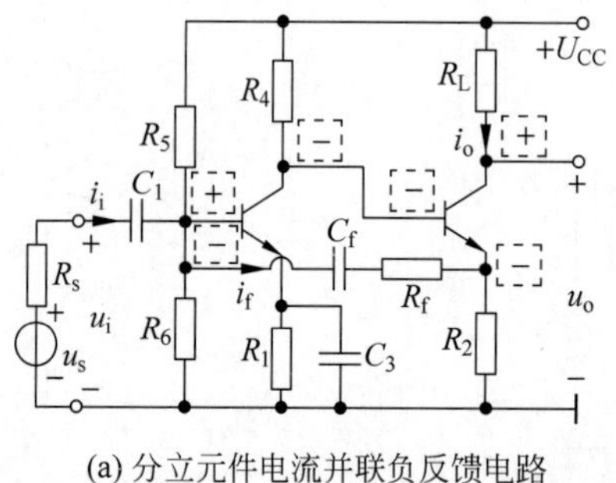

(a) 分立元件电流并联负反馈电路

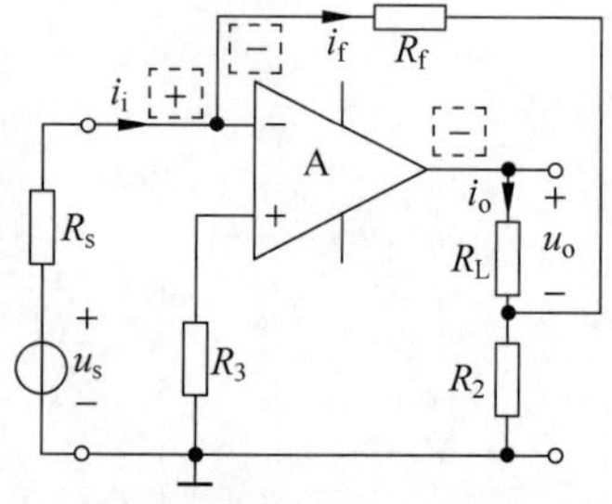

(b) 集成运放电流并联负反馈电路

图 6-20 电流并联负反馈电路

电流并联负反馈特点：

① 反馈电流与输出电流成比例；

② 输出电流趋向于恒定；

③ 因为 $i_i=i_{id}+i_f$,所以要求 R_s 大,反馈效果明显；

④ 电路稳定的增益 A_{iif} 指的是输出电流与输入电流之比。

小结。电压负反馈的重要特点是具有稳定输出电压的作用。电压负反馈放大电路具有较好的恒压输出特性。电流负反馈也同样具有恒流特点。在进行反馈放大器交流指标分析前,要先判别其反馈类型。当确定为交流负反馈时,交流指标计算才有意义。并且,不同类型交流负反馈,所对应交流指标具有不同含义。

6.3　负反馈对放大电路性能的影响

负反馈是改善放大电路性能的重要技术措施，广泛应用于放大电路和反馈控制系统之中。本节主要研究在放大电路中负反馈的作用与影响以及放大电路中引入反馈的原则、方法。

6.3.1　放大倍数影响情况

根据负反馈基本方程，不论何种负反馈，都可使反馈放大倍数下降$|1+AF|$倍。假设放大器开环增益A，闭环增益A_f，反馈系数F，则有

$$A_f=\frac{x_o}{x_i}=\frac{A}{1+AF} \tag{6-41}$$

在负反馈条件下增益的稳定性也得到了提高，这里所讲的增益应该与反馈组态相对应。

$$dA_f=\frac{(1+AF)\cdot dA-AF\cdot dA}{(1+AF)^2}=\frac{dA}{(1+AF)^2}$$

$$\frac{dA_f}{A_f}=\frac{1}{(1+AF)}\cdot\frac{dA}{A} \tag{6-42}$$

有反馈时，增益的稳定性比无反馈时提高了$(1+AF)$倍。

6.3.2　放大电路非线性失真改善情况

负反馈可以改善放大电路的非线性失真，但只能改善反馈环内产生的失真。如图6-21所示，由于放大器均存在非线性传输特性，特别是输入信号幅度较大的情况下，放大器可能工作到它的传输特性的非线性部分，使输出波形产生非线性失真。引入负反馈后，可以使这种失真减少。

在深度负反馈的情况下

$$\dot{A}_f=\frac{\dot{A}}{1+\dot{A}\dot{F}}\approx\frac{1}{\dot{F}}$$

上式表明，负反馈放大器的增益与基本放大器的增益无关，所以电压放大器的闭环传输特性可以近似用一条直线表示，如图6-21中的曲线1。与曲线2相比，在同样输出电压幅度的情况下，斜率(即增益)下降了，但增益随输入信号的大小而改变的程度却大为减小，说明输出与输入之间几乎呈线性关系，即减少了非线性失真。负反馈对失真的改善也可以这样理解，失真的反馈信号使净输入信号产生相反失真，从而弥补了放大电路本身非线性失真。

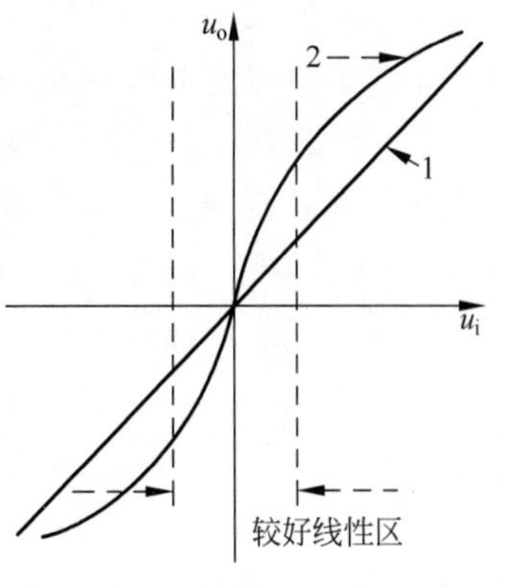

图6-21　负反馈放大器传输特性

另外，负反馈还可以抑制放大电路自身产生的噪声。原理同负反馈对放大电路非线性失真的改善相同。同理，负反馈只对反馈环内的噪声和干扰有抑制作用，且必须加大输入信号后才使抑制作用有效。

注：负反馈只能减小本级放大器自身产生的非线性失真和自身的噪声，对输入信号存在的非线性失真和噪声，负反馈是不能改变的。

6.3.3 扩展放大电路的通频带

放大电路加入负反馈后，增益下降，但通频带却加宽了，无反馈时的通频带 $\Delta f = f_H - f_L \approx f_H$。

由第5章频响知识得知，放大电路高频段的增益为

$$\dot{A}(j\omega) = \frac{A_m}{1 + j\dfrac{\omega}{\omega_H}}$$

有反馈时

$$\dot{A}_f(j\omega) = \frac{\dot{A}(j\omega)}{1 + \dot{A}(j\omega)F} = \frac{A_m \Big/ \left(1 + j\dfrac{\omega}{\omega_H}\right)}{1 + A_m F \Big/ \left(1 + j\dfrac{\omega}{\omega_H}\right)} = \frac{A_m/(1 + A_m F)}{1 + j\omega/\omega_H(1 + A_m F)}$$

$$\dot{A}_f(j\omega) = \frac{A_{mf}}{1 + j\dfrac{\omega}{\omega_{Hf}}} \tag{6-43}$$

比较 $\dot{A}(j\omega)$ 与 $\dot{A}_f(j\omega)$ 表达式可知，有反馈时的通频带

$$\Delta f_F = (1 + A_m F) f_H \tag{6-44}$$

负反馈放大电路扩展通频带有一个重要的特性，即增益与通频带之积为常数

$$A_{mf}\omega_{Hf} = \frac{A_m(1 + A_m F)}{(1 + A_m F)}\omega_H = A_m \omega_H \tag{6-45}$$

6.3.4 对输入电阻的影响

输入电阻与输入端特性有关。因此负反馈对输入电阻的影响取决于反馈加入的方式，即与串联反馈或并联反馈有关。

(1) 串联负反馈使输入电阻增加。串联负反馈输入端的电路结构形式如图6-22所示。对电压串联负反馈和电流串联负反馈效果相同。由于基本放大电路与反馈电路在输入回路串联，则 $u_{id} = u_i - u_f$，u_f 削弱了 u_i 的作用，所以导致在同样的 u_i 下，i_i 比无反馈时小，因此，串联负反馈具有提高输入电阻的作用。即有反馈时的输入电阻

$$r_{if} = \frac{u_i}{i_i} = \frac{u_{id} + u_f}{i_i} = \frac{u_{id} + u_{id}A_{uu}F_{uu}}{i_i} = (1 + A_{uu}F_{uu})\frac{u_{id}}{i_i} = (1 + A_{uu}F_{uu})r_{id} \tag{6-46}$$

式(6-46)表明，串联负反馈使输入电阻增大 $|1 + AF|$ 倍。

(2) 并联负反馈使输入电阻减小。并联负反馈输入端的电路结构形式如图6-23所示。对电压、电流并联负反馈由于电路结构上基本放大电路与反馈电路在输入回路中并联，如图6-18所示，由于 $i_i = i_{id} + i_f$，在相同的 u_i 作用下，i_f 的存在而使 i_i 增加，因此，并联负反馈使输入电阻 r_{if} 减小。有反馈时的输入电阻

$$r_{\rm if}=\frac{u_{\rm i}}{i_{\rm i}}=\frac{u_{\rm i}}{i_{\rm id}+i_{\rm f}}=\frac{u_{\rm i}}{i_{\rm id}+F_{iu}u_{\rm o}}=\frac{u_{\rm id}}{i_{\rm id}+F_{iu}A_{ui}i_{\rm id}}=\frac{r_{\rm id}}{1+F_{iu}A_{ui}} \tag{6-47}$$

式(6-47)表明,并联负反馈使输入电阻减小$|1+AF|$倍。

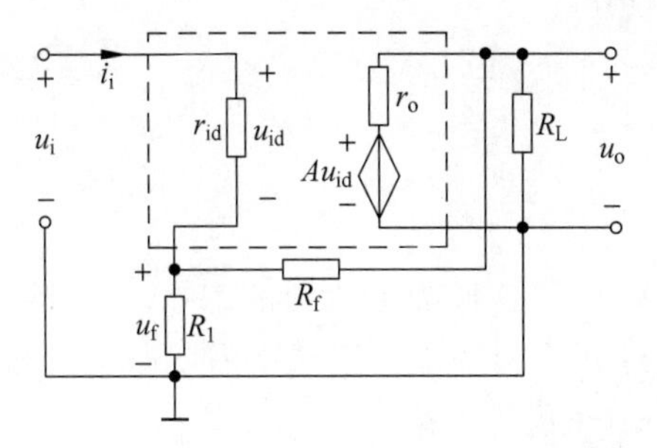

图 6-22　串联负反馈对输入电阻的影响

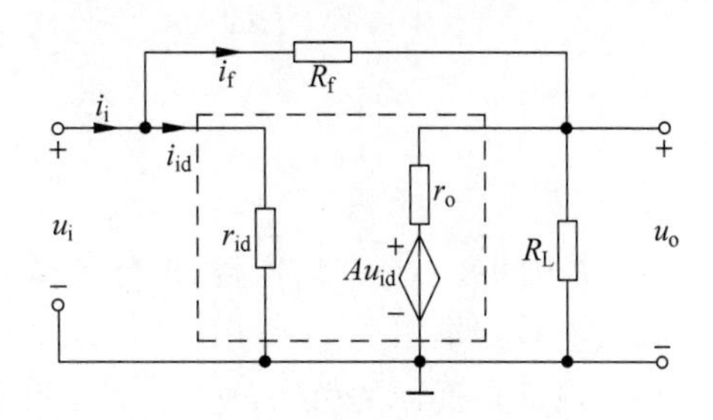

图 6-23　并联负反馈对输入电阻的影响

6.3.5 负反馈对输出电阻的影响

输出电阻取决于输出端特性。负反馈对输出电阻的影响取决于电压与电流的反馈形式。

(1) 电压负反馈使输出电阻减小。电压负反馈可以使输出电阻减小,同时可以使输出电压稳定。如果输出电阻小,带负载能力强,输出电压降就小,因此稳定性就好。如图 6-24 所示为计算输出电阻的等效电路,按照一般思路计算输出电阻时,将负载电阻开路,在输出端加入一个等效的电压$u_{\rm o}'$,并将输入端信号源置零。忽略反馈网络影响,于是有

$$r_{\rm of}=\frac{u_{\rm o}'}{i_{\rm o}'}=\frac{u_{\rm o}'}{\dfrac{u_{\rm o}'-Ax_{\rm id}}{r_{\rm o}}}=\frac{r_{\rm o}u_{\rm o}'}{u_{\rm o}'-(-AFu_{\rm o}')}=\frac{r_{\rm o}}{1+AF} \tag{6-48}$$

式中A是开环放大倍数。

式(6-48)表明,电压负反馈使输出电阻减小$|1+AF|$倍。输入电阻计算结果有近似,但$|1+AF|$倍是准确的。另外注意,不同的反馈形式,其A、F的含义不同。串联负反馈$F=F_{uu}=u_{\rm f}/u_{\rm o}$,$A=A_{uuf}=u_{\rm o}/u_{\rm id}$;并联负反馈$F=F_{iu}=i_{\rm f}/u_{\rm o}$,$A_{\rm f}=A_{ui\rm f}=u_{\rm o}/i_{\rm i}$。

(2) 电流负反馈使输出电阻增加。电流负反馈可以使输出电阻增加,这与电流负反馈可以使输出电流稳定是相一致的。输出电阻大,负反馈放大电路接近电流源的特性,输出电流的稳定性就好。如图 6-25 为求输出电阻的等效电路,将负载电阻开路,在输出端加入一个等效的电压$u_{\rm o}'$,并将输入端接地。

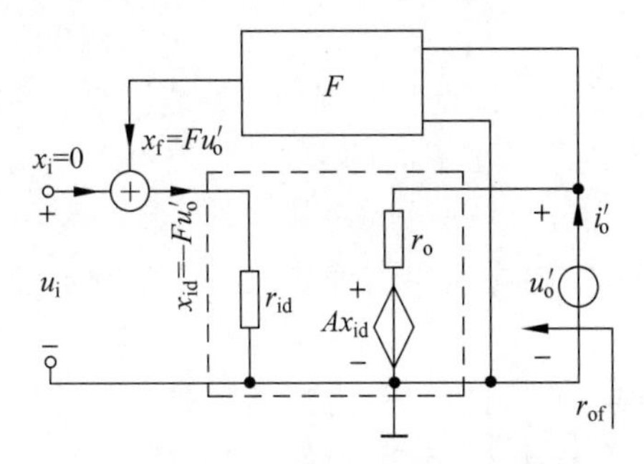

图 6-24　电压负反馈对输出电阻的影响

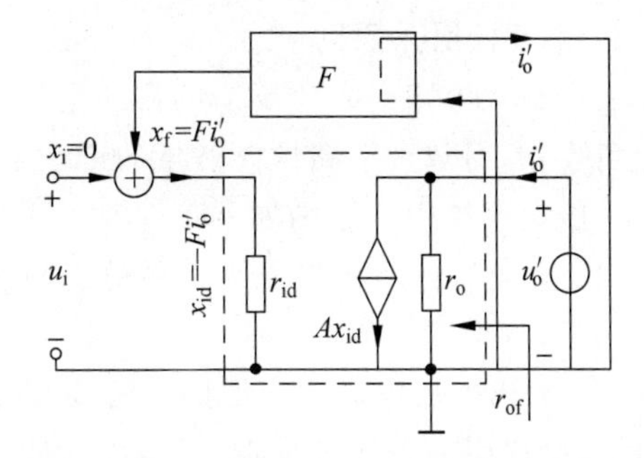

图 6-25　电流负反馈对输出电阻的影响

由图 6-25 可得

$$
\begin{cases}
x_{id} = -x_f \\
Ax_{id} = -Ax_f = -AFi'_o \\
\dfrac{u_o}{r_o} = -(-AFi'_o) + i'_o = (1+AF)i'_o \\
r_{of} = \dfrac{u'_o}{i'_o} = (1+AF)r_o
\end{cases}
\tag{6-49}
$$

式(6-49)中,A 是开环增益,即将负载短路,把电压源转换为电流源的增益。由于电流负反馈具有稳定输出 i_o 的作用,即 R_L 改变时,维持 i_o 基本不变,相当于内阻很大的电流源。由于电流负反馈的引入,使 r_{of} 比无反馈时大$|1+AF|$倍。

结论:交流负反馈会使放大器的电压放大倍数下降,却可换来交流性能的改善,改善情况见表 6-2。

表 6-2 交流负反馈改善放大器情况

交流性能	电压串联负反馈	电压并联负反馈	电流串联负反馈	电流并联负反馈
输入电阻	增大	减小	增大	减小
输出电阻	减小	减小	增大	增大
稳定性	稳定输出电压,提高增益稳定性	稳定输出电压,提高增益稳定性	稳定输出电流,提高增益稳定性	稳定输出电流,提高增益稳定性
通频带	展宽	展宽	展宽	展宽
环内非线性失真	减小	减小	减小	减小
环内噪声、干扰	抑制	抑制	抑制	抑制

注:交流负反馈使放大器的电压放大倍数下降$(1+AF)$倍,而其他交流性能的改善程度也与$(1+AF)$有关系。

6.3.6 负反馈引入原则

通过本章前面的分析可知,引入负反馈后对放大电路的性能有多方面的影响,其影响程度均与反馈深度有关。通常引入反馈深度越大,对于电路性能的改善越好,如增益稳定性的提高,通频带的展宽,非线性失真的减小,输入电阻的增加和输出电阻的减小,等等。但是,反馈深度越大,对电路的增益衰减也越大,负反馈是以牺牲增益为代价来换取电路性能的改善。因此,对反馈电路中反馈系数的选取也应该根据实际要求而确定。同时,某些场合,正反馈也能改善电路性能,特别是在那些应选用高增益的放大电路场合。

1. 负反馈引入原则

实用放大电路引入负反馈的目的是为了稳定静态工作点和改善动态性能。组态不同的交流负反馈,对放大电路性能产生的影响不同。基于此,在不同的需求下,应引入不同的反馈。一般负反馈引入原则如下:

(1) 直交流性能稳定原则。要稳定静态工作点,则应引入直流负反馈;要改善动态性能,则应引入交流负反馈。

(2) 输出电压电流稳定原则。若要稳定输出电压,则应引入电压负反馈;若要稳定输出电流,则应引入电流负反馈。换言之,从负载的需求出发,希望电路输出趋于恒压源的,应引入电压负反馈;希望电路输出趋于恒流源的,应引入电流负反馈。

(3) 串并联反馈引入原则。若要提高输入电阻,则引入串联负反馈;若要减小输入电阻,则引入并联负反馈。串联负反馈和并联负反馈的效果均与信号源内阻的大小有关。对于串联负反馈,信号源内阻越小,负反馈效果越明显;对于并联负反馈,信号源内阻越大,负反馈效果越明显。换言之,信号源为近似恒压源的,应引入串联反馈;信号源为近似恒流源的,应引入并联反馈。

(4) 负反馈各组态引入原则。根据输入信号对输出信号的控制关系引入交流负反馈,若用输入电压控制输出电压,则应引入电压串联负反馈;若用输入电流控制输出电压,则应引入电压并联负反馈;若用输入电压控制输出电流,则应引入电流串联负反馈;若用输入电流控制输出电流,则应引入电流并联负反馈。

根据以上原则,引入的负反馈不同对电路的性能影响也不相同,而且为了使负反馈对电路性能提高有明显的作用,对不同的信号源和不同的负载也都有不同的要求,所以在设计负反馈放大电路时,应根据需要和目的,引入合适的负反馈。

2. 正反馈引入原则

正反馈在某些情况下也能改善放大电路性能。因此,某些场合为改善放大器性能可以引入正反馈。正反馈在电路中主要有两方面应用,一是产生自激振荡,如电压比较器,波形发生器,这在后面章节学习;二是改善电路性能,如自举电路。引入正反馈最常见的电路有:

(1) 电压—电流转换电路,豪兰德电流源电路。如图 6-26 所示电路中引入了负反馈,又引入了正反馈。若负载电阻 R_L 减小,因电路内阻的存在,则一方面 i_o 将增大,另一方面 u_P 将下降,从而导致 u_o 下降,i_o 将随之减小。当满足 $R_2/R_1=R_3/R_4$ 时,因 R_L 减小引起的 i_o 的增大等于因正反馈作用引起的 i_o 的减小,即正好抵消,因而 i_o 仅受控于 u_i,不受负载电阻的影响,说明电路的输出电阻为无穷大,稳定输出电流。$i_1=i_2$,$i_3=i_4+i_o$,即

$$\frac{u_i-u_P}{R_1}=\frac{u_P-u_o}{R_2};\qquad \frac{u_o-u_P}{R_3}=\frac{u_P}{R_4}+i_o$$

如果 $R_2R_4=R_3R_1$ 则

$$i_o=\frac{u_i}{R_4} \tag{6-50}$$

(2) 自举电路。自举电路是典型的利用交流正反馈提高输入电阻的电路,因为在信号源电压不变的情况下使输入电压增大,即放大电路输入端电位升高,也就是通过本身电路结构升高输入端电位。通常,自举电路中的正反馈通过耦合电容实现。

在如图 6-27 所示电路中,电容 C_1、C_2 对交流信号视为短路,第一路反馈为电阻 R_4 与并联电阻 $R_2//R_3$ 构成电压串联负反馈,增大输入电阻;第二路反馈为电阻 R_4 和 R_1 引入正反馈,使净输入电流增大,同时也增大输入电阻。而且正反馈引起的输入电阻增大的效果远大于串联负反馈的效果。

若断开 C_2,则正反馈不复存在,因为集成运放同相输入端看进去的等效电阻趋于无穷大,所以电路的输入电阻约为(R_1+R_2)。而引入正反馈后,从集成运放同相输入端看进去的等效电阻仍趋于无穷大,R_1 并联在集成运放的输入端,其电流为 $i_1=(u_+-u_-)/R_1=(u_i-u_f)/R_1$,则 R_1 等效到整个电路输入端的电阻为 $R_1'=u_i/i_1=u_iR_1/(u_i-u_f)$,在引入的负反馈足够深的情况下 $u_i\approx u_f$,因而 R_1' 趋于无穷大,则整个电路的输入电阻也趋于无穷大,

即使 R_1' 不趋于无穷大，其数值也很大，从而使电路的输入电压近似等于信号源电压 $u_i \approx u_s$。

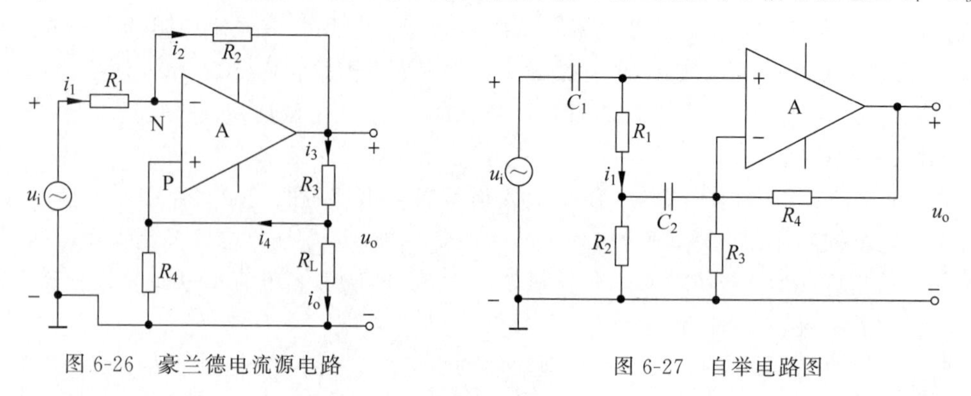

图 6-26　豪兰德电流源电路　　　图 6-27　自举电路图

另外，其他场合正反馈也有应用，例如可以在某些放大场合提高放大倍数，与负反馈相反趋势改善输入输出电阻等。

例 6-4　如图 6-28 所示电路，回答下列问题：①在静态时运放的共模输入电压；②若要实现串联电压反馈，R_8 所接开关触点应接向何处？③要实现串联电压负反馈，运放的输入端极性如何确定？④求引入电压串联负反馈后的闭环电压放大倍数。

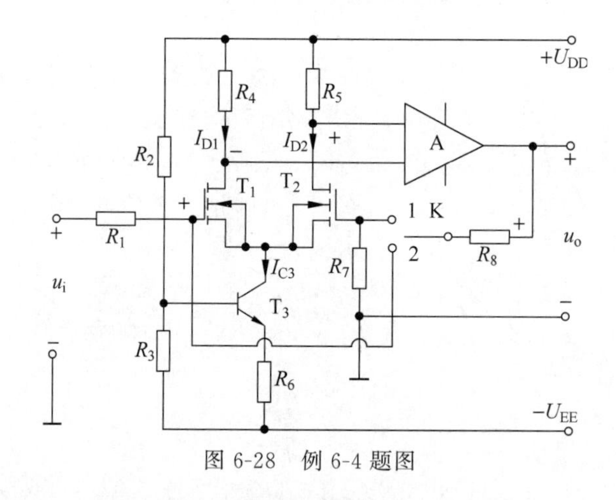

图 6-28　例 6-4 题图

解　本题是考查负反馈判断与计算能力的综合型题目。

(1) 静态时运放的共模输入电压，即静态时 T_1 和 T_2 的漏极电位。

$$\begin{cases} I_{D1} \approx I_{D2} \approx \dfrac{I_{C3}}{2} \\ U_{R3} \approx \dfrac{R_3}{R_3 + R_2}[U_{DD} - (-U_{EE})] \\ I_{C3} \approx I_{E3} = \dfrac{U_{R3} - U_{BE3}}{R_6} \\ U_{D1} = U_{DD} - I_{D1} R_4 \\ U_{D2} = U_{DD} - I_{D2} R_5 \end{cases}$$

(2) 可以把差动放大电路看成运放 A 的输入级。输入信号加在 T_1 的栅极，要实现串联反馈,反馈信号必然要加在 T_2 栅极。所以要实现串联电压反馈,R_f 应接向开关K触点1。

(3) 既然是串联反馈,反馈和输入信号接到差放的两个输入端,要实现负反馈,二者必为同极性信号。差放输入端的瞬时极性,见图6-28中标注。根据串联反馈的要求,由此可确定运放的输入端极性上端为"+",下端为"−"。

(4) 求引入电压串联负反馈后的闭环电压增益,可把差放和运放合为一个整体看待。为了保证获得运放正确标号的极性,G_1(T_1 管栅极)相当同相输入端,G_2(T_2 管栅极)相当反向输入端。为此该电路相当同相输入比例运算电路。所以电压增益为

$$A_{uuf}=1+\frac{R_8}{R_7}$$

解题结论　①MOS放大器负反馈引入原则与晶体管电路相同;②含有运放、分立元件放大器的多级放大电路可以等效为一级放大器考虑。

6.4　负反馈放大电路的稳定条件和措施

负反馈可以改善放大电路的性能指标,但是负反馈引入不当,会引起放大电路自激。为了使放大电路正常工作,必须要研究放大电路产生自激的原因和消除自激的有效方法。

6.4.1　产生自激振荡的原因及条件

交流负反馈能够改善放大电路性能的程度由负反馈的深度决定。根据反馈的基本方程式(6-5),当 $|1+\dot{A}\dot{F}|=0$ 时,相当于放大倍数无穷大,也就是不需要输入,放大电路就有输出,放大电路产生了自激。将 $|1+\dot{A}\dot{F}|=0$ 改写为

$$\dot{A}\dot{F}=-1 \tag{6-51}$$

即

$$|\dot{A}\dot{F}|=1 \tag{6-52}$$

$$\varphi_{AF}=\varphi_A+\varphi_F=\pm(2n+1)\pi \quad (n=0,1,2,3) \tag{6-53}$$

φ_{AF} 是基本放大电路和反馈电路的总附加相移,如果在中频条件下,放大电路有180°的相移,在其他频段电路中如果出现了附加相移 φ_{AF},且 φ_{AF} 达到180°,使总的相移为360°,负反馈变为正反馈。当正反馈较强时,$\dot{X}_{id}=-\dot{X}_f=-\dot{A}\dot{F}\dot{X}_{id}$,也就是 $\dot{A}\dot{F}=-1$ 时,即使输入端不加信号,如果幅度条件满足要求,放大电路产生自激,输出端也会产生输出信号。这时,电路会失去正常的放大作用而处于一种不稳定的状态。

一般情况下,反馈电路是由电阻构成的,所以 $\varphi_F=0°$,$\varphi_{AF}=\varphi_A+\varphi_F=\varphi_A$。

6.4.2　自激判断及稳定裕度

判断自激方法很多,但最有效、最实用的方法是利用增益或环路增益的伯德图来直观判断放大电路是否处于自激状态。

1. 伯德图的绘制

伯德图的 Y 轴坐标是对数 $20\lg|A|$,单位是分贝(dB),X 轴是频率坐标,单位是赫兹(Hz)。有一个三极点直接耦合开环放大器的频率特性方程式如下

$$\dot{A}_{uu}=\frac{\dot{U}_o}{\dot{U}_{id}}=\frac{10^5}{\left(1+j\frac{f}{10^4}\right)\left(1+j\frac{f}{10^6}\right)\left(1+j\frac{f}{10^7}\right)}$$

其伯德图如图 6-29 所示,频率的单位是为 Hz。根据频率特性方程,放大电路在高频段有三个极点频率 f_{H1}、f_{H2} 和 f_{H3}。中频电压放大倍数 $20\lg|10^5|=100$dB,于是可画出幅度频率特性曲线和相位频率特性曲线。总的相频特性曲线是用每个极点频率的相频特性曲线合成而得到的。相频特性曲线的 Y 坐标是附加相移 φ_A,当 $\varphi_A=-180°$时,即图中的 A 点所对应的频率称为临界频率 f_c。当 $f=f_c$ 时,反馈信号与输入信号同相,负反馈变成了正反馈,只要信号幅度满足要求,即可自激;当幅值为 0dB 时对应的频率为临界频率 f_0,该频率对判断自激也很关键。

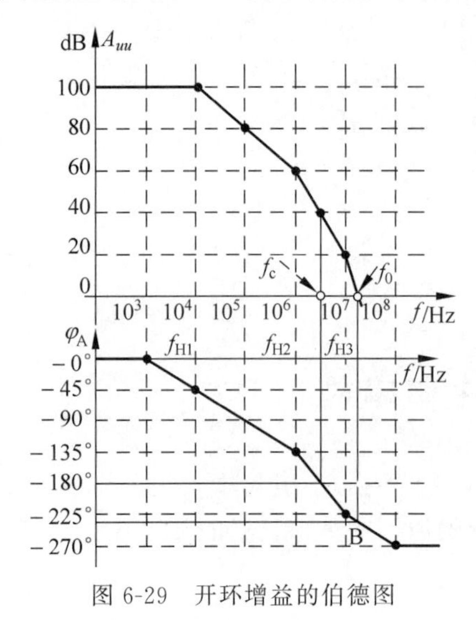

图 6-29 开环增益的伯德图

加入负反馈后,放大倍数降低,频带展宽,设反馈系数 $F_1=10^{-4}$,闭环伯德图与开环伯德图交于点(10^5Hz,80dB)。如图 6-29 所示,对应的附加相移 $\varphi_A=-90°$,不满足相位条件,不自激。

进一步加大负反馈量,设反馈系数 $F_2=10^{-3}$,闭环伯德图与开环伯德图交点(10^6Hz,60dB),对应的附加相移 $\varphi_A=-135°$,不满足相位条件,不自激。此时 φ_A 虽不是$-180°$,但反馈信号的矢量方向已经基本与输入信号相同,已经进入正反馈的范畴,因此当信号频率接近 10^6Hz 时,即(10^6Hz,60dB)点附近时,放大倍数就有所提高。

再进一步加大反馈量,设反馈系数 $F_3=10^{-2}$,闭环伯德图与开环伯德图交于点($10^{6.5}$Hz,40dB),对应的附加相移 $\varphi_A=-180°$,当放大电路的工作频率提高到对应点($10^{6.5}$Hz,40dB)处的频率时,满足自激的相位条件。此时放大电路有 40dB 的增益,$|\dot{A}\dot{F}|=100\times10^{-2}=1$,正好满足幅度条件,放大电路产生自激。

2. 放大电路自激的判断

引入负反馈的电子线路中,判断电路能否产生自激振荡一直以来都是一个令人困惑的难题。判别电路能否产生自激振荡通常从两个方面入手:①相位平衡条件;②振幅平衡条件。这两个条件中有任何一个不满足,电路就不会产生自激振荡。

一般条件下,在分析电路时,两个判别条件中首先看振幅平衡条件,它是指放大器的反馈信号必须有一定的幅度。这个条件中包含两层意思,一是必须有反馈信号,二是反馈信号必须满足一定的幅度。接着再看相位平衡条件,它是指放大器的反馈信号与输入信号必须同相位。换句话说,就是电路中的反馈回路必须是正反馈。

由上可知,一个能够产生自激振荡的电路,必然是既有正反馈又能正常放大的电路。也就是说,这个电路必须同时满足振幅条件和相位条件才能产生自激振荡,两个条件缺一不可。

1) 环路增益伯德图的引入

由于负反馈的自激条件是$\dot{A}\dot{F}=-1$,所以将以 $20\lg|\dot{A}|$为 Y 坐标的伯德图改变为以

$20\lg|\dot{A}\dot{F}|$为Y坐标的伯德图，用于分析放大电路的自激更为方便。由于环路增益可以写为

$$20\lg|\dot{A}\dot{F}|=20\lg|\dot{A}|+20\lg|\dot{F}|=20\lg|\dot{A}|-20\lg\left|\frac{1}{\dot{F}}\right| \tag{6-54}$$

对于自激的幅度条件$|\dot{A}\dot{F}|=1$，即

$$20\lg|\dot{A}\dot{F}|=20\lg|\dot{A}|+20|\dot{F}|=20\lg|\dot{A}|-20\lg\left|\frac{1}{\dot{F}}\right|=0\text{dB}$$

相当在以$20\lg|\dot{A}|$为Y坐标的伯德图上减去$20\lg\left|\frac{1}{\dot{F}}\right|$，即可得到以环路增益$20\lg|\dot{A}\dot{F}|$为$Y$坐标的伯德图，如图6-30所示。

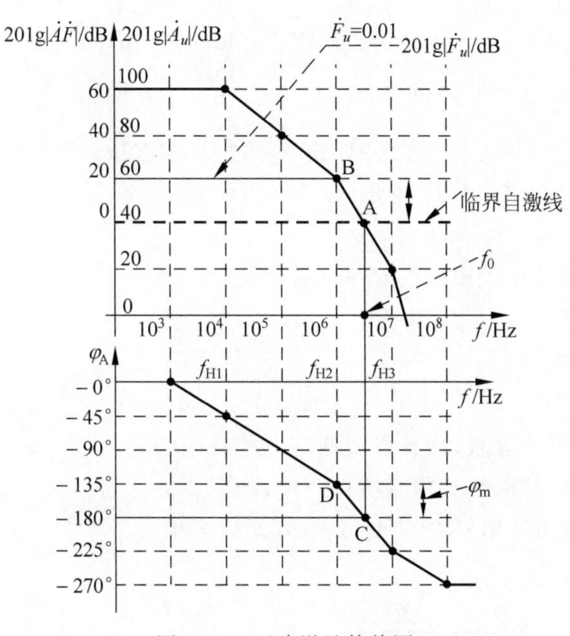

图6-30　环路增益伯德图

2）自激判断方法

根据环路增益的讨论，可将环路增益伯德图分为三种情况，如图6-31所示。

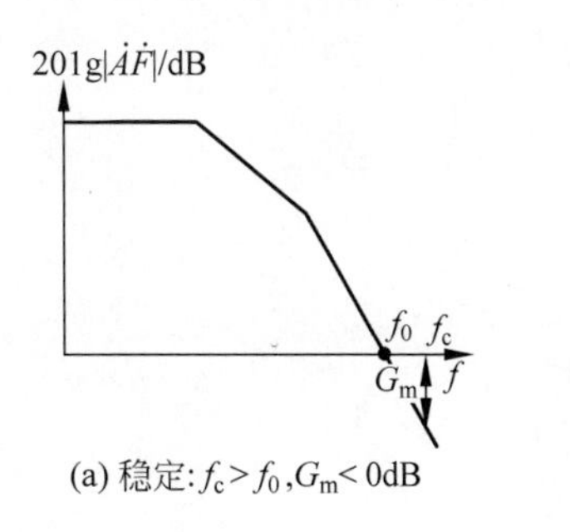

(a) 稳定：$f_c>f_0$，$G_m<0$dB

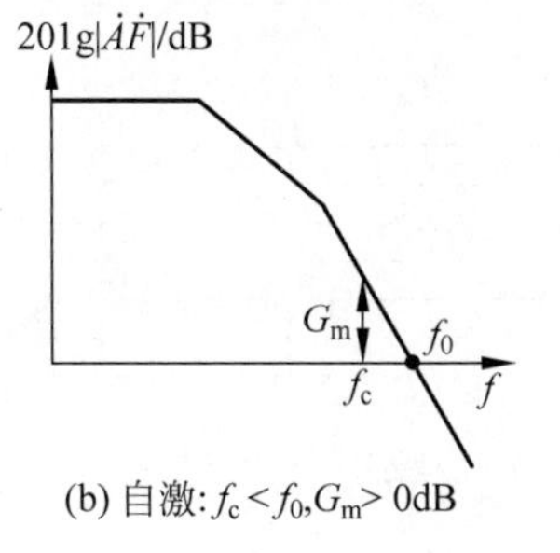

(b) 自激：$f_c<f_0$，$G_m>0$dB

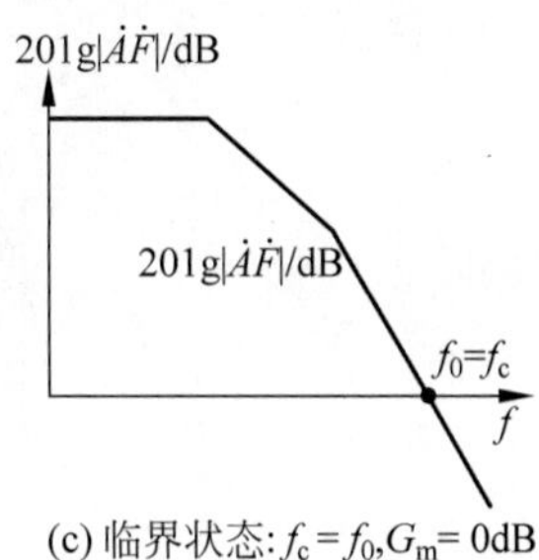

(c) 临界状态：$f_c=f_0$，$G_m=0$dB

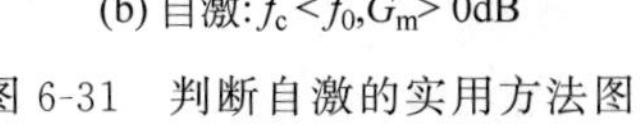

图6-31　判断自激的实用方法图

判断自激的条件归纳如下：

(1) 稳定状态：$f_c > f_0$，$G_m < 0\text{dB}$。从 $\varphi_A = -180°$ 出发，得到的 $G_m < 0\text{dB}$，即 $AF < 1$，不满足幅度条件。

(2) 自激状态：$f_c < f_0$，$G_m > 0\text{dB}$。从 $\varphi_A = -180°$ 出发，得到的 $G_m > 0\text{dB}$，即 $AF > 1$，同时满足了幅度条件。

(3) 临界状态：$f_c = f_0$，$G_m = 0\text{dB}$。从 $\varphi_A = -180°$ 出发，得到的 $G_m = 0\text{dB}$，即 $AF = 1$。

在图 6-30 中，当 $F_3 = 0.01$ 时，$20\lg|\dot{A}\dot{F}| = 0\text{dB}$ 为临界自激线。该线与幅频特性的交点对应频率称为切割频率 f_0。此时 $20\lg|\dot{A}\dot{F}| = 0$，$\varphi_A = -180°$，幅度和相位条件都满足自激条件，所以 $20\lg|\dot{A}\dot{F}| = 0\text{dB}$ 这条线是临界自激线，此时 $\dot{F} = 0.01$。在临界自激线上，从 f_0 对应 A 点向下达到对应相曲线点相位 $\varphi_C = -180°$ 到 $\varphi_D = -135°$ 相位差 $\varphi_m = 45°$ 的裕量，这个 φ_m 称为相位裕度。一般在工程上为了保险起见，相位裕度 $\varphi_m \geqslant 45°$。

仅仅留有相位裕度是不够的，也就是说，当 $\varphi_A = -180°$ 时，还应使 $|\dot{A}\dot{F}| < 1$，即反馈量要比 $F = 0.01$ 再小一些，例如 $F = 0.001$，相当于图中的 $20\lg|\dot{A}\dot{F}| = 20\text{dB}$ 这条线。此时距临界自激线有 $G_m = -20\text{dB}$ 的裕量，G_m 称为幅度裕度。一般在工程上规定，幅度裕度 $|G_m| \geqslant 10\text{dB}$。

例 6-5 有一负反馈放大电路的频率特性表达式如下

$$\dot{A}_u(f) = \frac{\dot{U}_o}{\dot{U}_{id}} = \frac{10^5}{\left(1 + j\dfrac{f}{10^5}\right)\left(1 + j\dfrac{f}{10^6}\right)\left(1 + j\dfrac{f}{10^7}\right)}$$

试判断放大电路是否可能自激，如果自激使用电容补偿消除。

解 先作出幅频特性曲线和相频特性曲线，如图 6-32 所示。由 $\varphi_A = -180°$ 可确定临界自激线，所以反馈量使闭环增益在 60dB 以下时均可产生自激。

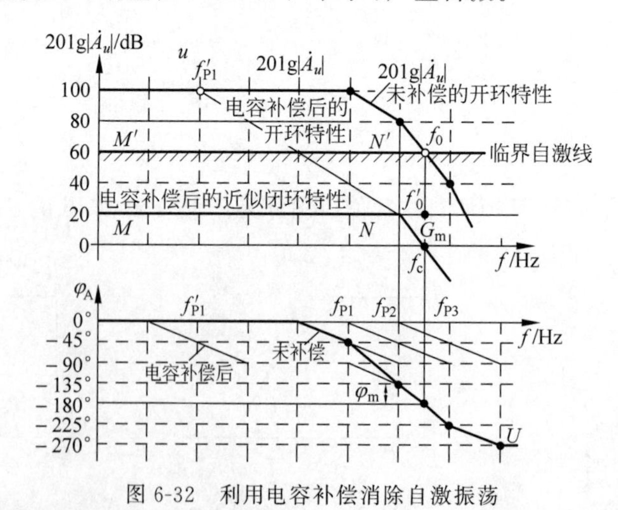

图 6-32 利用电容补偿消除自激振荡

加电容补偿，改变极点频率 f_{p1} 的位置至 10^2 Hz 处，从新的相频特性曲线可知，在 f_0' 处有 45°的相位裕量。因此负反馈放大电路稳定，可消除原来的自激。此时反馈系数 $F = 0.1$。

解题结论 电容补偿可以有效避免自激现象；电容补偿后极点频率前移。

6.4.3 负反馈放大电路中自激振荡的消除方法

发生在放大电路中的自激振荡是有害的，必须设法消除。最简单的方法是减小反馈深度，如减小反馈系数 F，但这又不利于改善放大电路的其他性能。为了解决这个矛盾，常采用频率补偿的办法(或称相位补偿法)。其指导思想是：在反馈环路内增加一些含电抗元件的电路，从而改变环路增益的频率特性，破坏自激振荡的条件，例如使 $f_0>f_c$，则自激振荡必然被消除。补偿技术的实质就是设法修改环路增益函数(主要是基本放大器电压传递函数)，以保证反馈放大电路在希望的闭环增益值上能稳定地工作。对于高增益放大电路，为保证电路稳定，主极点必须足够低，工程上常用的有4种补偿方法：

① 在反馈放大电路的环路增益函数中引入新极点，并使之成为主极点。它将明显改变环路增益的频率特性，使发生自激振荡的条件被破坏。

② 修改主极点。在基本放大电路产生最低极点频率的电路节点处并接补偿大电容，以压低该节点的极点频率使之成为主极点。

③ 极点分离技术，又称密勒电容补偿。补偿的小电容接在产生最低极点频率那一级电路的反馈回路中(连接输入输出)，利用密勒效应分离前后级的两个极点频率(小的更小，大的更大)，从而大大扩大了环路增益在－20dB/dec的范围。

④ 通过修改反馈路径来进行频率补偿。反馈路径改变，环路增益极点相应也随之改变。

本节介绍滞后补偿与超前补偿两种方法。

1. 滞后补偿

假设反馈网络为纯电阻网络。滞后补偿是在反馈环内的基本放大电路中插入一个含有电容 C 的电路，使开环增益 A 的相位滞后，达到稳定负反馈放大电路的目的。

1) 电容滞后补偿

由前面的分析及稳定裕度的要求可知，若 $|\dot{A}\dot{F}|$ 的幅频特性曲线在0dB以上只有一个转折频率(拐点)，且下降斜率为－20dB/dec，则属于只有一级 RC 回路的频率响应，最大相移不超过－90°。若在它的第二个转折频率(拐点)处对应的 $20|\dot{A}\dot{F}|=0\text{dB}$，且此处的最大相移为－135°，距－180°相移有45°的相位裕度，这样的负反馈放大电路是稳定的，因此电容滞后补偿即按此思路进行。

这种补偿是将电容并接在放大电路中时间常数最大的那部分电路，即前级的输出电阻和后级的输入电阻都比较大的部分，如图6-33(a)所示。图6-33(b)是该补偿电路的高频等效电路。其中 R_{o1} 为前级的输出电阻，R_{i2} 为后级的输入电阻，C_{i2} 为后级的输入电容。未加电容前该反馈放大电路环路增益的幅频 $|\dot{A}\dot{F}|$ 特性如图6-33(c)中的虚线所示，此时的上限频率为

$$f_{H1}=\frac{1}{2\pi(R_{o1}\ /\!/\ R_{i2})C_{i2}} \tag{6-55}$$

加补偿电容 C 后的上限频率为

$$f'_{H1}=\frac{1}{2\pi(R_{o1}\ /\!/\ R_{i2})(C+C_{i2})} \tag{6-56}$$

只要选择合适的电容 C，使得修改后的幅频特性曲线上，以－20dB/dec斜率下降的这一段

曲线与横轴的交点刚好在第二个转折频率 f_{H2} 处，此处的 $20|\dot{A}\dot{F}|=0\text{dB}$，如图 6-33(c)中的实线所示，此时的($\varphi_A+\varphi_F$)趋于 $-135°$，即 $f_o>f_c$，且保证 $\varphi_m\geqslant45°$，所以负反馈放大电路一定不会产生自激振荡。

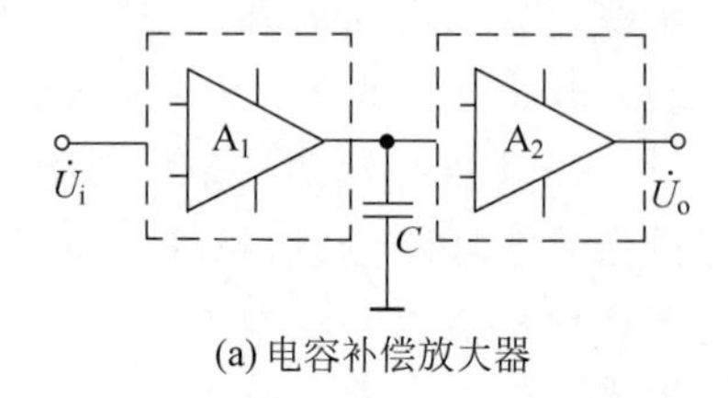

(a) 电容补偿放大器

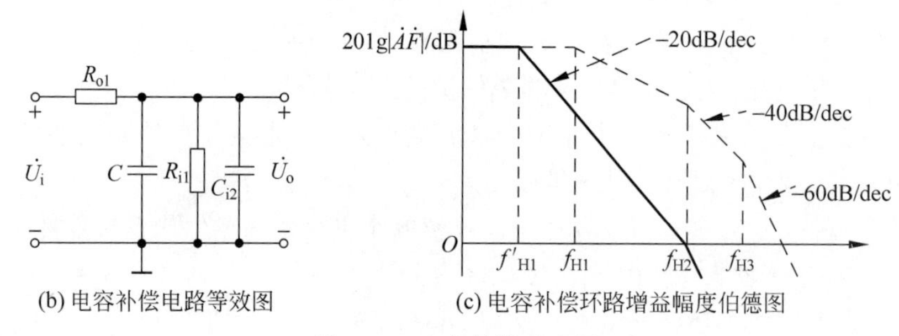

(b) 电容补偿电路等效图

(c) 电容补偿环路增益幅度伯德图

图 6-33 电容补偿示意图

2) RC 滞后补偿

电容滞后补偿虽然可以消除自激振荡，但使通频带变得太窄。如果采用 RC 滞后补偿不仅可以消除自激振荡，而且可使带宽得到一定的改善。具体电路如图 6-34(a)所示，图 6-34(b)是它的高频模型等效电路。

$$-\frac{1}{R_{o1}}\dot{U}_1+\left(\frac{1}{R_{o1}}+\frac{1}{R+\dfrac{1}{j\omega C}}+\frac{1}{R_{i2}}+j\omega C_{i2}\right)\dot{U}_2=0$$

其中，它的电压传输函数为

$$A_u=\frac{\dot{U}_2}{\dot{U}_1}=-\frac{\dfrac{1}{R_{o1}}}{\dfrac{1}{R_{o1}}+\dfrac{1}{R+\dfrac{1}{j\omega C}}+\dfrac{1}{R_{i2}}+j\omega C_{i2}} \tag{6-57}$$

$R\ll R_{o1}/\!/R_{i2}$，$C\geqslant C_{i2}$，设未加 RC 补偿电路前，反馈放大电路的环路增益的表达方式为

$$\dot{A}\dot{F}=\frac{\dot{A}_m F}{\left(1+j\dfrac{f}{f_{H1}}\right)\left(1+j\dfrac{f}{f_{H2}}\right)\left(1+j\dfrac{f}{f_{H3}}\right)}$$

其幅频特性如图 6-33(c)中虚线所示。

$$\dot{A}\dot{F}=\frac{\dot{A}_m F\left(1+j\dfrac{f}{f'_{H2}}\right)}{\left(1+j\dfrac{f}{f''_{H1}}\right)\left(1+j\dfrac{f}{f_{H2}}\right)\left(1+j\dfrac{f}{f_{H3}}\right)}$$

式中

$$f''_{H1}=\frac{1}{2\pi(R+R_{o1}\ /\!/\ R_{i2})C},\quad f'_{H1}=\frac{1}{2\pi RC}$$

只要选择合适的 RC 参数，使 $f'_{H2}=f_{H2}$，那么加入 RC 补偿电路后，环路增益的表达式即变为

$$\dot{A}\dot{F}=\frac{\dot{A}_{m}F}{\left(1+j\dfrac{f}{f''_{H1}}\right)\left(1+j\dfrac{f}{f_{H3}}\right)}$$

此式说明，加入 RC 补偿电路后，环路增益的幅频特性曲线上只有两个转折频率，而且如果 f''_{H2} 的选择，使得修改后的幅频特性曲线上以 -20dB/dec 斜率下降的这一段曲线与横轴的交点刚好在 f_{H3} 处，此处的 $20|\dot{A}\dot{F}|=0$dB，如图 6-34(c)中实线所示，此时的($\varphi_A+\varphi_F$)趋于 $-135°$。所以加入 RC 滞后补偿的负反馈放大电路一定不会产生自激振荡。

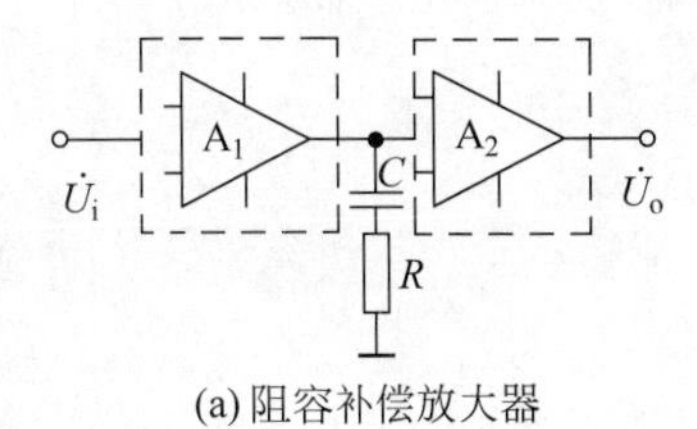

(a) 阻容补偿放大器

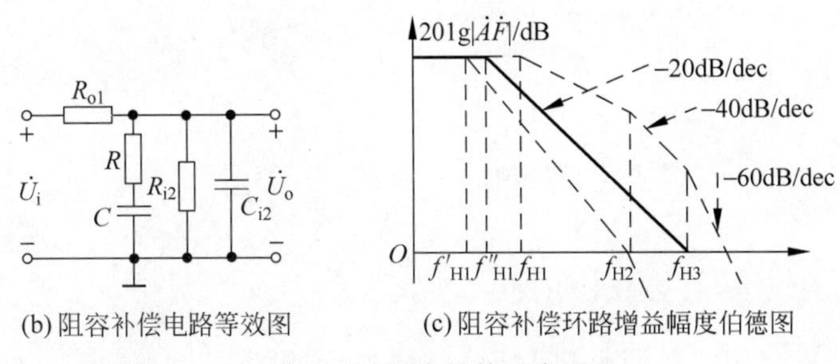

(b) 阻容补偿电路等效图　　(c) 阻容补偿环路增益幅度伯德图

图 6-34　阻容补偿示意图

图 6-34(c)的虚线是采用电容滞后补偿的幅频特性，很显然，RC 滞后补偿后的上限频率向右移了，说明带宽增加了。

前两种滞后补偿电路中所需电容、电阻都较大，在集成电路中难以实现。通常可以利用密勒效应，将补偿电容等元件跨接于放大电路中，如图 6-35 所示，这样用较小的电容(几皮法至几十皮法)同样可以获得满意的补偿效果。

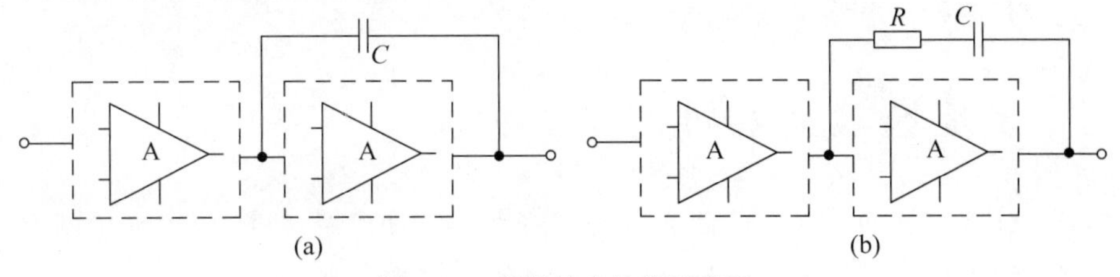

图 6-35　密勒效应补偿示意图

2. 超前补偿

如果改变负反馈电路中环路增益点的相位，使之超前，也能破坏其自激振荡的条件，使 $f_0>f_c$，补偿思路是设法将 0dB 的相位移到 $-180°$之前，破坏自激相位条件，该补偿方法称

为超前补偿法，实质是改变反馈网络频率特性来进行补偿。具体做法是在反馈网络关键处接入电容改变反馈通路频响，如图 6-36 所示，在反馈电阻上并联电容 C，未补偿前反馈系数为

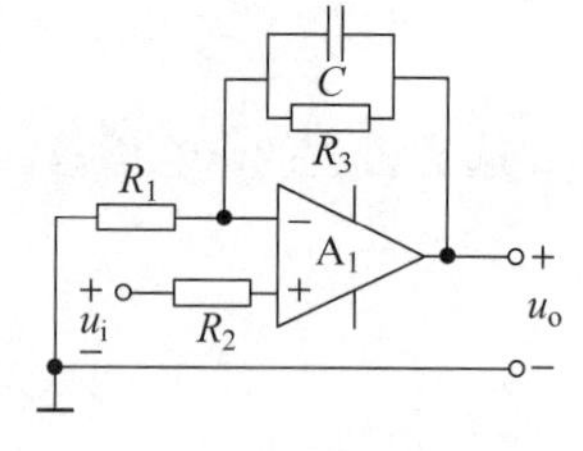

图 6-36 超前补偿示意图

$$F_0 \approx \frac{R_1}{R_1 + R_3}$$

补偿后

$$\dot{F} \approx \frac{R_1}{R_1 + \left(R_3 \,/\!/\, \frac{1}{\mathrm{j}\omega C}\right)} = \frac{R_1}{R_1 + R_3} \cdot \frac{1 + \mathrm{j}\omega R_3 C}{1 + \mathrm{j}\omega (R_3 \,/\!/\, R_1) C} = F_0 \frac{1 + \mathrm{j}\frac{f}{f_1}}{1 + \mathrm{j}\frac{f}{f_2}}$$

$$\begin{cases} |\dot{F}| \approx F_0 \dfrac{\sqrt{1 + \left(\dfrac{f}{f_1}\right)^2}}{\sqrt{1 + \left(\dfrac{f}{f_2}\right)^2}} \\ \phi_{\mathrm{F}} = \arctan \dfrac{f}{f_1} - \arctan \dfrac{f}{f_2} \end{cases}$$

其中，$f_1 \approx \frac{1}{2\pi R_3 C} < f_2 \approx \frac{1}{2\pi (R_1 /\!/ R_3) C}$。

一般放大电路可以假定为阻性，因此可以选择合适的 f_1、f_2，通过 $|\dot{F}|$ 相移就改变了 $20|\dot{A}\dot{F}| = 0\mathrm{dB}$ 所对应的相移值，使电路处于稳定工作状态。

自激现象在多级放大器(多于三级的分立元件结构或由运放组成的放大器)中容易出现，如果处理不当，会造成放大器不能工作或核心器件损坏。出现自激后通常采用补偿的方法加以消除，补偿器件(电容等)参数计算非常复杂，因此，工程实践常通过实验方法完成器件选择。因此，与其进行补偿电路的复杂计算，倒不如深入理解补偿的方法与原理再通过实验测试得到合理的补偿电路更加符合实际工程情况。

6.5 负反馈放大器性能仿真分析

主要通过计算机辅助计算方法研究负反馈放大器原理以及性能，便于准确了解负反馈对放大电路的影响以及各分析方法计算值与理论值之间的误差程度。

1. 仿真目的

负反馈放大电路和运算放大器在实际应用中非常广泛，下面以一个负反馈放大电路进行仿真，通过对该电路的仿真分析，验证负反馈的基本理论，并进一步加深对这些基本理论的理解。

2. 仿真电路及电路参数设置

仿真研究分立元件构成的两级共射放大器，电路引入交流电压串联负反馈，反馈网络由 R_{12}、R_2 组成。通过开关 J1 的通断，控制反馈网络的接入与断开。开关 J2 的通断，控制着负载电阻 R_L 的接入情况。电路原理图如图 6-37 所示。

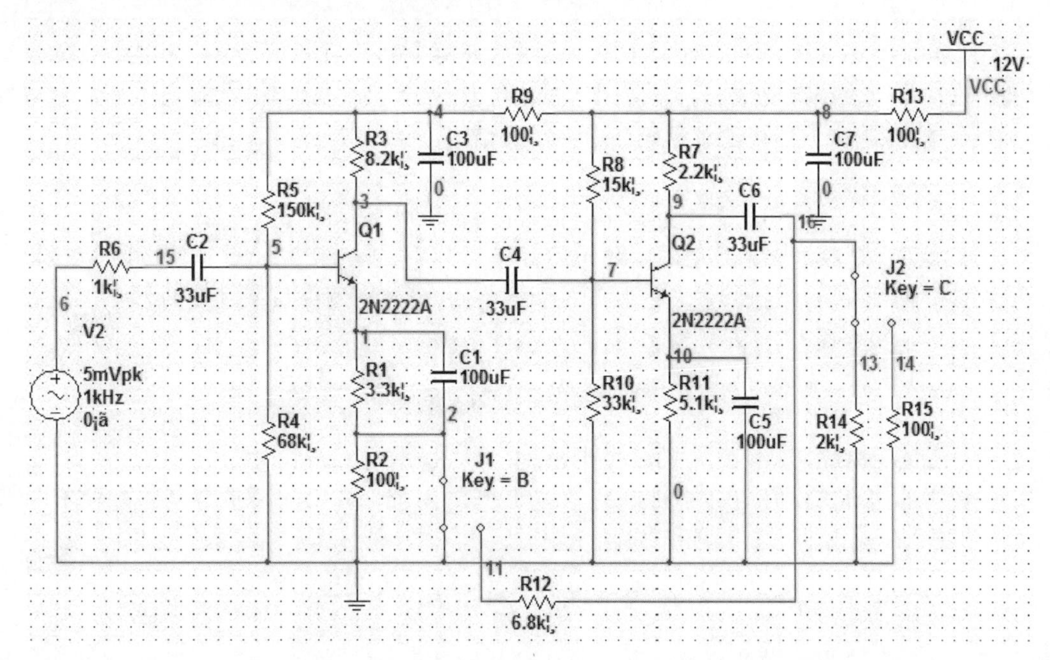

图 6-37　两级交流电压串联负反馈共射放大器

1）静态工作点

静态工作点设置如图 6-38 所示。

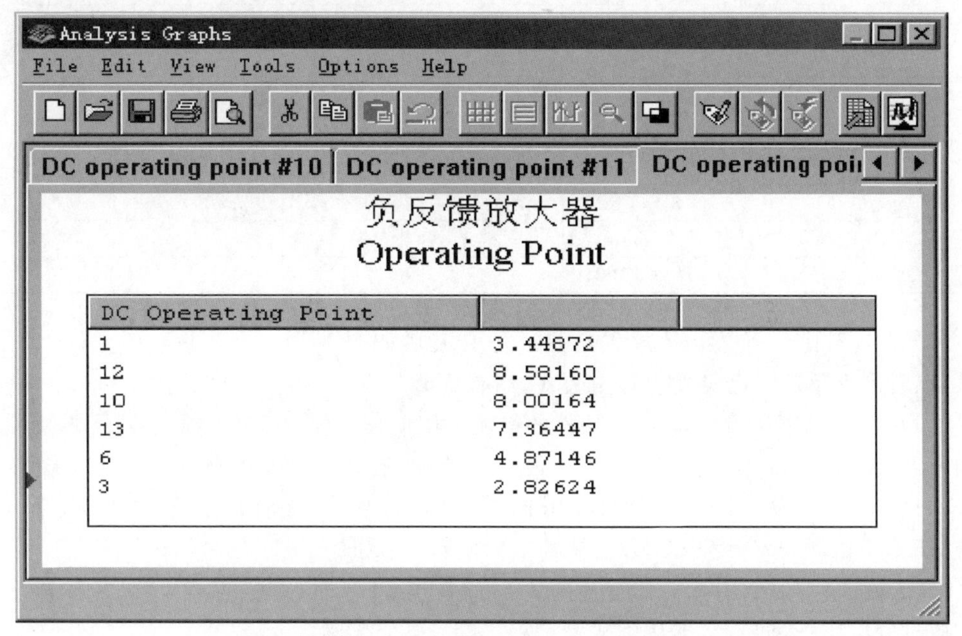

DC Operating Point		
1	3.44872	
12	8.58160	
10	8.00164	
13	7.36447	
6	4.87146	
3	2.82624	

图 6-38　电压串联负反馈共射放大器静态工作点

2）动态功能测试

（1）测量开环电压放大倍数。开环电压放大倍数，利用有效值计算，分别研究负载与电源不同时增益大小改变情况

$$A_u=\frac{U_o}{U_i}$$

（2）测量闭环电压放大倍数。开环电压放大倍数：利用有效值计算，分别研究负载与电源不同时增益大小改变情况。重复上述过程，测得引入反馈后的输入、输出电压波形与数值。根据输出、输入波形峰值求得闭环电压放大倍数

$$A_{uf}=\frac{U_{of}}{U_{if}}$$

（3）测量反馈放大器开环时的输出电阻。

在放大器开环工作时通过 J2 控制开关断开与闭合，分别测得负载开路时输出电压 U_o'，负载接入时输出电压 U_o。开环输出电阻

$$R_o=\left(\frac{U_o'}{U_o}-1\right)\cdot R_L$$

（4）测量反馈放大器闭环时的输出电阻。

在放大器闭环工作时通过控制开关 J2 的断开与闭合。分别测得负载开路时输出电压 U_o'，负载接入时输出电压 U_o。闭环输出电阻

$$R_o=\left(\frac{U_o'}{U_o}-1\right)\cdot R_L$$

仿真实验与测得结果见表 6-3。

表 6-3　负反馈放大器仿真数据总表

$U_{CC}=12V$ 时		开环放大网络		负反馈放大器			
	R_L	输入电压	输出电压	输入电压	输出电压	A_u	A_{uf}
	2kΩ	2.869mV	1.374V	3.437mV	0.206V	478.9	59.9
	100Ω	2.868mV	0.206V	3.345mV	0.094V	71.8	28.1
$R_L=2k\Omega$ 时	U_{CC}	主网络		负反馈放大器		A_u	A_{uf}
		输入电压	输出电压	输入电压	输出电压		
	12V	3.536mV	1.374V	3.536mV	0.206V	478.9	59.9
	9V	3.005mV	1.057V	3.431mV	0.199V	351.7	58
$U_{CC}=12V$，$R_L=2k\Omega$ 时，开环 $R_i=1346.3\Omega$							
$U_{CC}=12V$，$R_L=2k\Omega$ 时，闭环 $R_{if}=2199\Omega$							

（5）失真对比分析。开环放大与闭环仿真波形如图 6-39 所示，下半部分输入的正弦波，可以看出无反馈时已经发生严重失真，而有反馈时失真得到了明显改善。

（6）观察负反馈对放大器频率特性的影响。用伯德图仪 XBP1 测量主网络幅频特性曲线如图 6-39(b)所示，移动指针测量从最高点下降至 −3dB 处的频率得上限频率 $f_H=110.6kHz$，下限频率 $f_L=50.6Hz$，用同样方法测量负反馈放大器上限频率 $f_H=2.48MHz$，下限频率 $f_L=19.2Hz$。从频率数据知，负反馈扩展了放大器的通频带。

3. 结论

通过分析比较可知，基本达到实验结果。结论如下：

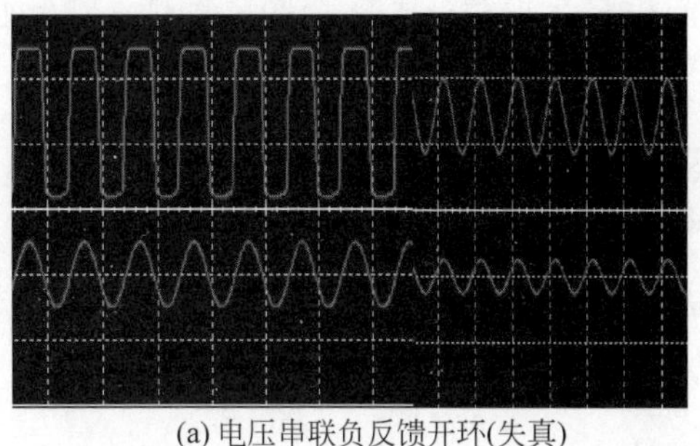

(a) 电压串联负反馈开环(失真)

(b) 闭环波形与幅频特性曲线

图 6-39　仿真波形

(1) 当 $R_L=2\text{k}\Omega$ 时，计算得主网络输入电阻 $R_i=2.01\text{k}\Omega$，负反馈放大器输入电阻 $R_{if}=2.23\text{k}\Omega$，可见串联负反馈使放大器输入电阻变大。

(2) 从频率数据知，负反馈扩展了放大器的通频带。

(3) 从放大倍数数值知，负反馈削弱了放大器的增益。

本章小结

(1) 几乎所有实用的放大电路中都要引入负反馈。反馈网络与基本放大电路一起组成一个闭合环路。分析时，通常假设反馈环内的信号是单向传输的，即正向信号传输只经过基本放大电路；而反向信号传输只经过反馈网络。判断、分析、计算反馈放大电路时都要用到这个合理的设定。

(2) 反馈正确判断是正确分析和设计反馈放大电路的前提。包括反馈有无的判断，交、直流反馈的判断，反馈极性的判断，电压、电流反馈的判断，串联、并联反馈的判断。

(3) 负反馈放大电路有四种类型：电压串联负反馈、电压并联负反馈、电流串联负反馈及电流并联负反馈放大电路。它们的性能各不相同。由于串联负反馈要用内阻较小的信号源即电压源提供输入信号，并联负反馈要用内阻较大的信号源即电流源提供输入信号，电压负反馈能稳定输出电压(近似于恒压输出)，电流负反馈能稳定输出电流(近似于恒流输出)，因此，上述四种组态负反馈放大电路又常被对应称为压控电压源、流控电压源、压控电流源和流控电流源电路。

(4) 引入负反馈后，虽然使放大电路的闭环增益减小，但是放大电路的许多性能指标得到了改善，如提高了电路增益的稳定性、减小了非线性失真、抑制了干扰和噪声、扩展了通频带。串联负反馈使输入电阻提高，并联负反馈使输入电阻下降，电压负反馈降低了输出电阻，电流负反馈使输出电阻增加。所有性能的改善程度都与反馈深度有关。实际应用中，可依据负反馈的上述作用引入符合设计要求的负反馈。

(5) 对于简单的由分立元件组成的负反馈放大电路(如共集电极电路)，可以直接用微变等效电路法计算闭环电压增益等性能指标。对于由运放组成的深度负反馈放大电路，可利用“虚短”“虚断”概念估算闭环电压增益。

(6) 引入负反馈可以改善放大电路的许多性能，而且反馈越深，性能改善越显著。但由于电路中有电容等电抗性元件存在，它们的阻抗随信号频率而变化，因而幅值相位满足一定条件时,电路就会从原来的负反馈变成正反馈而产生自激振荡。通常用频率补偿法来消除自激振荡。

习题

6.1 填空题。

1. 负反馈对输出电阻的影响取决于________端的反馈类型,电压负反馈能够________输出电阻,电流负反馈能够________输出电阻。

2. 根据反馈信号在输出端的取样方式不同,可分为________反馈和________反馈,根据反馈信号和输入信号在输入端的比较方式不同,可分为________反馈和________反馈。

3. 与未加反馈时相比,如反馈的结果使净输入信号变小,则为________,如反馈的结果使净输入信号变大,则为________。

4. 负反馈放大电路中,若反馈信号取样于输出电压,则引入的是________反馈,若反馈信号取样于输出电流,则引入的是________反馈;若反馈信号与输入信号以电压方式进行比较,则引入的是________反馈,若反馈信号与输入信号以电流方式进行比较,则引入的是________反馈。

5. ________反馈主要用于振荡等电路中,________反馈主要用于改善放大电路的性能。

6. 负反馈对输入电阻的影响取决于________端的反馈类型,串联负反馈能够________输入电阻,并联负反馈能够________输入电阻。

7. 直流负反馈的作用是________,交流负反馈的作用是________。

8. 有一电压串联负反馈放大电路,已知 $A=1000$,$F=0.099$,已知输入信号 u_i 为 0.1V,求其净输入信号 $u_d=$________,反馈信号 $u_f=$________和输出信号 $u_o=$________的值。

9. 有一负反馈放大器,已知其开环放大倍数 $A=50$,反馈系数 $F=1/10$,其反馈深度 $|1+AF|=$________和闭环放大倍数 $A_{uf}=$________。

10. 某直流放大电路输入信号电压为 1mV,输出电压为 1V,加入电压串联负反馈后,为达到同样输出时需要的输入信号为 10mV,则可知该电路的反馈深度为________,反馈系数为________。

6.2 选择题。

1. 已知交流负反馈有四种组态,选择合适的答案填入下列空格内,只填入 A、B、C 或 D。欲得到电流-电压转换电路,应在放大电路中引入________;欲将电压信号转换成与之成比例的电流信号,应在放大电路中引入________;欲减小电路从信号源索取的电流,增大带负载能力,应在放大电路中引入________;欲从信号源获得更大的电流,并稳定输出电流,应在放大电路中引入________。

A. 电压串联负反馈　　　B. 电压并联负反馈

C. 电流串联负反馈　　　D. 电流并联负反馈

2. 若反馈深度 $1+AF=1$,则放大电路工作在________状态。

A. 正反馈　　B. 负反馈　　C. 自激状态　　D. 无反馈

3. 在中频段，若反馈深度 $1+AF>1$，则放大电路工作在________状态。

A. 正反馈　　B. 负反馈　　C. 无反馈　　D. 自激状态

4. 负反馈可以抑制________的干扰和噪声。

A. 反馈环路内　　B. 反馈环路外

C. 与输入信号混在一起　　D. 与输出信号混在一起

5. 需要一个阻抗变换电路，要求输入电阻小，输出电阻大，应选用________负反馈放大电路。

A. 电压并联　　B. 电流并联　　C. 电流串联　　D. 电压串联

6.3 双管直接耦合电路如图 6-40 所示，试判断该电路的反馈组态，计算反馈系数 F 与闭环电压增益 A_{uf}。

6.4 试判断图 6-41 电路的反馈组态，如果是负反馈，计算反馈系数 F 与闭环电压增益 A_{uf}。

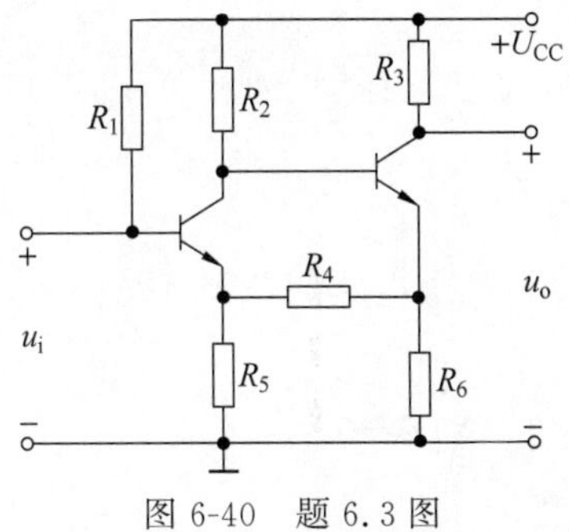

图 6-40 题 6.3 图

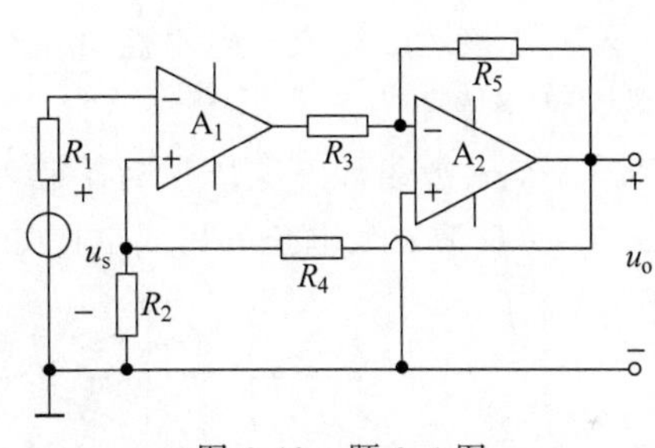

图 6-41 题 6.4 图

6.5 如图 6-42 所示电路，开关 K 与哪个点相连，电路构成一个二级负反馈放大器？判断反馈类型，已知电路满足深度负反馈条件，估算闭环电压放大倍数 A_{uf}；电路闭环输入电阻 R_{if} 与输出电阻 R_{of} 各趋向何值？

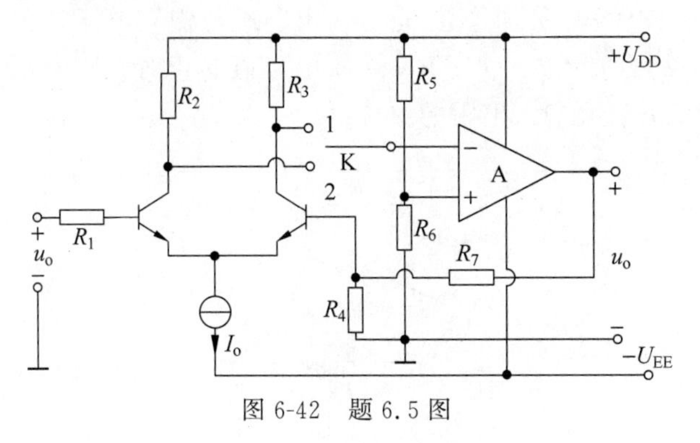

图 6-42 题 6.5 图

6.6 已知一个负反馈放大电路的基本放大电路的对数幅频特性如图 6-43 所示，反馈网络由纯电阻组成。试问：若要求电路稳定工作，即不产生自激振荡，则反馈系数的上限值为多少分贝？简述理由。

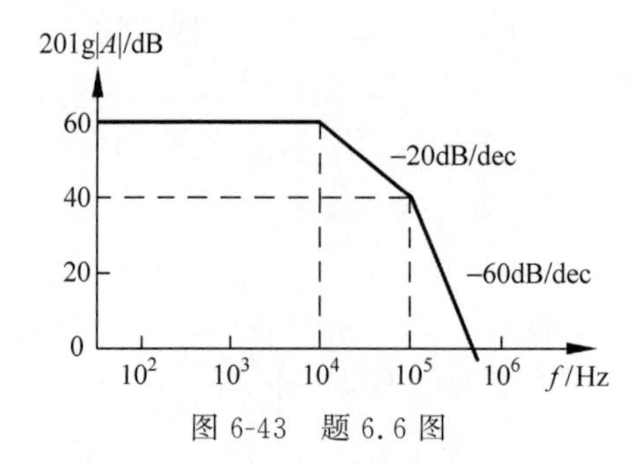

图 6-43 题 6.6 图

6.7 设某集成运放的开环频率响应的表达式为

$$\dot{A}_u=\frac{10^5}{\left(1+\mathrm{j}\frac{f}{f_{\mathrm{H1}}}\right)\left(1+\mathrm{j}\frac{f}{f_{\mathrm{H2}}}\right)\left(1+\mathrm{j}\frac{f}{f_{\mathrm{H3}}}\right)}$$

其中 $f_{\mathrm{H1}}=1\mathrm{MHz}$,$f_{\mathrm{H2}}=10\mathrm{MHz}$,$f_{\mathrm{H3}}=50\mathrm{MHz}$。

(1) 画出它的伯德图。

(2) 若利用该运放组成一电阻性负反馈放大电路,并要求有 45°的相位裕度,问此放大电路的最大环路增益为多少?

(3) 若用该运放组成一电压跟随器能否稳定地工作?

6.8 某负反馈放大电路的组成框图如图 6-44 所示,试求电路的总闭环增益。

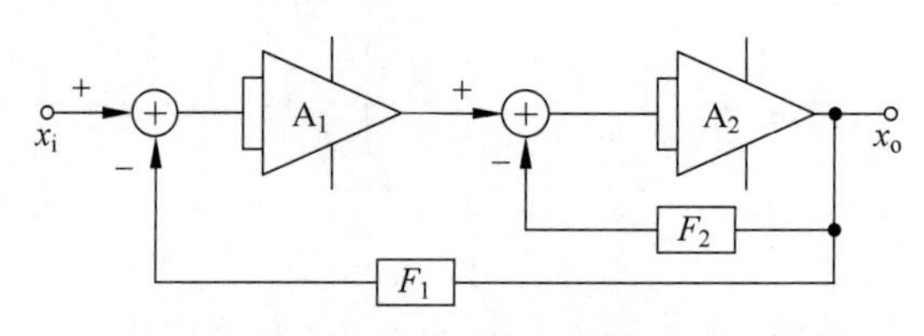

图 6-44 题 6.8 图

6.9 输入电阻自举扩展电路如图 6-45 所示,设 A_1、A_2 为理想运算放大器,$R_2=R_3$、$R_4=2R_1$,试分析放大电路的反馈类型、写出输出电压与输入电压的关系式;试推导电路输入电阻 R_i 与电路参数的关系式,讨论 R_1 和 R 电阻值的相对大小对电路输入电阻的影响,并定性说明该电路能获得高输入电阻的原理。

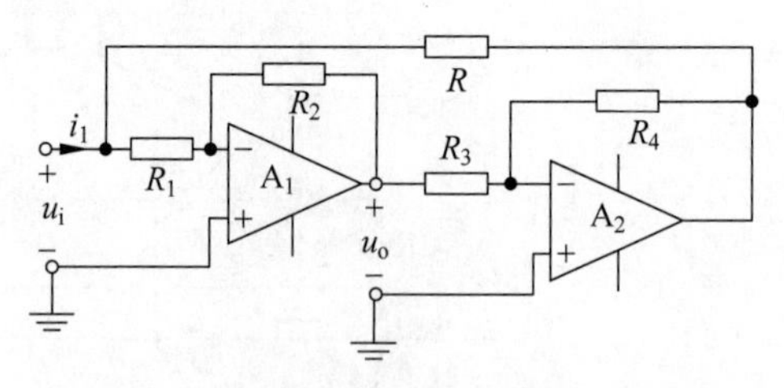

图 6-45 题 6.9 图

6.10 电路如图 6-46 所示。已知电阻值 $R_1=R_2=10\mathrm{k\Omega}$,$R_6=2\mathrm{k\Omega}$。A 为理想运放。

(1) 通过无源网络引入合适的交流负反馈,将输入电压 u_i 转换为稳定的输出电流 i_L。

(2) 要求 $u_i=0\sim5\mathrm{V}$ 时,相应的 $i_L=0\sim10\mathrm{mA}$,试求反馈电阻 R_f 的大小。

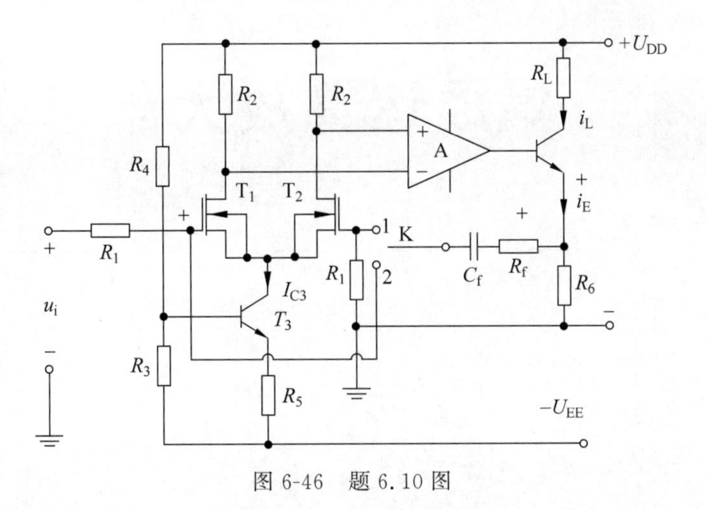

图 6-46　题 6.10 图

第7章 集成运算放大器组成的运算电路

CHAPTER 7

科技前沿——纳米功率运算放大器

美国国家半导体公司(National Semiconductor Corporation,NS)宣布推出一款全新的纳米功率运算放大器,可提供业界最低功耗552nW,即使供电电压低至1.6V,仍可保证正常操作。该款型号为LPV521的运算放大器属于美国国家半导体PowerWise系列,由于其功耗极低,可以延长系统的电池寿命,因此最适用于便携式电子设备及低功率电子产品,包括无线远程传感器、供电线路监控系统以及微功率氧气和气体传感器。

LPV521芯片适用于1.6～5.5V的供电电压,最高供电电流为0.4μA。由于其输入共模电压范围极宽,因此每一通道都可接收超过100mV的输入信号,从而与多种不同的传感器直接连接。此外,LPV521芯片的最高输入偏移电压(U_{os})不超过1mV,而输入偏移电压漂移(TCU_{os})也低至每度(摄氏)3.5μV,因此可确保整个高端及低端电流检测过程稳定可靠,测量数字准确无误。

LPV521芯片是全球唯一一款内置电磁干扰抑制滤波器的纳米功率运算放大器,其优点是可以降低来自外部的射频干扰。这类电磁干扰大多来自各种不同的无线装置,如移动电话、运动传感器及无线射频识别阅读器。

LPV521芯片采用美国国家半导体VIP50BiCMOS专利工艺技术制造,可以确保芯片在电源转化效率达到最高要求的同时充分发挥其性能。这款运算放大器的功率/性能比达到业界领先水平,低至每兆赫65μA。

集成运放是在20世纪50年代末到60年代初发明出来的,世界上第一个商业应用成功的集成运放是快捷半导体公司(fairchild semiconductor)在60年代中期推出的μA709,设计者是Robert J. Widler。μA709虽然存在一些问题,但并无大碍,所以它还是得到了广泛应用。

集成运放可工作在线性状态,也可以工作在非线性状态。工作在非线性状态时,可用于构成比较器、振荡器等应用电路;工作在线性状态时,主要完成对电子信息系统中的信号进行加工、处理与运算等线性处理过程。本章主要讨论集成运放的线性应用,即对电子信息系统中模拟信号的数学运算利用集成运放实现的方法及全过程。本章教学要点是建立运算放大器“虚短”和“虚断”的概念,重点介绍由运算放大器组成的加法、减法、积分和微分电路的组成和工作原理。要求重点掌握以下内容:

（1）理想集成运放电路在线性区工作时导出的虚短和虚断的特征，特别是反相端输入时还具有虚地的特征。视实际运放为理想运放，应用理想运放的这些条件，将大大简化电路的分析和计算。

（2）重点掌握两种最基本的集成运算电路——反相输入和同相输入的比例运算电路，二者反馈组态分别为电压并联负反馈和电压串联负反馈。它们是构成集成运算、处理电路最基本的电路，本章要重点掌握其分析方法与工作原理。

（3）在同、反相比例电路基础上搭接取舍构成了加、减、微分、积分、对数、反对数运算电路等。本章要了解各类应用电路的原理与设计实现方法。

7.1 集成运算放大器概述

典型模拟电子信息系统的组成可以抽象成如图 7-1 所示的方框图。系统首先对管理信号进行感测与信号提取，一般信号提取通过各种传感器（接收器）完成。由于传感器往往工作于恶劣的噪声环境，需要对信号进行隔离、滤波、匹配、放大等前期处理，以保证信号的有效性和抗干扰能力。信号达到技术上容易处理的程度就进行运算、比较、变换等加工处理。最后还要经过功率放大再驱动执行机构完成任务。当然，一个完整的系统还要有闭环反馈控制环节。

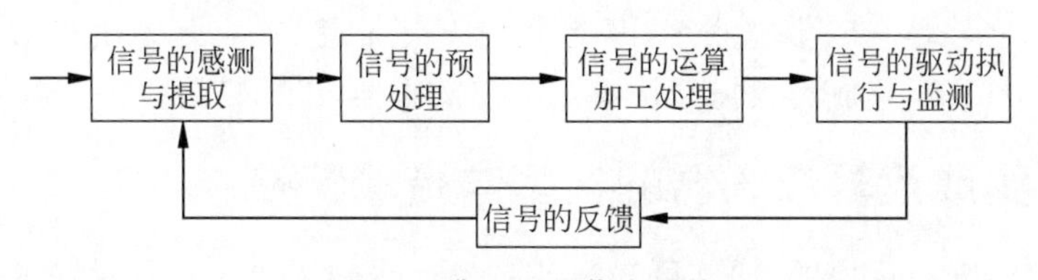

图 7-1　典型电子信息系统

图 7-1 系统实现的案例非常多，其中之一的速度控制系统，如图 7-2 所示。其输入参考量为 u_g，系统输出为 ω。控制系统的主要部件（元件）：给定电位器、运放 1、运放 2、功率放大器、直流电动机、减速器、测速发电机，其中至少需要两级或更多的运放才能完成速度管理功能。系统各部分实现函数关系如下：

运放 A_1 完成运算

$$u_1 = K_1(u_g - u_f) = K_1 u_e, \quad K_1 = -\frac{R_5}{R_2} \tag{7-1}$$

运放 A_2 完成运算

$$u_2 = K_2\left(\tau\frac{\mathrm{d}u_1}{\mathrm{d}t} + u_1\right), \quad \tau = R_8 C, \quad K_2 = -\frac{R_8}{R_6} \tag{7-2}$$

功率放大部分

$$u_3 = K_3 u_2 \tag{7-3}$$

电动机部分

$$T_m \frac{\mathrm{d}\omega_m}{\mathrm{d}t} + \omega_m = K_m u_3 - K_C M'_C \tag{7-4}$$

减速器（齿轮系）部分

$$\omega = \frac{1}{i}\omega_{m} \tag{7-5}$$

测速发电机部分

$$u_4 = K_4\omega \tag{7-6}$$

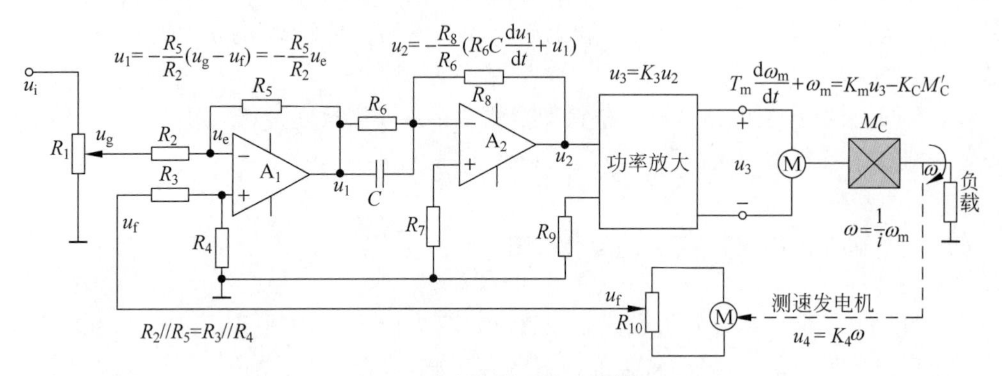

图 7-2　速度控制系统电路模型

由电子信息系统分析可知运放在电子信息系统中是不可或缺的。集成运放是用途广泛的 IC 原因之一是它的性能越来越理想化，这意味着使用集成运放来设计电路越来越容易。集成运放的增益特别高，一般在 10^5 以上。但一般情况下，不能直接利用这个高增益来放大微弱信号。原因之一是它的带宽很窄，只有几赫至几十赫，在实际中由于带宽过窄而不可用。所以，一般情况下，集成运放需要构成负反馈放大器，以牺牲增益来扩展带宽。

7.1.1　集成运算放大器的模型与传输特性

从第 4 章已经介绍运放的符号，可知运放具有两个输入端——同相输入端“+”与反相输入端“−”(端电压分别用 u_P 或 u_+ 和 u_N 或 u_- 表示)和一个输出端 u_o，这里的同相和反相只是输入电压和输出电压之间关系，若输入正电压从同相端输入，则输出端输出正的输出电压，若输入正电压从反相端输入，则输出端输出负的输出电压。运算放大器的低频等效模型符号如图 7-3(a)所示。

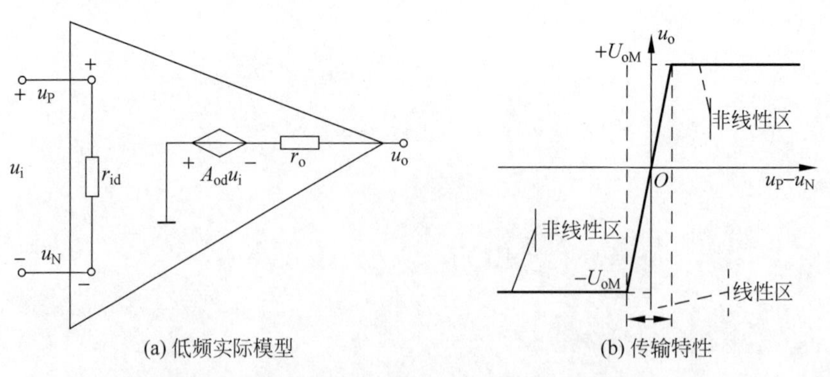

图 7-3　集成运放内部结构等效模型与传输特性

从集成运放的符号看，可以把它看作是一个双端输入、单端输出、具有高差模放大倍数、高输入电阻、低输出电阻、具有抑制温度漂移能力的放大电路。

所谓电压传输特性，实际上是一种关系曲线，即集成运放输出电压 u_o 和输入电压 u_i（即同相输入端与反相输入端之间的差值电压）之间的关系曲线。由于集成运放放大的是差模信号，而且没有通过外电路引入反馈，故称电压放大倍数为差模开环放大倍数，记作 A_{od}，当集成运放工作在线性区时，有

$$u_o = f(u_P - u_N) = A_{od}(u_P - u_N) = A_{od}u_i \tag{7-7}$$

其传输特性如图 7-3(b)所示。关系曲线明显地分为两个区域，线性放大区和饱和区，斜线反映了线性放大区输入与输出之间的关系。斜率就是电压放大倍数 $A_u = u_o/u_i$，输出与输入信号幅值（或有效值）之比；两端水平线是饱和区，表明输出电压 u_o 不随输入 $u_i = u_P - u_N$ 变化，而是恒定值 $+U_{oM}$（或 $-U_{oM}$），其数值接近正负电源电压值。

由特性曲线还看出线性区非常窄，这是因为差模开环放大倍数 A_{od}（通常计算时用 A 表示）非常高，可达几十万倍，因此集成运放电压传输特性中的线性区非常窄。如果输出电压的最大值 $\pm U_{oM} = \pm 12\text{V}$，$A_{od} = 5 \times 10^5$，只有当 $u_i = |u_P - u_N| < 24\mu\text{V}$ 时，运放才工作在线性区。

由于集成运放的输入电阻 r_{id} 非常高，若输入级是 BJT 构成的，则输入电阻 r_{id} 的典型值为 2MΩ；若输入级是 FET 构成的，则 r_{id} 的典型值为 $10^{12}\Omega$。集成运放的输入电阻可以理想化成开路。集成运放的输出电阻 r_o 非常低，一般为 10～100Ω，典型值为 75Ω，因此集成运放的输出电阻可以理想化成短路，输出可等效为恒压源。集成运放的开环增益通常高于 10^5，典型值为 2×10^5。理想情况下集成运放的开环差模放大倍数 A_{od} 为无穷大，其共模放大倍数 A_c 为 0。在实际应用中，在其外部所接电阻阻值相当大的变化范围内，按理想情况分析计算的结果和考虑运放实际参数时分析计算的结果相差很小。

7.1.2 工作在线性区的特点

如果直接将输入信号作用于理想运放的两个输入端，则由于 A_{od} 为无穷大，必然使集成运放工作在非线性区。因此，集成运放工作在线性区时候，必须加外部电路，引入负反馈，使两个输入端的电压趋近于零，如图 7-4 所示。

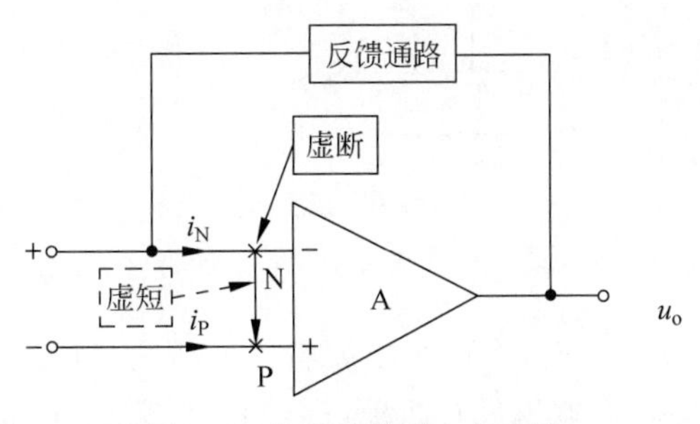

图 7-4　集成运放引入负反馈

图 7-4 中电流 i_P、i_N 为流入同相输入端、反相输入端的电流，称为净输入电流。图 7-4 中 N、P 点对地电位 u_P、u_N 为同相输入端、反相输入端的电压，也称为净输入电压。

由于 $u_o = A_{od}(u_P - u_N)$，并且 A_{od} 为无穷大，又因为输出电压不可能为无穷大，只能为有限值，所以 $(u_P - u_N)$ 只能趋近于零，即 $u_P \approx u_N$。称此时的同相输入端与反相输入端“虚短”路。之所以称“虚”，是因为它们之间没有电流流过，不可用导线连接起来，只是电位相

等。由于输入电阻为无穷大，所以流入同相输入端和反相输入端的电流均为零，即 $i_P=i_N=0$，称此时的同相输入端和反相输入端与外电路"虚断"。之所以称为"虚"，是因为它们与外电路仍然连接在一起，而没有断开。

为了分析方便，把集成运放电路均视为理想器件，应满足：

① 开环电压增益 $A_u=\infty$；

② 输入电阻 $R_i=\infty$，输出电阻 $R_o=0$；

③ 开环带宽 $BW=\infty$；

④ 同相输入端电压与反相输入端电压 $u_P=u_N$ 时，输出电压 $u_o=0$，无温漂。

通过一个例子可以说明实际运放理想化的合理性。已知运放 F007 工作在线性区，其 $A_{um}=100\text{dB}=10^5$，若 $u_o=12\text{V}$，$R_i=5\text{M}\Omega$。则

$$u_{id}=u_+-u_-=12/10^5=0.12\text{mV}$$

$$i_+-i_-=u_{id}/R_i=0.024\text{nA}$$

可以看出，运放的差动输入电压、电流都很小，与电路中其他电量相比可忽略不计。这说明在工程应用上，把实际运放当成理想运放来分析误差不大，是合理的。因此，对于工作在线性区的理想运放应满足"虚短"，即 $u_P=u_N$；"虚断"，即 $i_P=i_N=0$。

本章讨论的即是上述"虚短""虚断"四字法则的灵活应用。

"虚短"和"虚断"是分析工作在线性区的理想运放应用电路输出与输入函数关系的基本出发点。

7.1.3 工作在非线性区的特点

如果集成运放工作在开环状态，则工作在非线性区。若仅引入正反馈，则因其使输出量的变化增大，也会工作在非线性区。因而判断集成运放工作在非线性区的电路特征是开环或用无源网络连接集成运放的输出端和同相输入端(即引入正反馈)，如图 7-5(b)所示。

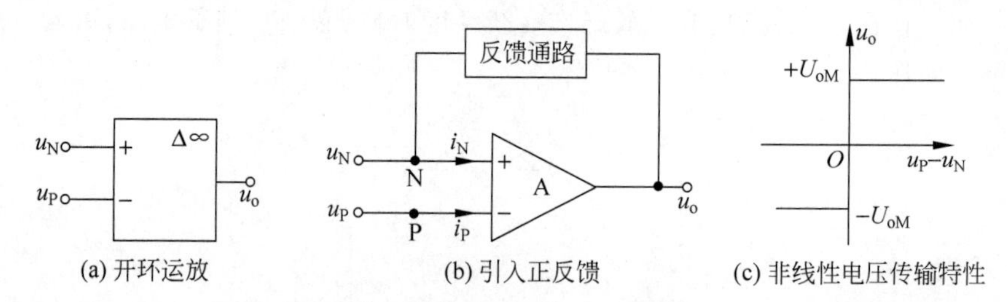

(a) 开环运放 (b) 引入正反馈 (c) 非线性电压传输特性

图 7-5 集成运放工作在非线性区

当集成运放工作在非线性区时，有两个重要特点：其一，当 $u_P>u_N$ 时，$u_o=+U_{oM}$；当 $u_P<u_N$ 时，$u_o=-U_{oM}$。即输出电压只有两种可能的值，不是 $+U_{oM}$，就是 $-U_{oM}$，$\pm U_{oM}$ 接近供电电源的电压值。其二，因为(u_P-u_N)总是有限值，而输入电阻无穷大，所以净输入电流为零，即 $i_P=i_N=0$。也就是工作在非线性区，只有"虚断"，没有"虚短"。

总之，分析集成运放应用电路，首先应根据有无反馈及反馈极性来判断集成运放工作在哪个区，然后根据不同区的不同特点，分析求解电路。无特殊要求，集成运放均可以看成理想集成运放。

7.2　基本运算电路

集成运放名称的由来就是因为其运算能力而最早应用于模拟计算领域，工作在线性区时，利用外接电阻可以实现很多运算，例如：比例运算，加法运算，减法运算，积分运算，微分运算等。本节探讨这些电路的设计计算与实现方法。

7.2.1　比例运算电路

将输入信号按比例放大的电路，称为比例运算电路(proportion operation circuit)。比例运算电路可以分为同相比例运算电路和反相比例运算电路两种。简单比例电路已经在第6章负反馈电路中做过分析，这里研究较为复杂而且工程上较为常见的比例电路与加减法运算电路。

1. 反相比例运算电路

如图7-6(a)所示为反相T型反馈网络比例运算电路，由于输出电压 u_o 与输入电压 u_i 反相，故此得名。u_i 通过电阻 R_1 作用于集成运放的反相输入端，同相输入端通过补偿电阻 R_P 接地。R_P 也称为平衡电阻，主要保证运放同相与反相端外接对地等效电阻相等而设置。本图中同相端只有一个电阻 R_P。

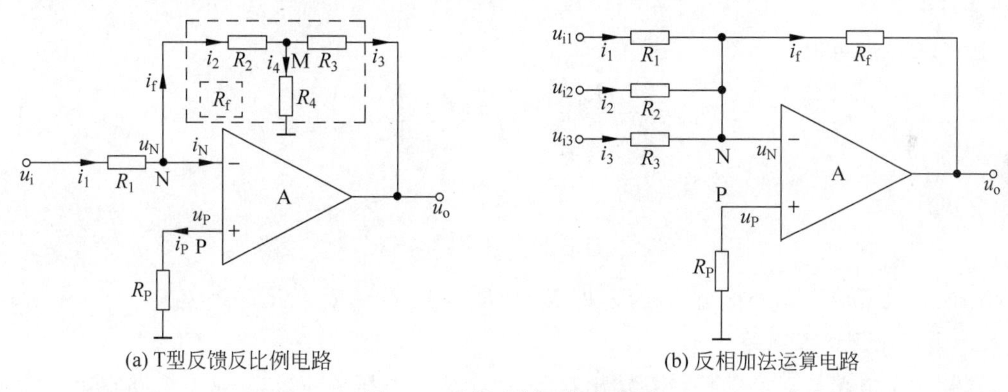

图7-6　反相比例运算电路图

集成运放工作在线性区，由于虚断，净输入电流 $i_P=i_N=0$，故有 R_P 上的电压为零，所以 $u_P=0$，又因为虚短，$u_P=u_N$，得

$$u_N=u_P=0$$

反比例电路反相端电位为零称为"虚地"。

再考虑虚断 $i_N=0$，对于节点N，有电流关系 $i_1=i_f=i_2$。即

$$\frac{u_i-u_N}{R_1}=\frac{u_N-u_M}{R_2}$$

将 $u_N=0$ 代入上式并整理得

$$u_M=-\frac{R_2}{R_1}\cdot u_i \tag{7-8}$$

输出电压为

$$u_o = -i_2R_2 - i_3R_3 = u_M - (i_2 - i_4)R_3 = u_M + (i_4 - i_2)R_3$$

$$i_1 \approx i_2 = \frac{u_i}{R_1}, \quad i_4 = \frac{u_M}{R_4} = -\frac{R_2}{R_1R_4}u_i, \quad i_3 \approx i_2 - i_4$$

将 $i_1 \sim i_4$ 关系式代入 u_o 表达式,有

$$u_o = -\left(\frac{R_2R_3}{R_1R_4} + \frac{R_3}{R_1}\right)u_i - \frac{R_2}{R_1}u_i = -\left(\frac{R_2R_3}{R_1R_4} + \frac{R_3 + R_2}{R_1}\right)u_i \tag{7-9}$$

也可以写为

$$u_o = -\frac{R_3 + R_2}{R_1}\left(1 + \frac{R_2 /\!/ R_3}{R_4}\right)u_i \tag{7-10}$$

式(7-10)表明,输出电压和输入电压是反相比例运算关系,比例系数为$-R_f/R_1$,负号表示输出电压与输入电压反相,R_f 为反馈电阻,比例系数的绝对值可以是大于、等于或小于1的任意数。

该电路输出电阻 $R_o=0$,因而具有很强的带负载能力。由于 $u_N=0$,故输入电阻为

$$R_i = R_1 \tag{7-11}$$

由于 $u_N=u_P=0$,说明集成运放的共模输入电压为零。

2. 反相加法运算电路

在反相比例运算电路的基础上,增加一个输入支路,就构成了反相输入求和电路。反相加法运算电路如图7-6(b)所示。

由叠加原理可得

$$u_o = -\left(\frac{R_f}{R_1}u_{i1} + \frac{R_f}{R_2}u_{i2} + \frac{R_f}{R_3}u_{i3}\right) \tag{7-12}$$

若 $R_1 = R_2 = R_3 = R$,则

$$u_o = -\frac{R_f}{R}(u_{i1} + u_{i2} + u_{i3}) \tag{7-13}$$

为了保证运放两输入端外接电阻相等,即 $R_+ = R_-$,有 $R_P = R_1 /\!/ R_2 /\!/ R_3 /\!/ R_f$。

3. 同相比例运算电路

同相比例电路最典型的特点是输出电压 u_o 与输入电压 u_i 同相。基本电路在第6章电压串联负反馈中已经分析,这里分析更具一般意义的如图7-7所示带有平衡电阻的同相比例运算电路。集成运放的输入级通常是差分放大电路,图中电阻 R_P 的作用是保持运放输入级差分放大电路具有良好的对称性,从而提高精度,相当于平衡电阻 R_P。其阻值要保证同相端对地等效电阻等于反相端对地等效电阻,即 $R_1 /\!/ R_P = R /\!/ R_f$。集成运放的反相输入端通过电阻 R 接地,同相输入端则通过 R_1 接入信号。

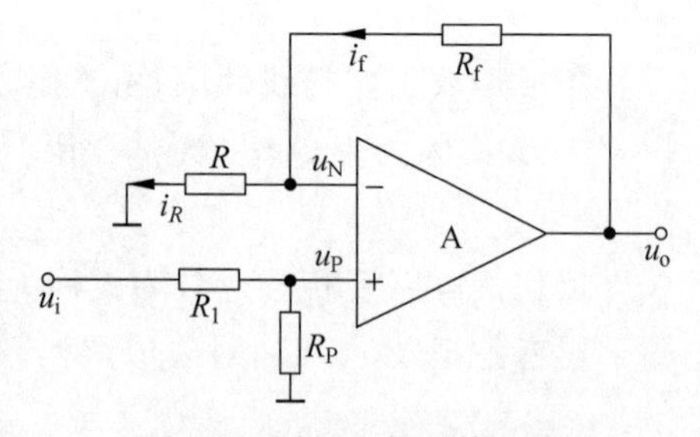

图7-7 同相比例运算电路

由于集成运放的净输入电压和净输入电流均为零,所以根据虚短得

$$u_N = u_P$$

根据反相端虚断得

$$i_R = i_f$$

即

$$\frac{u_N - 0}{R} = \frac{u_o - u_N}{R_f}$$

整理可得

$$u_o = \left(1 + \frac{R_f}{R}\right) u_N \tag{7-14}$$

将式 $u_N = u_P$ 代入式(7-14)，可得

$$u_o = \left(1 + \frac{R_f}{R}\right) u_P \tag{7-15}$$

再根据同相端虚断，有

$$u_P = \left(\frac{R_P}{R_1 + R_P}\right) u_i \tag{7-16}$$

将式(7-16)代入式(7-15)，得到

$$u_o = \left(1 + \frac{R_f}{R}\right)\left(\frac{R_P}{R_P + R_1}\right) u_i = \frac{R_P \mathbin{/\!/} R_1}{R \mathbin{/\!/} R_f} \cdot \frac{R_f}{R_1} u_i = \frac{R_+}{R_-} \cdot \frac{R_f}{R_1} u_i \tag{7-17}$$

式(7-15)与式(7-17)是同相比例电路最基本的公式。式(7-15)表明：①输出电压和输入电压同相；②同相比例电路系数$(1+R_f/R)>1$，但可以通过电路设计使同相端与反相端对地电阻相等，即 $R_+=R_-$ 来改变系数关系。但要注意公式中的电阻对应关系是公式正确应用的难点。还需要说明的是由于同相比例运算电路的输入电流为零，故输入电阻为无穷大；由 $u_N=u_P=u_i$，故运放的输入电压等于共模输入电压。

4. 同相加法运算电路

一般意义上，同相加法运算电路由同相比例电路按照设计需要加多几个输入端构成，三输入同相加法器如图 7-8 所示。

由叠加原理可得

$$u_P = \frac{R_2 \mathbin{/\!/} R_3 \mathbin{/\!/} R_P}{R_1 + (R_2 \mathbin{/\!/} R_3 \mathbin{/\!/} R_P)} u_{i1} + \frac{R_1 \mathbin{/\!/} R_3 \mathbin{/\!/} R_P}{R_2 + (R_1 \mathbin{/\!/} R_3 \mathbin{/\!/} R_P)} u_{i2} + \frac{R_1 \mathbin{/\!/} R_2 \mathbin{/\!/} R_P}{R_3 + (R_1 \mathbin{/\!/} R_2 \mathbin{/\!/} R_P)} u_{i3} \tag{7-18}$$

令 $R_+=R_1/\!/R_2/\!/R_3/\!/R_P$，表示由集成运放同相端所接的等效电阻，则

$$u_P = \frac{R_+}{R_1} u_{i1} + \frac{R_+}{R_2} u_{i2} + \frac{R_+}{R_3} u_{i3} \tag{7-19}$$

将式(7-19)代入式(7-15)，可得

$$u_o = \left(1 + \frac{R_f}{R}\right) u_P = \left(\frac{R_f + R}{R}\right)\left(\frac{R_+}{R_1} u_{i1} + \frac{R_+}{R_2} u_{i2} + \frac{R_+}{R_3} u_{i3}\right) \tag{7-20}$$

对于图 7-8 所示电路，$R_-=R/\!/R_f$，可以将式(7-20)变换为

$$u_o = \frac{R_+}{R_-} \cdot \left(\frac{R_f}{R_1} u_{i1} + \frac{R_f}{R_2} u_{i2} + \frac{R_f}{R_3} u_{i3}\right) \tag{7-21}$$

5. 加减法运算电路

运放利用差动输入方式可以实现减法运算，电路如图 7-9 所示。可以利用叠加原理进行分析。

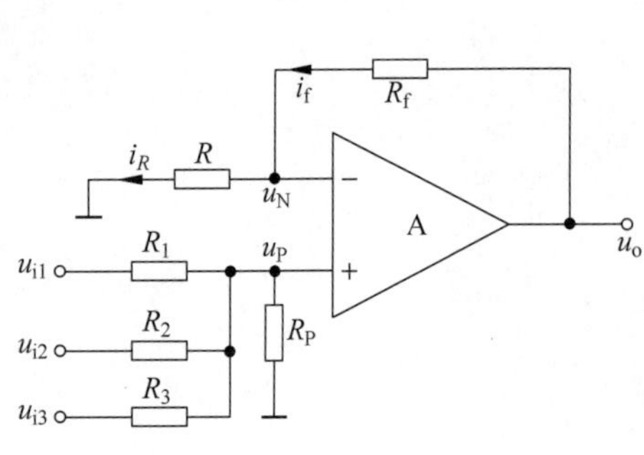

图 7-8 同相加法运算电路

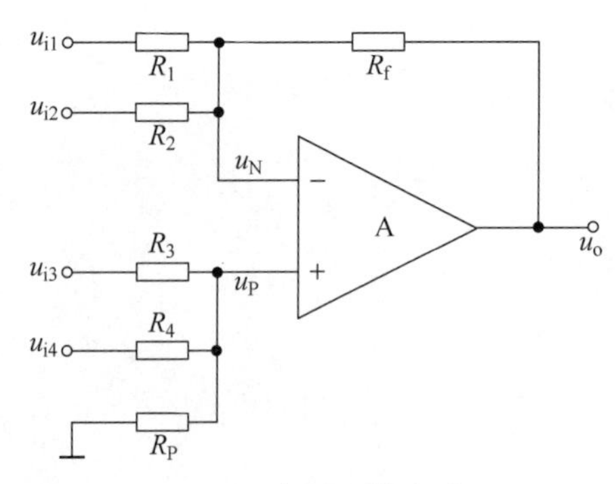

图 7-9 加减运算电路

(1) 反相端加信号,电路为反相加法器,有

$$u_{o1}=-\left(\frac{R_f}{R_1}u_{i1}+\frac{R_f}{R_2}u_{i2}\right)$$

(2) 同相端加信号,电路为同相加法器,有

$$u_{o2}=\frac{R_+}{R_-}\left(\frac{R_f}{R_3}u_{i3}+\frac{R_f}{R_4}u_{i4}\right)$$

(3) 同相端与反相端信号共同作用,有

$$u_o=u_{o1}+u_{o2}=-\left(\frac{R_f}{R_1}u_{i1}+\frac{R_f}{R_2}u_{i2}\right)+\frac{R_+}{R_-}\left(\frac{R_f}{R_3}u_{i3}+\frac{R_f}{R_4}u_{i4}\right) \tag{7-22}$$

由于平衡电阻存在,因此电路提供了 $R_-=R_+$ 条件,所以式(7-22)可以写为

$$u_o=-\left(\frac{R_f}{R_1}u_{i1}+\frac{R_f}{R_2}u_{i2}\right)+\left(\frac{R_f}{R_3}u_{i3}+\frac{R_f}{R_4}u_{i4}\right) \tag{7-23}$$

通过调整式(7-23)电阻数值可实现任意系数的加减运算电路。此电路特点有:①只需一只运放,元件少,成本低;②由于其实际是差动式放大器,电路存在共模电压,应选用 K_{CMRR} 较高的集成运放,才能保证一定的运算精度;③阻值计算和调整不方便,一般先假定反馈电阻 R_f 值,其值一般在几千欧至一兆欧选择,然后根据数学关系计算其他电阻阻值。由于该电路用一只集成运放,它的电阻计算和电路调整均不方便,实际上通过两级或多级运放组合电路可实现便于计算的电路形式。由于各运放单元电路的后级对前级没有影响(采用的是理想集成运放),它的计算十分方便。例如如图 7-10 所示电路。读者可自行利用虚断虚短原则分析。

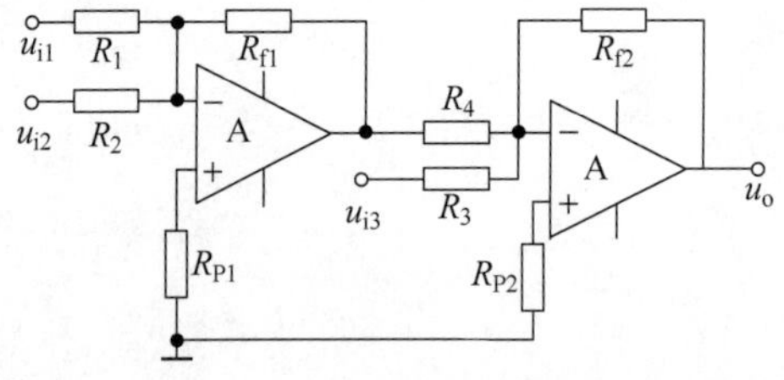

图 7-10 双运放加减运算电路

还有一种工程上常用的如图 7-11 所示电路需要介绍——电压跟随器,它是同相比例运算电路的一个特例。电路的输出电压全部返回到集成运放的反相输入端,使比例系数等于1。由集成运放的虚断虚短原则得出净输入电压和净输入电流均为零,$u_o=u_N$,$u_N=u_i$,所以,有

$$u_o=u_i$$

表明输出电压跟随输入电压变化,故此得名。该电路在通信系统信号缓冲、隔离与单元电路

间匹配中有重要应用。

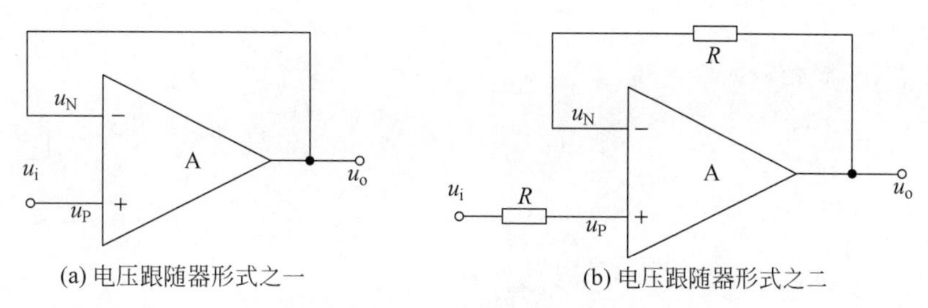

(a) 电压跟随器形式之一　　(b) 电压跟随器形式之二

图 7-11　电压跟随器

例 7-1　如图 7-12 所示为一反相比例运算电路，试证明

$$A_{uf}=\frac{u_o}{u_i}=-\frac{R_f}{R_1}\left(1+\frac{R_3}{R_4}\right)-\frac{R_3}{R_1}$$

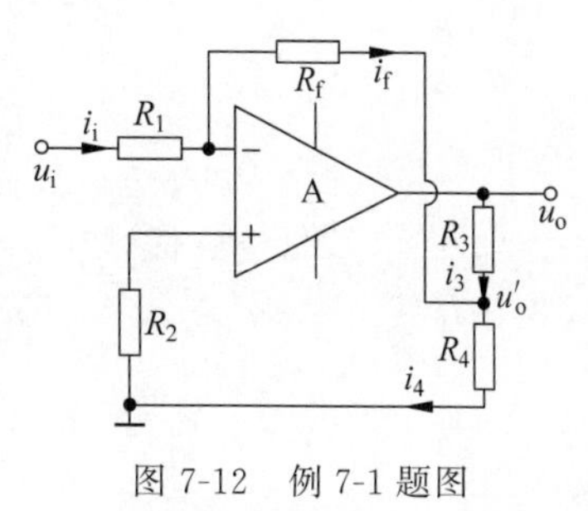

图 7-12　例 7-1 题图

证　根据虚断的概念 $i_p\approx 0$，R_2 接地，故 R_2 上电压为零，即由虚短的概念 $u_+=0$，$u_+=u_-=0$，反相端 $u_-=0$ 称为“虚地”。于是，R_f 和 R_4 可视为并联，则有

$$u_{R_4}=\frac{R_4 /\!/ R_f}{R_3+R_4 /\!/ R_f}u_o$$

即

$$u_o=\frac{R_3+R_4 /\!/ R_f}{R_4 /\!/ R_f}u_{R_4}$$

由于

$$u_{R_4}=u_{R_f}=-R_f i_f,\quad i_f=i_1=\frac{u_i}{R_1}$$

所以

$$u_o=\frac{R_3+R_4 /\!/ R_f}{R_4 /\!/ R_f}u_{R_4}=\frac{R_3+R_4 /\!/ R_f}{R_4 /\!/ R_f}\left(-\frac{R_f}{R_1}u_i\right)=-\frac{R_f}{R_1}\frac{R_3+R_4 /\!/ R_f}{R_4 /\!/ R_f}u_i$$

$$=-\frac{R_f}{R_1}\left(\frac{R_3}{R_4 /\!/ R_f}+1\right)u_i=-\frac{R_f}{R_1}\left[1+\frac{R_3(R_4+R_f)}{R_4R_f}\right]u_i=-\frac{R_f}{R_1}\left(1+\frac{R_3}{R_f}+\frac{R_3}{R_4}\right)u_i$$

即

$$A_{uf}=\frac{u_o}{u_i}=-\frac{R_f}{R_1}\left(1+\frac{R_3}{R_4}\right)-\frac{R_3}{R_1}$$

解题结论　R_f 引入电流并联负反馈，具有稳定输出电流 i_o 的效果，也称为反相输入恒流源电路。即

$$i_o=i_4-i_f=\frac{u_{R_4}}{R_4}-\frac{u_i}{R_1}$$

改变电阻 R_f 或 R_4 阻值，就可改变 i_o 的大小。

例 7-2　电路如图 7-13 所示。$R_1=R_2=10\text{k}\Omega$，$R_f=R_3=100\text{k}\Omega$，$R_w=10\text{k}\Omega$。

(1) 写出 u_o 与 u_{i1}、u_{i2} 的运算关系式；

(2) 当 R_w 的滑动端在最上端时，若 $u_{i1}=10\text{mV}$，$u_{i2}=20\text{mV}$，则 $u_o=?$

(3) 若 u_o 的最大幅值为 $\pm 14\text{V}$，输入电压最大值 $u_{i1\max}=10\text{mV}$，$u_{i2\max}=20\text{mV}$，最小值

均为0V,则为了保证集成运放工作在线性区,R_5 的最大值为多少?

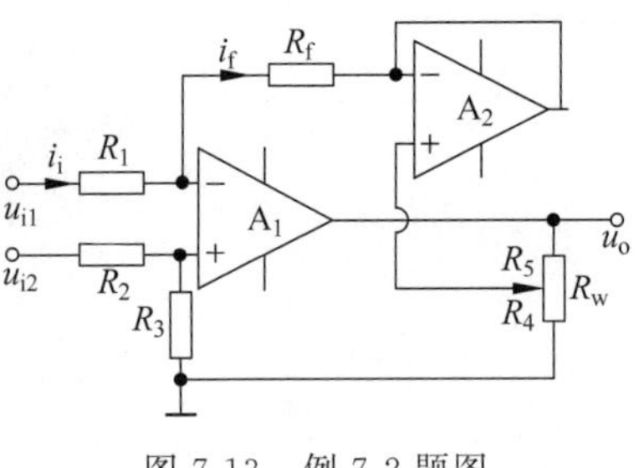

图 7-13 例 7-2 题图

解 (1) A_2 同相输入端电位

$$u_{P2}=u_{N2}=\frac{R_f}{R_1}(u_{i2}-u_{i1})=10\ (u_{i2}-u_{i1})$$

输出电压

$$u_o=\left(1+\frac{R_5}{R_4}\right)\cdot u_{P2}=10\left(1+\frac{R_5}{R_4}\right)(u_{i2}-u_{i1})$$

或

$$u_o=10\cdot\frac{R_w}{R_4}\cdot(u_{i2}-u_{i1})$$

(2) 将 $u_{i1}=10\text{mV}$,$u_{i2}=20\text{mV}$ 代入上式,得 $u_o=100\text{mV}$。

(3) 根据题目所给参数,$u_{i1}-u_{i2}$ 的最大值为20mV。若 R_4 为最小值,则为保证集成运放工作在线性区,$u_{i1}-u_{i2}=20\text{mV}$ 时集成运放的输出电压应为+14V,写成表达式为

$$u_o=10\cdot\frac{R_w}{R_{4\min}}\cdot(u_{i2}-u_{i1})=10\cdot\frac{10}{R_{4\min}}\cdot 20=14$$

故

$$R_{4\min}\approx 143\Omega;\quad R_{5\max}=R_w-R_{4\min}\approx(10-0.143)\text{k}\Omega\approx 9.86\text{k}\Omega$$

解题结论 *差动输入方式运算电路可以利用本节推导的公式进行分析,但更有效的方法还是利用虚断虚短原则进行分析。*

6. 比例运算电路小结

(1) 在进行电压相加时,能保证各 u_i 及 u_o 间有公共的接地端。输出 u_o 分别与各个 u_i 间的比例系数仅仅取决于 R_f 与各输入回路的电阻之比,而与其他各路的电阻无关。因此,参数值的调整比较方便。

(2) 求和电路实际上是利用"虚地"以及 $i_i=0$ 的原理,一般求和电路的输出电压决定于若干个输入电压之和,一般表达式为

$$u_o=k_1u_{s1}+k_2u_{s2}+\cdots+k_nu_{sn}$$

反相比例加法器通过电流相加($i_f=i_1+i_2+\cdots$)来实现电压相加。当然也可利用同相放大器组成。

(3) 反相比例电路输出端再接一级反相器,则可消去负号,实现符合常规的算术加法;同相放大器可直接得出无负号求和。但要注意 $R_-=R_+$ 的严格条件与公式各项中电阻对应关系。

(4) 这类电路的优点是:在进行电压相加的同时,仍能保证各输入电压及输出电压间有公共的接地端,使用方便;由于"虚地"点的"隔离"作用,输出 u_o 分别与各个 u_{si} 间的比例系数仅仅取决于 R_f 与各相应输入回路的电阻之比,而与其他各路的电阻无关。因此,参数值的调整比较方便。

7.2.2 微积分运算电路

本节探讨数学上的微积分运算如何通过电路来实现,实际上在电路分析中已经探讨过动态元件电容或电感伏安关系(VAR)等效为微积分关系,可以考虑利用运放的线性结合动

态元件的 VAR 实现工程上的微积分模拟运算。需要说明的是分析微积分运算电路常可以假定电容无初始电压，这样可以使计算简化。

1. 积分运算电路

积分运算电路(integral operation circuit)实际上将反比例运算电路中反馈电阻换成电容即可构成。它也有求和积分、反相积分、差动积分等形式。

1) 反相积分器

反相积分常用电路如图 7-14(a)所示。根据虚短和虚断的概念可知 $u_P=u_N=0$，即虚地。流过电容 C 的电流 i_C 等于流过电阻 R 的电流 i_R，即

$$i_C=i_R=\frac{u_i}{R}$$

而输出电压和电容两端电压的关系为

$$u_o=-u_C$$

再利用电容电压 u_C 等于电容上电流的积分，因此

$$u_o=-u_C=-\frac{1}{C}\int\frac{u_i}{R}\mathrm{d}t=-\frac{1}{RC}\int u_i\mathrm{d}t \tag{7-24}$$

若求解某一段时间($t_1\sim t_2$)内的积分值，则应考虑到 u_o 的初始值 $u_o(t_1)$，所以输出电压为

$$u_o=-\frac{1}{RC}\int_{t_1}^{t_2}u_i\mathrm{d}t+u_o(t_1) \tag{7-25}$$

若 u_i 为一常量 U_i，则

$$u_o=-\frac{1}{RC}U_i(t_1-t_2)+u_o(t_1) \tag{7-26}$$

式(7-26)表明输出电压是输入电压的线性积分。

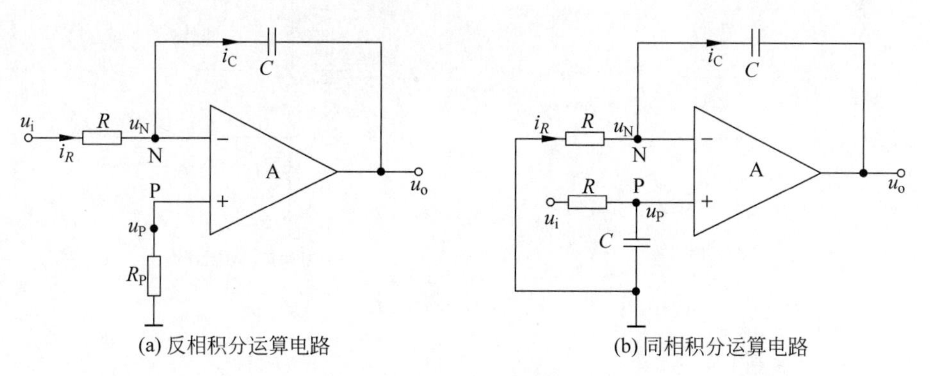

图 7-14　积分运算电路之一

2) 同相积分器

同相积分常用电路如图 7-14(b)所示。利用传递函数来分析计算，由同相端虚断虚短原则，可得

$$U_P(s)=\frac{\frac{1}{sC}}{R+\frac{1}{sC}}U_i(s) \tag{7-27}$$

利用同相比例电路原理可以推导

$$U_o(s)=\left(1+\frac{\frac{1}{sC}}{R}\right)U_P(s)=\frac{1}{sRC}U_i(s) \tag{7-28}$$

不考虑电容初始电压,转换成时域关系,即

$$u_o=\frac{1}{RC}\int_{t_1}^{t_2}u_i\mathrm{d}t \tag{7-29}$$

式(7-29)表明 u_o 正比于 u_i 对时间的积分,且具有同相关系。

当然,也可通过基本反相积分器实现同相积分运算,若在反相积分器前加一级反相器,如图 7-15 所示。

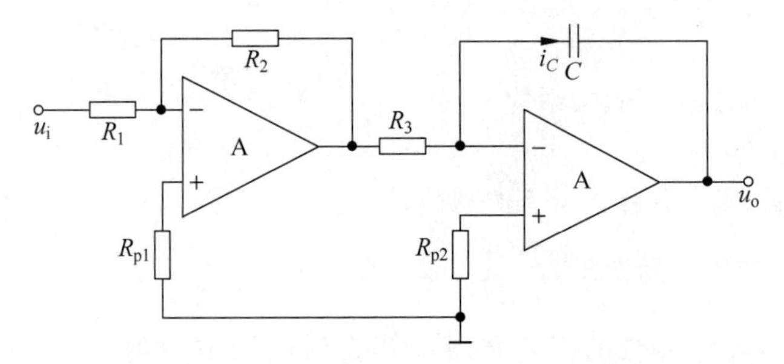

图 7-15 反相积分电路构成同相积分电路示意图

3) 求和积分器

在基本积分电路基础上扩展输入端就可以构成求和积分电路,为研究方便,本节只就如图 7-16(a)所示反相求和积分器作介绍。详细分析过程如下。

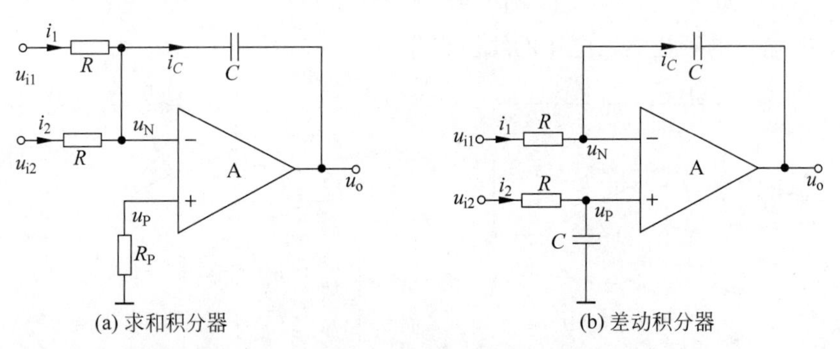

图 7-16 求和积分电路与差动积分电路示意图

由于反相端虚断,所以 $i_1+i_2=i_C$,即

$$\frac{U_{i1}(s)}{R_1}+\frac{U_{i2}(s)}{R_2}=-sCU_o(s)$$

即

$$U_o(s)=-\frac{1}{sC}\left[\frac{U_{i1}(s)}{R_1}+\frac{U_{i2}(s)}{R_2}\right] \tag{7-30}$$

不考虑电容初始电压,转换成时域关系,即

$$u_o=-\frac{1}{C}\int_{t_1}^{t_2}\left[\frac{u_{i1}}{R_1}+\frac{u_{i2}}{R_2}\right]\mathrm{d}t \tag{7-31}$$

式(7-31)实现了反相求和积分关系,同相求和积分运算请读者自己研究。

4）差动积分器

差动积分器典型电路如图 7-16(b)所示，分析时同样可利用虚断虚短原则，这里采用叠加原理。

当 u_{i1} 作用，$u_{i2}=0$，相当反相积分器，有

$$u_{o1}=-\frac{1}{RC}\int_{t_1}^{t_2}u_{i1}\,\mathrm{d}t$$

当 u_{i2} 作用，$u_{i1}=0$，相当同相积分器，有

$$u_{o2}=\frac{1}{RC}\int_{t_1}^{t_2}u_{i2}\,\mathrm{d}t$$

所以

$$u_{o}=u_{o1}+u_{o2}=\frac{1}{RC}\int_{t_1}^{t_2}u_{i2}\,\mathrm{d}t-\frac{1}{RC}\int_{t_1}^{t_2}u_{i1}\,\mathrm{d}t=\frac{1}{RC}\int_{t_1}^{t_2}(u_{i2}-u_{i1})\,\mathrm{d}t \tag{7-32}$$

与基本差动运算电路类似，为保证电路高共模抑制比 K_{CMRR}，设计差动积分器的外部元件需要严格对称，元器件精密匹配要求高。这也是两种电路应用的“瓶颈”。

通过积分电路分析得知，不管何种积分器，电路时间常数都由 RC 值决定。当 RC 值较小时，运放产生的温漂较大；但如果 RC 过大，电容器漏电流影响也同样加大。因此，这类积分器 RC 值受限。

需要指出的是，实际积分数学运算与积分电路的输入输出关系存在一定误差，积分误差随时间增长而增长，致使积分电路运算的时间受到限制，甚至使运放进入饱和而无法进行积分运算。改善方法有两种：①电路设计得更加合理，如积分电容并联电阻，增加直流静态的电路对称性；②选用高质量器件，选用漏电小、介质损耗小且吸附效应小的特性材料电容器与接近理想化的优质运放等。

5）积分电路应用

积分运算电路主要用来实现信号波形转换。最典型的波形变换有三种：①能够将输入的正弦电压，变换为输出的余弦电压，实现了波形的移相，也就是实现了函数的变换；②将输入的方波电压变换为输出的三角波电压，实现了波形变换；③输入阶跃电压，电容电流近似恒流，输出电压 u_o 时间函数近似线性，若电容初始电压为零，线性区则有 $u_o\approx\pm U_i/R$，非线性区为 $\pm U_{oM}$。积分电路变换波形如图 7-17 所示。

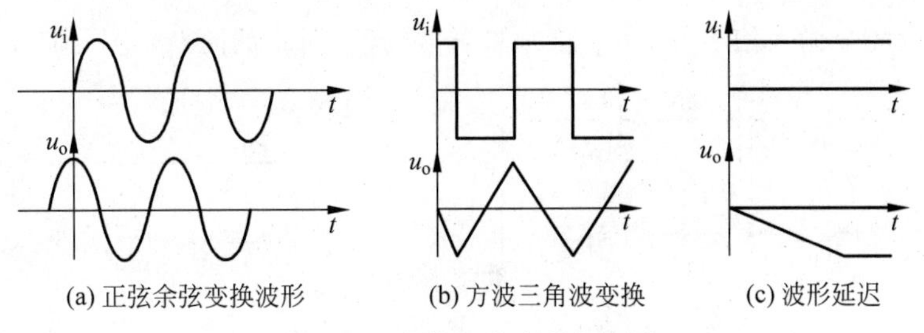

(a) 正弦余弦变换波形　(b) 方波三角波变换　(c) 波形延迟

图 7-17　积分电路波形变换图

2. 微分运算电路

将图 7-14(a)所示积分运算电路中的输入电阻 R 和反馈电容 C 互换，就得到如图 7-18 所示的微分运算电路。根据虚短和虚断的概念可知 $u_P=u_N=0$，即此电路同样存在虚地。电

容两端电压 $u_C=u_i$,其电流是端电压的微分关系。流过电容 C 的电流 i_C 等于流过电阻 R 的电流 i_R,即

$$i_C=i_R=C\frac{\mathrm{d}u_i}{\mathrm{d}t}$$

所以,输出电压

$$u_o=-i_RR=-RC\frac{\mathrm{d}u_i}{\mathrm{d}t} \tag{7-33}$$

输出电压是输入电压对时间的微分。

微分电路可以实现函数变换,例如将正弦函数变为余弦函数,或者说实现了对输入电压的移相;若输入端加矩形波,则输出为尖脉冲。如图 7-18(b)所示,微分运算电路输入为矩形波,输出为尖脉冲,理论上分析,若输入矩形波的上升沿和下降沿所用时间为零,则尖顶波幅值会趋于无穷大,但是实际上由于集成运放工作到非线性区,因而限制了输出电压的幅值。

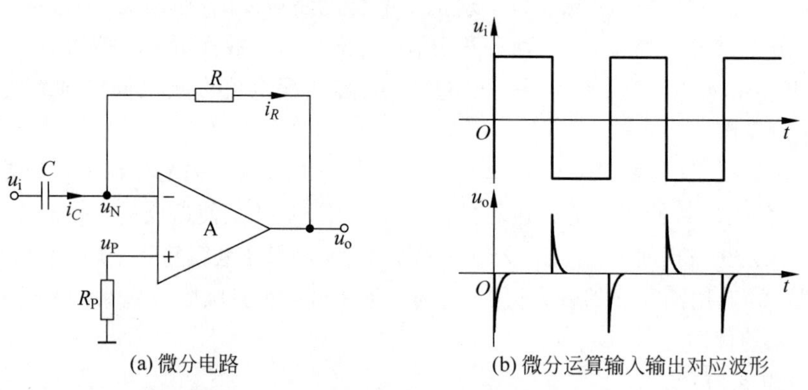

(a) 微分电路　(b) 微分运算输入输出对应波形

图 7-18　微分运算电路与输入输出波形示意图

微分电路对信号的变化敏感,由于电路干扰多为突变高频信号,所以微分电路抗干扰能力差。另外,输入信号瞬变时,有可能输出大幅度信号导致运放"堵塞"而失去工作能力。相关分析读者可阅读文献[2]。

例 7-3　求和积分电路如图 7-19(a)所示,设电路中所有运放都是理想的。(1)求 u_o 的表达式。(2)设两个输入信号 u_{i1},u_{i2} 皆为如图 7-19(b)所示的阶跃信号,画出 u_o 的波形。

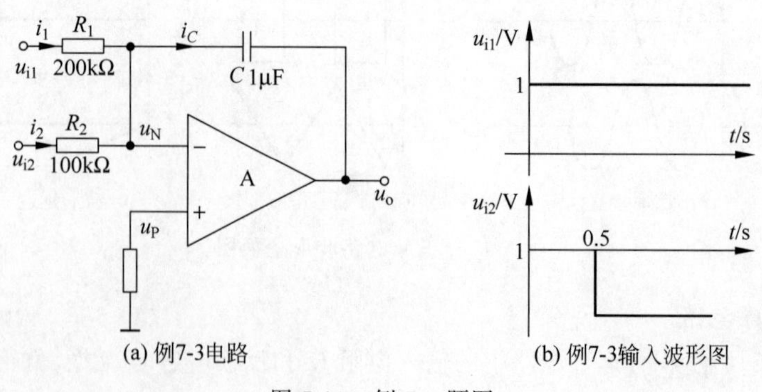

(a) 例7-3电路　(b) 例7-3输入波形图

图 7-19　例 7-3 题图

解 求和积分运算电路可采用虚断虚短原则直接分析，也可用叠加原理。本题采用虚断虚短原则进行分析。

(1) 由虚断可以得到 $i_C=i_1+i_2$，由反相端虚地以及电容的伏安关系可以得到

$$u_o=-u_C=-\frac{1}{C}\int i_C\mathrm{d}t=-\frac{1}{C}\int(i_1+i_2)\mathrm{d}t=-\frac{1}{R_1C}\int u_{i1}\mathrm{d}t-\frac{1}{R_2C}\int u_{i2}\mathrm{d}t$$

(2) 由图 7-19(b)可得当 $0\leqslant t<0.5\mathrm{s}$，$u_{i1}=1\mathrm{V}$，$u_{i2}=0$，则

$$u_o=-\frac{1}{R_1C}\int u_{i1}\mathrm{d}t=-\frac{1}{200\times10^3\times10^{-6}}\int 1\mathrm{d}t=-5t\,\mathrm{V}$$

当 $t\geqslant0.5\mathrm{s}$ 时，$u_{i1}=1\mathrm{V}$，$u_{i2}=-1\mathrm{V}$

$$\begin{aligned}u_o&=-\left[\frac{1}{R_1C}\int u_{i1}\mathrm{d}t-\frac{1}{R_2C}\int u_{i2}\mathrm{d}t\right]+u_{o1}\\&=-\left[\frac{t}{2\times10^5\times10^{-6}}-\frac{t}{10^5\times10^{-6}}\right]+u_{o1}=5t+u_{o1}\end{aligned}$$

其输出波形如图 7-20 所示。

例 7-4 如图 7-21 所示电路，设电路中所有运放都是理想运放，已知 $u_{i1}=4\mathrm{V}$，$u_{i2}=1\mathrm{V}$。回答下列问题：

(1) 开关闭合与断开情况，$A_1\sim A_4$ 分别构成了何种运算电路？R_2 阻值各为多少？

(2) 当开关 S 闭合时，分别求解节点 1、2、3、4 和 u_o 的电位。

(3) 设 $t=0$ 时 S 打开，问经过多长时间 $u_o=0$？

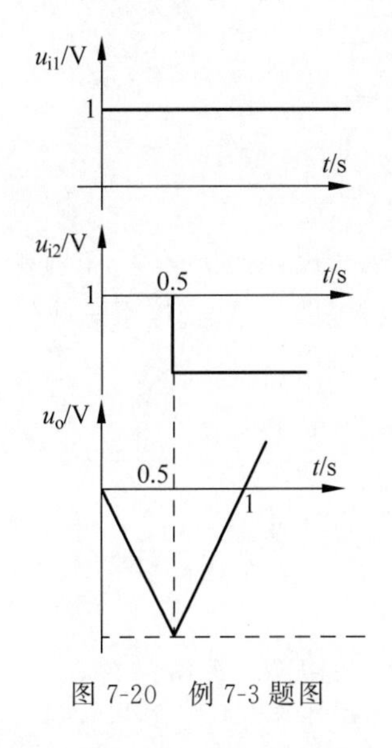

图 7-20 例 7-3 题图

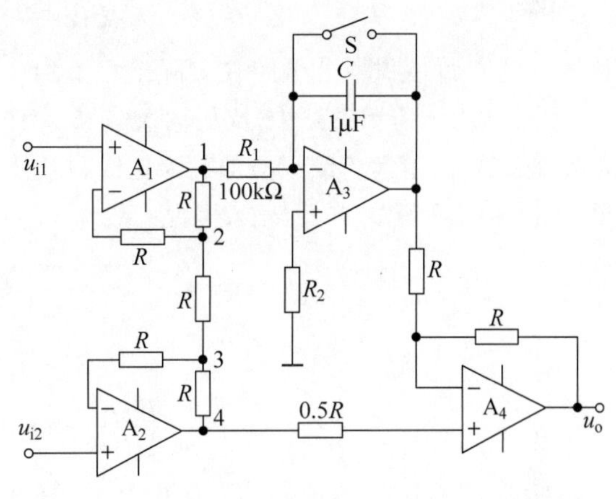

图 7-21 例 7-4 题图

解 本题是含有多种运算的综合电路结构。分析方法可以采用“虚断虚短”原则，也可将电路分解成独立单元电路进行分析。

(1) 无论开关闭合与否 A_1、A_2 都构成加减运算电路。开关断开，A_3 构成积分电路，A_4 构成加减运算电路；开关闭合，A_4 构成同相比例电路。

(2) 开关闭合，电路为由电阻与运放构成的比例电路。根据 u_{i1}、u_{i2} 是直流电压，各点都是直流电位，根据(1)分析，有

$u_1=-(R/R)u_{i2}+(1+R/R)u_{i1}=-u_{i2}+2u_{i1}=7\text{V}$；$u_4=-(R/R)u_{i1}+(1+R/R)u_{i2}=-u_{i1}+2u_{i2}=-2\text{V}$。再根据虚断虚短原则，$u_2=4\text{V}$；$u_3=1\text{V}$；$u_o=(1+R/R)u_4=-4\text{V}$。

(3) 利用叠加定理，$u_o=2u_4-u_{o3}$，$2u_4=-4\text{V}$，所以 $u_{o3}=-4\text{V}$ 时，u_o 才为零。即

$$u_{o3}=-\frac{1}{R_1C}\cdot u_1\cdot t=-\frac{1}{100\times10^3\times10^{-6}}\times7\times t=-4\text{V}$$

解得 $t=57.2\text{ms}$。

解题结论 ①由含有多级运放组成的电路，这些电路解法关键的思路是将前一级输出作为下一级输入而将各级分开计算；②积分电路可以用来计算时间，这在工程上有很大意义。

例 7-5 A 为理想运放，试求图 7-22(a)(b)所示电路中 u_o 与 u_i 的关系式，并讨论(b)图中如果 $R_1C_1>R_2C_2$ 成立，该电路在什么频率范围内具有近似微分、积分的功能；在什么条件下可以作为中频放大器使用。

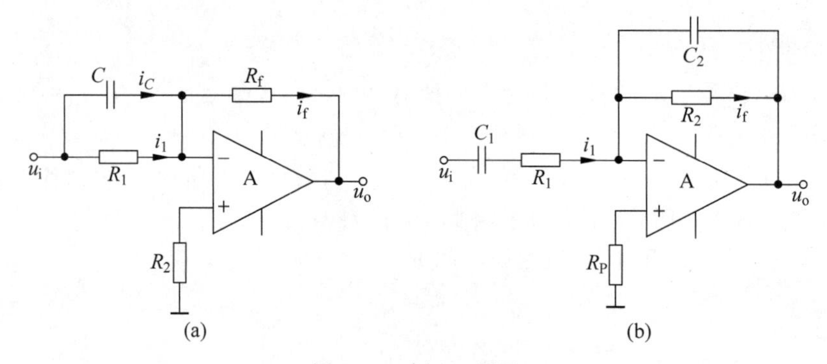

图 7-22 例 7-5 题图

解 本题问题是积微分电路在实际工程上的典型应用电路。

(1) 图 7-22(a) 所示电路中，反相输入信号 u_i 作用在 R_1 端为反相比例运算，作用在电容 C 端为微分运算，两者运算结果叠加称为比例和微分运算。考虑电路简单，直接用时域分析。

根据 $u_-\approx0$ 可得 $u_o=-R_fi_f$，因此

$$i_f=i_R+i_C=\frac{u_i}{R_1}+C_1\frac{\text{d}u_i}{\text{d}t}$$

所以

$$u_o=-\left(\frac{R_f}{R_1}u_i+R_fC_1\frac{\text{d}u_i}{\text{d}t}\right)$$

(2) 如图 7-22(b)所示电路为二阶电路，运算过程复杂，故采用频域分析。有

$$\dot{A}_u=\frac{\dot{U}_o}{\dot{U}_i}=-\frac{R_2 /\!/ \dfrac{1}{\text{j}\omega C_2}}{R_1+\dfrac{1}{\text{j}\omega C_1}}=-\frac{\text{j}\omega C_1R_2}{(1+\text{j}\omega C_1R_1)(1+\text{j}\omega C_2R_2)}=-\frac{\text{j}\omega C_1R_2}{\left(1+\text{j}\dfrac{\omega}{\omega_L}\right)\left(1+\text{j}\dfrac{\omega}{\omega_H}\right)}$$

式中，$\omega_L=1/R_1C_1$，$\omega_H=1/R_2C_2$。故有 $\omega\ll\omega_L$，$\dot{A}_u=-\text{j}\omega C_1R_2$，电路具有微分功能；$\omega\gg\omega_H$，$\dot{A}_u=-\dfrac{1}{\text{j}\omega C_2R_1}$，电路具有积分功能；$\omega_L\ll\omega\ll\omega_H$，且 $\omega_L\ll\omega_H$，电路可用于放大

电路。

解题结论　图 7-22(a)所示电路称为比例-微分调节器,在自动控制系统中,能对调节过程起加速作用。图 7-22(b)电路说明,如果电路存在多个 RC 网络,可以通过调整元件参数实现积分、微分、带通放大等功能。

7.2.3　对数运算和指数运算

对数运算和指数运算电路,分别用来实现对输入信号进行对数与反对数运算,属于集成运放在线性区工作的应用。对数运算和指数运算的工程意义在于将它们与比例运算电路组合,能实现多种非线性函数的运算,如乘除、乘方、开方等运算,因此,这两类电路应用也非常广泛。

1. 对数运算电路

对数运算工作原理是利用晶体管 PN 结的 VAR 关系来实现的。一般情况,物理上的 PN 结 VAR 方程为

$$i_D = I_S\left(e^{\frac{u_D}{U_T}} - 1\right) = I_S\left(e^{\frac{qu_D}{kT}} - 1\right)$$

式中各物理量含义见第 1 章 PN 结相关内容,即式(1-1)。常温下近似有 $u_D \gg U_T$,便有

$$i_D = I_S e^{u_D/U_T} \tag{7-34}$$

如图 7-23(a)所示是对数运算电路。当流过二极管 D 的电流近似为式(7-34)关系,又因为反相端虚地原因,$i_R = u_i/R = i_D$,$u_o = -u_D$,则有

$$i_R = I_S e^{\frac{u_D}{U_T}} \approx I_S e^{-\frac{u_o}{U_T}}$$

两边取对数可得

$$u_o = -U_T \ln \frac{u_i}{I_S R} \tag{7-35}$$

式(7-35)表明,输出电压与输入电压是对数关系。

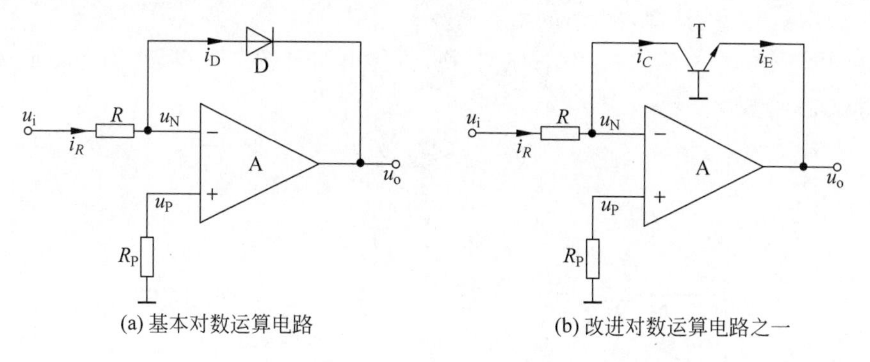

图 7-23　对数运算电路

该电路的缺点是反相饱和电流 I_S 与温度有关,且不同的二极管的 I_S 差异较大。为了实现对数运算,图中所标注的电流方向是电流的实际方向,因此 u_i 应大于零。

运算关系与 U_T 和 I_S 有关,因而运算精度受温度的影响;并且 $u_i \gg U_T$,流过二极管 D 的电流才能近似为式(7-34)关系,而电流较大时候,二极管会因结温过高而烧坏。所以仅在一定的电流范围内才能满足式(7-35)的对数特性。为了扩大输入电压的动态范围,实用电

路中常用三极管取代二极管，电路如图 7-23(b)所示。由于集成运放的反相输入端为虚地，节点方程为

$$i_C = i_R = \frac{u_i}{R}$$

在忽略晶体管基区体电阻压降且认为晶体管的共基极电路放大系数 $\alpha \approx 1$ 的情况下，若 $u_{BE} \gg U_T$，则

$$i_C = \alpha i_e = I_S e^{u_{BE}/U_T}$$

$$u_{BE} \approx U_T \ln \frac{i_C}{I_S}$$

输出电压

$$u_o = -u_{BE} \approx -U_T \ln \frac{u_i}{I_S R} \tag{7-36}$$

虽然经过改进，电路输入电压的动态范围有所扩大，但是和二极管构成的对数运算电路一样，运算关系仍然受到温度的影响，而且在输入电压较小和较大的情况下，运算精度变差。在设计实用的对数运算电路时，为了减小 I_S 对运算关系的影响，常常选用集成对数运算电路，例如型号为 ICL8048 的对数运算电路等。

2. 指数运算电路

指数运算电路是逆对数运算电路，因此可以将图 7-23 对数运算电路中反馈元件二(三)极管与输入回路电阻对换得到如图 7-24 所示的指数电路。分析过程如下。

当 $u_i > 0$ 时，二极管 D 正偏，流过二极管 D 的电流近似为式(7-34)，即

$$i_D = I_S e^{u_D/U_T}$$

由虚断的概念可知，$i_R = i_D$，所以由虚短的概念得 $u_o = -Ri_R = -Ri_D$，因此

$$u_o = -I_S R \cdot e^{u_i/U_T} \tag{7-37}$$

式(7-37)表明输出电压是输入电压的指数函数。

图 7-24(a)中的二极管可以用三极管替换，具体电路见图 7-24(b)。因为集成运放反相输入端为虚地，所以 $u_{BE} = u_i$，又因为

$$i_R = i_E \approx I_S e^{u_i/U_T}$$

所以有

$$u_o = -i_R R = -I_S R \cdot e^{u_i/U_T} \tag{7-38}$$

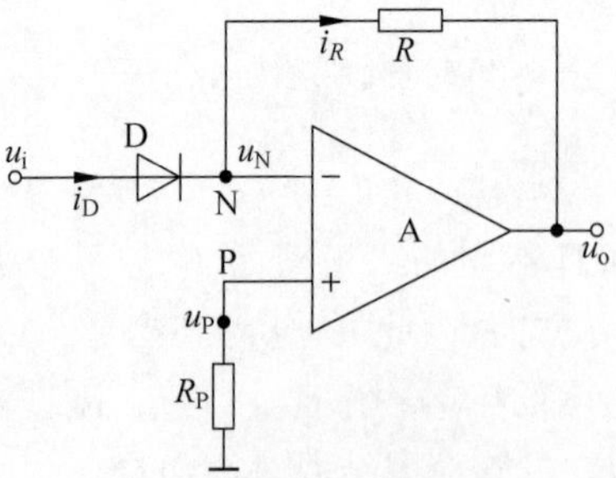

(a) 基本指数运算电路

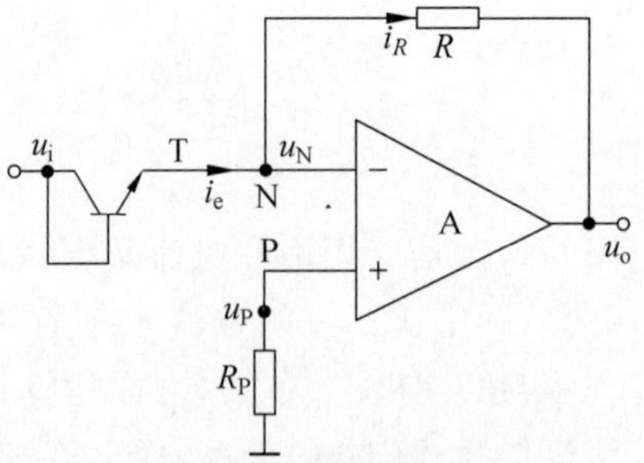

(b) 三极管指数运算电路

图 7-24 指数运算电路

由于 I_S 和 U_T 均受温度的影响较大，为了消除他们对运算关系的影响，应用电路要比图 7-24 所示的电路复杂。目前指数运算有现成的集成电路，例如型号为 ICL8049 的指数运算电路。

7.3 模拟乘法及除法运算电路

组成乘法和除法运算的方法有多种，本节主要介绍最常见的三种：对数—反对数型；晶体管可变跨导型；逆运算型。本节主要介绍其基本电路结构与工作原理。

7.3.1 由对数和指数运算组成乘法运算电路

由对数和指数运算电路可以组成乘法运算电路。乘法运算与对数和指数运算之间关系为

$$u_x u_y = \mathrm{e}^{\ln u_x u_y} = \mathrm{e}^{(\ln u_x + \ln u_y)} \tag{7-39}$$

可见，乘法运算电路可由两个对数运算电路、一个加法电路和一指数运算电路组成，其组成原理框图如图 7-25 所示。

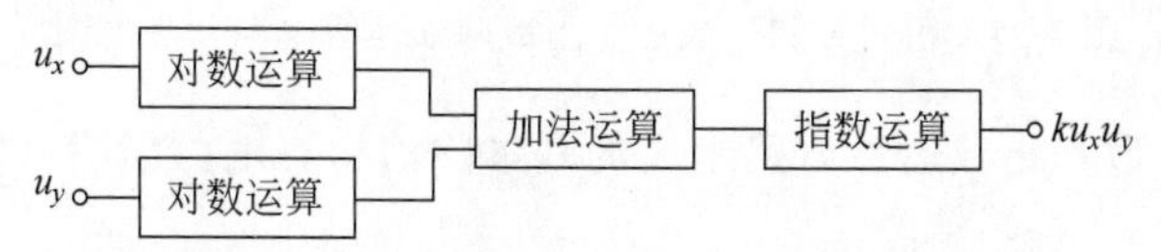

图 7-25　对数和指数运算电路组成乘法器原理框图

根据图 7-25，由对数和指数运算电路组成的基本乘法运算电路如图 7-26 所示。

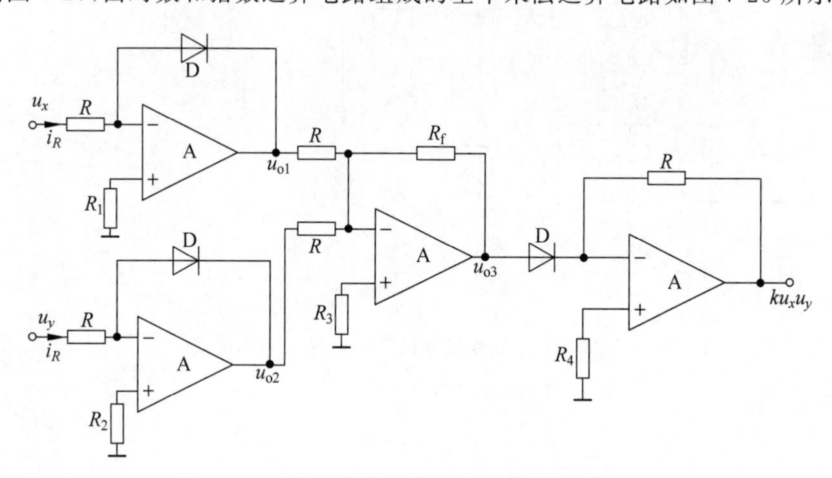

图 7-26　对数和指数运算电路组成乘法运算电路

在图 7-26 中

$$u_{o1} = -U_T \ln \frac{u_x}{I_S R}$$

$$u_{o2} = -U_T \ln \frac{u_y}{I_S R}$$

$$u_{o3}=-(u_{o1}+u_{o2})=U_T\ln\frac{u_xu_y}{(I_SR)^2}$$

$$u_o=-I_SR\cdot e^{u_{o3}/U_T}=-\frac{1}{I_SR}\cdot u_xu_y \tag{7-40}$$

由此可见,对数和指数运算电路组成了基本乘法运算关系。

7.3.2 由对数和指数运算组成除法运算电路

除法运算与对数和指数运算之间的关系为

$$\frac{u_x}{u_y}=e^{\ln\frac{u_x}{u_y}}=e^{(\ln u_x-\ln u_y)} \tag{7-41}$$

可见,除法运算电路可由两个对数运算电路、一个减法电路和一指数运算电路组成,其组成原理框图如图 7-27 所示。

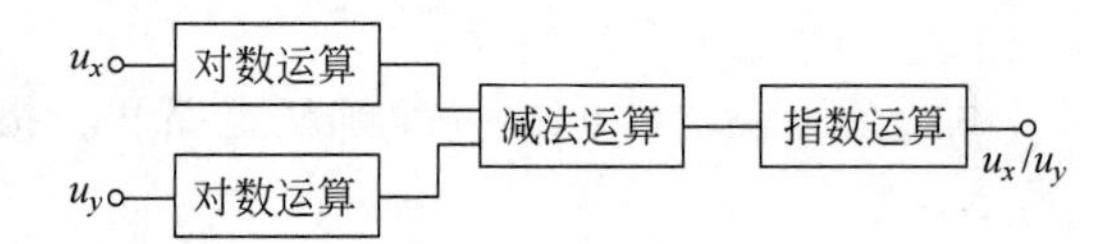

图 7-27 由对数和指数运算组成除法运算电路原理框图

根据图 7-27,对数和指数运算电路组成的基本除法运算电路如图 7-28 所示。

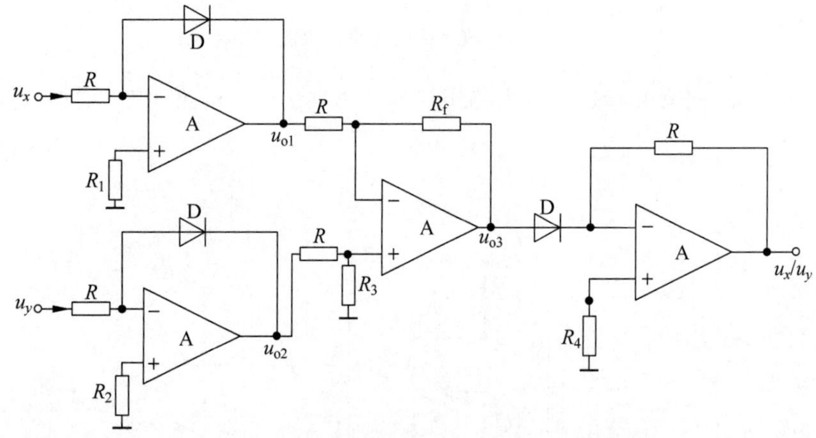

图 7-28 由对数和指数运算组成除法运算电路

在图 7-28 中

$$u_{o1}=-U_T\ln\frac{u_x}{I_SR}$$

$$u_{o2}=-U_T\ln\frac{u_y}{I_SR}$$

$$u_{o3}=u_{o2}-u_{o1}=-U_T\ln\frac{u_x}{u_y}$$

$$u_o=-I_SR\cdot e^{u_{o3}/U_T}=-I_SR\cdot\frac{u_x}{u_y} \tag{7-42}$$

由此可见,对数和指数运算电路组成了基本除法运算关系。

7.3.3 实现逆运算的方法

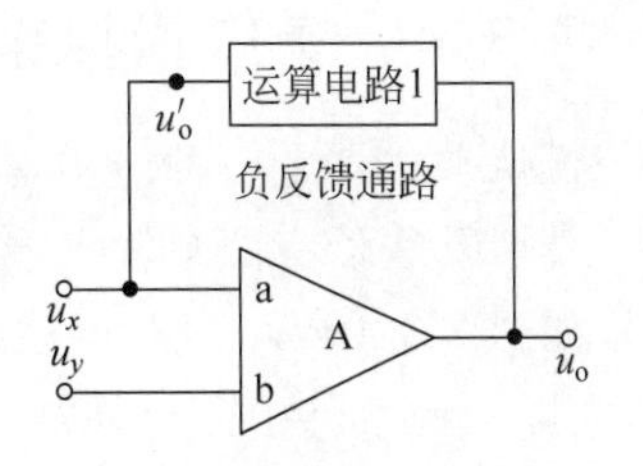

图 7-29 实现逆运算方法示意图

若将某种运算电路放在集成运放的负反馈通路中，如图 7-29 所示，则可以实现其逆运算。若运算电路 1 实现积分运算，则整个电路实现微分运算；若运算电路 1 实现乘法运算，则整个电路实现除法运算；若运算电路 1 实现乘方运算，则整个电路实现开方运算，等等。

应当指出，a、b 哪个为"＋"哪个为"－"取决于 u'_o与 u_o 的相位关系。若 u'_o与 u_o 同相则 a 为"－"b 为"＋"；若反相则 a 为"＋"b 为"－"。总之，要保证 A 引入深度负反馈。

在图 7-18 所示基本微分电路中，因为其对高频信号增益较大，故易受高频噪声干扰。由于电路中 RC 元件形成滞后环节，和集成运放内部滞后环节共同作用容易产生自激振荡。而且，由于输入端串接电容，当输入电压突变时，有可能造成集成运放因输入电压过高的共模电压而造成所谓"阻塞"现象，使得电路不能正常工作。实用电路常在输入端串联一个阻值较小的电阻，以限制输入电流；在反馈电阻 R 上并联一个小电容，起相位补偿作用，以避免自激振荡；同时在 R 上并联具有对称性的一对稳压二极管，以限制输出电压幅值，使得集成运放内部的晶体管不至于饱和或截止，如图 7-30 所示。这样改进电路只能实现输出电压与输入电压近似的微分关系，因此，实现电路中可用积分运算电路来实现微分电路，如图 7-31 所示。在图 7-31 所示电路中，A_2、C、R_3、R_5 组成积分运算电路，则

$$u_{o2}=-\frac{1}{R_3C}\int u_o \mathrm{d}t \tag{7-43}$$

为了使 A_1 引入负反馈，u_{o2} 通过 R_2 接到 A_1 的同相输入端。由于 A_1 的两个输入端为"虚地"，$i_1=i_2$，即

$$\frac{u_i}{R_1}=\frac{-u_{o2}}{R_2}$$

$$u_{o2}=-\frac{R_2}{R_1}u_i \tag{7-44}$$

将式(7-43)代入式(7-44)，得到输出电压

$$u_o=\frac{R_2R_3C}{R_1}\cdot\frac{\mathrm{d}u_i}{\mathrm{d}t} \tag{7-45}$$

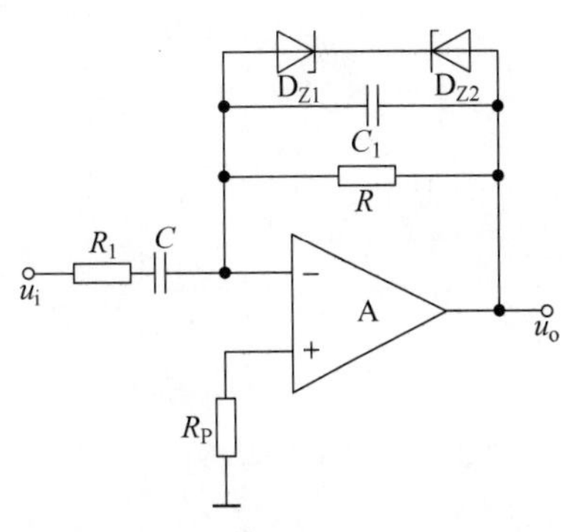

图 7-30 改进的微分运算电路

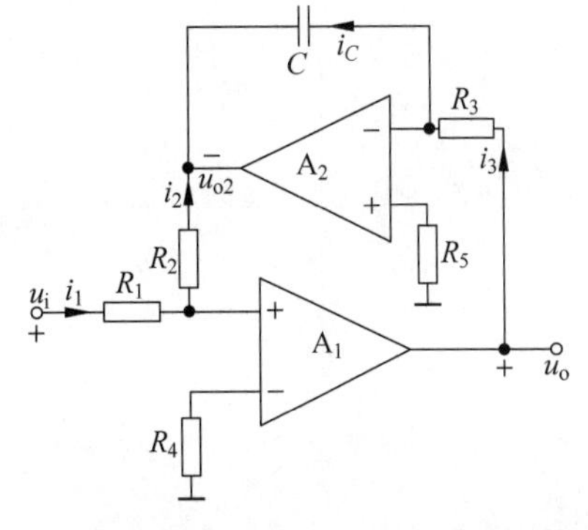

图 7-31 利用积分运算电路实现微分运算电路

7.3.4 集成模拟乘法器及其应用

模拟乘法器是一种能实现模拟量相乘的集成电路。模拟乘法器有两个输入端、一个输出端，其电路符号如图 7-32 所示。图(a)表示乘法器内部不含运放，实际工程设计中需要外接。

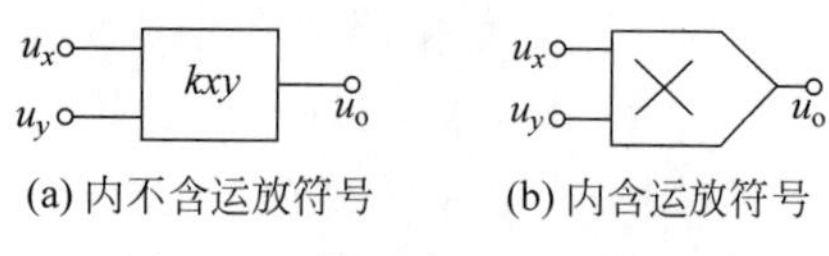

图 7-32 模拟乘法器电路符号

设 u_o 和 u_xu_y 分别为输出电压和两个输入电压，k 为与内部电路有关参数决定的乘积系数，也称为乘积增益或标尺因子，且 k 可为正值或者负值，其值多为 $+0.1\text{V}^{-1}$ 或 -0.1V^{-1}。u_o 和 u_xu_y 间的关系为

$$u_o=ku_xu_y \tag{7-46}$$

理想模拟乘法器满足下列条件：①输入电阻为无穷大；②输出电阻为零；③乘积系数 k 不随信号频率和幅值变化；④电路没有失调电压、失调电流、噪声。当 u_x 或 u_y 为零时，u_o 为零。虽然实际模拟乘法器与理想模拟乘法器总有一定的差异，但是为了分析简便，本节分析均采用理想模拟乘法器模型，其所带来的误差在工程允许的范围内。

输入信号 u_x 和 u_y 的极性有四种取值组合，在 u_x、u_y 坐标平面上对应四个象限。根据所允许输入信号 u_x、u_y 的极性，模拟乘法器有单象限、二象限(两象限)、四象限之分。输入信号 u_x、u_y 的取值可正、可负的乘法器称为四象限乘法器；如果输入信号 u_x、u_y 中仅一个输入电压可正、可负，另一个电压只能取不变的极性，这样的乘法器称为二象限乘法器；如两个输入端信号 u_x、u_y 中的每一个输入电压只能取一种极性的乘法器称为单象限乘法器。模拟乘法器输入信号 u_x、u_y 不同极性的四种取值组合在 u_x、u_y 坐标平面上对应的四个象限示意图如图 7-33 所示。

1. 变跨导模拟乘法器的工作原理

模拟乘法器内部电路常以差分放大电路为基础来实现，该差分电路含有可控恒流源。其电路简单，工作频率较高，且易于集成。

1) 具有恒流源差分放大电路中晶体管的跨导

晶体管的跨导电路如图 7-34 所示，该差分电路的 T_1 和 T_2 管具有理想对称特性，静态时正常工作。

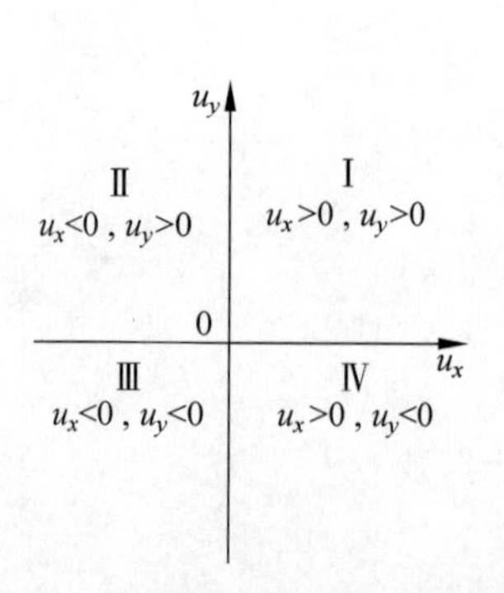

图 7-33 模拟乘法器的四个工作象限

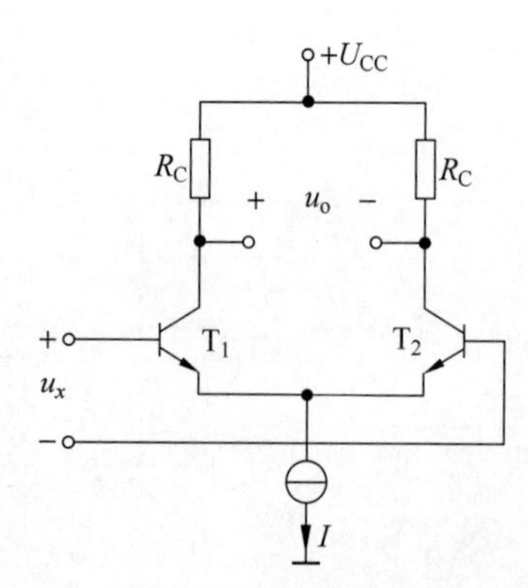

图 7-34 差分放大电路

设 $r_{b'e}$ 为它们的发射结电阻，$u_{b'e}$ 为发射结电压，根据晶体管跨导的定义

$$g_m = \frac{\Delta i_C}{\Delta u_{b'e}} = \frac{\beta \Delta i_B}{\Delta i_B r_{b'e}} = \frac{\beta}{r_{b'e}}$$

其中发射结电阻

$$r_{b'e} = (1+\beta)\frac{U_T}{I_{EQ}}$$

因为一般情况下 $\beta \gg 1$，所以

$$g_m \approx \frac{I_{EQ}}{U_T}$$

式中 I_{EQ} 为恒流源电流 I 的一半，因此

$$g_m \approx \frac{I}{2U_T} \tag{7-47}$$

2）可控恒流源差分放大电路的乘法特性

若如图 7-34 所示差分放大电路中晶体管 b-e 间的动态电阻 $r_{be} = r_{bb'} + r_{b'e} \approx r_{b'e}$，则电路的输入电压 $u_x \approx 2\Delta u_{b'e}$，因而集电极电流 $\Delta i_C \approx g_m \Delta u_{b'e} = g_m u_x/2$，输出电压为 $u_o = -2\Delta i_C R_C$，即

$$u_o = -g_m R_C u_x \approx -\frac{IR_C}{2U_T} \cdot u_x \tag{7-48}$$

可以想象，若式(7-48)恒流源 I 受一外加电压 u_y 的控制，则 u_o 将是 u_x 和 u_y 的乘法运算。实现这一想法的电路如图 7-35 所示。

在图 7-35 中 T_3 管集电极电流

$$i_{C3} = I \approx \frac{u_y - u_{BE3}}{R_E}$$

若 $u_y \gg u_{BE3}$，则 $I \approx \dfrac{u_y}{R_E}$，将其代入式(7-48)中，得

$$u_o \approx -\frac{R_C}{2U_T R_E} \cdot u_x u_y = k u_x u_y \tag{7-49}$$

实现了 u_x 和 u_y 的乘法运算。

从图 7-35 所示电路可以看出，u_x 的极性可正可负，u_y 必须大于零，故电路为两象限模拟乘法器。此外，u_y 越小运算精度越差；且式(7-49)表明 k 值与 U_T 有关，即 k 值与温度有关。

图 7-35 所示的乘法器不仅精度差（u_y 幅值小时误差大），而且 u_y 必须为正值才能工作。虽然 u_x 可为正负值，但是电路只能作为两象限乘法器。为了使两输入电压 u_x、u_y 均能在任意极性下正常工作，可采用如图 7-36 所示的双平衡式四象限乘法器。该电路由两个并联工作的射极耦合差分电路 T_1、T_2 和 T_3、T_4 及 T_5、T_6 构成的压控电流源电路组成。

由图 7-36 可知，若 $I_{ES1} = I_{ES2} = I_{ES}$，并利用 $i_C \approx I_{ES} e^{u_{BE}/U_T}$ 的关系，则有

$$\frac{i_{C1}}{i_{C2}} = e^{(u_{BE1} - u_{BE2})/U_T} = e^{u_x/U_T} \tag{7-50}$$

由于

$$i_{C1} + i_{C2} = i_{C5}; \quad i_{C4} + i_{C3} = i_{C6}$$

可得

$$i_{C1}=\frac{e^{u_x/U_T}}{e^{u_x/U_T}+1}i_{C5};\quad i_{C2}=\frac{i_{C5}}{e^{u_x/U_T}+1} \tag{7-51}$$

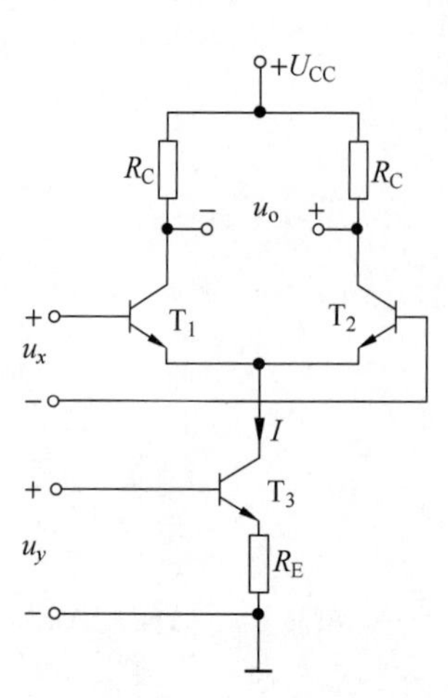

图 7-35　可控恒流源差分放大电路

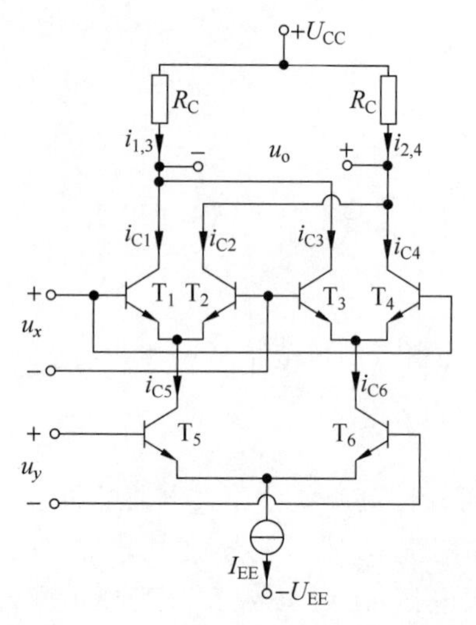

图 7-36　双平衡式四象限乘法器原理图

因此,有

$$i_{C1}-i_{C2}=\frac{e^{u_x/U_T}-1}{e^{u_x/U_T}+1}i_{C5}=i_{C5}\,\mathrm{th}\,\frac{u_x}{2U_T} \tag{7-52}$$

同理可得

$$i_{C4}-i_{C3}=i_{C6}\,\mathrm{th}\,\frac{u_x}{2U_T} \tag{7-53}$$

$$i_{C5}-i_{C6}=i_{EE}\,\mathrm{th}\,\frac{u_y}{2U_T} \tag{7-54}$$

因而在图 7-36 中假定正向的条件下,输出电压 u_o 为

$$u_o=(i_{1,3}-i_{2,4})R_C=[(i_{C1}-i_{C2})-(i_{C4}-i_{C3})]R_C \tag{7-55}$$

式中 $i_{1,3}=i_{C1}+i_{C3}$,$i_{2,4}=i_{C2}+i_{C4}$,考虑式(7-53)和式(7-52)的关系,代入式(7-55)中,得

$$u_o=(i_{C5}-i_{C6})R_C\,\mathrm{th}\,\frac{u_x}{2U_T} \tag{7-56}$$

由式(7-54)和式(7-56),可得

$$u_o=R_C I_{EE}\,\mathrm{th}\,\frac{u_x}{2U_T}\,\mathrm{th}\,\frac{u_y}{2U_T} \tag{7-57}$$

根据 $|x|\ll 1$ 时,$\mathrm{th}x=x$,当 $u_x\ll 2U_T$、$u_y\ll 2U_T$(即 u_x、u_y 分别远远小于 52mV)时,式(7-57)可简化为

$$u_o=\frac{R_C I_{EE}}{4U_T^2}u_x u_y \tag{7-58}$$

即

$$u_o=k u_x u_y \tag{7-59}$$

式中 $k=\dfrac{R_C I_{EE}}{4U_T^2}$。

由式(7-59)可知,当输入信号较小时,可得到理想的相乘关系。u_x 或 u_y 均可取正或负极性,故图 7-36 所示电路具有四象限乘法功能。

目前,变跨导式模拟乘法器性能好,其集成芯片种类也很多,如 AD634、AD734、MLT04 和超高频 AD834 等,其中 MLT04 一片内有四个模拟乘法器。它是一种通用型模拟乘法器,且不需要外接元件,无须调零即可使用。为了方便工程技术人员选用模拟乘法器的产品,将常见乘法器芯片列表如表 7-1 所示。

表 7-1 常见乘法器芯片及性能参数

参数 型号	满量程 精度/%	温度系数 /(%/℃)	满量程 非线性 X/%	满量程 非线性 Y/%	小信号 带宽/MHz	电源 电压/V	工作温度 范围/℃
F1495	0.75		1	2	3	−15,32	0~70
1595	0.5		0.5	1	3	−15,32	−55~125
AD532J	2	0.04	0.8	0.3	1	±10~±18	0~70
K	1	0.03	0.5	0.2	1		0~70
S	1	0.04	0.5	0.2	1		−55~125
AD539J	2				30	±4~±16.5	0~70
K	1				30		0~70

集成模拟乘法器在使用时,在它的外围还需要有一些元件支持。早期的模拟乘法器,外围元件很多,使用不便,后期的模拟乘法器外围元件就很少了。

2. 模拟乘法器在运算电路中的应用

模拟乘法器是一种通用模拟集成电路,它本身可作为乘法和乘方运算电路,也可以作为除法、开方和均方根等运算电路。因此,广泛应用于模拟运算、通信、测控系统、电气测量等电子技术许多领域。

1) 乘方运算

利用四象限模拟乘法器可以组成平方运算电路,只需将两个输入端连接在一起、接上输入信号 u_i 即可,如图 7-37(a)所示。

$$u_o = ku_i^2 \tag{7-60}$$

从理论上讲,可用多个四象限模拟乘法器首尾相连组成输入信号的任意次方运算电路,图 7-37(b)和图 7-37(c)所示电路分别为立方运算和四次方运算电路,其表达式分别为

$$u_{o1} = k^2 u_i^3 \tag{7-61}$$

$$u_{o2} = k^2 u_i^4 \tag{7-62}$$

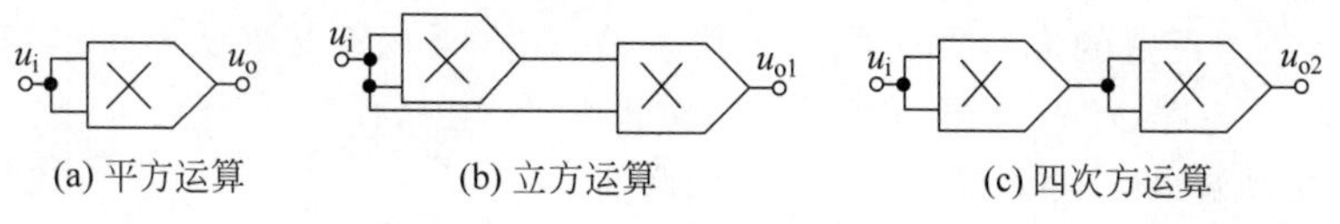

(a) 平方运算　(b) 立方运算　(c) 四次方运算

图 7-37 N 次方运算电路实例

2) 除法运算

将模拟乘法器作为集成运放的负反馈电路可组成如图 7-38 所示的除法运算电路。

为了实现除法运算,必须保证集成运放工作在线性区,为此,模拟乘法器在电路中必定要引入深度负反馈,对图 7-38 而言,u_{i1} 与 u_o'的极性必须相反。由于 u_o 与 u_{i1} 极性相反,则要求 u_o 与 u_o'的极性必须相同。因此,当模拟乘法器的乘积系数 k 为负时,u_{i2} 应为负;k 为

正时，u_{i2} 应为正，即 u_{i2} 与 k 正负符号相同。

电路引入深度负反馈，根据“虚地”“虚断”的概念，有 $u_N=u_P=0$，$i_1=i_2$，即有

$$\frac{u_{i1}}{R_1}=-\frac{u'_o}{R_2}=-\frac{ku_o u_{i2}}{R_2} \tag{7-63}$$

所以，输出电压为

$$u_o=-\frac{R_2}{kR_1}\cdot\frac{u_{i1}}{u_{i2}} \tag{7-64}$$

即式(7-64)满足除法运算关系。

由于 u_{i2} 的极性受 k 的限制，故 u_{i2} 为单极性，而 u_{i1} 的极性可正可负，所以说，图 7-38 电路为二象限除法运算电路。

3）平方根运算

利用平方运算电路为集成运放的深度负反馈电路，可组成如图 7-39 所示的平方根运算电路。

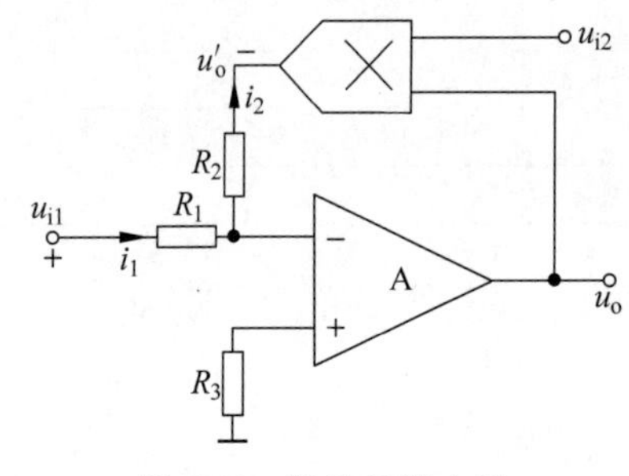

图 7-38 除法运算电路

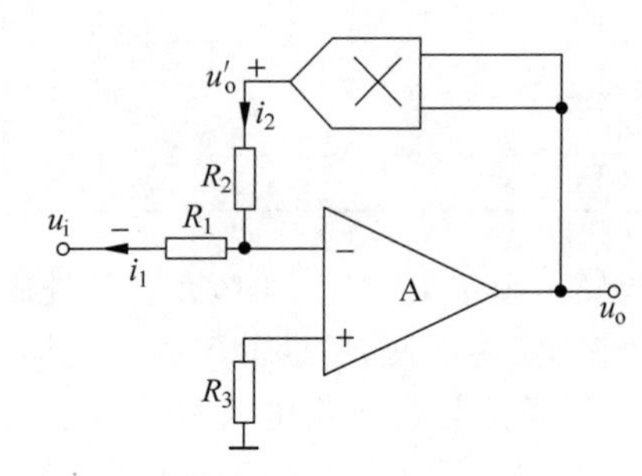

图 7-39 平方根运算电路

电路引入深度负反馈，根据“虚地”“虚断”的概念，有 $u_N=u_P=0$，$i_1=i_2$，即有

$$\frac{u_i}{R_1}=-\frac{u'_o}{R_2} \tag{7-65}$$

$$u'_o=-\frac{R_2}{R_1}u_i=ku_o^2 \tag{7-66}$$

故输出电压为

$$u_o=\sqrt{-\frac{R_2 u_i}{kR_1}} \tag{7-67}$$

要满足负反馈，如图 7-39 所示平方根运算电路 u_i 与 u'_o的极性必须相反；又由于 u_o 与 u_i 极性相反，且式(7-67)平方根号内表达式必须为正值(也就是 u_o 必须为正值)，所以 u_i 取负值，应选乘积系数 k 为正值的模拟乘法器。u_i 取正值，应选乘积系数 k 为负值的模拟乘法器。

现设图 7-39 电路 u_i 取负值，k 为正值，则图 7-39 电路存在一个问题，假设由于某种原因，输入电压受到瞬间正向干扰，使 $u_i>0$，则必有

$$u_o<0,\quad u'_o=ku_o^2>0$$

从而使电路变为正反馈，使集成运放工作在非线性状态，输出电压为负向饱和电压，即有 $u_o=-U_{oM}$。此时，u'_o为一个较大的正电压值(事实上，此时，模拟乘法器已经工作在非线性区了)，由于集成运放工作在非线性状态时，“虚短”概念不成立，故输入电压受到瞬间正向干扰(使 $u_i>0$)的期间，满足

$$u_N=\frac{R_1}{R_1+R_2}u'_o+\frac{R_2}{R_1+R_2}u_i>u_P=0$$

即当输入电压受到正向干扰时，即使输入电压变回到正常的情形 $u_i<0$ 时，较大的正向电压 u_o' 值仍使式(7-67)成立，导致集成运放也不能回到线性工作区，从而使得 $u_o=-U_{oM}$ 维持不变，即输入正向干扰彻底破坏了图 7-39 电路平方根运算关系，最终使得电路不能正常工作，出现所谓的“电路自锁”现象。

为了避免上述“电路自锁”现象的发生，实际中通常采用图 7-40 所示的电路(设 u_i 取负值，k 为正值)。避免“电路自锁”现象发生的原理分析如下：

当输入电压受到瞬间正向干扰，使得 $u_i>0$，则必有 $u_{o1}<0$，于是二极管 D 截止(D 相当于断开)，电路处在开环状态，则必有 $u_{o1}=-U_{oM}$；由于二极管 D 截止，可以有下列情况：

① 当输入电压受到瞬间正向干扰 $u_i>0$ 时，使得 $u_{o1}=-U_{oM}$ 无法作用到模拟乘法器两输入端；此时，模拟乘法器两个输入端通过 R_L 接地，也就是，模拟乘法器输入电压 u_o 为零，因此

$$u_o'=ku_o^2=0$$

② 当输入电压受到的瞬间正向干扰消失，使得输入电压变回到正常时 $u_i<0$ 的情形，则有，$u_{o1}>0$，二极管 D 导通，$u_o>0$，则

$$u_o'=ku_o^2>0$$

即电路立即恢复到上面分析过的满足平方根运算的正常工作状态。

将立方根运算电路作为集成运放的深度负反馈电路，可组成如图 7-41 所示的立方根运算电路。由图可知

$$u_o'=k^2u_o^3$$

乘积系数 k 为正或负，k^2 总为正，而 u_o 与 u_i 反相，故此，$u_o'=k^2u_o^3$ 总与 u_i 反相。所以，无论模拟乘法器乘积系数 k 为正或负，电路均为负反馈。

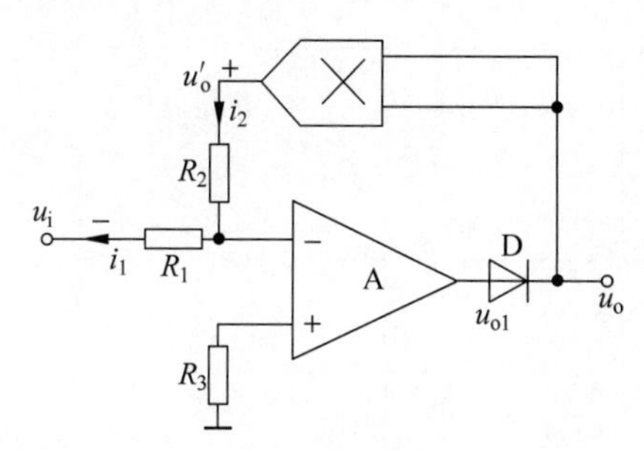

图 7-40 无自锁现象平方根运算电路

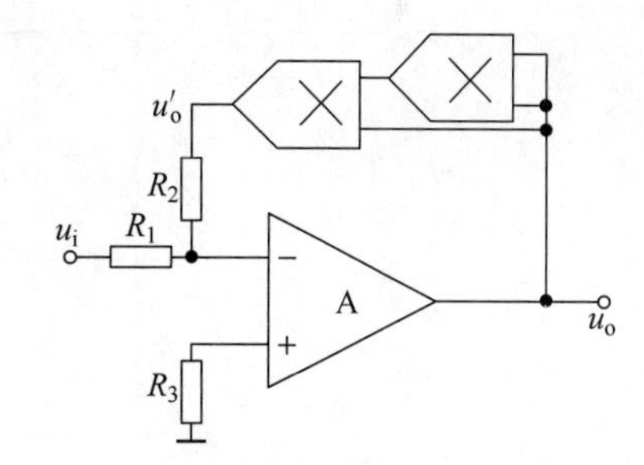

图 7-41 立方根运算电路

根据“虚地”“虚断”的概念，有 $u_N=u_P=0$，$i_{R1}=i_{R2}$，即有

$$\frac{u_i}{R_1}=-\frac{u_o'}{R_2}$$

$$u_o'=-\frac{R_2}{R_1}u_i=k^2u_o^3$$

所以有

$$u_o=\sqrt[3]{-\frac{R_2u_i}{k^2R_1}} \tag{7-68}$$

3. 小结

模拟乘法器是实现两个模拟量相乘功能的器件。理想乘法器的输出电压与同一时刻两

个输入电压瞬时值的乘积成正比，而且输入电压的波形、幅度、极性和频率可以是任意的。它的应用最主要的领域并不在运算，而主要用于通信领域的高频信号的变换与处理，如带宽调制、功率测量、有效值测量、倍频等。因此，在现代电子信息领域乘法器的作用至关重要。

7.4 集成运算放大器仿真分析

运算电路仿真的目的是验证本章主要讲授电路的理论与分析方法的正确性以及分析方法得出的结果与理论上的误差。本节主要仿真研究两种工程上最有典型意义的电路——减法电路与积分电路的仿真分析。

7.4.1 差放减法运算电路仿真分析

差放减法运算仿真时，运放选用741，电源电压$U_+=+15V$，$U_-=-15V$，$R_1=R_2=10k\Omega$，$R_4=R_3=100k\Omega$，输入信号电压$u_{i1}=0.1\sin 2\pi\times 100t(V)$。

(1) 当输入信号电压$u_{i1}=0$，加入u_{i2}时情况。进入Schematics主窗口，绘出电路仿真原理电路如图7-42所示。选择PSpice\New Simulation Profile或单击工具栏上的按钮，打开New Simulation对话框，在栏中输入本仿真文件的名称即可。u_{i2}与输出电压u_{o1}的波形如图7-43所示。

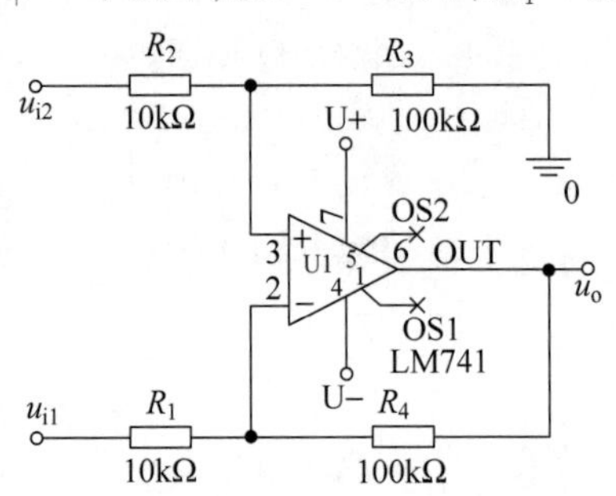

图7-42 减法运算放大电路仿真原理图

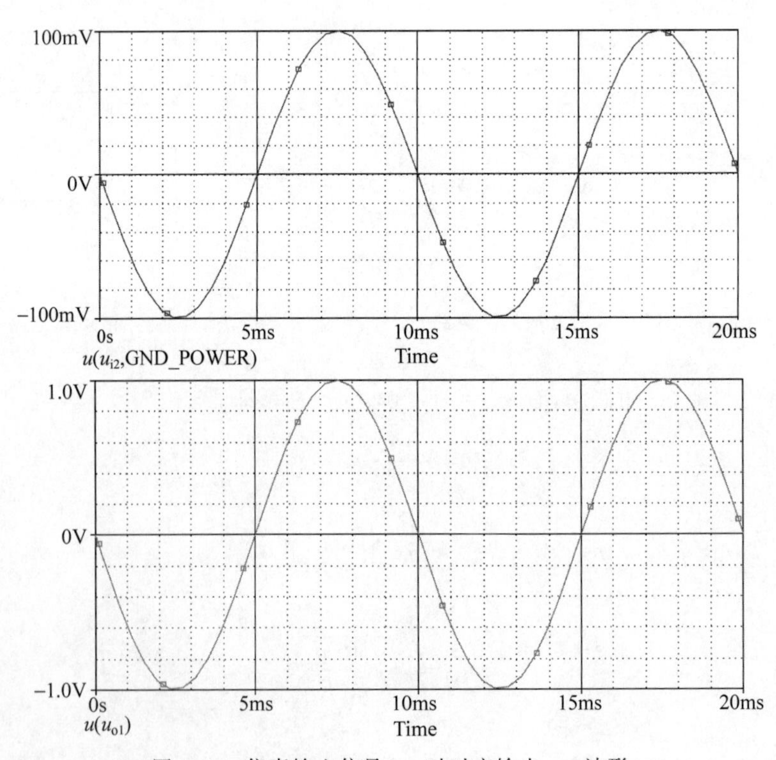

图7-43 仿真输入信号u_{i2}时对应输出u_{o1}波形

(2) 当输入信号电压 $u_{i2}=0$,加入 u_{i1} 情况。u_{i1} 输入与输出电压 u_{o2} 对比波形如图 7-44 所示。

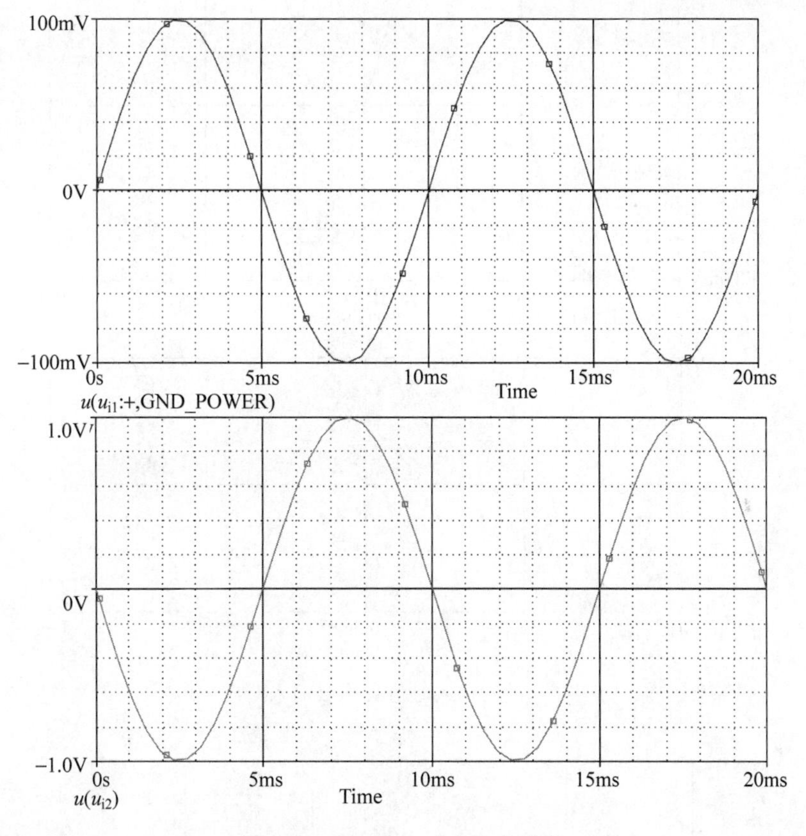

图 7-44　输入 u_{i1} 对应输出波形

(3) 在同时加入 u_{i1}、u_{i2} 时情况。暂态分析设置选项(Simulation Setting-TRAN 对话框)说明：Run to Time 栏本暂态分析的终止时间为 20ms。$u_{i2}-u_{i1}$ 波形与该电路输出电压 u_{o3} 波形仿真结果如图 7-45 所示。

(4) 改变输入情况。使 $u_{i1}=-u_{i2}=1.5\sin 2\pi\times 100t$(V),其仿真输出波形如图 7-46 所示。

(5) 仿真结论。差动输入比例电路仿真结果与用叠加定理分析结果一致,与虚短虚断分析结果有误差。输入信号幅度超过一定幅度波形产生失真。

7.4.2　积分运算电路仿真分析

积分仿真电路原理图如图 7-47,运放使用 LF411,电容器初始电压为零。

当输入电压 u_i 的幅度为 1V,频率为 1kHz,占空比为 50%的正方波时,输出电压 u_o 的波形如图 7-48 所示。

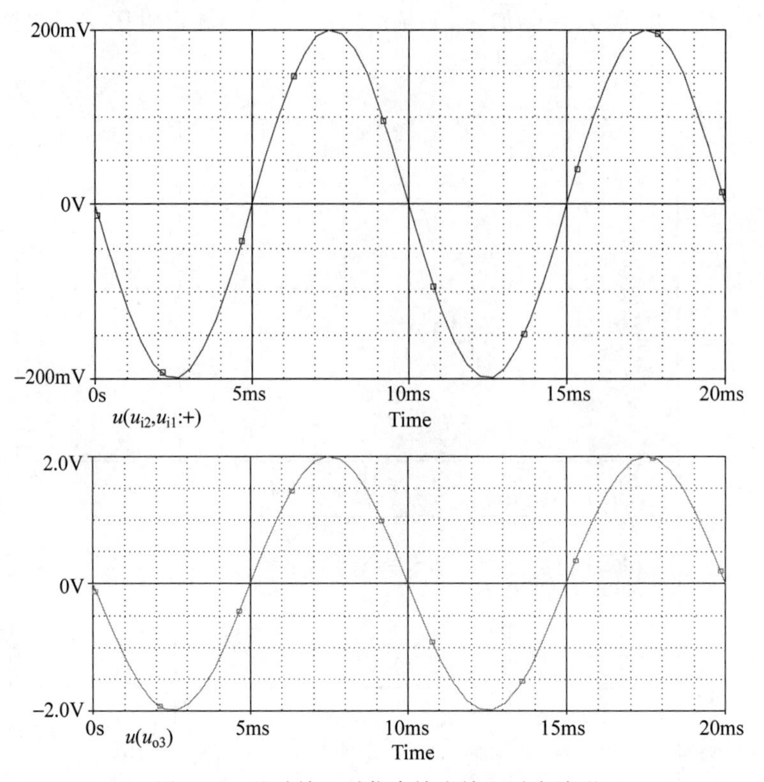

图 7-45　差动输入时仿真输出输入对应波形

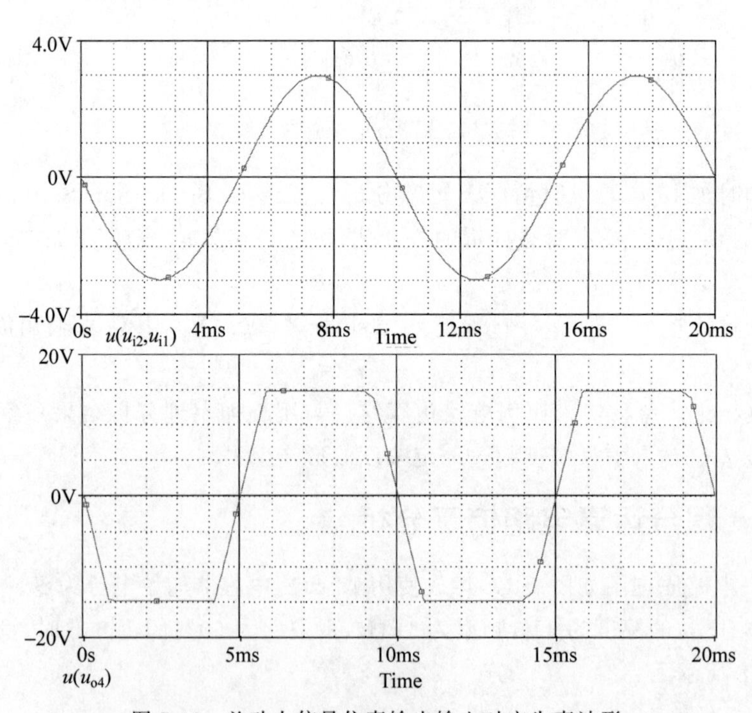

图 7-46　差动大信号仿真输出输入对应失真波形

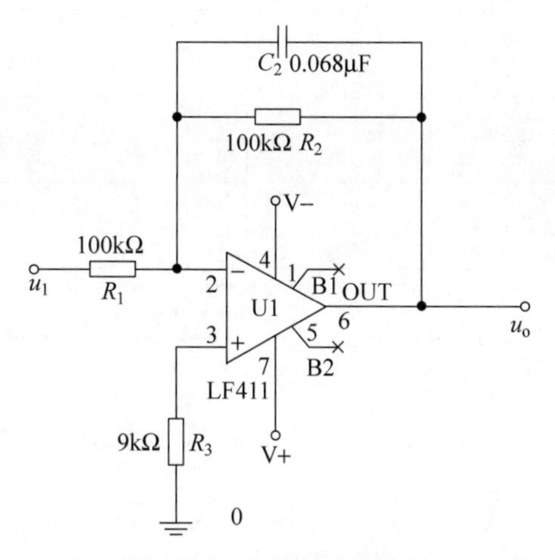

图 7-47　实用积分电路图

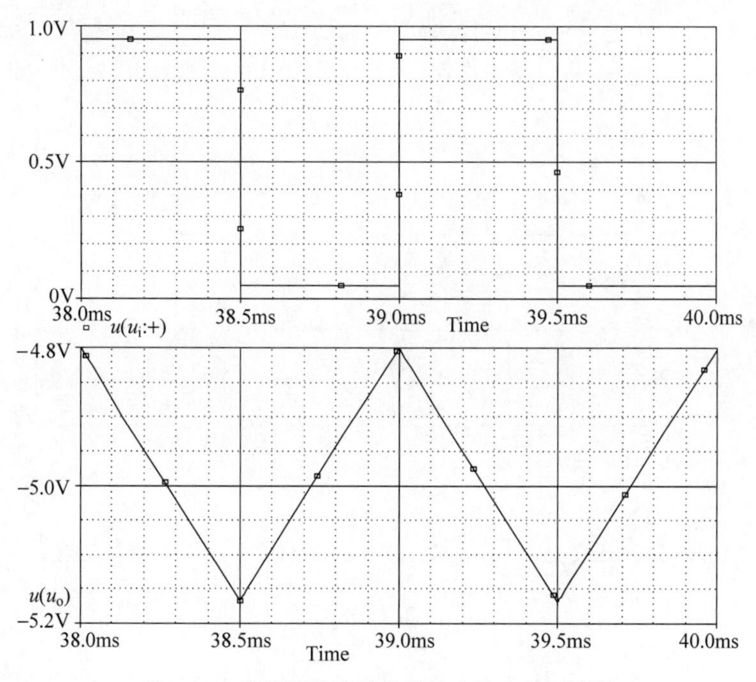

图 7-48　实用积分电路仿真输入输出对比波形

调整放大观测时间，当去掉电阻 R_2，观察重复以上设置的再次仿真波形对比，即输出电压 u_o 如图 7-49 所示。

改变输入脉冲信号正向幅度为 9V，宽度为 10μs，负向幅度为－1V，宽度为 90μs，周期为 100μs，其输入波形与对应输出波形见图 7-50。

仿真结果：积分电路能将方波变换为三角波。实际积分运算电路有延迟现象。改变幅度与周期可以改变三角波上升与下降时间的长短，其中时间 Δt 与输入电压平均值成正比。

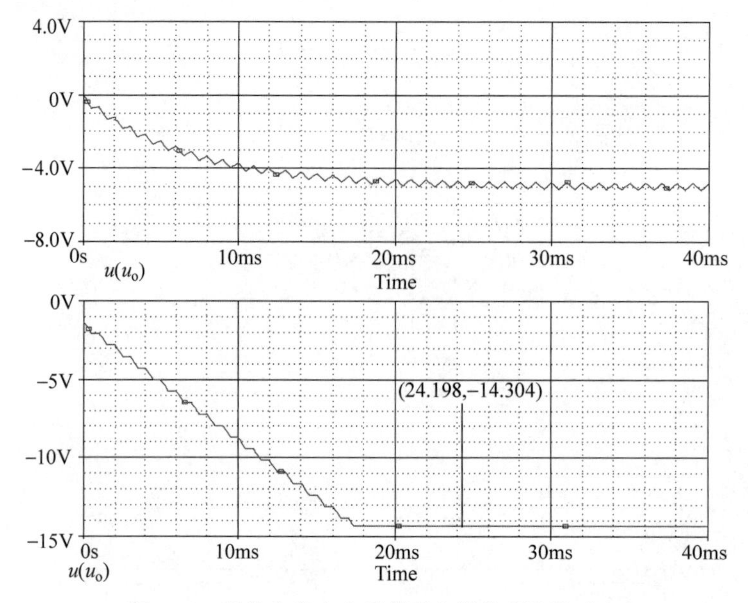

图 7-49 积分电容上有无并联电阻仿真波形对比

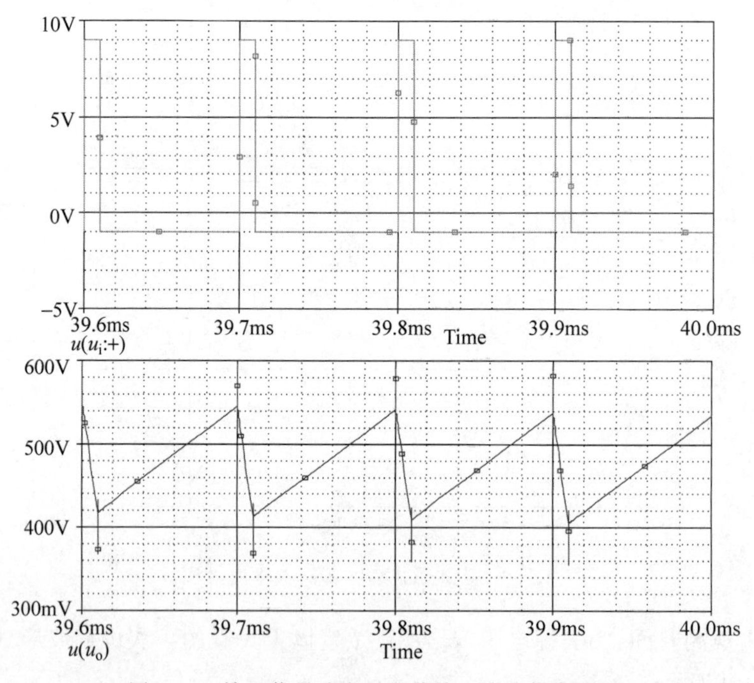

图 7-50 输入信号改变对积分输出影响仿真波形

本章小结

(1) 理想运放模型是分析运算电路的基础。各种比例电路的共同之处是：①运算电路通常由集成运放和模拟乘法器等组成，运算电路的输入、输出信号均为模拟量，运算电路中的集成运放多工作在线性区，所以，运算电路中都引入深度负反馈——电压负反馈；②分析时都可利用“虚短”和“虚断”的结论。虚断，即 $i_P=i_N=0$；虚短，即 $u_P=u_N$，或者虚地（反相输入时 $u_P=u_N=0$）。

（2）分析方法。集成运放实现模拟信号的比例、加、减、乘、除、积分、微分、对数、指数、乘方、开放等运算。运算电路的分析是建立在“虚短”和“虚断”两个概念的基础之上，基本分析方法有两种：①节点法。从“虚短”和“虚断”两个概念出发，列写集成运放同相输入端、反相输入端和其他相关节点的电流方程，由此求出电路输出电压与输入电压之间的运算关系；②叠加原理。对于多个输入信号的情形，原则上也可以用节点电流法求解电路运算关系，但是计算较为复杂。实际中用得较多的是叠加原理分析法，即首先分别求各个输入电压单独作用（令其他输入电压为零）时的输出电压，然后将它们相加，即可求得多个输入信号同时作用时电路输出电压与输入电压间的运算关系。

（3）运放组成的运算电路性能参数。A_{uf} 的正负号决定于输入 u_i 接至何处。接反相端则有 $A_{uf}<0$，接同相端 $A_{uf}>0$；在同相比例电路中引入串联反馈，所以 R_i 很大，而反相比例电路引入并联负反馈，所以 R_i 不高；比例电路中，同相端均接有平衡电阻 R_P，保证从集成运放同相端和地两点向外看的等效电阻等于反相端和地两点向外看的等效电阻。

习题

7.1　填空题。

1. 现在有六种运算电路如下，请选择正确的答案填入对应括号。

想要实现电压放大倍数 $A_u=+150$ 的放大电路，应选用________；想要实现电压放大倍数 $A_u=-150$ 的放大电路，应选用________；想要将三角波电压转换成方波电压，应选用________；想要将方波电压转换成三角波电压，应选用________；想要将正弦波电压转换成余弦波电压，应选用________；想要将正弦波电压叠加上一个直流电压，应选用________；想要实现两个信号之差，应选用________。

A. 反相比例电路　　B. 同相比例电路　　C. 求和电路

D. 加减电路　　E. 积分电路　　F. 微分电路

2. 理想集成运放的 $A_{od}=$________，$r_{id}=$________，$r_{od}=$________，$K_{CMRR}=$________；由集成运放构成的运算电路均应引入________反馈。

3. 反比例放大器运放输入端共模信号 $u_{iC}\approx$________，同相比例电路同相端输入 u_i，则 $u_{iC}\approx$________。

7.2　分别求出图 7-51 中两个电路的电压放大倍数、输入电阻、输出电阻和运放的共模输入电压，指出哪个运放对于共模抑制比要求较高。

7.3　电路如图 7-52(a)所示，运放 A 为最大输出电压为 12V 的理想运放，初始时刻 $u_C(0)=0$，若电路输入如图 7-52(b)所示波形：

（1）画出 u_o 波形，计算并标清有关数值；

（2）计算 R_P 数值。

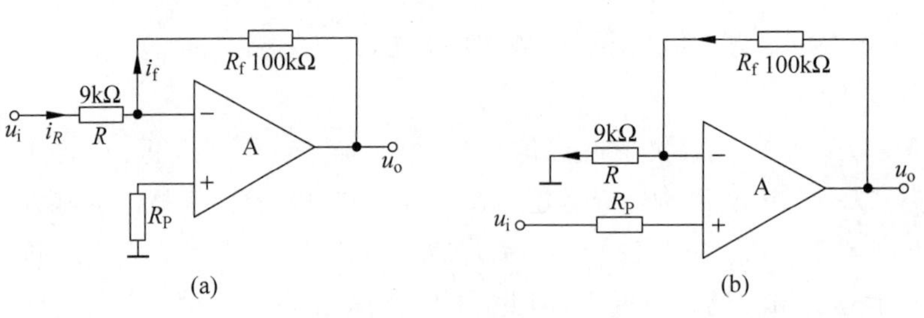

图 7-51　题 7.2 图

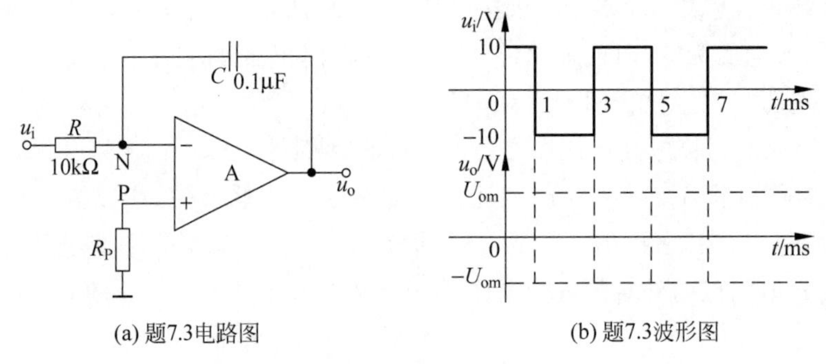

图 7-52　题 7.3 图

7.4　用集成运放实现：$u_o = 5\int(u_{s1} - 0.2u_{s2} + 3u_{s3})dt$，要求各路输入电阻大于 100kΩ，选择电路结构形式并确定电路参数值。提示：可采用两个集成运放结构。第一级反比例加法运算，第二级实现反相求和积分运算。确定电阻阻值参数可先选定一输入电阻作基准。

7.5　在如图 7-53 所示电路中，设所有运放都是理想的，已知 $u_i=1$V 解答下列问题：

(1) 开关闭合与断开情况，$A_1 \sim A_4$ 分别构成了何种运算电路？R_2 阻值各为多少？

(2) 当开关 S 闭合时，分别 u_{o1}、u_{o2}、u_{o3}、u_{o4} 和 u_o 的对地电位数值。

(3) 设 $t=0$ 时 S 打开，问经过多长时间 $u_o=0$？

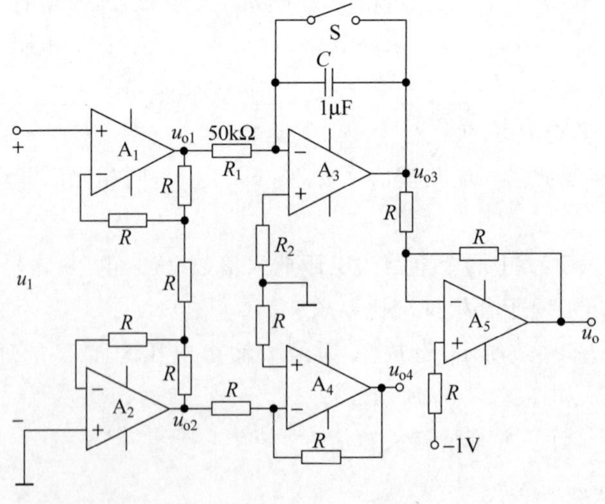

图 7-53　题 7.5 图

7.6 理想运放组成的求和微分电路如图 7-54(a)所示。输入电压 u_{i1}、u_{i2} 波形如图(b)，试画出输出电压 u_o 波形。

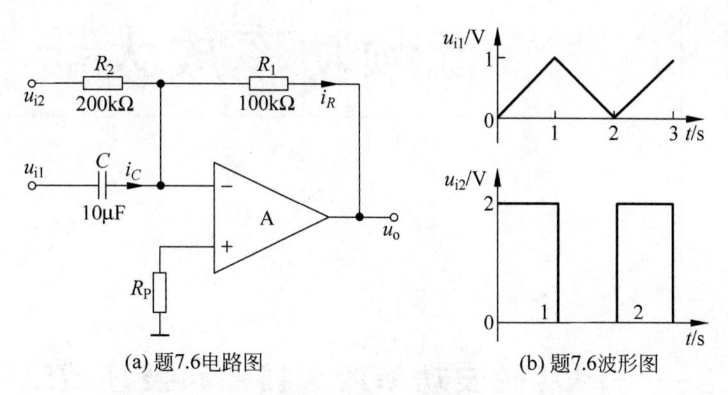

(a) 题7.6电路图 (b) 题7.6波形图

图 7-54 题 7.6 题图

7.7 电路如题图 7-55 所示，求输出电压的表达式。

7.8 如图 7-56 所示，由理想运放组成对数运算电路，电路参数对称，u_{i1}、u_{i2} 大于零，$i_C = I_S e^{\frac{u_{BE}}{U_T}}$。计算 $u_o = f(u_{i1}, u_{i2})$。

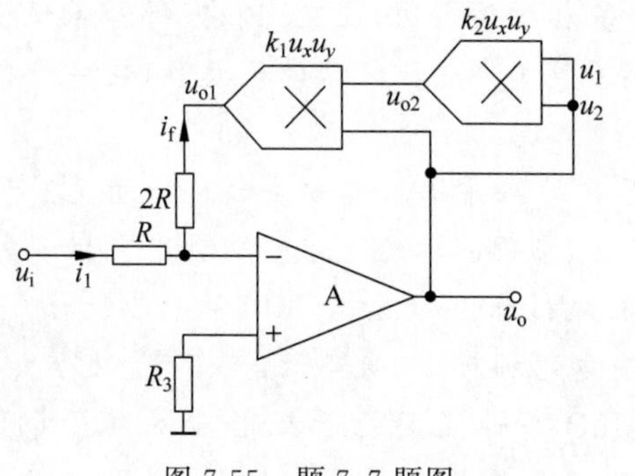

图 7-55 题 7.7 题图

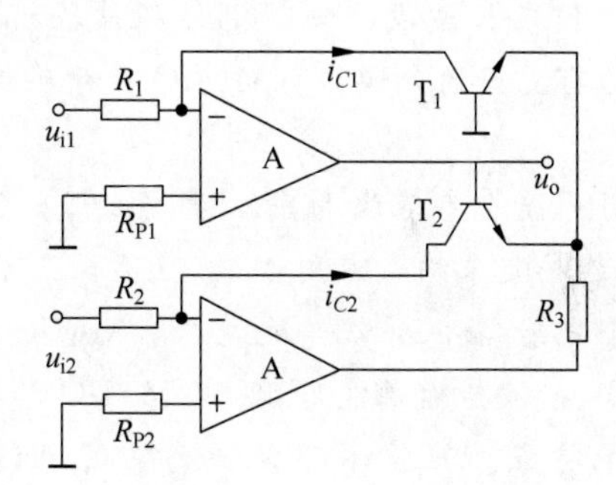

图 7-56 题 7.8 题图

第8章 低频功率放大器

CHAPTER 8

科技前沿——单片微波功率放大器高科技领域应用

微波单片集成电路(monolithic microwave integrated circuit,MMIC)已成为发展高科技的重要支柱技术,广泛用于军事领域的战术导弹通信系统、陆海空军事指挥系统、机载和星载等相控阵雷达系统,其中美F-15、F-16战斗机都使用MMIC相控阵雷达。1994年*Aviation Week Space Technology*报道雷声公司和TI公司为美国沙姆导弹实验场研制可变比特率(GBR)工作在X波段(8~12GHz微波段)陆基相控阵雷达,比“爱国者”导弹系统使用的C波段雷达有更好的分辨力。MMIC在精确制导等军事通信领域的优越性,在海湾战争中得以体现。

MMIC是在半绝缘半导体衬底上用一系列的半导体工艺方法制造出的无源和有源元器件,并连接起来构成应用于微波(甚至毫米波)频段的功能电路。MMIC包括多种功能电路的整个发射/接收系统单元电路。MMIC衬底材料(如GaAs、InP)的电子迁移率较高、禁带宽度宽、微波传输性能好,所以MMIC具有电路损耗小、噪声低、频带宽、功率大、抗电磁辐射强等特点。其技术难点在于:GaAs、InP高性能高电子迁移率晶体管(HEMT)、PHEMT、InP HEMT中材料制备;深亚微米精细结构制备;CAD和CAT技术;封装技术。飞速发展InP HEMT技术成为MMIC的核心技术,其最佳性能是f_T为340GHz,f_{max}为600GHz。

1974年美国的Plessey公司研制成功世界上第一块GaAs FET MMIC放大器以来,在军事应用的推动下,美、日、西欧都把MMIC作为发展战略的核心,故MMIC发展迅速。目前美国TRW公司研制成功MMIC功率放大器芯片,Ka波段输出功率为3.5W,相关功率增益11.5dB,功率附加效率为20%,60GHz MMIC输出功率为300mW,效率22%,94GHz采用0.1mm T型栅功率二级MMIC,最大输出功率300mW,最高功率附加效率为10.5%。

本章以放大低频信号(如声音信号、控制信号等)功率为目的放大器(简称功率放大器)为研究对象。首先阐述功放系统研究所涉及的概念与理论难题,接着针对具体问题讨论如何解决输出功率、效率和非线性失真三者之间的矛盾,最后在分析了各种模拟实用功放计算方法与特点后探讨了数字功放系统的特点与设计方法。本章的知识与技能目标为:

(1) 熟练掌握B类互补对称功率放大电路、OTL功放电路及OCL功放电路的组成与最大输出功率、效率的分析计算;

（2）正确理解D类功率放大器与数字功放概念；

（3）熟练掌握集成功率放大器的使用方法，正确分析各种功放原理与设计方法；

（4）了解各种功率器件及散热问题。

功率放大器（power amplifier）是指以输出最大功率为目的而设计的放大电路形式。在电子信息系统中常作多级放大电路的输出级，以驱动执行机构，如使扬声器发声、继电器动作、仪表指针偏转等。功放最早的应用是音频信号领域的功率放大。1927年，美国贝尔实验室推出了革命性的负反馈（NFB）技术，标志着音频放大器开始进入新纪元。而1947年发表的威廉逊放大器运用负反馈技术，使胆机的失真降低达0.5%，则标志着高保真（high fidelity）放大器的面世，是音响史上重要的里程碑。1951年，美国*Audio*杂志发表了一篇“超线性放大器”的文章，该放大器将非线性失真大幅度降低，1952年6月，又发表将威廉逊线路和超线性线路相结合的放大器文章，标志着负反馈技术在音响技术中的广泛使用，其影响一直延伸到今天。

8.1　功率放大电路的特殊问题及其分类

功率放大器和电压（电流）放大器是有区别的，电压放大器的主要任务是把微弱的信号电压进行幅度放大，一般输入及输出的电压与电流都比较小，是小信号放大器；它消耗能量少，信号失真小，输出信号的功率小。而功率放大器的主要任务是输出大的信号功率，它的输入、输出电压和电流都较大，是消耗能量多、信号容易失真的大信号放大器，主要特征是输出信号的功率大。比较功放与其他放大器异同，主要有以下几点：

（1）本质相同。无论哪种放大电路，在负载上都同时存在输出电压、电流和功率，从能量控制的观点来看，放大电路实质上都是能量转换电路。总的来说，最终结果功率都会加强。因此，功率放大电路和电压放大电路没有本质的区别，只是强调的输出量不同而已。

（2）任务不同。电压（电流）放大电路在小信号状态下工作，主要用于电压幅度或电流幅度放大，最后在负载上得到不失真的电压信号，输出的功率并不一定很大；功率放大电路主要是使负载得到失真较小的输出功率，在大信号状态下工作。

（3）指标不同。电压放大电路主要指标是电压增益、输入和输出阻抗；功率放大电路主要指标是功率、效率、非线性失真。

（4）研究方法有区别。电压放大电路大信号用图解法、小信号用微变等效电路法；功率放大电路目前只能用图解法。

8.1.1　功率放大电路的特殊问题

功放在电子信息系统中的特殊作用决定了性能良好的功率放大器应满足下列基本要求：

（1）具有足够大的输出功率（output power）。为了得到足够大的输出功率，三极管工作时的电压和电流应尽可能接近极限参数。

（2）效率（efficiency）要高。功率放大器是利用晶体管的电流控制作用，把电源的直流功率转换成交流信号功率输出，由于晶体管有一定的内阻，所以它会有一定的功率损耗。把负载获得的功率P_o与电源提供的功率P_s之比定义为功率放大电路的转换效率η，用公式

表示为

$$\eta = (P_o / P_s) \times 100\% \tag{8-1}$$

显然，功率放大电路的转换效率越高越好。

(3) 非线性失真要小。动态范围宽、功率大是功放最典型特点，由此引起的晶体管的非线性失真也大。因此输出功率的增大与减少非线性失真客观上是矛盾的，但是工程师们依然设法在不影响功率放大的前提下最大限度减小电路非线性失真以满足人类对音质的要求。

(4) 散热性能好。在功率放大电路中，功率消耗主要在管子的集电结上。因此，结温和管壳温度都高。这会影响管子的工作性能，特别是双极性的晶体管。为使管子输出足够大的功率而工作性能不受影响，放大器件的散热就成为一个重要问题。

8.1.2 功率放大电路的分类

功放电路分类工作复杂而种类繁多。按放大核心器件，有电子管(胆管)功率放大器、晶体管功率放大器、集成电路功率放大器、混合功率放大器等；按用途分，有家用功率放大器、会议用功率放大器、舞台用功率放大器等；按音质分，有普通功率放大器、高保真(Hi-Fi)功率放大器等；以功率放大器输出端特点分有输出变压器功放电路、无输出变压器功放电路(又称 OTL 功放电路)、无输出电容器功放电路(又称 OCL 功放电路)、桥接无输出变压器功放电路(又称 BTL 功放电路)等；按工作原理分，按功放中功放管的导通时间不同，可以分为 A 类功放(又称甲类)、B 类功放(又称乙类)、AB 类功放(又称甲乙类)、C 类功放(又称丙类)与 D 类功放(又称丁类)等。本节只研究音频功放中常见的分类方式——按照原理分类的功放性能比较与分析。

1. A 类功放

A 类功放核心器件(两组)晶体管永远处于导通状态，具有最佳的线性，完全不存在交越失真(switching distortion)，即使不采用负反馈，它的环路失真仍十分低，因此被认为是声音最理想的放大电路设计。但 A 类放大器是一种最浪费能量的设计，只要一开机它的耗电量最高，播放音乐时，效率约为 50%，即一半功率变为热量浪费。整个周期都有 $i_C > 0$，功率管的导电角 $\theta = 2\pi$。A 类功放集电极电流 i_C 变化情况如图 8-1 所示。

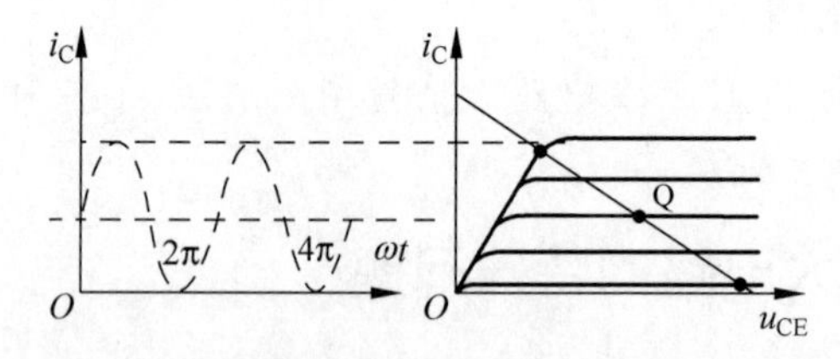

图 8-1　A 类功放 Q 点集电极电流变化波形图

2. B 类放大

B 类功放的工作方式采用一对晶体管轮流工作的形式完成功率放大。当无信号输入时，输出端晶体管都不导电，所以不消耗功率，当有信号时每个输出管各放大一半波形，彼此一开一关轮流工作在负载上合成一个全波放大完整波形。在两个输出晶体管工作转换时交界处发生交越失真，形成非线性。而且在信号非常低时交越失真十分严重，令声音变得粗糙，因此纯B类功放机较少，B类扩音机的效率平均约为75%，产生的热量较A类机低，允许用较小的散热器。工程实践证明，这类放大当其输出为最大功率的40.5%时功放内消耗的功率最高，约为50%，输出功率较低和较高时则效率增加。如图8-2所示，B类功放功率管的导电角 $\theta=\pi$。

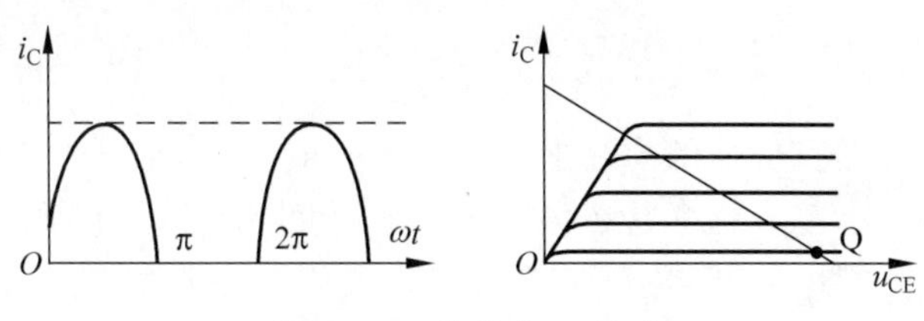

图8-2　B类放大 i_C 波形

3. AB类功放

AB类功放输出电流波形如图8-3所示，其在工作时达成性能的妥协，在无信号时也有少量电流通过输出晶体管，这类功放在信号小时用A类工作，获得最佳线性，当信号提高到某一个电平时自动转为B类工作获得较高的效率。普通机几十瓦的AB类功放大约在5瓦以内用A类工作，由于聆听音乐时所需要的功率只有几瓦，因此AB类功放在大部分时间是用微导通的A类工作，只在出现音乐瞬态强音时才转为B类，这种设计可以获得优良的音质和提高效率减少热量，是一种颇为合乎逻辑的设计。此时功率管的导电角 θ 满足：$\pi<\theta<2\pi$。

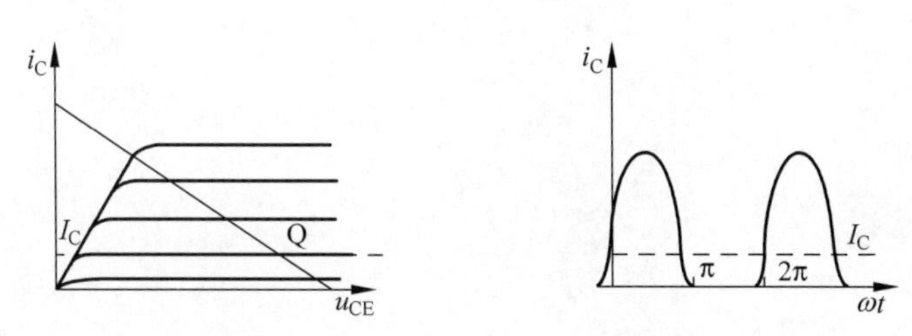

图8-3　AB类功放输出电流波形图

4. C类功放

如图8-4所示，C类功放是一种失真非常高的放大器，故它不适合Hi-Fi用。C类(丙类)放大器在音频领域较少使用，多适合在通信用途上特别是放大高频信号以驱动天线时使用。C类功放功率管的导电角 θ 满足：$0°<\theta<\pi$。

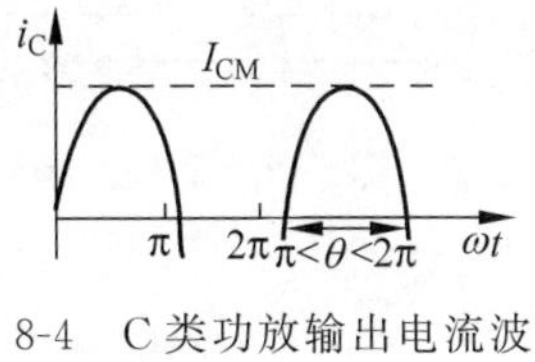

图8-4　C类功放输出电流波形

A类输出晶体管100%时间都在工作；B类输出晶体管的工作时间占50%；AB类超过50%；为降低失真，C类输出晶体管的工作时间低于50%，效率特高，但Hi-Fi放大不适用；D类功放采用开关式供电，输出晶体管有如切换开关，不截流即通流，与其他放大的半导通半截止方式不同，这种设计是数字功放的基本电路。D类放大的晶体管一经开启即直接将其负载与供电器连接，电流流通但晶体管无电压，因此理想情况无功率消耗；当输出晶体管关闭时，全部电源供应电压即出现在晶体管上但却无电流，因此也不消耗功率，故理论上效率为100%。D类放大的优点是效率最高，几乎完全不产生热量，因此无需大型散热器,机身体积与重量显著减少,理论上失真低线性佳。

现在出现一种 H 类功放,H 类功放有 2 组主电压,低功率的时候用低电压,高功率的时候转为高电压。主要是供电电压会随着信号的强弱自动改变,从而提高功放的效率,并使电路发热更少,可靠性更高。

8.1.3 功率放大器的主要性能指标

放大器的指标是衡量其性能的一个重要标志。一般来讲,测试放大器技术指标的方法应分为静态和动态两种。静态指标是在稳定状态下以正弦波进行测量所得的数据,测试项目包括有频率响应、谐波失真、信噪比、互调失真以及阻尼系数等;而动态指标是指用较复杂的如方波、窄脉冲等信号测量得到的数据,包括有相位失真、瞬态响应和瞬态互调失真等。要反映出功放的品质,动态测试数据是重要的标准。

1. 主要参数

(1) 功率放大器的输出功率(output power)有两种表示方式:饱和功率和 1dB 压缩点输出功率。前者是输出的最大功率,后者则是指增益下降 1dB 时的输出功率,前者一般大于后者。对脉冲放大器有峰值功率和平均功率之分,前者表示有信号时的输出功率,后者则是按时间平均后的功率,两者之间的关系与信号的占空比有关。

效率(efficiency)。效率=实际输出功率/总功率×100%,对于高耗能电路,功放最重要的指标是电源功率。计算公式为

$$P_{S}=\frac{1}{T}\int_{0}^{T}U_{CC}i_{C}\mathrm{d}t \tag{8-2}$$

$$i_{C}=I_{CQ}+i_{c}=I_{CQ}+I_{CM}\sin(\omega t+\theta)$$

$$P_{S}=\frac{1}{T}\int_{0}^{T}U_{CC}i_{C}\mathrm{d}t=\frac{U_{CC}}{T}\int_{0}^{T}i_{C}\mathrm{d}t=U_{CC}I_{CQ} \tag{8-3}$$

$$\eta=\frac{P_{omax}}{P_{s}}\times 100\% \tag{8-4}$$

因此,根据式(8-3)和式(8-4)要提高效率,就应减小消耗在晶体管上的功率 P_T,将电源供给的功率大部分转化为有用的信号输出功率。本章研究功率放大器最大输出功率的计算。

(2) 极限参数。功放电路中电流、电压要求都比较大,必须注意电路参数不能超过晶体管的极限参数 I_{CM}、U_{CEM}、P_{CM}。如图 8-5 所示,与晶体管极限参数即图 2-26 基本上一致。

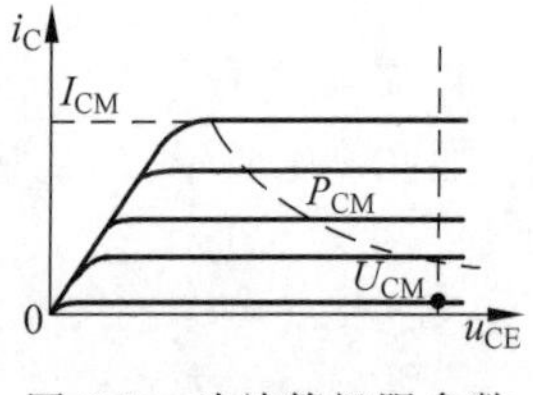

图 8-5 功放管极限参数

2. 频率响应

工作频率(operating frequency)范围指放大器满足或优于指标参数时的工作频率范围。功率放大电路的频响同于一般放大器对频率响应范围的规定,即当输出电平在某个低频点下降 3dB,则该点为下限频率,同样在某个高频点下降 3dB 时为上限频率。这个 3dB 点称为不均匀范围或叫作半功率点(half power point),因为电平正好下降 3dB 时,放大器的输出功率正好下降了一半。

在音频领域,在传统的说法中,人耳能够听到的频率范围在 20Hz~20kHz,因此放大器的频率范围理论上应做到 20Hz~20kHz(±3dB)平直就足够,但事实上音乐中含有的许多

乐器或反射泛音谐波有很多是超出这个频率范围的。因此现代高级放大器的频响应能达到从 10Hz～100kHz(±3dB)。但放大器的频响也不是越宽越好，否则易引入高频或低频干扰，反而使 S/N 降低或诱发互调失真。

同于一般放大器，严格的频响曲线图应有两幅，其中常见的频率响应图叫作幅频曲线图，另一幅称为相频曲线图，它是表示不同频率在经过放大器后产生的相位失真(相位畸变)大小，相位失真是指信号由放大器输入端到输出端产生的时间相位差，相位差过大时会影响负反馈线路的稳定性，并与相位失真和瞬态互调失真有较大的关系，Hi-Fi 放大器的相位失真在 20Hz～20kHz 的频率范围内时应控制在±5%的范围内。

3. 信噪比

信噪比(signal to noise ratio)是信号噪声比的简称，它是指信号电平与噪声电平之比值，通常以分贝(dB)为单位，当信噪比为 100dB 时，输出电压是噪声电压的一万倍。除了信噪比外，放大器噪音大小也可以用噪声电平来表示，但这种方法是用电压来计算的信噪比数值，它的分母是一个固定的 0.775V，而分子则是噪声电压，因此，它得出来的噪声电平是绝对值。而信噪比是相对值。

对于音频放大器如果信噪比指标较高，那重放的音乐背景则较宁静，由于噪声电平低，原来很多被噪声掩盖着的弱音细节会显现出来，使空气感加强，动态范围增大。一般来讲，放大器的信噪比为 85dB 以上时听感较佳。由于信噪比和功率或电压成对数关系，要提高信噪比，在设计时尽量提高信号幅度而抑制噪声幅度，这在技术上难度较大。

4. 失真

功放电路工作在大电流、大电压状态，因此功放管非线性较强，存在失真较多，失真在功放的性能评价中有重要作用。下面列举常见的对功放影响明显的失真种类。

(1) 谐波失真(harmonics distortion)。放大器线路中的各种各样电子元件、接线和焊点会在一定程度上降低放大器的线性特点。当音乐信号通过放大器时，非线性特性相当于在信号中加入了一些谐波，这种信号变形的失真称为谐波失真。谐波失真一般用百分比来表示，百分比数越小即是放大器产生的谐波少，也就是说信号波形的失真较低。放大器产生的谐波函数关系与信号频率和输出功率有关。当输出功率接近最大值时，谐波失真急剧加大，特别是晶体管放大器会因接近过载(overload)会发生将信号的顶部齐平削去的严重波形畸变失真。高保真放大器的谐波失真一般应控制在 0.05%。

(2) 互调失真(intermodulation distortion)。简单来讲，合成的信号称为调制信号，互调失真是指整个可听频带中高低频混合成全频的过程中引起的失真。产生互调失真的过程其实也是一种调制过程，这是因为每个电子线路或每台放大器在非线性作用下，不同频率的信号会自动相加和相减，产生出两个在原信号中没有的额外信号，当原信号为 N 个时，输出信号便会有 $3N$ 个，可想而知，可听频带中由互调失真所产生的额外信号数量相当惊人。要大量降低互调失真，可采用电子分频方式来限制每路放大器和扬声器的工作频带。

(3) 瞬态互调失真(transient intermodulation distortion)。瞬态互调失真，简称 TIM 失真，它与负反馈关系密切。众所周知，负反馈(negative feedback)的作用是将输出值倒相变为负数，随后将之反馈到输入端，和设定值相减，得出误差信号，然后控制器就会根据误差大小作出修正，从而大幅度减少失真。但负反馈在有效地降低失真时，却引起新的失真即瞬态互调失真，输出信号会出现削波(clipping)现象，瞬态互调失真由此产生。

5. 转换速率

放大器的转换速度(transient response)是指放大器对猝发信号或脉冲信号的跟随或响应能力,即瞬态响应能力,它是衡量放大器性能的一大指标。放大器的响应速度一般是用电压转换速率(slew rate)来衡量的,其定义是在1微秒(μs)时间里电压升高的幅度,用方波来测量时直观表现就是电压由波谷升到波峰所需的时间,单位是V/μs,瞬态响应越高,数值越大。优秀的放大器转换速率都在15V/μs以上。提高瞬态响应速度最简单的办法是采用高频特性佳的元件,并用适当的环路负反馈来改善。

8.2 互补对称功率放大电路

功放系统中工作在B类工作状态很常见,这类功放在输入信号的整个周期内,三极管半个周期工作在放大区,半个周期工作在截止区,放大器只有半波输出,但非线性失真太大。但B类工作状态的静态电流为零,故损耗小、效率高。因此,设计者采用两个不同类型的晶体管组合起来交替工作,则可以放大输出较完整的不失真的全波信号。这种电路是如何演变过来的呢？这要从单管放大谈起。

8.2.1 A类功率放大电路

最早完成功率放大的电路是A类单管功率放大器,如图8-6所示为变压器耦合两级单管分压式电流负反馈偏置功率放大电路。其中,Tr_1 和 Tr_2 称耦合变压器,其作用一方面是隔断直流耦合交流信号,另一方面用来变换阻抗,使负载能够获得最大的功率。三极管 T_2 常被称为功放管。

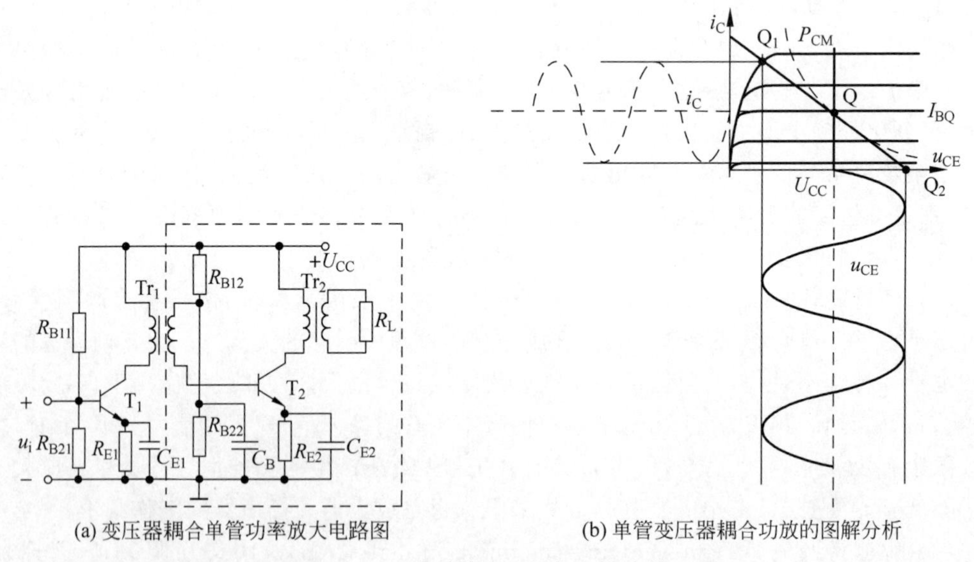

(a) 变压器耦合单管功率放大电路图

(b) 单管变压器耦合功放的图解分析

图8-6 A类单管变压器耦合放大器

通常功率放大器的负载 R_L 小于功放管集电极所需最佳负载 R'_L,阻抗不匹配。根据变压器变换阻抗原理,Tr_2 将负载 R_L 折合到功放管集电极的阻抗为

$$R'_L=n^2R_L \tag{8-5}$$

式中，n 是变压器的匝数比，通过选择变压比 n，可使负载 R_L 通过 Tr_2 在它的初级功放管输出端获得所需要的最佳负载阻抗 R_L'。

功率放大电路工作在大信号状态，微变等效分析方法已经不再适用，通常用图解法分析功率放大器的工作情况。

1）输出功率

（1）直流负载线。甲类功放如图 8-6(a)所示虚线方框内第二级放大电路中，输出变压器 Tr_2 的初级线圈直流电阻很小，可以认为是直流短路。另外，为了有效地利用电源电压，R_{E2} 取值很小，它的直流压降可略去不计。因此，功放管的直流负载电阻近似等于零（$R_C \approx 0$）。按照直流负载线的做法，其开路电压值 $U_{CE}=U_{CC}$，短路电流值 $i_C=U_{CC}/R_C$ 极大，所画出的直流负载线如图 8-6(b)所示，它是通过 U_{CC} 点且垂直于 U_{CE} 轴的直线。直流负载线与静态基极电流 I_{BQ} 的交点，即为放大器的静态工作点 Q。

（2）交流负载线。放大器输入交流信号时，通过输出变压器阻抗转换关系 $R_L'=n^2R_L$，在功放管的集电极就呈现为一个对应于 R_L 的交流等效负载电阻 R_L'，根据交流负载线的做法，可以画出通过 Q 点的交流负载线。

当功放管基极加有信号时，基极电流会随着信号的变化而变化，同时集电极的电流 i_C 及电压 u_{CE} 也将相应地变化，它们的波形如图 8-6(b)中特性曲线的左方和下方所示。此时如果输入信号再增大，则 i_C 及 u_{CE} 的波形会出现饱和失真或截止失真。所以图 8-6(b)所示的状态为满额使用状态。此时输出功率达到最大。

在图 8-6 所示的功放电路中，功放管集电极输出交流功率 P_o 就是输出变压器 T_{r2} 初级等效电阻 R_L'上所得到的交流功率，其数值为集电极输出电压的有效值 U_{ce} 和输出电流有效值 I_c 的乘积，即

$$P_o=I_cU_{ce}=\frac{1}{2}I_{CM}U_{CEM} \tag{8-6}$$

可见，输出信号越强则 I_{CM} 和 U_{CEM} 越大，P_o 也就越大。但是 P_o 的增加是有限度的，为了不产生饱和失真或截止失真，应使 I_{CM} 和 U_{CEM} 满足下列关系式：$I_{CM}\leqslant I_{CQ}$，$U_{CEM}\leqslant U_{CC}$（忽略功放管的饱和压降 U_{CES} 和穿透电流 I_{CEO}）。

因此，功放管集电极能输出的最大不失真电流为 $I_{CM}\approx I_{CQ}$，最大不失真电压为 $U_{CEM}\approx U_{CC}$，则最大输出功率为

$$P_{om}=\frac{1}{2}I_{CQ}U_{CC} \tag{8-7}$$

这时虽然未进入饱和或截止状态，但由于功放管特性的非线性，输出波形的失真仍较大。实际应用时，为了使非线性失真减小到允许值，必须合理限制输出功率。

2）效率

功放电路从直流电源吸收的功率是由电源端电压和输出电流决定的。直流电源端电压 U_{CC} 是恒定的，而输出电流的大小，取决于功放管的集电极电流 i_C。在无信号时，i_C 等于 I_{CQ}。有信号时，i_C 的正、负半周幅度相同，其平均值依然为 I_{CQ}。因此，功放电路从直流电源吸收的功率 P_S 为

$$P_S=I_{CQ}U_{CC}\quad（无信号时）$$

$$P_S=\frac{1}{T}\int_0^T U_{CC}i_C\,dt\quad（有信号时）$$

$$P_S=\frac{1}{T}\int_0^T U_{CC}i_C\,dt=\frac{U_{CC}}{T}\int_0^T i_C\,dt=U_{CC}I_{CQ}\quad（正弦信号时）$$

可见,A 类功率放大器从电源吸收的功率 P_S 不随输入信号有无或强弱而变动。因此 A 类功放电路的理想最大效率是

$$\eta_{max}=\frac{P_o}{P_S}=\frac{0.5I_{CQ}U_{CC}}{I_{CQ}U_{CC}}=50\%\tag{8-8}$$

A 类功放电路的最大不失真输出功率仅为电源供给功率的一半,效率很低。若考虑管子的饱和压降 U_{CES} 和穿透电流 I_{CEO},则 A 类功放电路的效率 η 仅为 40%～45%左右,若再考虑变压器的效率 η_T(75%～80%),则放大器总效率 η' 还要低。

$$\eta'=\eta_m\eta_T\tag{8-9}$$

A 类功率放大器的总效率 η',通常只有 30%～35%左右。如何解决效率低的问题？最直接的办法是降低工作点,但会引起失真。于是工程师想到既降低 Q 点又不会引起截止失真的办法：采用推挽(push-pull)输出电路,或互补对称射极输出器。

8.2.2 B 类互补对称功率放大电路

B 类互补对称功率放大电路(complementary symmetry power amplification circuit)中采用两只晶体管,其中 NPN、PNP 各一只,如图 8-7 所示。两管特性一致。本节主要介绍 B 类互补对称电路工作原理,要求熟练掌握 B 类互补对称功率放大电路的组成、分析计算和功率 BJT 的选择。

1. B 类互补对称电路

B 类放大器中由双电源供电而使输出端静态电位为零而省去输出端大电容的功率放大电路通常称为无输出电容(output capacitorless,OCL)功放。而由单电源供电在输出端加耦合隔直电容的称无输出变压器(output transformerless,OTL)功率放大器。本节主要研究 OCL 电路。

1) 电路组成

互补对称电路如图 8-7 所示。该电路是由两个射极输出器组成的。图中,T_1 和 T_2 分别为 NPN 型管和 PNP 型管,两管的基极和发射极相互连接在一起,信号从基极输入,从射极输出,R_L 为负载。

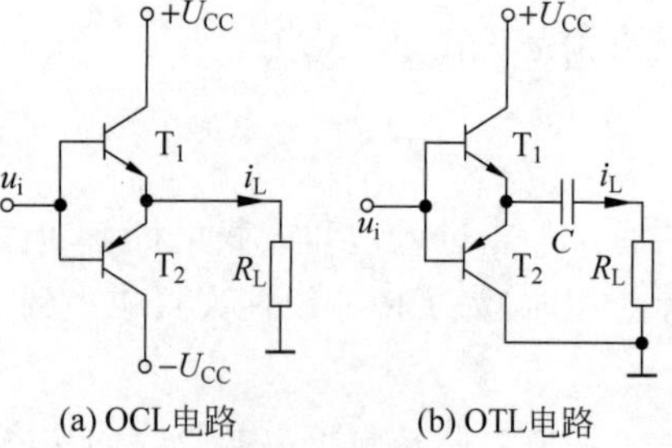

图 8-7 两个射极输出器组成的互补对称电路

2) 工作原理

B 类功放分析也遵循静态与动态分开分析的原则,实际工作状态为二者叠加作用的结果。分析图 8-7(a)所示的 OCL 电路。

(1) 静态时,$u_i=0V$,T_1、T_2 均不工作。$u_o=0V$ 均处于截止状态,该电路为 B 类放大电路。因此不需要隔直大电容。

(2) 动态时,由于 B 类放大电路无基极偏置,所以 $U_{BE1}=U_{BE2}=u_i$；考虑到 BJT 发射结处于正向偏置时才导电,因此当信号处于正半周时,$U_{BE1}=U_{BE2}>0$,则 T_2 截止,T_1 承担放大任务,有电流通过负载 R_L；反之,当信号处于负半周时,T_1 截止,T_2 承担放大任务。

一个在正半周工作，而另一个在负半周工作，两个管子互补对方的不足，从而在负载上得到一个完整的波形，称为互补电路，其工作波形如图 8-8 所示。为了使负载上得到的波形正、负半周大小相同，还要求两个管子的特性必须完全一致，即工作性能对称。所以图 8-7(a)所示电路通常称为 B 类互补对称电路。互补电路解决了 B 类放大电路中效率与失真的矛盾。而图 8-7(b)所示电路由于采用大电容隔离不对称电源造成的输出端静态电位而称 OTL 电路。

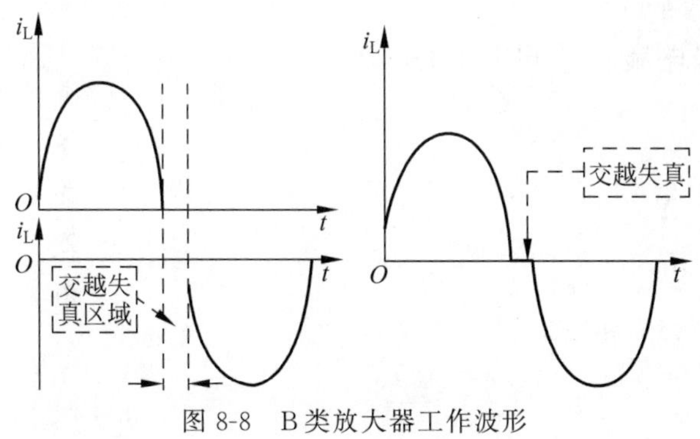

图 8-8 B 类放大器工作波形

B 类功放由于没有设置静态工作点而在正负半周交界处出现的信号波形缺失失真称交越失真(crossover distortion)。

2. B 类互补对称功放指标计算

采用图解分析法分析功率放大电路的最大输出功率、效率及三极管的工作参数等是功放分析任务。分析的关键是 u_o 的变化范围。图 8-9 表示 T_1、T_2 的工作情况。图中假定，只要 $|U_{BE}|=|u_i|>0$，$T_1(T_2)$就开始导通，则在一个周期内 $T_1(T_2)$导电时间约为半个周期。随着 i_L 的增大，工作点沿着负载线上移，则 $i_o=i_C$ 增大，u_o 也增大，当工作点上移到图中 A 点时，$U_{CE}=U_{CES}$，已到输出特性的饱和区，此时输出电压达到最大不失真幅值 $U_{omax}=U_{CC}-|U_{CES}|$。

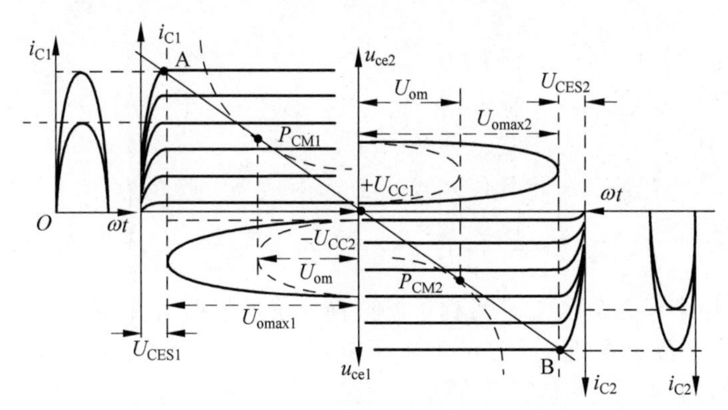

图 8-9 B 类功率放大器图解示意图

1) 输出功率

输出功率是输出电压有效值 U_o 和输出电流有效值 I_o 的乘积(也常用管子中变化电压、变化电流有效值的乘积表示)，即

$$P_o=\frac{I_{CM}}{\sqrt{2}}\times\frac{U_{CEM}}{\sqrt{2}}=\frac{1}{2}I_{CM}U_{CEM}=\frac{1}{2}I_{CM}^2R_L=\frac{1}{2}\frac{U_{om}^2}{R_L} \tag{8-10}$$

最大不失真输出功率

$$P_{\text{om}}=\frac{1}{2}\frac{(U_{\text{CC}}-U_{\text{CE(sat)}})^2}{R_{\text{L}}} \tag{8-11}$$

若忽略晶体管的饱和压降,则负载 R_{L} 上的最大功率为

$$P_{\text{om}}=\frac{1}{2}\frac{U_{\text{CC}}^2}{R_{\text{L}}} \tag{8-12}$$

2) 直流电源提供的功率

忽略晶体管基极电流,每个电源中的电流为半个正弦波,其平均值为

$$I_{\text{av1}}=\frac{1}{2\pi}\int_0^{\pi}\frac{U_{\text{om}}}{R_{\text{L}}}\sin\omega t\,\mathrm{d}(\omega t)=\frac{U_{\text{om}}}{\pi R_{\text{L}}}$$

当 $U_{\text{om}}=U_{\text{CC}}-U_{\text{CES}}$ 时:

$$I_{\text{av1}}=\frac{1}{2\pi}\int_0^{\pi}\frac{U_{\text{CC}}-U_{\text{CES}}}{R_{\text{L}}}\sin\omega t\,\mathrm{d}(\omega t)=\frac{U_{\text{CC}}-U_{\text{CES}}}{\pi R_{\text{L}}} \tag{8-13}$$

若忽略晶体三极管饱和压降 U_{ces},有

$$I_{\text{av1}}=I_{\text{av2}}=\frac{U_{\text{CC}}}{\pi R_{\text{L}}} \tag{8-14}$$

$$P_{\text{S}}=P_{\text{S1}}+P_{\text{S2}}=2U_{\text{CC}}\cdot\frac{U_{\text{CC}}}{\pi R_{\text{L}}}=\frac{2U_{\text{CC}}^2}{\pi R_{\text{L}}} \tag{8-15}$$

3) 每只管子平均管耗 P_{T}

$$P_{\text{T}_1}=P_{\text{T}_2}=\frac{1}{2}(P_{\text{S}}-P_{\text{o}})=\frac{1}{2}\left(\frac{2}{\pi}\cdot\frac{U_{\text{om}}}{R_{\text{L}}}\cdot U_{\text{CC}}-\frac{1}{2}\frac{U_{\text{om}}^2}{R_{\text{L}}}\right)=\frac{1}{R_{\text{L}}}\left(\frac{U_{\text{om}}}{\pi}U_{\text{CC}}-\frac{1}{4}U_{\text{om}}^2\right) \tag{8-16}$$

在 $U_{\text{om(max)}}=U_{\text{CC}}$ 时

$$P_{\text{T}_1}=P_{\text{T}_2}=\frac{1}{R_{\text{L}}}\left(\frac{1}{\pi}U_{\text{CC}}^2-\frac{1}{4}U_{\text{CC}}^2\right)=\frac{U_{\text{CC}}^2}{R_{\text{L}}}\left(\frac{1}{\pi}-\frac{1}{4}\right)=2P_{\text{om}}\left(\frac{1}{\pi}-\frac{1}{4}\right)=0.137P_{\text{om}} \tag{8-17}$$

而 $\text{T}_1(\text{T}_2)$取得最大管耗 $P_{\text{T}_1\text{(max)}}$ 条件为

$$\frac{\mathrm{d}P_{\text{T}_1}}{\mathrm{d}U_{\text{om}}}=\frac{1}{R_{\text{L}}}\left(\frac{U_{\text{CC}}}{\pi}-\frac{U_{\text{om}}}{2}\right)=0$$

即 $U_{\text{om}}/U_{\text{CC}}=2/\pi$,管耗最大。将其代入式(8-16),对应最大管耗为

$$P_{\text{T}_1\text{(max)}}=P_{\text{T}_2\text{(max)}}=\frac{1}{R_{\text{L}}}\left[\frac{2}{\pi^2}U_{\text{CC}}^2-\frac{1}{4}\left(\frac{2}{\pi}U_{\text{CC}}\right)^2\right]=\frac{1}{\pi^2}P_{\text{om}}\approx 0.203P_{\text{om}} \tag{8-18}$$

式(8-18)常用来作为B类互补对称电路选择管子的依据,它说明,如果要求输出功率为10W,则只要用两个额定管耗大于2W的管子就可以了。当然,在实际选管子时,还应留有充分的安全余量,因为上面的计算是在理想情况下进行的。

4) 效率

电路的效率是指输出功率与电源提供的功率之比,即

$$\eta=\frac{P_{\text{o}}}{P_{\text{S}}}=\frac{\frac{1}{2}I_{\text{CM}}^2R_{\text{L}}}{\frac{2U_{\text{CC}}I_{\text{CM}}}{\pi}}=\frac{\pi}{4}\cdot\frac{I_{\text{CM}}R_{\text{L}}}{U_{\text{CC}}}=\frac{\pi}{4}\cdot\frac{U_{\text{om}}}{U_{\text{CC}}} \tag{8-19}$$

在 $U_{\text{om(max)}}=U_{\text{CC}}$ 时

$$\eta_{max}=\frac{P_{om}}{P_S}=\frac{\frac{I_{CM}U_{CC}}{2}}{\frac{2U_{CC}I_{CM}}{\pi}}=\frac{\pi}{4}=78.5\% \tag{8-20}$$

对于单电源电路计算，可以证明只要将双电源计算公式中的 U_{CC} 改为 $0.5U_{CC}$ 即可，其他不变就得到 OTL 计算公式，这在 8.2.3 节有证明。

8.2.3　AB 类互补对称功率放大电路

AB 类放大电路主要是为改善 B 类放大电路交越失真而设计的，基本组成原理与 B 类并无区别。本节主要讲述功放最常见的两种 AB 类放大电路形式。

1. 基本双电源 AB 类互补对称功放

为了克服 B 类互补对称电路的交越失真，B 类功率放大电路需要给电路设置偏置，使之工作在 AB 类状态，称 AB 类互补对称功放。基本双电源电路如图 8-10 所示。

图中 T_3 组成前置放大级（注意，图中未画出 T_3 的偏置电路），给功放级提供足够的偏置电流；T_1 和 T_2 组成互补对称输出级。

静态时，在 D_1、D_2 上产生的压降为 T_1、T_2 提供了一个适当的偏压，使之处于微导通状态。因此，电路工作在 AB 类状态。这样，即使 u_i 很小（D_1 和 D_2 的交流电阻也小），基本上可完成信号放大。

上述偏置方法的缺点是偏置电压不易调整，改进方法可采用 U_{BE} 扩展电路构成功放。如图 8-11 所示电路。图中，流入 T_4 的基极电流远小于流过 R_1、R_2 的电流，则由图可求出

$$U_{CE4}=U_{BE4}\cdot\frac{R_2+R_3}{R_3} \tag{8-21}$$

由于 U_{BE4} 基本为一固定值（硅管约为 0.6～0.7V），只要适当调节 R_2、R_3 的比值，就可改变 T_1、T_2 的偏压 U_{CE4} 值。U_{CE4} 就是 T_1、T_2 的偏置电压。T_4、R_2、R_3 构成的电路称为 U_{BE} 扩展电路，实际上的作用与图 8-10 中的 D_1、D_2 所在电路作用一样，交流通路中可以认为短路。这在复合管准互补对称功放电路中非常实用。

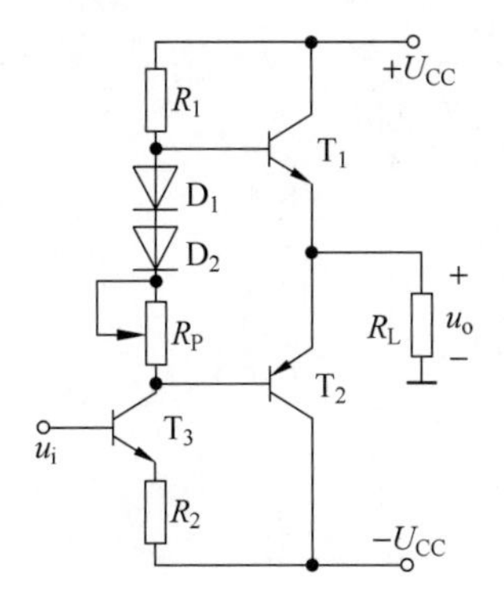

图 8-10　双电源互补对称电路

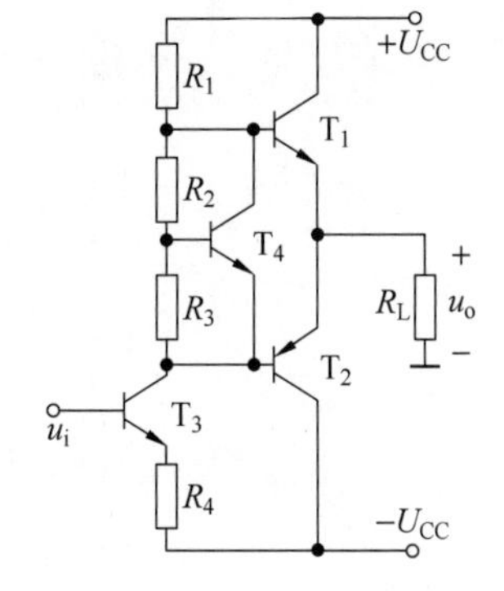

图 8-11　U_{BE} 扩展电路功放

2. 复合管准互补对称功放

复合管用在功放中主要为了扩大输出电流，互补对称电路要求有一对特性相同的 NPN 和 PNP 型的输出功率管。在输出功率较小时，比较容易选配这对晶体管，但在要求

输出功率较大时，就难于配对，因此采用复合管。常见的两种复合管形式如图 8-12 所示。

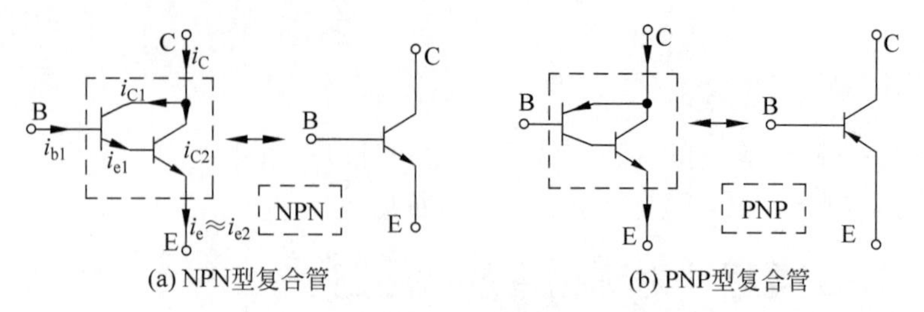

图 8-12　常用于功放电路中的复合管

首先以图 8-12(a)的复合管为例，讨论复合管的电流放大系数。因为

$i_{C1}=\beta_1 i_{b1}$；　$i_{b2}=i_{e1}=(1+\beta_1)i_{b1}$；　$i_{C2}=\beta_2 i_{b2}$；$i_C=i_{C1}+i_{C2}=[\beta_1+\beta_2(1+\beta_1)]i_{b1}$

可得复合管的电流放大系数为

$$\beta=\beta_1+\beta_2(1+\beta_1)\approx\beta_1\beta_2 \tag{8-22}$$

其次，从图 8-12 可以看出，复合管的类型与第一个晶体管 T_1 相同，而与后接晶体管 T_2 的类型无关。图 8-13 是一个由复合管组成的 OCL 互补对称放大电路。将复合管分别看成一个 NPN 型和一个 PNP 型晶体管后，该电路与图 8-7 所示的交流电路完全相同。

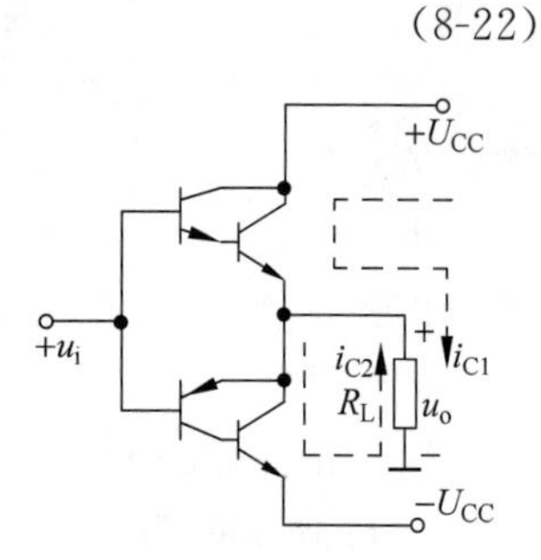

图 8-13　复合管 OCL 互补对称电路

再者，复合管构成注意一定要保证内部电流不冲突，顺各管子正向流动；管子应工作在放大状态。

显然，图 8-13 所示的电路都工作在 B 类状态，若要避免交越失真，也应设置适当的偏置电路，如图 8-14 所示采用 U_{BE} 扩展电路做静态偏置的复合管 AB 类互补对称功放。

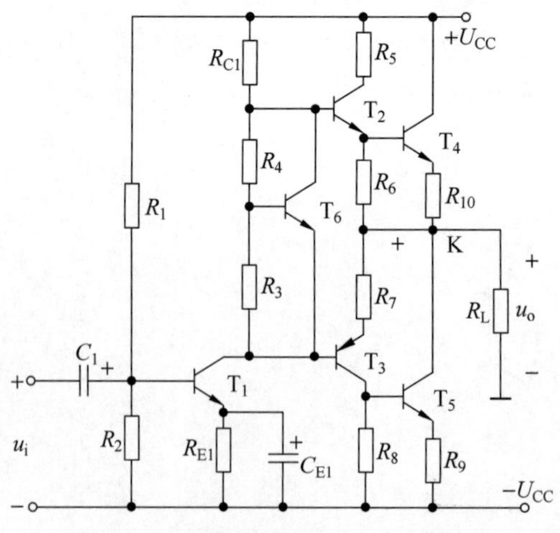

图 8-14　复合管 AB 类互补对称功放

(1) 电路组成。T_2、T_3、T_4、T_5——复合管构成准互补对称功率放大电路；T_6、R_3、R_4 构成 U_{BE} 扩大电路，用于给末级功放提供静态偏置；T_1、R_{C1}——构成前置放大级；R_9、R_{10}——引入电流负反馈，提高稳定性与对称性。

(2) 工作原理。u_i 为正半周时，T_3、T_5 导通，输出负半周波形；当 u_i 为负半周时：T_2、T_4 导通，输出正半周波形。其中 U_{BE} 扩大电路在交流通路中可以忽略。

3. AB类单电源互补对称电路

单电源AB类互补对称功放电路去掉了AB类互补对称功放负电源，在输出端接入一个容量较大的电容器 C_L，输出信号通过电容 C_L 耦合到负载 R_L，而不用变压器，故称无输出变压器电路，简称OTL电路。AB类单电源互补对称电路如图8-15所示。图中 C_L 用 C_2 表示。

1) 工作原理

T_1 组成前置放大级，T_2、T_3 和组成互补对称电路输出级。在 $u_i=0$ 时，调节 R_1、R_2，就可使 I_{C1}、I_{B2} 和 I_{B1} 达到管子所需数值，给 T_1、T_2 和 T_3 提供一个合适的偏置，从而使K点电位 $U_K=U_C=U_{CC}/2$。

(1) 理想情况。u_i 为负半周最大值时，i_{C1} 最小，u_{B2} 接近于 $+U_{CC}$，此时希望 T_2 在接近饱和状态工作，即 $u_{CE2}=U_{CES}$，故K点电位 $U_K=+U_{CC}-U_{CES}\approx U_{CC}$；当 u_i 为正半周最大值时，T_2 截止，T_3 接近饱和导电，$u_K=U_{CES}\approx 0$，电容通过负载对地放电，因此，负载 R_L 两端得到交流输出电压幅值 $U_{oM}=U_{CC}/2$。

(2) 实际情况。$u_i\neq 0$ 时，在信号的负半周，T_1 输出正半周，T_2 导电，有电流通过负载 R_L，形成正半周波形，同时向 C_2 充电；在信号的正半周，T_1 输出负半周，T_3 导电，则已充电的电容 C_2 起着双电源互补对称电路中电源 $-U_{CC}$ 的作用，通过负载 R_L 放电。只要选择时间常数 R_LC_2 足够大(比信号的最长周期还大得多)，就可以认为用电容 C_2 和一个电源 U_{CC} 可代替原来的 $+U_{CC}$ 和 $-U_{CC}$ 两个电源的作用。

2) 分析计算

单电源互补对称电路解决了工作点的偏置和稳定问题。但输出电压幅值达不到 $U_{om}=U_{CC}/2$，原因如下：

由于功放管 T_2 和 T_3 的工作电压只有电源电压的一半，最大不失真输出电压幅值为

$$U_{om}=\frac{1}{2}U_{CC}-U_{CES} \tag{8-23}$$

最大输出功率

$$P_{om}=\frac{1}{2}I_{CM}^2R_L=\frac{U_{om}^2}{2R_L}=\frac{1}{2}\frac{\left(\frac{U_{CC}}{2}-U_{CES}\right)^2}{R_L} \tag{8-24}$$

集电极最大效率

$$\eta_{cmax}=\frac{P_{om}}{P_S}=\frac{\frac{1}{2}I_{CM}^2R_L}{\frac{2\times\frac{U_{CC}}{2}I_{CM}}{\pi}}=\frac{\pi}{4}\cdot\frac{I_{CM}R_L}{\frac{U_{CC}}{2}}=\frac{\pi}{4}\cdot\frac{U_{om}}{\frac{U_{CC}}{2}}=\frac{\pi}{4}\cdot\frac{\frac{U_{CC}}{2}-U_{CES}}{\frac{U_{CC}}{2}} \tag{8-25}$$

在理想情况下，即 $U_{CES}=0$ 时的理想最大效率

$$\eta_{cmax}=\frac{\pi}{4}=78.5\%$$

计算公式与OCL电路相同。

采用一个电源的互补对称电路，由于每个管子的工作电压不是原来的 U_{CC}，而是 $U_{CC}/2$，即输出电压幅值 U_{om} 最大也只能达到约 $U_{CC}/2$，所以前面导出的计算 P_o、P_T 和 P_S 的最大值公

式，必须修正后使用。修正的方法也很简单，只要以$U_{CC}/2$代替原来公式中U_{CC}即可。

3）自举电路

OTL电路只用一个电源U_{CC}，这是它的优点。但为了保证K点的电位为U_{CC}的一半，必须要用输出耦合电容C，而电容与频率有关，实践证明电容C的选择应满足

$$C \geqslant \frac{5 \sim 10}{2\pi R_L f_L} \tag{8-26}$$

式中f_L为电路的下限频率。当$R_L=8\Omega$，$f_L=50\text{Hz}$时，$C>2000\mu\text{F}$。因此，OTL电路的低频特性没有OCL电路好。

解决上述矛盾的方法是，如果把图8-15中K点电位升高，使$U_K>+U_{CC}$，例如将图8-15中K点与$+U_{CC}$的连线切断，U_K由另一电源供给，则问题即可以得到解决。通常的办法是在电路中引入R_2、C_2等元件组成所谓自举电路，接入自举电容C_2后电路如图8-16所示，如果电阻R_2的有效电阻值增大，对信号的分流作用则减小，可以增大输出电压幅值。R_3是隔离电阻，避免信号通过C_2经U_{CC}入地。T_1管为前置放大(有时又称为推动级)，T_2和T_3互补对称功率输出级。静态时调整偏置电阻R_2使K点的电位为$U_{CC}/2$，R_2需要反复调整。R_2接在K点是为了引入直流负反馈稳定工作点，同时还引入了交流电压负反馈稳定输出电压U_o。另外，电路为了提高推动级的电压增益，还可用恒流源代替电阻R_{C1}。

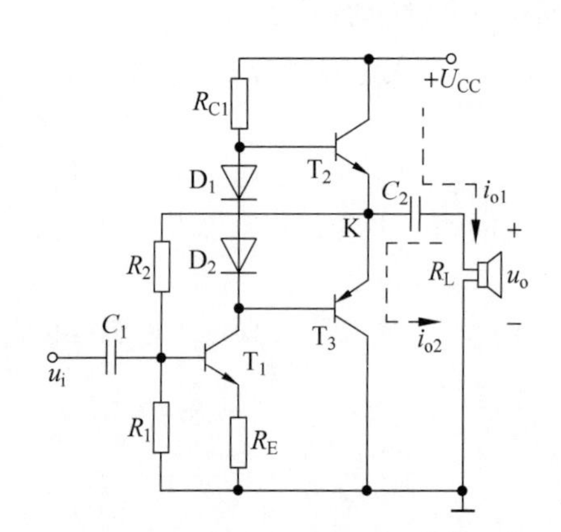

图8-15 AB类单电源互补对称电路

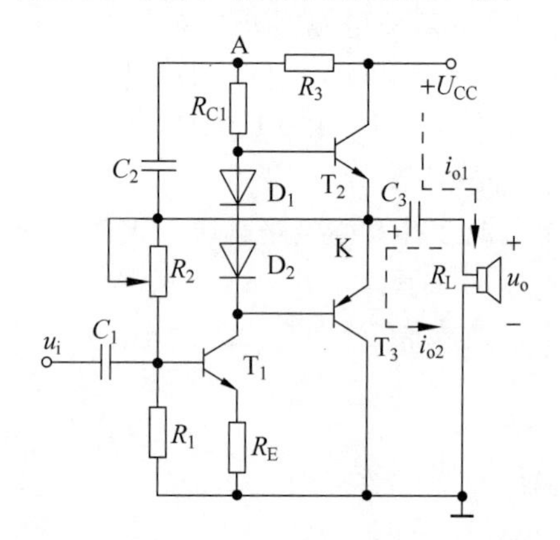

图8-16 有自举电路单电源互补对称电路

工作原理。在图8-16中，当$u_i=0$时，$u_A=U_A=U_{CC}-I_{C1}R_3$，而$u_K=U_K=U_{CC}/2$，因此电容C_2两端电压被充电到$U_{C2}=U_{CC}/2-I_{C1}R_3$。

当时间常数R_3C_2足够大时，u_{C2}(电容C_2两端电压)将基本为常数($u_{C2}\approx U_{C2}$)，不随u_i而改变。这样，当u_i为负时，T_2导电，u_K将由$U_{CC}/2$向正方向增大变化，考虑到$u_A=u_{C2}+u_K=U_{C2}+u_K$，显然，随着K点电位升高，A点电位$u_A$也自动升高。因而，即使输出电压幅度升得很高，也有足够的电流i_{B2}，使T_2充分导电。此工作方式称为自举，即电路本身把u_A提高。

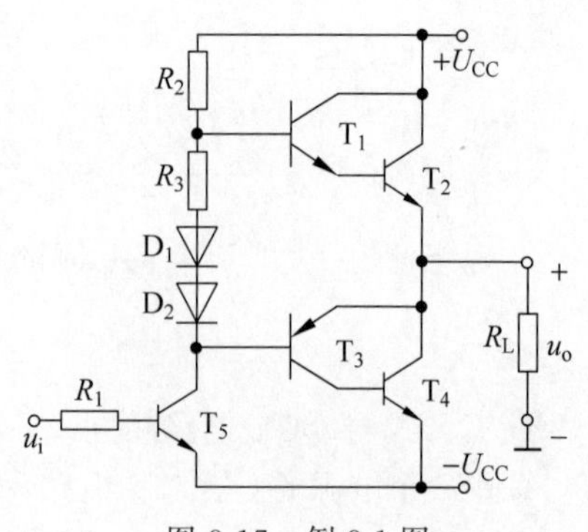

图8-17 例8-1图

例8-1 在图8-17所示电路中，已知二极管的导通电压$U_D=0.7\text{V}$，T_2和T_3管发射极静态电位$U_{EQ}=$

0V,$U_{CC}=16$V,$R_1=1$kΩ; $R_L=16$Ω,晶体管导通时的$|U_{BE}|=0.7$V,解答问题:

(1) T_1、T_3 和 T_5 管基极的静态电位各为多少?

(2) 设 $R_2=10$kΩ,$R_3=100$Ω。若 T_1 和 T_3 管基极的静态电流可忽略不计,则 T_5 管集电极静态电流为多少?静态时 $u_i=$?

(3) 若静态时 $I_{B1}>I_{B3}$,则应调节哪个参数可使 $I_{B1}=I_{B3}$?如何调节?

(4) 电路中二极管的个数可以是 1、2、3、4 吗?你认为哪个最合适?为什么?

(5) 已知 T_2 和 T_4 管的饱和管压降$|U_{CES}|=2$V,静态时电源电流可忽略不计。试问负载上可能获得的最大输出功率 P_{om} 和效率 η 各为多少?

解 图 8-17 电路为复合管准互补对称 OCL 电路,R_3 与二极管 D_1、D_2 构成静态工作点偏置电路。

(1) 由于 T_2 和 T_4 管发射极静态电位 $U_{EQ}=0$V,T_1、T_3 和 T_5 管基极的静态电位分别为 $U_{B1}=0.7+0.7=1.4$V; $U_{B3}=-0.7$V; $U_{B5}=-15.3$V。

(2) 静态时 T_5 管集电极电流和输入电压分别为

$$I_{CQ5}\approx\frac{U_{CC}-U_{B1}}{R_2}=\frac{16-1.4}{10}=1.46\text{mA}$$

$$u_i\approx u_{B5}=-15.3\text{V}$$

(3) 静态工作点由 R_3 与二极管 D_1、D_2 提供,若静态时 $I_{B1}>I_{B3}$,则应增大 R_3。

(4) 采用如图所示两只二极管加一个小阻值电阻合适,也可只用三只二极管。这样一方面可使输出级晶体管工作在临界导通状态,可以消除交越失真;另一方面在交流通路中,D_1 和 D_2 管之间的动态电阻又比较小,可忽略不计,从而减小交流信号的损失。

(5) 最大输出功率为

$$P_{om}=\frac{(U_{CC}-|U_{CES}|)^2}{2R_L}=6.125\text{W}$$

和最大功率时对应的效率分别

$$\eta=\frac{\pi}{4}\cdot\frac{U_{CC}-|U_{CES}|}{U_{CC}}\approx 68.7\%$$

解题结论 OCL 电路设置了静态偏置电路,管子失真减小,但计算公式与 B 类相同。静态工作点偏置电路可以灵活设计使电路动态与静态工作状态达到合理,动态性能计算不受其影响。

例 8-2 如图 8-18 所示由运放作为前置级的功率放大器,已知 T_1 和 T_2 的饱和管压降$|U_{CES}|=2$V,$U_{CC}=16$V,直流功耗可忽略不计。回答下列问题:

(1) R_3、R_4 和 T_3 的作用是什么?

(2) 负载上可能获得的最大输出功率 P_{om} 和电路的转换效率 η 各为多少?

(3) 设最大输入电压的有效值为 1V,为了使电路的最大不失真输出电压的峰值达到 16V,电阻 R_6 至少应取多少千欧?

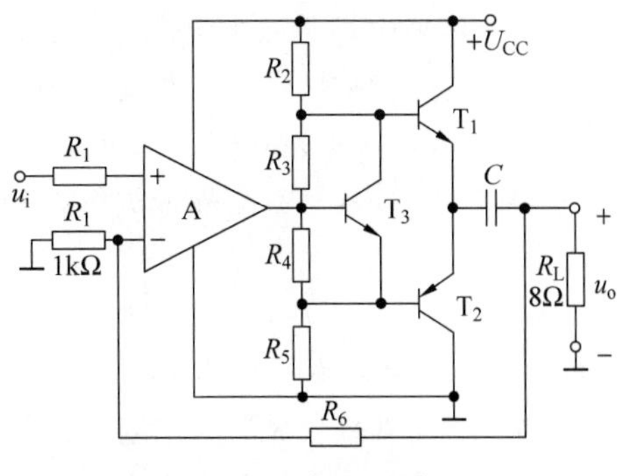

图 8-18 例 8-2 题图

(4) 若运放输出饱和电压最大幅度为13V,问电路实际输出最大功率不超过多少?

解 题8-18所示电路为两级放大电路,运放组成第一级前置放大器,T_1、T_2组成第二级功率放大电路。电路引入了电压串联负反馈。解题过程如下。

(1) R_3、R_4和T_3组成U_{BE}扩大电路以消除交越失真。

(2) 最大输出功率和效率分别为

$$P_{om}=\frac{\left(\frac{U_{CC}}{2}-U_{CES}\right)^2}{2R_L}=\frac{6^2}{2\times 8}=2.25\text{W}$$

$$\eta=\frac{\pi}{4}\cdot\frac{\frac{U_{CC}}{2}-U_{CES}}{\frac{U_{CC}}{2}}=\frac{3\pi}{16}\approx 58.9\%$$

(3) 电压放大倍数为

$$A_u=\frac{U_{omax}}{\sqrt{2}U_i}\approx 11.3$$

根据电压串联负反馈增益

$$A_u=1+\frac{R_6}{R_1}\approx 11.3$$

$R_1=1\text{k}\Omega$,故R_5至少应取10.3kΩ。

(4) 最后一级功率放大相当于两个独立的射极跟随器,因此没有电压增益,若运放输出饱和电压最大幅度为13V,则最后一级功放输出电压幅度不会超过13V,按照这个结果,输出功率为

$$P_{om}=\frac{U_{om}^2}{2R_L}=\frac{13^2}{2\times 8}=10.5625\text{W}$$

解题结论 OTL放大器计算过程与OCL相同,修正时将电源电压代换成$0.5U_{CC}$即可直接应用OCL的所有计算公式。最大功率计算公式得出结果是功放管极限状态时的理想接近的范围,实际最大功率要从信号通路计算得到。另外,功放电路中引入深度负反馈可以简化计算过程。

8.2.4 D类音频功率放大器

近几十年来电子学课本上所讨论的放大器偏压(bias)分类不外乎A类、B类、C类等放大电路,而讨论音频功率放大器仅强调A类、B类、AB类而忽略了D类音频功率放大器(class D audio power amplifier),事实上D类音频功率放大器早在1958年已被提出,甚至还有E类、F类、G类、H类及S类等,只是这些类型的电路与D类很接近,使用机会低,所以也就很少被提及。

随着轻、薄、短、小特点的手持电子装置的发展,诸如手机、MP3、PDA、IPOD等,寻求一个省电的高效率音频功率放大器是必然的。因此最近几年音频功率放大器由AB类功率放大器转为以D类音频功率放大器为主流。D类音频功率放大器与AB类效率比较如图8-19所示。

D类音频功率放大器如图8-20所示。实际应用上D类放大效率可达90%以上远超过效率78%的AB类放大器。所以D类音频功率放大器的晶体管散热可大大缩小,很适合应

用于小型化的电子产品。

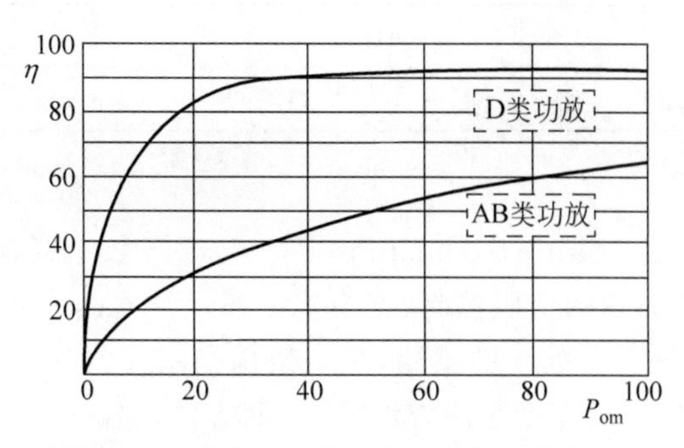

图 8-19 D类与AB类功率放大器的效率比较

1. D类音频功率放大器的架构

D类音频功率放大器又可称数字式功率放大，基本架构如图 8-20 所示，输入信号经由脉冲宽度调制器(pulse width modulation)将音频信号调制成数字信号后，由功率晶体管 T_1、T_2 放大输出，再经由低通滤波器 L_f、C_f 取出原输入端的音频信号送至喇叭输出。

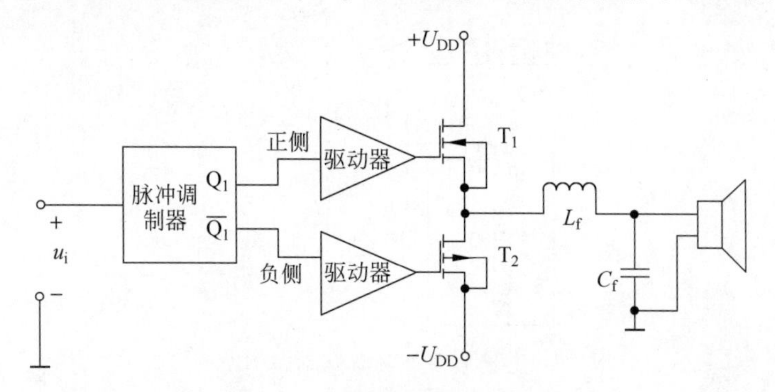

图 8-20 D类放大器基本架构

由于功率晶体管输入为一数字信号，T_1、T_2 工作于饱和与截止两个状态，因此 T_1、T_2 本身所消耗的功率将非常小，提高整个放大器的效率，而使散热装置大幅度减小进而在组件的设计上可以大大缩小其体积，以便很方便地嵌入便携式、移动式设备当中。

2. D类音频功率放大器的功率分析

功率放大器的输出属开关状态，即输出为一方波波形，由傅里叶级数分析知

$$u_o(t)=\frac{4U_{CC}}{\pi}\left(\sin\omega t+\frac{1}{3}\sin 3\omega t+\frac{1}{5}\sin 5\omega t+\frac{1}{7}\sin 7\omega t+\cdots\right) \tag{8-27}$$

高次谐波经由低通滤波器滤除后，输出信号的最大峰值约为$\frac{4U_{CC}}{\pi}$，因此负载所能得到的最大功率 P_{om} 为

$$P_{om}=\frac{U_m^2}{2R_L}=\frac{8U_{CC}^2}{\pi^2 R_L} \tag{8-28}$$

而电源的平均电流 $I_{av}=\frac{2U_m}{\pi R_L}=\frac{8\,U_{CC}}{\pi^2 R_L}$，则电源输入功率 $P_S=U_{CC}I_{av}=\frac{8U_{CC}^2}{\pi^2 R_L}$。由 P_{om} 与 P_S 比值知，D类放大效率达到100%。各类功放的效率对比如表 8-1 所示。

表 8-1 各类功率放大器的效率比较

偏压分类	A 类	AB 类	B 类	D 类
理想效率	25%	介于 A 类与 B 类之间	78.5%	100%

3. 脉冲宽度调变器

脉冲宽度调制器(pulse width modulation,PWM)属于数字通信中调制模式的一种方式,也经常被应用在直流马达的伺服控制、交换式电源供给器(switching power supply)等,其间的差异在于所使用振荡器频率的不同,基本架构如图 8-21 所示,就是利用一个三角波经由比较器与输入信号作比较而产生一方波输出,而方波的输出频率与输入三角波频率相同,仅方波的工作周期随着输入信号(正弦波)振幅大小而改变,如图 8-22 所示。如图 8-23 所示为一简易型 PWM 产生电路,由施密特电路及积分电路组成,振荡器频率由 R_3、C 及 R_1、R_2 所决定

$$f_o = \frac{R_2}{4R_3CR_1} \tag{8-29}$$

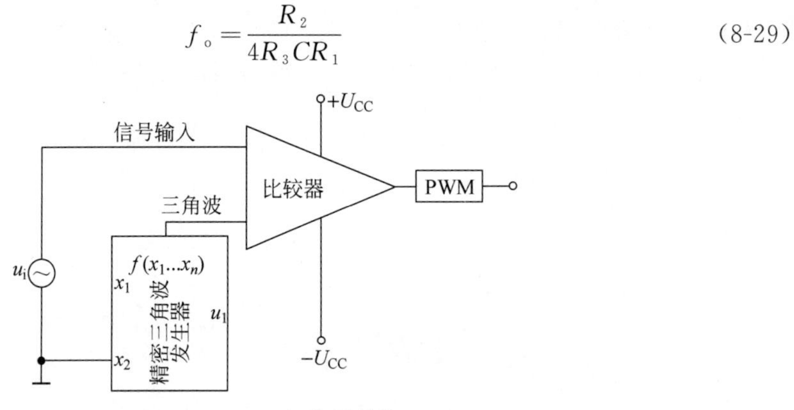

图 8-21 PWM 振荡器结构

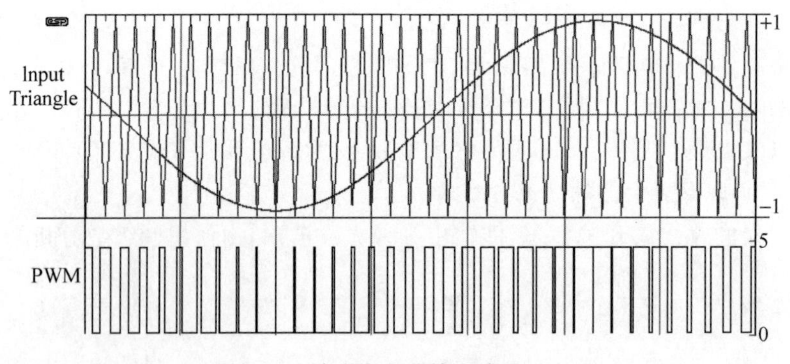

图 8-22 波形发生器输出波形对比

D 类音频功率放大器主要提供 20Hz~20kHz 音频放大,因此 PWM 调制频率必须使用大于 10 倍以上的频率,频率愈高还原后的信号将愈细腻、清晰。

4. 结论

D 类音频功率放大器(国内称丁类放大器)是数字功放的基本电路。理论证明,D 类放大器的效率可达到 100%。然而,迄今还没有找到理想的开关元件,难免会产生一部分功率损耗,如果使用的器件不良,损耗就会更大些。但是不管怎样,它的放大效率还是可以达到

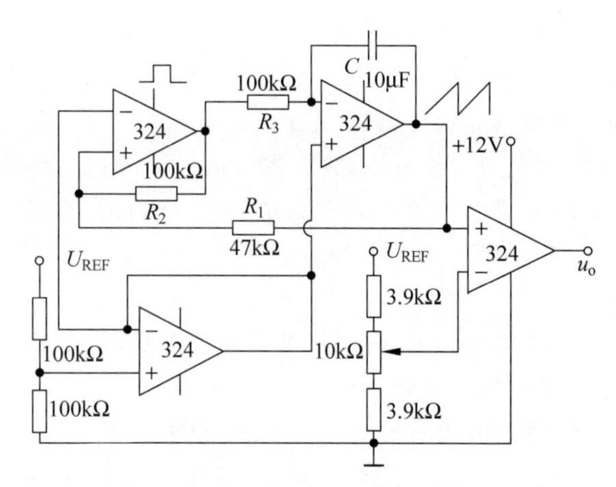

图 8-23　PWM 信号发生器

90%以上。因此,D 类音频功率放大器由于具有高效率、省电及体积小的特点,随着掌上型、行动式、手持式装置的发展,其音效部分大都以 D 类音频功率放大器为主流,因此在电子学的教学方面应多加强调,尤其 PWM 电路观念的培养,对电子信息领域的研究与学习帮助很大。

8.3　数字功放

国外在数字音频功率放大领域进行了二三十年的研究。20 世纪 60 年代中期,日本研制出 8bit 的数字音频功率放大器;80 年代初期,国外欧美学者提出了 D 类(数字)PWM 功率放大器的基本结构。但是这些功放仅能实现低位 D/A 功率转换,还没能实现 16bit、44.1kHz 采样的功率放大器,主要原因是其末级实现需要 2.8GHz 的时钟信号,这在当时的技术上很难实现。但近年来随着超大规模集成电路(VLSI)技术的实现,使得数字音频小信号处理技术方面取得了显著的进步,使开发实用化的 16 位数字音频功率放大器成为可能。

国内外一些从事数字信号处理的技术人员,专门研究音频数字编码技术,在不损伤音频信号质量的情况下,尽量压缩数据。经过多次实验,终于将末级功放开关频率由没有压缩数据时的约 2.8GHz 减至小于 1MHz,从而降低了对开关功放管的要求。同时在开关功率放大部分,采用了驱动缓冲器和平衡电桥技术,实现了在不提高工作电压的情况下能够输出较大的功率,并且设计了完善的防止开关管击穿的保护电路,使得数字功放技术上的优势逐渐凸显,数字功放也逐渐走入了人们的生活。

8.3.1　数字功放概念与原理

一般认为,在音频功放领域五类功率放大器中,C 类功放是用于发射电路中,不能直接采用模拟信号输入,其余 4 类均可直接采用模拟音频信号输入,信号放大后可以推动扬声器发声。其中 D 类功放比较特殊,它只有两种状态,即通、断。因此,它不能直接放大模拟音频信号,而需要把模拟信号经“脉宽调制”变换后再放大。外行曾把此种具有“开关”方式的放大,称为“数字放大器”,事实上,这种放大器还不是真正意义上的数字放大器,它仅仅使用

PWM 调制,即用采样器的脉宽来模拟信号幅度。这种放大器没有量化和 PCM 编码,信号是不可恢复的。传统 D 类的 PWM 调制,信号精度完全依赖于脉宽精度,大功率下的脉宽精度远远不能满足要求。因此必须研究真正意义上的数字功放,即全(纯)数字功率放大器。

数字功放是新一代高保真的功放系统,它将数字信号进行功率转换后,通过滤波器直接转换为音频信号,没有任何模拟放大的功率转换过程。CD 唱机(或 DVD 机)、DAT(数字录音机)、PCM(脉冲编码调制录音机)都可作为数字音源,用光纤和同轴电缆口直接输出到数字功放。

此外,数字功放也具备模拟音频输入接口,可适应现有模拟音源。数字功放中输入的音频模拟信号经过 PWM 电路调制处理后,形成占空比同输入信号成一定比例的脉冲链,经过开关电路放大后,由低通滤波器滤除高频成分,还原出已放大的输入信号波形,再由扬声器放音。

如图 8-24 所示为采用场效应管 H-桥式连接 D 类放大器的典型电路框图。众所周知,从场效应管 H-桥式电路输出的脉冲波是不便直接驱动扬声器发声的。为了重放放大的音频信号,输出波形必须恢复到原来的正弦波。前几年 D 类放大器的设计,大都采用低通滤波器来解决。由于音频的频带范围为 20Hz~20kHz,而载波频率通常是它的 5 倍以上,因此,滤除载波频率的过程相当简单,就是在扬声器前面接一个截止频率约为 25kHz 左右的低通滤波器。而在运用到重低音功放时,由于处理的是低频,低通的截止频率可以降低到 5kHz 左右。滤波器可根据性能要求采用切比雪夫滤波器(Chebyshew filter)、巴特沃斯滤波器(Butterworth filter)或贝塞尔滤波器(Bessel filter)等电路。滤波器设计要求较高,设计达不到要求易引起射频干扰。为降低功耗,一般多采用无源器件。

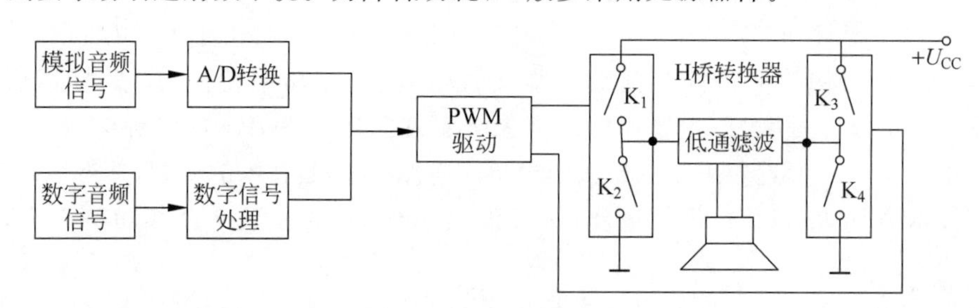

图 8-24 典型数字功放电路结构框图

由于功耗和体积的优势,数字功放首先在能源有限的汽车音响和要求较高的重低音有源音箱中得到应用。随着 DVD 家庭影院、迷你音响系统、机顶盒、个人计算机、LCD 电视、平板显示器和移动电话等消费类产品日新月异的发展,尤其是 super audio CD、DVD-audio 等一些高采样频率的新音源的出现,以及音响系统从立体声到多声道环绕系统的进化,都加速了数字功放的发展。

8.3.2 数字功放系统原理分析

国内外一些公司研制出的数字功放,直接从 CD 唱机的接口(光纤和数字同轴电缆)接受数字 PCM 音频信号(模拟音频信号必须经过内置的 A/D 转换变成数字信号后才能进行处理),在整个信号处理和功率放大过程中,全部采用数字方式,只有在功率放大后为了推动音箱才转化为模拟信号。本节从技术角度分析数字功放特点。

1. 工作原理

数字音频功放原理可简述为：音频信号(20Hz～20kHz)经过一个PWM的调制，然后通过一个开关功率放大电路，把PWM信号放大，最后通过滤波器，把PWM信号滤除掉，这样就剩下一个大功率的音频信号可以直接推动扬声器工作。调制过程是数字功放的关键，如图8-25所示，数字功放从光纤或数字同轴电缆接口接受数字PCM音频编码信号，或通过模拟音频接口接收模拟音频信号通过内部A/D转换器得到数字音频信号，通过专用音频DSP芯片进行码型变换，得到所需要的音频数字编码格式，再经过小信号数字驱动电路送入开关功率放大电路进行功率放大，最后将功率脉冲信号通过滤波器，提取模拟音频信号驱动扬声器发音。

再由图8-25可知，音频数字信号经过DSP编码后，直接控制场效应管开关网络的工作状态。场效应管驱动器用来缓冲DSP并增强信号，使之能驱动大功率MOSFET开关管。由于高电平脉冲信号只有微分分量，故需通过积分电路才能得到大功率原始音频信息。

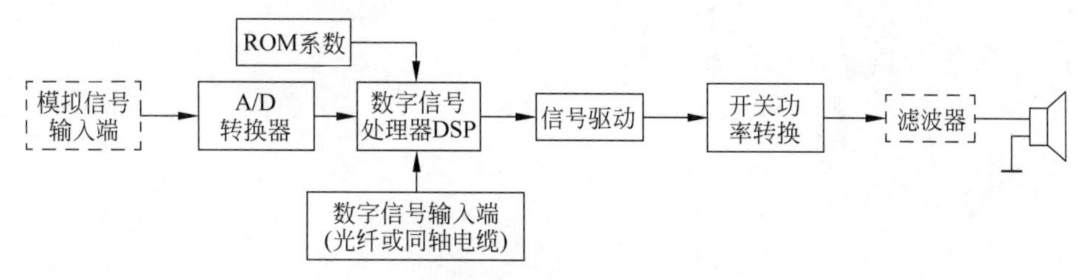

图8-25 全数字音频功放电路的组成框图

模拟音频信号的数字化过程对于音频功放系统声音重现非常重要。音频的数字化包括三个步骤：取样、量化、编码。取样，就是对连续信号按一定的时间间隔取样。奈奎斯特取样定理认为，只要取样频率大于或等于信号中所包含谐波的最高频率的两倍，则可以根据其取样完全恢复出原始信号，这相当于当信号是最高频率时，每一周期至少要采取两个点。但这只是理论上的定理，在实际操作中，人们用混叠波形，从而使取得的信号更接近原始信号；量化，是指对取样的离散音频要转化为计算机能够表示的数据范围的过程。量化的等级取决于量化精度，量化精度也就是用多少位二进制数来表示一个音频数据，一般有8位、12位或16位等级。量化精度越高，声音的保真度越高。以8位的量化说明基本原理。若一台计算机能够接收8位二进制数据，则相当于能够接受256个十进制的数，即有256个电平数，用这些数来代表模拟信号的电平，可以有256种，但是实际上采样后的某一时刻信号的电平不一定和256个电平某一个相等，此时只能用最接近的数字代码表示取样信号电平；编码，是对量化的音频信号用二进制代表，实际上就是对音频信号进行编码。

波形声音的主要参数包括：取样频率、量化位数、声道数、压缩编码方案和数码率等。未压缩前，波形声音的码率计算公式为：波形声音的码率=取样频率×量化位数×声道数/8。可以看出，波形声音的码率一般比较大，必须对转换后的数据进行压缩编码，常见的方案有如下几种：

(1) 全频带声音编码——脉冲编码调制(pulse code modulation，PCM)。最简单最基本的编码方法是直接赋予取样点一个代码，没有进行压缩，存储空间大，优点是音质好。

(2) MPEG-1全频带声音压缩编码。国际上第一个高保真声音数据压缩的国际标准，分为三个层次：层1主要用于数字盒式录音磁带；层2主要应用于数字音频广播、VCD、DVD等；层3主要应用于Internet网上高品质声音的传输和MP3音乐。

(3) MPEG-2的声音压缩编码。采用与MPEG-1相同的声音编译码器，但能支持5.1声道和7.1声道的环绕立体声。如AC-3是多声道全频带声音编码系统，它提供5个全频带声道及第6个用以表现超低音效果的0.1声道。6个声道的信息在制作和还原的过程中全部实现数字化，具有真正的立体声效果，主要应用于家庭影院DVD和数字电视中。

由上述分析看出，PCM是最适合数字功放的编码方法。在能量放大部分，采用平衡电桥开关技术，每通道使用四只MOSFE或VMOSFE管开关功放管(参见图8-24中$K_1 \sim K_4$)构成平衡电桥开关网络。当功放管处于开关放大状态时，输出波形和输入的脉冲信号波形相同，但幅度近似于工作电压，即$U_o = U_{DD}$，经滤波器滤波后，输出到负载上的波形峰值为U_{DD}。设每只功放管内阻为r_D，负载阻值为R_L，电源电压为U_{DD}，滤波器阻抗为R_x，则负载上均值电流I_L计算公式为

$$I_L = U_{DD}/[1.414\ (2r_D + R_L + R_x)] \tag{8-30}$$

所以负载上承受的功率为

$$P_L = I_L^2 R_L = \{U_{DD}^2/[2(2r_D + R_L + R_x)^2]\}R_L \tag{8-31}$$

$$\eta = [R_L/(2r_D + R_L + R_x)]/[1 + f(x + y)] \tag{8-32}$$

其中

$$x = 16U_{DD}/[\pi^2 I_L(2r_D + R_L + R_x)]$$

$$y = 2C_t(t_R{}^2/U_{DD})(2r_D + R_L + R_x)$$

当包含有开关损耗时，如采用RFP22N10 MOSFET功放，导通内阻r_D为0.08Ω，负载R_L为8Ω，工作电压U_{DD}为40V，开关频率f为700kHz，电流变换速率C_t为50A/μs，翻转恢复时间t_R为100ns，滤波器内阻R_x为0.04Ω，可算出$P_L = 95W$，$\eta = 78\%$。

数字功放，基本都有滤波器(目前部分小功率功放可以取消滤波器)，这个滤波器的作用主要是把PWM的基频滤除，一个陡峭的滤波器是非常难以设计的。在滤波器设计时，双方的频率越靠近，想用简单的滤波器把两个不同频率的信号分离越困难。所以说，频率越高滤波器越易处理。当然频率高滤波器使用的材料质量要求也高。另外，很多数字功放输出都有几伏的高频电压输出，频率就是PWM的基频，固然理论上这个信号是听不见的，但是他会严重干扰高音喇叭的工作，因此，必须使用4阶以上的滤波器才能有效减低这个输出电压。目前实践证明达到6阶巴特沃斯低通滤波器滤波效果较好，可用于将大功率数字脉冲信号转换为模拟音频信号。巴特沃斯滤波器的特点是带内平坦度高，从而使得输出音频信号幅频特性较好。

2. 数字功放中音质和载波频率的关系

数字功放低音质量好于高音。从技术角度分析，数字功放的采样频率直接决定音质质量，但采样工作频率越高，开关管选择越困难；而开关的速度与频率变低，发热就会严重，为降低功耗，必须调整管子，加大管子截止时间(死区时间)，这在技术上也有难度。因此选用极端快速的开关管，是数字功放的关键环节。举个简单的例子，应该可以很好理解这个原理。

数字功放的最常见的频率PWM的开关频率为300～450kHz。如果选定300kHz，分析如下。

(1) 假如输进一个 20Hz 低频信号，那么即是把一个 20Hz 的低频信号周期分割为 15000 个采样点，足够在输出时候完美表达一个正弦波的波形，低音可以得到很好的表现。

(2) 假如输进一个 1kHz 的中频信号，那么他就产生 300kHz/1kHz，也就是一个周期 300 个采样点，技术上能够满足声音重现要求，但是音质已经开始恶化了。

(3) 假如输进一个 20kHz 的中频信号，那么只产生 300kHz/20kHz，也就是一个周期 15 个采样点，已经不能完整表达一个正弦波，这就是高音质量恶化的主要原因。

通过实验分析数字载波频率与音质关系，得到音频与 PWM 之间的调制关系，见表 8-2。

表 8-2 音频信号与 PWM 二者之间的频率对照表

2kHz	PWM	20Hz	250Hz	500Hz	1kHz	5kHz	10kHz	15kHz	20kHz
50	100kHz	5000	400	200	100	20	10	7	5
150	300kHz	15000	1200	600	300	60	30	20	15
250	500kHz	25000	2000	1000	500	100	50	33	25
300	600kHz	30000	2400	1200	600	120	60	40	30
500	1000kHz	50000	4000	2000	1000	200	100	67	50
1000	2000kHz	100000	8000	4000	2000	400	200	133	100

从表 8-2 可以看出，假如 PWM 的频率是 100kHz 输进一个 20kHz 的音频信号，系统一个周期只能分辨出 5 个采样点信号，100kHz 最高可以比较好地表达 1kHz 的信号（有 100 个采样点），所以工作在 100kHz 的数字功放只能是作为低音音箱驱动（20～250Hz）。一个 300kHz 的数字功放也只能比较完美地表达 5kHz（有 60 个采样点）的高音。一个 600kHz 的数字功放，可以比较好地表达 10kHz 的音频。

采样频率越低，高频波形的折线化越严重，但有些低频率（400kHz）的数字功放失真测量值很低。原因主要是出现在失真的测量方法上，普通的失真测量是输入 1kHz 信号，输出后测量 1kHz 信号产生的谐波（2kHz、3kHz、4kHz、5kHz 等），2kHz、4kHz 比较高是偶次失真（电子管常见的失真），3kHz、5kHz 比较高是奇次失真（晶体管电路常见的失真），也就是说实际上标称的失真只是代表 1kHz 的失真，而不能代表其他信号频率的失真。这样就会产生标称失真很低，但是实际的音质却很差。这个理论很好地揭示了数字功放高音质量差的原因——关键是基频不够高。

3. 数字功放技术特点

根据以上分析，数字功放的主要技术特点为：

(1) 采用高低电平（0、1）多脉宽脉冲差值编码；

(2) 采用平衡电桥脉冲快速驱动技术；

(3) 采用高倍率数字滤波技术；

(4) 利用数字算法处理噪声问题；

(5) 采用非线性抵消技术。

8.3.3 BTL 功放电路的工作原理及特点

BTL(bridge-tied-load)意为桥接式负载。负载的两端分别接在两个放大器的输出端。两个放大器的输出互为镜像关系，也就是说加在负载两端的信号仅在相位上相差 180°。负载上将得到原来单端输出的 2 倍电压。从理论上来讲电路的输出功率将增加 4 倍。

BTL 电路能充分利用系统电压,因此 BTL 结构常应用于低电压系统或电池供电系统中。在汽车音响中当每声道功率超过 10W 时,大多采用 BTL 形式。如图 8-26 所示电路为 BTL 功放电路的基本电路图,其工作原理是:

静态时,电桥平衡,负载 R_L 中无直流电流。动态时,桥臂对管轮流导通。在 i 正半周,上正下负,T_1、T_4 导通,T_2、T_3 截止,流过负载 R_L 的电流如图中实线所示;在 i 负半周,上负下正,T_1、T_4 截止,T_2、T_3 导通,流过负载 R_L 的电流如图中虚线所示。如忽略饱和压降,则两个半周在负载上合成得到幅度为 U_{CC} 的输出信号电压。

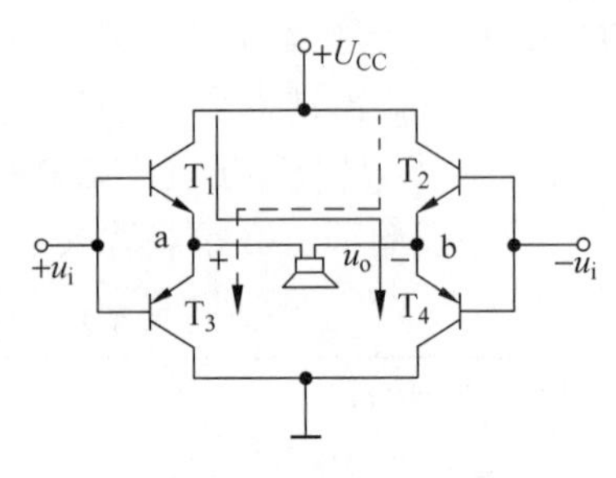

图 8-26 BTL 功放电路

BTL 功放电路的主要特点是在同样电源电压和负载条件下,它可得到比 OCL 或 OTL 电路大几倍的输出功率。理想情况下,如假设管子的 $U_{CES}=0$,则 u_o 的峰值为 U_{CC},输出的最大功率为

$$P_{om}=\frac{U_{CC}^2}{2R_L} \tag{8-33}$$

比 OTL 电路提高了 4 倍。

实现两路输入信号反相可以有多种方案,例如可利用差动放大电路的两个输出端获得,也可以利用单管放大电路从集电极和发射极获得两个极性相反的信号。

BTL 电路综合了 OTL 和 OCL 接法的优点,既取得了较大功率又无输出电容,避免了电容对信号频率特性的影响,BTL 电路可以使用单电源也可以使用双电源。这些改进的措施使它逐渐成为当代功放电路的主流,并为功率放大电路的集成化创造了条件。BTL 形式不同于推挽形式,BTL 的每一个放大器放大的信号都是完整的信号,只是两个放大器的输出信号反相而已。用集成功放构成一个 BTL 放大器需要一个双声道或两个单声道功放块。

8.3.4 功率管的散热与二次击穿

为了保证功率管的安全运用,实际工程需要注意以下方面:

(1) 避免发生集电结(发射结)的击穿。

(2) 功率管在工作时不能进入二次击穿区。

(3) 避免集电结过热,集电结的功率损耗应低于最大允许值 P_{CM}。晶体管的集电结容许损耗 P_{CM} 不是一个固定不变的值,它和器件的散热情况有关,根据环境温度和器件的散热装置不同而有所不同。

1. 功率管的散热

功率管在工作时,由于输出电流很大,因此功率管的功率消耗很大,其中集电极大多数承受高反偏电压,致使集电结发热很快,当温度超过集电结允许最高结温 T_J 时,管子将损坏,发生功率 BJT 的热击穿。所以实际设计时一定要注意采取增加散热面积、改变环境温度等措施。如图 8-27 所示为典型功率 BJT 的外形示意图。

图 8-27 常见功率 BJT 的实际外形图

热击穿的原因如下：在功率放大电路中，给负载输送功率的同时，管子本身也要消耗一部分功率，这部分功率主要消耗在 BJT 的集电结上(因为集电结上的电压最高，一般可达几伏到几十伏以上，而发射结上的电压只有零点几伏)，并转化为热量使管子的结温升高。当结温升高到一定程度(锗管一般约为 90℃，硅管约为 150℃)以后，就会使管子因过热击穿而永久性损坏，因而输出功率受到管子允许的最大管耗的限制。值得注意的是，管子允许的功耗与管子的散热情况有密切的关系。如果采取适当的散热措施，就可以增加功率管的输出功率，也有可能充分发挥管子的潜力。反之，就有可能使 BJT 由于结温升高而被损坏。所以解决好功率 BJT 的散热问题，对于提高功率放大器的整机性能具有重要的意义。

为保证功率 BJT 散热良好，通常 BJT 有一个大面积的集电结，并与热传导性能良好的金属外壳保持紧密接触。在很多实际应用中，还要在金属外壳上加装散热片，甚至在机箱内功率管附近安装冷却装置，如电风扇等。

2. 功率 BJT 的二次击穿

在实际工作中，常发现功率 BJT 的功耗并未超过允许的 P_{CM} 值，管子本身的温度也并不高(手接触表面不烫)，但功率 BJT 却突然失效或者性能显著下降。这种现象，多是由于 BJT 二次击穿所造成的。二次击穿问题可以用图 8-28 来说明。当集电极电压 U_{CE} 逐渐增加时，首先出现一次击穿现象，如图 8-28 中 AB 段所示，这种击穿就是正常的雪崩击穿。当击穿出现时，只要适当限制功率 BJT 的电流(或功耗)，且进入击穿的时间不长，功率 BJT 并不会损坏。所以一次击穿(雪崩击穿)具有可逆性。一次击穿出现后，如果继续增大 I_C 到某数值，BJT 的工作状态将以毫秒级甚至微秒级的速度移向低电压大电流区，如图 8-28 中 BC 段所示，BC 段相当于二次击穿。二次击穿的结果是一种永久性损坏。

产生二次击穿的原因至今尚没有明确的说法。一般来说，二次击穿是一种与电流、电压、功率和结温都有关系的效应。多数学者认为二次击穿的物理过程是由于流过 BJT 结面的电流不均匀，造成结面局部高温(称为热斑)而产生热击穿所致。可以肯定，这与 BJT 的制造工艺有关。BJT 的二次击穿特性对功率管，特别是外延型功率管，在性能的恶化和损坏分析方面有重要影响，因此在电路设计时必须考虑二次击穿的因素。

3. 功率 BJT 的安全工作区

为了保证功率管安全工作，功率 BJT 的极限工作条件必须合理满足，其中包括集电极允许的最大电流 I_{CM}、集电极最大反偏电压 U_{BR}，集电极允许的最大功耗 P_{CM} 等，另外还有二次击穿的临界条件。如图 8-29 虚线内所示为功率 BJT 的安全工作区。显然，考虑了二次击穿以后，功率 BJT 的安全工作范围变小了。

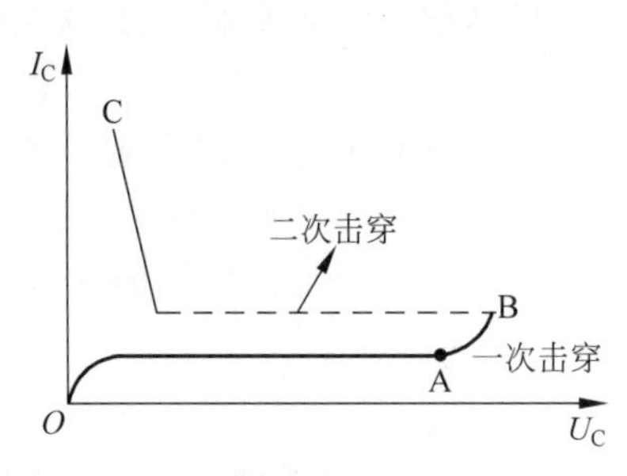

图 8-28 常见功率 BJT 的二次击穿

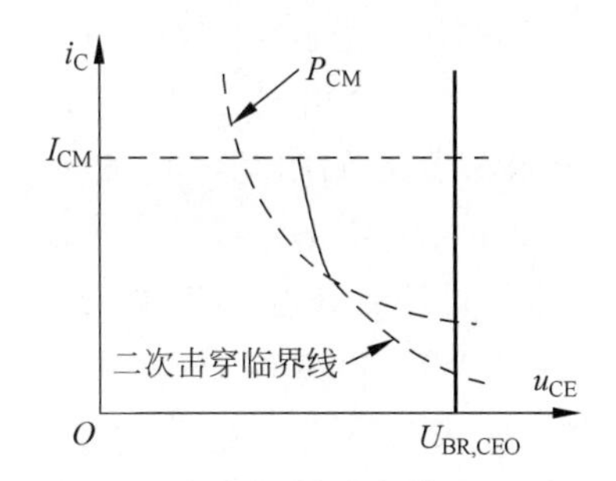

图 8-29 功率 BJT 安全工作区

需要指出的是，为保证功率 BJT 工作时的安全可靠，实际工作时的电压、电流、功耗、结温等各变量最大值不应超过相应的最大允许极限值的 50%～80%。

4. 功率 MOSFET

功率 MOSFET(V-groove MOS field effect transistor，VMOSFET)的结构剖面图如图 8-30 所示。它以 N^+ 型衬底作为漏极，在其上有一层 N 型外延层，然后在外延层上掺杂形成一个 P 型层和一个 N^+ 型层源极区，最后利用光刻的方法沿垂直方向刻出一个 V 形槽，在 V 形槽表面有一层二氧化硅薄层覆盖一层金属铝，形成栅极。当栅极加正电压时，靠近栅极 V 形槽下面的 P 型半导体将形成一个 N 型反型层导电沟道。可见，自由电子沿导电沟道由源极到漏极的运动是纵向的，它与第 3 章介绍的载流子是横向从源极流到漏极的小功率 MOSFET 不同。因此，这种器件被命名为 VMOSFET (简称 VMOS 管)。由于 VMOS 管的漏区面积大，因此有利于利用散热片散去器件内部耗散的功率。同时沟道长度(当栅极加正电压时在 V 形槽下 P 型层部分形成)可以做得很短(如 1.5μm)，且沟道间又呈并联关系(根据需要可并联多个)，故允许流过的电流 I_D 很大。此外，利用现代半导体制造工艺，使 VMOS 管靠近栅极处形成一个低浓度的 N^- 外延层，当漏极与栅极间的反向电压形成耗尽区时，这一耗尽区主要出现在 N^- 外延区，N^- 区的正离子密度低，电场强度低，因而有较高的击穿电压。这些都有利于用 VMOS 制成大功率器件。目前制成的 VMOS 产品，耐压达 1000V 以上，最大连续电流值高达 200A。

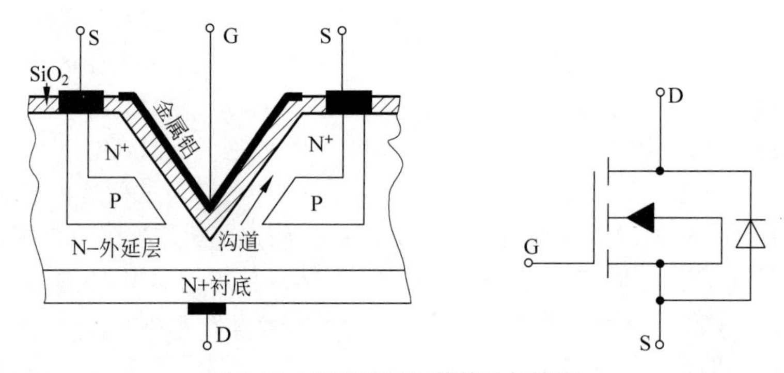

图 8-30 VMOSFET 管符号与结构

与功率 BJT 相比，VMOS 器件具有以下优点。

(1) 电压控制器件，输入电阻极高，因此所需驱动电流极小，功率增益高。

(2) 在放大区，其转移特性几乎是线性的，跨导 g_m 基本为常数。

(3) 因为漏源电阻温度系数为正，当器件温度上升时，电流受到限制，所以 VMOS 不可能有热击穿，因而不会出现二次击穿，温度稳定性高。

(4) 因无少子存储问题，加上极间电容小，VMOS 的开关速度快，工作频率高，可用于高频电路(其 $f \approx 600\text{MHz}$)或开关式稳压电源等。

VMOS 器件还有其他优点，如导通电阻 $r_{DS} \approx 3\Omega$。目前在 VMOSFET 的基础上又研制出双扩散 VMOSFET，或称 DVMOS 器件，这是新的发展方向之一。

5. 功率模块

功率模块是指由若干 BJT，MOSFET 或 BiFET(BJT-FET 组合器件)组合而成的功率器件。这种功率模块近年来发展迅速，已成为半导体器件的一支新生力量。它的突出特点是大电流、低功耗，电压、电流范围宽，电压高达1200V，电流高达400A。它现在已广泛用于不间断电源（UPS）、各种类型电机控制驱动、大功率开关、医疗设备、换能器、音频功放等。

8.4 集成功率放大器

集成功放内部电路与一般分立元件功率放大器有区别，通常包括前置放大级、驱动级、功率输出级、偏置级等几部分；有些还具有一些特殊功能（消除噪声、短路保护等）的电路。其电压增益较高（不加负反馈时，电压增益达70～80dB，加典型负反馈时电压增益在40dB以上）。

集成功放块的种类很多，OTL、OCL和BTL电路均有各种型号的集成电路。而且它只需外接少量元件，就可成为实用电路。本节以SANYO公司两种音频功放块LA4112、LA4140为例介绍集成功放工作与应用原理，最后介绍功放中性能较好的有源音箱中常用的美国家半导体公司芯片LM3886的使用方法。

8.4.1 LA4112功率放大芯片

集成功放块的种类很多，但内部电路结构大体相同。本节以SANYO公司功放芯片LA4112为对象研究集成功放的电路组成、工作原理、主要性能指标和典型运用。

1. 电路组成

集成功放LA4112的内部电路如图8-31所示，由三级电压放大、一级功率放大以及偏置、恒流、反馈、退耦等附加电路组成。

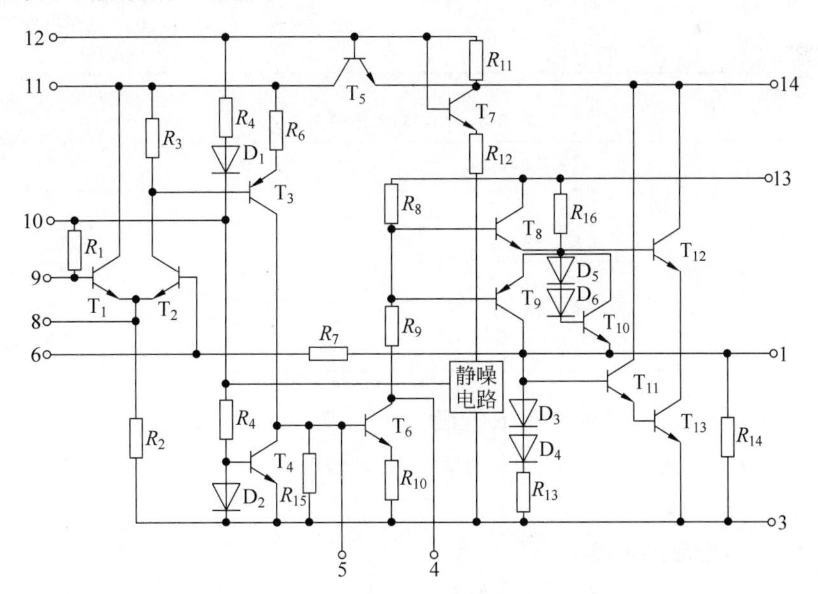

图8-31　LA4112内部电路图

（1）电压放大级。第一级选用由T_1和T_2管组成差动放大器，这种直接耦合的放大器零漂较小，第二级的T_3管完成直接耦合电路中的电平移动，T_4是T_3管的恒流源负载，以获得较大的增益；第三级由T_6管等组成，此级增益最高，为防止出现自激振荡，需在该管的

B、C极之间外接消振电容。

(2) 功率放大级。由 $T_8 \sim T_{13}$ 管组成复合互补推挽电路。为提高输出级增益和正向输出幅度,需外接“自举”电容。

该电路内部有一个负反馈电阻 R_7,在使用时,还需要在放大器的6端和地之间外接一个由 R、C 组成的网络,以便与 R_7 一起构成深度交流电压串联负反馈,如图8-33中所示。外接 R_f、C_2 以后,放大器总的电压增益为:

$$A_{uf} = 1 + \frac{R_7}{R_f} \tag{8-34}$$

(3) 偏置电路。为建立各级合适的静态工作点而设立。

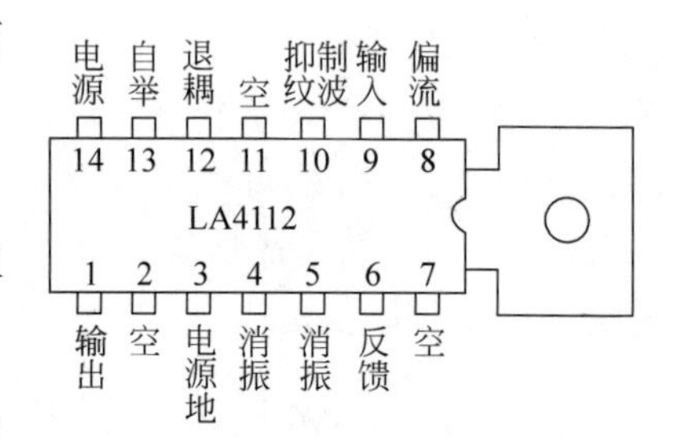

图8-32 LA4112外形及管脚排列图

2. LA4112参数

LA4112集成功放块是一种塑料封装十四脚的双列直插器件。它的外形如图8-32所示。

LA4112的参数分为极限参数与工作电参数。表8-3为其极限参数,表8-4为其电气参数。

表8-3 LA4112极限参数

参　　数	符号与单位	额　定　值
最大电源电压	U_{CCmax}(V)	13(有信号时)
允许功耗	P_o(W)	1.2
		2.25(50mm×50mm铜箔散热片)
工作温度	T_{opr}(℃)	−20～+70

表8-4 LA4112电气参数

参　　数	符号与单位	测 试 条 件	典　型　值
工作电压	U_{CC}(V)		9
静态电流	I_{CCQ}(mA)	$U_{CC}=9V$	15
开环电压增益	A_{uo}(dB)	$R_L=4\Omega \quad f=1kHz$	70
输出功率	P_o(W)		1.7
输入阻抗	R_i(kΩ)		20

除上述主要部分外,为了使电路工作正常,还需要和外部元件一起构成反馈电路来稳定和控制增益。同时,还设有退耦电路来消除各级间的不良影响。集成功放块技术指标相同的国内外产品还有FD403、FY4112、D4112等,它们可以互相替代使用。

3. LA4112典型应用电路

集成功率放大器LA4112应用电路如图8-33所示,该电路中各电容和电阻的作用如下:

① C_1、C_9——输入、输出耦合电容,隔直作用。

② C_2 和 R_f——反馈元件,决定电路的闭环增益。

③ C_3、C_4、C_8——滤波、退耦电容。

④ C_5、C_6、C_{10}——消振电容,消除自激振荡。

⑤ C_7——自举电容,若无此电容,将出现输出波形半边被削波的现象。

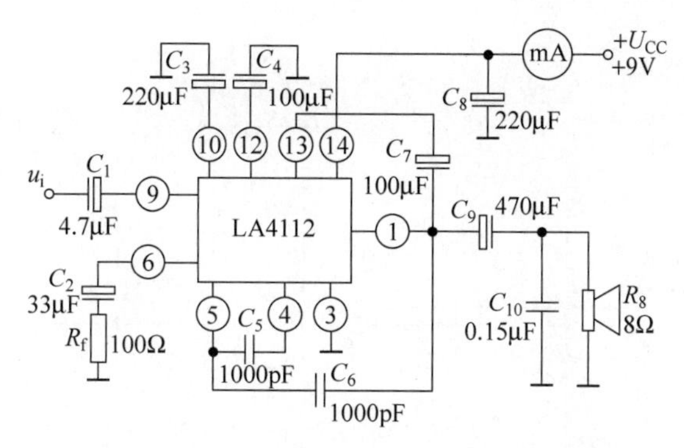

图 8-33　LA4112 构成的典型集成功放电路

8.4.2　LA4140 集成功放芯片

LA4140 是单列 9 脚专用型音响功放集成电路,外形图如图 8-34 所示。它具有静态电流小、效率高、失真小、电源电压范围宽等优点。值得说明的是 XG4140 芯片性能、结构特点与其完全兼容,可以直接代换使用。

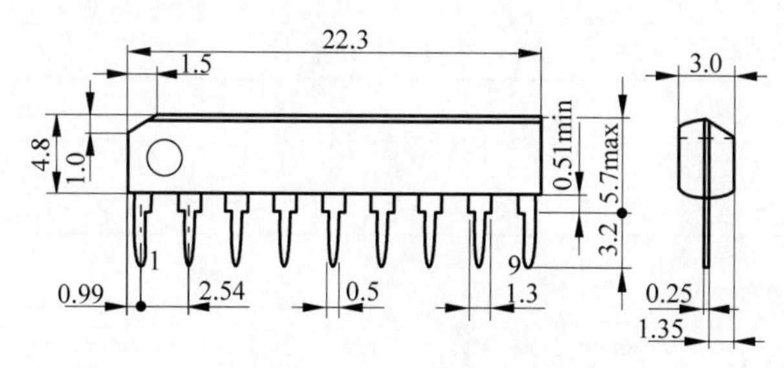

图 8-34　LA4140 外管脚图

1. 内部电路结构

图 8-35 是 LA4140 的内部电路图。LA4140 由以下四个部分组成。

(1) 输入级。由 T_2、T_3、D_5、R_5、R_6、R_7、T_4、T_5、R_8、T_6 和 D_6 等元器件组成。其中 T_2、T_3 构成第一级差放电路,T_4、T_5 构成第二级差放电路。采用这种 NPN 和 PNP 型互补的两级差放电路的优点是:抑制共模信号能力较强,零漂较小。其中,第一级差放为双端输出方式,既可减小零漂,又可提高差模增益;第二级差放经 T_6 管实现了双出变单出,同时又实现了电平移动。

(2) 驱动级。一个具温度补偿的共射放大电路,由 T_8、T_9、D_8～D_{10}、R_{10} 和 R_{11} 等组成。其中 T_8 是 T_9 的有源负载,D_8 和 R_{10} 为 T_9 的基极偏置电路,D_8 还具有温度补偿作用。

(3) 输出级。复合管准互补功放电路,T_{13}、T_{14} 组成 NPN 型复合管,T_8 通过 D_9、D_{10} 为它提供合适的偏压;T_{12} 和 T_{15} 复合成 PNP 型管,T_{10}、T_{11}、D_{11}、D_{12} 为它提供偏压。

(4) 偏置电路。除(2)、(3)中已介绍的偏置电路外,还有①T_1、D_1～D_4、R_1、R_2 和 R_3 等组成的电路为输入级提供偏置。T_1 是射极输出方式,它同时为两级差放提供稳定的偏压;②T_7、R_9、D_7、R_{13} 为恒流源 T_8、T_{10} 提供基偏电压。

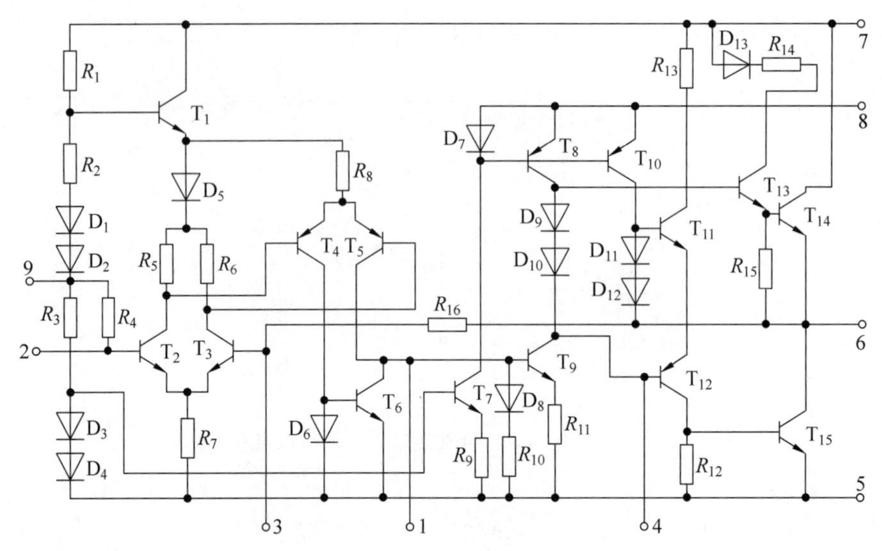

图 8-35 LA4140 内部电路示意图

2. 电路参数

LA4140 集成功放的电路参数如表 8-5 所示。

表 8-5 LA4140 参数

参 数	U_{CCmax}			I_{omax}		P_{dmax}		T_{op}	
工作条件	静态	动态		静态	动态	静态	动态	静态	动态
额 定 值	14V	14V	12V	500mA	500mA	750mW	750mW	−20～70℃	−20～70

3. 典型应用电路

LA4140 的典型应用电路如图 8-36 所示。其中 C_1、C_5、C_9 用于滤掉 $u_i(u_o)$中的高频分量，C_2、C_6、C_7 是隔直耦合电容；C_3、R_F 支路与芯片内部 R_{16} 构成反馈网络，引入总体电压串联负反馈；C_4 为相位补偿电容，消除自激振荡。

$$A_{uf}=1+(R_{16}/R_F) \tag{8-35}$$

式中，R_{16} 是内部反馈电阻。

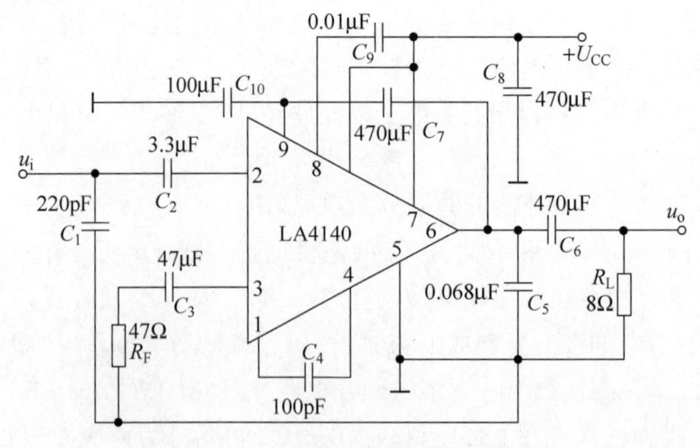

图 8-36 LA4140 的典型应用电路

8.4.3　LM3886 集成功率放大器

LM3886 是美国国家半导体公司(NS)公司在追求听感和音质的设计思想指导下,采用新的集成工艺生产的一款高保真功率放大器,其峰值输出功率上限可达 150W,在 5Hz～100kHz 内线性度良好,互调失真低达 0.004%,谐波失真及噪声(THD+N)仅 0.03%,兼有过压、欠压、过载、短路、超温等极完善的保护功能,其静噪端与 RC 网络配合可彻底消除开机冲击,免去扬声器保护电路。实践证明,$U_{CC}=\pm 28V$,$P=68W/4\Omega(38W/8\Omega)$;$U_{CC}=\pm 35V$,$P=50W/8\Omega$;信噪比≥92dB。而且,该芯片和散热器间不需要绝缘。

LM3886 引脚排列如图 8-37(a)所示,各引脚功能如下:1、5 脚—正电源输入;3 脚—输出;4 脚—负电源输入;7 脚—地;8 脚—静音控制;9 脚—反相输入;10 脚—同相输入;2、6、11 脚—空脚。

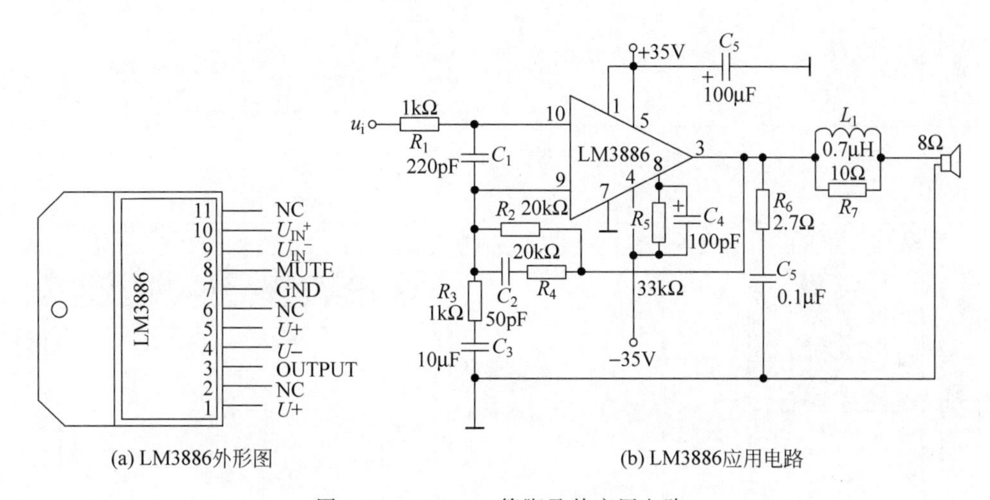

图 8-37　LM3886 管脚及其应用电路

LM3886 有两种型号:LM3886TF 和 LM3886T,前者散热片绝缘,后者不绝缘。T 型与 TF 型的输出功率分别是 60W、45W。

集成功率放大器模块加一些外部阻容元件很容易构成各种实用的应用电路。而且具有线路简单,性能优越,工作可靠,调试方便等优点,已经成为在音频领域中应用十分广泛的功率放大器。典型应用电路见图 8-37(b),该图为 NS 公司提供的应用电路图。

8.5　功放电路仿真分析

功放电路仿真主要仿真 OCL、OTL 低频功率放大器输出波形与数值结果进而验证其工作原理,利用仿真调试方法学会 OCL、OTL 实际电路的调试及主要性能指标的测试方法。本节主要研究 OCL、OTL 电路仿真。

8.5.1 B 类互补对称功率放大电路仿真

B 类互补对称(OCL)仿真测试图与结果如图 8-38 与图 8-39 所示。

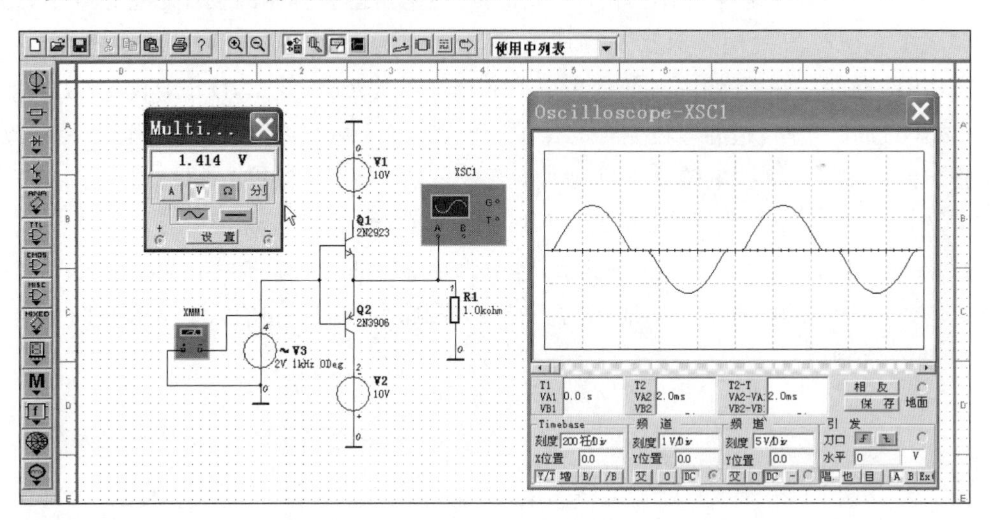

图 8-38 OCL 电路仿真原理图与输出波形图

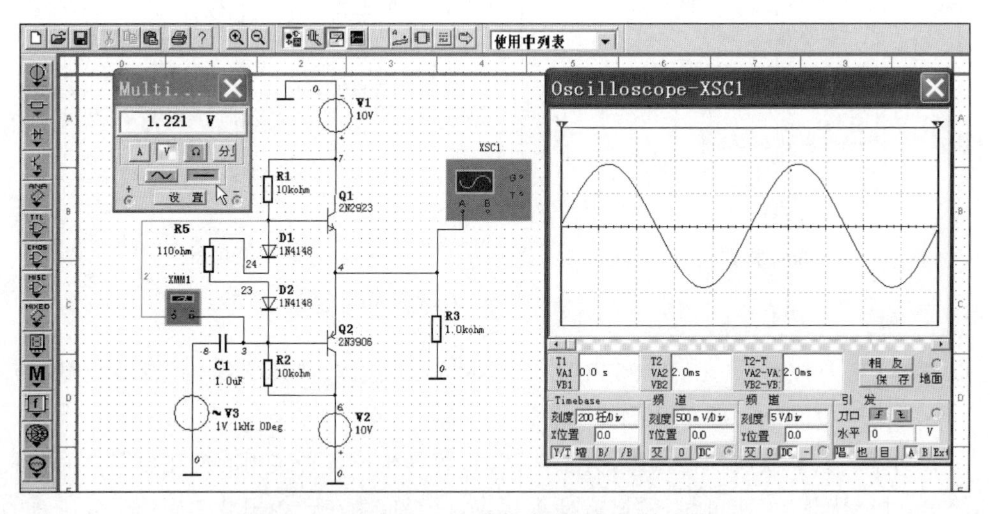

图 8-39 改进 OCL 电路仿真原理图与输出波形

在仿真过程中采用二极管作为偏置电路的缺点是偏置电压不易调整。为了克服交越失真往往在两个二极管上串联一个小电阻,如图 8-39 中的 R_5。不接 R_5 就有交越失真,接了 R_5 失真不见了。

仿真结论为 B 类功率放大存在交越失真,可以通过增加直流工作点偏置电路改善该失真,而且合理调试元件参数可以消除失真。

8.5.2 AB 类单电源互补对称电路

AB 类单电源互补对称电路(OTL 功放)的仿真测试图如图 8-40 与图 8-41 所示。

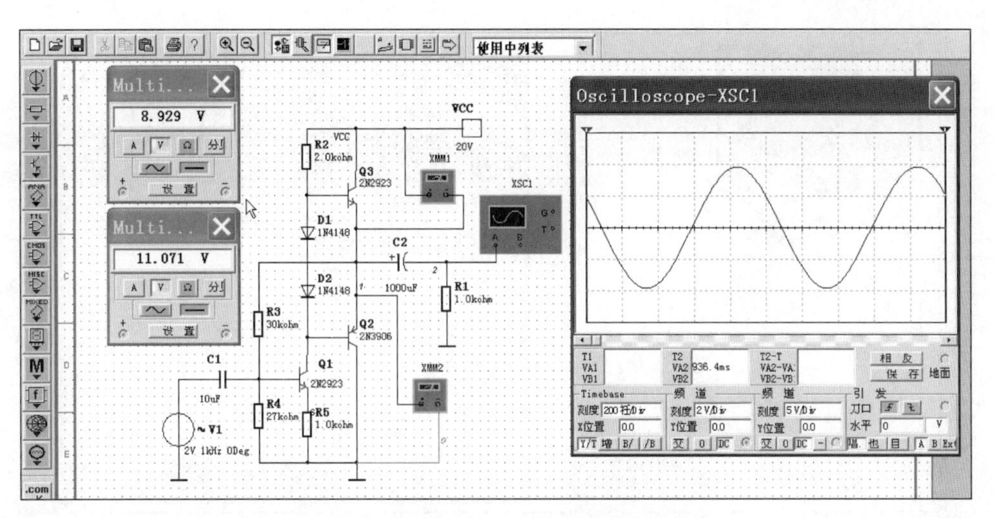

图 8-40　OTL 电路仿真原理图与输出波形图

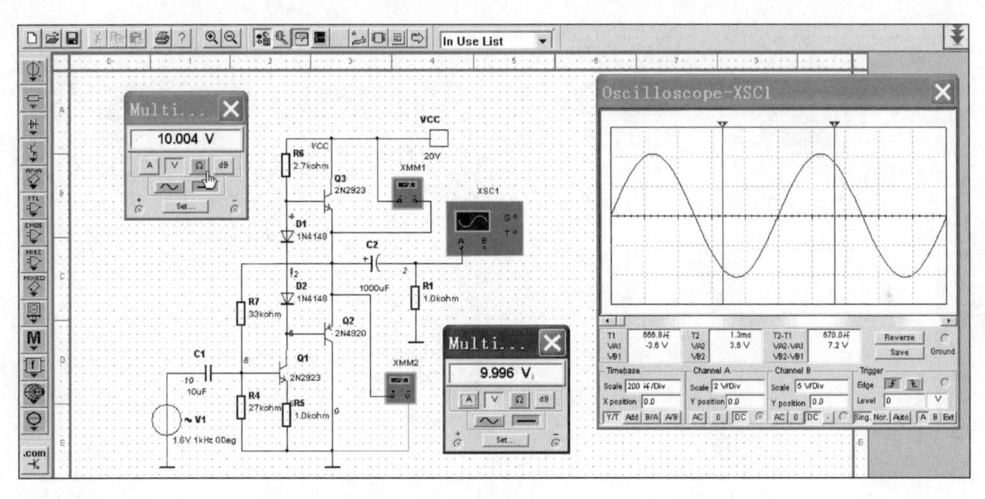

图 8-41　改进 OTL 电路仿真原理图与输出波形

仿真结果表明，当不失真输出电压幅度最大时，测功放管 2N2923 和 2N3906 的直流压降 U_{CE} 不相等，大约有 2V 的差别；如果适当选择 R_3、R_4 的阻值，将中点电压调在 $0.5U_{CC}$，输出电压幅度最大时就出现了饱和失真，原因在推动级和功放级的偏置电阻选得不合理、功放管 2N2923 和 2N3906 的 β 值不同，所以，功放管要求配对就是这个道理。如果将原 OTL 电路的元件做一些调整，效果就好得多。

8.5.3　功放管 β 值测试

本节以 2N2923 和 2N3906 为例仿真测试功放管的 β 值。了解功放管的工作态特点，如图 8-42 和图 8-43 所示。

这里 I_B 的递增量为 20μA，从输出特性曲线图上可以看出第五条曲线对应的 I_C 约为 15mA，即该管的 β 约为 150 倍；或者由两只万用表的读数也能求出 β 值为 150 左右。

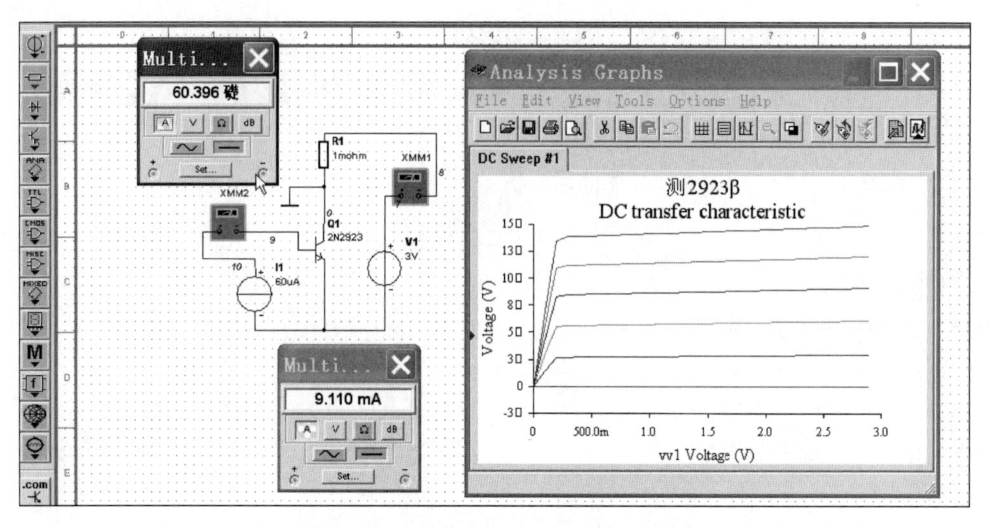

图 8-42　功放管 2N2923 的 β 值测试图

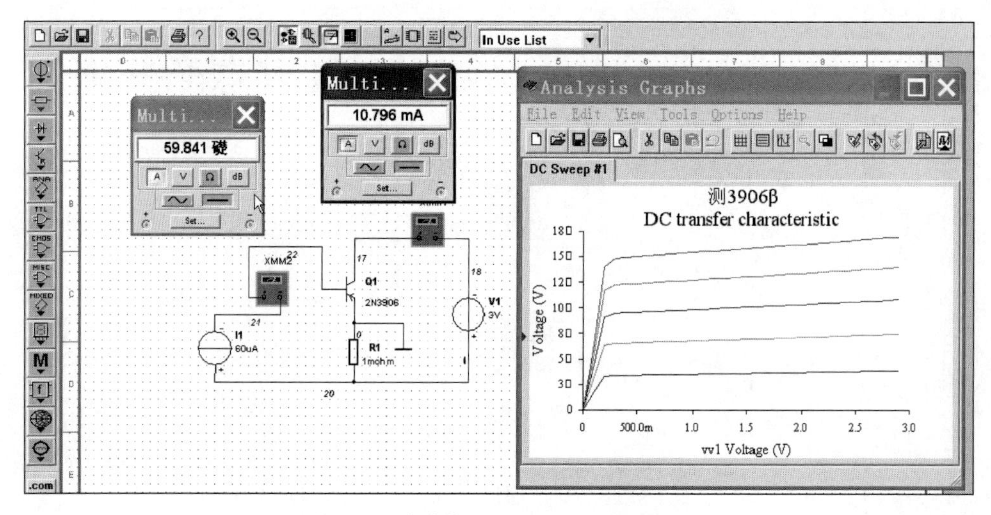

图 8-43　功放管 2N3906 的 β 值测试图

本章小结

本章主要从以下方面研究功放电路组成原理以及性能指标计算：

(1) 功放电路特点。功率放大器是在大信号状态下工作，不能用微变等效电路分析，只能用图解法分析。由于输出功率大，提高电路效率是关键，它一方面是能充分利用直流电源功率，另一方面又可以减小管耗。对于甲类变压器耦合功率放大电路静态功耗大，它的理想最大效率 $\eta_{\max}$ 约 50%，如考虑 U_{CES} 实际只有 30%左右，现在基本上已不用。对于乙类变压器耦合功放，η 比甲类高，还可充分利用直流电源，但频率特性差，体积大，不利于小型化、集成化。互补对称电路属于直接耦合放大，频率特性好，体积小，易于集成，但要求电源电压高，负载不能太大。大信号状态下工作的晶体管，存在非线性失真较大的矛盾，解决方法可在电路中加负反馈改善。功放电路的效率不可能达到100%，消耗在功放管上的电功率转换成热能的形式，因此，功放管都必须加散热片。

(2) OCL功率放大器的性能参数计算。

① 功率计算。

$$P_o=\frac{I_{CM}}{\sqrt{2}}\times\frac{U_{CEM}}{\sqrt{2}}=\frac{1}{2}I_{CM}U_{CEM}=\frac{1}{2}I_{CM}^2R_L=\frac{1}{2}\frac{U_{om}^2}{R_L};\ P_{om}=\frac{1}{2}\frac{(U_{CC}-U_{CES})^2}{R_L}$$

上式中的U_{om}为输出电压的幅值。由于功放管是工作在极限状态，输出电流很大，必须考虑管子的饱和压降U_{CES}，因此最大输出电压幅值为$U_{CC}-U_{CES}$。

② 功放电路的输出功率P_o是由直流电源供给的直流功率P_E转换得到的，这种转换不是百分之百的，因此提出电路效率的概念，效率计算公式

$$\eta=\frac{P_o}{P_S}=\frac{\pi}{4}\cdot\frac{I_{CM}R_L}{U_{CC}}=\frac{\pi}{4}\cdot\frac{U_{om}}{U_{CC}}$$

可见，效率与输出电压的幅值成正比。但不要错误地认为，为了提高电路效率，尽量使输出功率大，因为输出功率大，电源供给的功率也大；另一方面功放电路放大的信号频率不是单一的频率，而是一个频带，其幅度相差10倍以上，在实际运用中，为了保证幅度大的信号不失真，应使输出功率小。

③ 管耗与输出电压幅值为非线性关系。最大管耗发生在最大输出功率的$0.2P_{omax}$时，它是功放电路选择功放管的依据。管耗公式为

$$P_T=\frac{1}{2\pi}\int_0^{\pi}u_{ce}i_C\mathrm{d}\omega t=\frac{1}{2\pi}\int_0^{\pi}(U_{CC}-U_{om}\sin\omega t)\frac{U_{om}}{R_L}\sin\omega t\,\mathrm{d}\omega t=\frac{1}{R_L}\left(\frac{U_{CC}U_{om}}{\pi}-\frac{U_{om}^2}{4}\right)$$

④ 直流电源供给的直流功率为

$$P_S=U_{CC}I_C=U_{CC}\frac{2}{2\pi}\int_0^{\pi}I_{om}\sin\omega t\,\mathrm{d}(\omega t)=U_{CC}\frac{2}{2\pi}\int_0^{\pi}\frac{U_{om}}{R_L}\sin\omega t\,\mathrm{d}(\omega t)=\frac{2}{\pi}\frac{U_{CC}U_{om}}{R_L}$$

(3) 单电源互补对称电路(OTL电路)的计算。与OCL电路类似，只是这时的最大输出幅度只有电源电压的一半，即将公式中的U_{CC}用$U_{CC}/2$代替。

(4) OTL、OCL、BTL、数字功放均有不同性能集成电路，只需外围少量元件，就可成为实用电路。而且集成功放中均有保护电路，以防止功放管过流、过压、过损耗或二次击穿。

习题

8.1　选择题。

1. 电路的最大不失真输出功率是指输入正弦波信号幅值足够大，使输出信号基本不失真且幅值最大时，________。

A. 晶体管上最大功率　　B. 电源的最大功率

C. 负载最大直流功率　　D. 负载最大交流功率

2. A类功放效率低是因为________。

A. 只有一个功放管　　B. 静态电流过大

C. 管压降过大　　D. 管子动态电流过大

3. 交越失真是一种________失真。

A. 截止失真　　B. 饱和失真　　C. 非线性失真　　D. 频率失真

4. 在B类放大电路中,放大管的导通角等于________。

A. 180°　　B. 360°　　C. 270°　　D. 90°

5. B类双电源互补对称功放电路的效率可达________。

A. 25%　　B. 78.5%　　C. 50%　　D. 90%

6. 由于在功放电路中功放管常常处于极限工作状态,因此在选择用于功放的晶体管时要注意________参数。

A. I_{CM}　　B. I_{CBO}　　C. β　　D. f_T

7. 设计一个输出功率为20W的功放电路,若用B类互补对称功率放大,则每只功放管的最大允许功耗 P_{CM} 至小应有________。

A. 2W　　B. 8W　　C. 4W　　D. 1W

8. 设计一个B类互补对称功率放大电路,若电源电压 $U_{CC}=16V$,则每只功放管的耐压 $|U_{(BR)CEO}|$ 至少应为________ V。

A. 16　　B. 20　　C. 30　　D. 32

8.2 填空题。

1. 以功率三极管为核心构成的放大器称________放大器。它不但输出一定的________还能输出一定的________,也就是向负载提供一定的功率。

2. 功率放大器简称________。对它的要求与低频小信号放大电路不同,主要是________尽可能大,________尽可能高,________尽可能小,还要考虑________管的散热问题。

3. 所谓"互补"放大器,就是利用________型管和________型管交替工作来实现放大。

4. OTL电路和OCL电路属于________工作状态的功率放大电路。

5. 为了能使功率放大电路输出足够大的功率,一般晶体三极管应工作在________。

6. B类互补对称功放的两功率管处于交替正向偏置工作状态,由于晶体三极管发射结死区电压的存在,当输入信号在正负半周交替过程中造成两功率管同时________,引起________的失真,称为________失真。

7. 功率放大器按工作点在交流负载线上的位置分类有:________类功放________类功放和________类功放电路。

8. AB类推挽功放电路与B类功放电路比较,前者加了偏置电路向功放管提供少量________,以减少________失真。

9. B类互补对称功放允许输出的最大功率 $P_{om}=$________。总的管耗 $P_C=$________。

10. 所谓复合功率管就是由一个________功率三极管和一个________功率三极管组成的大功率三极管。它分________型管组合和________型管组合两种。复合管等效电流放大系数 $\beta=$________。

8.3 电路如图8-44所示。已知电源电压 $U_{CC}=15V$,$R_L=8\Omega$,$U_{CES}\approx0$。试问:

(1) 负载可能得到的最大输出功率和能量转换效率最大值分别是多少?

(2) 当输入信号 $u_i=10\sin\omega t\,\mathrm{V}$ 时，求此时负载得到的功率和能量转换效率。

8.4　如图 8-45 所示的集成功率放大器 LM386 输出级，K 点电位为 $U_{CC}/2$，T_2、T_4 饱和压降约为 0.3V。

(1) T_2、T_3 和 T_4 构成什么电路形式？

(2) 求该电路的最大不失真输出功率。

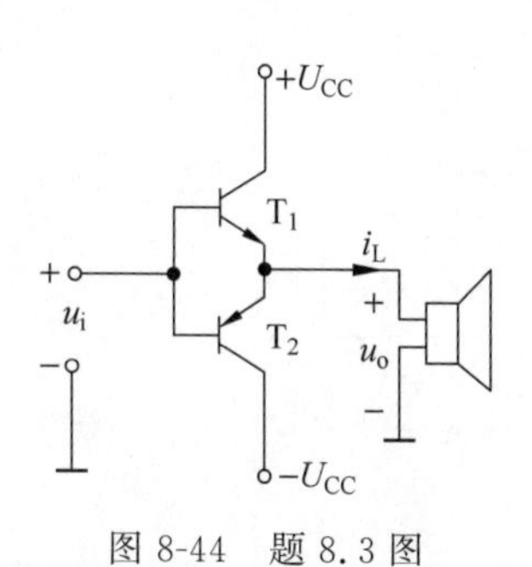

图 8-44　题 8.3 图

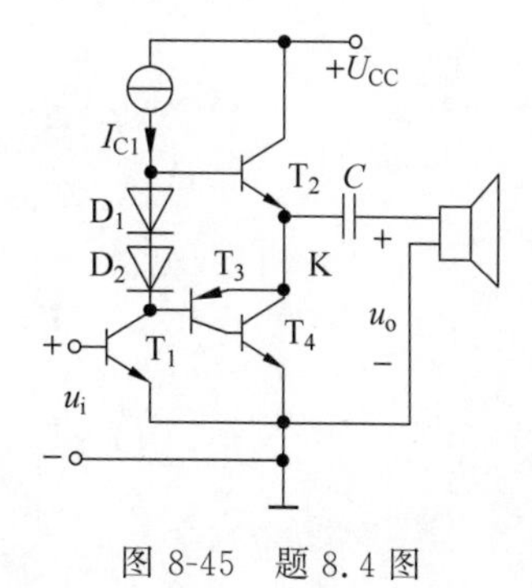

图 8-45　题 8.4 图

8.5　由集成运放作为前置级的功率放大电路的部分设计结果如图 8-46 所示。已知 $R_L=100\Omega$，$R_1=2\mathrm{k}\Omega$，$U_{CC}=12\mathrm{V}$，功率管的饱和压降 $U_{CES}=2\mathrm{V}$，耦合电容 C_1 和 C_2 的电容足够大。请按下述要求完成电路设计与计算。

(1) 以稳定输出电压为目的，给电路引入合理的反馈；

(2) 当输入电压 $u_i=100\mathrm{mV}$ 时，输出电压 $u_o=1\mathrm{V}$，选择反馈元件的参数；

(3) 确定电阻 R_2 的阻值；

(4) 试估算输入信号 u_i 幅值范围。

8.6　在图 8-47 所示的电路中，已知运放性能理想，其最大的输出电流、电压幅值分别为 15mA 和 15V。$U_{CC}=18\mathrm{V}$，设晶体管 T_1 和 T_2 的性能完全相同，$\beta=60$，$U_{BE}=0.7\mathrm{V}$。试问：

(1) 该电路采用什么方法来减小交越失真？请简述理由。

(2) 如负载 R_L 分别为 20Ω、10Ω 时，其最大不失真输出功率分别为多大？

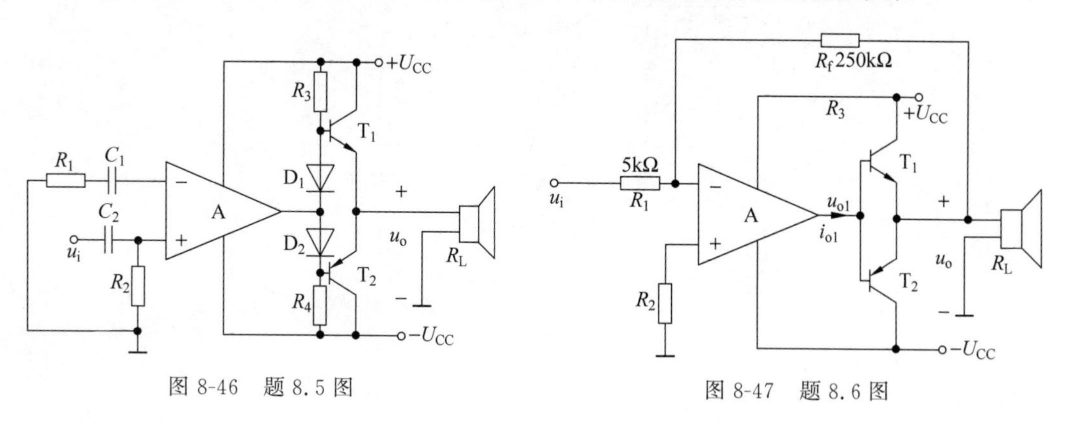

图 8-46　题 8.5 图　　图 8-47　题 8.6 图

8.7　分析如图 8-48 所示互补对称功率放大电路。包括元件作用，动态与静态性能计算过程。

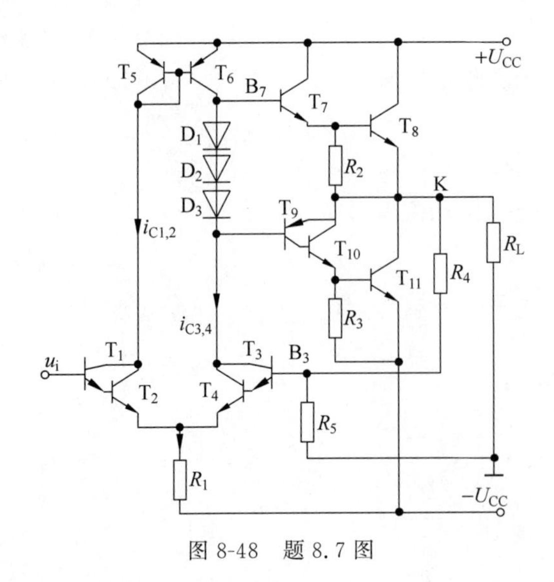

图 8-48 题 8.7 图

8.8 分析如图 8-49 所示高保真扩音机准互补对称(OCL)电路元件作用与动态性能指标计算方法。

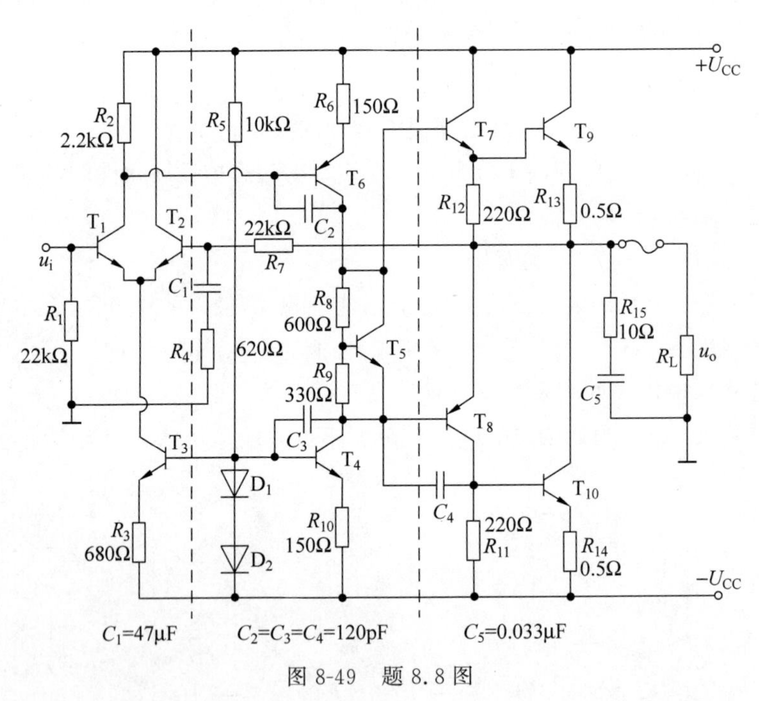

图 8-49 题 8.8 图

第9章 信号检测与处理电路

CHAPTER 9

科技前沿——开关电容滤波器

20世纪50年代曾有人提出开关电容滤波器(SCF)的概念,由于当时集成工艺不过关,并没有引起人们的重视。1972年,美国科学家Fried发表了用开关和电容模拟电阻R,说明SCF的性能只取决于电容之比,与电容绝对值无关,这才引起人们的高度重视。1979年发达国家单片SCF已成为商品(属于高度保密技术);在我国,1983年清华大学已制成单片SCF。

SCF采用MOS工艺加以实现,被公认为20世纪80年代网络理论与集成工艺的一个重大突破。现在SCF技术已趋成熟。当前MOS电容值一般为几皮法至100皮法,它具有$(10\sim100)\times10^{-6}$/V的电压系数和$(10\sim100)\times10^{-6}$/℃的温度系数,这两个系数接近理想境界。

SCF具有下列优点:SCF可以大规模集成;SCF精度高,因为其性能取决于电容之比,而MOS电容之比的误差小于千分之一;功能多,几乎所有电子部件和功能均可以由SCF技术来实现;比数字滤波器简单,因为不需要A/D、D/A转换;功耗小,可以做到小于10mW。

SCF的应用以声频范围为主,在仪表测量、医疗仪器、数据或信息处理等许多领域,诸如程控SCF、振动分析、自适应性滤波器、音乐综合、共振谱、语言综合器、音调选择、语声编码、声频分析、均衡器、解调器、锁相电路、离散傅里叶变换等都有广泛应用前景。

SCF目前还有许多课题有待研究:①由于受运放和控制MOS开关的采样频率的限制,SCF只能在音频范围内应用。近年虽然出现无运放的SCF电路,但工作频率最高仅为1MHz;②MOS开关的沟道电阻以及非理想的运放特性造成SCF误差;③开关电容本身的寄生电容使SCF的频响发生畸变;④MOS开关与MOS运放的热噪声使SCF的动态范围受到限制;⑤最终要以MOS工艺来实现的SCF,由于是时变网络,因此设计完善的CAD技术是解决这一问题的唯一手段。此外,在灵敏度分析、噪声分析等方面均有许多课题有待研究。

信号检测与处理系统主要包括信号传感、仪用放大、滤波、信号转换处理等单元电路。这些电路形式在现代电子信息系统中越来越发挥着重要的作用。

本章首先研究仪用放大、采样保持、电荷放大等单元的电路设计原理与常用电路形式,接着介绍有源滤波电路的组成与详细计算过程,最后深入探讨了电压比较单元电路原理与分析方法。本章根据集成化观点介绍了每一种单元电路的集成方法与常用集成芯片的应用方法。

本章重点阐述了信号检测与处理系统中各信号处理电路单元原理、种类及其计算方法。要求熟练掌握的内容有：

(1) 仪用放大器。主要掌握仪用放大器增益计算以及电路特点。

(2) 有源滤波电路。主要分析电路工作原理与信号传输函数计算方法。

(3) 电压比较器。主要掌握运放的非线性分析方法与电压比较器阈值计算，了解其传输曲线、输出曲线画法与原理。

9.1 信号检测系统中的放大电路

在电子测量系统中，需要检测大量的电量或非电量信息，而且检测的电信号非常微弱，又多处在强噪声背景下。因此，测量系统属于微弱信号的检测。基于此，对前置级获取信号的放大器，提出了如下要求：高输入阻抗、高共模抑制比、低漂移、低噪声、低输出电阻等。信号检测(signal detection)系统最终端的器件是传感器。传感器，顾名思义就是敏感于各种物理量变化的器件，将不同的物理量(如声、光、电、热力等)变化以电压或电流的形式加以采集和传输的器件。传感器要感知某种物理量的变化，它所处的工作环境一般是相当恶劣的，而且传感器要暴露在检测系统之外，因此，共模电压干扰是在传感器应用电路中主要的干扰信号，传感器感知的信号强度是极其微弱的(微伏，μV 级)，而共模电压高达伏级，甚至更高，所以克服这个共模电压在技术上难度非常大。随着集成电路的不断进步，仪用放大器(instrumentation amplifier)的出现解决了这一难题，实践证明该电路是行之有效的消除该类共模信号的方法。另一方面，在电信号检测中，敏感元件内部噪声、供电、电源内噪声，都在传感器检测电路中存在，这也是设计仪用放大电路时必须消除的信号。

9.1.1 精密仪用放大器

仪用放大器与很多放大电路一样，都是用来放大信号用的，但根据前面的分析，仪用放大电路的特点是所测量的信号通常都是在共模噪声环境下的微小信号，所以在电路设计要求上，电路有很高的共模抑制比，利用共模抑制比将信号从噪声中分离出来。因此好的仪用放大器测量的信号能达到很高的精度，在医用设备、数据采集、检测和控制电子设备等方面都得到了广泛的应用。在这些应用中，信号源的输出阻抗常常达几千欧或更大。因此，仪用放大器的输入阻抗通常达数吉欧(GΩ)，它工作在直流(DC)到约 1MHz。在更高频率处，输入容抗引起的问题比输入阻抗更大，因此，高速应用通常采用差分放大器，差分放大器速度更快，但输入阻抗要低。

1. 仪用放大器的基本电路

大多数仪用放大器采用 3 个运算放大器排成两级：一个由二运放组成的前置放大器，后面跟一个差分放大器。前置放大器提供高输入阻抗、低噪声和增益。差分放大器抑制共模噪声，还能在需要时提供一定的附加增益。电路结构如图 9-1(a)所示。

三运放方案并不是仪表放大器的唯一结构。但如果采用如图 9-1(b)具有两个运放的较少元器件的结构替代三运放结构，有两个缺点：首先，不对称的结构使 K_{CMRR} 较低，特别是高频工作环境；其次，可用于第一级的增益量有限，输出级误差则反馈回输入端，导致相对引入的噪声和补偿误差更大。

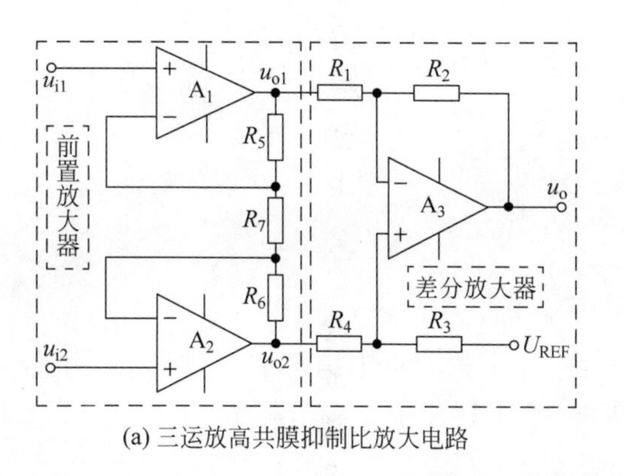

(a) 三运放高共膜抑制比放大电路

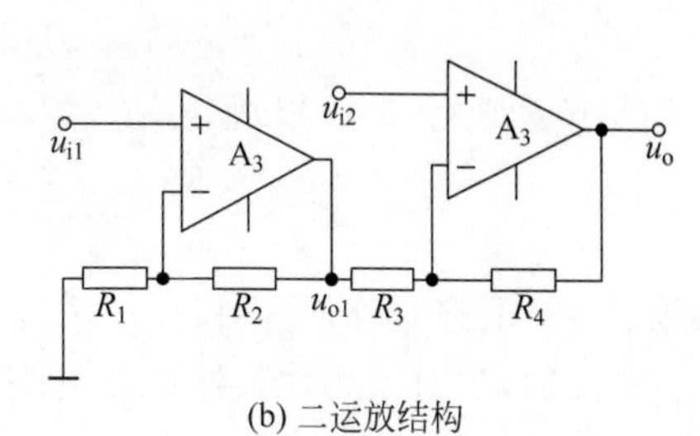

(b) 二运放结构

图 9-1　仪用放大器结构

也有单运放组成的仪用放大器，在最基本的拓扑结构中，一个仪用放大器可由一个单一的运算放大器构成，但在精密仪器中很少用。

2. 三运放仪用放大器的工作原理

目前工程上所设计的仪用放大器是三运放结构，如图 9-1(a)所示。它是由运放 A_1、A_2 的同相输入端组成第一级差分放大电路，而运放 A_3 组成第二级差分放大电路。在第一级电路中，u_{i1}、u_{i2} 分别加到 A_1 和 A_2 的同相端，由 R_7 和 R_5、R_6 组成的反馈网络，引入了负反馈。根据 A_1、A_2 虚短可得 R_7 上两端压降为

$$u_7 = u_{i1} - u_{i2}$$

再根据 R_7 和 R_5、R_6 三电阻电压之间的分压公式，有

$$u_{o1} - u_{o2} = \frac{R_7 + R_5 + R_6}{R_7}(u_{i1} - u_{i2}) \tag{9-1}$$

又由 A_3 反相端虚断可得

$$\frac{u_o - u_{3-}}{R_2} = \frac{u_{3-} - u_{o1}}{R_1}$$

整理得

$$u_{3-} = \frac{R_1}{R_1 + R_2}\left(\frac{R_2}{R_1}u_{o1} + u_o\right) \tag{9-2}$$

在 A_3 同相端虚断可得

$$\frac{u_{REF} - u_{3+}}{u_{3+} - u_{o2}} = \frac{R_3}{R_4}$$

整理得

$$u_{3+} = \frac{R_4}{R_3 + R_4}\left(\frac{R_3}{R_4}u_{o2} + u_{REF}\right) \tag{9-3}$$

再由 A_3 虚短可得 $u_{3+} \approx u_{3-}$

$$u_o = \frac{R_4(R_1 + R_2)}{R_1(R_3 + R_4)}\left(\frac{R_3}{R_4}u_{o2} + u_{REF}\right) - \frac{R_2}{R_1}u_{o1} \tag{9-4}$$

整理后可得

$$u_o = \left(1 + \frac{R_2}{R_1}\right)\frac{\frac{R_3}{R_4}}{1 + \frac{R_3}{R_4}}u_{o2} - \frac{R_2}{R_1}u_{o1} + \left(1 + \frac{R_2}{R_1}\right)\frac{1}{1 + \frac{R_3}{R_4}}u_{REF} \tag{9-5}$$

在式(9-5)中,如果选取电阻满足$\frac{R_2}{R_1}=\frac{R_3}{R_4}$的关系,则输出电压可化简为

$$u_o=\frac{R_2}{R_1}(u_{o2}-u_{o1})+u_{REF} \tag{9-6}$$

根据式(9-1)和式(9-6)可以得到

$$u_o=-\frac{R_2}{R_1}\left[\frac{R_7+R_5+R_6}{R_7}(u_{i1}-u_{i2})\right]+u_{REF} \tag{9-7}$$

而工程上为了电路对称,提高仪用放大器性能,通常选取电阻满足$R_5=R_6=R$的关系,且u_{REF}通常接地,当对仪用放大器进行电路调零时,工程上才会将u_{REF}赋予一定电压,最终会得到输出电压的关系式为

$$u_o=-\frac{R_2}{R_1}\left[\frac{R_7+2R}{R_7}(u_{i1}-u_{i2})\right] \tag{9-8}$$

则电压增益则为

$$A_u=-\frac{R_2}{R_1}\times\frac{R_7+2R}{R_7} \tag{9-9}$$

从式(9-9)中可直观地看到,根据选取R_2/R_1和R/R_7电阻的比例关系,来达到不同的信号放大比例要求。所以电阻的选取也是仪用放大器设计最重要的环节之一。很多仪用放大器芯片,考虑电路的稳定和安全,一般都固定$R_1\sim R_6$的阻值,若R_7为可调电阻,则电路具有增益调节能力。并联差分输入仪用放大器,又称三运放高共模抑制比放大电路。

三运放高共模抑制比放大电路中,由两个性能一致的同相放大器并联构成平衡对称差动输入级,输入级的差动输出及其差模增益只与差模输入电压有关,而其共模输出、失调及漂移均在R_7两端互相抵消,因而电路具有良好的共模抑制能力,又不需要外部电阻匹配。A_3构成双端输入单端输出的输出级,进一步抑制共模信号,因此该电路的典型特点是具有高共模抑制比。

例 9-1 证明图 9-2 所示电路的输出为

$$u_o=-\frac{R_4}{R_3}\left(1+\frac{2R_2}{R_1}\right)(u_{i1}-u_{i2})$$

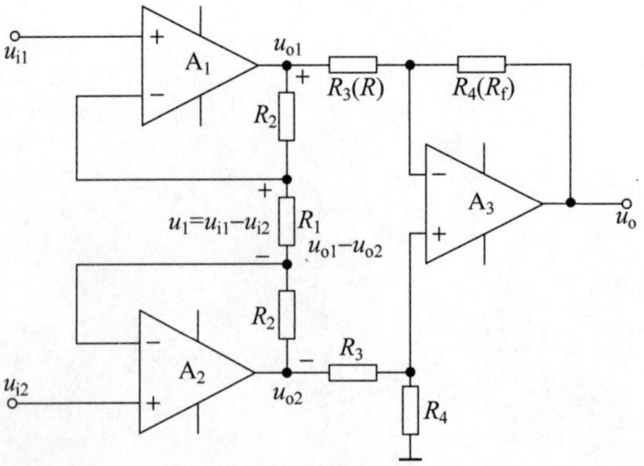

图 9-2 例 9-1 图

方法一　利用虚断直接计算。

$$u_{o1}-u_{o2}=(2R_2+R_1)\frac{u_1}{R_1}=\left(1+\frac{2R_2}{R_1}\right)(u_{i1}-u_{i2})$$

根据加减法计算原则

$$u_o=-\frac{R_f}{R}(u_{i2}-u_{i1})$$

对照实际电路，有

$$u_o=-\frac{R_4}{R_3}(u_{o1}-u_{o2})=-\frac{R_4}{R_3}\left(1+\frac{2R_2}{R_1}\right)(u_{i1}-u_{i2})$$

方法二　利用叠加定理。对于 A_1，构成加减运算电路。根据叠加定理，有

$$u_{o1}=\left(1+\frac{R_2}{R_1}\right)u_{i1}-\frac{R_2}{R_1}u_{i2}$$

对于 A_2，构成加减运算电路。同样有

$$u_{o2}=\left(1+\frac{R_2}{R_1}\right)u_{i2}-\frac{R_2}{R_1}u_{i1}$$

对于 A_3，构成同相端与反相端平衡加减运算电路，有

$$u_o=\frac{R_4}{R_3}(u_{o2}-u_{o1})=\left[\left(1+\frac{R_2}{R_1}\right)u_{i2}-\frac{R_2}{R_1}u_{i1}\right]-\left[\left(1+\frac{R_2}{R_1}\right)u_{i1}-\frac{R_2}{R_1}u_{i2}\right]$$

即

$$u_o=-\frac{R_4}{R_3}\left(1+\frac{2R_2}{R_1}\right)(u_{i1}-u_{i2})$$

解题结论　该电路是常用的仪用放大器，其主要特点是这种放大器精度高、稳定性好，常用于精密仪器电路和测控电路中。

3. 单片集成仪用放大器

常见仪用放大器的集成电路有：集成运算放大器 OP07，斩波自动稳零集成运算放大器 7650，集成仪用放大器 AD522，集成变送器 WS112、XTR101，TD 系列变压器耦合隔离放大器，ISO100 等光耦合隔离放大器，ISO102 等电容耦合隔离放大器，2B30/2B31 电阻信号适配器等。其中，AD522 是 AD 公司推出的高精度数据采集放大器，可以在环境恶劣的工作条件下进行高精度的数据采集。它线性好，并具有高共模抑制比、低电压漂移和低噪声的优点，适用于大多数 12 位数据采集系统。AD522 通常用于由电阻传感器（电热调节器、应变仪等）构成的桥式传感器放大器，以及过程控制、仪器仪表、信息处理和医疗仪器等方面。其引脚分布如图 9-3(a)所示，引脚功能见表 9-1。

AD522 可以提供高精度的信号调理，它的输出失调电压漂移小于 1V/℃，输入失调电压漂移低于 2.0μV/℃；共模抑制比高于 80dB（在 $A_G=1000$ 时为 110dB，$A_G=1$ 时的最大非线性增益为 0.001%）；典型输入阻抗为 $10^9\Omega$。

AD522 使用了自动激光调整的薄膜电阻，因而误差小、损耗低、体积小、性能可靠。同时，AD522 还具有单片电路和标准组件放大器的最好特性，是一种高性价比的放大器。

为适应不同的精确度要求和工作温度范围，AD522 提供有三种级别。其中“A”和“B”为工业级，可用于－25～＋85℃。“S”为军事级，用于－55～＋125℃。AD522 可以提供四种漂移选择。输出失调电压的最大漂移随着增益的增加而增加。失调电流漂移所引起的电

压误差等于失调电流漂移和不对称源电阻的乘积,其常见应用电路见图 9-3(b)。

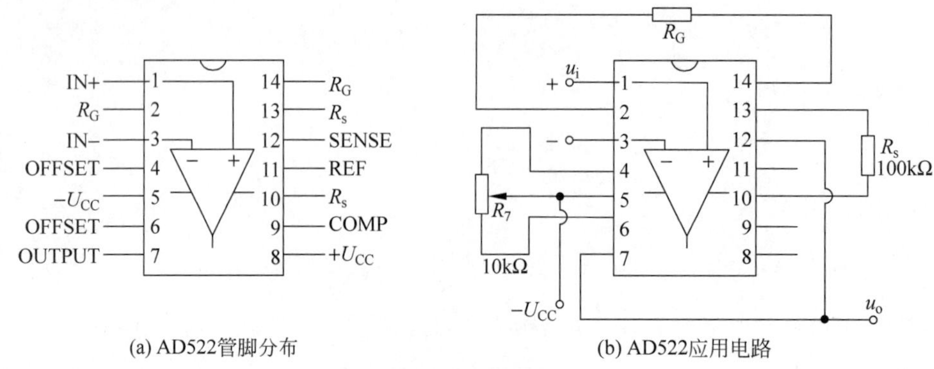

(a) AD522管脚分布　　(b) AD522应用电路

图 9-3　集成仪用放大器 AD522

表 9-1　AD522 引脚功能分布列表

引脚	名　称	功　能	引脚	名　称	功　能
1	+INPUT	正输入端	8	U_+	正电源端
2	R GAIN	增益补偿端	9	GND	地参考端
3	−INPUT	负输入端	10	NC	不接
4	NULL	空端	11	REF	参考端
5	U_-	负电源端	12	SENSE	补偿端
6	NULL	空端	13	DATA GUARD	数据保护端
7	OUTPUT	输出端	14	R GAIN	增益补偿端

其他集成芯片这里不一一介绍,读者可查阅相关文献。

4. 仪用可编程增益放大器

随着计算机的应用,为了减少硬件设备,可以使用通用性很强的放大器——可编程增益放大器(programmable gain amplifier,PGA)。它是一种放大倍数可以根据需要用程序进行控制的放大器(程控放大器)。采用这种放大器,可通过程序调节放大倍数,使 A/D 转换器满量程信号达到均一化,因而大大提高测量精度。所谓量程自动转换就是根据需要对所处理的信号利用可编程增益放大器进行倍数的自动调节,以满足后续电路和系统的要求。

从芯片的集成方法角度,可编程增益放大器有两种类型——组合 PGA 和集成 PGA。在数据采集系统中,需要有多通道或多个参数共用一个测量放大器。如有一个四通道的数据采集系统,四个通道的信号各不相同,分别为微伏、几十微伏、毫伏、伏的数量级,要放大到 A/D 转换器标准的输入电压大小。因此,计算机在选定通道号的同时,也应选定对应通道的增益要求,以实现自动增益控制和自动量程切换的测量要求。所以,程控放大器在电子测量和智能化仪器仪表中得到广泛应用。

从芯片的功能与使用角度,有单运放、多运放和仪用程控放大器等;从输出信号讲,又可分模拟式和数字式等。

1) PGA 系列可编程增益放大器

PGA 系列可编程增益放大器中增益控制电阻(R_G)由程序控制来改变,从而改变增益。实际上用数字电路的方法来实现 R_G 的改变,也是非常好的多级量程仪用放大器,如 PGA200/201 为 4 级仪用放大器,有 16 种增益;PGA102 为 3 级可编程增益放大器,有 8 种

增益控制；PGA100 为 8 级可编程增益放大器；等等。二量程简化等效电路如图 9-4 所示。它的增益方程为

$$A = 1 + 2 \times \frac{R}{R_G} \tag{9-10}$$

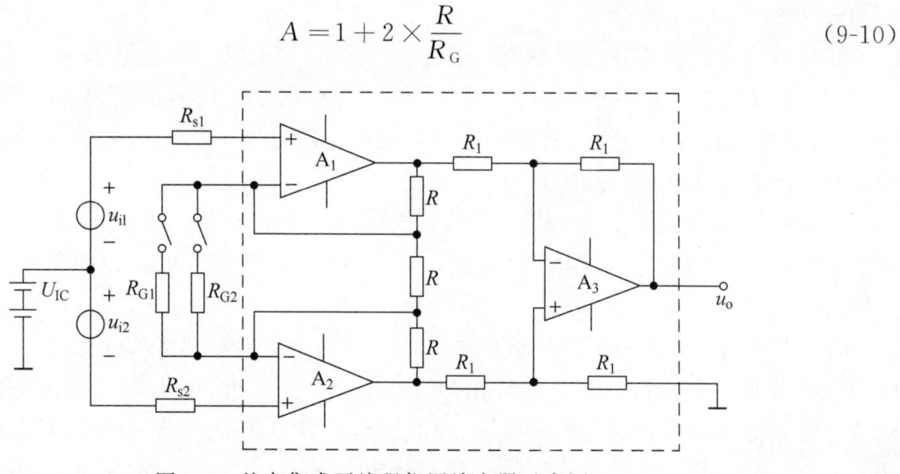

图 9-4 基本集成可编程仪用放大器示意图

2）单片集成程控放大器 LH0084

LH0084 是美国 AD 公司生产的高速、高精度数字程控仪用放大器，增益精度 0.05%、非线性度 0.01%、增益漂移 1×10^{6}/℃、输入阻抗 $10^{11}\,\Omega$、$K_{\mathrm{CRMM}}=70\mathrm{dB}$，其内部电路如图 9-5 所示。

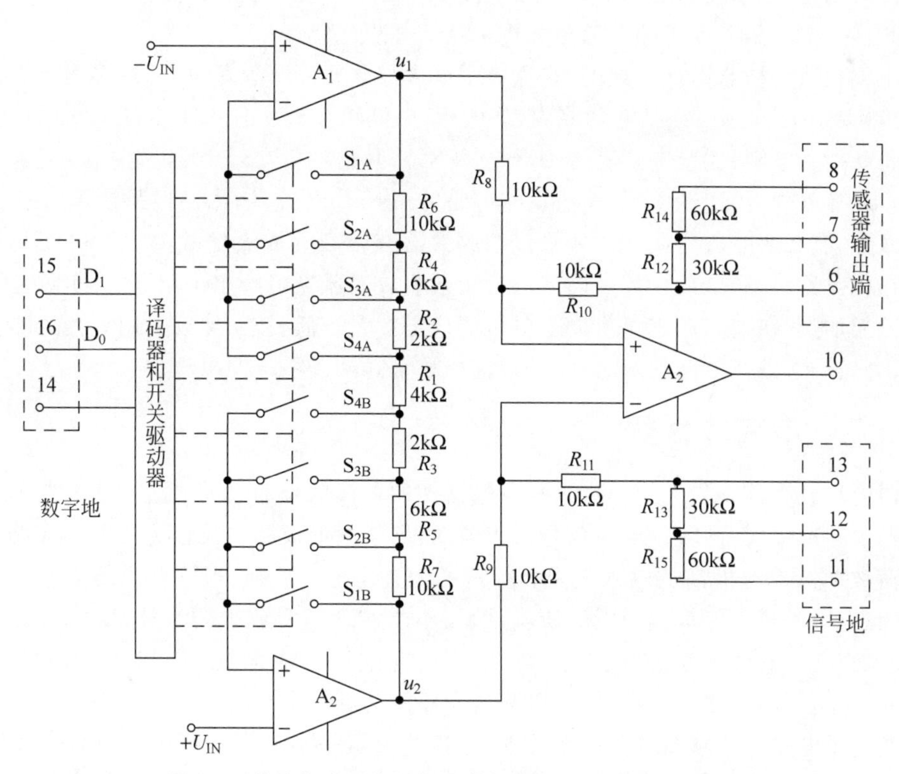

图 9-5 单片集成可编程仪用放大器 LH0084 内部电路图

LH0084 是通过数字信号来控制放大器的增益的,对应不同的工作状态,有 3 类 12 种增益(1、2、5、10;4、8、20、40;10、20、50、100,分别对应于其工作状态控制表)。

5. 小结

仪用放大器的结构特点概括如下:

(1) 有极高的输入阻抗,可达 $10^{10}\Omega$。这一点有利于弱信号的检测,由于传感器的内阻一般是比较高的,传感器信号就输不出较高的(电流、电压)功率。因此,传感器的后续电路必须具备高阻抗条件。当然阻抗高抗干扰能力要变差。

(2) 对称式输出方式。对称式放大方式使共模干扰在放大器内部加以抵消,对传感器供电系统内部的噪声有一定程度的滤除作用。因此对传感器的供电系统要求可以放宽些条件。

(3) 有较低的失调电压及失调电流。普通运放的失调一般都使较大的 I_{OS} 一般在毫安(mA)级,并且失调的影响随着电路放大倍数的升高而加大,更为严重的是失调又是温度的函数。因此很难用普通的运放搭接成仪用放大器,就是勉强搭成,也极难稳定的工作。仪表放大器 IC,其内部的三个运放是在一个硅衬底上制备的,因此它们所处的温度环境是一致的。并且其内部所需的电阻是用激光调整技术制成,精度要比普通金属膜电阻高得多。由于电路是对称的,而且它们的漂移也接近,所以互相可以抵消。

(4) 仪用放大器有多种连接方式。根据对电路的不同要求选择不同的连接方式。在要求放大倍数可调范围较宽时,尽量选择调整放大倍数时不破坏对称性这一原则为好(保持较高的共模抑制比)。因此,仪用放大器在传感器应用中,特别是桥路放大时,有着独特的优势。因此这一电路是当今传感器信号处理电路的理想配置。

仪用放大器是精心设计而成的,它克服了许多分立元件及单块 IC 的许多弱点。

(1) 电阻匹配问题。在某些检测中(如电压、电流转换放大时),往往在传感器与仪用放大器之间要插入电阻,这些电阻就必须严格"配对",其精度应在 0.1%以上。

(2) 调零问题。理想运放在零输入时应是零(电压、电流)输出。但是制作时不可能达到理想境界,有必要时还需调零。如果仪用放大器有较高的放大倍数(如 10 倍以上),那么最好不在放大器前调零,而在放大器后进行。某些放大器专门给出了调零点,实际是加法器的(内部)相加点,在这点调零可对调零电压的稳定性有较低要求,建议采用较大的(隔离)相加电阻,可较小地破坏电路的对称性,并且选择尽量高的调零电源电压。

9.1.2 电荷放大器

所谓电荷放大器是指用于放大来自压电器件的电荷信号的放大电路。这类放大电路的信号源的内阻抗极高,同时其电荷信号又很微弱,信号源形成的电流仅为皮安(pA)级,因而要求电荷放大器具有极高的输入电阻和极低的偏置电流;否则,当放大器的偏置电流与信号电流相近时,信号可能被偏置电流所淹没,而不能实现正常放大。另外,通常意义下的高阻抗($10^{12}\Omega$)放大电路无法使用。为此常采用由静电型集成运放 OPA128 组成的放大电路。图 9-6 所示为由 OPA128 构成的电荷放大器。

在使用压电晶体传感器的测试系统中,电荷放大器是一种必不可少的信号适调器。它能够将传感器输出的微弱电荷信号转化为放大的电压信号,同时又能够将传感器的高阻抗输出转换成低阻抗输出。电荷放大器实质上是负反馈放大器,它的基本电路如图 9-6 所示。

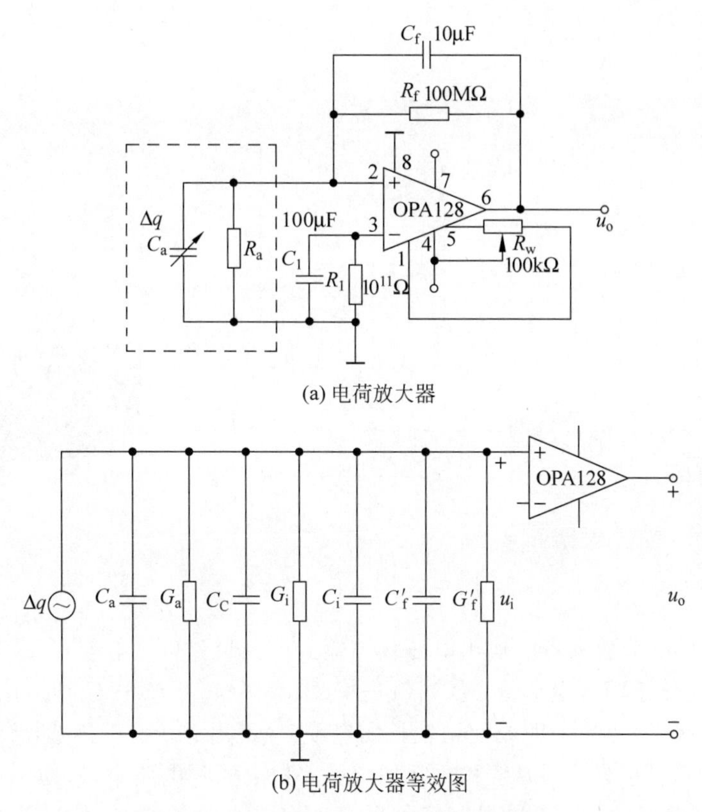

图 9-6　OPA128 电荷放大电路

C_a—传感器压电元件的电容；C_C—电缆电容；C_i—放大器输入电容；

C_f—放大器反馈电容；q—压电传感器产生的电荷

由图 9-6 知

$$U_o = \frac{-Aq}{(1+A)C_f + C_a + C_C + C_i} \tag{9-11}$$

当 A 足够大时，$(1+A)C_f \gg C_a + C_C + C_i$，则

$$U_o = \frac{-q}{C_f} \tag{9-12}$$

C_f 的选择可以按照以下规则：当被测振动较小时，电荷放大器的反馈电容应取得小一些，可以获得较大的输出电压。

电荷放大器的低频下限频率 f_L 主要由电荷放大器的 R_f 与 C_f 的乘积决定，即

$$f_L = \frac{1}{2\pi R_f C_f}$$

可根据被测信号的频率下限，用开关 S_R 切换不同的 R_f 来获得不同的带宽。

压电传感器的内阻抗极高，如果使用电压放大器，则输入端得到电压 $u_i = q/(C_a + C_C + C_i)$，导致电压放大器的输出电压与屏蔽电缆线的分布电容 C_C 及放大器的输入电容 C_i 有关，它们均是不稳定的，会影响测量结果，故压电传感器的测量电路多采用性能稳定的电荷放大器作前置放大器(即电荷/电压转换器)，常用的电荷放大器应用电路如图 9-7 所示。其中各部分名称如下：1—压电传感器；2—屏蔽电缆线；3—分布电容；4—电荷放大器；S_C—

灵敏度选择开关；S_R—带宽选择开关；C_f'—C_f在放大器输入端的密勒等效电容；C_f''—C_f 在放大器输出端的密勒等效电容。

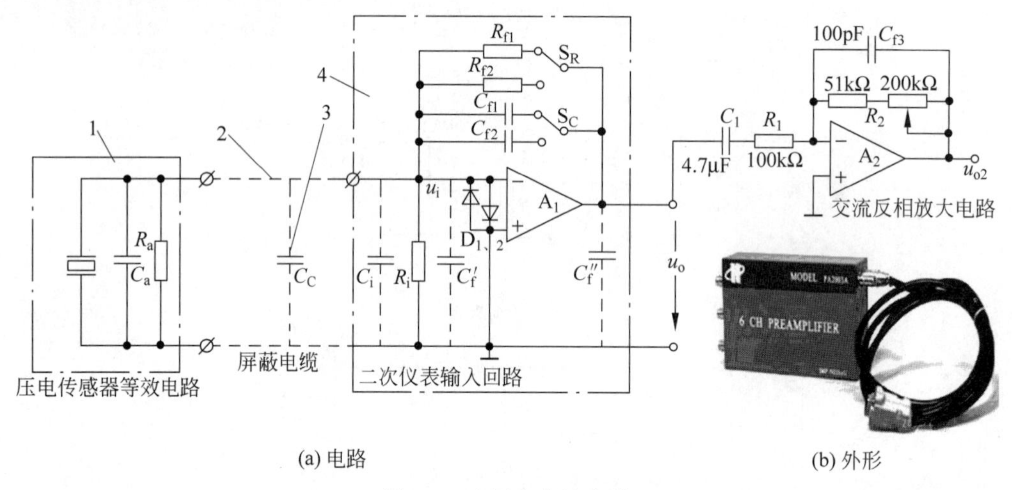

(a) 电路　　(b) 外形

图 9-7　实用电荷放大器

由此可知：①电荷放大器的输出电压仅与输入电容量和反馈电容有关，若保持 C_f 数值不变，输出电压正比于输入电荷量；②当$(1+A)C_f \gg 10(C_a+C_C+C_i)$时，认为传感器的灵敏度与电缆电容无关，更换电缆或使用较长的电缆时，不用重新校正传感器的灵敏度；③为了得到必要的测量精度，C_f 的温度和时间稳定性要好。实际电路中，考虑到被测量的大小，C_f 的容量做成可选择的；④考虑到电容负反馈线路在直流工作时，相当于开路状态，因此对电缆噪声比较敏感，放大器的零漂也比较大，为了减小零漂，提高放大器工作稳定性，一般在反馈电容的两端并联一个电阻 $R_f(10^{10}\sim10^{14}\Omega)$提高直流反馈。因此，电荷放大器的优点突出，缺点是线路较复杂，调整困难，成本较高。电荷放大器是输出电压与输入电荷量成正比的宽带电荷/电压转换器，用于测量振动、冲击、压力等机械量，输入可配接长电缆而不影响测量精度。电荷放大器的频带宽度可达 0.001Hz～100kHz，灵敏度可达 $1/\text{ms}^{-2}$，输出可达±10V 或±100mA 的电压或电流信号，谐波失真度小于 1%，折合至输入端的噪声小于 10μV。

9.1.3　采样保持电路

如图 9-8 所示采样保持电路及其等效电路，其功能主要是对连续变化的模拟信号等间隔地采样，在两次采样之间的时间间隔内则保持着前一次采样结束那一瞬间时的信息。

C_H 为保持电容，u_i 为输入模拟信号，波形中 A-B-D-F 段为输入信号，其中 A-B 段为 K 闭合，没采样时输出跟随信号；B-C 与 D-F 段为采样输出信号。采样保持电路有两种工作状态：采样状态和保持状态。采样状态是控制开关 K 闭合，u_C 跟踪输入信号，使输出 $u_o=u_i$ 跟随输入变化；控制开关 K 断开为保持阶段，即 u_o 保持在上一次采样结束时输入电压的瞬时值上。

9.1.4　精密整流电路

用普通二极管整流时，由于二极管的正向伏安特性不是线性的，且正向压降受温度的影响较大，因此整流特性并不是很理想，尤其是在小信号的情况下，失真相当严重，用二极管和

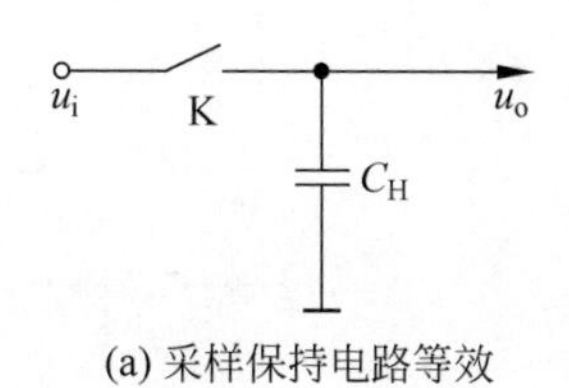

(a) 采样保持电路等效

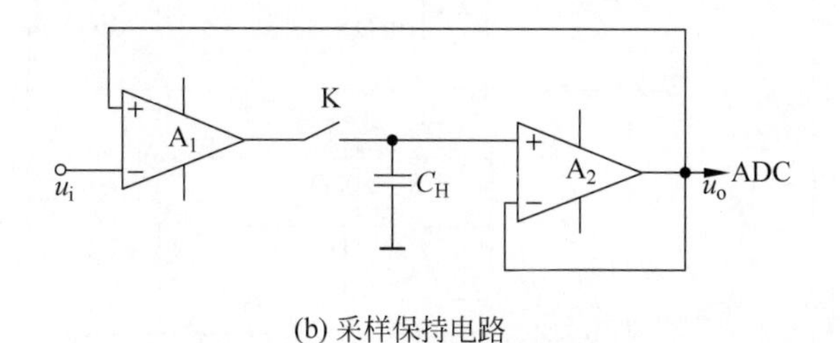

(b) 采样保持电路

(c) 采样保持电路波形

图 9-8　采样保持电路及其波形

运放一起组成整流器可克服这一弊病。

1. 半波整流器

如图 9-9(a)所示，当输入信号 $u_i>0$ 时，D_2 截止，D_1 导通，有

$$u_o=\frac{u'_o}{A_0}\cdot\frac{R_L}{R_f+R_L} \tag{9-13}$$

由于开环增益 A_0 很大，所以 u_o 基本为 0。

当输入信号 $u_i<0$ 时，D_1 截止，D_2 导通，放大器处于深度负反馈

$$u_o=-\frac{R_f}{R_1}u_i \tag{9-14}$$

当选择如图 9-9 中参数设计 $R_1=R_f$ 时，$u_o=-u_i$。

由上面分析得知，电路输出半波整流波形。

2. 全波整流器

全波整流电路如图 9-9(b)所示，当输入信号 $u_i>0$ 时，D_2 截止，D_1 导通，有

$$u'_o=\frac{u'_{o1}}{A_0}\cdot\frac{R_L}{R_f+R_L} \tag{9-15}$$

由于开环增益 A_0 很大，所以 u'_o 基本为 0，但此时 D_3 截止，D_4 导通，$u_{o2}=u_i$；所以 $u_o=u_{o2}=u_i$；当输入信号 $u_i<0$ 时，D_1、D_3、D_4 均截止，D_2 导通，放大器处于深度负反馈，有

$$u_o=-\frac{R_f}{R_1}u_i \tag{9-16}$$

选择如图 9-9(b)中所示参数，$R_1=R_f$，所以 $u_o=-u_i$。

综上所述，$u_o=|u_i|$，当 u_i 为正弦波时，输出 u_o 为全波整流波形。

实际上，精密整流电路的构成方法很多，比如全波整流电路可以在半波整流器的基础上，再接一级加法器和一级反相器，即构成了如图 9-10 所示的全波整流电路。当 $R_1=R_{f1}=R_{f2}=R_{f3}=2R_3$ 时，有

$$u_o=\begin{cases}u_i & u_i>0\\ -u_i & u_i<0\end{cases}$$

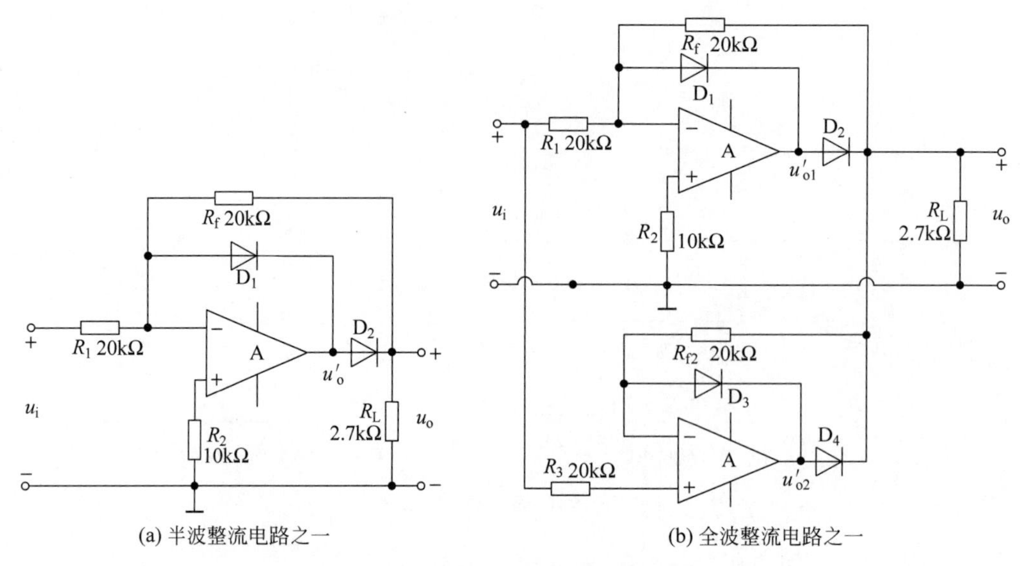

(a) 半波整流电路之一 (b) 全波整流电路之一

图 9-9 整流电路

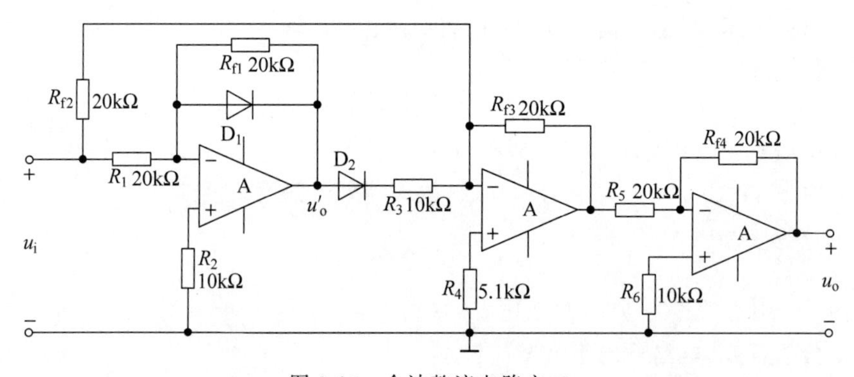

图 9-10 全波整流电路之二

9.2 有源滤波电路

在实际的电子系统中，输入信号往往包含一些不需要的信号成分。必须设法将它衰减到足够小的程度，或者把有用信号挑选出来，为此，可采用滤波器。滤波器是一种使有用频率信号通过而同时抑制(或大大衰减)无用频率信号的电子装置。

以往模拟滤波器主要采用无源 R、L 和 C 组成。20 世纪 60 年代以来，集成运放得到了迅速的发展，有源滤波器逐渐在信号处理系统中得到了工程设计者的青睐。因为由它和 R、C 组成的有源滤波电路，具有不用电感、体积小、重量轻等优点；此外，由于集成运放的开环电压增益和输入阻抗均很高，输出阻抗又很低，构成有源滤波器后还具有一定的电压放大和缓冲作用。但是，有源滤波系统缺陷也非常明显，由于集成运放的带宽有限，所以有源滤波器的最高工作频率受运放的限制，这是它的不足之处。

9.2.1　滤波电路基础知识

滤波器主要用来滤除信号中无用的频率成分。例如，对一个较低频率的信号，其中包含一些较高频率成分的干扰信号，滤波过程如图 9-11 所示。

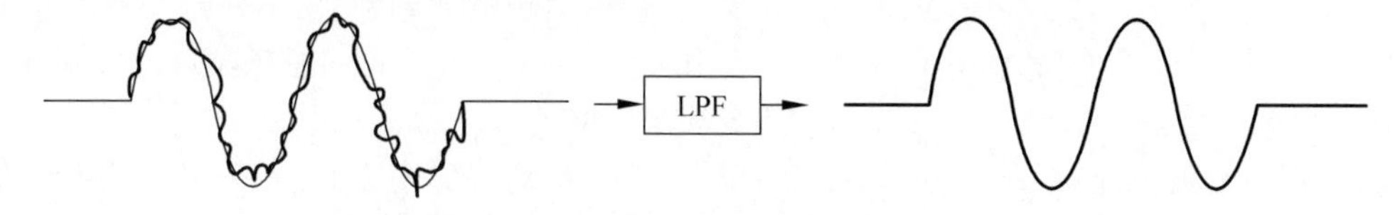

图 9-11　低通滤波过程示意图

滤波器也可以由无源的电抗性元件或晶体构成，称为无源滤波器或晶体滤波器。有源滤波器实际上是一种具有特定频率响应的放大器，它是在运算放大器的基础上增加一些 R、C 等无源元件构成的。

具有理想幅频特性的滤波器是很难实现的，只能用实际的幅频特性去逼近理想特性。一般来说，滤波器的幅频特性越好，其相频特性越差，反之亦然。滤波器的阶数越高，幅频特性衰减的速率越快，但 RC 网络的阶数越多，元件参数计算越烦琐，电路调试越困难。任何高阶滤波器均可以用较低的二阶 RC 有滤波器级联实现。

1. 基本概念

如图 9-12 所示，可以设滤波器是一个线性时不变网络，其输入电压为 $u_i(t)$，输出电压为 $u_o(t)$，则在复频域内有

u_i → 有源滤波器 → u_o

图 9-12　滤波电路的一般结构图

$$A(s)=\frac{U_o(s)}{U_i(s)} \tag{9-17}$$

式中，$A(s)$是滤波电路的电压传递函数，一般为复数。对于实际频率来说 $s=j\omega$，则有

$$A(j\omega)=|A(j\omega)|e^{j\varphi(\omega)} \tag{9-18}$$

这里$|A(j\omega)|$为传递函数的模，$j\omega$ 为其相位角。此外，在滤波器中所关心的另一量是时延 $\tau(\omega)$，它定义为

$$\tau(\omega)=-\frac{d\phi(\omega)}{d\omega} \tag{9-19}$$

通常用幅频响应来表征一个滤波器的特性，欲使信号通过滤波器的失真很小，则相位和时延响应亦需考虑。当相位响应 $\Phi(j\omega)$作线性变化，即时延响应为常数，输出没有相位失真。

2. 有源滤波电路的分类

由 RC 元件与运算放大器组成的滤波器称为 RC 有源滤波器，其功能是让一定频率范围内的信号通过，抑制或急剧衰减此频率范围以外的信号。它可用在信息处理、数据传输、抑制干扰等方面，但因受运算放大器频带限制，这类滤波器主要用于低频范围。

通常把能够通过的信号频率范围定义为通带，而把受阻或衰减的信号频率范围称为阻带(attenuation band)，通带和阻带的界限频率叫作截止频率(cut-off frequency)。理想滤波电路在通带内应具有零衰减的幅频响应和线性的相位响应，而在阻带内应具有无限大的幅度衰减($|A(j\omega)|=0$)。按照通带和阻带对频率范围的选择不同，滤波电路通常可分为低通、高通、带通与带阻四种滤波器，它们的幅频特性如图 9-13 所示。

(1) 低通滤波电路(low pass filter，LPF)。其幅频响应如图 9-13(a)所示。图中 A_0 表

示低频增益，$|A|$为增益的幅值。

(2) 高通滤波电路(high pass filter，HPF)。其幅频响应如图 9-13(b)所示。由图可以看到，在 $0<\omega<\omega_L$ 的频率为阻带，高于 ω_L 的频率为通带。理论上，它的带宽 $BW=\infty$，但实际上，由于受有源器件带宽的限制，高通滤波电路的带宽也是有限的。

(3) 带通滤波电路(band pass filter，BPF)。其幅频响应如图 9-13(c)所示。图中 ω_L 为低边截止角频率，ω_H 为高边截止角频率，ω_0 为中心角频率(center angular frequency)。由图可知，它有两个阻带：$0<\omega<\omega_L$ 和 $\omega>\omega_H$，因此带宽 $BW=\omega_H-\omega_L$。

(4) 带阻滤波电路(band stop filter，BEF)。其幅频响应如图 9-13(d)所示。由图可知，它有两个通带：$0<\omega<\omega_H$，$\omega>\omega_L$ 和一个阻带：$\omega_H<\omega<\omega_L$。因此它的功能是衰减 ω_L 到 ω_H 间的信号。同高通滤波电路相似，由于受有源器件带宽的限制，通带 $\omega>\omega_L$ 也是有限的。带阻滤波电路抑制频带中点所在角频率 ω_0 也叫中心角频率。

(5) 全通滤波电路(all pass filter，APF)。全通滤波电路没有阻带，它的通带是从零到无穷大，但相移的大小随频率改变。用 f 代替 ω 后，其幅频响应如图 9-13(e)所示。

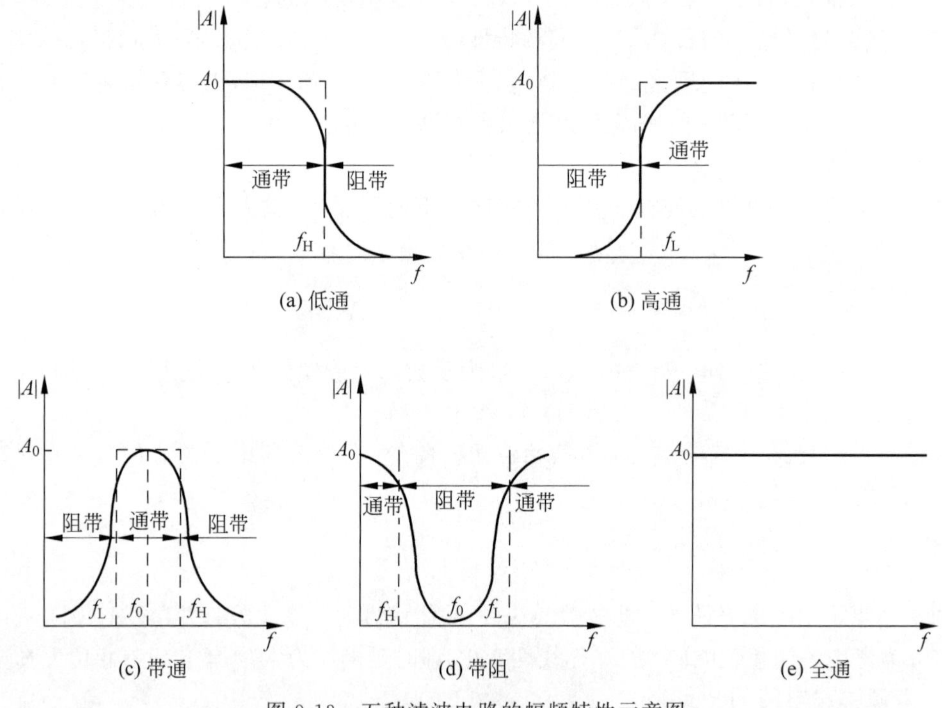

图 9-13　五种滤波电路的幅频特性示意图

各种滤波电路的实际频响特性与理想情况有差别，设计者的任务是力求使滤波电路的频响特性向理想特性逼近。

9.2.2 有源低通滤波器

有源低通滤波器的功能是使从零到某一截止角频率的 ω_H 的低频信号通过，而对于大于 ω_H 的所有频率信号则完全衰减，其带宽 $BW=\omega_H$。

1. 一阶有源滤波电路

如果在一阶 RC 低通电路的输出端，再加上一个电压跟随器，使之与负载很好隔离开来，就构成一个简单的一阶有源 RC 低通滤波电路，如图 9-14(a)所示，由于电压跟随器的输入阻抗很高，输出阻抗很低，因此，其带负载能力很强。如果希望电路能起放大作用，则只要将电路中的跟随器改为同相比例放大电路即可，如图 9-14(b)所示。下面分析其电路原理。

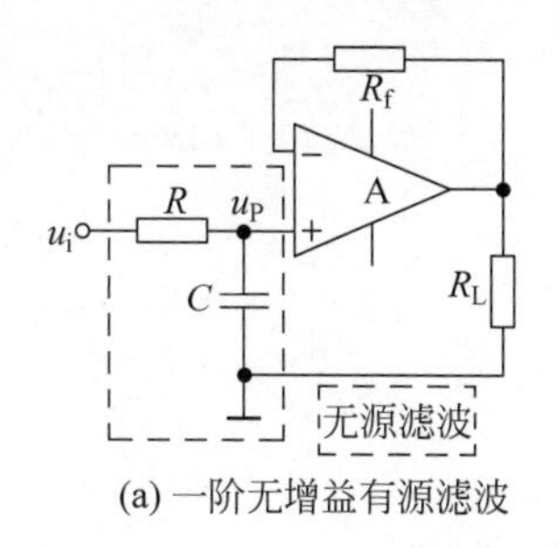

(a) 一阶无增益有源滤波

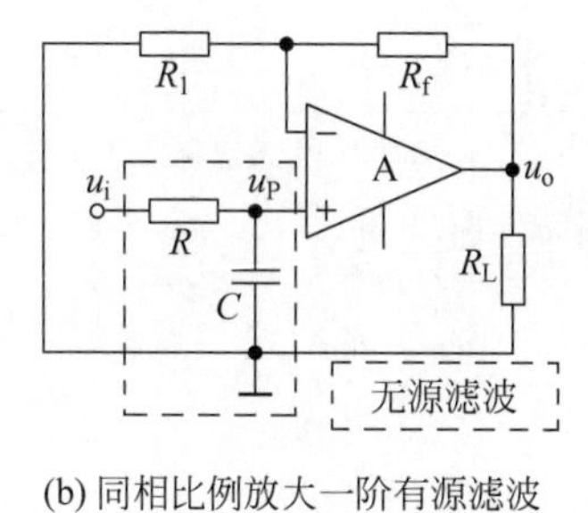

(b) 同相比例放大一阶有源滤波

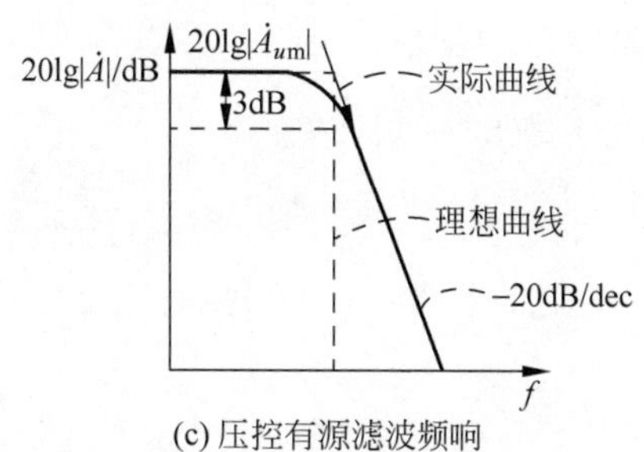

(c) 压控有源滤波频响

图 9-14　一阶低通滤波电路

(1) 传递函数。变量用复频域变量形式，则 RC 低通电路的传递函数为

$$\dot{U}_P(s)=\frac{1}{1+sRC}\dot{U}_i(s) \tag{9-20}$$

对于图 9-14(b)电压跟随器，其通带电压增益 A_0 等于同相比例放大电路电压增益 A_{uf}，即

$$A_0=1+\frac{R_f}{R_1}$$

因此，可导出电路的传递函数为

$$\dot{A}(s)=\frac{\dot{U}_o(s)}{\dot{U}_i(s)}=\frac{A_0}{1+s/\omega_0} \tag{9-21}$$

其中 $\omega_0=1/(RC)$，称为特征角频率。由于传递函数中分母为 s 的一次幂，故上述滤波电路称为一阶低通有源滤波电路。

(2) 幅频响应。对于实际的频率来说，式(9-21)中的 s 可用 $s=\mathrm{j}\omega$ 代入，由此可得

$$A(\mathrm{j}\omega)=\frac{U_o(\mathrm{j}\omega)}{U_i(\mathrm{j}\omega)}=\frac{A_0}{1+\mathrm{j}(\omega/\omega_0)} \tag{9-22}$$

$$|\dot{A}(\mathrm{j}\omega)|=\frac{A_0}{\sqrt{1+(\omega/\omega_0)^2}} \tag{9-23}$$

这里的 ω_0 就是 -3dB 截止角频率，即特征频率。由式(9-23)可画出图 9-14(b)的幅频响应如图 9-14(c)所示。可以看出，一阶滤波器的效果还不够好，它衰减率只是 20dB/dec。若要求响应曲线以 -40 或 -60dB/dec 的斜率变化，则需用二阶、三阶或更高阶次的滤波器，而高于二阶的滤波器可由一阶和二阶有源滤波器构成。因此下面重点研究二阶有源滤波器的组成和特性。

2. 二阶有源低通滤波器

为了使输出电压在高频段以更快的速率下降，以改善滤波效果，再加一节 RC 低通滤波环节，称为二阶有源滤波电路。它比一阶低通滤波器的滤波效果更好。

1）简单二阶低通有源滤波器

简单二阶 LPF 的电路图如图 9-15(a)所示，幅频特性曲线如图 9-15(b)所示。

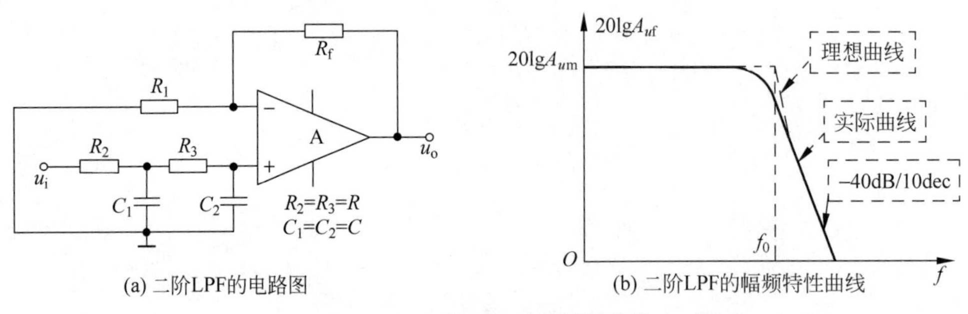

图 9-15 二阶 LPF 及其特性曲线

(1) 通带增益。当 $f=f_0$ 时，各电容器可视为开路，通带内的增益为

$$A_0=1+\frac{R_f}{R_1}$$

(2) 二阶低通有源滤波器的传递函数。根据图 9-15(a)可以写出

$$\begin{cases}\left(\dfrac{1}{R_2}+C_1s+\dfrac{1}{R_3}\right)U_1(s)-\dfrac{1}{R_2}U_i(s)-\dfrac{1}{R_3}U_P(s)=0\\[2mm]\left(\dfrac{1}{R_3}+C_2s\right)U_P(s)-\dfrac{1}{R_3}U_1(s)=0\\[2mm]U_o(s)=\left(1+\dfrac{R_f}{R_1}\right)U_1(s)\end{cases}$$

联立方程组并求解，可得滤波器的传递函数为

$$A_u(s)=\frac{U_o(s)}{U_i(s)}=\frac{A_0}{1+3sCR+(sCR)^2}\tag{9-24}$$

(3) 通带截止频率。将式(9-24)中 s 换成 $j\omega$，令 $\omega_0=2\pi f_0=1/(RC)$，可得

$$A_u(s)=\frac{U_o(s)}{U_i(s)}=\frac{A_0}{1+j3\dfrac{f}{f_0}-\left(\dfrac{f}{f_0}\right)^2}\tag{9-25}$$

当 $f=f_0$ 时，式(9-25)分母的模

$$\left|1+j3\frac{f}{f_0}-\left(\frac{f}{f_0}\right)^2\right|=\sqrt{2}$$

解得截止频率

$$f_P=\sqrt{\frac{\sqrt{53}-7}{2}}f_0=0.37f_0=\frac{0.37}{2\pi RC}\tag{9-26}$$

与理想的二阶伯德图相比，在超过 f_0 以后，幅频特性以 -40dB/dec 的速率下降，比一阶的下降快。但在通带截止频率 $f_P \to f_0$ 幅频特性下降的还不够快。

2）二阶压控电压源低通滤波器

由于通带截止频率 $f_P \to f_0$ 幅频特性下降的还不够快，设计出二阶压控电压源低通滤波器如图 9-16 所示，它由两节 RC 滤波器和同相放大电路组成。其中同相放大电路实际上就是所谓的压控电压源，它的电压增益就是低通滤波的通带电压增益，即

$$A_0 = 1 + \frac{R_f}{R_1}$$

（1）传递函数。由图 9-16 所示电路可知，运放同相端输入电压为

$$U_P(s) = \frac{U_o(s)}{A_0}$$

对于节点 A，由节点电流法可得

$$\begin{cases} U_A(s)\left(sC + \dfrac{1}{R} + \dfrac{1}{R}\right) - \dfrac{1}{R}U_i(s) - sCU_o(s) - \dfrac{1}{R}U_P(s) = 0 \\ U_P(s)\left(sC - \dfrac{1}{R}\right) - \dfrac{1}{R}U_A(s) = 0 \end{cases}$$

联立求解，可得电路的传递函数为

$$A(s) = \frac{U_o(s)}{U_i(s)} = \frac{A_0}{1 + (3 - A_0)sRC + (sCR)^2} \tag{9-27}$$

令 $\omega_0 = 1/RC$，$Q = 1/(3 - A_0)$，则有

$$A(s) = \frac{A_0\omega_0^2}{s^2 + \dfrac{\omega_0}{Q}s + \omega_0^2} = \frac{A_0\omega_0^2}{s^2 + (3 - A_0)\omega_0 s + \omega_0^2} \tag{9-28}$$

式(9-28)为二阶低通滤波器传递函数的典型表达式。其中 ω_0 为特征角频率，而 Q 则称为等效品质因数。式(9-28)表明，$A_0 < 3$，电路才能稳定工作。当 $A_0 \geqslant 3$，$A(s)$将有极点处于右半平面或虚轴上，电路将自激振荡。

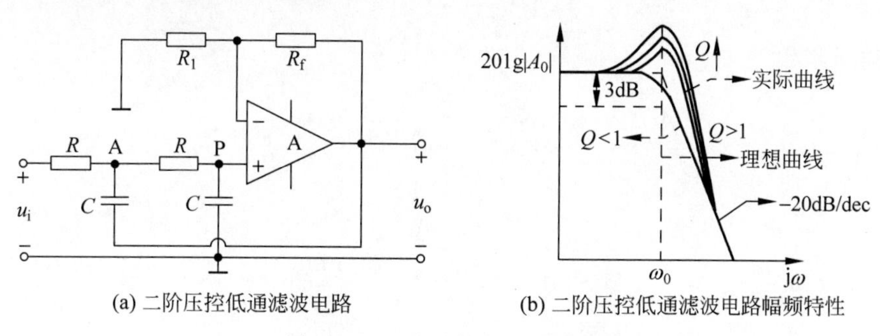

(a) 二阶压控低通滤波电路　　(b) 二阶压控低通滤波电路幅频特性

图 9-16　二阶压控低通滤波电路

（2）幅频响应。用 $s = j\omega$ 代入式(9-28)可得幅频响应和相频响应分别为

$$\begin{cases} |A(j\omega)| = \dfrac{A_0}{\sqrt{\left[1 - \left(\dfrac{\omega}{\omega_0}\right)^2\right]^2 + \left(\dfrac{\omega}{\omega_0 Q}\right)^2}} \\ \phi(j\omega) = -\arctan \dfrac{\dfrac{\omega}{\omega_0 Q}}{1 - \left(\dfrac{\omega}{\omega_0}\right)^2} \end{cases} \tag{9-29}$$

其中幅频特性表明,当 $\omega=0$ 时,$|A(\mathrm{j}\omega)|=A_0$;当 $\omega\to\infty$ 时,$|A(\mathrm{j}\omega)|\to 0$。显然,这是低通滤波电路的特性。由幅频特性可画出不同 Q 值下的幅频响应,如图 9-16(b)所示。根据实验测试结果可知,当 $Q\approx 1$ 和 $f=f_0$ 情况下,幅频响应较平坦,接近理想折线;而当 $Q>1$ 时,将出现峰值。这表明二阶比一阶低通滤波电路的滤波效果好得多。

9.2.3 有源高通滤波器

高通滤波器(HPF)与低通滤波器相反,高通滤波器用来通过高频信号,衰减或抑制低频信号。只要将图 9-16 低通滤波电路中起滤波作用的电阻、电容互换,即可变成二阶有源高通滤波器,如图 9-17(a)所示二阶压控型有源高通滤波器。高通滤波器性能与低通滤波器相反,其频率响应和低通滤波器是"镜像"关系,仿照 LPH 分析方法,不难求得 HPF 的幅频特性。

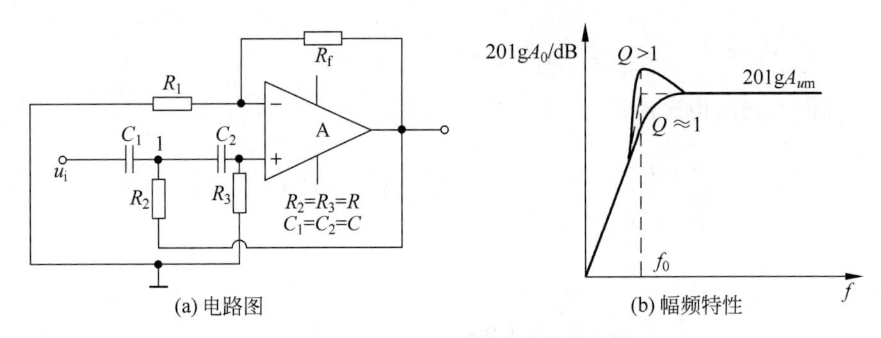

图 9-17 二阶压控型有源高通滤波器

(1) 通带增益

$$A_0=1+\frac{R_f}{R_1}$$

(2) 传递函数

$$A_u(s)=\frac{(sCR)^2A_0}{1+(3-A_0)sCR+(sCR)^2} \tag{9-30}$$

(3) 频率响应

$$\dot{A}_u=\frac{A_0}{1-\left(\frac{f_0}{f}\right)^2+\mathrm{j}\frac{1}{Q}\left(\frac{f_0}{f}\right)} \tag{9-31}$$

$$f_0=\frac{1}{2\pi CR},\quad Q=\frac{1}{3-A_0}$$

由此绘出的频率响应特性曲线如图 9-17(b)所示。可以得出结论,当 $f\ll f_0$ 时,幅频特性曲线的斜率为 $+40\mathrm{dB/dec}$,而且当 $A_0\geqslant 3$ 时,电路自激。

9.2.4 带通、带阻及全通滤波器

对于信息处理系统,需要对信号进行有选择性的通过,具体地说就是允许哪一频段信号通过,或者衰减抑制哪些频段(频率)信号,这就需要在实际工程中设计出带通、带阻及全通滤波器来实现这些功能。

1. 带通滤波器(BPF)

带通滤波器是具有单一的传输频带(或具有小的相对衰减的通带)的滤波器，它从大于零的下限频率延伸到有限的上限频率。可以由低通 RC 环节和高通 RC 环节组合而成。要将高通的下限截止频率设置得小于低通的上限截止频率。反之则为带阻滤波器。要想获得好的滤波特性，一般需要较高的阶数。滤波器的设计计算十分麻烦，需要时可借助于工程计算曲线和有关计算机辅助设计软件。

典型的带通滤波器可以从二阶低通滤波器中将其中一级改成高通而成。如图 9-18 所示简单二阶带通滤波电路中，A 为理想运算放大器，则可以导出电压传递函数

$$A_u(s)=\frac{U_o(s)}{U_i(s)}=-\frac{R_2 /\!/ \dfrac{1}{sC_2}}{R_1+\dfrac{1}{sC_1}}=-\frac{sC_1R_2}{1+s(C_1R_1+C_2R_2)+s^2C_1C_2R_1R_2} \tag{9-32}$$

设计时为计算方便，令 $R_1=R_2=R$，$C_1=C_2=C$ 时，代入 $s=\mathrm{j}\omega$，则电路的频率特性表达式为

$$\dot{A}_u=\frac{\dot{U}_o}{\dot{U}_i}=-\frac{\mathrm{j}\dfrac{\omega}{\omega_0}}{1-\left(\dfrac{\omega}{\omega_0}\right)^2+\mathrm{j}2\dfrac{\omega}{\omega_0}} \tag{9-33}$$

频响为

$$\begin{cases}|A_u(\mathrm{j}\omega)|=\dfrac{\dfrac{\omega}{\omega_0}}{\sqrt{\left[1-\left(\dfrac{\omega}{\omega_0}\right)^2\right]^2+\left(\dfrac{2\omega}{\omega_0}\right)^2}}\\[2ex] \phi(\mathrm{j}\omega)=\dfrac{\pi}{2}-\arctan\dfrac{\dfrac{2\omega}{\omega_0}}{1-\left(\dfrac{\omega}{\omega_0}\right)^2}\end{cases} \tag{9-34}$$

则通带增益

$$A_0=-\frac{R_f}{R_1}$$

定性画出伯德图如图 9-18(b)所示。

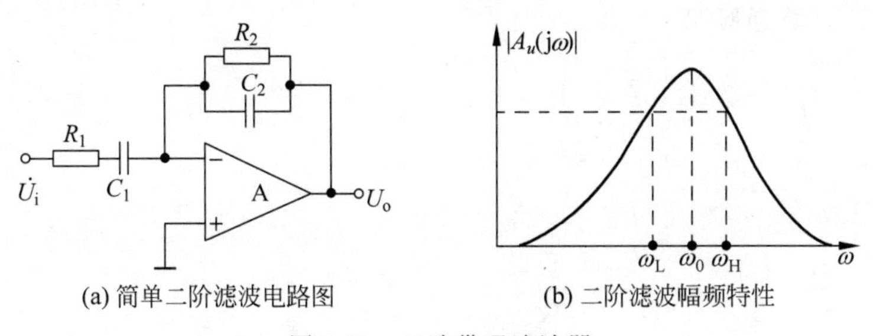

(a) 简单二阶滤波电路图　(b) 二阶滤波幅频特性

图 9-18　二阶带通滤波器

该有源滤波电路改进成压控有源滤波电路如图 9-19(a)所示。其中 R_1、C_2 组成低通，R_3、C_1 组成高通，整个电路组成压控带通。直接利用相量计算，根据节点法有

$$\begin{cases}\left(\dfrac{1}{R_1}+\dfrac{1}{R_2}+\mathrm{j}\omega C_1+\mathrm{j}\omega C_2\right)\dot{U}_1-\dfrac{1}{R_1}\dot{U}_\mathrm{i}-\dfrac{1}{R_2}\dot{U}_\mathrm{o}-\mathrm{j}\omega C_1\dot{U}_2=0\\ \left(\mathrm{j}\omega C_1+\dfrac{1}{R_3}\right)\dot{U}_2-\mathrm{j}\omega C_1\dot{U}_1=0\\ \dot{U}_\mathrm{o}=\left(1+\dfrac{R_5}{R_4}\right)\dot{U}_2=A_0\dot{U}_2\end{cases}$$

可以得到

$$A(\mathrm{j}\omega)=\frac{\mathrm{j}A_0\dfrac{1}{R_1C_2}\omega}{-\omega^2+\mathrm{j}\omega\left[\dfrac{1}{R_3C_1}+\dfrac{1}{R_3C_2}+\dfrac{1}{R_1C_2}+\dfrac{1}{R_2C_2}(1-A_0)\right]+\dfrac{R_1+R_2}{R_1R_2R_3C_1C_2}} \tag{9-35}$$

令

$$A_{uf}=\frac{A_0}{R_1C_2\left[\dfrac{1}{R_3C_1}+\dfrac{1}{R_3C_2}+\dfrac{1}{R_1C_2}+\dfrac{1}{R_2C_2}(1-A_0)\right]} \tag{9-36}$$

$$\omega_0=\sqrt{\frac{R_1+R_2}{R_1R_2R_3C_1C_2}} \tag{9-37}$$

$$Q=\frac{\sqrt{R_1+R_2}\,\sqrt{R_1R_2R_3C_1C_2}}{R_1R_2(C_1+C_2)+C_1R_3\left[R_2+R_1(1-A_{uf})\right]} \tag{9-38}$$

则有

$$A(\mathrm{j}\omega)=\frac{\mathrm{j}A_{uf}\dfrac{1}{Q}\omega_0\omega}{-\omega^2+\mathrm{j}\dfrac{\omega_0}{Q}\omega+\omega_0^2} \tag{9-39}$$

可以得到幅频响应表达式

$$|A(\mathrm{j}\omega)|=\left|\frac{\mathrm{j}A_{uf}\dfrac{1}{Q}\omega_0\omega}{-\omega^2+\mathrm{j}\dfrac{\omega_0}{Q}\omega+\omega_0^2}\right|=\frac{A_{uf}}{\sqrt{1+Q^2\left(\dfrac{\omega_0}{\omega}-\dfrac{\omega}{\omega_0}\right)^2}} \tag{9-40}$$

画出幅频特性伯德图如图 9-19(b)所示。当 $\omega=0$ 与 $\omega=\infty$，$|A(\mathrm{j}\omega)|=0$；$\omega=\omega_0$，$|A(\mathrm{j}\omega)|=A_0$。计算通频带

$$\sqrt{1+Q^2\left(\frac{\omega_0}{\omega}-\frac{\omega}{\omega_0}\right)^2}=\sqrt{2}$$

$$\frac{\omega_0}{\omega}-\frac{\omega}{\omega_0}=\pm\frac{1}{Q} \tag{9-41}$$

$$\frac{\omega}{\omega_0}=\sqrt{1+\frac{1}{4Q^2}}\pm\frac{1}{2Q} \tag{9-42}$$

$$\omega_\mathrm{L}=\left(\sqrt{1+\frac{1}{4Q^2}}-\frac{1}{2Q}\right)\omega_0;\ \omega_\mathrm{H}=\left(\sqrt{1+\frac{1}{4Q^2}}+\frac{1}{2Q}\right)\omega_0 \tag{9-43}$$

$$BW=\omega_\mathrm{H}-\omega_\mathrm{H}=\frac{\omega_0}{Q}(\mathrm{rad})\text{ 或 }BW=\frac{\omega_\mathrm{H}-\omega_\mathrm{H}}{2\pi}=\frac{\omega_0}{2\pi Q}(\mathrm{Hz}) \tag{9-44}$$

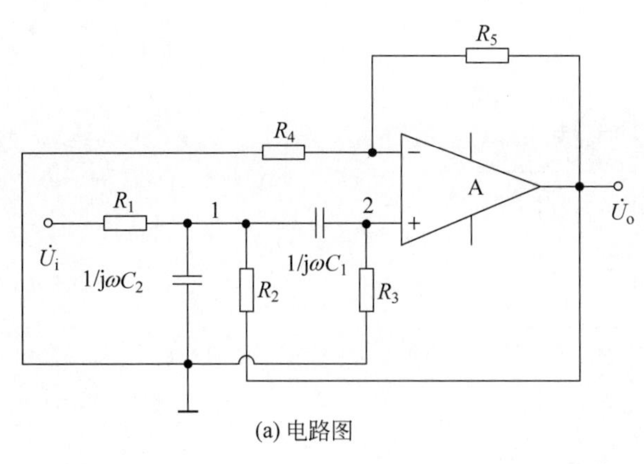

(a) 电路图

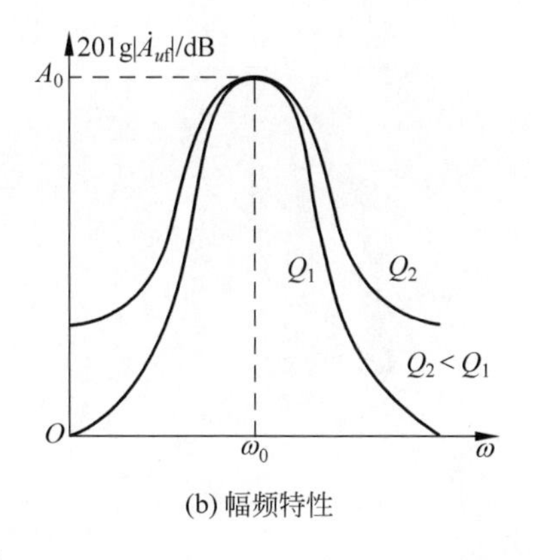

(b) 幅频特性

图 9-19　二阶带通滤波器

此电路的优点是改变 R_5 和 R_4 的比例就可改变频宽而不影响中心频率。这种滤波器的作用是只允许在某一个通频带范围内的信号通过，而比通频带下限频率低和比上限频率高的信号均加以衰减或抑制。

一个理想的带通滤波器应该有平稳的通带(bandpass，允许通过的频带)，同时限制所有通带外频率的信号通过。但是实际上，没有真正意义的理想带通滤波器。真实的滤波器无法完全过滤掉所设计的通带之外频率的信号。事实上，在理想通带边界有一部分频率衰减的区域，不能完全过滤，这一曲线被称作滚降斜率(roll-off)。滚降斜率通常用 dB 度量来表示频率的衰减程度。一般情况下，滤波器的设计就是把这一衰减区域做得尽可能的窄，以便该滤波器能最大限度地接近完美的通带设计。

除了电子学和信号处理领域之外，带通滤波器应用的一个例子是在大气科学领域，很常见的例子是使用带通滤波器过滤最近 3～10 天的天气数据，这样在数据域中就只保留了作为扰动的气旋。

2. 有源带阻滤波器(BEF)

与带通滤波器相反，带阻滤波器(band stop filter)用来抑制某一频段内的信号，而让以外频段的信号通过。带阻滤波器分两类，一类是窄带抑制带阻滤波器(简称窄带阻滤波器)，另一类是宽带抑制带阻滤波器(简称宽带阻滤波器)。窄带阻滤波器一般用带通滤波器和减法器电路组合起来实现。窄带阻滤波器通常用作单一频率的陷波，又称陷波器。宽带阻滤波器通常用低通滤波器和高通滤波器求和实现。实用电路常利用无源低通滤波器和高通滤波器并联构成无源带阻滤波电路，然后接同相比例运算电路，从而得到有源带阻滤波电路。电路如图 9-20 所示，在双 T 网络后加一级同相比例运算电路就构成了基本的二阶有源 BEF。这种电路的性能和带通滤波器相反，即在规定的频带内，信号不能通过(或受到很大衰减或抑制)，而在其余频率范围，信号则能顺利通过。

如图 9-20 所示为双 T 带阻滤波电路，利用节点法，可以得到其传递函数为

$$A_u(s)=\frac{U_o(s)}{U_i(s)}=\frac{1+(sCR)^2}{1+2(2-A_{up})sCR+(sCR)^2}A_0 \tag{9-45}$$

代入 $s=\mathrm{j}\omega\mathrm{j}2\pi f$，令

$$f_0=\frac{1}{2\pi RC}$$

$$A_0 = 1 + \frac{R_2}{R_1}$$

$$\dot{A}_u = \frac{1 - \left(\frac{f}{f_0}\right)^2}{1 - \left(\frac{f}{f_0}\right)^2 + \mathrm{j}2(2 - A_0)\frac{f}{f_0}} A_{um} \tag{9-46}$$

$$f_L = \left[\sqrt{(2 - A_0)^2 + 1} - (2 - A_0)\right] f_0 \tag{9-47}$$

$$f_H = \left[\sqrt{(2 - A_0)^2 + 1} + (2 - A_0)\right] f_0 \tag{9-48}$$

$$BW = f_H - f_L = 2 \mid 2 - A_0 \mid = \frac{f_0}{Q} \tag{9-49}$$

其中

$$Q = \frac{1}{2(2 - A_0)} \tag{9-50}$$

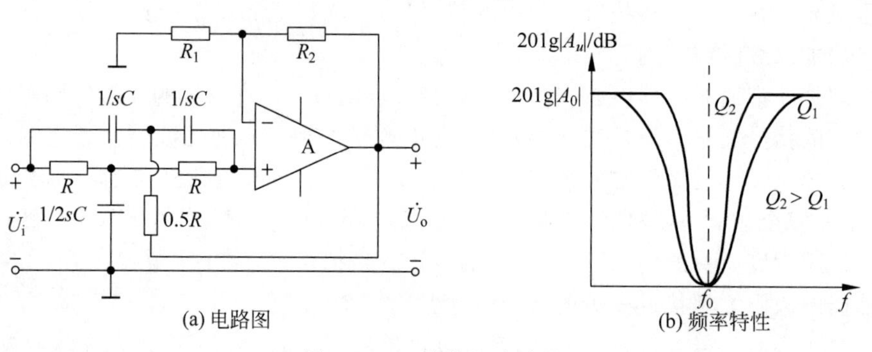

图 9-20 二阶带阻滤波器

3. 有源全通滤波器

如果一个网络是全通型的，那么对于所有频率，其传递函数的分母与分子的绝对值必须是固定的常数关系。如果零点是极点的镜像，这个条件便能满足。因为所有的极点都被限制在复平面的左半部以保证其稳定性，所以所有的零点都必须在复平面的右半部，与极点关于 jω 轴成镜像对称。图 9-21 所示为 1 阶和 2 阶全通函数的全通极-零点在复平面上的表示。

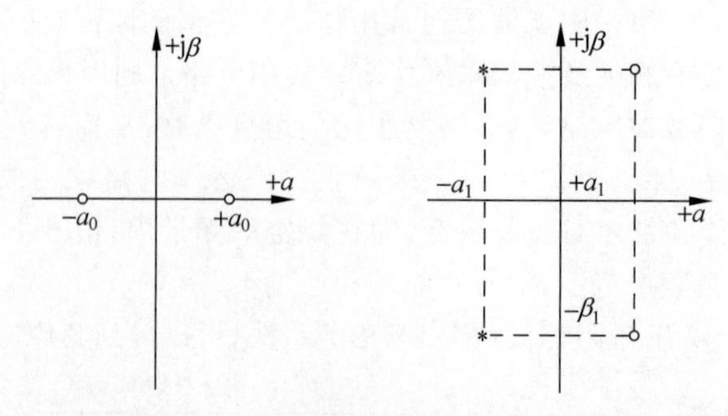

图 9-21 全通滤波器极点-零点分布图

全通滤波器不改变输入信号的频率特性，但它改变输入信号的相位。利用这个特性，全通滤波器可以用做延时器、延迟均衡等。实际上，常规的滤波器(包括低通滤波器等)也能改变输入信号的相位,但幅频特性和相频特性很难兼顾而使两者同时满足要求。只有通过全通滤波器和其他滤波器组合起来使用,能够很方便地解决这个问题。

1) 一阶全通电路

产生固定相位延迟(即相差)的网络在无线通信中有广泛的应用,早在20世纪50年代就已经出现基于此方法的设计。基本的拓扑结构包括两个级联的一阶全通电路,它们实现基于共模输入的非恒定相移。在特定的频率范围内,此系统表现出近似恒定的相移。如图9-22所示一阶全通电路中,A为理想运算放大器。对于图(a)所示电路,有

$$\begin{cases} U_o(s)=-\dfrac{R_2}{R_1}\cdot U_i(s)+\left(1+\dfrac{R_2}{R_1}\right)\cdot\dfrac{R_3}{R_3+\dfrac{1}{sC}}\cdot U_i(s) \\ A_u(s)=\dfrac{U_o(s)}{U_i(s)}=-\dfrac{1-sCR_3}{1+sCR_3} \end{cases} \tag{9-51}$$

代入 $s=\mathrm{j}\omega$,即有

$$A_u(\mathrm{j}\omega)=\frac{\dot{U}_o}{\dot{U}_i}=-\frac{1-\mathrm{j}\omega R_3C}{1+\mathrm{j}\omega R_3C}=-\frac{1-\mathrm{j}\omega RC}{1+\mathrm{j}\omega RC} \tag{9-52}$$

$$\begin{cases} |\dot{A}_u|=\left|\dfrac{\dot{U}_o}{\dot{U}_i}\right|=\sqrt{\dfrac{1+(\omega RC)^2}{1+(\omega RC)^2}}=1 \\ \varphi=-180^\circ-2\arctan\dfrac{\omega}{\omega_0} \\ \omega_0=\dfrac{1}{RC} \end{cases} \tag{9-53}$$

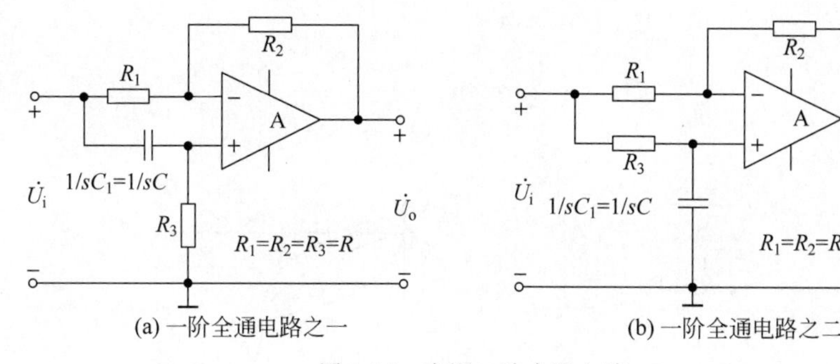

图9-22　有源一阶全通电路

根据式(9-53)绘出伯德图如图9-23所示。

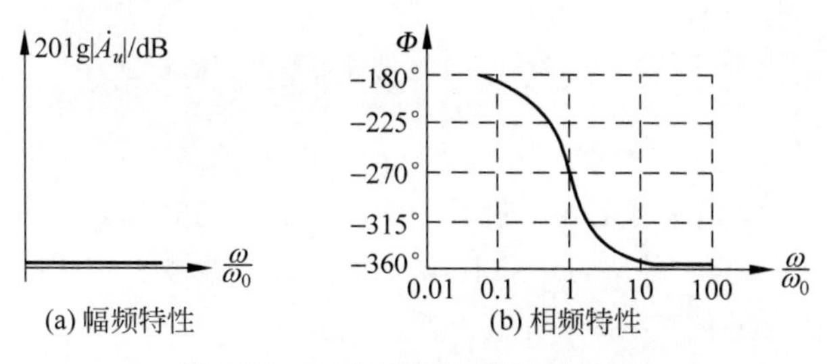

图9-23　一阶有全通源滤波器频响

2）有源二阶全通滤波器

有源二阶电路如图 9-24 所示。$C_1=C_2=C$，$R_4/R_3=4R_2/R_1$，可以推导出其传递函数通式为

$$A_u(s)=\frac{A_0\left[\left(\frac{s}{\omega_0}\right)^2-\frac{1}{Q}\cdot\frac{s}{\omega_0}+1\right]}{\left(\frac{s}{\omega_0}\right)^2+\frac{1}{Q}\cdot\frac{s}{\omega_0}+1} \tag{9-54}$$

式(9-54)中 A_0 为滤波器的中频传输增益。因为 $C_1=C_2=C$，$R_4/R_3=4R_2/R_1$，根据中频增益计算方法，有

$$A_0=\frac{R_4}{R_3+R_4}=\frac{Q^2}{1+Q^2} \tag{9-55}$$

$$\omega_0=\sqrt{\frac{1}{R_1R_2C_1C_2}}=\frac{1}{C}\sqrt{\frac{1}{R_1R_2}} \tag{9-56}$$

$$Q=\frac{1}{C_1+C_2}\sqrt{\frac{R_2C_1C_2}{R_1}}=\frac{1}{2}\sqrt{\frac{R_2}{R_1}} \tag{9-57}$$

令 $s=\mathrm{j}\omega$，有

$$A_u(\mathrm{j}\omega)=\frac{A_0\left[1-\mathrm{j}\frac{1}{Q\left(\frac{\omega_0}{\omega}-\frac{\omega}{\omega_0}\right)}\right]}{1+\mathrm{j}\frac{1}{Q\left(\frac{\omega_0}{\omega}-\frac{\omega}{\omega_0}\right)}} \tag{9-58}$$

它的幅频特性和相频特性为

$$\begin{cases}|A_u(\mathrm{j}\omega)|=A_0\\ \varphi(\mathrm{j}\omega)=-2\arctan\left[\frac{1}{Q\left(\frac{\omega_0}{\omega}-\frac{\omega}{\omega_0}\right)}\right]\end{cases} \tag{9-59}$$

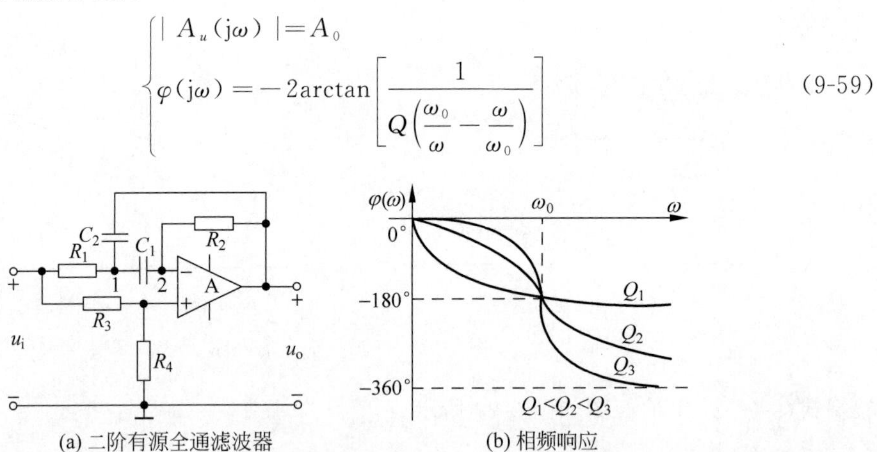

(a) 二阶有源全通滤波器　　(b) 相频响应

图 9-24　二阶有源全通滤波器及其相频响应

由图 9-24 的相频特性 $\varphi(\omega)$ 取决于 ω_0 与 Q 值可见，在 $\omega=\omega_0$ 附近，$Q=1$ 有中等灵敏度，线性较好，所以这个电路常在 $Q=1$ 附近工作。由式(9-56)和式(9-57)可知，改变电容 C 或按同时增大减小 R_1 和 R_2，可调 ω_0；按比例反方向同时改变 R_1 和 R_2，可调节 Q，这样 ω_0 和 Q 可以实现相互独立的调节，因而调整方便。

在通信系统中，尤其是数字通信领域，延迟均衡是非常重要的。不夸张地说，没有延迟

均衡器，就没有现在广泛使用的宽带数字网络。延迟均衡是全通滤波器最主要的用途，全世界所有生产出来的全通滤波器，估计有超过90%的全通滤波器被用于相位校正，因此全通滤波器也被称为延迟均衡器。

全通滤波器也有其他很多用途。比如：单边带通信中，可以利用全通滤波器得到两路正交的音频信号，这两路音频信号分别对两路正交的载波信号进行载波抑制调制，然后叠加就能得到所需要的无载波的单边带调制信号。

例 9-2 二阶压控电压源低通滤波电路如图 9-25 所示。若要求电路的特征频率 $f_0=500\text{Hz}$，品质因数 $Q=0.8$。求电路中 R_2 和 R 各应取多大？设 A 为理想运算放大器。

$$f_0=\frac{1}{2\pi RC}=500\text{Hz}$$

$$R=\frac{1}{2\pi\times0.1\times10^{-6}\times500}\approx3.18\text{k}\Omega$$

$$Q=\frac{1}{3-A_0}=0.8$$

$$A_0=\frac{3Q-1}{Q}=1.75$$

$$\begin{cases}1+\dfrac{R_2}{R_1}=A_0\\R_1\,/\!/\,R_2=2R\end{cases}$$

解得 $R_1\approx4.67R\approx14.85\text{k}\Omega$（若取 $R_1=15\text{k}\Omega$，则 $R_2=0.75R_1\approx3.5R\approx11.13\text{k}\Omega$）。

例 9-3 如图 9-26 所示为双 T 带阻滤波电路，已知 $R_1=R=6.2\text{k}\Omega$，$R_1=5.6\text{k}\Omega$，$C=0.022\mu\text{F}$，其传递函数为

$$A_u(s)=\frac{U_o(s)}{U_i(s)}=\frac{1+(sCR)^2}{1+2(2-A_0)sCR+(sCR)^2}A_0$$

试求中心频率 f_0，通带增益 A_0，通带截止频率 f_L、f_H，阻带宽度 BW。

$$f_0=\frac{1}{2\pi RC}\approx1.17\text{kHz}$$

$$A_0=1+\frac{R_2}{R_1}\approx1.9$$

$$f_L=[\sqrt{(2-A_0)^2+1}-(2-A_0)]f_0\approx1.059\text{kHz}$$

$$f_H=[\sqrt{(2-A_0)^2+1}+(2-A_0)]f_0\approx1.293\text{kHz}$$

$$BW=f_H-f_L\approx234\text{Hz}$$

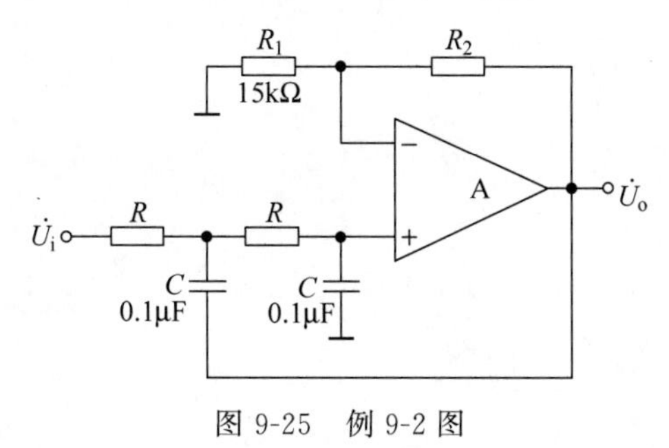

图 9-25 例 9-2 图

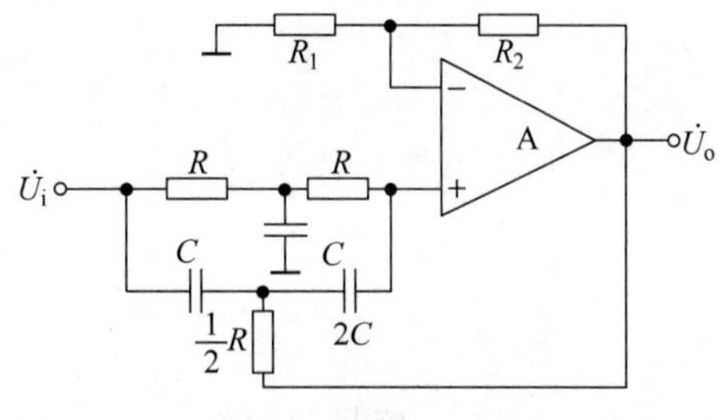

图 9-26 例 9-3 图

9.2.5 开关电容滤波器

电子系统全面大规模集成(LSI)最多的滤波器成为技术上的“拦路虎”,RC 有源滤波器不能实现 LSI,无源滤波器和机械滤波器由于体积、重量等原因更不能满足要求,开关电容的出现有效地解决了这一难题。开关电容滤波器(switched capacitor filter)是由 MOS 开关、电容器和运算放大器构成的一种离散时间模拟滤波器,广泛应用于通信系统的脉冲编码调制。在实际应用中它们通常做成单片集成电路或与其他电路做在同一个芯片上,通过外部端子的适当连接可获得不同的响应特性。某些单独的开关电容滤波器可作为通用滤波器应用。例如自适应滤波、跟踪滤波、振动分析以及语言和音乐合成等。但由于运算放大器带宽、电路的寄生参数、开关与运算放大器的非理想特性以及 MOS 器件的噪声等,都会直接影响这类滤波器的性能。开关电容滤波器的工作频率尚不高,其应用范围目前大多限于音频频段。

1. 开关电容滤波器原理

最简单的开关电容滤波器见图 9-27。开关 K 置于下端触点 3 时,信号电压源 u_i 向电容器 C_1 充电;K 倒向上端节点 2 时,电容器 C_1 向电压源 u_i 放电。当开关以高于信号的频率 f_c 工作时,使 C_1 在 u_1 和 u_2 的两个电压节点之间交替换接,那么 C_1 在 u_1、u_2 之间传递的电荷为

$$\Delta q = C\Delta u = C(u_1 - u_2)$$

根据 $q=it$,形成平均电流为

$$I_{av} = C_1(u_1 - u_2)f_c$$

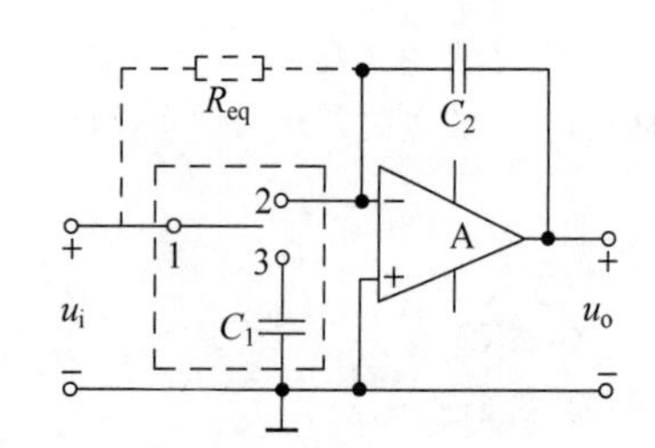

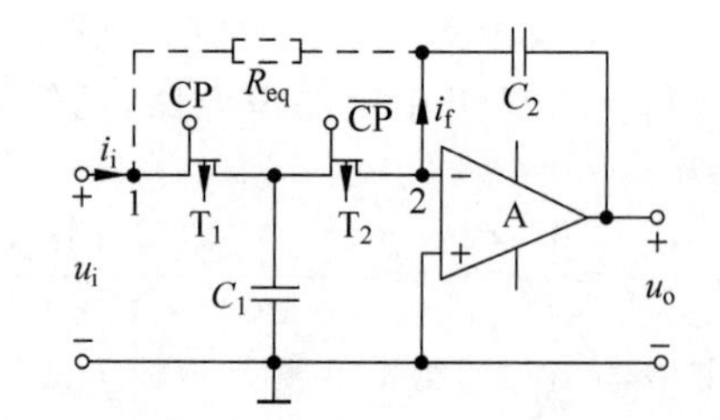

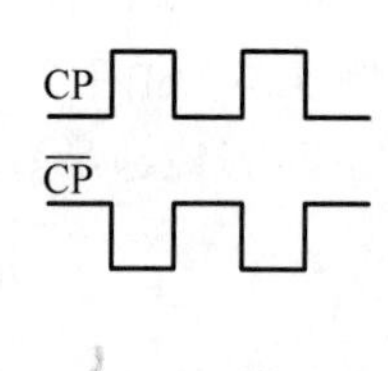

图 9-27 开关电容原理示意图

如果脉冲频率 f_c 足够大,可以近似认为这个过程是连续的,因而由上式可以在两节点间定义一个等效电阻 R_{eq},即相当于图 9-27 的节点 1 和节点 2 之间接入了一个等效电阻 R_{eq},其值为

$$R_{eq} = \frac{u_1 - u_2}{I_{av}} = \frac{1}{f_c C_1} \tag{9-60}$$

可以得到一个等效的积分时间常数

$$\tau = R_{eq} C_2 = \frac{C_2}{f_c C_1} \tag{9-61}$$

对于图 9-27 所示低通滤波器,$\dot{I}_f = \dot{I}_i$,其传递函数为

$$\dot{A}_u(j\omega) = \frac{\dot{U}_o}{\dot{U}_i} = \frac{\dot{I}_f\left(-j\dfrac{1}{\omega C_2}\right)}{\dot{I}_i R_{eq}} = j\frac{f_c C1}{\omega C_2} \tag{9-62}$$

式中 $\omega = 2\pi f$ 为输入信号角频率。

从式(9-62)可见,开关电容滤波器的传递特性取决于比值 C_1/C_2 和开关频率 f_c。显

然，影响滤波器频率响应的时间常数取决于时钟频率 f 和电容比值 C_2/C_1，而与电容的绝对值无关。在 MOS 工艺中，电容比值的精度可以控制在 0.1%以内。这样，只要选用合适的时钟频率（如 $f=100\text{kHz}$）和不太大的电容比值（如 10），对于低频率应用来说，就可获得合适的时间常数（如 10^{-4}s）。

设计开关电容滤波器的方法，大致可归结为两大类。一类以模拟连续滤波器为基础，通过一定的变换关系把连续系统的网络函数变换为对应的离散时间系统网络函数，以便直接在离散时间域内精确设计。这时可把网络函数分解为低阶函数，然后用开关电容电路模块通过级联或反馈结构实现。另一类是以 LC 梯形滤波器为原型，用信号流图法或阻抗模拟法以开关电容电路取代 LC 电路中的各支路电阻元件。

2. 集成开关电容有源滤波器

开关电容滤波器中的开关是周期工作的，它的接通时间只占一个周期的一部分。如果几组开关轮流在一个周期内工作，就可构成时间复用的开关电容滤波器，并可节省运算放大器，简化电路。改变时钟频率可改变电路参数，如中心频率、峰值、增益、选择性等，因此可构成通用型多功能滤波器或可编程序开关电容滤波器。开关电容滤波器在近些年得到了迅速的发展，世界上一些知名的半导体厂家相继推出了自己的开关电容滤波器集成电路，使开关电容滤波器的发展上了一个新台阶。下面介绍两种基于开关电容技术的通用型芯片。

1）集成滤波器 MF10 的应用

MF10 为 MOS 开关电容有源滤波器，它由 2 个独立的滤波器模块组成。这 2 个滤波器模块可以单独使用，构成一个一阶或二阶的滤波器电路；这 2 个模块也可级联构成四阶滤波器电路。MF10 集带通、全通、高通、低通、带阻 5 种滤波器于一体，它对外部的唯一要求是滤波器所需的电阻要外接。

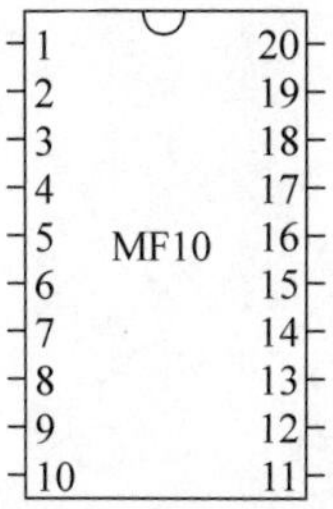

MF10 1 2 3 4 5 6 7 8 9 10 20 19 18 17 16 15 14 13 12 11

图 9-28　MF10 引脚分布图

（1）MF10 的引脚及其功能简介。MF10 的引脚分布见图 9-28。

MF10 引脚功能说明见表 9-2。需要说明的特殊引脚如下：

① 引脚 6（$S_{A/B}$）：当 $S_{A/B}$ 接 U_{A-}，滤波器求和端接模拟地 AGND，当 $S_{A/B}$ 接 U_{A+}，滤波器求和端接低通（LPA 或 LPB）输出端；

② 引脚 12（50/100）：用于设定时钟频率 f_{CLK} 与滤波频率 f_0 的比例。当 12 脚接高电平时，$f_{CLK}/f_0=50$；当 12 脚接地时，$f_{CLK}/f_0=100$。

表 9-2　MF10 管脚对应功能

引脚号	符　号	引 脚 功 能	引脚号	符　号	引 脚 功 能
1	LP_1	低通输出 1	11	CLK_2	输入时钟 2
2	BP_1	带通输出 1	12	50/100/CL	控制逻辑倍数
3	$N/AP/HP_1$	带阻、全通、高通 1	13	U_{SS}	数字负电源
4	IN1	信号输入 1	14	U_{EE}	模拟负电源
5	S_1	求和输入 1	15	AGND	模拟地
6	$S_{A/B}$	作用开关	16	S_2	求和输入 2
7	U_{CC}	模拟电源	17	IN2	信号输入 2
8	U_{DD}	数字电源	18	$N/AP/HP_2$	带阻、全通、高通 1
9	L_{ab}	电平移动调整	19	BP_2	带通输出 2
10	CLK_1	输入时钟 1	20	LP_2	低通输出

(2) MF10 的应用举例。MF10 由模拟信号传输电路和时钟控制电路两大部分组成，模拟信号传输电路由运算放大器，加减电路和 2 级积分电路组成。每级积分电路的传输函数均为 ω_0/s，其中 $\omega_0=2\pi f_0$，f_0 由时钟频率 f_{CLK} 决定。MF10 可以构成 2 阶带通和低通、2 阶高通，低通和带通、2 阶带阻、带通和低通等。如图 9-29 所示由 MF10 构成 4 阶低通滤波电路。

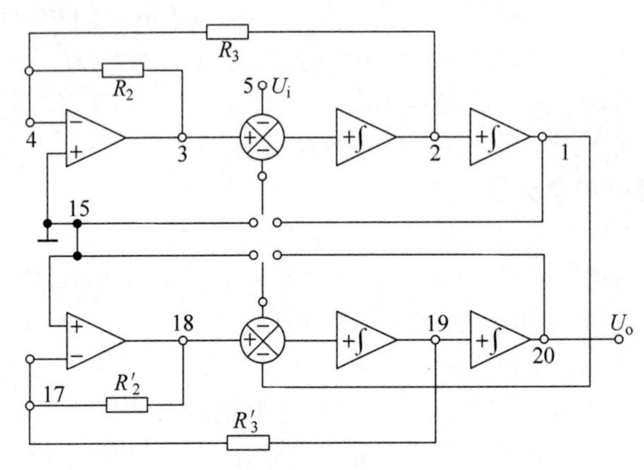

图 9-29 MF10 构成的四阶低通滤波器

输入信号由 S_1 端(即第 5 脚)引入，6 脚接 VA^+，列该电路各引脚电压的方程(以下方程中下标表示第几引脚)如下

$$U_3/R_2+(\omega_0/s)U_2/R_3=0$$

$$(s/\omega_0)U_2=U_3-U_{in}-(\omega_0/s)U_2$$

$$U_{18}/R'_2+(s/\omega_0)U_o/R'_3=0$$

$$(s_2/\omega_{02})U_o=U_{18}-U_o-(\omega_0/s)U_2$$

由以上 4 式可得

$$A_u(S)=U_o/U_{in}=1/\{(s_2+R_2/R_3\omega_0 s+\omega_{02})(s_2+R'_2/R'_3\omega_0 s+\omega_{02})\} \tag{9-63}$$

阻尼系数

$$D_1=(R_2/R_3\omega_0)/(2\omega_0)=R_2/(2R_3) \tag{9-64}$$

阻尼系数

$$D_2=(R'_2/R'_3\omega_0)/(2\omega_0)=R'_2/(2R'_3) \tag{9-65}$$

2) 可编程集成开关电容滤波器

电子电路中，滤波器是不可或缺的部分，其中有源滤波器更为常用。一般有源滤波器由运算放大器和 RC 元件组成，对元器件的参数精度要求比较高，设计和调试也比较麻烦。美国 Maxim 公司生产的可编程滤波器芯片 MAX262 可以通过编程对各种低频信号实现低通、高通、带通、带阻以及全通滤波处理，且滤波的特性参数如中心频率、品质因数等，可通过编程进行设置，电路的外围器件也少。这里只介绍 MAX262 的基本情况以及由它构成的程控滤波器电路。

(1) MAX262 管脚与功能简介。MAX262 芯片是 Maxim 公司推出的双二阶通用开关电容有源滤波器，可通过微处理器精确控制滤波器的传递函数(包括设置中心频率、品质因数和工作方式)。它采用 CMOS 工艺制造，在不需外部元件的情况下就可以构成各种带通、低通、高通、陷波和全通滤波器。图 9-30 是它的引脚排列情况。

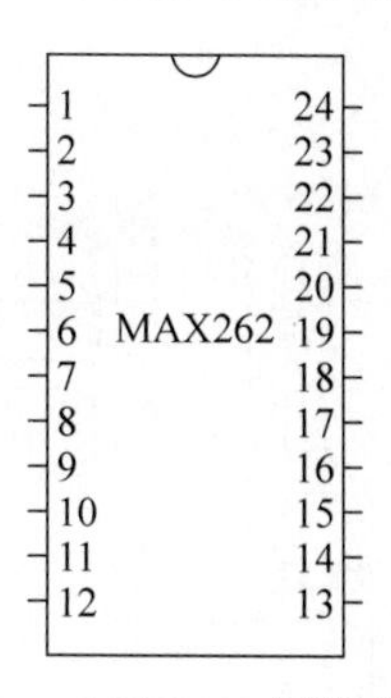

图 9-30　MAX262 引脚分布图

MAX262 由 2 个二阶滤波器(A 和 B 两部分)、2 个可编程 ROM 及逻辑接口组成。每个滤波器部分又包含 2 个级联的积分器和 1 个加法器,引脚功能见表 9-3 所示。

表 9-3　MAX262 引脚功能

引脚号	符　　号	引脚功能	引脚号	符　　号	引脚功能
1	BPA	带通滤波器输出端	13	A1	地址输入端
2	OP OUT	放大器输出端	14	A0	地址输入端
3	HPA	带阻、全通、高通 1	15	$\overline{WR}$	写入有效输入
4	OP IN	放大器输入端	16	U_-	模拟负电源
5	INA	滤波器的信号输入端	17	GND	模拟地
6	OUT D1		18	OSC OUT	晶振输出
7	A3	地址输入端	19	D0	数据输入
8	CLK OUT	时钟输出端	20	HPB	带通滤波器输出端
9	U_+	正电源输入端	21	BPB	带通输出 2
10	A2	地址输入端	22	LPB	低通输出
11	CLKA	滤波器 A 时钟	23	INB	滤波器的信号输入端
12	CLKB	滤波器 B 时钟	24	LPA	低通输出

(2) 硬件设计。图 9-31 是按要求设计的程控滤波器电路。单片机选用 AT89C52。AT89C52 的 P1 口作为控制接口,由单片机的 P1.0～P1.5 口及 P1.7 将数据送入存储器 74HC377 存起来,再送入 MAX262。通过设置相应的参数,可实现带宽为 30～50kHz 的带通滤波。

抗干扰电路选用 X25045 芯片。X25045 有三种功能:看门狗定时器、电压监测、E2PROM。看门狗电路在系统出现故障,程序"跑飞"时,会产生复位信号,使系统复位。电压监测可以保护系统免受低电压状态的影响。当 U_{CC} 降到最小 U_{CC} 转换点以下时,系统复位,一直到 U_{CC} 返回且稳定为止。在滤波器输出中,显示器选用 EDM-1601。它是 16 列×1 行的液晶显示器组件,与 CPU 接口简单、功耗低、编程方便。键盘操作时可能会由于逻辑输入跃变而产生某些噪声。为避免出现这种情况,在输入的数字线接有逻辑门缓冲(图 9-31 中未画)。

软件可采用汇编语言或其他高级语言如 C 语言编程,系统的程序流程与编写这里不再探讨。

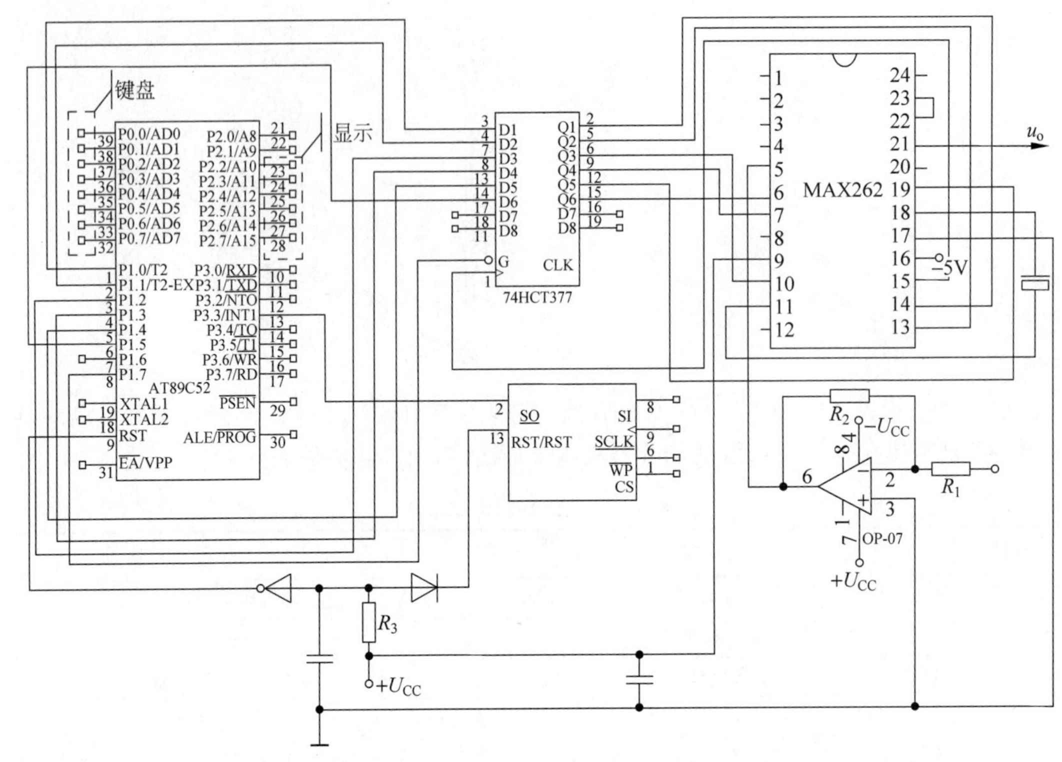

图 9-31 程控滤波器 MAX262 应用电路

3）集成有源滤波器特点

集成有源滤波器技术除了利用开关电容外还有许多方法。它们与无源滤波器相比，具有以下优点：

① 在制作截止频率或中心频率较低的滤波器时，可以做到体积小、重量轻、成本低；

② 无须阻抗匹配；

③ 可方便地制作截止频率或中心频率连续可调的滤波器；

④ 由于采用集成电路，所以受环境条件(如机械振动、温度、湿度、化学等因素)的影响小；

⑤ 受电磁干扰的影响小；

⑥ 在实现滤波的同时，可以得到一定的增益，如低通滤波器的增益可达到 40dB；

⑦ 如果使用电位器、可变电容器等，可使滤波器的精度达到 0.5%；

⑧ 由于采用集成电路，可避免各节滤波器之间的负载效应而使滤波器的设计和计算大大简化，且易于进行电路调试。

但是，集成有源滤波器也有缺点，如：集成电路在工作时，需要配备电源电路；由于受集成运放的限制，在高频段时，滤波特性不好，所以一般频率在 100kHz 以下时使用集成有源滤波器，频率再高时，使用其他滤波器。

随着现代科学技术的发展，滤波技术在通信、测试、信号处理、数据采集和实时控制等领域都得到了广泛的应用。滤波器的设计在这些领域中是必不可缺的，有时甚至是至关重要的环节。比如说,在通信领域,常常利用各种滤波器来抑制噪声,去除干扰,以提高信噪比;在数据采集中,为了无失真地从数字信号中恢复原来的信号,在 A/D 转换之前大多需要设置"限带抗混叠滤波"等。

9.3 电压比较器

电压比较器是模拟集成电路中应用较多的电路之一。它可用作模拟电路和数字电路的接口,因为比较器是将一个模拟电压信号与一个基准电压相比较而输出脉冲信号的电路。比较器的两路输入为模拟信号,输出则为二进制信号。因此,也可以将其当作一个 1 位模/数转换器(ADC)。比较器要有比较的基准信号,即阈值。比较器的阈值是固定的,通常有一或两个阈值。

9.3.1 单阈值电压比较器

简单比较器一般指单阈值比较器。利用简单电压比较器可将正弦波等模拟信号变为方波或矩形波。单限比较器一般是运放在不引入任何反馈时的开环状态下构成的比较器。电路只有一个阈值电压,输入电压 u_i 逐渐增大或减小过程中,当通过阈值 U_{TH} 时,输出电压 u_o 产生跃变,可以从高电平 U_{oH} 跃变为低电平 U_{oL},或者从 U_{oL} 跃变为 U_{oH}。因此,它可以用于在模拟信号处理中比较和判断两个信号的大小,输出结果是一个逻辑值(0 或 1)。

1. 同相电压比较器

电压比较器的电路结构、性能等与运放基本相同,所用符号也与运放一致。比较器的输入端口分为同相端(+)、反相端(−),若两端电压 U_+ 大于 U_- 时,比较器输出为高电平,反之则输出为低电平。即 $U_->U_+$,$U_o=U_{oM}$;$U_-<U_+$,$U_o=+U_{oM}$。只有当 $U_-=U_+$ 时,输出状态才发生跳变;反之,若输出发生跳变,必然发生在 $U_-=U_+$ 的时刻。此时可以认为运放输入端虚断(运放输入端电流=0)。注意:此时不能用虚短。

单限同相电压比较器及其传输特性如图 9-32(a)所示,当 $u_i>U_{REF}$ 时,$u_o=+U_{oM}$;当 $u_i<U_{REF}$ 时,$u_o=-U_{oM}$。

当输入信号为一个交流信号,并且接入比较器的同相输入端时,一个理想的电压比较器的输出波形如图 9-32(b)所示。

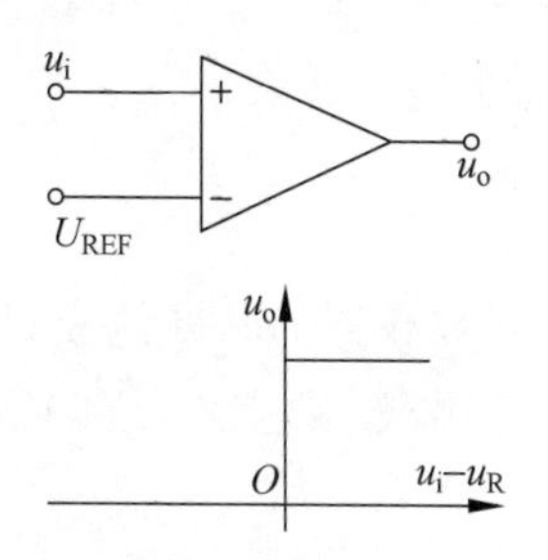

(a) 同相电压比较器与电压比较器的传输特性

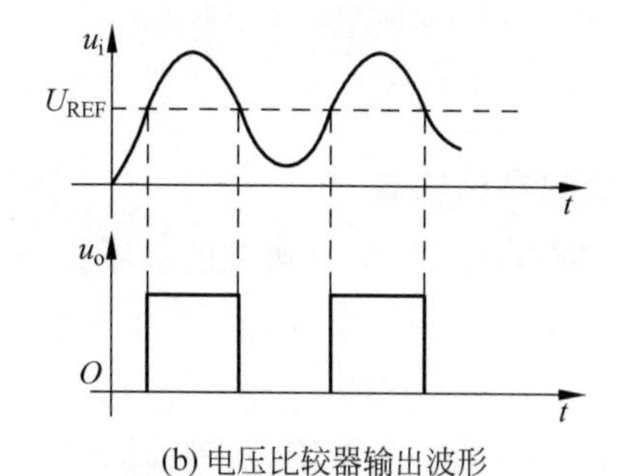

(b) 电压比较器输出波形

图 9-32　同相电压比较器传输曲线与输出波形

2. 反相电压比较器

如果将同相比较器基准信号与输入信号端子对换，就得到了反向比较器，对于单限电压反相比较器，它的电路图如图 9-33(a)所示。当 $u_i < U_{REF}$ 时，$u_o = +U_Z$；当 $u_i > U_{REF}$ 时，$u_o = -U_Z$，则可以得到传输特性曲线如图 9-33(b)所示。

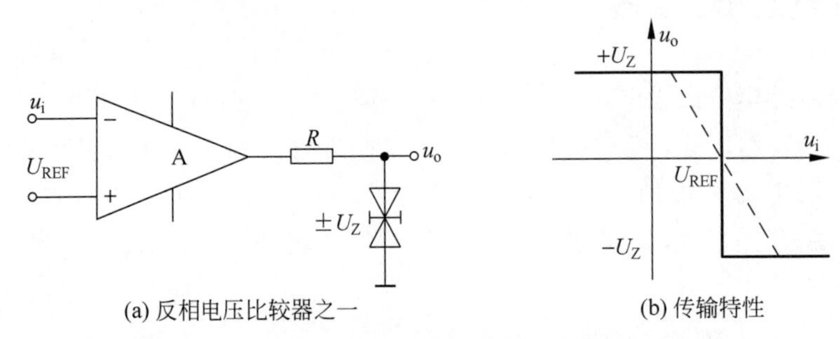

(a) 反相电压比较器之一　　(b) 传输特性

图 9-33　反相电压幅度比较器电路图和传输特性曲线

另外反相比较器还有另一种电路形式如图 9-34 所示。作为一般单限比较器，U_{REF} 是其外加参考电压。根据叠加原理，集成运放反相输入端的电位为

$$u_- = \frac{R_2}{R_1 + R_2} u_i + \frac{R_1}{R_1 + R_2} U_{REF}$$

令 $u_- = u_+ = 0$，则求出阈值电压

$$U_{TH} = -\frac{R_1}{R_2} U_{REF} \tag{9-66}$$

当 $u_i < U_{TH}$ 时，$u_- < u_+$，所以 $u_o = U_{oH} = +U_Z$；当 $u_i > U_{TH}$ 时，$u_- > u_+$，所以 $u_o = U_{oH} = +U_Z$。若 $U_{REF} < 0$，则图 9-34(a)所示电路的传输特性如图 9-34(b)所示。

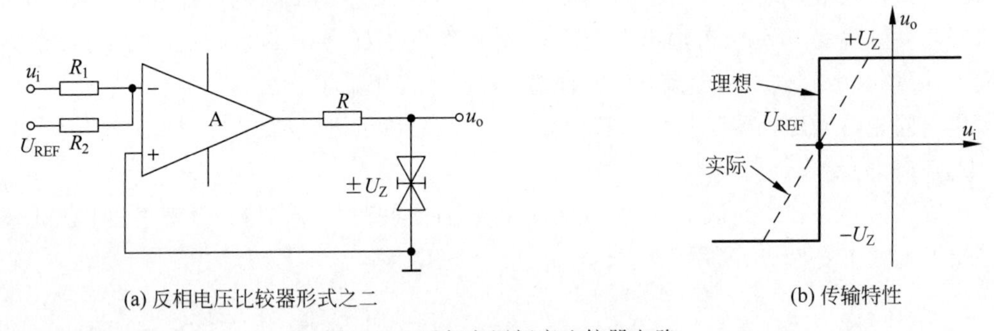

(a) 反相电压比较器形式之二　　(b) 传输特性

图 9-34　反相电压幅度比较器电路

3. 过零比较器

过零电压比较器是典型的幅度比较电路，只要将单限比较器的基准信号 U_{REF} 的输入端改接到零电位地上就构成了过零比较器。反相过零比较器电路及其传输特性曲线如图 9-35 所示。

综上所述，分析单限电压传输特性三个要素的方法是：

①通过研究集成运放输出端所接的限幅电路来确定电压比较器的输出低电平 U_{oL} 和输出高电平 U_{oH}；②写出集成运放同相输入端、反相输入端电位 u_P 和 u_N 的表达式，令 $u_N=$

u_P，解得输入电压就是阈值电压；③u_o 在 u_i 过 U_{TH} 时的跃变方向决定于 u_i 作用于集成运放的哪个输入端；④当 u_i 从反相输入端输入时，$u_i<U_{TH}$，$u_o=U_{oH}$；$u_i>U_{TH}$，$u_o=U_{oL}$；⑤当 u_i 从同相输入端输入时，$u_i<U_{TH}$，$u_o=U_{oL}$；$u_i>U_{TH}$，$u_o=U_{oH}$。

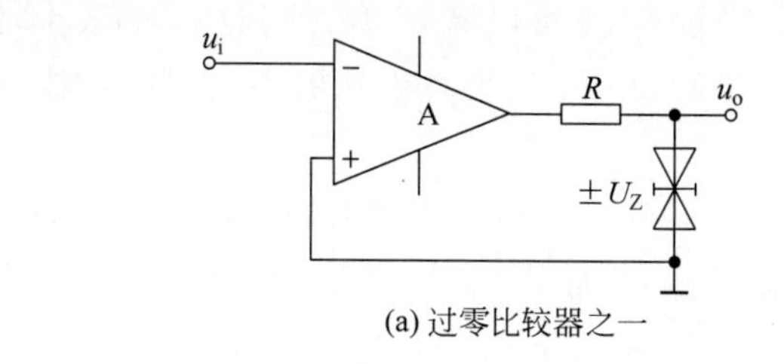

(a) 过零比较器之一

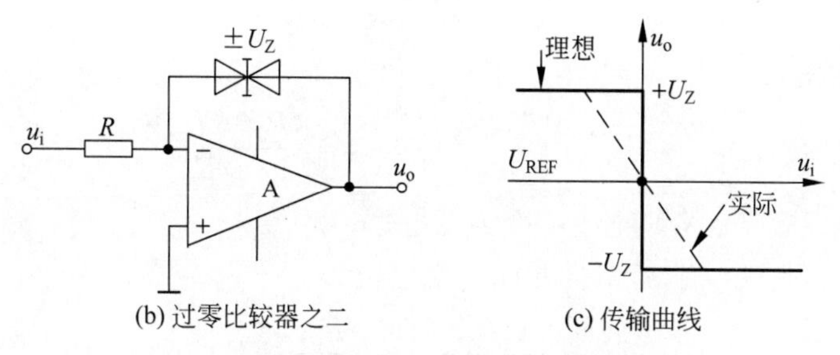

(b) 过零比较器之二　　(c) 传输曲线

图 9-35　过零比较器及其传输特性曲线

9.3.2　改进型比较器

简单的电压比较器结构简单，灵敏度高，但是抗干扰能力差，特别是过零比较器在实际工作时，如果 u_i 恰好在过零值附近，则由于零点漂移的存在，u_o 将不断由一个极限值转换到另一个极限值，这在控制系统中，对执行机构将是很不利的。为此，就需要输出特性具有滞回现象。因此就要对它进行改进。改进后的电压比较器有：滞回比较器和窗口比较器。

单限比较器引入正反馈构成的比较器称滞回比较器，即从输出端引一个电阻分压支路到同相输入端即可构成。滞回比较器也有反相输入和同相输入两种方式。电路如图 9-36 所示。

1. 反相滞回比较器

信号从反相端引入，基准电压 U_{REF} 是某一固定电压加在运放同相端，改变 U_{REF} 值能改变阈值及回差大小。分析滞回比较器，关键是计算阈值并画出传输特性曲线。

(1) 正向过程。当输入电压 u_i 从零逐渐增大，且 $u_i \leqslant U_{TH+}$ 时，$u_o=+U_{oM}=+U_Z$，U_{TH+} 称为上限触发电平。形成的传输曲线如图 9-36(a)中实线所示。

$$U_{TH+}=\frac{R_3U_{REF}}{R_3+R_2}+\frac{R_2}{R_3+R_2}U_{oM}=\frac{R_3U_{REF}+R_2U_Z}{R_3+R_2} \tag{9-67}$$

(2) 负向过程。当输入电压 u_i 从大逐渐变小，且 $u_i \geqslant U_{TH-}$ 时，$u_o=-U_{oM}=-U_Z$，U_{TH-} 称为下限阈值(触发)电平。形成的传输曲线如图 9-36(a)中虚线所示。

$$U_{TH-}=\frac{R_3U_{REF}}{R_3+R_2}-\frac{R_2}{R_3+R_2}U_Z \tag{9-68}$$

(3) 回差电压。也称为门限宽度，指两个阈值电压的差值。即两个阈值的差值 $\Delta U_{TH}=$

$U_{TH+}-U_{TH-}$。

$$\Delta U_{TH}=\frac{2R_2}{R_3+R_2}U_Z \tag{9-69}$$

回差电压大小与 U_{REF} 无关，改变 U_{REF} 可以调节 U_{TH+} 和 U_{TH-} 的大小，但改变不了门限宽度。当 U_{REF} 增大或减小时，传输特性将平行地右移或左移，但滞回曲线宽度保持不变。

2. 同相滞回比较器

同相滞回比较器的电路如图 9-36(b)所示，设比较器输出高电平为 U_{oH}，输出低电平为 U_{oL}，参考电压 U_{REF} 加在反相输入端。当输出为高电平 $U_{oH}=U_Z$ 时，运放同相输入端电位

$$U_+=\frac{R_3u_i}{R_3+R_2}+\frac{R_2}{R_3+R_2}U_{oH}$$

当 u_i 减小到使 $U_+=U_{REF}$ 时，有

$$u_i=U_{TH-}=\frac{(R_2+R_3)U_{REF}}{R_3}-\frac{R_2}{R_3}U_{oH}=\frac{(R_2+R_3)U_{REF}}{R_3}-\frac{R_2}{R_3}U_Z \tag{9-70}$$

此后，u_i 稍有减小，输出就从高电平跳变为低电平。

当输出为低电平 U_{oL} 时，运放同相输入端电位为

$$U_+=\frac{R_3u_i}{R_3+R_2}+\frac{R_2}{R_3+R_2}U_{oL}$$

当 u_i 增大到使 $u_+=U_{REF}$，$U_{oL}=-U_Z$，即

$$U_{TH+}=\frac{(R_2+R_3)U_{REF}}{R_3}-\frac{R_2}{R_3}U_{oL}=\frac{(R_2+R_3)U_{REF}}{R_3}+\frac{R_2}{R_3}U_Z \tag{9-71}$$

此后，u_i 稍有增加，输出又从低电平跳变为高电平。因此 U_{TH-} 和 U_{TH+} 为输出电平跳变时对应的输入电平，常称 U_{TH-} 为下门限电平，U_{TH+} 为上门限电平，而两者的差值

$$\Delta U_{TH}=U_{TH+}-U_{TH-}=\frac{R_2}{R_3}(U_{oH}-U_{oL})=\frac{2R_2}{R_3}U_Z \tag{9-72}$$

门限宽度 ΔU_{TH} 的大小可通过 R_2/R_3 的比值来调节。

按照上述理论就可以画出如图 9-36(b)所示的同相滞回比较器传输曲线。

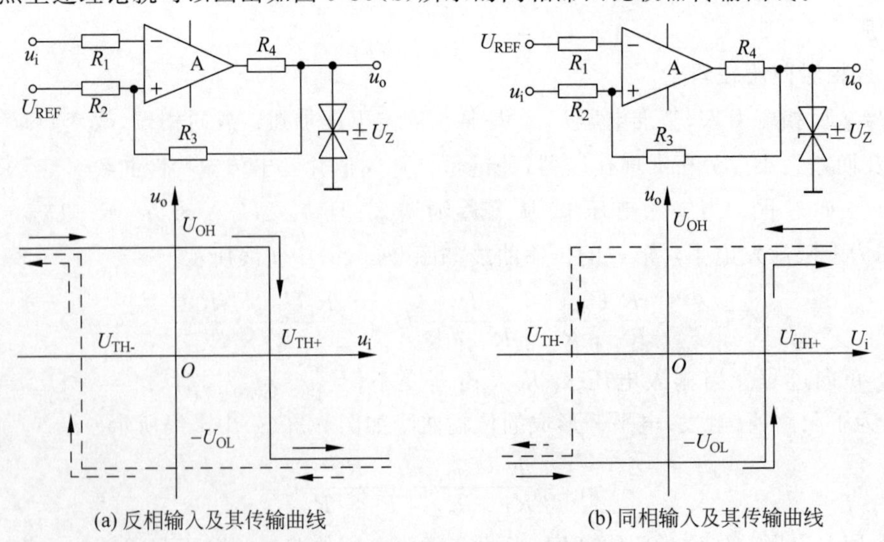

(a) 反相输入及其传输曲线 (b) 同相输入及其传输曲线

图 9-36 滞回比较器及其传输特性

例 9-4　电路如图 9-37(a)所示,$R_2=10\text{k}\Omega$,$R_3=10\text{k}\Omega$,$U_Z=6\text{V}$,$U_{REF}=10\text{V}$。当输入 u_i 为如图所示的波形时,画出输出 u_o 的波形。

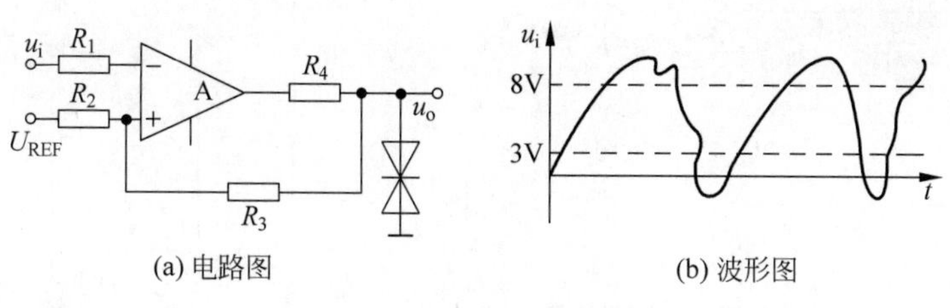

(a) 电路图　　(b) 波形图

图 9-37　例 9-4 题图

解　如图 9-37(a)是反相滞回比较器,计算阈值,有

$$U_{TH+}=\frac{R_2}{R_3+R_2}U_Z+\frac{R_3}{R_2+R_3}U_{REF}=8\text{V}$$

$$U_{TH-}=-\frac{R_1}{R_1+R_2}U_Z+\frac{R_2}{R_1+R_2}U_{REF}=3\text{V}$$

绘出滞回特性曲线与输出波形曲线如图 9-38 所示。

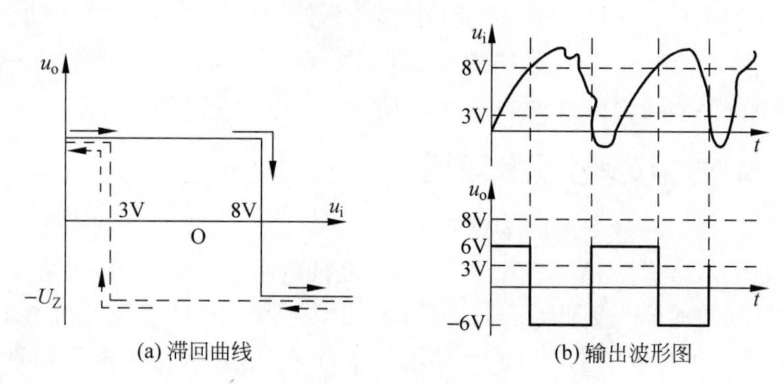

(a) 滞回曲线　　(b) 输出波形图

图 9-38　例 9-4 题图

解题结论　由题意知反相滞回比较器电路特点概括如下：①u_i 加到运放的反相端；②基准信号 U_{REF} 加到运放的同相端；③引入电压并联正反馈,使运放工作在非线性而且可以加快状态转变的过程,缩短状态转换的时间；④电路利用双向稳压管起限幅作用,使 $u_o=\pm U_Z$。

滞回比较器又称施密特触发器与迟滞比较器。根据同相与反相比较器分析,可以得出这类比较器的特点是当输入信号 u_i 逐渐增大或逐渐减小时,它有两个阈值,且不相等,其传输特性具有“滞回”曲线的形状。

9.3.3　窗口比较器

简单的比较器仅能鉴别输入电压 u_i 比参考电压 U_{REF} 高或低的情况,而要监测信号在某一范围内就无能为力了。可以将单限比较器组合成窗口比较电路完成这一任务。

如图 9-39(a)是由二极管与电阻构成的单限电压比较器组合成的窗口比较器。

它能指示出 u_i 值是否处于 U_{TH+} 和 U_{TH-} 之间。如 $U_{TH-}<u_i<U_{TH+}$,窗口比较器的输出电压 u_o 等于运放的负饱和输出电压($-U_{oM}$)；如果 $u_i<U_{TH-}$ 或 $<u_i>U_{TH+}$,则输出电压 u_o 等于运放的正饱和输出电压($+U_{oM}$)。设 $R_1=R_2$,则有

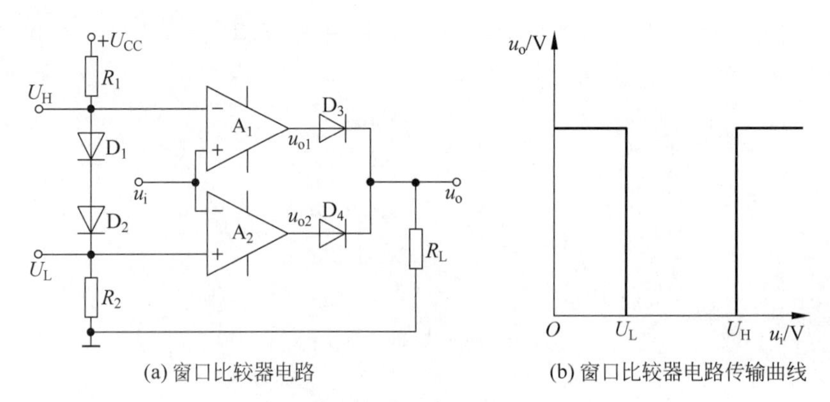

(a) 窗口比较器电路　　(b) 窗口比较器电路传输曲线

图 9-39　窗口比较器及其电压传输特性

$$\begin{cases}U_{L}=\dfrac{(U_{CC}-2U_{D})R_{2}}{R_{1}+R_{2}}=\dfrac{1}{2}(U_{CC}-2U_{D})\\U_{H}=U_{L}+2U_{D}\end{cases}\tag{9-73}$$

① 当 $u_i>U_H$ 时，u_{o1} 为高电平，D_3 导通；u_{o2} 为低电平，D_4 截止，$u_o=u_{o1}$；

② 当 $u_i<U_L$ 时，u_{o2} 为高电平，D_4 导通；u_{o1} 为低电平，D_3 截止，$u_o=u_{o2}$；

③ 当 $U_H>u_i>U_L$ 时，u_{o1}，u_{o2} 都为低电平，D_3、D_4 截止，u_o 为低电平。

窗口比较器的电压传输特性如图 9-39(b)所示。

9.3.4 单片集成电压比较器

集成电压比较器是一种专用的运算放大器。运算放大器在开环状态下工作，由于开环增益很大，所以比较器的输出往往不是高电平就是低电平。因此，从某种意义上说，电压比较器与运放性能功能等同。因此，所有的运算放大器芯片都可用作电压比较器。区别于运放，电压比较器强调的主要参数有：①开环电压增益 A_u 直接决定了电压判别的灵敏度，增益越高，则灵敏度越高；②输入失调电压 u_{oS} 也直接影响电压判别的灵敏度，失调越小，则灵敏度越高；③输出高电平 u_{oH}、低电平 u_{oL} 按后级逻辑电路的要求而定；④ 瞬态响应决定了电压比较器的输出电压的高低压之间的转换时间，包括响应时间 t_R(一般分为上升时间 t_{R1} 与下降时间 t_{R2})与选通脉冲释放时间 t_{sr}。因此在设计电压比较器的频率特性时，应尽量提高比较器的响应速度。由于输入失调电压可为正值，也可为负值，专业的集成电压比较器最常见的有 LM339、LM393，切换速度快，延迟时间小，可用在专门的电压比较场合，其实它们也是一种运算放大器。

1. 集成电压比较器概述

比较器是由运算放大器发展而来的，比较器电路可以看作是运算放大器的一种应用电路。由于比较器电路应用较为广泛，所以开发出了专门的比较器集成电路。集成电压比较器是一种常用的信号处理单元电路，它广泛应用于信号幅度的比较、信号幅度的选择、波形变换及整形等方面。常用集成电压比较器 LM393 与 AD790 的引脚排列如图 9-40 所示。LM393 内部集成了两个比较器，管脚功能如图 9-40(a)所示；AD790 为高精度单比较器，有两种封装形式，管脚功能分别见图 9-40(b)、(c)。

2. LM339 芯片简介

四运放集成比较器 LM339 使用灵活，功能强大，应用广泛，所以世界上各大 IC 生产厂、

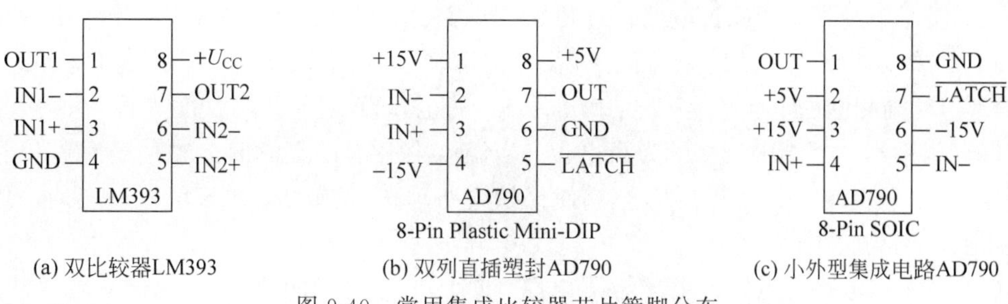

(a) 双比较器LM393　(b) 双列直插塑封AD790　(c) 小外型集成电路AD790

图 9-40　常用集成比较器芯片管脚分布

公司竞相推出自己的四合一比较器，如 IR2339、ANI339、SF339 等。下面将详细介绍 LM339 性能与应用。

1）LM339 特点

（1）LM339 电压比较器特点：①失调电压小，典型值为 2mV；②电源电压范围宽，单电源为 2～36V，双电源电压为±1～±18V；③对比较信号源的内阻限制较宽；④共模范围很大；⑤差动输入电压范围较大，大到可以等于电源电压；⑥ 输出端电位可灵活方便地选用。LM339 管脚情况如图 9-41 所示。LM339 集成块内部装有四个独立的电压比较器。

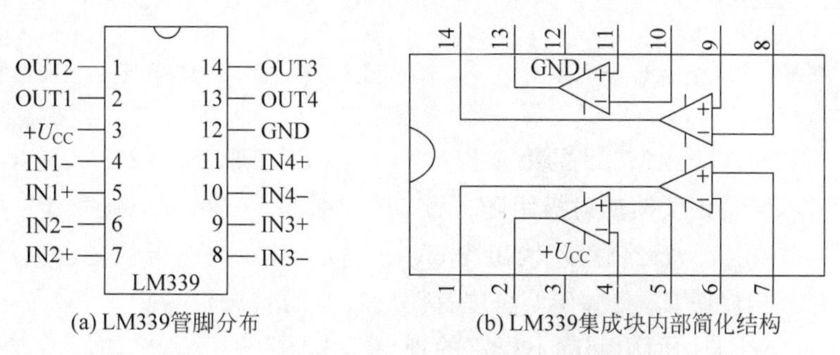

(a) LM339管脚分布　(b) LM339集成块内部简化结构

图 9-41　集成比较器芯片 LM339 管脚分布

（2）LM339 使用注意事项。LM339 类似于增益不可调的运算放大器。同样，每个比较器也有两个输入端和一个输出端。两个输入端一个称为同相输入端，用"＋"表示，另一个称为反相输入端，用"－"表示。用作比较两个电压时，任意一个输入端加一个固定电压做参考电压（也称为门限电平，它可选择 LM339 输入共模范围的任何一点），另一端加一个待比较的信号电压。当"＋"端电压高于"－"端时，输出管截止，相当于输出端开路。当"－"端电压高于"＋"端时，输出管饱和，相当于输出端接低电位。两个输入端电压差别大于 10mV 就能确保输出能从一种状态可靠地转换到另一种状态，因此，把 LM339 用在弱信号检测场合是比较理想的。LM339 的输出端相当于一只不接集电极电阻的晶体三极管，在使用时输出端到正电源一般须接一只电阻（称为上拉电阻，选 3～15kΩ）。选不同阻值的上拉电阻会影响输出端高电位的值。因为当输出晶体三极管截止时，它的集电极电压基本上取决于上拉电阻与负载的值。另外，各比较器的输出端允许连接在一起使用。

2）LM339 应用实例

LM339 可以构成单限比较器、滞回比较器以及窗口比较器。因此可以根据需要应用在电源系统、温度检测系统、振荡器系统以及组成高压数字逻辑门电路等，并可直接与 TTL、CMOS 电路接口连接。

(1) 仪器中过热检测保护电路。过热检测电路如图 9-42 所示,LM339 用单电源供电,1/4LM339 的反相输入端加一个固定的参考电压,它的值取决于 R_1 于 R_2。$U_R=U_{CC}R_2/(R_1+R_2)$。同相端的电压就等于热敏元件 R_t 的电压降。当机内温度为设定值以下时,"+"端电压大于"-"端电压,U_o 为高电位;当温度上升为设定值以上时,"-"端电压大于"+"端,比较器反转,U_o 输出为零电位,使保护电路动作,调节 R_1 的值可以改变门限电压,即设定温度值的大小。

(2) 电磁炉电路中电网过电压检测电路。如图 9-43 所示电路为某电磁炉电路中电网过电压检测电路部分。

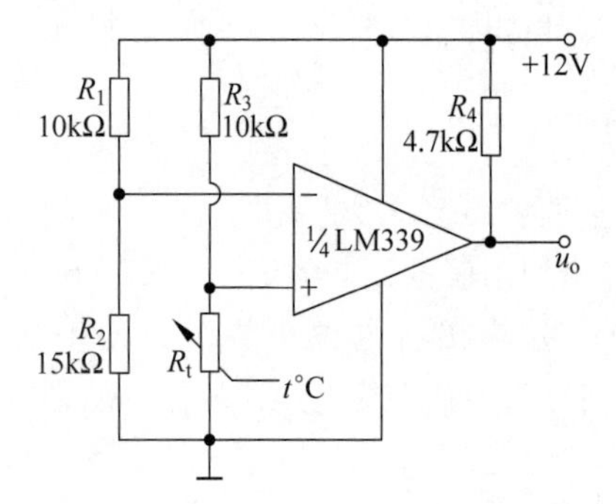

图 9-42 集成比较器温度监测电路图

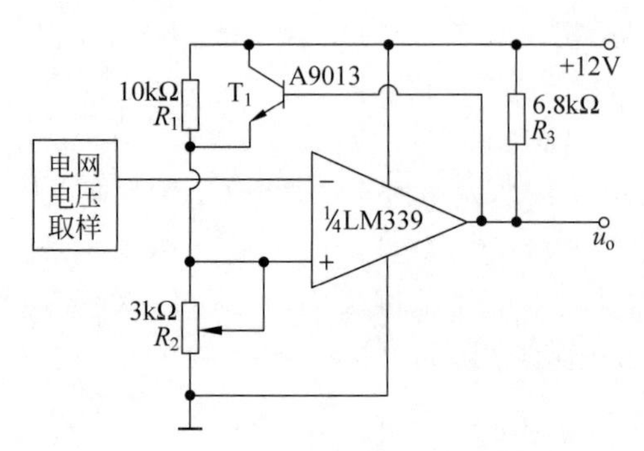

图 9-43 集成比较器电网电压监测电路

电网电压正常时,1/4LM339 的第 4 脚 $U_4<2.8$V,第 5 脚 $U_5=2.8$V,输出开路,过电压保护电路不工作,作为正反馈的射极跟随器 T_1 是导通的。当电网电压大于 242V(设定值)时,LM339 $U_4>2.8$V,比较器翻转,输出为 0V,T_1 截止,U_5 的电压就完全决定于 R_1 与 R_2 的分压值,为 2.7V,促使 U_4 更大于 U_5,这就使翻转后的状态极为稳定,避免了过压点附近由于电网电压很小的波动而引起的不稳定的现象。由于制造了一定的回差(迟滞),在过电压保护后,电网电压要降到 242-5=237V 时,$U_4<U_3$,电磁炉才又开始工作。

(3) LM339 制作双限比较器(窗口比较器)。如图 9-44 所示,电路由两个 LM339 组成一个窗口比较器。当被比较的信号电压 u_i 位于门限电压之间时($U_{RL}<u_{in}<U_{RH}$),输出为高电位($u_o=U_{oH}$)。当 u_i 不在门限电位范围($u_i>U_{RH}$ 或 $u_i<U_{R1}$)之间时,输出为低电位($u_o=U_{oL}$),窗口电压 $\Delta u=U_{R2}-U_{R1}$。它可用来判断输入信号电位是否位于指定门限电位之间。

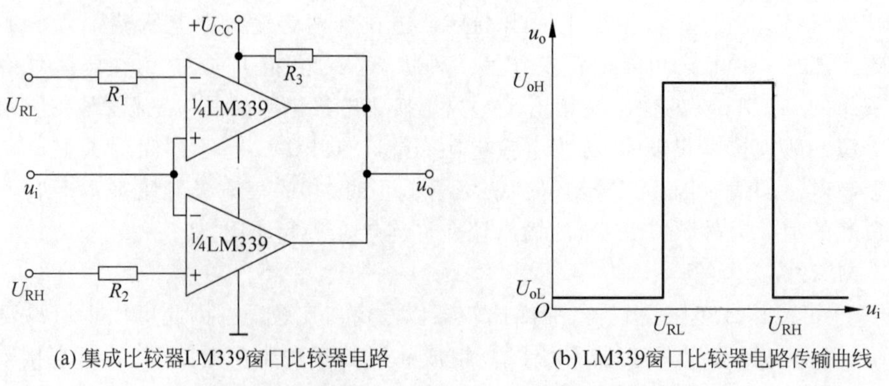

(a) 集成比较器LM339窗口比较器电路　(b) LM339窗口比较器电路传输曲线

图 9-44 集成比较器 LM339 窗口比较器及其传输特性

3. 集成比较器与运放的差别

电压比较器实际上是一个高增益的运算放大器，一个高性能的电压比较器必须具有高的增益、低失调电压与高的转换速率。运放可以做比较器电路，但性能较好的比较器比通用运放的开环增益更高，输入失调电压更小，共模输入电压范围更大，压摆率较高(使比较器响应速度更快)。另外，集成电压比较器的内部电路输出级常用集电极开路结构，它外部需要接一个上拉电阻或者直接驱动不同电源电压的负载，如图 9-44 所示，应用上更加灵活，但也有一些比较器为互补输出，无需上拉电阻。而运放，是通过反馈回路和输入回路的确定"运算参数"，比如放大倍数，反馈量可以是输出的电流或电压的部分或全部。而比较器则不需要反馈，直接比较两个输入端的量，如果同相输入大于反相，则输出高电平，否则输出低电平。电压比较器输入是线性量，而输出是开关(高低电平)量。一般应用中，有时也可以用线性运算放大器，在不加负反馈的情况下，构成电压比较器来使用。集成电压比较器与集成运放从电路的基本结构和工作原理上看十分相似，但具体分析在电路应用和使用要求方法两者之间有一系列区别，如表 9-4 所示。

表 9-4　电压比较器与运算放大器的比较

	电压比较器	运算放大器
工作状态	过驱动状态	小信号状态
应用状态	开环状态	一般为闭环状态
输出状态	单端输出逻辑电平	双端或单端输出模拟量，一般要求输出摆幅大
静态输出电平	零输入时，输出为后一级逻辑电路的阈值电平	零输入时零输出

由表 9-4 可以看出，在进行比较器设计时要注意以下几点：

① 直流特性的设计与运放基本相同；

② 频率特性的设计与运放大不相同，因为电压比较器一般工作于开环状态，所以不需考虑放大器闭环工作所需的频率补偿；

③ 在比较器中的放大器重点要考虑的是转换速率、增益与输入失调电压。

综上所述，运放可以做比较器，同时也可以作为放大器，比较器只能做比较器。

9.3.5　过零比较器与有源滤波器的仿真分析

比较器与滤波器是本章重点讲授的内容，本节主要以过零比较器与带通滤波器两种最典型的电路进行仿真分析，目的是对这两类电路原理与工作条件加深理解。

1. 过零比较器仿真分析

本节主要通过仿真观察过零比较器的电压传输特性及输入、输出电压波形。电路如图 9-45 所示。参数设置，其中集成运放的交流电阻参数设置成 1Ω。如果选用默认值，那么传输特性图非常类似滞回比较器的传输特性图。

双击示波器，在其面板上设置参数。如果将显示方式设置成 B/A，即出现如图 9-46 所示的电压传输特性。

双击示波器，在其面板上设置参数。如果将示波器的显示方式设置成 Y/T，则可观察到如图 9-46 所示的输入、输出电压波形。

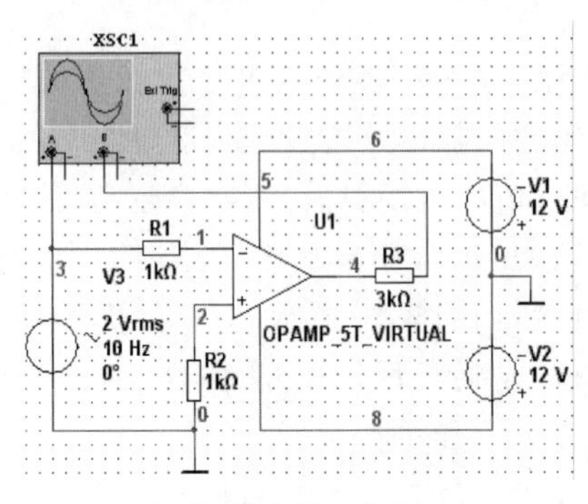

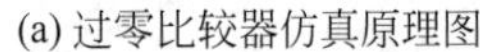
(a) 过零比较器仿真原理图

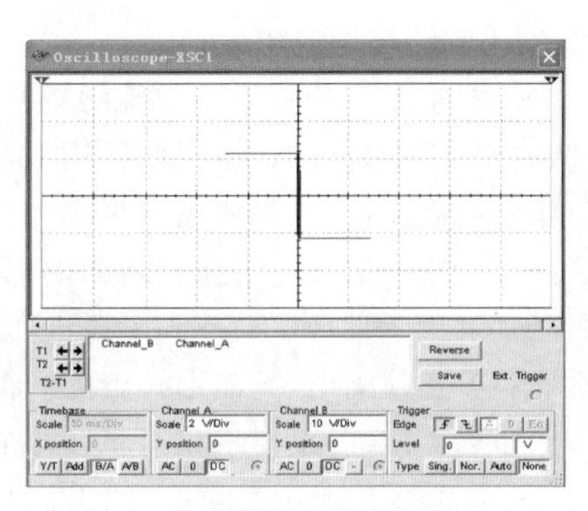

(b) 过零比较器传输特性

图 9-45 过零比较器仿真

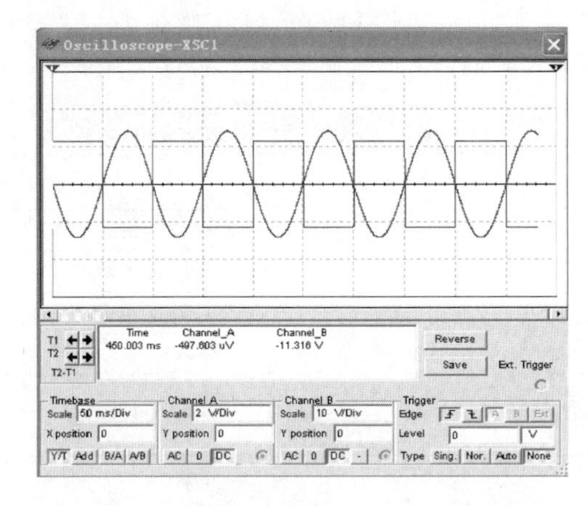

图 9-46 过零比较器输入输出电压波形对比

仿真结论：

① 工作在开环或正反馈状态；

② 开关特性，因开环增益很大，比较器的输出只有高电平和低电平两个稳定状态；

③ 非线性，因大幅度工作，输出和输入不成线性关系。

2. 有源带通滤波器设计仿真

一阶滤波器电路最简单，但带外传输系数衰减慢，一般在带外衰减特性要求不高的场合下选用。带通滤波器的性能指标为高频 10kHz，低频 4kHz，可见其频带较宽，当要求带通滤波器的通带较宽时，可用低通滤波器和高通滤波器混合而成，这比单纯用带通滤波器要好。无限增益多路负反馈型滤波器的特性对参数变化比较敏感，不如压控电压源二阶滤波器。这里采用一个二阶低通和一个二阶高通滤波器级联实现带通滤波器设计并进行仿真分析。

1）设计计算

如图 9-47(a)所示低通滤波器的归一化传递函数为

$$A(s_{\mathrm{L}})=\frac{A_u}{s_{\mathrm{L}}^2+\dfrac{1}{Q}s_{\mathrm{L}}+1}$$

通过查文献知，其巴特沃斯低通滤波器传递函数的分母多项式为 $s_{\mathrm{L}}^2+\sqrt{2}s_{\mathrm{L}}+1$，对比传递函

数分母 $Q=\frac{1}{\sqrt{2}}$ 可得。低通滤波器的截止角频率

$$\omega_c=\frac{1}{\sqrt{R_1R_2C_1C_2}}=2\pi f_c=2\pi\times10^4\ \text{rad/s}$$

$$\frac{\omega_c}{Q}=\frac{1}{R_1C}+\frac{1}{R_2C_1}+(1-A_u)\frac{1}{R_2C_1}=2\sqrt{2}\pi\times10^4$$

选取

$$C=C_1=\frac{10}{f_c}\mu\text{F}=\frac{10}{10\times10^3}\mu\text{F}=0.001\mu\text{F}$$

$$R_1=11.26\text{k}\Omega,\quad R_2=22.52\text{k}\Omega$$

由于

$$A_u=1+\frac{R_4}{R_3}=2$$

所以 $R_4=R_3$，又知 $R_1+R_2=R_3/\!/R_4$ 可求得 $R_4=R_3=67.56\text{k}\Omega$。

同理可确定高通滤波器各个参数的值，最终各参数值如图 9-47(a)所示。

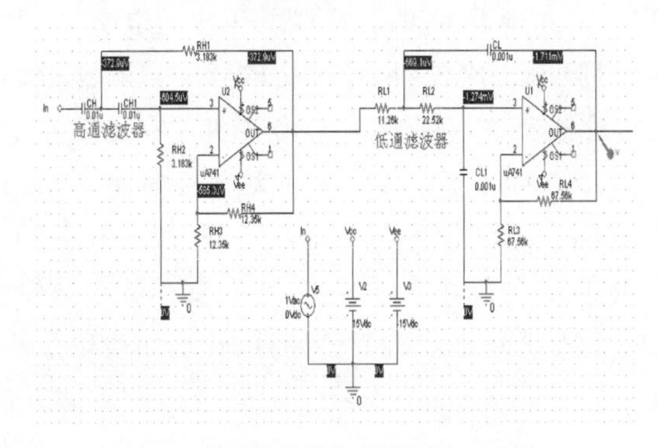

(a) 带通滤波器仿真原理图

(b) AC Sweep扫描频响结果图

图 9-47　带通滤波器设计电路图

2）PSpice 仿真及结果

(1) 进入 OrCAD/PSpice10.5 仿真环境，从元件库中调用各参数所用元器件，并设定各参数值，其最终电路如图 9-47(a)所示。

(2) 为方便进行说明，对如图 9-47(a)所示电路进行频域扫描，我们选取 1V 的 VAC 作为激励源，扫描方式为 10 倍频对数(Logarithm\Decade)，起始频率为 100Hz，终止频率为 100kHz，扫描结果如图 9-47(b)所示。

(3) 从图中曲线可以看出，扫描值(4.1764kHz，10.0000kHz)与计算值(4kHz，10kHz)基本吻合。

本章小结

(1) 仪用放大器是用来放大信号的，但仪用放大电路的特点是，它所测量的信号通常都是在噪声环境下的微小信号。在电路设计要求上，电路有很高的共模抑制比，利用共模抑制

比将信号从噪声中分离出来。大多数仪用放大器采用 3 个运算放大器排成两级：一个由两运放组成的前置放大器，后面跟一个差分放大器。前置放大器提供高输入阻抗、低噪声和增益。因此好的仪用放大器测量的信号能达到很高的精度，在医用设备、数据采集、检测和控制电子设备等方面都得到了广泛的应用。

(2) 电荷放大器是指用于放大来自压电器件的电荷信号的放大电路。这类放大电路的信号源的内阻抗极高，同时其电荷信号又很微弱，信号源形成的电流仅为 pA 级，因而要求电荷放大器具有极高的输入电阻和极低的偏置电流；采样－保持电路的功能是对连续变化的模拟信号等间隔地采样，在两次采样之间的时间间隔内则保持着前一次采样结束那一瞬间时的信息；用二极管和运放一起组成整流器可克服普通二极管整流时正向压降受温度的影响而失真较大的弊病。

(3) 有源滤波电路通常是由运放和 RC 反馈网络组成的电子系统，根据幅频响应的不同，可分为低通、高通和带通、带阻、全通滤波电路。高阶滤波电路可由一阶和二阶有源滤波电路组成，而二阶滤波电路传递函数的基本形式是一致的，其区别仅在于分子中 s 的阶次为 0、1、2 或其组合。

(4) 电压比较器属于运放的非线性应用。其主要是对两个模拟电压比较其大小，并判断出电压高低的电路形式。本章介绍了单门限电压比较器、过零比较器和迟滞比较器(同相输入和反相输入两种接法)以及集成比较器。单门限电压比较器和过零比较器中的运放通常工作在开环状态，只有一个门限电压；而迟滞比较器中的运放通常工作在正反馈状态，其正向过程(u_i 上升时)和负向过程(u_i 下降时)的门限电压不同，因而有上、下两个门限电压值。估算门限电压应抓住输入电压 u_i 使输出电压 u_o 发生跳变的临界条件：运放的两输入端近似相等，即 $u_i \approx u_o$。分析时主要研究比较器阈值计算、传输曲线以及输出曲线等内容。

习题

9.1 填空题。

1. 为了避免 50Hz 电网电压的干扰进入放大器，应选用________滤波电路；已知输入信号的频率为 10～12kHz，为了防止干扰信号的混入，应选用________滤波电路；为了获得输入电压中的低频信号，应选用________滤波电路；为了使滤波电路的输出电阻足够小，保证负载电阻变化时滤波特性不变，应选用________滤波电路。

2. 迟滞电压比较器，当输入信号增大到 3V 时输出信号发生负跳变，当输入信号减小到－1V 时发生正跳变，则比较器的上门限电压是________V，下门限电压是________V，回差电压是________V。

3. 对于反相电压比较器，当同相端电压大于反相端电压时，输出________电平，当反相端电压大于同相端电压时输出________电平。

4. 一单限同相电压比较器，其饱和时输出电压为±12V，若反相端输入电压为 3V，则当同相端输入电压为 4V 时，输出电压________V；当同相端输入电压为 2V 时，输出电压为__________V。

5. 区别于单限比较器,窗口比较器可以用来__________。

9.2 测量放大电路如图 9-48 所示,A_1、A_2、A_3 均为理想运放。解答下列问题:

(1) $R_1=R_2$;$R_3=R_4$;$R_5=R_6$,计算 u_{o1},u_{o2},u_o 与 u_{i1},u_{i2} 关系式;(2)$R_w=2R_1$,$R_2=3R_1$,$R_5=2R_3$,$R_6=2R_4$ 时,u_o 表达式。

9.3 用理想运放组成的精密整流电路如图 9-49 所示。(1)分析工作原理;(2)计算 u_o。

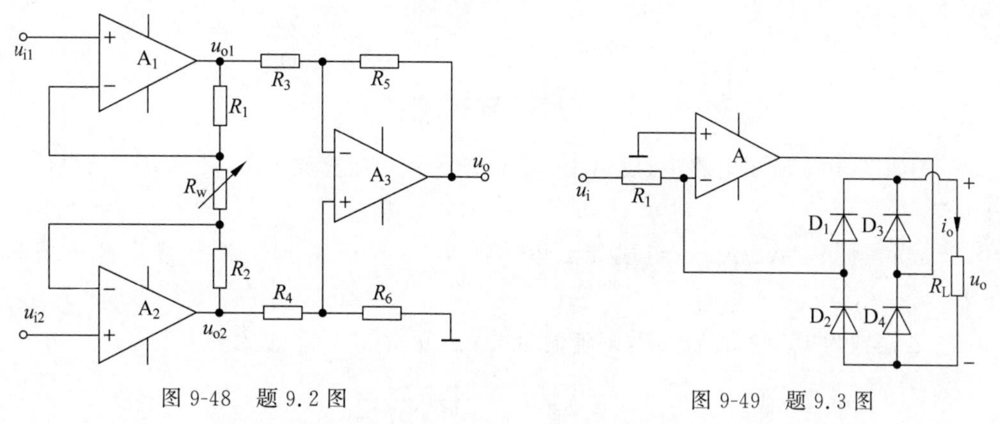

图 9-48 题 9.2 图　　　　图 9-49 题 9.3 图

9.4 如图 9-50 所示电路中,A_1,A_2 为理想运算放大器。(1)分别写出传递函数 $A_{u1}(s)$ 及 $A_u(s)$的表达式;(2)定性说明 A_1 级和整个电路的功能。

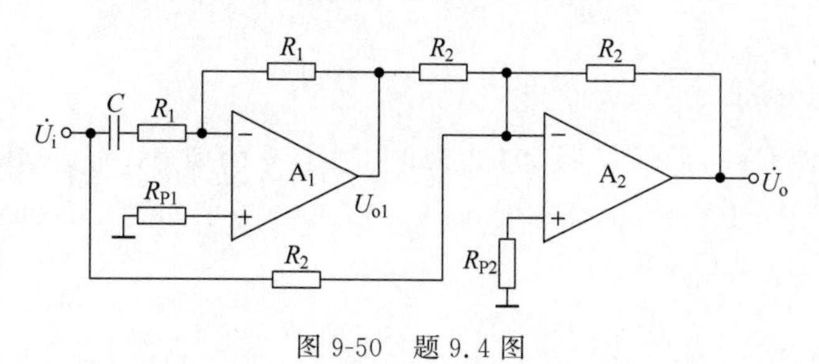

图 9-50 题 9.4 图

9.5 如图 9-51 所示电路由 A_1、A_2 组成,问各级属于何种类型的滤波电路?总电路又属何种滤波电路?并求其通带电压放大倍数 A_{um}。

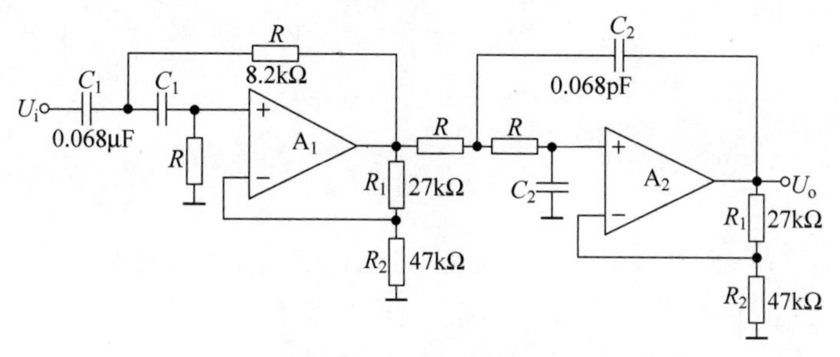

图 9-51 题 9.5 图

9.6 电路如图 9-52(a)和(b)所示，已知稳压管的 $U_Z=6V$，$R_1=R_2=10k\Omega$，$R_3=20k\Omega$。运放 A 性能理想，其最大输出电压为±12V，试画出其传输特性。

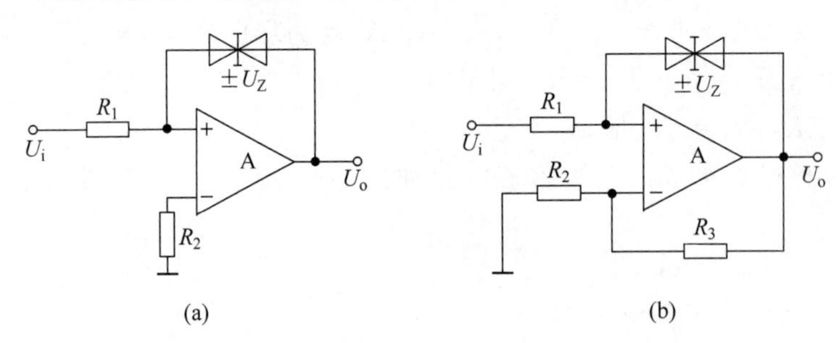

图 9-52 题 9.6 图

9.7 如图 9-53 所示电路中，设 A_1、A_2、A_3 均为理想运算放大器，其最大输出电压幅值为±12V。

(1) 试说明 A_1、A_2、A_3 各组成什么电路？A_1、A_2、A_3 分别工作在线形区还是非线性区？

(2) 若输入为 1V 的直流电压，则各输出端 u_{o1}、u_{o2}、u_{o3} 的电压为多大？

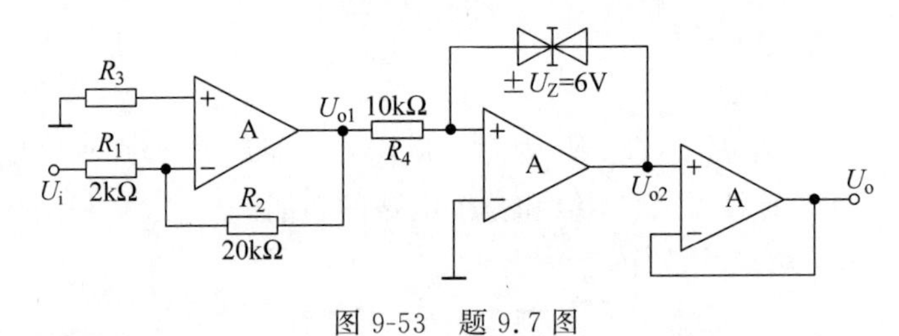

图 9-53 题 9.7 图

9.8 电路如图 9-54 所示，运放均为电源电压±15V 的理想运放，晶体管饱和压降 U_{CES} 为 0.3V，放大倍数 $\beta=100$。$t=0$，$u_C(0)=0V$。输入 u_i 波形如图 9-54(b)所示。画出对应 u_i 的 u_{o1} 与 u_o 波形。

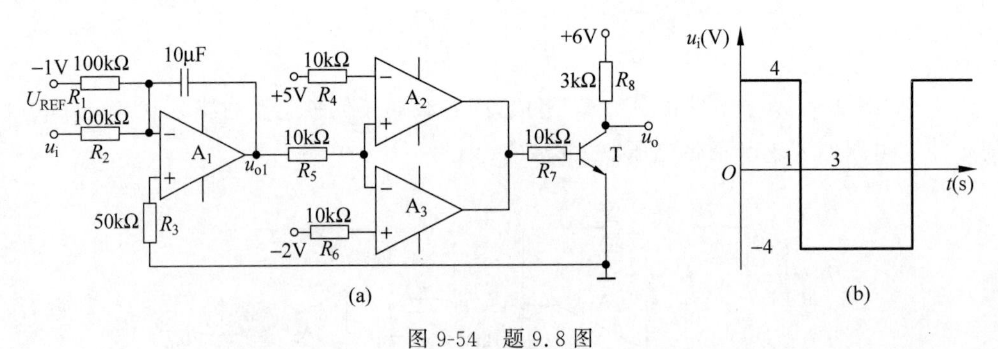

图 9-54 题 9.8 图

9.9 如图 9-55(a)为一运算放大器应用电路 A_1、A_2、A_3 为理想运放，电路参数如图。

(1) 写出 $u_{o1}\sim u_i$ 函数关系式和 $u_o\sim u_{o2}$ 函数关系式；

(2) 如图 9-55(b)中 $u_i(t)$ 波形，试在坐标平面中画出与 $u_i(t)$ 所对应 u_{o2} 与 u_o 信号波形。

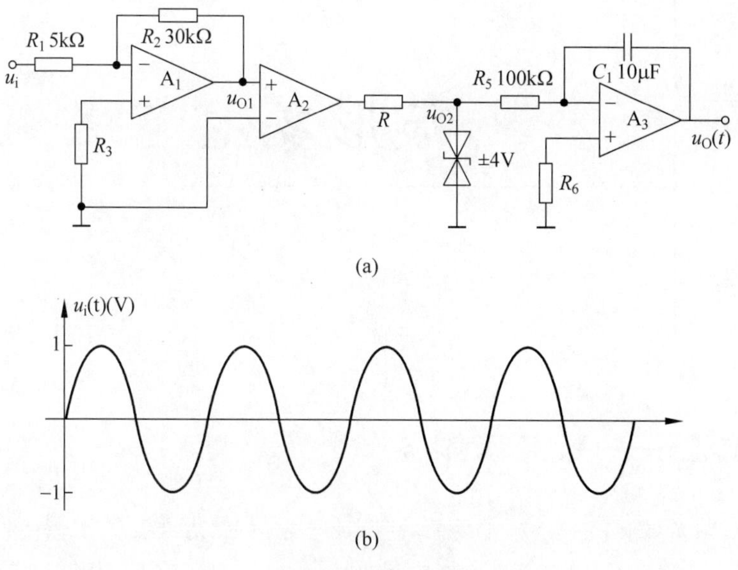

图 9-55　题 9.9 图

9.10　电路高精度数据放大器如图 9-56 所示，各电阻阻值在图中标识，试估算电压放大倍数。

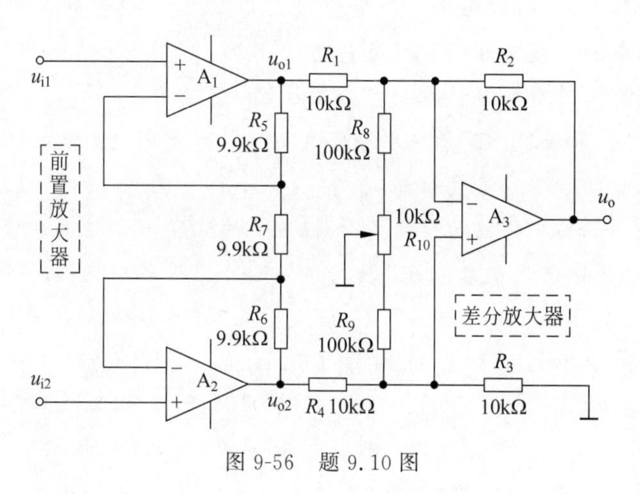

图 9-56　题 9.10 图

第 10 章 波形发生电路

CHAPTER 10

科技前沿——石英谐振器

研究发现，石英晶体有一个很重要的特性，即给它通电，它就会产生机械振荡；反之，如果给它机械力，它又会产生电，该特性称压电效应。石英谐振器（晶振）是利用电信号频率等于石英晶片固有频率时晶片因压电效应而产生谐振现象的原理制成的稳频、选频器件。

1921 年，人们发现石英晶片谐振特性具有稳频作用，开创了石英谐振器在通信技术中的应用。第二次世界大战期间，由于军事通信的需要，压电石英技术有很大发展。1940 年前石英谐振器的频率稳定度为 10^{-5}，50 年代达到 10^{-8}，70 年代 2.5MHz 和 5MHz 的高精密石英谐振器经长期工作后的最佳水平可分别达到 10^{-13} 和 10^{-12}。现代石英谐振器已能解决短期稳定度问题，秒级稳定度最佳水平已达 10^{-13}，毫秒级稳定度最佳水平已达 10^{-12}。

提高石英谐振器的频率稳定度的重要途径是减小环境温度对频率的影响。通常有两种方法。①恒温槽法——谐振器放入恒温槽中，恒温槽的温度与零温度系数点的温度（T_0）一致，频率随温度的变化将接近于零；②温度补偿法——通过热敏网络补偿环境温度引起的频率变化。

1945 年前石英谐振器的频率范围为 100kHz～10MHz，1960 年扩展为 500Hz～200MHz，1977 年高频扩展到 350MHz。1980 年后用离子束刻蚀出超薄晶片，使石英谐振器的基频达 1000MHz。石英谐振器振动模式按照不同的使用要求，石英谐振器的标称频率可以从几百赫到几百兆赫，这样宽的频率范围只有采用不同的振动模式和不同的晶片尺寸来实现。常用的振动模式为长度伸缩振动、弯曲振动、面切变振动和厚度切变振动等四种模式。

高性能石英晶振广泛应用在卫星通信、导弹测控、雷达、无线通信、载波通信、遥控、遥测、导航、数传、电子对抗、气象、工业自动化控制及移动电话、卫星电视、笔记本电脑设备中，还可作为对温度、压力和重量等的敏感元件。

信号产生电路通常也称为振荡器（oscillator），用于产生一定频率和幅度的信号。正弦信号发生器是最基本的振荡器。本章首先研究正弦波振荡器（sine wave oscillator）的振荡条件，接着分析 RC、LC 和石英晶体振荡电路三种主要的正弦波发生器原理与特性，最后讨论方波（square wave）、三角波（triangular wave）以及锯齿波（sawtooth wave，STW）产生电路的工作原理和输出波形特性。本章主要内容包括：

(1) 正弦波振荡电路的振荡条件。掌握正弦波振荡的相位平衡条件、幅度平衡条件。

(2) *RC* 正弦波振荡电路。掌握 *RC* 正弦波振荡电路的工作原理、起振条件、稳幅原理及振荡频率的计算。

(3) *LC* 正弦波振荡电路。掌握 *LC* 正弦波振荡电路的工作原理、起振条件、稳幅原理及振荡平衡条件。

电子信息系统中，需要产生各种基准或参考信号(reference signal)，诸如矩形波(rectangular wave)、正弦波、三角波、单脉冲波等信号。这些信号产生的最直接方法是利用运算放大器或专用模拟集成电路，配以少量的外接元件构成各种类型信号发生器——振荡器。振荡器与放大器一样是一种能量转换器，它实际上也是主动地将直流能量(电源供给)转换为特定的固定功率、频率的交流信号能量。振荡器应用非常广泛，因此种类也非常多。在通信、广播、电视系统中，都需要射频(高频)发射，这里的射频波就是载波，它把音频(低频)、视频信号或脉冲信号运载出去，这就需要能产生高频信号的振荡器；在工业、农业、生物医学等领域内，如高频感应加热(high frequency induction heating)、熔炼、淬火，超声波焊接，超声诊断，核磁共振成像等，都需要功率或大或小、频率或高或低的振荡器；计算机网络中无论是光纤骨干网、双绞线、光缆为主的局域网复用与解复用也都需要振荡器提供载波信号等。可见，振荡电路在各个信息科学技术领域的应用是无所不在的。

10.1　振荡器概念与分类

振荡器按输出信号波形的不同可分为正弦波振荡器和非正弦波振荡器(non-sinusoidal oscillator)，正弦波振荡电路又有 *RC*、*LC*、石英晶体振荡器(quartz crystal oscillator)等；非正弦波振荡电路又有方波(square wave)、三角波(triangular wave)产生电路等。

在实践中，各种类型的信号产生电路，简单分类如下：

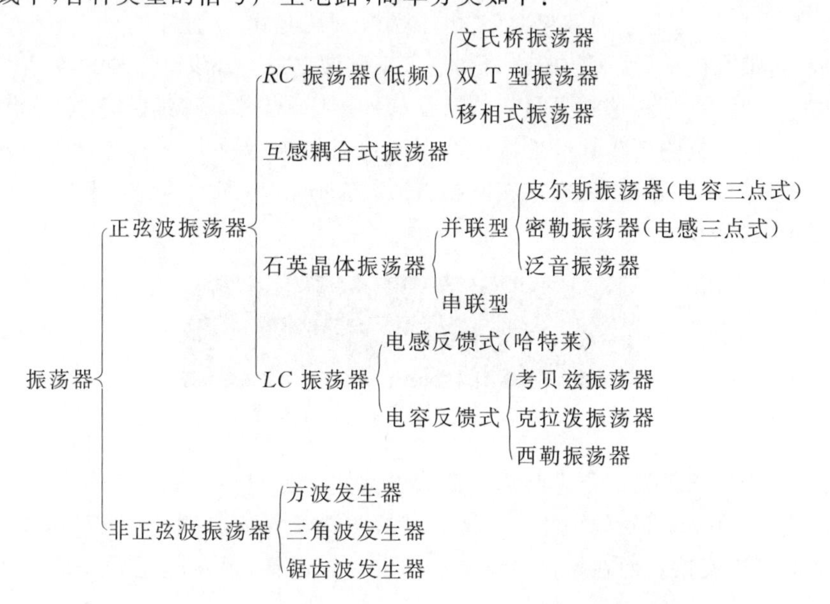

10.2 正弦波振荡电路

正弦波振荡电路通常是在放大电路的基础上加上正反馈环节而形成的能产生正弦波输出的系统电路，也称为正弦波振荡电路或正弦波振荡器。本节根据课程特点只讲授适用于频率较低场合的正弦振荡器。

10.2.1 正弦波振荡电路的基本工作原理

研究发现，工程上电子与通信系统对振荡器性能指标要求主要是：①频率指标——输出频率、系统频带、频率稳定度与准确度；②幅度指标——输出幅度、振幅稳定度；③波形频谱纯度等。其中最重要的指标是频率及其稳定度。基于此，研究正弦波振荡电路的基本工作原理要充分考虑频率因素。

为了产生正弦波，必须在放大电路里加入正反馈，因此放大电路和正反馈网络是振荡电路的最主要部分。但是，这样两部分构成的振荡器一般得不到正弦波，这是由于很难控制正反馈的量。如果正反馈量大，则增幅，输出幅度越来越大，最后由三极管的非线性限幅，这必然产生非线性失真；反之，如果正反馈量不足，则减幅，可能停振，为此振荡电路要有一个稳幅电路。同时，为了获得单一频率的正弦波输出，还应该有选频网络，选频网络往往和正反馈网络或放大电路合二为一。选频网络通常由 R、C 和 L、C 等电抗性元件组成。正弦波振荡器的名称一般由选频网络来命名的。

因此，正弦波振荡电路由放大电路、正反馈网络、选频网络、稳幅电路组成。从结构上看，正弦波振荡器就是一个没有输入信号的带选频网络的正反馈放大电路，它是各类波形发生器和信号源的核心电路。分析得知，振荡电路产生振荡的条件可以分为起振条件(start-oscillation condition)与平衡条件(equilibrium condition)。

1. 振荡平衡条件

实际上振荡器在电源开关闭合的瞬间，振荡管的各极电流从零跳变到某一数值，这种电流的跳变在集电极振荡电路中激起振荡，由于选频网络是由 Q 值很高的 LC 或 RC 并联谐振回路组成的，带宽极窄，因而在回路两端产生正弦波电压 u_o，该电压通过反馈网络同相正反馈到晶体管的基极回路，这就是最初的激励信号。这种起始振荡信号从零开始变化，十分微弱，这时可以认为电路工作在线性区。经不断地对它进行放大→选频→反馈→再放大等多次循环，一个与振荡回路固有频率相同的自激振荡便由小到大地建立起来。起振波形建立过程如图 10-1 所示。

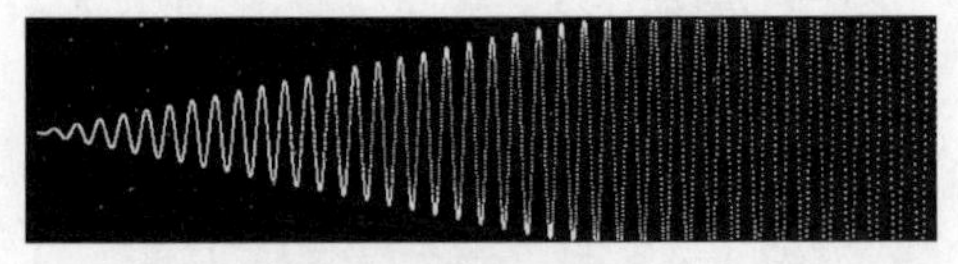

图 10-1 振荡器起振波形示意图

由上分析，产生正弦波的条件与负反馈放大电路产生自激的条件十分类似。只不过负反馈放大电路中是由于信号频率达到了通频带的两端极限域，产生了足够的附加相移，从而使负反馈变成了正反馈。而在振荡电路中加的就是正反馈，振荡建立后只是一种频率的信号，无所谓附加相移。如图10-2(a)、(b)所示框图比较可以明显地看出负反馈放大电路和正反馈振荡电路的区别。正反馈一般表达式的分母项变成负号，而且振荡电路的输入信号$\dot{X}_i=0$，所以

$$\dot{X}_{id}=\dot{X}_f$$

由于正反馈增益一般表达式为

$$\dot{A}_f=\frac{\dot{A}}{1-\dot{A}\dot{F}} \tag{10-1}$$

振荡条件为

$$\dot{A}\dot{F}=1 \tag{10-2}$$

即振幅平衡条件

$$|\dot{A}\dot{F}|=1 \tag{10-3}$$

而相位平衡条件

$$\varphi_{AF}=\varphi_A+\varphi_F=\pm 2n\pi \quad (n=0,1,2,\cdots,N) \tag{10-4}$$

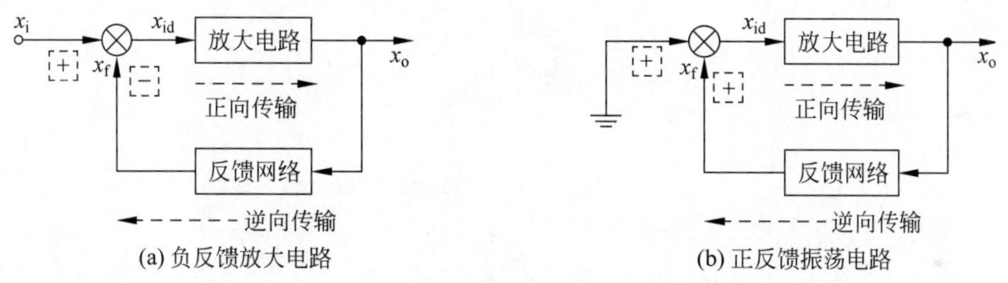

图10-2　负反馈放大电路和正反馈振荡电路框图比较

2. 起振条件和稳幅原理

振荡器在刚刚起振时，电路设计上为了克服电路中的损耗，需要正反馈强一些，即

$$|\dot{A}\dot{F}|>1 \tag{10-5}$$

通常称式(10-5)为起振幅度条件，相位条件与平衡状态相同。如果满足式(10-5)，起振后就要产生增幅振荡，需要靠三极管大信号使用时的非线性特性去限制幅度的增加，这样电路必然产生失真。因此，选频网络要发挥选频作用，选出失真波形的基波分量作为输出信号，从而获得正弦波(基频)输出。当然，也可以设计时在反馈网络中加入非线性稳幅环节，用以调节放大电路的增益，从而达到稳幅的目的。这在本章讲授具体的振荡电路时将详细研究。

10.2.2　*RC* 正弦波振荡器

选频网络采用 *RC* 电路为核心部分的正弦振荡电路，称为 *RC* 正弦波振荡器。由于 *RC* 电路本身特点限制，它只适合低频情况下应用，一般产生信号频率范围为1Hz～1MHz。

1. *RC* 正弦波振荡电路分析

RC 正弦波振荡电路的主要特点是采用 *RC* 串并联网络作为选频和正反馈网络，因此必须在了解它的频率特性基础上，再分析这种正弦振荡电路的工作原理。

1) RC 网络的阻抗

RC 串并联网络的电路如图 10-3(a)所示。RC 串联臂的阻抗用 Z_1 表示,RC 并联臂的阻抗用 Z_2 表示。则有

$$Z_1 = R_1 + \frac{1}{j\omega C_1} \tag{10-6}$$

$$Z_2 = R_2 \mathbin{/\!/} \frac{1}{j\omega C_2} = \frac{R_2}{1 + j\omega R_2 C_2} \tag{10-7}$$

2) RC 网络频率特性

$$\dot{F}_u = \frac{\dot{U}_f}{\dot{U}_o} = \frac{Z_2}{Z_1 + Z_2} = \frac{1}{\left(1 + \frac{R_1}{R_2} + \frac{C_2}{C_1}\right) + j\left(\omega R_1 C_2 - \frac{1}{\omega R_2 C_1}\right)} \tag{10-8}$$

选频时,令 $\omega = \omega_0$,有

$$\omega R_1 C_2 - \frac{1}{\omega R_2 C_1} = 0, \quad \omega_0 = \frac{1}{\sqrt{R_1 R_2 C_1 C_2}} \tag{10-9}$$

$$\dot{F}_u = \frac{1}{\left(1 + \frac{R_1}{R_2} + \frac{C_2}{C_1}\right)} \tag{10-10}$$

(1) 幅频特性表达式。

$$|\dot{F}_u| = \frac{1}{\sqrt{\left(1 + \frac{R_1}{R_2} + \frac{C_2}{C_1}\right)^2 + \left(\omega R_1 C_2 - \frac{1}{\omega R_2 C_1}\right)^2}} \tag{10-11}$$

如果 $R_1 = R_2 = R, C_1 = C_2 = C$,令 $\omega_0 = \frac{1}{RC}$,则有

$$|\dot{F}_u| = \left|\frac{1}{3 + j\left(\frac{\omega}{\omega_0} - \frac{\omega_0}{\omega}\right)}\right| = \frac{1}{\sqrt{3^2 + \left(\frac{\omega}{\omega_0} - \frac{\omega_0}{\omega}\right)^2}} \tag{10-12}$$

(2) 相频特性表达式。

$$\varphi_f = -\arctan \frac{\omega R_1 C_2 - \frac{1}{\omega R_2 C_1}}{1 + \frac{R_1}{R_2} + \frac{C_2}{C_1}} \tag{10-13}$$

当 $R_1 = R_2 = R, C_1 = C_2 = C$,则 $\omega_0 = \frac{1}{RC}$

$$\varphi_f = -\arctan \frac{\frac{\omega}{\omega_0} - \frac{\omega_0}{\omega}}{3} \tag{10-14}$$

作出频响特性如图 10-3(b)所示,可以得知,振荡频率为 $\omega_0 = 1/RC$ 时,幅频值最大为 1/3,相位 $\varphi_F = 0°$。因此该网络有选频特性。

2. RC 文氏桥振荡器

文氏桥振荡器又叫 RC 桥式正弦波振荡器。电路如图 10-4 所示。

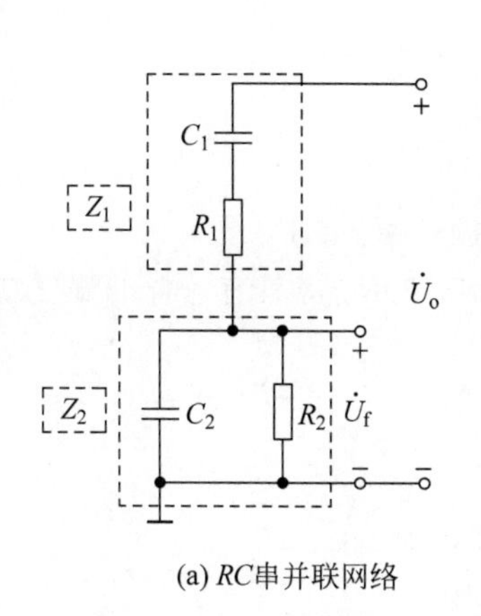

(a) RC串并联网络

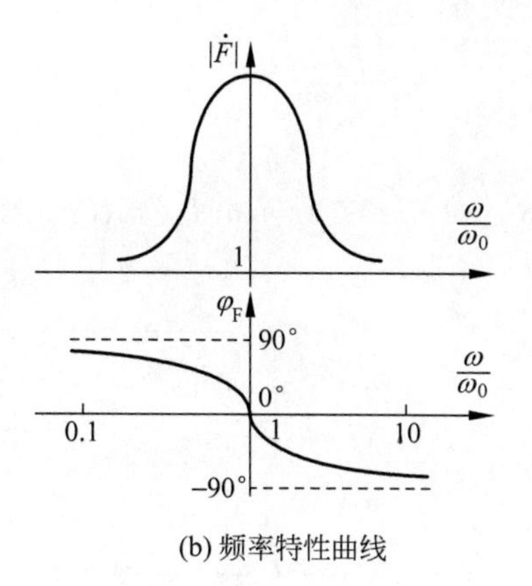

(b) 频率特性曲线

图 10-3　*RC* 串并联网络及其频响

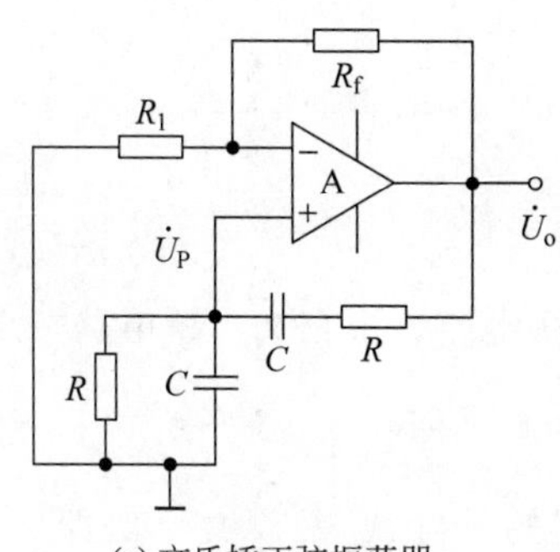

(a) 文氏桥正弦振荡器

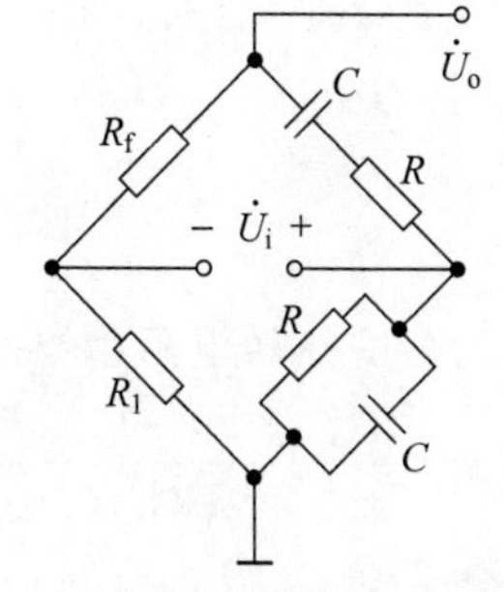

(b) 文氏桥电路反馈网络等效图

图 10-4　文氏桥振荡器

(1) *RC* 文氏桥振荡器(venturi bridge oscillator)结构与原理。电路结构上,以 *RC* 串并联网络为选频网络和正反馈网络,并引入电压串联负反馈,两个网络构成桥路,一顶点作为输出电压,一顶点作为放大电路的净输入电压。可以看出,C、R 串并联电路构成正反馈网络与 R_1、R_f 负反馈支路正好构成一个桥路,称为文氏桥。整个电路就构成文氏桥振荡器。根据该电路,可导出 $\varphi_A=0$,f_0 处要求 $\varphi_F=0$,所以

$$\varphi_A+\varphi_F=0$$

由式(10-12)得知,当 $f=f_0$ 时的反馈系数幅值为 1/3,且与输入信号频率 f 的大小无关。此时的相角 $\varphi_F=0°$。即改变频率不会影响反馈系数和相角(phase angle),在调节到谐振频率(resonance frequency)的过程中,不会停振,也不会使输出幅度改变。为满足振荡的幅度条件 $|\dot{A}\dot{F}|=1$,$\dot{F}=\frac{1}{3}$,所以 $A_f=3$。加入串联电压负反馈电路主要是为了稳定幅度。其中 R_1 有些情况用负温度系数电阻,主要也是起稳幅作用,根据上面分析,因为

$$A_f=1+\frac{R_f}{R_1}$$

所以,有

$$R_f=2R_1$$

谐振时,有

$$\omega_0=\frac{1}{RC}$$

则输出信号频率为

$$f_0=\frac{1}{2\pi RC} \tag{10-15}$$

例 10-1 如图 10-5 所示电路为 RC 文氏电桥振荡器，要求：
①计算振荡频率 f_0；②求热敏电阻的冷态阻值；③R_t 应具有怎样的温度特性。

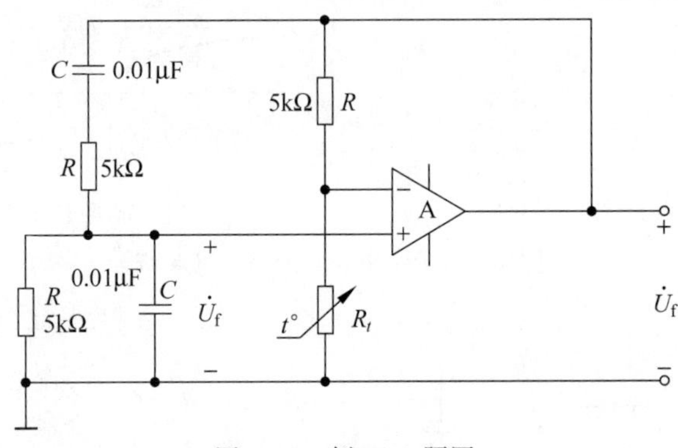

图 10-5 例 10-1 题图

解 图 10-5 为带有热敏电阻稳幅的桥式振荡电路。根据文氏桥电路特点，有

① $f_0=\frac{1}{2\pi RC}=\frac{1}{2\pi\times 5\times 10^3\times 0.01\times 10^{-6}}\approx 1.59\text{kHz}$

② 由起振条件可知，运放构成的同相放大器的增益 A_f 必须大于 3，即

$$A_f=1+\frac{R_f}{R_t}>3$$

$R>2R_t$，也就是要求热敏电阻的冷态电阻 R_t 应小于 2.5kΩ。

③ R_t 应具有随温度升高，其阻值增大的温度特性，即 R_t 为正温度系数的热敏电阻。这是因为振荡器起振后，随着振荡幅度的增大，R_t 上消耗的功率增大，致使其温度升高，阻值相应地增大，放大器的增益 A_u 随之减小，直到 $R_t=R/2$(或 $A_u=3$)时，振荡器才可以进入平衡状态。

(2) RC 文氏桥振荡电路的稳幅过程。如图 10-5 所示 RC 文氏桥振荡电路的稳幅作用是靠热敏电阻实现的。R_t 是正温度系数热敏电阻，当输出电压升高，R_t 上所加的电压升高，即温度升高，R_t 的阻值增加，负反馈增强，输出幅度下降。反之输出幅度增加。若热敏电阻是负温度系数，应放置在 R(反馈电阻)的位置。另外，可以采用反并联二极管进行稳幅的电路，如图 10-6 所示。二极管工作在 A、B 点，电路的增益较大，引起增幅过程。当输出幅度大到一定程度，增益下降，最后达到稳定幅度的目的。输出信号频率为

$$f_0=\frac{1}{2\pi\sqrt{R_1R_2C_1C_2}} \tag{10-16}$$

(3) 频率可调的文氏桥电路。如图 10-7 所示，$R_{f1}+R_{f2}$ 略大于 $2R_4$，随着 u_o 增加，R_{f2} 逐渐被短接，A_f 自动下降，输出电压自动被稳定于某一幅值。其中 K 为双联波段开关，切换 RC 电路的 R，用于粗调振荡频率；C 为双联可调电容，改变 C，可以细调振荡频率。

(4) 文氏桥电路典型应用——电子琴电路。如图 10-8 所示，其中振荡电路频率为

$$f_0=\frac{1}{2\pi C\sqrt{R_1R_2}} \tag{10-17}$$

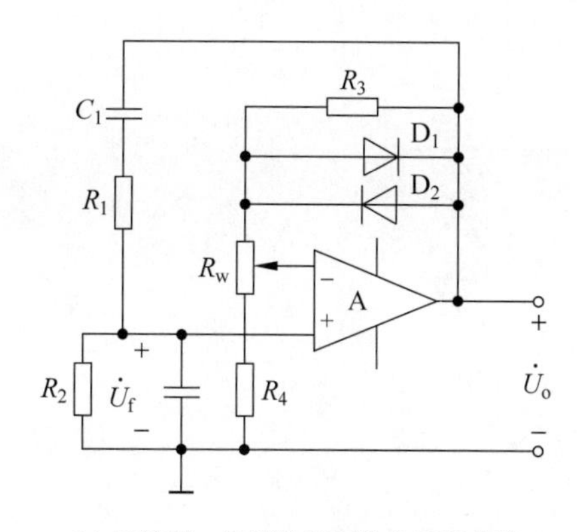

(a) 反并联二极管的稳幅的文氏桥电路

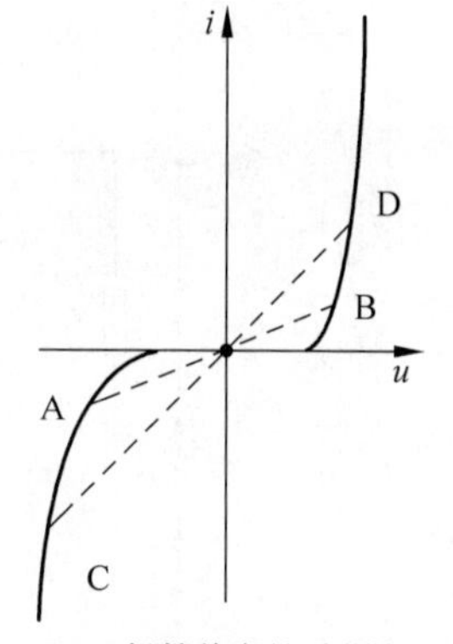

(b) 二极管伏安关系曲线

图 10-6 反并联二极管的稳幅的文氏桥电路

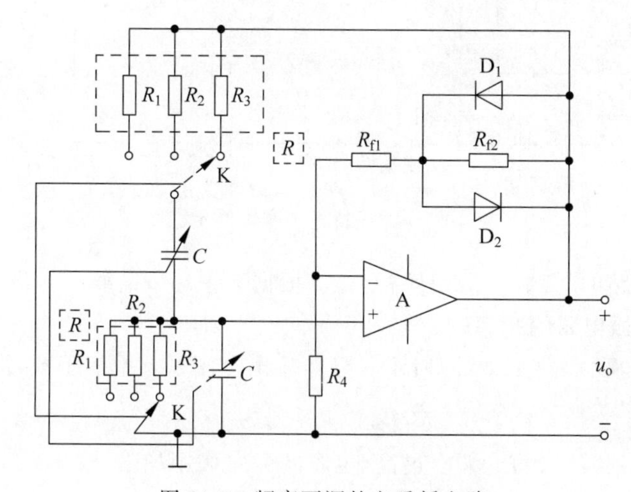

图 10-7 频率可调的文氏桥电路

$$F=\frac{1}{2+\frac{R_1}{R_2}} \tag{10-18}$$

如果 $R_2 \gg R_1$，$F \approx 0.5$。

$$A_f=1+\frac{R_{f1}+R_{f2}}{R_3} \quad (R_{f1}+R_{f2} \geqslant R_f) \tag{10-19}$$

10.2.3 *LC* 正弦波振荡电路

LC 正弦波振荡电路的组成与 *RC* 正弦波振荡电路形式基本相同，包括有放大电路、正反馈网络、选频网络和稳幅电路。二者主要区别在于选频网络，*LC* 正弦波振荡电路一般由 *LC* 并联网络完成选频作用，正反馈网络因 *LC* 正弦波振荡电路的类型而有所不同。事实上，并联谐振回路的相频特性正好具有负的斜率，因而 *LC* 并联谐振回路不但是决定振荡频率的主要角色，而且是稳定振荡频率的网络。因为理想的选频电路，既可以保证了振荡器的输出信号具有单一的工作频率，也可以保证了反馈网络移相 φ_F 的单一值。在各种不同的振荡电路中，反馈网络有的就是选频电路，有的反馈网络与选频电路分开，有的

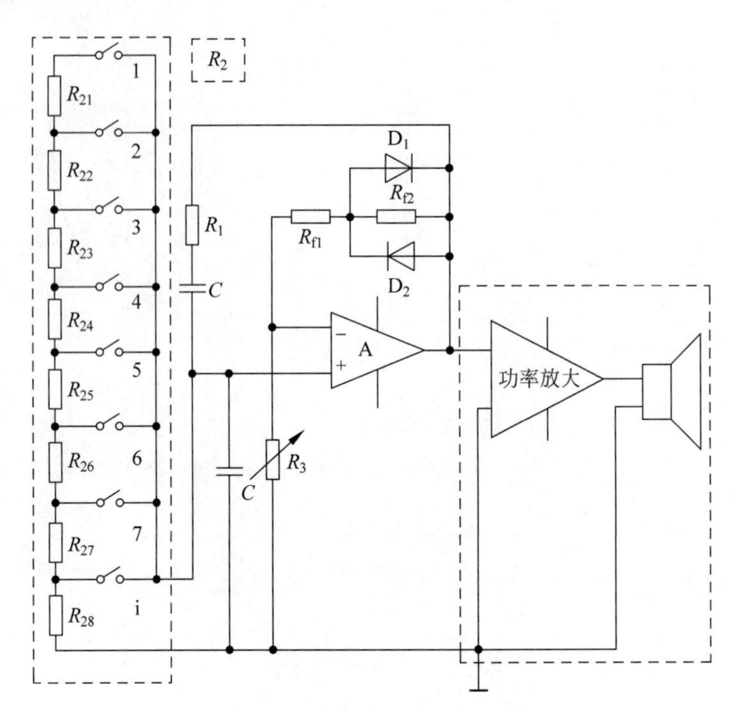

图 10-8　文氏桥电子琴电路示意图

反馈网络是选频电路的一部分,采用何种方式,根据工程环境需要具体设计决定。

1. *LC* 并联谐振电路的频率响应

LC 并联谐振电路如图 10-9(a)所示。显然输出电压是频率的函数,即

$$\dot{U}_o(\omega)=f[\dot{U}_i(\omega)]$$

从电路可以看到,输入信号频率过高,电容的旁路作用加强,输出减小;反之频率太低,电感将短路输出。并联谐振曲线如图 10-9(b)所示。

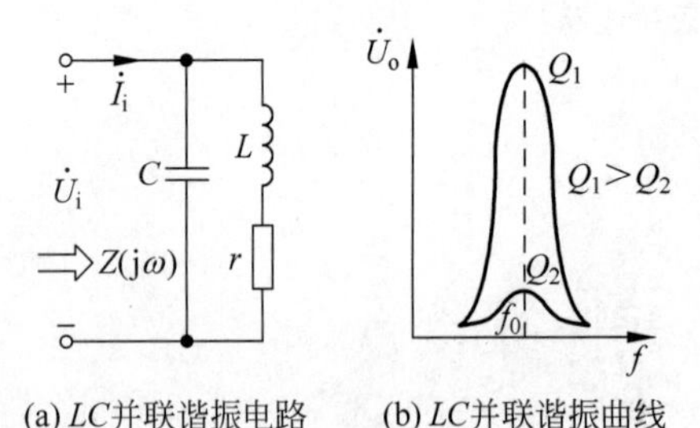

(a) *LC*并联谐振电路　(b) *LC*并联谐振曲线

图 10-9　*LC* 并联谐振电路与并联谐振曲线

计算如图 10-9(a)所示的 *LC* 并联谐振电路输入阻抗,有

$$Z(\mathrm{j}\omega)=\frac{1}{\mathrm{j}\omega C}\,/\!/\,(r+\mathrm{j}\omega L)=\frac{r+\mathrm{j}\omega L}{1-\omega^2LC+\mathrm{j}\omega Cr}$$

可以得到

$$Z(\mathrm{j}\omega)=\frac{r+\mathrm{j}(\omega L-\omega Cr^2-\omega^3L^2C)}{(1-\omega^2LC)^2+(\omega Cr)^2} \tag{10-20}$$

谐振时,$\omega=\omega_0$,有

$$\omega_0L-\omega_0Cr^2-\omega_0^3L^2C=0$$

$$\omega_0=\sqrt{\frac{1}{LC}-\frac{r^2}{L^2}} \tag{10-21}$$

有损耗的谐振电路考虑电感支路的损耗,用电阻 r 表示。忽略线圈损耗,则谐振频率为

$$f_0=\frac{\omega_0}{2\pi}=\frac{\sqrt{\frac{1}{LC}-\frac{r^2}{L^2}}}{2\pi}\approx\frac{1}{2\pi\sqrt{LC}} \tag{10-22}$$

并联谐振时，电感支路电流或电容支路电流与总电流之比，定义为并联谐振电路的品质因数 Q，即

$$Q=I_L/I=I_C/I=\omega_0 L/r=1/(\omega_0 Cr) \tag{10-23}$$

对于如图 10-9(b)的谐振曲线，图中 $Q_1>Q_2$，Q 值大的曲线较陡较窄。由式(10-20)可以得到并联谐振电路的谐振阻抗为

$$Z_0=\frac{L}{Cr}=Q\omega_0 L=\frac{Q}{\omega_0 C}=Q\sqrt{\frac{L}{C}} \tag{10-24}$$

谐振时，LC 并联谐振电路相当于一个电阻。

2. 变压器反馈 *LC* 振荡器

变压器耦合式 LC 振荡电路是通过变压器的耦合作用将反馈信号送到放大器的输入端的，常见的有共射变压器耦合式和共基变压器耦合式两种 LC 振荡器。

1) LC 串联或并联电路在 LC 三点式振荡器中的等效

(1) LC 串联电路。LC 串联电路及其阻抗频率曲线如图 10-10(a)所示。

$$X=\omega L-\frac{1}{\omega C} \tag{10-25}$$

谐振时，谐振频率 ω_0 为

$$\omega_0=\frac{1}{\sqrt{LC}} \tag{10-26}$$

根据 ω 与 ω_0 关系，有

① $\omega=\omega_0$，$X=0$，串联电路等效为短路线；

② $\omega<\omega_0$ 时，$X<0$，LC 串联电路等效为电容；

③ $\omega>\omega_0$ 时，$X>0$，LC 串联电路等效为电感。

(2) LC 并联电路。LC 并联电路及其阻抗频率曲线如图 10-10(b)所示。有

$$X=\frac{\omega L}{1-\omega^2 LC} \tag{10-27}$$

则并联谐振频率与串联谐振频率相同，为

$$\omega_0=\frac{1}{\sqrt{LC}}$$

同样，讨论 ω 与 ω_0 关系，有

① $\omega=\omega_0$ 时，$X=\infty$，LC 并联电路等效为开路；

② $\omega<\omega_0$ 时，$X>0$，LC 并联电路等效为电感；

③ $\omega>\omega_0$ 时，$X<0$，LC 并联电路等效为电容。

2) 集电极调制变压器耦合式 LC 振荡器

变压器反馈 LC 振荡电路如图 10-11(a)所示。LC 并联谐振电路作为三极管的负载，反馈线圈 L_2 与电感线圈 L_1 相耦合，将反馈信号送入三极管的输入回路。交换反馈线圈的两个线头，可使反馈极性发生变化。调整反馈线圈的匝数可以改变反馈信号的强度，以使正反

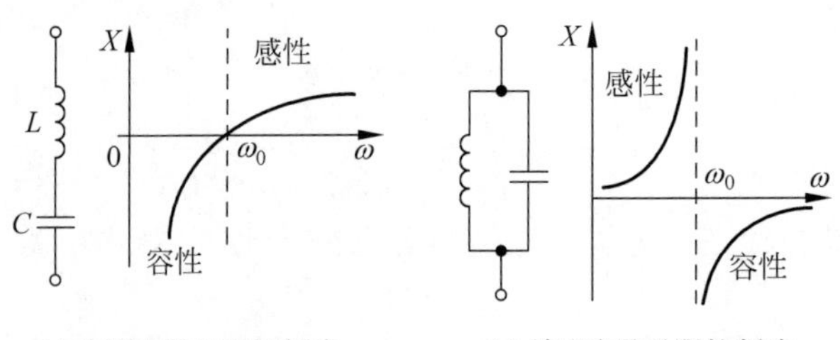

(a) 串联电路及阻抗频响　　(b) 并联电路及阻抗频响

图 10-10　LC 串并联电路及阻抗频响

馈的幅度条件得以满足。R_1、R_2 构成分压式偏置电路，R_3 是发射极直流负反馈电阻，它们提供放大器的静态偏置。C_3 是耦合电容、C_2 是交流旁路电容，二者对振荡信号相当于短路。L_1、C_1 构成并联谐振回路作为选频回路。当信号频率等于固有谐振频率 f_0 时，L_1、C_1 并联谐振回路发生谐振，放大器通过 LC 并联回路使频率为 f_0 的信号输出最大，并且相移为零。对于频率偏离 f_0 的信号，放大器输出减小，且有一定相移。偏离 f_0 越多，输出越小，相移越大。

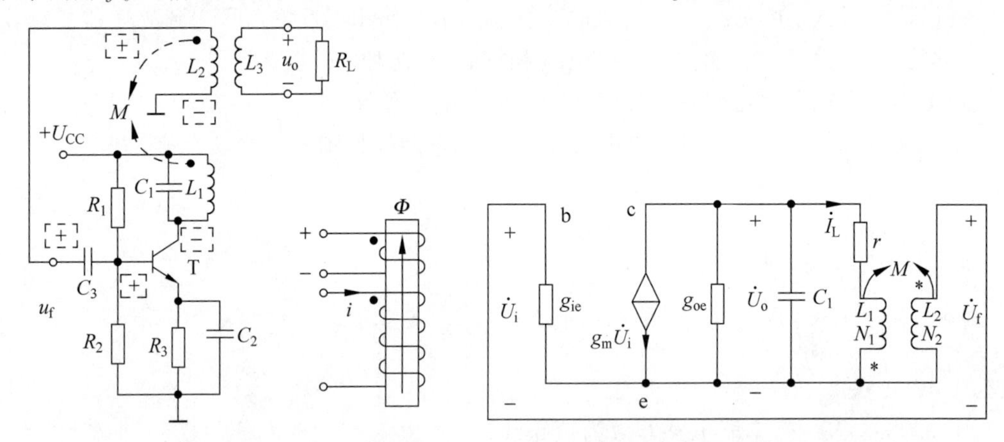

(a) 变压器反馈LC振荡电路与同名端的极性示意图　　(b) 变压器反馈LC振荡电路微变等效电路

图 10-11　变压器反馈 LC 振荡电路与同名端的极性示意图

有关同名端的极性请参阅图 10-11(a)，变压器反馈 LC 振荡电路微变等效电路如图 10-11(b)所示。假设 $L_1=L$，$C_1=C$，则有

$$\dot{U}_o=-\frac{g_m\dot{U}_i}{g_{oe}+p^2g_{ie}+j\omega C+\dfrac{1}{r+j\omega L}}$$

$$\dot{A}=\frac{\dot{U}_o}{\dot{U}_i}=-\frac{g_m}{g_{oe}+p^2g_{ie}+j\omega C+\dfrac{1}{r+j\omega L}} \tag{10-28}$$

$$\dot{F}=\frac{\dot{U}_f}{\dot{U}_o}=-\frac{j\omega M\dot{I}_L}{(r+j\omega L)\dot{I}_L}=-\frac{j\omega M}{r+j\omega L} \tag{10-29}$$

环路增益

$$\dot{T}=\dot{A}\dot{F}=-\frac{g_m}{g_{oe}+p^2g_{ie}+j\omega C+\dfrac{1}{r+j\omega L}}\times\left(-\frac{j\omega M}{r+j\omega L}\right) \tag{10-30}$$

平衡时

$$\dot{T}=|\dot{T}|\mathrm{e}^{\mathrm{j}\phi_T}=\frac{\omega Mg_{\mathrm{m}}}{\omega[rC+(g_{\mathrm{oe}}+p^2g_{\mathrm{ie}})L]+\mathrm{j}[\omega^2LC-1-(g_{\mathrm{oe}}+p^2g_{\mathrm{ie}})r]}=1$$

谐振时,环路增益虚部为零,所以,有

$$r(g_{\mathrm{oe}}+p^2g_{\mathrm{ie}})+1-\omega^2LC=0$$

$$L(g_{\mathrm{oe}}+p^2g_{\mathrm{ie}})+rC-Mg_{\mathrm{m}}=0$$

联立方程组求解,得

$$\begin{cases}\omega_0=\omega=\dfrac{1}{\sqrt{LC}}\sqrt{r(g_{\mathrm{oe}}+p^2g_{\mathrm{ie}})+1}\\ g_{\mathrm{m}}=\dfrac{L(g_{\mathrm{oe}}+p^2g_{\mathrm{ie}})+Cr}{M}\end{cases}\tag{10-31}$$

$r(g_{\mathrm{oe}}+p^2g_{\mathrm{ie}})\ll1$,所以,通常变压器反馈 L_1C_1 振荡电路的振荡频率与并联 L_1C_1 谐振电路近似相同,为

$$f_0\approx\frac{1}{2\pi\sqrt{L_1C_1}}\tag{10-32}$$

起振时

$$\dot{T}=|\dot{T}|\mathrm{e}^{\mathrm{j}\varphi_T}>1\tag{10-33}$$

要求振幅条件

$$|\dot{T}|=\frac{\omega Mg_{\mathrm{m}}}{\sqrt{\omega^2[rC+(g_{\mathrm{oe}}+p^2g_{\mathrm{ie}})L]^2+[\omega^2LC-1-(g_{\mathrm{oe}}+p^2g_{\mathrm{ie}})r]^2}}>1$$

要求相位条件

$$\varphi_{\mathrm{T}}=-\arctan\frac{\omega_0^2LC-1-r(g_{\mathrm{oe}}+p^2g_{\mathrm{ie}})}{\omega[rC+(g_{\mathrm{oe}}+p^2g_{\mathrm{ie}})L]}=0$$

可以得到

$$\begin{cases}g_{\mathrm{m}}>\dfrac{L(g_{\mathrm{oe}}+p^2g_{\mathrm{ie}})+Cr}{M}\\ \omega_0=\dfrac{1}{\sqrt{LC}}\sqrt{r(g_{\mathrm{oe}}+p^2g_{\mathrm{ie}})+1}\end{cases}\tag{10-34}$$

因此,r 越大,M 越小,电路起振所需 g_{m} 就越大;相位条件与平衡时相同。

实际上当振荡器开机的瞬间产生的电扰动经三极管 T 组成的放大器放大,由 LC 选频回路在众多的干扰信号中选出频率为 f_0 的信号,通过线圈 L_1 和 L_2 之间的互感耦合把信号反馈到三极管的基极。如果基极的瞬时电压极性为正,经倒相集电极电压的瞬时极性为负,从变压器同名端可以看出,L_2 的上端电压极性为负,反馈回基极的电压极性为正,满足相位平衡条件,偏离 f_0 的其他频率的信号因有附加相移而不满足相位平衡条件。只要三极管电流放大系数 β 和 L_1 与 L_2 的匝数比合适,满足振幅条件,就能产生频率为 f_0 的振荡信号。通过分析看出电路特点为:

① 该振荡电路的优点是功率增益高,容易起振;

② 振荡幅度容易受到振荡频率大小的影响;

③ r 越大,M 越小,电路起振所需 g_{m} 就越大。

3) 共基与共射变压器耦合式 LC 振荡器

如图 10-12(a)所示的共基变压器耦合式 LC 振荡器,LC 并联回路是选频网络,L_3 是负

载线圈。通过变压器 L_3 和 L 之间的互感作用,在 L 上产生感应电动势,LC 选频网络进行选频、L 线圈 2、3 端的反馈电压加到三极管的发射极与基极之间并使之产生振荡。正反馈量的大小可以通过调节 L 的匝数或 L、L_3 两个线圈之间的距离来改变。调整可变电容器 C 可以调节振荡频率 f_0。

共基电路的输入阻抗很低,为了不降低选频回路的 Q 值,以保证振荡频率的稳定,采用了部分接入法比较适合工程要求,如图 10-12(a)所示。这样,加到三极管输入端的信号只取自 L 的一小部分。该电路的特点是频率调节方便,输出波形较好。

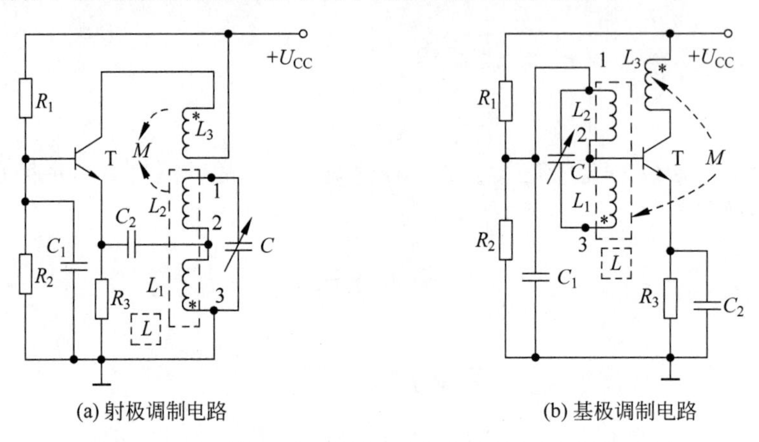

图 10-12　变压器反馈 LC 振荡电路之射极与基极调制电路

如图 10-12(b)所示的基极调制变压器耦合式 LC 振荡器,其原理与射极调制、集电极调制基本上相同,由于集电极调制已经分析很具体,读者可以仿照自行推导,这里不再赘述。

4）小结

振荡器的分析同样遵循放大器分析步骤与方法。

(1) 能否振荡的判断：①直流偏置：保证三极管工作在放大状态；②相位起振条件：由变压器的同名端来保证是正反馈；③幅度起振条件满足式(10-34),稳定条件式(10-31)。

(2) 画等效电路注意事项：①耦合、旁路等电容都是大电容,交流短路；②画交流通路时一般略去偏置电阻；③反馈到哪里就以哪里作输入端。

(3) 根据微变等效图计算起振、平衡时幅度与相位条件。

3. 三点式 *LC* 振荡器

LC 三端振荡器是一种电路结构很有特点的反馈式 LC 振荡器。分析三点式 LC 振荡电路常用方法如下：将谐振回路的阻抗折算到三极管的各个电极之间,有三个纯电抗性元件 Z_1、Z_2、Z_3,如图 10-13(a)所示。对于图 10-13(b)阻抗 Z_2 是 C_2、Z_1 是 C_1、Z_3 是 L。而对于图 10-13(c)阻抗 Z_2 是 L_2、Z_1 是 L_1、Z_3 是 C。

谐振时,对于纯电抗元件组成的回路,有

$$\begin{cases} Z_1+Z_2+Z_3=0 \\ Z_1+Z_2=-Z_3 \\ Z_1=\mathrm{j}x_1;\ Z_2=\mathrm{j}x_2;\ Z_3=\mathrm{j}x_3 \\ \dot{F}=\dfrac{\dot{U}_\mathrm{f}}{\dot{U}_\mathrm{o}}=\dfrac{-\dot{I}Z_2}{\dot{I}Z_1}=-\dfrac{Z_2}{Z_1} \end{cases} \tag{10-35}$$

若满足相位条件，则

$$\dot{F}=\frac{\dot{U}_{\mathrm{f}}}{\dot{U}_{\mathrm{o}}}=\frac{-\mathrm{j}X_{2}}{\mathrm{j}X_{1}}<0\Rightarrow\frac{X_{2}}{X_{1}}>0 \tag{10-36}$$

即可以证明若满足相位平衡条件，Z_1 和 Z_2 必须同性质，即同为电容或同为电感，且与 Z_3 性质相反。在这种振荡电路中，选频网络由三个基本电抗元件构成，选频网络的三个引出端分别与晶体管的三个电极相连，如图 10-13(a)所示。

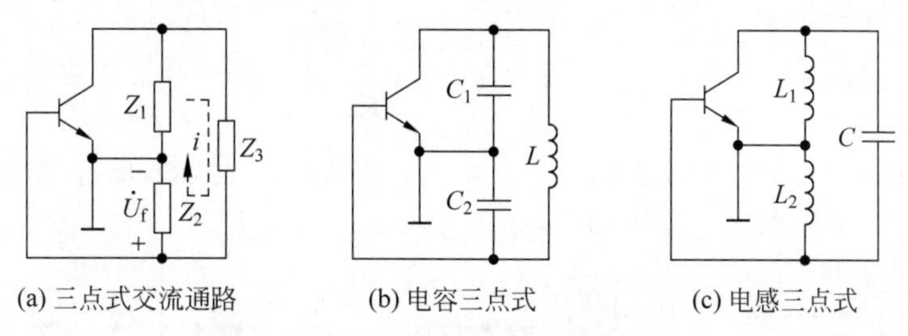

(a) 三点式交流通路　(b) 电容三点式　(c) 电感三点式

图 10-13　三点式振荡器交流通路

电路要振荡必须满足条件，简言之“射同余异”，也就是三极管“ce 与 be 同抗件，与 cb 反抗件”。即在三点式振荡器的交流通路中包含有三个电抗元件，它们头尾相连，三个接点分别与三极管的三个极相连。三个电抗元件中如果两个是电容一个是电感则为电容三点式，如果两个是电感一个是电容则为电感三点式。三个电抗元件如果都是电容或都是电感则不振。许多变形的 LC 三端振荡电路，X_{ce} 和 X_{be}、X_{cb} 往往不都是单一的电抗元件，而是可以由不同符号的电抗元件组成。但是，多个不同符号的电抗元件构成的复杂电路，在频率一定时，可以等效为一个电感或电容。根据等效电抗是否具备上述 LC 三端振荡电路相位平衡判断准则的条件，便可判明该电路是否起振。

1) 电容三点式振荡器

电容三点式振荡器(capacitance connecting three point type oscillator)，亦称考毕兹(Colpitts)电路。如图 10-14 所示，电路特点是与三极管 E 极相连的都是电容，与 B 极相连的一个是电容一个是电感。振荡频率为

$$\omega_{0}=\frac{1}{\sqrt{LC}},\quad C=\frac{C_{1}C_{2}}{C_{1}+C_{2}} \tag{10-37}$$

即 C 为电感两端等效的总电容。

(1) 电容三点式 LC 振荡器的幅度起振条件。作出图 10-14(a)所示电路交流通路与微变等效电路如图 10-15(a)(b)所示。

起振时，要求 $\dot{U}_{\mathrm{f}}>\dot{U}_{\mathrm{be}}$，且同相，可以求得

$$g_{\mathrm{m}}>\frac{1}{F}g'_{\mathrm{L}}+ng'_{\mathrm{i}} \tag{10-38}$$

电容三点式平衡条件是将式(10-38)中的“>”改变为“=”即可。其中三极管的跨导

$$g_{\mathrm{m}}=\frac{I_{\mathrm{EQ}}}{U_{\mathrm{T}}}$$

谐振回路等效电阻

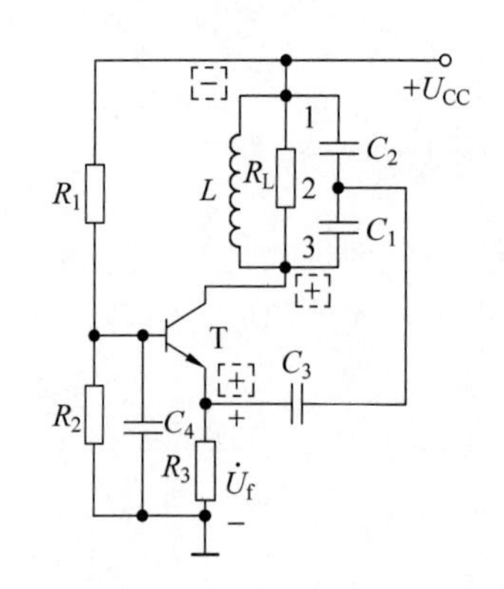

(a) 共基极电容三点式振荡器

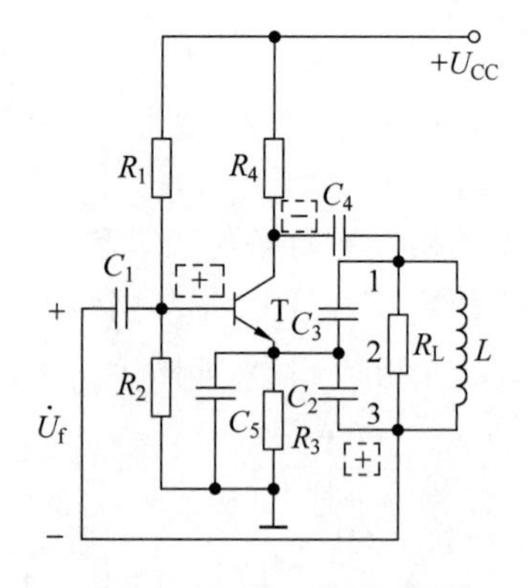

(b) 共射极电容三点式(Coplitts)振荡器

图 10-14　电容三点式 LC 振荡电路

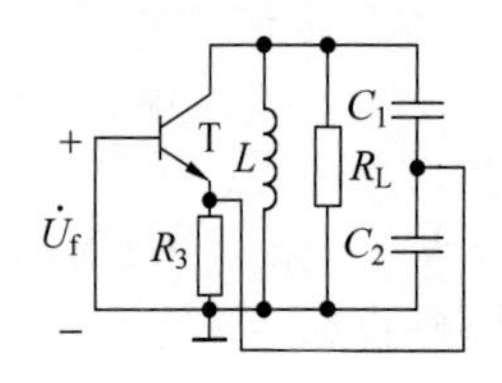

(a) 电容三点式振荡器交流通路

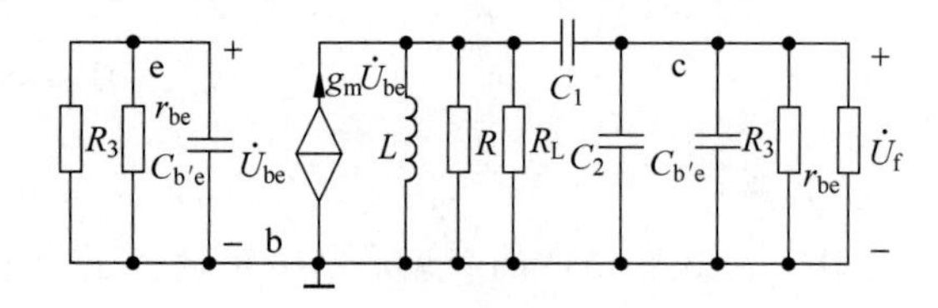

(b) 电容三点式振荡器微变等效电路

图 10-15　电容三点式振荡器交流通路及其微变等效电路

$$R=\frac{L}{Cr}$$

r 为线圈等效电阻。则输出端等效负载为

$$g'_L=\frac{1}{R'_L}=\frac{RR_L}{R+R_L}$$

输入端等效输入阻抗为

$$g'_i=\frac{1}{R_i}=\frac{1}{R_3 /\!/ r_{be}}\approx\frac{1}{r_{be}}\approx g_m$$

反馈系数(分压比)为

$$\dot{F}=\frac{\dot{U}_f}{\dot{U}_o}\approx\frac{-\dfrac{1}{j\omega C'_2}}{\dfrac{1}{j\omega\dfrac{C_1C'_2}{C_1+C'_2}}}=-\frac{C_1}{C_1+C_2+C_{b'e}},\quad C'_2=C_2+C_{b'e}$$

电路设计要求：负载 R_L 越大，谐振电阻越大。当 g_m 越大，分压比 F 合适时，易起振。实际上就是反馈网络的反馈系数要适当，易起振。

(2) LC 振荡器频率稳定度。提高频率稳定度的基本措施有：

① 稳定 L、C 值(对 L、C 进行屏蔽密封等)；

② 提高 LC 谐振回路的 Q 值(减小 r，适当加大 L/C，品质因数为式(10-39))；

$$Q=\frac{1}{r}\sqrt{\frac{L}{C}}\tag{10-39}$$

③ 减小温度的影响(恒温,用正或负温度系数的器件);

④ 减小负载对电路的影响(加射极跟随器等缓冲级);

⑤ 稳定电源电压。

2) 克拉泼振荡电路

克拉泼(Clapp)电路为电容三点式振荡器改进电路,为避免改变反馈系数而影响振荡频率,在电感支路串联 C_3,改进后电路及其交流通路如图 10-16 所示。一般,设计时要考虑$C_3 \ll C_1, C_2$。

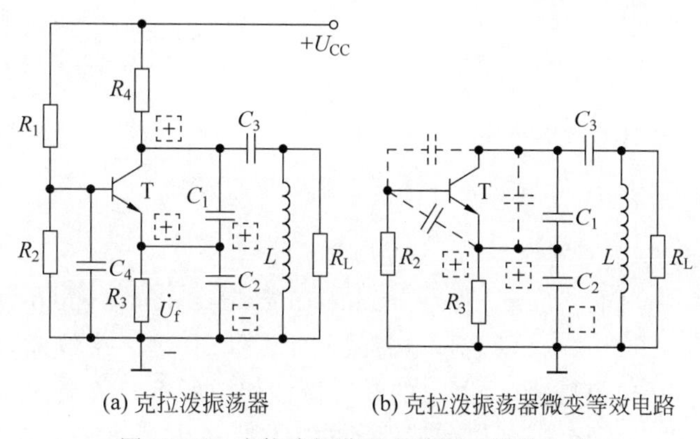

图 10-16 克拉泼振荡器及其微变等效电路

(1) 振荡频率:

$$\omega_0 = \frac{1}{\sqrt{LC}}, \quad \frac{1}{C} = \frac{1}{C_1} + \frac{1}{C_2} + \frac{1}{C_3}, \quad C \approx C_3 \tag{10-40}$$

(2) 频率稳定的原因:三极管的极间电容 C_{ce}、$C_{b'e}$、$C_{b'c}$ 并联在 C_1、C_2 上。温度变化时,C_{ce}、$C_{b'e}$、$C_{b'c}$ 的变化只影响 C_1 与 C_2,但不影响 C_3,所以振荡器频率基本不变。

(3) 缺点:①频率不可调,即 C_3 不能是可变的,否则振荡信号幅度会随频率而变,甚至停振;②在频率高端起振较难,不适合于用作波段振荡器。

(4) 优点:克拉泼电路的频率稳定度比电容反馈三端电路要好。

3) 西勒电路

西勒(Seiler)电路的优点是频率稳定而且可调。图 10-17(a)是西勒电路的实用电路,图 10-17(b)是其高频情况时的交流通路(未考虑负载电阻),可知该电路为共基电路。西勒电路是在克拉泼电路基础上,在电感 L 两端并联了一个小电容 C_4,且满足 C_1、C_2 远大于 C_3,所以其回路等效电容近似等于 C_3。输出振幅稳定均匀,适用作波段振荡器,其波段覆盖系数为 1.6~1.8 左右。在实际工作中,电路中 C_3 的选择要合理,C_3 过小时,振荡管与回路间的耦合过弱,振幅平衡条件不易满足,电路难于起振;C_3 过大时,频率稳定度会下降。所以,应该在保证起振条件得到满足的前提下,尽可能地减小 C_3 的值。

振荡频率如下:

$$\omega_0 = \frac{1}{\sqrt{LC_{总}}} \approx \frac{1}{\sqrt{L(C_3 + C_4)}} \tag{10-41}$$

在实际电路中,根据所需的振荡频率决定 L、C_3 的值,然后取 C_1、C_2 远大于 C_3 即可。但是 C_3 和 C_1、C_2 也不能相差太大,否则将影响振荡器的起振。

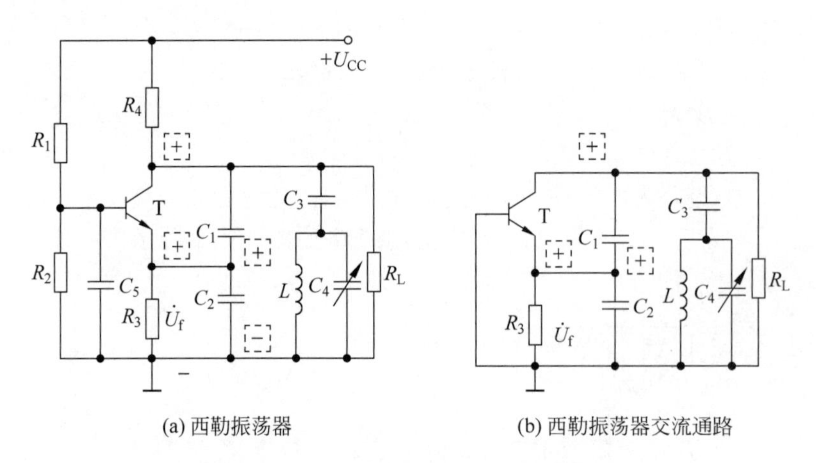

(a) 西勒振荡器　　(b) 西勒振荡器交流通路

图 10-17　西勒振荡器及其交流通路

4）电感三点式 LC 振荡器

电感三点式 LC 振荡电路(inductance connecting three point type oscillator)，亦称哈脱莱(Hartley)电路。如图 10-18(a)所示，电感线圈 L_1 和 L_2 是一个线圈，2 点是中间抽头。如果设某个瞬间集电极电流减小，线圈上的瞬时极性如图所示。反馈到发射极的极性对地为正，图中三极管是共基极接法，所以使发射结的净输入减小，集电极电流减小，符合正反馈的相位条件。图 10-18(b)为另一种电感三点式 LC 振荡电路。

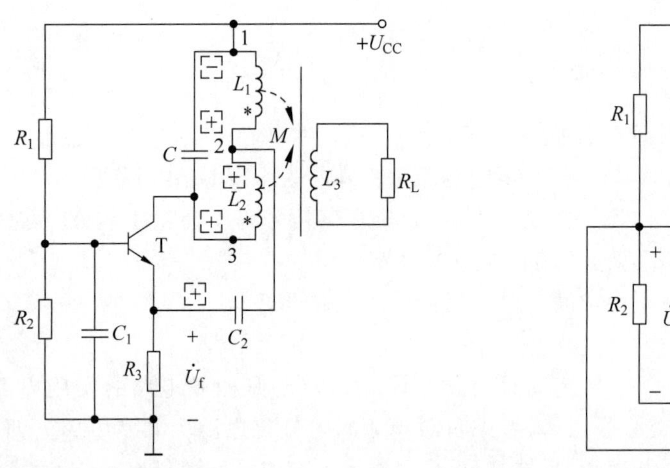

(a) 共基电感三点式LC振荡电路

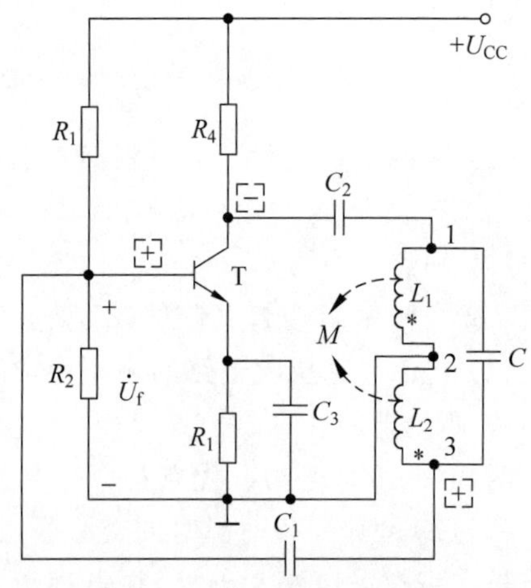

(b) 共射电感三点式LC振荡电路

图 10-18　电感三点式振荡器

(1) 特点：与发射极 E 相连的都是电感，与基极 B 相连的一个是电容一个是电感。所以三点式振荡器是否满足相位条件的判断依据是“射同基反”。

(2) 振荡频率：

$$\omega_0 = \frac{1}{\sqrt{LC}}$$

其中 $L=L_1+L_2+2M$ 为与 C 并联的总电感，L_1、L_2 是自感系数，M 是互感系数。如果改变同名端位置，将同名端连接在一起，则 $L=L_1+L_2-2M$。

(3) 反馈系数：

$$F=\frac{\dot{U}_{\mathrm{f}}}{\dot{U}_{\mathrm{o}}}=-\frac{L_2+M}{L_1+M} \tag{10-42}$$

①该振荡电路的优点是功率增益高，容易起振；②振荡幅度容易受到振荡频率大小的影响；③r 越大，M 越小，电路起振所需 g_{m} 就越大。

例 10-2 对于如图 10-19 所示的振荡电路，其中 $L=60\mu\mathrm{H}$，$C_1=3.3\mathrm{pF}$，$C_2=15\mathrm{pF}$，$C_3=8.2\mathrm{pF}$，$C_4=2.2\mathrm{pF}$，$C_5=1500\mathrm{pF}$，$C_6=2.2\mathrm{pF}$。

(1) 画出交流等效电路，说明振荡器类型；

(2) 估算振荡频率和反馈系数。

解 LC 振荡器分析同样是动态与静态结合分析，一般静态主要保证晶体管工作于放大状态。因此主要分析动态性能即可。

(1) 交流等效电路如图 10-19(b)所示。可以看出是西勒振荡器，当忽略 C_2(15pF)的电容后，是一个电容三点式反馈振荡器。

(2) 反馈系数。

$$\dot{F}=\frac{\dot{U}_{\mathrm{f}}}{\dot{U}_{\mathrm{o}}}=\frac{-\mathrm{j}\dfrac{1}{\omega C_3}}{\mathrm{j}\dfrac{1}{\omega C_4}}=-\frac{C_4}{C_3}=-\frac{2.2}{8.2}\approx -0.268$$

$$C=\frac{1}{\dfrac{1}{C_2}+\dfrac{1}{C_3}+\dfrac{1}{C_4}}+C_1=1.555+3.3=4.855\mathrm{pF}$$

$$f=\frac{1}{2\pi\sqrt{LC}}=\frac{1}{2\pi\sqrt{57\times10^{-6}\times4.855\times10^{-12}}}\approx 9.57\mathrm{MHz}$$

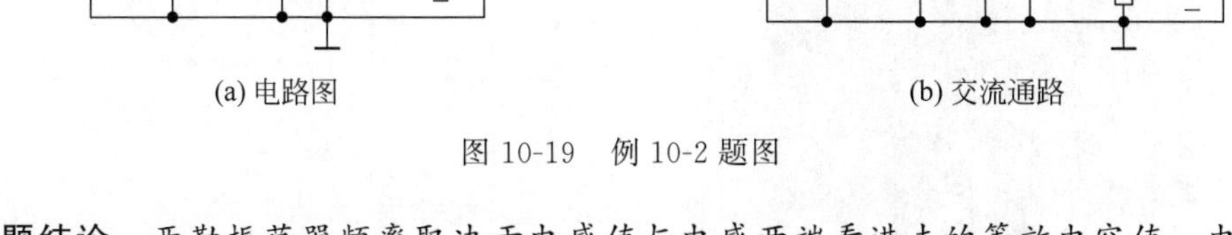

(a) 电路图　　(b) 交流通路

图 10-19　例 10-2 题图

解题结论 西勒振荡器频率取决于电感值与电感两端看进去的等效电容值。电容值一般等效于电感两端并联的等效电容。

5) 小结

以上所介绍的 LC 振荡器均是采用 LC 元件作为选频网络的。由于 LC 元件的标准性较差，因而谐振回路的 Q 值较低，空载 Q 值一般不超过 300，有载 Q 值就更低，所以 LC 振荡器的频率稳定度不高，一般为 10^{-3} 量级，即使是克拉泼电路和西勒电路也只能达到 10^{-4}

量级。如果需要频率稳定度更高的振荡器，可以采用晶体振荡器。

10.2.4 石英晶体振荡电路

RC 振荡电路和 *LC* 振荡电路的频率稳定度比较差。为了提高振荡电路的频率稳定度，可采用石英晶体振荡电路，其频率稳定度一般可达 $10^{-6} \sim 10^{-8}$ 量级，甚至可高达 $10^{-9} \sim 10^{-11}$。

晶体振荡器也分为无源晶振和有源晶振两种类型。无源晶振与有源晶振（谐振）的英文名称不同，无源晶振为 crystal（晶体），而有源晶振则称振荡器（oscillator）。无源晶振需要借助于时钟电路才能产生振荡信号，自身无法振荡起来，所以“无源晶振”这个说法并不准确；有源晶振是一个完整的谐振振荡器。石英晶体振荡器与石英晶体谐振器都是提供稳定电路频率的一种电子器件。

1. 石英晶体的原理与特性

晶振一般叫作晶体谐振器，是一种机电器件，是用电损耗很小的石英晶体经精密切割磨削并镀上电极焊上引线做成。这种晶体有一个很重要的特性，如果给它通电，它就会产生机械振荡，反之，如果给它机械力，它又会产生电，这种特性叫机电效应。晶振还有一个很重要的特点是其振荡频率与它们的形状、材料、切割方向等密切相关。由于石英晶体化学性能非常稳定，热膨胀系数非常小，其振荡频率也非常稳定。由于控制几何尺寸可以做到很精密，因此，其谐振频率也很准确。根据石英晶体的机电效应，可以把它等效为一个电磁振荡回路，即谐振回路。它们的机电效应是机-电的不断转换，而由电感和电容组成的谐振回路是电场-磁场的不断转换。在电路中的应用实际上是把它当作一个高 *Q* 值的电磁谐振回路。由于石英晶体的损耗非常小，即 *Q* 值非常高，做振荡器用时，可以产生非常稳定的振荡；作滤波器用，可以获得非常稳定和陡峭的带通或带阻曲线。

2. 石英晶体的符号和等效电路

如图 10-20 所示为石英晶体的符号和等效电路。其中，C_o 为安装电容，值为 1～10pF；L_q 为动态电感，值为 $10^{-3} \sim 10^2$ H；C_q 为动态电容，值为 $10^{-4} \sim 10^{-1}$ pF；r_q 为动态电阻，值为几十欧姆至几百欧姆。

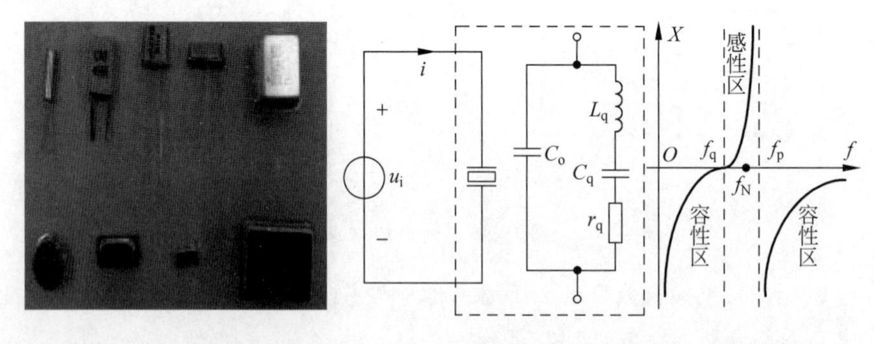

(a) 石英晶体谐振器外形　　(b) 石英晶体谐振器等效电路与电抗频率特性

图 10-20 石英晶体的等效电路及电抗特性曲线

3. 石英晶体的阻抗频率特性

石英晶体的电抗频率特性曲线如图 10-20 中两条实线所示。它有两个谐振频率：

(1) 串联谐振频率 f_q

$$f_q=\frac{1}{2\pi\sqrt{L_qC_q}} \tag{10-43}$$

(2) 并联谐振频率 f_p

$$f_p=\frac{1}{2\pi\sqrt{L_q\left(\frac{C_oC_q}{C_o+C_q}\right)}} \tag{10-44}$$

石英(quartz)晶体产品还有一个标称频率(nominal frequency)f_N,f_N 的值位于 f_q 与 f_p 之间,这是指石英晶体两端并接某一规定负载电容 C_L 时石英晶体的振荡频率(oscillation frequency)。负载电容 C_L 的值在生产厂家的产品说明书中有注明。

4. 晶体振荡器电路

晶体振荡器可分成两类。一类是将其作为等效电感元件用在三端电路中,工作在感性区间,称为并联型晶体振荡器;另一类是将其作为一个短路元件串接于正反馈支路上,工作在它的串联谐振频率上,称为串联型晶体振荡器。

(1) 并联型晶体振荡器。并联型晶体振荡器的工作原理和三端振荡器相同,只是将其中一个电感元件换成石英晶体。石英晶体可接在晶体管 c、b 极之间或 b、e 极之间,所组成的电路分别称为皮尔斯(Pierce)振荡电路和密勒(Miller)振荡电路。Pierce 电路如图 10-21(a)所示。

场效应管密勒振荡电路如图 10-21(b)所示。石英晶体作为电感元件连接在场效应管的栅极和源极之间。LC 并联回路在振荡频率点等效为电感,作为另一电感元件连接在场效应管漏极和源极之间,极间电容 C_{gd} 作为构成电感三端电路中电容元件。由于极间电容 C_{gd} 又称为密勒电容,故此电路有密勒振荡电路之称。

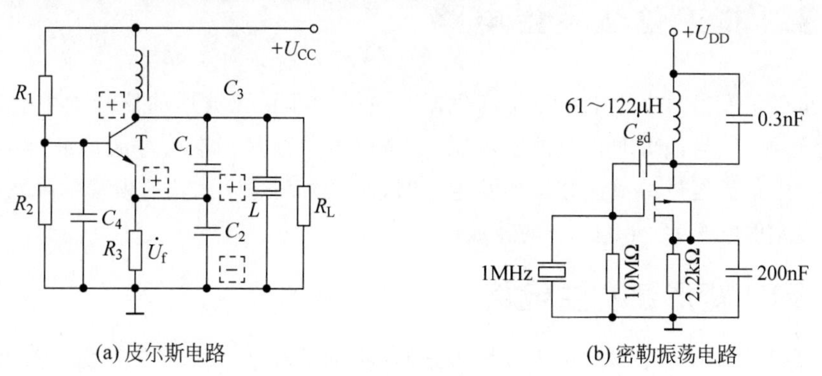

图 10-21 石英晶体振荡器

密勒振荡电路通常不采用晶体管,原因是正向偏置时晶体管发射结电阻太小,虽然晶振与发射结的耦合很弱,但也会在一定程度上降低回路的标准性和频率的稳定性,所以采用输入阻抗高的场效应管。

(2) 串联型晶体振荡器。串联型晶体振荡器是将石英晶体用于正反馈支路中,利用其在串联谐振时等效为短路元件,电路反馈作用最强,满足振幅起振条件,使振荡器在晶振串联谐振频率上起振。如图 10-22(a)所示给出了一种串联型单管晶体振荡器,图(b)是其交流等效电路。谐振频率取决于晶体,因此这里不再详细讲述电路工作原理。

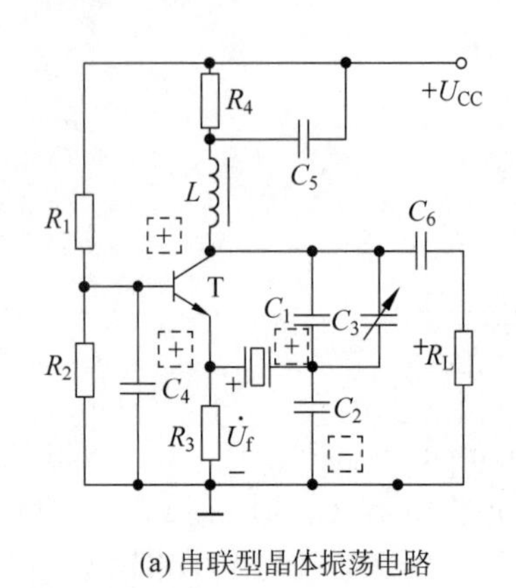

(a) 串联型晶体振荡电路

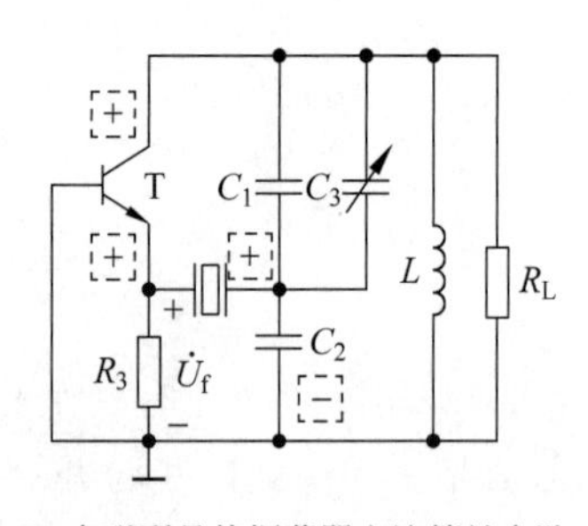

(b) 串联型晶体振荡器交流等效电路

图 10-22 串联型晶体振荡电路

石英晶体的振动具有多谐性,即除了基频振动外,还有奇次谐波泛音振动。对于石英晶体,既可利用其基频振动产生信号,也可利用其泛音振动产生信号。前者称为基频晶体,后者称为泛音晶体。总之,概括晶振特点有 4 点,即①石英晶体具有正反压电效应;②石英晶体的 Q 值和特性阻抗 ρ 都非常高,石英晶体的接入系数 p 很小;③石英晶体的固有频率十分稳定;④它的温度系数好。

石英晶体振荡器是利用石英晶体的压电效应来起振,而石英晶体谐振器是利用石英晶体和内置 IC 共同作用来工作的。振荡器直接应用于电路中,谐振器工作时一般需要提供 3.3V 电压来维持工作。振荡器比谐振器多了一个重要技术参数,即谐振电阻 R;而谐振器没有电阻要求。R 的大小直接影响电路的性能,因此这是各商家竞争的一个重要参数。

10.3 非正弦波发生电路

所谓非正弦波信号发生电路是指产生振荡波形为非正弦波形的信号发生器,常见的有三角波、矩形波、锯齿波等非正弦波发生器,实质产生的都是标准脉冲波形或类似的脉冲波形。一般利用集成运放组成这些波形发生电路,而且大都是以比较器为基础单元的电路,同时结合惰性元件电容 C 和电感 L 的充放电来实现的。

10.3.1 矩形波发生电路

电子信息系统最常见的非正弦信号是方波,特别是数字系统。方波发生器可以由积分电路和滞回比较器电路组成。积分电路的作用是产生暂态过程,滞回比较器起开关作用。即通过开关不断的闭合与断开,来破坏稳态,产生暂态过程。

方波发生器电路如图 10-23(a)所示,其产生的波形如图 10-23(b)所示,它是在迟滞比较器的基础上,把输出电压经 R、C 反馈到集成运放的反相端。在运放的输出端引入限流电阻 R 和两个稳压管而组成的双向限幅电路。

(1) 工作原理。电路是通过电阻 R_4 和稳压管对输出限幅,一般两个稳压管的稳压值相等,则电路输出电压正、负幅度对称。再利用电压比较器和积分电路的特性即可得到矩形波。

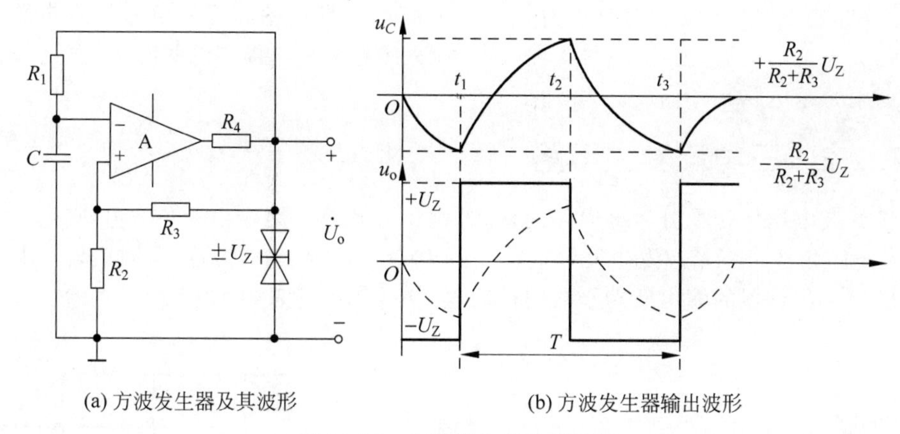

(a) 方波发生器及其波形　　(b) 方波发生器输出波形

图 10-23　方波发生器及其波形

(2) 振荡周期。图 10-23(b)画出了在 $t_1 \sim t_3$ 时的一个方波的典型周期内输出端及电容 C 上的电压波形。当 t_1 时刻，$u_C=-\dfrac{R_2}{R_3+R_2}U_Z$，则在半周期的时间内电容 C 上的电压 u_C 将以指数规律由 $u_C=-\dfrac{R_2}{R_3+R_2}U_Z$，向 $+U_Z$ 方向变化，根据一阶 RC 电路的三要素法计算三要素为

$$\tau_{放}=R_1C;\ u_C(\infty)=-U_Z;\ u_C(0+)=-\frac{R_2}{R_2+R_3}U_Z$$

$$u_C(t)=\left(U_Z+\frac{R_2}{R_2+R_3}U_Z\right)(1-\mathrm{e}^{\frac{-t}{R_1C}})-\frac{R_2}{R_2+R_3}U_Z \tag{10-45}$$

$$t=\tau\ln\frac{u_C(t)-u_C(\infty)}{u_C(0+)-u_C(\infty)} \tag{10-46}$$

因为

$$u_C(t_1)=-\frac{R_2}{R_2+R_3}U_Z;\quad u_C(t_2)=\frac{R_2}{R_2+R_3}U_Z$$

可以得出

$$T=2R_1C\ln\left(1+\frac{2R_2}{R_3}\right) \tag{10-47}$$

(3) 矩形波电路。实现此目标的一个方案是，将图 10-24 所示网络接入图 10-23 反馈网络中代替电阻 R_1。这样，当 u_o 为正时，D_1 导通而 D_2 截止，反向充电时间常数为 $R_{f1}C$；当 u_o 为负时，D_1 截止而 D_2 导通，正向充电时间常数为 $R_{f2}C$。通常将矩形波为高电平的持续时间与振荡周期的比称为占空比。对称方波的占空比为 50%。如需产生占空比小于或大于 50%的矩形波，只需适当改变电容 C 的正、反向充电时间常数即可。选取 R_{f1}/R_{f2} 的比值不同，就改变了占空比。设忽略了二极管的正向电阻，此时的振荡周期为

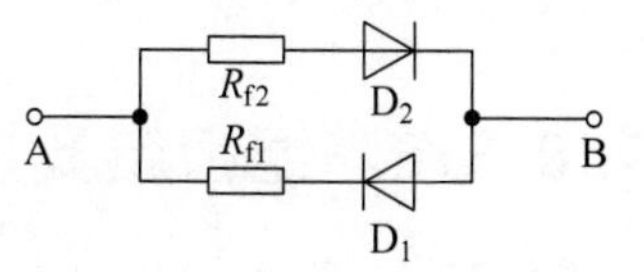

图 10-24　改变充放电时间常数网络

$$T=(R_{f1}+R_{f2})C\ln\left(1+\frac{2R_2}{R_3}\right) \tag{10-48}$$

总之,方波产生电路是一种能够直接产生方波或矩形波的非正弦信号发生电路。由于方波包含极丰富的谐波,因此,这种电路又称为多谐振荡器。需要说明的是,多谐振荡器工程上常利用时基电路555构成。

10.3.2 三角波发生电路

如将方波电压作为积分运算电路的输入,则积分运算电路输出三角波电压。

(1) 电路组成。三角波发生器的电路如图10-25(a)所示。它是由滞回比较器和积分器组合而成的。积分器的输出反馈给滞回比较器,作为滞回比较器的U_{REF}。

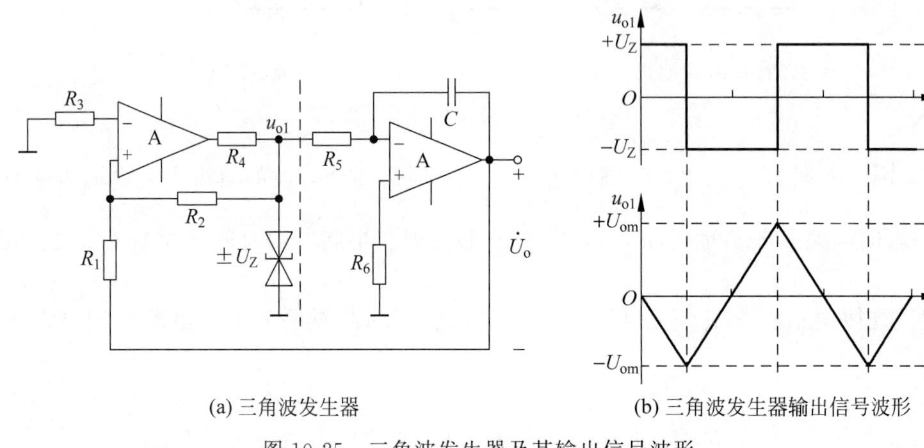

(a) 三角波发生器　　(b) 三角波发生器输出信号波形

图10-25　三角波发生器及其输出信号波形

(2) 工作原理。当$u_{o1}=+U_Z$时,则电容C充电,同时u_o按线性逐渐下降,当使A_1的U_p略低于U_N时,u_{o1}从$+U_Z$跳变为$-U_Z$。波形图参阅图10-25(b)。在$u_{o1}=-U_Z$后,电容C开始放电,u_o按线性上升,当使A_1的U_P略大于零时,u_{o1}从U_Z跳变为$+U_Z$,如此周而复始,产生振荡。由于u_o上升、下降时间相等,斜率绝对值也相等,故u_o为三角波。输出峰值U_{om}为

$$U_{om}=\pm\frac{R_1}{R_2}U_Z \tag{10-49}$$

(3) 振荡周期

$$\frac{1}{C}\int_0^{\frac{T}{2}}\frac{U_Z}{R_5}\mathrm{d}t=2U_{om}$$

可得

$$T=4R_5C\frac{U_{om}}{U_Z}=\frac{4R_5R_1C}{R_2} \tag{10-50}$$

10.3.3 锯齿波发生电路

锯齿波发生器电路如图10-26(a)所示。前级集成运放组成滞回比较电路,后级组成积分电路。它还可以同时产生方波(前级集成运放产生)和三角波(后级集成运放产生)。实际上三角波的电容充放电时间相等,若电容的充放电时间不等而且相差很大,便产生锯齿波。

锯齿波产生电路的种类很多,这里仅以图10-26所示的锯齿波电压产生电路为例,讨论其组成及工作原理。

(1) 电路组成。如图10-26所示,它包括同相输入迟滞比较器(前级)和充放电时间常

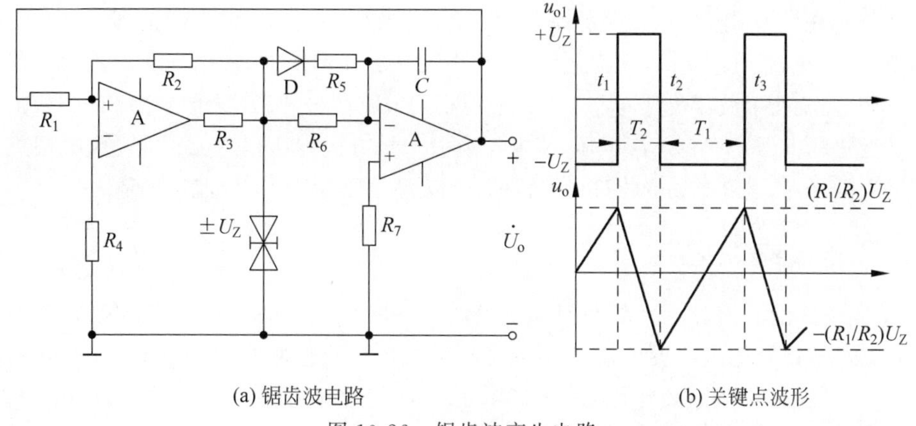

(a) 锯齿波电路　　(b) 关键点波形

图 10-26　锯齿波产生电路

数不等的积分器(后级)两部分,共同组成锯齿波电压产生器电路。

(2) 门限电压的估算。如图 10-26(a)前级所示同相输入迟滞比较器,比较器输入 u_i 为后级输出信号 u_o。所以

$$u_{p1}=u_i-\frac{R_1}{R_1+R_2}(u_i-u_{o1})$$

考虑到电路翻转时,有 $u_{p1}\approx u_{n1}\approx 0$,即得

$$u_{TH}=u_i=-\frac{R_1}{R_2}u_o \tag{10-51}$$

由于 $u_{o1}=\pm U_Z$,由式(10-51),可分别求出上、下门限电压和门限宽度为

$$u_{TH+}=\frac{R_1}{R_2}U_Z \tag{10-52}$$

$$u_{TH-}=-\frac{R_1}{R_2}U_Z \tag{10-53}$$

和回差电压

$$\Delta u_{TH}=u_{TH+}-u_{TH-}=\frac{2R_1}{R_2}U_Z \tag{10-54}$$

(3) 工作原理。设 $t=0$ 时接通电源,有 $u_{o1}=-U_Z$,则 $-U_Z$ 经 R_6 向 C 充电,使输出电压按线性规律增长。当 u_o 上升到门限电压 u_{T+},使 $u_{p1}\approx u_{n1}$ 时,比较器输出 u_{o1} 由 $-U_Z$ 上跳到 $+U_Z$,同时门限电压下跳到 U_{T-} 值。$u_{o1}=+U_Z$ 经 R_6 和 D、R_5 两支路向 C 反向充电,由于时间常数减小,u_o 迅速下降到负值。当 u_o 下降到下门限电压 U_{T-} 使 $u_{p1}\approx u_{n1}$ 时,比较器输出 u_{o1} 又由 $+U_Z$ 下跳到 $-U_Z$。如此周而复始,产生振荡。由于电容 C 的正向与反向充电时间常数不相等,输出波形 u_o 为锯齿波电压,u_{o1} 为矩形波电压,如图 10-26(b)所示。

可以证明,若忽略二极管的正向电阻,则其振荡周期为

$$T=T_1+T_2=\frac{2R_1R_6C}{R_2}+\frac{2R_1(R_6\parallel R_5)C}{R_2}=\frac{2R_6R_1C(R_6+2R_5)}{R_2(R_6+R_5)} \tag{10-55}$$

显然,图 10-26(a)所示电路,当 R_5、D 支路开路,电容 C 的正、反向充电时间常数相等时,锯齿波就变成三角波,该电路就变成方波(u_{o1})—三角波(u_o)产生电路,其振荡周期为

$$T=T_1+T_2=\frac{2R_1R_6C}{R_2} \tag{10-56}$$

锯齿波和正弦波、矩形波、三角波是常用的基本测试信号。此外,在示波器、显像管、电视机等仪器中,为了使电子按照一定规律运动,以利用荧光屏显示图像,常用到锯齿波发生器作为时基电路。例如,要在示波器荧光屏上不失真地观察到被测信号波形,要求在水平偏转板加上随时间作线性变化的电压——锯齿波电压,使电子束沿水平方向匀速扫过荧光屏。而电视机中显像管荧光屏上的光点,是靠磁场变化进行偏转的,所以需要要用锯齿波电流来控制。

10.3.4 集成函数发生器

本节已经讨论了由分立元器件或局部集成器件组成的正弦波和非正弦波信号产生电路,实际上集成芯片化函数发生器已经在中低频工程场合普遍应用。基于此,本节主要研究目前用得较多的集成函数发生器 8038 芯片的原理与使用方法。ICL8038 为单片集成电路函数发生器,其工作频率为几 Hz 至几百 kHz,它可以同时输出方波、三角波、正弦波等信号。

1. 8038 的工作原理

由手册和有关资料可看出,8038 由恒流源 I_1、I_2,电压比较器 C_1、C_2 和触发器等组成。其内部原理电路框图和外部引脚排列分别如图 10-27 所示。

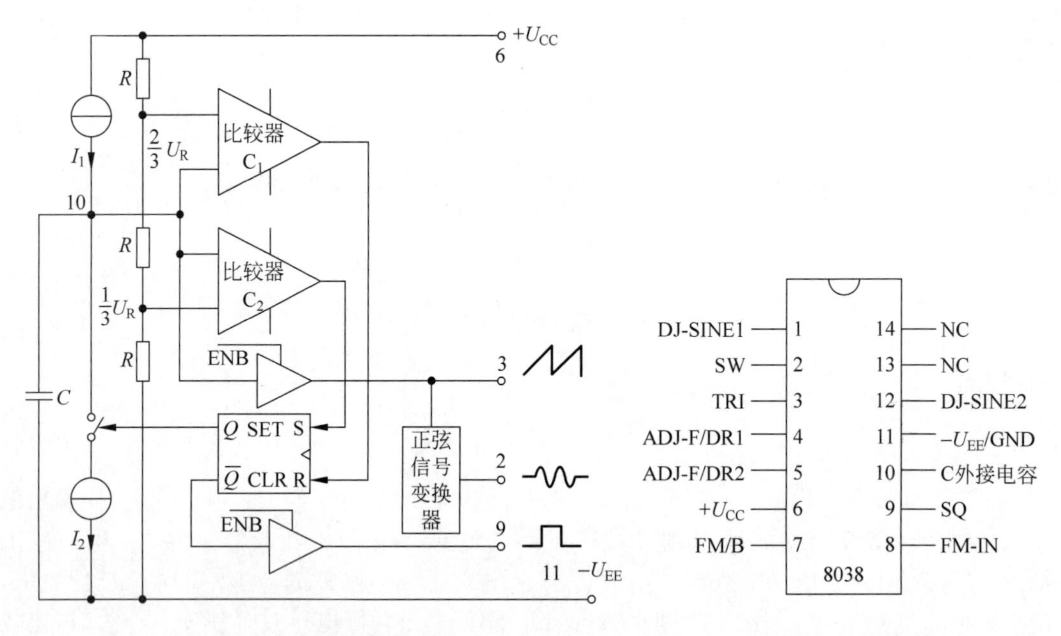

(a) 单片集成电路函数发生器　　(b) ICL8038顶视图

图 10-27 单片集成电路函数发生器 ICL8038

1—正弦波线性调节;2—正弦波输出;3—三角波输出;4—恒流源调节;5—恒流源调节;6—正电源;7—调频偏置电压;8—调频控制输入端;9—方波输出(集电极开路输出);10—外接电容;11—负电源或接地;12—正弦波线性调节;13、14—空脚

如图 10-27 所示电路中,电压比较器 C_1、C_2 的门限电压分别为(2/3)U_{REF} 和(1/3)U_{REF}(其中 $U_{REF}=U_{CC}+U_{EE}$),电流源 I_1 和 I_2 的大小可通过外接电阻调节,且 I_2 必须大于 I_1。当触发器的 Q 端输出为低电平时,它控制开关 S 使电流源 I_2 断开。而电流源 I_1 则向外接电容 C 充电,使电容两端电压 u_C 随时间线性上升,当 u_C 上升到 $u_C=U_{REF}(2/3)$时,比较器

C_1 输出发生跳变,使触发器输出 Q 端由低电平变为高电平,控制开关 S 使电流源 I_2 接通。由于$I_2>I_1$,因此电容 C 放电,u_C 随时间线性下降。当 u_C 下降到 $u_C \leqslant U_{REF}/3$ 时,比较器 C_2 输出发生跳变,使触发器输出端 Q 又由高电平变为低电平,I_2 再次断开,I_1 再次向 C 充电,u_C 又随时间线性上升。如此周而复始,产生振荡。若 $I_2=2I_1$,u_C 上升时间与下降时间相等,就产生三角波输出到脚 3。而触发器输出的方波,经缓冲器输出到脚 9。三角波经正弦波变换器变成正弦波后由脚 2 输出。当 $I_1<I_2<2I_1$ 时,u_C 的上升时间与下降时间不相等,管脚 3 输出锯齿波。因此,8038 能输出方波、三角波、正弦波和锯齿波等 4 种不同的波形。有关触发器的工作原理见数字电路课程相关知识。如图 10-27 所示电路中的触发器,当 R 端为高电平、S 端为低电平时,Q 端输出低电平;反之,则 Q 端为高电平。

2. 8038 的典型应用

由图 10-28 所示,管脚 8 为调频电压控制输入端,管脚 7 输出调频偏置电压,其值(指管脚 6 与 7 之间的电压)是$(U_{CC}+U_{EE}/5)$,它可作为管脚 8 的输入电压。此外,该器件的方波输出端为集电极开路形式,一般需在正电源与 9 脚之间外接一电阻,其值常选用 10kΩ 左右,如图 10-28 所示。当电位器 R_{P1} 动端在中间位置,并且图中管脚 8 与 7 短接时,管脚 9、3 和 2 的输出分别为方波、三角波和正弦波。电路的振荡频率 f 约为 $0.3/[C(R_1+R_{P1}/2)]$。调节 R_{P1}、R_{P2} 可使正弦波的失真达到较理想的程度。

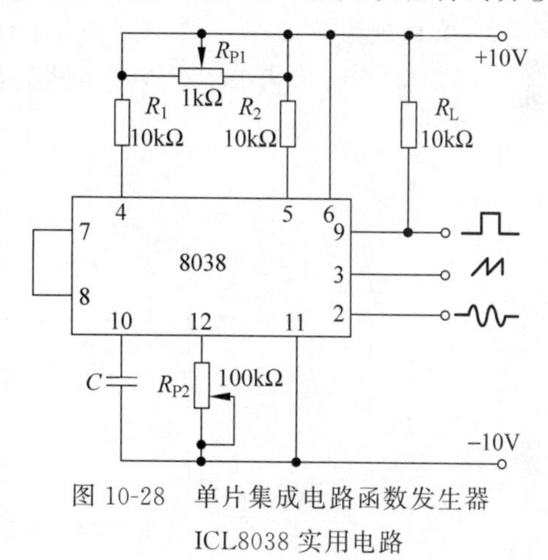

图 10-28　单片集成电路函数发生器 ICL8038 实用电路

在图 10-28 中,当 R_{P1} 动端在中间位置,断开管脚 8 与 7 之间的连线,若在$+U_{CC}$ 与$-U_{EE}$ 之间接一电位器,使其动端与 8 脚相连,改变正电源$+U_{CC}$ 与管脚 8 之间的控制电压(即调频电压),则振荡频率随之变化,因此该电路是一个频率可调的函数发生器。如果控制电压按一定规律变化,则可构成扫频式函数发生器。其他接法读者可参阅其他文献。

函数信号发生器 ICL8038 是一种大规模集成电路,能产生精度较高的正弦波、方波、矩形波、锯齿波等多种信号。在电路实验和设备检测中具有十分广泛的用途,如通信、广播、电视系统需要射频(高频)发射;工业、农业、生物医学等领域需要功率或大或小、频率或高或低的振荡器,而这些应用对输出波形的频率和占空比都需要进行调节,同时,在载波发射中,对电平的翻转速度也有更高的要求。

3. 小结

函数发生器有很宽的频率范围,使用范围很广,它是一种不可缺少的通用信号源。可以用于生产测试、仪器维修和实验室,还广泛使用在其他科技领域,如医学、教育、化学、通信、地球物理学、工业控制、军事和宇航等。目前实现函数发生器的方法国内外主要有 4 种:用分立元件组成的函数发生器;用晶体管、运放 IC 等通用器件制作的函数发生器;利用单片集成芯片的函数发生器;利用专用直接数字合成 DDS 芯片的函数发生器。由于利用单片集成芯片的函数发生器能产生多种波形,可达到较高的频率,且易于调试,因此未来函数发生器设计的方向为集成化思路。

10.4 振荡电路仿真与测试

本节主要仿真研究 *LC* 振荡器与石英振荡器起振、平衡条件及其性能指标。

10.4.1 *LC* 正弦波振荡器

LC 正弦波振荡电路的构成包括有放大电路、正反馈网络、选频网络和稳幅电路四部分。选频网络是由 *LC* 并联谐振电路构成。

1. 仿真目的

(1) 掌握正弦波振荡器的基本组成,起振条件和平衡条件;

(2) 掌握三点式正弦波振荡器电路的基本原理,反馈系数和振荡频率;

(3) 了解反馈式振荡器、各种三点式振荡器的特性及优缺点。

2. 仿真电路与波形

如图 10-29 所示为 *LC* 正弦波振荡器电路图。

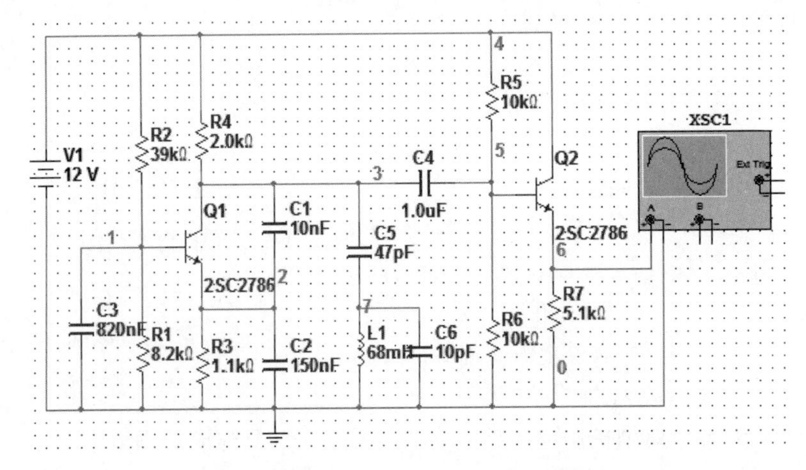

图 10-29 *LC* 正弦波振荡器电路图

如图 10-30 所示为 *LC* 正弦波振荡器电路波形图。

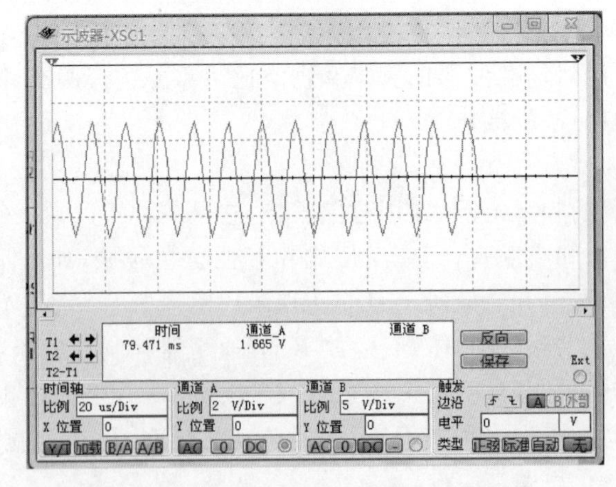

图 10-30 *LC* 正弦波振荡器电路波形图

10.4.2 石英晶体振荡器波形

实际上石英晶体振荡器是利用晶体高品质因数的特点构成的 *LC* 振荡电路，由于石英晶体的 *Q* 值很高，可达到几千以上，所示电路可以获得很高的振荡频率稳定性。

1. 仿真目的

(1) 掌握晶体振荡器的基本工作原理；

(2) 研究外界条件(电源电压、负载变化)对振荡器频率稳定度的影响；

(3) 比较 *LC* 振荡器与晶体振荡器的频率稳定度。

2. 仿真电路

晶体不需外接负载电容，因负载电容和晶体组成一模块。如图 10-31 所示为石英晶体振荡器电路图。

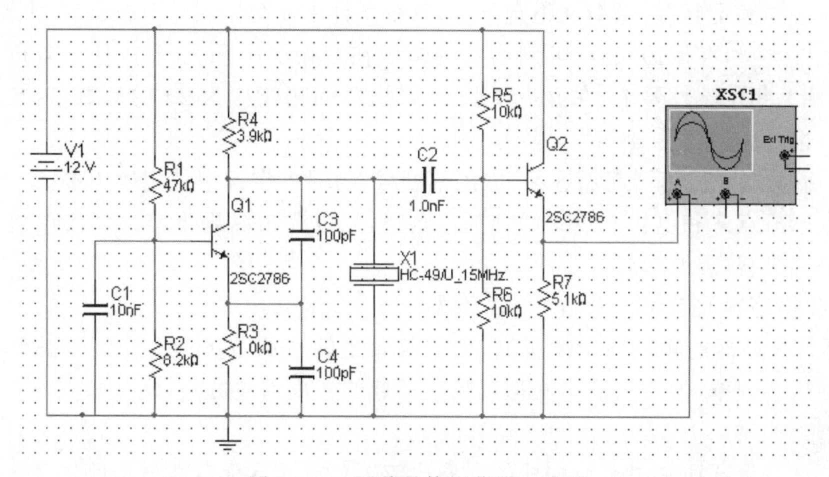

图 10-31 石英晶体振荡器电路图

如图 10-32 所示为石英晶体振荡器电路波形图。

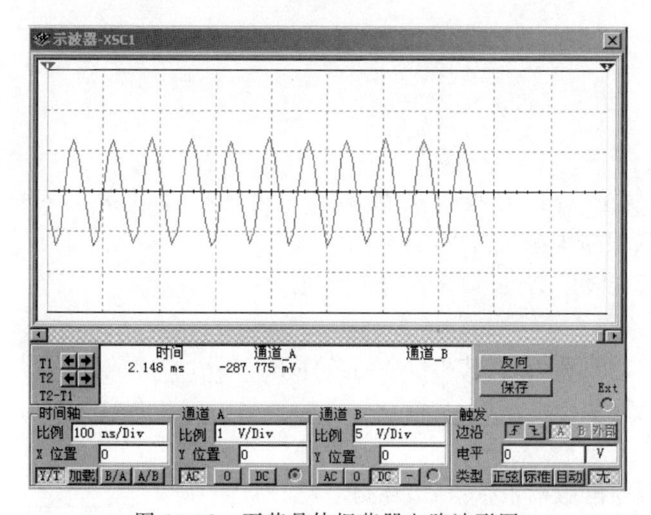

图 10-32 石英晶体振荡器电路波形图

本节仿真研究了反馈型 LC 振荡器的波形。仿真结果基本上与理论上一致。通过石英晶体振荡器与基本 LC 振荡器波形对比，得出石英晶体振荡器振荡频率基本上由石英晶体的固有频率决定，受 C_1、C_2 及三极管极间电容 C_{be}、C_{ce} 影响很小，因此振荡频率稳定度很高。

本章小结

低频情况下常由通用模拟集成电路构成的工作频率在1MHz以下的正弦波发生器，其电路由工作于线性状态的运算放大器和外接移相选频网络(frequency-selective network)构成。选用不同的移相(phase shift)选频网络便构成不同类型的正弦波发生器。

(1) 反馈振荡器是由放大器和反馈网络组成的具有选频能力的正反馈系统。反馈振荡器正常工作必须满足起振、平衡和稳定条件，每个条件中应分别讨论其振幅和相位两方面条件。振幅条件要求，在振荡频点，环路增益的幅值在起振时必须大于1，且具有负斜率的增益、振幅特性。相位条件要求，在振荡频点，环路增益的相位应为 2π 的整数倍，且具有负斜率的相频特性。

(2) 互感反馈式振荡器起振容易，输出幅度较大，但工作频率稳定度不高。三点式振荡器可分为电感三点式和电容三点式两种基本电路，克拉泼与西勒电路是实用改进型的电容三点式电路，它们输出波形好。

(3) LC 振荡器的工作频率由 LC 回路决定。

(4) 晶体振荡器的频率稳定度很高，但振荡频率的可调范围很小。泛音晶体振荡器可产生较高的振荡频率，但需采取措施抑制频率较低的齐次谐波分量，保证只谐振在所需要的工作频率上。

非正弦波发生器通常由运放构成的滞回比较器和有源或无源积分电路构成。不同形式的积分电路便构成各种不同类型的非正弦波发生器，如方波发生器、三角波发生器、锯齿波发生器等。

习题

10.1 填空题。

1. 石英晶体振荡器具有很高的频率稳定度。在并联谐振回路中，石英晶体作为________、在串联型晶体振荡器中，石英晶体作________的短路元件。

2. 为了产生正弦波振荡，反馈振荡器必须包含一个________，只在一个频率上产生自激振荡。

3. 振荡器起振达到平衡后，其相位平衡条件是________，振幅平衡条件是________。

4. 反馈式振荡器主要由________、________、________组成。

10.2 选择题。

1. 为使振荡器输出稳幅正弦信号，环路增益 $LG(j\omega)$ 应为________。

A. $LG(j\omega)=1$　　B. $LG(j\omega)>1$　　C. $LG(j\omega)<1$　　D. $LG(j\omega)=0$

2. 石英晶体振荡电路是利用石英晶体的________效应而构成的正弦波振荡电路。当

$0<f<f_s$ 时，电路呈电容性；当 $f=f_s$ 时，电路发生串联谐振，串联支路呈________性。当 $f_s<f<f_p$ 时，电路呈________性；当 $f=f_p$ 时，电路发生并联谐振，回路呈________性。当 $f>f_p$ 时，电路呈________性。石英晶体的 f_s 与 f_p 数值为________。石英晶体振荡电路的 Q 值可达 $10^4\sim10^6$，频率稳定度________。

A. 压电 电阻 电感 电阻 电容 接近 高　　B. 压电 电阻 电阻 电阻 电容 接近 高

C. 压电 电阻 电容 电阻 电容 接近 高　　D. 压电 电阻 电阻 电阻 电感 接近 高

3. 电容三点式与电感三点式振荡器相比，其主要优点是________。

A. 电路简单且易起振　　B. 输出波形好

C. 改变频率不影响反馈系数　　D. 工作频率比较低

4. 文氏电桥振荡器的频率由 RC 串并联选频网络决定，可以求得其频率为________。

A. $f_0=1/2\pi\sqrt{LC}$　　B. $f_0=1/\sqrt{LC}$　　C. $f_0=1/2\pi RC$　　D. $1/RC$

5. LC 并联谐振回路具有选频作用。回路的品质因数越高，则________。

A. 回路谐振曲线越尖锐，选择性越好，但通频带越窄

B. 回路谐振曲线越尖锐，选择性越好，通频带越宽

C. 回路谐振曲线越尖锐，但选择性越差，通频带越窄

10.3　请判断图 10-33 中电路哪种电路可能振荡，如能，是何种振荡器？其中图(f)～(i)条件是：(f)$L_1C_1>L_2C_2>L_3C_3$，(g)$L_1C_1<L_2C_2$，(h) $L_1C_1<L_2C_2=L_3C_3$，(i)$L_1C_1>L_2C_2>L_3C_3$。

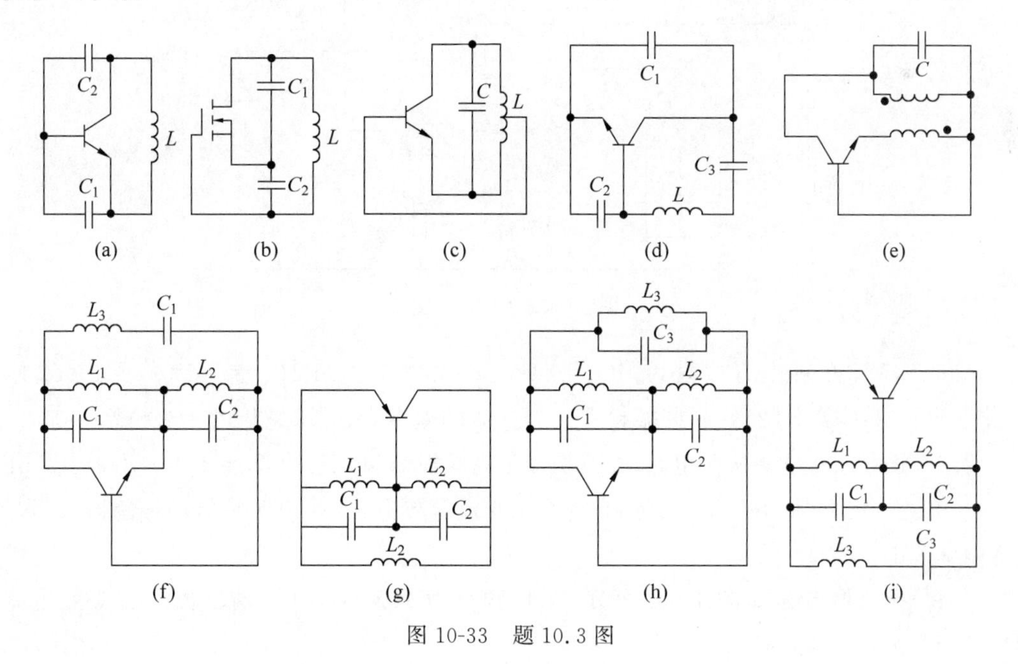

图 10-33　题 10.3 图

10.4　如图 10-34 所示，$R=10\text{k}\Omega$，$C=0.01\mu\text{F}$，$R_1=20\text{k}\Omega$。R_2 为多大时才能起振？振荡频率 $f_0=$？

10.5　如图 10-35 所示 RC 桥式振荡器的振荡频率分为四档可调，在图中所给的参数条件下，求每档的频率调节范围（设 R_{P1}、R_{P2} 阻值的变化范围为 $0\sim27\text{k}\Omega$），如果

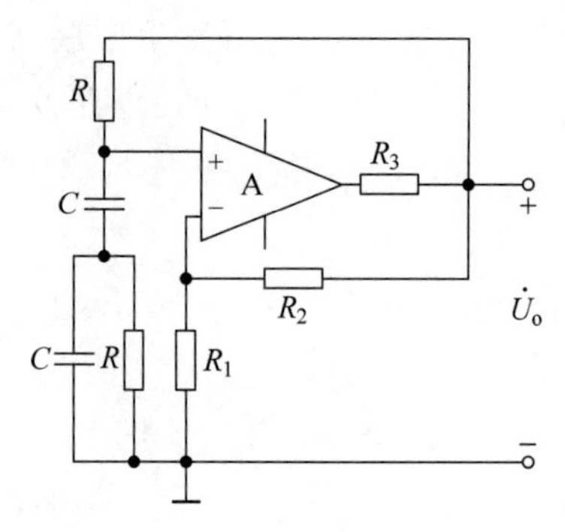

图 10-34　题 10.4 图

$C_3=10\mu F$；$R_1=R_2=2.4k\Omega$；$C_{14}=10C_{13}=10C_{12}=10C_{11}=3\mu F$；$C_{24}=10C_{23}=10C_{22}=10C_{21}=3\mu F$；$R_3=R_4=1k\Omega$；$R_{w3}=0\sim6.8k\Omega$，$R_{w4}=0\sim100k\Omega$。并说明场效应管 T_1 的作用。

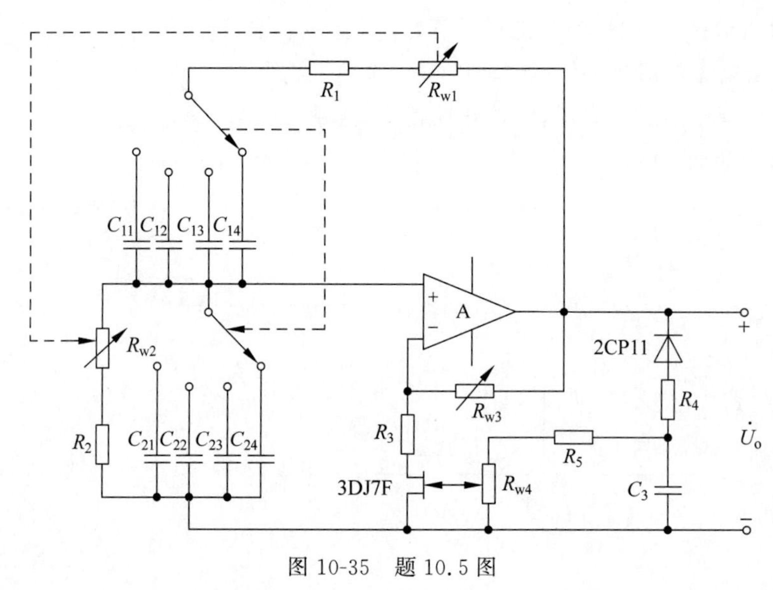

图 10-35　题 10.5 图

10.6　若石英晶片的参数为：$L_q=4H$，$C_q=9\times10^{-2}pF$，$C_0=3pF$，$r_q=100\Omega$，求：(1)串联谐振频率 f_q；(2)并联谐振频率 f_p 与 f_q 相差多少，并求它们的相对频差。

10.7　图 10-36 是一振荡电路，L_c 和 L_e 是高频扼流圈。已知 $C_1=200pF$，$C_2=400pF$，$C_3=10pF$，$C_4=50\sim200pF$，$L=10\mu H$，请画出交流等效电路，并说明是何种振荡器，试求可振荡频率范围。

10.8　振荡器电路如图 10-37 所示，工作频率为 10MHz。(1)请画出交流等效电路。(2)计算 C_1、C_2 取值范围。

10.9　图 10-38(a)(b)所示是两个实用的晶体振荡器交流等效电路，并指出是哪一种振荡器，晶体在电路中的作用分别是什么？试画出它们的实际线路。

10.10　如图 10-39 所示电路，已知 u_{o1} 的峰值为 10V，电路元件参数如图，A_1，A_2 为理想运放。解答下列问题：(1)A_1、A_2 组成什么类型电路？R_2 数值如何确定；(2)对应画出

u_{o1},u_{o2} 波形图;(3)已知 $C=0.01\mu F$,$R=\frac{50}{\pi}k\Omega$,确定 u_{o2} 频率。

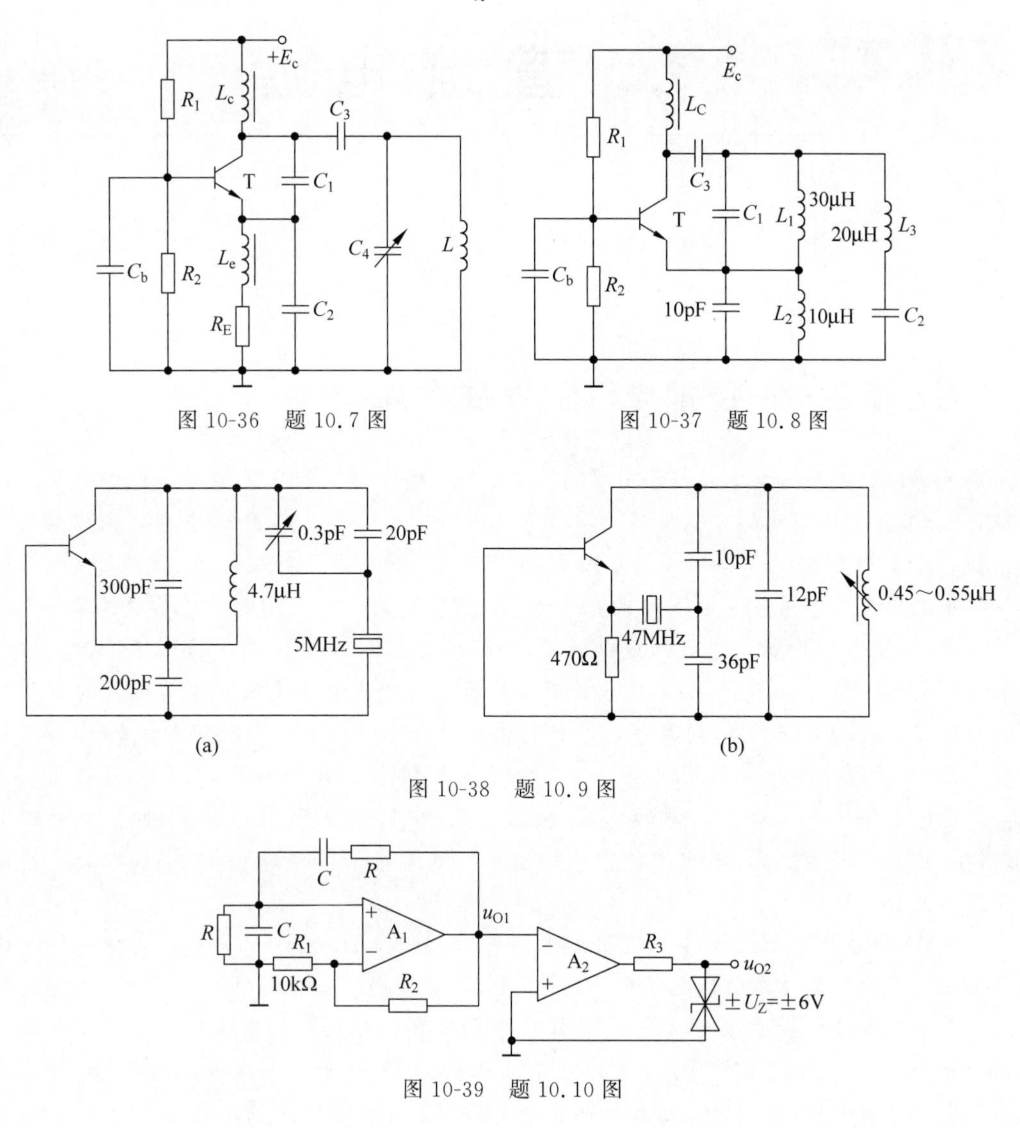

图 10-36　题 10.7 图

图 10-37　题 10.8 图

(a)

(b)

图 10-38　题 10.9 图

图 10-39　题 10.10 图

10.11　电路如图 10-40 所示,$R=10k\Omega$,$C=1\mu F$,稳压管 D_Z 起稳幅作用,其稳定电压 $\pm U_Z=\pm 10V$。试估算:(1)输出电压不失真情况下的有效值;(2)振荡频率。

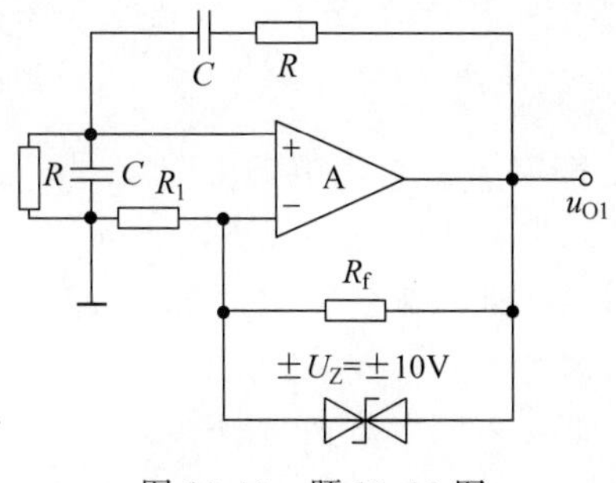

图 10-40　题 10.11 图

第11章 直流电源

CHAPTER 11

科技前沿——便携电源的发展方向

高效节能的芯片化智能环保型开关电源，代表着稳压电源的发展方向。电源芯片正向集成化、标准化和小型化的方向发展。单片开关电源自20世纪90年代中期问世以来便显示出强大的生命力，现已成为开发中、小功率电源、精密开关电源的优选集成电路。

数字电源含义是用数字电路彻底取代开关稳压器中的所有模拟电路。其通过编写几行简单的代码，数字电源集成电路就可以配置成升降压稳压器、负输出、SEPIC(single-ended primary industry converter)、反激式或正激式转换器。数字电源定义是通过数字接口控制开关稳压器，通过 I^2C 或类似的数字总线控制输出电压、开关频率或多通道电源的排序，裕度控制、加电和断电排序等都可以通过数字信号控制数字电源管理器(DPM)，通过 DPM，就可以通过数字信号实现与电源的通信，利用直观的GUI(图形用户界面)监控和管理加电、测序、负载分配和平衡、保护等任务。相信在不远的将来，电源芯片数字技术会有质的飞跃。

在国外，新型超能手提计算机适用电源研究计划——Fluidic Energy 研究计划研发的水电池能量密度将是现在的锂电子电池的11倍，所采用的方法是利用相对高效率的储能锌通过盐离子液体进行能量存储，让电池工作效率更长且更稳定。用离子液体来取代原来的水，这样既可以避免水蒸发的问题，同时也可以突破电压的限制。德国弗劳恩霍夫研究会下属的3家研究所合作，开发出利用人体热量给手提计算机供电的热敏发电机，这种热敏发电机的核心是一种半导体元件，能够通过周围环境的冷热温差而获得电能，通常这种温差达到某个阈值就可以产生电流，而人体体温与周围环境一般小于这个温差，因此可产生的电压差也非常小，为克服这一障碍，研究人员开发出了一种特殊电子开关，使其可以获得200mV以上的电压，通过对这一开关系统的改进，未来只要有0.5℃的温差，就能产生足够的电流。

前面章节介绍的电子电路都需要由直流电源提供能量。虽然特殊情况下可用化学电池、太阳能电池等作为直流电源，但在大多数情况下还是使用由电网所供的交流电源经转换而得到的直流电源。本章介绍后一种电源的组成和工作原理以及相关指标，同时介绍几种实际的电源电路。本章的重点内容有：

(1) 直流电源的组成及各部分的工作原理，单相半波整流电路、单相桥式整流电路、电容滤波、稳压管稳压的工作原理，相关电路元器件的参数估算；

(2) 串联反馈稳压电路的组成及工作原理、输出电压及电压调节范围的估算；

(3) 集成三端稳压器的工作原理及其应用与设计。

11.1　概述

本章只介绍小功率(1000W 以下)的直流电源，其任务是将有效值通常为 220V/50Hz 的交流电压转换成幅值稳定的直流电压(几伏或几十伏)，同时能提供一定的直流电流(几安甚至几十安)。小功率稳压电源的组成一般如图 11-1 所示，它由电源变压器、整流电路、滤波电路和稳压电路四部分组成。

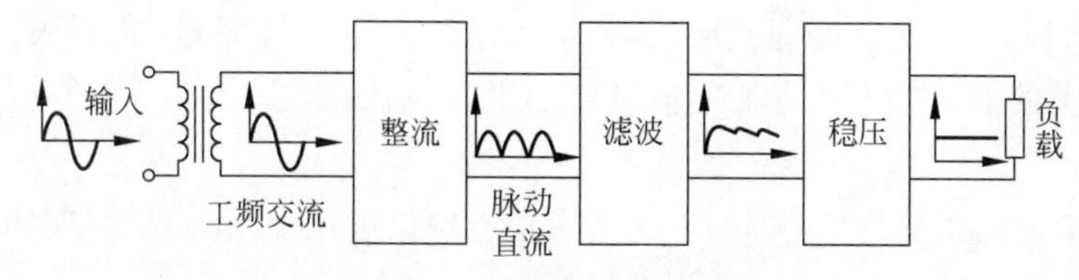

图 11-1　小功率稳压电路组成

(1) 变压器。由于所需的直流电压相比电网的交流电压在数值上相差比较大，因此常常是利用变压器降压得到比较合适的交流电压再进行转换。也有些场合的电压是利用其他方式进行降压，而不用变压器。

(2) 整流电路。经过变压器降压后的交流电通过整流电路变成单方向的直流电。由于这种直流电幅值变化很大，这种直流电称为脉动大的直流电。若作为电源直接供给电子电路时，会影响到电路的工作状态及性能。

(3) 滤波电路。滤波电路利用截止频率低于整流输出电压基波频率的低通滤波电路，将脉动大的直流电中的交流成分滤掉，然后将剩下的直流成分处理成平滑且脉动小的直流电。

(4) 稳压电路。一般来说，经过整流滤波电路后得到的较平滑的直流电，就可以作为电子电路的电源。但此时的电压值还受电网电压波动和负载变化的影响，所以这样的直流电源是不稳定的。因此，需要增加稳压电路部分，使最后得到的直流电基本不受外界影响。

衡量直流电源的技术指标一般分两种：一种是特性指标，包括输入电压、输出电压、输出电流以及输出电压调节范围等；另一种是质量指标，用来衡量输出直流电压的稳定程度，包括稳压系数(或电压调整率)、输出电阻(或电流调整率)、纹波电压(周围与随机漂移)及温度系数。其中，稳压系数的定义是输入电压相对变化为$\pm 10\%$时的输出电压相对变化量；输出电阻是指当输入电压不变时，输出电压变化量与输出电流变化量之比的绝对值；温度系数是反映温度变化对输出电压的影响；纹波电压是指叠加在输出电压上的交流电压分量。可见，稳压系数和电压调整率均说明输入电压变化对输出电压的影响；上述系数越小则说明输出电压越稳定。

下面分别讨论各部分电路的组成、工作原理及性能。

11.2 整流电路

整流电路是小功率直流稳压电源电路的组成部分。前面介绍过利用二极管的单向导电性,将正弦交流电转变成单方向的脉动直流电。现以此为基础介绍整流电路的基本概念,并引出另一种整流电路,同时分析它们的性能。

11.2.1 基本概念

衡量整流电路性能通常有两个参数：一个是反映转换关系的,用整流输出电压的平均值来表示,记作 $U_{o(AV)}$；另一个是反映其脉动大小的,称为脉动系数,记作 S。此外,还有与选择整流管有关的参数：一个是流过整流管的平均电流 $I_{D(AV)}$；另一个是整流管的反向峰值电压 U_{RM}。

(1) 整流输出电压平均值 $U_{o(AV)}$：定义为整流输出电压 u_o 在一个周期内的平均值,即

$$U_{o(AV)}=\frac{1}{2\pi}\int_0^{2\pi}u_o\mathrm{d}(\omega t) \tag{11-1}$$

(2) 整流输出电压的脉动系数 S：定义为整流输出电压的基波峰值 U_{o1m} 与平均值 $U_{o(AV)}$之比。即

$$S=\frac{U_{o1m}}{U_{o(AV)}} \tag{11-2}$$

(3) 整流管平均整流电流 $I_{D(AV)}$：定义为输出电压平均值 $U_{o(AV)}$ 与负载阻抗之比。即

$$I_{D(AV)}=\frac{U_{o(AV)}}{R_L} \tag{11-3}$$

在选择整流管时应选 $I_F>I_{D(AV)}$。

(4) 整流管的最大反向峰值电压 U_{RM}。定义为当整流管处于反偏时两端电压的最大值。

11.2.2 单相半波整流电路

首先要介绍的单相半波整流就是利用二极管的单向导电性能,使经变压器出来的电压 u_2 只有半个周期可以到达负载,造成负载电压是单方向的脉动直流电压。单相半波整流电路如图 11-2(b)所示,u_2、u_o 及 i_o 波形如图 11-2(a)所示。其工作原理：(1)$u_2>0$,D 导通,$u_o=u_2$；(2)$u_2<0$,D 截止,$u_o=0$。输出电压在一个工频周期内,只是正半周导电,在负载上得到的是半个正弦波。设 $u_2=\sqrt{2}U_2\sin\omega t$,负载上输出平均电压为

$$U_o=U_L=\frac{1}{2\pi}\int_0^{\pi}\sqrt{2}U_2\sin(\omega t)\mathrm{d}(\omega t)=\frac{\sqrt{2}}{\pi}U_2\approx 0.45U_2 \tag{11-4}$$

流过负载和二极管的平均电流为

$$I_D=I_L=\frac{\sqrt{2}U_2}{\pi R_L}=\frac{0.45U_2}{R_L} \tag{11-5}$$

二极管所承受的最大反向电压为

$$U_{RMAX}=\sqrt{2}U_2 \tag{11-6}$$

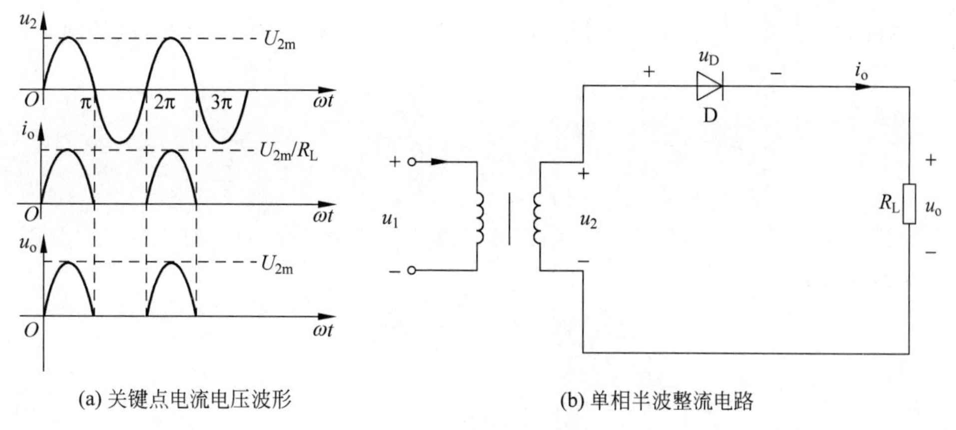

(a) 关键点电流电压波形　　(b) 单相半波整流电路

图 11-2　单相半波整流

11.2.3　单相桥式整流电路

前面介绍的电路属于半波整流，下面介绍的单相桥式整流属于全波整流，它不利用副边带有中心抽头的变压器，而是用四个二极管接成电桥形式使电压 u_2 的正负半周均有电流流过负载，在负载上形成单方向的全波脉动电压。单相桥式整流电路如图 11-3(a)所示，其 u_2、i_L 及 u_o 波形如图 11-3(b)所示。

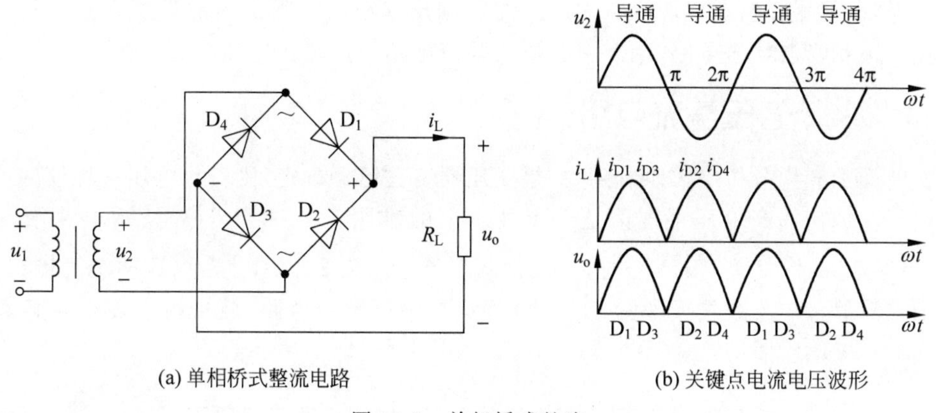

(a) 单相桥式整流电路　　(b) 关键点电流电压波形

图 11-3　单相桥式整流

1. 单相桥式整流电路工作原理

当输入信号处于正半周时，二极管 D_1、D_3 导通，在负载电阻上得到正弦波的正半周电压波形，$u_o=u_2$。当输入正弦信号处于负半周时，二极管 D_2、D_4 导通，在负载电阻上得到正弦波的负半周电压波形，$u_o=-u_2$。在负载电阻上正负半周波形经过合成，得到的是同一个方向(由上而下)的单向脉动电压。

2. 单相桥式整流电路的参数计算

由于输出电压 u_o 是单相脉动电压，所以用其平均值与直流电压 U_o 等效。

(1) 输出电压的平均值为

$$U_{o(AV)}=U_o=U_L=\frac{1}{\pi}\int_0^{\pi}\sqrt{2}U_2\sin\omega t\,d(\omega t)=\frac{2\sqrt{2}}{\pi}U_2\approx 0.9U_2 \tag{11-7}$$

由图 11.3(b)也可看出单相桥式整流的输出电压平均值正好是单相半波整流的两倍。

(2) 流过负载的平均电流为

$$I_L = \frac{U_o}{R_L} = \frac{0.9U_2}{R_L} \tag{11-8}$$

(3) 流过二极管的整流电流平均值 $I_{D(AV)}$。

在负载上得到的平均电流为 $U_{o(AV)}/R_L$，而每个二极管都只是半周导通，所以流过的电流是总平均电流的一半，即

$$I_{D(AV)} = \frac{I_L}{2} = \frac{0.45U_2}{R_L} \tag{11-9}$$

(4) 二极管承受的最大反向电压为

$$U_{RM} = \sqrt{2}U_2 \tag{11-10}$$

(5) 脉动系数 S 为

$$S = \frac{U_{o1m}}{U_{o(av)}} = \frac{\frac{2}{\pi}\int_{-\frac{\pi}{2}}^{\frac{\pi}{2}} \sqrt{2}U_2 \cos\omega t \cos 2\omega t \, d(\omega t)}{U_{o(av)}} = \frac{2}{3} \tag{11-11}$$

由以上分析可知，与单相半波整流电路相比，若 U_2 相同，单相桥式整流电路输出电压平均值提高了一倍；若输出电流相同，则单相桥式整流电路每个整流管流过的平均电流减少了一半；同时脉动系数也下降了很多；反向峰值电压则两者相同。所付出的代价是多用三个二极管，但这在整个电源设备中所占的比例是很小的。因单相桥式整流电路的总体性能要优于单相半波整流电路，因此单相桥式整流电路应用最为广泛。

11.2.4 倍压整流电路

从前面的知识分析中可以看到，如果变压器变比已经确定，则输出电压平均值的上限就被确定了。如何提高电压平均值是一个技术上的难题。在图 11-4(a)所示电路中，$u_2>0$ 时，D 导通，$U_{OM}=\sqrt{2}U_2$；$u_2<0$ 时，二极管两端的电压为 $2\sqrt{2}U_2$。若以这两端为输出，再加上一个整流管和电容就构成如图 11-4(b)所示二倍压整流电路，就可将上述电压相对应的电荷存放在 C_2 之中。

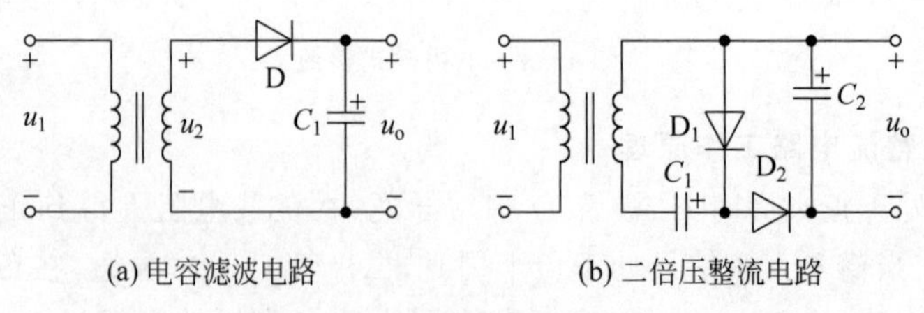

图 11-4 二倍压整流电路的构成

其工作原理如下所述。正半周时，D_1 导通，D_2 截止，C_1 充电，电压极性右正左负，峰值为$\sqrt{2}U_2$；负半周时，D_1 截止，D_2 导通，C_2 充电，电压极性上负下正，峰值为正半周时的二倍即 $2\sqrt{2}U_2$。因此，通常称这种电路为二倍压整流电路。

既然可以得到二倍压的输出，按照上述二倍压整流电路的思路可以再加上几级二极管和电容，就可以得到多倍压整流电路，并得到更高倍数的电压输出，如图 11-5 所示。

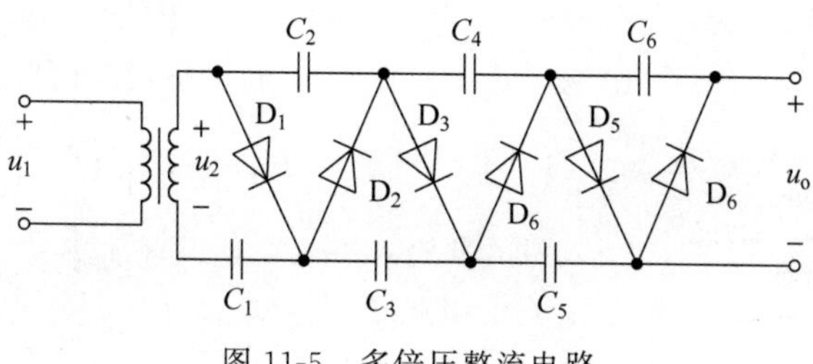

图 11-5 多倍压整流电路

11.3 滤波电路

11.2 节介绍的整流电路输出的电压波形虽然为直流波形，但是其脉动仍然较大，离要求的平滑直流波形还差很远，因此还需要有滤波措施。本节介绍的都是由无源元件组成的滤波电路。在电路构成方面，主要利用电容两端的电压不能突变和流过电感的电流不能突变这两个特点，将电容和负载电阻并联，或电感与负载电阻串联，以达到使输出波形基本平滑的目的。

11.3.1 电容滤波电路

最简单的电容滤波电路如图 11-6(a)所示。

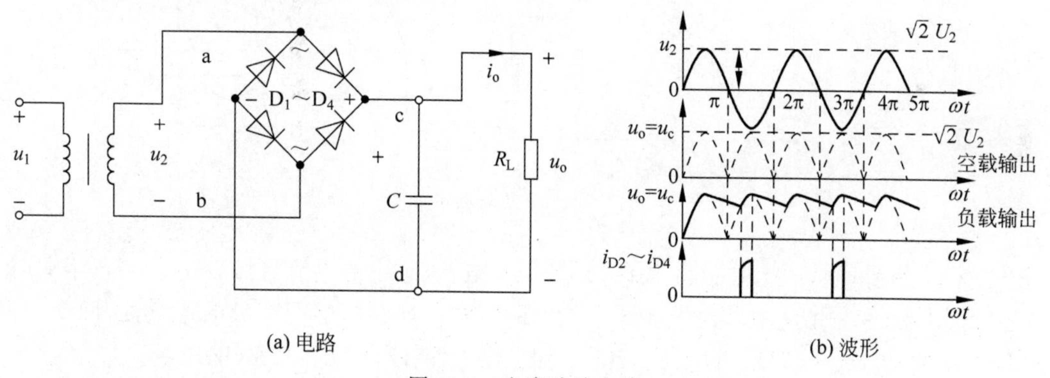

图 11-6 电容滤波电路

其基本工作原理如下：若电路处于正半周且 $u_2 > u_o$，二极管 D_1、D_3 导通，变压器次端电压 u_2 给电容器 C 充电。此时 C 相当于并联在 u_2 上，所以输出波形与 u_2 相同，是正弦波形。当 u_2 到达 90°时，u_2 开始下降。先假设二极管关断，电容 C 就要以指数规律向负载 R_L 放电。指数放电起始点的放电速率很大，在刚过 90°时，正弦曲线下降的速率很慢。所以刚过 90°时二极管仍然导通。在超过 90°后的某个点，正弦曲线下降的速率越来越快，当刚超过指数曲线放电速率时，二极管关断。所以，在 t_1 到 t_2 时刻，二极管导电，C 充电，$u_C = u_o$ 按正弦规律变化；t_2 到 t_3 时刻二极管关断，$u_C = u_o$ 按指数曲线下降，放电时间常数为 R_LC。

下面来看电容滤波的计算。

在 $R_LC = (3\sim5)\dfrac{T}{2}$ 的条件下，近似认为 $U_o = U_L = 1.2U_2$（或者，电容滤波要获得较好的

效果，工程上通常应满足 $R_LC \geqslant 6 \sim 10T$）。其中 T 为输入正弦波信号同期。滤波电路的输出电压难于用解析式来描述，经近似分析得

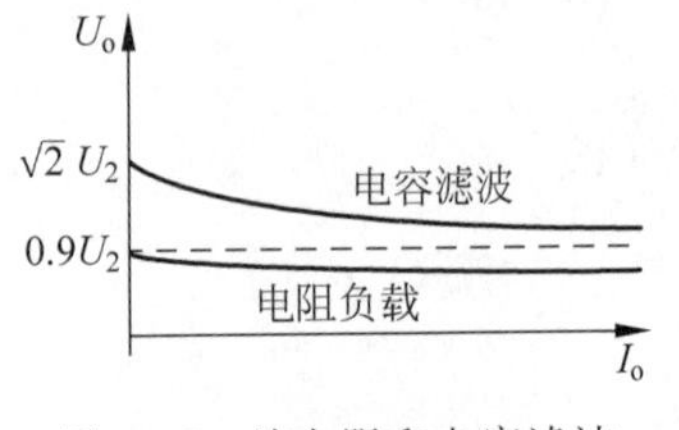

图 11-7 纯电阻和电容滤波电路的输出特性

$$U_o = U_L = \sqrt{2}U_2\left(1 - \frac{T}{4R_LC}\right) \tag{11-12}$$

整流滤波电路中，输出直流电压 U_L 随负载电流 I_o 的变化关系曲线如图 11-7 所示。

参数计算如下：当 $R_L \to \infty$ 时，$U_o = \sqrt{2}U_2$；当 $C=0$ 时，$U_o = 0.9U_2$；当 $\tau_d = R_LC = (3\sim5)\frac{T}{2}$ 时，$U_o \approx 1.2U_2$。

11.3.2 其他滤波电路

除了上述的电容滤波电路外，还有其他滤波电路，如电感滤波电路、复式滤波电路。

1. 电感滤波电路

电感滤波电路如图 11-8 所示，利用储能元件电感器 L 的电流不能突变的性质，把电感 L 与整流电路的负载 R_L 相串联，也可以起到滤波的作用。

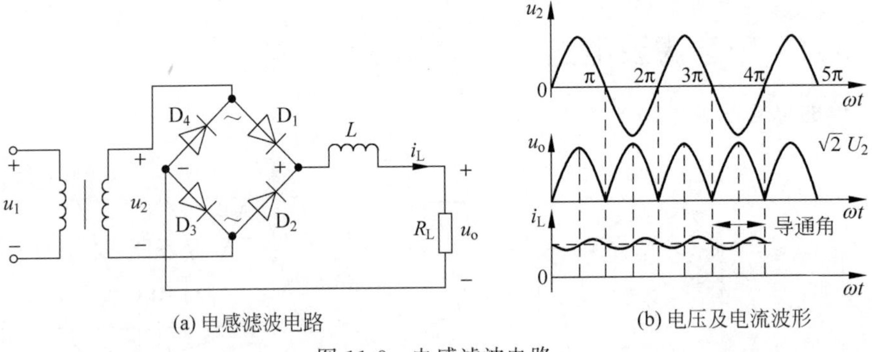

图 11-8 电感滤波电路

电路工作原理是：当 u_2 正半周时，D_1、D_3 导电，电感中的电流将滞后 u_2。当负半周时，电感中的电流将经由 D_2、D_4 提供。因桥式电路的对称性和电感中电流的连续性，四个二极管 D_1、D_3 及 D_2、D_4 的导通角都是 180°。其电压及电流波形如图 11-8(b)所示。

电感滤波电路由于整流二极管的导电角大，所以具有峰值电流小、输出特性较平坦的优点；但由于该电路存在铁芯，所以体积较大、笨重，一般只适用于低电压、大电流的场合。

2. 复式滤波电路

在滤波电容 C 之前加一个电感 L 构成了 LC 滤波电路。如图 11-9(a)所示。这样可使输出至负载 R_L 上的电压的交流成分进一步降低。该电路适用于高频或负载电流较小并要求脉动很小的电子设备中。

为了进一步提高整流输出电压的平滑性，可以在 LC 滤波电路之前再并联一个滤波电容 C_1，如图 11-9(b)所示。这就构成了 π 型 LC 滤波电路。

由于带有铁芯的电感线圈体积大，价格也高，因此常用电阻 R 来代替电感 L 构成滤波电路，如图 11-9(c)所示。只要适当选择 R 和 C_2 参数，在负载两端可以获得脉动极小的直流电压。这种电路在小功率电子设备中被广泛采用。实际的整流滤波电路如图 11-10 所示。

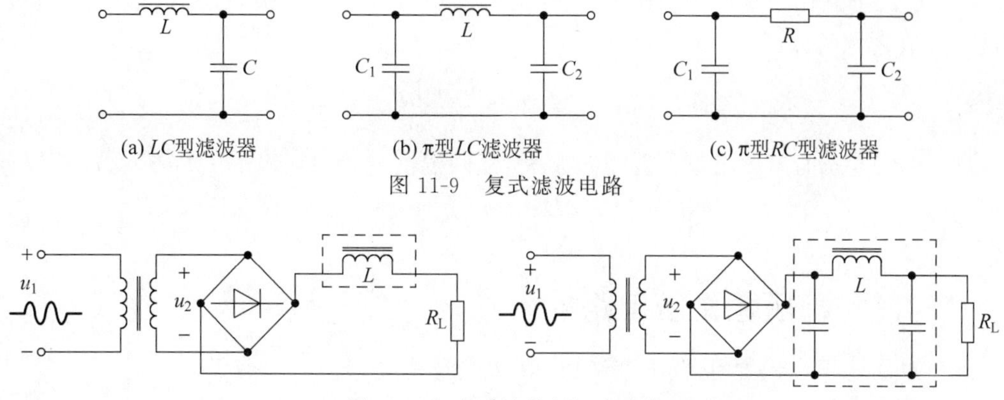

(a) LC型滤波器　(b) π型LC滤波器　(c) π型RC型滤波器

图 11-9　复式滤波电路

图 11-10　电感滤波与组合滤波

11.4　分立元件稳压电路

交流电经过整流滤波后可得到平滑的直流电压，然而当电网电压波动和负载变化时输出电压将随之变化。稳压电路的作用就是在这两种情况下，将输出电压基本上稳定在一个固定的数值。既然如此，则衡量稳压电路就以这两方面的性能为指标。

11.4.1　稳压电路的性能指标

描述稳压电路的性能指标主要有六个：稳压系数 S_γ，稳压电路的输出电阻 r_o，电压调整率 S_U，电流调整率 S_I，纹波抑制比 S_{rip}，输出电压的温度系数 S_T。

（1）稳压系数。稳压系数 S_γ 定义为：在负载固定时输出电压的相对变化量与（稳压电路）输入电压的相对变化量之比，即

$$S_\gamma=\left.\frac{\Delta U_o/U_o}{\Delta U_i/U_i}\right|_{R_L=常数} \tag{11-13}$$

该指标反映了电网电压波动的影响。其中稳压电路输入电压 U_i 是指整流滤波后的直流电压。有时稳压系数也用下式定义

$$S_\gamma=\left.\frac{\Delta U_o/U_o}{\Delta U_i/U_i}\right|_{\Delta I_o=0} \tag{11-14}$$

（2）稳压电路的输出电阻。稳压电路的输出电阻 r_o 表示稳压电路受负载变化的影响，即

$$r_o=-\left.\frac{\Delta U_o}{\Delta I_o}\right|_{U_i=常数} \tag{11-15}$$

（3）电压调整率。由于工程上常常把电网电压波动±10%作为极限条件，因此将此时的输出电压的相对变化称为电压调整率 S_U，即

$$S_U=\frac{1}{U_o}\times\left.\frac{\Delta U_o}{\Delta U_i}\right|_{\Delta I_o=0}\times 100\% \tag{11-16}$$

（4）电流调整率。电流调整率 S_I 定义为：输出电流 I_o 从零变到最大额定输出值时，输出电压的相对变化量，即

$$S_I=\left.\frac{\Delta U_o}{U_o}\right|_{\Delta U_i=0}\times 100\% \tag{11-17}$$

(5) 纹波抑制比。纹波抑制比 S_{rip} 定义为：输入电压交流纹波峰峰值与输出电压交流纹波峰峰值之比的分贝数，即

$$S_{rip}=20\lg\frac{U_{i(P-P)}}{U_{o(P-P)}} \tag{11-18}$$

(6) 输出电压的温度系数。温度系数 S_T 反映温度变化对输出电压的影响，定义为

$$S_T=\frac{1}{U_o}\times\frac{\Delta U_o}{\Delta T}\bigg|_{\Delta I_o=0,\Delta U_i=0}\times 100\% \tag{11-19}$$

11.4.2 稳压管稳压电路

最简单的稳压电路是用稳压管组成，利用其反向击穿后电压基本保持不变的工作特性，达到稳压的目的。图 11-11 是稳压管稳压电路，R 为限流电阻。

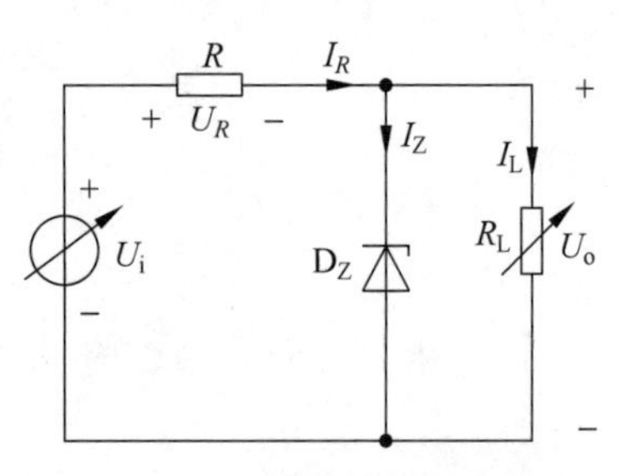

图 11-11 稳压管稳压电路

1. 稳压原理

根据电路图可知

$$\begin{cases}U_o=U_Z=U_i-U_R=U_i-I_RR\\ I_R=I_L+I_Z\end{cases} \tag{11-20}$$

当输入电压变化时其稳压过程如下所述。输入电压 U_i 的增加，必然引起 U_o 的增加，即 U_Z 增加，从而使 I_Z 增加，I_R 增加，使 U_R 增加，从而使输出电压 U_o 减小。这一稳压过程可概括如下

$$U_i\uparrow\rightarrow U_o\uparrow\rightarrow U_Z\uparrow\rightarrow I_Z\uparrow\rightarrow I_R\uparrow\rightarrow U_R\uparrow\rightarrow U_o\downarrow$$

这里 U_o 减小应理解为，由于输入电压 U_i 的增加，在稳压二极管的调节下，使 U_o 的增加没有那么大而已。U_o 还是要增加一点的，这是一个有差调节系统。

当负载电流变化时其稳压过程如下所述。负载电流 I_L 的增加，必然引起 I_R 的增加，即 U_R 增加，从而使 $U_Z=U_o$ 减小，I_Z 减小。I_Z 的减小必然使 I_R 减小，U_R 减小，从而使输出电压 U_o 增加。这一稳压过程可概括如下

$$I_L\uparrow\rightarrow I_R\uparrow\rightarrow U_R\uparrow\rightarrow U_Z\downarrow(U_o\downarrow)\rightarrow I_Z\downarrow\rightarrow I_R\downarrow\rightarrow U_R\downarrow\rightarrow U_o\uparrow$$

总的来说，稳压管稳压电路可以认为是利用调节流过稳压管的电流大小(稳压管两端电压基本不变)来满足负载电流的改变，并和限流电阻配合将电流的变化转换成电压的变化，以适应电网电压的波动。

2. 主要指标

(1) 稳压系数。根据定义

$$S_\gamma=\frac{\Delta U_o/U_o}{\Delta U_i/U_i}\bigg|_{\Delta I_o=0}=\frac{\Delta U_o}{\Delta U_i}\cdot\frac{U_i}{U_o}$$

在考虑 $\Delta U_o/\Delta U_i$ 时可利用由稳压管的等效电路(只考虑变化量)，则稳压管稳压电路的等效电路如图 11-12 所示。

由图 11-12 可知有

$$\frac{\Delta U_o}{\Delta U_i}=\frac{r_Z /\!/ R_L}{R+(r_Z /\!/ R_L)}\approx\frac{r_Z}{R+r_Z}\quad(R_L\gg r_Z)$$

则

$$S_\gamma = \left.\frac{\Delta U_o/U_o}{\Delta U_i/U_i}\right|_{\Delta I_o=0} = \frac{\Delta U_o}{\Delta U_i}\cdot\frac{U_i}{U_o}\approx\frac{r_Z}{R+r_Z}\cdot\frac{U_i}{U_o} \tag{11-21}$$

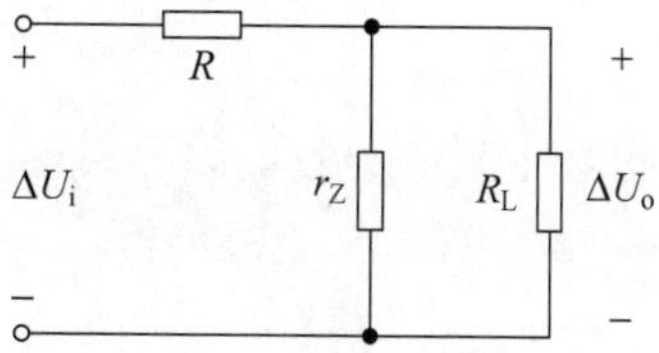

图 11-12 稳压管电路交流等效电路

(2) 输出电阻。如图 11-12 所示可知输出电阻 r_o 为

$$r_o = r_Z /\!/ R \approx r_Z \tag{11-22}$$

(3) 限流电阻 R 的选择。电路如图 11-11 所示，限流电阻 R 的主要作用就是当电网电压波动和负载电阻变化时使稳压管的工作点始终在稳压工作区内，即 $I_{Zmin}\leqslant I_Z\leqslant I_{Zmax}$。设电网电压最高时整流输出电压为 U_{imax}，最低时为 U_{imin}；负载电流最大时为 U_Z/R_{Lmin}，最小时为 U_Z/R_{Lmax}。则满足上述要求的条件如下：

① 当电网电压最高和负载电流最小时，I_Z 应不超过允许的最大值，即

$$\frac{U_{imax}-U_Z}{R}-\frac{U_Z}{R_{Lmax}} < I_{Zmax} \tag{11-23}$$

也就是

$$R > \frac{U_{imax}-U_Z}{R_{Lmax}\cdot I_{Zmax}+U_Z}\cdot R_{Lmax} = R_{min} \tag{11-24}$$

② 当电网电压最低和负载电流最大时，I_Z 应不低于其允许的最小值，即

$$\frac{U_{imin}-U_Z}{R}-\frac{U_Z}{R_{Lmin}} > I_{Zmin} \tag{11-25}$$

也就是

$$R < \frac{U_{imin}-U_Z}{R_{Lmin}I_{Zmin}+U_Z}\cdot R_{Lmin} = R_{max} \tag{11-26}$$

根据这两条就可以得到限流电阻的范围是 $R_{min}<R<R_{max}$。如果不能同时满足上述条件(比如计算出的 $R_{max}<R_{min}$)，则说明在给定的条件下已超出稳压管的工作范围了，需要限制使用条件或选用大容量的稳压管。

例 11-1 在图 11-11 所示电路中，稳压管为 2CW14，它的参数是：$U_Z=6\text{V}$，$I_Z=10\text{mA}$，$P_Z=200\text{mW}$，$r_Z=15\Omega$。整流输出电压 $U_i=15\text{V}$。

(1) 试计算当 U_i 变化 $\pm10\%$，负载电阻为 0.5～2kΩ 变化时，限流电阻 R 的范围；

(2) 选好电阻值后，计算该电路的稳压系数及输出电阻。

解 先计算 I_{Zmax}。

$$I_{Zmax}=\frac{P_Z}{U_Z}=\frac{200\text{mW}}{6\text{V}}\approx 33\text{mA}$$

一般可将手册中所给的稳压电流视为最小稳压电流，即 $I_{Zmin}=10\text{mA}$。

(1) 根据式(11-24)可得

$$R_{min}=\frac{15\times(1+0.1)-6}{2\times 33+6}\times 2\approx 0.29\text{k}\Omega$$

根据式(11-26)可得

$$R_{max}=\frac{15\times(1-0.1)-6}{0.5\times 10+6}\times 0.5\approx 0.34\text{k}\Omega$$

则 $0.29\text{k}\Omega<R<0.34\text{k}\Omega$，可选 0.33kΩ。瓦数为

$$P_R=\frac{(15\times 1.1-6)^2}{320}\approx 0.34\text{W}$$

故可选 1W 的碳膜电阻。

(2) 由式(11-21)可得

$$S_\gamma\approx\frac{r_Z}{R+r_Z}\cdot\frac{U_i}{U_o}=\frac{15}{320+15}\times\frac{15}{6}\times 100\%\approx 11\%$$

输出电阻为

$$r_o=r_Z /\!/ R\approx 15 /\!/ 320=14.3\Omega$$

解题结论 稳压管限流电阻也是稳压的核心元件,选择时应根据电流的极限值来确定;稳压电路输出电阻小于或近似等于稳压管动态电阻。

11.4.3 串联型稳压电路

引起输出电压变化的原因是负载电流的变化和输入电压的变化。负载电流的变化会在整流电源的内阻上产生电压降

$$U_o=f(U_i,I_o)$$

实用的稳压电路有串联型与并联型两种,本节主要介绍这两种稳压电路工作原理与实际电路设计。

1. 串联型稳压电路

线性串联型稳压电源的构成如图 11-13 所示。$u_o=u_i-u_R$,当 u_i 增加时,R 受控制而增加,使 u_R 增加,从而在一定程度上抵消了 u_i 增加对输出电压的影响。若负载电流 I_L 增加,R 受控制而减小,使 u_R 减小,从而在一定程度上抵消了因 I_L 增加,使 u_i 减小,对输出电压减小的影响。

在实际电路中,可变电阻 R 是由一个三极管 T 来替代(如图 11-14 所示),控制 T 基极电位,从而就控制了三极管的管压降 u_{CE},u_{CE} 相当于 u_R。要想输出电压稳定,必须按电压负反馈电路的模式来构成串联型稳压电路。线性串联型稳压电路由调整管、放大环节、比较环节、基准电压源等几个部分组成。

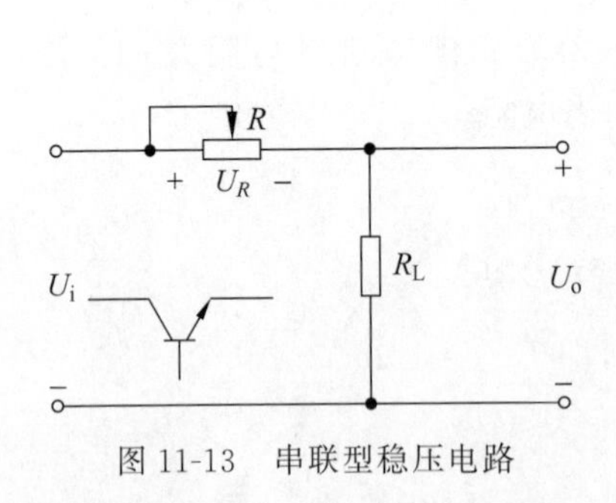

图 11-13 串联型稳压电路

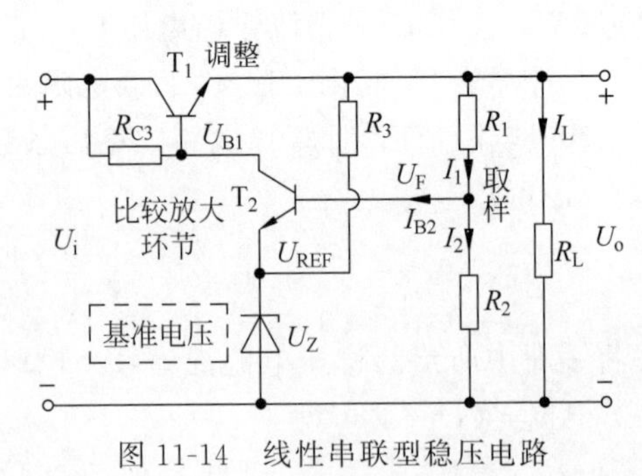

图 11-14 线性串联型稳压电路

线性串联型稳压电源的工作原理如下所述。

(1) 输入电压变化,负载电流保持不变。假设由于某种原因输入电压 U_i 的增加,必然会使输出电压 U_o 有所增加,输出电压经过取样电路取出一部分信号 U_F 与基准电压 U_{REF} 比较,获得误差信号 ΔU_{BE2}。该误差信号经放大后得到 U_{B1},用 U_{B1} 去控制调整管的管压降 u_{CE1},

使 u_{CE1} 增加，从而抵消输入电压增加的影响。这一稳压过程可概括如下：

$$U_i \uparrow \to U_o \uparrow \to U_F \uparrow \to U_{B1} \downarrow \to u_{CE1} \uparrow \to U_o \downarrow$$

(2) 负载电流变化，输入电压保持不变。负载电流 I_L 的增加，必然会使输出电压 U_o 有所下降，经过取样电路取出一部分信号 U_F 与基准源电压 U_{REF} 比较获得误差信号 ΔU_{BE2}，获得的误差信号使 U_{B1} 增加，从而使调整管的管压降 u_{CE1} 下降，抵消因 I_L 增加使输入电压减小的影响。即有

$$I_L \uparrow \to U_i \downarrow \to U_o \downarrow \to U_F \downarrow \to U_{B1} \uparrow \to u_{CE1} \downarrow \to U_o \uparrow$$

(3) 输出电压调节范围的计算。根据图 11-14 可知

$$U_F \approx U_{REF}, U_o \approx U_{B1} = A_u(U_{REF} - U_F) = A_u(U_{REF} - F_u U_o)$$

$$U_o \approx U_{B1} = U_{REF} \cdot \frac{A_u}{1 + A_u F_u} = \left(1 + \frac{R_1}{R_2}\right) U_{REF} = \frac{1}{n} U_{REF}$$

$$n = \frac{R_2}{R_2 + R_1}$$

其中 n 为分压比。显然调节 R_1、R_2 可以改变输出电压。设计时，常在取样电路即在 R_1、R_2 中间附加一电位器便于输出电压调节。

结论：

(1) 稳压的过程，实质上是通过负反馈使输出电压维持稳定的过程。

(2) 选用动态电阻小的基准电压源，以提高基准电源的稳定性。

(3) 增大调整管和放大级的电流放大系数 β_1、β_2。在要求高的稳压电源中，调整管可采用复合管，放大级可采用多级放大器。

(4) 分压比 n 要选得大一些，保证取样信号大一些。但因为当 $nU_o \approx U_Z$，U_o 给定后，就应该选择较高的基准电压 U_Z，但稳定电压较高的稳压管，其温度系数比较大，为了克服这个缺点，可对稳压管加温度补偿。

(5) 如图 11-14 所示电路，减小分压电阻 R_1、R_2，使 $I_1 \gg I_{B2}$，这样，当 I_{B2} 变化时取样比 n 才能基本不变。但 R_1、R_2 不能过小，过小的分压电路，将浪费过多的电流，根据工程经验，通常选择 $I_1 \geqslant (5 \sim 10) I_{B2}$。

2. 串联型稳压电源改进设计方法

分析如图 11-14 所示电路的线性串联稳压电源可以看出：

① 流过稳压管的电流随 U_o 而波动，使 U_Z 不稳定，从而降低了稳压精度，晶体三极管 T_2 的发射极电流也会影响 U_Z。

② 当温度变化时，由晶体三极管 T_2 组成的放大环节将产生零点漂移，使 U_o 稳定度变差。

③ 当负载电流变化较大时，相应地要求调整管的基极电流也有较大的变化范围，这部分电流要由放大管的集电极来提供，一般三极管不易达到这样的要求。

④ 输出电压固定，不能调节。

⑤ T_2 的集电极电阻 R_C 接至电路的不稳定的输入端，U_i 的变化，通过 R_C 加到 T_1 的基极而被放大。

根据以上问题，改进设计稳压电源如图 11-15 所示。说明如下：

(1) 取样电路增加可调电阻 R_w 来改变取样比以调节输出电压的范围。由于集成运放 A 组成同相比例放大电路，所以有 $u_N = u_P$，即

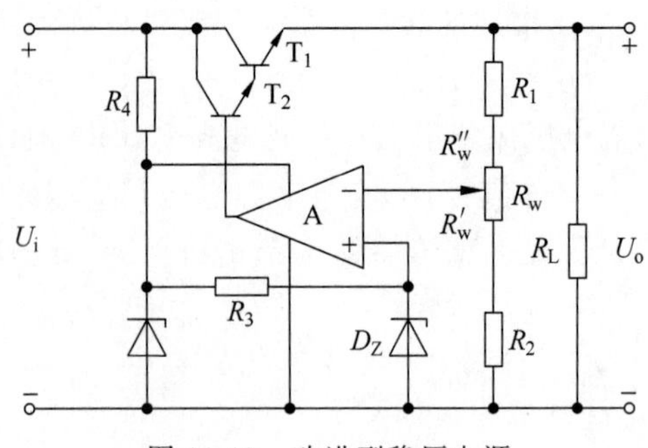

图 11-15　改进型稳压电源

$$\frac{R_2+R'_w}{R_1+R_2+R_w}U_o=nU_o\approx U_Z$$

$$U_o=\frac{U_Z}{n}=\frac{R_1+R_2+R_w}{R_2+R'_w}U_Z$$

显然，调节 R_w，可改变取样比，从而使输出电压 U_o 得到调整。

(2) 调整管采用复合管。

例如在图 11-14 中，设 $I_o=1A$，T_1 的 $\beta=30$，则 $I_{B1}=I_e/(\beta+1)\approx1/30\approx33mA$。而 T_2 的 I_{C2} 约为 1～2mA，因此，不能对 T_1 进行有效控制，这就得采用复合管。用 T_1、T_2 组成的复合管代替 T_1，设 $\beta_1=30$，$\beta_2=50$，则 $\beta_1\beta_2=1500$。

这时调整管的基极电流只需

$$I_{B2}=\frac{I_{C1}}{\beta_1\beta_2}=\frac{1A}{1500}\approx0.67mA$$

可以看出复合管的作用。关于复合管在稳压电源中的应用还需要说明的是：

① 若两只管子组成的复合管还不能满足要求，可用三只或四只管子组成复合管，但此时会产生穿透电流过大的问题。

② T_1 通常选用大功率管，为了充分利用管子，一般都加有散热片。

③ 在一个大功率管不能负担输出电流时，可采用两管或多管并联运用。

例 11-2　如图 11-16 所示电路，$U_{BE3}=0.7V$，$U_Z=5.3V$，$U_i=20V$，$\beta_1=20$，$\beta_2=50$，$R_1=R_2=200\Omega$，$R_3=1k\Omega$，$R_{C3}=2k\Omega$。

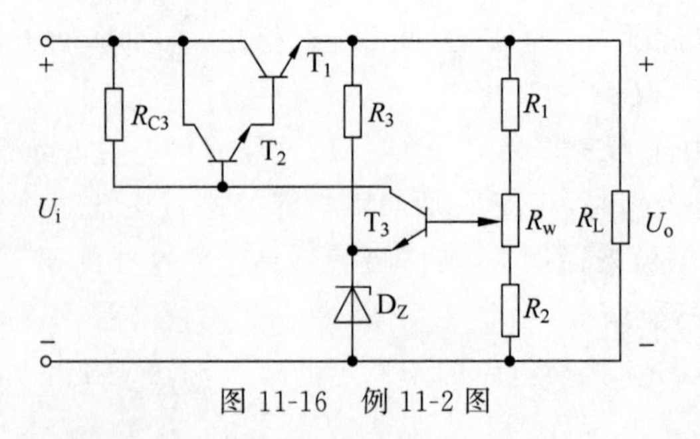

图 11-16　例 11-2 图

(1) 要使 R_w 滑到最下端时，$U_o=15V$，R_w 应为多少？

(2) 当 R_w 滑到最上端时，此时的 U_o 为多少？

(3) 当 $U_o=15V$，$I_o=500mA$ 时，求通过 R_{C3} 的电流 $I_{R_{C3}}$ 和流过稳压管的电流 I_Z？

解 $T_1 \sim T_3$ 都工作于放大区，其中，T_1、T_2 组成复合管，其电流放大系数

$$\beta = \beta_1 \beta_2 = 20 \times 50 = 1000$$

T_3 管的基极电位

$$U_{B3} = U_Z + U_{BE3} = 5.3V + 0.7V = 6V$$

调节 R_w 的滑动端，可改变输出 U_o，当 R_w 的滑动端往下调，则 T_2 管的基极电位 $U_{B2} = U_i - I_{R_{C3}} R_{C3}$ 愈高，T_1 管的管压降 U_{CE1} 愈小，输出电压 U_o 愈高。反之，R_w 的滑动端往上调，U_o 愈低。

(1) 当 R_w 的滑动端往下调到最下端时，电路满足

$$U_{B3} = \frac{R_2}{R_1 + R_2 + R_w} U_o$$

则可以得到

$$R_w = \frac{R_2 U_o}{U_{B3}} - R_1 - R_2 = \frac{200 \times 15}{6} - 200 - 200 = 100\Omega$$

(2) 当 R_w 的滑动端往上调到最上端时，电路满足

$$U_{B3} = \frac{R_2 + R_w}{R_1 + R_2 + R_w} U_o$$

$$U_o = \frac{R_1 + R_2 + R_w}{R_2 + R_w} U_{B3} = 10V$$

(3) 因 T_1、T_2 均工作于放大区，其发射结电压均为 0.7V 左右，故通过 R_{C3} 的电流

$$I_{R_{C3}} = \frac{U_i - U_{C3}}{R_{C3}} = \frac{U_i - (U_o + U_{BE1} + U_{BE2})}{R_{C3}} = 1.8mA$$

流过稳压管的电流

$$I_Z = I_{R3} + I_{E3}$$

$$I_{E3} \approx I_{C3} = I_{R_{C3}} - I_{B2}$$

$$I_{R3} = \frac{U_o - U_Z}{R_3} = 9.7mA$$

$$I_{B2} \approx \frac{I_{E1}}{\beta_1 \beta_2} = \frac{I_{R3} + I_{R1} + I_o}{\beta_1 \beta_2}$$

流过取样电阻上的电流近似为(忽略 I_{B3})

$$I_{R1} = \frac{U_o}{R_1 + R_w + R_2} = 30mA$$

代入数值可得

$$I_{B2} \approx 0.54mA, \quad I_{E3} = 1.26mA, \quad I_Z = 11mA$$

解题结论 反馈放大管 T_3 可以用运放或差动放大器取代效果更好，或者恒流源负载代替集电极电阻以提高增益。将串联稳压电源加上过热保护等辅助电路集成化后得到集成稳压电源。

11.5 三端稳压电路

随着半导体工艺的发展，稳压电路也制成了集成器件。集成稳压器有几种分类方式：

(1) 若按照工作方式来分，可分为：①串联型稳压电路，是指调整元件与负载串联相接

而成,在集成稳压电路中绝大多数是这种类型;②并联型稳压电路,是指调整元件与负载并联相接而成(如稳压管稳压电路);③开关型稳压电路,这种电路的调整元件工作在开关状态,通过调整开和关的时间来稳定输出。

(2) 若按照输出电压来分,可分为:①固定式稳压电路,这类电路输出电压是预先调整好的,在使用中一般不需要也不能进行调整;②可调式稳压电路,这类电路可通过外接元件使输出电压在较大范围内进行调节,以适应不同的需要。

下面详细介绍其中的几种集成稳压电路。

三端集成稳压器只有三个端子:输入端、输出端和公共端。常见的几种三端集成稳压器封装和符号如图 11-17 所示。

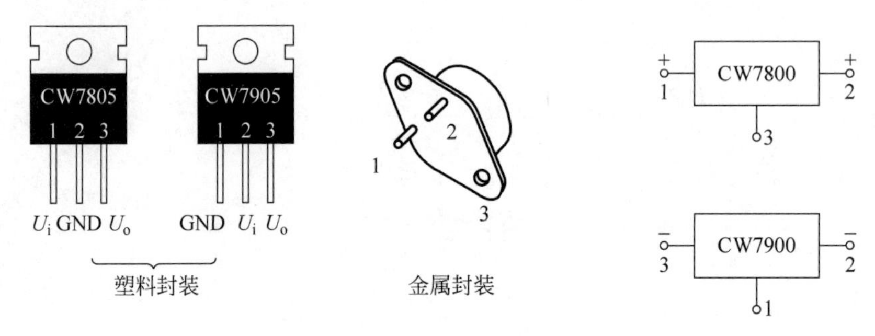

图 11-17 三端集成稳压器封装和符号

11.5.1 固定式三端稳压电路

固定式三端集成稳压电路的输出电压是固定的,常用的是 CW7800/CW7900 系列。W7800 系列输出正电压,其输出电压有 5、6、7、8、9、10、12、15、18、20 和 24V 共 11 个档次。该系列的输出电流分 5 档,7800 系列是 1.5A,78M00 是 0.5A,78L00 是 0.1A,78T00 是 3A,78H00 是 5A。W7900 系列与 W7800 系列所不同的是输出电压为负值。

如图 11-18 所示,固定式三端稳压器(正电压 78××、负电压 79××)的工作原理与前述串联反馈式稳压电源的工作原理基本相同,由采样、基准、放大和调整等单元组成。

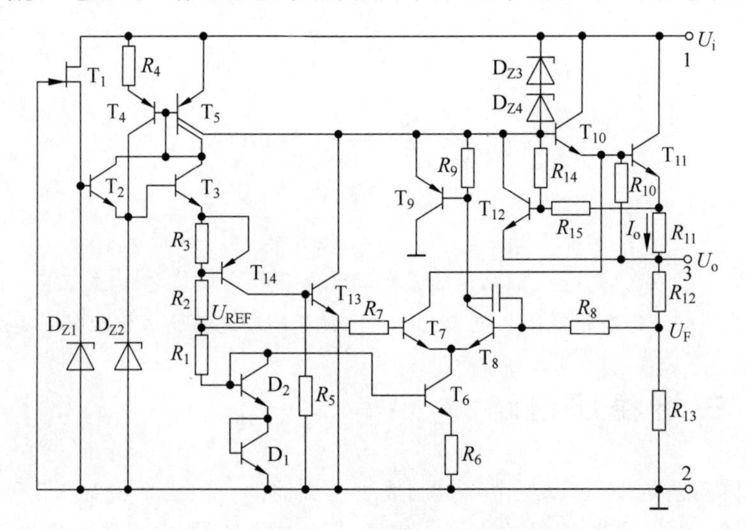

图 11-18 固定式三端稳压电路内部结构

集成稳压器只有三个引出端子：输入、输出和公共端。输入端接整流滤波电路，输出端接负载；公共端接输入、输出的公共连接点。为使它工作稳定，在输入和输出端与公共端之间并接一个电容。使用三端稳压器时注意一定要加散热器，否则不能工作到额定电流。表 11-1 中列出几种常用固定三端稳压器的参数。

表 11-1 几种固定三端稳压器的参数（$C_i=0.33\mu F$，$C=0.1\mu F$，$T=25℃$）

参 数	单位	7805	7806	7815
输出电压范围	V	4.8～5.2	5.75～6.25	14.4～15.6
最大输入电压	V	35	35	35
最大输出电流	A	1.5	1.5	1.5
ΔU_o(I_o 变化引起)	mV	100(I_o=5mA～1.5A)	100 (I_o=5mA～1.5A)	150(I_o=5mA～1.5A)
ΔU_o(U_i 变化引起)	mV	50(U_i=7～25V)	60(U_i=8～25V)	150(U_i=17～30V)
ΔU_o(温度变化引起)	mV/℃	±0.6(I_o=500mA)	±0.7(I_o=500mA)	±1.8(I_o=500mA)
器件压降(U_i-U_o)	V	2～2.5(I_o=1A)	2～2.5(I_o=1A)	2～2.5(I_o=1A)
偏置电流	mA	6	6	6
输出电阻	mΩ	17	17	19
输出噪声电压(10～100kHz)	μV	40	40	40

1. 三端稳压器典型应用

如图 11-19 所示三端式集成稳压电路的典型应用，图中是 LM7805 和 LM7905 作为固定输出电压电路的典型接线图。正常工作时，输入、输出电压差 2～3V。电容 C_1 用来实现频率补偿，C_2 用来抑制稳压电路的自激振荡，C_1 一般为 0.33μF，C_2 一般为 1μF。D 是保护二极管，当输入端短路时，给 C_3 一个放电的通路，防止 C_3 两端电压击穿调整管的发射结。C_3 采用电解电容，以减少电源引入的低频干扰对输出电压的影响。

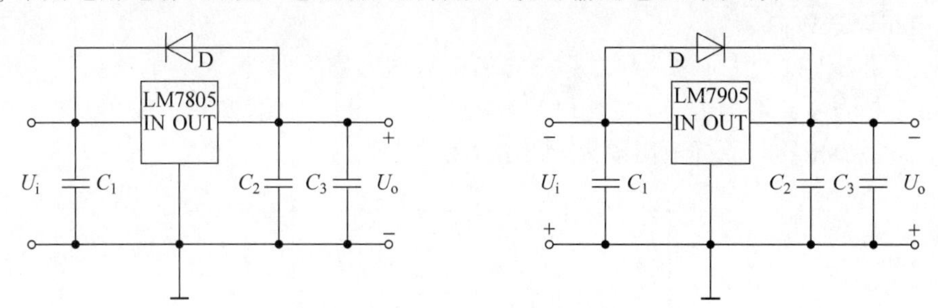

图 11-19 固定式三端稳压电路的典型应用

该电路要求：$U_i \sim U_o \geqslant (2\sim3)$V；$I_o \leqslant 0.1$A。

2. 扩大输出电流的应用电路

三端稳压器的最大输出电流取决于内部调整管的集电极最大允许电流。如果想要扩展稳压电路的输出电流，可以采用其他型号的集成电路或使用如图 11-20 所示的扩流电路。可以在外电路接入一个大功率三极管，使它与内部调整管组成复合调整管。需要大于 0.1A 的输出电流时，该电路的输出电流 $I_o = I_{o1} + I_{o2}$。其中

$$I_{o1} = I_{C1} \approx U_{BE3}/R_3$$

假如如图 11-20(a)所示应用电路三端稳压器 LM78××的最大输出电流为 1.5A，外接一个 PNP 型大功率三极管 T_1(3AD3OC)，它可以输出 3.5A 的电流，这样，整个稳压电源的

输出电流就是5A了。该电路具有过流保护功能,正常工作时,T_2、T_3 截止;当 I_o 过流时,I_{o1} 增大,限流电阻 R_3 的压降增大使 T_3、T_2 相继导通,T_1 的 U_{BE} 降低,限制了 T_1 的 I_{C1},保护 T_1 不致因过流而损坏。

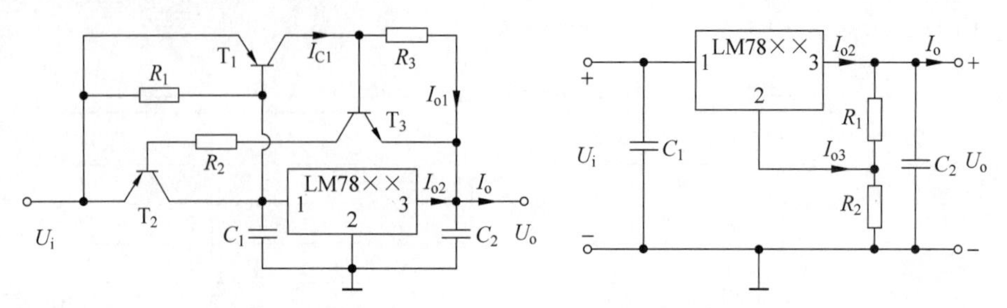

(a) 固定式三端稳压电路的扩流电路　　(b) 固定式三端稳压电路的扩压电路

图 11-20　固定式三端稳压电路的扩流扩压电路

3. 扩压输出应用电路

能提高输出电压的简单实用稳压电路如图 11-20(b)所示,它只需要在稳压器输出端和地之间接上一个由电阻 R_1 和 R_2 组成的电阻分压电路,把稳压器公共端接在分压点上,就能提高输出电压,决定输出电压大小的计算公式是

$$U_o = U_{\times\times}\left(1+\frac{R_2}{R_1}\right)$$

只要选定 R_1、R_2 的比值,就能得到所需的输出电压。需要注意,要提高输出电压 U_o,就必须相应地提高输入电压 U_i,一般应使输入电压高于输出电压3~5V。输出电流为

$$I_o = I_{o2} - \frac{U_{\times\times}}{R_1}$$

思考这样问题:如果芯片换成LM79××系列,电流计算公式变成什么形式?

4. 电路改进方向

经过分析,图 11-20(b)电路缺点是三端稳压器作为稳压器件,又为电路提供基准电压。其主要缺点是当公共端电流 I_{o3} 变化时将影响输出电压。因此,实用电路中加电压跟随器或比例电路将稳压器与取样电阻隔离,如图 11-21 所示。

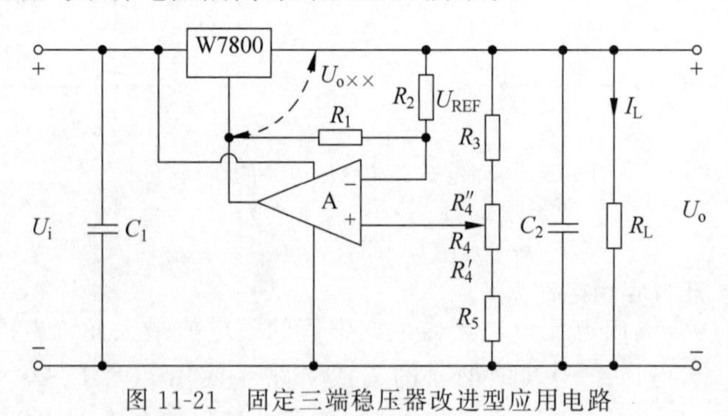

图 11-21　固定三端稳压器改进型应用电路

$$U_{REF} = \frac{R_2}{R_1+R_2}U_{o\times\times}$$

$$U_o - U_{REF} = \frac{R_5+R_4'}{R_3+R_4+R_5}U_o \Rightarrow U_{REF} = \frac{R_3+R_4''}{R_3+R_4+R_5}U_o$$

即

$$U_o = \frac{R_3 + R_4 + R_5}{R_3 + R_4''} U_{REF}$$

则输出电压表达式

$$\frac{R_3 + R_4 + R_5}{R_3 + R_4} U_{REF} \leqslant U_o \leqslant \frac{R_3 + R_4 + R_5}{R_3} U_{REF}$$

可以根据输出电压的调节范围及输出电流大小选择三端稳压器及取样电阻。

实际上固定输出电压三端稳压器的应用也是灵活多样的，可以用它组成几十种不同功能的电路。根据具体情况可以设计出两路或多路含有正负输出的稳压电路。

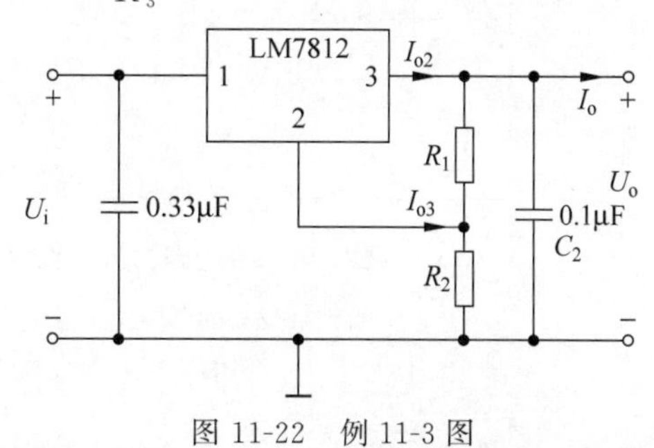

图 11-22 例 11-3 图

例 11-3 已知电路如图 11-22 所示，$I_{o3}=5\text{mA}$，$R_1=500\Omega$，$R_2=1\text{k}\Omega$。求输出电压 U_o。

解 电路使用三端稳压芯片 7812，可以计算出 R_1 上通过电流 I_{R1}

$$I_{R1} = 12/R_1 = 12/500 = 0.024\text{A}$$

$$U_o = 12 + (I_{R1} + I_{o3}) \times R_2 = 41\text{V}$$

解题结论 三端固定稳压器使用非常灵活，可以设计出一定范围内任意输出的稳压电路，工程上使用广泛。

11.5.2 可调式三端稳压电路

可调式三端集成稳压器的常见芯片有正电压输出 LM117、LM217 和 LM317 系列，负电压输出 LM137、LM237 和 LM337 系列两种类型，它既保留了三端稳压器的简单结构形式，又克服了固定式输出电压不可调的缺点，从内部电路设计上及集成化工艺方面采用了先进的技术，性能指标比三端固定稳压器高一个数量级，输出电压在 1.25～37V 连续可调，稳压精度高，称为第二代三端式稳压器。由 LM117 组成的基准电压源电路，输出端和调整端之间的电压是非常稳定的电压，其值为 1.25V。输出电流可达 1.5A。LM317 是三端可调稳压器的一种，它具有输出 1.5A 电流的能力，典型简化内部电路见图 11-23(a)所示，常见封装图见图 11-23(b)所示。

11.5.3 实用可调集成稳压电路

可调式三端输出电压集成稳压器是在固定式三端集成稳压器基础上发展起来的生产量大应用面广的产品，集成芯片的输入电流几乎全部流到输出端，流到公共端的电流非常小，因此可以用少量的外部元件方便地组成精密可调的稳压电路，应用更为灵活。LM317T 是由美国国家半导体公司在 2001 年生产的一种三端口稳压器件，输出电压可以通过调整电阻进行一定幅度的调整。输出电压的幅度在 1.2～27V，基本上可以满足大多数集成芯片所需要的电压幅度。

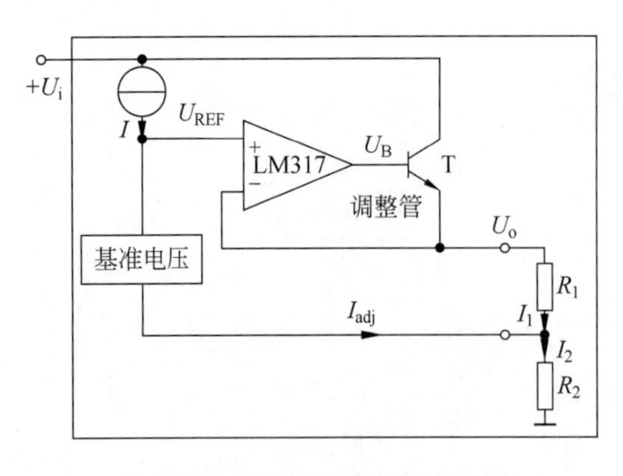

(a) 可调式三端稳压电路内部简化结构

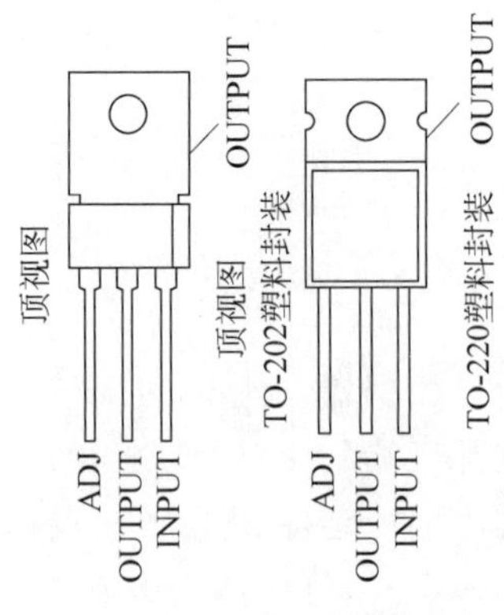

(b) LM117封装图

图 11-23 可调式三端稳压电路内部简化结构及其典型应用

INPUT—输入端；OUTPUT—输出端；ADJ—调节端

1. 典型应用电路

典型的可调式三端稳压电路应用电路如图 11-24(a)所示，该电路的输出电压范围为 1.25～37V。输出电压的近似表达式是

$$U_o = U_{REF}\left(1 + \frac{R_2}{R_1}\right) \tag{11-27}$$

其中 $U_{REF}=1.25\text{V}$。如果 $R_1=240\Omega$，$R_2=2.4\text{k}\Omega$，则输出电压近似为 13.75V。

为了改进图 11-24(a)所示的可调式三端稳压典型应用电路，首先为了减小 R_2 上的纹波电压，可在其上并联一个 10μF 电容 C_2。但是，在输出短路时，C_2 将向稳压器调整端放电，并使调整管发射结反偏，所以为了保护稳压器，可加二极管 D_2，提供一个放电回路；而 D_1 在输入端短路时，起保护作用。改进后的电路如图 11-24(b)所示。

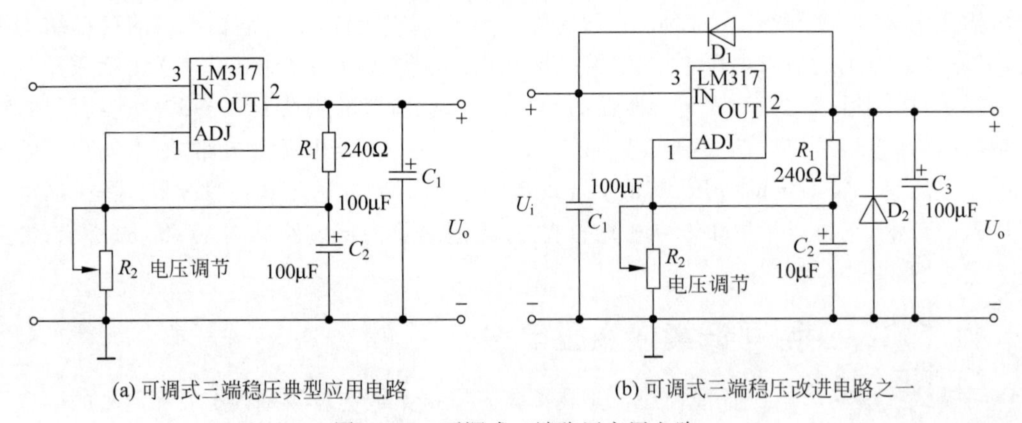

(a) 可调式三端稳压典型应用电路　　(b) 可调式三端稳压改进电路之一

图 11-24 可调式三端稳压实用电路

如图 11-24 所示电路中，主要使用了一个三端稳压器件 LM317T，功能主要是稳定电压信号，以便提高系统的稳定性和可靠性。LM317T 是一种这样的器件：由 U_{IN} 端提供工作电压后，便可以保持其 $+U_{out}$ 端(2 脚)比其 ADJ 端(1 脚)的电压高 11.25V。因此，只需要用极小的电流来调整 ADJ 端的电压，便可在 U_{out} 端得到比较大的电流输出，并且电压比 ADJ 端高出恒定的 11.25V。还可以通过调整 ADJ 端(1 端)的电阻值改变输出电压

(LM317T 会保证接入 ADJ 端和 $+U_{out}$ 端的那部分电阻上的电压为 1.25V)。所以,当 ADJ 端(1 端)的电阻值增大时,输出电压将会升高。

2. 程序控制稳压电路

如常见的 W7800 系列三端固定电压稳压器、W117 可调电压型三端稳压器等。其内部是采用串联型晶体管稳压电路,稳压电路的硅片封装在普通功率管的外壳内,内部集成有短路和过热自我保护电路。在调整端加控制电路并采用其设计实现程序控制稳压电路,如图 11-25 所示。图中晶体管为电子开关,当基极加高电平时,晶体管饱和导通,相对于开关闭合;当基极加低电平时,晶体管截止,相对于开关断开。因此,图 11-25(a)所示电路可等效为图 11-25(b)所示电路。

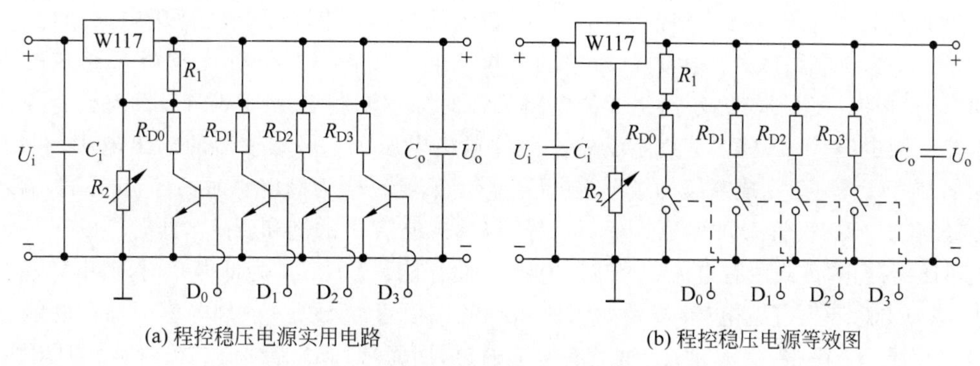

图 11-25　程控稳压电源实用电路及其等效图

四路控制信号从全部为低电平到全部为高电平,共有十六种不同组合;假设图(a)晶体管从左往右依次为 $T_1 \sim T_4$ 从全截止到全饱和导通,共有十六种不同的状态;因而 R_2 将与不同阻值的电阻并联,输出电压在不同控制信号下有十六种不同的数值。

数字电源是未来电源发展趋势,基于此,程控电源在工程设计中应用会越来越广泛。

11.6　开关型稳压电路

开关型稳压电源效率可达 90%以上,造价低,体积小。现在开关型稳压电源已经比较成熟,广泛应用于各种电子电路之中。开关型稳压电源的缺点是纹波较大,用于小信号放大电路时,还应采用第二级稳压措施。

开关型稳压电路如图 11-26 所示。按其工作原理可分为串联式稳压电路和并联式稳压电路两种。

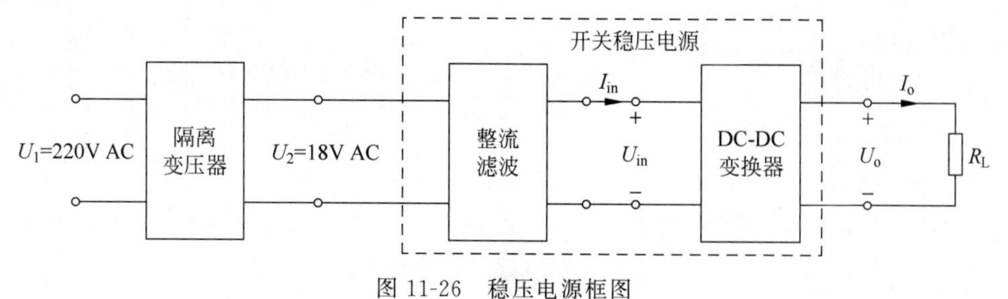

图 11-26　稳压电源框图

11.6.1 串联式开关型稳压电路

串联反馈式稳压电路由于调整管工作在线性放大区，因此在负载电流较大时，调整管的集电极损耗($P_C = U_{CE}I_o$)相当大，电源效率$\eta = P_o/P_i = (U_oI_o)/(U_iI_i)$较低40%～60%，有时还要配备庞大的散热装置。为了克服上述缺点，可采用串联开关式稳压电路，电路中的串联调整管工作在开关状态，即调整管主要工作在饱和导通和截止两种状态。由于管子饱和导通时管压降U_{CES}和截止时管子的电流I_{CEO}都很小，管耗主要发生在状态转换过程中，电源效率可提高到80%～90%，所以它体积小、重量轻。其主要缺点是输出电压中所含纹波较大。

1. 工作原理

串联开关型稳压电路原理框图如图11-27所示。它和串联反馈式稳压电路相比，电路增加了LC滤波电路以及产生固定频率的三角波电压(u_T)发生器和比较器C组成的驱动电路，该三角波发生器与比较器组成的电路又称为脉宽调制电路(PWM)，目前已有各种集成脉宽调制电路。图中U_i是整流滤波电路的输出电压，u_B是比较器的输出电压，利用u_B控制调整管T将U_i变成断续的矩形波电压$u_E(u_D)$。当u_B为高电平时，T饱和导通，输入电压U_i经T加到二极管D的两端，电压u_E等于U_i(忽略管T的饱和压降)，此时二极管D承受反向电压而截止，负载中有电流I_o流过，电感L储存能量。当u_B为低电平时，T由导通变为截止，滤波电感产生自感电势(极性如图所示)，使二极管D导通，于是电感中储存的能量通过D向负载R_L释放，使负载R_L继续有电流通过，因而常称D为续流二极管。此时电压u_E等于$-U_D$(二极管正向压降)。由此可见，虽然调整管处于开关工作状态，但由于二极管D的续流作用和L、C的滤波作用，输出电压是比较平稳的。图11-27(b)画出了电流i_L、电压$u_E(u_D)$和U_o的波形。图中t_{on}是调整管T的导通时间，t_{off}是调整管T的截止时间，开关转换周期$T = t_{on} + t_{off}$。显然，在忽略滤波电感L的直流压降的情况下，输出电压的平均值为

$$U_o = \frac{t_{on}}{T}(U_i - U_{CES}) + (-U_D)\frac{t_{off}}{T} \approx U_i\frac{t_{on}}{T} = qU_i \tag{11-28}$$

式中$q = t_{on}/T$称为脉冲波形的占空比。由此可见，对于一定的U_i值，通过调节占空比即可调节输出电压U_o。

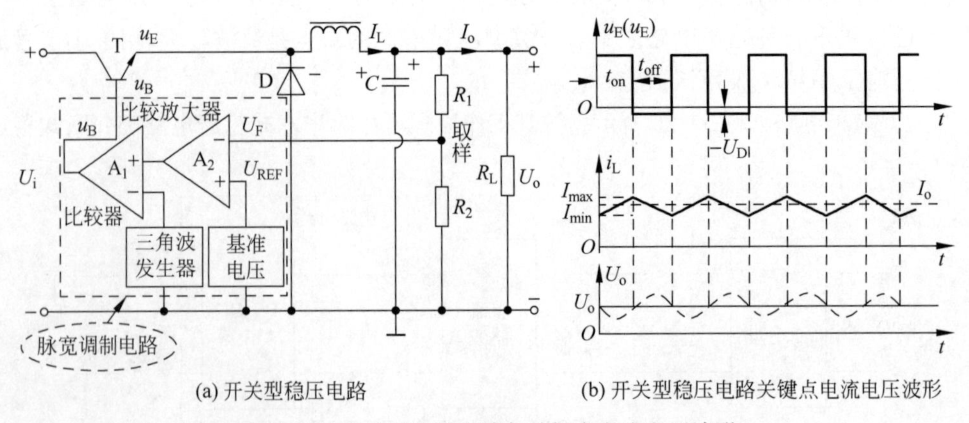

(a) 开关型稳压电路　　(b) 开关型稳压电路关键点电流电压波形

图11-27 开关型稳压电路与关键点电流电压波形

三角波发生器通过比较器产生一个方波，去控制调整管的通断。调整管导通时，向电感充电。当调整管截止时，必须给电感中的电流提供一个泄放通路。续流二极管 D 即可起到这个作用，有利于保护调整管。

为了稳定输出电压，应按电压负反馈方式引入反馈，以确定基准电源和比较放大器的连线。设输出电压增加，F_u 增加，比较放大器的输出 U_F 减小，比较器方波输出的 t_{off} 增加，调整管导通时间减小，输出电压下降。起到了稳压作用。

根据电路图的接线，当三角波的幅度小于比较放大器的输出时，比较器输出高电平，对应调整管的导通时间为 t_{on}；反之输出为低电平，对应调整管的截止时间为 t_{off}。输出波形中电位水平高于高电平最小值的部分，对方波而言，相当方波存在的部分。

输出波形中电位水平低于低电平最大值的部分，对方波而言，相当方波不存在的部分。在闭环情况下，电路能自动地调整输出电压。

设在某一正常工作状态时，输出电压为某一预定值 U_{set}，反馈电压 $U_F=F_U U_{set}=U_{REF}$，比较放大器 A_2 输出电压为零，比较器 A_1 输出脉冲电压 U_B 的占空比 $q=50\%$，U_T、u_B、u_E 波形如图 11-27(b)所示。图中画出了电流 i_L、电压 $U_E(U_D)$ 和 U_o 的波形。图中 t_{on} 是调整管 T 的导通时间，t_{off} 是调整管 T 的截止时间，$T=t_{on}+t_{off}$ 是开关转换周期。显然，在忽略滤波电感 L 的直流压降的情况下，输出电压的平均值为

$$U_o=\frac{t_{on}}{T}(U_i-U_{CES})+(-U_D)\frac{t_{off}}{T}\approx U_i\cdot\frac{t_{on}}{T}=qU_i$$

式中 $q=t_{on}/T$ 称为脉冲波形的占空比(Duty Ratio)。在电信领域中定义为在一串理想的脉冲周期序列中(如方波)，正脉冲的持续时间与脉冲总周期的比值。由此可见，对于一定的 U_i 值，通过调节占空比即可调节输出电压 U_o。

当输入电压 U_i 增加致使输出电压 U_o 增加时，$U_F>U_{REF}$，比较放大器 A_2 输出电压 U_A 为负值，并与固定频率三角波电压 u_T 相比较，得到 u_B 的波形，其占空比 $q<50\%$，使输出电压下降到预定的稳压值 U_{set}。此时，各关键点的波形如图 11-27(b)所示。同理，U_i 下降时，U_o 也下降，$U_F<U_{REF}$，A_2 输出为正值，u_B 的占空比 $q>50\%$，输出电压 U_o 上升到预定值。总之，当 U_i 或 R_L 变化使 U_o 变化时，可自动调整脉冲波形的占空比使输出电压维持恒定。

2. 总结

开关型稳压电源的最低开关频率 f_T 一般在 10～100kHz。f_T 越高，需要使用的 L、C 值越小。这样，系统的尺寸和重量将会减小，成本将随之降低。另一方面，开关频率的增加将使开关调整管单位时间转换的次数增加，使开关调整管的管耗增加，而效率将降低。概括其特点，有：①调整管工作在开关状态，功耗大大降低，电源效率大为提高；②调整管在开关状态下工作，为得到直流输出，必须在输出端加滤波器；③可通过脉冲宽度的控制方便地改变输出电压值；④在许多场合可以省去电源变压器；⑤由于开关频率较高，滤波电容和滤波电感的体积可大大减小。

11.6.2 并联式开关型稳压电路

并联型开关电源是现在用得最多的电源，计算机显示器、彩电、计算机电源等均采用它，所以了解其工作原理、掌握其电路特点是电子系统电源设计的基本要求。并联式开关型稳压电路如图 11-28 所示，其工作波形与串联式开关型稳压电路基本相同。T 为开关输出管，Tr 为脉冲变压器，D 为整流二极管，因开关管 T 与输入直流电压以及负载 R_L 并联而成为

并联型开关电路。此外，二极管 D 通常为脉冲整流管，C 为滤波电容。

脉冲变压器耦合开关电路有正向激励和反向激励两种形式，正向激励方式—开关管导通期间，次级脉冲整流二极管也导通，而在截止期间，开关管 T 与二极管 D 都截止。

反向激励方式—开关管 T 导通期间 D 截止，而 T 截止期间 D 导通。如图 11-28 所示电路的工作过程如下：开关脉冲信号加至晶体管 T 的基极，当输入脉冲为正时，T 饱和，此时初级线圈上的电压特性为上正下负，次级感应电压则是上负下正，D 反偏截止；当 T 基极输入负脉冲时，晶体管 T 截止，T 的集电极电位上升为高电平，此时 Tr 的次级感应电压是上正下负，D 正向偏置而导通，电容 C 充电，取得直流输出电压 U_o，Tr 在这里可看作储能元件，当开关晶体管 T 导通，但二极管 D 截止时，初级线圈储存能量，当 T 截止时，Tr 则释放能量，此时二极管 D 导通。

这里需要说明一个问题，当 T 截止时，Tr 的初级电流跃变为零，并失去回路，次级如何有电压输出？线圈的电流不是不能跃变的吗？这一问题可从能量不能跃变这一概念来理解。因电感中的能量是以磁能形式存在的，一般的电感只有一个绕组，而脉冲变压器有初、次级两个绕组，在开关晶体管 T 从导通变为截止时的瞬间，初级线圈电流突变为零，而 Tr 便将能量转移到次级，这时二极管导通，次级线圈有感应电流产生，感应电流所产生的磁通与转换瞬间前的相同，而保持磁通量不变。输出电压 U_o 有以下关系式

$$U_o = U_i(\eta_2/\eta_1)\times(t_{on}/t_{off}) \tag{11-29}$$

η_2 和 η_1 是初次级匝数，t_{on} 是晶体管导通时间，t_{off} 是截止时间。为此可以通过控制 t_{on}/t_{off} 来调输出电压 U_o 的高低。

$$U_o = U_i \times \frac{\eta_2}{\eta_1} \times \frac{q}{1-q}$$

可见，并联式开关型稳压电源同样可以通过控制占空比 q 来稳定或调整输出电压。

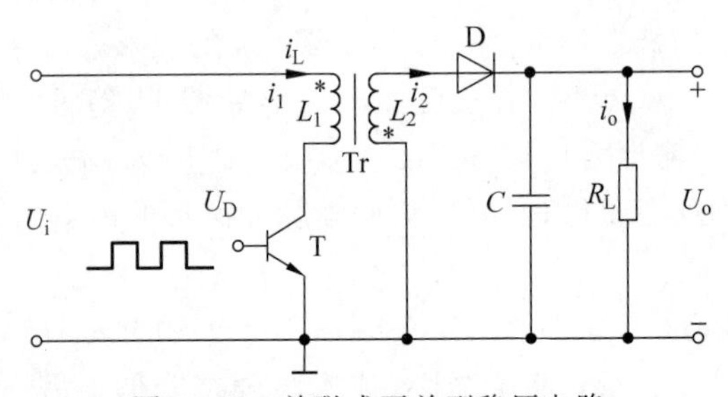

图 11-28 并联式开关型稳压电路

11.6.3 集成开关稳压器及其应用

集成开关稳压器(integrated switching regulator)是指调整元件工作在开关状态，通过调整开和关的时间来稳定输出电压的稳压器件。

1. 集成开关稳压器的电路类型

集成开关稳压器分类方法有多种，按输出电压是否可调分为固定式和可调式。按照功能特点其电路类型可分为：①降压型(单端反极式电路)；②升压型(单端正极式电路)；③同极型(输入和输出的极性相同)；④反极性(输入和输出的极性相反)；⑤共地型(没有开关变压器，不隔离式)；⑥不共地型(有开关变压器，隔离式)等。

2. 开关集成稳压器主要芯片及其应用

采用集成 PWM 电路是开关电源的发展趋势，特点是能使电路简化、使用方便、工作可

靠、性能提高。它将基准电压源、三角波电压发生器、比较器等集成到一块芯片上，做成各种封装的集成电路，习惯上称为集成脉宽调制器。使用PWM的开关电源，既可以降压，又可以升压，既可以把市电直接转换成需要的直流电压（AC-DC变换），还可以用于使用电池供电的便携设备（DC-DC变换）。

（1）PWM电路MAX668。MAX668为AXIM公司的产品，被广泛用于便携产品中。该电路采用固定频率、电流反馈型PWM电路，脉冲占空比由$(U_{out}-U_{in})/U_{in}$决定，其中U_{out}和U_{in}是输出输入电压。输出误差信号是电感峰值电流的函数，内部采用双极性和CMOS多输入比较器，可同时处理输出误差信号、电流检测信号及斜率补偿纹波。MAX668具有低的静态电流（220μA），工作频率可调（100～500kHz），输入电压范围为3～28V，输出电压可高至28V。用于升压的典型电路如图11-29所示，该电路把5V电压升至12V，该电路在输出电流为1A时，转换效率高于92%。MAX668的引脚说明见表11-2。

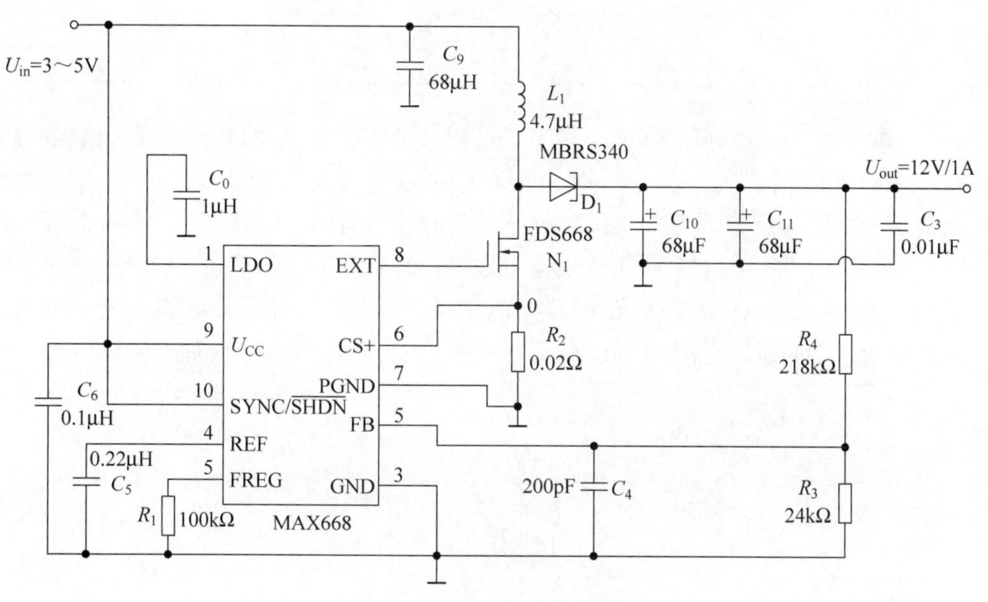

图11-29 由MAX668组成的升压电源

表11-2 MAX668芯片引脚说明

引脚序号	说明
引脚1	LDO，该引脚是内置5V线性稳压器输出，该引脚应该连接1μF的陶瓷电容
引脚2	FREQ，工作频率设置
引脚3	GND，模拟地
引脚4	REF，1.25V基准输出，可提供50μA电流
引脚5	FB，反馈输入端，FB的门限为1.25V
引脚6	CS+，电流检测输入正极，检测电阻接到CS+与PGND之间
引脚7	PGND，电源地
引脚8	EXT，外部MOSFET门极驱动器输出
引脚9	U_{CC}，电源输入端，旁路电容选用0.1μF电容
引脚10	SYNC/$\overline{SHDN}$停机控制与同步输入，有两种控制状态：低电平输入，DC-DC关断；高电平输入，DC-DC工作频率由FREG端的外接电阻R_{OSC}确定

(2) TOP Switch 系列开关电源电路。美国 Power Integration 公司的产品,该产品集控制电路和功率变换电路于一体,具备 PWM 电源的全部功能。该系列电源有很多型号,其功率、封装形式因型号的不同而不同,它的输入电压范围为 85～265VAC,功率为 2～100W。TOP 系列电路采用 CMOS 制作工艺,而功率变换器采用场效应管实现能量转换。该器件有三个引脚,它们是引脚 1 漏极 D-主电源输入端;引脚 2 控制极 C-控制信号输入端;引脚 3 源极 S 电源接通的基准点,也是初级电路的公共端。该电路以线性控制电流来改变占空比,具有过流保护电路和热保护电路,常用型号有 TOP200～204/214;TOP221～217。该电路参数如表 11-3 所示。

表 11-3 TOP Switch 系列芯片参数

输出频率	10kHz	工作结温	−40～150℃
漏极电压	36～700V	热关闭温度	145℃
占空比	2%～67%	截止状态电流	500μA
控制电流	100mA	动态阻抗	15Ω
控制电压	−0.3～8V		

图 11-30 所示电路是利用 TOP220YAI 芯片设计的 12V/30W 的高精度开关稳压电源,其工作电压范围较大,可以达到 85～265V。电路中,并联在开关变压器上由 R_1、C_2、D_5 组成的反向电压泄放电路,用于消除变压器关断瞬间形成的反向高压,以保护 TOP Switch 开关。由高频整流输出端引出反馈信号,经过光电耦合器 U_2 送至 TOP Switch 的控制端,以保持输出电压的稳定,串联在光电传感器发光管回路的 U_3 是一只可调精密基准源,其控制端的电压变化可以控制流过它的电流变化,从而改变反馈深度,因此调整电阻 R_1 就可以调节输出电压。

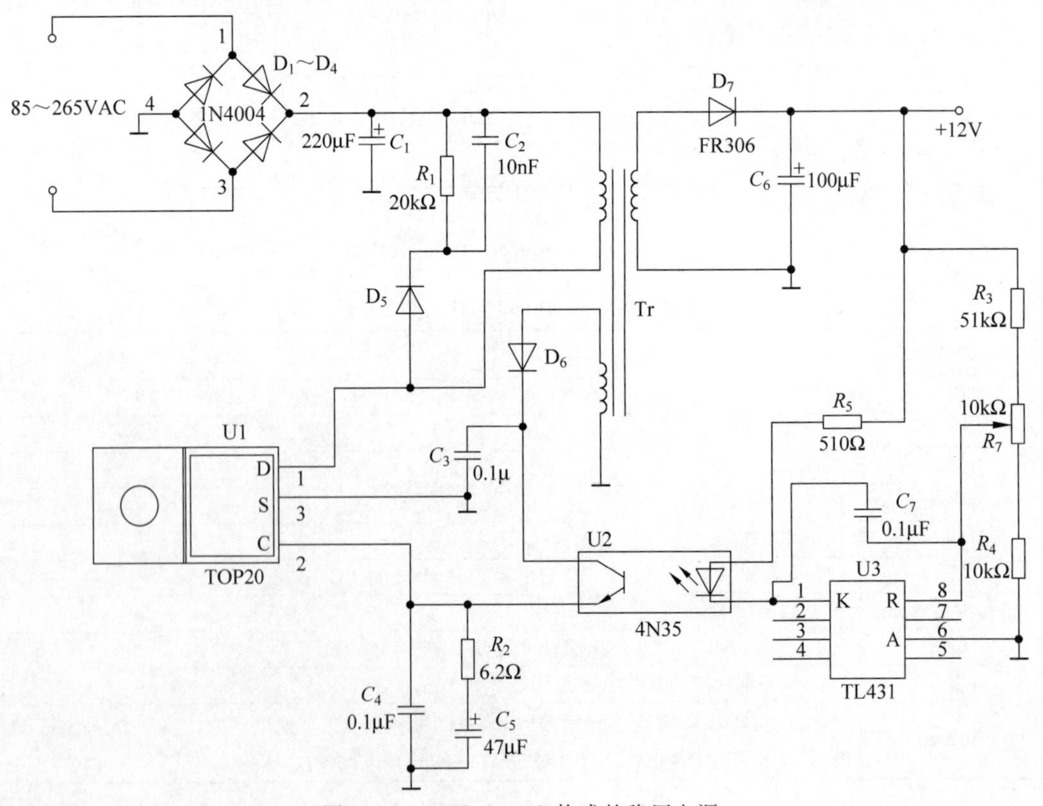

图 11-30 TOP Switch 构成的稳压电源

概括集成开关稳压器的优点有：①功耗小，效率高；②体积小，重量轻；③输入电压的动态范围宽，输入和输出可隔离，也可不隔离；④工作频率高，滤波率高；⑤电路的类型灵活多样。

结论：总体来说，开关型稳压电源具有如下特点：①调整管工作在开关状态，功耗大大降低，电源效率大为提高；②调整管在开关状态下工作，为得到直流输出，必须在输出端加滤波器；③可通过脉冲宽度的控制方便地改变输出电压值；④在许多场合可以省去电源变压器；⑤由于开关频率较高，滤波电容和滤波电感的体积可大大减小。

11.6.4 直流稳压电源电路仿真分析

稳压电源仿真分析主要研究稳压电源系统中关键部分或关键点动态与静态性能，进而能够直观了解稳压电源性能与参数，为更好地设计与改善稳压电源系统性能提供参考。直流稳压电源电路原理图如图 11-31 所示。

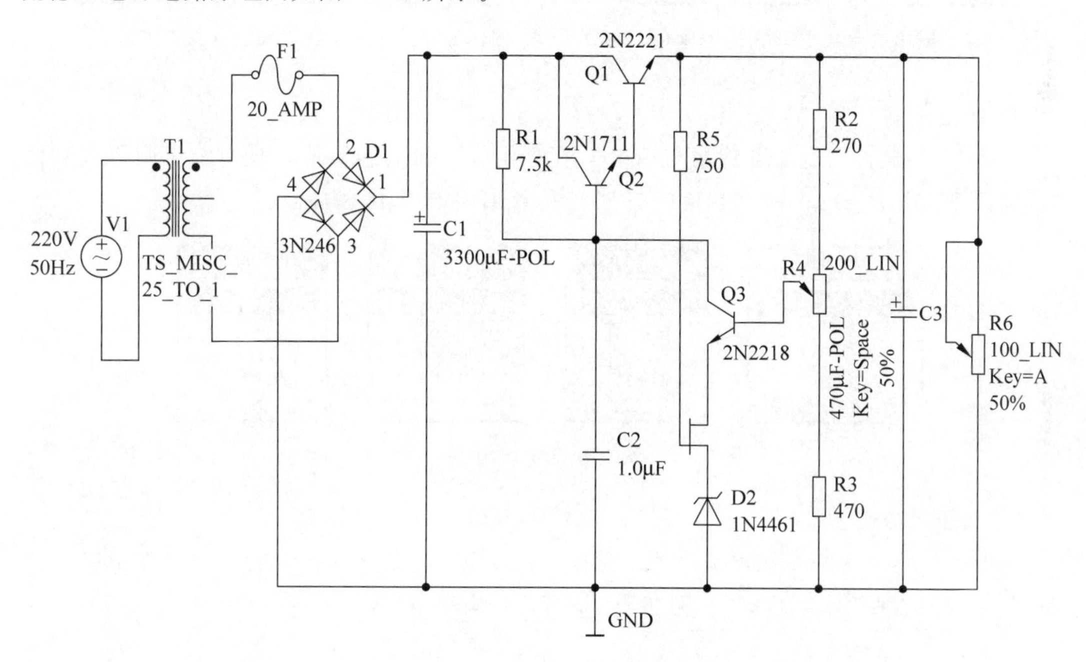

图 11-31 稳压电源仿真分析原理图

1. 设置静态工作点

电路空载时，调整电路各元件参数使三个三极管均工作在放大区。调试结果如图 11-32 所示。可以看出结果为：$U_{be1}=0.679\text{V}$，$U_{be2}=0.694\text{V}$，$U_{be3}=0.627\text{V}$。

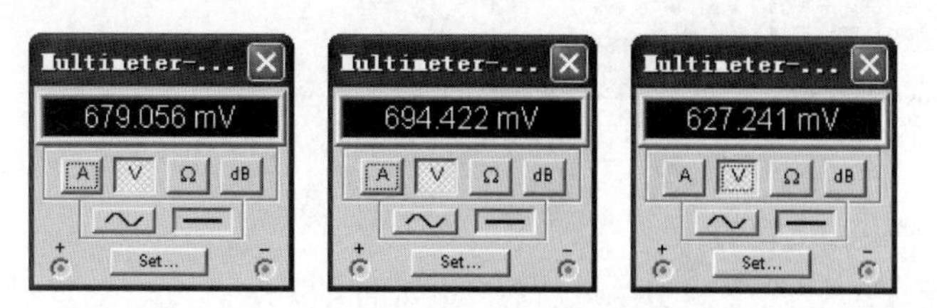

图 11-32 晶体管 $Q_1 \sim Q_3$ 静态发射结电位

U_{ce} 均在 3～8V 内，故可确定三极管都工作在放大区。

2. 电路输出电压范围仿真调试

经调试(主要改变抽样电路的电阻匹配)可调范围在 10～14V(空载时)，当 R_6 调制 0 时输出有最大电压 $U_{max}=14.693\text{V}$。当 R_6 调制 100%时输出最小电阻 $U_{min}=10.297\text{V}$。实际结果如图 11-33 所示。

3. 额定电压电流仿真

当输出为 $U_o=12\text{V}$，负载 $R=8\Omega$ 时，输出电流 $I=1.508\text{A}$，如图 11-34 所示。

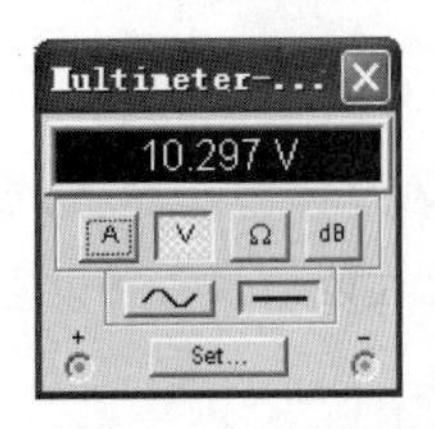

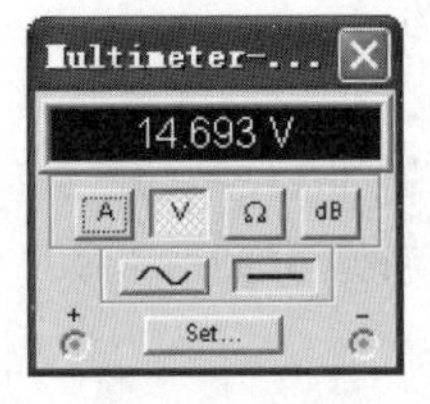

图 11-33　输出电压最小与最大范围显示

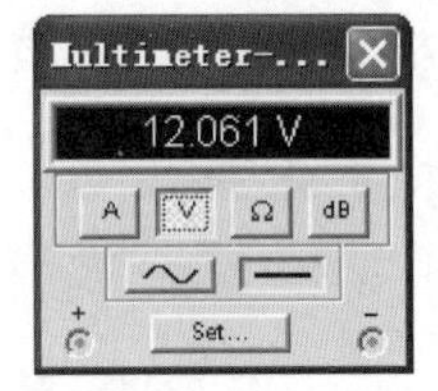

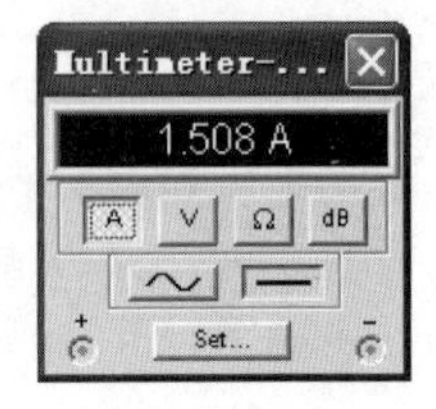

图 11-34　额定情况下输出电流值仿真结果

4. 输出电阻

R_o 可以定义输出电压变化量与输出电流变化量之比的绝对值。改变电压则可得到两组数据：可算出 $R=0.04/0.714=0.056\Omega$。仿真结果如图 11-35 所示。

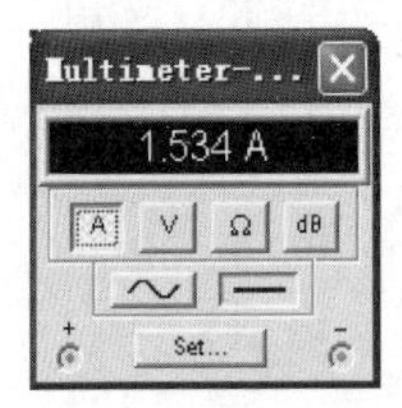

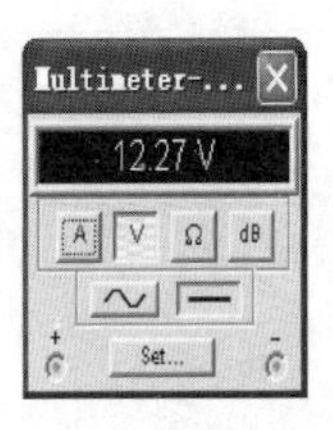

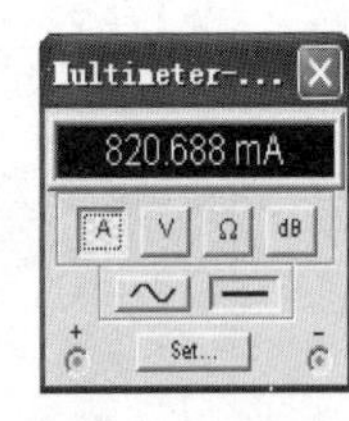

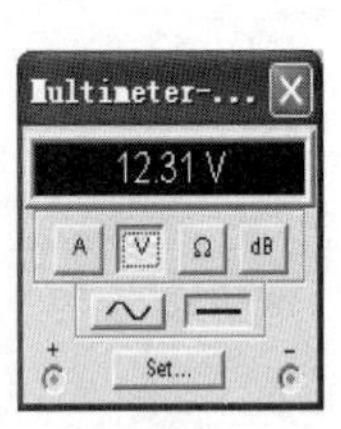

图 11-35　输出电压电流对应仿真结果

5. 稳压系数仿真

稳压系数定义为在负载电流环境不变的情况下，输入电压的相对变化引起输出电压的相对变化。输入电压 220～250V 时仿真结果如图 11-36 所示。

可以得到

$$S_U=(12.321-12.251)/(23.901-20.556)=0.02$$

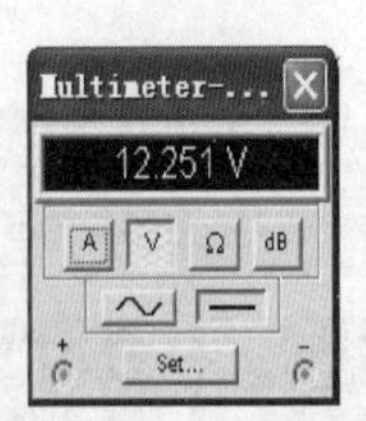

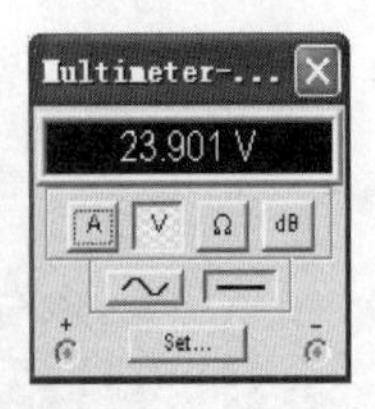

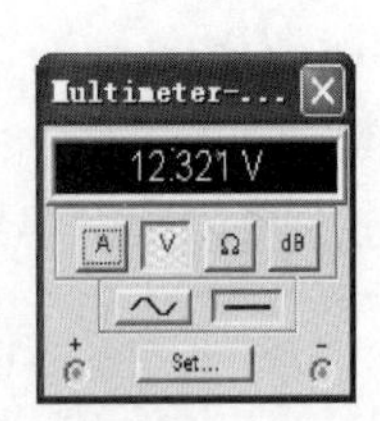

图 11-36　220～250V 输入时系统输出结果仿真

6. 满载时纹波峰峰值仿真

如图 11-37 所示，仿真图下面部分为最后输出电压的交流分量，可知纹波峰峰值大约为 2.4mV。

仿真结论：结果显示表明该电路基本符合稳压电源基本性能要求，仿真结果与实际计

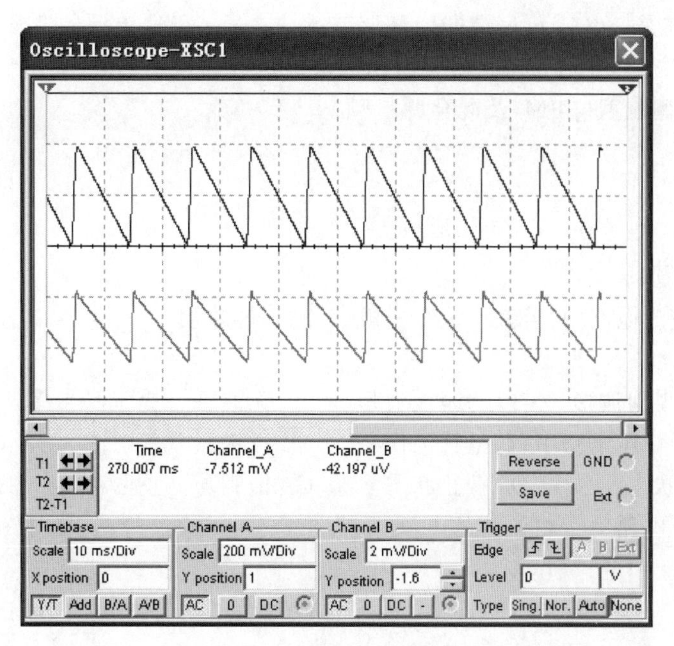

图 11-37　满载时纹峰峰值仿真图

算结果相符，以后工作接着需在实际元件中进一步调试，可以作为实际制作稳压电源的参考。

本章小结

本章介绍了直流电源的组成、性能指标、工作原理、电路结构及其特点，着重介绍了工程中实用的应用电路。

(1) 在电子系统中，经常需要将交流电网电压转换为稳定的直流电压，本章介绍的直流电源电路是将 50Hz、220V 单相交流电转换成直流电，因而直流电源电路是换能电路，要用整流、滤波和稳压等环节来实现。

(2) 在整流电路中，利用二极管的单向导电性将交流电转变为脉动的直流电。如何利用二极管的单向导电性组成单相桥式整流电路以及单相桥式整流电路的工作原理、主要波形、输出电压和电流平均值的估算和整流管主要参数的选取；抑制输出直流电压中的纹波，通常在整流电路后接有滤波环节。滤波电路一般可分为电容输入式和电感输入式两大类。在直流输出电流较小且负载几乎不变的场合，宜采用电容输入式，而负载电流较大的场合，采用电感输入式。

(3) 为保证输出电压不受电网电压、负载和温度的变化而产生波动，可再接入稳压电路，在稳压二极管组成的稳压电路中，限流电阻是必不可少的元件；稳压管稳压电路的稳压原理，输出电压、输出电流、稳压系数和输出电阻的估算，限流电阻的选择；在小功率供电系统中，多采用串联反馈式稳压电路，而中大功率稳压电源多采用开关稳压电路。如需电压较高或较低，或移动式电子设备中，可采用变换型开关稳压电源。

(4) 串联反馈式稳压电路的调整管是工作在线性放大区，利用控制调整管的管压降来调整输出电压，它是一个带负反馈的闭环调节系统；开关稳压电源的调整管是工作在开关状态，利用控制调整管导通与截止时间的比例来稳定输出电压。它的控制方式有脉宽调制型(PWM)、脉频调制型(PFM)及混合调制型。

习题

11.1　选择题。

1. 在桥式整流电路中，若其中一个二极管开路，则输出________；若正负极接反，则输出________。

A. 只有半周波形　B. 为全波波形　C. 无波形且变压器或整流管可能烧坏

2. 在开关型稳压电路中，调整管工作在________状态。

A. 饱和状态　B. 截止状态　C. 饱和与截止两种　D. 放大状态

3. 桥式整流电路每个整流管的电流 I_D 为________，整流管承受的最大反向电压 U_{DRM} 为________。

A. I_o　B. $2I_o$　C. $1/2\ I_o$　D. $1/4\ I_o$

E. U_2　F. $2\sqrt{2}U_2$　G. $\sqrt{2}U_2$　H. $(\sqrt{2}/2)U_2$

11.2　填空题。

1. 负载电阻 R_L 越________，滤波电容 C 越________，电容滤波的效果越好。

2. 单片式三端集成稳压器 CW7812 输出电压的稳定值为________。

3. 串联型稳压电路如图 11-38 所示，稳压管 D_Z 的 U_Z 为 5.3V，$R_1=R_2=200\Omega$，$U_{BE}=0.7V$。

(1) 试说明电路如下四个部分分别由哪些元器件构成(填空)：调整管________；放大环节________，________；基准环节________，________；取样环节________，________。

(2) 当 R_w 的滑动端在最下端时 $U_o=15V$，求 $R_w=$________。当 R_w 的滑动端移至最上端时，$U_o=$________。

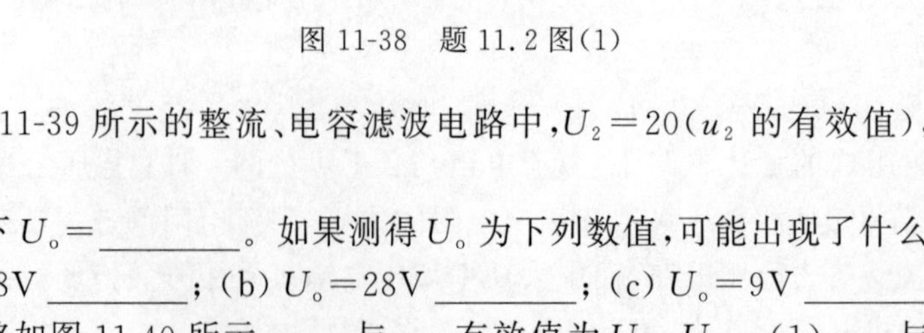

图 11-38　题 11.2 图(1)

4. 在如图 11-39 所示的整流、电容滤波电路中，$U_2=20$(u_2 的有效值)，$R_L=40\Omega$，$C=1000\mu F$，试问：

正常情况下 $U_o=$________。如果测得 U_o 为下列数值，可能出现了什么故障？

(a) $U_o=18V$ ________；(b) $U_o=28V$ ________；(c) $U_o=9V$ ________。

11.3　电路如图 11-40 所示。u_{21} 与 u_{22} 有效值为 U_{21}，U_{22}：(1) u_{21} 与 u_{22} 不相等时，分别定性画出 u_{o1} 和 u_{o2} 整流输出波形，并简要分析工作原理；(2) u_{21} 与 u_{22} 相等时与不等

两种情况下分析输出电压平均值 U_{o1}，U_{o2}。

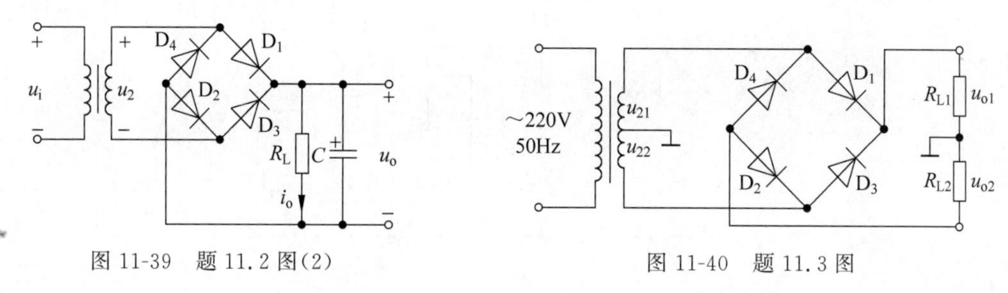

图 11-39　题 11.2 图(2)　　　　图 11-40　题 11.3 图

11.4　稳压管稳压电路如图 11-41 所示，其中稳压管 D_Z 的稳压值 $U_Z=6V$，最大稳定电流 $I_{Zmax}=40mA$，最小稳定电流 $I_{Zmin}=5mA$，电路输入电压 U_i 在 20～24V 内变化，且 $R_1=400\Omega$，计算保证负载开路时，稳压管电流不过载，电阻 R_2 应选多大？

11.5　如图 11-42 所示电路中，$U_Z=6V$，$R_1=2k\Omega$，$R_2=1k\Omega$，$R_3=0.9k\Omega$，$U=30V$，晶体管的电流放大系数 $\beta=80$，试求：(1) 输出电压 U_o 的调节范围。(2) 当 $U_o=15V$，$R_L=150\Omega$ 时，比较放大器的输出电流 I。

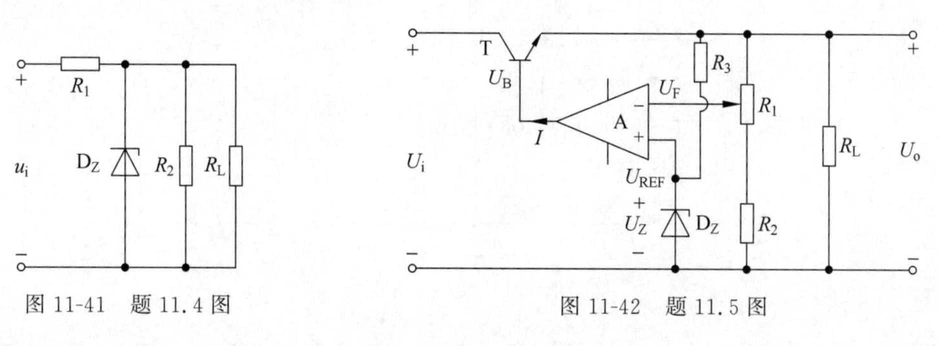

图 11-41　题 11.4 图　　　　图 11-42　题 11.5 图

11.6　图 11-43 所示电路为 W7800 系列集成稳压器扩展输出电压的应用电路。此电路能获得一个稳定输出并且可调的直流电压。试写出扩展输出电压 U_o 的表达式并说明调输出电压的方法。

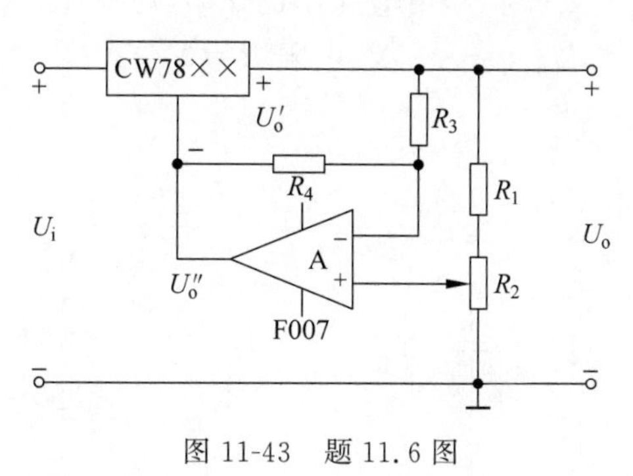

图 11-43　题 11.6 图

11.7　如图 11-44 所示，直流稳压电源电路，解答下列问题：

(1) 说明各元件作用，在图中标出运放的同相端与反向端。(2) D_Z 的稳压为 U_Z，估算输出电压 U_o 范围。(3) 若 $U_i=24V$，T_1 管饱和压降为 $U_{CES1}\approx 2V$，计算 U_2 与 U_o 的最大值 U_{omax}。

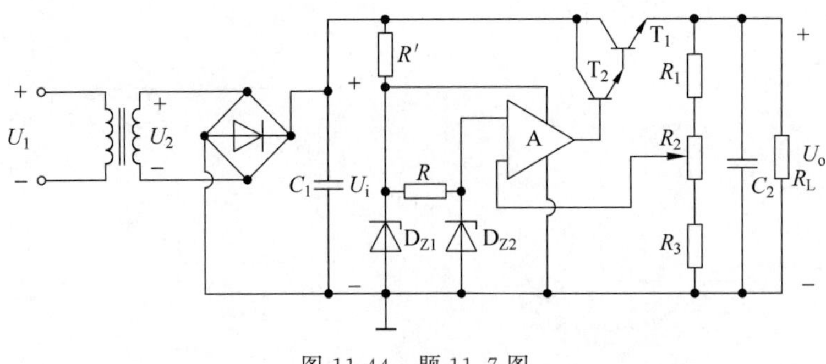

图 11-44　题 11.7 图

11.8　直流稳压电源如图 11-45 所示，其中稳压管稳压电路 D_Z 稳压值 $U_Z=6\text{V}$。$R_1=300\Omega$，$R_2=100\Omega$，$R_3=200\Omega$，解答下列问题：(1)计算 U_o 可调范围；(2)T_1 管发射极电流 $I_{E1}=0.1\text{A}$，$U_I=24\text{V}$，求 T_1 管最大管耗 P_{CM}；(3)已知 $U_{CES1}\approx 4\text{V}$，当 $U_o\approx 18\text{V}$ 时，计算 U_2；(4)$U_2\approx 20\text{V}$，$U_I\approx 18\text{V}$，且波动较大，试分析此种情况下电路故障。

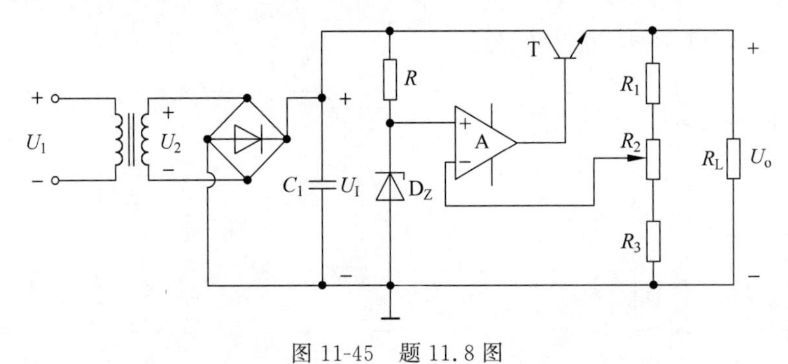

图 11-45　题 11.8 图

11.9　已知电路如图 11-46 所示，$I_Q=5\text{mA}$，$R_1=500\Omega$，$R_2=0.4\text{k}\Omega$。求：输出电压 U_o。

11.10　如图 11-47 所示电路为 W7800 系列集成稳压器扩展输出电流的应用电路。当稳压电路所需输出电流大于 2A 时，利用电阻 R 的作用，使外接的功率晶体管导通来扩大输出电流 I_o。若功率管 $\beta=10$，$U_{BE}=-0.3\text{V}$，电阻 $R=0.5\Omega$，$I_3=1\text{A}$，试计算扩展输出电流 I_o。(设公共端的电流 $I_2\approx 0$)

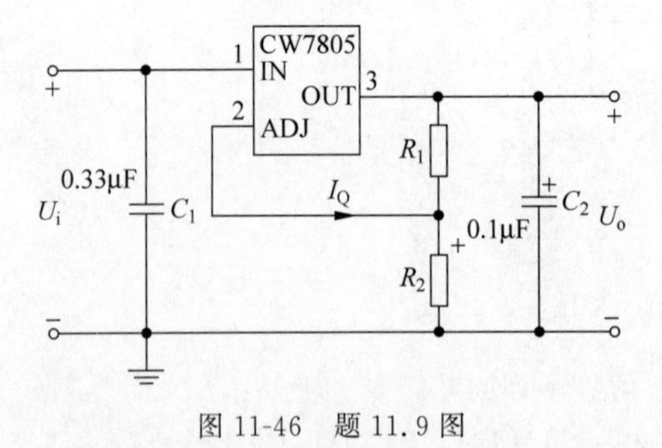

图 11-46　题 11.9 图

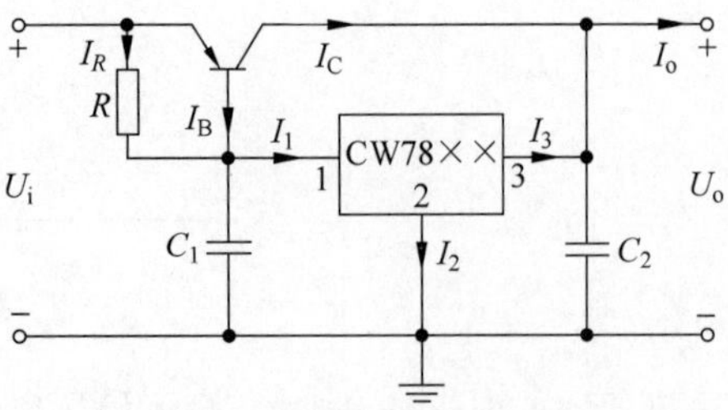

图 11-47　题 11.10 图

第12章 模拟电子线路读图与设计方法

CHAPTER 12

科技前沿——基于可定制芯片设计方法

电子系统的设计方法正由“自底向上”(bottom-up)设计方法转变为新的“自顶向下”(top-down)的基于芯片技术新一代电子系统设计方法。它正成为现代电子系统设计的主流,核心技术思想是由需求者对整个系统方案与功能进行设计后再提交生产厂家二次设计制作,系统关键电路用一片或几片专用集成电路(application specific integrated circuits,ASIC)来实现的方法。

ASIC按功能的不同可分为数字ASIC、模拟ASIC和微波ASIC;按使用材料的不同可分为硅ASIC和砷化镓ASIC。一般来说,数字、模拟ASIC主要采用硅材料,微波ASIC主要采用砷化镓材料。砷化镓具有高速、抗辐射能力强、寄生电容小和工作温度范围宽等优点,目前已在移动通信、卫星通信等方面得到广泛应用。对硅材料ASIC,按制造工艺的不同还可进一步将其分为MOS型、双极型和BiCMOS型等;按照设计方法不同,设计ASIC分为全定制和半定制两类。全定制法是一种基于晶体管级的设计方法,半定制法是一种约束性设计方法。约束的目的是简化设计、缩短设计周期、提高芯片成品率。对于某些性能要求很高、批量较大的芯片,一般采用全定制法设计,用全定制法设计时须采用最佳的随机逻辑网络,且每个单元都必须精心设计,另外还要精心地布局布线,将芯片设计得最紧凑,以期实现芯片运算速度快、面积利用率高、功耗低等的最优性能。

ASIC的提出和发展标志集成电路的应用与现代设计方法都进入了一个信息技术新的革命阶段。通用的、标准的集成电路已不能完全适应电子系统的急剧变化和更新换代。虽然该技术主要面向数字逻辑方向,但在模拟特别是高频电子线路设计中越来越发挥举足轻重的作用。目前,ASIC正朝着高密度、大规模、可重构性等的方向发展。

本章首先介绍系统电路设计中绘图环节的基本概念、方法,接着阐述实际电子信息工程中模拟电路图的分析原则,特别是结合实用的电磁炉控制管理系统介绍了复杂电子系统分析方法,最后重点介绍模拟电子系统设计理论与方法,并结合电子设计大赛中与本课程的内容相关的设计题目为例介绍电子系统设计与实现的全过程。本章重点内容有:

① 模拟电子系统分析的原理与方法;

② 典型电子系统设计的基本理论与方法;

③ 熟练掌握模拟电子系统分析设计过程与步骤。

电子系统分析与设计的现代化过程经历了三个主要阶段。

20世纪60年代中期至80年代这一阶段为计算机辅助设计(computer-aided design,CAD)初期阶段。这个阶段主要是利用研制的软件工具,包括有印制电路板(printed circuit board,PCB)布线设计、电路模拟、逻辑模拟及版图的绘制等独立软件工具进行系统设计与分析。

20世纪80年代初期至90年代初期为CAE(computer aided engineering)阶段,在集成电路设计方法、电子系统设计方法以及设计工具集成化方面取得了许多成果。这个阶段中主要采用基于单元库的半定制设计方法。采用门阵列和标准单元法设计的各种ASIC的设计分析方法得到了极大的发展。

20世纪90年代以后,出现了以高级语言描述、系统仿真和综合技术为特征的第三代EDA(electronic design automation)技术,不仅极大地提高了系统的设计效率,而且使设计者摆脱了大量的辅助性工作,将精力集中于创造性的方案与概念的构思上。随着微电子技术的发展,新出现的SOPC片上可编程系统已成为现代电子技术和电子系统设计的汇聚点和发展方向。这一时期,SOPC是ASIC发展的新阶段,代表了当今电子设计的发展方向。

12.1 电路绘制原则

电路图绘制是一个电子工程师基最本的技能。在电子技术学习过程中最常遇到的电路图主要有六种。

① 方框图(包括整机电路方框图、系统方框图等);

② 单元电路图;

③ 等效电路图;

④ 集成电路应用电路图;

⑤ 整机电路图;

⑥ 印制电路板图。

实际上对工程技术最重要的就是整机电气原理图(schematic circuit diagram)与方框图(block diagram),一般单元电路图与整机电路图就指的是电气原理图。因此,本节以自动化控制系统为例研究电气原理图的绘制原则、方法。

电气原理图是用来表明电气设备的工作原理、各电器元件的作用以及相互之间关系的器件连接图。巧妙运用电气原理图的分析设计方法和技巧,对于分析电气线路,排除系统电路故障是十分有益的。控制系统电气原理图一般由主电路(main circuit)、控制电路(control electrical circuit)、保护、配电电路等几部分组成。

12.1.1 绘制方法

绘制电气原理图的一般规律如下:

(1) 画主电路。主电路是电气控制线路中大电流信号通路,包括从电源到执行机构之间相连的所有电器元件形成的电路。一般由组合开关(combined switch)、主熔断器(main fuse)、接触器主触点(contactor)、热继电器(thermorelay)等热元件和电动机(electromotor)等电气设备与电子元件组成。绘制主电路时,应依照国家(或专业权威机构)规定的电气图形符号并按照电路绘制原则绘制。用粗实线画出主要控制、保护等用电设备,如断路器

(circuit breaker)、熔断器、变频器(frequency converters)、热继电器、电动机等,同时用提示性文字符号依次标明相关功能用途。

(2) 画辅助电路。辅助电路(auxiliary circuit)是控制线路中除主电路以外的通过小电流的电路部分。辅助电路一般包括控制电路、照明电路、信号通路和保护电路。其中控制电路主要由按钮开关、接触器和继电器的线圈及辅助触点、热继电器触点、保护电器触点等器件组成。无论简单或复杂的控制电路,分析控制系统共性规律,辅助电路一般均是由各种典型电路(如延时电路、连锁电路、顺控电路等)组合而成,用以控制主电路中受控设备的"启动""运行""停止"等主要工作过程,使主电路中的设备按设计工艺的要求正常运转。

12.1.2 电气原理图绘图原则

对于简单的控制电路,只要依据主电路要实现的功能,并结合生产工艺要求及设备动作的先、后顺序依次分析、绘制;对于复杂的控制电路,要按各部分所完成的功能,分割成若干个局部控制电路,然后与典型电路相对照,找出相同之处,本着先简后繁、先易后难的原则逐个画出每个局部环节,再找到各环节的相互级联关系,最终完成总体绘图。通用绘制原则概括如下:

① 电气原理图一般分主电路和辅助电路两部分,分开绘制;

② 图中所有元件都应采用国家标准中统一规定的图形符号与文字符号;

③ 线条交叉及图形方向要明确;

④ 文字符号标注位置要准确,合理;

⑤ 图形符号表示要点为未通电或无外力状态。

要注意,绘图与实际元件在电路板上的布置不一定严格对应,实际绘图主要考虑到版面与美观等因素限制,而电器元件安装要符合工程质量与调试方便。二者尽量对应,但允许照顾版面等实际情况而有一定的偏差。电气元器件布局设计应遵循以下原则:

① 必须遵循相关国家标准进行设计和绘制电器元件布置图;相同类型的电器元件布置时,应把体积较大和较重的安装在控制柜或面板的下方;

② 发热的元器件应该安装在控制柜或面板的上方或后方,但热继电器一般安装在接触器的下面,以方便与电机和接触器的连接,需要经常维护、整定和检修的电器元件、操作开关、监视仪器仪表,其安装位置应高低适宜,以便工作人员操作;

③ 强电、弱电应该分开走线,注意屏蔽层的连接,防止干扰的窜入;电器元器件的布置应考虑安装间隙,并尽可能做到整齐、美观。

按照上述原则绘出电动车电气图见图 12-1。

12.2 模拟电子电路图分析

电子电路图用来表示实际电子电路的组成、结构、元器件标称值等信息。电子专业技术人员要了解、掌握电子产品的工作原理,看懂电子产品、设备的电路图是一项基本功能。而快速地看懂电子产品的电路图是电子工程师的基本技能,也是开发设计电子新产品新技术的基本手段之一。因此,了解电路图种类与掌握各种电路图的分析方法,是电子技术学习的第一步。本节主要研究模拟电子技术中最常用的两种图形-设备、产品的方框图与电气原理

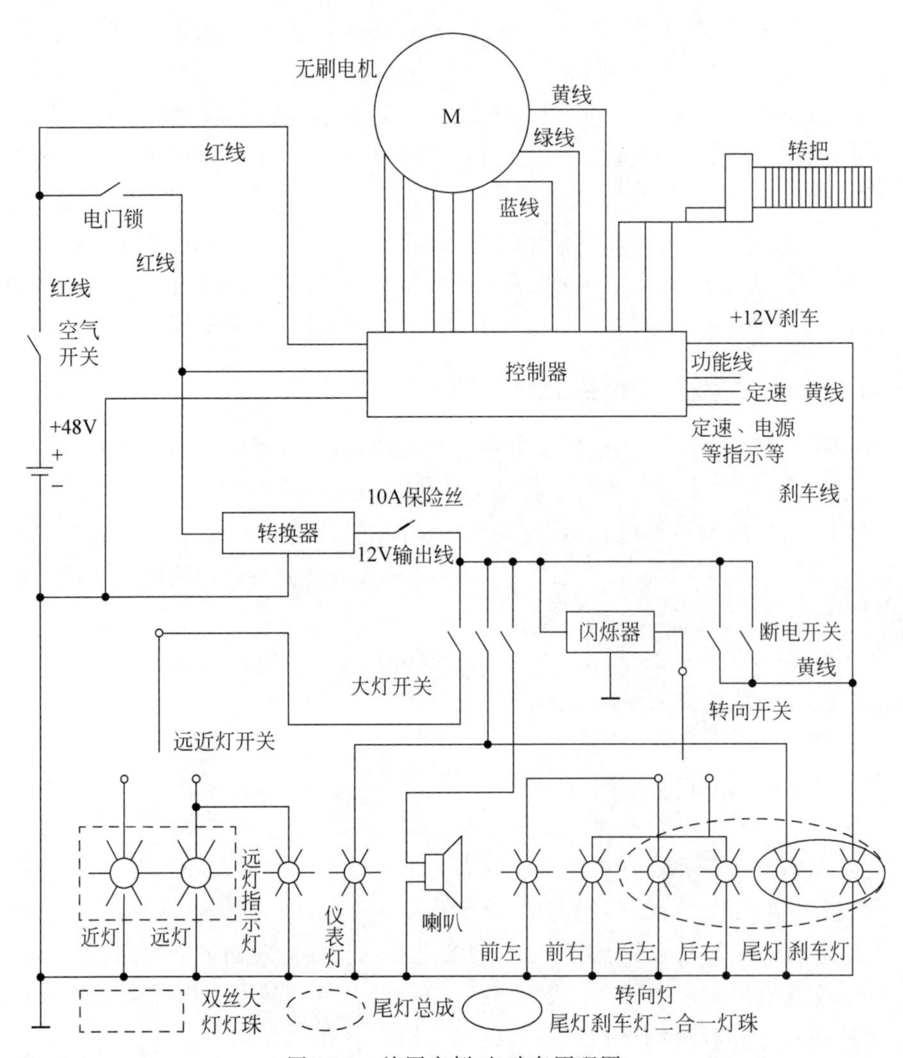

图 12-1 绘图实例-电动车原理图

图的分析方法。

12.2.1 方框图分析方法

系统方框图是系统总体模块结构图，也是系统拓扑图。从方框图中可以了解系统功能结构，准确定位分析单元电路功能与性质。如图 12-2 所示是一个两级音频信号放大系统的方框图。从图中可以看出，系统电路由信号源、前级放大器、中间级放大器和末级放大器以及负载五个单元电路构成；从方框图也可以了解到，电路主体包含三级放大电路；再根据专业经验可以初步判断各部分电路功能与任务，也可以大致了解电路特性与功能。

方框图种类多，电子工程中常用的有三种：整机电路方框图、系统电路方框图和集成电路内电路方框图。方框图在分析与设计电路中的作用可以概括为：

(1) 宏观表达电路的基本信息。方框图可以表达大规模复杂电路(整机电路、系统电路和功能电路等)的组成情况，通常给出复杂电路的主要单元电路的位置、名称，以及复杂电路中各单元电路之间的耦合关系。这些基本信息可以作为识图分析的突破口。而且方框图简

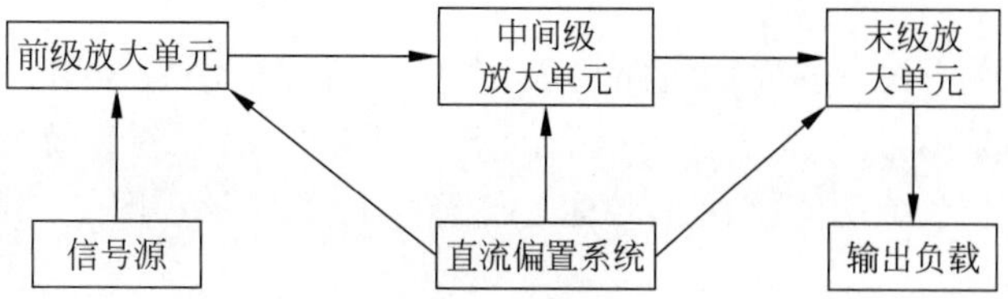

图 12-2　音频放大系统方框图

明、清楚，可方便地看出电路的组成和信号的传输方向、途径以及信号在传输过程中的处理过程等相关信息，如信号是得到了放大还是受到了衰减等。

(2) 由于方框图比较简洁，逻辑性强，因此便于记忆，同时它所包含的信息量大，这就使得方框图尤为重要。方框图中所标出的电路名称，一般表达了信号在某一单元电路中的处理过程，可以为进一步分析具体电路提供指导性的信息。

(3) 方框图主要有简明与详细两种类型，方框图越详细，为识图提供的有益信息就越多。在各种方框图中，集成电路的内部电路方框图是最为详细的。

(4) 方框图中通常会标出信号传输的方向(用箭头表示)，它形象地表示了信号在电路中的传输方向，尤其是集成电路内电路方框图，可以明确指示出某引脚是输入引脚还是输出引脚(根据引脚上的箭头方向得知这一点)。这些信息对识图都是非常有用的。如图 12-2 所示的方框图给出了这样的识图信息：

信号源输出信号首先加到前级放大器中放大(信号源电路与第一级放大器之间的箭头方向提示了信号传输方向)，然后送入中间级放大器中放大，再功率放大后(末级)去激励负载。因此，方框图是一张重要的电路图，特别是在分析集成电路的应用或复杂的系统的电路，需要了解整机电路组成与工作情况时，如果没有方框图将给识图带来诸多不便和困难。因此，在分析具体电路的工作原理之前，先分析该电路的方框图是必要的，它有助于分析具体电路的工作原理。

1. 常见方框图

方框图画法较为灵活，因此种类较多，这里只介绍电子信息系统设计与分析中最重要的整机系统方框图、系统方框图与集成电路内部方框图三种。

1) 整机电路方框图

整机电路方框图是表达整机电路功能模块的方框图，也是众多方框图中最为复杂的方框图，关于整机电路方框图，主要说明下列几点。

某些设备整机电路方框图比较复杂，因此，有的用一张方框图表示整机电路结构情况，有的则将整机电路方框图分成几张。它主要阐明整机电路的组成和各部分单元电路之间的相互关系；在整机电路方框图中，通常在各个单元电路之间用带有箭头的连线进行连接，通过图中的这些箭头方向，还可以了解到信号在整机各单元电路之间的传输途径。并不是所有的整机电路在图册资料中都给出整机电路的方框图，但是同类型的整机电路方框图基本上是相似的。所以利用这一点，可以借助于其他整机电路方框图了解同类型整机电路组成等情况。

在各种方框图中，整机方框图是最重要的方框图，整机电路方框图不仅是分析整机电路工作原理的有用资料，更是故障检修中建立正确检修思路的依据，特别是对修理中故障逻辑推理的形成和故障部位的判断都是十分重要的。

2）系统电路方框图

一个整机电路通常由许多系统电路构成，系统电路方框图就是用方框图形式来表示系统电路的组成等情况，它是整机电路方框图的下一级方框图，往往系统方框图比整机电路方框图更加详细。其对系统功能模块从名称上已经进行了提示。图 12-3 所示是组合音响中的收音电路系统方框图。

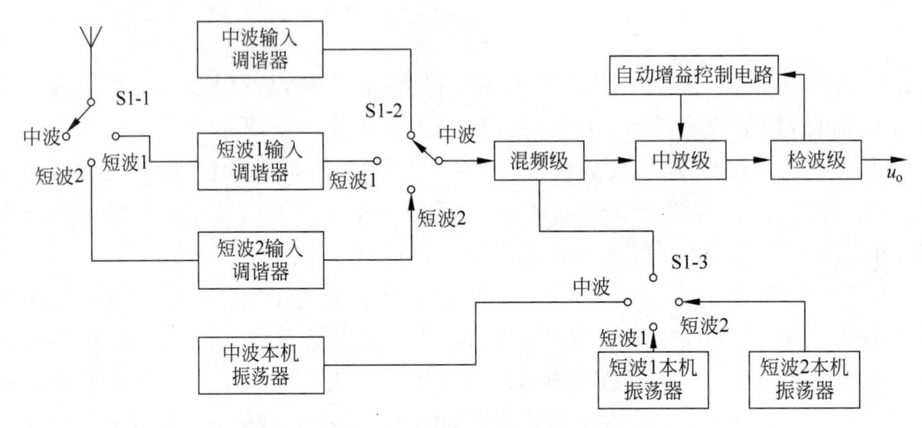

图 12-3　音响收音电路系统方框图

3）集成电路内电路方框图

集成电路内电路方框图是一种十分常见的图形。集成电路内电路的组成情况可以用实际电路模拟仿真图或内电路方框图来表示，由于集成电路十分复杂，因此在许多情况下用内电路方框图来表示集成电路的内电路组成情况更利于识图。从集成电路的内电路方框图中可以了解到集成电路的组成、相关引脚的作用等识图信息，这对分析该集成芯片应用电路是十分有用的。如图 12-4 所示的 TOPSwitch 系列芯片是美国 PI 公司新推出的第二代单片开关电源集成电路内部方框图。

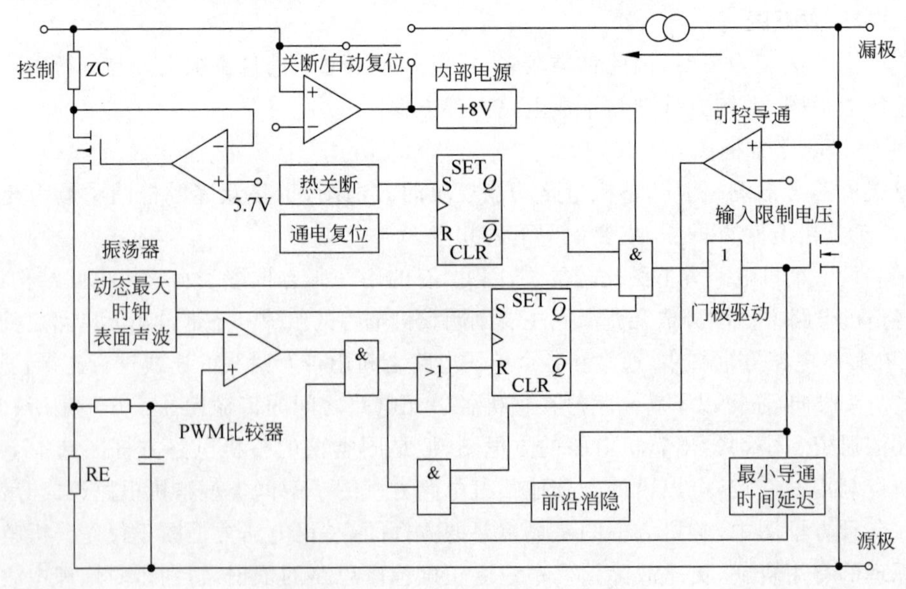

图 12-4　TOPSwitch 内部功能框图

由图 12-4 可以看出，芯片内含振荡器、误差放大器、脉宽调制器、门电路、高压功率开关管(MOSFET)、偏置电路、过电流保护电路、过热保护及上电复位电路、关断/自动重启动电路。该芯片是以最简单的方式构成的无工频变压器的反激式开关电源，开关频率为 100kHz。它不仅设计先进，功能完善，而且外围电路简单，使用非常灵活。是目前设计小功率(250W)开关电源的最佳选择。

TOPSwitch 各引脚功能见表 12-1。

表 12-1 TOPSwitch 引脚功能介绍

引 脚	功 能
漏极脚	接输出管 MOSFET 漏极，在启动工作时，经过内部开关电流源提供内部偏置电流。该脚还是内部电流监测点
控制脚	是误差放大器和反馈电流输入脚，以控制占空比。正常工作时内部分流调节器接通，提供内部偏置电流。该脚也接电源旁路和自动再启动/补偿电容器
源极脚	输出级 MOSFET 的源极连线，接直流高压和主变压器原边电路的公共端与参考点

又如三肯(SANKEN)公司的集成电路 STR-S6709 内部方框图见图 12-5。

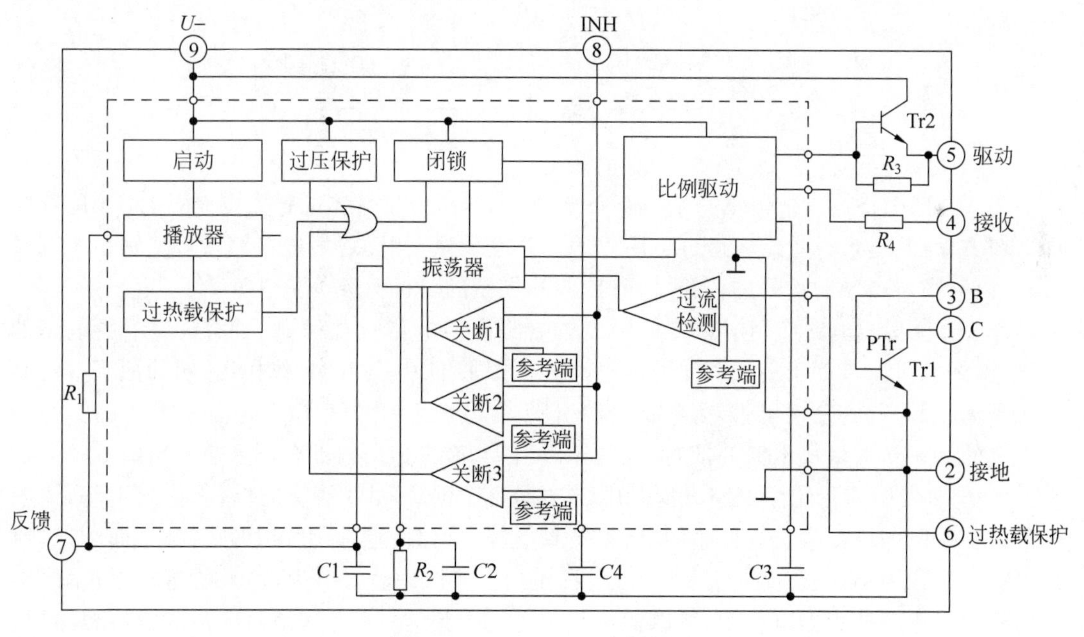

图 12-5 STR-S6709 内部框图

从这一集成电路内电路方框图中可以看出，三肯公司的集成电路 STR-S6709 是小型单列直插式带散热器结构，包含开关三极管、比例驱动电路、振荡电路、门闩电路、过流保护电路、过压保护电路。其只需很少的外围元件既可以构成开关电源。该芯片优点是开关电路脉冲宽度能改变，即正常工作时是宽脉冲方式工作，待机时是窄脉冲方式工作，实现单电源待机功能。引脚功能如表 12-2 所示。

表 12-2　STR-S6709 引脚功能图

引脚	1	2	3	4	5	6	7	8	9
名称	集电极	发射极	基极	激励入	激励出	过流检测	反馈入	关断时间控制	控制电路电源
电压	300V	0.05V	−0.13V	0.68V	1.13V	0.03V	0.23V	1.32V	7.27V

需要强调指出的是，集成电路一般引脚比较多，内电路结构与功能复杂，所以在进行电路分析时，集成电路内电路方框图的导向作用不可忽视。

2. 方框图识图方法

关于方框图的识图方法，说明以下三点：

(1) 分析信号传输过程。主要是看图中箭头的方向，这样可了解信号在系统中的走向。箭头所在的通路表示了信号的传输通路，箭头方向指示了信号的传输方向。在音响设备的整机电路方框图中，常将左、右声道电路的信号传输指示箭头采用实线和虚线来分开表示，如图 12-6 所示。

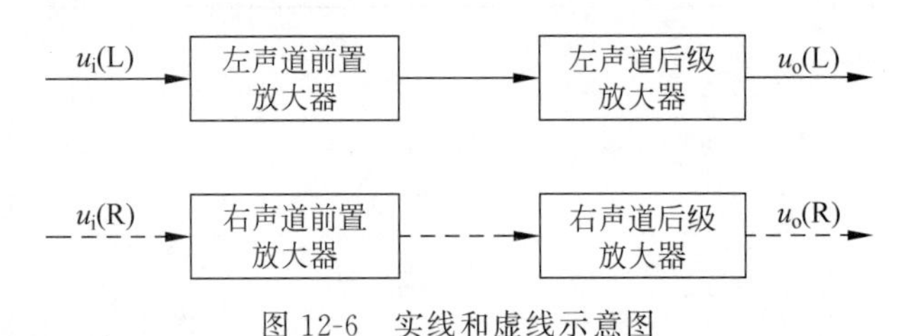

图 12-6　实线和虚线示意图

(2) 记忆电路组成。记忆一个电路系统的组成时，由于具体电路太复杂，因此要用方框图。在方框图中，可以看出各部分电路之间的相互关系(相互之间连接关系)，特别是控制系统，可以清晰看出控制信号的传输过程、信源和控制的目标对象等信息。

(3) 分析集成电路应用电路。分析集成电路应用电路的过程中，如果缺少集成电路的引脚资料时，可以借助于集成电路的内电路方框图来推理引脚的具体作用，明确地了解哪些引脚是输入脚，哪些是输出脚，哪些是电源引脚，而这三种引脚对识图是非常重要的。当引脚引线的箭头指向集成电路外部时，这是输出引脚，箭头指向内部时都是输入引脚。

例如图 12-7 所示集成电路方框图中，集成电路的①脚引线箭头向里，为输入引脚，说明信号是从①脚输入变频级电路中的，所以①脚是输入引脚；⑤脚引脚上的箭头方向朝外，所以⑤脚是输出引脚，变频后的信号从该引脚输出；④脚是输入引脚，输入的是中频信号，因为信号输入中频放大器电路中，所以输入的信号是中频信号；③脚是输出引脚，输出经过检波后的音频信号。

当引线上没有箭头时，例如图 12-7 所示集成电路中的②脚，说明该引脚外电路与内电路之间不是简单的输入或输出关系，方框图只能说明②脚内、外电路之间存在着某种联系，该脚要与外电路中本机振荡器电路中的有关元器件相连，具体是什么联系，方框图就无法表达清楚了，这也是方框图的一个不足之处。

又如图 12-8 所示 LA445 是日本三洋(SANYO)公司生产的双声道音频功率放大集成电路，广泛应用于家用、汽车、电视、计算机等设备音响系统中。其功能特点主要有：集成电路内含双信道音频功率放大电路；具有短路保护、过压保护、浪涌抑制和热切断保护等单元

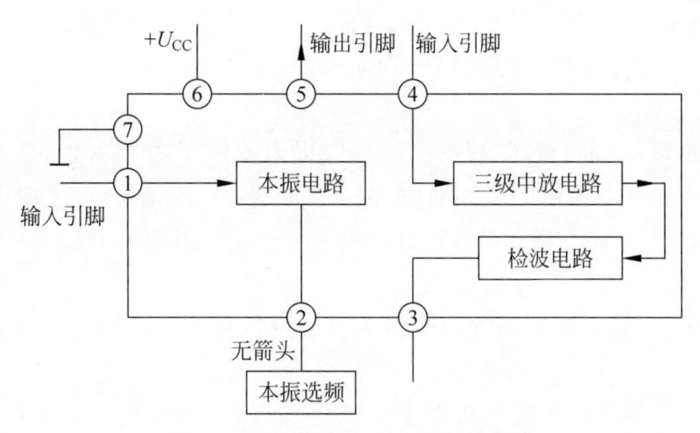

图 12-7　集成电路引脚功能方框图

电路；其纹波抑制能力强、分离度高、平衡性好、外接组件少、散热器设计安装方便等特点。可组成双声道或 BTL 功率放大器。

LA4445 集成电路的极限工作电压为 25V，静态电流最大值为 100mA，典型值为 75mA。其内电路方框图如图 12-8 所示。

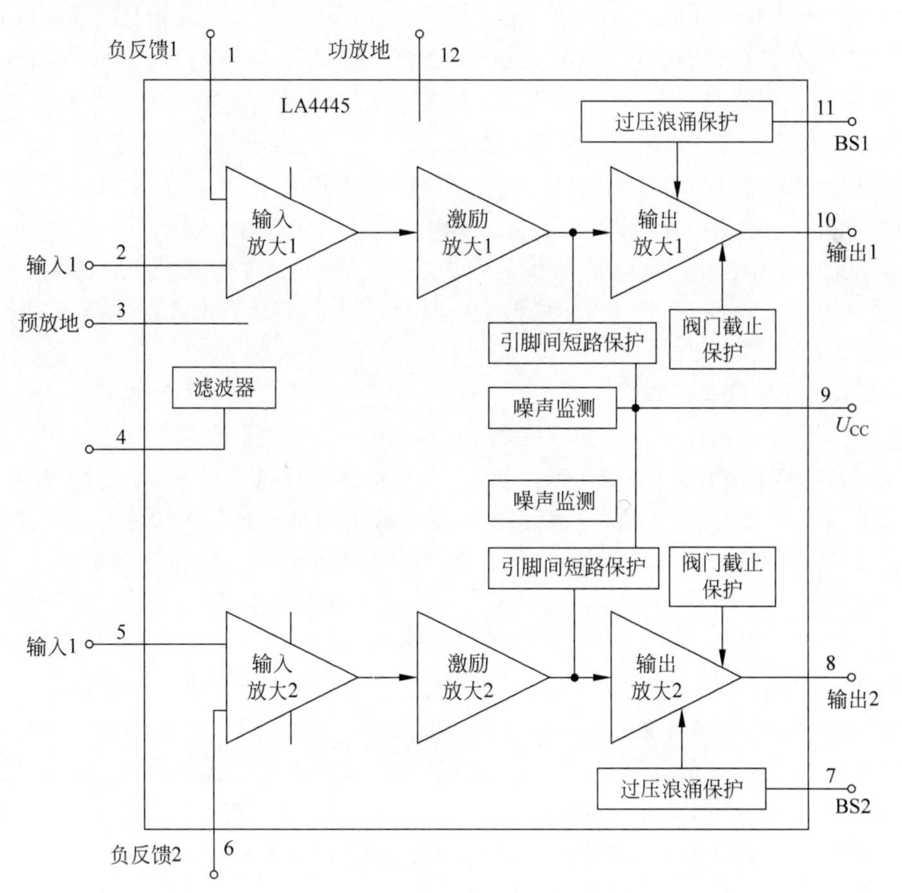

图 12-8　LA4445 集成电路的内电路方框图

另外，在有些集成电路内电路方框图中，有的引脚上箭头是双向的，这种情况在数字集成电路中常见，这表示信号既能够从该引脚输入，也能从该引脚输出。

3. 方框图的识图结论

通过方框图概念、功能、特点等的介绍，可以得出方框图识图时要注意以下事项：

(1) 集成电路制造商提供的电路资料中一般情况下都不给出整机电路方框图，不过大多数同类型机器其电路组成是相似的，利用这一特点，可用同类型机器的整机方框图作为参考。

(2) 一般情况下，对集成电路的内电路是不必进行分析的，只需要通过集成电路内电路方框图来理解信号在集成电路内电路中的放大和处理过程。

(3) 方框图是众多电路中首先需要记忆的电路图，记住整机电路方框图和其他一些主要系统电路的方框图，是学习电子电路的第一步。

12.2.2 模拟电路电气图分析方法

电气图(electrical diagram)是人们为了研究和工作的需要，用国际或国家约定的符号绘制的一种表示电路结构的图形。通过它可以分析和了解实际电路的组成与详细功能情况。这样，在研究分析电路时通过电气图按图索骥就可以了解电路结构与工作情况，可以大大提高工作效率。有必要指出，再复杂的电路也都是由最基本的电路构成的，而说到底就是由元件构成的。懂得这一点，对分析理解复杂电路大有帮助。例如研究复杂的控制系统要先看主电路，并了解信号通路上的设备与器件，对生产工艺要求以及控制系统的要求等相关信息。然后再看控制系统。对于控制系统也要分块，即按系统、按功能分成若干块，再进行局部与细节分析；对于电子线路，也是要先了解整体的系统功能，再按系统、按功能分析，逐步细化，一直到了解电路的详细信息为止。而要做到这一切，要求我们平时要多学习，多积累电子系统分析设计理论，多掌握一些典型电路及其设计方法与原理，多了解新的元器件及其应用技术等方面的知识。

1. 掌握模拟电路基础知识

(1) 认识电子元器件。要熟练掌握电子产品中常用的电子元器件的基本知识，如分立元件电阻器、电容器、电感器、二极管、三极管、晶闸管、场效应管、变压器、开关、继电器、插件等；集成电路芯片如运放、功放、可编程器件、嵌入式单片机、CPU、A/D(D/A)转换器、集成逻辑门电路等。要充分了解它们的种类、性能、特征、特性以及它们在电路中的电气符号与作用等，根据这些内容，懂得哪些参数会对电路性能和功能产生影响。这些，对于读懂、读透电路图是非常重要的。

(2) 常用单元电路。单元电路对于电子电路分析与设计非常重要。为方便、快捷地看懂电路图，必须掌握一些由常用元器件组成的单元电子电路知识，例如整流滤波电路、放大电路、振荡电路、信号整形电路等。因为这些单元电路是电子产品电路图中常见的功能模块，许多大规模的电路都是由这些单元电路组合而成。掌握这些单元电路的原理与结构组成，是看懂、读懂电路图的关键，更是进一步分析复杂电路的基础，从而深化电子专业领域研究能力。

2. 遵循电子设计专业理念

应多了解、熟悉、理解电路图中的有关基本概念。比如关键点的电位以及电位变化情况，各点以及点间元件互相关联关系，各点间如何形成回路、通路，以及哪些器件构成直流偏置电路，哪些形成信号通道电路，哪些属于控制信号通路等。读电路图最忌讳的是眉毛胡子一把抓，因此最重要的是了解信号流程，即主信号的走向，或者说信号从哪里来去向是哪里。如果是规范的原理图画法，它的信号走向是有规定的，一般来说原理图的左方是信号的入口，右方是信号的出口。根据这个道理很容易了解到原理图的功能。然后再把原理图细分成若干单元，仔细了解每一单元的功能，就会对整个系统功能有个大体了解。当然首先应对单元电路功能有比较多的了解。由多张图纸组成整机电路图，一般情况下都有图纸编号，图纸编号的顺序就是整机的工作流程。掌握这些原则是可以很清晰地看懂电路图的。

3. 了解产品功能

要看懂、读通某一电子产品的电路图，还需对该电子产品有一个大致的了解，主要是掌握产品的主要功能，单元电路组成等。如要看懂某一手机的电路图，还需对该手机的功能有一定了解，除了基本的通话线路外，还有红外、蓝牙、摄像等附属部分电路，同样要了解它们可能由哪些电路单元组成。另外，对于复杂系统的具体分析过程，有时还要通过了解类似产品功能来理解本产品的功能情况。这对读懂、读通电路图有很大帮助，少走弯路。

4. 注意知识与经验积累

平时学习过程要多分析、多理解、多研究各种电路图。经常在电路图中寻找自己熟悉的元器件和单元电路，研究它们在电路中所起的作用，以及它们与周围电路的联系，进而分析单元电路间的内在联系，以及它们之间互相配合的工作方式，最后逐渐延伸到其他部分电路分析，扩展分析范围与视野，直至能理解全图为止。

一般电路分析过程都是由简单到复杂，遇到难以弄懂的问题除自己反复独立思考外，要多向内行、专家请教；多阅读相关的文献，包括电子文献。目前电子专业网站很多，一些专业人士经常以各种方式在网络上交流专业思维与经验，并从中获益。

随着信息时代的发展，知识获取途径更加丰富，因此，只要坚持不懈地追求、探索，快速读懂、读通电路图并非难事，而要成为电子技术的行家里手、专家，也是指日可待的事。

12.2.3　模拟电子线路读图实例

实际工程中遇到的模拟电子电路种类非常多，功能也各异，本节主要研究与课本所授知识关系密切、而且是人们日常生活常见的设备产品加以介绍。

1. 微控制器电磁炉(三角牌)电路原理分析

电磁炉工作原理是采用磁场感应涡流(eddy current)加热原理。在电磁炉内部由整流电路将工频交流电压变成直流电压，再将直流电压转换成频率为20～40kHz的高频电压加在加热线圈上产生高频电流，高频电流流过线圈会产生高速变化的磁场，当磁场内的磁力线穿过铁锅、不锈钢锅等底部时磁力线通过金属器皿(导磁又导电材料)在金属体内产生无数的小涡流，使器皿本身自行高速发热，然后再去加热器皿内的物品。故适用于电磁炉的锅具只能是铁质或不锈钢而且能与电磁炉面紧密接触的锅具。系统电气原理图如图12-9所示。

智能电磁炉中的微控制器(MCU)芯片用在电磁炉温控系统，实现的智能化功能有加热火力调节、自动恒温设定、定时关机、预约开/关机、预置操作模式、自动泡茶、自动煮饭、自动煲粥、自动煲汤及煎、炸、烤、火锅等功能。

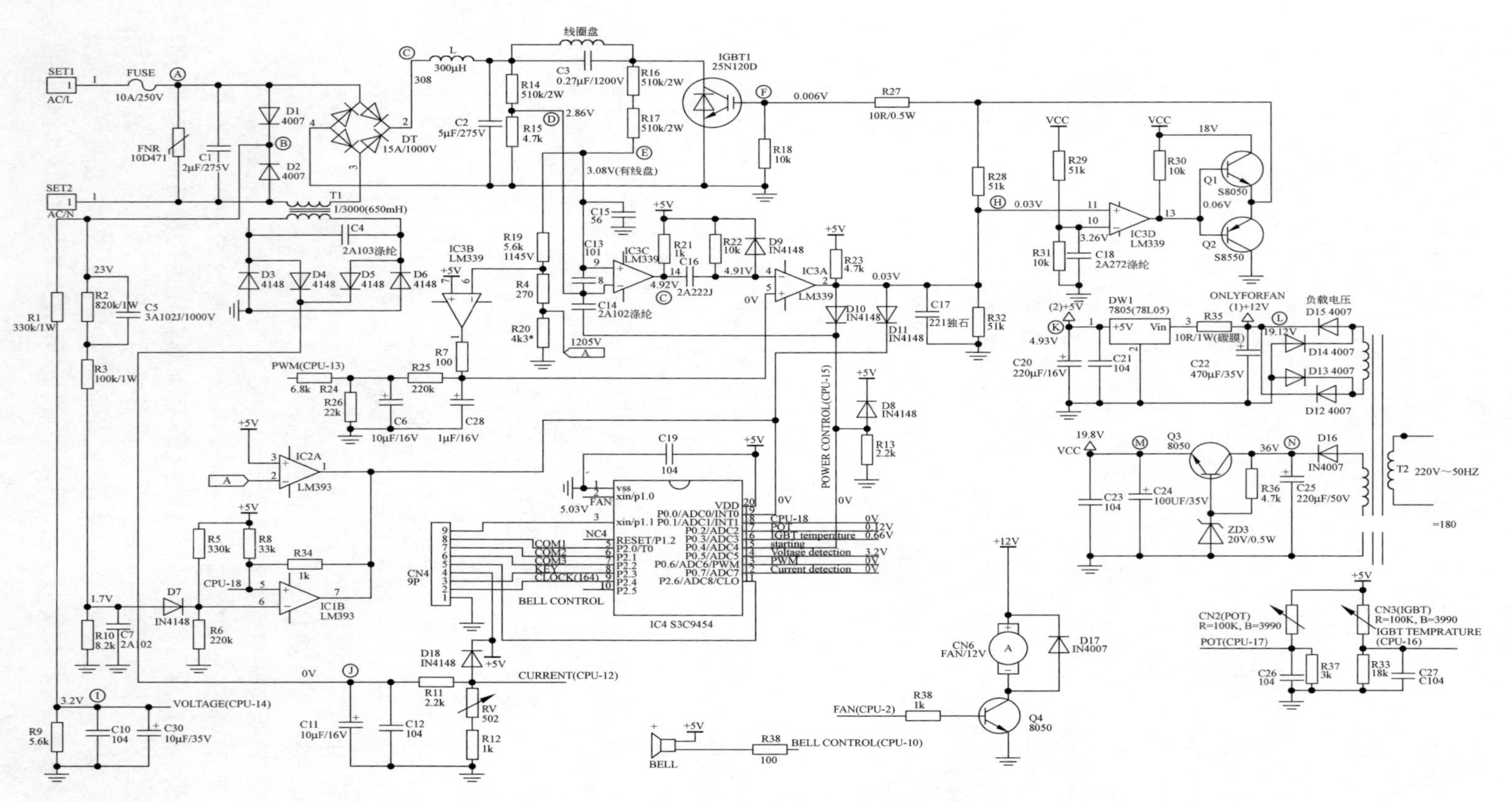

图 12-9 三角牌电磁炉电气原理图

电磁炉具体分析过程应先对系统电气原理图综合分析后画出系统方框图,然后根据方框图由主到次分析电磁炉内部各单元电路。

1) 画出系统框图

先综观全局,根据图 12-9 所示电路结构,电路可以分为主控通路与控制管理通路两部分。然后详细画出电路的结构方框图如图 12-10 所示。

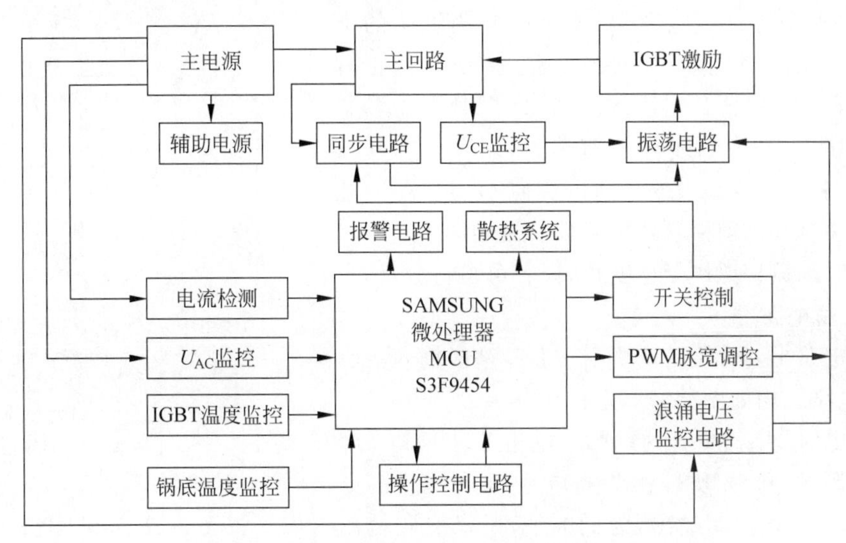

图 12-10 三角牌电磁炉电路系统方框图

2) 框图内部单元电路分析

将主回路简化成图 12-11(b)所示电路。为研究方便,定义主回路电流 i 在不同时刻分别为 i_1、i_2、i_3…。在时间段 $t_1 \sim t_2$ 时当开关脉冲加至 Q_1 的 G 极时,Q_1 饱和导通,电流 i_1 从电源流过 L_1,由于线圈感抗不允许电流突变,所以在 $t_1 \sim t_2$ 时间 i_1 随线性上升,在 t_2 时脉冲结束,Q_1 截止,同样由于感抗作用,i_1 不能立即变 0,于是向 C_3 充电,产生充电电流 i_2,在 t_3 时间,C_3 电荷充满,电流变 0,这时 L_1 的磁场能量全部转为 C_3 的电场能量,在电容两端出现左负右正,幅度达到峰值电压,在 Q_1 的 C-E 极间出现的电压实际为逆程脉冲峰压+电源电压。在 $t_3 \sim t_4$ 时间,C_3 通过 L_1 放电完毕,i_3 达到最大值,电容两端电压消失,这时电容中的电能又全部转为 L_1 中的磁能,因感抗作用,i_3 不能立即变 0,于是 L_1 两端电动势反向,即 L_1 两端电位左正右负,由于阻尼管 D_{11} 的存在,C_3 不能继续反向充电,而是经过 C_2、D_{11} 回流,形成电流 i_4,在 t_4 时间,第二个脉冲开始到来,但这时 Q_1 的 U_E 为正,U_C 为负,处于反偏状态,所以 Q_1 不能导通,待 i_4 减小到 0,L_1 中的磁能放完,到 t_5 时 Q_1 才开始第二次导通,产生 i_5 以后又重复 $i_1 \sim i_4$ 过程,因此在 L_1 上就产生了和开关脉冲 f(20～30kHz)相同的交流电流。$t_4 \sim t_5$ 的 i_4 是阻尼管 D_{11} 的导通电流,在高频电流一个电流周期里,$t_2 \sim t_3$ 的 i_2 是线盘磁能对电容 C_3 的充电电流,$t_3 \sim t_4$ 的 i_3 是逆程脉冲峰压通过 L_1 放电的电流,$t_4 \sim t_5$ 的 i_4 是 L_1 两端电动势反向时,因 D_{11} 的存在令 C_3 不能继续反向充电,而经过 C_2、D_{11} 回流所形成的阻尼电流,Q_1 的导通电流实际上是 i_1。电流波形如图 12-11(a)所示。

Q_1 的 U_{CE} 电压变化。在静态时,U_C 为输入电源经过整流后的直流电源所加。$t_1 \sim t_2$ 时刻,Q_1 饱和导通,U_C 接近地电位;$t_4 \sim t_5$ 阻尼管 D_{11} 导通,U_C 为负压(电压为阻尼二极管的顺向压降),$t_2 \sim t_4$ 是 LC 自由振荡的半个周期,U_C 上出现峰值电压,在 t_3 时 U_C 达到最大值。

以上分析证实两个问题：一是在高频电流的一个周期里，只有 i_1 是电源供给 L 的能量，所以 i_1 的大小就决定加热功率的大小，同时脉冲宽度越大，$t_1 \sim t_2$ 的时间就越长，i_1 就越大，反之亦然，所以要调节加热功率，只需要调节脉冲的宽度；二是 LC 自由振荡的半周期时间是出现峰值电压的时间，也是 Q_1 的截止时间，也是开关脉冲没有到达的时间，这个时间关系是不能错位的，如峰值脉冲还没有消失，而开关脉冲已提前到来，就会出现很大的导通电流使 Q_1 烧坏，因此必须使开关脉冲的前沿与峰值脉冲后沿相同步。

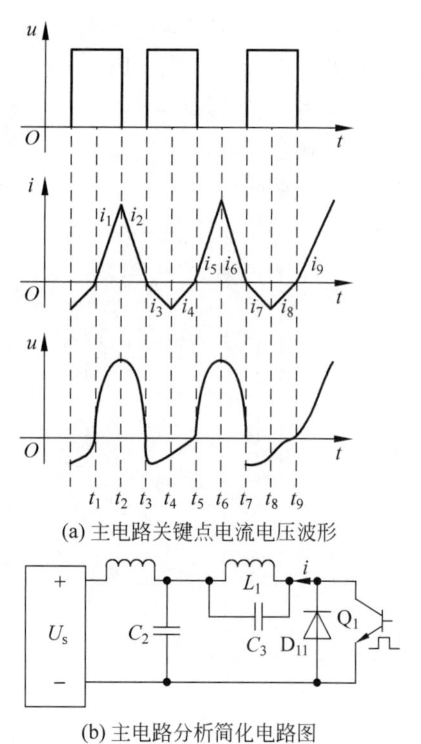

图 12-11 主电路等效电路与关键点电流电压波形

其他时间段按照周期性变化，读者可自行分析。

3）振荡电路

振荡电路主要作用是产生 IGBT 管基极输入的驱动脉冲，电路结构如图 12-12 所示。

刚上电时，由于 A、B 两端的电位相等，IC_3 的 9 脚电位高于 8 脚，则 14 脚输出为高电平，4 脚也为高电平，5 脚的 PWM 没有输出，为低电平，所以 2 脚输出为低，IGBT 处于关闭状态；当 MCU 检测到有开机信号时，其对 F 点输出一个高电平，此电平通过 C_{14} 电容耦合到 8 脚，使 8 脚电平高于 9 脚，则 14 脚就输出一个低电平，则 +5V 通过 R_{22} 给 C_{16} 进行充电，在 2 脚就形成了锯齿波形电压；此时 PWM 电压加到 5 脚，5 脚与 4 脚进行比较，在 2 脚输出驱动方波信号，IGBT 导通。电流从 A 点经过线圈盘流向 B 点，由于线圈感抗不允许电流突变，所以 B 点电位在瞬间接近为 0V。这时 L_1 的磁场能量全部转为 C_3 的电场能量，在电容两端出现左负右正，幅度达到峰值电压，9 脚又高于 8 脚，14 脚输出高电平，+5V 通过 R_{21} 反向给 C_{16} 充电，在 PWM 方波的下降沿时，2 脚输出低电平，IGBT 关停；此时 C_3 储存的电量对线圈盘放电，电容两端电压消失，这时电

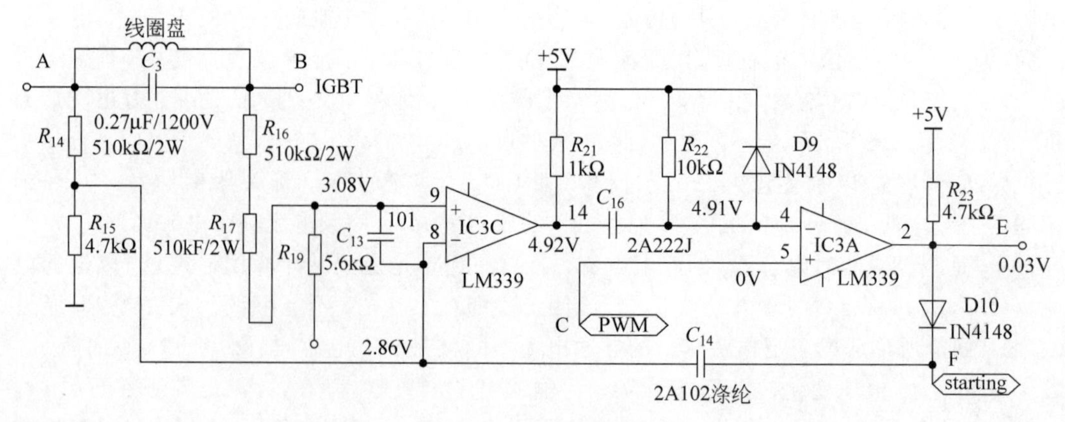

图 12-12 振荡电路图

容中的电能又全部转为 L_1 中的磁能，因感抗作用，电流不能立即变 0，于是 L_1 两端电动势反向，即 L_1 两端电位左正右负，所以 8 脚电平又大于 9 脚，电路又开始下一轮的重复工作。

4）IGBT 激励电路

振荡电路输出幅度约 4.1V 的脉冲信号，此电压不能直接控制 IGBT 的饱和导通及截止，所以必须通过激励电路将信号整形放大后才能驱动 IGBT 工作。激励电路如图 12-13 所示。

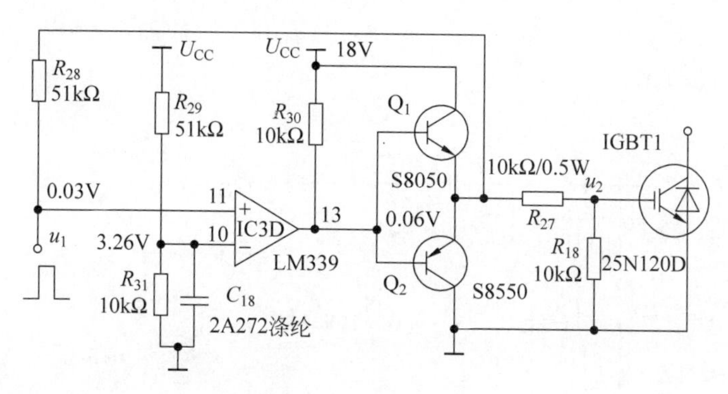

图 12-13　驱动电路图

该电路工作过程如下：

（1）u_1 为低电平时（11 脚=0V），11 脚电平低于 10 脚，13 脚为低，Q_1 截止，Q_2 导通，输出为 0V，IGBT 截止。

（2）u_1 为高电平时（11 脚=4.1V），11 脚电平高于 10 脚，13 脚为高，Q_1 导通，Q_2 截止，+18V 通过 Q_1、R_{27} 加到 IGBT 的 G 极，IGBT 导通。

5）脉冲宽度调制电路

CPU 输出脉冲宽度调制脉冲（PWM）如图 12-14 所示，由 R_{24}、R_{26}、C_6、R_{25}、C_{28} 组成的积分电路积分，PWM 脉冲宽度越宽，C_6 的电压越高，C_{28} 的电压也跟着升高，送到比较器 5 脚的控制电压随着 C_{28} 的升高而升高，而 5 脚输入的电压越高，2 脚处于高电平的时间越长，电磁炉的加热功率越大，反之越小。

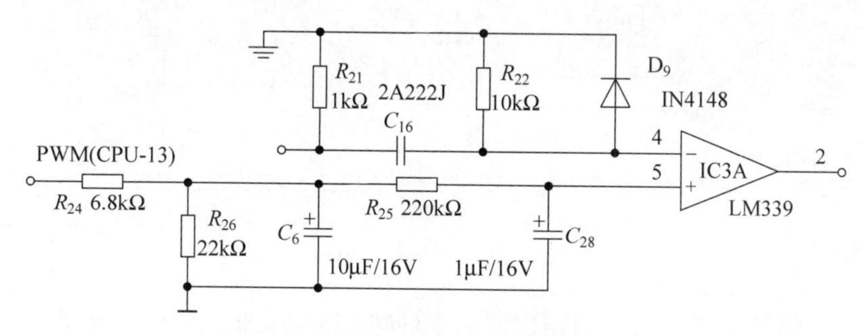

图 12-14　驱动电路图

CPU 通过控制 PWM 脉冲的宽窄来控制送至比较器 5 脚的电平大小，而 5 脚电平的大小又控制着 2 脚处于高电平时间长短，从而控制 IGBT 导通时间的长短，最终结果达到控制加热功率的大小。

6）同步电路

同步电路保证加到IGBT的G极上的开关脉冲前沿与IGBT上产生的U_{CE}脉冲后沿相同步。电路结构如图12-15所示。其中R_{14}、R_{15}分压产生U_1，($R_{16}+R_{17}$)、R_{19}、R_4、R_{20}分压产生U_2，在高频电流的一个周期里，在$t_2\sim t_4$时间(图12-11)，由于C_3两端电压为左负右正，所以$U_1<U_2$，U_3高电平($U_3=5\text{V}$)比较器2脚为高电平，所以2脚处于低电平状态。也就没有开关脉冲加至Q_1的G极，保证了Q_1在$t_2\sim t_4$时间不会导通，在$t_4\sim t_6$时间，C_3电容两端电压消失，$U_1>U_2$，U_3下降，振荡有输出，有开关脉冲加至IGBT的G极。以上动作过程，使电路同步工作。

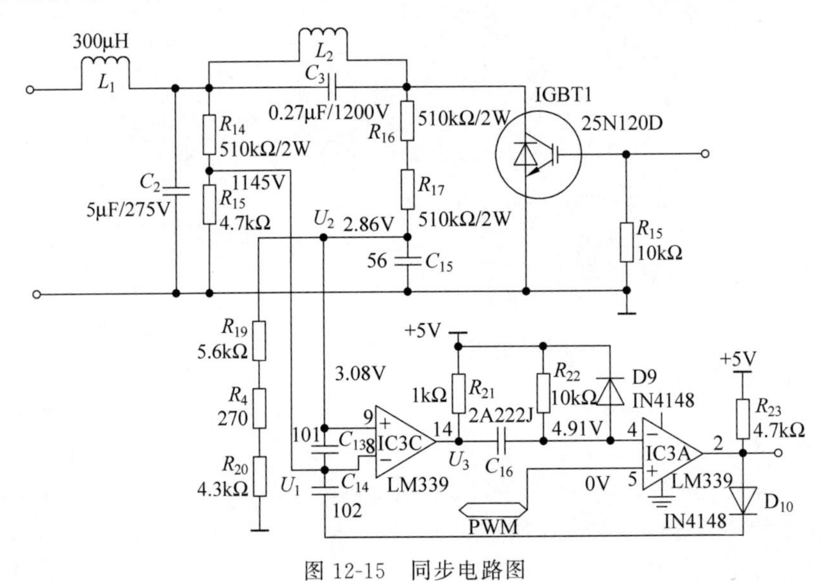

图 12-15　同步电路图

7）加热开关控制电路

加热开关控制电路如图12-16所示。工作原理如下：

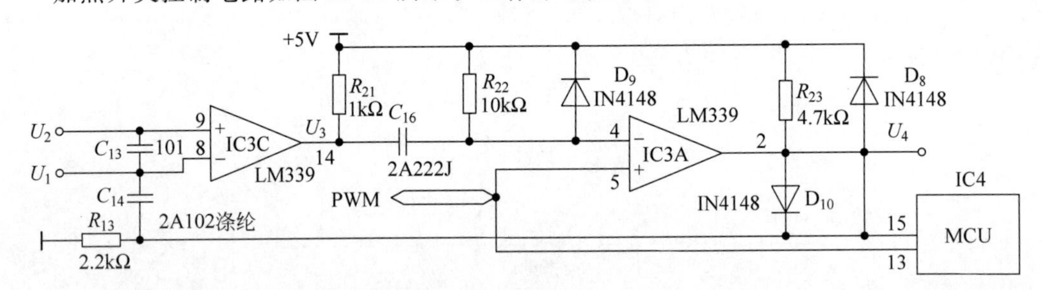

图 12-16　加热控制电路

(1) 当不加热时，CPU的15脚输出低电平(同时13脚也停止PWM输出)，D_{10}导通，将U_4拉低，另10脚电平大于11脚，使IGBT激励电路停止输出，IGBT截止，则加热停止。

(2) 开始加热时，CPU的15脚输出间断的高电平，D_{10}截止，高电平通过C_{14}耦合叠加至U_1上，使U_1电平大于U_2，振荡电路起振；此时13脚也输出PWM信号，同时CPU通过分析电流检测电路和U_{AC}检测电路反馈的电压信息、U_{CE}检测电路反馈的电压波形变化情况，判断是否已放入适合的锅具，如果判断已放入适合的锅具，CPU的15脚转为输出正常的高电平信号，电磁炉进入正常加热状态，如果电流检测电路、U_{AC} 及 U_{CE} 电路反馈的信息不符合条件，CPU 会判定为所放入的锅具不符或无锅，则 MCU 的 15 脚继续输出试探信号同时发出指示无锅的报警信息（详见故障代码表），如 1 分钟内仍不符合条件，则自动关机。

8）交流电压检测电路

交流电压检测（U_{AC}）检测电路如图 12-17 所示。AC 220V 由 D_1、D_2 整流的脉动直流电压通过 R_1、R_9 分压、C_{10}、C_{30} 平滑滤波后的直流电压送入 CPU，根据监测该电压的变化，CPU 会自动作出各种动作指令。

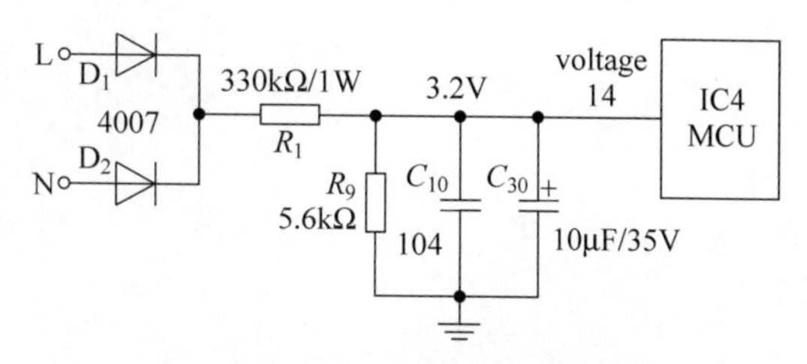

图 12-17 U_{AC} 检测电路

（1）判别输入的电源电压是否在允许范围内，否则停止加热，并报知信息。

（2）配合电流检测电路反馈的信息，调控 PWM 的脉宽，令输出功率保持稳定。“电源输入标准 220V±1V 电压，不接线盘（L_1）测试 CPU 第 14 脚电压，标准 3.17V±0.02V”。

9）电流检测电路

电流检测电路如图 12-18 所示。电磁炉在正常工作时，电流互感器 T_1 次级感应的 AC 电压，经 D_3～D_6 组成的桥式整流电路整流、C_{11} 平滑，R_{11}、R_w、R_{12} 分压所获得的直流电压送至 CPU 的 12 脚，该电压越高，表示电源输入的电流越大，CPU 根据监测该电压的变化，自动作出各种动作指令。

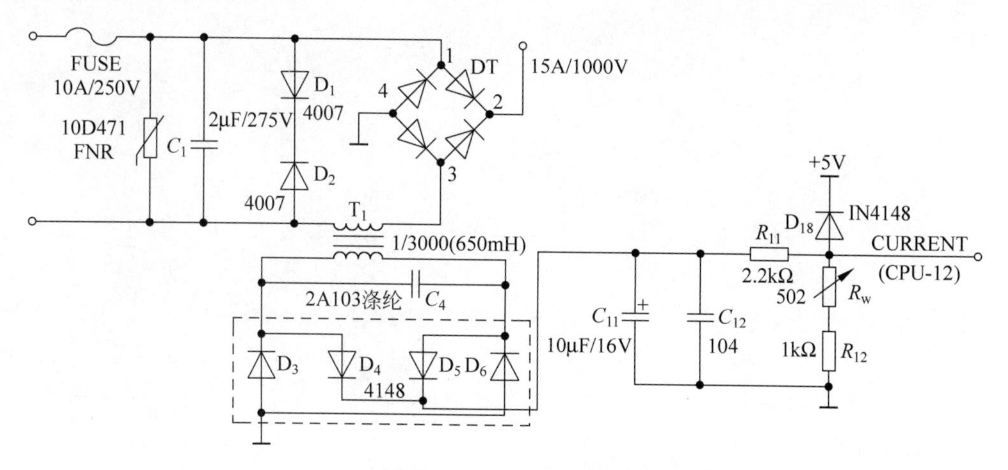

图 12-18 U_{AC} 检测电路

（1）配合 U_{AC} 检测电路、U_{CE} 电路反馈的信息，判别是否已放入适合的锅具（小于 8cm 不加热，大于 10cm 的要加热），作出相应的动作指令（详见加热开关控制一节）。

（2）配合 U_{AC} 检测电路反馈的信息，调控 PWM 的脉宽，令输出功率保持稳定。

10) U_{CE} 检测电路

IGBT(Q_1)集电极上的脉冲电压通过($R_{16}+R_{17}$)、R_{53} 分压送至 Q_6 基极，在发射极上获得其取样电压，Q_1 的 U_{CE} 电压变化的信息送入 CPU，CPU 根据监测该电压的变化，自动作出各种动作指令：① 配合 U_{AC} 检测电路；②电流检测电路反馈的信息；③判别是否已放入适合的锅具，作出相应的动作指令。

IGBT 集电极上的脉冲电压通过($R_{16}+R_{17}$)、R_{19}、R_4、R_{20} 分两级分压控制，正常情况下 V_1、V_2 两点都不受控。V_1 设定在 $1100U_{P\text{-}P}$ 电压受控，V_2 设定在 $1150U_{P\text{-}P}$ 电压受控。控制过程如下：

(1) 根据 U_{CE} 取样电压值，自动调整 PWM 脉宽，抑制 U_{CE} 脉冲幅度不高于 1100V(此值适用于耐压 1200V 的 IGBT)。

(2) 当测得其他原因导致 U_{CE} 脉冲高于 1150V 时，CPU 立即发出停止加热指令。U_{CE} 检测电路见图 12-19。

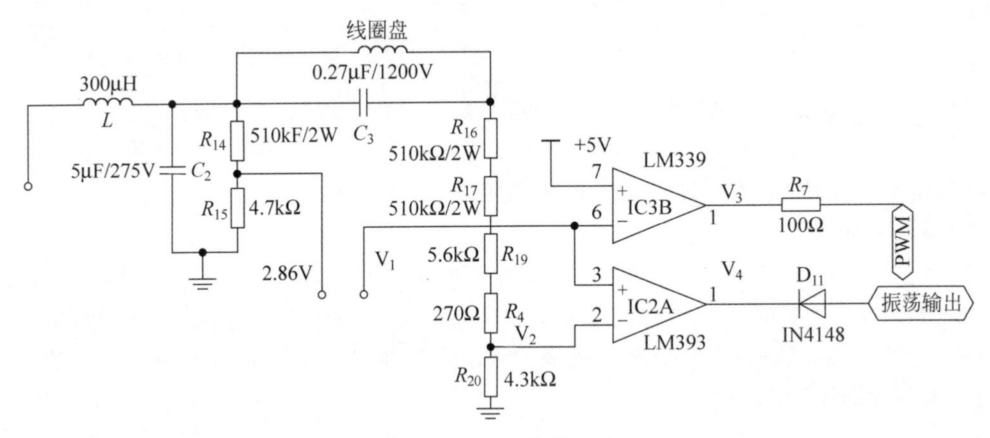

图 12-19　U_{CE} 检测电路

11) 浪涌电压监测电路

如图 12-20 所示，电磁炉正常工作时，MCU 的 18 脚输出高电平，5 脚电平大于 6 脚，所以 7 脚高电平，二极管 D_{11} 截止，振荡电路可以输出振荡脉冲信号，当电源突然有高频尖峰电压输入时，C_5 电容对于高频电压来说相当于短路，此电压通过 R_3、R_{10} 分压，再通过 C_7 滤波，通过 D_7 使电压叠加在 6 脚上，使 6 脚电平升高，当 6 脚电平大于 5 脚时，IC1B 比较器翻转，7 脚转为低电平，D_{11} 瞬间导通，将振荡电路输出的振荡脉冲电压 U_4 拉低，电磁炉暂停加热。同时，CPU 的 19 脚、18 脚监测到 7 脚电平的信息，立即发出暂停加热指令，待浪涌电压过后、7 脚电平由低转为高时，CPU 再重新发出加热指令。

12) 锅底温度监测电路

如图 12-21 所示，加热锅具底部的温度透过微晶玻璃板传至紧贴玻璃板底的负温度系数热敏电阻，该电阻阻值的变化间接反映了加热锅具的温度变化(温度/阻值详见热敏电阻温度分度表)，热敏电阻与 R_{33} 分压点的电压变化其实反映了热敏电阻阻值的变化，即加热锅具的温度变化，MCU 通过监测该电压的变化，作出相应的动作指令：

(1) 定温功能时，控制加热指令，使被加热物体温度恒定在指定范围内。

(2) 当锅具温度高于设定的温度时，加热立即停止，并报知信息。

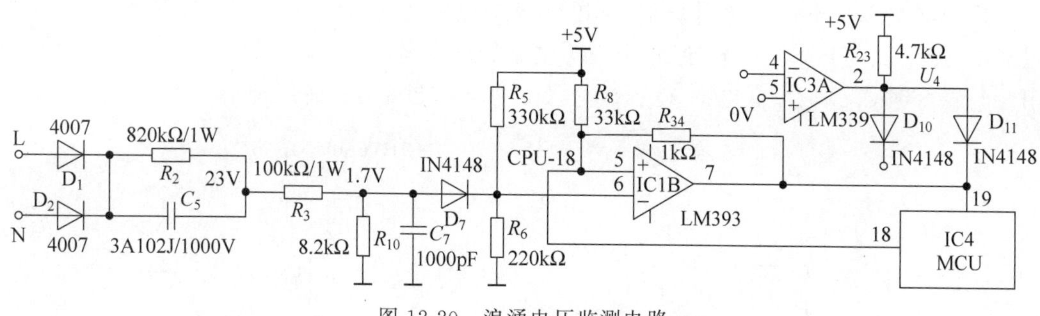

图 12-20　浪涌电压监测电路

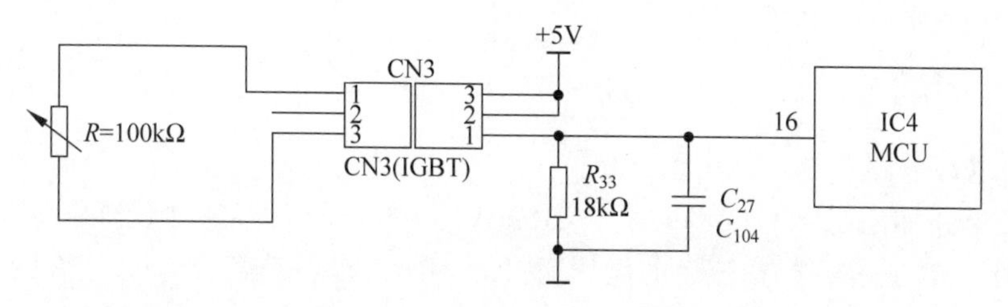

图 12-21　锅底温度监测电路图

（3）当锅具空烧时，加热立即停止，并报知信息。

（4）当热敏电阻开路或短路时，发出不启动指令，并报知相关的信息。

13）IGBT 温度监测电路

如图 12-22 所示电路，IGBT 产生的温度传至紧贴其上的负温度系数热敏电阻 HT，该电阻阻值的变化间接反映了 IGBT 的温度变化（温度/阻值详见热敏电阻温度分度表），热敏电阻与 R_{37} 分压点的电压变化其实反映了热敏电阻阻值的变化，即 IGBT 的温度变化，MPU 通过监测该电压的变化，作出相应的动作指令。

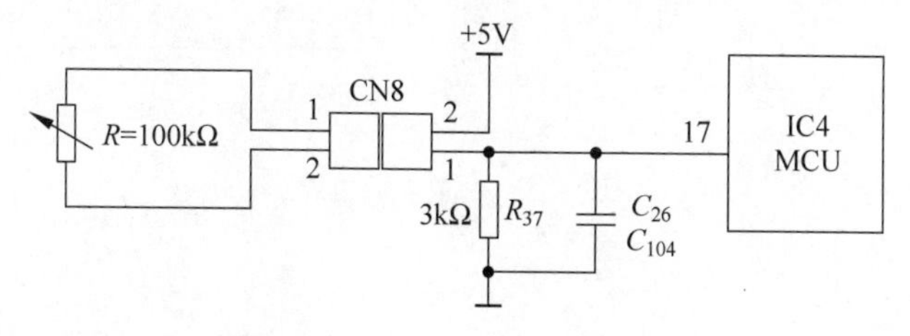

图 12-22　IGBT 温度检测电路

（1）IGBT 结温高于 85℃时，调整 PWM 的输出，令 IGBT 结温≤85℃。

（2）当 IGBT 结温（例如可能由散热系统故障引起）高于 95℃时，加热停止，并报知信息。

（3）当热敏电阻 TH 开路或短路时，发出不启动指令，并报知相关的信息。

（4）电磁炉刚启动时，当测环境温度<0℃，CPU 调用低温监测模式加热 1min，1min 后再转用正常监测模式，防止电路零件因低温偏离标准值造成电路参数改变而损坏电磁炉。

14）散热系统

散热系统如图 12-23 所示，将 IGBT 及整流器 DT 紧贴于散热片上，利用风扇运转通过电磁炉进、出风口形成的气流将散热片上的热及线盘 L_1 等零件工作时产生的热、加热锅具辐射进电磁炉内的热排出电磁炉外。MCU 发出风扇运转指令时,2 脚输出高电平,电压通过 R_{38} 送至 Q_4 基极,Q_4 饱和导通,+12V 电流流过风扇、Q_4 接地,风扇运转;MCU 发出风扇停转指令时,2 脚输出低电平,Q_4 截止,风扇因没有电流流过而停转。

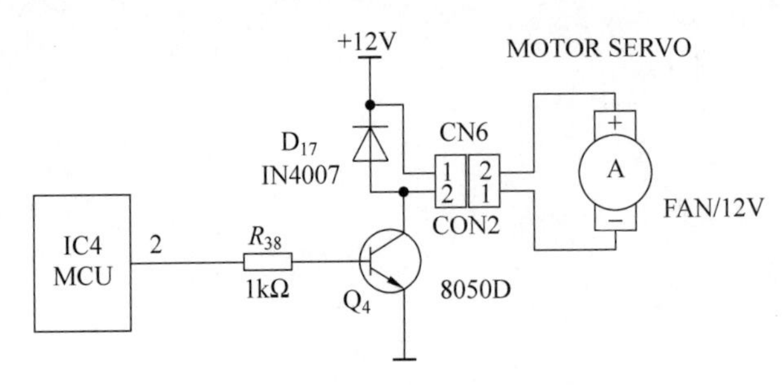

图 12-23 散热控制系统图

15）主电源电路

主电源电路如图 12-24 所示电路。AC220V 50/60Hz 电源经保险丝(fuse),再由 C_1 滤波加到桥式整流的输入端,整流后的电压通过 L_1 和 C_2 滤波,得到 300V 左右的直流电压供 IGBT 工作用;输入的 AC220V 50/60Hz 电源经保险丝除送至辅助电源使用外,还通过 D_1、D_2 整流得到脉动直流电压作检测用途。FNR 是压敏电阻,正常工作时其内阻很大,当外界电网有很高尖峰电压干扰过来时,其自身瞬间短路产生很大电流来烧断保险管,起到保护后部电路作用。

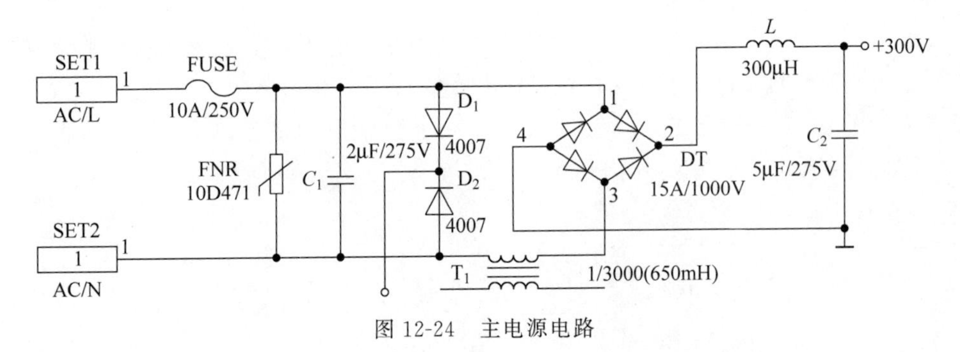

图 12-24 主电源电路

16）辅助电源电路

辅助电源协助主电源给控制电路提供直流偏置。如图 12-25 所示,主要包括两部分:

(1) 变压器降压电源电路。AC220V 50/60Hz 电压接入变压器初级线圈,次级两绕组分别产生 13.5V 和 23V 交流电压。13.5V 交流电压由 D_{12}~D_{15} 组成的桥式整流电路整流、C_{22} 滤波,在其上获得的直流电压+12V(风扇转动时电压)除供给散热风扇使用外,还经电阻 R_{25} 降压、DW1 三端稳压器稳压、C_{20} 滤波,产生+5V 电压供控制电路使用。

23V 交流电压由 D_{16} 组成的半波整流、C_{25} 滤波后,再通过由 Q_3、R_{36}、ZD3、C_{24}、C_{23} 组成的串联型稳压滤波电路,产生+20V 电压供 IC2、IC3 和 IGBT 激励电路使用。

(2) 开关电源电路。开关电源电路如图 12-26 所示。开关电源部分采用 ST 公司最新推出的集成电路 VIPER12A,来实现不同电压的输出。电源接入后通过桥式整流(和整流桥组成),经过 C_{28} 电容滤波,在 C_{28} 两端产生 310V 的直流电压接到 VIPER12A 的电压输

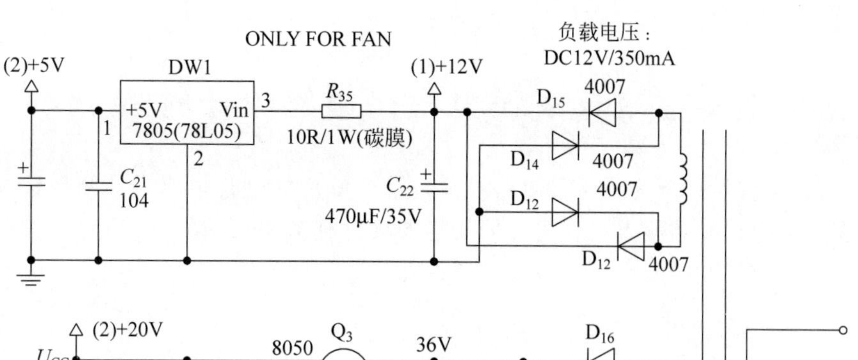

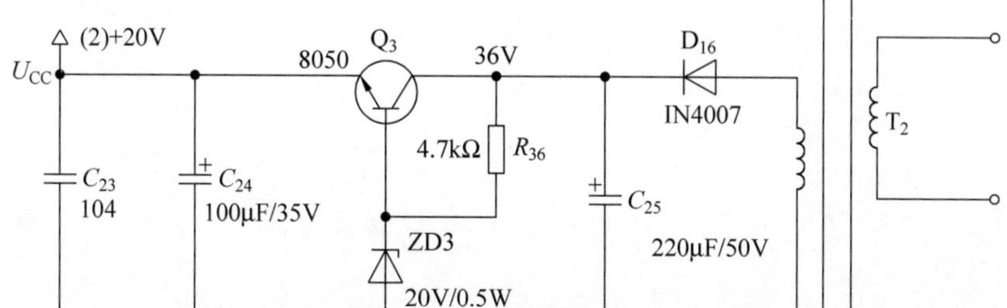

图 12-25　辅助电源电路

入脚。输出端通过稳压变压器的方式来得到 18V(无负载时 37.6V 左右)和 5V 直流电压，为 IC 和其他外围元件提供电源。

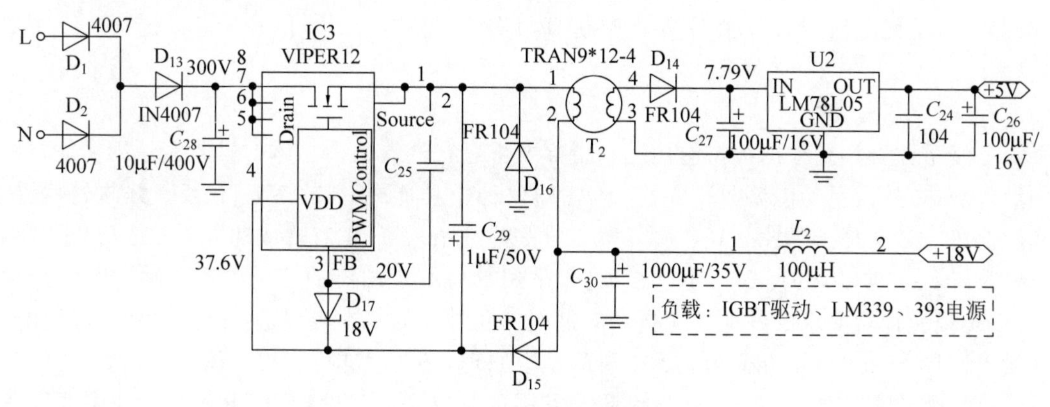

图 12-26　开关电源电路

17）报警电路

电磁炉发出报警响声时，MCU 的 10 脚输出幅值为 5V、频率 3.8kHz 的负脉冲信号电压至蜂鸣器 BELL，令 BELL 发出报警响声。报警电路见图 12-27。

+5V
BELL
R_{38} 100
10
IC4
MCU

图 12-27　报警电路

18）小结

根据以上分析，可以得知，微控制器系统采用的 S3F9454 系列机型功能复杂，电路的各项测控主要由一块 8 位 4KB 内存的单片机组成，外围线路简单且零件极少，并设有故障报警、故障代码显示功能，故电路可靠性高，维修容易，维修时根据故障报警指示，对应检修相关单元电路，大部分均可轻易解决。强调的是，微控芯片相同机型控制电路原理一样，区别只是零件参数的差异及 CPU 程序不同而已。

12.3 电子信息系统模拟电子电路设计方法

电子信息系统设计分为纯硬件电路设计和结合软件的硬件电路设计两种情况，无论哪种情况，在进行设计时共同点是首先根据给定的设计任务书(或设计题目)，仔细审题，再分析给定的技术指标，并据此展开并最终完成设计。

12.3.1 模拟电路设计方法

就一般而言，电子电路的设计方法基本过程包括：

(1) 先进行方案设计，再进行工程计算，选择元器件的初始参数。通常满足电路性能指标要求的参数值有多组，需要设计者进行优化，并根据实际情况灵活选择，以确定元器件的具体型号。

(2) 用CAD工具进行电路性能仿真和优化设计。

(3) 绘出所设计的电路原理图。

(4) 如果所设计的电路是软硬结合的电路，还要进行程序设计，涉及智能芯片的开发。

模拟电路的设计可以概括为：总体方案的设计选择、单元电路设计、元器件的选择和参数的计算、单元电路级联方法、关键电路仿真与实验、总体电路设计、设计总结与报告书写等过程。

1. 总体方案设计

电路总体方案是根据给定的功能和指标要求进行选择的。总体方案通常是用功能框图的形式表达，从满足功能要求的角度，考虑用何种类功能电路来实现，不考虑具体的器件。实际上总体方案是全局性的高层次方案。对一些常用系统，也有现成的方案框图可以借鉴；方案设计是根据设计的任务、要求和条件，采用具有一定功能的若干单元电路构成一个整体，以实现设计所要求的各项性能指标的过程。此过程的基本步骤是：提出方案、分析比较和做出选择。一般可用方框图表示方案的基本原理，必要时亦可画出具体的电路。

(1) 提出原理方案。一个复杂的系统需要进行原理方案的构思，也就是选择主要原理来实现系统要求。因此，应对课题的任务、要求和条件进行仔细的分析与研究，找出其关键问题，然后根据此关键问题提出实现的原理与方法，并画出其原理框图(即提出原理方案)。提出原理方案关系到设计全局，应广泛收集与查阅有关资料，广开思路，集思广益，利用已有的各种专业理论知识，提出尽可能多的方案，以便作出更合理的选择。所提方案必须对关键部分的可行性进行讨论，一般应该通过试验加以确认。

(2) 原理方案的比较选择。原理方案提出后，必须对所提出的几种方案进行分析比较。在详细的总体方案尚未完成之前，只能就原理方案的复杂程度，方案实现的难易程度进行分析比较，并作出初步的选择。如果有两种方案难以确定，可对两种方案都进行后续阶段设计，直到得出两种方案的总体电路图，然后就性能、成本、实现难度等方面进行充分分析比较，最后确定。

(3) 总体方案的确定。原理方案确定后，便可着手进行总体方案的最终选择，原理方案着重研究方案的原理,不涉及方案的细节,因此,原理方案框图中的每个框图也只是原理性的、粗略的,它可能由一个或多个单元电路构成。为使总体方案设计科学,必须把每一个框图进一步分解成若干个小框,每个小框为一个较简单的单元电路。当然,每个框图的详细水平要得当,如果太细化对选择不同的单元电路或器件带来不利,并使单元电路之间的相互连接复杂化;但太粗化将使单元电路本身功能过于复杂,设计或调试时难以完成既定功能。总之,应从单元电路和单元之间连接的设计与选择出发,恰当地分解框图。

总之,进行方案论证和方案设计时,应该多构思几个方案,并对方案关键部分的可行性进行论证,画出每种方案的原理框图,然后逐个分析各方案的优缺点,并加以对比,择优选用。比如说给定题目是"自动计时/定时器",可以实现的方案可以罗列出四个:方案一,用专用电子计数芯片实现;方案二,用PLD或FPGA器件实现;方案三,用数字电路中74LS系列组合逻辑电路实现;方案四,用单片机实现。在拟定上述方案中,应勾画出各种方案的草图,便于评价和比较其优缺点,最后根据当时当地的条件,选择一种方案,对该方案展开设计。

2. 单元电路设计

单元电路的设计过程中,首先明确系统对各单元的任务与功能要求,确定出主要单元电路的性能指标;其次是要注意各单元电路之间的相互配合和连接,尽最大可能减少电路的复杂性;最后再分别设计各单元电路的结构形式、元器件的选择以及参数计算等。概括设计各单元电路的步骤是:明确要求,选择电路和计算参数,设计过程中应考虑以下两点:

(1) 独立设计为主,已成型的单元电路可以直接应用,但不能盲目照搬,必要时还要进行某些改动,要注意著作权问题。

(2) 要明确电路局部与整体关系。独立单元电路可能从局部考虑更好,但从总局考虑,却不一定合理。因此,设计时从全局出发选择合适的元器件,组合出最好的电路单元。

1) 元器件的选择

从某种意义上讲,电子线路的设计,是选择最合适的而不是最好的元器件,因此,选择合理的元器件,也是设计过程的重要一环。在元器件的选择过程中主要应考虑的问题是:

(1) 元器件选择的一般原则。选择什么样的元器件最合适,需要进行分析比较。最先考虑实现单元电路任务对元器件性能指标要求,其次考虑价格、货源和元器件体积等方面要求。

(2) 集成电路与分立元件电路的选择问题。随着微电子技术的飞速发展,集成电路制作技术日益先进,集成电路的应用越来越广泛。一块集成电路常常就是具有一定功能的单元电路,它的性能、体积、成本、安装调试和维修等方面一般都优于由分立元件构成的单元电路。强调的是优先选用集成电路不等于什么场合都一定要用集成电路。在高频、宽频带、高电压、大电流等特殊场合,分立元件比集成电路更有优越性。另外,对一些功能十分简单的电路,只需一只三极管或一只二极管就能解决问题就不必选用集成电路。

(3) 选择集成电路的方法。合理选择集成电路要由单元电路所要求的性能指标来决定,一般选择规则如下:熟悉集成电路典型产品的型号、性能及价格等,以便选择合适的集成电路;便于装配、调试和维修原则合理选择双列直插式、扁平式和单列直插式三种常见封装方式。选择集成电路的关键因素主要包括性能指标、工作条件、性能价格比等,集成电路选择流程如图12-28所示。

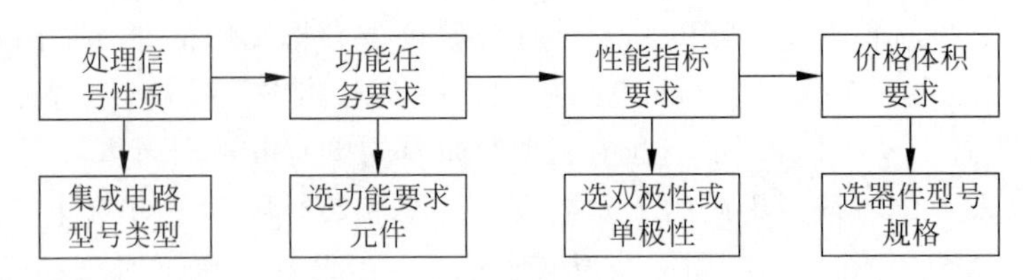

图 12-28　集成电路选择的流程

集成电路的种类很多,总的可分为模拟集成电路、数字集成电路和模数混合集成电路三大类。再按细功能分,模拟集成电路有集成运算放大器、比较器、模拟乘法器、集成功率放大器、集成稳压器、集成函数发生器以及其他专用模拟集成电路等;数字集成电路有集成门电路、驱动器、译码器/编码器、数据选择器、触发器、寄存器、计数器、存储器、微处理器、可编程器件等;混合集成电路有定时器、A/D、D/A 转换器、锁相环等。按集成电路中有源器件的性质又可分为双极型和单极型两种集成电路。同一功能的集成电路可以是双极型的,亦可以是单极型的。双极型与单极型集成电路在性能上的主要差别是双极型器件工作频率高、功耗大、温度特性差、输入电阻小等,而单极型器件正好相反。

2) 元器件参数的计算

在电子电路设计过程中,需要计算某些参数,作为挑选元器件的依据。具体要求是:弄清电路原理,运用合理的分析方法,用好计算公式。计算时应注意:

(1) 元器件的额定电流、电压、频率和功耗等,应在允许的范围内,在规定的条件下能正常工作,并能使电路达到性能指标要求,且留有适当余量。

(2) 计算参数时,对于环境温度、电网电压等工作条件应按最不利的情况考虑。对于晶体三极管的极限参数,如击穿电压 U_{CEO} 一般按外接电源电压的 1.5 倍左右考虑。

在保证电路性能的前提条件下,应尽可能地降低成本、功耗、体积和减少元器件的品种等,并为装配、调试和维修创造便利条件。

3. 单元电路之间的级联设计

各单元电路确定以后,还要认真仔细地考虑它们之间的级联问题,主要着眼点有电气特性的相互匹配、信号耦合方式、时序配合,以及相互干扰等问题。

1) 电气性能相互匹配问题

单元电路之间电气性能匹配的问题主要有:阻抗匹配、线性范围匹配、负载能力匹配、高低电平匹配等。

高低电平匹配问题主要是数字单元电路之间的匹配问题,阻抗匹配、线性范围匹配问题主要针对模拟单元电路之间匹配问题提出的。线性范围匹配问题,涉及前后级单元电路中信号的动态范围。显然,为保证信号不失真地放大则要求后一级单元电路的动态范围大于前级。而负载能力匹配是两种电路都必须考虑的问题。从提高放大倍数和带负载能力考虑,希望后一级的输入电阻要大,前一级的输出电阻要小,但从改善频率响应角度考虑,则要求后一级的输入电阻要小。负载能力的匹配实际上是前一级单元电路能否正常驱动后一级的问题。这在各级之间均有,但特别突出的是在后一级单元电路中,因为末级电路往往需要驱动执行机构。如果驱动能力不够,则应增加一级功率驱动单元。在模拟电路里,如对驱动能力要求不高,可采用运放构成的电压跟随器,否则需采用功率集成电路,或互补对称输出电路。在数字电路里,则采用达林顿驱动器、单管射极跟随器或单管反向器。电平匹配问题

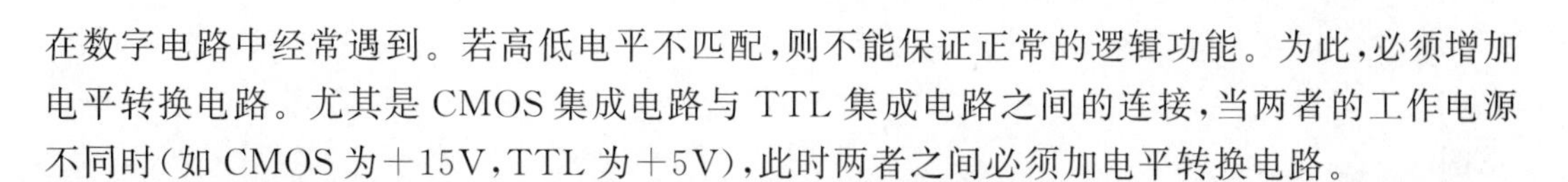

在数字电路中经常遇到。若高低电平不匹配，则不能保证正常的逻辑功能。为此，必须增加电平转换电路。尤其是CMOS集成电路与TTL集成电路之间的连接，当两者的工作电源不同时（如CMOS为+15V，TTL为+5V），此时两者之间必须加电平转换电路。

2）信号耦合方式

常见的单元电路之间的信号耦合方式主要有四种：直接耦合、阻容耦合、变压器耦合和光电耦合。这在多级放大电路一节有详细论述，这里不作研究。

3）时序配合

单元电路之间信号作用的时序在数字系统中是非常重要的。信号作用的先后顺序以及作用时间长短等，都是根据系统正常工作的要求而确定的。换句话说，一个数字系统有一个固定的时序。时序配合错乱，将导致系统工作失常。时序配合是一个十分复杂的问题，为确定每个系统的时序，必须对该系统中各个单元电路信号关系进行仔细分析，画出各信号的波形关系图—时序图，确定出保证系统正常工作下的信号时序，然后提出实现该时序的措施。

4. 绘图

单元电路和它们之间连接关系确定后，就可以进行总体电路图的绘制。总体电路图是电子电路设计者的智慧结晶，是重要的设计档案文件，也是电路安装和电路板制作等工艺设计的主要依据，更是电路试验和维修时不可缺少的理论文件，因此电路图是极具保存价值的文献资料。尚未通过试验测试，没有经过实践检验与权威论证的设计图不能算是正式的总体电路图。总图绘制过程要经历设计草图、实验验证、实验总图绘制三个阶段。

1）画出总体电路草图

对画出总体电路图的要求是：能清晰工整地反映出电路的组成、工作原理、各部分之间的关系以及各种信号的流向。因此，图纸的布局、图形符号、文字标准等都应规范统一。

2）总体电路试验

电路图成文之前必须经过试验验证，内在因素是电子元器件种类繁多且性能分散以及电路设计与参数计算中采用工程估算。外部因素是设计中要考虑的因素多。所以，设计出的电路难免会存在这样或那样的问题，甚至差错。实践是检验设计正确与否的唯一标准，未经过试验的电路不能算是成功的电路。只有通过试验，证明电路性能全部达到设计的要求后，才能画出正式的总体电路图。试验时应注意以下几点：

（1）审图。电子电路组装前应对总体电路草图全面审查一遍。以便尽早发现草图中存在的问题，避免实验中出现过多反复或重大事故。

（2）电子电路组装。一般先在面包板上采用插接方式组装，或在多功能印刷板上采用焊接方式组装。有条件时亦可试制印刷板后焊接组装。

（3）选用合适的试验设备。一般电子电路试验必备的设备有：直流稳压电源、万用表、信号源、双踪示波器等，其他专用测试设备视具体电路要求而定。

（4）试验步骤。先局部，后整体。即先对每个单元电路进行试验，重点是主电路的单元电路试验。可以先易后难，亦可依次进行，视具体情况而定。主单元电路调整后再逐步扩展到整体电路。只有整体电路调试通过后，才能进行性能指标测试。性能指标测试合格才算试验完结。

3）绘制正式的总体电路图

经过总体电路试验后，总体电路的组成是否合理及各单元电路是否合适一目了然，可以判断各单元电路之间连接是否正确,元器件参数是否需要调整,是否存在故障隐患等问题,并依此提出解决问题的措施,进行电路修改和完善,一直到整体电路合理才能绘制电路总图。

画正式总体电路图应注意的事项与画草图一样,只不过要求更严格,更规范。一切都应按制图标准绘图。

5. 系统的设计方法总结

系统设计方法是一个非常复杂的问题,不同设计者、同一设计者不同时期采用方法都不尽相同。而且,设计方法也会随科技进步、时代进步而进步。基于此,本段讲述目前最常用的两种方法。

1)自下而上的设计方法

自下而上的设计是一种试探法,设计者首先将规模大、功能复杂的系统按功能划分成若干子模块,一直分到这些子模块可以用经典的方法和标准的功能部件进行设计为止,然后再将子模块按其连接关系分别连接,逐步进行调试,最后将子系统组成在一起整体调试,直到达到要求为止。这种方法的特点是没有明显的规律可循,主要靠设计者的实践经验和熟练的设计技巧,用逐步试探的方法设计出一个完整的系统。系统的各项性能指标只有在系统构成后才能分析测试。如果系统设计存在比较大的问题,也有可能要重新设计,使得设计周期加长、资源浪费也较大。

2)自上而下的设计方法

自上而下的设计方法是将整个系统从功能结构逻辑上划分成控制单元和处理器两大部分。如果控制器和处理器仍比较复杂,可以在控制器和处理器内部多重地进行逻辑划分,然后选用适当的器件以实现各个子系统,最后把它们连接起来,完成系统的设计。该方法设计步骤如下:首先明确所要设计系统的逻辑功能;其次确定系统方案与逻辑划分,画出系统方框图;再次采用某种算法描述系统;最后设计控制器和处理器,组成所需要的系统。

需要说明的是现代的电子电路设计不大可能是纯硬件电路,通常都有单片机、FPGA等芯片,这就需要进行软件设计。不妨将所有电路均视为硬件,而将软件设计独立出来。软件设计可视为与硬件并列的子系统,软件部分的设计包括确定功能,设计程序结构和算法,编制流程图和编写程序等,这在后续的专业学习中逐渐掌握。对于包含硬件电路和软件程序的较复杂的系统,要合理规划软件和硬件各自完成的功能,使系统结构简单,工作稳定可靠。设计完成后,除了获得系统图、整机电路原理图外,还应附上一份程序清单。

12.3.2 模拟电子系统设计实例

电子技术设计涉及工程技术的方方面面,因此课题种类复杂而繁多。本节针对本课程内容相关的大学生历年竞赛题目中选出设计实例——《数控直流电流源设计》真实客观地呈现给读者[①]。

本设计利用单片机作智能测控核心器件,设计制作了基于单片机的“数控直流电流源”。该电流源具有设定准确、输出电流稳定、可调范围全程线性等特点。本设计由两大模块组成——大功率压控电流源模块与单片机应用系统模块。前者是电流源功能核心,起着恒流调节、

① 改编于李高望,陆樨,张江松.大学生设计大赛——数控直流电源设计。

抑制纹波电流的关键作用；后者则起着设定电流源输出、改善电流调节精度、消除小电流输出的非线性等管理控制作用。此外，为提高电流的测量精度，系统还实现了变增益测量功能。所设计电流源采用 LCD 界面显示，具有显示直观等实用性特点。

1. 方案设计

本系统主要由单片机、显示器、键盘、A/D 转换器、D/A 转换器、电压控制电流源模块、电源等组成。方案设计如下：

1）单片机的选择

对单片机的要求主要是能够方便地扩展显示器、键盘、A/D 转换器、D/A 转换器等外设功能即可，其他并无特殊要求。常见的单片机有 8051 系列的单片机、8096 系列的单片机、SPCE061A 的凌阳单片机等系列。台湾凌阳科技股份有限公司生产的凌阳单片机具有集成度高、易于扩展、中断处理能力较强、指令系统高效等特点，故本设计选择凌阳 SPCE061A 型 16 位单片机。

2）显示器的选择

对显示器的要求不多，只要能够显示设定的输出电流、实际输出电流等即可达到系统要求；可以选择显示方式有 6 位以上 LED 数码显示器、液晶显示器或者触摸屏，LED 使用比较方便，但液晶显示器和触摸屏显示信息量大，且可以显示汉字，人机交互的友好性强，所以不采用数码显示器。而触摸屏同时将键盘输入和 LCD 显示合为一体了，它只占用了 2 个 I/O 口，选择它既可以减少 I/O 口的资源，又可以使外设精简。故选择触摸屏作为系统显示器。

3）键盘选择

单片机输入设备通常有键盘、拨码开关、触摸液晶屏等，也可以采用红外遥控的方法进行输入。鉴于本设计中的输入设备主要用于设定输出电流值和(采用 LED 数码显示器时)切换显示内容，故不方便采用拨码开关和红外遥控，所以选择键盘和触摸液晶屏作为输入设备都可以。本设计选择触摸液晶屏作为输入设备。

4）A/D 转换器

根据题目要求，系统应能测量显示实际输出电流的范围及精度指标是 20～2000mA，精度 0.1%+1mA。因此可知，A/D 的精度至少要在 12 位以上，但由于只是用于测量显示，因而测量速度要求不高；又因为测量对象为直流信号，故也没有双极性测量的要求。据此可以考虑采用具有变增益功能的 A/D 转换器。

5）D/A 转换器

根据题目要求，所设计的直流电流源应具有数控功能，按发挥部分的指标要求，应满足输出最大 2000mA，步进 1mA 的要求；又因为所设计的直流电流源为压控电流源，因此，用“单片机+D/A”的方式实现数控功能最为合适。再根据指标要求，D/A 的位数至少为 11 位，故选择 12 位的 D/A 转换器。由于系统对输出电流设定的实时性没有要求，所以选择串行 12 位 D/A-MAX532 以节约单片机内部资源。MAX532 是 MAXIM 公司生产的 12 位双通道、三线串行输入、电压输出的 D/A 转换器。它不需要任何外围器件就可达到最佳的性能指标。

6）电压控制电流源

电压控制的电流源模块，可采用的方案有以下三种：

(1) 功率集成运放,如 OPA501、OPA541、PA05 等;

(2) 运放+晶体三极管放大;

(3) 可调集成稳压模块,如 LM317。

7) 电源

设计了两套直流稳压电源,一套为单片机及其外设提供工作电源,另一套为大功率三极管及其电流源负载提供电源,两套电源分开,可以提高系统工作的稳定性。

(1) 直流稳压电源为单片机系统提供电源。该电源按常规设计,输出电压等级有±5V,±15V。电路原理图如图 12-29(a)(b)所示。

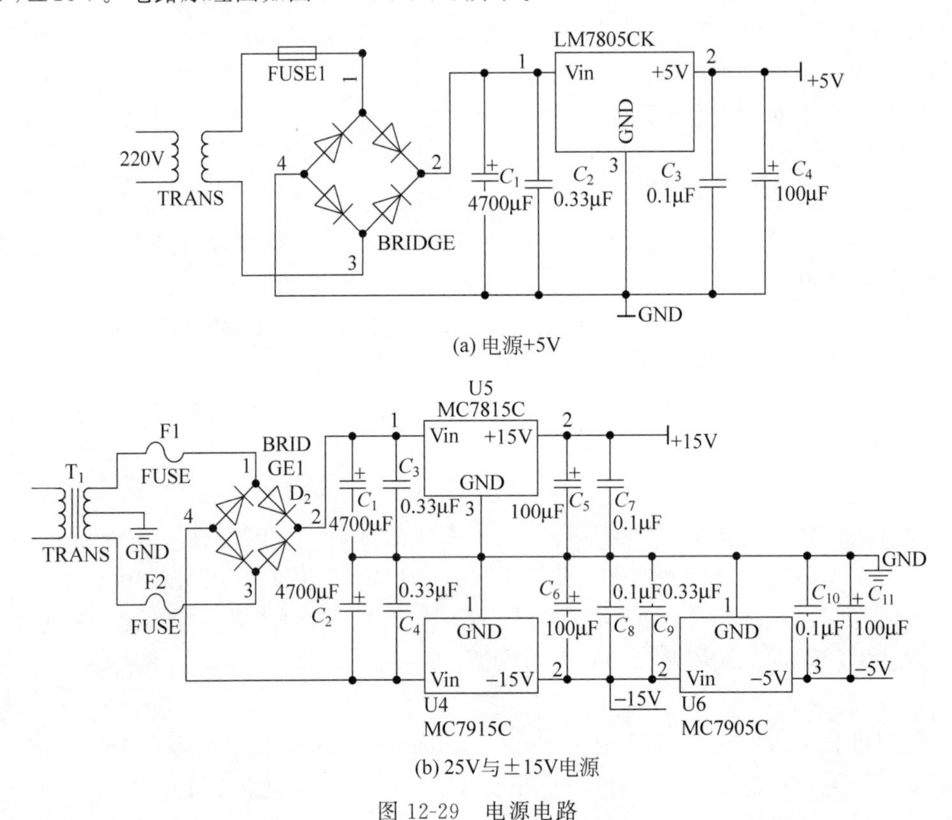

(a) 电源+5V

(b) 25V与±15V电源

图 12-29 电源电路

(2) 25V 与±15V 电源是为电流源负载提供功率的电源。在对为电流源负载提供功率的电源进行设计时,考虑了两套方案:其一直接采用不稳压的整流电源;其二采用直流稳压电源。考虑到系统对容量的要求以及对纹波电流的要求,选择了用 LM317 构成的可调稳压电源。其优点是:可以进行预稳压,以提高输出电流对输入交流电源电压变化的稳定度;为压控电流源电路提供具有稳压特性且很小纹波的高质量的工作电源,以有效降低输出电流纹波系数;可以根据输出电压要求合理整定压控电流源电路的工作电压,在 LM317 和末级功率三极管间分散负担并合理分配功率损耗,方便散热;其电路原理图如图 12-30 所示。

稳压电源电路输出电压为

$$U_o = U_{REF}\frac{R_2}{R_1} + I_{ADJ}R_2$$

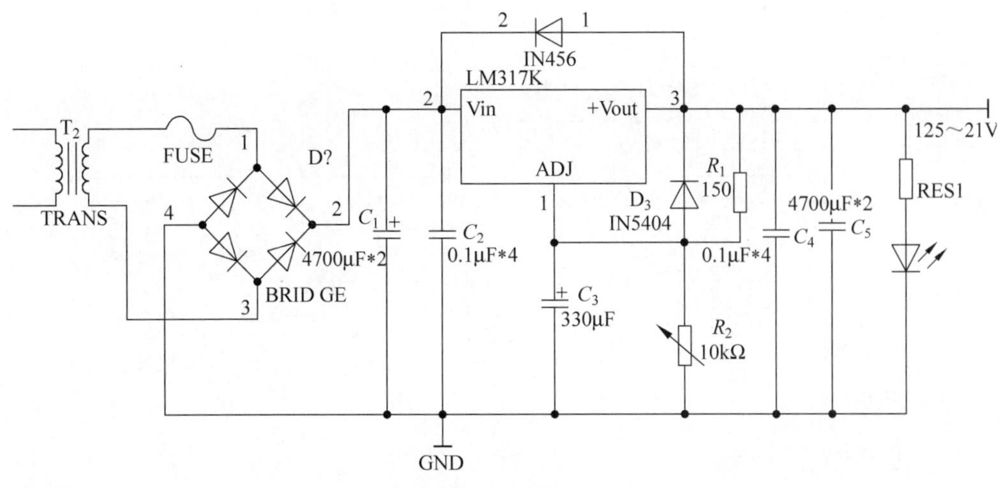

图 12-30　可调电源电路

输出调节电路中固定电阻 R_1 取 150Ω，此时

$$U_o = 1.25\left(1 + \frac{R_2}{R_1}\right)$$

电位器 R_2 选取 10kΩ 精密线绕电位器，因整流桥输出为 26V 直流电，故 U_{omax} 能满足 15V 需求，经测量，最大可达到 21V。输入输出端滤波电容各取 2×4700μF，以减小纹波电压，稳定输出电压，增强带负载能力。选取 IN5404，可防止输出输入短路时烧毁芯片。

2. 电路设计

电路设计采用模块化设计，在设计好每个单元电路后在进行搭接。

1）A/D 转换（AD7705）

（1）IO 口资源分配如下：DOUT 接 IOA0，为了使它的数据更方便地读出来，将它放在第一位，初始化为带上拉电阻的输入口；DRDY 接 IOA1，初始化为带上拉电阻的输入口；DIN 接 IOA2，经数据缓存器输出低电平；SCLK 接 IOA3，经数据缓存器输出低电平；RESET 接 IOA4，经数据缓存器输出低电平。

（2）硬件电路设计。AD7705 的引脚连接图见图 12-31。由于 2、3 脚间的晶振用小的好，这里采用 1MHz，加电容效果更佳；CS 接地；在电源 VDD 接触处，加两个滤波电容，一个 10μF 的电解电容和一个 0.1μF 的胆石电容，以稳压用。芯片的电源供电越稳定，纹波越小，其性能越好，采样值越稳定。

2）D/A 转换（MAX532）

IO 口资源分配：

（1）DIN 接 IOA5，同相低电平输出；

（2）SCLK 接 IOA6，同相低电平输出；

（3）CS 接 IOA7，同相高电平输出。硬件电路设计如图 12-32 所示，在正电源 VDD 和负电源 VSS 上也加上了两个滤波电容，一个 10μF 的电解电容和一个 0.1μF 的独石电容，同 AD7705，目的同样是稳压。可以是电源纹波小，使芯片工作时性能好，输出的波形更加稳定。为之后稳定电流的输出奠定了良好的基础。

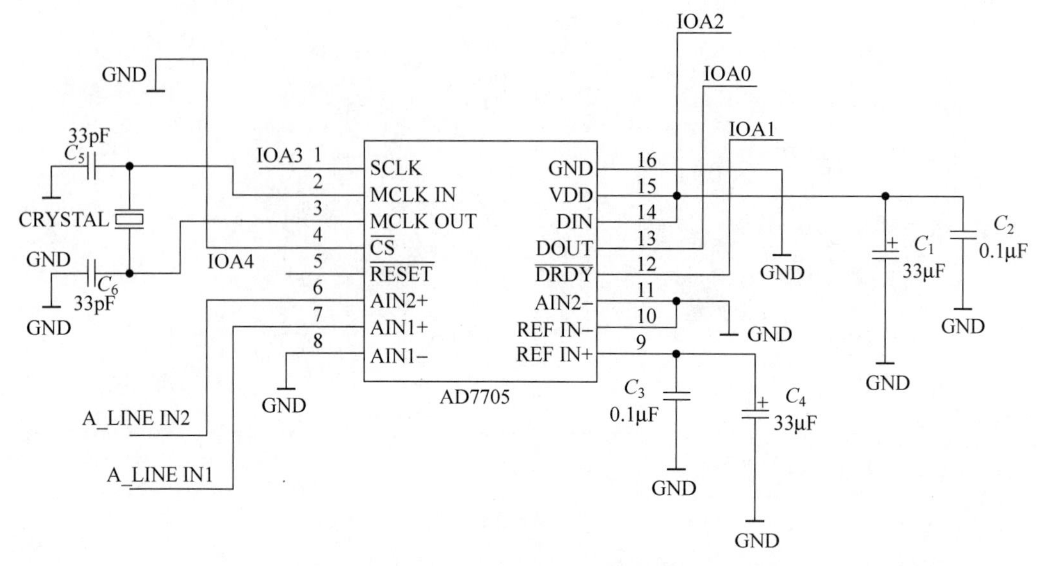

图 12-31 AD7705 的引脚连接图

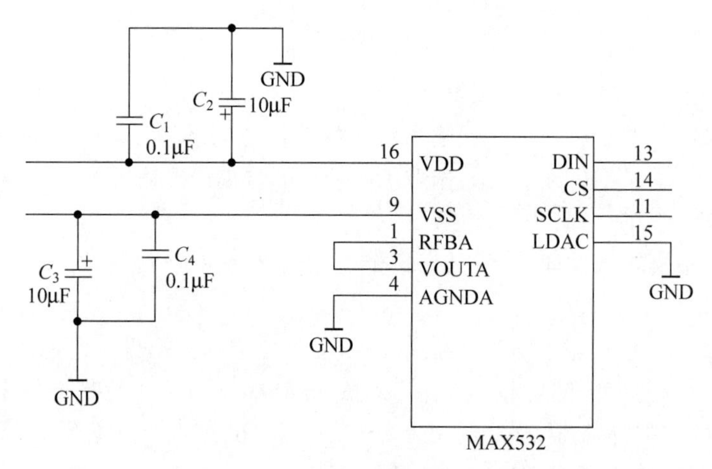

图 12-32 MAX532 的引脚连接图

3）压控电流源模块

电压控制的电流源电路如图 12-33 所示。压控电流源模块主要由比较放大单元、功率放大单元和电流反馈单元组成。

比较放大单元由 U_1(OP07)及其外围阻容器件组成,起着计算给定电流与实际输出电流偏差并进行放大的作用。与 R_2 并联的电容器 C_9 起加速反馈的作用,与运放反馈电阻并联的电容器 C_{10} 起滤波作用,二极管 D_1 起电压钳位作用,用以保护运算放大器;功率放大单元由 Q_1、Q_2 和 Q_3 及其配套阻容器件组成,为满足最大输出容量(10V,2000mA)的要求,选取最严重工况(负载端短路且输出 2000mA)计算 Q_3 的功率损耗:

$$(10+5)\text{V}\times 2\text{A}=30\text{W}$$

式中,5V 是考虑电流源输出 10V 电压,输出 2A 电流时,为 Q_3 留出的集电极与发射极之间电压。为可靠起见,留有足够的功率裕量和安全系数,选择 Q_3 的型号为 2N5886。其主要

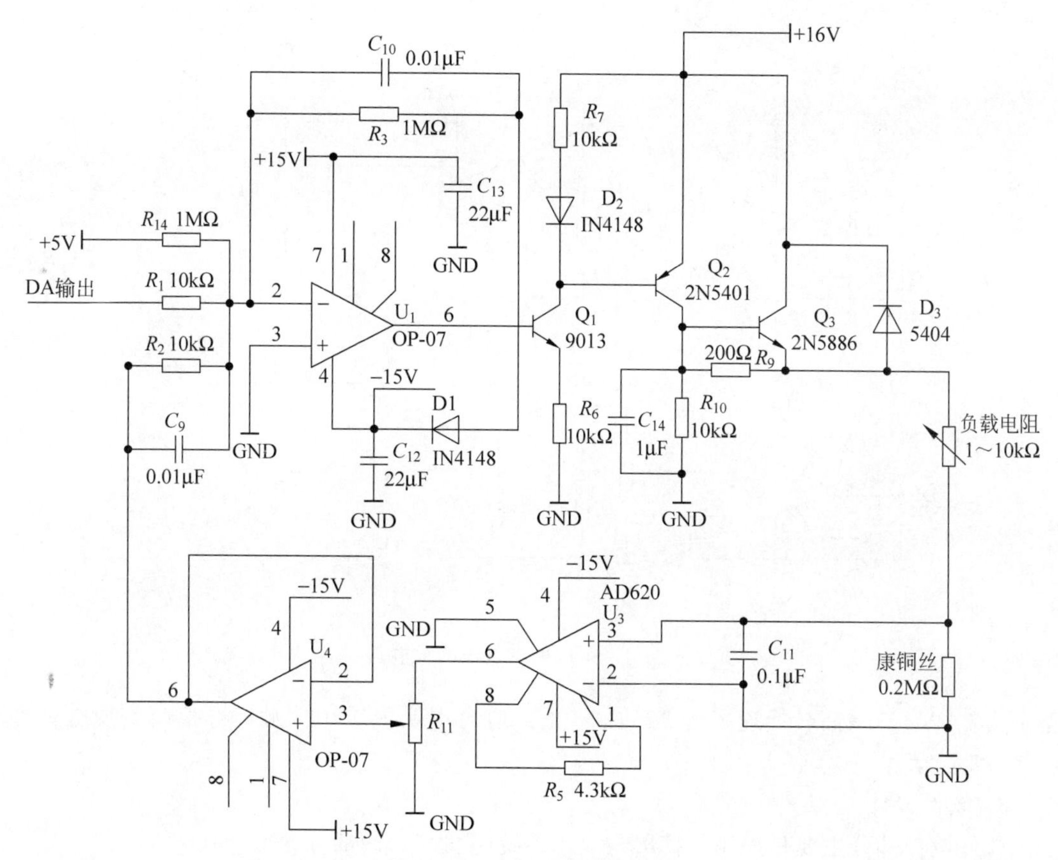

图 12-33　电压控制的电流源

技术参数 100V,25A,允许管耗 300W；C_{14} 起纹波抑制作用；二极管 D_3 用以保护功率三极管 Q_3,防止其承受反压而损坏；电流反馈单元由仪用放大器 AD620 和低噪声运放 OP07 构成,前者对串联在负载回路的康铜丝两端电压进行取样,康铜丝是一种温度特性佳的阻性元件,其两端电压正比于流过的电流,因此该电压的反馈就是负载电流的反馈。仪用放大器具有极强的抗共模干扰的能力,特别适合对小信号进行放大。OP07 作为二级放大且其输入端设置一个反馈系数调节用的精密电位器,起着输出电流校正之功用。

4）负载电流、负载电压的测量

负载电流、电压测量电路如图 12-34 所示。负载电流测量电路与电流源电路中的电流反馈环节相同,可调电位器用作调节测量回路的增益；负载电压测量电路与电流测量电路具有相同结构,只是 AD620 的取样点电压是经 R_3,R_4 分压得到的,以保证 AD620 工作在最大允许输入电压值的范围内；注意到负载电压测量电路的这种取样方式,实际所测的是负载电压与康铜丝电压之和,真正的负载电压需要减去康铜丝电压。设置测量上述两个测点的电压,可以直接得到负载电流并通过计算得到负载电压以及负载的直流电阻阻值。

5）人机接口电路

触摸液晶屏控制芯片是采用 Burr-Brown 公司的 ADS7843,由于 ADS7843 内置 12 位 A/D,理论上触摸屏的输入坐标识别精度为有效长宽的 1/4096。它是一个低导通电阻模拟开关的串行接口芯片。供电电压 2.7～5V,参考电压 U_{REF} 为 1V～＋VCC,转换电压的输入

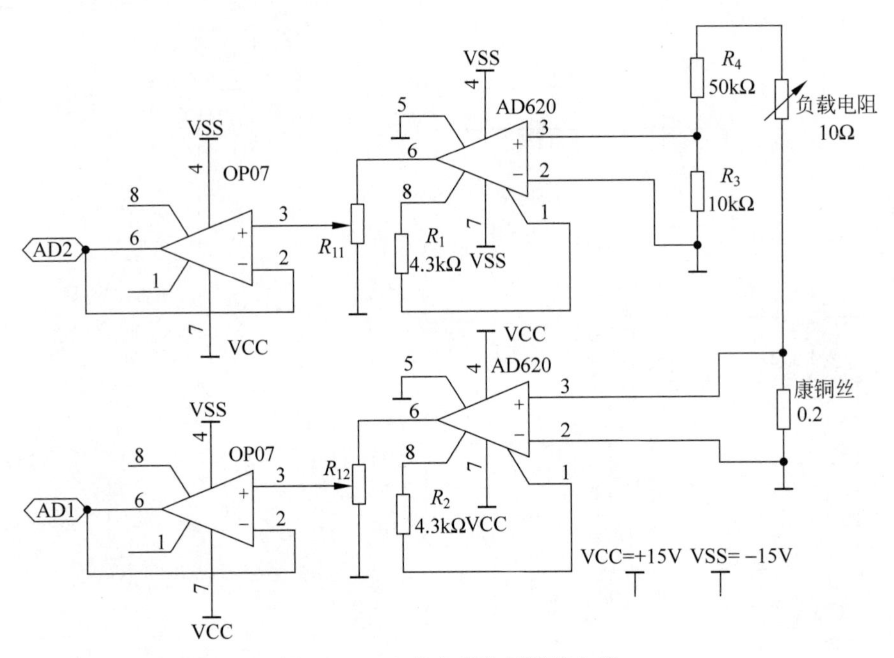

图 12-34　负载电流电压测量电路

范围为 0～V_{REF}，最高转换速率为 125kHz，非常适合本系统应用。触摸屏控制实现电路如图 12-35 所示。

3. 软件设计

软件设计部分主要是控制触摸屏与显示系统（主程序）两部分。

1）主程序流程图

主程序流程如图 12-36 所示。

2）A/D 转换（AD7705）

AD7705 接收数据的流程图与发送数据的流程图，此处不再赘述。但对于编程中需要注意的地方，做以下说明。首先每次对芯片发数据的时候，首先都要对通讯寄存器写数据，否则一切指令无效；其次对于选中芯片，可以有两种方法：

（1）将 CS 脚置低；

（2）将 RESET 拉低以后再置高，使芯片复位一次。

一般情况下选择方案 1，但若开始转换以后不能停止，而导致数据出错，就必须用方案 2。此处我们采用方案 2，以防万一；接着在拉低 RESET 以后，要给予足够的时间让芯片复位，否则复位时间太短也会导致出错。程序中许多延时是必需的，因为 AD7705 属于低频高精度 A/D 转换器；最后，系统采用了双通道 A/D 采样。一通道对康铜电阻采样，目的是为了显示当前电流的输出值。二通道对可变负载电阻两端的电压采样，此处是设计题目的发挥部分，目的是测出了负载两端的电压值，输出的电流又是已知的，从而可以测得负载电阻的当前值。

3）触摸屏的程序设计

触摸屏的主程序流程图如图 12-37 所示。

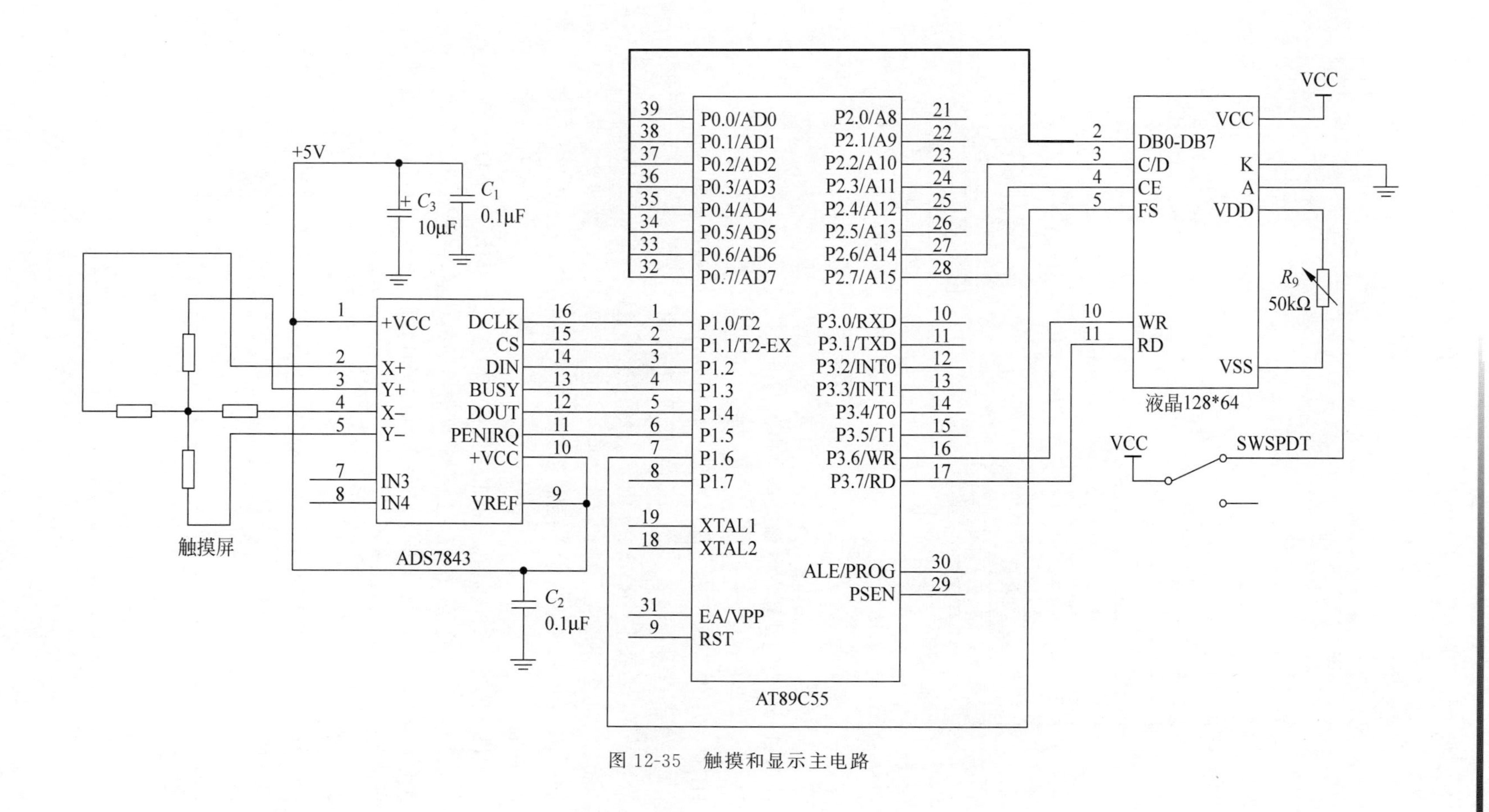

图 12-35　触摸和显示主电路

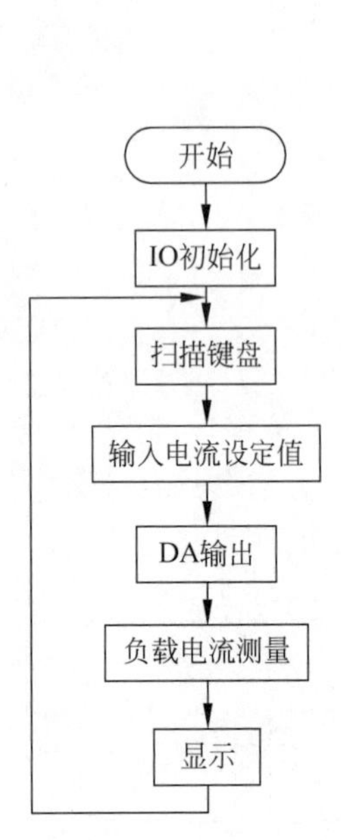

图 12-36 主程序流程图

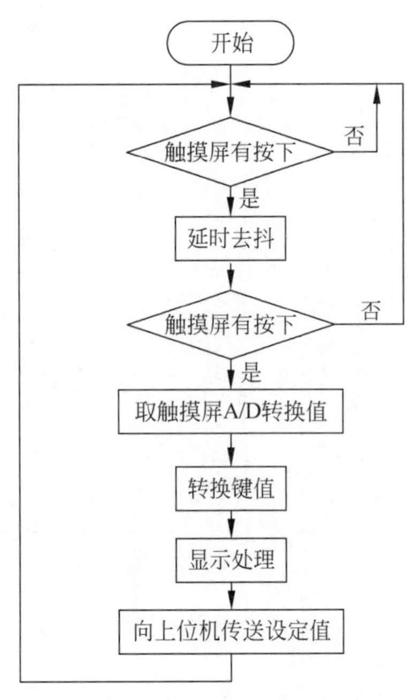

图 12-37 触摸屏程序主循环流程图

4. 性能测试

性能测试主要测试硬件电路关键点电流与电压数值。

1) 测量仪器

HP34401A 数字万用表—高性能数字万用表，可以高精度测量电压与电流。测量电流量程：10mA(只适用于 DC)、100mA(只适用于 DC)、1A、3A；最高分辨率：10nA(在 10mA 量程)；AC 技术：RMS，AC 耦合。测量电压量程：100mV、1V、10V、100V 或 1000V(AC 750V)；最大分辨率：100nV(在 100mV 的量程时)；AC 技术：RMS 及 AC 耦合测量；示波器— TDS1002，两通道数字存储示波器，最大带宽 60MHz，1GS/s。

2) 校准

首先设定值校准。在负载回路中串联接入精密电流表计，设置 D/A 输出值为 4000(12 位 D/A，对应电流给定值 2000mA)，调节反馈增益电位器，使电流源输出 2000mA。然后进行测量值校准。在精密电流表计显示 2000mA 时，调节测量回路增益电位器使单片机显示 2000mA。

3) 测量数据记录

测试设定电流与精密电流表的电流读数，同时对比单片机的实测电流显示值，记录在表 12-3 中。

表 12-3 测试数据统计

电流设定值 I_p/mA	电流实际值 I_o/mA	单片机显示 I_s/mA	纹波电压 V_w/mV
15	14.942	14.789	0.13
20	19.921	19.762	0.12
50	49.948	49.792	0.12

续表

电流设定值 I_p/mA	电流实际值 I_o/mA	单片机显示 I_s/mA	纹波电压 V_w/mV
80	79.980	79.823	0.11
100	100.020	99.843	0.13
300	300.04	299.918	0.13
500	500.08	499.929	0.13
1000	999.86	999.665	0.13
1400	1399.8	1399.815	0.14
1800	1799.5	1800.159	0.14
2000	1999.9	2000.493	0.12
2020	2019.9	2020.513	0.13

改变负载电阻，让输出电压从 0～10V 以内变化时，测出输出电流变化的绝对值，测试结果如表 12-4 所示。

表 12-4　电流随负载改变的测试数据

设定电流值/mA	端电压值/V	输出电流值/mA	电流变化绝对值/mA
20	0.000	19.944	0.029
	0.208	19.915	
200	0.032	199.83	0.09
	2.090	199.74	
	0.319	2001.6	0.3
	2.077	2001.3	0.2
2000	3.95	2001.1	0.4
	6.09	2000.7	0.4
	8.07	2000.3	0.4
	9.98	1999.9	

注：由于电阻负载比较小，所以电压范围不大。

4）结论

系统结论如下：

(1) I_p 为电流设定值；

(2) I_a 为输出电流与设定值偏差的绝对值，$|I_{a=}I_p-I_o|$；

(3) P_1 为偏差绝对值占电流设定值的百分比(题目要求其百分比要不大于 1%)，$P_1=I_a/I_p\times100\%$；

(4) I_s 为单片机显示值，I_o 为电流实际值，I_d 为电流实际值与单片机显示值偏差的绝对值 $I_{d=}|I_s-I_o|$；

(5) P_2 为偏差的绝对值占单片机显示值的百分比(题目要求其百分比不大于 0.1%)，$P_2=I_d/I_s\times100\%$。

系统数据处理与误差分析如表 12-5 所示。

表 12-5 数据处理和误差分析

电流设定值 I_p/mA	输出电流与设定值偏差的绝对值 I_a/mA	偏差占电流设定值的百分比 P_1/%	电流实际值与单片机显示值的偏差 I_d/mA	偏差占单片机显示值的百分比 P_2/%
15	0.058	0.387	0.153	1.020
20	0.079	0.395	0.159	0.790
50	0.052	0.104	0.156	0.312
80	0.020	0.025	0.157	0.196
100	0.020	0.020	0.177	0.177
300	0.040	0.013	0.122	0.040
500	0.080	0.016	0.151	0.030
1000	0.140	0.014	0.195	0.0195
1400	0.200	0.014	0.015	0.011
1800	0.500	0.028	0.659	0.036
2000	0.100	0.005	0.593	0.0297
2020	0.100	0.005	0.613	0.030

注：计算 P_1 与 P_2 时，小数点后保留 3 位有效数字。

测试结果表明，所设计制作的“数控直流电流源”符合设计任务规定的基本部分和发挥部分的各项要求，达到了发挥部分规定的各项性能指标。

5. 误差分析结论

(1) 由于选择 A/D 与 D/A 转换器精度高过指标要求的精度 2 倍以上，测量器件采用高精度仪用放大器，所以可以保证设定值和测量值的精度要求；

(2) 采取抑制高增益电路振荡的有效措施和使用高质量稳压电源供电等措施，使得输出电流的谐波大大低于设计要求；

(3) 为弥补负反馈增益偏低负载调整率不足，采用了双闭环控制手段，大大提高了系统的稳流精度。

6. 创新部分

本设计创新部分包含两部分，分别是输出电流的补偿设计与可变负载电阻测量方法。

1) 利用单片机的测控和运算能力实现输出电流的精度补偿

精度补偿原理：将实测负载电流与给定电流比较，求出偏差，再根据偏差的方向及大小，用“积分”的调节计算方法，计算得出补偿值，将此补偿值叠加到给定电流上，一起送到压控电流源单元的输入端，即可实现“无差调节”，即做到输出电流完全等于给定电流。精度补偿效果的好坏，关键在于能否做到高精度地测量负载电流。电流源在小电流输出时，由于地噪声的干扰，使 D/A 输出电压的信噪比大大降低，导致设定电流与实际输出电流间失去线性对应关系，呈现显著非线性。为此，系统采取设定值与输出低端值的非线性补偿。

2) 硬软件结合的方法进行补偿

非线性补偿原理是采取的硬件措施，是在压控电流源的比较单元输入端增加一路与 D/A 输出电压极性相反的恒定电压(参见图 12-38 中的 R_4 输入)，其作用是将零负载电流对应的 D/A 值由数值 0 增加为一个大于零的数值，这样使小电流工作时的 D/A 电压值向远离零电压的方向移动，因而消除了地噪声的干扰，提高了小电流的稳定性和线性度。在软件方面，首先通过测试获得对应零电流的 D/A 输出值 D_0，然后在 D/A 输出的理想值 D 上

叠加 D_0 作为 D/A 的最后输出值。若用坐标平面来形象说明的话，就是将原来在坐标原点附近的非线性段，通过向左移动纵坐标和向上移动横坐标，将非线性段移出坐标平面的第Ⅰ象限，从而使第Ⅰ象限的线段基本都是线性的。

软件流程图如图 12-38 所示。

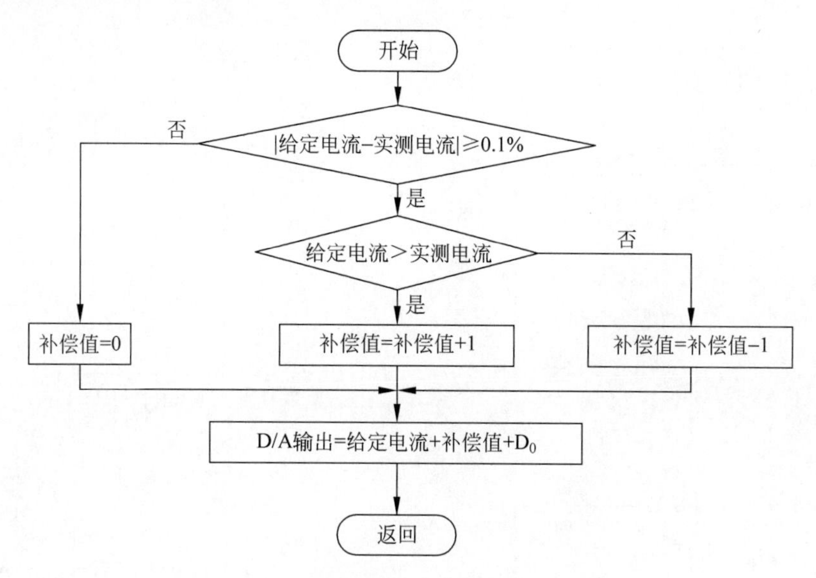

图 12-38　精度补偿和低端补偿程序框图

注：图中 D_0 即低端补偿值。

3）具有负载短路、开路提示和负载电阻计算功能

AD7705 的二通道是对可变负载电阻两端的电压采样，目的是测出负载两端的电压值 U_{RL}，输出的电流又是已知的 I，从而可以测得负载电阻的当前值。可做一个电阻表用。

$$R = U_{RL}/I$$

12.4　心电信号放大器计算机辅助分析与设计

电子电路的设计与其他设计一样，通常采用自上而下的设计顺序，即从总体设计出发，最后到设计具体电路。一般的设计过程为：(1)确定总体的设计目标；(2)方案设计；(3)详细设计；(4)调试；(5)印制板制备；(6)整机测试。每一步骤并不是完全独立的，在实际的设计过程中，这些步骤经常是交叉进行的。

设计一个心电信号放大器，将人体的心电信号进行有效放大，放大器的输出信号送到后续电路进行处理和显示，信号放大后的最大值在－5V～＋5V。

1. 确定总体的设计目标

为确定总体的设计目标，必须对设计对象有一个较全面的了解。对于心电放大器而言，是供医疗单位的医护人员使用，工作环境比较好。根据前人研究的成果可知，心电信号幅度一般在 5～50mV，属于微弱信号，因此，频带不是很宽。由此确定性能指标：①差模电压增益 1000，误差 2%；②差模输入阻抗：大于 $10^7\Omega$；③共模抑制比：大于 80dB；④通频带：0.05～200Hz。

2. 详细仿真设计过程

根据上述设计方案，心电放大电路原理图 12-39 所示，A_1，A_2，A_3 及相应电阻结构前置仪用放大器。其中 A_1，A_2 构成的差放分配 25 倍，A_3 构成的差放分配 1.6 倍。$R_1=2\text{k}\Omega$，$R_4=10\text{k}\Omega$，$R_2=R_3=24\text{k}\Omega$，$R_5=10\text{k}\Omega$，$R_6=R_7=16\text{k}\Omega$，$R_8=R_9=20\text{M}\Omega$。

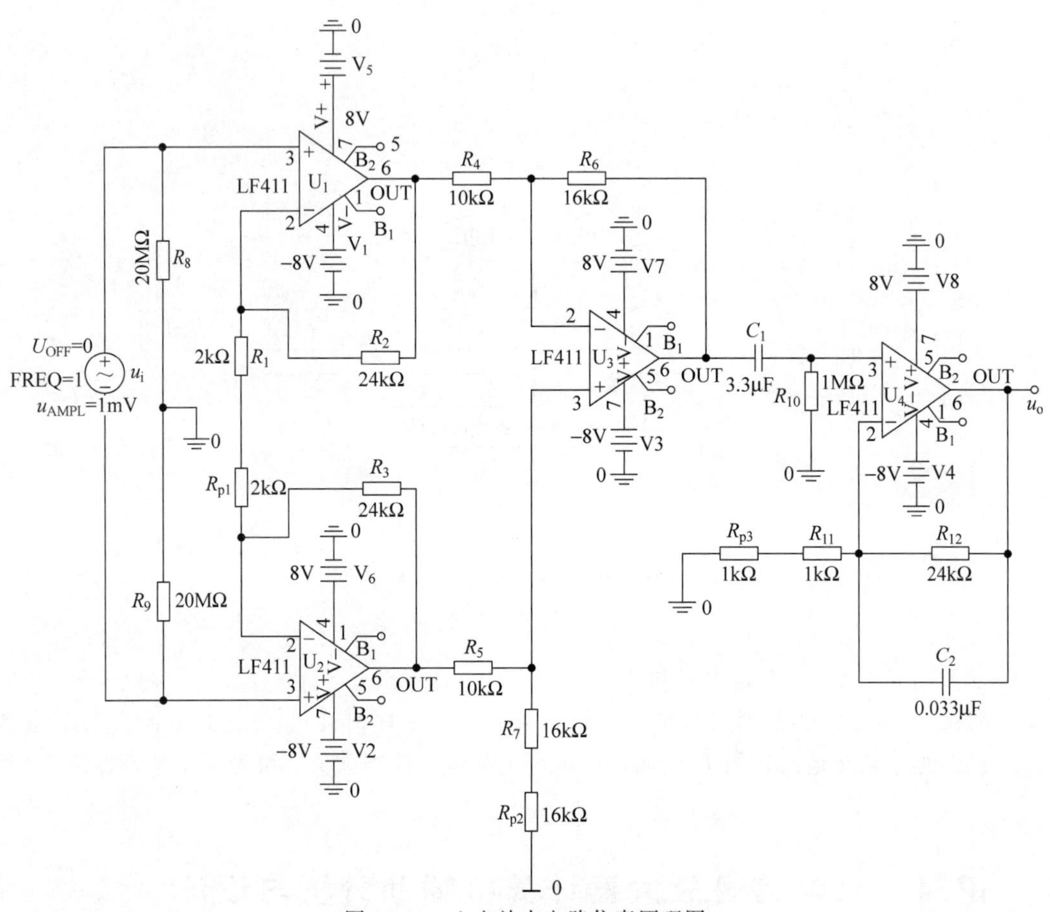

图 12-39　心电放大电路仿真原理图

通过对放大器进行的 TIME DOMAIN 分析得到波形如图 12-40(a)和图 12-40(b)所示。

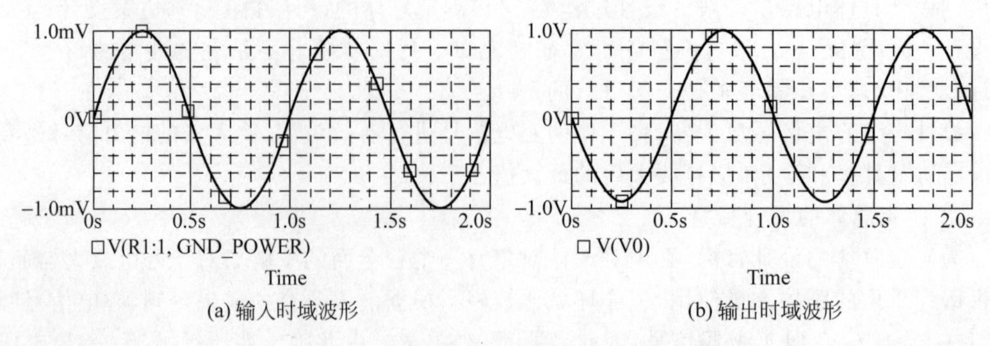

(a) 输入时域波形　　(b) 输出时域波形

图 12-40　心电放大仿真分析图

通过 AC SWEEP 分析，心电放大器差模增益的幅频响应可以看出增益和频带宽度满足要求。

本章小结

本章主要介绍了模拟电路分析与设计方法。结合工程实例与电子设计大赛题目详细研究了模拟电子线路的应用方法。主要内容如下：

(1) 模拟电子线路分析的原理与方法。介绍了模拟电路中涉及的图形种类、绘图原则、分析方法。

(2) 典型电子系统设计的基本理论与方法。以电磁炉控制系统为例详细介绍了模拟电子系统分析方法原则。

(3) 介绍了模拟电子系统分析设计方法。以大学生设计大赛题目分析了模拟电子系统设计过程与步骤。

习题

12.1　如图 12-41 所示集成无线发射芯片框图，内部由哪几部分电路组成？各起什么作用？

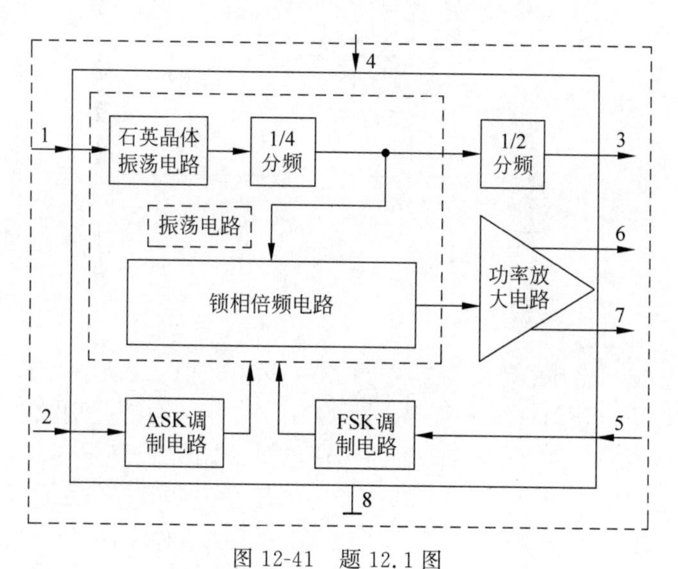

图 12-41　题 12.1 图

12.2　如图 12-42 所示两种 IGBT 管子的专用驱动 IC，问两种芯片的功能与异同？

12.3　怎样分析如图 12-43 所示 50W 功放电路？

12.4　小功率数控直流电压源的设计如图 12-44 所示。

(1) 设计说明。设计出有一定输出电压范围和功能的数控电源。其原理示意图如图 12-44。

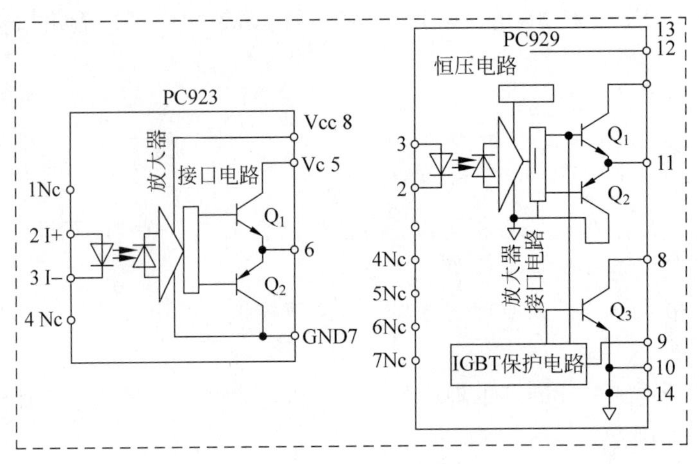

图 12-42　题 12.2 图

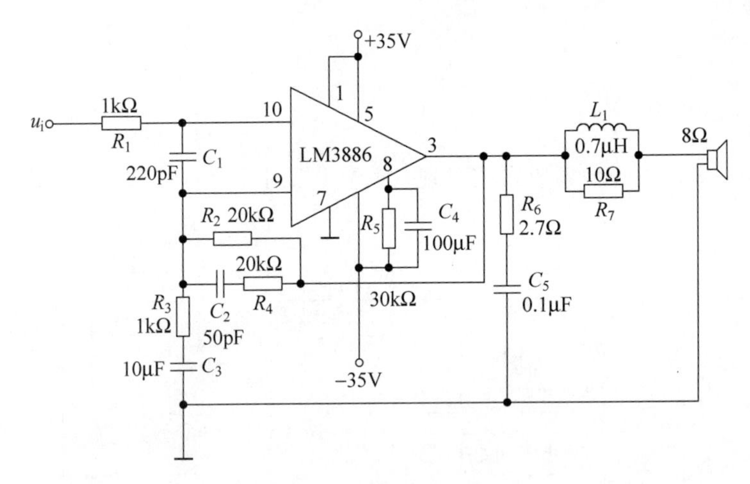

图 12-43　题 12.3 图

(2) 设计要求。

基本要求：①输出电压：范围为 0～+9.9V，步进 0.1V，纹波不大于 10mV。②输出电流：500mA。③输出电压值由数码管显示。④由"+""−"两键分别控制输出电压步进增减。⑤为实现上述几部件工作，自制一稳压直流电源，输出±15V，+5V。

发挥部分：① 输出电压可预置在 0～9.9V 的任意一个值。②用自动扫描代替人工按键，实现输出电压变化(步进 0.1V 不变)。③扩展输出电压种类(比如三角波等)。

12.5　小功率数控电流源的设计图如图 12-45 所示。

(1) 设计说明。设计并制作数控直流电流源。输入交流 200～240V，50Hz；输出直流电压≤10V。

(2) 设计要求。

基本要求：①输出电流范围：200～1000mA；②可设置并显示输出电流给定值，要求输出电流与给定值偏差的绝对值≤给定值的 1%+10mA；③具有"+""−"步进调整功能，步进≤10mA；④改变负载电阻，输出电压在 10V 以内变化时，要求输出电流变化的绝对值≤输出电流值的 1%+10mA。

发挥部分：①输出电流范围为 100～2000mA，步进 5mA；②设计、制作测量并显示输出电流的装置（可同时或交替显示电流的给定值和实测值），测量误差的绝对值≤测量值的 0.1%+3 个字；③改变负载电阻，输出电压在 10V 以内变化时，要求输出电流变化的绝对值≤输出电流值的 0.1%+1mA；④纹波电流≤20mA$\left(\text{用示波器测量取样电阻上的纹波电压，纹波电流}=\dfrac{\text{纹波电压}}{\text{取样电阻}}\right)$。

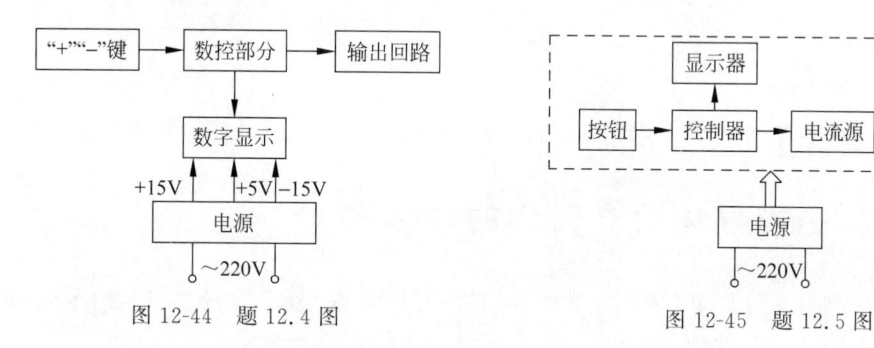

图 12-44　题 12.4 图　　　图 12-45　题 12.5 图

12.6　设计音频功率放大器。

(1) 设计说明。设计并制作一台音频功率放大器。

(2) 设计要求。

基本要求：①自制稳压电源；②频带范围为 200Hz～10kHz，失真度<3%；③电压增益≥20dB；④输出功率≥5W(8 欧姆负载)；⑤功率放大电路部分使用分立元件设计。

发挥部分：①增加音调控制电路；②增加话筒输入接口，灵敏度 5mV，输入阻抗≥20 欧姆；③输出功率≥20W(8 欧姆负载)。

12.7　如何设计数控音量集成音频功率放大器？

(1) 技术指标。在音频信号输入正弦波输入电压幅度≥800mV，等效负载电阻 R_L 为 8Ω 情况下，功率放大器应满足：①额定功率输出功率：$P_o \geq 10$W；②频率响应：$BW \geq$ 20Hz～100kHz(≤3dB)；③在 P_o 和 BW 内非线性失真系数：≤1%(10W，30Hz～20kHz)；④在 P_o 下的效率≥55%；⑤输出阻抗≤0.16Ω。

(2) 数控音量调节部分尽量能多档位，并且有 LED 音量档位指示。

(3) 电源稳压部分不要自制，但要求必须有整流滤波电路。数控音量集成音频功率放大器原理框图如图 12-46 所示。

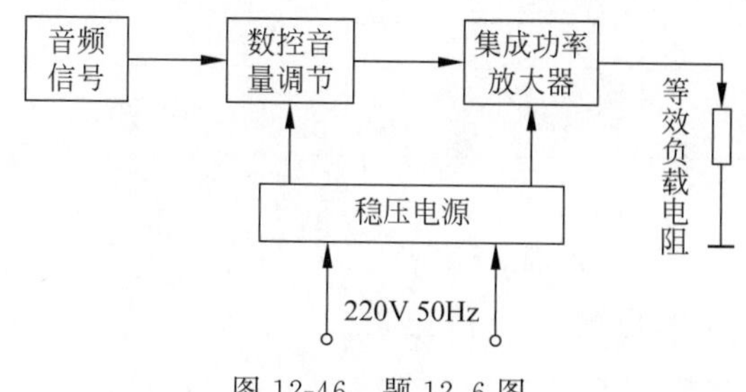

图 12-46　题 12.6 图

附录A 半导体分立器件的命名方法

APPENDIX A

半导体在世界学术界命名方法有多种，本附录介绍国际上使用较为频繁的几种。

A.1 我国半导体分立器件的命名法

半导体器件型号由五部分(场效应器件、半导体特殊器件、复合管、PIN 型管、激光器件的型号命名只有第三、四、五部分)组成。五个部分意义如表 A-1 所示。

表 A-1 国产半导体分立器件型号命名法

第一部分		第二部分		第三部分				第四部分	第五部分
用数字表示器件电极的数目		用汉语拼音字母表示器件的材料和极性		用汉语拼音字母表示器件的类型				用数字表示器件序号	用汉语拼音表示规格的区别代号
符号	意义	符号	意义	符号	意义	符号	意义		
2	二极管	A	N 型，锗材料	P	普通管	D	低频大功率管 ($<3\text{MHz}, P_C \geqslant 1\text{W}$)		
		B	P 型，锗材料	V	微波管				
		C	N 型，硅材料	W	稳压管				
		D	P 型，硅材料	C	参量管	A	高频大功率管 ($\geqslant 3\text{MHz}, P_C \geqslant 1\text{W}$)		
				Z	整流管				
3	三极管	A	PNP 型，锗材料	L	整流堆				
		B	NPN 型，锗材料	S	隧道管	T	半导体闸流管 (可控硅整流器)		
		C	PNP 型，硅材料	N	阻尼管				
		D	NPN 型，硅材料	U	光电器件	Y	体效应器件		
		E	化合物材料	K	开关管	B	雪崩管		
				X	低频小功率管 ($<3\text{MHz}, P_C<1\text{W}$)	J	阶跃恢复管		
						CS	场效应器件		
						BT	半导体特殊器件		
				G	高频小功率管 ($\geqslant 3\text{MHz}, P_C<1\text{W}$)	FH	复合管		
						PIN	PIN 型管		
						JG	激光器件		

例 A-1

（1）锗材料 PNP 型低频大功率三极管：

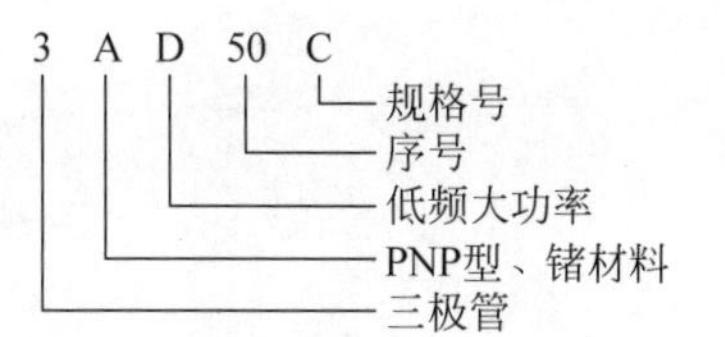

（2）硅材料 NPN 型高频小功率三极管：

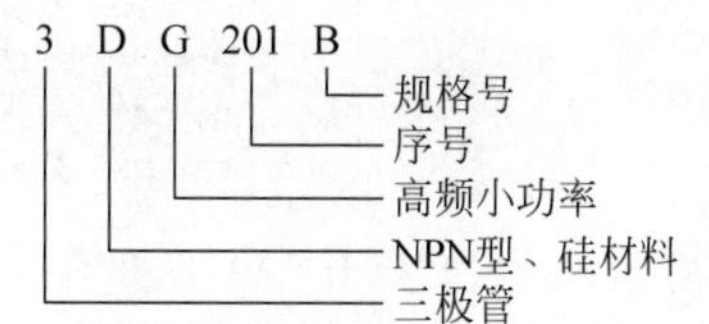

（3）N 型硅材料稳压二极管：

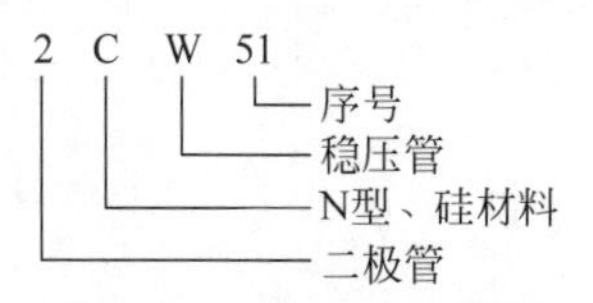

（4）单结晶体管：

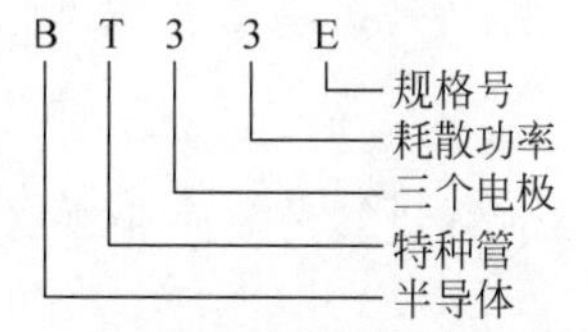

A.2 国际电子联合会半导体器件命名法

德国、法国、意大利、荷兰、比利时等欧洲国家以及匈牙利、罗马尼亚、南斯拉夫、波兰等东欧国家，大都采用国际电子联合会半导体分立器件型号命名方法。这种命名方法由四个基本部分组成，各部分的符号及意义见表 A-2。

表 A-2 国际电子联合会半导体器件型号命名法

第一部分		第二部分				第三部分		第四部分	
用字母表示使用的材料		用字母表示类型及主要特性				用数字或字母加数字表示登记号		用字母对同一型号的分档	
符号	意义	符号	意义	符号	意义	符号	意义	符号	意义
A	锗材料	A	检波、开关和混频二极管	M	封闭磁路中的霍尔元件	三位数字	通用半导体器件的登记序号（同一类型器件使用同一登记号）	ABCDE	同一型号器件按某一参数进行分档的标志
		B	变容二极管	P	光敏元件				
B	硅材料	C	低频小功率三极管	Q	发光器件				
		D	低频大功率三极管	R	小功率晶闸管				
C	砷化镓	E	隧道二极管	S	小功率开关管	一个字母加两位数字	专用半导体器件的登记序号（同一类型器件使用同一登记号）		
		F	高频小功率三极管	T	大功率晶闸管				
D	锑化铟	G	复合器件及其他器件	U	大功率开关管				
		H	磁敏二极管	X	倍增二极管				
R	复合材料	K	开放磁路中的霍尔元件	Y	整流二极管				
		L	高频大功率三极管	Z	稳压二极管即齐纳二极管				

例 A-2

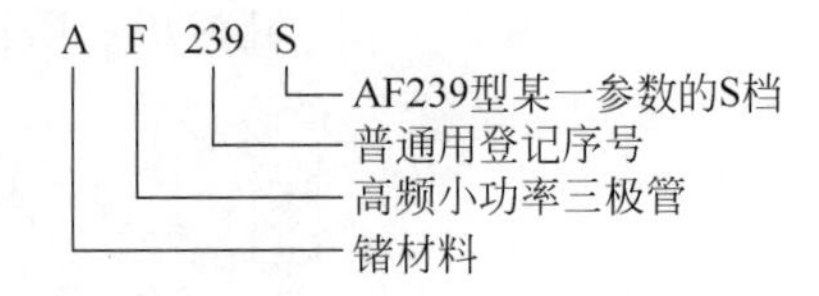

国际电子联合会晶体管型号命名法的特点：

(1) 这种命名法被欧洲许多国家采用。因此，凡型号以两个字母开头，并且第一个字母是 A，B，C，D 或 R 的晶体管，大都是欧洲制造的产品，或是按欧洲某一厂家专利生产的产品。

(2) 第一个字母表示材料(A 表示锗管，B 表示硅管)，但不表示极性(NPN 型或 PNP 型)。

(3) 第二个字母表示器件的类别和主要特点。如 C 表示低频小功率管，D 表示低频大功率管，F 表示高频小功率管，L 表示高频大功率管，等等。若记住了这些字母的意义，不查手册也可以判断出类别。例如，BL49 型，一见便知是硅大功率专用三极管。

(4) 第三部分表示登记顺序号。三位数字者为通用品；一个字母加两位数字者为专用品，顺序号相邻的两个型号的特性可能相差很大。例如，AC184 为 PNP 型，而 AC185 则为 NPN 型。

(5) 第四部分字母表示同一型号的某一参数(如 h_{FE} 或 N_F)进行分档。

(6) 型号中的符号均不反映器件的极性(指 NPN 或 PNP)。极性的确定需查阅手册或测量。

A.3 美国半导体器件型号命名法

美国晶体管或其他半导体器件的型号命名法较混乱。这里介绍的是美国晶体管标准型号命名法，即美国电子工业协会(EIA)规定的晶体管分立器件型号的命名法，如表 A-3 所示。

表 A-3 美国电子工业协会半导体器件型号命名法

第一部分		第二部分		第三部分		第四部分		第五部分	
用符号表示用途的类型		用数字表示 PN 结的数目		美国电子工业协会(EIA)注册标志		美国电子工业协会(EIA)登记顺序号		用字母表示器件分档	
符号	意义	符号	意义	符号	意义	符号	意义	符号	意义
JAN 或 J	军用品	1	二极管	N	该器件已在美国电子工业协会注册登记	多位数字	该器件在美国电子工业协会登记的顺序号	ABCD…	同一型号的不同挡别
		2	三极管						
无	非军用品	3	三个 PN 结器件						
		n	n 个 PN 结器件						

例 A-3

1) JAN2N2904　　　　　　　　　　2) 1N4001

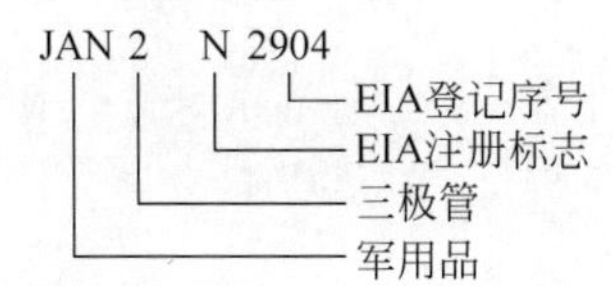

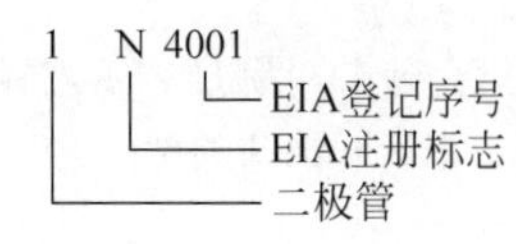

美国晶体管型号命名法的特点：

(1) 型号命名法规定较早，又未作过改进，型号内容很不完备。例如，对于材料、极性、主要特性和类型，在型号中不能反映出来。例如，2N 开头的既可能是一般晶体管，也可能是场效应管。因此，仍有一些厂家按自己规定的型号命名法命名。

(2) 组成型号的第一部分是前缀，第五部分是后缀，中间的三部分为型号的基本部分。

(3) 除去前缀以外，凡型号以 1N、2N、3N、… 开头的晶体管分立器件，大都是美国制造的，或按美国专利在其他国家制造的产品。

(4) 第四部分数字只表示登记序号，而不含其他意义。因此，序号相邻的两器件可能特性相差很大。例如，2N3464 为硅 NPN，高频大功率管，而 2N3465 为 N 沟道场效应管。

(5) 不同厂家生产的性能基本一致的器件，都使用同一个登记号。同一型号中某些参数的差异常用后缀字母表示。因此，型号相同的器件可以通用。

(6) 登记序号数大的通常是近期产品。

A.4　日本半导体器件型号命名法

日本半导体分立器件(包括晶体管)或其他国家按日本专利生产的这类器件，都是按日本工业标准(JIS)规定的命名法(JIS-C-702)命名的。

日本半导体分立器件的型号，由五至七部分组成。通常只用到前五部分。前五部分符号及意义如表 A-4 所示。第六、七部分的符号及意义通常是各公司自行规定的。第六部分的符号表示特殊的用途及特性，其常用的符号有：

M-松下公司用来表示该器件符合日本防卫厅海上自卫队参谋部有关标准登记的产品。

N-松下公司用来表示该器件符合日本广播协会(NHK)有关标准的登记产品。

Z-松下公司用来表示专用通信用的可靠性高的器件。

H-日立公司用来表示专为通信用的可靠性高的器件。

K-日立公司用来表示专为通信用的塑料外壳的可靠性高的器件。

T-日立公司用来表示收发报机用的推荐产品。

G-东芝公司用来表示专为通信用的设备制造的器件。

S-三洋公司用来表示专为通信设备制造的器件。

第七部分的符号，常被用来作为器件某个参数的分档标志。例如，三菱公司常用 R、G，Y 等字母；日立公司常用 A、B、C、D 等字母，作为直流放大系数 h_{FE} 的分档标志。

表 A-4　日本半导体器件型号命名法

第一部分		第二部分		第三部分		第四部分		第五部分	
用数字表示类型或有效电极数		S表示日本电子工业协会(EIAJ)的注册产品		用字母表示器件的极性及类型		用数字表示在日本电子工业协会登记的顺序号		用字母表示对原来型号的改进产品	
符号	意义	符号	意义	符号	意义	符号	意义	符号	意义
0	光电（即光敏）二极管、晶体管及其组合管	S	表示已在日本电子工业协会（EIAJ）注册登记的半导体分立器件	A	PNP型高频管	四位以上的数字	从11开始，表示在日本电子工业协会注册登记的顺序号，不同公司性能相同的器件可以使用同一顺序号，其数字越大越是近期产品	ABCDEF…	用字母表示对原来型号的改进产品
				B	PNP型低频管				
				C	NPN型高频管				
				D	NPN型低频管				
1	二极管			F	P控制极可控硅				
2	三极管、具有两个以上PN结的其他晶体管			G	N控制极可控硅				
				H	N基极单结晶体管				
				J	P沟道场效应管				
				K	N沟道场效应管				
3 …	具有四个有效电极或具有三个PN结的晶体管			M	双向可控硅				
$n-1$	具有n个有效电极或具有$n-1$个PN结的晶体管								

例 A-4

(1) 2SC502A(日本收音机中常用的中频放大管)。

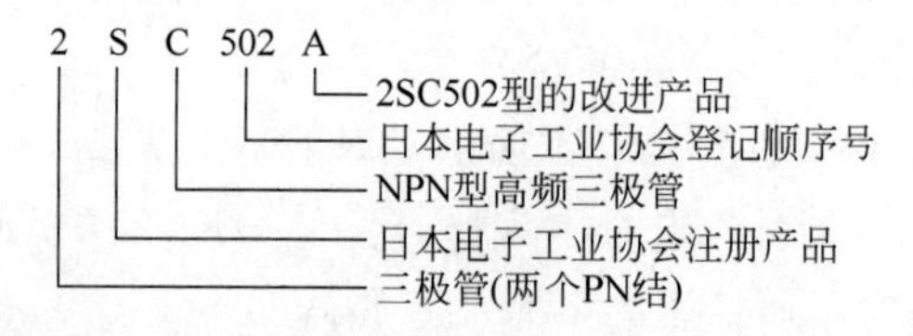

(2) 2SA495(日本夏普公司GF-9494收录机用小功率管)。

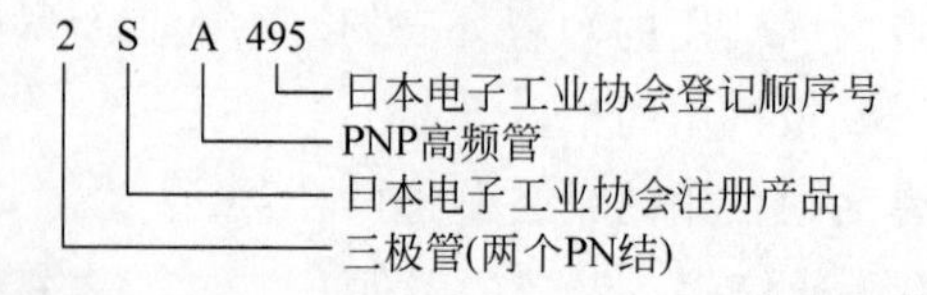

日本半导体器件型号命名法有如下特点：

(1) 型号中的第一部分是数字，表示器件的类型和有效电极数。例如，用“1”表示二极管，用“2”表示三极管。而屏蔽用的接地电极不是有效电极。

(2) 第二部分均为字母 S,表示日本电子工业协会注册产品,而不表示材料和极性。

(3) 第三部分表示极性和类型。例如用 A 表示 PNP 型高频管,用 J 表示 P 沟道场效应三极管。但是,第三部分既不表示材料,也不表示功率的大小。

(4) 第四部分只表示在日本工业协会(EIAJ)注册登记的顺序号,并不反映器件的性能,顺序号相邻的两个器件的某一性能可能相差很远。例如,2SC2680 型的最大额定耗散功率为 200mW,而 2SC2681 的最大额定耗散功率为 100W。但是,登记顺序号能反映产品时间的先后。登记顺序号的数字越大,越是近期产品。

(5) 第六、七两部分的符号和意义各公司不完全相同。

(6) 日本有些半导体分立器件的外壳上标记的型号,常采用简化标记的方法,即把 2S 省略。例如,2SD764,简化为 D764,2SC502A 简化为 C502A。

(7) 在低频管(2SB 和 2SD 型)中,也有工作频率很高的管子。例如,2SD355 的特征频率 f_T 为 100MHz,所以,它们也可当高频管用。

(8) 日本通常把 P_{cm}≥1W 的管子,称为大功率管。

A.5 欧洲早期半导体分立器件型号命名法

欧洲其他国家命名方法比较简单,主要由四部分构成:

第一部分:O——半导体器件。

第二部分:A——二极管、C——三极管、AP——光电二极管、CP——光电三极管、AZ——稳压管、RP——光电器件。

第三部分:多位数字-表示器件的登记序号。

第四部分:A、B、C——同一型号器件的变型产品。

附录 B APPENDIX B 电路仿真软件——Multisim 与 PSpice

计算机辅助设计 CAD 技术是电子信息技术发展的杰出成果，它的发展与应用引发了一场工业设计和制造领域的革命。当今，CAD 技术及其应用水平已成为衡量一个国家科技现代化和工业现代化水平的重要标志之一。而电子 CAD 技术则是以计算机硬件和系统软件为基本工作平台，继承和借鉴前人在电路和系统、图论与拓扑逻辑和优化理论等多学科的最新科技成果而研制成的电子 CAD 通用支撑软件和应用软件包。它旨在帮助电子设计工程师开发新的电子系统与电路、IC 以及 PCB 产品，实现在计算机上调用元器件库、连线画图、编制激励信号文件、确定跟踪点、调用参数库以及模拟程序等手段去设计电路。

电子技术是电子类专业的一门主干课程，该课程既有较抽象的理论分析又有较具体的实践应用。EDA 对于这类课程的学习可以做出很大的帮助，而课程学习质量的优劣直接影响到该专业后续课程的学习以及电路理论分析和实践动手能力。学习电子技术理论要加深感性认识，用仿真软件验证理论分析是可行有效的方法。

B.1 Multisim 软件

Multisim 是美国国家仪器（NI）有限公司推出的以 Windows 为基础的仿真工具，Multisim 的前身是加拿大 IIT 公司 EWB 软件，适用于板级的模拟/数字电路板的设计工作。它包含了电路原理图的图形输入、电路硬件描述语言输入方式，具有丰富的仿真分析能力。

1. Multisim 软件特点

（1）系统高度集成，界面直观，操作方便。将电路原理图的创建、电路的仿真分析和分析结果的输出都集成在一起。采用直观的图形界面创建电路：在计算机屏幕上模拟仿真实验室的工作台，绘制电路图需要的元器件、电路测量需要的测试仪器均可直接从屏幕上选取。操作方法简单易学。

（2）支持模拟电路、数字电路以及模拟/数字混合电路的设计仿真。既可以对模拟电子系统和数字电子系统进行仿真，也可以对数字电路和模拟电路混合在一起的电子系统进行仿真分析。

（3）电路分析手段完备。除了可以用多种常用测试仪表（如示波器、数字万用表和频谱仪等）对电路进行测试以外，还提供多种电路分析方法，包括静态工作点分析、瞬态分析和傅里叶分析等。

（4）提供多种输入/输出接口。可以输入由 PSpice 等其他电路仿真软件所创建的 PSpice 图表文件，并自动形成相应的电路原理图，也可以把 Multisim 环境下创建的电路原理图输出给 Protel 等常见的印刷电路软件 PCB 进行印刷电路设计。

2. Multisim 软件组成

软件以图形界面为主，采用菜单、工具栏和热键相结合的方式，具有一般 Windows 应用软件的界面风格，用户可以根据自己的习惯和熟悉程度自如使用。

1）Multisim 主窗口界面

启动 Multisim 后，将出现如图 B-1 所示的界面。界面由多个区域构成：菜单栏，各种工具栏，电路输入窗口，状态条，列表框等。通过对各部分的操作可以实现电路图的输入、编辑，并根据需要对电路进行相应的观测和分析。用户可以通过菜单或工具栏改变主窗口的视图内容。

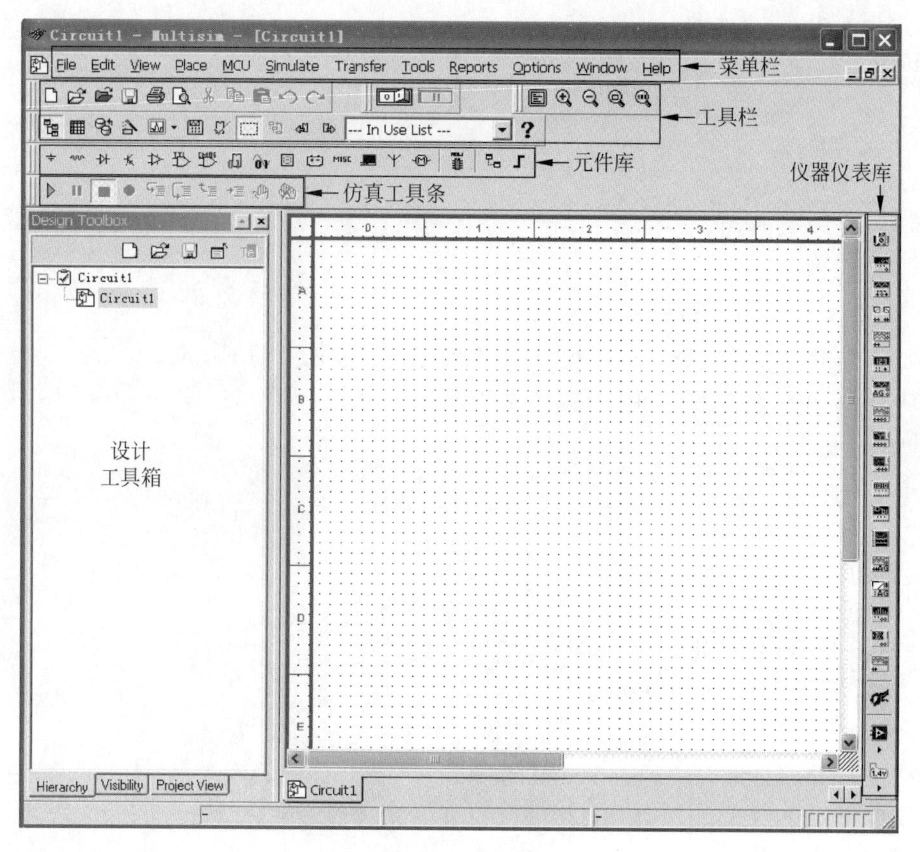

图 B-1　界面图

2）菜单栏

菜单栏位于界面的上方，通过菜单可以对 Multisim 的所有功能进行操作。

不难看出菜单中有一些与大多数 Windows 平台上的应用软件一致的功能选项，如 File、Edit、View、Options、Help。此外，还有一些 EDA 软件专用的选项，如 Place、Simulate、Transfer 以及 Tool 等。不同版本略有不同，但通常包括以下菜单栏。

（1）File：File 菜单中包含了对文件和项目的基本操作以及打印等命令。其中大多数命令与一般 Windows 应用程序类似，故在这里不再赘述。

(2) Edit：Edit 命令提供了类似于图形编辑软件的基本编辑功能，用于对电路图进行编辑。其中大多数命令与一般 Windows 应用程序类似，故在这里不再赘述。

(3) View：通过 View 菜单可以决定使用软件时的视图，对一些工具栏和窗口进行控制。通常包括以下命令(不同版本略有区别)。

① Toolbars：显示工具栏。

② Grapher：显示或隐藏仿真的图表。

③ Show Grid：显示栅格。

④ Show Page Bounds：显示页边界。

⑤ Show Border：显示边界。

⑥ Zoom In：放大显示。

⑦ Zoom Out：缩小显示。

(4) Place：通过 Place 命令输入电路图。通常包括以下命令(不同版本略有区别)。

① Component：放置元器件。

② Junction：放置连接点。

③ Bus：放置总线。

④ Wire：放置导线。

⑤ Text：放置文字。

⑥ New Subcircuit：放置子电路。

⑦ Replace by Subcircuit：重新选择子电路替代当前选中的子电路。

(5) Simulate：通过 Simulate 菜单执行仿真分析命令。通常包括以下命令(不同版本略有区别)。

① Run：执行仿真。

② Pause：暂停仿真。

③ Instruments：选择仪表。

④ Digital Simulation Settings：设定数字仿真参数。

⑤ Instruments：选用仪表(也可通过工具栏选择)。

⑥ Analyses：选用各项分析功能。

⑦ Postprocessor：打开处理器对话框。

⑧ VHDL Simulation：进行 VHDL 仿真。

(6) Transfer：Transfer 菜单提供的命令可以完成 Multisim 对其他 EDA 软件需要的文件格式的输出。通常包括以下命令(不同版本略有区别)。

① Transfer to Ultiboard：将所设计的电路图转换为 Ultiboard(Multisim 中的电路板设计软件)的文件格式。

② Export to PCB Layout：将格式文件传送到 PCB 设计软件中。

③ Export Netlist：输出电路网表文件。

(7) Tools：Tools 菜单主要针对元器件的编辑与管理的命令。其中大多数命令与一般 Windows 应用程序类似，故在这里不再赘述。

(8) Options：通过 Option 菜单可以对软件的运行环境进行定制和设置。其中大多数命令与一般 Windows 应用程序类似，故在这里不再赘述。

(9) Help：Help 菜单提供了对 Multisim 的在线帮助和辅助说明。其中大多数命令与一般 Windows 应用程序类似，故在这里不再赘述。

3) 虚拟仪器及其使用

对电路进行仿真运行，通过对运行结果的分析，判断设计是否正确合理，是 EDA 软件的一项主要功能。为此，Multisim 为用户提供了类型丰富的虚拟仪器。以 Multisim 10.0 为例，分析仪器在界面的最右一列，如图 B-2 所示。为了便于排版将图向右旋转了九十度。关于 Multisim 10.0 的 21 种虚拟仪器，名称及表示方法从左至右总结如下：

图 B-2 虚拟仪器

(1) Multimeter：万用表。

(2) Distortion Analyzer：失真度分析仪。

(3) Function Generator：波形发生器。

(4) Wattermeter：瓦特表。

(5) Oscilloscape：双通道示波器。

(6) Frequency Counter：频率计。

(7) Agilent function generator：安捷伦信号发生器。

(8) 4 channel oscilloscope：四通道示波器。

(9) Bode Plotter：伯德图图示仪。

(10) IV analyzer：伏安特性分析仪。

(11) Word Generator：字元发生器。

(12) Logic Converter：逻辑转换仪。

(13) Logic Analyzer：逻辑分析仪。

(14) Agilent oscilloscope：安捷伦示波器。

(15) Agilent Multimeter：安捷伦万用表。

(16) Spectrum Analyzer：频谱仪。

(17) Network Analyzer：网络分析仪。

(18) Tektronix oscilloscope：泰克示波器。

(19) Current probe：电流探针。

(20) Labview instrument：虚拟仪器。

(21) Measurement probe：测量探针。

3. Multisim 软件应用

使用软件进行模拟电路分析，不同版本略有区别。Multisim 的功能强大，并且不断在更新版本，本教材附录不可能面面俱到地叙述。下面以两个例子简要说明 Multisim 的使用过程。

例 B-1 电路如图 B-3(a)所示，判断二极管是否处于导通状态。

解 首先放置所有元件,具体办法:点击 Place 命令的 Component 放置元器件。也可以在空白处点击鼠标右键,选择 Place Component 放置元器件。放置好元件,双击元件,可以改变元件的参数。接下来连接元件,只要点击鼠标左键从某一个元件引脚开始到另一个引脚结束,就会出现连接导线,连接元件。从窗口的右边点击第一个仪器仪表,即数字万用表,移动到二极管旁边,连接在二极管两端。双击数字万用表,选择 V,即测量电压。再单击仿真工具栏的第一个按键 ▷ ,进行仿真。仿真结果如图 B-3(b)所示。结果显示二极管两端电压 0.65V,即处于导通状态。

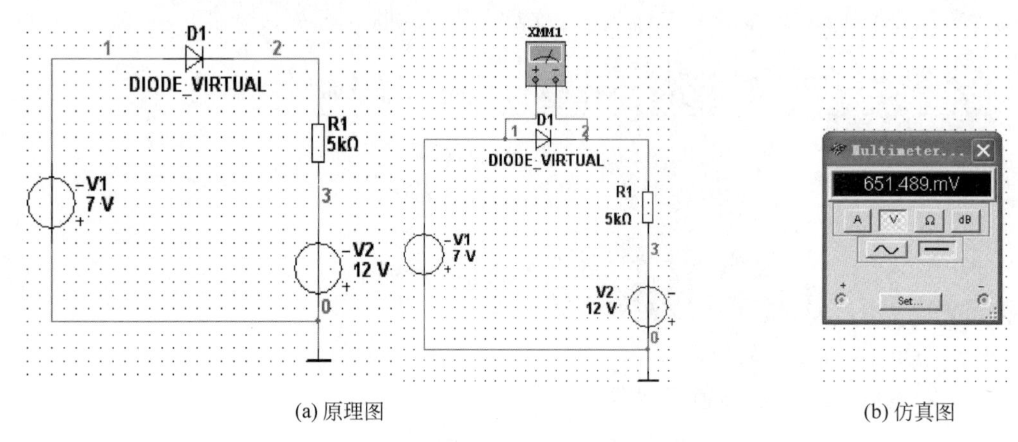

(a) 原理图　　(b) 仿真图

图 B-3 例 B-1 电路图

例 B-2 电路如图 B-4 所示,已知 $E=4\text{V}$,$u_i=10\sin 314t\,\text{V}$,通过示波器观察 AB 输出电压波形。

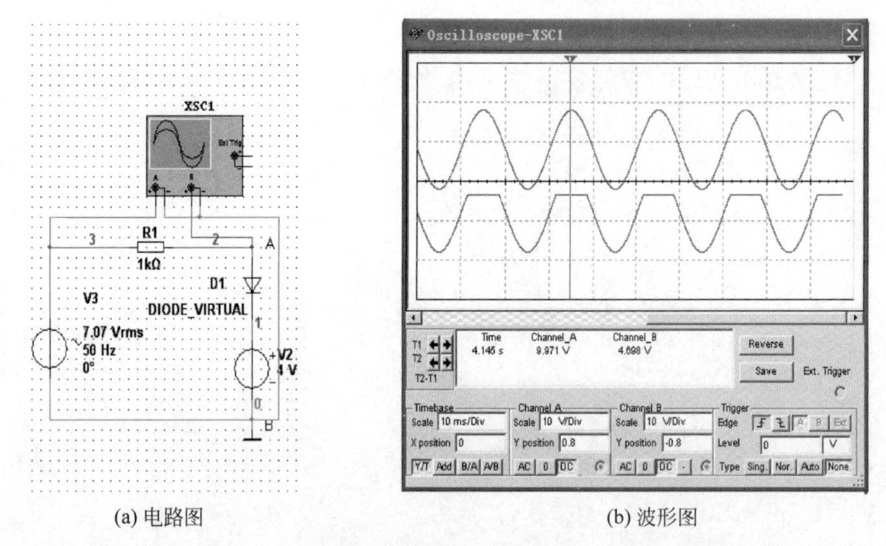

(a) 电路图　　(b) 波形图

图 B-4 例 B-2 用图

解 首先放置所有元件,方法和例 B-1 相同。放置示波器,选择第五个虚拟仪器,即双通道示波器。连接到电路中。双击示波器,示波器窗口出现。再点击仿真工具栏的第一个按键 ▷ ,开始进行仿真。如果习惯看白色背景的示波器,仿真进行中,点击示波器的

Reverse。根据具体情况调节 Channel A 和 Channel B 的 Scale 和 position。单击仿真工具栏的第二个按键 ⏸,暂停仿真。得到如图 B-4(b)的结果。

仿真结论：从测量波形可以看出,当输入信号高于约 4.69V 电压的时候,二极管导通,管压降可以近似认为 0.69V,输出电压近似等于 4.69V。

例 B-3 功率放大电路仿真与测试下面内容：

(1) 低频功率放大器(OTL)。通过仿真分析,①理解 OTL 低频功率放大器的工作原理;②学会 OTL 电路的调试及主要性能指标的测试方法。

解 仿真电路如图 B-5 所示的低频功率放大器(OTL)电路图。

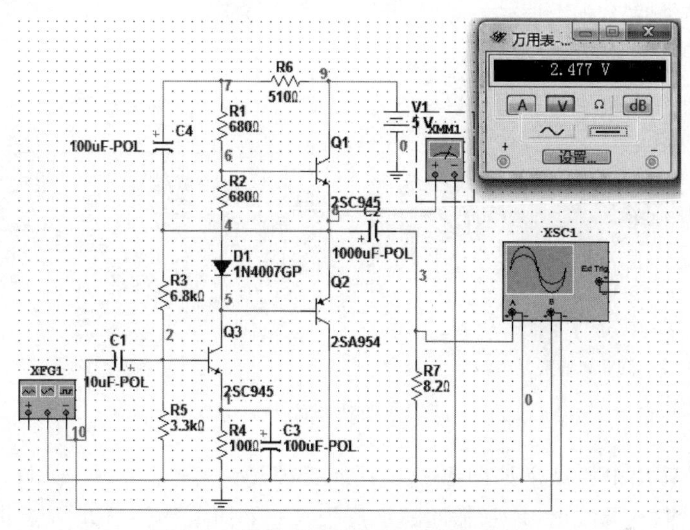

图 B-5 低频功率放大器(OTL)电路图

如图 B-6 所示为低频功率放大器(OTL)仿真波形图。

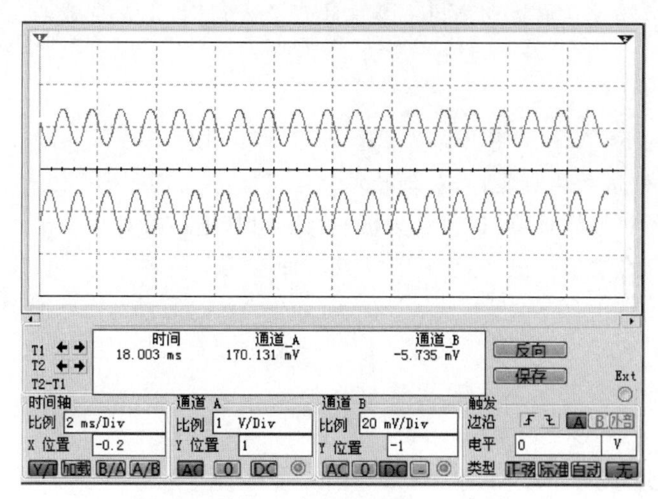

图 B-6 低频功率放大器(OTL)波形图

解题结论 ①静态时调 Q_1、Q_2 之间电压为电源电压的一半;②从示波器上观察,放大倍数不到 50 倍;测量负载电压有效值为 295.98mV,测量函数信号发生器输出电压有效值为 7.07mV,则电压放大倍数近似为 42 倍。改变电阻 R_2 交越失真明显。

思考内容:①测试各极静态工作点、最大不失真输出功率 P_{om}、效率 η 等;②改变电路参数,观察交越失真并研究如何消除这种失真;③研究自举电路 R_5、C_4 的作用,观察波形的变化。

(2) 高频谐振功率放大器。通过仿真分析研究——丙类功率放大器的基本工作原理,掌握丙类放大器的调谐特性以及负载改变时的动态特性;高频功率放大器丙类工作的物理过程以及激励信号变化、负载变化对功率放大器工作状态的影响;比较甲类功率放大器与丙类功率放大器的特点、功率和效率;掌握丙类放大器的计算与设计方法。

解 高频谐振功率放大器仿真电路图如图 B-7(a)所示。

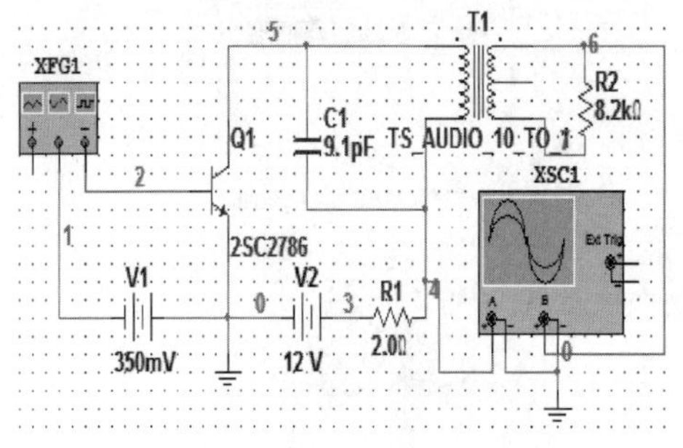

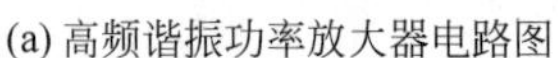
(a) 高频谐振功率放大器电路图

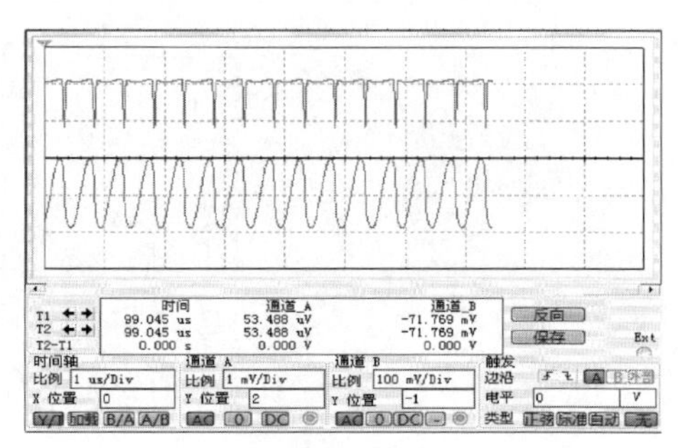
(b) 高频谐振功率放大器波形图

图 B-7 高频谐振功率放大器仿真分析

观察集电极输出电压波形如图 B-7(b)所示。XFG1 信号源频率 2MHz,幅度 1V。示波器中上面波形为集电极波形,余弦脉冲的顶部失真;下面波形为负载两端的输出波形,由于谐振电路谐振在 2MHz,所以输出为完整正弦波。同理可按原理仿真过压、欠压和临界等情况。

解题结论 功放管集电极电流为失真脉冲信号,而谐振电路负载两端为正弦信号波形。

小结

从目前流行的 EDA 软件使用情况来看,Multisim 软件具有形象而且易于掌握的特点,运用 Multisim 软件进行仿真设计,对于开发学生的学习潜能、拓展设计内容和思维空间有着很大的帮助。能直接用计算机模拟、分析、验证,可快速准确地反映出所设计的电路性能。但由于虚拟器件存在着虚拟的特点,在真实性方面与实际的硬件仪器仪表存在着些许差距,并不能完全替代传统的实验手段。所以在实际的学习过程中,只有把硬件的仪器仪表和 Multisim 仿真软件结合起来,把现代化手段与传统实验有机地结合起来,发挥各自的优势,才能收到事半功倍的效果。

B.2 PSpice 软件

计算机仿真(Simulation)指根据实际电路(或系统)建立模型,通过对模型的计算机分析、研究和试验以达到研制和开发实际电路(或系统)的目的过程。数字仿真手段可用以检验设计的系统是否满足性能要求。应用数字仿真可以减少电路实验的工作,可以减少实验所需时间,并可以更全面、更完整地进行设计分析、改进。

目前流行的许多著名软件如PSpice、Icape等,它们各自都有其本身的特点。而随着Windows的全面普及,PSpice推出了Windows版本,用户不用像DOS版那样输入数据网表文件,而是图形化,只需选择相应的元器件图标代号,然后使用线连接就可以自动生成数据网表文件,整个过程变得直观简单。因此,对于仿真技术而言,目前最流行的是以美国加州大学伯克利分校开发的以Spice为核心的仿真软件,而以Spice为核心开发得最好的仿真软件是OrCAD/PSpice 10.5。它已广泛应用于电力、电子电路(或系统)分析中。

1. PSpice的发展历程

用于模拟电路仿真的Spice(simulation program with integrated circuit emphasis)软件于1972年由美国加州大学伯克利分校的计算机辅助设计小组利用FORTRAN语言开发而成,主要用于大规模集成电路的计算机辅助设计。Spice的正式实用版Spice 2G在1975年正式推出,但是该程序的运行环境至少为小型机。1985年,加州大学伯克利分校用C语言对Spice软件进行了改写,1988年Spice被定为美国国家工业标准。与此同时,各种以Spice为核心的商用模拟电路仿真软件,在Spice的基础上做了大量实用化工作,从而使Spice成为最为流行的电子电路仿真软件。

PSpice软件具有强大的电路图绘制功能、电路模拟仿真功能、图形后处理功能和元器件符号制作功能,以图形方式输入,自动进行电路检查,生成网表,模拟和计算电路。它的用途非常广泛,不仅可以用于电路分析和优化设计,还可用于电子线路、电路和信号与系统等课程的计算机辅助教学。与印制版设计软件配合使用,还可实现电子设计自动化。被公认是通用电路模拟程序中最优秀的软件,具有广阔的应用前景。

2. PSpice的组成和应用领域

主要介绍MicroSim Eval 8.0的软件包的组成与分析适用领域。

1) PSpice的组成

以PSpice for Windows为例,它是一个名为MicroSim Eval 8.0的软件包。该软件包主要包括Schematics、PSpice、Probe、Stmed(Stimulus Editor)、PSpice Optimizer。

(1) Schematics是一个电路模拟器。它可以直接绘制电路原理图,自动生成电路描述文件,或打开已有的文件,修改电路原理图;可以对元件进行修改和编辑;可以调用电路分析程序进行分析,并可调用图形后处理程序(Probe)观察分析结果。即它是集PSpice、Probe、Stmed和PSpice Optimizer于一体,是一个功能强大的集成环境。

(2) PSpice是一个数据处理器。它可以对在Schematics中所绘制的电路进行模拟分析,运算出结果并自动生成输出文件和数据文件。

(3) Probe是图形后处理器,相当于一个示波器。它可以将在PSpice中运算的结果在屏幕或打印设备上显示出来。模拟结果还可以接受由基本参量组成的任意表达式。

(4) Stmed是产生信号源的工具。它在设定各种激励信号时非常方便直观,而且容易查对。

(5) Parts是对器件建模的工具。它可以半自动地将来自厂家的器件数据信息或用户自定义的器件数据转换为PSpice中所用的模拟数据,并提供它们之间的关系曲线及相互作用,确定元件的精确度。

(6) PSpice Optimizer 是优化设置工具。它可根据用户指定的参数、性能指标和全局函数,对电路进行优化设计。

2) PSpice 的应用范围

PSpice 用于模拟电路、数字电路及数模混合电路的分析及电路优化设计。

(1) 制作实际电路之前,仿真该电路的电性能,如计算直流工作点(bias point detail),进行直流扫描(DC sweep)与交流扫描(AC sweep),显示检测点的电压电流波形等。

(2) 估计元器件变化(parametric)对电路造成的影响。

(3) 分析一些较难测量的电路特性,如进行噪声(noise)、频谱(fourier)、器件灵敏度(sensitivity)、温度(temperature)分析等。

(4) 优化设计。所谓电路优化设计,是指在电路的性能已经基本满足设计功能和指标的基础上,为了使得电路的某些性能更为理想,在一定的约束条件下,对电路的某些参数进行调整,直到电路的性能达到要求为止。调用 PSpice Optimizer 模块对电路进行优化设计的基本条件如下:①电路已经通过了 PSpice 的模拟,相当于电路除了某些性能不够理想外,已经具备了所要求的基本功能,没有其他大的问题;②电路中至少有一个元器件为可变的值,并且其值的变化与优化设计的目标性能有关。在优化时,一定要将约束条件(如功耗)和目标参数(如延迟时间)用节点电压和支路电流信号表示;③存在一定的算法,使得优化设计的性能能够成为以电路中的某些参数为变量的函数,这样 PSpice 才能够通过对参数变化进行分析来达到衡量性能好坏的目的。

当电路的功能已经大致完成,但仍需要对一些指标进行优化,这时调用 PSpice Optimizer 来完成优化过程是相当方便的。如果用户能够观察出具体是什么因素影响了电路的某项性能,从而知道调节哪些参数可使该性能更加理想,那么,应用 PSpice Optimizer 对该电路进行调整也是完全合适的。需要强调的是,PSpice Optimizer 的自动化设计程度也是相对的,如果所设计的电路距离它的基本功能还相差甚远的话,用 PSpice Optimizer 来进行优化设计是很难达到理想效果的。同时它不能创建电路,不能对电路中的敏感元素进行优化设计。

3) PSpice 的分析功能适用领域

PSpice 的分析主要包括以下方面:直流分析、交流扫描分析(AC sweep)、瞬态分析(transient)、蒙特卡罗分析(Monte Carlo)和最坏情况分析(worst case)、温度特性分析(temperature)和数字电路分析(digital setup)。

(1) 直流分析:包括电路的直流工作点分析(bias point detail);直流小信号传递函数值分析(transfer function);直流扫描分析(DC sweep);直流小信号灵敏度分析(sensitivity)。在进行直流工作点分析时,电路中的电感全部短路,电容全部开路,分析结果包括电路每一节点的电压值和在此工作点下的有源器件模型参数值。这些结果以文本文件方式输出。

直流小信号传递函数值是电路在直流小信号下的输出变量与输入变量的比值,输入电阻和输出电阻也作为直流解析的一部分被计算出来。进行此项分析时电路中不能有隔直电容。分析结果以文本方式输出。

直流扫描分析可作出各种直流转移特性曲线。输出变量可以是某节点电压或某节点电流，输入变量可以是独立电压源、独立电流源、温度、元器件模型参数和通用(global)参数(在电路中用户可以自定义的参数)。

直流小信号灵敏度分析是分析电路各元器件参数变化时，对电路特性的影响程度。灵敏度分析结果以归一化的灵敏度值和相对灵敏度形式给出，并以文本方式输出。

(2) 交流扫描分析(AC sweep)：包括频率响应分析和噪声分析。PSpice进行交流分析前，先计算电路的静态工作点，决定电路中所有非线性器件的交流小信号模型参数，然后在用户所指定的频率范围内对电路进行仿真分析。

频率响应分析能够分析传递函数的幅频响应和相频响应，可以得到电压增益、电流增益、互阻增益、互导增益、输入阻抗、输出阻抗的频率响应。分析结果以曲线方式输出。

PSpice用于噪声分析时，可计算出每个频率点上的输出噪声电平以及等效输入噪声电平。噪声电平都以噪声带宽的平方根进行归一化。

(3) 瞬态分析(transient)：即时域分析，包括电路对不同信号的瞬态响应，时域波形经过快速傅里叶变换(FFT)后，可得到频谱图。通过瞬态分析，可以得到数字电路时序波形。

另外，PSpice可以对电路的输出进行傅里叶分析，得到时域响应的傅里叶分量(直流分量、各次谐波分量、非线性谐波失真系数等)。分析结果以文本方式输出。

(4) 蒙特卡罗分析(Monte Carlo)和最坏情况分析(worst case)：蒙特卡罗分析是分析电路元器件参数在它们各自的容差(容许误差)范围内，以某种分布规律随机变化时电路特性的变化情况，这些特性包括直流、交流或瞬态特性。最坏情况分析与蒙特卡罗分析都属于统计分析，所不同的是，蒙特卡罗分析是在同一次仿真分析中，参数按指定的统计规律同时发生随机变化；而最坏情况分析则是在最后一次分析时，使各个参数同时按容差范围内各自的最大变化量改变，以得到最坏情况下电路特性。

(5) 温度特性分析(temperature)和数字电路分析(digital setup)。

3. PSpice软件的使用

在介绍PSpice软件使用，首先介绍Cadence OrCAD Capture元件库以及包含的元件资料，由于软件本身自带元件库，使用者在安装好的软件界面中，都可以看到且能方便地选择设计所需元件。

1) 元件库介绍

Cadence OrCAD Capture具有快捷、通用的设计输入能力，使Cadence OrCAD Capture线路图输入系统成为全球最受欢迎的设计输入工具。它针对设计一个新的模拟电路、修改现有的一个PCB的线路图，或者绘制一个HDL模块的方框图，都提供了所需要的全部功能，并能迅速地验证您的设计。OrCAD Capture作为设计输入工具，运行在PC平台，用于FPGA 、PCB和Cadence OrCAD PSpice设计应用中，它是业界第一个真正基于Windows环境的线路图输入程序，易于使用的功能及特点已使其成为线路图输入的工业标准。

(1) AMPLIFIER. OLB：共182个零件，存放模拟放大器IC，如CA3280、TL027C等。

(2) ARITHMETIC. OLB：共182个零件，存放逻辑运算IC，如TC4032B、74LS85等。

(3) ATOD. OLB：共618个零件，存放A/D转换IC，如ADC0804、TC7109等。

(4) BUS DRIVERTRANSCEIVER. OLB：共632个零件，存放汇流排驱动IC，如74LS244、74LS373等数字IC。

(5) CAPSYM. OLB：共35个零件，存放电源、地、输入输出口、标题栏等。

(6) CONNECTOR. OLB：共816个零件，存放连接器，如4 HEADER、CON AT62、RCA JACK等。

(7) COUNTER. OLB：共182个零件，存放计数器IC，如74LS90、CD4040B。

(8) DISCRETE. OLB：共872个零件，存放分立式元件，如电阻、电容、电感、开关、变压器等常用零件。

(9) DRAM. OLB：共623个零件，存放动态存储器，如TMS44C256、MN41100-10等。

(10) ELECTRO MECHANICAL. OLB：共6个零件，存放马达、断路器等电机类元件。

(11) FIFO. OLB：共177个零件，存放先进先出资料暂存器，如40105、SN74LS232。

(12) FILTRE. OLB：共80个零件，存放滤波器类元件，如MAX270、LTC1065等。

(13) FPGA. OLB：存放可编程逻辑器件，如XC6216/LCC。

(14) GATE. OLB：共691个零件，存放逻辑门(含CMOS和TLL)。

(15) LATCH. OLB：共305个零件，存放锁存器，如4013、74LS73、74LS76等。

(16) LINE DRIVER RECEIVER. OLB：共380个零件，存放线控驱动与接收器，如SN75125、DS275等。

(17) MECHANICAL. OLB：共110个零件，存放机构图件，如M HOLE 2、PGASOC-15-F等。

(18) MICROCONTROLLER. OLB：共523个零件，存放单晶片微处理器，如68HC11、AT89C51等。

(19) MICRO PROCESSOR. OLB：共288个零件，存放微处理器，如80386、Z80180等。

(20) MISC. OLB：共1567个零件，存放杂项图件，如电表(METER MA)、微处理器周边(Z80-DMA)等未分类的零件。

(21) MISC2. OLB：共772个零件，存放杂项图件，如TP3071、ZSD100等未分类零件。

(22) MISCLINEAR. OLB：共365个零件，存放线性杂项图件(未分类)，如14573、4127、VFC32等。

(23) MISCMEMORY. OLB：共278个零件，存放记忆体杂项图件(未分类)，如28F020、X76F041等。

(24) MISCPOWER. OLB：共222个零件，存放高功率杂项图件(未分类)，如REF-01、PWR505、TPS67341等。

(25) MUXDECODER. OLB：共449个零件，存放解码器，如4511、4555、74AC157等。

(26) OPAMP. OLB：共610个零件，存放运放，如101、1458、UA741等。

(27) PASSIVEFILTER. OLB：共14个零件，存放被动式滤波器，如DIGNSFILTER、RS1517T、LINE FILTER等。

(28) PLD. OLB：共 355 个零件，存放可编程逻辑器件，如 22V10、10H8 等。

(29) PROM. OLB：共 811 个零件，存放只读记忆体运算放大器，如 18SA46、XL93C46 等。

(30) REGULATOR. OLB：共 549 个零件，存放稳压 IC，如 78xxx、79xxx 等。

(31) SHIFTREGISTER. OLB：共 610 个零件，存放移位寄存器，如 4006、SNLS91 等。

(32) SRAM. OLB：共 691 个零件，存放静态存储器，如 MCM6164、P4C116 等。

(33) TRANSISTOR. OLB：共 210 个零件，存放晶体管(含 FET、UJT、PUT 等)，如 2N2222A、2N2905 等。

2) Orcad/PSpice 电路分析步骤

(1) 启动 Capture CIS：启动示意图如图 B-8 所示。

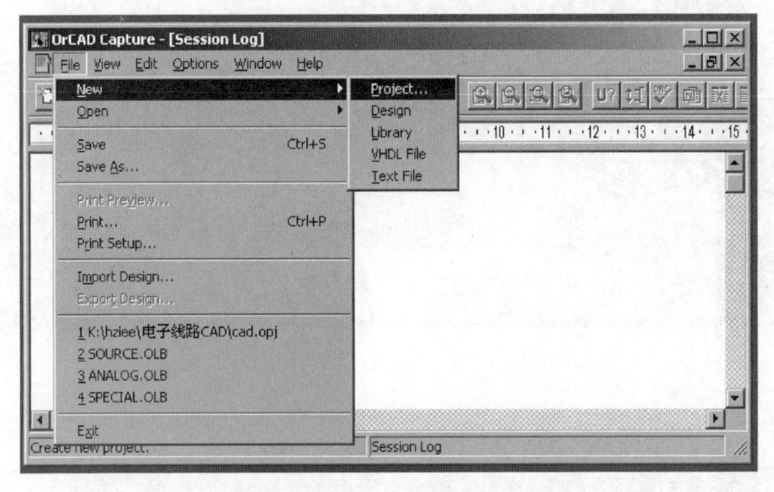

图 B-8 启动 Capture CIS 示意图

(2) 新建设计项目。通过选择 File→New→Project 位置图，进入界面如图 B-9 所示。

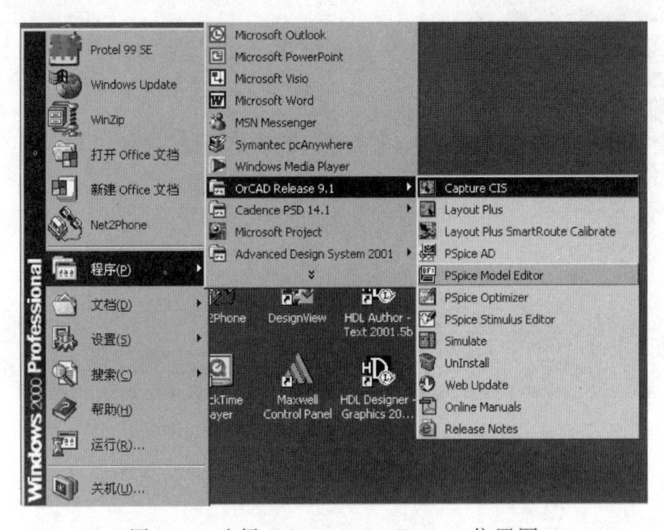

图 B-9 选择 File→New→Project 位置图

(3) 选择 Project 类型时应选 Analog or Mixed-signal Circuit，并确定文件名和存盘路径，如图 B-10 所示。

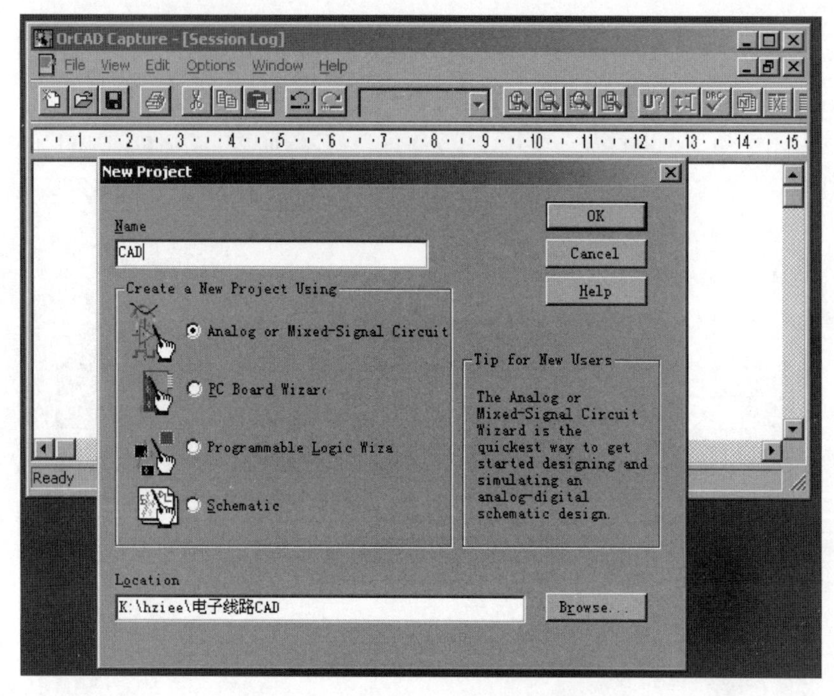

图 B-10 文件名和存盘路径选择图

(4) 选择必要的元器件库(以后也可添加)。必要元件库选择添加操作如图 B-11 所示。

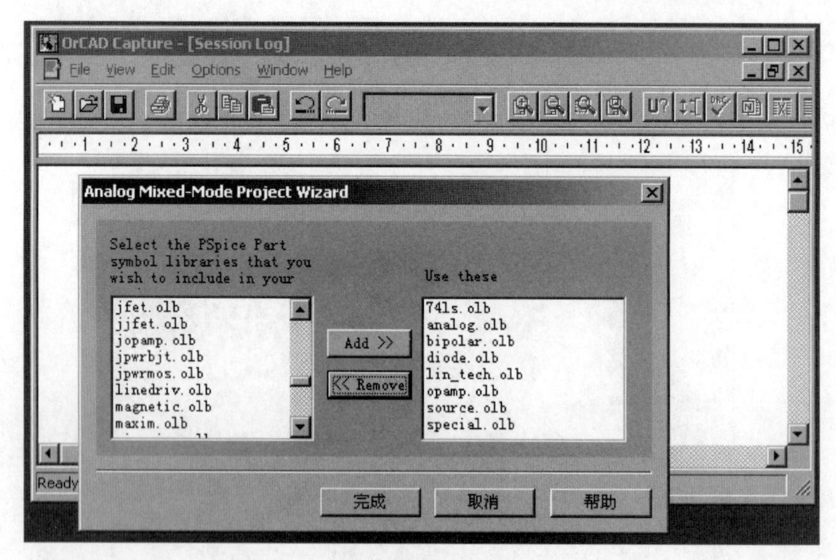

图 B-11 元件库选择与添加示意图

(5) 选完成进入设计窗口。进入设计窗口操作如图 B-12 所示。

注 1：接地一定要选 0 符号。

(6) 完成电原理图的绘制。

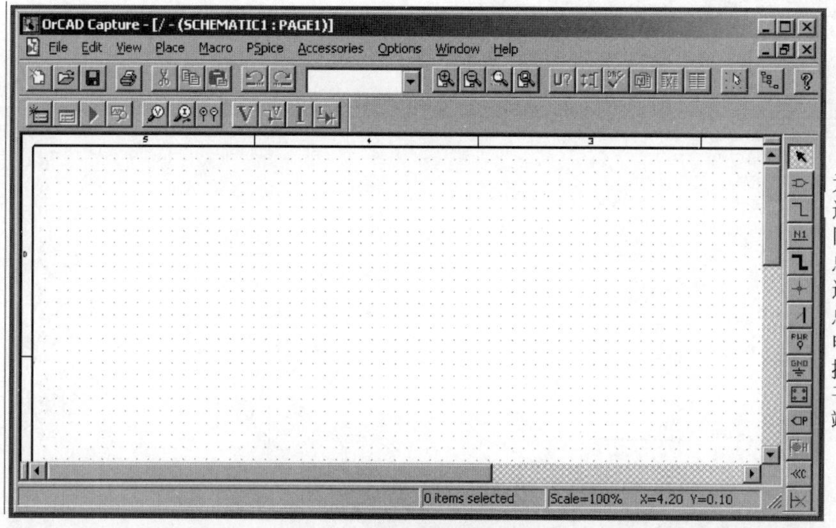

(a) 设计界面

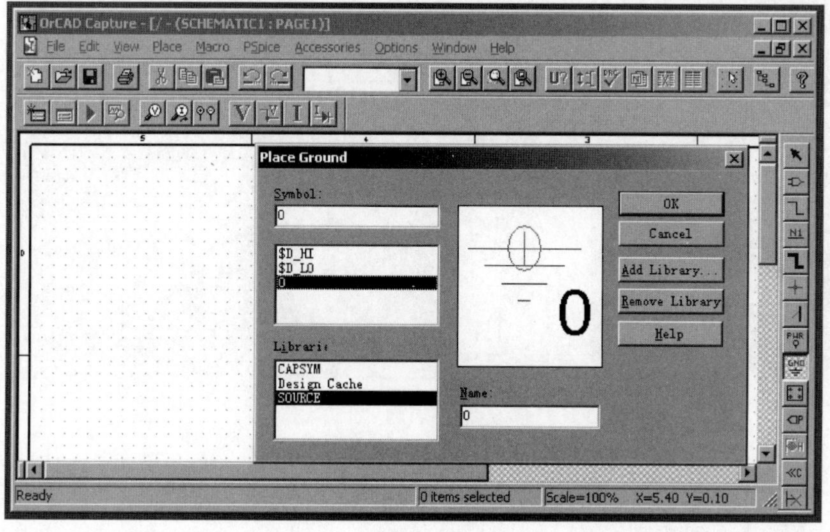

(b) 接地选择界面

图 B-12　设计绘图界面

① 电路元件要从 PSpice 子目录下的库中选择(带仿真模型)；

② 电路中一定要有地，并用正确的接地符号(0 符号)；

③ 注意连线正确；

④ 根据 DC、AC、TRANSIENT 分析类型的不同，选用合适信号源，正确设置信号源参数。

(7) 在 PSpice 菜单下新建或编辑 Simulation Profile(模拟模式文件) 文件。操作如图 B-13 所示，新建模拟模式文件界面如图 B-14 所示。

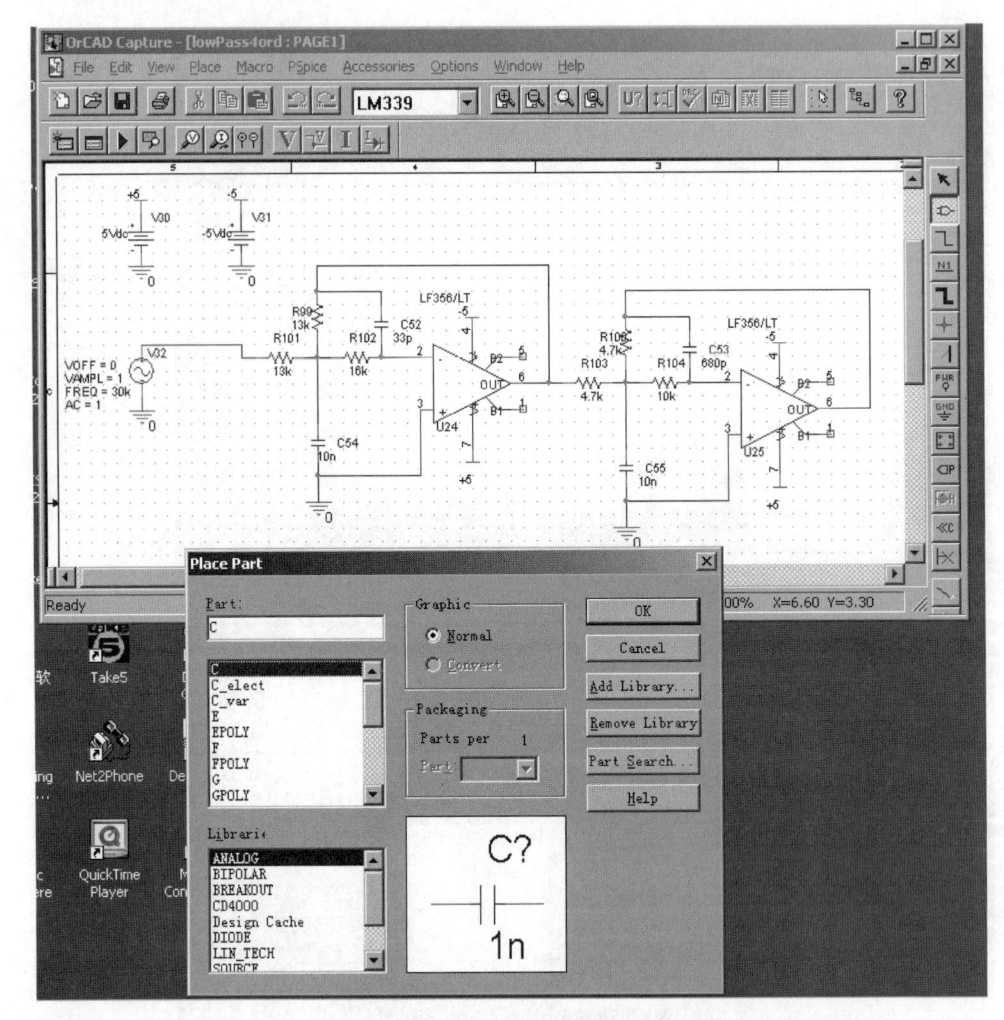

图 B-13 信号源参数设计图

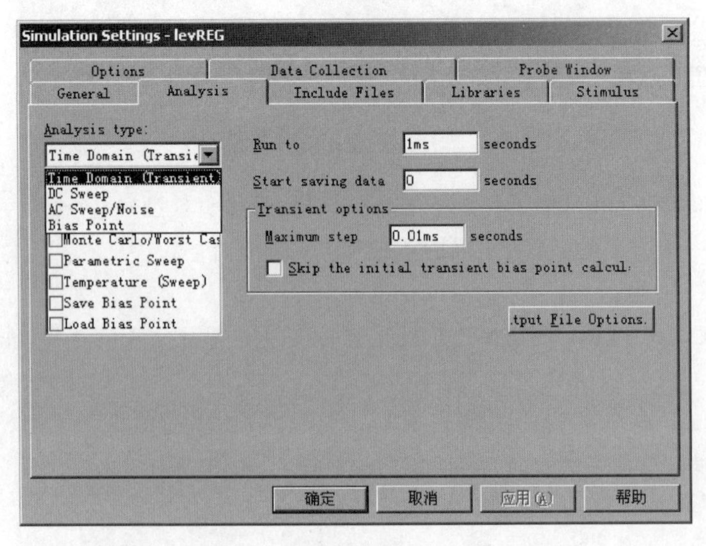

图 B-14 新建模拟模式文件界面

(8) 设置 Simulation Profile 文件参数。主要设置下面的参数：

① 选择分析类型，如图 B-15 所示。

② 对选定的分析类型设置正确的参数，操作如图 B-15 所示。

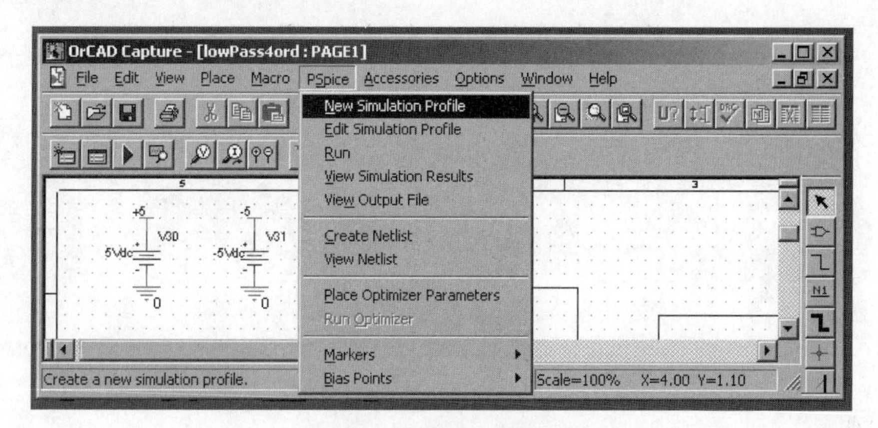

图 B-15　选择分析类型界面

对瞬态分析要选择合适的分析时间和最大步长(Maximun step)。对脉冲、正弦等具有周期性质的信号而言，最大分析步长可取周期的 1/10～1/5。

③ AC 分析可附带进行噪声分析，Time Domain 分析可附带进行傅里叶分析(谐波失真分析)。选 PSpice 菜单中的 RUN 或快捷工具条进行电路分析，操作如图 B-16 所示。

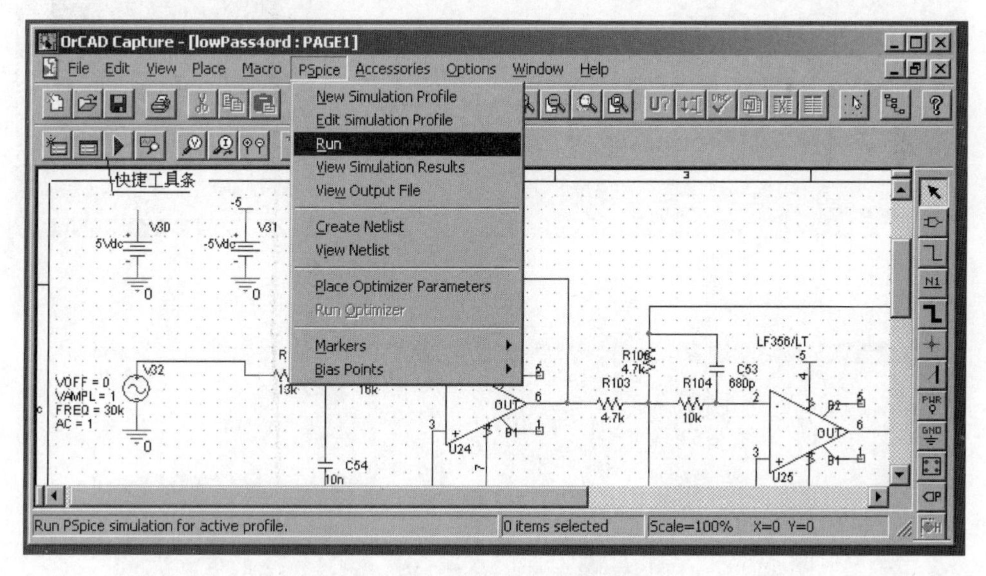

图 B-16　功能执行选择界面

(9) 观测模拟结果。曲线结果显示如图 B-17 所示。

改进功能设置图如图 B-18。可以增加的功能有：①增加曲线：Trace/Add Trace。②显示光标、极值等搜索功能。③可将曲线复制到剪贴板中，供嵌入 Word 等文档使用。复制方法路径如图 B-19 所示。

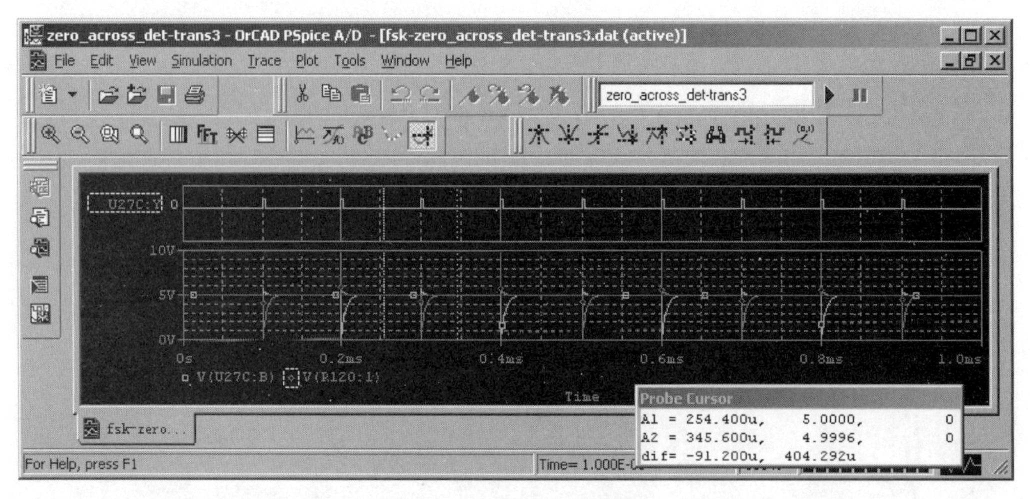

图 B-17 输出模拟曲线图

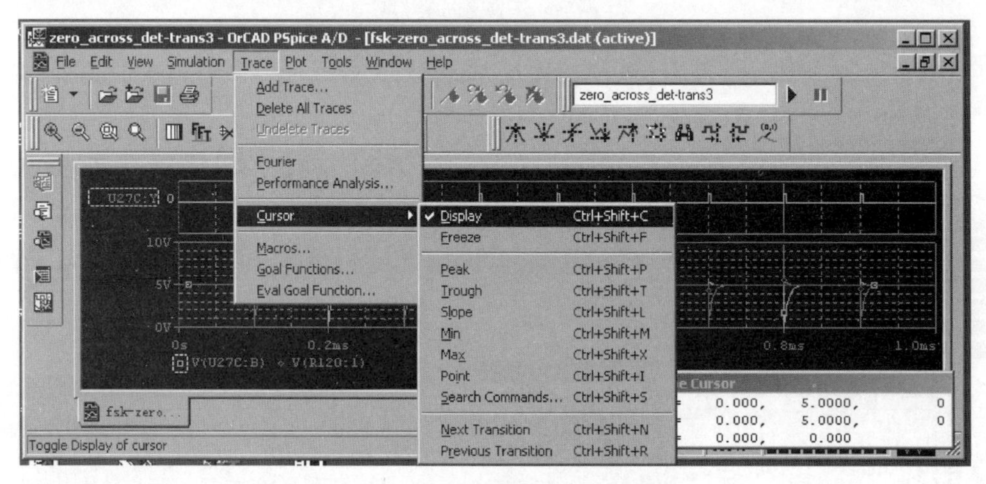

图 B-18 输出模拟曲线功能改进设置

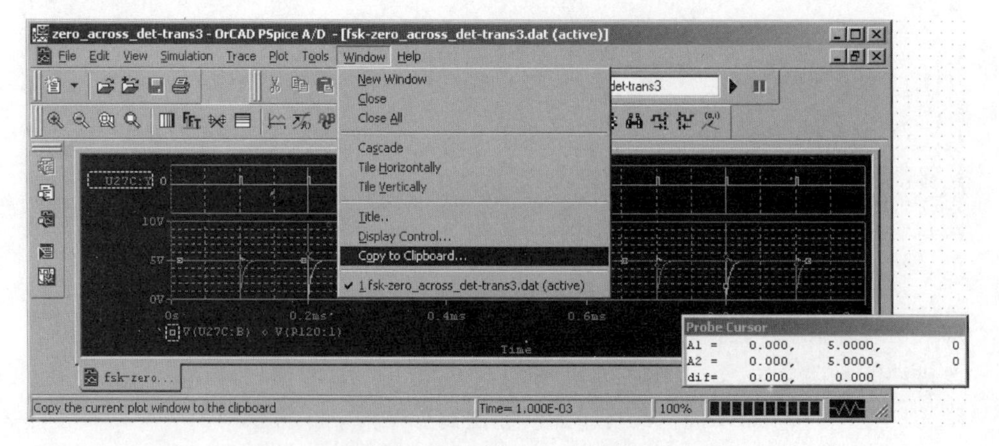

图 B-19 输出模拟曲线复制方法

3）例题分析

例 B-4　分立元件二、三极管特性仿真。

解　主要分析下面内容：

（1）二极管伏安特性分析（DC 扫描分析，单参数扫描）。绘出原理图如图 B-20(a)。参考参数设置如图 B-20(b)所示，参考分析结果如图 B-20(c)所示。

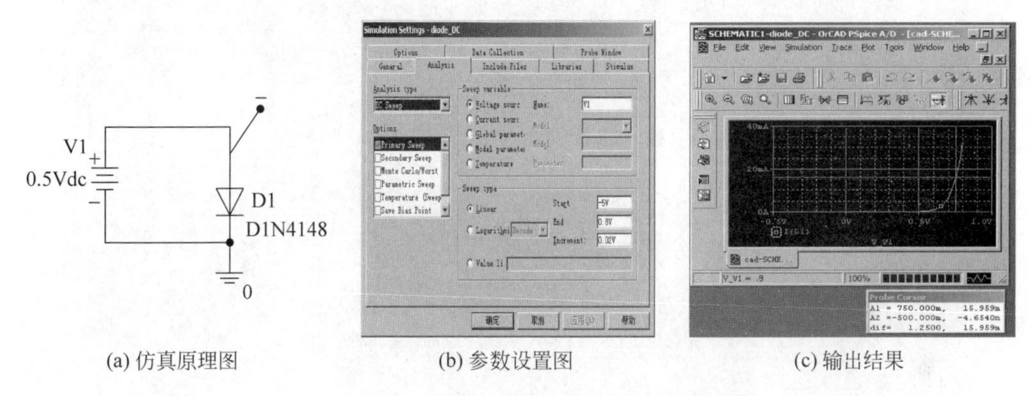

(a) 仿真原理图　　(b) 参数设置图　　(c) 输出结果

图 B-20　二极管输出模拟曲线复制方法

注：二极管在 Diode 库中，电压源在 SOURCE 库中。

（2）三极管共射输出特性曲线分析（DC 扫描分析，双扫描参数）。绘出电路原理图如图 B-21(a)所示，设置 DC Sweep 仿真参数：①设置主扫描参数，在 Options 栏内勾选 Primary Sweep 选项，然后如图 B-21(b)所示输入参数；②设置副扫描参数，在 Options 栏内勾选 Secondary Sweep 选项，然后输入参数如图 B-21(c)。

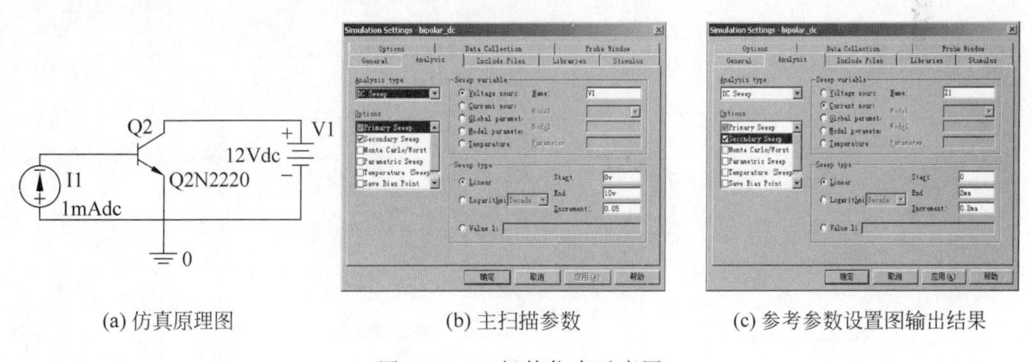

(a) 仿真原理图　　(b) 主扫描参数　　(c) 参考参数设置图输出结果

图 B-21　三极管仿真示意图

注：三极管在 Bipolar 库中，电压源、电流源在 SOURCE 库中。分析结果如图 B-22 所示。

解题结论　①二极管、三极管仿真结果与近似计算结果相近。②二极管输出特性曲线与晶体三极管输入特性基本一致。

例 B-5　仿真分析如图 B-23 有源低通滤波器电路输出特性。R_1 的值从 60kΩ 到 100kΩ 扫描时（每 10kΩ 扫描一点），滤波器频率特性的变化。

提示：将 R_1 的值改为{Rval}（用于参数扫描）。

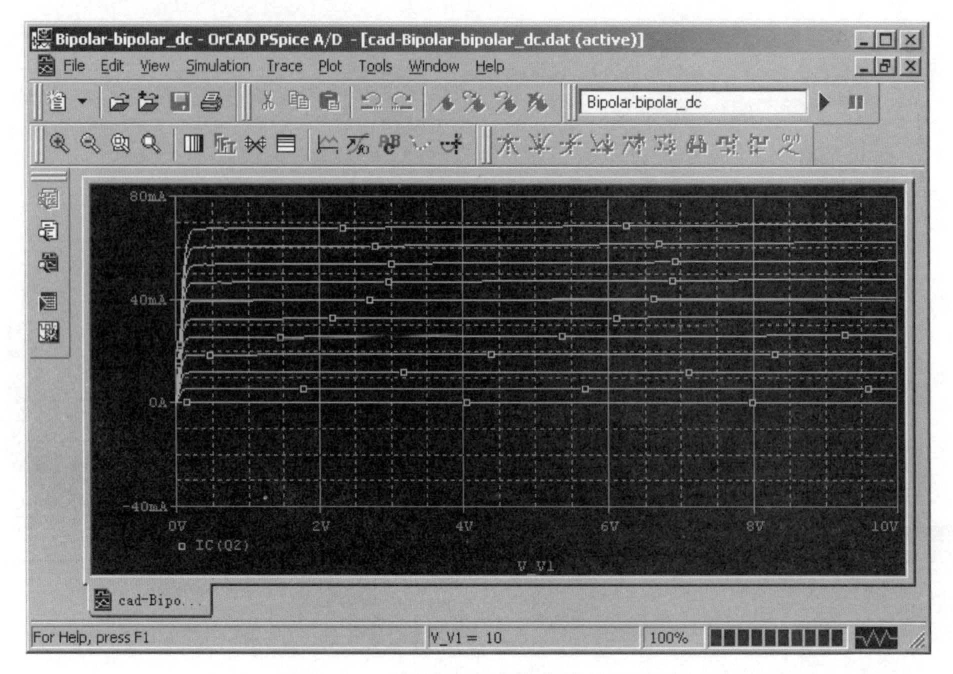

图 B-22 三极管输出特性曲线仿真结果

解 首先放置 PARAMETERS 符号，在 SPECIAL 库中，选 PARAM 元件如图 B-24 所示。

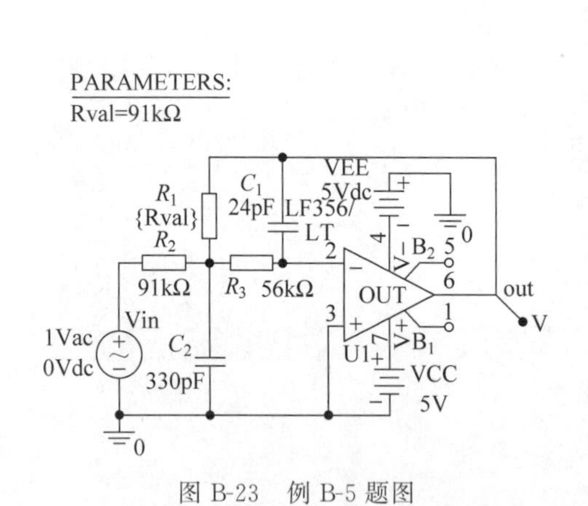

图 B-23 例 B-5 题图

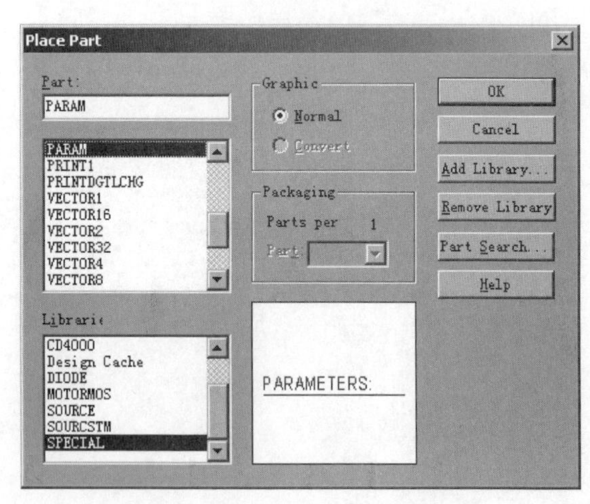

图 B-24 选 PARAM 元件截面图

接着双击电原理图中的 PARAM 元件，编辑属性参数如图 B-25 所示。

再选 New，添加 Rval 新字段，将 Rval 值设为 91kΩ(Rval 不作扫描分析时的默认值)。选中 Rval 字段，再选 Display 属性，Display Format 选为 Name and Value，如图 B-26 所示。

单击 OK 按钮后关闭属性编辑窗口。

然后设置分析 Profile。设置分析类型及频率点，如图 B-27 所示。

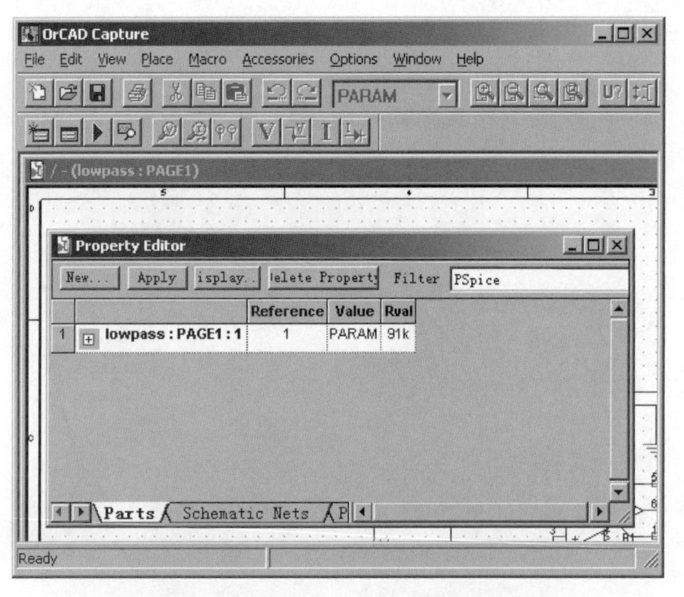

图 B-25　编辑 PARAM 元件属性参数界面

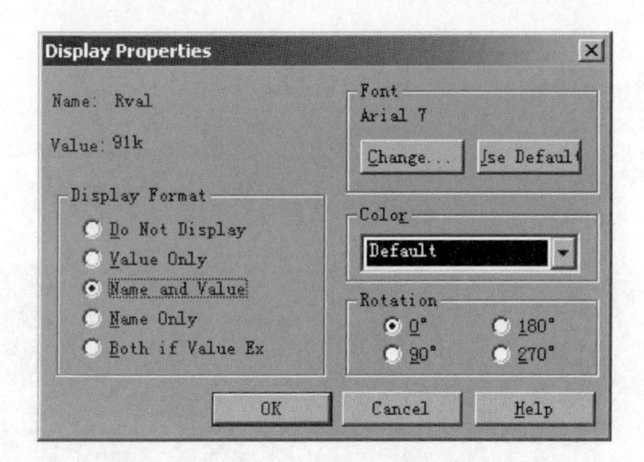

图 B-26　选 Display 属性界面

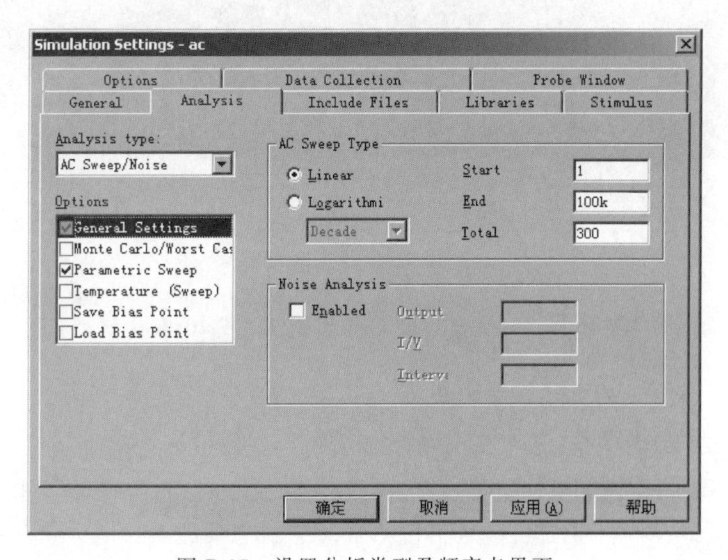

图 B-27　设置分析类型及频率点界面

最后设置扫描变量及参数，如图 B-28 所示。

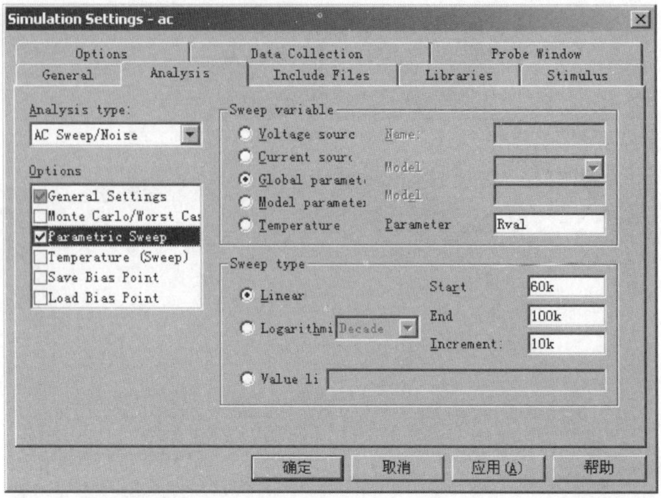

图 B-28　扫描变量及参数设置界面

分析结果如图 B-29 所示。

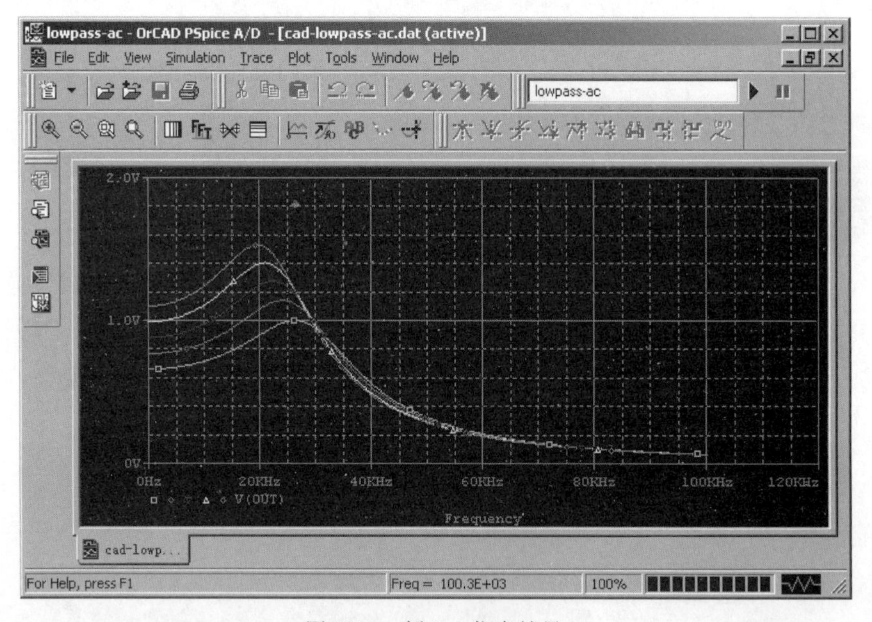

图 B-29　例 B-5 仿真结果

解题结论　本题谐振点频率 20kHz，仿真结果说明电路具有良好的低通滤波作用。

小结

PSpice 是一个模拟的"实验台"。在它上面可以做各种电路实验和测试，以便修改与优化设计。它为分析与设计电路提供了强大的计算机仿真工具，利用它对电路、信号与系统进行辅助分析和设计，对电子工程、信息工程和自动控制等领域工作的人员具有很高的实用价值。

以 Spice 为核心开发的最好的仿真软件是 OrCAD/PSpice 10.5。它之所以流行就是因为它能很好地运行在 PC 平台上且能很好地进行模拟数字混合信号的仿真，而且能解决很多设计上的实际问题。OrCAD 10.5 在以前版本的基础上扩展了许多功能，包括供设计输入的 OrCAD Capturer，供类比与混合信号模拟用的 PSpiceRA/DBasics，供电路板设计的 OrCADLayoutR 以及供高密度电路板自动绕线的 SPECCTRAR 4U。新加入的 SPECCTRA，用以支持设计日益复杂的各种高速、高密度印刷电路板设计。概括 OrCAD/PSpice 软件的功能特点，有以下方面：

(1) 对模拟电路不仅可进行直流、交流、瞬态等基本电路特性分析，而且可进行参数扫描分析和统计分析。

(2) 以 OrCAD/Capture 作为前端，除了以利用 Capture 的电路图输入这一基本功能外，还可以实现 OrCAD 中设计项目统一管理。

(3) 将电路模拟结果和波形显示分析两个模块集成在一起。Probe 只是其中的一个窗口，在屏幕上可同时显示波形和输出文本等内容，Probe 还具有电路性能分析功能。

(4) 使用 PSpice 优化器能调整电路，在一定的约束条件下，对电路的某些参数进行调整，直到电路的性能达到要求为止。

附录C 部分习题参考答案

APPENDIX C

第1章

1.1　选择题。

1. A,C；2. C,A；3. A；4. B；5. A；6. C。

1.2　判断题。

1. T；2. T；3. F；4. T；5. F；6. F；7. F。

1.3　填空题。

1. 温度；2. $i_D=I_S(e^{u_D/U_T}-1)$,$U_T=\frac{KT}{q}$；3. 载流子漂移运动形成的,少数,少子浓度,无关；4. 齐纳,雪崩；电击穿(可逆),热击穿(不可逆)；5. 3,空穴；6. 多子,电中性；7. 大,单向导电性；8. 大于,变窄；9. 反向击穿。

第2章

2.1　选择题。

1. C；2. B；3. B；4. B,A,C；5. A,C,B。

2.2　填空题。

1. 多数,扩散,少数,漂移；2. NPN, PNP, 自由电子, 空穴, 电流；3. 饱和区,截止区,放大区；4. 向左移动,向上移动,增大；5. 截止区；6. E、B 、C,锗, PNP；7. 共集,共集,共基,共基,共集。

2.3　图(a)设D截止,则D的"+"端为$-6V$,D的"-"端为$-12V$,D应处于导通状态,$u_o=-6V$；图(b)D应处于截止状态,$u_o=-12V$；图(c) 设D_1、D_2、截止,则D_2的"+"端为$-15V$,D_2的"-"端为$-12V$,D_1的"+"端为0V,D_1的"-"端为$-12V$,所以D_1导通,D_2截止,$u_o=0V$,$I=4mA$；图(d)分析方法同上,D_2截止,D_1截止,$u_o=-12V$；$I=0$。

2.4　假设状态分析法。当$u_i\leqslant-5V$时,D_1处于导通状态,D_2处于截止状,$u_o=-5V$；当$u_i\geqslant5V$时,D_1处于截止状态,D_2处于导通状态,$u_o=+5V$；$-5V<u_i<5V$,$u_o=u_i$(波形略)。

2.5　$R_D=87.5\Omega$,$r_d=3.25\Omega$。

2.6　$U_o=5V$。

2.7　$U_o=15V$。

2.9　(1) $U_{BE}=U_B-U_E=0.7V$,6V,$U_{CE}=6V$,放大区；(2) $U_{BE}=U_B-U_E=2-1.3=0.7V$,$U_{CE}=6-1.3=4.7V$,放大区；(3) $U_{BE}=U_B-U_E=6-5.4=0.6V$,$U_B=U_C=6V$,$U_{CE}=U_{BE}<U_{CES}$,饱和区。

2.10 $I_E=I_C=2.04\text{mA}$，$I_B=I_B=-0.04\text{mA}$，$I_C=I_A=-2\text{mA}$，NPN 型管，$\beta=I_C/I_B=50$。

2.11 (1) 当 $R_P=0$ 时，$R_B=R_{B1}=100\text{k}\Omega$，此时，$I_B=114\mu\text{A}$，$I_C=5.7\text{mA}$，$U_{CE}=0.6\text{V}=U_{BE}$，晶体管进入饱和区。

(2) 当 R_P 最大时，$R_B=R_{B1}+R_P=100+1000=1100\text{k}\Omega$，此时，$I_B=10\mu\text{A}$，$I_C=0.5\text{mA}$，$U_{CE}=11\text{V}\approx U_{CC}$，晶体管进入放大区。

(3) 若 $U_{CE}=6\text{V}$，则 $I_C=3\text{mA}$，$I_B=60\mu\text{A}$，$R'_B=190\text{k}\Omega$，$R_P=90\text{k}\Omega$。

(4) 产生了截止失真，为减小失真，适当减小 R_P。同时适当调节输入信号 u_i，使 u_i 在最大时不产生失真。

2.12 $r_{be}=766\Omega$；$A_u\approx1.27$，$R_o\approx R_C=3.3\text{k}\Omega$；$R_i\approx28.12\text{k}\Omega$。

2.13 $R_B\approx100\text{k}\Omega$；饱和，调大 R_B 数值。

2.14 $A_u=0.98$，$A_{us}=0.82$，$R_i=100\text{k}\Omega$，$R_o=0.22\text{k}\Omega$。

2.15 $R_E=1.2\text{k}\Omega$，$I_{BQ}=40\mu\text{A}$，$U_{CEQ}=6.6\text{V}$，$A_u=78$，$R_o=0.22\text{k}\Omega$，$R_i=3\text{k}\Omega$。

第3章

3.1 选择题。

1. A，B，C，D；2. A，B，C。

3.2 填空题。

1. 夹断区（截止区），恒流区（线性区），可变电阻区，恒流区；2. 1，3。

3.3 判断题。

1. T；2. F；3. T；4. F；5. T；6. F。

3.4 图(a)不能正常放大，因为 U_{GS} 小于零才能放大，图中是 U_{GS} 大于零；图(b)不能正常放大，因为 U_{DD} 的极性接错；图(c)能正常放大；图(d)能正常放大。

3.5 (a)栅源电压大于夹断电压，且 $U_{DS}=6\text{V}>U_{GS}-U_P=3\text{V}$，放大区。同理，有(b)放大区。(c)截止区。(d)截止区。

3.6 $I_{DQ}=2.75\text{mA}$，$U_{DSQ}=U_{DD}-I_{DQ}R_D=3.75\text{V}$；

$A_u=-g_m(R_D/\!/R_L)\approx2.49$，$R_i=R_{G1}/\!/R_{G2}=500\text{k}\Omega$，$R_o=R_D=3\text{k}\Omega$。

3.7 T_1 为共漏的源极输出器，T_2 为共射放大器。$A_u=A_{u1}\cdot A_{u2}\approx-\dfrac{g_m\beta(R_C/\!/R_L)}{1+g_m r_{be}}$；$R_i=R_G$；$R_o=R_C$。

3.8 T_1 工作在放大区；T_2 工作于可变电阻区；T_3 工作于截止区；T_4 工作于放大区。

3.9 $I_{DQ}=1.8\text{mA}$；$U_{DSQ}=U_{DD}-I_{DQ}R_D=12\text{V}$；$U_{GSQ}=6\text{V}$。

3.10 $R_o=R_D/\!/[R'_s+r_{ds}(1+g_mR'_s)]$。

第4章

4.1 选择题。

1. C；2. A；3. A；4. A，A；5. B；6. D；7. C；8. B；9. A；10. C。

4.2 填空题。

1. 0mV、50mV，100mV、0mV，50mV、25mV；2. 80dB，10 000。

4.3 $A_u\approx-2$，$R_i\approx R_1$，$R_o=R_3/\!/\left(\dfrac{r_{be}+R_2}{1+\beta}\right)\approx0.06\text{k}\Omega$。

4.4 $A_u = A_{u1}A_{u2}A_{u3}=400$；$R_i \approx R_1=1\text{M}\Omega$；$R_o=R_3/\!/\left(\frac{r_{be}+R_2}{1+\beta}\right)\approx 0.07\text{k}\Omega$。

4.5 $\frac{(1+\beta)R_E i_b}{R_D}=g_m(u_i-u_o)$，$u_o=[g_m(u_i-u_o)+\beta\cdot i_b]R$，$A_u\approx\frac{g_m R}{1+g_m R}=0.62$，$i=\frac{u}{R}-g_m(-u)-\beta\cdot i_b$，$\frac{(1+\beta)R_e i_b}{R_D}=g_m(-u)$，$R_o\approx R/\!/\frac{1}{g_m}/\!/\frac{R_e}{g_m R_D}\approx 0.77\text{k}\Omega$，$R_i\approx 5.1\text{M}\Omega$。

4.6 (1) $I=1\text{mA}$，$I_{C1}\approx I_{E1}\approx 0.5\text{mA}$，$U_{C1}=U_{CC}-I_{C1}R_C=7\text{V}$；(2) $u_{ic}=0.5(u_{i1}+u_{i2})$，$u_{id}=u_{i1}-u_{i2}$；(3) $K_{CMRR}=\frac{A_{ud}}{A_{uc}}=\frac{83.3}{0.001}=83\,300$。

4.7 $I_{CQ2}\approx I_{CQ1}\approx 1\text{mA}$，$U_{CQ1}=U_{CQ2}=U_{CC}-I_{C1}R_C=7\text{V}$，$A_{ud}=25$，$R_{id}=10\text{k}\Omega$，$R_o=10\text{k}\Omega$。

4.8 (1) $I_{CQ2}\approx I_{CQ1}\approx 1\text{mA}$，$I_{CQ3}\approx I_{CQ4}\approx 2\text{mA}$；(2) $R_{id}=2\text{k}\Omega$，$R_o=5\text{k}\Omega$；(3) $A_{ud}=31.25$；(4) $K_{CMRR}\approx 12\,500$。

4.9 $I_{REF}=\frac{U_{CC}-U_{BE}}{R_2+R_1}\approx\frac{12}{24}=0.5\text{mA}$，$I_{DQ}\approx 0.5\text{mA}$；

$A_{ud}=-g_m(R_L/\!/r_{ce})\approx 1\text{ms}\times 5\text{k}\Omega=5$；$r_{id}=R_G=10\text{M}\Omega$。

4.10 $U_{CQ4}=\frac{(U_{CC}-I_{CQ4}R_C)R_L}{R_L+R_C}$；$A_{u1}=\frac{u_{o1}}{u_i}=-\frac{\beta r_{i2}}{r_{be}}\approx -1$，$A_{u2}=\frac{u_o}{u_{o1}}=\frac{\beta(R_C/\!/R_L)}{2r_{be}}$，$A_u=A_{u1}A_{u2}\approx -\frac{\beta(R_C/\!/R_L)}{2r_{be}}$。

4.11

(1) 静态工作点：$I_{C3}\approx 1.34\text{mA}$，$I_{C1}=I_{C2}=0.67\text{mA}$，$U_E\approx -0.7\text{V}$，$U_{C1}=U_{C2}=2.7\text{V}$。

(2) 差模电压放大倍数 A_{ud}：

$$r_{be}=300+(1+\beta)\frac{26\text{mV}}{1.33\text{mA}}\approx 2.3\text{k}\Omega,$$

$$A_{ud}=-\frac{\beta\left(R_C /\!/ \frac{R_L}{2}\right)}{r_{be}}=-\frac{100\times(5 /\!/ 5.5)}{2.3}\approx -114$$

(3) $r_{id}=2r_{be}\approx 4.6\text{k}\Omega$，$r_o=2R_C=10\text{k}\Omega$。

4.12 A_u、R_i 和 R_o 的表达式分析如下：

$$A_{u1}=\frac{\beta_1\{R_2 /\!/ [r_{be4}+(1+\beta_4)R_5]\}}{2r_{be1}},\quad A_{u2}=-\frac{\beta_4\{R_6 /\!/ [r_{be5}+(1+\beta_5)R_7]\}}{r_{be4}+(1+\beta_4)R_5},$$

$$A_{u3}=\frac{(1+\beta_5)R_7}{r_{be5}+(1+\beta_5)R_7}$$

$$A_u=\frac{\Delta u_O}{\Delta u_I}=A_{u1}\cdot A_{u2}\cdot A_{u3};\ R_i=r_{be1}+r_{be2};\ R_o=R_7 /\!/ \frac{r_{be5}+R_6}{1+\beta_5}$$

第5章

5.1 选择与填空题。

1. D；2. B,A；3. D,B,A；4. B；5. 好；6. 输出信号幅度、相位与频率关系；7. $A_u=\frac{200}{1+j\frac{f}{2\times 10^4}}$，2828mV；8. 耦合电容、极间分布电容。

5.2 $R_C=5k\Omega, C_1=6.4\mu F$。

5.3 $f_H=0.735MHz$。

5.4 $A_{us}=-36$；$f_L=40Hz$；$f_H=0.64MHz$。

5.5 两级；$f_{L1}=10Hz, f_{L2}=100Hz, f_{H1}=f_{H2}=10^4Hz$；总电压增益100倍；$f_L=100Hz$，$f_H=10^4Hz$。

5.6 $A_{um}=-100$；$f_L=100Hz, f_H=100kHz$。

5.7 $f_H=522kHz$。

5.8 $GBW=1.39MHz$。

第6章

6.1 填空题。

1. 输出端，减小，增大；2. 电压，电流，串联，并联；3. 负，正；4. 电压，电流，串联，并联；5. 正，负；6. 输入端，增大，减小；7. 改善静态工作点，改善放大器动态性能；8. 0.001V，0.099，1V；9. 6，8.3；10. 10，9×10^{-3}。

6.2 选择题。

1. B，C，A，D；2. D；3. B；4. A；5. B。

6.3 电流串联正反馈。

6.4 电压串联负反馈，$F=\dfrac{R_2}{R_2+R_4}$。

6.5 K接2，电压串联负反馈；$A_{uf}=1+R_7/R_4$；R_{if}趋向无穷大，R_{of}趋向0。

6.6 $20\lg|\dot{F}|<-40dB$，即$|\dot{F}|<10^{-2}$。

6.7 （1）略；（2）$20\lg|\dot{A}_{um}F_u|=20\lg|\dot{A}_{um}|-20\lg\dfrac{1}{F_u}=(100-82)dB=18dB$；

（3）$20\lg|\dot{A}_{um}|=100dB$。故电路不能正常工作。

6.8 $A_f=\dfrac{A_1A_2}{1+A_2F_2+A_1A_2F_1}$。

6.9 A_1为电压并联负反馈，A_2电压并联正反馈；$u_o=-\dfrac{R_2}{R_1}u_i, R_{if}=\dfrac{R_1R}{R-R_1}$。

6.10 k接1；$A_{iuf}=\dfrac{R_1+R_f+R_6}{R_1R_6}, R_f=28k\Omega$。

第7章

7.1 填空题。

1. B，A，F，E，F，C，D；2. ∞，∞，0，∞，负；3. 0，u_i。

7.2 如图7-53(a)所示为反相比例运算电路，输入电阻9kΩ，输出电阻0欧姆，由于$u_P=u_N=0$，因此共模输入电压为0V。

如图(b)所示为同相比例运算电路，输入电阻无穷大，输出电阻0欧姆，由于$u_P=u_N=u_i$，因此共模输入电压为u_i。

综上所述，(b)对共模抑制比要求高。

7.3 $U_{oM}=\pm10V$，$R_P=10k\Omega$。

7.4 略。

7.5　$u_{o1}=2V, u_{o2}=-1V, u_{o3}=0V, u_{o4}=1V, u_o=-2V$；$u_{o3}=-2V, u_o=0$，$t=50ms$。

7.6　$u_o=-\frac{du_{i1}}{dt}-\frac{1}{2}u_{i2}, t=0\sim1(s), u_o=-2V, t=1\sim2(s), u_o=1V$，波形略。

7.7　$u_{o1}=-2u_i=k_1u_ou_{o2}=k_1k_2u_o^3$。

7.8　$u_o=u_{BE1}-u_{BE2}=U_T\ln\frac{i_{c2}}{I_S}-U_T\ln\frac{i_{c1}}{I_S}=U_T\ln\frac{R_1u_{i2}}{R_2u_{i1}}$。

第8章

8.1　选择题。

1. D；2. B；3. C；4. D；5. B；6. A；7. C；8. D。

8.2　填空题。

1. 功率,电压,电流；2. 功放,输出功率,效率,非线性失真,功放；3. NPN,PNP；4. 甲乙类；5. 极限状态；6. 截止,交界处,交越；7. 甲,乙,甲乙；8. 电流,交越；9. $\frac{1}{2}I_{CM}\cdot U_{CEM}$，$0.4P_{om}(P_E-P_o)$；10. 小,大,NPN,PNP,$\beta=\beta_1\beta_2$。

8.3　(1) $P_{om}=14.06W, \eta_m=78.5$；(2) $P_{om}=6.25W, \eta_m=52.33$。

8.4　(1) AB类复合管互补对称功放；(2) $P_{om}=\frac{\left(\frac{U_{CC}}{2}-U_{CES}\right)^2}{2R_L}$。

8.5　(1) 略；(2) $R_f=18k\Omega$；(3) $R_2\approx1.8k\Omega$；(4) 只要输出信号的幅值小于1V,输出电压就不会产生饱和失真。

8.6　(1) 略；(2) $P_{om}=5.11W, P_{om}=6.54W$。

8.7　略。

8.8　按照电压串联负反馈分析。

第9章

9.1　填空题。

1. 带阻滤波,带通滤波,低通滤波,有源滤波；2. 3,−1,4；3. 高,低；4. +12, 12；5. 监测信号是否在某一范围之内。

9.2　(1) $u_{o1}=u_{i1}-\frac{R_1}{R_w}(u_{i2}-u_{i1}), u_{o2}=u_{i2}+\frac{R_2}{R_w}(u_{i2}-u_{i1})u_o=\frac{R_5}{R_3}\left(1+\frac{2R_1}{R_w}\right)(u_{i2}-u_{i1})$；(2) $u_o=6(u_{i1}-u_{i2})$。

9.3　略。

9.4　$\frac{U_o(s)}{U_i(s)}=-\frac{1}{1+sCR_1}$。

9.5　A_1级组成高通滤波电路,其特征频率$f_{oH}\approx285Hz, A_{up1}\approx1.57$,$A_2$级组成低通滤波电路,其特征频率$f_{oL}\approx2.85kHz, A_{up2}\approx1.57$。由于$f_{oL}>f_{oH}$,因此该电路为带通滤波电路。$A_{up}=A_{up1}A_{up2}\approx2.46$。

9.6　略。

9.7 (1) A_1、A_2、A_3 各组成什么电路反比例放大器，电压比较器，电压跟随器；(2) $u_{o1}=-10V$；$u_{o2}=-6V$；$u_{o3}=-6V$。

9.8 $u_{o1}=\int(u_i+U_{REF})dt$，$u_{o1}<-2V$ 或 $u_{o1}>5V$，T 饱和导通；$-2V<u_{o1}>5V$，T 截止。

9.9 $u_{o1}=-6u_i$；$u_o=-\int u_{o2}dt$。

9.10 $u_o=0.3(u_{i1}-u_{i2})$

第 10 章

10.1 填空题。

1. 电感，通带信号频率；2. 选频网络；3. $\varphi_{AF}=\varphi_A+\varphi_F=\pm 2n\pi$，$|\dot{A}\dot{F}|=1$；4. 放大网络，选频网络，稳幅网络。

10.2 选择题。

1. A；2. A；3. B；4. C；5. A。

10.3 略。

10.4 $R_f=40k\Omega$，$f_0=\dfrac{1}{2\pi RC}=1592Hz$。

10.5 略。

10.6 (1) $f_s=0.256MHz$；(2) $f_p=0.269MHz$；$f_p-f_s=0.269-0.265=0.004MHz=4kHz$

或 $f_p-f_s\approx f_s\times\dfrac{C_q}{2C_0}=0.265\times\dfrac{9\times10^{-14}}{2\times3\times10^{-12}}\approx3.975kHz$。

10.7 该电路是一个电容反馈西勒振荡器，$3.5MHz<f<6.5MHz$。

10.8 $C_1<\dfrac{1}{(2\pi f)^2 3\times10^{-5}}=\dfrac{1}{4\pi^2\times10^{14}\times3\times10^{-5}}=\dfrac{10^{-9}}{12\pi^2}\approx8.5pF$；$C_2<\dfrac{1}{(2\pi f)^2\times2\times10^{-5}}=\dfrac{1}{4\pi^2\times10^{14}\times2\times10^{-5}}\approx12.7pF$。

10.9 图(A)电路是一个并联晶体振荡器，晶体在电路中相当于一等效的大电感，使电路构成电容反馈振荡器。图(B)电路是一个串联晶体振荡器，晶体在电路中在晶体串联频率处等效一个低阻通道，使放大器形成正反馈，满足相位条件，形成振荡。

10.10 A_1 组成文氏桥振荡器，A_2 构成电压比较器，$R_2=20k\Omega$；$f=10^3kHz$。

10.11 $u_{o1}=7.5\sqrt{2}V$，$f=\dfrac{50}{\pi}kHz$。

第 11 章

11.1 选择题。

1. A，B；2. D；3. C，G。

11.2 填空题。

1. 大,大; 2. 12V; 3. (1) T_1,T_2、R_{C2},D_Z、R,R_1 R_2、R_w; (2) 100Ω,10V; 4. 24V,电容开路,负载开路,一个二极管断路。

11.3 略。

11.4 0.2k~1.2kΩ。

11.5 (1) 6~18V; $I \approx 1.42\text{mA}$。

11.6 $U_o = \dfrac{R_1 + R_2}{R_1} \cdot \dfrac{R_3}{R_3 + R_4} U'_o$。

11.7 (1) 上负下正,(2) 略,(3) 20V,22V。

11.8 (1) 12~18V,(2) 1.2W,(3) 约 18V,(4) 略。

11.9 11V。

11.10 5A。

参 考 文 献

[1] 康华光. 电子技术基础[M]. 4 版. 北京：高等教育出版社，2003.
[2] 童诗白. 模拟电子技术基础[M]. 3 版. 北京：高等教育出版社，2001.
[3] 杨素行. 模拟电子技术基础简明教程[M]. 2 版. 北京：高等教育出版社，2001.
[4] 孙肖子，张企民. 模拟电子技术基础[M]. 西安：西安电子科技大学出版社，2001.
[5] 杨拴科. 模拟电子技术基础[M]. 北京：高等教育出版社，2003.
[6] 张英全. 模拟电子技术[M]. 北京：机械工业出版社，2000.
[7] 程开明，唐治德. 模拟电子技术[M]. 重庆：重庆大学出版社，2002.
[8] 陈大钦. 模拟电子技术基础[M]. 北京：高等教育出版社，2000.
[9] 鲍绍宣. 模拟电子技术基础[M]. 北京：高等教育出版社，1999.
[10] 林玉江. 模拟电子技术基础[M]. 哈尔滨：哈尔滨工业大学出版社，1997.
[11] 陈大钦. 模拟电子技术基础[M]. 武汉：华中科技大学出版社，2000.
[12] 谢红. 模拟电子技术基础[M]. 哈尔滨：哈尔滨工程大学出版社，2001.
[13] 胡宴如. 模拟电子技术基础[M]. 北京：高等教育出版社，2004.
[14] 衣承斌，刘京南. 模拟集成电子技术基础[M]. 南京：东南大学出版社，1994.
[15] 沈尚贤. 电子技术导论[M]. 北京：高等教育出版社，1999.
[16] 李雅轩. 模拟电子技术[M]. 西安：西安电子科技大学出版社，2000.
[17] 何如聪. 模拟电子技术[M]. 北京：机械工业出版社，2001.
[18] 郭维芹. 模拟电子技术[M]. 北京：科学出版社，1993.
[19] Neamen D A. 电子电路分析与设计[M]. 北京：电子工业出版社，2003.
[20] Rashid M H. Microelectronic Circuits：Analysis and Design[M]. Thomson Brooks/Colf，1999.
[21] Sedra A S，Smith K C. Microelectronic Circuits[M]. 4th ed. Oxford University Press，1999.
[22] Millman J，Grabel A. Microelectronics[M]. 2nd ed. McGraw-Hill Inc，1999.
[23] Soclof S. Design and Application of Analog Integrated Circuits[M]. Princeton Hall，1992.
[24] Toumazou C，Lidgey P J，Haigh D G. 模拟集成电路设计——电流模法[M]. 姚玉洁，等译. 北京：高等教育出版社，1996.
[25] Toumazou C，Hughes J B，Battersky N C. 开关电流——数字工艺的模拟技术[M]. 姚玉洁，等译. 北京：高等教育出版社.
[26] 王英剑，常敏慧，何希才. 新型开关电源实用技术[M]. 北京：电子工业出版社，1999.
[27] 贾新章，等. OrCAD/PSpice 9 实用教程[M]. 西安：西安电子科技大学出版社，1999.
[28] 童诗白，何金茂. 电子技术基础试题汇编(模拟部分)[M]. 北京：高等教育出版社，1992.
[29] 吴运昌. 模拟电子线路基础[M]. 广州：华南理工大学出版社，2005.
[30] 王汝君，钱秀珍. 模拟集成电子电路：(上)(下)[M]. 南京：东南大学出版社，1993.
[31] 华成英. 模拟电子技术基础[M]. 3 版. 北京：高等教育出版社，2006.
[32] Floyd T L. 模拟电子技术基础[M]. 2 版. 北京：高等教育出版社，2004.
[33] 谢嘉奎. 电子线路：线性部分[M]. 4 版. 北京：高等教育出版社，2005.
[34] 邓汉馨，郑家龙. 模拟集成电子技术教程[M]. 北京：高等教育出版社，1994.

图书资源支持

感谢您一直以来对清华版图书的支持和爱护。为了配合本书的使用，本书提供配套的资源，有需求的读者请扫描下方的"书圈"微信公众号二维码，在图书专区下载，也可以拨打电话或发送电子邮件咨询。

如果您在使用本书的过程中遇到了什么问题，或者有相关图书出版计划，也请您发邮件告诉我们，以便我们更好地为您服务。

我们的联系方式：

清华大学出版社计算机与信息分社网站：https://www.shuimushuhui.com/

地　　址：北京市海淀区双清路学研大厦 A 座 714

邮　　编：100084

电　　话：010-83470236　010-83470237

客服邮箱：2301891038@qq.com

QQ：2301891038（请写明您的单位和姓名）

资源下载：关注公众号"书圈"下载配套资源。

资源下载、样书申请

书圈

图书案例

清华计算机学堂

观看课程直播